Bauwirtschaft

Egon Leimböck · Andreas Iding · Heiko Meinen

Bauwirtschaft

Grundlagen und Methoden

4., aktualisierte und erweiterte Auflage

Egon Leimböck
Dortmund, Deutschland

Andreas Iding
Rheda-Wiedenbrück, Nordrhein-Westfalen
Deutschland

Heiko Meinen
Hochschule Osnabrück
Osnabrück, Deutschland

ISBN 978-3-658-40347-8   ISBN 978-3-658-40348-5   (eBook)
https://doi.org/10.1007/978-3-658-40348-5

Die Deutsche Nationalbibliothek verzeichnet diese Publikation in der Deutschen Nationalbibliografie; detaillierte bibliografische Daten sind im Internet über https://portal.dnb.de abrufbar.

© Der/die Herausgeber bzw. der/die Autor(en), exklusiv lizenziert an Springer Fachmedien Wiesbaden GmbH, ein Teil von Springer Nature 2000, 2005, 2017, 2024

Das Werk einschließlich aller seiner Teile ist urheberrechtlich geschützt. Jede Verwertung, die nicht ausdrücklich vom Urheberrechtsgesetz zugelassen ist, bedarf der vorherigen Zustimmung des Verlags. Das gilt insbesondere für Vervielfältigungen, Bearbeitungen, Übersetzungen, Mikroverfilmungen und die Einspeicherung und Verarbeitung in elektronischen Systemen.
Die Wiedergabe von allgemein beschreibenden Bezeichnungen, Marken, Unternehmensnamen etc. in diesem Werk bedeutet nicht, dass diese frei durch jedermann benutzt werden dürfen. Die Berechtigung zur Benutzung unterliegt, auch ohne gesonderten Hinweis hierzu, den Regeln des Markenrechts. Die Rechte des jeweiligen Zeicheninhabers sind zu beachten.
Der Verlag, die Autoren und die Herausgeber gehen davon aus, dass die Angaben und Informationen in diesem Werk zum Zeitpunkt der Veröffentlichung vollständig und korrekt sind. Weder der Verlag noch die Autoren oder die Herausgeber übernehmen, ausdrücklich oder implizit, Gewähr für den Inhalt des Werkes, etwaige Fehler oder Äußerungen. Der Verlag bleibt im Hinblick auf geografische Zuordnungen und Gebietsbezeichnungen in veröffentlichten Karten und Institutionsadressen neutral.

Planung/Lektorat: Karina Danulat
Springer Vieweg ist ein Imprint der eingetragenen Gesellschaft Springer Fachmedien Wiesbaden GmbH und ist ein Teil von Springer Nature.
Die Anschrift der Gesellschaft ist: Abraham-Lincoln-Str. 46, 65189 Wiesbaden, Germany

Das Papier dieses Produkts ist recycelbar.

Vorwort zur 4. Auflage

Nichts ist beständiger als der Wandel. Und gefühlt ist der Wandel schneller und partiell auch radikaler geworden. Aber gewisse Grundlagen überstehen auch disruptive Entwicklungen und gelten weiterhin. In diesem Spannungsfeld bewegen wir uns, wenn wir über die neue Auflage eines Fachbuches nachdenken. Auch die dritte Auflage wurde bei den Leserinnen und Lesern und in der Fachwelt positiv aufgenommen. Alles zusammen hat die Autoren und den Verlag dazu bewogen, eine vierte Auflage unseres Fachbuchs „Bauwirtschaft" herauszubringen. Und die neue Auflage wurde wieder vollständig überarbeitet und aktualisiert. Der Fokus liegt weiterhin bei den Unternehmen der bauausführenden Wirtschaft. Die Schnittstellen zu Konzeption und Planung von Projekten und die anschließende Bewirtschaftung werden weiterhin berücksichtigt.

Neben Aspekten wie der Organisation von Bauunternehmen, die sich nach wie vor an traditionellen Modellen orientieren, schreiten die Entwicklungen im Bereich Nachhaltigkeit und Digitalisierung schnell voran. Vor diesem Hintergrund hat – neben den allgemeinen Anpassungen z.B. an die aktuelle Branchensituation und Rechtsprechung - vor allem in Teil G „Nachhaltiges Wirtschaften im Bauunternehmen" eine intensive Überarbeitung und Erweiterung stattgefunden. Um der zunehmenden Notwendigkeit zur Digitalisierung Rechnung zu tragen, haben wir diesem Themenkomplex ein eigenes Kapitel gewidmet, das sich mit den vielfältigen Aspekten der Digitalisierung in der Bauwirtschaft beschäftigt und vor allem den wirtschaftlichen Einsatz und die Einführung in die Organisation in den Fokus nimmt. Dazu gibt es Optimierungen u.a. im Hinblick auf die bessere Integration der Rahmenbedingungen kleinerer Baubetriebe und pragmatischere Ansätze für das Risikocontrolling.

Das Arbeitsumfeld am Institut für nachhaltiges Wirtschaften in der Bau- und Immobilienwirtschaft an der Hochschule Osnabrück hat bei der Erstellung des Manuskripts wieder tatkräftig mitgewirkt. Das gilt für die Mitarbeiterinnen und Mitarbeiter und die Studierenden gleichermaßen. Ganz wichtig ist aber immer der permanente Austausch mit Fachleuten aus der Bau- und Immobilienwirtschaft. Nur so kann sichergestellt werden, dass die praxisorientierte Anwendbarkeit der Inhalte den Lesern und Nutzern möglich ist. Ein besonderer Dank gilt diesem Personenkreis.

Dem Springer Verlag danken wir wieder sehr herzlich für das uns entgegengebrachte Vertrauen; und dies nun schon seit mehr als 20 Jahren. Insbesondere der Lektorin des Verlags, Frau Karina Danulat, danken wir für die endlose Geduld, die dieses Mal erforderlich war, und die wieder sehr angenehme und konstruktive Zusammenarbeit.

Etwaige Hinweise, Kommentare und kritische Anmerkungen sind auch bei der 4. Auflage wieder herzlich willkommen. Die Autoren werden das sicherlich bei einer weiteren Auflage berücksichtigen.

Dortmund, Rheda-Wiedenbrück und Osnabrück
im Dezember 2023

Egon Leimböck
Andreas Iding
Heiko Meinen

Inhaltsverzeichnis

Teil A Baubeteiligte und deren Aufgaben

1 Aufgaben bei der Entstehung und Nutzung von Bauprojekten 3
    1.1   Entscheidung zur Entstehung 3
    1.2   Planung 8
    1.3   Herstellung 14
    1.4   Nutzung 17
    1.5   Zusammenfassung der Aufgaben 20
    Literatur 22

2 Baubeteiligte bei der Ausführung einzelner Aufgaben 23
    2.1   Entscheidung zur Entstehung des Bauprojektes 23
            2.1.1   Bauherren 23
            2.1.2   Architekten, Fachingenieure und Sonderfachleute 24
            2.1.3   Finanzierungsträger 26
            2.1.4   Grundstücksanbieter 27
            2.1.5   Dienstleister 27
    2.2   Planung des Bauprojektes 28
            2.2.1   Architekten, Fachingenieure und Sonderfachleute 28
            2.2.2   Projektsteuerer 30
            2.2.3   Verwaltungen, Gerichte und Öffentlichkeit 31
    2.3   Herstellung des Bauprojektes 32
            2.3.1   Bauausführende Unternehmen 32
            2.3.2   Organe der Bauüberwachung 33
            2.3.3   Sonstige Aufgabenträger 37
    2.4   Nutzung des Bauprojektes 38
    Literatur 40

3 Baubeteiligte bei der Zusammenfassung von Aufgaben 41
    3.1   Organisationsformen der horizontalen Integration 42
            3.1.1   Projektentwickler im engeren Sinne 42

		3.1.2	Planungsgemeinschaften und Generalplaner	42
		3.1.3	Arbeitsgemeinschaften und Generalunternehmer	43
		3.1.4	Facility-Management	44
	3.2	Organisationsformen der vertikalen Integration		45
		3.2.1	Projektmanagement	45
		3.2.2	Totalunternehmer	46
		3.2.3	Projektentwickler im weiteren Sinne ohne und mit Betreiben der Bauprojekte	47
	Literatur			50
4	**Interessenverbände der Baubeteiligten**			51
	4.1	Allgemeines zu den Interessenverbänden in Deutschland		51
		4.1.1	Unternehmensverbände	52
		4.1.2	Arbeitnehmerverbände	57
		4.1.3	Berufsverbände und sonstige Verbände im Bereich von Wirtschaft und Arbeit	60
	4.2	Interessenverbände der Bauwirtschaft		60
		4.2.1	Unternehmensverbände	60
		4.2.2	Arbeitnehmerverbände	62
		4.2.3	Berufsverbände und sonstige Verbände in der Bauwirtschaft	63
	Literatur			63

Teil B Baumarkt, Preisfindung, Marketing

5	**Baumarkt**			67
	5.1	Der Baumarkt und sein volkswirtschaftlicher Stellenwert		67
		5.1.1	Inländischer Baumarkt	67
		5.1.2	Ausländischer Baumarkt	72
		5.1.3	Europäischer Baumarkt	76
	5.2	Der Baumarkt als ein System von Teilmärkten		77
		5.2.1	Grundstücke	77
		5.2.2	Freiberufliche Leistungen	80
		5.2.3	Bauleistungen	81
		5.2.4	Projektentwicklungen	81
	5.3	Angebot und Nachfrage auf den Teilmärkten		85
		5.3.1	Grundstücke	86
		5.3.2	Freiberufliche Leistungen	87
		5.3.3	Gewerbliche Dienstleistungen	88
		5.3.4	Bauleistungen	91
		5.3.5	Projektentwicklungen	95
	Literatur			99

Inhaltsverzeichnis

6 Preisfindung 103
   6.1 Bebaute und unbebaute Grundstücke 103
   6.2 Freiberufliche Leistungen 106
   6.3 Gewerbliche Dienstleistungen 109
   6.4 Bauleistungen 111
       6.4.1 Vertragsrechtliche Grundlagen der Preisfindung 112
       6.4.2 Angebotskalkulation als Grundlage der Preisfindung 119
       6.4.3 Ausweitung des reinen Preiswettbewerbs auf den Leistungswettbewerb 128
   6.5 Projektentwicklungen 130
   Literatur 132

7 Marketing 133
   7.1 Kunden- und Marktsegmentierung 136
   7.2 Besonderheit der Bauprojekte zwischen Produkt und Dienstleistung ... 139
   7.3 Marketingziele 139
   7.4 Marketingstrategie 141
   7.5 Marketing-Maßnahmen 142
       7.5.1 Leistungs-, Prozesspolitik und Ausstattung (Produktpolitik) ... 143
       7.5.2 Personalpolitik 146
       7.5.3 Preispolitik 147
       7.5.4 Distributionspolitik (Vertriebs- oder Absatzpolitik) 149
       7.5.5 Kommunikationspolitik 151
   7.6 Der Einsatz von Marketing-Maßnahmen in Abhängigkeit von der Marketing-Strategie 154
       7.6.1 Wachstumsstrategien 154
       7.6.2 Stabilisierungsstrategien 155
       7.6.3 Desinvestitionsstrategien 156
   Literatur 158

Teil C Organisation und Management

8 Organisation 161
   8.1 Aufbau von Organisationen 161
       8.1.1 Aufgabenanalyse 163
       8.1.2 Traditionelle Stellen- bzw. Abteilungsgliederung 165
       8.1.3 Leitungssysteme 166
       8.1.4 Abstimmungsprobleme 175
   8.2 Organisationsmodelle in der Bauwirtschaft 176
       8.2.1 Einzelunternehmen 176
       8.2.2 Unternehmensverbindungen 184
   8.3 Entwicklungstendenzen 191
   Literatur 201

9	**Management**		203
	9.1	Aufbau eines Zielsystems	203
		9.1.1 Generelle Ziele	203
		9.1.2 Operative Ober- und Handlungsziele	207
		9.1.3 Zuordnung der Unternehmensziele zu Organisationsebenen	213
	9.2	Festlegung der Ziele	216
		9.2.1 Organisationsteilnehmer und deren Zielkonflikte	216
		9.2.2 Festlegung der Ziele als Verhandlungsprozess	219
	9.3	Erreichung der Ziele	222
		9.3.1 Zielformulierung als Voraussetzung	222
		9.3.2 Grundmodell der Zielerreichung	223
		9.3.3 Führung zur Zielerreichung	227
		9.3.4 Zielerreichung am Beispiel des Management by Objectives (MbO)	238
	Literatur		249
10	**Gesetzliche Grundlagen**		251
	10.1	Rechtsformen	251
		10.1.1 Merkmale von Rechtsformen	251
		10.1.2 Entscheidungskriterien bei der Wahl von Rechtsformen	253
		10.1.3 Rechtsformen bauausführender Unternehmen und Projektentwicklern	256
	10.2	Beschränkungen der unternehmerischen Entscheidungen	263
		10.2.1 Tarifliche und arbeitsrechtliche Regelungen	264
		10.2.2 Regelungen der betrieblichen Mitbestimmung	266
		10.2.3 Regelungen der unternehmerischen Mitbestimmung	270
	Literatur		271

Teil D   Investition und Finanzierung

11	**Investition**		275
	11.1	Investitionsarten	275
		11.1.1 Sachinvestitionen	275
		11.1.2 Immaterielle Investitionen	276
		11.1.3 Finanzinvestitionen	277
	11.2	Investitionsentscheidungen	278
		11.2.1 Entscheidungskriterien	278
		11.2.2 Rechenverfahren als Entscheidungshilfen	281
	Literatur		302
12	**Finanzierung**		303
	12.1	Finanzierungsträger und die von ihnen bereitgestellten Finanzmittel	303
		12.1.1 Finanzierungsträger	303

	12.1.2	Bereitgestellte Finanzmittel	309
	12.1.3	Sicherheitsleistungen	315
12.2	Bauwirtschaftliche Finanzierungsbereiche		319
	12.2.1	Unternehmensfinanzierung	319
	12.2.2	Projektfinanzierung	329
Literatur			344

13 Finanzwirtschaftliche Entscheidungen 347
   13.1 Entscheidungskriterien 347
      13.1.1 Entscheidungskriterien der Eigen- und Fremdkapitalgeber 347
      13.1.2 Entscheidungskriterien beim Aufbau der vertikalen
             Kapitalstruktur eines Unternehmens 349
   13.2 Organisatorische Einbindung der Investitions- und
      Finanzentscheidungen 354
      13.2.1 Einbindung der Investitionsentscheidungen 357
      13.2.2 Einbindung der Finanzierungsentscheidungen 358
   13.3 Simultane Investitions- und Finanzplanung 361
      13.3.1 Unternehmensbezogene Planungen 361
      13.3.2 Projektbezogene Planungen 367
   Literatur 376

Teil E Betriebsabrechnung und operatives Controlling

14 Die Betriebsabrechnung als traditionelle Form des betrieblichen Rechnungswesen 379
   14.1 Zahlenmäßige Erfassung der Leistungserstellung 379
      14.1.1 Kosten 380
      14.1.2 Leistungen 393
   14.2 Aufbau der Betriebsabrechnung in Bauunternehmen 398
      14.2.1 Rechnungskreise der Betriebsabrechnung 398
      14.2.2 Probleme der Ergebnisrechnung 406
   14.3 Beispiele der Betriebsabrechnung (Vollkostenrechnung) 411
      14.3.1 Betriebsabrechnung ohne Kostenstellen 413
      14.3.2 Betriebsabrechnung mit Kostenstellen 413
   14.4 Betriebsabrechnung mit Teilkostenrechnung 420
   Literatur 424

15 Mit Planungen von der Betriebsabrechnung zum operativen Controlling 427
   15.1 Bauprojektbezogene Planungen 428
      15.1.1 Ermittlung der technischen Plandaten 428
      15.1.2 Ermittlung der wirtschaftlichen Planzahlen mit Hilfe der
             Kalkulation 437

	15.2	Betriebsbezogene Planungen	440
	Literatur.		448
16	**Durchführung des operativen Controlling und Risiko Controlling**		**451**
	16.1	Bauprojektbezogenes Controlling	454
		16.1.1 Stichtagsbezogene Gegenüberstellung der Plan- und Ist-Daten als Ausgangspunkt des Controlling	457
		16.1.2 Abweichungsanalyse und Festlegung von Steuerungsmaßnahmen	464
		16.1.3 Prognose	465
		16.1.4 Ende der Bauzeit	467
	16.2	Betriebsbezogenes Controlling	468
		16.2.1 Stichtagsbezogene Gegenüberstellung der betriebsbezogenen Plan- und Ist-Daten	468
		16.2.2 Abweichungsanalyse und Festlegung von Steuerungsmaßnahmen	470
		16.2.3 Wichtige Kennzahlen	472
		16.2.4 Innerjährige Vorverrechnung und Fixkostenmanagement	478
	16.3	Organisatorische Einbindung des operativen Controlling	481
		16.3.1 Aufbau- und Ablauforganisation	481
		16.3.2 Abstimmung mit der Führungskonzeption	481
		16.3.3 Anforderungsprofil des Controllings	483
	16.4	Risikocontrolling	484
		16.4.1 Allgemeines Unternehmenswagnis	486
		16.4.2 Risiko Management	488
		16.4.3 Betriebliche Wagnisse	489
		16.4.4 Agglomeration von Risiken im Betrieb (Risikokollektiv)	498
		16.4.5 Risikoabsicherung	502
		16.4.6 Risikoplanung, -kontrolle und -steuerung	503
	Literatur.		505

Teil F   Rechnungslegung

17	**Verpflichtung zur Rechnungslegung**		**509**
	17.1	Überschussrechnung nach § 4 Abs. 3 EStG	510
	17.2	Rechnungslegung nach Handelsrecht	512
		17.2.1 Verpflichtung zur ordnungsmäßigen Buchführung	512
		17.2.2 Verpflichtung zur Aufstellung von Jahresabschlüssen	517
		17.2.3 Ergänzungen des Jahresabschlusses bei Kapitalgesellschaften	535
		17.2.4 Verpflichtung zur zusätzlichen Konzernrechnungslegung	537
	17.3	Rechnungslegung nach Steuerrecht	539
		17.3.1 Ertragssteuern bei bauwirtschaftlichen Unternehmen	540

		17.3.2	Steuerrechtliche Buchführungspflicht.	542

	17.3.2	Steuerrechtliche Buchführungspflicht.	542
	17.3.3	Das Maßgeblichkeitsprinzip der Handelsbilanz für die Steuerbilanz.	543
17.4	Internationale Rechnungslegung		545
Literatur.			546

18 Rechnungslegung (Jahresabschluss) als Führungsinstrument ... 547

18.1	Ausweis des handelsrechtlichen Bilanzergebnisses		548
	18.1.1	Ansatz- und Bewertungsvorschriften	549
	18.1.2	Bewertungswahlrechte	552
	18.1.3	Die stillen Reserven als Konsequenz der Rechnungslegungsvorschriften	556
18.2	Unternehmensfinanzierung.		558
	18.2.1	Der Jahresabschluss als Beurteilungsinstrument für die Außenfinanzierung	558
	18.2.2	Die Gestaltung der Bilanz für die Zwecke der Innenfinanzierung	559
18.3	Die Steuerung der Liquidität		561
	18.3.1	Die Bedrohung des Unternehmens durch Zahlungsunfähigkeit	561
	18.3.2	Liquiditätsinformationen aus dem Jahresabschluss	562
	18.3.3	Liquiditätsinformationen aus dem Finanzplan	565
Literatur.			566

19 Der Jahresabschluss als Informationsquelle für externe Gruppen ... 567

19.1	Externe Bilanzanalyse		568
	19.1.1	Aufbereitung der Zahlen aus dem Jahresabschluss	568
	19.1.2	Schwerpunktaussagen der Bilanzanalyse	573
19.2	Grenzen der externen Bilanzanalyse		581
Literatur.			584

20 Grundlagen Nachhaltigkeit ... 585
Literatur. ... 592

Teil G Nachhaltiges Wirtschaften im Bauunternehmen

21 Nachhaltigkeit im Zielsystem der Bauunternehmen ... 597
Literatur. ... 601

22 Betriebswirtschaftliche Rahmenparameter und Nachhaltigkeit ... 603
Literatur. ... 606

23 Nachhaltigkeitsmanagement ... 607
23.1	Ethische Grundlagen des Nachhaltigkeitsmanagements	608
23.2	Bereits etablierte Standards und Zertifikate	609

		23.2.1	Qualitätsmanagement nach DIN ISO 9000.	610
		23.2.2	Umweltmanagement nach DIN EN ISO 14001 und EMAS.	611
		23.2.3	Energieaudits und Energiemanagement	614
		23.2.4	Arbeitsschutzmanagement	616
	23.3	Integrierte Managementsysteme.		619
	Literatur.			623
24	Nachhaltigkeitscontrolling			625
	Literatur.			631
25	Nachhaltigkeitsmarketing			633
	Literatur.			644

Teil H   Digitalisierung in der Bauwirtschaft

26	Einordnung und Bedeutung.			649
	Literatur.			653
27	Markt als Ausgangspunkt für die Digitalisierung			657
	Literatur.			660
28	Digitalität und Immobilienwert.			665
	28.1	BIG Data und die Immobilie		665
	28.2	Disruption.		666
	28.3	Das Geschäft hinter dem Geschäft: Was kann die Bauwirtschaft von der Digitalwirtschaft lernen?.		667
	Literatur.			668
29	Building Information Modeling.			671
	29.1	Einordung BIM.		671
	29.2	BIM und der deutsche Baumarkt		672
		29.2.1	Struktur des deutschen Baumarktes	673
		29.2.2	BIM und die Vergabemodelle.	675
		29.2.3	BIM und die Akteure	677
		29.2.4	Voraussetzungen für einen erfolgreichen BIM-Einsatz	683
	Literatur.			686
30	Geschäftsprozessoptimierung			691
	Literatur.			694
31	Change Management Digitalisierung			697
	Literatur.			704

Stichwortverzeichnis. 707

Teil A
Baubeteiligte und deren Aufgaben

In diesem Buch umfasst die Bauwirtschaft als Sektor der Volkswirtschaft den Neubau, Wiederaufbau, Um und Erweiterungsbau von Bauprojekten, die laufende Nutzung, wie z. B. die Instandhaltung und Reparatur von Bauobjekten sowie die Veränderung der Nutzung von Bauobjekten, z. B. durch Modernisierung.

Die Immobilienwirtschaft, d. h. das Kaufen und Verkaufen von bebauten und unbebauten Grundstücken bzw. von Nutzungsrechten an Immobilien, wird nur insoweit in diesem Buch behandelt, als diese für die vorher genannten Aktivitäten erforderlich ist.

Im vorliegenden Buch wird überwiegend und bewusst von Bauprojekten bzw. objekten gesprochen und nicht von Bauvorhaben, Bauwerken etc. Unter Projekt wird dabei der Prozess verstanden, der bestehend aus unterschiedlichen Aufgaben und Tätigkeiten die Entwicklung, Planung und Realisierung eines Objektes beinhaltet. Damit sind das Bauprojekt im Sinne eines Prozesses und das Bauobjekt im Sinne von Gegenstand dieses Prozesses zu verstehen.

Der Begriff „Bauprojekt" wird im weiteren Verlauf deshalb häufiger verwendet, da er vor dem Hintergrund der vorstehend genannten Definition von größerer Bedeutung in der Bauwirtschaft ist.

Die DIN 69901 definiert ein Projekt als ein Vorhaben, welches im Wesentlichen durch die Einmaligkeit der Bedingungen in ihrer Gesamtheit gekennzeichnet ist. Speziell formulierte Zielvorgaben, die Fixierung von Anfangs- und Endzeitpunkt, einmalige oftmals unregelmäßige Abläufe, eine projektspezifische Organisationsstruktur sowie genau zugeordnete finanzielle, personelle und sachlich-materielle Ressourcen sind Bestimmungsmerkmale von Projekten (vgl. Tytko 2003, S. 7).

Da es keine Legaldefinition von einem Bauprojekt gibt und auch der Versuch einer trennscharfen Abgrenzung aufgrund der Zielvorstellungen der handelnden Personen schwierig erscheint, wird hier ein Bauprojekt als gegeben angesehen, wenn es i. d. R. folgende Merkmale aufweist (vgl. u. a. auch Rösel 1999, S. 27): Einmaligkeitscharakter, hohe Komplexität, endliche Ausdehnung, Zweck- und Zieldefinition, individuelle Projektorganisation, Bedeutung im Rahmen der unternehmerischen Tätigkeit.

Bauprojekte sind also größere und komplexe Vorhaben, an deren Entwicklung, Planung, Steuerung, Durchführung und Überwachung im Regelfall mehrere Bereiche eines Betriebes oder mehrere Unternehmen beteiligt sind.

Literatur

Tytko, D.: Grundlagen der Projektfinanzierung, in Backhaus, K.; Werthschulte, H.: Projektfinanzierung: wirtschaftliche und rechtliche Aspekte einer Finanzierungsmethode für Großprojekte, Schaeffer-Poeschel Verlag: Stuttgart 2003

Rösel, W.: Baumanagement, Grundlagen, Technik, Praxis, 4. Auflage, Springer Verlag: Berlin 1999

Aufgaben bei der Entstehung und Nutzung von Bauprojekten

1.1 Entscheidung zur Entstehung

Der Begriff der „Entstehung eines Bauprojektes" umfasst in diesem Buch den Neubau, den Wiederaufbau, den Um- und Ausbau sowie die Erweiterung und Instandsetzung von Bauprojekten.

Die nachfolgenden Ausführungen gelten im Grundsätzlichen für alle genannten Arten der Entstehung von Bauprojekten. Gleichwohl sind im Einzelfall bestimmte Aufgaben entweder nicht notwendig oder sie haben unterschiedliche Gewichtungen. So ist z. B. die Aufgabe der Grundstücksbeschaffung unter Umständen nur beim Neubau, Ausbau bzw. bei der Erweiterung von Bedeutung.

Das Problem der Finanzierung oder die Frage nach der Wirtschaftlichkeit ist demgegenüber unabhängig von den genannten Arten der Entstehung von Bauprojekten.

Die Entscheidung zur Entstehung, d. h. die Entwicklung eines Bauprojektes geht immer direkt oder indirekt vom sogenannten Bauherrn aus. Allerdings wird der Begriff „Bauherr" sowohl in der Praxis als auch in der Literatur unterschiedlich definiert.

So findet man z. B. unterschiedliche Definitionen:

- im Bauordnungsrecht,
- in der Gewerbeordnung,
- im Steuerrecht,
- im Wohnungsbaurecht und,
- in der Makler- und Bauträgerverordnung.

In diesem Buch wird der Begriff „Bauherr" wie folgt festgelegt.

„Bauherr ist derjenige:

- der selbst oder durch Dritte,
- im eigenen Namen und auf eigene Verantwortung,
- auf eigene Rechnung,
- ein Bauvorhaben

wirtschaftlich und technisch vorbereitet und durchführt bzw. vorbereiten und durchführen lässt" (Pfarr 1997, S. 4).

Mit dieser Definition werden vor allem die Bedeutung des Bauherrn bei der Entscheidung zur Erstellung von Bauprojekten und die grundsätzliche Verantwortung für die Bauausführung hervorgehoben.

Einen Überblick über diese Verantwortung gibt z. B. der § 53 Abs. 1 BauO NRW. Hier heißt es: „Die Bauherrin oder der Bauherr hat zur Vorbereitung, Überwachung und Ausführung eines genehmigungsbedürftigen Bauvorhabens sowie der Beseitigung von Anlagen geeignete Beteiligte nach Maßgabe der §§ 54 bis 56[1] zu bestellen, soweit sie oder er nicht selbst zur Erfüllung der Verpflichtungen nach diesen Vorschriften geeignet ist. Der Bauherrin oder dem Bauherrn obliegen außerdem die nach den öffentlich-rechtlichen Vorschriften erforderlichen Anträge, Anzeigen und Nachweise."

Baut ein Bauherr ohne Einhaltung dieser Vorschriften oder verstößt er gegen sie, bestehen für die zuständigen Bauaufsichtsbehörden die Möglichkeiten, Bußgelder zu verhängen, die Baustelle stillzulegen oder in schweren Fällen den Abriss des erstellten Bauwerkes zu verlangen. In jedem Fall ist es da her dem Bauherrn anzuraten, sich vor Beginn einer Baumaßnahme umfassend über alle öffentlich-rechtlichen Vorschriften, Vorgaben und Auflagen zu informieren.

Bei jedem Bauvorhaben kommt dem Bauherrn die wirtschaftlich und rechtlich wichtigste Funktion zu, woraus sich die Notwendigkeit von Entscheidungen ableitet.

Diese Entscheidungen sind jedoch eng verflochten mit dem Bedarf an Bauprojekten und mit den Zielsetzungen des jeweiligen Bauherrn.

Mit Pfarr kann man den Bedarf an Bauprojekten in Zusammenhang mit den „Grunddaseinsfunktionen" wie in Abb. 1.1 zu sehen darstellen (vgl. Pfarr 1997, S. 2).

Hat sich ein potentieller Bauherr zur Realisierung eins Bauprojektes entschieden, dann beginnen die bauunabhängigen und bauabhängigen Vorüberlegungen.

Die bauunabhängigen Vorüberlegungen hängen von den individuellen Zielsetzungen des Bauherrn ab. So steht beispielsweise beim Wohnungsbau in aller Regel die Kostenwirtschaftlichkeit des Wohnprojektes im Vordergrund. Beim Wirtschaftsbau ergibt sich die Notwendigkeit zur Erstellung eines Bauprojektes auf Grund von strategischen Unternehmensentscheidungen, die auf Feststellungen und Prognosen zu mittel- und lang-

---

[1] Hierbei handelt es sich um die Entwurfsverfassenden (§ 54), Unternehmerinnen und Unternehmer (§ 55) sowie um die Bauleitung (§ 56).

1.1 Entscheidung zur Entstehung

Bedarf an Bauprojekten	Grunddaseinsfunktionen
Wohngebäude für Familien, Studenten usw.	"Wohnen"
Büros, Fabrikgebäude usw.	"Arbeiten"
Krankenhäuser, Heime usw.	"sich Versorgen"
Schulen, Akademien usw.	"sich Bilden"
Sportanlagen, Schwimmbäder usw.	"sich Erholen"
Straßen, Brücken usw.	"Verkehrsteilnahme"
Kirchen, Gerichtsgebäude usw.	Leben in der "Gemeinschaft"

Abb. 1.1 Zusammenhang zwischen Grunddaseinsfunktionen und Bedarf an Bauprojekten

fristigen Markt- und Konjunkturentwicklungen beruhen. Handelt es sich um ein gewerblich genutztes Bürogebäude, ist die Rentabilität des Bauprojektes von Bedeutung. Bei öffentlichen Bauten wird die Notwendigkeit des Bauvorhabens vorwiegend nach anderen Kriterien beurteilt, z. B. nach kulturellen Ansprüchen (etwa beim Bau eines Opernhauses) oder den sozialen Notwendigkeiten beim Krankenhausbau. Der Nutzen spielt im Rahmen der Vorüberlegungen im letztgenannten Fall eine besondere Rolle.

„Ein Einkaufszentrum vor der Stadt, das wissen wir inzwischen, lässt sich rechnen. Die Stadt jedoch kann nicht nur rentierlich denken, sonst müsste sie alle Schlösser und Kirchen abreißen" (Hahn 1997, S. 13).

Liegt das Nutzungskonzept vor, dann muss der Funktions- und Raumbedarf geklärt werden, damit über die Größenordnung des zu erstellenden Bauprojektes entschieden werden kann.

Die bauabhängigen Vorüberlegungen beginnen mit Untersuchungen zum Grundstück bzw. zum Standort. Hat der Bauherr ein geeignetes Grundstück, so lässt er sich von beispielsweise Projektentwicklern für dieses Grundstück wirtschaftliche Nutzungskonzepte anbieten und trifft dann die Entscheidung „Neubau eines Bauprojektes".

Hat der Bauherr für sein geplantes Bauprojekt kein geeignetes Grundstück, dann muss er sich zunächst für einen geeigneten Standort, also eine bestimmte Region oder Stadt, entscheiden.

Hierbei sind eine Reihe von Faktoren zu berücksichtigen, die sich z. B. wie in Abb. 1.2 zu sehen systematisieren lassen (vgl. hierzu auch Muncke et al. 2002, S. 129 ff.).

Hat sich der Bauherr entschlossen, die Baumaßnahme an einem bestimmten Standort durchzuführen, muss er ein geeignetes Grundstück suchen.

Dabei ist vor allem auch die Frage zu klären, ob das Grundstück im Sinne des Bauherrn bebaut werden kann.

Abb. 1.2 Standortfaktoren und ihre Beeinflussbarkeit durch Investoren. (In Anlehnung an Gensior 1999, S. 18)

Zwar ist in Artikel 14 des Grundgesetzes grundsätzlich das Eigentum gewährleistet und damit prinzipiell auch das Recht auf freie Nutzung des Bodeneigentums einschließlich des Rechts zur Errichtung von Bauprojekten. Diese „Baufreiheit" ist aber durch das „öffentliche Baurecht" und auch durch private Rechte Dritter begrenzt.

Im konkreten Fall müssen die bebauungsrechtlichen Fragen geklärt werden. Dazu kann man bei der Gemeindeverwaltung den Bebauungsplan einsehen und/oder eine planungsrechtliche Auskunft einholen. Grundsätzlich bestehen verschiedene Möglichkeiten der Baurechtschaffung (vgl. Meinen und Blecken 2020, S. 55 ff. und 498 ff.). Die Gemeinde ist nach § 10 Abs. 3 Baugesetzbuch verpflichtet, über den Bebauungsplan auf Verlangen Auskunft zu geben.

Hat der Bauherr ein geeignetes Grundstück gefunden, dann muss er die rechtlichen und wirtschaftlichen Vorgänge in die Wege leiten, die beim Erwerb und der Eigentumsübertragung des Grundstückes erforderlich sind.

Möglicherweise will der Grundstückseigentümer das Grundstück nicht verkaufen. Dann gibt es die Möglichkeit, dass zwischen dem Grundstückseigner und dem Bauherrn vertraglich ein Erbbaurecht vereinbart wird.

1.1 Entscheidung zur Entstehung

Dieses ist ein vererbliches und in der Regel auch veräußerliches Recht mit dem Inhalt, dass der Erbbauberechtigte (Bauherr) auf dem Grundstück eines anderen Eigentümers ein Bauwerk errichten kann. Erbbaurechte werden regelmäßig über einen längeren Zeitraum (maximal 99 Jahre) bestellt.

Parallel zur Entwicklung des Nutzungskonzeptes und zur Grundstückssuche muss die Finanzierung des Bauprojektes geklärt werden.

Grundlage hierzu ist der sogenannte Kostenüberschlag. Dieser dient nach der aktuellen DIN 276-1 „Kosten im Hochbau" von Dezember 2008 der überschlägigen Ermittlung der voraussichtlich entstehenden Kosten und damit der grundsätzlichen Entscheidung über die Erstellung des Bauprojektes.

Für diesen Kostenüberschlag sind unter anderem folgende Angaben notwendig:

- Abbruch eventuell vorhandener Altbauten und/oder Entsorgung von Altlasten,
- Bedarfsangaben, z. B. Nutzungseinheiten, qualitative Nutzungsanforderungen,
- Flächenbedarf,
- Bauvolumen in Bruttorauminhalt (BRI) bzw. Bruttogeschossfläche (BGF).

Die Errechnung der überschlägigen Kosten beruht weitestgehend auf Erfahrungswerten bzw. auf Quellen des einschlägigen Schrifttums, die in Abhängigkeit von der Nutzungsanforderung und des vorgesehenen Umfangs, d. h. von Angebot und Nachfrage stehen.

Solche Erfahrungswerte haben beispielsweise folgenden Bezugspunkt (vgl. Meinen und Blecken 2020, S. 134 ff.):

- bei Industrieanlagen: geplante Produktionseinheiten,
- bei Schulen und Universitäten: geplante Schüler- bzw. Studierendenzahl,
- bei Krankenhäusern: geplante Zahl der Krankenbetten,
- bei Verwaltungsgebäuden: geplante Zahl der Mitarbeiter,
- bei Parkhäusern: geplante Zahl der Stellplätze,
- bei Shopping-Centern: geplante Verkaufsflächen.

Das Ergebnis des Kostenüberschlages kann noch erheblich von den tatsächlich anfallenden Kosten abweichen. Er ergibt jedoch eine erste Richtgröße, die den voraussichtlichen Finanzierungsbedarf bestimmt.

Bei der Entstehung von Bauprojekten müssen also folgende bauunabhängigen und bauabhängigen Vorüberlegungen angestellt werden:

- Bedarf für Neubau, Wiederaufbau, Erweiterung, Um- und Ausbau und Instandsetzung,
- Zielsetzung des Bauherrn,
- Nutzungskonzept mit Funktions- und Raumbedarf,
- Standortentscheidung bei Neubauten,
- Grundstückserwerb bzw. Bestellung des Erbbaurechtes bei Neubauten,
- Finanzierungsbedarf.

Nach Abschluss dieser Vorüberlegungen im Rahmen der Entwicklung beginnt die eigentliche Planung des Bauobjektes.

1.2 Planung

Die Planung eines Bauobjektes kann in folgende Planungsphasen unterteilt werden:[2]

- Bedarfsplanung,
- Grundlagenermittlung,
- Vorplanung (Projekt- und Planungsvorbereitung),
- Entwurfsplanung (System- und Integrationsplanung),
- Genehmigungsplanung,
- Ausführungsplanung/Werkplanung.

Die Grundlage für die Durchführung der Planung sind neben der Formulierung von ästhetischen und funktionalen Nutzungsaspekten Planungsvorgaben in Bezug auf:

- Qualitätsstandard,
- Ertrags- und Kostenziele (Mieterträge, Herstellungs-, Baunutzungskosten),
- Terminangaben.

Die verschiedenen Planungsleistungen sind ausführlich – und zwar getrennt nach den einzelnen Fachgebieten – in der Honorarordnung für Architekten und Ingenieure (HOAI) beschrieben. So erstrecken sich z. B. die Aufgaben des Architekten – eine seit dem 23. Februar 1970 durch das Architektengesetz geschützte Berufsbezeichnung – auf die künstlerische, technische und wirtschaftliche Planung von Bauprojekten und ihre städtebauliche Einbindung. „Zu den Berufsaufgaben der in den Absätzen 1 bis 4 genannten Personen[3] gehört auch die Beratung, Betreuung und Vertretung des Auftraggebers oder Dienstherrn in allen die Planung, Ausführung und Überwachung eines Vorhabens betreffenden Angelegenheiten unter Beachtung der die Sicherheit der Nutzer und der Öffentlichkeit betreffenden Gesichtspunkte. Zu den Berufsaufgaben können auch Sachverständigen-, Forschungs-, Lehr- und Entwicklungstätigkeiten sowie sonstige Dienstleistungen bei der Vorbereitung und Steuerung von Planungs- und Baumaßnahmen, bei der Nutzung von Bauwerken sowie die Wahrnehmung der damit verbundenen sicherheits- und gesundheitstechnischen Belange gehören, ebenso Überwachungstätigkeiten

---

[2] Vgl. hierzu Honorarordnung für Architekten und Ingenieure (HOAI), § 34 Leistungsbild Gebäude und Innenräume oder HOAI § 51 Leistungsbild Tragwerksplanung oder HOAI § 55 Leistungsbild Technische Ausrüstung.

[3] Dazu zählen Architekten, Innenarchitekten, Landschaftsarchitekten und Stadtplaner.

1.2 Planung

im Hinblick auf die Einhaltung öffentlich-rechtlicher Vorschriften."[4] Grundlage für die Architektenleistungen nach HOAI ist die Bedarfsplanung gemäß DIN 18205, mit der die Anforderungen an das Objekt definiert werden. Das Verständnis über die Anforderungen gilt als wichtigstes Kriterium für die Dienstleistungsqualität in der Bauplanung (vgl. Osebold und Gautier 2014, S. 54 ff.).

Da Planungsleistungen vorwiegend technische Aufgaben sind, wird auf diese nicht im Einzelnen eingegangen. Nur bauwirtschaftliche Aufgaben im Zusammenhang mit der Planung werden hier kurz skizziert.

Dabei handelt es sich um folgende Themenbereiche:

- Auswahl der Fachingenieure und Sonderfachleute sowie Festlegung der vertraglichen Beziehungen zwischen diesen Aufgabenträgern,
- Koordination der Planungsleistungen und Abstimmung der Planungsergebnisse,
- Kostenplanung,
- Wirtschaftlichkeitsuntersuchungen und Rentabilitätsanalysen,
- Finanzierungsüberlegungen,
- endgültige Entscheidung zur Erstellung des Bauprojektes.

Die genannten Aufgabenfelder hängen eng miteinander zusammen und bedingen sich häufig gegenseitig. Deshalb ist es auch nicht möglich, für die Praxis eine strikte Reihenfolge der Tätigkeiten anzugeben.

Im Folgenden wird nur eine grobe Übersicht über die Inhalte der genannten Tätigkeiten gegeben. Auf Probleme der gegenseitigen Abhängigkeiten wird nicht eingegangen. Eine besondere Bedeutung kommt in diesem Zusammenhang dem sogenannten Building Information Modeling bzw. Management (BIM) zu, das, ausgehend von den Grundüberlegungen der Bedarfs und der Wirtschaftlichkeit, alle Planungs-, Ausführungs- und Betriebszusammenhänge in einem Datenmodell abbilden kann. Näheres zum Thema BIM und Bauwirtschaft findet sich in Kap. 26.

Auswahl der Fachingenieure und Sonderfachleute sowie Festlegung der vertraglichen Beziehungen zwischen den Aufgabenträgern
Nachdem der Bauherr dem Entwurfsverfasser die Grundlagen für die Planung gegeben hat, wird dieser das Planungskonzept in Form von ersten skizzenhaften Darstellungen erarbeiten und eventuell alternative Lösungsmöglichkeiten anbieten.

Sofern bereits in diesem Stadium Fachingenieure und Sonderfachleute eingeschaltet werden, müssen diese ausgewählt und deren Aufgaben vertraglich festgelegt werden. Dies kann entweder durch den Bauherrn oder durch den Architekten erfolgen.

---

[4] Vgl. § 1 Abs. 5 des Baden-Württembergischen Architekturgesetzes.

In Bezug auf die vertragliche Regelung beim Einsatz von Sonderfachleuten sehen viele Architektenverträge einen eigenen Paragraphen vor. Hierzu sei exemplarisch ein Passus gezeigt, der in einem Architektenvertrag diesen Sachverhalt regelt.

Im § N.N. „Einsatz von Sonderfachleuten" heißt es dann:

„Folgende Leistungen werden von den nachstehend genannten Sonderfachleuten erbracht und sind vom Architekten zeitlich und fachlich zu koordinieren, mit seinen Leistungen abzustimmen und in diese einzuarbeiten:

1. Bodengutachten (Gründungsberatung),
2. Tragwerksplanung (Statik) und Prüfingenieur,
3. Schall- und Wärmeschutznachweis,
4. bauphysikalische Gutachten,
5. technische Ausrüstung,
6. Sondergutachter bzw. sonstige Fachleute.

Die Verträge mit den Sonderfachleuten werden mit dem Bauherrn abgeschlossen. Die Leistungen der Sonderfachleute werden vom Bauherrn unmittelbar vergütet."

In der Regel sind diese Verträge Werkverträge nach dem BGB, die eine Herbeiführung eines bestimmten Erfolges vorsehen.

In diesem Fall sind die vertraglichen Beziehungen unmittelbar zwischen dem Bauherrn und den Sonderfachleuten geregelt, so dass zwischen den Sonderfachleuten und dem Bauherrn z. B. auch eigene Gewährleistungsregeln gelten.

Eine Alternative hierzu wäre die Einschaltung von Sonderfachleuten als Nachunternehmer des Architekten. Handelt es sich hierbei wiederum um Planungsleistungen, die gemeinsam mit der Planung des Entwurfsverfassers, nahezu alle Planungsleistungen des Bauobjektes umfassen, tritt der koordinierende Architekt üblicherweise als Generalplaner auf. In diesem Fall kommt zwischen den Sonderfachleuten und dem Bauherrn kein Vertragsverhältnis zustande. Für den Architekten hat diese Alternative den Nachteil, dass er für die Fehler seiner Nachunternehmer gegenüber dem Bauherrn in vollem Umfang einstehen muss. Für den Bauherrn liegt der Vorteil in der erheblich geringeren Planungskoordination, die er zu leisten hat.

Koordination der Planungsleistungen und Abstimmung der Planungsergebnisse

Bei der Planung von Bauprojekten muss strikt zwischen Planungsleistungen der einzelnen Aufgabenträger und der Durchführung der gesamten Planung unterschieden werden.

Die Durchführung der gesamten Planung erfordert die Koordination, Steuerung und Überwachung der Geschehensabläufe in organisatorischer, technischer, rechtlicher und wirtschaftlicher Sicht.

In Architektenverträgen ist dieser Gesichtspunkt berücksichtigt, denn neben dem Hinweis auf die gesonderten Rechtsbeziehungen zwischen dem Bauherrn und den Sonderfachleuten und der Auflistung der bereits bei Vertragsschluss bekannten Sonderfachleute enthält die Regelung noch den Hinweis auf die Koordinierungspflicht des Architekten

1.2 Planung

Fortgang der Planung	Kostenermittlungsverfahren	Genauigkeitsgrad der ermittelten Kosten
Vorüberlegungen	Kostenrahmen nach DIN 276	überschlägig (Gesamtkosten nach Kostengruppen der 1 Ebene)
Vorplanung	Kostenschätzung nach DIN 276	grob (Gesamtkosten nach Kostengruppen der 2 Ebene)
Entwurfsplanung	Kostenberechnung nach DIN 276	ausführlich (Gesamtkosten nach Kostengruppen der 3 Ebene)

Abb. 1.3 Zusammenhang zwischen Genaugkeitsgrad der Kostenermittlung nach DIN 276 und dem Fortgang der Planung

im Zusammenhang mit den Leistungen der Sonderfachleute. Diese Verpflichtung ergibt sich z. B. aus dem Leistungsbild gem. Anlage 10 HOAI zu § 34 Absatz 4, § 35 Absatz 7, in dem stets das Integrieren und die Abstimmung mit Leistungen anderer an der Planung fachlich Beteiligter und die Verwendung der Beiträge anderer an der Planung fachlich Beteiligter als Architektenleistung genannt wird.

Kostenplanung
Mit zunehmender Planungsgenauigkeit können die voraussichtlichen Gesamtkosten eines Bauprojektes immer genauer bestimmt werden.

Der Genauigkeitsgrad der Kostenermittlungen nach DIN 276 „Kosten im Bauwesen" hängt wie in Abb. 1.3 dargestellt vom Fortgang der Planung ab.

Die Kostenermittlungsverfahren dienen vorwiegend der Verbesserung bzw. Erarbeitung eines Finanzierungsplanes und letztlich der Entscheidung, ob das Bauprojekt erstellt wird.

Der Vollständigkeit halber sei erwähnt, dass die DIN 276 auch den Kostenvoranschlag, den Kostenanschlag und die Kostenfeststellung kennt. Diese Verfahren finden allerdings erst Anwendung nach der Entwurfsplanung.

Dem Kostenermittlungsverfahren liegen bei Hochbauten nach DIN 276 folgende Kostenelemente zugrunde:

- Grundstücks- und Erschließungskosten und eventuell Kosten für die Freimachung,
- Herstellkosten des Bauprojektes in der Unterteilung: Baukonstruktion, Allgemeiner Ausbau, Technische Anlagen, Außenanlagen, Ausstattung und Kunstwerke,
- Baunebenkosten: z. B. Architekten-/Ingenieurhonorare, Gebühren, Finanzierungskosten etc.

Wirtschaftlichkeitsuntersuchungen und Rentabilitätsanalysen
Beider Entwurfsplanung müssen neben den funktionalen, gestalterischen, technischen und bauphysikalischen auch die wirtschaftlichen Gesichtspunkte berücksichtigt werden. Zu diesem Zweck werden Wirtschaftlichkeitsuntersuchungen und Rentabilitätsanalysen durchgeführt.

Zu den in der Praxis angewandten Rechenmethoden zu Wirtschaftlichkeitsuntersuchungen und Rentabilitätsanalysen vgl. Abschn. 11.2.2.

Bei der Beurteilung der Wirtschaftlichkeit eines gesamten Bauvorhabens sind außer den Herstellkosten auch die Baunutzungskosten und deren zeitlicher Anfall in die Wirtschaftlichkeitsberechnung einzubeziehen.

„Letztendlich ist das alleinige Minimieren der Herstellkosten ohne Rücksichtnahme auf die Höhe und den zeitlichen Anfall der Baunutzungskosten für die Gesamtwirtschaftlichkeit des Bauvorhabens fragwürdig. Ebenso sind durch das Einhalten von Kostenrichtwerten, die ausschließlich aus vergangenheitsbezogenen Daten und unter Nichtbeachtung der Nutzungskosten des Bauprojektes gebildet werden, keine Aussagen in Bezug auf die Wirtschaftlichkeit des Bauprojektes möglich. Eine Auflösung dieses Konfliktes ist nur denkbar, wenn man Bauvorhaben als Investitionsvorhaben betrachtet und die Betriebs- und Bauunterhaltungskosten neben den Herstellungskosten bei den Planungsentscheidungen berücksichtigt" (Leifert 1990, S. 68).

Die DIN 18960 definiert die Nutzungskosten im Hochbau als „alle in baulichen Anlagen und deren Grundstücken entstehenden regelmäßig oder unregelmäßig wiederkehrenden Kosten von Beginn der Nutzbarkeit bis zur Beseitigung."

Die betriebsspezifischen und produktionsbedingten Personal- und Sachaufwendungen sind nicht nach dieser Norm zu erfassen, soweit sie sich von den Baunutzungskosten trennen lassen. Dies sind beispielsweise Dienstleistungen für die allgemeine Verwaltung und Aufwendungen für den Betrieb von Maschinen und Fertigungseinrichtungen. Derartige Aufwendungen fallen nicht unter die Nutzungskosten.

Die aktuelle Fassung der DIN 18960 umfasst folgende Kostengruppen[5]

- Kapitalkosten,
- Objektmanagementkosten,
- Betriebskosten,
- Instandsetzungskosten.

Der Zweck der Norm liegt darin, die Ermittlung der Nutzungskosten im Hochbau nach einheitlichen Gesichtspunkten vorzunehmen, um darauf aufbauend insbesondere betriebswirtschaftliche Vergleiche zwischen Bauobjekten gleicher Nutzung zu ermöglichen. Die DIN 18960 bedient sich zur Vorausberechnung der entstehenden Kosten

---

[5] Die aktuelle Fassung der DIN 18960 hat den Stand Februar 2008 und ist Ersatz für die DIN 18960 aus dem Jahr 1999.

bzw. zur Feststellung der tatsächlichen Kosten verschiedener Arten von Nutzungskostenermittlungen. Allen Arten ist gemeinsam, dass sie als Grundlage für die Kostenkontrolle, für Planungs-, Vergabe- und Ausführungsentscheidungen sowie zum Nachweis der entstandenen Nutzungskosten dienen.

Bei Bauprojekten sind Rentabilitätsgesichtspunkte in aller Regel ein wichtiges, wenn nicht sogar das ausschlaggebende Entscheidungskriterium. Auf der einen Seite ist insofern bei der Wirtschaftlichkeitsbetrachtung zu berücksichtigen, welche Nutzungskosten auf die etwaigen Mieter umlegbar und welche durch den Eigentümer zu tragen sind. Im Wohnungsbereich existiert hierzu mit der Betriebskostenverordnung (BetrKV) eine feste Regelung. Auf der anderen Seite müssen die mit dem Bauobjekt erzielbaren Einnahmen und ihr zeitlicher Verlauf in die Rentabilitätsrechnung aufgenommen werden.

So können z. B. bei einem Bauprojekt folgende Einnahmen anfallen:

- Mieten, bestehend aus
  - der Grundmiete,
  - dem vereinbarten Nebenkostenanteil sowie
  - zusätzliche Anteilen gemäß der individuellen Ausgestaltung des Mietvertrages.
- Sonstige Periodenerlöse aus der gesonderten Vermietung von
  - Park- oder sonstigen Stellflächen,
  - Werbeflächen usw.
- Veräußerungserlöse am Ende der Nutzungsdauer (vgl. Schulte et al. 2008, S. 229).

Finanzierungsüberlegungen
Bei der Finanzierung kommt es vor allem darauf an, ob das zu finanzierende Bauprojekt

- dem Wohnungsbau (Neubau, Modernisierung und Instandsetzung),
- dem Wirtschaftsbau (Land- und Forstwirtschaft, Energie- und Wasserversorgung, übriges produzierendes Gewerbe, Handel, Banken, Versicherungen etc.) oder
- dem öffentlichen Bau (Tiefbau, Straßenbau einschließlich Brücken- und Wasserbau, Sportstätten, Krankenhäuser, Schulen, Hochschulen, Verwaltungsbauten, Parkhäuser, Kindergärten, Wohnheime etc.)

zuzuordnen ist.

Die Ausgangssituation und Fragestellung der Finanzierungsüberlegungen sind beim Wohnungsbau anders als beim Wirtschaftsbau. Dies hängt u. a. damit zusammen, dass beim Wohnungsbau der Umfang der bereits zustellenden Finanzierungsmittel fast ausschließlich durch das originäre Bauprojekt selbst bestimmt ist (Grundstück, Bauwerk, Außenanlagen und Nebenkosten). Beim Wirtschaftsbau hingegen ist häufig die bauliche Hülle nur ein Teil der Gesamtinvestition, da Investitionen in Produktionsanlagen und in zusätzlichen Materialbeständen usw. hinzukommen. Wird das Bauprojekt als eigene wirtschaftliche Einheit verstanden, muss sich das Bauobjekt aus den zu erzielenden Einnahmen wirtschaftlich selbst tragen.

Auch hinsichtlich der Sicherung der Darlehen besteht ein großer Unterschied. Beim Wohnungsbau spielt vor allem die Grundschuld als Sicherungsmittel eine Rolle. Dagegen ist beim Wirtschaftsbau oftmals die Beurteilung des Investors einschließlich seines unternehmerischen Umfeldes durch die Bank von Bedeutung, da der Investor aus den Erträgen der geplanten Investition das Darlehen bedienen muss. Beurteilungskriterien sind dabei:

- Bewertung des Vorhabens hinsichtlich der Rentabilität. Diese hängt von der Markt- und Konjunkturlage, von den spezifischen Absatzmöglichkeiten des Produktes und von der Kostensituation des Unternehmens ab.
- Bewertung des Unternehmens/Unternehmers.
- Bewertung des Zahlenmaterials hinsichtlich Vermögen und Liquidität.

Noch anders gelagert ist die Finanzierung von öffentlichen Bauten, bei denen haushaltsrechtliche Vorschriften zum Tragen kommen.

Vertiefende Einzelheiten zur Finanzierung und insbesondere zu den Bausteinen der Finanzierung sind im Kap. 12 dargestellt.

Endgültige Entscheidung zur Erstellung des Bauprojektes
Ist aufgrund der Entwurfsplanung und der Finanzierungsmöglichkeiten – dargestellt in einer detaillierten Machbarkeitsstudie mit Wirtschaftlichkeitsberechnung und Finanzierungsplan – die endgültige Entscheidung zur Erstellung des Bauprojektes gefallen, dann kann sowohl mit der Genehmigungs- als auch mit der Ausführungsplanung begonnen werden.

Bei der Genehmigungsplanung handelt es sich um die Erarbeitung aller Unterlagen, die nach öffentlich-rechtlichen Vorschriften zur Genehmigung der Erstellung des Bauprojektes notwendig sind.

Die Ausführungsplanung hingegen ist ein stufenweises Durcharbeiten und Fortentwickeln der Ergebnisse der vorgehenden Planungsstufen bis zur ausführungsreifen Darstellung der Lösung der Bauaufgabe.

Auch bei diesen Planungsstufen ist die Einbeziehung aller an der Planung fachlich Beteiligter und deren Koordination in fachlicher und zeitlicher Hinsicht eine wichtige organisatorische Aufgabe.

Mit Abschluss der Ausführungsplanung – in der Praxis erfolgt dies teilweise parallel zur Genehmigungsplanung – beginnt die eigentliche Herstellung des Bauprojektes.

1.3 Herstellung

Bei der Herstellung von Bauprojekten müssen eine Vielzahl von Bauleistungen erbracht werden. Nach § 1 VOB Teil A, der Allgemeinen Bestimmung für die Vergabe von Bauleistungen, sind Bauleistungen Arbeiten jeder Art, durch die eine bauliche Anlage

1.3 Herstellung

hergestellt, instand gehalten, geändert oder beseitigt wird. „Unerheblich für den Begriff der Bauleistung i. S. der VOB ist es, ob die erforderlichen Stoffe und Bauteile von demjenigen, der die Bauleistung erbringt, mitgeliefert werden oder nicht" (Heiermann et al. 2011, S. 213).

Es sind die bauausführenden Unternehmen, die nach den genehmigten Bauplanungen und den anerkannten Regeln der Technik diese Bauleistungen erbringen.

Bei der Vergabe von Leistungen durch die öffentlichen Hände muss man noch unterscheiden zwischen den Bauleistungen und den Sonstigen Leistungen. Der Einsatz der VOB/A durch private Bauherren wird dadurch nicht eingeschränkt.

Bei der Vergabe von Sonstigen Leistungen findet die Vergabeverordnung (VgV) Anwendung.

Dies geht hervor aus § 1 Abs. 2 VgV, in dem es heißt:

„Diese Verordnung ist nicht anzuwenden auf die Vergabe von öffentlichen Aufträgen und die Ausrichtung von Wettbewerben durch Sektorenauftraggeber zum Zweck der Ausübung einer Sektorentätigkeit, [...]"

Als Sektorentätigkeit wird dabei folgen:

Gelegentlich ist die Unterscheidung von Bauleistungen und sonstigen Leistungen schwierig, da nicht eindeutig beurteilt werden kann, ob es sich um eine bauliche Anlage handelt, z. B. bei der technischen Ausrüstung von Gebäuden. Daher sind in Anhang IV der VOL/A nähere Erläuterungen zu § 1 VOL/A zu finden. Dort heißt es ergänzend zu den Ausführungen in § 1 VOB/A, dass unter Bauleistungen „auch alle zur Herstellung, Instandhaltung oder Änderung einer baulichen Anlage zu montierenden Bauteile, insbesondere die Lieferung und Montage maschineller und elektrotechnischer Einrichtungen" verstanden werden. „Einrichtungen, die jedoch von der baulichen Anlage ohne Beeinträchtigung der Vollständigkeit oder Benutzbarkeit abgetrennt werden können und einem selbstständigen Nutzungszweck dienen, fallen unter die VOL/A."

Die Unterscheidung zwischen Bauleistungen und Sonstigen Leistungen hat nur bei der Vergabe von Bauleistungen bzw. Sonstigen Leistungen durch die öffentlichen Hände eine Bedeutung. Formal unterschiedliche Vorgehensweisen sind dann zu berücksichtigen. Im Rahmen der allgemeinen Betrachtung genügt deshalb an dieser Stelle der Hinweis auf den Unterschied.

Bevor die bauausführenden Unternehmen tätig werden, müssen zunächst Aufgaben im Rahmen der Suche von Anbietern bewältigt werden.

Anbieter werden aufgrund des sog. Vergabeverfahrens gefunden (vgl. Abschn. 6.4.1).

Dabei hat der Bauherr bzw. der Architekt folgende, stichwortartig genannte Aufgaben:

- Festlegung der Vergabeart; d. h. ob öffentliche oder beschränkte Ausschreibung oder freihändige Vergabe,
- Festlegung des Bauvertrages; d. h. ob Einheitspreis-, Pauschal-, Stundenlohn- bzw. Selbstkostenerstattungsvertrag,

- Festlegung der Leistungsbeschreibung; d. h. Leistungsverzeichnis oder funktionale Leistungsbeschreibung mit Leistungsprogramm,
- Bereitstellung der Vergabeunterlagen,
- Wertung der Angebote,
- Vergabeverhandlungen; d. h. Klärung der Angebotsinhalte und Festlegung der Vertragskonditionen,
- Auftragserteilung.

Nach Erteilung der Aufträge kann mit der Herstellung des Bauprojektes begonnen werden und zwar der Roh- und Ausbauleistungen, der technischen Gebäudeausrüstung und der baulichen Außenanlagen etc.

Hierbei sind mehrere Aufgabengebiete zu unterscheiden, nämlich:

- Bauvorbereitung, d. h. Verfahrenswahl, Ablauf-, Kapazitäts- und Terminplanung, sowie Baustelleneinrichtungs- und Kostenplanung (auch Arbeitsvorbereitung genannt),
- Abschluss von Verträgen mit Lieferanten und Nachunternehmern,
- Bauausführung,
- Überwachung der Produktion durch den Bauherrn bzw. den Architekten, im Hinblick auf Qualität, Termine und Kosten,
- Überwachung der Produktion durch die bauausführenden Unternehmen und zwar im Hinblick auf die Übereinstimmung der Produktion mit der Baugenehmigung, den Ausführungsplänen, den Leistungsbeschreibungen, den anerkannten Regeln der Bautechnik, den einschlägigen Vorschriften und den Inhalten des Bauvertrages.

Wenn das Bauprojekt – oder ein abnahmefähiger, d. h. in sich geschlossener Teil der Leistung – fertig gestellt ist, dann wird das Bauprojekt an den Bauherrn übergeben bzw. der Bauherr muss das Bauprojekt abnehmen (weiterführende Literatur siehe z. B. Vygen et al. 2015, S. 240 f.).

In der Praxis werden die genannten Aufgaben nicht konsequent nacheinander erbracht, sondern mit deutlichen zeitlichen Überschneidungen.

Die Größe der zeitlichen Überschneidung hängt u. a. von der Art des Bauprojektes ab. Unter größer werdendem Termindruck ergibt sich aber eher eine Zunahme der Überschneidungen. Dies bedingt wiederum eine erhöhte Anforderung hinsichtlich Koordination und Abstimmung der Planungsleistungen.

Die Skizze in Abb. 1.4 soll dies schematisch verdeutlichen.

Aufgrund der Überschneidungen kommt es immer wieder zu Problemen, weil die Baurealisierung bereits vor dem Abschluss der Planungen beginnt und die Rahmenbedingungen und Vorgaben unvollständig sind, oder Änderungen während des Bauablaufs notwendig werden. 2013 wurde auch deshalb die „Reformkommission Bau von Großprojekten" auf Initiative des Bundesministeriums für Verkehr, Bau und Stadtentwicklung ins Leben gerufen, die in ihrem Abschlussbericht zu verschiedenen

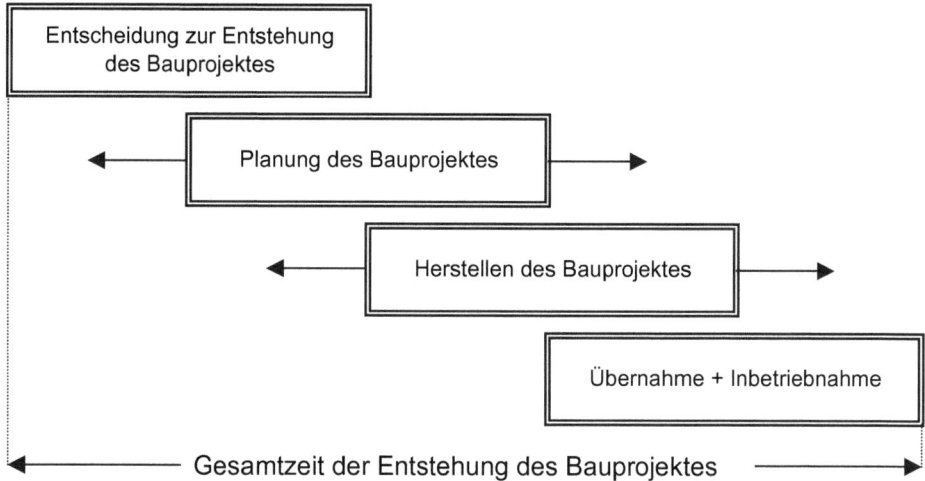

Abb 1.4 Zeitliche Überschneidung der Projektphasen

Verbesserungsvorschlägen kommt. Dazu gehört unter Punkt 2 von 10 Punkten eines notwendigen Aktionsplans die Forderung „Erst planen, dann bauen". Aus Sicht der Reformkommission sollte „gewährleistet sein, dass mit dem Bau erst dann begonnen wird, wenn für das genehmigte Bauvorhaben die Ausführungsplanung mit detaillierten Angaben zu Kosten, Risiken und zum Zeitplan sowie eine integrierte Bauablaufplanung vorliegen." Ergänzend dazu „wird die Bundesregierung darauf hinwirken, dass Großprojekte vorrangig in interdisziplinären Teams geplant werden, um bereits in frühen Projektphasen einen möglichst hohen Abstimmungsgrad und intensiven Informations- und Wissensaustausch mit Blick auf Planungsinhalte und -details zu erreichen" (Bundesministerium für Verkehr und digitale Infrastruktur 2015).

1.4 Nutzung

In der Nutzungsphase wird die Immobilie gemäß ihrem definierten Nutzungszweck betrieben. Im laufenden Betrieb haben die baulichen und technischen Eigenschaften des Objekts einen Einfluss auf den Betrieb und die Nutzungsqualität (siehe zu diesem Abschnitt auch Blecken und Meinen 2020, S. 516 ff.).

Da während der Nutzungsphase ein Einfluss auf die Gebäudestruktur oder eine Änderung bestehender Gebäudetechnik nur mit erheblichem Kostenaufwand möglich ist, sind alle Aspekte der späteren Nutzung in die Konzeption, Planung und Errichtung einzubeziehen.

Jedoch ist auch bei optimaler Bauausführung nicht gewährleistet, dass der anfängliche Zustand des Gebäudes ohne Zutun des Eigentümers über den gesamten Betrieb erhalten bleibt. Zu Beginn der Nutzung hat der Eigentümer beispielsweise sicherzustellen, dass eine Einregulierung der technischen Anlagen stattgefunden hat. Zudem empfiehlt es sich, die Einstellungen und Funktionsweisen der Anlagen ggf. nach einer festgelegten Zeitspanne zu überprüfen. Zwingend erforderlich ist es auch, gesetzlich vorgeschriebene Wartungen und Prüfungen durchzuführen, zu dokumentieren und beanstandete Mängel innerhalb einer gegebenen Frist zu beseitigen. Weiterhin kann eine Durchführung von regelmäßigen, freiwilligen Inspektionen zum ordnungsgemäßen Betrieb und zum Erhalt der technischen Anlagen beitragen.

Da die Nutzungsphase die längste Phase im Lebenszyklus einer Immobilie darstellt und hier erfahrungsgemäß der höchste Kostenanteil anfällt, sollte eine umfassende Analyse des Einflusses der baulichen Eigenschaften und technischen Anlagen auf die späteren Nutzungskosten bereits während der Planung stattfinden.

Zur Beschreibung der Aufgaben und Anforderungen im der Nutzungsphase (das Facility Management) existieren eine große Zahl an Normen und Richtlinien, die Vorgaben und Empfehlungen hinsichtlich der Inhalte der verschiedenen Leistungsbereiche darstellen. Durch den Lebenszyklusgedanken sind zudem nahezu alle bautechnischen Normen der Planung, der Errichtung, des Betriebs und der Verwertung relevant. Dabei sind viele Überschneidungen, Dopplungen und Definitionsunterschiede zu finden, die dazu führen, dass keine einheitliche, allgemeingültige Definition für das Facility Management vorliegt, und sich Normen und Regelwerke zum Teil widersprechen.

Im Folgenden werden diejenigen Normen und Richtlinien vorgestellt, die sich direkt auf das Facility Management beziehen.

DIN 15221 Facility Management: Die DIN 15221 determiniert und beschreibt den Begriff des Facility Managements und präzisiert Leistungsfelder, die dem Facility Management zugeordnet werden können. Das Facility Management wird in der DIN 15221 definiert als „Integration von Prozessen innerhalb einer Organisation zur Erbringung und Entwicklung der vereinbarten Leistungen, welche zur Unterstützung und Verbesserung der Effektivität der Hauptaktivitäten der Organisation dienen". Neben einer Einleitung in das Themengebiet des Facility Management mit Aufzählung seiner Hauptvorteile, enthält die Norm Abgrenzungen zwischen Haupt- und Unterstützungsprozessen sowie deren Zuordnung zu Hauptaktivitäten und Unterstützungsleistungen. Zudem beinhaltet die Norm eine Beschreibung der Zusammenarbeit der strategischen und operativen Ebene mit deren Arbeitspaketen.

DIN 32736 Gebäudemanagement: Die DIN 32736 befasst sich mit dem Gebäudemanagement. Sie beinhaltet die Definition des Gebäudemanagements und erörtert dessen Leistungs- und Aufgabenbereiche. Das Gebäudemanagement wird in der Norm mit folgenden Worten definiert: „Gesamtheit aller Leistungen zum Betreiben und Bewirtschaften von Gebäuden einschließlich der baulichen und technischen Anlagen auf der Grundlage ganzheitlicher Strategien. Dazu gehören auch die infrastrukturellen und kaufmännischen Leistungen."

GEFMA 100 Facility Management: Die GEFMA 100 definiert das Facility Managements auf die folgende Weise: „Facility Management (FM) ist eine Managementdisziplin, die durch ergebnisorientierte Handhabung von Facilities und Services im

1.4 Nutzung

Rahmen geplanter, gesteuerter und beherrschter Facility Prozesse eine Befriedigung der Grundbedürfnisse von Menschen am Arbeitsplatz, Unterstützung der Unternehmens-Kernprozesse und Erhöhung der Kapitalrentabilität bewirkt." Zusätzlich zu den Grundlagen des Facility Managements enthält die GEFMA eine Abgrenzung des Facility Managements und des Gebäudemanagements. Des Weiteren strukturiert die GEFMA 100 das Facility Management anhand der Lebenszyklusphasen einer Immobilie und stellt ein Leistungsspektrum auf.

GEFMA 200 Kosten im Facility Management: Die GEFMA 200 enthält eine lebenszyklus-übergreifende Kostenstruktur für die beim Facility Management anfallenden Kosten. Der Aufbau lehnt an die GEFMA 100 an und vereint die relevanten Kostengruppen der DIN 276 (Kosten im Hochbau) mit denen der DIN 18960 (Nutzungskosten im Hochbau).

DIN 18960 Nutzungskosten im Hochbau: Die DIN 18960 beinhaltet eine Vorgabe zur einheitlichen Gliederung von Nutzungskosten im Hochbau und kann somit zur Nutzungskostenplanung herangezogen werden. Sie erfasst „[...] alle in baulichen Anlagen und deren Grundstücken entstehenden regelmäßig oder unregelmäßig wiederkehrenden Kosten von Beginn ihrer Nutzbarkeit bis zu ihrer Beseitigung (Nutzungsdauer)." Zudem enthält sie Grundsätze zur Nutzungskostenplanung.

Die Aufgabenbereiche des Facility Managements lassen sich somit in sämtlichen Bereichen des Immobilienlebenszyklus finden. Es dient der allgemeinen Planung, Verwaltung, Organisation und Kontrolle aller mit dem Gebäude in Verbindung stehenden Ressourcen zur Erhaltung der Betriebsfähigkeit. Hierzu zählt vor allem die Herstellung eines funktionierenden Arbeitsumfeldes.

Das Ziel ist dabei, den Endnutzer so zu entlasten, dass er sich auf sein Kerngeschäft konzentrieren kann. Auf Basis der Kostengruppen der DIN 18960 lassen sich die Aufgaben wie folgt beschreiben:

- Gebäude- und Grundstücksverwaltung,
- Ver- und Entsorgung des Gebäudes, der Anlage, des Grundstücks etc.,
- Gebäudereinigung (Innen-, Fenster- und Fassadenreinigung, Außenanlagen),
- Bedienen von haus- und betriebstechnischen Anlagen,
- Wartung und Inspektion der haus- und betriebstechnischen Anlagen einschließlich der damit zusammenhängenden Kleinreparaturen,
- Überwachungs- und Sicherheitsdienste,
- Sonstige wie z. B. Abfallbeseitigung, Schornsteinreinigung.

Neben diesen laufend anfallenden Aufgaben umfasst das Facility Management auch die Wiederherstellung des Sollzustandes (Instandsetzung) als Teil der Instandhaltung zu der auch die Wartung (Erhaltung des Sollzustands) gehört.

Unabhängig von der konkreten Zuordnung und Bezeichnung der Aufgaben, können diese als Dienstleistungen definiert werden, die dem Unterhalt von Gebäuden und

Liegenschaften langfristig dienen. Dabei werden das strategische und das operative Facility Management unterschieden.

Das strategische Facility Management konzipiert Ansätze für die Optimierung des Immobilienmanagements von Unternehmen, Institutionen sowie für alle anderen Gesellschaften, bei denen ein Management von Immobilien erforderlich ist und legt die zu erreichenden Ziele fest. Ein Beispiel für eine Strategie kann der besonders energieeffiziente Betrieb der Immobilie(n) sein, bei dem die Zielgröße den Verbrauch in kWh/m^2 um einen vorher festgelegten Wert nicht übersteigen soll. Es muss definiert werden, wie der Weg zum Ziel aussieht und welche Mittel dafür bereitstehen.

Die Basis für die Strategie bilden die Unternehmensziele. Durch die Integration des strategischen Facility Managements in die Planungsphase, können die notwendigen Grundlagen geschaffen werden, um in der Nutzungsphase das operative Facility Management optimal umzusetzen.

Zudem verantwortet das strategische Facility Management das Controlling der entwickelten Strategien und der vorgegebenen Ziele sowie die Gestaltung der Prozesse. Hierbei ist es auf das Reporting des operativen Facility Managements angewiesen. Die Aufgabe des strategischen FM besteht folglich in der Entwicklung von Vorgaben, die vom operativen FM in der Praxis umgesetzt werden sollen.

Das operative Facility Management ist somit für das Tagesgeschäft der Erbringung von Facility Management Dienstleistungen (Facility Services) zuständig. Bezugnehmend auf die oben beschriebene Strategie des energieeffizienten Betriebs, können Aufgaben des operativen Facility Managements beispielsweise darin bestehen, zunächst eine gewerkeübergreifende Analyse aller Energieverbraucher vorzunehmen und daraus Energieeinsparmaßnahmen zu abzuleiten, umzusetzen und nachzuweisen. Das operative Facility Management beinhaltet auch das sogenannte Gebäudemanagement gemäß DIN 32736, das sich mit objektbezogenen Aufgaben ausschließlich während der Nutzungsphase, bezogen auf kaufmännische (Verwaltung), technische (insbesondere Instandhaltung, Modernisierung und Sanierung) und infrastrukturelle (insbesondere Ver- und Entsorgung, Reinigung und Sicherheit) Fragestellungen befasst und die Aufgaben entsprechend DIN 18960 integriert.

1.5 Zusammenfassung der Aufgaben

Um eine übersichtliche Darstellung in den einzelnen Projektphasen zu ermöglichen, werden die herausgestellten Aufgaben wie folgt zusammengefasst:

- Entscheidung zur Entstehung eines Bauprojektes
  - Feststellen des Bedarfs an Bauprojekten,
  - Formulierung der Zielsetzung des Bauherrn,
  - Suchen eines geeigneten Standortes und Grundstückes,
  - Feststellen des Funktions- und Raumbedarfs einschließlich Kostenüberschlag,

1.5 Zusammenfassung der Aufgaben

- Feststellen des Finanzierungsbedarfs und Sondierung Finanzierungspartner,
- Grundstückskauf oder Bestellung eines Erbbaurechtes, ggf. als Option.
- Planung des Bauprojektes
  - Festlegung des Qualitätsstandards, der Kostenziele und der Terminangaben,
  - Beauftragung eines Entwurfsverfassers,
  - Hinzuziehung von Sonderfachleuten und Fachingenieuren,
  - Festlegung der vertraglichen Beziehungen zwischen den Aufgabenträgern,
  - Aufbau einer Organisation der Planungsbeteiligten,
  - Koordination der Planungsleistungen und Abstimmung der Planungsleistungen,
  - Entwicklung von Strategien für die Nutzungsphase,
  - Kostenplanung in Abhängigkeit vom Fortgang der Planung,
  - Wirtschaftlichkeitsberechnung und Rentabilitätsanalyse,
  - Erstellung der Finanzierungspläne und Sicherstellung der Finanzierung,
  - Endgültige Entscheidung zur Erstellung des Bauprojektes,
  - Erarbeiten der Genehmigungsunterlagen zur Erstellung des Bauprojektes.
- Herstellung des Bauprojektes
  - Suchen von bauausführenden Unternehmen,
  - Herstellen der Bauleistungen,
  - Unternehmens- und bauherrenseitige Überwachung der Leistungserstellung,
  - Abnahme der Bauleistungen.
- Strategisches und operatives Facility Management mit kaufmännischem, teschnischem und infrastrukturellem Gebäudemanagement.

Exkurs: Ende der Nutzung der Bauprojekte bzw. Abbruch von Bauprojekten

Geht man von einem ganzheitlichen Betrachtungsansatz aus, ist der Rückbau bzw. Abriss eines Bauobjektes mit zu berücksichtigen. Auf Probleme des Abbruches von Bauprojekten, wie

- Umweltbelastung durch Problemstoffe im verwendeten Baumaterial,
- Notwendigkeit der Reinigung von kontaminiertem Erdreich und
- Ausbau und Wiederverwendung (Recycling) von verwertbaren Baustoffen,

wird in diesem Buch nicht eingegangen. Einerseits sind dies vorwiegend technische Gesichtspunkte, die überwiegend von Bedeutung sind. Andererseits ist bei einer technischen Nutzungsdauer von bis zu 100 Jahren und einer angenommenen wirtschaftlichen Nutzungsdauer von ca. 25 bis 30 Jahren die Unsicherheit der Einflussgrößen, die am Ende des Betrachtungszeitraumes wirksam werden, sehr groß.

Den Verfassern ist jedoch bewusst, dass sich gerade auf diesen Gebieten in den letzten Jahren eine deutliche Bewusstseinsveränderung zeigt. Mit der Konsequenz, dass bereits bei der Planung entsprechende Überlegungen durchgeführt werden.

Literatur

Blecken, U.; Meinen, H. (Hrsg.): Praxishandbuch Projektentwicklung, 2. Auflage, Reguvis, 2020

Bundesministerium für Verkehr und digitale Infrastruktur (Hg.) (2015): Reformkommission Bau von Großprojekten. Online verfügbar unter https://www.bmvi.de/SharedDocs/DE/Publikationen/G/reformkommission-bau-grossprojekte-endbericht.html, zuletzt geprüft am 14.07.2020

Gensior, E.: Projektentwicklung im Bau- und Immobilienwesen; in: Baumanagement im Lebenszyklus von Gebäuden, Vom Entwurf bis zum Abbruch, Schriften der Bauhaus Universität Weimar, Universitätsverlag: Weimar 1999

Hahn, V.: Die Aufgabe des Bauherrn in der heutigen Gesellschaft; in: Der Bauherr in der Demokratie, Heft 2, Stiftung Bauwesen: Stuttgart 1997

Heiermann, W./Riedl, R./Rusam, M.: Handkommentar zur VOB Teil A und B, 12. völlig neubearbeitete und erweiterte Auflage, Bauverlag: Wiesbaden-Berlin 2011

Leifert, W.: Die Kostenplanung als integrativer Bestandteil der Planungsprozesse von Bauvorhaben, Dissertation Universität Dortmund: Dortmund 1990

Muncke, G. et al.: Standort- und Marktanalyse in der Immobilienwirtschaft; in: Schulte, K.-W./Bone-Winkel, St. (Hrsg.): Handbuch der Immobilienprojektentwicklung, 2. Auflage, Rudolf Müller Verlag: Köln 2002

Osebold, R.; Gautier, P.: Die Wiederentdeckung des Bauherrn – Bedarfsplanung als Grundlage für den weiteren Planungsprozess, in: Deutsches Ingenieurblatt, Nr. 1/2, 2014

Pfarr, K.H. (1997): Bauherrenleistungen und ihre Delegation; in: Schriften zur bau- und immobilienwirtschaftlichen Forschung und Praxis, Heft 1/97

Schulte, K.-W./Bone-Winkel, St./Pitschke, Ch.: Rentabilitätsanalyse für Immobilienprojekte; in: Schulte, K.-W./Bone-Winkel, St. (Hrsg.): Handbuch der Immobilienprojektentwicklung, 3. Auflage, Rudolf Müller Verlag: Köln 2008

Vygen, K.; Wirth, A.; Schmidt, A.: Bauvertragsrecht: Praxiswissen, 7. Auflage, Bundesanzeiger Verlag, Köln, 2015.

Baubeteiligte bei der Ausführung einzelner Aufgaben

2

An dieser Stelle wird nur ein allgemeiner Überblick über die Baubeteiligten bei der Ausführung einzelner Aufgaben gegeben. Die Unterordnung der Beteiligten zu den einzelnen Projektphasen bedeutet nicht, dass diese Gruppen innerhalb eine anderen Projektphase nicht vertreten sind. Es soll damit jedoch die besondere und in vielen Fällen unverzichtbare Rolle in diesem Zeitraum des Bauprojektes zum Ausdruck gebracht werden.

Im Abschn. 5.3 wird ausführlicher auf die einzelnen Gruppen der Aufgabenträger als die Anbieter von Leistungen am Baumarkt eingegangen.

2.1 Entscheidung zur Entstehung des Bauprojektes

2.1.1 Bauherren

Bauherren bzw. Investoren lassen sich in drei Grundkategorien differenzieren:

- private Institution (z. B. privater Haushalt, Kirche, Verein, Stiftung),
- gewerbliche Bauherren oder institutionelle Investoren (z. B. freies oder gemeinnütziges Wohnungsunternehmen, Immobilienfonds, Versicherungen, sonstige gewerbliche Unternehmen),
- öffentlich-rechtliche Institution (Bund, Land, Gemeinde, öffentliche Körperschaft sowie Sondervermögensträger).

Bei den öffentlich-rechtlichen Institutionen sind die öffentlichen Körperschaften die Bauherrn, wie z. B. Gebietskörperschaften. Dabei ist die Zahl der öffentlichen Bauherren beachtlich. Alleine über 3400 Städte und Gemeinden sind im Deutschen Städtetag zusammengeschlossen und vertreten ca. 53 Mio. Einwohner. Jedoch sind die öffentlichen Bauinvestitionen über die drei Ebenen der Gebietskörperschaften nicht gleichmäßig verteilt. Der größte Anteil an Bauinvestitionen wird von den Gemeinden und Gemeindeverbänden getragen und zwar häufig unter Beteiligungsfinanzierung von Bund und Ländern.

Bei den privaten Institutionen sind beispielsweise die Bauträgergesellschaften als Bauherrn einzuordnen. Der Bauträger verpflichtet sich im eigenen Namen, auf eigene Rechnung oder Rechnung des Erwerbers, auf eigenem oder einem Dritten gehörenden Grundstück ein Haus (oder eine Eigentumswohnung) zum Zwecke der Veräußerung zu errichten. Die Veräußerung kann vor Baubeginn, während der Bauzeit und nach Fertigstellung erfolgen. Dabei kann der Käufer vor Erstellung des Bauprojektes bestimmte Wünsche hinsichtlich der Ausgestaltung äußern.

Demgegenüber wird vom Baubetreuer auf dem Grundstück des Betreuten – d. h. des Bauherrn – ein Bauprojekt errichtet. Der Betreuer schließt im Namen des Bauherrn und mit Vollmacht des Bauherrn die Verträge mit den am Bau Beteiligten ab. Das Bauprojekt wird auf Rechnung des Bauherrn durchgeführt. Die Baubetreuung ist eine Dienstleistung für den Bauherrn.

Bei allen drei Gruppierungen ist grundsätzlich die Möglichkeit der Eigennutzung bzw. der Verwertung und/oder der Vermietung gegeben.

2.1.2 Architekten, Fachingenieure und Sonderfachleute

Bereits bei der Entscheidung zur Entstehung eines Bauprojektes werden vom Bauherrn Architekten, Fachingenieure und u. U. auch Sonderfachleute eingeschaltet, die sich in aller Regel in einem bestimmten Bereich von Bauprojekttypen – z. B. Errichten von Kaufhäusern, Gewerbeobjekten oder Krankenhäusern – spezialisiert haben.

Die genannten Gruppen erbringen ihre Leistungen als „freiberufliche Tätigkeit".

Der Bundesverband Freier Berufe definiert eine freiberufliche Tätigkeit als eine geistig-ideelle Leistung, die aufgrund besonderer beruflicher Qualifikationen persönlich, eigenverantwortlich und fachlich unabhängig im Auftraggeber- oder Allgemeininteresse erbracht wird (vgl. hierzu auch Franke 1997, S. 286).

Eine Legaldefinition der Freien Berufe gibt es nicht. Allerdings gibt es im § 18 Abs. 1 Nr. 1 Satz 2 Einkommensteuergesetz einen Katalog von freien Berufen, in welchem u. a. auch bauwirtschaftlich relevante Berufe wie Ingenieure, Vermessungsingenieure, Architekten, Rechtsanwälte, Notare, Steuerberater und Wirtschaftsprüfer aufgeführt sind.

Im Besonderem werden darunter in der Vergabeordnung (VgV)[1] in Abschnitt 6 (Besondere Vorschriften für die Vergabe von Architekten- und Ingenieurleistungen), § 73 Abs. 2 VgV Leistungen verstanden, die

---

[1] Die VgV findet Anwendung bei der öffentlichen Vergabe von Leistungen, die im Rahmen einer freiberuflichen Tätigkeit erbracht oder im Wettbewerb mit freiberuflicher Tätigkeit angeboten werden.

„von der Honorarordnung für Architekten und Ingenieure vom 10. Juli 2013 (BGBl. I S. 2276) erfasst werden, und sonstige Leistungen, für die die berufliche Qualifikation des Architekten oder Ingenieurs erforderlich ist oder vom öffentlichen Auftraggeber gefordert wird."

An dieser Stelle soll besonders auf die freiberuflichen Leistungen der Projektmanager bzw. -steuerer hingewiesen werden. Diese haben in der Vergangenheit erheblich an Bedeutung gewonnen, lassen sich aber aufgrund ihrer umfangreichen Leistungspalette nur bedingt einer Berufsgruppe zuordnen. Da sie aber in vielerlei Hinsicht Beratungsfunktionen übernehmen und der Dienstleistungscharakter bei der Ausübung ihrer Tätigkeit im Vordergrund steht, werden sie an dieser Stelle aufgeführt.

Bei großen Industrieunternehmen oder auch im öffentlich-rechtlichen Sektor sind die vorstehend genannten Fachleute mitunter in eigenen Bauabteilungen bzw. Planungsämtern angesiedelt und haben hier den beruflichen Status entweder eines Angestellten oder eines freien Mitarbeiters.

In Zusammenhang mit der freiberuflichen Tätigkeit wird auf die Abgrenzungsproblematik zu den gewerblichen Dienstleistungenhingewiesen.

„Im Einzelfall kann die Abgrenzung zwischen freiberuflicher und gewerblicher Dienstleistung Schwierigkeiten bereiten. Nicht unter freiberufliche Dienstleistungen dürften jedenfalls die im Vordringen begriffenen Dienstleistungen wie etwa das Facility Management sein" (vgl. Franke 1997, S. 289).

Der wesentliche Unterschied zwischen „freiberuflicher Tätigkeit" und „gewerblichen Dienstleistungen" liegt darin, dass für die Erbringung von gewerblichen Dienstleistungen ein Gewerbebetrieb vorhanden sein muss. Der Betrieb eines Gewerbes liegt vor, wenn folgende Kriterien erfüllt sind:

- Selbständigkeit: Der Gewerbetreibende muss im Wesentlichen seine Tätigkeit frei gestalten und sein Arbeitszeit frei bestimmen können.
- Planmäßigkeit und Dauer: Die Tätigkeit muss planmäßig erfolgen und auf Dauer angelegt sein.
- Mindestorganisation: Es bedarf des Vorhandenseins einer erkennbaren unternehmerischen Mindestorganisation.
- Beteiligung am allgemeinen wirtschaftlichen Verkehr: Der Gewerbetreibende muss durch seine Tätigkeit nach außen in Erscheinung treten, d. h. er muss seine Leistung auf einem allgemein zugänglichen Markt gegen Entgelt anbieten. Ob dabei der Kundenkreis groß oder eng begrenzt ist, ist ohne Bedeutung.

Bei gewerblichen Dienstleistungen, die bei der Entwicklung, Planung, Herstellung und Nutzung von Bauprojekten benötigt werden, handelt es sich im Wesentlichen um Dienstleistungen

- der Beratung in der Entscheidungsphase,
- bei der Bereitstellung von Finanzierungsmitteln,

- bei Gründstücksübertragungen und
- bei der technischen, kaufmännischen und infrastrukturellen Betreibung von Bauprojekten (Facility Management).

Bei letzterem tritt auch eine Mischung von Dienstleistungen und Werkleistungen auf. (vgl. Blecken und Meinen 2020, S. 23ff.)

2.1.3 Finanzierungsträger

Beim Wohnungsbau sind vor allem die Geschäfts- und Hypothekenbanken sowie die Bausparkassen zu nennen. Diese stellen die Finanzierungsmittel als grundpfandrechtlich gesicherte Darlehen bereit und zwar dann, wenn beim Bauherrn genügend Eigenkapital vorhanden ist. In diesem Fall spricht man in aller Regel von einer klassischen Finanzierung.

Im gewerblichen Sektor sind es die Unternehmen, die im Rahmen der Unternehmensfinanzierung die Finanzmittel zur Erstellung von Bauprojekten aufbringen. Die Unternehmensfinanzierung kann wiederum durch Fremdfinanzierung erfolgen.

Im öffentlichen Bau sind die Finanzierungsträger in aller Regel die öffentlichen Haushalte. Es wird aber bereits an dieser Stelle auf Modelle hingewiesen, bei welchen öffentliche Bauprojekte mithilfe privater Finanzierungen erstellt werden. (vgl. Abschn. 12.2.2.2)

Daneben ist die Finanzierung durch die Förderung der öffentlichen Hand und auch durch Arbeitgeberdarlehen zu nennen.

Neben den genannten Finanzierungsträgern im Bereich der klassischen Finanzierung sind die Träger alternativer Finanzierungsmodelle zu nennen.

Diese entstanden durch die wachsenden Größenordnungen heutiger Bauprojekte, bei welchen die bei der klassischen Finanzierung geforderten Eigenmittel – auch von großen Projektträgern – in aller Regel nicht aufgebracht werden können.

Dadurch muss in zunehmendem Maße das fehlende Eigenkapital durch Fremdkapital ersetzt werden. Das aber bedeutet, dass sich der Kreditgeber auch am unternehmerischen Risiko des Projektträgers beteiligt.

Träger dieser alternativen Finanzierungsmodelle sind u. a.:

- geschlossene und offene Immobilienfonds,
- Leasinggesellschaften,
- Versicherungen,
- Private Equity-Fonds.

In der Praxis haben sich aufgrund dieser anspruchsvollen und komplizierten Finanzierungsmodelle Spezialisten für die Finanzierung von Gewerbebauten und für die

Finanzierung von öffentlichen Bauprojekten ergeben, die ihre Leistungen als Financial Engineering anbieten.

2.1.4 Grundstücksanbieter

Als Grundstücksanbieter kommen private, gewerbliche und öffentliche Anbieter in Frage. Ist das benötigte Grundstück nicht im Eigentum der Projektträger, kommt der Sicherung des Grundstücks eine besondere Bedeutung zu. In engem Zusammenhang hierzu steht die Schaffung des Baurechts für ein konkretes Bauprojekt.

Bei Grundstücksübertragungen sind neben den Grundstücksanbietern und den Käufern noch Notare, Grundbuchämter bzw. Amtsgerichte beteiligt. Bei Vorliegen bestimmter Genehmigungserfordernisse, wie z. B. Umwelt-, Denkmalschutz, gemeindliche Vorkaufsrechte, werden auch weitere Behörden eingeschaltet.

2.1.5 Dienstleister

Auf folgende gewerbliche Dienstleistungen, die bei der Entwicklung, Planung, Herstellung und Nutzung von Bauprojekten benötigt werden, wurde bereits bei der Darstellung der Aufgaben hingewiesen:

- Beratungsleistung in der Entscheidungsphase,
- Dienstleistungen bei der Bereitstellung von Finanzierungsmitteln,
- Dienstleistungen bei Grundstücksübertragungen,
- Dienstleistungen im Rahmen des Facility Management.

Diese Leistungen werden in aller Regel von Personen bzw. Institutionen angeboten und durchgeführt, die sich darauf spezialisiert haben. Neben Finanzdienstleistern und Juristen können dies in der ersten Phase eines Bauprojektes auch Marktforschungsinstitute, Konzeptentwickler, Makler etc. sein. Handelt es sich beispielsweise um die Entscheidung über die Realisierung eines stark frequentierten Bauobjektes in Form eines Shopping Centers oder Kinokomplexes, sind umfangreiche Markt- und Standortanalysen durchzuführen, die von grundlegender Bedeutung im Rahmen der Entscheidungsfindung sind.

Darüber hinaus ist es von Relevanz, schon in der Entscheidungsphase Fachleute des Facility Managements hinzu zu ziehen. Die wesentlichen Informationen, die für ein wirtschaftliches Nutzen des Bauobjektes Voraussetzung sind, fließen daher ebenso in die Entscheidungsfindung mit ein.

Somit gibt es gerade in der Phase der Entscheidungsfindung in Abhängigkeit der Komplexität des Bauprojektes oftmals eine Vielzahl von Dienstleistern, die der Bauherr zur Entscheidungsfindung benötigt und in den Prozess einbinden muss. Auch hierzu kann er sich gegebenenfalls mit Fachleuten bedienen, die ihn bei dieser Aufgabe beraten und unterstützen.

2.2 Planung des Bauprojektes

2.2.1 Architekten, Fachingenieure und Sonderfachleute

Zur Durchführung der Planung wird der Bauherr zunächst einen Architekten – die Landesbauordnungen sprechen vom Entwurfs- oder Planverfasser – beauftragen.

Hat der Bauherr bereits bei der Entscheidung zur Entstehung eines Bauprojektes einen Architekten eingeschaltet, der ihm bei der Standortsuche, bei der Feststellung des Funktions- und Raumbedarfs und bei der Errechnung eines Kostenüberschlags als Grundlage der Finanzierungsüberlegungen geholfen hat, dann ist es üblich, diesem Architekten auch die Objektplanung des Bauprojektes anzuvertrauen.

Grundlage der Zusammenarbeit zwischen dem Bauherrn und dem Architekten ist ein Architektenvertrag (zu Einzelheiten der Verträge zwischen Bauherrn und Planungsbeteiligten siehe z. B. Korbion et al. 2015). Im Architektenvertrag müssen vor allem der Leistungsumfang, den der Architekt zu erbringen hat, und das Honorar festgelegt werden. Die verschiedenen Leistungen bzw. das Leistungsbild, welches der Architekt je nach vertraglicher Verpflichtung erbringen muss, ist sehr detailliert in den einzelnen Leistungsphasen der Honorarordnung für Architekten und Ingenieure (HOAI) dargestellt. Dabei wird in den einzelnen Leistungsphasen zunächst zwischen Grundleistungen und besonderen Leistungen unterschieden. Die besonderen Leistungen müssen explizit vereinbart werden. Darüber hinaus können „zusätzliche Leistungen", die wiederum vertraglich gesondert festgelegt werden müssen, durch einen Architekten erbracht werden.

Die vollständige Beschreibung des Leistungsbildes Gebäude und Innenräume nach § 34 Abs. 3 HOAI beinhaltet folgende Leistungsphasen:

1. Grundlagenermittlung,
2. Vorplanung,
3. Entwurfsplanung,
4. Genehmigungsplanung,
5. Ausführungsplanung,
6. Vorbereitung der Vergabe,
7. Mitwirkung bei der Vergabe,
8. Objektüberwachung – Bauüberwachung und Dokumentation,
9. Objektbetreuung.

Je nach Leistungsumfang ist das Honorar zu ermitteln. Die genaue Bestimmung des Honorars wird in Abschn. 6.2 erläutert.

Beschränkt sich die Tätigkeit auf die Erstellung des Entwurfs, dann muss der Architekt in der Planung das vorgesehene Bauprojekt so darstellen, dass die Behörden und andere Planungsbeteiligte über die Genehmigungsfähigkeit verhandeln können.

Wird dem Architekten der Planungsauftrag erteilt, dann wird jeder Bauherr auch seine Vorstellungen hinsichtlich des Zeitpunktes der Fertigstellung des Bauprojektes kundtun. Ob diese Vorstellungen realisierbar sind, wird anhand eines Grobterminplanes überlegt, der eventuell auch Vertragsbestandteil des Architektenvertrages wird.

Wird die Betreuung des gesamten Baugeschehens in die Hand des Architekten gelegt, dann hat dieser die Verantwortung bis zur Übernahme bzw. Inbetriebnahme des Bauprojektes durch den Bauherrn.

Aufgrund der Komplexität vieler Bauprojekte ist es notwendig, weitere Fachingenieure und Sonderfachleute hinzuzuziehen, die Planungsleistungen in Form von Ideen, Standortuntersuchungen, Entwürfen, Ausführungszeichnungen, Finanzierungsplänen, Wirtschaftlichkeitsuntersuchungen, Bauzeitplänen, Nachhaltigkeitsperspektiven, Datenmodelling etc. bereitstellen.

Für viele dieser Fachingenieure sind die verschiedenen Leistungen sehr detailliert in den einzelnen Leistungsphasen in der HOAI dargestellt.

Fachingenieure sind u. a. in den Bereichen Tragwerksplanung und -berechnung, Vermessung, Heizung, Lüftung, Schallschutz, Garten- und Landschaftsbau, Sanitär, Elektro- und Anlagentechnik, Bauphysik, Bodenmechanik, Baubetrieb, Bauorganisation und Bauwirtschaft tätig. Ein Fachingenieur hat nur einen Teil des Bauprojekts planerisch zu verantworten. Leistungen von verschiedenen Fachingenieuren sind auch Bestandteil der Bauvorlage im Baugenehmigungsverfahren. Der Architekt seinerseits hat die Aufgabe, diese Planungsleistungen in die Genehmigungsplanung einzubeziehen und entsprechend zu koordinieren.

Zu den Sonderfachleuten gehören u. a. Sachverständige und Gutachter. Alle technischen Anlagen, wie Heizungs-, Lüftungs-, Sprinkler- und Förderanlagen müssen von Sachverständigen abgenommen werden. Außerdem werden Gutachter und Sachverständige häufig bei Unstimmigkeiten zwischen den am Bauprojekt Beteiligten beauftragt, um strittige Sachverhalte zu klären. Von einem staatlich anerkannten und vereidigten Gutachter spricht man, wenn dieser bei Gericht als Gutachter zugelassen ist.

Die Vielzahl von Fachingenieuren und Sonderfachleuten ist vor allem darauf zurückzuführen, dass heute große Anforderungen an die Nutzungsmöglichkeiten, an die technische Gebäudeausrüstung und die verwendeten Baumaterialien gestellt werden.

Dabei wird die Kontrolle der Planung, die Abstimmung der Ergebnisse der Einzelplanungen, die zeitliche Koordination und die Übernahme der Einzelergebnisse in das gesamte Planungsergebnis immer schwieriger. Diese zunehmend komplexen Aufgaben sind weder vom Bauherrn noch vom planenden Architekten nicht oder zumindest kaum mehr zu bewältigen.

Deshalb hat sich in der Praxis das Berufsbild des Projektsteuerers herausgebildet, dessen Leistungsbild bereits 1976 in den § 31 HOAI aufgenommen wurde.

2.2.2 Projektsteuerer

In der HOAI von 1996 wurden die Leistungen des Projektsteuerers im § 31 wie folgt beschrieben.

„Die Erwartung der Auftraggeber an Projektsteuerer besteht darin, dass sie durch deren Einschaltung bei der Erreichung ihrer Projektziele im Hinblick auf Funktionen, Qualitäten, Kosten und Termine effizient unterstützt werden. Projektsteuerer werden sowohl als Stabsstelle in beratender Funktion in die Aufbauorganisation des Auftraggebers einbezogen als auch zunehmend mit der Projektsteuerung in Linienfunktion beauftragt. Der Auftraggeber lässt sich dann bei der Verfolgung seiner Projektziele vollständig durch externe Projektmanagement-Fachleute vertreten und behält sich nur wenige Auftraggeberentscheidungen vor" (AHO 1998, S. 4).

In § 31 Abs. 1 HOAI von 1996 wurde besonders darauf hingewiesen, dass es sich bei den Leistungen des Projektsteuerers ausdrücklich um die Übernahme von Bauherrenfunktionen handelt. Pfarr spricht in diesem Zusammenhang von delegierbaren und nicht delegierbaren (originären) Bauherrenaufgaben (vgl. Pfarr 1997, S. 17).

§ 31 HOAI von 1996 hat das Leistungsbild des Projektsteuerers weder nach Projektphasen noch nach Handlungsbereichen gegliedert. Deshalb hatten sowohl Auftraggeber als auch Auftragnehmer bei der Anwendung des § 31 HOAI erhebliche Schwierigkeiten. Dies gilt auch für die Findung einer angemessenen Vergütung, denn in Abs. 2 sind für die Honorare nur freie Vereinbarungen vorgesehen.

Aufgrund dieses konkreten Handlungsbedarfs wurde vom Ausschuss der Ingenieurverbände und Ingenieurkammern für die Honorarordnung e. V. (kurz AHO) eine Fachkommission „Projektsteuerung" mit der Zielsetzung konstituiert, einen Vorschlag für ein Leistungsbild zur Projektsteuerung anstelle von § 31 (1) HOAI zu erarbeiten und Untersuchungen zur Honorierung der Projektsteuerung anzustellen.

Das Ergebnis dieses Vorschlags der AHO-Fachkommission „Projektsteuerung" ist ein in fünf Projektstufen gegliedertes Leistungsbild, wie es die HOAI analog auch für alle übrigen Fachbereiche kennt, wobei die Grundleistungen und die Besonderen Leistungen innerhalb jeder Projektstufe nach fünf Handlungsbereichen untergliedert sind, nämlich:

- A: Organisation, Information, Koordination und Dokumentation,
- B: Qualitäten und Quantitäten,
- C: Kosten und Finanzierung,
- D: Termine, Kapazitäten und Logistik,
- E: Verträge und Versicherungen.

Die genannten fünf Projektstufen sind:

- Projektvorbereitung,
- Planung,

- Ausführungsvorbereitung,
- Ausführung,
- Projektabschluss.

Leistungen der Projektsteuerung werden vorrangig von Architekten und Ingenieuren, aber auch von Wirtschaftsingenieuren, Betriebswirtschaftlern und zunehmend von Juristen erbracht.

Seit der Fassung von 2009 werden Projektsteuerungsleistungen in der HOAI nur noch in Anlage 9 als besondere Leistung zur Flächenplanung erwähnt. Eine Empfehlung zu den Projektsteuerungsleistungen und deren Honorierung wird im „Leistungsbild und Honorierung – Projektmanagementleistungen in der Bau- und Immobilienwirtschaft", Heft 9 der AHO-Schriftenreihe, 5. Auflage, Reguvis, Köln, 2020, angeboten.

2.2.3 Verwaltungen, Gerichte und Öffentlichkeit

Im Bereich der Verwaltung sind bei der Erstellung von Bauprojekten die Bauaufsichtsbehörden ein ganz wichtiger Faktor.

Sie sind zuständig für den Vollzug der jeweiligen Landesbauordnung sowie der anderen öffentlich-rechtlichen Vorschriften, die den Abbruch, die Errichtung, die Änderung oder die Nutzung von Bauprojekten betreffen.

Dabei ist die Gliederung der Bauaufsichtsverwaltung in Bauaufsichtsbehörden in den meisten Bundesländern dreistufig. Länder mit nur zweistufigem Verwaltungsaufbau sind Schleswig-Holstein, Brandenburg und Mecklenburg-Vorpommern, denen es an der Mittelinstanz des Regierungspräsidenten fehlt.

Der untersten Instanz, also den unteren Bauaufsichtsbehörden, die man gemeinhin auch als Baugenehmigungsbehörden bezeichnet, obliegen die eigentlichen Vollzugsaufgaben der Bauaufsicht und insbesondere die Aufgabe der Erteilung von Baugenehmigungen. Dabei werden i. d. R. die Bauämter der Kreise oder kreisfreien Städte tätig, welche die Aufgaben der Bauaufsicht zum Teil als Auftragsangelegenheiten und zum Teil als Pflichtaufgaben zur Erfüllung nach Weisung wahrnehmen" (vgl. Leimböck und Heinlein 1994, S. 41).

Die obere Bauaufsichtsbehörde übt die Fachaufsicht aus und ist gegenüber der unteren Bauaufsichtsbehörde weisungsberechtigt. Die oberste Bauaufsichtsbehörde ist u. a. für den Erlass von Rechts- und Verwaltungsvorschriften zuständig.

Häufig handelt es sich dabei um kommunale Stellen, die die Aufgaben der Bauaufsicht zum Teil als Auftragsangelegenheiten, zum Teil als Pflichtaufgaben zur Erfüllung nach Weisung wahrnehmen.

Für das Bundesland Nordrhein-Westfalen ergeben sich aus § 57 Abs. 1 BauO NRW folgende Behörden als Bauaufsichtsbehörden:

1. Oberste Bauaufsichtsbehörde: das für die Bauaufsicht zuständige Ministerium,
2. Obere Bauaufsichtsbehörde: die Bezirksregierungen für die kreisfreien Städte und Kreise sowie in den Fällen des § 79, im Übrigen die Landräte als untere staatliche Verwaltungsbehörden,
3. Untere Bauaufsichtsbehörden: die kreisfreien Städte, die Großen kreisangehörigen Städte und die Mittleren kreisangehörigen Städte als untere Bauaufsichtsbehörden sowie die Kreise für die übrigen kreisangehörigen Gemeinden.

Baugenehmigungsbehörden im Bundesland Nordrhein-Westfalen sind somit die kreisfreien Städte, die großen und mittleren kreisangehörigen Städte und für die übrigen kreisangehörigen Gemeinden die Kreise als Ordnungsbehörden.

Neben den Bauaufsichtsbehörden sind noch folgende Institutionen an der Planung von Bauprojekten beteiligt:

- Gemeinden (Gemeinderat, Stadtrat, Bezirksvertretungen),
- Bauverwaltungsbehörden,
- Träger öffentlicher Belange,
- Straßenverkehrsämter,
- Straßenbaulastträger,
- Versorgungsträger (Gas, Wasser, Strom, Telefon),
- Vermessungsämter für Katasterauszüge,
- Bezirksschornsteinfegermeisterei,
- Verwaltungsgerichte für Anfechtungsklagen im Baugenehmigungs- oder Bauleitplanungsverfahren.

Nicht zuletzt sind in diesem Zusammenhang noch der Bereich der Öffentlichkeit und hier vor allem die direkten Nachbarn zu nennen. Sie haben bei jedem Bauvorhaben Gelegenheit zum Einspruch. Wurden allerdings alle öffentlich-rechtlichen Vorschriften eingehalten, kann dieser Einspruch nicht durchgesetzt werden.

Setzt die Planung eines Bauprojektes eine Befreiung bzw. Änderung des Bebauungsplanes voraus, kommt es zu einer öffentlichen Bekanntmachung und Auslegung des geänderten Bebauungsplanes für die Dauer eines Monats. Bedenken und Anregungen können während der Auslegungsfrist vorgebracht werden.

Je nach Brisanz des Projektes kann es zu starken Widerständen einzelner Interessengruppen oder Bürgerinitiativen kommen.

2.3 Herstellung des Bauprojektes

2.3.1 Bauausführende Unternehmen

Bei der Erstellung von Bauprojekten sind eine Fülle von bauausführenden Unternehmen erforderlich. Dies wird anhand der folgenden Unterteilung des Baugewerbes gezeigt.

2.3 Herstellung des Bauprojektes

F	**Baugewerbe**
41	**Hochbau**
41.1	Erschließung von Grundstücken; Bauträger
41.2	Bau von Gebäuden
42	**Tiefbau**
42.1	Bau von Straßen und Bahnverkehrsstrecken
42.2	Leitungstiefbau und Kläranlagenbau
42.9	Sonstiger Tiefbau
43	**Vorbereitende Baustellenarbeiten, Bauinstallation u. sonst. Ausbaugewerbe**
43.1	Abbrucharbeiten und vorbereitende Baustellenarbeiten
43.2	Bauinstallation
43.3	Sonstiger Ausbau
43.9	Sonstige spezialisierte Bautätigkeiten
43.91	Dachdeckerei und Zimmerei
43.99	Sonstige spezialisierte Bautätigkeiten a. n. g.
43.99.1	Gerüstbau
43.99.2	Schornstein-, Feuerungs- und Industrieofenbau
43.99.9	Baugewerbe a. n. g.

Abb. 2.1 Auszug aus der Unterteilung des Baugewerbes nach der Klassifikation der Wirtschaftszweige, Ausgabe 2008. (Statistisches Bundesamt 2008)

Grundlage der Unterteilung des Baugewerbes war in der Vergangenheit die „Systematik der Wirtschaftszweige, Fassung für die Statistik im Produzierenden Gewerbe (SYPRO)" des Statistischen Bundesamtes. Auf EU-Ebene ist im Zuge der Harmonisierung der statistischen Normen und Methoden die Wirtschaftsklassifikation „NACE Rev. 1 (Nomenklature générale des activités économiques dans les Communautés européenes)", eingeführt worden, die seit 2008 in der Version 2 (Rev. 2) vorliegt. In Deutschland findet sie unter der Bezeichnung „Klassifikation der Wirtschaftszweige, Ausgabe 2008 (WZ 2008)" Anwendung.

Abb. 2.1 zeigt aus dieser Klassifikation den Auszug für das Baugewerbe (Teil F).

Die Anzahl von beteiligten bauausführenden Unternehmen bzw. Gewerken bei Bauprojekten lässt sich auch anhand der Praxis verdeutlichen. Bei einem mittelgroßen, schlüsselfertigen Bauvorhaben sind ca. 30 bauausführende Unternehmen beteiligt. Bei Großbauvorhaben kann die Anzahl durchaus 60 bis 80 betragen. Dies ist jedoch immer von dem technischen Schwierigkeitsgrad des jeweiligen Bauprojektes abhängig.

2.3.2 Organe der Bauüberwachung

Bei der Überwachung eines Bauprojektes können grundsätzlich drei Arten von Organen unterschieden werden. Dies sind

- Überwachungsorgane des Auftraggebers,
- Überwachungsorgane des Auftragnehmers und
- staatliche Überwachungsorgane.

Die *Bauüberwachung durch den Auftraggeber* kann dieser selbst übernehmen, falls er die nötige Sachkunde besitzt. Diese ist dann vorhanden, wenn regelmäßig Bauprojekte von einem Bauherrn abgewickelt werden.

Darüber hinaus wird dies auch der Fall sein, wenn

- es sich um Bauvorhaben mit geringfügiger Komplexität handelt,
- es sich um Bauten der öffentlichen Hand handelt, die über eigene Fachleute in den Bauabteilungen verfügen,
- es sich um Bauvorhaben großer Industrieunternehmen handelt, die eigene Bauabteilungen vorhalten.

Kann der Bauherr jedoch nicht auf eigenes Know-how zurückgreifen, ist er in der Regel gut beraten, die Bauüberwachung an Experten zu übertragen.

Dies kann auch der Architekt sein, denn beim Architekten gehört gem. § 34 HOAI die Objektüberwachung zu den wichtigsten und verantwortungsvollsten Leistungen. Dies drückt sich auch in der Vergütung aus, denn mit 32 % der Gesamtvergütung macht die Objektüberwachung den größten Teil des Honorars aus.

Gem. Anlage 10 zu § 34 Absatz 4, § 35 Absatz 7 HOAI sind bei der Bauüberwachung u. a. folgende Aufgaben (Grundleistungen) zu leisten:

- die Terminüberwachung („Aufstellen, Fortschreiben und Überwachen eines Terminplans"),
- die Kostenkontrolle und
- die Qualitätsüberwachung („Überwachen der Ausführung des Objektes auf Übereinstimmung mit der öffentlich-rechtlichen Genehmigung oder Zustimmung, den Verträgen mit ausführenden Unternehmen, den Ausführungsunterlagen, den einschlägigen Vorschriften sowie mit den allgemein anerkannten Regeln der Technik").

Das Architektur- bzw. Ingenieurbüro bestimmt zur Erfüllung der genannten Aufgaben eine auftraggeberseitige Bauleitung. Hat diese Bauleitung nicht alleine die erforderliche Sachkunde, dann müssen zusätzliche Fachbauleiter (Hochbau, Stahlbau, Tiefbau, Ausbau etc.) herangezogen werden.

Bei komplexen Bauvorhaben mit entsprechend großem Koordinierungsaufwand wird die Bauüberwachung des Bauherrn oft an Spezialisten des Projektmanagements bzw. der Projektsteuerung übertragen. Wurde bereits zur Koordinierung der Planung ein Projektsteuerer eingeschaltet, kann es von Vorteil sein, wenn dieser auch die Bauüberwachung im Rahmen der Herstellung wahrnimmt.

2.3 Herstellung des Bauprojektes

Neben der Bauüberwachung gem. § 34 HOAI hat der Bauherr gem. § 3 der Verordnung über Sicherheit und Gesundheitsschutz auf Baustellen (Baustellenverordnung – BaustellV), Stand Juni 2017, folgende Verpflichtungen:

„(1) Für Baustellen, auf denen Beschäftigte mehrerer Arbeitgeber tätig werden, sind ein oder mehrere geeignete Koordinatoren zu bestellen. Der Bauherr oder der von ihm nach § 4 beauftragte Dritte kann die Aufgaben des Koordinators selbst wahrnehmen.

(1a) Der Bauherr oder der von ihm beauftragte Dritte wird durch die Beauftragung geeigneter Koordinatoren nicht von seiner Verantwortung entbunden.

(2) Während der Planung der Ausführung des Bauvorhabens hat der Koordinator

1. die in § 2 Abs. 1 vorgesehenen Maßnahmen zu koordinieren,
2. den Sicherheits- und Gesundheitsschutzplan auszuarbeiten oder ausarbeiten zu lassen und
3. eine Unterlage mit den erforderlichen, bei möglichen späteren Arbeiten an der baulichen Anlage zu berücksichtigenden Angaben zur Sicherheit und Gesundheitsschutz zusammenzustellen.

(3) Während der Ausführung des Bauvorhabens hat der Koordinator

1. die Anwendung der allgemeinen Grundsätze nach § 4 des Arbeitsschutzgesetzes zu koordinieren,
2. darauf zu achten, dass die Arbeitgeber und die Unternehmer ohne Beschäftigte ihre Pflichten nach dieser Verordnung erfüllen,
3. den Sicherheits- und Gesundheitsschutzplan bei erheblichen Änderungen in der Ausführung des Bauvorhabens anzupassen oder anpassen zu lassen,
4. die Zusammenarbeit der Arbeitgeber zu organisieren und
5. die Überwachung der ordnungsgemäßen Anwendung der Arbeitsverfahren durch die Arbeitgeber zu koordinieren."

Auch für diese Tätigkeit haben sich Spezialisten etabliert, die als Sicherheits- und Gesundheitskoordinatoren im Auftrag des Bauherrn der Baustellenverordnung Rechnung tragen.

Bei der *Überwachung durch den Auftragnehmer* ist zu unterscheiden zwischen öffentlich-rechtlichen und vertragsrechtlichen Überwachungsaufgaben.

Im öffentlichen Recht bestimmt z. B. § 55 der BauO NRW:

„(1) Jedes Unternehmen ist für die mit den öffentlich-rechtlichen Anforderungen übereinstimmende Ausführung der von ihm übernommenen Arbeiten und insoweit für die ordnungsgemäße Einrichtung und den sicheren Betrieb der Baustelle sowie für die Einhaltung der Arbeitsschutzbestimmungen verantwortlich. […]

(2) Jedes Unternehmen hat auf Verlangen der Bauaufsichtsbehöde für Arbeiten, bei denen die Sicherheit der Anlage in außergewöhnlichem Maße von der besonderen

Sachkenntnis und Erfahrung des Unternehmens oder von einer Ausstattung des Unternehmens mit besonderen Vorrichtungen abhängt, nachzuweisen, dass es für diese Arbeiten geeignet ist und über die erforderlichen Vorrichtungen verfügt."

Demzufolge haben die bauausführenden Unternehmen immer einen oder mehrere verantwortliche Fachbauleiter zu benennen. Dies gilt auch für Haupt- und Nachunternehmer im Rahmen einer schlüsselfertigen Bauabwicklung.

Die vertragsrechtliche Seite bestimmt z. B. in § 4 Nr. 2 VOB/B:

„1. Der Auftragnehmer hat die Leistung unter eigener Verantwortung nach dem Vertrag auszuführen. Dabei hat er die anerkannten Regeln der Technik und die gesetzlichen und behördlichen Bestimmungen zu beachten. Es ist seine Sache, die Ausführung seiner vertraglichen Leistung zu leiten und für Ordnung auf seiner Arbeitsstelle zu sorgen."

Aus dem Text ergibt sich, dass der Auftragnehmer die Leistung unter eigener Verantwortung zu erbringen hat. Der Auftragnehmer muss also ohne Rücksicht auf das Überwachungs- und Anordnungsrecht des Auftraggebers seine Leistungen nach den anerkannten Regeln der Technik und unter Berücksichtigung der gesetzlichen und behördlichen Bestimmungen erbringen.

Da der Auftragnehmer die in den genannten Paragraphen geforderten Leistungen häufig nicht selbst persönlich übernehmen kann – dies gilt vor allem für Unternehmen mit mehreren Baustellen –, überträgt er diese Leistungen einem Bauleiter, also dem auftragnehmerseitigen Bauleiter. Dieser ist dann in aller Regel auch ständig auf der Baustelle anwesend, um diese ordnungsgemäß leiten zu können. Auch der vertragsrechtliche Ansatz bewirkt bei Vereinbarung der VOB/B die Konsequenzen für Haupt- und Nachunternehmer.

Die *staatliche Überwachungsorgane* lassen sich folgendermaßen gliedern:

- Bauaufsichtsbehörde
  Die Bauaufsichtsbehörde ist nicht nur bei der Planung, sondern auch bei der Herstellung von Bauprojekten eingeschaltet. Ihre Aufgaben betreffen die Rohbau- und Schlussabnahme. Für die Rohbauabnahme ist eine Überwachung der konstruktiven Bauteile vorgesehen. Diese Überwachung erfolgt z. B. bei der Bewehrungsabnahme durch einen Prüfingenieur. Zusätzlich schreibt die Normung eine „Eigenüberwachung" vor.
- Bau-Berufsgenossenschaft
  In der Bundesrepublik Deutschland gibt es die Bau-Berufsgenossenschaft (Bau-BG). Die Bau-BG führt die ihnen übertragenen Aufgaben als Körperschaft des öffentlichen Rechts unter staatlicher Aufsicht in eigener Verantwortung durch. Grundlage dafür ist eine paritätische Selbstverwaltung, die zur Hälfte von den Mitgliedern, d. h. den Arbeitgebern, und zur anderen Hälfte von den Versicherten, also den Arbeitnehmern besetzt wird.
  Die Bau-BG hat durch den Einsatz von Aufsichtsbeamten für die Einhaltung der Unfallverhütungsvorschriften zu sorgen.

- Gewerbeaufsicht
  Die Hauptaufgabe der Gewerbeaufsicht ist die Überwachung der Einhaltung der gewerberechtlichen Vorschriften bzw. sie muss zumindest dafür sorgen, dass diese von den bauausführenden Unternehmen eingehalten werden. Ferner hat sie Unfälle zu untersuchen, Messungen zur Ermittlung von Belastungsschwerpunkten durchzuführen, Beschwerden nachzugehen, Genehmigungsanträge zu bearbeiten, bei der Formulierung von Vorschriften ihr Fachwissen einzubringen sowie bei der Aus- und Weiterbildung im Arbeitsschutz mitzuwirken.
- Sonstige
  Eine Sonderrolle nehmen im Rahmen der Bauüberwachung die staatlich anerkannten Sachverständigen und die staatlich anerkannten Prüfingenieure ein.
  Diese bilden durch staatlich vorgeschriebene Qualifikationen einen eigenen Berufsstand. Letztlich sind als Überwachungsorgane noch die Bezirksschornsteinfegermeistereien und die Feuerwehr bzw. der Brandschutz zu nennen.

2.3.3 Sonstige Aufgabenträger

Grundsätzlich können auch im Rahmen der Herstellung von Bauprojekten Dienstleistungen in Anspruch genommen werden. Handelt es sich um Bauprojekte, die vermietet oder verkauft werden sollen, sind u. a. Makler als Spezialisten für die Akquisition von Mietern und Käufern tätig. Oftmals handelt es sich dabei um die Komplettierung der Mieter, da Ankermieter schon im Rahmen der Entscheidungsfindung bzw. Planung gefunden werden müssen, um eine positive Durchführungsentscheidung treffen zu können.

Im Folgenden wird noch kurz auf weitere Aufgabenträger hingewiesen, die vor allem bei der Herstellung von Bauprojekten eine größere Rolle spielen.

Versicherungsträger

Wie die große Anzahl außergerichtlicher und gerichtlicher Streitfälle zeigt, ist die Errichtung von Bauprojekten immer wieder mit Mängeln und Schäden verbunden. Gerade deshalb ist es für alle Baubeteiligten besonders wichtig, sich im Rahmen der von den Versicherungen angebotenen Möglichkeiten gegen finanzielle Folgen von Mängeln und Schäden abzusichern.

Planungsfehler und Fehler bei der Bauaufsicht, die durch Architekten oder Fachingenieure verursacht wurden, werden durch die Haftpflichtversicherungen abgedeckt. So sehen z. B. die Berufsordnungen der Architektenkammer in der Regel vor, dass Architekten eine Haftpflichtversicherung abschließen müssen. Auch Architektenverträge bestimmen in aller Regel, dass der Architekt zur Sicherung etwaiger Ersatzansprüche des Bauherrn eine Haftpflichtversicherung mit bestimmten Deckungssummen nachweisen muss.

Aber auch eine Bauherrenhaftpflichtversicherung schützt den Bauherrn vor Risiken, die sich aus Verkehrssicherungspflichten, Auswahlpflichten (geeigneter Architekten und Nachunternehmen) sowie Überwachungspflichten (Unfallgefahr auf der Baustelle) ergeben.

Die Risiken, die sich aus möglichen Schäden an der erbrachten Bauleistung ergeben, werden durch die Bauleistungsversicherung abgedeckt. Dabei wird unterschieden zwischen der Bauleistungsversicherung von Unternehmerleistungen und Bauleistungsversicherungen von Gebäudeneubauten durch Auftraggeber. Die Betriebs- und Berufshaftpflichtversicherung wiederum deckt Schäden ab, die Unternehmer oder ihre Erfüllungsgehilfen bei der Baudurchführung einem Dritten zugefügt haben.

Die Betriebshaftpflichtversicherung des bauausführenden Unternehmens entspricht der Haftpflichtversicherung des Architekten bzw. des Fachingenieurs.

Ein weiterer Versicherungsträger ist die Unfallversicherung der Berufsgenossenschaften. Diese deckt die Forderungen von Betriebsangehörigen gegenüber dem bauausführenden Unternehmen aus einem Arbeitsunfall ab.

Juristen und Gerichte sowie baubetriebliche Berater
Die Durchführung von Bauvorhaben wirft häufig komplexe rechtliche Probleme mit besonders großen Risiken auf. Deshalb hat sich in der Praxis das sogenannte Juristische Management von Bauprojekten (vgl. Kapellmann 2007) bzw. das Nachtrags- bzw. Claim- oder Anti-Claim-Management etabliert. (vgl. Würfele und Sundermeier 2012; Plum und Dornbusch 2017; Sindermann und Sonntag 2020)

Gerichte werden z. B. bei Feststellungsverfahren zur Beweissicherung, bei Zivilprozessverfahren in Bausachen wegen Haftungs- und Schadensersatzforderungen oder bei Strafprozessverfahren wegen strafbarer Handlungen bei Baumaßnahmen eingeschaltet. Seit dem Jahrtausendwechsel haben die Rechtsstreitigkeiten am Bau massiv zugenommen. Mittlerweile beklagen viele Baubeteiligte die wirtschaftlichen und organisatorischen Auswirkungen der damit verbundenen, langwierigen Verfahren und bemühen sich in sofern um Verfahren der aussergerichtlichen Streitbeilegung, z. B. in Zusammenhang mit einer Mediation (vgl. AHO e. V. 2018)

2.4 Nutzung des Bauprojektes

Einige Baubeteiligten sind in mehreren der vorstehend genannten Phasen involviert. In der Regel erfolgt dies mit einer unterschiedlichen Bedeutung. Nach bzw. mit der Inbetriebnahme ist bei den Beteiligten ein Wechsel zu verzeichnen, da die Planungs- und Herstellungsbeteiligen aus dem Projekt ausscheiden. Die Beteiligten in der Nutzungsphase sind für eine Reihe von Aufgaben verantwortlich, die folgendermaßen stichwortartig benannt werden können:

2.4 Nutzung des Bauprojektes

- Objektbuchhaltung, Mietvertragsmanagement, Nebenkostenabrechnung,
- Reinigungsleistungen (Bau-, Fassaden-, Glas- und Gebäudeinnenreinigung),
- Wartung und Inspektion als vorbeugende Maßnahmen (z. B. Maschinen-, Elektro-, Aufzugsanlagen etc.),
- fachgerechte Entsorgung von problematischen Stoffen,
- Instandhaltung (vorbeugende Instandhaltung, Reparaturen),
- Instandsetzung (Austausch von Maschinen- und Verschleißteilen),
- Reparaturen,
- Änderungen, Modernisierungen und Ergänzungen,
- Überwachung der Bauprojekte (Sicherheitsdienste),
- Denkmalpflege.

Unternehmen beim Wohnungs- und Wirtschaftsbau haben häufig ihre eigenen Hausverwaltungen, Wartungs- und Inspektionsbetriebe, welche diese Tätigkeiten wahrnehmen. Daneben existieren Spezialunternehmen, welche entweder den gesamten Aufgabenkatalog oder nur einzelne Aufgaben übernehmen. Unternehmen sind bei der Übernahme dieser Managementleistungen als rechtlich und wirtschaftlich eigenständige Unternehmen für den Unterhalt von Gebäuden und Liegenschaften verantwortlich.

In der Praxis der Immobilienwirtschaft wird das zugrundeliegende Leistungsbild Facility Management (vgl. Abschn. 1.4) in verschiedene Unternehmereinsatzformen, die entlang der Wertschöpfungskette des Immobilienmanagements angesiedelt sind, aufgeteilt. Dominiert von kaufmännischen Überlegungen im Hinblick auf das Anlagegut Immobilie findet sich zunächst das Asset Management, gefolgt von Leistungen des Property Managements, die im Wesentlichen dem Leistungsbild des kaufmännischen Gebäudemanagements, ergänzt um Steuerungsfunktionen im Technischen und Infrastrukturellen Gebäudemanagement, entsprechen. Den operativen Bereich des Gebäudemanagements erbringen die sogenannten Facility Manager (Facility Services).

Aus Sicht der Kapitalanleger wird das Immobilienmanagement zunächst an das Asset Management vergeben, das für die Verteilung und Untervergabe aller erforderlichen Leistungen verantwortlich ist. Häufig wird somit ein Property Management beauftragt, das für die Objektbuchhaltung, Nebenkostenabrechnung, Mietermanagement und Vorbereitung der Budgetplanung, bis hin zur Steuerung des Technischen und Infrastrukturellen Gebäudemanagements sowie die Abwicklung kleiner bis mittlerer Baumaßnahmen verantwortlich ist. Die operative Betreuung der Gebäude (Technisches und Infrastrukturelles Gebäudemanagement) wird in der Regel an Facility Management Dienstleister vergeben, häufig im Namen und auf Rechnung des Eigentümers.

Hintergrund dieser Vergabestruktur und Aufgabenteilung ist einerseits die Organisation von Teilmärkten für Facility Management Leistungen und andererseits die Schaffung von Kostentransparenz und Vermeidung von Interessenskonflikten.

Literatur

AHO (Hrsg.): Vorwort in: Untersuchungen zum Leistungsbild des § 31 HOAI und zur Honorierung für die Projektsteuerung, 2. Auflage, Bundesanzeiger-Verlag: Köln 1998

Franke, H.: Die Neuregelung des Rechts der Vergabe öffentlicher Dienstleistungsaufträge durch die Verdingungsordnung für freiberufliche Leistungen (VOF); in: Festschrift für Schlenke, E.H.: Verband der Bauindustrie für Niedersachsen (Hrsg.) 1997

Heiermann, W./Franke, H./Knipp, B. (Hrsg.): Baubegleitende Rechtsberatung, C.H. Beck Verlag: München 2002

Kapellmann, K.D. (Hrsg.): Juristisches Projektmanagement bei Entwicklung und Realisierung von Bauprojekten, Werner Verlag: Düsseldorf 2007

Korbion H., Mantscheff J., Vygen K., u. a. (Hrsg.): Honorarordnung für Architekten und Ingenieure (HOAI): mit Gesetz zur Regelung von Ingenieur- und Architektenleistungen (IngAlG), 9. Auflage, C.H. Beck, 2015

Leimböck, Egon; Heinlein, Klaus (1994): Recht und Wirtschaft bei der Planung und Durchführung von Bauvorhaben: Bauverlag

Pfarr, K.H. (1984): Grundlagen der Bauwirtschaft, Gabler-Verlag: Wiesbaden 1984

Pfarr, Karlheinz (Hg.) (1997): Bauherrenleistungen und ihre Delegation. Von der Vergangenheit und Zukunft der Projektsteuerung. Berlin: PROMA-Ingenieurges. für Project-Management und Baubetreuung (Schriften zur bau- und immobilienwirtschaftlichen Forschung und Praxis, 1997, 1)

Statistisches Bundesamt (Hrsg.): Klassifikation der Wirtschaftszweige, Wiesbaden 2008

Vorsmann, D.: Rechtliche Aspekte der Projektentwicklung, in: Blecken, U.; Meinen, H. (Hg.): Praxishandbuch Projektentwicklung, Reguvis, 2020, S. 437–495

Würfele, F./ Gralla, M./ Sundermeier, M.: Nachtragsmanagement: Leistungsbeschreibung, Leistungsabweichung, Bauzeitverzögerung, 2. Auflage, 2012

Sindermann, T./ Sonntag, G. (Hrsg.): Anti-Claim-Management: baubetrieblich und baurechtlich optimierte Projektrealisierung, Werner Verlag 2020

3 Baubeteiligte bei der Zusammenfassung von Aufgaben

Bislang wurden folgende Aufgabenträger herausgearbeitet und zwar getrennt nach vier Aufgabenbereichen:

- Entscheidung zur Entstehung eines Bauprojektes
  - Bauherrn
  - Architekten, Fachingenieure und Sonderfachleute
  - Finanzierungsträger
  - Grundstücksanbieter
  - Dienstleister
- Planung des Bauprojektes
  - Architekten, Fachingenieure und Sonderfachleute
  - Projektsteuerer
  - Behörden (Aufsicht)
  - Verwaltung, Gemeinde, Öffentlichkeit
- Herstellung von Bauprojekten
  - Bauausführende Unternehmen
  - Bauüberwachungsorgane
  - Sonstige Aufgabenträger wie beispielsweise Versicherungen, Juristen und Gerichte
- Nutzung
  - Personal bei Großunternehmen
  - Hausverwaltungen, Asset und Property Manager
  - Wartungs- und Inspektionsbetriebe
  - Anbieter von (integrierten) Facility Services

Tritt der Bauherr mit den genannten Aufgabenträgern in einzelne und direkte Vertragsverhältnisse ein, dann spricht man von einer Organisationsform mit Einzelleistungsträgern. Diese Organisationsform bringt für den Bauherrn viele Vertragsbeziehungen und einen großen Koordinierungs- und Überwachungsaufwand mit sich. Andererseits besteht im Rahmen dieser Organisation für einen Bauherrn die Möglichkeit der direkten Einflussnahme auf die einzelnen Baubeteiligten und somit auf das Bauprojekt. In Abhängigkeit der Kompetenz des Bauherrn kann dies ein gewünschter Umstand sein.

Insbesondere bei großen Bauprojekten besteht jedoch die Problematik, dass bei den vielen Vertragsbeziehungen einzelne Verträge bzw. Vertragspunkte Schwachstellen aufweisen und Schnittstellenprobleme ergeben. Hier sind vor allem unklare respektive nicht eindeutig formulierte Verträge zu nennen. Dies führte u. a. in der Praxis dazu, dass sich neue Organisationsformen entwickelt haben, bei denen die Aufgaben ursprünglich verschiedener Aufgabenträger zusammengefasst werden und als Kumulativ-Leistungsträger bezeichnet werden. Diese Aufgabenträger werden im Folgenden als „Aufgabenträger mit zusammengefassten Aufgaben" bezeichnet. Dabei werden eine horizontale und eine vertikale Zusammenlegung (Integration) von Aufgaben unterschieden.

Bei der horizontalen Integration werden Aufgaben zusammengefasst und angeboten, die innerhalb der vier genannten Aufgabenbereiche anfallen. Bei der vertikalen Integration gehören die zusammengefassten Aufgaben unterschiedlichen Aufgabenbereichen an.

3.1 Organisationsformen der horizontalen Integration

3.1.1 Projektentwickler im engeren Sinne

Vom Projektentwickler im engeren Sinne (vgl. Blecken und Meinen 2014, S. 73 ff.) werden wesentliche Aufgaben bei der Entscheidung zur Entstehung von Bauprojekten erbracht und zwar von der Projektidee bis zum Planungsauftrag. Er bearbeitet diese Aufgaben entweder allein oder in Zusammenarbeit mit Architekten, Ingenieuren, Finanzdienstleistern, Maklern etc. Projektentwicklungen dieser Art werden teilweise in Kooperationen durchgeführt. Kooperationspartner können Banken, Versicherungen, Investmentgesellschaften, Banken und Kommunen etc. sein.

3.1.2 Planungsgemeinschaften und Generalplaner

Bei Planungsgemeinschaften schließen sich zwei oder mehrere Einzelplaner zur Bearbeitung einer Planungsaufgabe zusammen. Der Bauherr schließt Verträge mit diesen Planungsgemeinschaften ab.

Solch eine Organisation könnte sich z. B. wie in Abb. 3.1 zu sehen darstellen.

Bei der Generalplanung vergibt der Bauherr alle Planungsleistungen an einen Generalplaner, der wiederum die Leistungen, die er selbst nicht erbringen kann oder will, an andere Fachplaner vergibt. Der Generalplaner haftet für die gesamte Planungsleistung und ist dem Bauherrn gegenüber für alle Planungsleistungen gesamtschuldnerisch

3.1 Organisationsformen der horizontalen Integration

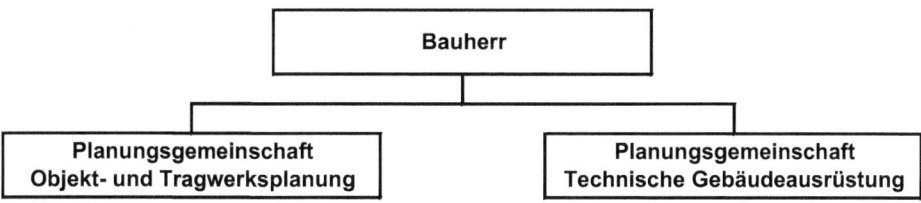

Abb. 3.1 Schema einer Organisation zwischen Bauherr und Planungsgemeinschaften

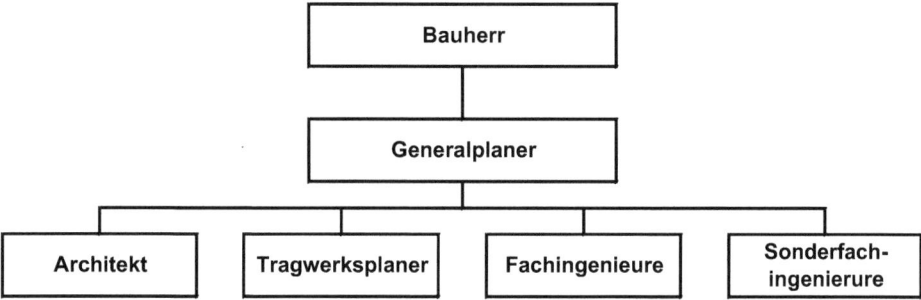

Abb. 3.2 Schema einer Organisation zwischen Bauherr, Generalplaner und Einzelleistungsträgern

verantwortlich. Darüber hinaus wird von dem Generalplaner die Koordination zwischen den Einzelplanern übernommen. Diese Form der Planungsorganisation entlastet den Bauherrn und wird deswegen gerne von denen in Anspruch genommen, die nicht dauernd Bauprojekte durchführen und Bauherrenaufgaben z. T. an Fachleute vergeben. Der Vertrag zwischen Bauherrn und Generalplaner wird nach den Bestimmungen des Werkvertragsrechts beurteilt. Darüber hinaus führt der Generalplaner Bauüberwachungsleistungen für alle Fachbereiche wie Architektur, Konstruktion, Heizung und Lüftung aus.

Damit ergibt sich das Organigramm in Abb. 3.2.

Der Bauherr kann in einigen Fällen bei dieser Organisationsform den Vorteil genießen, dass mit dem Generalplaner schon eine bestehende Projektorganisation mit einem eingearbeiteten Planungsteam eingesetzt wird. Der sonst erforderliche Aufbau einer Projektorganisation entfällt und damit auch die häufig in diesem Zusammenhang auftretenden Anfangsschwierigkeiten.

3.1.3 Arbeitsgemeinschaften und Generalunternehmer

Auf der Ausführungsseite schließen sich bauausführende Unternehmen zu Arbeitsgemeinschaften (ARGEn) zusammen. Eine Organisation mit ARGEn könnte z. B. wie in Abb. 3.3 aussehen.

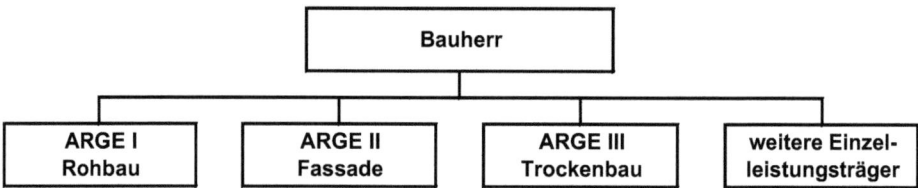

Abb. 3.3 Schema einer Organisation zwischen Bauherr und ARGEn bzw. weiteren Einzelunternehmen

Vergibt der Bauherr sämtliche Bauleistungen an einen Unternehmer, dann wird dieser Unternehmer als Generalunternehmer bezeichnet. Dieser wiederum führt bestimmte Leistungen (z. B. Maurer-, Stahlbeton- und Putzarbeiten) selber aus, andere Leistungen gibt er an Nachunternehmer ab. Der Generalunternehmer trägt gegenüber dem Bauherrn allein die Haftung und die Gewährleistung, denn Nachunternehmer stehen mit dem Bauherrn in keinem Vertragsverhältnis.

In der Praxis fällt in diesem Zusammenhang auch oft der Begriff Schlüsselfertiges Bauen (SF-Bau). In diesen Fällen ist davon auszugehen, dass der Generalunternehmer auch einzelne Planungsleistungen übernimmt, wie z. B. Ausführungs- bzw. Werkplanungen.

3.1.4 Facility-Management

Seit den 1980er Jahren hat sich ein neuer Markt mit erheblicher Dynamik herausgebildet. Zunächst wurden vornehmlich gewerkespezifische Leistungen aus der Nutzungsphase zu „Haustechnik" und „Hausleittechnik" zusammengefasst; später kam der Begriff „Gebäudeleittechnik" hinzu. Heute ist von Property Management und Facility Services die Rede, die weitreichende Leistungen des Facility Managements zusammenfassen (vgl. auch Abschn. 1.4 und 2.4).

Die Integration von Facility Management Dienstleistungen reicht mittlerweile von der Planungs- und baubegleitenden Beratung bis hin zur völligen horizontalen und vertikalen Integration im Rahmen von ÖPP-Projekten (Öffentlich Private Partnerschaften) in denen Finanzierung, Planung, Bau und Betrieb einer Immobilie als Komplettpaket angeboten werden.

Für die Durchführung des Facility Managements werden Dienstleistungen (Services) benötigt (GEFMA e. V. 2004, S. 3). Diese Facility Services können entweder selber durchgeführt oder bei einem oder mehreren externen Unternehmen eingekauft werden. Die Beschaffung von Facility Services erfolgt entweder als integrierte, als modulare oder als einzelne Leistung. Integrierte Facility Services werden als Komplettangebot vergeben, während die Ausschreibung modularer Leistungen die technischen, die infrastrukturellen und die kaufmännischen Leistungen differenziert betrachtet.

Die Marktentwicklung der Facility Services in Deutschland in den letzten Jahren zeigt, dass Dienstleistungen vermehrt extern bezogen werden. Dabei ist der Trend zu beobachten, dass häufiger integrierte Leistungen ausgeschrieben werden und dadurch zunehmend Komplettanbieter am Markt agieren.

Die Anbieter der Facility Services stammen aus den unterschiedlichsten Branchen. Mit Entwicklung des Facility Management-Marktes, wurde das Facility Management als ergänzendes Geschäftsfeld von vielen Unternehmen erkannt. Die Anbieter stammen vor allem aus dem Baugewerbe, der Immobilienvermarktung, dem Anlagenbau und dem infrastrukturellen Dienstleistungssektor (GEFMA e. V. 2016).

Auf dem Markt der Facility Services existieren neben vielen kleinen Unternehmen größere Dienstleistungsanbieter. Die Lünedonk GmbH gibt in jedem Jahr eine Studie über die führenden Facility-Service-Unternehmen heraus. Hierbei ist zu beobachten, dass sich eine Spitze von Unternehmen am Markt bildet, die aus der Baubranche und der traditionellen Dienstleistungsbranche stammen (Lünendonk GmbH 2015).

3.2 Organisationsformen der vertikalen Integration

3.2.1 Projektmanagement

Unter Projektmanagement wird in Anlehnung an die DIN 69 901 die „Gesamtheit von Führungsaufgaben, -organisation, -techniken, und -mittel für die Abwicklung eines Projektes" verstanden. Im Gegensatz zum allgemeinen Management, welches ohne Anfang und Ende oftmals als Kontinuum innerhalb eines Unternehmens vorzufinden ist, kann das Projektmanagement zeitlich abgegrenzt werden.

Orientiert man sich an dem phasenbezogenen Aufbau der HOAI, beginnt das Projektmanagement mit der Entscheidung über die Fortführung des Projektes am Ende der Leistungsphase 2 der HOAI. Löst man sich von der HOAI, dann ist das Projektmanagement grundsätzlich ein Instrument für alle Arten und Ausprägungen von Bauprojekten und damit zeitlich von Beginn bis zum Ende eines Projektes einzuordnen. Der Leistungsumfang des Projektmanagements wird dann nicht mehr vom zeitlichen Umfang bestimmt, sondern ist abhängig von z. B. der Projektgröße und der Komplexität des Bauvorhabens.

Das Projektmanagement übernimmt insbesondere die Koordination, Steuerung und Überwachung der Geschehensabläufe in technischer, rechtlicher und wirtschaftlicher Hinsicht und zwar von Auftragsbeginn bis zur Abnahme bzw. Übergabe des Bauprojektes. Die Aufgaben des Projektmanagements sind somit umfangreicher als die Aufgaben der Projektsteuerung, die in der Regel nur die Kosten-, Termin- und Qualitätskontrolle übernimmt. Das Projektmanagement kann eine große Anzahl von Fachleuten erfordern, die in einem Projektteam zusammenwirken und das durch die Projektleitung geführt wird.

Damit umfasst – und dies gilt sowohl nach dem Verständnis der HOAI in der Fassung vom 10. Juli 2013 als auch des Deutschen Verbandes der Projektmanager in der Bau- und Immobilienwirtschaft (DVP) – das Projektmanagement sowohl Projektleitungsaufgaben in Linienfunktion als auch Projektsteuerungsaufgaben in Stabsfunktion.

3.2.2 Totalunternehmer

Der Totalunternehmer übernimmt im Unterschied zum Generalunternehmer, der sämtliche Ausführungsleistungen zu erbringen hat und wesentliche Teile davon selbst ausführt, eigenverantwortlich neben den Bauleistungen grundsätzlich auch die vollständigen Planungsleistungen. Damit delegiert der Bauherr beim Einsatz eines Totalunternehmers alle Planungs- und Ausführungsleistungen und hat nur noch einen Vertragspartner. Er erhofft sich dadurch höchste Kosten- und Terminsicherheit. Der Auftragnehmer haftet alleine gegenüber dem Bauherrn und entlastet den Bauherrn dadurch in sehr großem Umfang.

Aufgrund des besonderen Leistungsumfangs, den ein Auftragnehmer als Totalunternehmer gegenüber einem Bauherrn zu erbringen hat, und des einhergehenden Risikos haben sich in der Praxis viele Anbieter spezialisiert. So werden Fertighäuser, Lagerhallen, Baumärkte und Discounter als Totalunternehmerleistungen angeboten. Bauherrn können dann oftmals langfristig gebunden werden, und sie gelten dann als regelmäßige Bauherrn. Das Auftragsrisiko des Totalunternehmers wird somit wieder „kalkulierbarer" und die eingebauten Risiken können kompensiert werden.

Abb. 3.4 verdeutlicht den Begriff des Totalunternehmers.

In diesem Zusammenhang wird noch auf den Unterschied zwischen Totalunternehmer und Totalübernehmer hingewiesen. Der Totalübernehmer erbringt im Gegensatz zum Totalunternehmer keine eigenen Planungs- und Bauleistungen. Dies entspricht in Analogie dem Generalübernehmer, der auch keine eigene Bauleistung ausführt. Der Totalunternehmer kann als Bauherr auf Zeit betrachtet werden, da er bis zur Abnahme bzw. Inbetriebnahme des fertigen Bauobjektes das volle wirtschaftliche Risiko übernimmt.

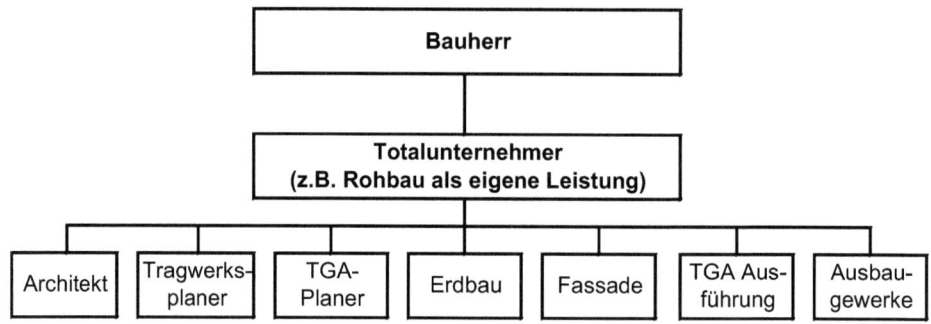

Abb. 3.4 Organisationsform mit einem Totalunternehmer

3.2.3 Projektentwickler im weiteren Sinne ohne und mit Betreiben der Bauprojekte

Bei einem Totalunternehmer bzw. Totalübernehmer liegt der Schwerpunkt der Aufgabenerfüllung in der Umsetzung eines in den Grundsätzen schon von einem Bauherrn definierten Projektes. Idealtypisch sind dann der Bauherr, der Investor und der Nutzer in einer Person vereinigt.

Werden zusätzlich zu den Aufgaben eines Totalunternehmers bzw. -übernehmers noch vorhergehende Aufgaben im konzeptionellen Bereich übernommen, dann spricht man vom „Projektentwickler im weiteren Sinne". Ausgehend von einem Standort, einer Projektidee oder vorhandenem Kapital werden die Voraussetzungen geschaffen, um Bauprojekte planen und realisieren zu können. Die wirtschaftliche Verantwortung wird in der Regel von dem Projektentwickler wahrgenommen und Nutzer und/oder Investor sind zunehmend Kunden eines „Produktes" (vgl. Iding 2003, S. 49). Diese Projektentwickler übernehmen unter Umständen nicht nur die Aufgaben von der Projektidee über die Planung bis hin zur Herstellung des Bauprojektes, sondern auch die Aufgaben, die bei der Nutzung von Bauobjekten anfallen. Die Projektentwicklung im weiteren Sinne umfasst daher den gesamten Lebenszyklus eines Bauprojektes, d. h. von der Ideenfindung und der Konzeptbearbeitung zum Planen und der Bauausführung sowie das Betreiben bis hin zur Umwidmung oder dem Abriss.

Dieser umfassende Ansatz der Projektentwicklung umfasst damit alle Projektphasen, nämlich:

- Projektentwicklung im engeren Sinne,
- Planung und Herstellung von Bauprojekten,
- Facility Management.

Die Anbieter von Leistungen der Projektentwicklung sind durch eine stark unterschiedliche Entstehungsgeschichte bzw. vielfältige Aktivitäten charakterisiert, so dass eine einheitliche Marktstruktur selbst von Insidern nur schwer zu erkennen ist. Sie können als inländische oder ausländische Unternehmen, Kooperationsgesellschaften in unterschiedlichster Form, objektbezogene Gesellschaften, regional, national oder international tätige Unternehmen, Projektentwickler mit spezialisiertem oder breit angelegtem Angebot tätig sein. (vgl. Blecken und Meinen 2020, S. 96 ff.)

Die Anbieter von Projektentwicklungsleistungen lassen sich demzufolge nach Leistungsumfang, Art der Projekte, Aktionsradius und vor allem der Markt und Risikosituation differenzieren. Die angebotene Leistung beschreibt den Umfang der Wertschöpfungsstufen, an denen der Projektentwickler partizipiert. Dies kann in Form einer beratenden Dienstleistung in der Phase der Entscheidungsfindung geschehen bzw. der Projektentwickler führt das Geschäft auf eigene Rechnung durch, um das Bauprojekt anschließend zu veräußern. Schließlich gibt es noch Projektentwickler, die für ihren

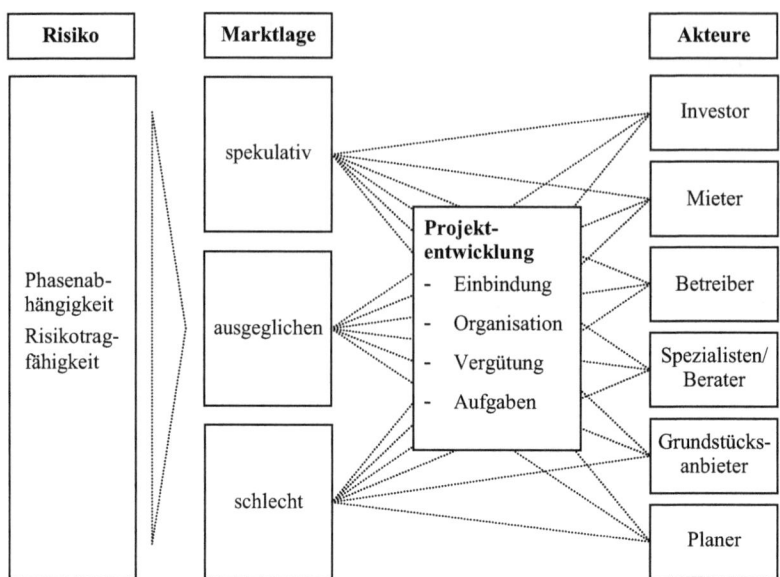

Abb. 3.5 Rahmenparameter der Projektentwicklungsstruktur. (Vgl. Blecken und Meinen 2014, S. 88)

eigenen Bestand entwickeln und somit als Investor auftreten. Die Art der Projekte lässt sich in Wohnimmobilien, Gewerbe- und Einzelhandelsimmobilien sowie Spezialimmobilien unterteilen. Für den Aktionsradius gibt es regionale, nationale und internationale Ausprägungen. Leistungsumfang, Art der Projekte und Aktionsradius unterliegen jedoch situationsbezogenen Veränderungen, die durch die spezifische Risikosituation, den aktuellen Marktzyklus und die Zusammensetzung der verschiedenen Akteure bei der Projektentwicklung geprägt sind. Dadurch entsteht eine Vielzahl an möglichen Konstellationen unter denen Projektentwicklungen angeboten oder durchgeführt werden, die jeweils zu einem spezifischen Leistungsbild führen (vgl. Blecken und Meinen 2020, S. 100 ff.; siehe Abb. 3.5).

In der Praxis sind selbstverständlich neben den dargelegten horizontalen und vertikalen Zusammenführungen von Aufgabenträgern auch andere Zusammenfassungen von Aufgaben anzutreffen, wie z. B. Immobilien- bzw. Immobilienberatungsgesellschaften, die sich auf spezielle Leistungen konzentrieren. In diesen Unternehmen können Projektentwickler, Projektsteuerer, Architekten, Ingenieure, Juristen und Kaufleute tätig sein. In kleineren Gesellschaften werden Leistungen der Juristen, Kaufleute, Architekten und Ingenieure teilweise eingekauft, um die Stabskosten gering zu halten.

Auf folgende – um nur einige zu nennen – Aufgabenzusammenfassungen können sich Unternehmen spezialisiert haben:

3.2 Organisationsformen der vertikalen Integration

Einzelaufgabenträger der einzelnen Aufgabenbereiche	horizontale Integration als Zusammenführung von Aufgabe in gleichen Aufgabenbereich	vertikale Integration als Zusammenführung von Aufgaben in verschiedenen Aufgabenbereichen			
Entscheidungen zur Entstehung eines Bauprojektes - Bauherr - Architekt und Fachingenieure - Finanzierungsinstitute - Grundstücksanbieter	Projektentwickler im engeren Sinne				Projektentwickler im weiteren Sinne mit Betrieben der Bauprojekte
Planung - Architekten, Fachingenieure und Sonderfachleute - Projektsteuerer - Behörden (Aufsicht) - Verwaltung, Gemeinde und Öffentlichkeit	Planungsgemeinschaften und Generalplaner	Projektmanagement für Steuerung und Überwachung	Totalunternehmer für Planung und Ausführung	Projektentwickler im weiteren Sinne ohne Betrieben der Bauprojekte	
Herstellung - Bauausführende Unternehmen - Bauüberwachungsorgane - Projektsteuere - Sonstige (Versicherungen, Juristen, Banken etc.)	ARGEn, Generalunternehmer oder Generalübernehmer				
Nutzung bzw.. Betreiben von Bauobjekten Nutzung durch den Bauherrn (Eigentümer); Betreiben durch Dienstleister z.B. Facilitiy-Management – Personal bei Großunternehmen – Hausverwaltungen, Asset / Property Manager – Wartungs- und Inspektionsbetriebe – Anbieter von (integrierten) Facility Services	Facility Management				

Abb. 3.6 Systematik der Möglichkeiten der organisatorischen Zusammenfassung der Aufgabenträger bei der Planung, Erstellung und Nutzung von Bauprojekten

- Grundstückskauf und -verkauf z. B. als Immobilienhändler.
- Grundstückskauf als Teilbereich der Projektentwicklung.
- Grundstückskauf, Baugenehmigung, Planung und Finanzierung. Hier betätigen sich z. B. auch Tochtergesellschaften von Banken.

Zusammenfassend soll das Schaubild in Abb. 3.6 die Aufgabenzuordnungen zu den herausgearbeiteten Organisationsformen zeigen. Dabei werden zunächst die Einzelleistungsträger der verschiedenen Aufgabenbereiche genannt. Darauf aufbauend werden Organisationsformen benannt, die einmal als horizontale Integration die Aufgaben im gleichen Aufgabenbereich und die zum anderen als vertikale Integration die Aufgaben aus verschiedenen Aufgabenbereichen zusammenführen.

Literatur

Blecken, U.; Meinen H. (Hrsg.): Praxishandbuch Projektentwicklung, Bundesanzeiger Verlag, Köln, 2014

Conzen, G.: Development – Eine Strukturanalyse des bundesrepublikanischen Projektentwicklermarktes, unter besonderer Beachtung von Development-Gesellschaften, Dissertation Universität Dortmund: Dortmund 1993

Diederichs, Claus Jürgen (1999): Führungswissen für Bau- und Immobilienfachleute. Berlin: Springer

GEFMA e. V. (Hrsg.): GEFMA 100 – Facility Management, GEFMA e.-v., 2004

GEFMA e. V.: Marktstruktur FM. Bonn. Online verfügbar unter http://www.gefma.de/markt.html, zuletzt geprüft am 10.05.2016

Iding, A.: Entscheidungsmodell der Bauprojektentwicklung, DVP-Verlag: Wuppertal 2003

Lünendonk GmbH (Hg.) (2015): Lünendonk-Liste 2015: Die 25 führenden Facility-Service-Unternehmen in Deutschland 2014. Lünendonk GmbH – Gesellschaft für Information und Kommunikation. Kaufbeuren

4 Interessenverbände der Baubeteiligten

4.1 Allgemeines zu den Interessenverbänden in Deutschland

Verbände sind Organisationen von Personen oder Gruppen, welche die materiellen oder ideellen Interessen ihrer Mitglieder in wirtschaftlicher, politischer und kultureller Zielrichtung sowohl gegenüber dem Staat als auch gegenüber anderen Interessengruppen vertreten. Generell kann man die Verbände oder Interessengruppen[1] nach folgenden gesellschaftlichen Handlungsfeldern unterscheiden (vgl. von Aleman 1996, S. 21).

- Wirtschaft und Arbeit (Unternehmens-, Arbeitgeber-, Berufsverbände und Sonstige),
- Soziales Leben und Gesundheit (z. B. Wohlfahrts-, Familienverbände),
- Freizeit und Erholung (z. B. Sport-, Kleingärtnerverbände),
- Religion, Weltanschauung und gesellschaftliches Engagement (z. B. Kirchen, Umwelt- und Naturschutzverbände),
- Kultur, Bildung und Wissenschaft (z. B. Verbände für Bildung, Ausbildung und Weiterbildung).

Die Wurzeln unserer heutigen Interessenverbände liegen in den Entstehungsbedingungen der bürgerlichen Gesellschaft im 18. und 19. Jahrhundert. Aber es hat auch schon in früheren Gesellschaften Vereinigungen und organisierte Gruppen gegeben. Nur wiesen diese noch nicht die Merkmale eines freien und vielgestaltigen Verbändewesens auf (vgl. von Aleman 1996, S. 9). Wenn auch die Verbände in der Geschichte durchaus

---

[1] Die Worte „Interessengruppen" oder Verbände kommen im Grundgesetz nicht vor. Der entsprechende Artikel 9 spricht von „Vereinen", „Gesellschaften" und „Vereinigungen", wobei Vereinigung der rechtliche Oberbegriff ist.

unterschiedlichen Bewertungen – besonders in ihrer Beziehung zu Staat und Gesellschaft – unterlagen, werden heute die Verbände oder Interessengruppen als unverzichtbarer Bereich der heutigen pluralistischen Demokratie verstanden.

Im Folgenden sollen – der Thematik des Buches entsprechend – nur die Interessenverbände im Bereich „Wirtschaft und Arbeit" dargestellt werden und zwar zunächst die allgemeine Struktur dieser Verbände in der Bundesrepublik Deutschland und dann bezogen auf die Bauwirtschaft.

4.1.1 Unternehmensverbände

Bei den Unternehmensverbänden unterscheidet man drei Säulen, nämlich

- die Wirtschaftsverbände,
- die Arbeitgeberverbände und
- die Kammern.

Wirtschaftsverbände
Wirtschaftsverbände vertreten in erster Linie die wirtschaftspolitischen Interessen der angeschlossenen Unternehmen. Die Wirtschaftsverbände sind nach Branchen gegliedert. Die Spitzenorganisation der Wirtschaftsverbände für den Bereich der Industrieunternehmen ist der Bundesverband der Deutschen Industrie (BDI). Daneben gibt es Spitzenverbände der Banken, der Versicherungswirtschaft, des Handels etc. Stellvertretend für diese Verbände soll an dieser Stelle näher auf den BDI eingegangen werden.

Der BDI bildet das Dach über ein kompliziert verschachteltes Gebilde vieler Einzelverbände. Ihm gehören unmittelbar 40 Branchenverbände an. Die Bauwirtschaft ist durch den Hauptverband der Deutschen Bauindustrie e. V., den Bundesverband Baustoffe – Steine und Erden e. V. und den Verband Beratender Ingenieure e. V. vertreten. Durch 15 Landesvertretungen ist er in den Bundesländern, und mit vier Standorten in Brüssel, London, Tokio und Washington auch international präsent. Der BDI mit Sitz in Berlin ist nicht nur der „Cheflobbyist" für die Industrie in Berlin, sondern durch Ausschüsse und Initiativen international vertreten.

Die unterschiedlichen Aufgaben der wirtschaftspolitischen Verbände sollen anhand der Fachbereiche des BDI veranschaulicht werden.

- Außenwirtschaftspolitik
- The German Business Representation (Europapolitik)
- Digitalisierung und
- Innovation
- Energie- und Klimapolitik
- Finanzen, Mitglieder und zentrale Dienste
- Industrielle Gesundheitswirtschaft

- Internationale Märkte
- Marketing, Online und
- Veranstaltungen
- Mittelstand und
- Familienunternehmen
- Mobilität und
- Logistik
- Ost-Ausschuss – Osteuropaverein der Deutschen Wirtschaft
- Personal- und Organisationsentwicklung
- Presse- und Öffentlichkeitsarbeit
- Recht, Wettbewerb und Verbraucherpolitik
- Research, Industrie- und
- Wirtschaftspolitik
- Sicherheit und
- Rohstoffe
- Steuern und
- Finanzpolitik
- Strategische Planung und
- Koordination
- Umwelt, Technik und
- Nachhaltigkeit

Im Zusammenhang mit diesen unterschiedlichen Fachbereichen bietet der BDI einerseits seinen Mitgliedsverbänden Beratung und Service an. Andererseits ist dadurch ein Wissenstransfer aus der Wirtschaft in die Verbände gewährleistet.

Arbeitgeberverbände

Die einzelnen Arbeitgeberverbände nehmen die gesellschafts- und sozialpolitischen Interessen der von ihnen vertretenen Unternehmen gegenüber Staat, Öffentlichkeit und Gewerkschaften wahr. Die Arbeitgeberverbände sind vor allem die Tarifpartner der Gewerkschaften. An der Spitze der Arbeitgeberverbände steht die Dachorganisation „Bundesvereinigung der Deutschen Arbeitgeberverbände (BDA)". Mitglieder dieser Dachorganisation sind die regional oder fachlich begrenzt tätigen Einzelverbände und nicht einzelne Unternehmer oder Freiberufler.

Der BDA mit Sitz in Berlin vertritt über die auf Bundesebene organisierten 48 Bundesfachverbände und 14 Landesvereinigungen mehr als 1000 rechtlich und wirtschaftlich selbständige Arbeitgeberverbände. Damit werden etwa zwei Millionen Unternehmen betreut, die ca. 80 % der Arbeitnehmer in Deutschland beschäftigen. Die politische Willensbildung geschieht in Präsidium, Vorstand, Geschäftsführung, Ausschüssen, Instituten, Stiftungen und Kuratorien. In diesen Gremien sind mehrere hundert leitende Persönlichkeiten der Wirtschaft vertreten.

Der BDA vertritt die gemeinsamen sozial- und gesellschaftspolitischen Interessen der organisierten Arbeitgeber gegenüber Parteien, Parlament und Regierung, gesellschaftlichen Gruppen wie Kirchen, Hochschulen, Bundeswehr sowie dem Deutschen Gewerkschaftsbund und anderen gewerkschaftlichen Dachverbänden. Gleichzeitig bildet die Bundesvereinigung die Koordinierungsstelle der regionalen und fachlichen Arbeitgeberverbände.

Kammern

Kammern sind Körperschaften des öffentlichen Rechts mit Zwangsmitgliedschaft für alle Groß- und Kleinunternehmen aller Branchen. Daneben gibt es auch Kammern für einige Berufszweige, wie z. B. Ärzte, Anwälte, Architekten und Ingenieure. Die Kammern vertreten wirtschafts- und sozialpolitische Interessen ihrer Mitglieder und bieten ihren Mitgliedern eine Vielzahl von Beratungsdiensten an.

Als öffentlich-rechtliche Körperschaften weist der Staat den Kammern bestimmte Aktivitäten zu. Sie können z. B. Form, Inhalt und Ziel der beruflichen Ausbildung organisieren. Auch beraten sie den Staat in wirtschaftlichen- und strukturpolitischen Fragen.

Bei der gewerblichen Wirtschaft gibt es im Kammersystem zwei Säulen, dies sind die Industrie- und Handelskammern (IHK) sowie die Handwerkskammern. Allerdings ist die Unterscheidung zwischen Industriebetrieben und Handwerksbetrieben oftmals nicht sehr einfach vorzunehmen, da die Eingruppierung häufig stark auf historische Entwicklungen zurückgeht.

„Handwerksbetrieb und Industriebetrieb bilden die Gegenpole auf einer Skala, auf der eine Vielzahl von Grenzfällen liegen. Neben den Kriterien des selbständigen Gewerbebetriebs und der Handwerksfähigkeit ist weitere Voraussetzung, dass das Unternehmen handwerksmäßig betrieben wird. Denn eine Meisterprüfung oder Ausnahmebewilligung ist nur dann erforderlich, wenn es sich um ein handwerksfähiges Gewerbe handelt, das handwerksmäßig betrieben wird. Handwerk im Sinne der Handwerksordnung (HwO) wird demnach durch die Handwerksfähigkeit und Handwerksmäßigkeit von Gewerben definiert" (Pohl 1995, S. 64 ff.).

Die Handwerksmäßigkeit wird durch Vergleiche mit den Betriebsformen der Industrie- und Fabrikbetriebe bestimmt. Als wesentliche Abgrenzungsmerkmale werden in den Kommentaren zur HwO die Kriterien Betriebsgröße, persönliche Mitarbeit des Betriebsinhabers, fachliche Qualität der Mitarbeiter, Arbeitsteilung im Betrieb, Verwendung von Maschinen und betriebliches Arbeitsprogramm genannt.

Über die Problematik dieser Trennung in Handwerks- bzw. Industriebetriebe, besonders auch im Hinblick auf die Gründungsmöglichkeiten von handwerklichen Betrieben (Meisterprüfung, Eintragung in die Handwerksrolle), soll hier nicht eingegangen werden.

In Deutschland gibt es 79 Industrie- und Handelskammern, die vom Dachverband des Deutschen Industrie- und Handelskammertages e. V. (DIHK) vertreten werden. Der DIHK ist aber im Gegensatz zu den einzelnen Kammern keine öffentliche Körperschaft, sondern ein eingetragener Verein, bei dem die einzelnen Kammern Mitglieder sind.

4.1 Allgemeines zu den Interessenverbänden in Deutschland

Abb. 4.1 Struktur der Deutschen Industrie- und Handwerkskammern

Der Bereich der Deutschen Industrie- und Handelskammern ergibt folgende Struktur, siehe Abb. 4.1.

Im Bereich des Handwerks gibt es neben den berufsständisch organisierten Kammern noch zusätzlich die Innungen.

So besagt § 52 Abs. 1 der HwO, dass selbständige Handwerker zur Förderung gemeinsamer gewerblicher Interessen der gleichen oder sich fachlich oder wirtschaftlich nahestehender Handwerker eines bestimmten Bezirks eine Handwerksinnung bilden können.

Allgemeine Aufgabe der Innung ist die Förderung gemeinsamer Interessen der selbständigen Handwerker. Als hoheitliche Aufgaben hat die Innung die Lehrlingsausbildung zu überwachen und zu regeln. Sofern die Handwerkskammer sie dazu ermächtigen, haben die Innungen Gesellenprüfungsausschüsse einzurichten und Prüfungen abzunehmen. Darüber hinaus haben sie den Behörden Auskünfte zu erteilen sowie Vorschriften und Anordnungen der zuständigen Handwerkskammer auszuführen (§ 54 HwO).

Im Bereich des Handwerks ergibt sich mit dieser Zweiteilung folgende Struktur (siehe Abb. 4.2 [diese Übersicht wurde entwickelt aufgrund der Ausführungen in Pohl 1995, S. 64 ff.]).

Da in der Bauwirtschaft die Architekten- und Ingenieurkammern eine wichtige Rolle spielen, wird im Folgenden kurz darauf eingegangen.

Diese Kammern sind auf Landesebene eingerichtete Körperschaften des öffentlichen Rechts mit der Bundesarchitekten- bzw. Bundesingenieurkammer als Dachorganisation. Beispielsweise vertritt die Bundesarchitektenkammer auf nationaler und internationaler Ebene die Interessen von über 135.000 Architekten gegenüber Politik und Öffentlichkeit. Die Landeskammern sind verantwortlich für die beruflichen Belange und Pflichten der Mitglieder, für Förderung des Bauwesens und der Baukultur und für die Förderung der beruflichen Fortbildung. Die Architektenkammern sind somit die gesetzliche Berufsvertretung aller freischaffenden, angestellten und beamteten Architekten, Innenarchitekten,

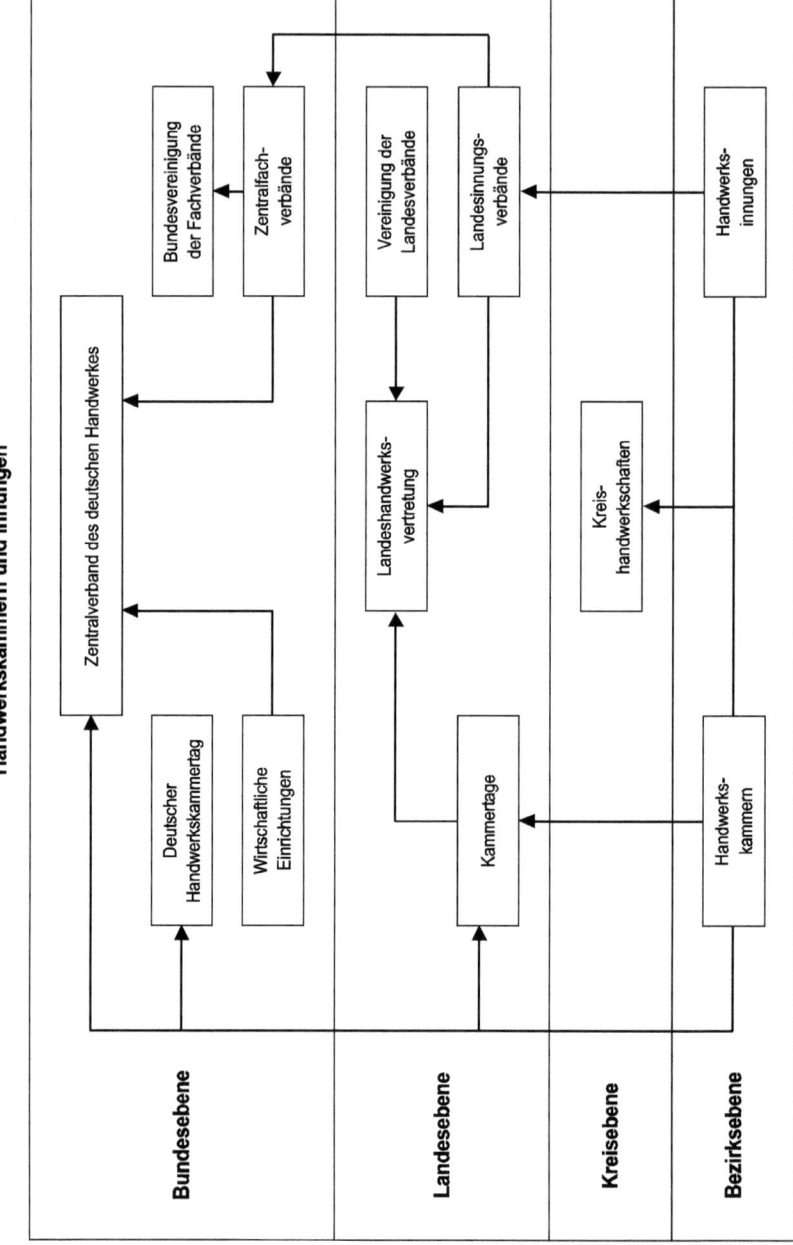

Abb. 4.2 Räumliche Struktur der Organisation der Handwerkskammern und Innungen

Landschaftsarchitekten und Stadtplaner eines Bundeslandes. Prinzipiell agieren die Architektenkammern mit ihren Organen und Gremien auf der Basis der Selbstverwaltung. Die Rechtsaufsicht hat beispielsweise in Nordrhein-Westfalen das Ministerium für Bauen, Wohnen, Stadtentwicklung und Verkehr.

Als Körperschaft des öffentlichen Rechts hat der Gesetzgeber durch das Baukammergesetz der Architektenkammer und der Ingenieurkammer-Bau konkrete Aufgaben übertragen:

- Wahrung der beruflichen Interessen der Mitglieder,
- Förderung des Bauwesens und der Baukultur (Stiftung Deutscher Architekten),
- Einhaltung der Berufspflichten (Berufsordnung),
- Führung der Eintragungsliste der Architekten und Stadtplaner (Mitgliedsverzeichnis),
- Aus- und Weiterbildung,
- Beilegung von Streitigkeiten, die sich aufgrund der Berufsausübung zwischen Mitgliedern oder Mitgliedern und Dritten ergeben (Schlichtung),
- Förderung der Wettbewerbe und Mitwirkung bei der Regelung des Wettbewerbswesens (Wettbewerbswesen),
- Bestellung und Vereidigung von Sachverständigen (Sachverständigenwesen),
- Angebote zur sozialen Sicherheit für die Mitglieder (Versorgungswerk – gesicherte Zukunft),
- Engagement für Interessen der Architektenschaft und Ingenieure in der Öffentlichkeit.

Die bis jetzt dargestellten unterschiedlichen Unternehmensverbände vertreten – in Abhängigkeit der Interessen ihrer Mitglieder – z. T. unterschiedliche Interessen. So haben mittelständische Unternehmen andere wirtschaftliche, sozialpolitische und gesellschaftspolitische Interessen als beispielsweise große Unternehmen. Das gleiche gilt auch für export- oder importorientierte Unternehmen. Aber auch die verschiedenen Wirtschaftszweige unterscheiden sich in ihren Interessenlagen.

Zur Koordinierung der unterschiedlichen Unternehmensverbände bzw. deren Interessen wurde der Gemeinschaftsausschuss der Deutschen Gewerblichen Wirtschaft gegründet. Diesem gehören die wichtigsten Spitzenverbände der Unternehmen an.

Im Folgenden ist die Organisation der Gewerblichen Wirtschaft wie folgt dargestellt, wobei die besprochenen Verbände hervorgehoben sind (vgl. von Aleman 1996, S. 23).

4.1.2 Arbeitnehmerverbände

Die Arbeitnehmerverbände bilden den interessenpolitischen Gegenpol zu den Unternehmensverbänden. Der Deutsche Gewerkschaftsbund (DGB) ist die Vertretung der Gewerkschaften gegenüber den politischen Entscheidungsträgern, Parteien und Verbänden in Bund, Ländern und Gemeinden und hat ca. 6,0 Mio. Mitglieder. Er

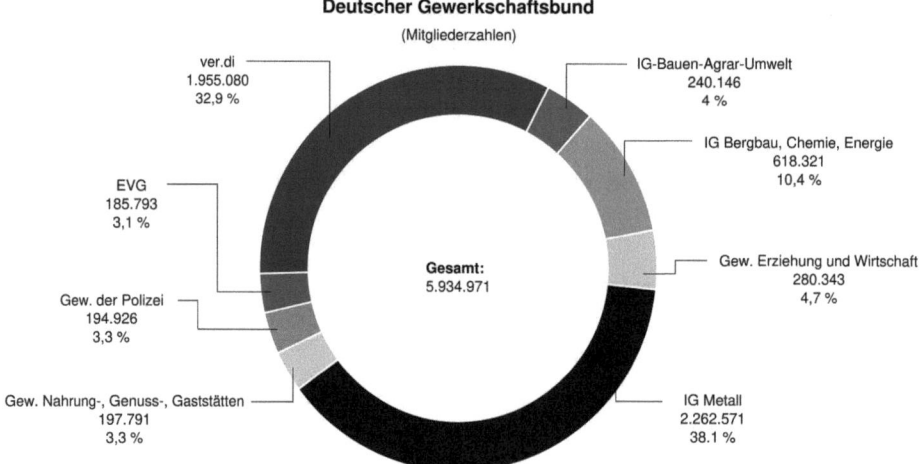

Abb. 4.3 Struktur der Arbeitnehmerverbände. (DGB 2019)

koordiniert die gewerkschaftlichen Aktivitäten. Als Dachverband schließt er jedoch keine Tarifverträge ab.

Von weiterer Bedeutung sind der Deutsche Beamtenbund (DBB, knapp 1,3 Mio. Mitglieder) und der christliche Gewerkschaftsbund (CGB, knapp 0,3 Mio. Mitglieder). Abb. 4.3 zeigt die Zusammensetzung und Mitgliederzahlen des Deutschen Gewerkschaftsbunds als größten Arbeitnehmerverband.

Nicht der DGB, sondern die Einzelgewerkschaften sind die wichtigsten Grundeinheiten, denn sie organisieren die Mitglieder und nur sie sind tariffähig, d. h. sie führen die Tarifauseinandersetzungen bis zum Arbeitskampf. Der Organisationsaufbau von Einzelgewerkschaften und dem DGB ist wie in Abb. 4.4 zu sehen gegliedert (vgl. von Aleman 1996, S. 34).

Zusammenfassend kann für die Arbeitnehmerverbände und insbesondere den DGB auf das Folgende hingewiesen werden. Der DGB ist eine überparteiliche und überkonfessionelle Gewerkschaftsorganisation. Für alle Arbeitnehmer mit den unterschiedlichsten Überzeugungen proklamiert sie einen parteipolitischen und konfessionellen Neutralitätsanspruch. Darüber hinaus wurde das „Industrieverbandsprinzip" umgesetzt. Dies bedeutet, dass bei Zugehörigkeit eines Betriebes zu einer Branche alle Gewerkschaftsmitglieder der entsprechenden Branchengewerkschaft angehören.

Das wiederum bedeutet, dass jeweils in einem Wirtschaftszweig nur eine DGB-Gewerkschaft tätig ist. Dadurch sind nicht nur politische Rivalitäten, sondern auch zugleich eine Konkurrenz zwischen verschiedenen Organisationen in einzelnen Betrieben ausgeschlossen. Das hat zum Betriebsfrieden in der Bundesrepublik Deutschland wesentlich beigetragen.

4.1 Allgemeines zu den Interessenverbänden in Deutschland

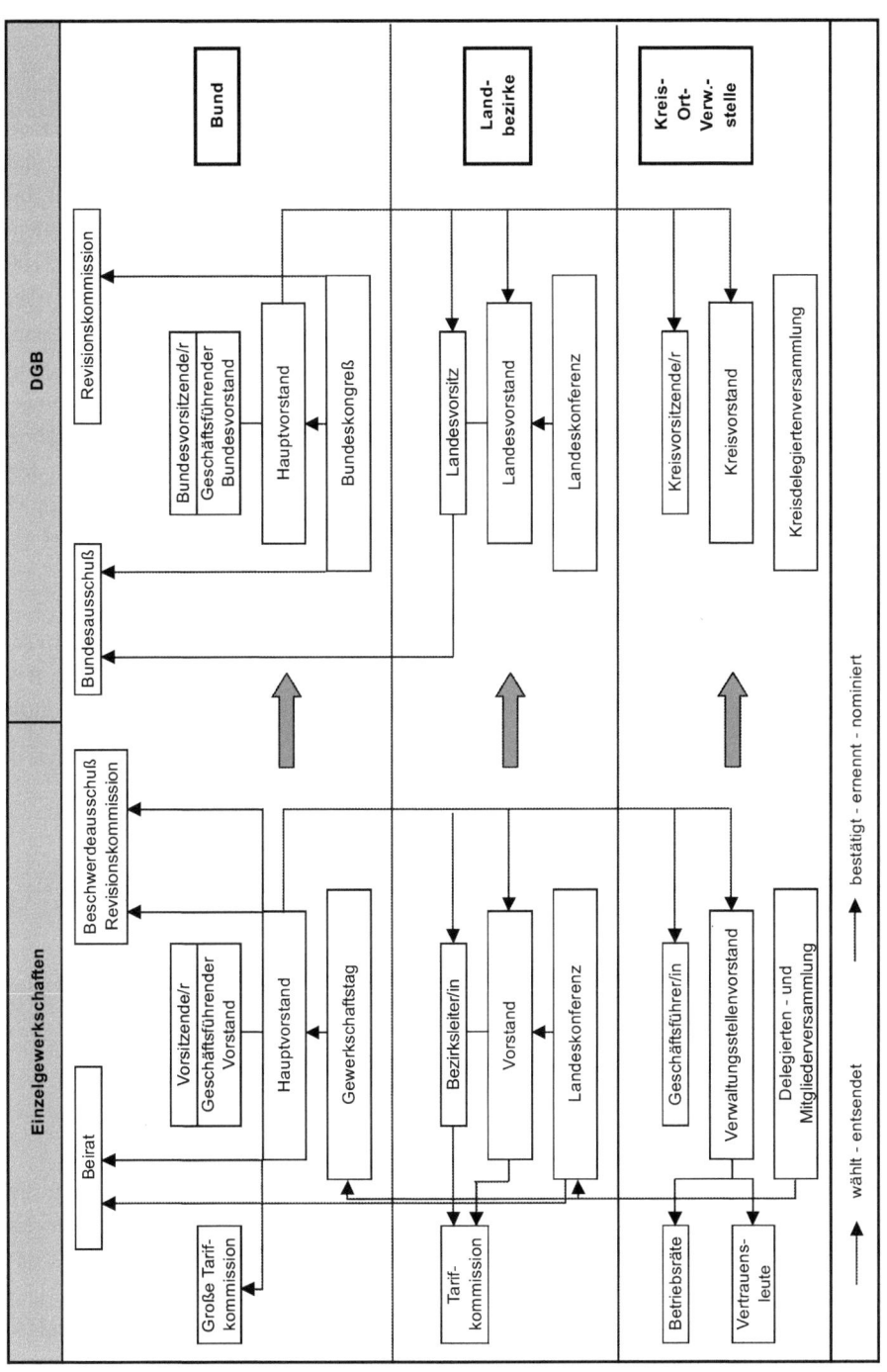

Abb. 4.4 Organisationsaufbau von Einzelgewerkschaften und DGB

4.1.3 Berufsverbände und sonstige Verbände im Bereich von Wirtschaft und Arbeit

Neben den Unternehmer- und Arbeitnehmerverbänden gibt es noch zahlreiche Berufsverbände. Eine verlässliche Quelle über die Entwicklung und den Stand von Verbänden ist die Lobbyliste des Deutschen Bundestages. In diese Liste müssen sich Vereine und Verbände registrieren lassen, wenn Sie zu dem Kreis derjenigen gehören wollen, die Interessen gegenüber dem Bundestag oder der Bundesregierung offiziell vertreten wollen. Die Anzahl der registrierten Verbände hat sich stetig erhöht und beträgt z. Zt. über 2100 Eintragungen. Dabei gibt es ca. zehn Architekten- und dreißig Ingenieurverbände. Der Verein Deutscher Ingenieure (VDI) ist für die Bauwirtschaft dahingehend von Interesse, da der VDI neben „Lobbytätigkeit" auch halböffentliche Aufgaben bei der Entwicklung von Normen und Richtlinien für die Technik wahrnimmt. Der VDI ist damit Kompetenzträger und ein Expertennetzwerk zugleich. In diesem Zusammenhang sei noch erwähnt, dass die Technischen Überwachungsvereine (TÜV) keine Behörden sind, sondern zu den Verbänden zählen. Mittlerweile firmieren nur noch der TÜV Saarland und Thüringen als eingetragener Verein. Alle anderen TÜV Gesellschaften agieren gewinnorientiert als Kapitalgesellschaften am Markt. Zusammengeschlossen sind sie im VdTÜV, dem Verband der TÜV e. V.

Neben den genannten Verbänden gibt es noch Eigentümerverbände, ein Dutzend verschiedener Grundbesitzerverbände oder Aktienbesitzerverbände, die umfangreiche Beratungsdienste für ihre Mitglieder anbieten und deren Interessen gegenüber der Politik und Öffentlichkeit vertreten.

4.2 Interessenverbände der Bauwirtschaft

4.2.1 Unternehmensverbände

Im Bauhauptgewerbe existieren bei den bauausführenden Unternehmen zwei Gruppierungen von Verbandsorganisationen. Dies sind

- Verbände der Bauindustrie für industriell bauausführende Unternehmen sowie
- Verbände des Baugewerbes, in denen die Handwerksbetriebe organisiert sind.

Beide Verbandsorganisationen des Bauhauptgewerbes – die bauindustrielle und die handwerkliche – sind sowohl Wirtschafts- und Fachverbände als auch Arbeitgeberverbände. In anderen Bereichen, wie z. B. in der Metall- und Elektroindustrie gibt es dagegen organisatorisch und rechtlich selbständige Wirtschaftsverbände einerseits und Arbeitgeberverbände andererseits (vgl. Gastell 1996, S. 161). Die Struktur der Verbandsorganisationen zeigt Abb. 4.5.

4.2 Interessenverbände der Bauwirtschaft

	Die Deutsche Bauindustrie (Bauindustrielle Unternehmen)	Das Deutsche Baugewerbe (Handwerk oder handwerksähnliche Betriebe)
Bundesebene	Hauptverband der Deutschen Bauindustrie 12 Landesverbände als Mitgliedsverbände 6 Fachverbände	Zentralverband des Deutschen Baugewerbes 36 Mitgliedsverbände in 15 Landeszusammenschlüssen und 2 überregionalen Mitgliedsverbänden
Landesebene	Landesverbände z.B. Bayrischer Bauindustrieverband Mitglieder sind Bezirksverbände und Einzelunternehmen	Landesverbände z.B. Baugewerbe-Verband Niedersachsen Mitglieder sind Innungen und Einzelbetriebe
Bezirksebene	Bezirksverbände z.B. sechs Bezirksorganisationen in Bayern (insgesamt ca. 2000 Unternehmen)	Handwerksinnungen des Baugewerbes Mitglieder sind Einzelbetriebe (ca. 35 000 mittelständische Unternehmen)

Abb. 4.5 Struktur der Verbandsorganisationen der Deutschen Bauindustrie bzw. des Deutschen Baugewerbes

Sowohl der Hauptverband der Deutschen Bauindustrie als auch der Zentralverband des Deutschen Baugewerbes sind Mitgliedsverbände der Bundesvereinigung der Deutschen Arbeitgeberverbände (BDA).

Verbände der Bauindustrie

Auf Bezirksebene sind die einzelnen bauindustriellen Unternehmen als Mitglieder der Bezirksverbände organisiert. Auf Landesebene sind die Bezirksverbände und auch einzelne Unternehmen Mitglieder der Landesverbände. Diese Landesverbände sind ihrerseits Mitglieder der Dachorganisation „Hauptverband der Deutschen Bauindustrie e. V." Die Landesverbände haben keine einheitlichen Namen und lauten beispielsweise Bauindustrieverband Hessen-Thüringen e. V., Arbeitgeberverband der Bauwirtschaft des Saarlandes, Bauverband Mecklenburg-Vorpommern e. V., Bayrischer Bauindustrieverband e. V. oder Bauindustrieverband Hamburg Schleswig-Holstein e. V. etc.

Verbände des Baugewerbes

Im Rahmen der Organisation des Baugewerbes sind zunächst die Handwerksinnungen zu nennen, deren Mitglieder die einzelnen Handwerksbetriebe sind. Auf Landesebene gibt es die Landesverbände, deren Mitglieder wiederum die Handwerksinnungen aber auch Einzelbetriebe sein können. Auf Bundesebene gibt es den Zentralverband des Deutschen

Baugewerbes, der als Dachverband für die Landesverbände und die überregionalen Mitgliedsverbände fungiert. Auch bei der baugewerblichen Verbandsorganisation gibt es die unterschiedlichsten Verbandsnamen, wie z. B. „Baugewerbeverband Niedersachsen", „Verband baugewerblicher Unternehmer Hessen" oder „Landesverband Bauhandwerk Brandenburg und Berlin e. V.".

Aufgaben der Unternehmensverbände
Die Aufgaben der bauwirtschaftlichen Verbände sind außerordentlich vielfältig. Sie haben – wie die Arbeitgeberverbände der anderen Wirtschaftszweige – sowohl Arbeitgeberfunktionen, z. B. als Tarifpartner, als auch die Aufgabe, dass die zum Teil unterschiedlichsten Interessen der Einzelmitglieder zu einem einheitlichen Meinungsbild zusammengefasst werden, damit sie im politischen Raum zur Geltung kommen. Darüber hinaus sind die Verbände aber immer auch beratend für die Mitglieder tätig. In den einzelnen Fachabteilungen werden Informationen und Wissen gebündelt, um es den Mitgliedern zur Verfügung zu stellen. Dies gilt insbesondere bei der Aufbereitung der Gesetzgebung in pragmatische Handlungsempfehlungen.

4.2.2 Arbeitnehmerverbände

In der Bauwirtschaft war die Industriegewerkschaft Bau-Steine-Erden (IGBSE) viele Jahrzehnte der Arbeitnehmerverband der Bauwirtschaft. Nach dem Zusammenschluss der IGBSE mit der Gewerkschaft Gartenbau, Land- und Forstwirtschaft im Jahre 1996 zur Industriegewerkschaft Bauen-Agrar-Umwelt (IG Bauen-Agrar-Umwelt) vertritt dieser Verband die Interessen der Arbeitnehmer der Bauwirtschaft. Im Grundsätzlichen hat dieser Zusammenschluss die Struktur des Verbandes nicht geändert.

Von diesem Verband werden Arbeitnehmer aus folgenden Bereichen vertreten:

- Bauhauptgewerbe,
- Baustoffindustrie,
- Dachdecker-, Gerüstbauer- und Steinmetzhandwerk,
- Dienstleistungen (FM/IDL),
- Forstwirtschaft und Naturschutz,
- Gartenbau und Floristik,
- Garten- und Landschaftsbau,
- Gebäudereinigung,
- Landwirtschaft,
- Maler und Lackierer,
- sonstige Branchen (z. B. Wohnungswirtschaft, Architektur- und Ingenieurbüros, Bauforschungsinstitute, Einrichtungen der Tarifvertragsparteien, Berufsbildungseinrichtungen).

Die IG Bauen-Agrar-Umwelt ist analog den anderen Einzelgewerkschaften hierarchisch organisiert. Auf den jeweiligen Ebenen befinden sich

- Bezirksverbände und
- Landesverbände sowie
- auf Bundesebene die IG Bauen-Agrar-Umwelt.

Die Bezirks- und Landesverbände sind rechtlich unselbständige Untergliederungen der IG-Bauen-Agrar-Umwelt. Sie haben allerdings ein starkes Gewicht bei der dezentralisierten Meinungsbildung und sie haben eine große selbständige Handlungsfähigkeit auf regionaler Ebene (vgl. Gastell 1996, S. 161). Die Einzelgewerkschaft IG Bauen-Agrar-Umwelt gehört dem Gewerkschaftsbund DGB an.

Die Aufgaben der IG-Bauen-Agrar-Umwelt sind sehr umfangreich. Sie können in folgende Bereiche unterteilt werden: Tarifpolitik, Rechtsschutz, Arbeits- und Gesundheitsschutz, Berufshilfe, Arbeitskampf, Bildung, Frauenpolitik und Jugend.

In Bezug auf die Tarifpolitik steht für die gewerblichen Arbeitnehmer die IG Bauen-Agrar-Umwelt den Arbeitgeberverbänden der Bauindustrie und des Baugewerbes gegenüber.

4.2.3 Berufsverbände und sonstige Verbände in der Bauwirtschaft

Hier wird auf die verschiedenen Architekten-, Ingenieur- und Branchenverbände mit Schnittstellen zur Bauwirtschaft wie z. B. Bund Deutscher Architekten, Bund Deutscher Baumeister, Vereinigung freischaffender Architekten, Deutscher Architekten- und Ingenieurverband, Verein Deutscher Ingenieure, Verein unabhängiger beratender Ingenieure und die Technischen Überwachungsvereine, Deutscher Verband für Facility Management e. V. (GEFMA), Zentraler Immobilien Ausschuss e. V. (ZIA) hingewiesen.

Literatur

von Aleman, U.: Informationen zur politischen Bildung, Interessenverbände, Bundeszentrale für politische Bildung (Hrsg.): 4. Quartal 1996

Deutscher Gewerkschaftsbund: Struktur der Arbeitnehmerverbände. DGB-Mitgliederzahlen ab 2010. Online verfügbar unter www.dgb.de/uber-uns/dgb-heute/mitgliederzahlen/2010, zuletzt geprüft am 30.12.2020

Gastell, Friedrich (1996): Tarif- und Sozialpolitik. In: Claus Jürgen Diederichs (Hg.): Handbuch der strategischen und taktischen Bauunternehmensführung. Wiesbaden: Bauverlag

Pohl, W.: Regulierung des Handwerks, Deutscher Universitätsverlag: Wiesbaden 1995

Teil B
Baumarkt, Preisfindung, Marketing

Baumarkt 5

5.1 Der Baumarkt und sein volkswirtschaftlicher Stellenwert

Wie im Folgenden erörtert wird, ist der deutsche Baumarkt stark durch kleine und mittlere bauhandwerkliche Unternehmen geprägt. Das hat zur Folge, dass deutsche Betriebe in der Regel ausschließlich am inländischen Markt tätig sind. Internationale Verflechtungen ergeben sich erst bei den größeren Unternehmen, die häufig mit speziellen Auslandsgesellschaften operieren, die den Markt außerhalb Deutschlands, oft fokussiert auf einzelne Länder, bearbeiten. Die ausschließliche Unterteilung in den ausländischen und inländischen Baumarkt ist durch die engen Verknüpfungen mit dem europäischen Binnenmarkt und den daraus resultierenden, unterschiedlichen Rahmenbedingungen für das Bauen innerhalb und außerhalb der Europäischen Union nicht zielführend. Daher wird im Folgenden der deutsche, europäische und darüberhinausgehende, ausländische Baumarkt unterschieden.

5.1.1 Inländischer Baumarkt

Ein allgemeiner Überblick über den inländischen Baumarkt ergibt sich, wenn das Bauvolumen in Deutschland nach Baubereichen unterteilt wird. Dabei stellt das Bauvolumen die Summe aller Leistungen dar, die auf die Herstellung oder Erhaltung von Gebäuden und Bauwerken entfallen. Dazu zählen auch der Stahl- und Leichtmetallbau, Fertighausbau, Bauschlosserei, Planungsleistungen und Dienstleistungen in Zusammenhang mit dem Bauprozess.

2021 wurde nach Berechnungen des Deutschen Instituts für Wirtschaftsforschung in Deutschland ein Bauvolumen in Höhe von rund 414 Mrd. € erarbeitet. Dieses Bauvolumen unterteilt sich in die in Abb. 5.1 dargestellten Baubereiche, die auch Bausparten genannt werden (Hauptverband der Deutschen Bauindustrie 2022a).

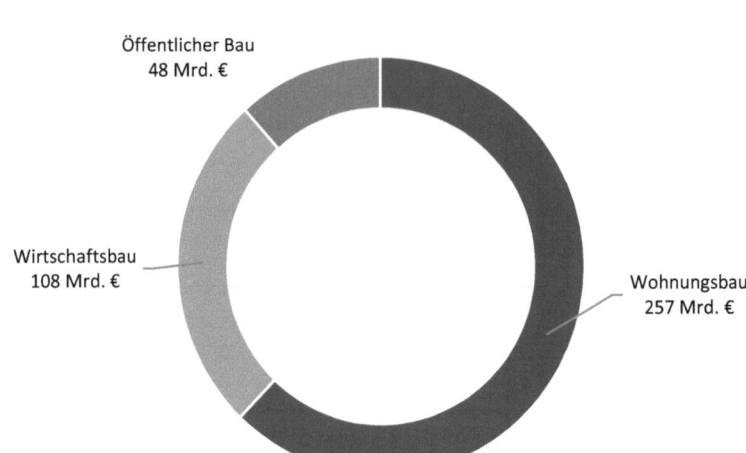

Fig. 5.1 Bauvolumen in Deutschland nach Bausparten

Der hier angegebene Wert des Bauvolumens ist deutlich höher als der Wert der Bauinvestitionen, der vom Statistischen Bundesamt im Rahmen der Volkswirtschaftlichen Gesamtrechnung angegeben wird. Dies liegt daran, dass im Wert des Bauvolumens im Gegensatz zum Wert der Bauinvestitionen zusätzlich nicht werterhöhende Reparaturen enthalten sind.

Der Stellenwert des Baumarktes im Kontext der Volkswirtschaft lässt sich mit folgenden Daten verdeutlichen (Hauptverband der Deutschen Bauindustrie 2022b):

- Anteil der Bruttowertschöpfung des Baugewerbes am Bruttoinlandsprodukt 2021: 5,9,
- Anteil der Bauinvestitionen am Bruttoinlandsprodukt 2021: 11,6 %
- Anteil der Erwerbstätigen im Baugewerbe an allen Erwerbstätigen 2021: 5,8 %

Darüber hinaus ist zu berücksichtigen, dass die Bauwirtschaft als Wirtschaftszweig größere Bedeutung als das Bau- und Ausbaugewerbe allein aufweist. So werden rund 7,2 % des Bauvolumens durch das Verarbeitende Gewerbe (Stahl-/Metallbau, Fertigbau, Ausbau etc.), 16,4 % durch Planungsleistungen und Gebühren (u. a. Makler, Notar, Grunderwerbssteuer) und 14,3 % sonstige Bauleistungen (Eigenleistungen, selbst erstellte Bauten, Reparaturen der Unternehmen) erbracht (Hauptverband der Deutschen Bauindustrie 2022a).

Im Zusammenhang mit der Bedeutung der Bauwirtschaft für die deutsche Volkswirtschaft muss so auch auf den so genannten Multiplikatoreffekt hingewiesen werden. Jede Erhöhung der Baunachfrage um 1 € bewirkt über die dadurch induzierte Wirtschaftstätigkeit in vor- und nachgelagerten Sektoren ein gesamtwirtschaftliches Produktions-

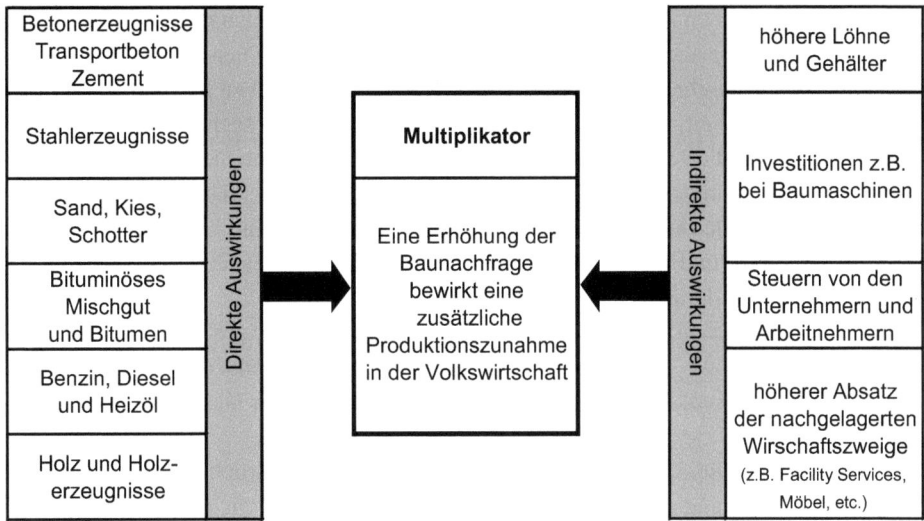

Fig. 5.2 Multiplikatoreffekt der Bauwirtschaft

wachstum je nach Bauart (Sparten) von 2,4 bis 2,6 €. Die Bauwirtschaft erreicht somit einen Multiplikatoreffekt von in etwa 2,5 (BMVBS 2011).

Schematisch lässt sich der Multiplikatoreffekt wie in Abb. 5.2 darstellen.

Während der vergangenen fünfundzwanzig Jahre unterlag der deutsche Baumarkt einem tiefgreifenden Wandel, der insbesondere von drei Phänomenen geprägt war:

- Zunahme der Bedeutung von gebäudebezogenen Dienstleistungen (Facility Services),
- Etablierung von Betreibermodellen in Öffentlich-Privaten-Partnerschaften (ÖPP),
- Verschwinden der dominierenden Bau-Aktiengesellschaften und stärkere Prägung des Marktes durch den bauwirtschaftlichen Mittelstand.

Das Gesamtmarktvolumen für **Facility Services** kann mit 55,0 Mrd. € (2021) zzgl. 30 Mrd. € Industrieservices angegeben werden und ist in Summe seit 2014 um 22 % gewachsen. Wird das Volumen der nicht sichtbaren captiven, das heißt intern erbrachten Leistungen, hinzugerechnet, so rangiert das Marktvolumen sogar im dreistelligen Milliardenbereich (Ball 2020). Somit beläuft sich der Beitrag der Facility-Management-Branche (Facility Services) an der Bruttowertschöpfung Deutschlands mit ca. 143,5 Mrd. € (2021) auf 4,8 % der gesamten Bruttowertschöpfung und ist damit vergleichbar mit dem Bauhauptgewerbe (145 Mrd. €) (Hauptverband der Deutschen Bauindustrie e. V. 2022a, S.4).[1]

---

[1] Institut für angewandte Innovationsforschung (IAI), 2010.

Während die großen Anbieter der Branche alle relevanten Leistungen aus dem Spektrum der Facility Services anbieten können, sind die kleineren Dienstleister oft auf spezielle Tätigkeiten beschränkt, wie z. B. den Bereich der technischen Instandhaltung, Reinigung oder Sicherheit, zum Teil mit Fokus auf bestimmte Branchen (Krankenhäuser, Industrie, etc.). Da die zehn umsatzstärksten Unternehmen jedoch nicht einmal 10 % des Gesamtmarktes ausmachen, ist der Markt für Facility Services sehr differenziert. Gewerkeanbieter wie Betriebe im Bereich der Heizungs-, Klima- und Lüftungstechnik sind z. B. mit Wartungs- und Instandhaltungsarbeiten am Markt für Facility Services genauso wie auf dem Baumarkt tätig.[2]

Genauso verschieden, wie die Anbieter der Facility Services, gestalten sich auch ihre Nachfrager. Die größte Nachfrage stammt aus dem produzierenden Gewerbe. Weitere Branchen sind Banken, Versicherungen, Unternehmen aus dem Gesundheitswesen und die öffentliche Hand.

Neben den Facility Services bezieht sich auch ein wesentlicher Anteil der Bautätigkeit auf Leistungen im Gebäudebestand. Beispielsweise mit Blick auf die Baugenehmigungen im Hochbau kann festgestellt werden, dass sich die veranschlagten Baukosten zu rund 16 % auf Baumaßnahmen im Bestand beziehen (Destatis 2021b). Das Verhältnis ist im Vergleich mit 2015 um rund 3 % gesunken. Nach einer Studie des BBSR entfällt insgesamt rund 70 % des Bauvolumens im Wohnungsbau und in etwa 60 % im Nicht-Wohnungsbau auf Maßnahmen im Bestand. Während das Bauvolumen im Neubaubereich zwischen 2015 und 2018 um durchschnittlich 8 % im Jahr wuchs, entwickelte sich der Bestandsbau mit durchschnittlich 5 % im Wohnungs- und lediglich 2 % im Nicht-Wohnungsbereich weiter (BBSR 2020, S. 13). Zu erklären ist diese Entwicklung unter anderem mit der zunehmenden Bedeutung des Neubaus aufgrund von Wanderungsbewegungen in die Zentren und der Attraktivität von Immobilieninvestitionen in Zeiten geringer Zinsen.

Als Kombination aus Neubau und Facility Services inklusive der Finanzierung haben sich **Betreibermodelle** in Deutschland etabliert, zumindest wenn es um die sogenannten **ÖPP – Öffentlich Privaten Partnerschaften** geht. Nach anfänglich starkem Wachstum (2007: 850 Mio. €) sank die Projektzahl und das Volumen wieder kontinuierlich. Erst seit 2014 stieg es wieder an (720 Mio. €), gestaltet sich aber deutlich volatil. 2019 betrug es beispielsweise nur 550 Mio. €, 2020 hat es 400 Mio. € betragen. Daneben steigt die öffentliche Hand seit 2007 auch verstärkt in Infrastrukturprojekte ein, deren jährliches Investitionsvolumen bis 2016 mit Ausnahme weniger Jahre rund 600 Mio. € p. a. betrug. Seit 2017 ist das jährliche Volumen auf in etwa 1 Mrd. € p. a. gestiegen, allerdings mit Lücken in den Jahren 2018 und 2019. 2020 erreichte das Gesamtinvestitionsvolumen einen Höchstwert von knapp 2 Mrd. €. (Hauptverband der Deutschen Bauindustrie e. V. 2021, S.15). Mit ihrer Einführung in Deutschland schienen ÖPP-Projekte aufgrund ihrer Komplexität und Größenordnung zunächst

---

[2] Lünendonk GmbH, 2013.

5.1 Der Baumarkt und sein volkswirtschaftlicher Stellenwert

nur ein Geschäftsfeld für die wenigen, großen Baugesellschaften und Konsortien zu sein. Mittlerweile zeigt sich, dass ein Großteil der Projekte mit einem Investitionsvolumen bis zu 30 Mio. € durchaus in einem Bereich liegen, der gut durch den bauwirtschaftlichen Mittelstand bedient werden kann. Dabei werden fast 90 % der Hochbauprojekte durch mittelständische Betriebe realisiert (Hauptverband der Deutschen Bauindustrie e. V. 2021, S. 15). Im Infrastrukturbau herrscht vielfach noch Skepsis bezüglich der Mittelstandstauglichkeit, wobei Branche und Politik nach gangbaren Wegen suchen.

Zuletzt sei auf die Veränderung der Unternehmensstruktur hingewiesen, wobei der Baumarkt stärker durch kleine und **mittelständische Unternehmen** geprägt ist als durch große Bauaktiengesellschaften. Im Jahr 1995 waren noch 18,1 % der Beschäftigten in Unternehmen mit über 200 Mitarbeitern beschäftigt, die einen Gesamtumsatz in Höhe von 21,1 % des Branchenumsatzes erzielten. 2005 sind es nur noch 9 % und der Gesamtumsatz geht auf 12,5 % zurück. Mittlerweile wächst die Bedeutung der größeren Betriebe wieder, sodass 2021 12,8 % der Beschäftigten in Betrieben mit mehr als 200 Mitarbeitern beschäftigt waren. Dort werden nun 19,2 % des Branchenumsatzes erwirtschaftet, mehr als im Jahr 1995. Grund dafür war die anhaltend gute Baukonjunktur in den letzten Jahren.

Auch die größeren Mittelständler waren von dieser Entwicklung betroffen. Trotz Erholung liegen sie mit 28,2 % (2021) des Branchenumsatzes immer noch mehr als 6 % unter dem Wert von 1995. Die Umverteilung kommt im Wesentlichen den kleinen Unternehmen mit bis zu 19 Mitarbeitern zugute, die 2021 zwar inzwischen in Summe weniger als noch am Anfang des Jahrtausendwechsels erwirtschaften, mit 30,1 % des Branchenumsatzes aber noch deutliche über den Anteilen von 1995 (23,4 %) liegen (Hauptverband der Deutschen Bauindustrie e. V. 2022c).

2021 gehörten die Unternehmen in Abb. 5.3 zu den zehn größten Baubetrieben in Deutschland.

Unternehmen	Bauleistung (Mio. €)	Beschäftigte
1. Hochtief, Essen	21,401	32,866
2. Strabag, Köln (1)	6,866	22.428 (2)
3. Züblin, Stuttgart	4,177	14.026 (2)
4. Goldbeck, Bielefeld	4,113	5,478
5. VINCI Deutschland, Ludwigshafen	3,600	16,525
6. Zech Group, Bremen	3,480	12,067
7. Max Bögl, Sengenthal	2,300	6,500
8. Kaefer Isoliertechnik, Bremen	1,800	30,000
9. Leonhard Weiss, Göppingen	1,756	6,015
10. Bauer, Schrobenhausen	1,454	11,488
(1) Strabag ohne Züblin		
(2) Mitarbeiter inkl. Auszubildende zum 31.12.2021		

Fig. 5.3 Liste der zehn größten Bauunternehmen in Deutschland (Linden 2021)

5.1.2 Ausländischer Baumarkt

Der ausländische Baumarkt kann grundsätzlich in den traditionellen Auslandsbau und den Auslandsbau durch Tochtergesellschaften und Beteiligungen unterteilt werden.

Im traditionellen Auslandsbau erhält ein deutsches, bauausführendes Unternehmen oder eine deutsche Arbeitsgemeinschaft im Ausland einen Auftrag und erbringt unmittelbar im Ausland an einem, durch den Auftraggeber bestimmten Ort und unter den dort herrschenden Bedingungen die Bauleistungen. Dabei können auch deutsche Arbeitnehmer – Projektmanager, Bauleiter, Poliere und gewerbliche Arbeitnehmer – auf den ausländischen Baustellen beschäftigt werden. Zudem ist von den Unternehmen zu prüfen, ob gleich qualifizierte Arbeitskräfte vor Ort rekrutiert werden können. Aufgrund der relativ hohen Lohnzusatz- und Lohnnebenkosten in Deutschland würde anderenfalls ein Angebotsnachteil entstehen.

Beim Auslandsbau durch Tochtergesellschaften und Beteiligungen werden die Bauleistungen erbracht

- von ausländischen Tochtergesellschaften deutscher bauausführender Unternehmen,
- von ausländischen Unternehmen, bei denen deutsche Unternehmen beteiligt sind.

Die Gründung von Tochtergesellschaften ist auf jenen Baumärkten erforderlich, die dem traditionellen Auslandsbau verschlossen sind. Erst hierdurch wird der Einstieg in bestimmten lokalen Märkten möglich, wie beispielsweise in Australien, in den Vereinigten Staaten von Amerika, in Kanada oder China. Darüber hinaus ist eine permanente Marktpräsenz eine Grundvoraussetzung für Absatzchancen auf diesen Märkten.

Beteiligungen sollten allerdings an jenen ausländischen Partnern erworben werden, die ihrerseits bereits erfolgreich auf ihren lokalen Märkten operieren. Ihre Kenntnisse der örtlichen Marktgegebenheiten, der entsprechenden Landesbauordnungen, kommunalen Bausatzungen etc. sind wichtige Voraussetzungen für einen Wettbewerbsvorteil. Durch die Strategie der Beteiligungen auf ausländischen Märkten entfällt die Notwendigkeit, dass Bauleiter, Ingenieure, Poliere und gewerbliches Personal entsandt werden müssen. Es sind nur noch wenige, sehr erfahrene Kräfte nötig, welche Aufgaben z. B. im Rahmen des Baustellencontrolling, der Akquisition und der Beobachtung der ausländischen Märkte übernehmen.

Für deutsche bauausführende Unternehmen hat der ausländische Baumarkt in beiden Erscheinungsformen bereits viele Jahrzehnte eine große Tradition. Schon vor Beginn des 20. Jahrhunderts waren deutsche Bauunternehmen im Ausland tätig. Zwischen den beiden Weltkriegen lagen die Tätigkeitsschwerpunkte im Mittleren Osten und in Südamerika. Nach dem Zweiten Weltkrieg – und vor allem in den 60er Jahren – waren deutsche Bauunternehmen hauptsächlich in den ölproduzierenden Ländern des Nahen und Mittleren Ostens sowie Afrikas tätig.

"Die deutschen Bauunternehmen wurden geschätzt aufgrund ihres Organisationsvermögens, technischer Effizienz, ihrer Zuverlässigkeit und pünktlicher Einhaltung der Fertigstellungstermine. Daraus resultierend entwickelte sich während dieser Zeit ein Vertrauensverhältnis und eine gefestigte Zusammenarbeit zwischen den Bauherren und deutschen Bauunternehmen" (Hinrichs 1996, S. 125).

Mit dem Verfall des Ölpreises veränderte sich die Struktur des Auslandsbaus erneut. Die Bauaufträge aus diesen Ländern brachen drastisch ein. Verstärkt wurde diese Entwicklung durch die kriegerischen Auseinandersetzungen, die sich in der Region zunehmend einstellten. Somit verschob sich der geographische Schwerpunkt der Auslandsaktivitäten und es ist seitdem festzustellen, dass sich dieser Schwerpunkt teilweise jährlich verändert (vgl. Kulick 2003, S. 9). Zum Ende des letzten Jahrtausends spielte der europäische Baumarkt noch eine gewichtige Rolle. Heute fallen fast 90 % des Auftragseingangs auf Amerika, Asien und Australien. Diese Veränderungen zeigen sehr deutlich, wie abhängig die internationalen Baumärkte von politischen und wirtschaftlichen Entwicklungen sind. Solche Entwicklungen früh zu erkennen und Konsequenzen daraus abzuleiten, ist eine wesentliche Voraussetzung für den Erfolg. Die Baumarktsituation in der Welt ist dauernd in Bewegung und laufend Veränderungen ausgesetzt. Neue Märkte entstehen, vorhandene Märkte versiegen oder sind durch militärische Auseinandersetzungen sehr plötzlich nicht mehr zugänglich.

In den vergangenen zwanzig Jahren haben sich die Gewichte im Auslandsgeschäft der deutschen Bauindustrie erheblich verschoben. War früher der „traditionelle Auslandsbau" dominierend, so überwiegt heute der „Auslandsbau durch Tochtergesellschaften und Beteiligungen". 1991 lag der Anteil noch bei rund 39 %, bis 2014 sank er auf marginale 2,1 % (Hauptverband der Deutschen Bauindustrie e.V. 2015a). Abb. 5.5 ist zu entnehmen, dass sich der Auftragseingang insgesamt kontinuierlich erhöht hat. Verschiedene Aspekte, wie eine Schwäche auf dem australischen Baumarkt ab 2013 sowie statistische Zuwächse aufgrund von sich ändernden Unternehmensverbindungen und Schwankungen im Wechselkurs, beeinflussen die Entwicklung zusätzlich.

Der Auftragseingang von Bauleistungen für deutsche Bauunternehmen erfolgt weltweit, was die prozentualen Anteile – differenziert nach Kontinenten – in der folgenden Abbildung (Abb. 5.4) in der Entwicklung zeigen. Das vormals starke Geschäft in Australien ist inzwischen stark zurückgegangen, wohingegen vor allem Zugewinne am nordamerikanischen (USA, Canada) und auch auf dem asiatischen Markt zu verzeichnen sind. Allerdings fließen in die statistischen Auswertungen je Kontinent Auftragseingänge ein, die dem Sitz des Unternehmens zugeordnet werden. Z. B. Aufträge australischer Beteiligungsgesellschaften, die auf anderen Kontinenten abgewickelt werden, fließen in die Gesamtbewertung für Australien ein und verzerren so das Gesamtbild. Aufgrund von Beteiligungsverkäufen, z. B. im Jahr 2011 ergaben sich Verwerfungen in den Anteilen je Kontinent, die keinen Zusammenhang mit den regionalen Märkten haben (Abb. 5.4).

Mit Blick auf den globalen Baumarkt zeigt sich die Region Asien-Pazifik mit einem Anteil von 42,2 % (2021) als der bedeutendste Teilmarkt. Gefolgt wird er von Nord

Amerika und West Europa. Die aktuell am stärksten wachsende Region ist der mittlere Osten und der Raum Asien-Pazifik (The Busines Research Company 2020).

Gemessen am inländischen Bauvolumen ist der Auftragseingang aus dem Ausland relativ gering. Die Bedeutung wird aber umso deutlicher, wenn die Zahlen auf die tatsächlichen Erbringer der Bauleistungen bezogen werden. Der Auslandsanteil bei den großen deutschen Baukonzernen ist teilweise sehr hoch, was Abb. 5.5 belegt. Die Darstellung

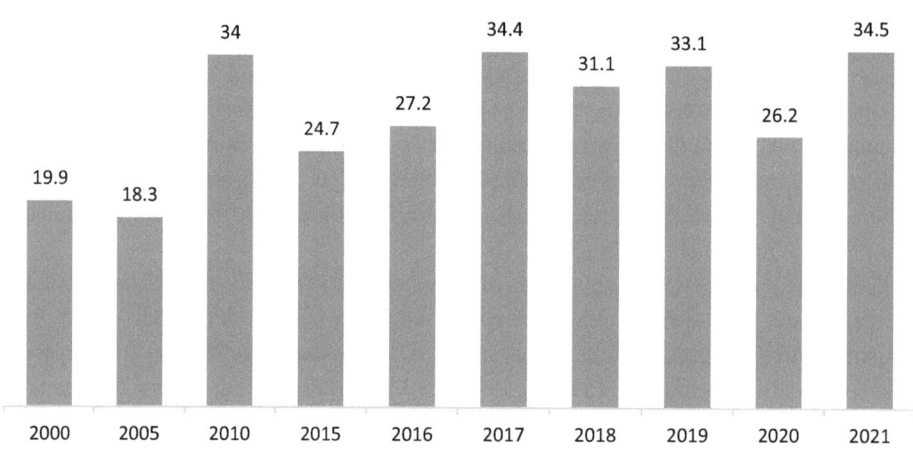

Fig. 5.4 Auftragseingang aus dem Ausland in Mrd. (Hauptverband der Deutschen Bauindustrie)

Unternehmen	Leistung Ausland [Mio. €]		Leistung Inland [Mio. €]	Leistung Gesamt [Mio. €]
Hochtief	20,545	96%	856	21,401
Strabag, Deutschland	2,746	40%	4,120	6,866
Züblin	919	22%	3,258	4,177
Kaefer Isoliertechnik	1,404	78%	396	1,800
Bauer	1,229	70%	527	1,756
Summe	26,844		9,157	36,000

Fig. 5.5 Leistung der, für das Auslandsgeschäft wesentlichen deutschen Bauunternehmen. (Quelle: https://www.bauindustrie.de/fileadmin/bauindustrie.de/Zahlen_Fakten/Uebersicht-Bauunternehmen/2022.08.15_Liste_der_50_groessten_deutschen_Bauunternehmen_in_2021.pdf)

5.1 Der Baumarkt und sein volkswirtschaftlicher Stellenwert

beinhaltet aber auch das Servicegeschäft der Unternehmen, sodass der Gesamtbetrag in Summe über dem in Abb. 5.4 gezeigten Gesamtsumme liegt.

Insgesamt spielen deutsche Unternehmen auf dem weltweiten Baumarkt aber nur eine untergeordnete Rolle. Unter den 100 umsatzstärksten Unternehmen befindet sich lediglich ein wirklich deutsches Bauunternehmen, die Bauer AG, auf Platz 92. Hochtief, Strabag und Züblin sind bereits Tochterunternehmen anderer, internationaler Unternehmen. Allerdings tragen sie wesentlich zum internationalen Umsatz ihrer Muttergesellschaften bei. Beispielsweise leistet die Hochtief AG 2021 mehr als die Hälfte am internationalen Umsatz seiner Muttergesellschaft ACTIVIDADES DE CONSTRUCCION Y SERVICIOS. S.A. (ACS) aus Spanien, die auf Rang sieben der TOP 100 Bauunternehmen weltweit gelistet ist.

Weitere, europäische Unternehmen wie VINCI, BOUYGUES oder EIFFAGE. S.A. (alle Frankreich) finden sich unter den TOP 20 der Welt, auch wenn sie in Hinblick auf ihren Umsatz weit hinter den führenden drei Bauunternehmen, allesamt aus China, zurückbleiben, die deutlich mehr als 100 Mrd. $ erwirtschaften.

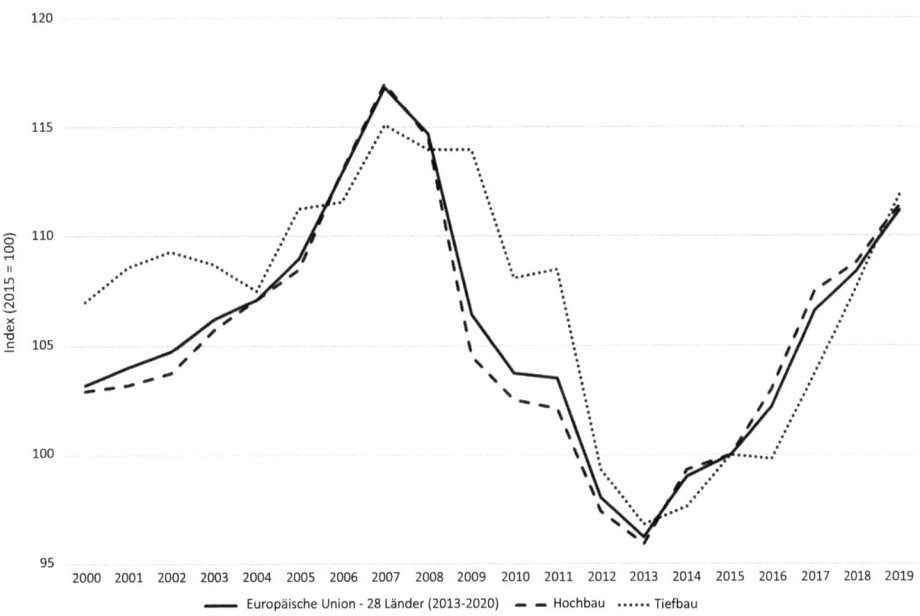

Fig. 5.6 Entwicklung des Europäischen Baumarktes (Bauproduktion). (Quelle: Eurostat)

5.1.3 Europäischer Baumarkt

Ein Schwerpunkt der ausländischen Bautätigkeit ergibt sich auch durch den europäischen Binnenmarkt, der seit dem 1. Januar 1993 Realität geworden ist. Mit dem EU-Binnenmarkt ist der freie Verkehr von Waren, Personen, Dienstleistungen und Kapital im gesamten Bereich der Europäischen Union möglich. Im Gegensatz zu Deutschland macht der Anteil der Bauwirtschaft an der Wirtschaftsleistung (gross domestic product bzw. Bruttoinlandsprodukt) der Europäischen Union 9 % gegenüber nicht einmal 5 % (2020) aus (vgl. Deloitte 2020, S. 16).

Nach Angaben des Hauptverbandes der deutschen Bauindustrie war der europäische Baumarkt (EU-27) 2013 mit Investitionen von 1257 Mrd. € weltweit der mit Abstand bedeutendste und entsprach dem der Baumärkte der USA plus Japan (Hauptverband der Deutschen Bauindustrie e. V. 2015b, S. 31). Im Zuge der Finanz- und Eurokrise ab 2008 hat der europäische Markt an Bedeutung verloren, erholt sich seit 2013 aber stetig und hat fast wieder das Vorkrisenniveau erreicht. Wie bereits erwähnt, hat er jedoch seine Spitzenposition unter den Weltmärkten verloren.

Der Europäische Binnenmarkt hat auch Auswirkungen auf den deutschen Baumarkt. Innerhalb der EU werden relativ wenige Bauaufträge an Baufirmen aus anderen Mitgliedstaaten vergeben. Daran hat auch der Zwang zur europaweiten Ausschreibungen

	Austria	Belgium	Denmark	Finland	France	Germany	Italy[2]	NL	Portugal	Spain	Sweden[3]	Turkey	Total
Companies reporting	4	5	6	1	14	16	12	6	20	9	3	45	141
International Total in million EUR	18.885	5.501	699	1.160	42.995	28.695	13.756	10.185	5.280	17.325	14.251	17.224	**175.956**
without Europe	1.460	2.406	233	0	17.945	25.184	10.378	3.004	4.792	11.479	6.010	10.378	**93.269**
without Europe and North America	1.429	2.403	233	0	11.746	12.502	8.129	2.494	4.792	6.483	0	10.378	**60.589**
without Europe, North America and Australia	1.420	2.320	184	0	9.414	1.581	7.381	2.330	4.792	5.043	0	10.332	**50.472**
Regional Total													
Europe	17.425	3.095	466	1.160	25.050	3.511	3.378	7.181	488	5.846	8.241	6.846	**82.687**
North America (U.S.A. and Canada)	31	3	0	0	6.199	12.682	2.249	510	0	4.996	6.010	0	**32.680**
America (Central and South)	637	346	216	0	1.885	435	886	572	2.345	3.553	0	250	**11.095**
Oceania/Australia	9	83	0	0	2.332	10.921	748[4]	164	0	1.440	0	46	**15.743**
Asia	169	626	1	0	3.128	531	1.076[4]	558	0	39	0	1.934	**8.062**
Africa		57	356	15	0	3.531	246	1.895	287	2.447	268	0	2.128	**11.230**
Middle East[1]	557	993	0	0	900	369	3.524	913	0	1.183	0	6.020	**14.459**

1 Afghanistan, Bahrain, Egypt, Iran, Iraq, Israel, Jordan, Kuwait, Lebanon, Oman, Qatar, Saudi-Arabia, Syria, United Arab Emirates and Yemen (North and South)
2 Source: ENR The Top 250 International Contractors 2018, published in August 19/26, 2019. Currency rate: 1 EUR = 1.18 US$ (Official rate for 2018 of the European Central Bank)
3 EIC's own research
4 As figures for Italy cannot be split between Australia and Asia, the figure is an approximate value.

Fig. 5.7 Aktivitäten der Europäischen Bauunternehmen im In- und Ausland (European International Contractors 2019, S.18)

öffentlicher Bauinvestitionen mit einem Bauvolumen von mehr als. 5,35 Mio. € nicht viel geänder.

Allerdings gibt es einige Beteiligungen von europäischen Baukonzernen – beispielsweise aus Österreich, Frankreich, den Niederlanden und Spanien – an Bauunternehmen in Deutschland. So hat sich ein Beteiligungsnetz ergeben, das aufgrund der absoluten Größe des deutschen Baumarktes für Bauunternehmen aus anderen europäischen Ländern immer noch sehr attraktiv ist.

In 2018 betrug der internationale Umsatz europäischer Bauunternehmen (Mitglieder der Vereinigung European International Contractors) fast 176 Mrd. €, der damit gegenüber 2017 quasi stagnierte. Im Vergleich mit 2016 war er noch um über 2 % gestiegen. Damit korelliert die Entwicklung nicht mit dem weltweiten Baumarkt, der zwischen 2015 und 2019 um über 6 % gewachsen ist (The Business Research Company 2022). Im Gegenteil, der weltweite Umsatz der europäischen Buunternehmen sank zwischen 2015 und 2018 um über 10%. Diese Entwicklung unterstreicht die zunehmende Bedeutung internationaler Bauunternehmen ausserhalb Europas, speziell aus China. Dagegen stieg der innereuropäische Umsatz, passend zur Entwicklung des Baumarktes, um etwas über 9 % (European International Contractors 2019).

5.2 Der Baumarkt als ein System von Teilmärkten

Entsprechend der Wirtschaftsgüter und Dienstleistungen, die zur Erstellung und Nutzung von Bauprojekten benötigt werden, kann der Baumarkt in folgende sachliche Teilmärkte unterteilt werden:

- Grundstücke (bebaut und unbebaut),
- freiberufliche Leistungen,
- gewerbliche Dienstleistungen,
- Bauleistungen,
- Projektentwicklungen.

5.2.1 Grundstücke

Der Grundstücksmarkt ist in den letzten Jahren zum einem wesentlichen Bestimmungsfaktor für den Erfolg von Immobilienprojekten geworden. Einerseits entscheidet das Grundstück mit seiner spezifischen Lage über die Nutz-, Vermiet- und Veräußerbarkeit der darauf errichteten Gebäude und stellt mit seiner strategischen Lage die Verteilung von Waren oder die Erreichbarkeit durch die Zielnutzer sicher. Grund und Boden ist ein knappes Gut. Insofern werden Gebäude nicht nur auf unbebauten (greenfield), sondern auch auf bereits bebauten Grundstücken oder Brachen neu errichtet (brownfield).

Unbebaute Grundstücke
Die amtlichen Statistiken unterteilen den Grundstücksmarkt für unbebaute Grundstücke nach folgenden Kriterien:

- Entwicklungszustand,
- Art des Baugebietes,
- Stadt- bzw. Gemeindegrößenklassen.

Der *Entwicklungszustand* bezeichnet den planungsrechtlichen Zustand eines Grundstückes. Hier wird unterschieden in:

- Baureifes Land. Dies sind Flächen, die nach öffentlich-rechtlichen Vorschriften baulich nutzbar sind.
- Bauerwartungsland. Dies sind Flächen, die nach ihrer Eigenschaft, ihrer sonstigen Beschaffenheit und ihrer Lage eine bauliche Nutzung in absehbarer Zeit tatsächlich erwarten lassen. Diese Erwartung kann sich insbesondere auf eine entsprechende Darstellung dieser Flächen im Flächennutzungsplan, auf ein entsprechendes Verhalten der Gemeinde oder auf die allgemeine städtebauliche Entwicklung des Gemeindegebiets begründen.
- Rohbauland. Dies sind Flächen, die für eine bauliche Nutzung bestimmt sind, deren Erschließung aber noch nicht gesichert ist oder die nach Lage, Form oder Größe für eine bauliche Nutzung unzureichend gestaltet sind.
- Sonstiges Bauland. Hier handelt es sich um Flächen der Land- oder Forstwirtschaft, der Industrie, Land für Verkehrszwecke bzw. Freiflächen.

Art des Baugebietes
Nach der Art der baulichen Nutzung werden gemäß der Baunutzungsverordnung (§1 Abs. 2 BauNVO) folgende Baugebiete unterschieden:

- Kleinsiedlungsgebiete (WS),
- reine Wohngebiete (WR),
- allgemeine Wohngebiete (WA),
- besondere Wohngebiete (WB),
- Dorfgebiete (MD),
- Mischgebiete (MI),
- Kerngebiete (MK),
- Gewerbegebiete (GE),
- Industriegebiete (GI),
- Sondergebiete (SO).

Die Unterteilung nach der Art der baulichen Nutzung ist vor allem im Hinblick auf die Grundstückskaufwerte interessant. Dies soll durch Abb. 5.8 verdeutlicht werden.

5.2 Der Baumarkt als ein System von Teilmärkten

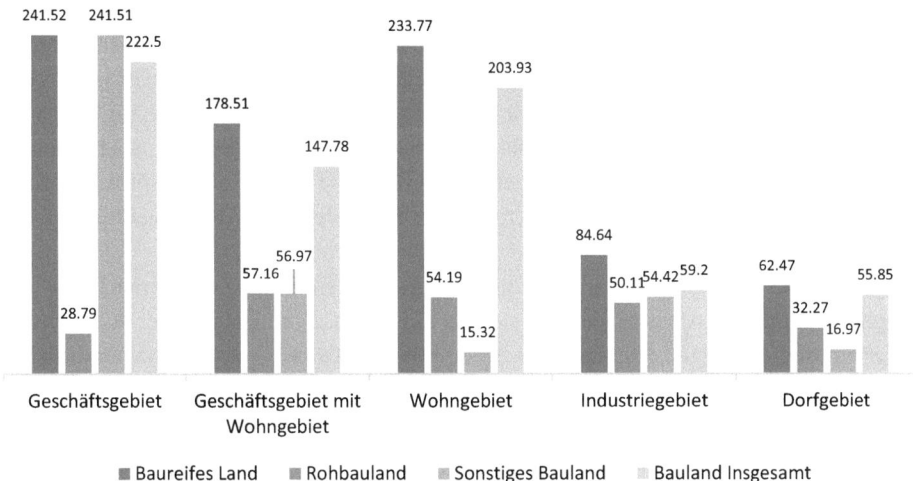

Fig. 5.8 Kaufwerte im Jahr 2020 nach ausgewählten Baugebieten. (Quelle: https://www.destatis.de/DE/Themen/Wirtschaft/Preise/Baupreise-Immobilienpreisindex/Publikationen/Downloads-Bau-und-Immobilienpreisindex/kaufwerte-bauland-j-2170500207004.pdf?__blob=publicationFile)

Stadt- bzw. Gemeindegrößenklassen

Durch die Unterteilung nach Stadt- bzw. Gemeindegrößenklassen werden Unterschiede im Grundstücks- bzw. Baulandpreisniveau nachgewiesen.

Allerdings reicht zur Erklärung der unterschiedlichen Baulandpreise die Einwohnerzahl einer Stadt bzw. einer Gemeinde nicht aus. Zusätzlich müssen auch weitere ökonomische Sachverhalte des Makro- und Mikrostandortes, wie unterschiedliche Wirtschaftskraft, Renditemöglichkeiten, verschiedene Zentralitätsgrade und großräumige Standortvorteile bzw. -nachteile beachtet werden.

Als wesentliche Immobilienhotspots gelten die Städte bzw. Großräume Berlin, Düsseldorf, Frankfurt am Main, Hamburg, Köln, München und Stuttgart. Aufgrund der großen Nachfrage und des begrenzten Grundstücksangebots, kommt gerade in diesen Regionen den bebauten Grundstücken eine besondere Bedeutung zu, sei es in Zusammenhang mit Verdichtung und Aufstockung oder Abriss, Revitalisierung oder Sanierung.

Bebaute Grundstücke

Um den, in bestimmten Regionen sehr großen Flächenbedarf zu stillen, stehen oft nicht genügend Flächen zur Verfügung, die neu bebaut werden können bzw. die auf Basis des Flächennutzungsplans zu baureifem Land entwickelt werden können. Zudem befinden sich entsprechende Flächen häufig im Randbereich der Metropolen, womit eine Bebauung nicht die nötige Funktion erfüllen kann bzw. der Mikrostandort unattraktiv oder unpassend wird. Ehemalige Industrie-, Kasernen- oder Bahnflächen stellen dann, genauso wie bebaute Grundstücke mit Verdichtungspotential eine brauchbare und unter Umständen schneller verfügbare Alternative dar. Sofern bereits Baurecht besteht, ist in aller Regel eine Änderung des Bebauungsplans, ein vorhabenbezogener Bebauungsplan (§ 12 BauGB) oder ein städtebaulicher Vertrag (§ 11 BauGB) vonnöten, um geeignete Rahmenbedingungen für die Bebauung zu schaffen. Letztere bieten die Möglichkeit, Entwickler bzw. Bauherren einerseits an individuelle, städtebauliche Rahmenbedingungen und Anforderungen an das Gebäude (z. B. Nutzungsmix, Fassadengestaltung etc.) bzw. die Erschließung zu binden und andererseits das Genehmigungsverfahren flexibler zu gestalten.

Problematisch in Zusammenhang mit der sogenannten Brownfield-Entwicklung sind mögliche Altlasten, Abrisskosten, versteckte Hindernisse im Boden oder Kampfmittel aufgrund der vorherigen Nutzung, die oft eine lange Historie hat. Unterlagen dazu stehen bisweilen dazu nicht zur Verfügung. Vorhandene Gebäude müssen zurückgebaut und können nur teilweise recycelt oder gewinnbringend veräußert werden (z. B. Stahlteile). In der Regel sind die Kosten für bebaute Grundstücke inkl. der Herrichtung deutlich höher als für unbebaute Grundstücke.

5.2.2 Freiberufliche Leistungen

Der Markt für freiberufliche Leistungen ist unmittelbar abhängig von

- der Zu- oder Abnahme der Baunachfrage, insbesondere komplexe Bauvorhaben,
- der Entwicklung neuer Baustoffe und deren Verarbeitungsmöglichkeiten (Veränderung der Bautechnologie) und
- der Entwicklung innovativer Verfahren,
- der Veränderungen von Anforderungen an das Bauen, z. B. durch die Digitalisierung, das GEG (GebäudeEnergieGesetz) und Nachhaltigkeit, Brandschutz etc.

Diese Entwicklungen können die Entstehung neuer Berufsfelder, z. B. in den Bereichen Bauphysik, Bauökonomie, Energieberatung und -planung, Nachhaltigkeit und Zertifizierung, Kosten- und Projektmanagement etc., zur Folge haben. Als aktuelle Entwicklung kann die Entstehung von Expertenleistungen im Bereich des Building Information Modeling genannt werden.

In der Bauwirtschaft bieten vor allem die größeren Unternehmen auch integrierte Leistungen an (horizontale als auch vertikale Ergänzung des Leistungsspektrums bzw. der Wertschöpfungskette), z. B. durch Angebote als Totalunternehmer bis hin zu Angeboten von Projektentwicklungen und Facility Services.

Sowohl Totalunternehmer als auch Projektentwickler stehen somit mit den freiberuflich tätigen Architekten und Ingenieuren im Wettbewerb.

5.2.3 Bauleistungen

Wie bereits an anderer Stelle ausgeführt, sind Bauleistungen gem. § 1 VOB/A Arbeiten jeder Art, durch die eine bauliche Anlage hergestellt, instandgehalten, geändert oder beseitigt wird.

Als Einteilungskriterium des Baumarktes kann zunächst die bereits genannte Unterteilung in Wohnungsbau, Wirtschaftsbau, öffentlicher Hochbau, Straßenbau und sonstiger öffentlicher Tiefbau angeführt werden.

Eine weitere Unterteilung kann dadurch erfolgen, dass der Baumarkt in einzelne Bausparten aufgeteilt und den einzelnen Bausparten entsprechende Produktarten zugeordnet werden. Dies erfolgt beispielsweise bei Universalbauunternehmen, um eine bessere Marktbearbeitung zu ermöglichen. Die Abb. 5.9 mit Bausparten und Produktarten entspricht solchen Überlegungen, wobei sie stellvertretend für große Bauunternehmen gelten soll.

Ergänzend dazu ist eine Differenzierung des Baumarktes durch die Unterscheidung von Neubaumaßnahmen und Baumaßnahmen an bestehenden Gebäuden möglich. Für die Anbieter von Leistungen, die sich mit Bestandsobjekten auseinandersetzen, sind andere Anforderungen von Bedeutung. In den Fällen, bei denen Bestandsobjekte eine Rolle spielen, stellt sich der Sachverhalt um ein Vielfaches komplexer dar. Alleine die technischen Anforderungen haben dazu geführt, dass sich für Bestandsobjekte eine Nische im Baumarkt ergeben hat. Sind diese Objekte zudem denkmalgeschützt, kommen weitere Aspekte hinzu. Denkmalgeschützte Bestandsobjekte stehen im öffentlichen Interesse, sind durch den Gesetzgeber geschützt und können daher nur mit Auflagen entwickelt und umgeplant werden. Trotzdem gibt es eine Nachfrage nach Bauleistungen, die sich u. a. mit dieser Art von Bestandsobjekten befassen.

Die Nachfrage nach Bauleistungen im Bereich des Wohnungsbaus wird durch folgende Gründe unterstützt:

- Wohnungsbauförderung mit dem Schwerpunkt nach einer Förderung des Bestandes.
- Steuerliche Abschreibungsmöglichkeiten für Selbstnutzer und Kapitalanleger bei Denkmalschutzimmobilien.
- Förderprogramme für die Sanierung von Bestandsobjekten (insbesondere energetische Sanierung).

5.2.4 Projektentwicklungen

In Kap. 3 wurden folgende Arten von Projektentwicklungen unterschieden:

- Projektentwickler im engeren Sinne,
- Projektentwickler im weiteren Sinne ohne Betreiben der Bauprojekte,
- Projektentwickler im weiteren Sinne mit Betreiben der Bauprojekte.

Bausparte								
Allgemeiner Hochbau	Geschäfts- und Verwaltungsgebäude	Hotels, Studentenheime, Kasinos	Kasernen Ausbildungshallen	Kaufhäuser	Krankenhäuser	Schulen, wissenschaftliche Forschungsinstitute	Sonstige öffentliche Verwaltungsbauten	Wohnungsbauten
Industrie-, Ingenieur-, Hochbau	Bahnhöfe sonst. Verkehr Flughallen	Dampfkraft- u. Müllverbrennungsanlagen, Trafos, E-Werke, Heizwerke	Fabrikanlagen Werkhallen	Schwimmbäder, Hallenbäder, Sportanlagen	Lagerhallen, Tanklager, Parkhäuser	Markthallen, Schlacht- und Kühlhäuser	Silos, Türme, Schornsteine, Kühltürme	Theater, Kinos, Ausstellungssäle, Konzerthallen, Kirchen
Brückenbau Kunstbauwerke	Durchlässe	Eisenbahnbrücken	Fußgängerbrücken	Großbrücken, Talübergänge	Hochstraßen	Kreuzungsbauwerke, Pfeiler	Straßenbrücken, Unterführungen, Eisenbahnübergänge	Stützmauern
Erdbauten	Autobahnen	Flugplätze	Wasserstraßen	Großsprengarbeiten	Naßbaggerungen	Staudämme	Steinbruchbetriebe	Steindämme
Wasserbauten Ingenieurtiefbauten	Flußbauten Wehre Flußdücker	Kanäle, Schleusen, Hafenanlagen	Kraftwerke, Pumpspeicherwerke	Rammarbeiten	Seebau, Molen, Ufermauern	Seehäfen, Kaimauern, Dockanlagen	Tiefgaragen	Talsperren
Straßenbauten	Autobahnen	Sonstige Betonstraßen	Sonstige Straßen	Start- und Landebahnen Flugplätze				
Kanalisation Wasserversorgung Leitungsbau	Betonrohrleitungen	Kanalisation, Siele	Kläranlagen	Rohrdurchlässe	Sielbauten	Wasserbehälter	Wasserversorgung und -aufbereitung	
Stollenbauten Untergrundbahnbauten	Stollenbauten	Tunnelbauten	U-Bahnen	Unterwassertunnel Straßentunnel				
Spezialbaumethoden	Betonfertigteile	Brunnen	Chemische Bodenverfestigung	Druckluftgründungen	Durchpressungen	Gleitbauten	Grundwasserabsenkungen	

Fig. 5.9 Unterteilung des Baumarktes in einzelne Bausparten und Produktarten

Die Unterschiede in den einzelnen Arten von Projektentwicklern liegen im Wesentlichen in der unterschiedlichen Übernahme von Tätigkeiten, die bei der Entwicklung, der Planung, der Erstellung und der Nutzung von Bauprojekten anfallen, sowie der Marktlage und der Risikosituation (vgl. Blecken und Meinen 2020, S. 93 ff.).

Der Markt für Projektentwicklungen hat im Zuge der boomenden Immobilienkonjunktur an Bedeutung gewonnen. 2019 hat der deutsche Immobilienmarkt Großbritannien als weltweit zweitgrößten Markt nach den USA abgelöst. Durch das zuletzt sehr niedrige Zinsniveau und den Wunsch nach stabilen Kapitalanlagen ist der Immobilienmarkt beliebt und auch der Bedarf an Neuentwicklungen entsprechend hoch. Zudem ist viel Geld auf dem Markt vorhanden, für das nach Anlagemöglichkeiten gesucht wird (CBRE 2022).

Ein wichtiges Betätigungsfeld der Projektentwicklung sind in den vergangenen Jahren die Wohnimmobilien bzw. ganze Quartiere geworden. Diese Entwicklung hat sich aufgrund von Wanderungsbewegugen in der Bevölkerung ergeben, die zu einer verstärkten Urbanisierung geführt haben und mit einem teils extremen Anstieg von Miet- und Kaufpreisen in Verbindung stehen. Die vormals für Investoren wirtschaftlich wenig interessanten Wohnimmobilien wurden damit zu beliebten Anlageobjekten. Das Forschungsinstitut Bulwiengesa gibt gemeinsam mit dem Projektentwickler bouwfonds property development, die sogenannte Wohnwetterkarte heraus. Sie zeigt die besonderen Brennpunkte des Wohnungsmarktes und damit auch den Ausgangspunkt für die Nachfrage nach vielen weitere Immobilienklassen wie Büros oder Handelsgebäude (https://www.bpd-immobilienentwicklung.de/media/fqcjsxnn/bpd_wohnwetterkarte2022_a4_220908.pdf).

Daneben ist zu beobachten, dass Unternehmen, die vormals den Bedarf an Mietflächen durch Eigenbau gedeckt haben, immer häufiger in Bürogebäude als Mieter einziehen. Diese Entwicklung ist unter anderem damit zu erklären, dass Industrieunternehmen zunehmend die Bedeutung ihrer Immobilien als strategische Ressource, statt als betriebsnotwendiges Vermögen erkennen, und bilanzielle Überlegungen im Hinblick auf die Kapitalbindung und die Flexibilität eine Rolle spielen. Neben der eigentlichen Nutzung der Büroflächen werden auch Leistungen der Gebäudebewirtschaftung in Anspruch genommen. Damit gibt es zunehmend Mietnutzer und abnehmend Eigennutzer.

Die Aufgabe, den Bedarf an Mietflächen unterschiedlichster Nutzung zu eruieren und bereit zu stellen, wird von Projektentwicklern übernommen. Die Funktion der Führungsrolle mit maßgeblicher Entscheidungskompetenz bei der Bereitstellung von Bauobjekten hat sich daher gewandelt und Projektentwicklungen treten in den Vordergrund. In den letzten 20 Jahren hat sich ergänzend dazu eine weitere Form der Projektentwicklung etabliert:

Vor dem Hintergrund der angespannten Finanzsituation der öffentlichen Hand werden zunehmend öffentliche Aufgaben in die Hände privater Unternehmen gelegt. Diese Vorgehensweise integriert damit den Bedarf an Finanzmittelzufluss durch Verkauf öffentlicher Anlageobjekte oder Anteilen davon (z. B. Müllabfuhr, Energieversorgung etc.) und die Hoffnung auf eine kostengünstigere, weil effizientere Verrichtung vormals öffentlicher Aufgaben durch die privaten Partner (z. B. Bau und Betrieb von Schulen und öffentlichen Verwaltungsgebäuden oder Infrastruktur).

Traditionell werden öffentliche Projekte in vollständiger, wirtschaftlicher Verantwortung der Gebietskörperschaften durchgeführt. Die Realisierung erfolgt durch die Planungs- und Bauämter, die Finanzierung aus den Fachhaushalten der Ressorts. Private Planungsbüros, Dienstleister und bauausführende Unternehmen werden mittels Wettbewerbs- und Ausschreibungsverfahren eingebunden und sind in der Regel nur als Auftragnehmer beteiligt.

Der Markt für Projektentwicklungen umfasst aber mittlerweile nicht nur den privaten Sektor. Projektentwicklungen finden ebenso im Bereich der öffentlichen Bauaufgaben statt.

Das typische Betätigungsfeld privater Stadt-, Bauland-, Standort- oder Immobilienentwicklungen ist dort, wo ein Markt für das Produkt, eine Nachfrage zu auskömmlichen Bedingungen offen besteht oder mit hoher Wahrscheinlichkeit zu vermuten ist (vgl. Schleiter 2000, S. 118). Unzweifelhaft kann dies für einige öffentliche Projekte – beispielsweise die Verkehrsinfrastruktur – angenommen werden. Aber auch die Entwicklung der Gewerbeparks in den Großstädten Anfang der 90er Jahre sind ein signifikantes Beispiel.

Für diese Bauvorhaben entstand nach dem angelsächsischen Vorbild das Berufsbild des Projektentwicklers, da vielen Planungsämtern der öffentlichen Hand das notwendige Spezialwissen fehlte, um solche Projektentwicklungen über den Standort erfolgreich betreiben zu können.

Aus der Vielzahl von Modellen der Zusammenarbeit zwischen öffentlicher Hand und privaten Projektentwicklern wird hier nur kurz auf zwei Modelle hingewiesen, nämlich das sog. BOT-Modell (Build Operate Transfer) und das PPP-Modell (Public Private Partnership), das in Deutschland ÖPP (Öffentlich Private Partnerschaft) genannt wird.

Beim BOT- Modell vergibt der Staat eine Lizenz zum Bau und Betrieb, z. B. einer Mautstraße oder einer Kläranlage für einen bestimmten Zeitraum. Nach Ablauf der Konzessionszeit wird das Objekt wieder an den Staat zurückgegeben. Private Unternehmen bauen (Build), betreiben (Operate) und übertragen (Transfer) es danach wieder zurück an den Staat. Es lassen sich einige Vorteile für den Staat nennen, die sich im Wesentlichen folgendermaßen darstellen:

- Bereitstellung von privatem Kapital mit einhergehender Entlastung der angespannten öffentlichen Haushalte.
- Die Projekte werden erfahrungsgemäß schneller realisiert.
- Es kann eine optimale Risikoverteilung auf die Partner stattfinden.
- Privatwirtschaftliches Know-how kann genutzt werden.
- Das Wirtschaftlichkeitsprinzip hält wirkungsvoller Einzug und Leistungen können effizienter erstellt werden.
- Nach Ablauf der Konzession fällt das Objekt an den Staat zurück und hoheitliche Aufgaben werden nur bedingt verlagert (vgl. Wolff und Mundorf 1996, S. 100).

Das BOT-Modell als Möglichkeit der Zusammenarbeit zwischen öffentlicher Hand und Projektentwicklern wird mittlerweile häufig angewandt. Eine Kooperation zwischen Projektentwickler und privaten Investoren bzw. anderen privaten Institutionen ist in Form eines BOT-Modells aber auch durchaus möglich, wenn auch äußerst selten in Deutschland vorhanden. In der Regel wird die Mietvariante von den Nutzern vorgezogen.

Beim PPP-Modell (ÖPP) handelt es sich um eine frei ausgehandelte und durch privatrechtliche Vereinbarung fixierte Zusammenarbeit zwischen Kommune und Akteuren aus dem privaten Sektor. Hierbei ist insbesondere eine Abgrenzung zur privaten Finanzierung öffentlicher Investitionen (PFI) vorzunehmen. PPP ist wesentlich mehr als ein Finanzierungssurrogat für leere öffentliche Kassen. Daher sind das gemeinsame Verfolgen komplementärer Ziele und der Wille, durch eine partnerschaftliche Zusammenarbeit Synergiepotenziale zu erschließen, wesentliche Merkmale von PPP.

Die vertragliche Konstellation kann dabei ganz unterschiedliche Formen annehmen. Eine individuelle Anpassung auf das jeweilige Bauvorhaben, auf die unterschiedlichen Bedürfnisse und die Fähigkeiten der beteiligten Akteure ist dabei erforderlich. Die Vielzahl der variablen Parameter führt zu einer beachtlichen Anzahl von unterschiedlichen Vertragsmodellen. Dabei setzt sich die Matrix der möglichen Vertragsgestaltungen aus den Finanzierungsinstrumenten, den unterschiedlichen privatrechtlichen Organisationsformen sowie den vielfältigen Finanzierungsmodellen zusammen.

Um die Synergiepotenziale im Rahmen einer PPP erzielen zu können, sind bestimmte Erfolgsvoraussetzungen zu beachten:

- Outputspezifizierung,
- Lebenszyklusansatz,
- Partnerschaftliche Zusammenarbeit,
- Leistungsorientierte Vergütung,
- Wettbewerb.

Eine trennscharfe Abgrenzung von PPP zu PFI oder anderer Zusammenarbeit zwischen öffentlichem und privatem Sektor ist schwierig zu führen. Letztendlich gilt der partnerschaftliche Kooperationsgedanke als entscheidendes Hauptmerkmal.

Das BOT- und das PPP-Modell sind deswegen an dieser Stelle kurz erläutert worden, da es sich im weiteren Sinne um Projektentwicklungen handelt. Es sind dabei umfangreiche Aufgaben im Vorfeld der Planung und Herstellung zu erbringen.

5.3 Angebot und Nachfrage auf den Teilmärkten

Der nachfolgende Abschnitt befasst sich mit einer grundsätzlichen Beschreibung des Marktes in den, für die Bauwirtschaft maßgeblichen Teilbereichen bebauter und unbebauter Grundstücke, freiberufliche Leistungen, gewerbliche Dienstleistungen, Bauleistungen und Projektentwicklungen.

5.3.1 Grundstücke

Auf dem Markt für Grundstücke sind private, gewerbliche und öffentliche Anbieter und Nachfrager aktiv. Zu unterscheiden sind wiederum unbebaute und bebaute Grundstücke.

Private Anbieter und Nachfrager
Von privaten Anbietern werden vor allem am Wohnungsmarkt unbebaute Grundstücke aus dem Privatbesitz veräußert. Oft handelt es sich dabei um vormals landwirtschaftlich genutzte Flächen.

Im Zuge der Flächenknappheit in den Metropolen rücken aber zunehmend auch die bebauten Grundstücke privater Einfamilienhausbesitzer in den Fokus, um entsprechende Flächen weiter verdichten und damit effektiver nutzen zu können.

Private Nachfrager nach unbebauten Grundstücken sind in aller Regel private Bauherren, die selbst ein Wohnhaus für den Eigenbedarf erstellen möchten. Hinzu kommen die sogenannten Family Offices, die ihr Privatvermögen in, teils sehr großen Immobilienprojekten aller Gebäudeklassen anlegen wollen.

Gewerbliche und institutionelle Anbieter und Nachfrager
Hier sind vor allem die Grundstücks- und Immobilienmakler zu nennen, die als Vermittler zwischen den Anbietern und Nachfragern nach Bauobjekten, also auch nach bebauten und unbebauten Grundstücken fungieren. Zu finden sind ebenfalls gewerblich Grundstücksverwertungsgesellschaften, die z. B. ehemalige Industrieliegenschaften am Markt platzieren, um sie einer neuen Nutzung zuzuführen. Beispielhaft sei die RAG Montan Immobilien GmbH genannt, die Grundstücke der ehemaligen Ruhrkohle AG vermarktet.

Ansonsten sind es die Projektentwickler, die aktiv den Markt für Grundstücke, sei es green- oder brownfield bearbeiten. Einerseits spielt dabei die Bevorratung mit interessanten Grundstücken eine Rolle, die zu gegebener Zeit, d. h. bei passender Idee und Finanzierung für Projektentwicklungen genutzt werden können. Andererseits ist es der aktuelle Bedarf an geeigneten Flächen, wenn Idee und Kapital bzw. ein späterer Nutzer oder Käufer vorhanden sind. Hinter den nachfragenden Projektentwicklern stehen insofern die Nutzer oder Anleger. Dies können Krankenhaus- oder Pflegeheimbetreiber, Einzelhändler, Logistikunternehmen, Banken und Versicherungen, Industrieunternehmen, Hotelbetreiber oder Immobilienfonds sein.

Daneben kommen auch immer wieder Grundstücke auf den Markt, deren Bebauung nicht mehr marktgängig ist und insofern einer Neuentwicklung zugeführt werden kann. Diese sind oft Teil eines größeren Immobilienportfolios institutioneller Anleger wie von Versicherungen oder Immobilienfonds.

Öffentliche Anbieter und Nachfrager
Bei den öffentlichen Anbietern bzw. Nachfragern handelt es sich beispielsweise um

5.3 Angebot und Nachfrage auf den Teilmärkten

- Städte, Gemeinden, Länder und Bund;
- Sondervermögen der öffentlichen Hand, wie Ministerien (Verteidigung, Verkehr) oder der Bundesversicherungsanstalt für Angestellte etc.;
- Grundstücke der Wirtschaftsunternehmen, die anteilig dem Staat gehören, wie Lufthansa AG, Deutsche Post World Net AG, Telekom AG, Deutsche Bahn AG, Gemeinnützige Deutsche Wohnungsbaugesellschaft, DSL-Bank, DG-Bank, Tank und Rast AG etc.;
- Grundstücke der TLG Immobilien, die als bundeseigenes Unternehmen auch den An- und Verkauf von Grundstücken durchführt;
- Sozialversicherungen und Organisationen ohne Erwerbszweck (z. B. Kirchen).

Die öffentliche Hand verfügt angesichts der Größenordnung des öffentlichen Eigentums über ein erhebliches Angebotspotenzial vor allem an Grundstücken. Dabei ist das öffentliche Angebotsverhalten in aller Regel nach politischen Zielkriterien bestimmt, wie z. B. Bereitstellen von Wohnbauland für wirtschaftlich schwächere Haushalte oder kommunale Wirtschaftsförderungsmaßnahmen bis hin zur kommunalen Industrieansiedlungspolitik bzw. Gewerbeplanung.

Darüber hinaus besteht nach der Privatisierung der Bereiche Bahn, Post und Telekom teilweise ein großes Interesse von den nun privatwirtschaftlich geführten Unternehmen, Grundstücke zu veräußern, da sie sich auf das Kerngeschäft konzentrieren. Dies hat zur Folge, dass durch beispielsweise Arrondierung von Flächen im Bereich der Logistik nicht mehr benötigte Grundstücke zum Verkauf bzw. zur Entwicklung stehen.

Die öffentliche Nachfrage ist vor allem durch den Bereich der Infrastruktureinrichtungen bestimmt, also Straßen, Verwaltungsgebäude, Schulen, Krankenhäuser, Grünanlagen etc., aber auch Natur- und Landschaftsschutzgebiete, die von der öffentlichen Hand zu Zwecken des Umweltschutzes, zur Erhaltung von Flora und Fauna oder zur Sicherung des ökologischen Gleichgewichts erworben werden müssen.

Soweit Grundstücke für Wirtschaftsunternehmen der öffentlichen Hand nachgefragt werden, besteht prinzipiell kein Unterschied zum Nachfrageverhalten privater Marktteilnehmer.

5.3.2 Freiberufliche Leistungen

Nach Zählung der Bundesarchitektenkammer (BAK) sind z. Zt. knapp 138.000 Architekten berufstätig, davon sind 87 % im Hochbau beschäftigt (Bundesarchitektenkammer 2022) Außerdem sind nach Verbandsangaben in Deutschland etwa 228.000 Bauingenieure beschäftigt (Bundesagentur für Arbeit 2022).

Von diesen Berufsgruppen waren Anfang 2019 117.216 Personen in Architekturbüros (Hochbau), 147.200 in Ingenieurbüros für bautechnische Gesamtplanung, 259.397 in Ingenieurbüros für technische Fachplanung und Ingenieurdesign und 83.451 Personen in sonstigen Ingenieurbüros beschäftigt. Die Tätigkeit wird entweder freiberuflich im eigenen Büro, in Partnerschaften oder in freier Mitarbeit für Kollegen oder anderen Auftraggeber, oder im Angestelltenverhältnis erbracht (Bundesingenieurkammer 2021).

Die Entwicklungen in der Bauwirtschaft – und hier vor allem die Verbreiterung der Leistungsangebote bis hin zum Totalunternehmer einschließlich Betreuung und Betreiben der Projekte – hat selbstverständlich auch Auswirkungen auf die Angebots- und Nachfragestruktur bei freiberuflichen Tätigkeiten zur Folge. Aufgrund der zunehmenden Technisierung und der stetig steigenden Anforderungen insbesondere an und in den größeren, komplexen Bauvorhaben kommen in den letzten Jahren dem Bereich der Technischen Gebäudeausrüstung, Bauphysik und des Brandschutzes, sowie Energie und Umwelt als auch der Digitalisierung (Building Information Modeling) eine besondere Bedeutung zu.

5.3.3 Gewerbliche Dienstleistungen

Im Folgenden wird auf das Angebot und die Nachfrage der nachstehenden Bereiche eingegangen:

- Bereitstellen von Finanzierungsmitteln und Bürgschaften,
- Übertragungen von Immobilien bzw. Grundstücken,
- Management von Immobilien.

Bereitstellen von Finanzierungsmitteln und Bürgschaften
Die Deutsche Bundesbank unterscheidet folgende Anbieter von Finanzdienstleistungen:

Banken (Deutsche Bundesbank 2020)

- Kreditbanken (Groß- und Regionalbanken, Zweigstellen ausländischer Banken),
- Institute des Sparkassensektors (DekaBank, Landesbanken, Sparkassen),
- Institute des Genossenschaftssektors (Kreditgenossenschaften),
- Realkreditinstitute (Private Hypothekenbanken, öffentlich-rechtliche Grundkreditanstalten),
- Öffentliche und private Banken mit Sonder-, Förder- und sonstigen zentralen Unterstützungsaufgaben,
- Öffentliche und private Bausparkassen,
- Banken im Mehrheitsbesitz ausländischer Banken und Auslandsbanken.

Finanzdienstleistungsinstitute nach dem Kreditwesengesetz (KWG)

- Anlagevermittlung und -beratung,
- Betrieb eines multilateralen Handelssystems,
- Platzierungsgeschäft,

- Betrieb eines organisierten Handelssystems,
- Abschlussvermittlung,
- Finanzportfolioverwaltung,
- Eigenhandel,
- Kryptoverwahrgeschäft,
- Factoring,
- Finanzierungsleasing,
- Anlageverwaltung (z. B. offene und geschlossene Immobilienfonds),
- eingeschränktes Verwahrgeschäft,
- Drittstaateneinlagenvermittlung und Sortengeschäft („grauer Kapitalmarkt")

Die Finanzierungsdienstleistungen lassen sich mit Blick auf die Bauwirtschaft im Wesentlichen wie folgt unterscheiden:

Immobilienfinanzdienstleistungen

- Klassisches Kreditgeschäft (Darlehen/Grundschuld),
- Mezzanine-Kapitalgeber (Finanzinvestoren, Family-Offices, Crowd-Funding-Plattformen),
- Kreditgeschäft mit angeschlossener Maklertätigkeit,
- Grundstücks- und Projektfinanzierung mit unterschiedlichem Horizont (Verkauf/Bestand),
- Finanzierung und/oder Anlageverwaltung ggf. mit Projektentwicklung (Immobilienhandel, Fondsgeschäft),
- Private Finanzierung öffentlicher Investitionen (ÖPP),
- Unternehmensberatung im Bereich Finanzierung.

Unternehmensfinanzierung

- Betriebsmittelkredite (Kontokorrentkredit, Kurzfristige Darlehen, etc.),
- Investitionskredite (zur Finanzierung des Anlagevermögens),
- Finanzierungs-Surrogate (Leasing, Factoring, etc.),
- Avalkredite (Bürgschaften).

Neben den klassischen Finanzdienstleistern spielen auch die Versicherungsunternehmen eine wichtige Rolle, da sie häufig Dienstleistungen im Zusammenhang mit der Gestellung von Bürgschaften oder bei der Bereitstellung von Projektfinanzierungen erbringen.

Die Bauwirtschaft hat insgesamt einen so differenzierten Finanzierungsbedarf, dass sie die gesamte Breite der Finanzierungsangebote und Dienstleistungen aus der Finanzwirtschaft nutzt. Dies geht hin bis zu modernen Instrumenten aus dem sogenannten FinTech-Bereich wie z. B. Crowd-Funding-Plattformen (vgl. hierzu Breuer 2020).

Übertragungen von Immobilien bzw. Grundstücken
Hier werden häufig die gewerblichen Immobilienmakler eingeschaltet. Diese stehen bei Immobiliengeschäften als Vermittler zwischen Anbietern und Nachfragern. Die Rolle der Immobilienmakler ist in der Verordnung über die Pflichten der Makler, Darlehensvermittler, Bauträger und Baubetreuer (MaBV) geregelt. In Deutschland sind ca. 28.095 Immobilienmakler tätig (Destatis 2021). Seit 2005 steigt die Gesamtzahl der sozialversicherungspflichtigen Makler und Grundstücksverwalter mit durchschnittlich über 10 % p. a. an (Faz.net 2014). In den Jahren von 2014 bis 2017 sind die tätigen Personen im Bereich der Wohnimmobilien-Maklerunternehmen von 58.000 auf 70.000 angestiegen (Destatis 2017b). Dabei nimmt der Marktanteil der makelnden Banken, Versicherungen und Bausparkassen zu Lasten der freien Immobilienmakler von Jahr zu Jahr zu (vgl. Versicherungsbote 2020).

Der Anteil der Makler an der Gesamtzahl der Miet- und Kaufverträge ist bei Privatimmobilien und privater Vermietung mit 30 % bis 40 % (vgl. Fabricius und Schwaldt 2011) erheblich geringer als bei dem Verkauf und der Vermietung von Gewerbeimmobilien, der zwischen 70 % bis 80 % von Maklern begleitet wird. Wesentliche Unternehmen am deutschen Markt sind Jones Lang LaSalle, BNP Paribas Real Estate, CBRE und Engel & Völkers im Gewerbebereich, sowie die Sparkassen Finanzgruppe und Engel & Völkers im Wohnimmobilienumfeld (Statista 2017). Seit 2015 gilt das sogenannte Bestellerprinzip bei der Vermittlung von Mietwohnungen, womit derjenige die Maklercourtage zu tragen hat, der den Auftrag erteilt hat. Seit 2020 wird diese Regelung auch auf die Vermittlung von Eigentumswohnungen und Einfamilienhäusern an Verbraucher ausgedehnt, wobei die Kosten zu maximal 50 % geteilt werden dürfen. Für den gewerblichen Bereich bleibt die Kostentragung Verhandlungssache.

Management von Immobilien
Hierbei handelt es sich im Wesentlichen um gewerbliche Dienstleistungen (sogenannte Facility Services) wie z. B. Hausmeisterdienste, Wartungs- und Inspektionsbetriebe sowie Reinigungs- und Bewachungsbetriebe bis hin zum integrierten technischen und kaufmännischen Management. Aus regulatorischen Gründen (compliance), d. h. zur Vermeidung von Interessenskonflikten wird die Hausverwaltung bzw. das kaufmännische Gebäudemanagement mit Vermietungtätigkeit und technischer Steuerung (sogenanntes Property Management) häufig wieder getrennt von den übrigen Fcility Services vergeben.

Das Marktvolumen für Facility Management-Dienstleistungen (Facility Services) kann in Deutschland auf ca. 55 Mrd. € (2022) geschätzt werden (Lünendonk und Hossenfeler 2022), für das Property Management werden in etwa 515 Mio. € (2016) angegeben (Initiative Asset Management-Excellence 2016).

Neben Bauunternehmen, Anlagebauern sowie speziellen Herstellern von technischer Gebäudeausrüstung handelt es sich bei den Anbietern von FM-Leistungen vielfach um traditionelle Dienstleister wie Reinigungsunternehmen und Immobilienverwalter etc., die sich vielfach zu integrierten Facility Management Dienstleistern weiterentwickelt haben. Daneben hat sich eine spezielle Gruppe von Dienstleistern etabliert, die für die Entwicklung von Software im Rahmen des Facility Management verantwortlich zeichnet. Dieser auch als „Computer Aided Facility Management (CAFM)" bezeichnete Lösungsansatz ist ein wesentlicher Erfolgsfaktor für das professionelle Betreiben von Bauobjekten.

Der FM-Markt ist äußerst heterogen. Es finden sich sowohl Anbieter von Komplettleistungen als auch Unternehmen, die nur einzelne Facility Management-Teilleistungen – oftmals nur spezielle Gewerke – ausführen.

Vertikal ausdifferenzieren lässt sich der Markt für Immobiliendienstleistungen auch anhand der Stufen Asset-, Property- und Facility Management. Dabei übernimmt das Assetmanagement Aufgaben im Zusammenhang mit dem Management der Immobilie als alternative Anlageform. Es führt das Controlling durch und entscheidet über Investitionen, Instandhaltung, Maßnahmen im Rahmen des An- und Verkaufs von Objekten u. v. m. Technische Kompetenzen werden im Rahmen des technischen Assetmanagements, in der Regel unter Zuhilfenahme von Ingenieur-Know-how (intern/extern) abgebildet.

Das Property Management umfasst zunächst klassische Leistungen des kaufmännischen Gebäudemanagements wie die Objektbuchhaltung und Nebenkostenabrechnung, kann aber auch umfassende Leistungen bis hin zum Maklergeschäft und der Objektstrategie beinhalten. In der Regel sind technische Koordinationsaufgaben mit dem Property Management verbunden, das heißt die Organisation und Vorbereitung von Instandhaltungsmaßnahmen und Mieterumbauten, sowie deren Koordination im Namen des Eigentümers. Ebenso steuert das Property Management die nachgelagerten Facility Management Dienstleister.

Letztes Glied in der Kette ist das Facility Management bzw. die Facility Service Unternehmen. Gemeint ist damit das operative Facility Management, also im Wesentlichen die Ausführung von Leistungen des Technischen und Infrastrukturellen Gebäudemanagements (Wartung, Instandhaltung, Reinigung, Sicherheit, Hausmeisterdienste, etc.).

Auch für die Planungsbeteiligten ist das Facility Management ein attraktives Betätigungsfeld. So kann die Objektplanung unter besonderer Berücksichtigung der Baunutzungskosten als eigenständige Aufgabe der Architekten und Ingenieure im Rahmen des Facility Management verstanden werden (vgl. Naber 2002). In diesem Zusammenhang sei erwähnt, dass der VDI hierbei Wert auf den Status einer unabhängigen Beratungsleistung legt.

5.3.4 Bauleistungen

Bauleistungen werden von Industrie- und Handwerksbetrieben angeboten. Industrie- und Handwerksbetriebe sind sowohl im Bauhauptgewerbe als auch im Ausbaugewerbe

Größenklasse	Unternehmen[2]	Tätige Personen	Umsatz	Bruttoinvestitionen in Sachanlagen	Bruttowertschöpfung zu Faktorkosten
			%		
Wirtschaftsabschnitte insgesamt					
Kleine und mittlere Unternehmen (KMU) insgesamt	99,4	57,2	30,1	39,1	43,0
Kleinstunternehmen	81,8	18,4	6,6	13,0	11,0
Kleine Unternehmen	15,1	22,1	11,3	13,2	16,5
Mittlere Unternehmen	2,5	16,7	12,2	12,9	15,4
Großunternehmen	0,6	42,8	69,9	60,9	57,0

Fig. 5.10 Anteile Kleine und Mittlere Unternehmen 2020 nach Größenklassen in % (Statistisches Bundesamt 2022)

tätig.[3] Bei der Angebotsseite für Bauleistungen handelt es sich um einen typisch klein- bis mittelständischen geprägten Wirtschaftssektor. Dies wird mit der Tabelle in Abb. 5.8 belegt, welche das Bauhauptgewerbe betrifft.

Abb. 5.10 zeigt, dass 17,5 % des Gesamtumsatzes von Kleinst- und kleinen und Unternehmen mit weniger als 50 Beschäftigten erbracht wird. Die Großbetriebe mit mehr als 249 Beschäftigten spielen bei den genannten Kriterien eine beherrschende Rolle. Ihr Anteil am baugewerblichen Umsatz beträgt 69,7 %. Bei der Beschäftigtenzahl liegt der Anteil bei 44,9.

Die vielen kleinen Betriebe der Branche stellen ihre Leistungen häufig als Einzelgewerkeanbieter oder Anbieter von Paketen aus verwandten Gewerken (vgl. VOB/C) zur Verfügung, wie

- Abbruch- und Rückbauarbeiten
- Abdichtungsarbeiten
- Arbeiten zum Ausbau von Bohrungen
- Beschlagarbeiten
- Betonarbeiten
- Betonerhaltungsarbeiten
- Betonwerksteinarbeiten
- Blitzschutz-, Überspannungsschutz- und Erdungsanlagen
- Bodenbelagarbeiten
- Bohrarbeiten

---

[3]Auf die Zuordnung eines Betriebes zur bauindustriellen Unternehmensgruppe oder zur Gruppe des Deutschen Baugewerbes (Handwerk oder handwerksähnliche Betriebe) wurde an anderer Stelle ausführlich eingegangen und zwar im Abschn. 4.1.1 bzw. 4.2.1.

5.3 Angebot und Nachfrage auf den Teilmärkten

- Dachdeckungsarbeiten
- Dämm- und Brandschutzarbeiten an technischen Anlagen
- Drän- und Versickerarbeiten
- Druckrohrleitungsarbeiten außerhalb von Gebäuden
- Düsenstrahlarbeiten
- Einpressarbeiten
- Elektro-, Sicherheits- und Informationstechnische Anlagen
- Entwässerungskanalarbeiten
- Erdarbeiten
- Estricharbeiten
- Fliesen- und Plattenarbeiten
- Förderanlagen, Aufzugsanlagen, Fahrtreppen und Fahrsteige
- Gas-, Wasser- und Entwässerungsanlagen innerhalb von Gebäuden
- Gebäudeautomation
- Gerüstarbeiten
- Gleisbauarbeiten
- Gussasphaltarbeiten
- Heizanlagen und zentrale Wassererwärmungsanlagen
- Horizontalspülbohrarbeiten
- Kabelleitungstiefbauarbeiten
- Kampfmittelräumarbeiten
- Klempnerarbeiten
- Korrosionsschutzarbeiten an Stahlbauten
- Landschaftsbauarbeiten
- Maler- und Lackierarbeiten – Beschichtungen
- Mauerarbeiten
- Metallbauarbeiten
- Nassbaggerarbeiten
- Naturwerksteinarbeiten
- Parkett- und Holzpflasterarbeiten
- Pflasterdecken und Plattenbeläge, Einfassungen
- Putz- und Stuckarbeiten
- Ramm-, Rüttel- und Pressarbeiten
- Raumlufttechnische Anlagen
- Renovierungsarbeiten an Entwässerungskanälen
- Rohrvortriebsarbeiten
- Rollladenarbeiten
- Schlitzwandarbeiten mit stützenden Flüssigkeiten
- Spritzbetonarbeiten
- Stahlbauarbeiten
- Tapezierarbeiten
- Tischlerarbeiten

- Trockenbauarbeiten
- Untertagebauarbeiten
- Verbauarbeiten
- Verglasungsarbeiten
- Verkehrssicherungsarbeiten
- Verkehrswegebauarbeiten
- Vorgehängte hinterlüftete Fassaden
- Wärmedämm-Verbundsysteme
- Wasserhaltungsarbeiten
- Zimmer- und Holzbauarbeiten

Um die Vielzahl der Gewerke zu koordinieren, ist eine Planungs- und Managementstelle erforderlich, deren Aufgaben durch die Leistungsbilder der Honorarordnung für Architekten und Ingenieure (HOAI) bzw. des Ausschuss der Verbände und Kammern der Ingenieure und Architekten für die Honorarordnung e. V. (AHO) definiert werden können. Große Bauunternehmen integrieren die verschiedenen Gewerke und Teile der Planungs- und Projektmanagementleistungen, wie in Abschnitt 3 gezeigt wurde.

Interessant im Hinblick auf die Angebots- und Nachfragestruktur ist, dass sich die Leistungsanteile je Bausparte nach Betriebsgrößenklassen deutlich unterscheiden. Es zeigt sich, dass der Anteil am Wohnungsbau mit zunehmender Unternehmensgröße sinkt, dafür der öffentliche Bau steigt. Insgesamt ergibt sich so ein Schwerpunkt im Hochbaubereich bei den kleineren, und im Tiefbaubereich bei den größeren Betrieben (Zentralverband Deutsches Baugewerbe 2019, S. 36).

Bei den kleinen und mittleren Unternehmen (KMU) ist die Leistungskapazität der einzelnen Betriebe relativ gering. Aufgrund der oft beträchtlichen Auftragsvolumina ist der Auftragsbestand teilweise sehr niedrig, was ein hohes Risiko nach sich ziehen kann. Fehlen nämlich zum richtigen Zeitpunkt entsprechende Anschlussaufträge oder misslingt ein Auftrag, dann ist die Existenzgrundlage dieser Unternehmen schnell gefährdet. Selbst bei nur kurzfristig unausgelasteten Kapazitäten können die Fixkostenbelastungen – die durch das Vorhalten von nicht genutzten Geräten und nicht beschäftigtem Stammpersonal bedingt sind – zu Problemen bei der Zahlungsfähigkeit führen. Dies besonders dann, wenn nur wenig Eigenmittel und beschränkte Kreditmöglichkeiten verfügbar sind.

Die Nachfrageseite nach Bauleistungen lässt sich, entsprechend der im Abschn. 2.1.1 gewählten Unterteilung der Bauherrenarten, in folgende Teilbereiche untergliedern:

- private Institutionen,
- erwerbswirtschaftliche Unternehmen,
- öffentlich-rechtliche Institution.

Abb. 5.11 enthält eine weitergehende Untergliederung der genannten Teilbereiche (Ergänzt nach Marhold 1992, S. 111). Außerdem ordnet die Übersicht der jeweiligen Bauherrenart das vorherrschend nachgefragte Bauprojekt und den Zweck der Nachfrage zu.

5.3 Angebot und Nachfrage auf den Teilmärkten

Bauherrenart	vorherrschend nachgefragte Bauprojekte	Zweck
○ private Institutionen		
private Haushalte	Ein-/Zweifamilienhaus, Eigentumswohnung	Eigennutzung und Vermögensanlage
Kirchen Vereine Stiftungen	Kirchen, Heime, Kindergärten, Krankenhäuser, Pfarrhäuser, etc.	religiöse Verkündigungen, soziale Hilfe, Bildungsarbeit
○ erwerbswirtschaftliche Betriebe		
freie Wohnungsunternehmen	Mietwohnhäuser, Geschäftshäuser	Gewinnerzielung, Vermögensbildung
gemeinnützige Wohnungsunternehmen	Mietwohnhäuser	Wohnraumversorgung bestimmter Bevölkerungsgruppen
Immobilienfonds	Mietwohnhäuser, Geschäftshäuser gemischt genutzte Objekte	Ansammlung von Ersparnissen, Eigenkapitaleinsatz für Immobilienerwerb
Versicherungen	Nachfrage wie bei Immobilienfonds	Kapitalanlagen mit sicheren Erträgen
Industrieunternehmen	Industrieobjekte	"Gehäuse" für Produktion / Verwaltung z.T. renditeorientiert im Sinne eines Corporate Real Estate Managements
sonstige gewerbliche Unternehmen	Hotels, Banken, Tankstellen, etc.	"Gehäuse" für Produktion / Verwaltung
○ öffentlich-rechtliche Institutionen		
Bund, Länder, Gemeinden	Straßen und Plätze, Krankenhäuser, Verwaltung, Sport, Kultur	Befriedigung von Gemeinschaftsbedürfnissen

Fig. 5.11 Unterteilung der Nachfrage nach Bauleistungen

5.3.5 Projektentwicklungen

Immobilen können einerseits dem Zweck des Betriebsmittels dienen und so das Kerngeschäft und den Unternehmenszweck des Eigentümers erfüllen, andererseits können sie als Finanzanlage fungieren. Vor diesem Hintergrund entsteht auch die Nachfrage nach der Entwicklung neuer Objekte und so werden Projektentwicklungen häufig von Investoren bzw. institutionellen Anlegern (offene und geschlossene Immobilienfonds) oder Industrieunternehmen initiiert. Andererseits entscheiden vielfältige Marktgegebenheiten darüber, ob die Nachfrage nach den dadurch verfügbaren Flächen besteht. Denn letztlich entscheiden die Nutzer, seien es Industrieunternehmen, Einzelhändler, Logistikunternehmen, Hotelbetreiber, Büro- oder Wohnungsnutzer mit ihren Mieten bzw. ihrem Nutzungsentgelt über den wirtschaftlichen Erfolg einer Projektentwicklung. Vielfach bestimmt insofern die Demografie und Wanderungsbewegungen darüber, welche Lagen zu interessanten Immobilienstandorten werden. Über viele Jahre sind dies insbesondere die Metropolen wie Berlin, Düsseldorf, Frankfurt a. M., Hamburg, Köln, München und Stuttgart.

In der Regel wird die Leistung „Projektentwicklung" nicht am Markt angefragt oder angeboten. Projektentwicklungen strukturieren sich auf Basis der Faktoren Risikosituation, Marktlage und den individuellen Interessenslagen einzelner Akteure. So ergeben sich der organisatorische Aufbau der Projektentwicklung, aber auch die Eingliederung in übergeordnete Organisationen, die Art der Vergütung, die spezifischen Aufgaben und die Einbindung verschiedener Akteure in die Projektentwicklung, vgl. Abb. 3.6. Insofern werden Projektentwicklungsleistungen am Markt häufig nicht in Gänze abgefragt. Wenn, dann sind dies meist nur Teilleistungen wie Nutzungskonzept, baurechtliche Beratung, Planungsleistungen, Finanzberatung etc. Projektentwicklung kann damit als Dienstleistung genauso angeboten werden wie Teil der Organisation eines Pflegeheimbetreibers oder Versicherungsunternehmens etc. sein.

Dies gilt z. B. auch für Gesellschaften mit großem Immobilienbestand, wie z. B. ehemalige Zechengelände, Brauereien oder Textilfirmen, die aufgrund des Strukturwandels hervorragende innerstädtische Standorte nicht mehr nutzen und die in der Vermarktung und Verwertung der Grundstücke ein neues Geschäftsfeld sehen. In einigen Fällen sind diese Grundstückseigentümer selbst bestrebt, diesen Grundstücken eine neue Nutzung zu zuführen.

Auch die in allen Bundesländern vorhandenen Landesentwicklungsgesellschaften (LEG) betreiben Projektentwicklung im weiteren Sinne, d. h. sie übernehmen neben der Standortentwicklung und dem Flächenrecycling auch die Planung und Ausführung von z. B. Wohnungs- und Verwaltungsbauten oder Gewerbeparks. Außerdem sind sie auch für die Vermietung, Verwaltung, Instandhaltung und Modernisierung verantwortlich.

Neben den genannten Institutionen, die nur bedingt Projektentwicklung am Markt anbieten, gibt es aber auch gewerbliche Unternehmen, welche als klassische Anbieter von Projektentwicklungen am Markt tätig sind.

Hier sind zunächst die Consultants und Projektmanager zu nennen. Berater, Projektsteuerer bzw. Projektmanager platzieren ihre Leistungen als Teilleistung der Projektentwicklung von Investoren oder Industrieunternehmen, die beim Entwickler selbst nicht vorgehalten wird. Ggf. kann eine Erweiterung des klassischen Leistungsbilds um spezielle Aufgaben der Projektentwicklung im Rahmen der Projektinitiierung, -konzeption oder -konkretisierung erfolgen. Einige Anbieter haben sich auf einen Immobilientyp, wie z. B. Logistik spezialisiert.

Als weitere Anbieter von Projektentwicklungen sind bauausführende Unternehmen zu erwähnen. Dazu werden entweder eigene Abteilungen in den Niederlassungen eingerichtet oder es werden Projektentwicklungs-Tochtergesellschaften gegründet.

Mit der Übernahme von Projektentwicklungen wird das konventionelle Leistungsangebot bauausführender Unternehmen ganz erheblich erweitert.

Dabei ist es keineswegs nötig, dass die Unternehmen alle Dienstleistungen selbst erbringen. Sie können sich das benötigte Know-how, wie bereits erwähnt, auch von entsprechenden externen Planungsunternehmen beschaffen.

5.3 Angebot und Nachfrage auf den Teilmärkten

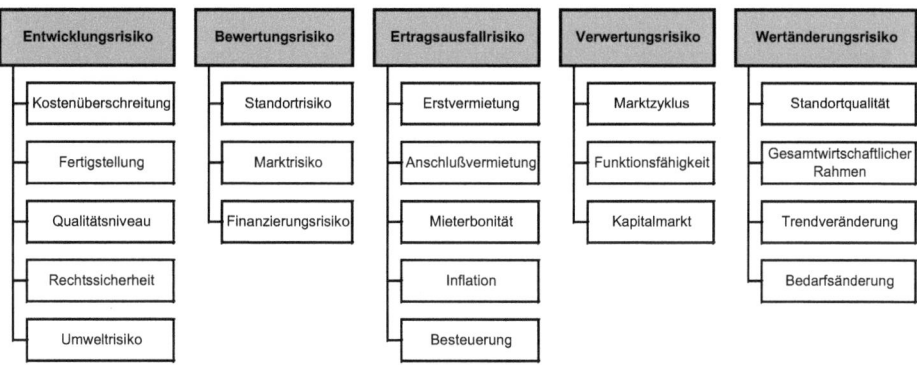

Fig. 5.12 Risiken einer Projektentwicklung. (Vgl. Bone-Winkel 1996, S. 440)

Wenn sich bauausführende Unternehmen zur Durchführung von Projektentwicklungen entscheiden, dann müssen sie zumindest das große Risikopotenzial kennen, das mit dieser Entscheidung verbunden ist. Abb. 5.12 benennt die wichtigsten mit einer Projektentwicklung zusammenhängenden Risiken.

Aufgrund der komplexen Handlungsfelder der Projektentwicklung ist im idealtypischen Fall eine gewisse Projektgröße notwendig, um Bauprojekte als Projektentwicklungen bezeichnen zu können. In diesem Zusammenhang ist zu erwähnen, dass beispielsweise Projekte mit einem Volumen von ca. 50 Mio. € in der Regel nur in Großstädten mit einer Einwohnerzahl größer 500 Tsd. vorkommen. Daher finden auch das Angebot und die Nachfrage von Projektentwicklungen dieser Größenordnung überwiegend in Ballungsgebieten statt.

Ein anderer Aspekt, der die Nachfrage nach Projektentwicklungen beeinflusst ist die Tatsache, dass Immobilien im Markt für Kapitalanlagen vergleichsweise stabile und über lange Zeitreihen auch dauerhaft steigende Renditen verzeichnen (Jordá 2017, S. 13). Sie werden dadurch speziell in Zeiten geringer Zinsen zu beliebten Anlageobjekten. Große Summen an Liquidität suchen in Deutschland und weltweit nach Anlagemöglichkeiten. Projektentwickler sind in der Lage, maßgeschneiderte „Kapitalanlageprodukte" für Anleger in Immobilien anzubieten. Diese Projektentwicklungen können dann beispielsweise von offenen Immobilienfonds erworben werden.

Es handelt sich hierbei um Immobilien-Sondervermögen, welches ein Sammelbecken für viele Kapitalanleger ist. Eine Kapitalanlagegesellschaft verwaltet dieses Vermögen treuhänderisch. Diese Kapitalanlagegesellschaften sind dem Kapitalanlagegesetzbuch (KAGB) unterworfen und unterliegen auch der Kontrolle der Bankenaufsicht. Dadurch, und durch die Streuung des Kapitals auf eine Vielzahl von Bauobjekten sind offene Immobilienfonds in der Regel eine sichere Anlage mit überschaubarem Risiko. Im Bundesverband Investment und Asset Management (BVI) sind einige Fondsgesellschaften zusammengeschlossen, so u. a. auch einige offene Immobilienfonds. Zudem wird ein

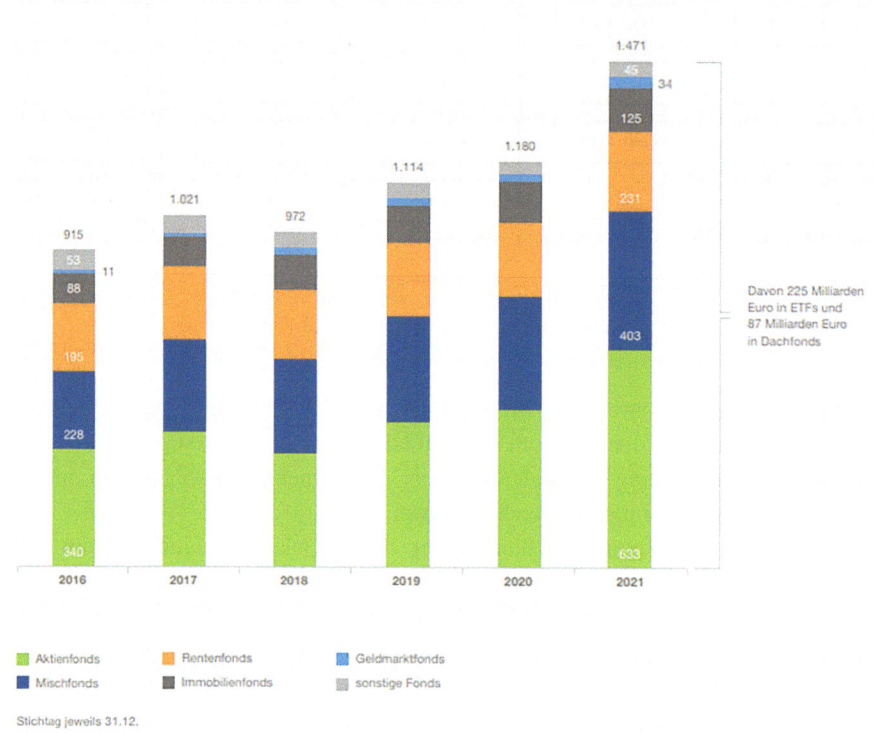

Fig. 5.13 Anteil offener Immobilienfonds am Fondsvermögen der BVI-Publikumsfonds. (BVI 2022)

synthetischer Risiko-Rendite-Indikator (SRRI) angegeben, der eine durchschnittliche Volatilität von etwas über $0,6\%$ für offene Immobilien-Publikumsfonds ausweist (BVI 2022).

In Abb. 5.13 ist der prozentuale Anteil der offenen Immobilienfonds für das Jahr 2021 mit knapp 8,5 % angegeben

Dies hat zur Folge, dass pro Jahr große Summen an Liquidität den offenen Immobilienfonds zugeführt werden. Alleine den Immobilien-Publikumsfonds, die im BVI zusammengeschlossen sind, wurden in 2021 7,7 Mrd. € zugeführt, 2022 wird eine ähnliche Größenordnung erreicht (BVI 2022). Zum Vergleich: 2015 waren es lediglich 2,7 Mrd. €, davor war das Volumen sogar rückläufig.

Literatur

Ball, T. (2020): Der Facility-Service-Markt in Deutschland. Online verfügbar unter https://www.facility-management.de/artikel/fm_Der_Facility-Service-Markt_in_Deutschland_3339032.html, zuletzt geprüft am 25.09.2020

BBSR (Hg.) (2020): Langfristige Strukturentwicklungen im Baugewerbe, BBSR-Analysen KOMPAKT, 09/2020

B+L Marktdaten GmbH (Hrsg.): B+L Sanierungsstudie 2013, B+L Marktdaten GmbH, Bonn, 2013

Blecken, U.; Meinen H. (Hrsg.): Handbuch Projektentwicklung, 2. Auflage, Reguvis Verlag, Köln, 2020

Bone-Winkel, Stephan (1996): Wertschöpfung durch Projektentwicklung – Möglichkeiten für Immobilieninvestoren. In: Karl-Werner Schulte (Hg.): Handbuch Immobilien-Projektentwicklung. Unter Mitarbeit von Bernd Heuer und Stephan Bone-Winkel. Köln: Rudolf Müller Verlag (Immobilien-Wissen)

Breuer, O.: Kapitalmart, in: Blecken, U.; Meinen, H. (Hrsg.): Praxishandbuch Projektentwicklung, 2. Auflage, Reguvis Verlag, Köln, 2020, S. 27 ff

BPD Immobilienentwicklung GmbH (Hrsg.) (2022): Wohnwetterkarte. online verfügbar unter: https://www.bpd-immobilienentwicklung.de/media/fqcjsxnn/bpd_wohnwetterkarte2022_a4_220908.pdf, zuletzt geprüft am 19.12.2022

Bundesinstitut für Bau-, Stadt- und Raumforschung (BBSR) im Bundesamt für Bauwesen und Raumordnung (BBR) (Hrsg.): Bericht zur Lage und Perspektive der Bauwirtschaft 2022, in: BBSR-Analysen KOMPAKT 01/2022

Bundesarchitektenkammer e. V. (Hg.): Bundeskammerstatistik 1.1.2022, Online verfügbar unter https://bak.de/wp-content/uploads/2022/10/Bundeskammerstatistik-zum-01.01.2022-gesamt-NEU_mit_neuer_Erlaeuterung.pdf, zuletzt geprüft am 20.12.2022

Bundesagentur für Arbeit (Hg.) (2022): Statistik Arbeitsmarktberichterstattung Kap. 2.1.4. Online verfügbar unter https://statistik.arbeitsagentur.de/DE/Statischer-Content/Statistiken/Themen-im-Fokus/Berufe/AkademikerInnen/Berufsgruppen/Generische-Publikationen/2-1-4-Architektur-und-Bauingenieurwesen.pdf?__blob=publicationFile&v=2#:~:text=Die%20Hochschulstatistik%20, zuletzt abgerufen am 27.12.2022

Bundesingenieurkammer (Hg.) (2021): Tätige Personen, Personalaufwand, Bruttolöhne und -gehälter in Ingenieur- und Architekturbüros (Jahr 2019). Online verfügbar unter https://bingk.de/wp-content/uploads/2022/03/Bundesingenieurkammer-3.3-DL-Statistik-Stand-Oktober-2021.pdf, zuletzt geprüft am 19.12.2022

Bundesinstitut für Bau-, Stadt- und Raumforschung (BBSR) im Bundesamt für Bauwesen und Raumordnung (BBR) (Hrsg.): Bericht zur Lage und Perspektive der Bauwirtschaft 2020, in: BBSR-Analysen KOMPAKT 02/2020

Bundesministerium für Verkehr, Bau und Stadtentwicklung (BMVBS) (Hrsg.): Multiplikator- und Beschäftigungseffekte von Bauinvestitionen, BMVBS-Online-Publikation, 20/2011

Bundesverband der Deutschen Volksbanken und Raiffeisenbanken (Hrsg.): Immobilienmakler, in: VR Branchen special, Nr. 90, Deutscher Genossenschafts-Verlag eG, Wiesbaden, November 2013

BVI Bundesverband Investment und Asset Management e. V., BVI Jahrbuch 2022

BVI Bundesverband Investment und Asset Management e. V. (Hrsg.): Synthetischer risiko-Rendite-Indikator (SRRI) offene Immobilien-Publikumsfonds. Online verfügbar unter https://www.bvi.de/fileadmin/user_upload/Statistik/SRRI-Zeitreihe-OIF-2022-09.pdf zuletzt geprüft am 20.12.2022

BVI Bundesverband Investment und Asset Management e. V. (Hrsg.) (2022): Status und Fondsvermögen zum Stichtag 30.09.2022, Frankfurt am Main, 2022: https://www.bvi.de/fileadmin/user_upload/Presse/PM_Q3_Investmentstatistik/Investmentstatistik_2209_Gesamtmarkt_DE.pdf, Abruf 20.12.2022

BVI Bundesverband Investment und Asset Management e. V. (Hrsg.) (2020b): Zeitreihe Publikumsfonds, Spezialfonds und freie Mandate von 1950 bis 2021, Frankfurt am Main, 2020: https://www.bvi.de/fileadmin/user_upload/Statistik/2022_06_27_Zeitreihen_bis_2021.pdf, Abruf 20.12.2022

CBRE (Hg.) (2022): Deutschlands Immobilieninvestmentmarkt mit nueem Umsatzrekord: https://news.cbre.de/deutschlands-immobilieninvestmentmarkt-mit-neuem-umsatzrekord--transaktionsvolumen-von-mehr-als-111-milliarden-euro--40-prozent-ueber-vorjahreswert/ Abgerufen am 09.01.2023

Deutsche Bundesbank: Statistik der Banken und sonstigen Finanzinstitute Richtlinien, , 1. Juli 2020, Statistische Sonderveröffentlichung 1, Frankfurt am Main, 2020

Destatis (Hg.) (2017a): Bruttoinlandsprodukt 2016, in: WISTA, Nr. 1, Wiesbaden, 2017

Destatis (2017b): Pressemitteilung Nr. 370 vom 23. September 2019, https://www.destatis.de/DE/Presse/Pressemitteilungen/2019/09/PD19_370_31.html

Destatis (2021a): Strukturerhebung im Dienstleistungsbereich Grundstücks- und Wohnungswesen, https://www.destatis.de/DE/Themen/Branchen-Unternehmen/Dienstleistungen/Publikationen/Downloads-Dienstleistungen-Struktur/grundstuecks-wohnungswesen-2090430197004.pdf?__blob=publicationFile

Destatis (2021b): Baugenehmigungen im Hochbau: Deutschland, Jahre, Bautätigkeiten, Gebäudeart/Bauherr. Code: 31111-0001. https://www-genesis.destatis.de/genesis/online?sequenz=statistikTabellen&selectionname=31111#abreadcrumb

Deloitte (Hrsg.): Global Power of Construction 2020, https://www.deloitte.com/content/dam/assets-shared/legacy/docs/perspectives/2022/gx-eri-gpoc-2020-borrador.pdf, Abgerufen am 19.12.2022

European International Contractors, 2019: Briefing: https://www.eic-federation.eu/sites/default/files/fields/files/eic_briefing_2019_final.pdf, Abgerufen am 19.12.2022

Fabricius, M.; Schwaldt, N.: Die Schattenwelt der Makler, in: Welt am Sonntag, 20.02.2011

Faz.net: Die Maklerschwemme, 01.10.2014, http://www.faz.net/aktuell/wirtschaft/wirtschaft-in-zahlen/grafik-des-tages-die-maklerschwemme-13184347.html, Abruf 03.11.2014

GEFMA e. V.: Marktstruktur FM. Bonn. Online verfügbar unter http://www.gefma.de/markt.html, zuletzt geprüft am 10.05.2016

Handelsblatt, 11.12.2019: Deutschland steigt zum weltweit zweitgrößten Investmentmarkt für Immobilien auf: https://www.handelsblatt.com/finanzen/immobilien/immobilien-deutschland-steigt-zum-weltweit-zweitgroessten-investmentmarkt-fuer-immobilien-auf/25319314.html%3Fticket%3DST-173862-WFdMhxUtBl3CkfqLorf3-ap4, Abgerufen am 19.12.2022

Hauptverband der Deutschen Bauindustrie e. V. (Hg.) (2015a): Auftragseingang der deutschen Bauindustrie aus dem Ausland. Online verfügbar unter http://www.bauindustrie.de/zahlen-fakten/statistik-anschaulich/international/auftragseingang-aus-dem-ausland, zuletzt geprüft am 10.05.2016

Hauptverband der Deutschen Bauindustrie e. V. (Hrsg.) (2020a): Das internationale Baugeschäft. Online verfügbar unter: https://www.bauindustrie.de/themen/news-detail/das-internationale-baugeschaeft, zuletzt geprüft am 20.12.2022

Hauptverband der Deutschen Bauindustrie e. V. (Hrsg.) (2020b): Das internationale Baugeschäft. Online verfügbar unter: https://www.bauindustrie.de/themen/news-detail/das-internationale-baugeschaeft, zuletzt geprüft am 28.07.2021

Literatur

Hauptverband der Deutschen Bauindustrie e. V. nach Zahlen des BMF/eigener Berechnungen (2021): ÖPP und weitere Partnerschaftsmodelle in Deutschland. Online verfügbar unter: https://www.bauindustrie.de/fileadmin/bauindustrie.de/Zahlen_Fakten/Bauwirtschaft-im-Zahlenbild/Bauwirtschaft_im_Zahlenbild_2021_final.pdf, Seite 15, zuletzt geprüft am 27.12.2022

Hauptverband der Deutschen Bauindustrie e. V. nach Zahlen des Statistischen Bundesamts (2022): Umsätze im Bauhauptgewerbe nach Sparten. Online verfügbar unter https://www.bauindustrie.de/fileadmin/bauindustrie.de/Zahlen_Fakten/Bauwirtschaft-im-Zahlenbild/Bauwirtschaft-im-Zahlenbild-2022-A5_Final.pdf, Seite 4, zuletzt geprüft 27.12.2022

Hauptverband der Deutschen Bauindustrie e.V. nach Zahlen des Statistischen Bundesamts (2022a): Struktur der Bauinvestitionen. Online verfügbar unter https://www.bauindustrie.de/zahlen-fakten/bauwirtschaft-im-zahlenbild/struktur-der-bauinvestitionen, zuletzt geprüft 27.12.2022

Hauptverband der Deutschen Bauindustrie e. V. nach Zahlen des Statistischen Bundesamts (2022b): Bedeutung der Bauwirtschaft. Online verfügbar unter https://www.bauindustrie.de/zahlen-fakten/bauwirtschaft-im-zahlenbild/bedeutung-der-bauwirtschaft, zuletzt geprüft 27.12.2022

Hinrichs, K.: Wie behaupten sich die Deutsche Bauindustrie im internationalen Wettbewerb?; in: Die Deutsche Bauindustrie auf dem Weg in das Jahr 2000, Festschrift zum 60. Geburtstag von Ignaz Walter: Augsburg 1996

Initiative Asset Management-Excellence (Hg.) (2016): Property Management Germany, Bell Management Consultants, Köln, 2016

Jordá, Ó.; Knoll, K.; Kuvshinov, D.; u. a. The Rate of Return on Everything, Centre of Economic Policy Research, London, 2017, S. 13

Kulick, R.: Auslandsbau, Teubner Verlag: Wiesbaden 2003

Linden, M.: Liste der 50 größten deutschen Bauunternehmen 2021, https://www.bauindustrie.de/fileadmin/bauindustrie.de/Zahlen_Fakten/Uebersicht-Bauunternehmen/2022.08.15_Liste_der_50_groessten_deutschen_Bauunternehmen_in_2021.pdf, Abruf: 19.12.2022

Lünendonk und Hossenfelder (Hg.) (2022): Lünendonk-Studie Facility Services Unternehmen in Deutschland 2022, Mindelheim, 2022

Marhold, K. (1992): Marketing-Management für mittelständische Bauunternehmen, Dissertation, DVP-Verlag: Wuppertal 1992

Naber, S.: Planung unter Berücksichtigung der Baunutzungskosten als Aufgabe des Architekten im Feld des Facility Management, Peter Lang Verlag: Frankfurt a. M. 2002.

Schleiter, L.-W.: Historische, gesellschaftliche und ökonomische Grundlagen der Immobilien-Projektentwicklung, Rudolf Müller Verlag: Köln 2000

Schulte, K.-W./Achleitner, A.-K./Schäfers, W./Knobloch, B. (Hrsg.): Handbuch Immobilien-Banking, Rudolf Müller Verlag: Köln 2002

Statista: Größte Gewerbeimmobilien-Makler nach Nettoumsatz in Deutschland im Jahr 2017: https://de.statista.com/statistik/daten/studie/205268/umfrage/ranking-der-gewerbeimmobilien-makler-in-deutschland-nach-umsatz/, Abruf 20.12.2022

Statistisches Bundesamt (Hg.) (2022): Anteile Kleine und Mittlere Unternehmen 2020 nach Größenklassen in %. Online verfügbar unter https://www.destatis.de/DE/Themen/Branchen-Unternehmen/Unternehmen/Kleine-Unternehmen-Mittlere-Unternehmen/Tabellen/wirtschaftsabschnitte-insgesamt.html, zuletzt geprüft am 20.12.2022

The Business Research Company, June 2022: https://www.thebusinessresearchcompany.com/report-preview1.aspx%3FRid%3Dconstruction%20market, Abruf 19.12.2022

Versicherungsbote 2020: Banken erzielten 2019 mehr Neugeschäft als Makler, https://www.versicherungsbote.de/id/4899916/Lebensversicherung-Banken-mehr-Neugeschaeft-als-Makler/ abgerufen am 20.12.2022

Wolff, H.-J./Mundorf, H.B.: Private Finanzierung von Infrastruktur – Chancen und Risiken; in: Die Deutsche Bauindustrie auf dem Weg in das Jahr 2000, Festschrift zum 60. Geburtstag von Ignaz Walter: Augsburg 1996

Zentralverband Deutsches Baugewerbe (Hg.) (2019): Baumarkt 2019. Online verfügbar unter https://www.zdb.de/fileadmin/user_upload/Baumarkt_Jahr_2020_Internet.pdf, zuletzt geprüft am 20.12.2022

Preisfindung 6

Die Preisbildung in der Bauwirtschaft ist häufig polypolistisch geprägt. Das heißt viele Nachfrager treffen auf viele Anbieter wie dies beispielsweise im Wohnungsbau der Fall ist. In Bereichen der öffentlichen Infrastruktur oder bei sehr selten vorkommenden und technisch schwierigen Bauvorhaben ist der Markt auf dem Angebot und Nachfrage zusammentreffen anders geprägt (Monopol oder Oligopol). Im Folgenden wird die Preisbildung auf dem Baumarkt in der Form dargestellt, wie sie in den bauwirtschaftlichen Teilmärkten konkret praktiziert wird.

Analog der vorstehenden Ausführungen wird auch bei der Preisfindung von folgenden Teilmärkten ausgegangen:

- bebaute und unbebaute Grundstücke,
- freiberuflichen Tätigkeiten,
- gewerblichen Dienstleistungen,
- Bauleistungen,
- Projektentwicklungen.

6.1 Bebaute und unbebaute Grundstücke

Preise für Grundstücke kommen am freien Grundstücksmarkt durch Angebot und Nachfrage zustande (Preisbildung am Markt).

Daneben gibt es auch Preise, die aufgrund einer Rechtssituation ermittelt werden, und bei denen der Gesetzgeber die Vorgehensweise der Preisfindung vorgibt (Wertermittlungsverfahren).

Preisbildung am Markt
Bodenpreise sind ganz wesentlich von folgenden Kriterien abhängig:

- *Lage:* Randlage, Innenstadtlage, Metropole oder ländlicher Raum, Prosperität der Region, Logistik Gateways und HUBs etc.
- *Geländemerkmale:* Größe, Zuschnitt, Topographie, Bodenbelastbarkeit, Grund- und Hochwasser
- *Erschließung:* Straßenverkehrsanbindung, öffentliche Verkehrsmittel, Entwässerung, Elektrizität, Gas, Wasser
- *Nachbarschaft:* Umfeld, Qualität der Versorgung mit Dienstleistungen, Nutzungsstruktur
- *Nutzungsanlagen/Baurecht:* Baunutzungsquoten, Emissionsauflagen, besonderer Gestaltungsaufwand, sonstige Restriktionen
- *Kosten:* Grundwert, Erschließung, Freimachung, Abbruch, Entsorgung, Sanierung
- *Marktsituation:* Allgemeine Entwicklung der Grundstückspreise oder des Mietniveaus (Flächenverfügbarkeit), Konjunktur, Anlagemöglichkeiten für bestimmte Immobilientypen etc.

Die Preisbildung am Grundstücksmarkt ist aber auch stark abhängig von politischen Einflussnahmen.

Hier handelt es sich im Wesentlichen um die folgenden Einflussgrößen:

- direkte Einflussnahme durch gezielte Nachfrage und Angebote von unbebauten Grundstücken durch die öffentliche Hand,
- indirekte Einflussnahme durch Bauleitplanungen und Infrastrukturmaßnahmen,
- indirekte Einflussnahme durch bodenmarktrelevante Steuergesetzgebung und Subventionen.

Die Ziele dieser Einflussnahme sind vielfältig. So ist z. B. im Rahmen der Regionalpolitik zu entscheiden, welche staatlichen Investitionen und welche hoheitlichen Eigentums- und Nutzungsregelungen auf bestimmte Standorte gelenkt werden sollen. Oder es stehen im Rahmen der Raumordnung Strukturverbesserungen im Vordergrund. Es sollen z. B. durch planerische, bodenpolitische und bauliche Maßnahmen die Angebote an Freizeit- und Erholungsmöglichkeiten verbessert werden.

Alle diese Maßnahmen beeinflussen unmittelbar die Investitionskalküle der Marktteilnehmer und damit die Angebots- und Nachfrageverhältnisse.

Das zum Verkauf angebotene Grundstück ist durch die genannten Kriterien definiert. Besteht für dieses Grundstück eine Nachfrage, dann werden u. U. Kaufverhandlungen aufgenommen.

Der Wert eines Grundstückes ergibt sich letztlich durch den Marktpreis. Erst die Kenntnis vergleichbarer, orts- und branchenüblicher Preise ermöglicht dem Käufer die Bestimmung seines Verhandlungsspielraumes. Ein Richtwert für diesen

Grundstückspreis kann aus einer sogenannten Bodenrichtwertkartei, die z. B. Grundstückspreise für unbebaute gewerbliche Grundstücke an einem Standort beinhaltet, entnommen werden. Der Kaufpreis hängt jedoch zusätzlich von vielen weiteren Faktoren ab, wie z. B. der Präsenz bzw. dem Fehlen anderer namhafter Gewerbebetriebe. Letztlich kommt er als Ergebnis der Kaufverhandlungen zustande. Insgesamt ist der Markt für bebaute und unbebaute Grundstücke recht intransparent. Das hat sich im Zuge der Digitalisierung in Bezug auf verschiedene Immobilientypen z. T. stark verändert. Auf Plattformen wie ImmobilienScout24 oder immowelt kann das Preisniveau auf Basis der angebotenen Immobilien, zumindest für den Wohnbereich abgefragt werden. Im Gewerbebereich existieren z. B. Plattformen des Immobilienmaklers Lührmann (Einzelhandel) und des Beratungsunternehmens Drees & Sommer (asset-check.de), jeweils in Verbindung mit dem Analyseunternehmen bulwiengesa. Diese Angebote stellen umfangreiche Standortdaten und Informationen zum Mietniveau zur Verfügung, die als Ausgangspunkt für die Wertermittlung bzw. die Kaufpreisfindung genutzt werden können.

Wird das Grundstück nicht gekauft, sondern soll ein Erbbaurecht bestellt werden, so muss der Erbbauzins sowohl in seiner Höhe als auch seiner Zeitdauer vertraglich festgelegt und in das Erbbaugrundbuch eingetragen werden. Dabei vereinbaren die Vertragsparteien in aller Regel die Anpassung des Erbbauzinses durch eine Wertsicherungsklausel.

Wertermittlungsverfahren
Wertermittlungsverfahren werden vor allem in folgenden Fällen angewendet:

- staatliche Enteignung, bei der die öffentliche Hand ein Grundstück oder bestimmte Rechte an einem Grundstück benötigt und der Eigentümer sich nicht zu einem Verkauf gegen ein angemessenen Preis bewegen lässt,
- Zwangsversteigerung,
- Beleihungswertbestimmungen, z. B. nach der Beleihungswertverordnung (BelWertV),
- Erbengemeinschaften.

Bei den Wertermittlungsverfahren handelt es sich um normierte Verfahren, die sich in Vergleichswert-, Ertragswert- und Sachwertverfahren unterteilen lassen.

So heißt es z. B. im § 8 der Immobilienwertermittlungsverordnung (ImmoWertV), dass zur Wertermittlung das Vergleichswertverfahren (§ 15) einschließlich des Verfahrens zur Bodenwertermittlung (§ 16), das Ertragswertverfahren (§§ 17 bis 20), das Sachwertverfahren (§§ 21 bis 23) oder mehrere dieser Verfahren heranzuziehen sind. „Die Verfahren sind nach der Art des Wertermittlungsobjekts unter Berücksichtigung der im gewöhnlichen Geschäftsverkehr bestehenden Gepflogenheiten und der sonstigen Umstände des Einzelfalls, insbesondere der zur Verfügung stehenden Daten, zu wählen; die Wahl ist zu begründen. Der Verkehrswert ist aus dem Ergebnis des oder der herangezogenen Verfahren unter Würdigung seines oder ihrer Aussagefähigkeit zu ermitteln. […] Besondere objektspezifische Grundstücksmerkmale wie beispielsweise eine wirtschaftliche Überalterung, ein überdurchschnittlicher Erhaltungszustand, Baumängel oder Bauschäden sowie von den marktüblich erzielbaren Erträgen erheblich abweichende Erträge können, soweit dies dem gewöhnlichen Geschäftsverkehr entspricht, durch marktgerechte Zu- oder Abschläge oder in anderer geeigneter Weise berücksichtigt werden."

In Bezug auf die Details der Wertermittlung wird auf die Verordnung bzw. das einschlägige Schrifttum verwiesen (vgl. z. B. Kleiber 2020).

6.2 Freiberufliche Leistungen

Freiberufler zeichnen sich dadurch aus, dass sie ihre Tätigkeit überwiegend auf wissenschaftlicher oder künstlerischer Grundlage ausüben. Dabei bilden akademische Berufe einen Schwerpunkt der Freien Berufe. Ihre Sonderstellung beruht vielfach bereits auf berufsständischen Regelungen. Sie erbringen Leistungen, die vom Auftraggeber bei Auftragserteilung oftmals nicht eindeutig und erschöpfend beschrieben sind. Die zu erbringenden Leistungen werden häufig erst mit Hilfe der Freiberufler endgültig definiert. Deshalb können freiberufliche Leistungen nicht problemlos öffentlich oder beschränkt ausgeschrieben werden, denn die dabei eingehenden Angebotspreise sind nur bedingt vergleichbar. Daher – und auch aus anderen Gründen, auf die hier aber nicht eingegangen wird – sind Preise für freiberufliche Leistungen in Deutschland weitestgehend durch Preisverordnungen über Gebühren, Honorare und Tarife festgelegt, wie z. B. Gebühren für Notare, Rechtsanwälte, Steuerberater, Wirtschaftsprüfer. Die öffentliche Vergabe von freiberuflichen Leistungen erfolgt für Aufträge oberhalb des EU-Schwellenwertes über die Vergabeverordnung (VgV). Das Vergabeverfahren für kleinere Aufträge regelt die Unterschwellenvergabeordnung (UVgO) bzw. auf Landes- und Kommunalebene die alte Vergabe- und Vertragsordnung für Leistungen (VOL/A), sofern noch keine UVgO in Kraft getreten ist.

Für die freiberuflichen Leistungen der Architekten und Ingenieure hat der deutsche Gesetzgeber durch die Honorarordnung für Architekten und Ingenieure (HOAI) eine angemessene Vergütung festgelegt. Nach einem Urteil des Europäischen Gerichtshofs (EuGH) vom 4. Juli 2019 sind die, in der HOAI definierten Mindest- und Höchstsätze für das Honorar allerdings nicht mit der EU-Dienstleistungsrichtlinie 2006/123/EG vereinbar (EuGH, Urteil vom 04.07.2019, C-377/17). Seit dem 01.01.2021 gilt insofern eine neue Honorarordnung für Architekten und Ingenieure, nach der das Honorar frei zwischen den Vertragsparteien vereinbart wird. Die Berechnungssystematik der HOAI kann dabei als Richtschnur verwendet werden. Eine Orientierung erfolgt zudem durch die in der HOAI beschriebenen Leistungsbilder. Begründet wird der Vergütungsanspruch allerdings nicht durch die HOAI, sondern durch einen Vertrag zwischen Auftraggeber (Bauherr) und Architekt/Ingenieur.

Im Folgenden wird das System gezeigt, wie z. B. das Honorar von Architektenleistungen berechnet wird.

6.2 Freiberufliche Leistungen

Dabei werden die §§ 33 ff HOAI „Leistungsbilder Objektplanung für Gebäude und Innenräume" (Grundleistungen) zugrunde gelegt.

Die Grundlage der Honorarberechnung sind

- die anrechenbaren Kosten,
- die Honorarzone,
- der gewählte Honorarsatz und
- der vertragliche Leistungsumfang.

Anrechenbare Kosten

Die anrechenbaren Kosten werden anhand der Kostenermittlungsmethoden nach DIN 276 in der Fassung Dezember 2018 (DIN 276: 2018-12) ermittelt. Dabei sind die Arten der Kostenermittlung in Abhängigkeit der vereinbarten Leistungsphasen unterschiedlich.

Honorarzone

§ 5 HOAI sieht bei Flächen-, Objekt oder Fachplanungen mehrere Honorarzonen vor, die anhand von Bewertungsmerkmalen ermittelt werden. Dabei besteht ein Kontinuum zwischen geringen und sehr hohen Planungsanforderungen.

Honorarsatz

§ 35 HOAI enthält beispielsweise für Grundleistungen bei Gebäuden und Innenräumen eine Honorartafel, von der in Abb. 6.1 ein Ausschnitt abgebildet wird.

Aus der Honorartafel kann in Abhängigkeit von den anrechenbaren Kosten und der Honorarzone, der Honorarsatz entnommen werden. Dabei sind für jede Zone Honorarspannen genannt, also z. B. bei anrechenbaren Kosten von 500.000 € und der Zone I eine Spanne von 45.232 € (Basishonorarsatz) bis 53.006 € (oberer Honorarsatz). Die Kriterien zur Bestimmung des Honorarsatzes sind nicht explizit geregelt. In der Praxis ist die Bestimmung des Honorarsatzes üblicherweise Verhandlungssache und wird beispielsweise durch besondere Umstände wie hoher Denkmalschutz, kurze Planungszeit, abschnittsweise Inbetriebnahme etc. bestimmt. Wird kein Honorarsatz vereinbart, gilt der Basishonorarsatz (§ 7 HOAI).

Anrechenbare Kosten €	Zone I von €	Zone I bis €	Zone II von €	Zone II bis €	Zone III von €	Zone III bis €	Zone IV von €	Zone IV bis €	Zone V von €	Zone V bis €
300 000	28 750	33 692	33 692	39 981	39 981	49 864	49 864	56 153	56 153	61 095
500 000	45 232	53 006	53 006	62 900	62 900	78 449	78 449	88 343	88 343	96 118

Abb. 6.1 Ausschnitt einer Honorartafel nach § 35 HOAI

Tab. 6.1 Leistungsphasen und Honoraranteile gem. HOAI

Leistungsphasen	Gewichtung (%)
Grundlagenermittlung	2
Vorplanung	7
Entwurfsplanung	15
Genehmigungsplanung	3
Ausführungsplanung	25
Vorbereitung der Vergabe	10
Mitwirkung bei der Vergabe	4
Objektüberwachung – Bauüberwachung und Dokumentation	32
Objektbetreuung	2
	100

Leistungsumfang

In der HOAI sind Leistungsbeschreibungen enthalten, die in sogenannte Leistungsphasen zusammengefasst sind. Für die Leistungen bei Gebäuden unterscheidet § 34 Abs. 3 HOAI folgende 9 Leistungsphasen. Bei der Honorarberechnung sind diese Leistungsphasen gewichtet (Tab. 6.1).

Wird die Erbringung aller Leistungsphasen vereinbart, dann kann sich das Architektenhonorar an 100 % des in der Honorartafel angegebenen Honorarsatzes orientieren.

Beispiel einer Honorarberechnung

Folgende Vereinbarungen wurden vertraglich festgelegt:

- Honorarzone III, Basishonorarsatz, zu erbringender Leistungsumfang: Leistungsphase 1 bis 4, d. h. 37 % des Gesamthonorars.
- Die Kostenschätzung ergab anrechenbare Kosten in Höhe von 500.000 €.

Damit kann aus der vorstehenden Honorartafel das Honorar in Höhe von 62.900 € entnommen werden und als Orientierung für die vertragliche Honorarvereinbarung dienen.

Da nur 37 % der Gesamtleistung erbracht werden, errechnet sich das Honorar wie folgt:

⇒ Honorar ohne Umsatzsteuer = 37 % von 62.900 € = 23.273 €.

Neben den klassischen Planungsleistungen der Architekten und Ingenieure hat sich seit gersaumer Zeit die Disziplin der Projektsteuerung bzw. des Projektmanagments etabliert. Zahlreiche Büros bieten insofern Projektmanagmentleistungen als eigenständiges Leistungsbild bzw. Geschäftsmodell an.

Um diesem Umstand Rechnung zu tragen, hat der Ausschuss der Verbände und Kammern der Ingenieure und Architekten für die Honorarordnung e. V. (AHO),

Fachkommission „Projektsteuerung/ Projektmanagement" erstmals 1996 ein Leistungsbild entworfen und kontinuierlich aktualisiert, das einerseits die Leistungen im Projektmanagement genau definiert und eine entsprechende Honorarordnung anbietet (AHO 2020). Gegliedert wird die Leistungsstruktur in fünf Handlungbereiche:

- Organisation, Informationen, Koordination und Dokumentation (übrige Handlungsbereiche einbeziehend)
- Qualitäten und Quantitäten
- Kosten und Finanzierung
- Termine, Kapazitäten und Logistik
- Verträge und Versicherungen

Werden von öffentlichen Auftraggebern Aufträge an Architekten/Ingenieure vergeben, dann ist die Vergabeverordnung (VgV) zu beachten. In der VgV, Abschnitt 6, §§ 73 ff sind besondere Vorschriften zur Vergabe von Architekten- und Ingenieurleistungen enthalten. „Im Unterschwellenbereich sieht § 50 UVgO eine Sonderregelung für freiberufliche Leistungen vor. Sie sind grundsätzlich im Wettbewerb zu vergeben. Dabei ist soviel Wettbewerb zu schaffen, wie dies nach der Natur des Geschäfts oder nach den besonderen Umständen möglich ist.Diese sehr kursorischen Vergaben gehen über die bisherigen haushaltsrechtlichen Vorgaben kaum hinaus (Menold Bezler 2021)."

Wichtig in Zusammenhang mit freiberuflichen Leistungen sind folgende Regelungen:

- Die VgV stellt expressis verbis die Verbindung zur Honorarordnung für Architekten und Ingenieure her
- Die VgV sieht als Vergabeverfahren in der Regel das Verhandlungsverfahren (also die freihändige Vergabe) vor
- Die VgV ist grundsätzlich anzuwenden, wenn freiberufliche Leistungen nach den EU-Vergaberichtlinien ohne Umsatzsteuer bei einem Auftragswert von 214.000,- € oder mehr liegen, im Sektorenbereich (Trinkwasser, Energieversorgung, Verkehr) bei 428.000,00 € und bei Aufträgen einer oberen, obersten oder vergleichbaren Bundesbehörde bei 139.000 €. Die Schwellenwerte werden durch die EU-kommission alle zwei Jahre überprüft und ggf. geändert. Die letzte Änderung ist zum 1. Januar 2020 erfolgt.
- Unterhalb der Schwellenwerte ist die UVgO anzuwenden, wie oben bereits erwähnt.

6.3 Gewerbliche Dienstleistungen

Bei Preisen von gewerblichen Dienstleistungen ist zu unterscheiden zwischen gebührenähnlichen Preisen und Preisen, denen eine betriebswirtschaftliche Kalkulation zur Preisfindung zugrunde liegt.

Ein Beispiel zur ersten Kategorie sind Maklergebühren bzw. Maklerprovisionen. Makler werden beauftragt, nach vorgegebenen Angaben ein Grundstück oder eine Immobilie zu suchen, den Kaufvertrag vorzubereiten und möglicherweise auch weitere Formalitäten mit Voreigentümern dem Auftraggeber abzunehmen. Der Makler erhält für die von ihm erbrachte Leistung grundsätzlich eine Provision, die in der Regel dadurch gekennzeichnet ist, dass ein Prozentsatz von dem Preis des nachgewiesenen und vermittelten Hauptauftrages im Erfolgsfall zu zahlen ist. Diese kann generell frei vereinbart werden, doch der Standard liegt bei Gewerbeimmobilien zwei bis sieben Prozent plus (steuerlich absetzbarer) Mehrwertsteuer, bezogen auf den späteren Kaufpreis (Blecken und Meinen 2020, S. 554). Die Gebühren sind entweder im Kaufpreis des Grundstücks enthalten und werden somit vom Käufer bezahlt oder sie gehen direkt vom Verkäufer an den Makler. Meist zahlt der Käufer die Provision des Kaufpreises. Bei den Vertragsverhandlungen kann man jedoch versuchen, einen Teil der Vermittlungskosten auf den Verkäufer abzuwälzen. Angebot und Nachfrage bestimmen dabei die Verhandlungsposition. In diesem Zusammenhang ist anzumerken, dass vereinbarte Maklerprovisionen gegenüber den bestehenden üblichen Maklerprovisionen stets vorgehen. Seit 2015 gilt das sogenannte Bestellerprinzip bei der Beauftragung von Maklern in Zusammenhang mit der Vermietung von Wohnraum (Gesetz zur Regelung der Wohnungsvermittlung – WoVermRG). Maklergebühren sind demnach von derjenigen Partei zu tragen, die den Makler beauftragt. Seit Ende 2020 gilt dieses Prinzip auch für den Verkauf von Einfamilienhäusern und Eigentumswohnungen, sofern der Verkauf an private Verbraucher erfolgt (§ 656 a bis d BGB).

Verschiedene Internetportale eruieren regelmäßig ortsübliche Maklergebühren bzw. -provisionen und stellen diese der Öffentlichkeit zwecks Orientierung zur Verfügung. Hierbei sind nicht nur auf Länderebene erhebliche Unterschiede festzustellen, sondern auch regional gibt es signifikante Abweichunge. Dies lässt sich auf ein Gefälle zwischen Städten und ländlichen Gebieten hinsichtlich der Kostenfaktoren Büromiete, Gehälter und sonstige Aufwendungen zurückführen. Maklergebühren sind demzufolge äußerst am Markt orientiert. In der Regel existiert allerdings eine Deckelung bei etwas über 7 %.

Gewerbliche Dienstleistungsbetriebe, die die Preise für ihre Leistungen aufgrund einer Angebotskalkulation errechnen, sind z. B. Betriebe der Sicherheitsdienste, Hausverwaltungen und Anbieter von Leistungen des Facility-Managements.

Bei den Angebotskalkulationen der gewerblichen Dienstleistungsbetriebe gibt es unterschiedliche Möglichkeiten und Verfahren, wie z. B. Divisionskalkulation, Zuschlagskalkulation oder Bezugsgrößenkalkulation. Diese Verfahren sind in der einschlägigen Literatur detailliert beschrieben. Welches Kalkulationsverfahren gewählt wird, hängt primär von der Art der Leistungserstellung ab. Üblich sind Pauschalpreise genauso wie Leistungsverzeichnisse mit Einzelpositionen. Erstere Variante kommt bei komplexeren, globalen Vergaben zum Tragen, insbesondere wenn ganze Immobilienportfolien zur Betreeung ausgeschrieben werden. Leistungsverzeichnisse mit Einzelpositionen und -preisen dagegen werden in Zusammenhang mit Instandsetzungs- oder Erneuerungsarbeiten bzw. Mieterumbauten verwendet. Dem Wesen nach handelt es sich dann auch um Bauleistungen, die im folgenden Abschnitt näher beschrieben werden.

Bei der kaufmännischen Verwaltung von Gebäuden bzw. dem sogenannten Property Management wird häufig ein Prozentsatz der Ist- bzw. Sollmiete (Kaltmiete) als Vergütung vereinbart. Bei vermieteten Gewerbeobjekten (gemischtes Portfolio) liegt der Ansatz für die Grundvergütung bei durchschnittlich 3,63 % der Kaltmiete. Je nach Lage, Immobilientyp, Kleinteiligkeit der Objekte, Mieterstruktur und Leerstand kann der Ansatz jedoch bis auf rund 1,25 % sinken, oder auf 5,38 % ansteigen (vgl. Gondring und Wagner 2011, S. 458).

6.4 Bauleistungen

In der Bauwirtschaft gehen die Bauinitiativen in aller Regel vom Auftraggeber, d. h. von einem Bauherrn aus. Daher ist es in der Bauwirtschaft kaum möglich, eine Produktion auf Lager durchzuführen.

Die nachgefragten Bauleistungen unterscheiden sich hinsichtlich der Art der anzuwendenden Bauverfahren, des technischen und des organisatorischen Schwierigkeitsgrades und auch hinsichtlich der Dauer der Produktion. Daher gibt es in der Bauwirtschaft keinen vollkommenen Angebotsmarkt für fertige Güter und keine Marktpreise im Sinne der stationären Industrie. Andererseits ist aber zu erwähnen, dass in einigen Bereichen – insbesondere bei Gewerbeimmobilien – die Bauleistung gemeinsam mit den baunahen Dienstleistungen zu einem „Produkt" verschmolzen wird. Komplettleistungen bzw. Sorglospakete haben dann gewünschte Eigenschaften, um sie beispielsweise an einem Anlagemarkt für Immobilien platzieren zu können.

In der Bauwirtschaft wird sich der Bauherr üblicherweise im Rahmen eines Ausschreibungsverfahrens den geeigneten Ausführungspartner für Bauleistungen suchen. Dabei versteht man unter Ausschreibung die Aufforderung des Bauherrn an Industrie- und Handwerksbetriebe, dass diese bis zu einem bestimmten Zeitpunkt ein verbindliches Preisangebot abgeben. Die Aufforderung erfolgt durch eine veröffentlichte Leistungsbeschreibung der gewünschten Bauleistung.

Auf der Grundlage der veröffentlichten Leistungsbeschreibung können die Schritte zur Festlegung der Angebotspreise erfolgen.

Dabei sind folgende Schritte zu unterscheiden:

- vertragsrechtliche Grundlagen der Preisbildung,
- Angebotskalkulation,
- Preisbildung unter Berücksichtigung der Marktverhältnisse,
- Ausweitung des reinen Preiswettbewerbs auf den Leistungswettbewerb.

6.4.1 Vertragsrechtliche Grundlagen der Preisfindung

Verträge zwischen Bauherren und bauausführenden Unternehmen sind Werkverträge. Hier finden grundsätzlich die Bestimmungen des Werkvertragsrechts des Bürgerlichen Gesetzbuches (§§ 631 bis 651 BGB) Anwendung.

Das Werkvertragsrecht des BGB wird den Eigentümlichkeiten der bauwirtschaftlichen Leistungserstellung nicht immer gerecht. Deshalb wurde die Vergabe und Vertragsordnung für Bauleistungen (VOB) geschaffen.

Die VOB – letzte Fassung 2019 – gliedert sich in drei Teile:

- Teil A: Allgemeine Bestimmungen für die Vergabe von Bauleistungen – DIN 1960,
- Teil B: Allgemeine Vertragsbedingungen für die Ausführung von Bauleistungen – DIN 1961,
- Teil C: Allgemeine Technische Vertragsbedingungen für Bauleistungen (ATV DIN 18299 bis ATV DIN 18459).

Teil A der VOB regelt das Verfahren für die Vergabe von Bauleistungen bis zum Abschluss des Bauvertrages.

Teil B der VOB hat die beiderseitigen Rechte und Pflichten der Vertragsparteien nach Vertragsabschluss zum Inhalt.

Der Teil C der VOB enthält Allgemeine Technische Vertragsbedingungen für Bauleistungen (ATV) für einzelne Leistungsbereiche, z. B. DIN 18300 Erdarbeiten, DIN 18330 Mauerarbeiten, DIN 18331 Betonarbeiten. Diese ATV werden zugleich als DIN-Normen herausgegeben.

„Die VOB ist weder Gesetz noch Rechtsverordnung. Sie ist auch kein Gewohnheitsrecht und kein Handelsbrauch. Die VOB ist ein vorformuliertes Vertragswerk, das nur dadurch für den einzelnen Vertrag wirksam wird, wenn die Geltung der VOB im konkreten Einzelfall zwischen den Parteien des Bauvertrages vereinbart ist. Bei dem Vertragsabschluss muss also die VOB/B ausdrücklich einbezogen sein, wenn sie Vertragsgegenstand werden soll" (Prange et al. 1995, S. 6).

Von privaten Bauherren wird die VOB/A oftmals nicht verwendet. Dennoch läuft auch dann das Vergabeverfahren in ähnlicher Weise ab, wie es die VOB vorsieht.

Die öffentliche Hand muss die VOB anwenden. Bis 2010 unterlagen auch die Sektoren Wasser, Energie, Verkehr dieser Verpflichtung. Mit Inkrafttreten der VOB 2009 wurden diese Auftraggeber aus den Regelungen der VOB herausgenommen, die heute gemäß der Sektorenverordnung (SektVO) vergeben müssen. Infolge der Umsetzung der EU-Richtline 2009/81/EG muss im Rahmen der öffentlichen Vergabe von Bauleistungen im Bereich der Verteidigung und Sicherheit zudem die VSVgV (Vergabeordnung Verteidigung und Sicherheit) angewendet werden. Sie verweist aber mit Ausnahme einzelener, allgemeiner Regelungen und Konkretisierungen zur Vertraulichkeit und Sicherheit auf die Bestimmungen der VOB/A.

6.4 Bauleistungen

Ergänzend zu den Basisparagraphen in Abschnitt 1 VOB/A enthält die Ausgabe 2019 den Abschnitt 2 zur Umsetzung der Richtlinie 2014/24/EU für Aufträge ab den, in § 106 des Gesetzes gegen Wettbewerbsbeschränkungen (GWB) genannten, bzw. im Bundesanzeiger veröffentlichten Schwellenwerten und den Abschnitt 3 zur Umsetzung der Richtlinie 2009/81/EG für den Bereich Verteidigung und Sicherheit.

Ergänzt wird die VOB durch haushaltsrechtliche Richtlinien wie das Haushaltsgrundsätzegesetz (HGrG) und die Bundeshaushaltsordnung. Das die VOB einrahmende HGrG ist jedoch im Vergleich zur zentralen Stellung der VOB nur von untergeordneter Bedeutung.

Aufgrund der europaweiten Ausschreibung musste die VOB erweitert werden. Die öffentlichen Aufträge der Mitgliedstaaten der Europäischen Union (EU) haben einen erheblichen Anteil am jeweiligen Bruttoinlandsprodukt. Deshalb war die Öffnung des öffentlichen Auftragswesens eine der wichtigsten Voraussetzungen für die Schaffung eines gemeinsamen europäischen Marktes. Zur Umsetzung dieses Ziels hat die Europäische Union in den vergangenen Jahren eine Reihe von Richtlinien zur Rechtsangleichung erlassen. Kernstück war 1971 die Baukoordinierungsrichtlinie (BKR), die öffentliche Auftraggeber zur gemeinschaftsweiten Ausschreibung von Bauaufträgen verpflichtet. Aber auch die Richtlinie über die Koordinierung der Verfahren zur Vergabe öffentlicher Lieferungsaufträge vom 21. Dez. 1976 ist hier zu nennen. Die Verpflichtung der Bundesrepublik, als Mitglied der Europäischen Gemeinschaft (heute: Europäische Union) den Inhalt von EG-Richtlinien in nationales Recht umzusetzen, hatte 1992 die grundlegende Umstrukturierung der VOB/A zur Folge. Seitdem sind sowohl die Vorschriften der BKR als auch die Vorschriften verschiedener EG bzw. EU-Richtlinien zur Vergabe von Bauaufträgen in die VOB, oder in eigene nationale Verordnungen, wie die Sektorenverordnung umgesetzt worden.

„Ziele der Novellierung des EU-Vergaberechts sind eine Vereinfachung und Flexibilisierung der Vergabeverfahren, eine Erweiterung der elektronischen Vergabe sowie die Verbesserung des Zugangs für kleine und mittlere Unternehmen zu den Vergabeverfahren. Zudem sollen künftig strategische Aspekte zur Erreichung der Europa 2020-Ziele (insbes. soziale und umweltpolitische Ziele) stärker in den Vergabeverfahren berücksichtigt werden" (vgl. Bundesministerium für Wirtschaft und Energie 2014).

Bedeutend ist in diesem Zusammenhang die Pflicht zur europaweiten öffentlichen Vergabe von Bauleistungen, die einen Schwellenwert von 5,382 Mio. € (netto) überschreiten (Stand 01.01.2022).[1]

Dabei sind folgende Institutionen betroffen:[2]

---

[1] VERORDNUNG (EU) Nr. 1336/2013 DER KOMMISSION vom 13. Dezember 2013 zur Änderung der Richtlinien 2004/17/EG, 2004/18/EG und 2009/81/EG des Europäischen Parlaments und des Rates im Hinblick auf die Schwellenwerte für Auftragsvergabeverfahren.

[2] Siehe im Detail: § 98 Nummer 1 bis 3, 5 und 6 des Gesetzes gegen Wettbewerbsbeschränkungen (GWB).

- Gebietskörperschaften, d. h. Bund, Länder und Gemeinden, sowie deren Sondervermögen.
- Zusammenschlüsse von Mitgliedern, die der öffentlichen Hand zuzurechnen sind.
- Juristische Personen des öffentlichen, bzw. natürliche oder juristische Personen des privaten Rechts, die im Allgemeininteresse liegende Aufgaben nichtgewerblicher Art erfüllen bzw. zu über 50 % öffentliche Mittel, öffentliche Baukonzessionen erhalten haben oder wesentlich von der öffentlichen Hand beherrscht werden.

In Bezug auf die öffentlichen Leistungsaufträge ist seit 2016 die Vergabe- und Vertragsordnung für Leistungen nur noch für die Vergabe unterhalb der Schwellenwerte gültig.

„VOB, VOL und VOF sind mit Wirkung vom 01.01.1999 einklagbare gesetzliche Vorschriften, die von öffentlichen Auftraggebern bei der Vertragsanbahnung mit Vertretern der anbietenden Wirtschaft zu beachten sind. In den Teilen A der Verdingungsordnungen enthalten sie Regeln über das bei der Vergabe einzuhaltende Verfahren, in den Teilen B Allgemeine Vertragsbedingungen, die beim Abschluss eines Vertrages Vertragsbestandteil werdenveralten aktualisieren" (Diederichs 1999, S. 385).

Zuletzt sei noch die 2016 neu geschaffene Konzessionsvergabeverordnung (KonzVgV) zu nennen, die auf Basis der Richtlinie 2014/23/EU ins Leben gerufen wurde und in der sich erstmals Vorschriften zur Vergabe von Bau- und Dienstleistungskonzessionen finden. „Konzessionen sind in der Regel langfristige und komplexe Vereinbarungen, bei denen der Konzessionsnehmer Verantwortlichkeiten und Risiken übernimmt, die üblicherweise vom Konzessionsgeber getragen werden und normalerweise in dessen Zuständigkeit fallen" (BMWi 2021). Damit stehen Regelungen zur Verfügung, die speziell die sogenannten ÖPP-Projekte (Öffentlich-Private-Partnerschaften) betreffen, bei denen Gebäude oder Infrastruktur errichtet wird, die danach über bis zu 30 Jahre von den Konzessionsnehmern, d. h. den privaten Partnern (Auftragnehmern), betrieben werden.

Vergabearten
Entsprechend der obigen Ausführungen, werden öffentliche Bauaufträge in Deuschland im Wesentlichen gem. § 3 bis § 3b VOB/A und damit auf Basis der in dargestellten Vergabearten vergeben (Abb. 6.2).

Im Zuge der Änderungen in Ausgabe 2012 der VOB und der Neufassung des Abschn. 2 (VOB/A – EG) und Ergänzung des Abschn. 3 (VOB/A – VS) gilt für die Vergabe von Bauaufträgen im Bereich Verteidigung und Sicherheit das nichtoffene Verfahren und das Verhandlungsverfahren als Standard, da das offene Verfahren aufgrund von verteidigungs- und sicherheitspolitischen Problemlagen oft ungeeignet ist. Die Vergabearten **„Offenes" und „Nichtoffenes" Verfahren** entsprechen dabei im Grunde der Öffentlichen bzw. Beschränkten Vergabe nach Abschn. 1, VOB/A. Als Entsprechung zur nationalen, sogenannten Freihändigen Vergabe ist in den Abschn. 2 und 3 das **Verhandlungsverfahren** zu sehen, wobei der öffentliche Auftraggeber nach vorheriger Bekanntmachung mit einem oder mehreren Unternehmen über den Auftragsinhalt

6.4 Bauleistungen

	Öffentliche Ausschreibung bzw. Offenes Verfahren (EU)	Beschränkte Ausschreibung bzw. Nicht Offenes Verfahren mit Teilnahmewettbewerb (EU/VS)	Verhandlungsverfahren mit bzw. ohne Teilnahmewettbewerb (EU/VS)	Verhandlungsverfahren ohne Teilnahmewettbewerb	Freihändige Vergabe bzw. Verhandlungsverfahren ohne Teilnahmewettbewerb (EU/VS)	Wettbewerblicher Dialog (EU/VS)	Innovationspartnerschaft (EU)
Regelfall	X	X	VS				
Nur in bestimmten Fällen (§ 3a/b)			X	X	X	X	X
Unbeschränkte Teilnehmerzahl	X	X	X			X	X
Förmliches Verfahren	X	X		X			
Einstufiges Verfahren	X			X			
Zweistufiges Verfahren		X	X				
Mehrstufiges Verfahren					X	X	X

Abb. 6.2 Vergabearten nach § 3 bis § 3b VOB/Teil A

verhandelt. Besonders komplexe Projekte kann das Verfahren des **Wettbewerblichen Dialogs** oder der **Innovationspartnerschaft** Anwendung finden. In einem gestuften Verfahren soll damit die wirtschaftlichste und praktikabelste Lösung einer Bauaufgabe ermittelt werden.

„Im Gegensatz zur Vergabe öffentlicher Aufträge durch öffentliche Auftraggeber und durch Sektorenauftraggeber sind Konzessionsgeber nicht auf bestimmte Verfahrensarten festgelegt, sondern dürfen das Vergabeverfahren im Rahmen der Vorgaben der Richtlinie 2014/23/EU frei ausgestalten. Das Verfahren darf ein- oder zweistufig durchgeführt werden, das heißt Konzessionsgeber dürfen im Rahmen eines einstufigen Verfahrens eine Vielzahl von Unternehmen öffentlich zur Abgabe eines Angebots auffordern oder im Rahmen eines zweistufigen Verfahrens erst über die Eignung der Bewerber in einem Teilnahmewettbewerb befinden und die geeigneten Bewerber sodann zur Angebotsabgabe auffordern. Konzessionsgeber können sich bei der Ausgestaltung des Verfahrens – wie bereits zu Dienstleistungskonzessionen in der Vergangenheit in der Praxis geschehen – am Ablauf des Verhandlungsverfahrens mit Teilnahmewettbewerb für öffentliche Aufträge ausrichten. Anders als bei der Vergabe öffentlicher Aufträge sind Verhandlungen mit Bietern sowohl im einstufigen als auch zweistufigen Verfahren zulässig, soweit der Konzessionsgegenstand und die Mindestanforderungen an das Angebot und die Zuschlagskriterien nicht geändert werden. Bereits in § 151 GWB ist die Verpflichtung zur Veröffentlichung der Konzessionsvergabeabsicht vorgesehen, die in § 19 bis 23 dieser Verordnung weiter konkretisiert und im Hinblick auf die Verpflichtung zur Bekanntmachung der Konzessionsvergabe sowie zur Bekanntmachung zu Änderungen von Konzessionen ergänzt wird. (BMWi 2021)"

Öffentliche Ausschreibung bzw. Offenes Verfahren (EU)
Bei der Öffentlichen Ausschreibung gem. Abschnitt 1 bzw. dem Offenen Verfahren gemäß Abschnitt 2 VOB/A wendet sich der Auftraggeber mit einer in Tageszeitungen,

Fachzeitschriften oder amtlichen Veröffentlichungsblättern/-plattformen bekannt gemachten Aufforderung an eine theoretisch unbeschränkte Zahl von Unternehmen, um Angebote für die ausgeschriebene Bauleistung zu bekommen. Es handelt sich dabei um den, gem. § 3a (EU) VOB/A ausdrücklich gewollten Regelfall. Mit Ausnahme der beschränkten Ausschreibung und des Nicht offenen Verfahrens *mit Teilenahmewettbewerb* sind Abweichungen nur dann zulässig, wenn sie durch die Eigenart der Leistung oder durch besondere Umstände gerechtfertigt und aufgrund der Ausführungen in § 3a (EU) VOB/A gestattet sind.

Beschränkte Ausschreibung bzw. Nicht Offenes Verfahren mit Teilnahmewettbewerb (EU/VS)
Bei der Beschränkten Ausschreibung (Abschnitt 1 VOB/A) bzw. dem Nicht Offenen Verfahren (Abschnitt 2 und 3 VOB/A) mit Teilnahmewettbewerb, fordert der AG zunächst eine unbegrenzte Zahl an Bewerbersn öffentlich zur Abgabe von Teilnahmeanträgen auf. Anhand von Eignungskriterien und Mindestanforderungen wird über die weitere Einbeziehung einer beschränkten Anzahl an Bietern entschieden. Diese Auswahl an Unternehmen wird dann zur Angebotsabgabe aufgefordert.

Nach den Basisparagraphen der VOB/A (Abschnitt 1) kann die Zahl der Bieter zudem ohne Teilnahmewettbewerb eingeschränkt werden, falls eine vorausgegangene Öffentliche Ausschreibung kein annehmbares Angebot ergeben hat oder wenn eine Öffentliche Ausschreibung aus anderen Gründen, wie z. B. der besonderen Dringlichkeit oder der Geheimhaltung, unzweckmäßig erscheint. Generell kann die beschränkte Ausschreibung ohne Teilnahmewettbewerb erfolgen, wenn bestimmte Auftrags-Schwellenwerte (netto) unterschritten werden (§ 3 a Abs. 1 VOB/A):

- 50.000 € für Ausbaugewerke (ohne Energie- und Gebäudetechnik), Landschaftsbau und Straßenausstattung,
- 150.000 € für Tief-, Verkehrswege- und Ingenieurbau,
- 100.000 € für alle übrigen Gewerke.

Verhandlungsverfahren mit Teilnahmewettbewerb (VS)
Bei dieser Vergabeart werden Bauleistungen ohne ein förmliches Verfahren vergeben. Im Bereich Verteidigung und Sicherhei ist es, genauso wie das Nicht offene Verfahren mit Teilnahmewettbewerb, als Regelfall anzusehen. Es entspricht im Grunde der Freihändigen Vergabe nach Abschnitt 1 VOB/A, allerdings ist eine unbeschränkte Teilnehmerzahl auf Basis eines Teilnahmewettbewerbs zunächst einzubeziehen. In einer zweiten Stufe wendet sich der Auftraggeber dann „an ausgewählte Unternehmen und verhandelt mit einem oder mehreren dieser Unternehmen über die von diesen unterbreiteten Angebote, um diese entsprechend den in der Auftragsbekanntmachung, den Vergabeunterlagen und etwaigen sonstigen Unterlagen angegebenen Anforderungen anzupassen. (§ 3 VS Nr. 2 VOB/A)"

6.4 Bauleistungen

Leistungsbeschreibung

Ein weiterer wichtiger Bestandteil der VOB/A betrifft die Leistungsbeschreibung.

§ 7 VOB/A regelt die allgemeinen Grundsätze, denen eine Leistungsbeschreibung entsprechen muss. Wesentlicher Hintergrund der Bestimmungen ist, dass die Leistung eindeutig und so erschöpfend beschrieben wird, dass alle Bewerber die Beschreibung im gleichen Sinne verstehen und ihre Preise sicher und ohne umfangreiche Vorarbeiten berechnen können. Ferner soll dem Auftragnehmer kein ungewöhnliches Wagnis aufgebürdet werden für Umstände oder Ereignisse, auf die er keinen Einfluss hat und deren Einwirkung auf die Preise und Fristen er nicht im Voraus schätzen kann (§ 7 Abs. 1 und 3 VOB/A). Ergänzt werden diese Regelungen durch weitere Konkretisierungen bis hin zum Verweis auf die „Hinweise für das Aufstellen der Leistungsbeschreibung" gemäß VOB/C bzw. DIN 18299 ff.

Die VOB unterscheidet zwei Arten der Leistungsbeschreibung:

- die Leistungsbeschreibung mit Leistungsverzeichnis (§ 7b VOB/A) und
- die Leistungsbeschreibung mit Leistungsprogramm, die sog. funktionale Leistungsbeschreibung (§ 7c VOB/A).

Bei der Leistungsbeschreibung mit Leistungsverzeichnis (LV) wird die auszuführende Bauleistung in Teilleistungen gegliedert. Das LV wird in Form einer Tabelle aufgestellt, in deren einzelnen Spalten nacheinander stehen:

- die Ordnungsziffern (Position),
- die voraussichtlich auszuführende Menge der jeweiligen Teilleistung,
- die genaue Beschreibung der auszuführenden Teilleistung,
- der Einheitspreis der Position (vom Bieter auszufüllen),
- der Gesamtpreis der Position (vom Bieter auszufüllen).

Die Leistungsbeschreibung mit LV ist nach § 7b VOB/A die Regel. Sie soll gemäß § 7b Abs. 1 VOB/A durch eine Baubeschreibung ergänzt werden.

Diese Art der Leistungsbeschreibung hat als unabdingbare Voraussetzung, dass sie auf einer Beschreibung der Bauaufgabe fußt, die nicht nur den Zweck der fertigen Bauleistung, sondern alle technischen, wirtschaftlichen und gestalterischen Aspekte umfasst. Sie wird nur dann gute Ergebnisse erbringen, wenn der Ausschreibende die Bauaufgabe so deutlich beschreibt, dass der Bieter alle für die Bearbeitung seines Angebotes wichtigen Angaben zur Verfügung hat.

Mit der Ausschreibung anhand einer Leistungsbeschreibung mit Leistungsprogramm soll gemäß § 7c Abs. 1 VOB/A die technisch, wirtschaftlich, gestalterisch und funktionell beste Lösung der Bauaufgabe ermittelt werden.

Hierbei werden von den Bietern zusätzlich Planungsleistungen, Entwurf und/oder Ausführungsunterlagen und die Ausarbeitung wesentlicher Teile der Angebotsunterlagen gefordert. Außerdem muss er ein internes LV erstellen, das den gleichen Grundsätzen wie die Leistungsbeschreibung mit Leistungsverzeichnis unterliegt. Dies bedingt einen erheblichen Arbeitsaufwand und dadurch erheblich höhere Bearbeitungskosten.

Vertragsarten
Als letzte vertragliche Grundlage der Preisbildung wird noch auf die Vertragsarten eingegangen.

In § 4 VOB/A sind folgende Vertragsarten vorgesehen:

- Einheitspreisvertrag,
- Pauschalvertrag,
- Stundenlohnvertrag.

Dem Einheitspreisvertrag liegt eine Leistungsbeschreibung mit Leistungsverzeichnis zugrunde. Der Anbieter muss für die Teilleistungen sog. Einheitspreise ermitteln. Die Abrechnung erfolgt anhand der tatsächlich erbrachten Mengen, die mit dem jeweiligen Einheitspreis multipliziert werden. Oder mit anderen Worten: Im Einheitspreisvertrag werden technisch einheitliche Leistungen, wie z. B. Mauerwerk, Aushub einer bestimmten Bodenklasse, Putz, Dachziegel, Fenster einer bestimmten Ausführung usw. unter genauer Angabe der Menge, des Gewichtes oder der Stückzahl vom Auftraggeber im Leistungsverzeichnis beschrieben.

Beim Pauschalvertrag erfolgt die Vergabe von Bauleistungen zu einem Pauschalpreis. Dieser Vertrag soll die Ausnahmeregelung sein und soll gemäß § 4 Abs. 1 Nr. 2 VOB/A nur dann angewandt werden, wenn bei Vertragsabschluss die zu erbringende Leistung in Art und Umfang genau bestimmt ist und mit einer Änderung bei der Ausführung nicht zu rechnen ist. Die Vereinbarung eines Pauschalpreises ist dabei unabhängig davon, ob die Leistungsbeschreibung anhand eines Leistungsverzeichnisses oder eines Leistungsprogramms erfolgte. In der Praxis tritt der Pauschalvertrag immer häufiger auf, wobei unterschiedliche Arten verwendet werden. In diesem Zusammenhang ist darauf hinzuweisen, dass Bauvorhaben, die „schlüsselfertig" erstellt werden, einem Pauschalvertrag zugrunde liegen. Letztendlich ist auch ein Vertrag, der unter dem Begriff Garantierter Maximalpreis (GMP) firmiert, ein Pauschalvertrag, denn die globale Leistung wird auf Basis eines pauschalierten Preises vergütet. Auch wenn weitere Regelungen hinzutreten. Bei allen Pauschalvertragsarten wird daher immer die zu erbringende Leistung pauschaliert. Damit ist dann allerdings auch der Pauschalpreis festgelegt.

Der Stundenlohnvertrag kann dann angewendet werden, wenn Bauleistungen in geringem Umfang zu erbringen sind und bei denen hauptsächlich Lohnkosten anfallen. Der Bauherr vergütet bei dieser Vertragsform die für die Erbringung der Bauleistung angefallenen Lohnkosten und gegebenenfalls die angefallenen Material- und Gerätekosten. Hinzu kommt ein angemessener Zuschlag für Verwaltungskosten sowie für Wagnis und Gewinn.

Bis zur Fassung 2006 wurde noch eine weitere Vertragsform in der VOB/A geführt. Beim Selbstkostenerstattungsvertrag bemaß sich die Vergütung nach den tatsächlich angefallenen Kosten des Auftragnehmers zuzüglich eines festgelegten Prozentsatzes für Wagnis und Gewinn. Diese Vertragsart war nur sinnvoll, wenn die Bauleistung vor der Vergabe nicht eindeutig und erschöpfend zu beschreiben war. Seit der Fassung 2009 ist sie nicht mehr Bestandteil der VOB/A. Sie wurde nur äußerst selten eingesetzt. Zudem sahen die Regelungen einen Übergang in den Leistungsvertrag vor, sobald im Laufe der Ausführung eine Preisermittlung möglich wurde.

6.4.2 Angebotskalkulation als Grundlage der Preisfindung

Die im Folgenden dargestellte Systematik der Angebotskalkulation wird im prinzipiellen bei allen Unternehmen der Bauwirtschaft angewandt. Dabei ist darauf hinzuweisen, dass die Kalkulation vornehmlich die Kosten betrachtet, die bei der Erstellung einer Leistung entstehen, um daraus einen Preis abzuleiten. Sie stellt damit einen kostenorientierten Ansatz zur Preisermittlung dar. Zur Ermittlung optimaler Preise sind aber nicht nur die Kosten, sondern ebenso die Nachfrage und der Wettbewerb zu analysieren und bei Angebotskalkulation bzw. der Wahl des Geinnzuschlags zu berücksichtigen.

Geringfügige Abweichungen von der bautypischen Art der Angebotskalkulation sind auf individuelle betriebliche Gepflogenheiten zurückzuführen oder ergeben sich in Abhängigkeit von der Größe des Bauunternehmens und von der Art und dem Umfang der anzubietenden Bauleistung.

Es wird ausschließlich die Systematik der Angebotskalkulation gezeigt. Der allgemeinen Konsens des Baugewerbes und der Bauindustrie zur Kalkulation ist detailliert in der sogenannten KLR Bau beschrieben, die vom Hauptverband der Deutschen Bauindustrie und dem Zentralverband Deutsches Baugewerbe herausgegeben wird (vgl. KLR BAU 2016). Auf Inhalte der Kostenarten wird im Abschn. 14.1.1 eingegangen. Die Systematik der Angebotskalkulation soll zunächst an Hand der Kalkulation einer Modellbauwerkstattleistung gezeigt werden. Die Modellbauwerkstatt soll ein städtebauliches Modell im Maßstab 1:500 anfertigen und den Preis dieses Modells vorab dem Nachfrager benennen. Abb. 6.3 zeigt, wie die Kalkulation der Werkstatt durchgeführt wird.

In der Bauwirtschaft gibt es gegenüber dem vorstehenden Schema im Rahmen einer baubetrieblichen Kalkulation einige Unterschiede.

Einerseits werden andere Begriffe verwendet und andererseits müssen bei der Erbringung von größeren Bauleistungen die Kosten der Baustelleneinrichtung (Gemeinkosten der Baustelle) gesondert berechnet werden.

Die der baubetrieblichen Kalkulation zugrunde liegende Systematik zeigt Abb. 6.4.

	1.	benötigte Arbeitsstunden x Stundenlohnsatz
+	2.	benötigtes Material (Mengen x Materialpreis)
=		**Einzelkosten der Fertigung**
+		Zuschlagssatz in Prozenten der Einzelkosten der Fertigung (Dieser Zuschlagssatz deckt die allgemeinen Kosten ab, wie z.B. Aufsichts-, Verwaltungs-, Versicherungs-, Mietkosten etc.)
=	3.	**Selbstkosten**
+		Wagnis und Gewinn
=	4.	**Angebotsendsumme ohne Umsatzsteuer**
+		Umsatzsteuer
=	5.	**Angebotsendsumme mit Umsatzsteuer**

Abb. 6.3 Kalkulationsschema für die Preisbildung eines städtebaulichen Modells

	1.	Einzelkosten der Teilleistungen (EkdTL)
		1.1 Lohnkosten
		1.2 Kosten der Baustoffe und des Fertigungsmaterials
		1.3 Kosten des Rüst-, Schal- und Verbaumaterials
		1.4 Gerätekosten
		1.5 Kosten der Nachunternehmerleistung
+	2.	Gemeinkosten der Baustelle
=		**Herstellkosten**
+		Allgemeine Geschäftskosten
=	3.	**Selbstkosten**
+		Wagnis und Gewinn
=	4.	**Angebotsendsumme ohne Umsatzsteuer**
+		Umsatzsteuer
=	5.	**Angebotsendsumme mit Umsatzsteuer**

Abb. 6.4 Baubetriebliches Kalkulationsschema

Im Einzelnen gilt:

EkdTL sind solche Kosten, die den Teilleistungen (Pos. eines LV) direkt zugerechnet werden können, wie z. B. Lohn- und Materialkosten, Kosten für Nachunternehmerleistungen,[3] Teile der Gerätekosten und sonstige Kosten.

Gemeinkosten der Baustelle sind Kosten, die durch die einzelne Baustelle bedingt sind. Sie können aber den Teilleistungen dieser Baustelle nicht direkt, sondern nur mit

---

[3] Bedient sich das Bauunternehmen zur Erfüllung des Auftrages z. T. anderer Unternehmen, so bezeichnet man diese Unternehmer als Nachunternehmer. Die Leistungen dieser Nachunternehmer werden auch Fremdleistungen genannt. Die vom Nachunternehmer zu erbringenden Leistungen werden im Allgemeinen aufgrund eines Leistungsvertrages zwischen Bauunternehmer und Nachunternehmer zu vereinbarten Preisen vergeben. Steht bei der Erstellung der Kalkulation bereits fest, welche Leistungen an Nachunternehmer vergeben werden sollen, so sind Angebotspreise von den Nachunternehmern einzuholen und deren Preise in die Kalkulation einzusetzen.

6.4 Bauleistungen

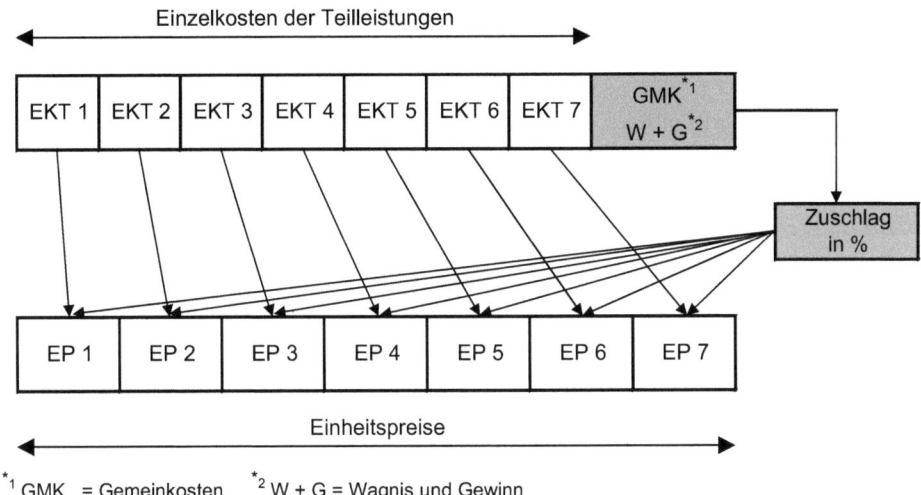

Abb. 6.5 Grundprinzip der Kalkulation. (Vgl. Drees und Bahner 1993, S. 30 ff.)

Umlage- und Schlüsselverfahren zugerechnet werden. Hierzu zählen z. B. das anteilige Gehalt des Bauleiters oder der Baukaufleute, Kosten der Baustelleneinrichtung etc.

Allgemeine Geschäftskosten sind Kosten, die von den Verwaltungen der Unternehmen verursacht werden und den einzelnen Baustellen mit Hilfe von prozentualen Zuschlägen zugerechnet werden.

Mit dem Betrag für Wagnis und Gewinn werden das allgemeine Unternehmerwagnis und eine angemessene Vergütung für die Leistung des Unternehmens in wirtschaftlicher, technischer und organisatorischer Hinsicht abgedeckt.

Die Addition der genannten Beträge ergibt die Angebotssumme ohne Umsatzsteuer (Abb. 6.5).

In der Bauwirtschaft müssen für die Mengeneinheiten der einzelnen Positionen sog. Einheitspreise errechnet werden. Deshalb erfolgt nach der Ermittlung der Angebotssumme ohne Umsatzsteuer in einem zweiten Schritt die Ermittlung der Einheitspreise. Dabei werden die Gemeinkosten der Baustelle, die Verwaltungsgemeinkosten und der Betrag für Wagnis und Gewinn den EkdTL zugeschlagen.

Dieses Prinzip lässt sich wie folgt verdeutlichen.

Im folgenden kleinen Beispiel werden die genannten Zusammenhänge verdeutlicht.

Beispiel
Die zu erbringende Bauleistung ist das Herstellen einer Baugrube. Diese Leistung ist in folgende Teilleistungen (Positionen) unterteilt.

- Baugrubenaushub,
- Fundamentaushub,

- Abfuhr,
- Trägerbohlwand.

In einem ersten Schritt müssen die EkdTL und die Gemeinkosten der Baustelle errechnet werden. Diese expliziten Berechnungen werden hier nicht gezeigt, da es sich um einen rein baubetrieblich-technischen Vorgang handelt (zu Einzelheiten vgl. z. B. KLR BAU 2016).

Als zweiter Schritt müssen die Geschäftskosten und ein Betrag für Wagnis und Gewinn eingearbeitet werden. Es wird ein betriebsindividueller Zuschlagssatz zur Abdeckung der Allgemeinen Geschäftskosten in Höhe von 13 % und für Wagnis und Gewinn in Höhe von 2 % auf die Herstellkosten angenommen.

Die Zusammenstellung der EkdTL und der Gemeinkosten ergibt folgende Zahlen:

	1.	Summe der Einzelkosten der Teilleistungen			517 380,20
+	2.	Summe der Gemeinkosten der Baustelle		+	44 952,50
=		**Herstellkosten**			**562 332,70**
+		Allgemeine Geschäftskosten	13 % von Herstellkosten	+	73 103,25
=	3.	**Selbstkosten**			**635 435,95**
+		Wagnis und Gewinn	2 % von Herstellkosten	+	11 246,65
=	4.	**Angebotsendsumme ohne Umsatzsteuer**			**646 682,61**

Der Betrag, welcher auf die Teilleistungen umgelegt werden muss (Umlagebetrag), errechnet sich wie folgt:

Gemeinkosten der Baustelle + Allgemeine Geschäftskosten + Wagnis und Gewinn

$\Rightarrow 44.952{,}50 + 73.103{,}25 + 11.246{,}65 = 129.302{,}15\ \text{€}.$

Der entsprechende Zuschlagssatz mit welchem der Umlagebetrag auf die EkdTL gerechnet wird, ergibt sich wie folgt:[4]

$$\frac{\text{Betrag, welcher den EkdTL zugerechnet werden muss}}{\text{EkdTL}} \times 100$$

$$= \frac{129.302{,}15}{517.380{,}20} \times 100 = 25\,\%.$$

Mit diesem Zuschlagssatz werden die Gemeinkosten der Baustelle, die Allgemeinen Geschäftskosten und der Betrag für Wagnis und Gewinn den EkdTL zugerechnet.

---

[4] Im Beispiel wird mit *einem* Zuschlagssatz gerechnet. Es gibt auch Verfahren, bei welchen unterschiedliche Prozentsätze für die einzelnen Kostenarten der Teilleistungen berechnet werden. Zudem existieren Methoden, bei denen mit und ohne individuellen Baustellengemeinkosten gerechnet wird. Zu den verschiedenen Möglichkeiten der Bildung von Zuschlagssätzen vgl. Prange et al. (1995, S. 33).

Die zwei Abbildungen auf der nächsten Seite zeigen den Rechengang der Kalkulation zur Ermittlung der Einheitspreise der einzelnen Positionen und des Angebotspreises der genannten Bauleistung ohne Umsatzsteuer.

Wie der Zuschlagssatz auf die EkdTL und wie die Einheitspreise bzw. Angebotspreise je Position berechnet werden, zeigt folgendes Beispiel.

Beispiel

Pos. 1.1 Baugrubenaushub		
„Lohn":	1,38 €	(Spalte 5 von Abb. 6.6)
+25 % von	1,38 + 0,35 €	(Spalte 8 von Abb. 6.7)
	1,73 €	

Die Addition der Beträge der Spalten 8 bis 11 (Abb. 6.7) ergibt je Einzelleistung (LV-Position) den Einheitspreis (Spalte 12). Die Multiplikation der Spalte 3 (Abb. 6.7) mit dem Einheitspreis ergibt den Angebotspreis jeder LV-Position (Spalte 13). Die Addition der Angebotspreise der LV-Positionen ergibt den Angebotspreis der gesamten Bauleistung ohne Umsatzsteuer.

Je nach Vergabeart werden die Angebote bei der ausschreibenden Stelle abgegeben (Submission) und in Anwesenheit der Bieter vom Verhandlungsleiter geöffnet und verlesen. Innerhalb der Zuschlagsfrist werden die Angebote vom Bauherrn gewertet.

Als letzter Schritt wird das Preisangebot zusammengestellt (Abb. 6.8 und 6.9).

Die Wertung der Angebote erfolgt gem. VOB/A in vier Stufen:

- Ermittlung der Angebote, die wegen inhaltlicher oder fromeller Mängel auszuschließen sind (§16 und §16a),
- Prüfung der Eignung der Bieter in persönlicher und sachlicher Hinsicht (§ 16b)
- Prüfung der Einhaltung der gestellten Anforderungen, insbesondere in rechnerischer, technischer und wirtschaftlicher Hinsicht (§ 16c),
- Wertung der Preise und weiterer Zuschlagskriterien gemäß Ausschreibung (§ 16d)

Bei der Auswahl des annehmbarsten Angebots ist das Angebot zu ermitteln, welches unter Berücksichtigung aller technischen und wirtschaftlichen, gegebenenfalls auch gestalterischen und funktionsbedingten Gesichtspunkte als das annehmbarste erscheint. In dieser vierten (und letzten) Wertungsstufe kommt es also darauf an, in einer vergleichenden Betrachtung und Abwägung hinsichtlich des Inhalts und der Preise das für den AG günstigste Angebot zu ermitteln. Hierbei ist alles zu berücksichtigen, was für die Beurteilung der Leistung von Bedeutung ist. Eine besonders eingehende Beurteilung ist vor allem dann erforderlich, wenn es sich um eine Leistung handelt, die nicht mittels eines Leistungsverzeichnisses, sondern mittels eines Leistungsprogramms beschrieben

Abb. 6.6 Ermittlung der Einzelkosten, Gemeinkosten und Herstellkosten – getrennt nach Kostenarten und als Summe

LV-Pos.	Text	Menge u. Einheit	Ansätze je Einheit					Ansätze je Position				
			Std.	Lohn Std.×ML* 27,5 €/h	Stoffe	Geräte	Fremd-leistung	Std.	Lohn Std.×ML* 27,5 €/h	Stoffe	allgemeine Kosten	Geräte	Fremd-leistung	Summe
			h	€	€	€	€	h	€	€	€	€	€	€
1	2	3	4	5	6	7	8	9	10	11	12	13	14	15
Einzelkosten
1.1	Baugrubenaushub	15 000 m³	0,05	1,38	0,21	1,15		750,00	20 625,00	3 150,00		17 250,00		41 025,00
1.2	Fundamentaushub	320 m³	0,15	4,13	0,99	2,62		48,00	1 320,00	316,80		838,40		2 475,20
1.3	Abfuhr	15 320 m³					9,00						137 880,00	137 880,00
1.4	Trägerbohlwand	1 680 m²					200,00						336 000,00	336 000,00
	Summe Einzelkosten							798,00	21 945,00	3 466,80	-	18 088,40	473 880,00	517 380,20
	Gemeinkosten							113,00	3 107,50	1 605,00	25 650,00	14 590,00	-	44 952,50
	Herstellkosten							911,00	25 052,50	5 071,80	25 650,00	32 678,40	473 880,00	562 332,70

* = Mittellohn

6.4 Bauleistungen

Abb. 6.7 Ermittlung der Angebotspreise (Einheitspreise und Angebotspreis)

LV-Pos.	Text	Menge u. Einheit	Ansätze je Einheit				Einzelkosten + Zuschlag je Einheit				Angebotspreise	
			Lohn	Stoffe	Geräte	Fremd-leistung	Lohn +25 %	Stoffe +25 %	Geräte +25 %	Fremd-leistung +25 %	Einheits-preis	Gesamtpreis
			€	€	€	€	€	€	€	€	€	€
1	2	3	4	5	6	7	8	9	10	11	12	13
Einzelkosten												
1.1	Baugrubenaushub	15 000 m³	1,38	0,21	1,15		1,73	0,26	1,44		3,42	51 300,00
1.2	Fundamentaushub	320 m³	4,13	0,99	2,62		5,16	1,24	3,28		9,67	3 094,40
1.3	Abfuhr	15 320 m³				9,00				11,25	11,25	172 350,00
1.4	Trägerbohlwand	1680 m²				200,00				250,00	250,00	420 000,00
										Angebotspreis der gesamten Bauleistung ohne Umsatzsteuer:		**646 744,40**

Angebot für Erdarbeiten			
Pos.	Menge	Text	Einheitspreis
1.1	15 000 m³	Baugrubenaushub	3,42 EUR
1.2	320 m³	Fundamentaushub	9,67 EUR
1.3	15 320 m³	Abfuhr	11,25 EUR
1.4	1 680 m²	Trägerbohlwand	250,00 EUR
		Angebotssumme netto: + 19 % MWSt. **Angebotssumme brutto:** Ort: Datum: Unterschrift mit Stempel	

Abb. 6.8 Beispiel eines Angebotes für Erdarbeiten

Angebot für Erdarbeiten				
Pos.	Menge	Text	Einheitspreis	Gesamtpreis
1.1	15 000 m³	Baugrubenaushub	3,42 EUR	51 300 EUR
1.2	320 m³	Fundamentaushub	9,67 EUR	3 094 EUR
1.3	15 320 m³	Abfuhr	11,25 EUR	172 350 EUR
1.4	1 680 m²	Trägerbohlwand	250,00 EUR	420 000 EUR
		Angebotssumme netto: + 16 % MWSt. **Angebotssumme brutto:** Ort: Datum: Unterschrift mit Stempel		**646 744 EUR** <u>103 479 EUR</u> <u>**750 224 EUR**</u>

Abb. 6.9 Beispiel eines Angebotes für Erdarbeiten

6.4 Bauleistungen

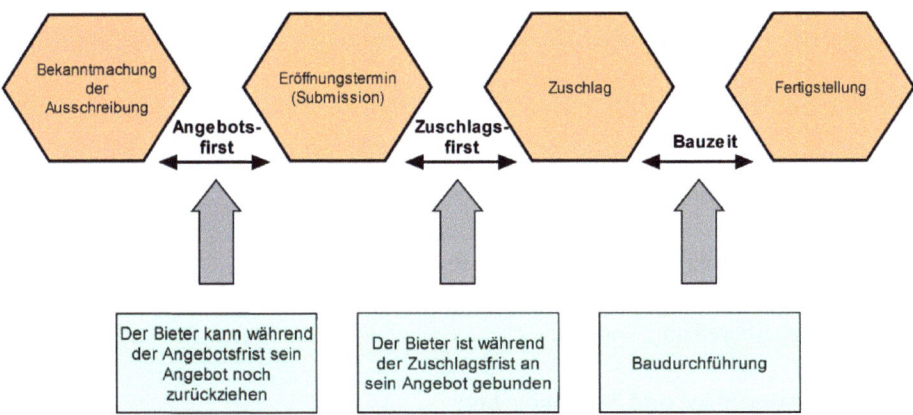

Abb. 6.10 Zusammenhang zwischen Angebots-, Zuschlagsfrist und Bauzeit

wurde, oder wenn von der geforderten Leistung erheblich abweichende Änderungsvorschläge oder Nebenangebote eingereicht wurden.

Trotz dieses Hinweises auf die technischen, wirtschaftlichen, gestalterischen und funktionsbedingten Gesichtspunkte bei der Wertung von Angeboten ist in der Praxis doch häufig der Angebotspreis das dominierende Entscheidungskriterium.

Nach der Wertung bekommt ein Bieter vor Ablauf der Zuschlagsfrist den Zuschlag für die ausgeschriebene Leistung.

Damit ergibt sich bei der Preisfindung von Bauleistungen der in Abb. 6.10 gezeigte Zusammenhang.

Die Errechnung des Angebotspreises unterliegt zwei großen Unsicherheitsfaktoren. Erstens beruht die Errechnung der Selbstkosten auf Erfahrungs- und Schätzwerten und auf Annahmen, z. B. bezüglich der eingesetzten Geräte oder des eingesetzten Personals. Die Errechnung der Selbstkosten beinhaltet somit ein großes Kalkulationsrisiko.

Der zweite Unsicherheitsfaktor ist die Festlegung des Betrages bzw. Prozentsatzes für Wagnis und Gewinn. Dieser Prozentsatz ist der eigentliche preispolitische Spielraum und er hängt naturgemäß von der Wettbewerbssituation und der allgemeinen Konjunkturlage ab.

Bei der endgültigen Festlegung des Angebotspreises durch den Anbieter muss dieser die konjunkturelle Situation und die Baunachfragestruktur und damit die momentane Wettbewerbslage berücksichtigen. Dabei sind auf dem Baumarkt starke Nachfrageschwankungen typisch, die sich zum Teil aus der ungleichmäßigen Nachfrage der öffentlichen Hand, zum Teil auch wegen der Zinsempfindlichkeit beim Wohnungsbau ergeben.

Die Festlegung des Angebotspreises ist eine Entscheidung unter großem Risiko, denn erst bei der Angebotseröffnung stellt sich der Preisspiegel des Marktes dar. Daher ist die Kalkulation ein Instrument, um die Preisfindung zu unterstützen. Die unternehmerische Entscheidung nimmt sie nicht ab.

6.4.3 Ausweitung des reinen Preiswettbewerbs auf den Leistungswettbewerb

Trotz der dominierenden Rolle des Angebotspreises sieht auch die VOB Möglichkeiten vor, den reinen Preiswettbewerb auf einen Leistungswettbewerb auszuweiten.

Ein solcher Leistungswettbewerb liegt vor, wenn

- Änderungsvorschläge und Nebenangebote zugelassen sind,
- eine Leistungsbeschreibung mit Leistungsprogramm, also eine sog. funktionale Leistungsbeschreibung, vorliegt.

Änderungsvorschläge und Nebenangebote
Im Normalfall wird in den Ausschreibungsunterlagen die geforderte Leistung mittels Baubeschreibung, Leistungsverzeichnissen und Plänen so genau beschrieben, dass der Bieter in der Regel keine eigenen Überlegungen bezüglich der gestalterisch-konstruktiven Planung anstellen muss.

In der Praxis ist es aber durchaus üblich, dass Bieter Vorschläge machen, die sich nicht strikt an die durch das Leistungsverzeichnis vorgegebene Bauausführung halten. Stattdessen werden alternative Lösungsvorschläge gemacht, die Veränderungen der ausgeschriebenen Leistung im Hinblick auf Bauausführung, Baugestaltung und Baukonstruktion beinhalten. Wird eine völlig andere als die vom Auftraggeber geforderte Leistung als Sondervorschlag angeboten, dann bezeichnet man diese Angebote als Nebenangebote.

„Von Nebenangeboten wird zumeist auch dann gesprochen, wenn die Leistung als solche unverändert angeboten wird, ihre Ausführung hingegen von anderen als in den Verdingungsunterlagen vorgesehenen vertraglichen Bedingungen abhängig gemacht wird, z. B. hinsichtlich der Ausführungsfristen, der Gewährleistung oder der Einbeziehung einer Lohn- oder Stoffpreisgleitklausel in den Vertrag" (vgl. Heiermann et al. 2011, S. 689 f.).

Werden dagegen nur Teile der ausgeschriebenen Leistung anders angeboten, dann spricht man von Änderungsvorschlägen.

Nach § 12 Abs. 1 Nr. 2. (j) VOB/A muss die ausschreibende Stelle angeben, ob sie Änderungsvorschläge oder Nebenangebote wünscht oder nicht zulassen will.

Nach § 8 Abs. 3 VOB/A in Verbindung mit §§ 14 Abs. 8, 19 Abs. 3 VOB/A dürfen Nebenangebote und Änderungsvorschläge nur für die Prüfung und Wertung der Angebote verwendet werden. Eine darüber hinausgehende Verwendung bedarf der vorherigen schriftlichen Vereinbarung.

Die VOB/A ist allerdings nur für den öffentlichen Auftraggeber bindend. Bei Ausschreibungen privater Auftraggeber sind zwar Änderungs- und Nebenangebote durchaus üblich, hier ist jedoch der Ideenwettbewerb rechtlich nicht geschützt[5].

Die Ausweitung des reinen Wettbewerbs durch Änderungsvorschläge und Nebenangebote spielen am Baugeschehen eine große Rolle. „Viele Bieter nutzen die Möglichkeit, ihre Auftragschance dadurch zu verbessern, dass sie entweder eine technisch oder wirtschaftlich bessere als die vom Auftraggeber vorgesehene Lösung zum gleichen oder zu einem günstigeren Preis oder aber eine gleichwertige Lösung zu einem niedrigeren Preis anbieten. Hier können die Bieter ihre technischen Kenntnisse, Betriebseinrichtungen und unternehmerischen Erfahrungen optimal nutzen. Für den Auftraggeber führen Änderungsvorschläge und Nebenangebote oftmals zu erheblichen Einsparungen. Außerdem fördern sie die notwendige technische Weiterentwicklung, die Rationalisierungsbemühungen und die Konkurrenzfähigkeit, auch im internationalen Wettbewerb" (vgl. Heiermann et al. 2011, S. 689).

Leistungsbeschreibungen mit Leistungsprogramm (Funktionalausschreibung)
Eine Intensivierung des Leistungswettbewerbs findet bei der Funktionalausschreibung statt. Die in der VOB als Ausnahmefall konzipierte Funktionalausschreibung, bei welcher der Auftraggeber statt einer fertigen konstruktiven Lösung nur die an ein Bauprojekt gestellten Anforderungen spezifiziert, ist dadurch gekennzeichnet, dass die Bieter ihre Angebote nicht anhand einer Leistungsbeschreibung mit Leistungsverzeichnis, sondern anhand einer Leistungsbeschreibung mit Leistungsprogramm ermitteln. Die planerischen Vorleistungen, die bei einer Ausschreibung mit Leistungsverzeichnis vollständig vom Bauherrn bzw. seinen Planern zu erbringen sind, werden bei funktionaler Ausschreibung teilweise von den Bietern erbracht.

Durch den frühen Einstieg des Auftragnehmers in die Planung des Bauprojektes können unter Umständen durch alternative Bausysteme, Bauverfahren und Baustoffe Kostenersparnisse erzielt werden, die wiederum unmittelbare Konsequenzen auf die Höhe des Preises für das Bauprojekt haben.

„Allerdings kommen für diese Aufgaben häufig nur die großen bauausführenden Unternehmen als Bieter in Frage, denn nur diese haben auch eigene Planungsbüros für die erforderlichen Architekten- und Ingenieurleistungen" (vgl. Heiermann et al. 2011, S. 452).

Funktionalausschreibungen werden daher in aller Regel im Rahmen einer beschränkten Ausschreibung bzw. im Nicht Offenen Verfahren durchgeführt. Da bei der Funktionalausschreibung die Anbieter unterschiedliche Lösungen erarbeiten, ist es kaum möglich, diese Angebote miteinander zu vergleichen.Um diese Argumentation zu

---

[5] In Diskussionen mit Kalkulatoren wurde immer wieder gesagt, dass man ohne Sondervorschläge keine Wettbewerbschance hat. Es wurde aber darauf hingewiesen, dass private Bauherren mitunter die „Ideen der Sonderangebote" verwenden, ohne dass der Anbieter dieser Ideen damit zwangsläufig den Zuschlag erhält.

entschärfen, sind im Vergabehandbuch[6] Regelungen vorgesehen, welche bei der Vergabe auf der Basis einer Funktionalausschreibung zu beachten sind.
Wettbewerblicher Dialog und Innovationspartnerschaften
Mit den Vergabeverfahren Wettbewerblicher Dialog und Innovationspartnerschaft eröffnet sich eine noch weitergehende Möglichkeit des Leistungswettbewerbs, indem die genaue Leistung und Art der Umsetzung gemeinsam mit der Auftraggerseite entwickelt wird. Eine größtmögliche Transparenz wird durch den vorgeschalteten Teilnahmewettbewerb nach festgelegten Kriterien angestrebt.

6.5 Projektentwicklungen

Zum Teil werden Projektentwicklungen bzw. einzelne Leistungen der Projektentwicklung von privaten oder öffentlichen Bauherren z. B. im Rahmen einer beschränkten Ausschreibung (Nicht Offenes Verfahren) bzw. freihändigen Vergabe (Verhandlungsverfahren) oder Wettbewerblichen Dialog am Markt nachgefragt.

Bei Öffentlich-Privaten-Partnerschaften (ÖPP) werden auch Konzessionen auf Grundlage des GWB und der Konzessionsvergabeordnung (KonzVgV), z. B. in Zusammenhang mit dem Bau und Betrieb von Autobahnen, vergeben. Dabei erhält der private Partner kein festes Leistungsentgelt, wie z. B. in Zusammenhang mit der Errichtung und dem Betrieb von öffentlichen Schulen oder Verwaltungsgebäuden, sondern das Recht zur Nutzung des Bauwerks und damit Verbunden die Möglichkeit zur Erzielung von Einnahmen über Dritte. Aber auch die Übernahme von Verlustrisiken ist Bestandteil einer Konzession.

Den Anbietern von Projektentwicklungsleistungen stellte sich insofern im Vorfeld der Leistungserbringung die Frage nach einer angemessenen Vergütung.

Die Ermittlung dieser angemessenen Vergütung bzw. eines Honorars ist von großer Komplexität, da auch die Leistungen der Projektentwicklung nur unter Schwierigkeiten in ein geschlossenes Leistungsbild zu integrieren sind. Ein Ansatz ist von Fischer aufgezeigt worden, wie Leistungsbild und Honorarstruktur der Projektentwicklung unter Berücksichtigung von Leistung, Wertschöpfung und Risiko in Einklang gebracht werden können (Fischer 2004). Weitere Ausführungen zur Typologie der Projektentwicklung und der ihr innewohnenden Leistungs-, Markt- und Risikostruktur beschreiben Blecken und Meinen (2020).

Eine erste Voraussetzung ist die eindeutige Benennung der Projektentwicklungsleistungen wie Machbarkeitsstudie, Nutzungskonzept, Projektfinanzierung etc. Entsprechend der beauftragten Leistungen wird das Honorar analog der Honorarberechnung

---

[6] Das Vergabehandbuch (VHB) für die Durchführung von Bauaufgaben des Bundes im Zuständigkeitsbereich der Finanzverwaltungen wird vom Bundesminister für Raumordnung, Bauwesen und Städtebau herausgegeben.

6.5 Projektentwicklungen

$$Barwert = \sum_{t=1}^{n} \frac{Jahresreinertrag_t}{(1+i)^t} + \frac{Restwert_n}{(1+i)^n}$$

mit:
i = kalkulatorischer Zinssatz
t = Jahr
n = Laufzeit

Abb. 6.11 Grundlage Barwertermittlung

bei der Objektplanung mittels Prozentsätzen bestimmt. Als Bemessungsgrundlage können der Kaufpreis eines Objektes, die Baukosten bzw. die Gesamtkosten einer Investition dienen. Dieses Vorgehen ist dann sinnvoll, wenn es sich um Projektentwicklungsleistungen im engeren Sinne handelt, d. h. die Leistungen werden an den Projektentwickler von einem Auftraggeber delegiert. Möglicherweise kann das Honorar in ein Basis- und ein Erfolgshonorar aufgeteilt werden. Ein Erfolg wäre bspw. die Sicherung eines Grundstückes oder die Erlangung der Baugenehmigung.

Handelt es sich um eine Projektentwicklung im weiteren Sinne mit und ohne Betreiben, dann kann der Projektentwickler sich an dem Investment beteiligen bzw. er muss sich beteiligen, um das Projekt realisieren zu können. Dies hat zur Folge, dass über das vereinbarte Honorar hinaus sich entsprechende Ergebnisbeteiligungen ergeben. Dies schließt eine Beteiligung an Verlusten ein.

Ein weiterer Ansatz erfolgt über die Nachfrage am „Absatzmarkt" von Projektentwicklungen. Dabei muss sich der Projektentwickler an den Zielsetzungen der Nachfrager orientieren, die äußerst unterschiedlicher Natur sein können.

Letztendlich ist der Vergütungsanspruch eines Projektentwicklers dann sehr einfach zu bestimmen. Er besteht aus dem Saldo aus Verkaufspreis bzw. Marktwert einerseits und Summe der Kosten bei der Erstellung der Leistung andererseits. Bei Betreiberprojekten richtet er sich sogar nach der laufenden Rendite des Projekts aus. Ob dieser Anspruch am Markt durchgesetzt werden kann, ist eine Frage von Angebot und Nachfrage.

Um die Frage nach der angemessenen Vergütung zu beantworten, wird die sogenannte Developmentrechnung durchgeführt, die auf einer Zinseszins-Berechnung bzw. der Kapitalwert- oder Discounted-Cash-Flow-Methode basiert. Kernfrage der Überlegungen ist, inwieweit spätere Erträge oder Einzahlungen (z.B. Mietzahlungen) in Kombination mit einer marktkonformen Verzinsung zu einem Barwert (vgl. Abb. 6.11) führen, der über den Investitionskosten liegt. Dieser Barwert muss zudem auf den Verkehrswert des Gebäudes zum Verkaufszeitpunkt abgestimmt sein (siehe hierzu z. B. Alda 2016).

Literatur

AHO (Hrsg.): Projektmanagement in der Bau- und Immobilienwirtschaft – Standards für Leistungen und Vergütung, Heft 9, 5. Auflage, Reguvis, Köln, 2020

Alda, W.; Hirschner, J.: Projektentwicklung in der Immobilienwirtschaft, Springer Vieweg, Wiesbaden, 2016

BMWi (Hrsg.): Übersicht und Rechtsgrundlagen auf Bundesebene, Online unter: https://www.bmwi.de/Redaktion/DE/Artikel/Wirtschaft/vergabe-uebersicht-und-rechtsgrundlagen.html, Abruf:01.02.2021

Blecken, U./Meinen, H. (Hrsg.): Praxishandbuch Projektentwicklung, 2. Auflage, Reguvis Verlag: Köln 2020.

Bundesministerium für Wirtschaft und Energie (Hg.) (2014): Richtlinie über die Vergabe öffentlicher Aufträge. Online verfügbar unter http://www.bmwi.de/DE/Themen/Wirtschaft/Wettbewerbspolitik/oeffentliche-auftraege,did=190884.html, zuletzt geprüft am 23.12.2014.

Contag, C.; Götze, S.; Vergaberecht nach Ansprüchen, Springer Vieweg, 2019

Diederichs, Claus Jürgen (1999): Führungswissen für Bau- und Immobilienfachleute. Berlin: Springer.

Drees, G./Bahner, A.: Kalkulation von Baupreisen, 3. Auflage, Bauverlag: Wiesbaden 1993

Eschenbruch, K.; Vorsmann, D.: Rechtliche Aspekte der Projektentwicklung, in: Handbuch Projektentwicklung, Bundesanzeiger Verlag, 2014

Fischer, R.; Kleiber, W.; Werling, U.: Verkehrswertermittlung von Grundstücken, 7. Auflage, Bundesanzeiger Verlag: Köln 2013.

Gondring, H.; Wagner, T.: Real Estate Asset Management, Vahlen, 2011

Gralla, M.: Baubetriebslehre, Bauprozessmanagement, Werner Verlag, 2011

Hauptverband der Deutschen Bauindustrie e. V.; Zentralverband Deutsches Baugewerbe e. V. (Hrsg.): KLR Bau, 8. Auflage, Rudolf Müller Verlag, Köln, 2016

Heiermann, Wolfgang; Riedl, Richard; Rusam, Martin; Bauer, Josef; Kuffer, Johann; Heiermann-Riedl-Rusam (2011): Handkommentar zur VOB. VOB Teile A und B sowie Sektorenverordnung (SektVO) mit Rechtsschutz im Vergabeverfahren. 12. Auflage. Wiesbaden, Berlin: Bauverlag/Vieweg + Teubner/Springer.

Kleiber, W. (Hrsg.): Verkehrswertermittlung von Grundstücken, 9. Auflage, Reguvis, Köln, 2020

Kratzenberg, R.: Reformvorhaben rund um das Bauvergaberecht, Vortrag im Rahmen des 4. Deutschen Baugerichtstags, 11./12. Mai 2012, Hamm (Westf.).

Menold Bezler 2021: VOF - Vergabeordnung für freiberufliche Leistungen: Online unter: https://www.vergabe24.de/vergaberecht/vergabelexikon/vof-vergabeordnung-fuer-freiberufliche-leistungen/, Abruf 12.01.2021

Prange, H./ Leimböck, E./ Klaus, U.R.: Baukalkulation unter Berücksichtigung der KLR Bau und der VOB, 9. Auflage, Bauverlag: Wiesbaden-Berlin 1995

Sangenstedt, H.-R.: Der BGH bestätigt die Leistungsbezogenheit der Honorarordnung; in: Deutsches Ingenieurblatt, Juli/August 1997

Marketing 7

Nach dem modernen Marketingverständnis richtet sich das gesamte Unternehmen nach den Kunden aus, sodass alle Unternehmensfunktionen wie Finanzierung, Beschaffung, Personal und die Leistungserstellung auf Marketingaspekte, also die Kundenerwartungen bezogen werden. Mittlerweile wird der grundsätzliche Ansatz des Marketings noch weiter gefasst und beschäftigt sich mit der effizienten und bedürfnisgerechten Gestaltung jeder Art von Austauschprozess (Meffert et al. 2019, S. 3). Diese Sichtweise erlangt insbesondere vor dem Hintergrund des heutigen Fachkräftemangels, also im Hinblick auf das Personal-Marketing und im Rahmen der Erreichung von Projektzielen und der steigenden Stakeholderanforderungen eine besondere Bedeutung für die Bauwirtschaft.

Im klassischen Sinne geht es aber zunächst darum, Produkte und Dienstleistungen am Markt erfolgreich zu platzieren. In der Bauwirtschaft sind dies Bauleistungen, Planungsleistungen, Dienstleistungen bis hin zu Komplettleistungen rund um die Immobilie. In diesem Zusammenhang kann auch von Produkten gesprochen werden, wenn beispielsweise für Kapitalanleger ein Bauobjekt maßgeschneidert als ein Produkt bestehend aus Entwicklungs- und Planungsleistung sowie der Realisierung und möglicherweise dem Betreiben angeboten wird. Die Gleichzeitigkeit von Leistungserbringung und Nutzung im Hinblick auf den Planungs- und Bauprozess in Abstimmung mit dem Auftraggeber zeigt aber, dass immer auch Dienstleistungsaspekte eine Rolle spielen. Hinzu kommt, dass viele Unternehmen im Baubereich mittlerweile Serviceleistungen und Bauleistungen integrieren, indem sie Planung, Bau und Facility Management bis hin zu ÖPP-Projekten anbieten. Insofern muss von einer Mischung von Produkt- und Dienstleistungsmarketing ausgegangen werden.

Zentrales Analysefeld des Marketings ist der Markt, d. h. der ökonomische Ort des Zusammentreffens von Angebot und Nachfrage. Entstanden ist der Begriff Marketing zu Beginn des 20. Jahrhunderts in den USA als Lehre von der physischen und dispositiven Weiterleitung von Gütern in Verkäufermärkten. Bei diesem klassischen Verständnis steht der Vertrieb, d. h. die betriebliche Absatzwirtschaft im Mittelpunkt des Interesses, weshalb in Deutschland der Begriff der „Absatzpolitik" eingeführt worden ist. Nachdem der Nachfrageüberhang sich reduzierte und von Käufermärkten auszugehen war, galt nicht mehr die Produktion, sondern der Absatz bzw. der Kunde als Engpassfaktor. Marketing wurde zum Schlüsselbegriff für eine verkaufsorientierte Grundhaltung in der Unternehmensführung (vgl. Marhold 1996, S. 311). Heute wird Marketing als Prozess verstanden, der im klassischen Sinne die Planung, Koordination und Kontrolle aller auf aktuelle und zukünftige Märkte ausgerichteten Unternehmensaktivitäten umfasst. Dabei besteht die Absicht, eine dauerhafte Befriedigung der Kundenbedürfnisse zu erreichen, um somit wiederum Wettbewerbsvorteile zu erzielen (vgl. Meffert 2000, S. 119).

Eine besondere Bedeutung erlangt das Marketing inzwischen in Zusammenhang mit der Realisierung von Bauprojekten. Hierbei geht es um die, an den Projektzielen orientierte Gestaltung aller Austauschbeziehungen, seien sie extern (z. B. in Beziehung zu Bürgerinitiativen) oder intern (zwischen den projektbeteiligten Planern und Bauunternehmen).

Mit anderen Worten: Marketing ist eine, nicht nur unternehmerische Grundeinstellung mit absatzpolitischen Zielsetzungen. Sie kann auch andere Ziele unterstützen, wie die Meinungsbildung (z. B. im Wahlkampf), Personalgewinnung oder gesellschaftliche Trends. Dazu dienen verschiedene Maßnahmen, die geeignet sind, diese Zielsetzung zu erreichen. Die klassischen Instrumente in Zusammenhang mit dem Produktmarketing lassen sich in

- produktpolitische Maßnahmen,
- kontrahierungspolitische (preis- und konditionenpolitische) Maßnahmen,
- distributionspolitische Maßnahmen und
- kommunikationspolitische Maßnahmen,
- bei Dienstleistungsorientierung aufgrund der Nähe zum Kunden auch personalpolitische Maßnahmen

unterteilen.

Werden Marketing-Maßnahmen der unterschiedlichen Gruppen im Rahmen einer bestimmten Marketing-Strategie zusammengefasst, dann spricht man von einem Marketing-Mix. Dieser Marketing-Mix beinhaltet die zu einem bestimmten Zeitpunkt getroffene Auswahl von Marketinginstrumenten – diese werden dann auch als Submixe bezeichnet – in einer bestimmten Ausprägung.

Das heißt die Konfiguration kann bzw. muss sowohl auf der strategischen als auch der operativen Ebene erfolgen. Die Festlegung des Marketing-Mix wird durch viele Parameter bestimmt. Neben den objektiven Kriterien, wie Einbindung in die Unternehmenstätigkeit bzw. -ziele sowie Marketingstrategien etc., ist der Marketing-Mix auch sehr stark von der persönlichen Qualifikation der Entscheidungsträger abhängig.

Ausgangspunkt für die Entwicklung des Marketing-Mix ist die Marktanalyse. Wie obige Ausführungen zeigen, kann in der Bauwirtschaft nicht von einer homogenen

Leistungs- und Auftraggeberstruktur ausgegangen werden. Die Akteure des Marktes bewegen sich in Segmenten, die zum Teil keinerlei Bezug zueinander haben. Als Beispiel sei der öffentliche Bau und der private Wohnungsbau genannt. Aus diesem Grund ist es erforderlich, den für das individuelle Unternehmen oder den Geschäftsbereich relevanten Markt zu identifizieren.

Grundsätzlich kann dazu eine Segmentierung in drei Kategorien erfolgen (vgl. Backhaus und Schneider 2009, S. 55 ff.):

- Sachlich: Welche Arten von Leistungen werden am Markt angeboten?
- Zeitlich: Ist damit zu rechnen, dass der Markt nur über einen bestimmten Zeitraum existiert?
- Räumlich: Ist der Markt lokal, regional, national oder international begrenzt?

Meffert weist darauf hin, dass die Segmentierung nicht zu nah an Produkt-, bzw. Leistungskategorien erfolgen sollte, da sich der relevante Markt häufig durch Kundenbedürfnissen ergibt. Im Immobilienbereich lassen sich vor diesem Hintergrund also Märkte zwar gut in leistungsbezogene Segmente wie „Bau" und „Betrieb" oder „Bauhaupt-" und „Ausbaugewerbe" fassen, allerdings trifft diese Unterscheidung nicht die Bedürfnisstruktur eines Bauherren, der z. B. für den Bestand entwickelt, das Optimum der laufenden Rendite anstrebt und ein komplettes, funktionsfähiges Gebäude erwartet. Daher muss der relevante Markt gegebenenfalls unter Berücksichtigung weiterer, oder anderer, möglicherweise übergeordneter Faktoren definiert werden (Meffert et al. 2019, S. 52).

Ziel der Marktanalyse und Segmentierung ist dabei die Abgrenzung des Marktes mit Blick auf fassbare Größen, z. B. (vgl. auch Meffert et al. 2019, S. 54)

- Zahl der Nachfrager,
- Marktvolumen (im Vergleich zum eigenen Umsatz und in Bezug auf den erreichbaren Marktanteil),
- Zahl und Art der Wettbewerber,
- Marktaufteilung (Marktanteil des Wettbewerbs),
- Marktverhalten (Sensitivität in Bezug auf Veränderung des Anbieter- und Nachfrageverhaltens).

Wie sich feststellen lässt, führt die Segmentierung aus einer Mischung von Zweckbestimmung und Auftraggebertyp (z. B. gewerblicher Hochbau) alleine nicht zu einer sinnvollen Marktabgrenzung für das Marketing, da der Kundenwunsch nach unterschiedlichen Leistungskombinationen die Teilmärkte bestimmt: Zum Beispiel finden sich auch Mischimmobilien im Wohnungsbau wieder. Zudem können die Beweggründe der Auftraggeber extrem unterschiedlich sein (Investor, privater „Häuslebauer"). Somit umfasst der relevante Markt weit mehr als nur Bauleistungen. Im weitesten Sinne kann der relevante Markt dem Finanzmarkt entsprechen, da die Immobilie als alternative

Anlageform mit anderen Substituten (wie z. B. Aktien, Gold, Anleihen etc.) konkurriert und im Sinne der Kapitalanlage ebenso als Wohn-, Logistik- oder Einzelhandelsobjekte entstehen kann, solange die Rahmenbedingungen der Kapitalanlagestrategie erfüllt sind. Der Kreis der Wettbewerber würde sich somit auch über den der Bau-Unternehmen hinaus erweitern lassen.

Im Rahmen einer unternehmensindividuellen Marktanalyse sollten die Segmentierungskriterien daher gründlich hinterfragt und verändert bzw. detailliert werden.

7.1 Kunden- und Marktsegmentierung

Im Hinblick auf die Marksegmentierung kann von einem zweipoligen Baumarkt ausgegangen werden, der einerseits eher produktorientiert agiert (Fertighäuser, Systembauten, Bauträger) und andererseits durch die Gleichzeitigkeit der Produkterstellung und Beteiligung/Berührung des Auftraggebers mit dem Entstehungsprozess eher dienstleistungsnah ist (bauen nach spezifischen Wünschen des Auftraggebers) (vgl. BWI-Bau 2013, S. 20 ff.). In beiden Fällen können Elemente einer Dienstleistung nicht ausgeschlossen werden, da immer eine Berührung zwischen ausführenden Mitarbeitern des Auftragnehmers und dem Kunden besteht. Vor diesem Hintergrund kommt dem Element Personal im Marketingmix eine besondere Bedeutung zu.

Zur weiteren Segmentierung des relevanten Marktes ist aber vor allem die nähere Betrachtung der Kunden erforderlich. Typisches Segmentierungskriterium der einschlägigen Studien sind die Auftraggebertypen, charakterisiert durch die jeweilige Branchenherkunft bzw. den Hintergrund der Tätigkeit:

- Öffentliche Auftraggeber,
- Privater Wohnungsbau,
- Wirtschaftshochbau.

Soll eine nähere Auseinandersetzung mit den Absatzmöglichkeiten erfolgen, so stellt die potentielle Kundschaft neben geografischen Kriterien (Land, Region, Orte) den wichtigsten Faktor zur Segmentierung des Marktes dar. Die entsprechenden Kriterien lassen sich wie folgt untergliedern (vgl. z. B. Meffert et al. 2012, S. 196 ff.; Freter 1992, S. 46).

Verhaltensorientierte Kriterien
Zu den verhaltensorientierten Kriterien zählen das Preisverhalten (Anhaltspunkt für die Gestaltung der Preispolitik), die Mediennutzung (nutzbar für Ansätze der Kommunikationspolitik) und die Produktwahl (Ausgangspunkt der Leistungsgestaltung bzw. Produktpolitik). Im Umfeld des Bauwesens wäre die Bezeichnung Leistungswahl treffender. Auch die Art des Betriebs, bei dem die Leistung bezogen wird, kann eine Rolle spielen.

Psychografische Kriterien
Märkte bilden sich aufgrund psychografischer Kriterien, indem Kunden mit ähnlichen Persönlichkeitsmerkmalen, Lebensstilen, sozialen Orientierungen, Risikoneigungen etc. Leistungen nachfragen oder bestimmte Bedingungen an die Leistung stellen (Zum Beispiel spezifische Vorstellungen über den Nutzen, die Beschaffenheit oder Darreichungsform der Leistung).

Soziografische Kriterien
Letztlich sind die, in der Regel einfacher fassbaren, soziodemografischen Kriterien interessant für die Marktsegmentierung. Hierzu gehören demografische und auch sozioökonomische Merkmale, wie Geschlecht, Alter, Familienstand, Haushaltsgröße, Beruf, Ausbildung, Einkommen bzw. Vermögen etc.

Auch wenn die beiden letztgenannten Kriterien eher auf Privatpersonen/den Konsumgüterbereich anwendbar erscheinen, so lassen Sie sich genauso im Zusammenhang mit institutionellen Kunden nutzen. Dabei erschwert unter Umständen die Kombination aus den institutionellen Bedürfnissen und persönlichen Kriterien der handelnden Personen die Segmentierung und Kundenbearbeitung.

Aufgrund des fehlenden Kaufprogramms kann im Segment der privaten Endverbraucher, also beim Bau privater Eigenheime (Einfamilienhäuser) sehr viel stärker mit emotionalen Ansätzen gearbeitet werden als bei institutionellen Einkäufern von Bauleistungen mit etabliertem Einkaufsprozess, Erfahrung und Fachkenntnis. Um so wichtiger ist die Analyse der Kundschaft und deren Entscheidungsstrukturen sowie -kriterien (in Anlehnung an Meffert et al. 2012, S. 145):

Nutzer

- bewohnen oder nutzen das fertige Bauwerk (Mieter, Büromitarbeiter, Einzelhändler, Produktion etc.)
- deren Entscheidungsstrukturen sowie -kriterien

Einkäufer

- autorisiert und verantwortlich für den Vertragsschluss
- Kontaktmanagement mit den Lieferanten, daher entscheidend bei der Lieferantenauswahl

Entscheidungsträger

- übergeordnete Organisationsteilnehmer, entschieden abschließend über alternative Kaufoptionen

Einflussagenten, bestimmen über die Wahlentscheidung durch

- Normen
- gezielte Informationspolitik

Gatekeeper

- kontrollieren den internen Informationsfluss
- beeinflussen die Entscheidungsvorbereitung

Je genauer also der Kunde in seiner Art und Bedürfnisstruktur bekannt ist, umso exakter lassen sich der vorhandene Markt bestimmen, das entsprechende Potential erfassen und letztlich Marketingmaßnahmen finden, die zur Bearbeitung des Kunden (Zielkunden) sinnvoll und zielführend sind.

Wichtig ist dabei zu beachten, wie der Kunde die angebotene Leistung, das Unternehmen etc. wahrnimmt. Oft unterscheidet sich die Eigen- und Fremdwahrnehmung erheblich. Zum Beispiel empfinden Fachleute ihre eigene Arbeit häufig als nicht so anspruchsvoll, wohingegen Laien einen gegenteiligen Eindruck haben.

Beispiele für die Marktsegmentierung
Eigenheim im Markt für Lifestyle-Produkte

- Kein Kaufprogramm (d. h. i. d. R. einmaliger Kaufvorgang)
- Kollektive Entscheidung (Familie)
- Such- und Vertrauenseigenschaften wichtig bei der Bewertung der Lieferanten
- Hohes Risikoempfinden
- Kunden schätzen hochpreisige Produkte und hohe Qualität sichtbarer Bauteile,
- intensive Nutzung neuer Medien,
- Bedürfnis nach Ansprechpartnern auf Augenhöhe,
- Individualität, soziale Geltung und Selbstverwirklichung spielen eine große Rolle,
- Serviceleistungen werden geschätzt,
- Privatpersonen mit Vermögen und/oder hohem Einkommen (Manager, Unternehmer, Leitende Angestellte),
- mittleres Alter.

Produktionshalle für gewerbliches Unternehmen

- Regelmäßiger Einkauf von Bauleistungen (Kaufprogramm/Erfahrung vorhanden)
- Kunden achten eher auf das Verhältnis von Preis und Leistung,
- Funktionsorientierung,
- Bedürfnis nach Verlässlichkeit, Sicherheit , Fachkompetenz (Termintreue, Produktionssicherheit, etc.),

- Problemlose, zügige Projektabwicklung,
- Kulanz,
- Berücksichtigung Unternehmensspezifischer Anforderungen (z. B. Corporate Social Responsibility, Nachhaltigkeit, Corporate Design),
- wirtschaftlicher Betrieb,
- reibungsloser Übergang in den Betrieb,
- Serviceangebote für Leistungen nach Fertigstellung.

7.2 Besonderheit der Bauprojekte zwischen Produkt und Dienstleistung

Bauobjekte werden nach dem Wesen des Werkvertragsrechts erstellt und haben insofern die Eigenschaft, anders als typische Produkte, zunächst physisch nicht greifbar zu sein. Erst am Ende, wenn das Werk den Kriterien der Bestellung entspricht, steht dem Werkvertragsnehmer die volle Vergütung zu. Diese rechtliche Einordung veranschaulicht das Dilemma der Bauherren: Sie können zunächst nur auf Basis von Plänen, Baubeschreibungen und Leistungsverzeichnissen definieren, was gebaut werden soll und müssen den Planern und Errichtern vertrauen, am Ende das gewünschte Objekt hergestellt zu haben. Daneben muss der Bauherr das eigene Grundstück zur Verfügung stellen (externer Faktor) und während der Baumaßnahme mitwirken (z. B. im Rahmen der Bemusterung). Alle vorgenannten Aspekte sind Elemente von Dienstleistungen. Erst am Ende ist das Produkt physisch greifbar und ein Abgleich zwischen Wunsch (Bestellung) und Realität kann vorgenommen werden.

Dieser Umstand führt bei der Auftraggeberschaft zu einer hohen Unsicherheit (Risikoempfinden) über den gesamten Planungs- und Bauprozess. Ein schlechtes Branchenimage verstärkt die Wahrnehmung und bringt Anbieter in eine ungünstige Ausgangssituation.

Aufgabe des Marketings ist es insofern, durch Darstellung des Anbieterpotentials Vertrauen zu schaffen und durch gezielte Informationspolitik (u. a. rationale Informationen als Sicherheitssurrogate) und Einbeziehung der Kunden für kognitiven Ausgleich zu sorgen (vgl. u. a. Faullant 2007; Taschner 2013).

Vor diesem Hintergrund ist nicht nur ein professionelles Marketing der einzelnen Akteure (Planer, Bauunternehmen) nötig. Es ist auch im Sinne des Projekterfogs insgesamt erforderlich, da Einzelakteure, je nach Phase des Projekts, das Risikoempfinden von Bauherren und Öffentlichkeit immer wieder negativ beeinflussen können.

7.3 Marketingziele

Im Zuge der Markterkundung und Segmentierung, sowie der Kundenanalyse entstehen weitreichende Erkenntnisse zu den Marktpotentialen einzelner Segmente und deren Nachfrager. Doch erst durch die Kombination mit den Unternehmenszielen lassen sich die korrespondierenden Zielkunden ableiten. Auf diese werden die Marketingmaßnahmen letztlich zugeschnitten.

Marketingziele lassen sich einerseits aus dem Zielsystem des Unternehmens ableiten, bedienen aber andererseits die Zielausrichtung des Unternehmens ebenso. Das heißt, dass durch die Marketingziele ebenfalls Unternehmensziele wie Gewinnerzielung und Wachstum, Eigenkapitalrentabilität, Liquiditätssicherung und langfristige Unternehmenssicherung bedient werden. Zusätzlich führen aber auch Ziele, die der Kunde als Stakeholder formuliert, zu Zieldefinitionen im Bereich der Marketing- und Unternehmensziele. Als Beispiel sei das Thema Nachhaltigkeit genannt, das dazu führt, dass Unternehmen damit beginnen nachhaltige Produkte und Leistungen anzubieten, und auch sich selbst im Hinblick auf Nachhaltigkeit und Corporate Social Responsibility zu hinterfragen, auszurichten und somit dem Kundenwunsch zu entsprechen.

Wesentlich bei der Formulierung der Marketingziele ist, dass sie später in Marketingmaßnahmen umgesetzt, und überprüft werden können. Daher sind drei Aspekte wichtig (vgl. u. a. Scharf et al. 2012, S. 189 ff.):

- Inhaltlich klare Beschreibung: Worum geht es?
- Dimensionierung: Was soll genau erreicht werden?
- Zeit: Wann und in welcher Zeit soll das Ziel erreicht werden?

Bei der Dimensionierung und dem zeitlichen Aspekt ist wichtig, dass die gesetzten Ziele

- mess-, prüf- und steuerbar,
- in Umfang und Größenordnung (Menge, Umsatz- oder Ergebnisgrößen) genau definiert,
- realistisch und erreichbar sind.

Nicht zuletzt muss festgelegt werden, wer betroffen ist bzw. wer sich mit dem Ziel und der Zielerreichung befassen muss.

Das Zielsystem kann, ausgehend von den übergeordneten Zielen und Oberzielen des Unternehmens auf den Funktionsbereich Marketing und dann gegebenenfalls über geschäftsfeldbezogene Zwischenziele auf die konkreten Ziele der einzelnen Marketinginstrumente (Produkt-/Leistungspolitik, Preispolitik, Distributionspolitik, Kommunikationspolitik) heruntergebrochen werden.

Diese Vorgehensweise stellt ein konsistentes Zielsystem sicher, dass die zunächst global formulierten Ziele in Bezug auf Unternehmenszweck, -grundsätze, -leitlinien und der Unternehmensidentität bis hinunter zu den einzelnen Maßnahmen des Marketing durchgängig macht (vgl. z. B. Meffert et al. 2019, S. 280 ff.).

Eine Kurzfassung der Zielbeschreibung (ohne Zwischenziele) könnte wie folgt lauten:

Unternehmenszweck (Mission) und -leitlinien

Wir sind ein leistungsstarkes, unabhängiges Familienunternehmen.

Unsere Tradition verbinden wir mit einem verlässlichen Wertesystem für unsere Kunden.

Durch unsere Flexibilität und Reaktionsschnelligkeit setzen wir auch individuelle und komplexe Kundenwünsche sicher um.

Unternehmensidentität

Wir sind Partner im Bereich Gewerbe- und Industrie.
Wir sind leistungsstark und flexibel auch bei komplexen Bauaufgaben.
Unsere Mitarbeiter sind die Basis für erfolgreiche Projekte und zufriedene Kunden.
Unsere soziale Verantwortung wird durch das Management vorgelebt.

Oberziele

Nur durch wirtschaftlichen Erfolg kann das Unternehmen langfristig bestehen, dazu sind eine Umsatzrendite von wenigstens 5 % und eine sichere Liquiditätsbasis erforderlich.

Im Verdrängungswettbewerb des Marktes können wir uns nur mit einem mittelfristigen Umsatzwachstum von wenigstens 20 % behaupten.

Marketingziele

Wir wählen unsere Kunden sorgfältig aus. Dabei legen wir Wert auf zahlungskräftige und seriöse Kunden, die wir als Bestandskunden pflegen.

Wir wollen den Marktanteil in den Bereichen mit hohem Wettbewerbsdruck reduzieren und uns auf langfristige Rahmenvertragspartner konzentrieren.

Den Gewerbekundenbereich wollen wir weiter ausbauen und unseren Marktanteil stärken.

Unterziele

Zur Erreichung der Marketingziele werden Unterziele in den Bereichen Produkt/Leistung, Preis, Absatz, Kommunikation und Personal verfolgt und durch individuelle Maßnahmen umgesetzt (vgl. Abschn. 7.4).

7.4 Marketingstrategie

Ausgehend von der Zielstellung soll die Marketingstrategie Ansatzpunkte für die Zielerreichung aufzeigen und eine Kombination aus verhaltensorientierten Strategien (offensiv, defensiv), gebietsbezogenen Überlegungen (lokal, regional, national) segmentbasierte Kriterien (Differenzierung, Fokussierung), sowie der Wettbewerbsausrichtung, dem Marktfeld oder verschiedene Entwicklungspfade beinhalten. Meffert systematisiert die Marketingstrategien und strategischen Optionen wie in Tab. 7.1 dargestellt.

Tab. 7.1 Systematik von Marketingstrategien und strategischen Optionen. (In Anlehnung an Meffert et al. 2019, S. 327)

Basisstrategien	Strategiedimensionen	Inhalt der strategischen Festlegung	Strategische Optionen
Marktwahlstrategien	Marktfeldstrategie	Festlegung der Produkt-Markt-Kombinationen	Gegenwärtige oder neue Produkte in gegenwärtigen oder neuen Märkten Rückzug aus Märkten
	Marktarealstrategien	Bestimmung des Markt- bzw. Absatzraumes	Lokal Regional National Internationale Multinationale Globale
	Marktsegmentierungsstrategie	Festlegung von Art bzw. Grad der Differenzierung der Marktbearbeitung	Undifferenziert Segmentorientiert Individuell (One-to-One)
Marktteilnehmerstrategien	Abnehmergerichtet	Festlegung der Marktbearbeitung gegenüber Abnehmern	Innovationsstrategie Qualitätsstrategie Markenstrategie Programm-/Servicestrategie Preis-Mengen-Strategie Longtail-Strategie
	Absatzmittlergerichtet	Bestimmung der Verhaltensweise gegenüber Absatzmittlern (Handel)	Kooperation Anpassung Ausweichen/Umgehung Konflikt
	Konkurrenzgerichtet	Bestimmung der Verhaltensweisen gegenüber Konkurrenten	Kooperation Anpassung Ausweichen/Umgehung Konflikt
	Anspruchsgruppen gerichtet	Festlegung der Verhaltensweisen gegenüber indirekt marktbeeinflussenden gesellschaftlichen Anspruchsgruppen	Innovation Anpassung Ausweichen Widerstand

7.5 Marketing-Maßnahmen

Der klassische Mix aus verschiedenen Marketingmaßnahmen (auch Marketing-Mix oder Marketing-Politik) genannt, bezieht sich auf den Absatz von Waren bzw. Sachgütern. Solche Produkte werden in der Regel über den Handel vertrieben. Im Baubereich müssen allerdings zumindest die Faktoren Produkt und Absatz weiter hinterfragt werden. Die

Bauleistung stellt einerseits kein Sachgut im engeren Sinne dar, da sie zunächst nicht physisch greifbar ist und der Unternehmer lediglich ein Leistungsversprechen abgibt. Andererseits kann das fertige Bauwerk durchaus als Sachgut bezeichnet werden. Die Gleichzeitigkeit der Erbringung von Bauleistungen, Beratungsleistungen, mitunter Planungsleistungen und der Prozess der Leistungserstellung in direktem Kontakt mit dem Kunden (Gleichzeitigkeit von Nutzung und Produkterstellung) deutet auf den Dienstleistungscharakter der Leistung hin. Die Betonung des Servicecharakters wird stärker, je weniger Material und Maschineneinsatz im Rahmen der Leistungserstellung notwendig wird. Im Folgenden wird daher nicht von Produkt-, sondern von Leistungspolitik gesprochen. Als Folge dieser Feststellung müssen bei der Erarbeitung von Marketingmaßnahmen die Ansätze des Sachleistungs- und Dienstleistungsmarketing berücksichtigt werden und die Betrachtungsschwerpunkte des Marketingmix aus Produkt (hier: Leistung), Preis, Distribution (Absatz bzw. Vertrieb) und Kommunikation um die Elemente Personal, Ausstattung und Prozess erweitert werden (vgl. u. a. Meffert 2019, S. 25 ff.; Meiren und Barth 2002, S. 34).

In Bezug auf den Absatz kann ebenfalls kein direkter Vergleich mit dem Sachleistungsmarketing angestellt werden. Leistungen der Bauunternehmen werden nicht über den Handel vertrieben und können mit Ausnahme einiger Leistungen des Pol-2-Marktes (z. B. Fertighäuser) (vgl. BWI-Bau 2013, S. 20 ff.) nicht im Laden verkauft oder ausgestellt werden. Somit stellt der Absatz ein komplexes Gefüge aus Standortwahl, Bau- bzw. Baustofflogistik und direkten- oder indirekten Absatzwegen (Absatzmittlern, Multiplikatoren, etc.) sowie Zusammenschlüssen dar.

7.5.1 Leistungs-, Prozesspolitik und Ausstattung (Produktpolitik)

Wie wird der kundenspezifische Nutzen entfaltet? Das ist die zentrale Frage der Leistungsgestaltung. Da der Kunde an der Leistungserstellung beteiligt ist, bzw. direkte Berührungspunkte mit ihr hat, müssen auch der Prozess der Leistungserstellung, die Ausstattung mit Arbeitsmitteln und die Unternehmenseinrichtung berücksichtigt werden. Aufgrund des Dienstleistungscharakters von Bauprojekten ist die Personalpolitik mit der Produkt- bzw- Leistungspolitik eng verbunden. Sie wird im folgenden Abschnitt separat behandelt.

Leistungskern

Wichtig bei der Leistungspolitik ist zu aller erst, dass die Leistung in ihrem Kern, also ihrem Grundnutzen für den Kunden klar beschrieben ist. Wie ist sie technisch-funktional ausgestaltet? Worin besteht die Problemlösung für den Kunden? Davon ausgehend können weitere Überlegungen zur Aktivierung weiterer Nutzenaspekte für den Kunden angestellt werden (Zusatznutzen). Sie betreffen

- Innovationen,
- die Sortimentsgestaltung (Sortimentsbreite und -tiefe),
- ergänzende Services,
- Marken und Gütesiegel.

Leistungsdesign und Prozess

Statt einer formal-ästhetischen Produktgestaltung wie sie bei Sachgütern möglich ist, kann das Bauunternehmen sein Produkt bzw. seine Leistung in Bezug auf die Wahrnehmung des Kunden bei der Leistungserstellung, und insbesondere auf das kundenorientierte Prozessdesign gestalten. Dazu gehören z. B. die Vermittlung von Qualität im Sinne eines Markenprodukts, soziokulturelle Aspekte oder der Umgang mit der eigenen Leistung.

Produktgestaltung und Ausstattung

Bei der Produktgestaltung geht es im engeren Sinne um die Verpackung des Produkts. Dies fällt bei einer Bauleistung schwer, allerdings kann die Frage nach der Namensgebung, Marke etc., und der allgemeinen Darreichungsform der Leistung beantwortet werden. Dazu gehört auch die Wahl der Ausstattung der Mitarbeiter und der Einrichtungen des Unternehmens, z. B.

- sachlich und kundenpsychologisch richtige Ausstattung mit Mitteln,
- Büro- und Kommunikationstechnik,
- Baustellenausstattung (Baustelleneinrichtung und Geräte),
- Art und Zustand des Firmengebäudes-/Bauhofs,
- Ausstellung von Bauprodukten, Fertigelementen, Mustern, Musterkonstruktionen etc.,
- Kundenbetreuung,
- Kundenlounge, Empfang etc.

Servicepolitik als Teil der Produktpolitik

Ein Bauprojekt erfordert im Rahmen der Vermarktung intensive Beratungs- und Servicedienstleistungen. Die Servicepolitik stellt dabei den koordinierten Einsatz immaterieller Leistungen dar, die das Bauobjekt als eigentliches Produkt abrunden. Dies geschieht u. a. bei

- der Finanzierungsberatung, d. h. der Optimierung von Finanzierungsplänen oder Erarbeitung von Anlagestrategien,
- Analysen im Rahmen der Bauprojektentwicklung,
- der Beratung bei Miet- und Kaufverträgen bzw. anderen anmietungsspezifischen Fragestellungen (z. B. Untervermietung etc.),
- der Inanspruchnahme unterschiedlichster Serviceleistungen des Gebäudemanagements,
- der Durchführung von Planungen als Serviceleistung.

Im Rahmen der Beratungs- und Servicedienstleistungen sind im Bedarfsfall entsprechende Fachkompetenzen mit einzubeziehen. Beispielsweise sind bei Fragen hinsichtlich einer optimierten Gebäudenutzung ggf. Gebäudemanagementunternehmen hinzuzuziehen, die über entsprechendes Know-how verfügen.

Innovationen als Teil der Produkt- und Servicepolitik
Im Zusammenhang mit dem Strukturwandel, den gesellschaftlichen Entwicklungen und globalen Anforderungen steht auch die Bauwirtschaft vor ständig neuen Herausforderungen. Hier fallen vor allem die Stichworte Digitalisierung und Nachhaltigkeit, aber auch Bewältigung des Klimawandels, Verstädterung und demografischer Wandel oder neue Produktionsmethoden (z. B. 3D-Druck, serielles Bauen) zur individuellen oder schnelleren Bereitstellung von Bauwerken.

Strategische Position der Diversifikation und die Produktpolitik
Die Strategie der Diversifikation liegt vor, wenn sowohl hinsichtlich der angebotenen Produkte als auch der bearbeiteten Märkte neue Wege eingeschlagen werden.

Eine exakte Abgrenzung der Möglichkeiten der Diversifikation ist nur schwer möglich, da oftmals auch Mischformen vorhanden sind. Am häufigsten verbreitet ist die Unterteilung in die horizontale, vertikale und laterale Diversifikation.

Die horizontale Diversifikation liegt vor, wenn Anteile an anderen Unternehmen erworben werden, um die eigene Leistungspalette, z. B. durch zusätzliche Bausparten, zu erweitern. Ein Beispiel hierfür wäre ein Unternehmen, das bislang vorwiegend im Wohnungsbau tätig war und künftig auch in der Bausparte Industriebau zusätzliche Absatzchancen sieht und daher eine entsprechende Beteiligung kauft.

Eine weitere Möglichkeit ist der Erwerb von Anteilen ausländischer bauausführender Unternehmen. Dadurch wird zwar kein neues Produkt angeboten, aber die Rahmenbedingungen bei der Bauausführung können so erhebliche Unterschiede aufweisen, dass es sich faktisch um eine andere Form der Leistungserstellung handelt.

Bei der vertikalen Diversifikation wird die Leistungspalette durch Produkte erweitert, die zu einer vor- oder nachgelagerten Produktionsstufe gehören. Ein Beispiel hierfür ist der Erwerb von Unternehmensanteilen von Zulieferbetrieben wie Kies-, Splitt- oder Zementwerken. Der Vorteil dieser Diversifikation liegt in der Unabhängigkeit von Zulieferbetrieben. Auch können u. U. durch günstig erworbene Rohstoffvorkommen erhebliche Ertragsreserven aufgebaut werden.

Auch im Bereich der Dienstleistungen kann eine Erweiterung durch Diversifikation erfolgen. In allen größeren bauausführenden Unternehmen gab es immer schon Serviceabteilungen, die im Zusammenhang mit der Bauausführung standen. Werden diese Abteilungen ausgegliedert, dann kann diese Ausgliederung – ebenso wie der Erwerb oder die Gründung von Unternehmen in den Bereichen der Projektentwicklung, des Facility-Management, der Bausoftware u. a. – als eine Form der vertikalen Diversifikation angesehen werden.

Bei der lateralen Diversifikation erstreckt sich das neue Betätigungsfeld auf andere Branchen, die meist durch ein überdurchschnittliches Wachstum gekennzeichnet sind. Der Vorteil ergibt sich durch die Unabhängigkeit vom Baumarkt bei einem Einbruch der Baukonjunktur. Allerdings muss auf das Risiko hingewiesen werden, dass das bauausführende Unternehmen in aller Regel keine fachliche Kompetenz in dem neuen Geschäftsfeld hat. Dadurch ist es in Sachfragen und bei Entscheidungen sehr stark von den Meinungen der Entscheidungsträger dieser Beteiligungsgesellschaften abhängig.

7.5.2 Personalpolitik

Bauleistungen werden am Ort ihres Gebrauchs produziert, oft auf dem Grundstück der späteren Nutzer, in jedem Fall auf dem Grundstück des Bauherrn. Anders als bei der stationären Produktion in eigens dafür geschaffenen Produktionsstandorten und -anlagen, hat die Kundschaft so direkten Kontakt mit den Produktionsmitarbeitenden. Insofern wirkt sich die Erscheinung, das Auftreten und Verhalten der Mitarbeitenden direkt auf die Kundenbeziehung aus. Das ausführende Personal wird damit auch zu Vertriebspersonal und entscheidet, vor allem bei privaten und privatwirtschaftlichen Kunden, über die Qualität der Kundenbeziehung und die Kundenbindung. Der Personalauswahl und dem überlegten Einsatz von Mitarbeitenden kommt vor diesem Hintergrund eine besondere Bedeutung zu. Dabei sind z. B. kommunikative Mitarbeiter gut für den Einsatz auf privaten Baustellen im Wohnungsbau mit direktem Kontakt zu den späteren Nutzern geeignet, bei denen im Wettbewerb nicht der Preis entscheidet. Sehr effiziente Mitarbeitende mit weniger guten kommunikativen Fähigkeiten sind dagegen für Baumaßnahmen besser geeignet, die unter einem hohen Kostendruck und weniger anfälligen Kundenbeziehungen abgewickelt werden. In der Praxis erfolgen in diesem Zusammenhang gezielte Schulungen und eine ausgewählte Ausstattung des Personals (z. B. Design der Arbeitskleidung, Verkaufsschulungen, Kommunikationsschulung).

Als Rahmenkonzept für die Personalpolitik sehen Meffert und Bruhn das interne Marketing. Mit dem internen Marketing sollen unternehmensinterne Prozesse mit Instrumenten des Marketing- und Personalmanagements verbessert werden. Durch eine konsequente Kunden- und Mitarbeiterorientierung soll dabei das Marketing als interne Denkhaltung durchgesetzt werden. So sollen sich die Unternehmens- bzw. Marketingziele effektiver durchsetzen lassen. Hintergrund dazu ist die Annahme, dass Unternehmen, Mitarbeiter und Kunden in einer marketingrelevanten Verbindung zueinander stehen (Meffert und Bruhn 2018, S. 407). Die Mitarbeitenden werden dabei als interne Kunden betrachtet, wobei die Mitarbeiterzufriedenheit die Kundenzufriedenheit direkt beeinflusst (Pepels 2004, S. 957; Meffert und Bruhn 2018, S. 410):

1. Die Beziehung zwischen Kunden und Unternehmen erfordert ein kundenorientiertes Marketingkonzept (extern).
2. Für die Beziehung zwischen Mitarbeitern und Unternehmen ist ebenfalls ein (internes) Marketingkonzept erforderlich, dass die Mitarbeiterbindung- und -zufriedenheit sicherstellt.
3. Die Mitarbeiter-Kunden-Beziehung erfordert eine Kundenorientierung, genauso wie die Beziehung zwischen Kunde und Unternehmen.

Ziel der Personalpolitik ist damit die Gewinnung, Entwicklung und Erhaltung kundenorientierter und motivierter Mitarbeiter, die die Erreichung externer Marketingziele und die Erreichung von Kundenzufriedenheit ermöglichen. Speziell vor dem Hintergrund des anhaltenden Fachkräftemangels kommt so der Personalpolitik eine herausragende Bedeutng zu.

7.5.3 Preispolitik

Die Preis- oder Kontrahierungspolitik umfasst alle Maßnahmen, die den Preis als Gegenleistung für angebotene Bau-, Planungs- und Dienstleistungen betreffen und darüber hinaus die ausgehandelten Zahlungskonditionen einbeziehen. In Abhängigkeit des Leistungsumfangs eines Bauprojektes bzw. -objektes stellt sich die Gegenleistung als Verkaufspreis, Miet- oder Pachtzins dar.

Die besondere Bedeutung der Preispolitik zeigt sich dadurch, dass sie als einziges Marketinginstrument einen unmittelbaren Einfluss auf den Gewinn hat. Zudem hat der Preis von allen Gewinnvariablen die größte Hebelwirkung auf den Erfolg (vgl. Simon und Fassnacht 2016, S. 1 f). Im Vergleich liefert die Reduzierung der Kosten einen geringeren Gewinn als die gleiche, prozentuale Erhöhung des Preises.

Die Determinanten der Preisbildung lassen sich anhand der Faktoren Kundennutzen, Kosten und Konkurrenzumfeld erklären (vgl. Haller 2010, S. 139). Zunächst ist der Kundennutzen ausschlaggebend, sofern die Kaufkraft gegeben ist. Dieser bestimmt den Maximalpreis der Leistung: Je höher der Kundennutzen, desto höher ist auch der Preis den er für eine Leistung zu zahlen bereit ist. Die Preisuntergrenze wird von den Herstellkosten bzw. Selbstkosten bestimmt. Allgemein errechnen sich die Gesamtkosten aus den Kosten der Entwicklung, Erbringung und Vermarktung der Leistung sowie allgemeiner, übergeordneter Verwaltungskosten. Unter Umständen führt jedoch der Ansatz des Maximalpreises zum Kaufverzicht, da die Konkurrenzsituation ebenfalls über die Preisgestaltung bestimmt und dem marktwirtschaftlichen Wettbewerb aus Angebot und Nachfrage unterliegt. In diesem Zusammenhang kann auch die Preiselastizität innerhalb des Marktsegments geprüft werden, die Preisveränderungen aufgrund der Angebotsmenge und der möglichen Absatzmenge bewertet (vgl. z. B. Meffert et al. 2019, S. 528).

Änderungen eines Preises üben einen großen Einfluss auf den Absatz eines Produktes aus. Für Konsumartikel lässt sich i. d. R. eine hohe Preiselastizität feststellen, d. h. bei einer Verringerung des Preises erhöht sich die Nachfrage und umgekehrt. Dies geschieht in einer relativ kurzen Zeitspanne. Der Markt für Bauobjekte ist dagegen durch eine geringe Preiselastizität des Angebotes gekennzeichnet. Dies bedeutet wiederum, dass eine Veränderung des Preises erst sehr langfristig Reaktionen von Angebot und Nachfrage auslöst.

Insgesamt beinhaltet die Preispolitik Aussagen zu

- Preishöhe,
- Rabatten,
- Boni, Skonti,
- Zahlungsbedingungen.

Auch die Preisdifferenzierung spielt eine Rolle, die zeitlich, räumlich oder abnehmerorientiert strukturiert sein kann:

- zeitliche Differenzierung: z. B. saison- oder anlassbezogen,
- räumliche Differenzierung: z. B. geografisch (WesOst),
- kundenorientierte Differenzierung: Marktsegmente, Zielkunden, A/B/C-Kunden etc.

Nicht zuletzt ist die Preispsychologie ein wichtiges Merkmal der Preisgestaltung

- Preisimage/Marke,
- Transparenz,
- Preis-Leistungsverhältnis,
- Preiszusammensetzung (Bündelung).

Die Preispolitik von Bauprojekten bzw. -objekten umfasst klassischerweise die konkrete Kaufpreis- und Mietzinsgestaltung, die Gewährung von Kaufpreisnachlässen in Abhängigkeit vom vereinbarten Zahlungsziel oder Mietzinsnachlässe in Abhängigkeit des geschlossenen Mietvertrages (vgl. Kavalirek 2001, S. 311).

Die Preisfindung von Bauobjekten – und damit verbundene Dienstleistungen – basiert vornehmlich auf den Herstellkosten, der Preissituation auf dem Bau- und Immobilienmarkt und dem Wertsteigerungspotenzial des Produktes für die relevante Zielgruppe.

Mit Blick auf die Praxis lässt sich häufig feststellen, dass die Preisbildung ausschließlich anhand der Erfahrung aus den Marktrandbedingungen erfolgt. Zum Leidwesen der klassischen Baubetriebslehre wird dabei teilweise nur eine Preiskalkulation („Heftrandkalkulation") durchgeführt, die die Frage nach den Herstellkosten, und damit einen Rückschluss auf den möglichen Erfolg des Projekts, offen lässt.

Konkret lassen sich z. B. folgende Maßnahmen ergreifen:

- Flexibilität bei der Gestaltung von Zahlungsplänen oder Skonto-Regelungen.
- Übernahme der Projektträgerschaft für zwei Jahre nach Inbetriebnahme, um bei einer prosperierenden Immobilie einen maximalen Preis zu erzielen.
- Übernahme von Mietgarantien (risikobehaftet), um Bauprojekte schon frühzeitig (noch vor der Inbetriebnahme) verkaufen zu können.
- Konventionelle Nebenkosten können durch Synergieeffekte optimiert werden, um Deckelungen von Nebenkosten (2. Miete) anbieten zu können.
- Angebot von integrierten oder zusätzlichen Serviceleistungen wie Wartungsleistungen nach Fertigstellung oder Gebäudemanagement, Nachhaltigkeitszertifizierung usw.

Durch die bauvertraglichen Festlegungen sind in der Bauwirtschaft Maßnahmen im Bereich der Preispolitik zum Teil sehr eingeschränkt.

So ist z. B. der Spielraum außerordentlich eng, da bei öffentlichen Ausschreibungen der Wettbewerbsdruck die angebotenen Preise reguliert. Da der Preis weitestgehend über den Markt bestimmt wird, lassen sich allenfalls bei den Konditionen bzw. Zahlungsmodalitäten kontrahierungspolitische Maßnahmen formulieren.

In der Regel betreiben die Unternehmen in diesem Umfeld Preispolitik anhand konsequenter Markt- und Wettbewerberbeobachtung. Neben laufender Beobachtung der Entwicklung der öffentlichen Bauinvestitionen werden dabei die potentiellen Auslastungsgrade (Kapazitäten) der Konkurrenz analysiert und Submissionsergebnisse ausgewertet. So lassen sich Rückschlüsse auf die Wettbewerbsbedingungen in bestimmten Angebotssituationen, und damit auf die Preispolitik zu.

In den Fällen, in den neben dem reinen Preiswettbewerb auch ein Leistungswettbewerb (Sondervorschläge, Nebenangebote) zugelassen wird, ergeben sich weitere Spielräume (vgl. auch BWI-Bau 2013, S. 57 ff.).

Dann können bei Verhandlungen mit dem Auftraggeber Preis und Leistung im Zusammenhang betrachtet werden. Dies wird erleichtert, wenn Leistungen angeboten werden können, die von Standardangeboten abweichen, wie z. B. schlüsselfertige Gebäude im Wohn-, Gewerbe-, und Industriebereich, aber auch komplette industrielle Fertigungsanlagen oder komplette Bahnlinien von Punkt A nach Punkt B. Ein großer Spielraum, der sich vor allem auf die nachhaltige Reputation der bauwirtschaftlichen Unternehmen auswirkt, ist die vertragsgerechte Erbringung der Leistungen. Hier sind vor allem Anforderungen an Qualität, Termine und auch das vertrauensvolle Zusammenarbeiten mit den anderen Vertragspartnern des Bauherrn zu nennen.

7.5.4 Distributionspolitik (Vertriebs- oder Absatzpolitik)

Die Distributionspolitik umfasst die möglichen Vertriebswege, auf denen der Nachfrager das Produkt und etwaige Dienstleistungen erhält.

Da die Leistungen des Bauunternehmens nicht wie ein Produkt abgesetzt werden können, ist die Herangehensweise des Vertriebs zentral. In diesem Zusammenhang ist die Frage zu beantworten, wem (mit Blick auf die Zielkunden) welche Leistung (mit Blick auf die Produktpolitik) angeboten werden soll. Dabei ist ebenso wichtig, wer die entsprechende Vertriebsarbeit durchführt. Oft ist es richtig, auch eher operative Mitarbeiter mit Vertriebsaufgaben zu betrauen, da nicht immer der direkte Bezug zur Geschäftsleitung oder Führungsebene sinnvoll und möglich ist (Effektivität, Zeitaufwand, Eskalationsmöglichkeiten, Mehrfachansprache etc.).

Da der Kunde die Leistung nicht im Laden kaufen, oder im Internet bestellen kann, ist die Frage wann und auf welchem Weg bzw. wo der Kunde erreicht werden kann. Weiterhin ist in Abstimmung mit der Kommunikationspolitik und mit Blick auf den Ansprechpartner beim Kunden zu klären, wie das Kundengespräch zu führen ist. Wird mit dem technischen Einkäufer, Sachbearbeiter oder der Geschäftsleitung, einem Manager, Techniker, Kaufmann oder Juristen etc. gesprochen? Dementsprechend ausführlich oder knapp, detailliert, oberflächlich, technisch, kaufmännisch, etc. ist das Gespräch zu führen.

Neben dem direkten Absatzweg bzw. Kontakt zum Kunden bietet der Markt eine Reihe an indirekten Absatzwegen mit Hilfe von Absatzmittlern oder Multiplikatoren wie Anbieter verwandter Leistungen, Planungsbüros, Baustoffhersteller, Lobbyisten, Kunden. Die entsprechenden Partnerschaften, Kooperationen und Netzwerke werden in der Marketingstrategie festgelegt.

Entscheidungen der Vertriebspolitik können auch die Organisationsstruktur und die Wahl der Verwaltungsstandorte, Niederlassungen, Zweigniederlassungen in einzelnen Teilmärkten betreffen. Die Bauwirtschaft ist regional geprägt, da die Erstellung von Bauprojekten immer vor Ort geschehen muss. Daher können bauausführende Unternehmen durch den Aufbau oder die Neustrukturierung von Niederlassungen und/oder Geschäftsstellen absatzwirtschaftliche Distributionspolitik betreiben. Dies ist auch notwendig, weil die konjunkturelle Entwicklung in den einzelnen Teilmärkten in aller Regel durchaus unterschiedlich verläuft. So wurden z. B. die neuen Bundesländer nach der Wiedervereinigung von einem Bau-Boom erfasst, während bei den alten Bundesländern die Entwicklung nicht durch Sondereffekte beeinflusst wurde. Ein bauausführendes Unternehmen muss daher seine räumliche Niederlassungsstruktur so verändern, dass eine optimale Marktbearbeitung möglich ist. Dies hat zur Folge, dass in Wachstumsmärkten Niederlassungen aufgebaut und in Schrumpfungsmärkten unter Umständen Niederlassungen geschlossen werden müssen.

Untersuchungen haben in der Vergangenheit bereits gezeigt, dass die Einrichtung einer Zweigniederlassung eine erhebliche Steigerung der Angebotserfolgsquote nach sich ziehen kann (vgl. Meisert 1988, S. 95 ff.). Der Aufbau von Niederlassungen in Regionen, in denen man bisher kaum vertreten war, kann daher distributionspolitisch von großer Effizienz sein. Dies ist aber nur von Erfolg begleitet, wenn ein regionaler Teilmarkt mit auskömmlichen Preisen vorhanden ist.

Ergänzend dazu ist zu bedenken, dass einzelne regionale Märkte stark durch regional handelnde Personen und lokale wirtschaftliche und politische Gefüge geprägt sind, sodass die örtliche Präsenz nur zum Erfolg führt, wenn auch Vertriebsmitarbeiter mit regionalem Bezug und Netzwerk verfügbar sind.

Zusätzlich zur Optimierung der Niederlassungs- bzw. Geschäftsstellenstruktur erzwingt der Strukturwandel der Bauwirtschaft bei den bauausführenden Unternehmen eine Erweiterung der Geschäftsfelder. Dabei müssen die Bereiche Architektur, Technik, Recht, Finanzen, IT etc. so zusammengeführt werden, dass anstehende Probleme kooperativ bearbeiten werden können.

Eine weitere Möglichkeit besteht darin, dass sich zwei oder mehrere Unternehmen zu Arbeitsgemeinschaften zusammenschließen und gemeinsam ein Angebot erarbeiten. Besonders bei umfangreichen und komplizierten Bauprojekten ergeben sich dadurch für den Auftraggeber eine Reihe von Vorteilen, wie z. B. Minderung des Ausführungsrisikos oder erhöhtes Potenzial von Know-how beim Vertragspartner.

Abschließend sei auf die laufende Kosten- und Erfolgsanalyse des Vertriebs hingewiesen.

Objektbezogene Aspekte der Vertriebspolitik können unter anderem sein:

- Direkter Vertrieb, d. h. Veräußerung beispielsweise durch einen Projektentwickler bzw. durch eine unternehmenseigene Vertriebsorganisation.
- Vermietung und Verkauf einer Gewerbeimmobilie durch Makler oder Immobilienabteilungen von Banken und/oder Versicherungen.
- Eigenvermietung, da besseres Know-how über das Projekt vorhanden ist. Dadurch verbesserte Möglichkeit, auf individuelle Nutzerwünsche einzugehen.
- Vertriebssonderformen über Fondsgesellschaften, Immobilienbörsen etc.
- Einsatz von internetunterstützten Instrumenten, wie z. B. Immobilienportale etc.
- Direkter Vertrieb durch Kontaktaufnahme zu Immobilienabteilungen von Industrie-, Gewerbe- und Immobilienunternehmen.
- Indirekter Vertrieb durch Absatzmittler, wie Architekten und Planungsbüros, Projektentwickler etc.

7.5.5 Kommunikationspolitik

Zur Kommunikationspolitik gehört die allgemeine Kommunikation, Öffentlichkeitsarbeit und im Speziellen die Werbung. Allgemein lässt sie sich definieren als „das Senden von verschlüsselten Informationen, um beim Empfänger eine Wirkung zu erzielen" (Meffert et al. 2019, S. 633). Dazu können verschiedenste Arten und Formen an Kommunikationsmaßnahmen dienen. Lasswell definiert dazu bereits 1967 folgende Basisfragen, die bei der Gestaltung der Kommunikationspolitik beantwortet werden müssen (in Anlehnung an Lasswell 1967, S. 178):

Wer (Unternehmen, Mitarbeiter im Unternehmen, Mittler, Beauftragter) sagt **was** (Botschaft) **unter welchen Bedingungen** (Umwelt-, Wettbewerbssituation etc.) **über welche Kanäle** (Kommunikationsinstrumente) **auf welche Art und Weise** (Gestaltung der Botschaft) zu **wem** (Zielkunde) mit **welcher** (beabsichtigten) **Wirkung?** Die Wechselwirkung mit der Vertriebspolitik ist hier augenfällig.

Im Umfeld des Bauwesens müssen die Maßnahmen der Kommunikationspolitik also nicht ausschließlich mit Werbemaßnahmen wie Flyern, Webseite etc. in Verbindung gebracht, sondern insbesondere im Zusammenhang mit dem Auftreten und der Kommunikation verschiedener Akteure untereinander betrachtet werden. Dazu gehören vor allem die Mitarbeitenden auf der Baustelle, die gezielt oder gelegentlich mit dem Kunden Kontakt aufnehmen, und die Unternehmensleitung bei konkreten Akquisitionsprojekten unterstützen. Insofern spielt auch der Kommunikationsstil eine wichtige Rolle.

Da Leistungen der Bauunternehmen Charaktereigenschaften aufweisen, die Unsicherheit bei den Kunden erzeugen, muss durch die Kommunikation eine Reduzierung des wahrgenommenen Risikos erfolgen. Dies kann unter anderem durch die Herausstellung positiver Imagemerkmale, Mund-zu-Mund-Kommunikation und andere tangible Elemente erfolgen (Meffert 2019, S. 635 f.).

Das Image wird durch die Tätigkeit des Unternehmens gegenüber dem Kunden geprägt. Dieser nimmt die gesendeten Informationen und Bedeutungsinhalte des Unternehmens auf und bildet daraus Meinungen und Erwartungen. Diese kann der Unternehmer durch Werbebotschaften beeinflussen und teilweise steuern. Daher muss zunächst die Leistung in greifbare Elemente, wie zum Beispiel Bilder, Slogans, Leitsätze etc. übersetzt werden, woraus sich eine eindeutige Werbebotschaft gestalten lässt (Haller 2010, S. 171).

Mit Hilfe eines Werbeplans werden die Werbemaßnahmen systematisch über das Jahr verteilt, sowie die wichtigsten Maßnahmen und das Budget dargestellt.

Aufgrund der langen Entwicklungs-, Planungs- und Herstellungszeiten von Bauobjekten und der entsprechenden Öffentlichkeitswirkung nimmt die Bedeutung einer kontinuierlich angelegten Kommunikation zu (vgl. Brettschneider 2020). Viele, prominente Beispiele wie das Projekt „Stuttgart 21" veranschaulichen die Relevanz kommunikationspolitischer Maßnahmen für den Erfolg von Bauprojekten. Ein wesentlicher Aspekt der Kommunikationspolitik der Bauunternehmen ist daher die Öffentlichkeitsarbeit. Im Gegensatz zur Werbung, die einzelne Produkte oder Dienstleistungen zum Gegenstand haben, bezieht sich die Öffentlichkeitsarbeit auf die Imagebildung und hat daher einen langfristigen Charakter. Dabei ist das Ziel, das Vertrauen in die Leistungsfähigkeit des Unternehmens zu stärken, indem man z. B.

- in der Öffentlichkeit positive Resonanz erzielt,
- Vertrauen gewinnt,
- die Glaubwürdigkeit eigener Aussagen gegenüber allen Beteiligten (Lieferanten, Bauherren, Mitarbeitern, Gläubigern etc.) stärkt,
- auf aktuelle politische Fragen wie z. B. Umweltschutzfragen eingeht.

7.5 Marketing-Maßnahmen

Neben dieser allgemeinen Öffentlichkeitsarbeit ist die Kommunikation bei der Akquisition (vgl. Vertriebspolitik) ein wichtiger Aspekt. Sie erfordert i. d. R. persönliche Gespräche mit potentiellen Kunden. Mit diesen Gesprächen soll der Gesprächspartner auf fachkundige Beratung, qualitativ hervorragende Ausführung und sonstige Potentiale der Zusammenarbeit hingewiesen werden.

Das Ergebnis einer erfolgreichen Akquisition kann z. B. darin bestehen, dass das Unternehmen bei beschränkten Ausschreibungen zu dem Kreis gehört, der zur Abgabe eines Angebots aufgefordert wird.

Ziel aller dieser Maßnahmen ist es letztlich, die Chancen bei der Auftragsvergabe zu erhöhen, denn beim Auftraggeber zählen neben vertraglichen Faktoren auch sog. weiche Faktoren wie z. B.:

- Bekanntheitsgrad, Image,
- Referenzobjekte,
- Architekten-, Beraterempfehlungen,
- lokale Präferenzen.

Im Vorfeld einzelner Maßnahmen sind aber zunächst die Kommunikationsziele zu formulieren und die Zielgruppen zu identifizieren. Anschließend sind unter Berücksichtigung eines Budgets die Kommunikationsstrategie festzulegen und der Einsatz der Kommunikationsinstrumente zu planen. Folgende Maßnahmen stehen u. a. bei der Durchführung zur Verfügung:

- Frühzeitige und professionelle Entwicklung von aussagefähigen konventionellen Vermarktungsunterlagen (Folder, Pressemappen).
- Ansprechendes Baustellenschild.
- Erstellung einer Homepage für Internetpräsentation.
- Präsentation der Projektentwicklung auf Bau- bzw. Immobilienmessen (Mipim, Expo Real, Cebit).
- Infobox und Musterbüros auf der Baustelle.
- Gezielte Nutzung von Events (Grundsteinlegung, Richtfest etc.) zu PR-Zwecken.
- Kontaktpflege zur lokalen Tages- und überregionaler Fachpresse (Artikel).
- Geringer Einsatz von Zeitungsanzeigen.
- Informationen über abgewickelte Bauvorhaben und Unternehmensneuigkeiten über soziale Medien bzw. regelmäßige Imagebroschüre (ähnlich einer Zeitschrift)
- Sponsoring bei Sportvereinen durch Trikot-, und/oder Bandenwerbung.

Bei der Konfiguration des Marketing-Mix ist zu berücksichtigen, dass enge Beziehungsgeflechte zwischen den einzelnen Submixen bestehen. So wirken sich z. B. Maßnahmen aus dem Bereich der Produktpolitik unmittelbar auf die Preispolitik aus. Im Rahmen der konkreten Planung der einzelnen Vermarktungsaktivitäten ist besonders deren zeitlicher Einsatz von großer Bedeutung. Der Zeitpunkt der Entwicklungsphase eines Bauprojektes beeinflusst die Umsetzung konkreter Maßnahmen, denn für eine wirtschaftlich erfolgreiche Projektentwicklung ist eine projektbegleitende Vermarktung erforderlich. Idealerweise ist dabei der Verkauf oder die Vermietung bereits vor der Bauausführung bereits im Wesentlichen geregelt (vgl. Breuer 2020).

7.6 Der Einsatz von Marketing-Maßnahmen in Abhängigkeit von der Marketing-Strategie

Marketingstrategien sind nur ein Teilbereich der Strategien, die dazu dienen, den Unternehmenserfolg zu sichern und/oder zu steigern. Marketingstrategien werden in der Literatur nach unterschiedlichen Gesichtspunkten unterteilt.

Hier wird eine Unterteilung gewählt, die sich daraus ergibt, dass ein Unternehmen wachsen, sich stabilisieren oder schrumpfen kann. Demnach können folgende Strategien unterschieden werden:

- Wachstumsstrategien,
- Stabilisierungsstrategien,
- Desinvestitionsstrategien.

7.6.1 Wachstumsstrategien

Das Ziel der Wachstumsstrategien ist die Erhöhung der Marktanteile. Dazu sind in der Regel erhebliche Investitionen erforderlich. Zusätzlich müssen aber auch die technischen und personellen Kapazitäten vorhanden und für diese Aufgaben geeignet sein (vgl. Jacob o. J., S. 90).

Die Matrix (Abb. 7.1) zeigt die vier üblichen Wachstumsstrategien.

Die Strategie der Marktdurchdringung besteht darin, dass bei bestehenden Märkten und bestehenden Produkten der Absatz dadurch verbessert wird, dass Produkte qualitativ und kostengünstiger angeboten werden. Diese Strategie erfordert besonders Verbesserungen im Produktionsbereich. In der Bauwirtschaft sind hier beispielsweise zu nennen: Digitalisierung

Märkte \ Produkte	bestehende	neue
bestehende	Marktdurchdringung	Produktentwicklung
neue	Marktentwicklung	Diversifikation

Abb. 7.1 Einteilung der Wachstumsstrategien. (Vgl. Welge 1985, S. 235)

- Digitalisierung,
- verbesserte Bauverfahren,
- Optimierung des Planungs- und des Bauablaufs sowie der Baustellenorganisation,
- Einsatz neuester technischer Hilfsmittel.

Unterstützt wird diese Strategie durch Maßnahmen der Kommunikations- sowie Preis- und Konditionenpolitik.

Bei der Strategie der Produktentwicklung sind neue Produkte auf bestehende Märkte zu bringen. Um dies zu erreichen, sind die bereits beschriebenen produktpolitischen Maßnahmen einzusetzen. Von Marktentwicklung spricht man dann, wenn ein bestehendes Produkt auf neuen Märkten angeboten werden soll. Hier sind vor allem distributionspolitische Maßnahmen einzusetzen.

Ein Beispiel für die Marktentwicklung war der Aufbau der Märkte in den neuen Bundesländern bei dem sich nahezu alle großen und viele mittelständische Bauunternehmen beteiligt haben. Um diesen Baumarkt zu erschließen, wurden vor allem folgende Maßnahmen ergriffen:

- die Beteiligung an bzw. die Übernahme von ostdeutschen Baufirmen,
- die Übernahme von Zulieferbetrieben wie Kies-, Splitt- oder Zementwerken,
- die Übernahme bzw. Errichtung von Fertigteilwerken (vgl. Jacob o. J., S. 97).

Ein weiteres Beispiel für die Schaffung neuer Märkte ist der Auslandsbau. Dabei versuchen die Unternehmen durch Tochtergesellschaften oder Niederlassungen vor Ort Aufträge zu akquirieren und es kommt eine Verbindung zwischen strategischer Marktentwicklung und der Strategie der Diversifikation zum Tragen. Auf die verschiedenen Formen der Diversifikation wurde bereits eingegangen.

7.6.2 Stabilisierungsstrategien

„Stabilisierungsstrategien spielen als sog. ausgewogene Gruppe der Unternehmensstrategien für die strategische Investitionsplanung im Gegensatz zu den zuvor behandelten Wachstumsstrategien eine untergeordnete Rolle, sind aber im Rahmen der strategischen Unternehmensplanung dennoch von Bedeutung. Ihre Ziele liegen zum einen in der Beibehaltung des einmal Geschaffenen durch die sog. Haltestrategien. Zum anderen wird in Phasen nach starkem Wachstum mit Hilfe der Konsolidierungsstrategien versucht, Überkapazitäten abzubauen, d. h. das Unternehmen von ‚Überflüssigem' zu bereinigen. Dies kann z. B. in den Bereichen Produktpalette, Lagerhaltung, Organisationsstruktur etc. geschehen. Strategische Investitionen werden hierzu i. d. R. nicht in Anspruch genommen" (Jacob o. J., S. 112).

Stabilisierungsstrategien sind in der Bauwirtschaft häufig an bestimmte Unternehmensgrößenklassen gekoppelt. Der Sprung in die nächst größere Klasse ist mit einem Umbau des Overheadbereichs (Verwaltung, Bauhof, etc.) und einem entsprechenden Anstieg der Fixkosten verbunden, der die Rendite belasten und die Wettbewerbsfähigkeit einschränken kann. Strategisch sinnvoll kann dann entweder ein deutliches Wachstum oder die Stabilisierung und wirtschaftliche Optimierung in einer Größenklasse sein.

Eine wohlanzuratende Stabilisierungsstrategie ist die Konzentration auf diejenigen Leistungen, in denen das Unternehmen innovative Stärken hat. Mit dieser Einschränkung auf die Kernkompetenzen ist ganz sicherlich auch die Weiterentwicklung des spezifischen Know-hows des Unternehmens verbunden. Dies hat die Konsequenz, dass dem Auftraggeber ein günstiges Kosten-/Nutzenverhältnis angeboten werden kann und dass sich das Unternehmen dadurch von konkurrierenden Unternehmen abheben kann.

Bei Stabilisierungsstrategien sind vor allem auch die preis- und kommunikationspolitischen Maßnahmen als Unterstützung einzusetzen.

7.6.3 Desinvestitionsstrategien

Haben Stabilisierungsstrategien keine Aussicht mehr auf Erfolg, dann ist es sinnvoll, umgehend Schrumpfungsstrategien einzuleiten. Dies ist häufig die einzige Möglichkeit, sich rechtzeitig aus verlustbringenden Geschäften zurückzuziehen.

Die bisher in Verlustgeschäften gebundenen finanziellen Mittel können möglicherweise noch freigesetzt und anderweitig genutzt werden.

Es gibt die unterschiedlichsten Gründe, die Desinvestitionen erfordern, z. B.:

- dauerhafte Verluste einzelner Geschäftsbereiche oder Tochtergesellschaften,
- interne organisatorische Gründe wie z. B.:
  – ungünstige Kostenstrukturen,
  – konstante Überkapazitäten,
  – mangelnde Rentabilität,
  – kapitalintensive Ersatzinvestitionen.

Auch in der Bauindustrie lassen sich Desinvestitionensstrategien feststellen, diehäufig in Zusammenhang mit allgemeinen konjunkturellen Veränderungen stehen (z. B. Finanzkrise 2008) oder aus speziellen Entwicklungen in den Kundensegmenten resultieren (z. B. Industrie, Öffentliche Hand, Gewerbe).

Anlässe zu Desinvestitionen waren in der Vergangenheit schon häufig gegeben und werden auch in der Zukunft vorhanden sein.

Zusammenfassend kann man in Anlehnung an Diederichs (1999, S. 212) den Zusammenhang zwischen einzelnen Marketing-Maßnahmen und den Marketing-Strategien wie in Abb. 7.2 darstellen.

	Wachstumsstrategien	Stabilisierungsstrategien	Deinvestitionsstrategien
Produktpolitik	- neue Produkte im Form von Dienstleistungen - neue Produktleistungen - horizontale und vertikale Diversifikation	- Schwerpunktbildung - Bereinigung von Produkten, Lagerhaltung, Organisation etc.	- Abbau von Leistungs- und Produktbereichen
Preis- und Konditionenpolitik	- Leistungswettbewerb	- gezielte Preispolitik unter Vermeidung von Risikoaufträgen	- selektiver Einsatz von Instrumenten des Leistungswettbewerbes
Distributionspolitik	- Gründung von Niederlassungen - Erweiterung der Geschäftsfelder - Bildung von ARGEN und sonstigen Kooperationen	- Konsolidierung von Niederlassungen und Organisationsstrukturen	- Abbau von Niederlassungen - Zusammenlegen von Abteilungen - Ausgliederung von Organisationsabteilungen (Outsourcing) - Bereinigung der Geschäftsfelder
Kommunikations-politik	- Produktwerbung - Firmenwerbung	- gezielte Produkt- und Firmenwerbung	- Unterstützung der Desinvestitionsstrategie durch gezielte Öffentlichkeitsarbeit

Abb. 7.2 Zusammenfassung einzelner Marketing-Maßnahmen und Marketing-Strategien

Literatur

Andreas Taschner, Andreas Taschner, (2013) Springer Fachmedien Wiesbaden. Wiesbaden. Management Reporting für Praktiker. Heuristiken im Management Reporting: 23–57

Backhaus, K.; Schneider, H.: Strategisches Marketing, Schäffer-Poeschel, Stuttgart, 2009

Brettschneider, F. (Hrsg.): Bau- und Infrastrukturprojekte. Dialogorientierte Kommunikation als Erfolgsfaktor, Springer, Wiesbaden, 2020

Breuer, Lars-Oliver: Vertrieb, in: Meinen, H.; Blecken, U. (Hg.): Praxishandbuch Projektentwicklung, Reguvis, Köln, 2020, S. 548 ff

BWI-Bau (Hrsg.): Ökonomie des Baumarktes, Springer Vieweg, Wiesbaden, 2013

Diederichs, Claus Jürgen (1999): Führungswissen für Bau- und Immobilienfachleute. Springer, Berlin

Faullant, R.: Psychologische Determinanten der Kundenzufriedenheit, DUV, Wiesbaden, 2007

Freter, H.: Marktsegmentierung, in: Diller, H. (Hg.): Vahlens Großes Marketinglexikon (S. 733–737). Vahlen, München, 1992

Haller, S.: Dienstleistungsmanagement, Gabler, Wiesbaden, 2010

Hermann Simon, Martin Fassnacht, (2016) Springer Fachmedien Wiesbaden. Wiesbaden. Preismanagement

Jacob, Matthias: Strategische Unternehmensplanung in Bauunternehmen. Dissertation. Universität Dortmund. Dortmund

Kavalirek, Friedhelm (2001): Immobilienmarketing. In: Kerry-U. Brauer (Hg.): Grundlagen der Immobilienwirtschaft : Recht – Steuern – Marketing – Finanzierung – Bestandsmanagement – Projektentwicklung. 3. Auflage. Wiesbaden: Gabler

Kreutzer, R. T.: Praxisorientiertes Dialogmarketing, Gabler, Wiesbaden, 2009

Lasswell, H.: The Structure and Function of Communication in Society, in Berelson, B.; Janowitz, M.: Reader in Public Opinion Communications, New York, London, 1967

Marhold, K. (1996): Baumarketing; in: Diederichs, C.J. (Hrsg.) (1996-2): Handbuch der strategischen und taktischen Bauunternehmensführung, Bauverlag: Wiesbaden-Berlin 1996

Meffert, H.: Marketing, 9. Auflage, überarbeitete und erweiterte Auflage, Gabler Verlag: Wiesbaden, 2000

Meffert, H.: Marketing für innovative Dienstleistungen, in: Bullinger, H.-J.; Scheer, A.-W.: Service Engineering, Springer, Berlin, 2006

Meffert, H.; Bruhn, M.: Dienstleistungsmarketing, Gabler, Wiesbaden, 2018

Meffert, H.; Burmann, C.; Kirchgeorg, M.: Marketing – Grundlagen marktorientierter Unternehmensführung, 13. Auflage, Gabler Verlag, Wiesbaden, 2019

Meffert, H.; Burmann, C.; Kirchgeorg, M.: Grundlagen marktorientierter Unternehmensführung. Gabler, Wiesbaden, 2012

Meiren, T.; Barth, T.: Service Engineering in Unternehmen umsetzen, Fraunhofer IRB, Stuttgart, 2002

Meisert, G.: Der Einfluß der Organisationsform einer Unternehmung auf den Angebotserfolg; Dissertation, Universität Essen: 1988

Pepels, W.: Marketing, Oldenbourg Wissenschaftsverlag, München, 2004

Scharf, A.; Schubert, B.; Hehn, P.: Marketing, Schäffer-Poeschel, Stuttgart, 2012

Walter, Roy: Diversifikationsstrategien in Bauunternehmen-Möglichkeit zu größerer Unabhängigkeit von Konjunkturzyklen? in: Die Deutsche Bauindustrie auf dem Weg ins Jahr 2000, Festschrift zum 60. Geburtstag von Ignaz Walter: Augsburg 1996

Welge, M.K.: Unternehmensführung, Band 1, Planung, Poeschel Verlag: Stuttgart 1985

Teil C
Organisation und Management

Unternehmen müssen sich laufend im Wettbewerb behaupten und sind in diesem Rahmen den Änderungsprozessen des Marktes und der Gesellschaft unterworfen. Durch Produktinnovationen, kontinuierliche Überprüfung und Verbesserung bzw. Anpassung der Organisation an die aktuellen Standards und darüber hinaus, bleibt das Unternehmen lebensfähig.

Davon kann sich das Management mit seinen Führungsgrundsätzen nicht ausnehmen. Dieses Kapitel geht zunächst auf die, in der Bauwirtschaft noch eher traditionellen Organisationsformen ein. Abschließend wird das Management, auch vor dem Hintergrund der Unternehmenskultur betrachtet und alternative Führungsansätze vorgestellt.

Organisation 8

8.1 Aufbau von Organisationen

Die Aufgabe der Organisation liegt klassischerweise in der Nutzung von Vorteilen der Arbeitsteilung und der Standardisierung. Eine Lösung dieser Aufgabe ist nicht immer einfach zu finden, da sich mit der Arbeitsteilung und der Standardisierung ein komplexes Organisationsgebilde ergibt, das durch das Management koordiniert werden muss.

Basis der Organisationsstruktur ist eine Sammlung an Regeln[1], unter anderem

- zur Festlegung der Aufgabenverteilung
- Regeln der Koordination
- Verfahrensrichtlinien bei der Bearbeitung von Vorgängen
- Beschwerdewege
- Kompetenzabgrenzungen
- Weisungsrechte
- Unterschriftenbefugnisse

Die Gefahr beim Aufbau von Organisationsstrukturen besteht in der Überorganisation, da jedes Unternehmen durch ein soziales Gefüge geprägt ist, nicht jede Situation im Voraus erschöpfend vorhergesagt, und nicht jeder Prozess in all seinen Ausprägungen und Sonderfällen beschrieben werden kann. Dies betrifft insbesondere die Bauunternehmen aufgrund des Projektcharakters der Leistungserstellung. Darüber hinaus spielt die Motivation bzw. die Identität der betroffenen Mitarbeiter und Führungskräfte eine Rolle (vgl. Kap. 10).

---

[1] Steinmann, H.; Schreyögg, G.; Koch, J.: Management, 7. Aufl., Springer Gabler, Wiesbaden, 2013, S. 383

Die Unternehmen orientieren sich trotz vorhandener Kritik[2] in der Regel am klassischen Ansatz der Organisationslehre nach Kosiol (1976)[3], indem sie die Organisation strukturieren nach

- der Verrichtung (Planung, Neubau, Betrieb, Verwaltung, usw.)
- Objekten und (Öffentlicher Bau, Gewerblicher Bau etc.)
- dem Rang (Geschäftsführung, Bereichsleitung, Bauleitung, Vorarbeiter)
- der Phase (Planung, Ausführung, etc.)
- der Zweckbeziehung (Werkstatt, Bauhof, Disposition, Arbeitsvorbereitung, Kalkulation, usw.)

Hauptgrund für solche Strukturierungskriterien ist, dass die Organisation in der Praxis nach innen und außen einen einfachen, verständlichen und transparenten Aufbau benötigt. Im Tagesgeschäft ergeben sich aber Überschneidungen, sodass üblicherweise eine gewisse Durchlässigkeit erforderlich ist, die zumindest den Austausch von Mitarbeiterkapazitäten über die organisatorischen Grenzen hinaus zulassen muss.

Durch die klare Aufgabentrennung ergeben sich darüber hinaus Abstimmungsprobleme bis hin zur Entfremdung von anderen Organisationseinheiten, die sich durch die spezielle Subzielorientierung einzelner Abteilungen, fehlende Schnittstellen und unterschiedliche Aufgaben, Themen, Zielstellungen usw. ergeben. Typisch dafür sind beispielsweise die Auseinandersetzungen zwischen den durch Ingenieure geprägten technischen Abteilungen („Die Baustelle muss fertig werden!") und den kaufmännischen Abteilungen („Wann wird abgerechnet?", „Wie hoch sind die halbfertigen Leistungen?", „Warum wurde die Rechnung nicht bezahlt?"). Ein weiteres Beispiel ist der Konflikt, der sich oft zwischen dem zentralen Einkauf und den operativen Einheiten ergibt. Während die Einkaufsabteilung Skaleneffekte zur Einkaufsoptimierung nutzen möchten, verlangen die technischen Abteilungen Flexibilität, Autonomie und situationsgerechte Einkaufsmöglichkeiten, die den individuellen Projekterfordernissen entsprechen.

Um solche und andere Abstimmungsprobleme zu lösen oder abzubauen werden Instrumente zur Integration benötigt. Klassischerweise werden diese über Hierarchien hergestellt. Als nachteilig erweist sich allerdings bei sehr strenger Auslegung und starker Einschränkung der Entscheidungsfreiheit der Mitarbeiter, dass sämtliche Abstimmungsprobleme durch das Management geklärt werden müssen. Damit wird der gewünschte Effekt der Entlastung durch Arbeitsteilung zumindest eingeschränkt. Ergänzend oder alternativ sollen daher Programme helfen, in denen standardisierte Routinen zur Lösung

---

[2] Vgl. Wöhe, G.: Einführung in die Allgemeine Betriebswirtschaftslehre, 25. Aufl., Verlag Franz Vahlen: München 2013, S. 100 ff.; Steinmann, H.; Schreyögg, G.; Koch, J.: Management, 7. Aufl., Springer Gabler, Wiesbaden, 2013, S. 387 f.)

[3] Kosiol, E.: Organisation der Unternehmung, Gabler Verlag, Wiesbaden, 1976

von spezifischen Abstimmungsproblemen oder Zielvorgaben die Mitarbeiter zur rascheren Klärung befähigen sollen. Moderne Ansätze basieren auf Selbstabstimmungsregelungen, das heißt horizontale Kooperationen, die auf eigene Initiative und im eigenen Ermessen der Aufgabenträger stattfinden. Letztere werden insbesondere mit zeitlich und sachlich nicht vorhersehbaren Abstimmungsproblemen wichtiger. Zunehmend rücken daher in Zusammenhang mit der Bewältigung von komplexen Bauvorhaben agile Organisationsformen in den Vordergrund.[4] Ein Beispiel ist der „Scrum"-Ansatz (https://scrumguides.org/scrum-guide.html, Abruf 21.7.2022). Er besteht aus einem sogenannten „Product Owner", der mit der Lösung eines komplexen Problems betraut ist und die Anforderungen bzw. Ziele des Projekts festlegt und die Teilaufgaben in Abstimmung mit seinem Team und weiteren Stakeholdern priorisiert, ordnet und fortschreibt. Das Projekt- bzw. Scrum-Team, bestehend aus verschiedenen Fachleuten, greift die einzelnen Teilaufgaben auf und löst sie völlig autonom in einem kurzen Zeitraum (Sprint). Die Ergebnisse werden dann vom Team und den Stakeholdern geprüft. Ist das Problem gelöst, wird die nächste Teilaufgabe angegangen. En Scrum-Master wacht über die Einhaltung der Rahmenbedingungen und fungiert bei Bedarf als Moderator. Grundlagen sind Transparenz, Überprüfung, und Anpassung.

8.1.1 Aufgabenanalyse

Unabhängig vom Aufbau der Organisation ist, ausgehend von der gestellten Gesamtaufgabe, z. B. der Erbringung von bestimmten Bauleistungen oder Planungsleistungen, zunächst eine Aufteilung in Einzelaufgaben sinnvoll, die von bestimmten Personen bzw. Personengruppen erbracht werden können.

Dabei kann man unterscheiden zwischen

- auftragsbezogenen Aufgaben, die unmittelbar der Abwicklung eines einzelnen Auftrages (Planungsleistung, Bauleistung, Dienstleistung) dienen und
- unternehmensbezogenen Aufgaben, die zur Aufrechterhaltung und der Weiterentwicklung des Unternehmens notwendig sind.

Auftragsbezogene Aufgaben
In der Bauwirtschaft hat es sich als sinnvoll erwiesen, die auftragsbezogenen Aufgaben in technische und kaufmännische Aufgaben zu unterteilen. Dabei gibt es bei der Zuordnung gegenüber der stationären Wirtschaft Unterschiede, die in den Besonderheiten der Bauwirtschaft begründet sind. So werden z. B. die Auftragsbeschaffung und die Abrechnung von Aufträgen in der Bauwirtschaft von überwiegend technisch

---

[4] Kochendörfer, B.; Liebchen, J. H.; Viering, M. G.: Bau-Projekt-Management, 6. Auflage, Springer Vieweg, Wiesbaden, 2021, S. 25 ff

ausgebildetem Personal (z. B. Meister, Techniker, Ingenieuren) durchgeführt, da diese Aufgaben nur mit entsprechendem technischem Know-how erbracht werden können.

Die traditionellen auftragsbezogenen Aufgaben bei den bauausführenden Unternehmen können wie folgt aufgezählt werden:

a) technische Aufgaben
  – Auftragsbeschaffung: Akquisition, Angebotskalkulation, Angebotserstellung, Auftragsverhandlung, Vertragsabschluss
  – Bereitstellung und Entwicklung: Sondervorschläge, technische Weiterentwicklungen und Forschung
  – Fertigungsplanung: Arbeitsvorbereitung, Schalungs- und Bewehrungsplanung
  – Erbringung der Bauleistungen und Überwachung der Fertigung
  – Abrechnung
b) kaufmännische Arbeiten
  – Rechnungs- und Zahlungsverkehr: Geräte-, Material-, Personalabrechnung; Rechnungsstellung an Auftraggeber
  – kaufmännisches Rechnungswesen
  – Einkauf
  – Versicherungen, Bürgschaften etc.

Dieser Aufgabenkatalog stellt sich erheblich umfangreicher dar, wenn zusätzlich zur Herstellung von Bauleistungen andere Leistungen wie beispielsweise Planungsleistungen, Projektentwicklungen und das Betreiben von Bauobjekten mit angeboten werden. Die auftragsbezogenen Aufgaben bspw. bei der Erbringung von Planungsleistungen wurden bereits in Abschn. 1.2 genannt.

Unternehmensbezogene Aufgaben
Hierzu gehören die Planung, Koordination und Kontrolle der Bereiche:

- Personalwesen
- Investition und Finanzierung
- Controlling
- Forschung und Entwicklung
- Wissensmanagement

Es ist offensichtlich, dass die unternehmensbezogenen Aufgaben in Abhängigkeit von der Unternehmensgröße umfangreicher sein können bzw. nicht so differenziert analysiert werden resp. gar nicht anfallen.

Allgemein kann eine unternehmerische Gesamtaufgabe anhand der Kriterien Verrichtung, Objekt, Rang, Sachmittel, Phase und Zweckbeziehung in Teilaufgaben zerlegt werden. Diese klassische Aufgabenanalyse ist, wie oben bereits erwähnt, nicht immer für alle Unternehmen praktikabel. Sie ist statisch angelegt und schon bei der Analyse gilt es, die erst herzustellende Organisationsstruktur zu berücksichtigen.[5] Damit spiegelt die Aufgabe das Ergebnis einer organisatorischen Gestaltung schon wider.

Moderne Ansätze in der Organisationslehre gehen daher nicht mehr von den klassischen Kriterien der Aufgabenanalyse aus, sondern greifen speziell folgende Merkmale auf:[6]

- Entscheidung: Hierbei soll die Organisation das Finden sinnvoller Entscheidungen unterstützen. Demnach besteht eine Organisation beispielsweise aus der Summe zweckgerichteter Verhaltensweisen (Handlungen) der Teilnehmer.
- Organisation als System einer geordneten Gesamtheit von Elementen, zwischen denen Beziehungen bestehen oder hergestellt werden können, beispielsweise sind die Subsysteme Logistik, Produktion und Verwaltung eingebettet in das System Betrieb bzw. das Supersystem Volkswirtschaft in dem weitere Subsysteme wie Kunden, Lieferanten etc. vorhanden sind
- Situation: Die Rahmenparameter verschiedener Situationen beeinflussen das Verhalten der Organisationsmitglieder. Insofern steht die Klärung des Zusammenhangs von Situation, Struktur, Verhalten und Zielerreichung (Effizienz, Effektivität, Erfolg) bei der Organisationsgestaltung im Vordergrund.

Nichtsdestotrotz sind die Aufgaben im Kontext der Leistungserstellung zu erfassen und zu analysieren, um eine Organisationsstruktur aufbauen zu können. Dabei ist es sinnvoll, zunächst die übergeordneten Aufgaben anhand der klassischen Kriterien wie beispielsweise die Verrichtung bzw. die Objektorientierung zu analysieren und die Feinabstimmung anhand der neueren Ansätze wie Verhalten, Interdependenz und Entscheidungsfindung vorzunehmen. Somit kann am pragmatischsten den modernen Anforderungen an eine Organisation entsprochen werden.

8.1.2 Traditionelle Stellen- bzw. Abteilungsgliederung

Die im Rahmen der Aufgabenanalyse gebildeten Teilaufgaben müssen so zusammengefasst werden, dass arbeitsteilige Einheiten, sog. Stellen, entstehen. Diese Stellen sind das Grundelement der Organisationsstruktur.

Damit sind die Kernprobleme der Gestaltung von betrieblichen Organisationen:

- Differenzierung der Gesamtaufgabe in Teilaufgaben
- Zuordnung der Teilaufgaben zu Stellen
- Eingliederung der Stellen in die Organisationsstruktur

---

[5] Steinmann, H.; Schreyögg, G.; Koch, J.: Management, 7. Aufl., Springer Gabler, Wiesbaden, 2013, S. 388
[6] Vgl. Seidenbiedel, G.: Organisationale Gestaltung, 2. Auflage, Springer: Wiesbaden 2020, S. 73 ff.

Wie viel und welche Arten von Teilaufgaben zu einer Stelle zusammengefasst werden, hängt vom Schwierigkeitsgrad der Teilaufgaben, von der Unternehmensgröße und auch von branchenindividuellen Faktoren ab.

Die Zuordnung der Teilaufgaben zu den Stellen wird in Stellenbeschreibungen niedergelegt, die verbindlich die Eingliederung der Stelle in die Organisationsstruktur, ihre Funktionen, Verantwortlichkeiten und Kompetenzen wiedergeben.[7]

Da viele Teilaufgaben nicht nur von einer Stelle erbracht werden können, müssen Stellen zu größeren Einheiten, den sog. Abteilungen, zusammengefasst werden.

Je nachdem, ob der Stelleninhaber über die Ausführung seiner Arbeit selbst entscheiden kann oder ob er die Arbeit nach den Anordnungen von anderen Personen durchführen muss, kann man zwischen reinen Ausführungsstellen und Stellen mit Leitungs-, Anordnungs- bzw. Weisungsbefugnissen unterscheiden.

Werden die Leitungsaufgaben zusammengefasst, so werden die entsprechenden Organisationseinheiten als Leitungseinheiten oder Instanzen bezeichnet.

Es stellt sich die Frage, wie groß die Zahl von Stellen in einer Abteilung sein kann, die einer Leitungsinstanz unterstellt werden können. In diesem Zusammenhang spricht man von der sog. Leitungsspanne. Die maximale Leitungsspanne hängt einmal von Art und Inhalt der Abteilung zugewiesenen Aufgaben ab, zum anderen von den Kommunikations- und Kontrollmöglichkeiten. Sobald die Instanz die Abteilung nicht mehr steuern und kontrollieren kann, ist es angebracht, eine Abtrennung bzw. eine Ausgliederung von Aufgaben vorzunehmen. Die Leitungsspanne wird aber nicht nur von der Art der in der Abteilung zu bewältigenden Arbeiten bestimmt. Sind diese Arbeiten im Wesentlichen vorgeregelt und treten wenig sachliche Probleme auf, so wird die Instanz in dieser Hinsicht entlastet und kann sich der Führung einer größeren Zahl von Menschen widmen, als wenn sie in sachlicher Hinsicht stark belastet ist.[8]

Die Organisation besteht je nach der Größe des Unternehmens aus mehreren Abteilungen. Deshalb müssen neben den Regelungen von Zuständigkeiten bzw. Verantwortlichkeiten innerhalb der Abteilungen auch die gegenseitigen Beziehungen zwischen den Abteilungen geregelt werden. Dies geschieht im Rahmen sog. Verfahrens- und Arbeitsanweisungen, mit denen Durchführungsverantwortung, Mitwirkungsrechte bzw. -pflichten und der Informationsfluss festgelegt werden.

8.1.3 Leitungssysteme

Klassische Leitungssysteme stellen ein hierarchisches Gefüge dar, in dem die einzelnen Stellen bzw. Abteilungen unter dem Gesichtspunkt der Weisungsbefugnis miteinander

---

[7] Vgl. Wöhe, G.: Einführung in die Allgemeine Betriebswirtschaftslehre, 27. Aufl., Verlag Franz Vahlen: München 2020, S. 107 f
[8] Vgl. Wöhe, G.: a.a.O. S. 107 ff.

8.1 Aufbau von Organisationen

verbunden sind. Diese Verbindung kann in einer Über- bzw. Unterordnung oder in einer Gleichordnung bestehen.

Bei der Einteilung in Leitungsstufen muss geklärt werden, welche Aufgaben von übergeordneten Leitungsebenen an untergeordnete Leitungsebenen weitergegeben werden und welche Kompetenzen und Weisungsbefugnisse delegiert werden sollen.

In der Praxis wird die Delegation sehr unterschiedlich gehandhabt. Die Delegation von Aufgaben und Verantwortung an Stellen bzw. Abteilungen betrifft vor allem die Fragen der Zentralisation bzw. Dezentralisation.

Werden Aufgaben auf mehrere Abteilungen übertragen, dann spricht man von Dezentralisation. Ein Unternehmen kann z. B. räumlich in mehrere Teilbereiche, also in Niederlassungen oder Zweigniederlassungen aufgeteilt sein. Dann ergibt sich die Frage, ob einzelne Aufgaben, z. B. Rechnungswesen oder Einkauf, bei jedem Teilbereich aufgebaut – also als dezentrale Lösung – oder ob diese Aufgaben von einer zentralen Abteilung durchgeführt werden sollen.

Für die optimale Gestaltung von Zentralisation und Dezentralisation gibt es keine allgemein gültigen Rezepte, sondern es kommt stets auf die Gegebenheiten eines konkreten Betriebs und eines Wirtschaftszweiges an.

In der Praxis werden beide Organisationsprinzipien zusammen angewendet. So kann für einzelne Bereiche die Zentralisation von Vorteil sein. Es bedeutet z. B. eine Verwaltungsvereinfachung, wenn in einem Großbetrieb eine eigene statistische Abteilung gebildet wird, statt dass an verschiedenen Stellen des Betriebes statistische Arbeiten nebeneinander geleistet werden. Durch Zentralisation des Einkaufs können günstige Marktsituationen schneller und besser ausgenutzt werden, eine Zentralisation des Lagerwesens kann zu Kostenersparnissen und Vereinfachungen führen.[9]

Auch für die Anzahl der Leitungsstufen der Kompetenzhierarchie gibt es in der Praxis keine einheitlichen Rezepte. Die Zahl der übereinander geordneten hierarchischen Stufen hängt von der Größe, dem Aufbau und den individuellen betrieblichen Gegebenheiten ab.

In größeren bauausführenden Unternehmen haben sich folgende Leitungsstufen etabliert:

- Unternehmensleitung: Vorstand bei der Aktiengesellschaft, Geschäftsführung bei der GmbH
- Technische und kaufmännische Abteilungen der Hauptverwaltung
- Unternehmensleitungen der Niederlassungen
- Technische und kaufmännische Abteilungen der Niederlassungen
- Baustellen als eigene organisatorische Einheiten mit der entsprechenden Gliederung in:
  – Bauleitung
  – Poliere
  – bauausführende Mitarbeiter

---

[9] Vgl. Wöhe, G.: a.a.O., S. 109 ff

Wie diese Leitungsebenen miteinander verbunden werden, unterliegt in der Praxis unterschiedlichen Regelungen. Außerdem können, speziell zur Bewältigung komplexer Projekte agile Projektteams zum Einsatz kommen. Deshalb werden im Folgenden zunächst die üblichen theoretischen Leitungssysteme kurz erläutert und in einem nächsten Hauptpunkt Beispiele von Organisationsformen in der Bauwirtschaft gezeigt.

8.1.3.1 Linienorganisationen

Einliniensystem

Bei diesem Leitungssystem sind alle Abteilungen in einen durchgehenden Instanzenweg eingegliedert. Von der Unternehmensleitung bis zur untersten Stelle gibt es eine eindeutige Linie der Weisungsbefugnis und damit der Verantwortungen.

Die Anweisungen gehen von der Unternehmensleitung an die unmittelbar unterstellten Abteilungen weiter, die ihrerseits Anweisungen weiterleiten, bis die entsprechenden Ausführungsstellen erreicht sind.

Dieser „Dienstweg" muss sowohl von oben nach unten als auch umgekehrt eingehalten werden.

Man bezeichnet dieses System als reines Einliniensystem, denn auch die gleichrangigen Abteilungsleiter erhalten Informationen von gemeinsamen Vorgesetzten über den Dienstweg, d.h über das Liniensystem. Jeder hat nur einen Vorgesetzten. Damit ist das System eindeutig festgelegt und hat z. B. die in Abb. 8.1 dargestellte Struktur.

Dieses Leitungssystem mag für kleinere Unternehmen zweckmäßig sein, bei denen wenig Hierarchiestufen vorhanden sind. Bei größeren Unternehmen ist die strikte Einhaltung eines Dienstweges sicherlich zu unflexibel und führt außerdem schnell zu Überlastungen der Unternehmensleitung. Darüber hinaus gilt es auch als störanfällig, denn jede Abwesenheit eines Vorgesetzten bedroht die Integration der Teilaufgaben bzw. die Entscheidung von Sachverhalten.

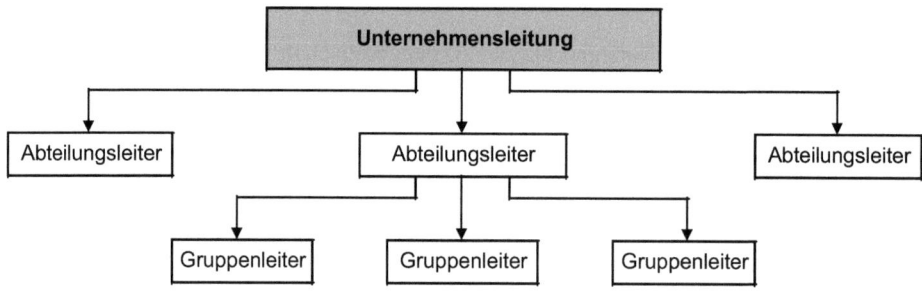

Abb. 8.1 Organigramm des Einliniensystems

Mehrliniensystem

Bei diesem Leitungssystem kann eine Abteilung von mehreren Instanzen Aufträge bzw. Dienstanweisungen erhalten. Außerdem kann eine Abteilung für mehrere Unterabteilungen zuständig sein. Ein Beispiel für den ersten Fall liegt dann vor, wenn z. B. Poliere auf einer Baustelle von mehreren Stellen Anweisungen bekommen. Der zweite Fall liegt z. B. vor, wenn eine Einkaufsabteilung für alle Baustellen zuständig ist. Eine einfache Struktur eines Mehrliniensystems zeigt Abb. 8.2.

Dieses Leitungssystem hat besonders dann große Nachteile, wenn – wie im vorgestellten Schema – die Gruppenleiter von mehreren Abteilungsleitern Anweisungen bekommen. Dies führt in der Praxis in aller Regel zu leistungshemmenden Kompetenzüberschneidungen. Für generelle Regelungen wie beispielsweise bezüglich des Umgangs und der Wartung von Baumaschinen eignet sich wiederum das System.

Stabliniensystem

Bei größeren Unternehmen führt die fortschreitende Arbeitsteilung dazu, dass gewisse Aufgaben aus der Linienorganisation abgespalten und sog. Stabstellen zugeordnet werden. Diese Stabstellen übernehmen Spezialaufgaben, damit die jeweilige Leitungsinstanz entlastet wird. Es ergibt sich das folgende Stabliniensystem (s. Abb. 8.3).

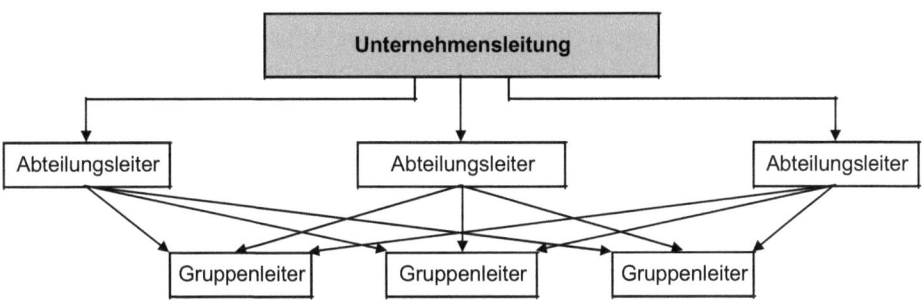

Abb. 8.2 Organigramm des funktionalen Mehrliniensystems

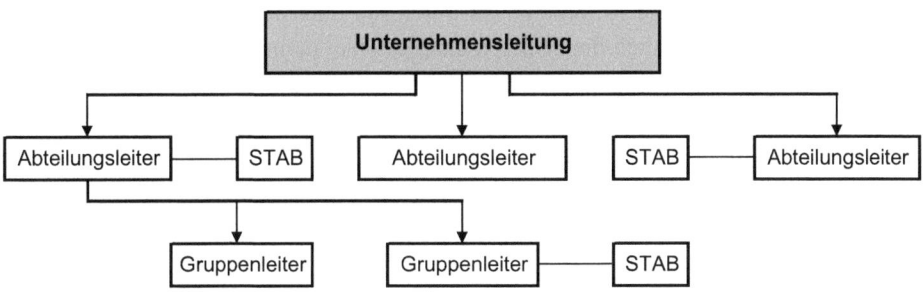

Abb. 8.3 Organigramm des Stabliniensystems

Die Stabstellen haben keinerlei Weisungsbefugnis. Sie erarbeiten Vorschläge für unternehmerische Entscheidungen. Die Informationen hierfür erhalten sie innerhalb des Unternehmens durch ein festgelegtes Auskunftsrecht. Für die Entscheidungen sind die Stäbe allerdings nicht verantwortlich. Die Entscheidungsverantwortung liegt bei den Abteilungsleitern der Linien.

Darin liegt eine gewisse Gefahr. So kann es sein, dass Stabstellen aus unterschiedlichsten – z. B. auch persönlichen – Gründen Informationen zurückhalten oder gar mit falscher Interpretation weitergeben.

„Weiterhin besteht die Gefahr, dass die Linie Stabstellen infolge ihres Auskunftsrechtes inoffiziell als Kontrolleinrichtung benutzt. Dies führt zu abnehmender Informationsbereitschaft untergeordneter Instanzen mit dem Ergebnis, dass eine sinnvolle beratende Tätigkeit der Stäbe nicht mehr möglich ist."[10]

Projektorganisation
Bei diesem Leitungssystem werden Mitarbeiter für die Dauer der Projekterstellung einem Projektleiter unterstellt. Die Mitarbeiter können aus dem eigenen Unternehmen abgestellt oder nur für dieses Projekt eingestellt werden.

Die eigenen Mitarbeiter werden für die Dauer des Projektes aus den weiterhin innerhalb des Unternehmens bestehenden Abteilungen vollkommen herausgelöst und in einem Projektteam zusammengefasst, wobei die bisherige disziplinarische Unterstellung erhalten bleibt. Die bisherigen Rangunterschiede der Mitarbeiter sind während der Projektdauer aufgehoben. Nach dem Projektabschluss wird den Mitarbeitern im Unternehmen wiederum ein anderes Aufgabengebiet übertragen. Die Projektleitung besitzt außerordentliche Kompetenz und die alleinige und volle Verantwortung für das Projekt und dessen Durchführung. Alle am Projekt beteiligten Mitarbeitenden werden unter ihrer Leitung zu einer Projektgruppe als Subsystem zusammengefasst. Der Erfolg der Projektgruppe ist in diesem Fall in hohem Maße von der Person der Projektleitung abhängig.[11]

Dieses Leitungssystem wird in der Bauwirtschaft in der Regel bei großen Bauprojekten eingesetzt.

Schematisch ergibt sich dann z. B. folgende Struktur (Abb. 8.4):

In Form der Projektorganisation lassen sich auch moderne, agile Projektteams einsetzen. Hierbei werden die Anforderungen durch die Stakeholder bzw. die Geschäftsleitung vorgegeben und durch die Projektleitung genauer definiert. Teilaufgaben werden dann durch agile Projektteams aufgegriffen und in sogenannten Sprints erledigt. Eine koordinierende Stelle sorgt für die Einhaltung der Regeln und einen reibungsfreien

---

[10] Wöhe, G.: Einführung in die Allgemeine Betriebswirtschaftslehre, 20. Auflage, Verlag Franz Vahlen: München 2000, S. 190

[11] Diederichs, C.J. (1996–3): Ziele und Philosophien für Bauunternehmen; in: Diederichs, C.J. (Hrsg.): Handbuch der strategischen und taktischen Bauunternehmensführung, Bauverlag: Wiesbaden-Berlin 1996, S. 114

8.1 Aufbau von Organisationen

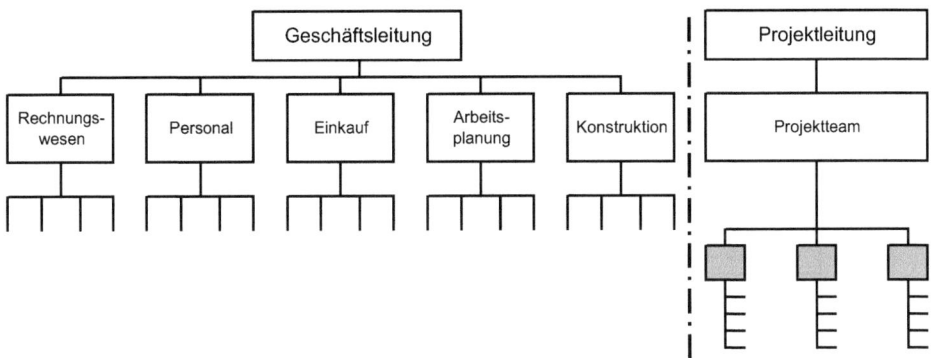

Abb. 8.4 Organigramm einer Projektorganisation

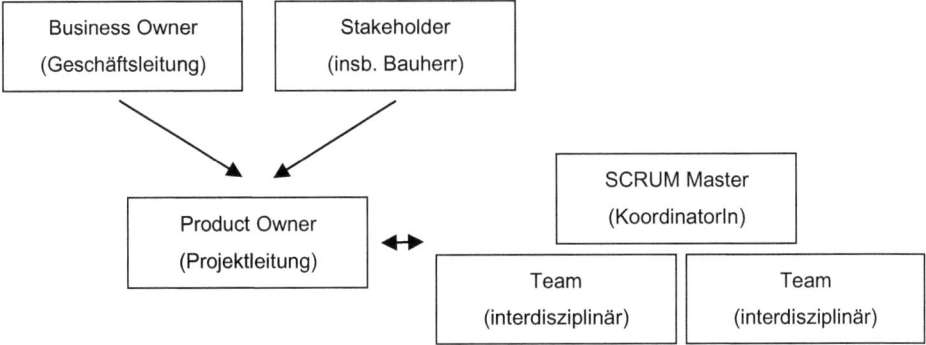

Abb. 8.5 Beispiel Scrum Organisation

Ablauf der Sprints bzw. Ergebniserreichung (Abb. 8.5). Durch die Eigenständigkeit der Projektteams ist der Erfolg des Projekts weniger stark auf die Projektleitung fokussiert.

8.1.3.2 Divisionalisierung

Wird das Unternehmen nach Produkten, Produktgruppen und/oder nach Regionen gegliedert, dann spricht man von Divisionalisierung.[12] So ist die bereits genannte Unterteilung in eine zentrale Unternehmensleitung und Niederlassungen eine Divisionalisierung nach räumlichen Gesichtspunkten.

Wird das Unternehmen nach Produkten oder Produktgruppen organisiert, dann spricht man von einer Spartenorganisation. Bei einer an den betrieblichen Produkten orientierten

---

[12] Vgl. Steinmann, H.; Schreyögg, G.; Koch, J.: Management, 7. Aufl., Springer Gabler, Wiesbaden, 2013, S. 392 f

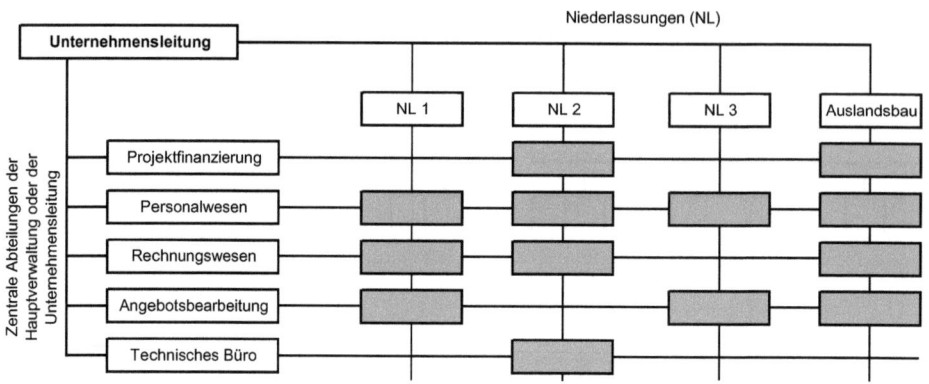

Abb. 8.6 Organigramm der Matrix-Organisation

Gliederung entstehen homogene Geschäftsbereiche, die unter verantwortlicher Leitung die betrieblichen Funktionen zusammenfassen.[13] Die Vorteile dieser Spartenorganisation bestehen darin, dass durch die Spartenbildung die fachliche Kompetenz auf bestimmten Arbeitsgebieten vertieft werden kann und dass eine bessere Abgrenzung der Verantwortung der Spartenleiter bzw. eine stärkere Entwicklung des Verantwortungsgefühls bei den Spartenleitern erzielt werden kann. Zudem können Entscheidungs- und Kontrollprozesse dezentralisiert werden. Insofern werden separate Sparten häufig auch als sogenannte Profitcenter mit eigener Ergebnisverantwortung geführt.

Bei der Divisionalisierung können sowohl die zentrale Unternehmensleitung (z. B. die Hauptverwaltung) als auch Niederlassungen nach den bereits genannten Leitungssystemen organisiert sein.

Es muss allerdings geklärt werden, ob und inwieweit die Unternehmensleitung für die Niederlassungen bzw. Sparten zuständig ist. Auf zwei dieser Möglichkeiten wird im Folgenden eingegangen.

Matrixorganisation
Abb. 8.6 zeigt die grundsätzliche Struktur einer Matrixorganisation.

Aus diesem Organigramm kann man erkennen:

- Die Unternehmensleitung hat Aufgaben an zentrale Abteilungen, z.B. an die Abteilung Personalwesen, delegiert. Bei Entscheidungen der zentralen Abteilungen wird die übergeordnete Unternehmensleitung nicht mehr eingeschaltet.
- Das Unternehmen ist regional in Niederlassungen divisionalisiert.

---

[13] Wöhe, G.: Einführung in die Allgemeine Betriebswirtschaftslehre, 27. Auflage, Verlag Franz Vahlen: München 2020, S. 113 f.

- Die Niederlassungen haben teilweise die gleichen Abteilungen wie die Hauptverwaltung. Im Organigramm sind diese Abteilungen durch umrandete Flächen gekennzeichnet. Diese Abteilungen unterstehen in der Matrixorganisation zwei übergeordneten Stellen, nämlich der entsprechenden Zentralen Abteilung und der Niederlassungsleitung.

Haben Abteilungen Entscheidungs- sowie Leitungsaufgaben und sind diese Abteilungen auf der oberen Führungsebene angesiedelt, dann werden sie „Zentralbereiche" genannt.[16] Das entscheidende Merkmal bei der Matrixorganisation ist die Teilung der Autorität zwischen den Niederlassungsleitern – dies gilt auch für andere Formen der Divisionalisierung – und den Zentralbereichen.

Hierin liegt auch die Problematik dieser Organisation. Durch die angestrebte gleichzeitige und annähernd gleichberechtigte Unterstellung der Abteilungen der Niederlassungen unter die zwei übergeordneten Stellen, nämlich den zentralen Abteilungen der Hauptverwaltung bzw. Unternehmensleitung und der Niederlassungsleitung, entstehen zum einen Probleme durch die Überlagerungen von Weisungssystemen. Zum anderen widerspricht diese „Doppelgleisigkeit" auch dem Profit-Center-Gedanken, nachdem jede Niederlassung für ihr eigenes Ergebnis ganz allein verantwortlich ist. Mit diesem kompetenzmäßig zwischen Niederlassung und Zentralbereich nicht endgültig geregeltem Aufeinandertreffen von unterschiedlichen Standpunkten wird der Konflikt zwischen der Aufgabenteilung einerseits und der Zusammenführung von Aufgaben andererseits offensichtlich. Das Vertrauen liegt hier auf der Argumentation und der Kooperationsbereitschaft der Beteiligten, worin auch letztendlich der Vorteil dieser Organisationsform liegt.

Organisatorische Einbindung von Zentralbereichen
Im Folgenden werden drei Modelle der organisatorischen Einbindung von Zentralbereichen dargestellt. Dies sind das Modell *Kernbereich*, das Modell *Richtlinienbereich* und das Modell *Servicebereich*.

Beim Modell *Kernbereich* ist eine bestimmte Aufgabe – z. B. Marketing, Rechnungswesen – aus dem Verantwortungsbereich der Geschäftsbereiche gänzlich ausgelagert und einer separaten organisatorischen Einheit, dem sog. Kernbereich, zugeordnet. Der Kernbereich ist somit selbständig, eigenverantwortlich und unternehmensweit für die ihm übertragenen Aufgaben tätig.

Im Modell *Richtlinienbereich* ist die Verankerung der Aufgaben – im Gegensatz zum Kernbereichsmodell – in Organisationseinheiten vorgesehen, die teils zentral und teils

---

[16] Vgl. z. B. Frese, E./von Werder A./Maly, W.: Zentralbereiche-Organisatorische Formen und Effizienzbeurteilung; in: Frese, E. u. a. (Hrsg.): Zentralbereiche, Schäffer Verlag: Stuttgart 1993, S. 1–50

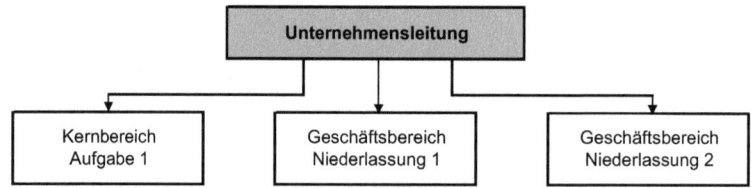

Abb. 8.7 Modell des Kernbereichs[14]

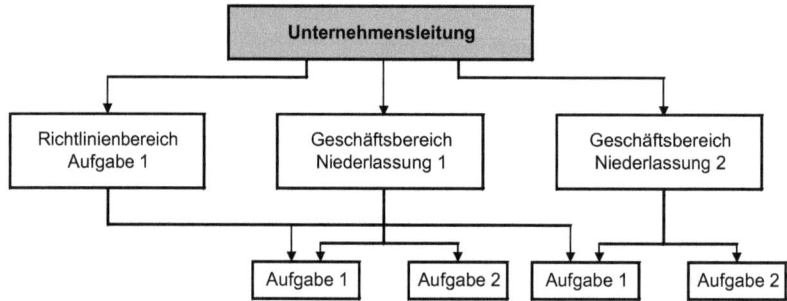

Abb. 8.8 Modell des Richtlinienbereichs[15]

dezentral angesiedelt werden. Der Richtlinienbereich ist also zuständig für Grundsatzentscheidungen und ist dabei in Bezug auf die verankerte Aufgabe allein entscheidungsbefugt sowie gegenüber den nachgelagerten Organisationseinheiten weisungsberechtigt.

Beim *Servicebereich* sind die Geschäftsbereiche für die Entscheidungen über die Art der Aufgabenerfüllung verantwortlich. Sie erteilen zur Unterstützung dieser Verantwortung bestimmte Aufträge an den oder die zentralen Servicebereiche. Diese entscheiden dann selbständig über die Art und Weise der Aufgabenerfüllung.

Folgende Abbildungen verdeutlichen die genannten Modelle. Abb. 8.7 zeigt ein einfaches Modell der organisatorischen Einbindung eines Kernbereichs.

Abb. 8.8 zeigt die organisatorische Einbindung eines Richtlinienbereichs.

Abb. 8.9 zeigt die organisatorische Einordnung von Servicebereichen.

Zusammenfassend zu den beiden dargestellten Organisationsstrukturen im Bereich der Divisionalisierung – nämlich der Matrixorganisation und der Möglichkeiten der organisatorischen Einbindung von Zentralbereichen – muss auf folgendes hingewiesen werden. Der Ablauf der Entscheidungsprozesse und der optimale reibungslose Ablauf der Betriebsprozesse hängt im entscheidenden Maße davon ab, welche Methode der

---

[14] Vgl. Frese, E./von Werder, A./Maly, W.: a.a.O., S. 36 f
[15] Vgl. Frese, E./von Werder, A./Maly, W.: a.a.O., S. 40

8.1 Aufbau von Organisationen

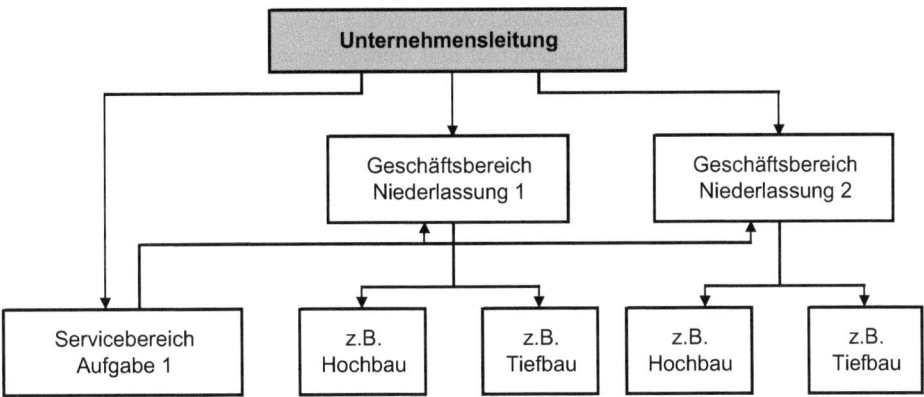

Abb. 8.9 Modell des Servicebereichs[17]

Festlegung von Zielen und welche Führungskonzeption angewandt werden. Der große Vorteil dieser Organisationsformen besteht auch in der Möglichkeit, das vorhandene Spezialwissen für Innovationsprozesse ausnützen zu können.

8.1.4 Abstimmungsprobleme

Die Gesamtaufgabe des Unternehmens ist so komplex und umfangreich, dass sie nicht durch eine einzelne Person erledigt werden kann. Aufgabenteilung ist somit auf der einen Seite zur Erledigung der anstehenden Aufgaben erforderlich. Wie bereits dargestellt führt sie auf der anderen Seite aber zu neuen Problemen, da die separat bearbeiteten Teilaufgaben letztlich zusammengeführt werden müssen und häufig Schnittstellen mit anderen Teilaufgaben besitzen. So ergeben sich laufend Abstimmungsbedarfe, die sich klassischerweise über Hierarchien (vgl. Abschn. 1.1.3) lösen lassen. Nachteilig dabei ist, dass alle Abstimmungsbedarfe über die Leistungsebenen an die entsprechend zuständigen Stellen kommuniziert werden müssen und so der häufig zu beobachtende „Flaschenhals" entsteht. Dementsprechend gehen einerseits Informationen verloren, da sich die betroffenen Experten unter Umständen nur indirekt abstimmen können, andererseits werden Entscheidungen erst mit Verzögerung getroffen. Ergänzend zur hierarchischen Integration wird daher auf sogenannte Programme zurückgegriffen, die als Routine- oder Zweckprogramme ausgebildet sein können.[18] Bei Routineprogrammen geht es um festgelegte Verfahrensrichtlinien, die bei regelmäßig auftretenden, vorsehbaren oder

---

[17] Vgl. Frese, E./von. Werder, A./Maly, W.: a.a.O., S. 42
[18] Steinmann, H.; Schreyögg, G.; Koch, J.: Management, 7. Aufl., Springer Gabler, Wiesbaden, 2013, S. 404 ff

wiederkehrenden Abstimmungsproblemen anzuwenden sind. Zweckprogramme sind auf eine bestimmte Zielerreichung ausgerichtet und werden an eine Auswahl zur Verfügung stehender Mittel geknüpft. Sie lassen sich z. B. in Zielvereinbarungen der Mitarbeiter integrieren und geben ihnen so einen Spielraum für die Zielerreichung.

Erfasst werden können mit derartigen Programmen allerdings nur vorhersehbare Abstimmungsprobleme. Sie zwingen die Aufgabenträger in feste Verfahrenskonstrukte zur Lösungsfindung. Dieses Problem wird zunehmend durch horizontale Kooperationen gelöst, bei denen sich die Aufgabenträger aus Eigeninitiative selbst und direkt abstimmen, wie die bereits beschriebenen, agilen Organisationsformen. Praktisch ist ein derartiges Vorgehen in fast allen Unternehmen zu finden, wobei zum Teil individuelle Netzwerke der einzelnen Mitarbeiter genutzt werden. Da das Vorgehen in der Regel nicht institutionell verankert bzw. legitimiert ist, kollidiert es mit klassischen Abstimmungswegen, insbesondere im Hinblick auf Hierarchien. Da persönliche Netzwerke auch immer individuell selektieren, wer in welchem Abstimmungsproblem bevorzugt angesprochen wird, bleibt die Frage nach der Effektivität, Transparenz und Objektivität einer derartigen Abstimmung zum Teil offen. Um die in vielen Fällen unverzichtbare Selbstabstimmung zu organisieren werden daher Ausschüsse, Gremienkonferenzen und Integrationsstellen eingerichtet, oder Koordinatoren benannt. Eingliedern lässt sich der Ansatz auch in die Matrixorganisation, wobei bewusst verschiedene Zielsetzungen aufeinandertreffen. Unter der Voraussetzung von Kooperationsbereitschaft der beteiligten Aufgabenträger wird dann die Gesamtaufgabenlösung verhandelt. Der Ansatz lässt sich erweitern, indem zusätzliche Schnittstellen oder Dimensionen der Matrix hinzugefügt werden, sodass Netzwerke als Abstimmungs- und Organisationsstruktur innerhalb des Unternehmens entstehen. Grundlegende Voraussetzungen für eine funktionierende horizontale Abstimmung sind allerdings:[19]

- Bereitschaft zu kooperativem Verhalten bzw. Vertrauen
- Offenheit zur Konfliktaustragung (Unternehmenskultur)
- Sachautorität unabhängig von Hierarchien
- Eigenverantwortliches und eigeninitiatives Verhalten

8.2 Organisationsmodelle in der Bauwirtschaft

8.2.1 Einzelunternehmen

Bei diesen Beispielunternehmen handelt es sich um Industrie- und Handwerksunternehmen des Bauhaupt- und des Ausbaugewerbes. Wie unter Abschn. 5.3.4 gezeigt, haben

---

[19]Vgl. Steinmann, H.; Schreyögg, G.; Koch, J.: Management, 7. Aufl., Springer Gabler, Wiesbaden, 2013, S. 413

8.2 Organisationsmodelle in der Bauwirtschaft

rund 90 % der Unternehmen in diesem Bereich weniger als 50 Mitarbeiter. Rund 10 % haben zwischen 50 und 499 Mitarbeiter und nur wenige Unternehmen haben mehr als 500 Mitarbeiter. In Bezug auf diese Unterteilung werden im Folgenden drei Beispiele von bauausführenden Unternehmen gezeigt, nämlich ein kleines, ein mittelgroßes und ein großes Unternehmen.

Beispiel eines kleinen bauausführenden Unternehmens
Bei dem vorliegenden Beispiel handelt es sich um ein Dachdeckerunternehmen mit 20 Mitarbeitern und einem Aktionsradius von ca. 50 km. Das Unternehmen wird von zwei Brüdern geführt. Der Ältere ist Dachdeckermeister und verrichtet die technischen Aufgaben der Auftragsbeschaffung, Kalkulation, Arbeitsvorbereitung, Bauleitung und Abrechnung. Der jüngere Bruder ist Kaufmann. Er ist zuständig für Einkauf, Buchhaltung, Personalabrechnung, Rechnungslegung, Bankverkehr etc.

Die Inhaber von kleinen Handwerksbetrieben kann man ohne weiteres als Universalmanager bezeichnen, da diese alle technischen und kaufmännischen Aufgaben der Unternehmensführung konzentriert auf sich vereinigen. Für dieses kleine Unternehmen ergibt sich folgende Struktur (Abb. 8.10)

Auf einen Gesichtspunkt wird hier noch besonders hingewiesen. Durch die geringe Tiefe und Breite dieser Organisation können die Anordnungen der Unternehmensleitung schnell an die ausführenden Mitarbeiter weitergegeben werden und daher trotz der vorherrschenden Linienorganisation sehr flexibel.

Beispiel eines mittelgroßen bauausführenden Unternehmens
Bei diesem Unternehmen handelt es sich um ein Bauunternehmen, welches traditionelle Bauaufgaben ausführt, nämlich Rohbauarbeiten in den Bereichen Industrieanlagen, Ingenieur- und Hochbauten. Es beschäftigt durchschnittlich 350 Mitarbeiter. Das Unternehmen hat seinen Sitz in einer nordrhein-westfälischen Großstadt und ist in ganz

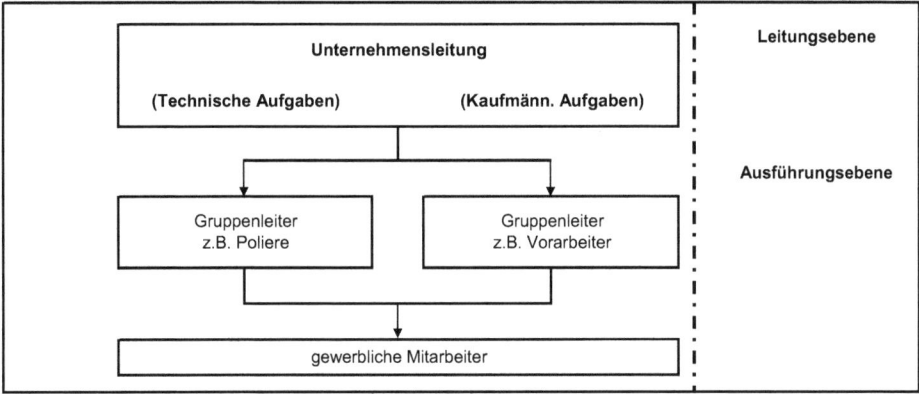

Abb. 8.10 Beispiel einer Organisationsstruktur eines kleinen bauausführenden Unternehmens

Nordrhein-Westfalen tätig. Im Gegensatz zu den kleinen Unternehmen sind bei dieser Größenordnung zusätzliche organisatorische Maßnahmen notwendig, nämlich:

- Die verschiedenen technischen und kaufmännischen Tätigkeiten müssen auf mehrere Stellen bzw. Abteilungen verteilt werden.
- Es werden drei Leitungsebenen eingerichtet.
- Da große Bauprojekte erstellt werden, müssen die Baustellen als eigene Projektorganisationen aufgebaut werden. Diese werden wiederum in die Unternehmensorganisation integriert.
- Häufig haben Unternehmen solcher Größenordnungen bereits Hilfsbetriebe, wie z. B. einen Bauhof und/oder Werkstätten. Auch diese Hilfsbetriebe müssen organisatorisch in das Unternehmen integriert werden.
- Die Hilfsbetriebe sind in aller Regel der Oberbauleitung unterstellt.

Das Unternehmen ist wie folgt strukturiert:

Die Abteilungen der 1. Leitungsebene haben sowohl unternehmensbezogene als auch auftragsbezogene Aufgaben. Die Abteilungsleiter der 1. Leitungsebene sind in strikter Linienorganisation der Unternehmensleitung zugeordnet. Bei Bedarf arbeiten Abteilungen auch direkt miteinander zusammen, ohne dass die Unternehmensleitung eingeschaltet wird. Hier ist somit der Ansatz einer Mehrlinienorganisation gegeben. Die Ergebnisse der auftragsbezogenen Aufgaben, z. B. der Arbeitsvorbereitung oder des technischen Büros, werden über die Oberbauleiter an die Bauleiter übermittelt. Dadurch ist eine strikte Linienorganisation von der 2. in die 3. Leitungsebene festgelegt.

Die Unternehmensleitung hat eine Reihe von Abteilungen zu ihrer Entlastung. Sie kann sich nun auch intensiv mit Kundenbetreuung und mit strategischen Aufgaben befassen.

Die 2. Leitungsebene besteht aus den Oberbauleitern bzw. Projektleitern. Deren wichtigste Aufgabe ist die Führung und die Koordination der an dem Bauprojekt beteiligten Mitarbeiter. Von den unterschiedlichen Abteilungen der 1. Ebene erhalten sie Informationen und teilweise auch Vorgaben, was wiederum der Mehrlinienorganisation entspricht. Daneben sind sie auch zuständig für:

- Kontaktpflege zu Bauherrn
- Einhalten des Bauvertrages einschl. Claim Management
- Auswahl der Nachunternehmer einschl. Abschluss der Nachunternehmerverträge
- Überprüfung der Leistungsmeldungen und Rechnungslegungen
- Auswertung der Controlling-Unterlagen

Die 3. Leitungsebene beschäftigt sich mit den eigentlichen operativen Aufgaben. Die Leiter dieser Ebene, die Bauleiter, sind für die vertragsgemäße und wirtschaftliche Erstellung des Bauprojektes verantwortlich.

Der Bauleitung sind Poliere unterstellt. Diese weisen die gewerblichen Mitarbeitenden in ihre Aufgaben ein und kontrollieren die Arbeitsausführung. Kaufmännische Aufgaben,

8.2 Organisationsmodelle in der Bauwirtschaft

wie Lohnabrechnung, Geräteabrechnung, Materialabrechnung, Erstellung der Baubilanzen werden in der Regel nicht auf den Baustellen erbracht. Diese Aufgaben werden von den Abteilungen der 1. Leitungsebene als Serviceleistungen zur Verfügung gestellt. Mit diesen Festlegungen ergibt sich die Organisationsstruktur gemäß Abb. 8.11.

Beispiel eines großen bauausführenden Unternehmens
Die Geschäftstätigkeit des Unternehmens erstreckt sich auf sämtliche Gebiete des Bauwesens. Die Leistungen umfassen den Allgemeinen Bau mit der Erstellung von

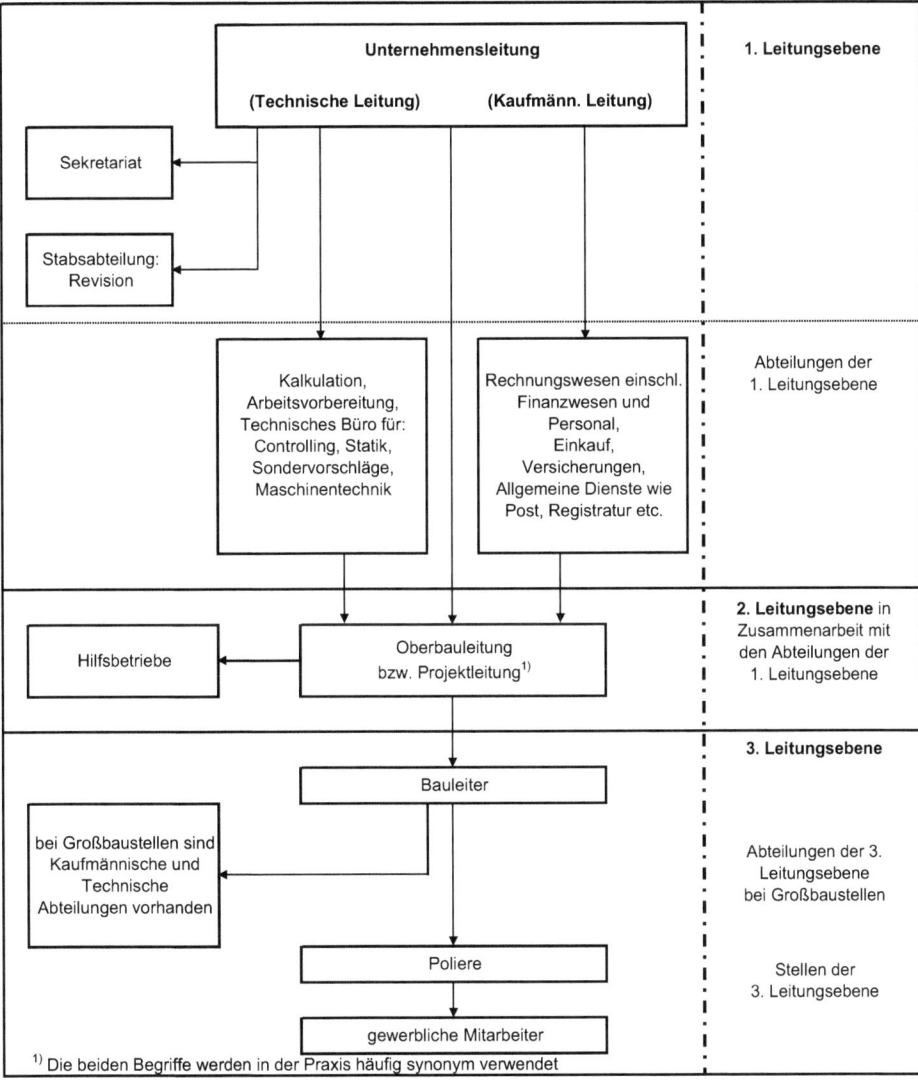

Abb. 8.11 Beispiel der Organisationsstruktur eines mittelgroßen bauausführenden Unternehmens

Wohnungs-, Wirtschafts-, Hoch- und Tiefbauten aller Art, den Verkehrswegebau und die Baustoffgewinnung.

Das Unternehmen ist im Roh- und Ausbau tätig und führt viele Bauvorhaben auch als Generalunternehmer schlüsselfertig aus.

Zwar ist der Allgemeine Bau das Kerngeschäft des Baukonzernes, aber in den letzten Jahren hat der Baukonzern rechtzeitig auf veränderte Marktanforderungen reagiert und Spezialbereiche wie Energie- und Umwelttechnik, Sanierung von Bausubstanzen, Anlagenbau etc. aufgebaut. Auch der Bereich „Service rund um das Bauwerk und die Anlage", also Entwickeln, Planen, Bauen, Verwalten und Betreiben von Bauten und Anlagen – kurzum die Projektentwicklung im weitesten Sinne – wurde in das Aufgabenspektrum aufgenommen.

Außerdem hat das Unternehmen mehr als 50 Tochter- und Beteiligungsgesellschaften im In- und Ausland, die sich auf Spezialaufgaben, wie z. B. Projektentwicklungen, Umwelttechnik, Kanalisierung, Betonsanierung und Erhaltung, konzentrieren. (Abb. 8.12)

Das „große" bauausführende Unternehmen hat gegenüber dem dargestellten „mittelgroßen Unternehmen" zusätzliche organisatorische Eigenheiten. Hierbei wird zunächst auf der folgenden Seite auf die Hauptverwaltung eingegangen, die dann erläutert wird. (Abb. 8.12)

Erstens
- Das Unternehmen hat in der Hauptverwaltung, dem Sitz der Unternehmensleitung, drei Zentralbereiche organisatorisch eingebunden, und zwar:
  - *Kernbereichsabteilungen,* die direkt der Unternehmensleitung unterstellt sind, wie z.B. strategisches Controlling, Revision, Finanzwesen, Zentrale Angebotskontrolle, Beteiligungsverwaltung, Öffentlichkeitsarbeit.
  - *Richtlinienabteilungen*, wie z. B. Einkauf, Personal, Allgemeine Verwaltung, Statik und Konstruktion, Qualitätssicherung, Maschinentechnik, Forschung und Entwicklung.
  - *Serviceabteilungen,* um die Niederlassungen und Tochtergesellschaften zu entlasten. So werden z.B. die für das Rechnungswesen notwendigen Zahlen und Daten dezentral in den Niederlassungen erfasst. Die Monats-, Quartals- und Jahresabschlüsse werden jedoch zentral durch die entsprechende Serviceabteilung erstellt. Serviceabteilungen sind bspw. Finanz- und Betriebsbuchhaltung, Recht und Versicherung, Informationstechnik (IT), Bauhöfe und Werkstätten, Schlüsselfertiges Bauen und Spezialbauten.
  - *Stabsabteilungen* sind mit Sonderaufgaben betraut, wie z.B. der Erarbeitung von strategischen Planungen oder Klärung von Rechtsfragen bei Bauverträgen und sonstige Rechtsangelegenheiten.

Zweitens
Um ein effektives Marktmanagement zu erreichen und potenziellen Kunden möglichst nahe zu sein, hat das Unternehmen räumlich klar abgegrenzte Niederlassungen errichtet, die wiederum in Zweigniederlassungen unterteilt sind.

8.2 Organisationsmodelle in der Bauwirtschaft

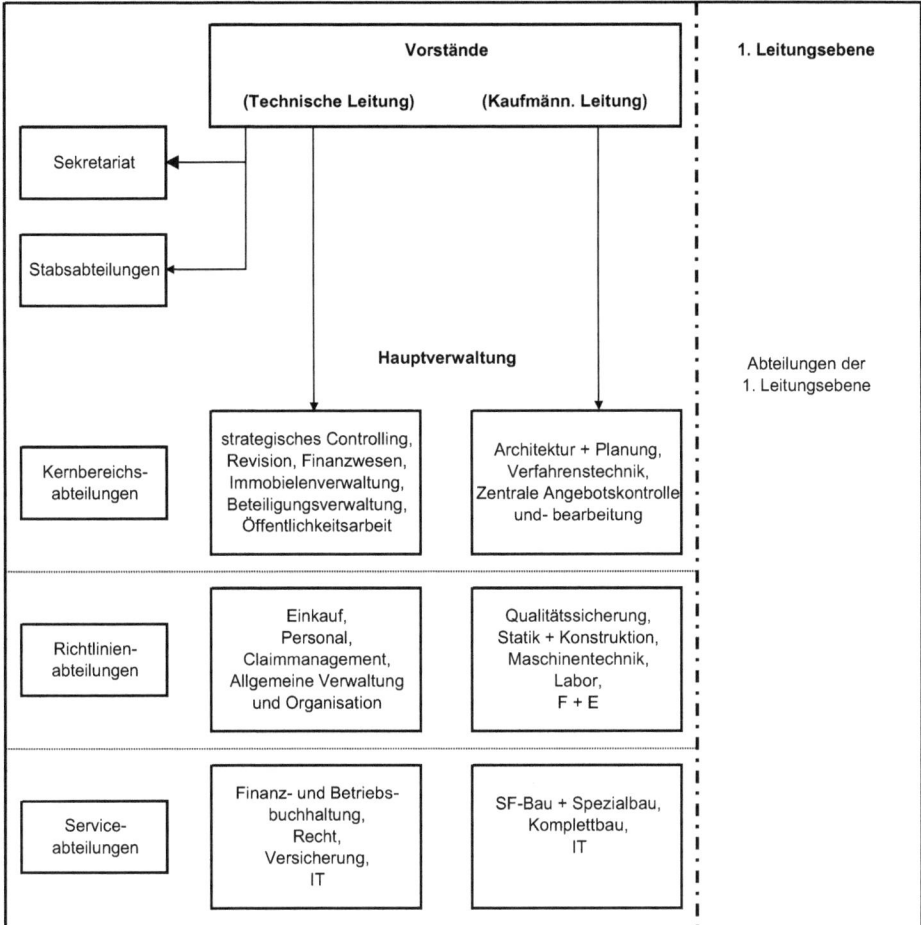

Abb. 8.12 Beispiel einer Organisationsstruktur der Hauptverwaltung eines großen bauausführenden Unternehmens

Die Niederlassungen sind ähnlich strukturiert wie die Hauptverwaltung. Die Niederlassungsleitungen unterstehen zwar unmittelbar der Unternehmensleitung, sie sind jedoch hinsichtlich der Aufgabenerfüllung, was im Wesentlichen die Auftragsakquisition und -abwicklung bedeutet, weitgehend selbständig. Die Aufgabenerfüllung wird durch eigenständige Abteilungen vorgenommen. Diese Abteilungen unterstehen ausschließlich der Niederlassungsleitung.

Ein Beispiel soll dies erläutern: In der Hauptverwaltung wurde ein strategisches Controlling eingerichtet. Gleichzeitig haben verschiedene Niederlassungen und Tochtergesellschaften eigene operative Controlling-Abteilungen aufgebaut. Diese operativen Controlling-Abteilungen liegen nicht im Einflussbereich der Unternehmensleitung, d. h.

ob und in welchem Umfang das operative Controlling ausgeführt wird, liegt allein im Zuständigkeitsbereich der Niederlassungen bzw. der Tochtergesellschaften.

Weitere autarke Abteilungen sind üblicherweise bei jeder Niederlassung bzw. Tochtergesellschaft eingerichtet, nämlich:

- kaufmännische Abteilungen: Allgemeine Verwaltung und Organisation, Finanz-, Lohn- und Gehaltsbuchhaltung, Einkauf, ARGE-Verwaltung.
- technische Abteilungen, die unmittelbar auftragsbezogen arbeiten: Kalkulation, Arbeitsvorbereitung, Bauausführung, Abrechnung und Claim Management.

Daneben gibt es Abteilungen, die im Bedarfsfall bei der Auftragserfüllung eingeschaltet werden. Dies sind Statik und Konstruktion, Maschinentechnik, Bauhöfe und Werkstätten, Labore, technische und kaufmännische IT und Qualitätssicherung.

Mitunter kann es sinnvoll sein, große Niederlassungen nach Sparten, z. B. Hochbau, Ingenieurbau bzw. Tiefbau zu unterteilen. Für Aufgaben, die nicht zu dem klassischen Geschäft eines Bauunternehmens und damit zu Aufgaben einer Niederlassung gehören, wie z. B. Projektentwicklung oder Umwelttechnik, wurden Tochtergesellschaften gegründet.

Drittens

Die Zweigniederlassungen sind den Niederlassungsleitungen unterstellt. Die Zweigniederlassungen sind für das eigentliche operative Geschäft zuständig und deshalb sind hier nur technische Abteilungen eingerichtet. Diese erbringen die auftragsbezogenen Aufgaben, also Kalkulation, Arbeitsvorbereitung, operatives Controlling.

Eine kleine kaufmännische Abteilung erfasst die Daten und Zahlen für das Rechnungswesen und den Zahlungsverkehr und regelt die ARGE-Verwaltung.

Die Erstellung der Monats-, Quartals- und Jahresabschlüsse, sowie die Abwicklung des Zahlungsverkehrs, werden von den zentralen Serviceabteilungen der Hauptverwaltung durchgeführt.

Die Abwicklung der Bauaufträge geschieht in der klassischen hierarchischen Ordnung:

- Oberbauleitung, die mehrere Baustellen betreut,
- Bauleitung, die je nach Auftragsgröße eine oder mehrere Baustellen betreut,
- Poliere und gewerbliche Mitarbeiter.

Die Baustellen wiederum werden bei Bedarf unterstützt durch technische und kaufmännische Abteilungen der Niederlassungen, z. B. bei der Bearbeitung technischer Probleme im Rahmen der Baustelleneinrichtung oder der Ablauforganisation bzw. die buchhalterische Abwicklung des Bauauftrages über die Lohnbuchhaltung bis hin zum Erstellen der baustellenbezogenen kurzfristigen Erfolgsrechnung.

8.2 Organisationsmodelle in der Bauwirtschaft

Viertens:

Das Auslandsgeschäft wird von einer ausgelagerten Abteilung „Auslandsbau" mit Niederlassungscharakter betreut.

Damit hat das Unternehmen folgende Organisationsstruktur (Abb. 8.13):

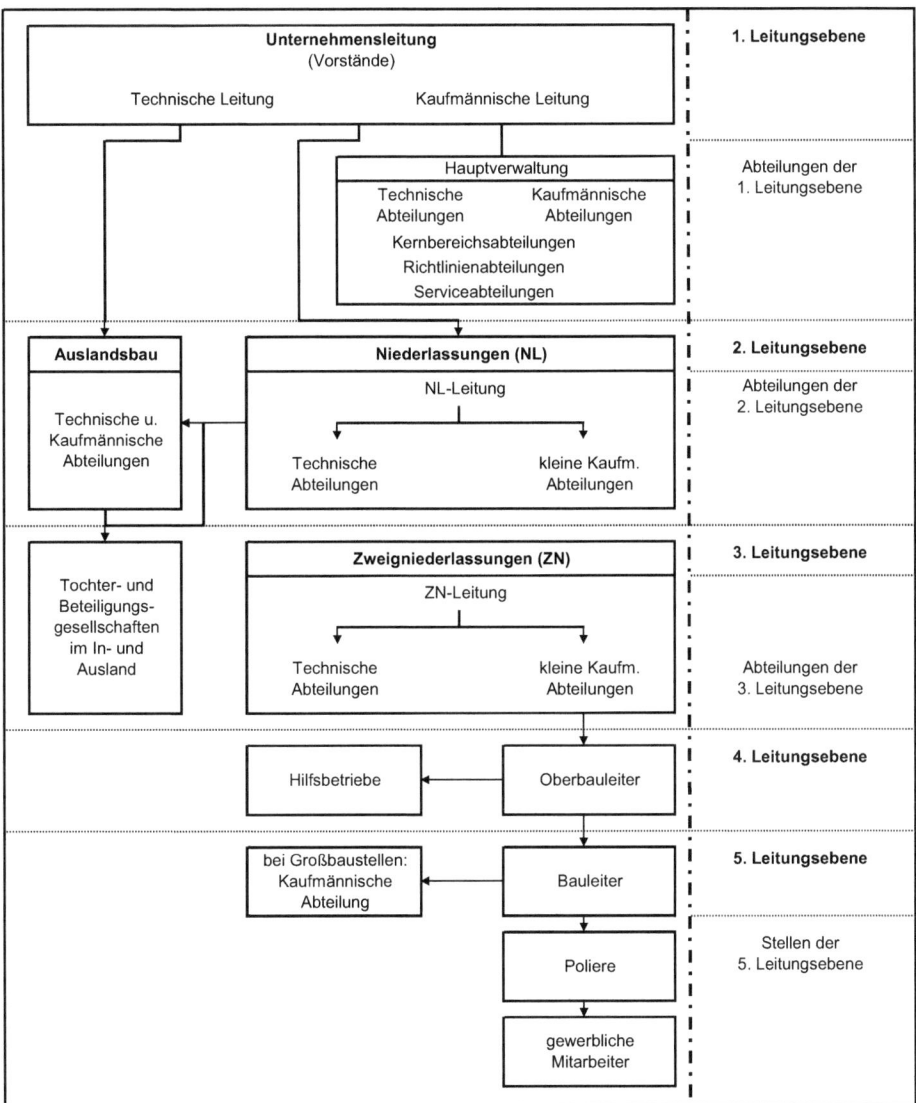

Abb. 8.13 Beispiel einer Organisationsstruktur eines großen bauausführenden Unternehmens

8.2.2 Unternehmensverbindungen

Ein Unternehmen kann sich aus verschiedenen Gründen mit anderen Unternehmen verbinden. Solche Gründe können sein:

- gemeinsame Entwicklung von Marktstrategien
- Risikoteilung (z. B. bei Forschung und Entwicklung, bei Projektentwicklungen und Großaufträgen)
- Sicherung von günstigen vorgelagerten Produktionsstufen
- Steuerung von Konkurrenzverhalten
- gemeinsame Finanzierung von Projekten
- Nutzung von Wachstums- und Gewinnpotenzialen anderer Branchen
- Eintritt in ausländische Märkte

Es gibt verschiedene Formen von Unternehmensverbindungen, mit welchen die genannten Ziele erreicht werden können. Im Hinblick auf den Grad der rechtlichen und wirtschaftlichen Selbständigkeit der verbundenen Unternehmen kann man zwischen Kooperationen und Konzentrationen unterscheiden.

Die Kooperation findet auf der Basis einer freiwilligen Zusammenarbeit von Unternehmen statt, die rechtlich und auch wirtschaftlich in den Unternehmensbereichen selbständig bleiben, die nicht der vertraglichen Zusammenarbeit unterworfen sind. Eine Konzentration von Unternehmen liegt vor, wenn die Partner einer Unternehmensverbindung entweder ihre wirtschaftliche Selbständigkeit verlieren oder zusätzlich noch ihre rechtliche Selbständigkeit aufgeben.[20]

8.2.2.1 Kooperationen
Im Folgenden werden diese Möglichkeiten von Kooperationen dargestellt:

- partnerschaftliche Zusammenarbeit
- Arbeitsgemeinschaften
- strategische Allianzen
- Holding
- Kartelle

Partnerschaftliche Zusammenarbeit
Eine Möglichkeit der partnerschaftlichen Zusammenarbeit ist die Bildung von Kooperationen, z. B. in Form von Handwerkergemeinschaften für die Abwicklung von

---

[20]Vgl. Wöhe, G.: Einführung in die Allgemeine Betriebswirtschaftslehre, 25. Aufl., Verlag Franz Vahlen: München 2013, S. 243.

Modernisierungs- und Sanierungsmaßnahmen. Unter dem Stichwort „Modernisierung aus einer Hand" bieten immer mehr handwerkliche Betriebe eine schlüsselfertige Totalsanierung oder -renovierung von Gebäuden oder Wohnungen an. Dabei steht die partnerschaftliche und gleichberechtigte Zusammenarbeit verschiedener Gewerke im Vordergrund. Diese ist gleichbedeutend wie die Zusammenarbeit zwischen Auftraggebern, Architekten und anderen Fachplanern.

Eine weitere Kooperationsmöglichkeit sind die Mittelstandskartelle gemäß § 3 des Gesetzes gegen Wettbewerbsbeschränkungen (GWB). Zulässig sind solche Kartelle, falls folgende Freistellungsvoraussetzungen erfüllt sind:

- Rationalisierung wirtschaftlicher Vorgänge durch zwischenbetriebliche Zusammenarbeit.
- Keine wesentliche Beeinträchtigung des Wettbewerbs auf dem betrachteten Markt.
- Die Vereinbarung dient dazu, die Wettbewerbsfähigkeit kleiner oder mittlerer Unternehmen zu verbessern.

Wann genau ein mittelständisches Unternehmen im Sinne des § 3 GWB vorliegt, ist nach Größe und Struktur des relevanten Marktes und nach der Größe der Konkurrenzunternehmen zu beurteilen. Die in § 35 GWB für die Zusammenschlusskontrolle u. a. genannte Bagatellgrenze von 50 Mio. Euro bzw. 17,5 Mio. Euro (zweites Unternehmen) Jahresumsatz im Inland kann auch hier ein Anhaltspunkt dafür sein, dass unterhalb dieser Grenze nur in Ausnahmefällen ein Großunternehmen vorliegen kann. Die praktische Bedeutung des § 3 GWB ist nicht zu unterschätzen. Insbesondere von mittelständischen Unternehmen des Baugewerbes werden die Kooperationsmöglichkeiten des § 3 GWB in Form von Einkaufsgesellschaften genutzt, zu deren Aufgaben die Bearbeitung folgender Tätigkeitsfelder gehört:

- Erwerb von Fahrzeugen, Maschinen, Werkzeugen, Leistungs- und Vorhaltegeräten
- Einkauf von Gerüsten, Schalungen und Baustoffen
- Organisation von Maschinenparks

Eine andere Möglichkeit der partnerschaftlichen Zusammenarbeit ist das Construction Management (CM). Es soll insbesondere das ausführungsbezogene Fachwissen der Bauunternehmen in den Planungsprozess integrieren und dadurch ein technisches bzw. wirtschaftliches Optimum für die Bauaufgabe erreicht werden. Das Bauunternehmen steht insofern als Berater bereits in einer frühen Phase des Bauprojekts zur Verfügung. Grundsätzlich sind verschiedene Varianten des CM möglich, in denen das Bauunternehmen als reiner Berater bis hin zum Totalunternehmer fungieren kann. Um alle Effizienzvorteile heben zu können, wird eine Variante bevorzugt, die den Construction Manager in die Verantwortung für den Erfolg des Bauprojekts nimmt, ihn also am

Risiko beteiligt (CM at Risk). Die Einbindung des CM erfolgt in der Entwurfsphase des Projekts.[21]

Erste Überlegungen zum Construction Management entstanden zu Beginn der 1970er Jahre im angloamerikanischen Raum. In Deutschland wurden erste Projekte in den 1990er Jahren umgesetzt.[22] Durch den frühzeitigen Einstieg können dabei die richtigen technischen, baubetrieblichen und finanzwirtschaftlichen Sondervorschläge erarbeitet werden. Nach der Optimierungsphase, die sich in zwei Planungsphasen unterteilt, führt das Erreichen der Termin- und Kostenvorgaben in der Regel zu einem Bauvertrag über schlüsselfertige Bauausführung. Vorwiegend wird dieses Modell mit Kunden aus der Industrie angewendet. Aber auch Projektentwickler mit engen Budgetvorgaben und andere Stammkunden sind mögliche Partner in diesem Modell.

Daneben gibt es auch Unternehmen aus der Baustoffindustrie, die anhand von Construction Management Konzepten Investoren, Bauträger und Baugesellschaften frühzeitig zusammenführen wollen, um im Bereich des Wohnungsbaus energiesparendes und kostenoptimiertes Bauen zu ermöglichen.

Die Arbeitsgemeinschaft (ARGE) in der Rechtsform der Gesellschaft bürgerlichen Rechts

Die Gesellschaft des bürgerlichen Rechts (GbR) ist in den §§ 705 bis 740 BGB gesetzlich geregelt. Für die GbR in der Bauwirtschaft, die sog. ARGE, gibt es einen Muster-ARGE-Vertrag, der vom Hauptverband der Deutschen Bauindustrie e. V. und dem Zentralverband des Deutschen Baugewerbes e. V. herausgegeben wird. Dieser Mustervertrag ist auf den Grundregelungen des Bürgerlichen Gesetzbuches (BGB) aufgebaut und berücksichtigt die Besonderheiten der Bauindustrie.

Neben dem „Normaltyp der ARGE" hat sich noch die sog. „Dach-ARGE" eingebürgert, für die es ebenfalls einen von den beiden genannten Spitzenverbänden herausgegebenen Mustervertrag gibt.

Der ARGE geht i. d. R. eine Bietergemeinschaft voraus. Im Falle der Zuschlagserteilung wird diese Bietergemeinschaft als ARGE fortgesetzt. Auch für Bietergemeinschaften gibt es einen vom Hauptverband der Deutschen Bauindustrie e. V. herausgegebenen Mustervertrag.

ARGEn werden in der Bauwirtschaft in aller Regel zum Zwecke der Erfüllung eines einzigen Werk- oder Werklieferungsvertrages gebildet.

Beim Normaltyp der ARGE besteht zwischen dem Auftraggeber und der ARGE ein Werkvertrag und die Partner der ARGE schließen einen Gesellschaftsvertrag ab. Bei der Dach-ARGE wird der Bauauftrag in einzelne Leistungsbereiche (Fachlose) aufgeteilt. Die einzelnen ARGE-Partner übernehmen als Nachunternehmer der Dach-ARGE die

---

[21] Vgl. Gralla, M.: Baubetriebslehre, Bauprozessmanagement, Werner Verlag, Köln, 2011, S. 25 ff
[22] Vgl. Gralla, M.: Neue Wettbewerbs- und Vertragsformen für die deutsche Bauwirtschaft, Wissenschaftliche Schriften zur Wohnungs-, Immobilien- und Bauwirtschaft, WIB Kolleg, Berlin, 1999

8.2 Organisationsmodelle in der Bauwirtschaft

Ausführung der einzelnen Fachlose. Damit existieren bei der Dach-ARGE folgende Verträge:

- Ein Werkvertrag zwischen Auftraggeber und Dach-ARGE.
- Der Gesellschaftsvertrag der Partner der Dach-ARGE (Dach-ARGE-Vertrag).
- Werkverträge zwischen Dach-ARGE und den einzelnen Partnern.
- Mitunter schließen sich Partner der Dach-ARGE nochmals zu einer Los-ARGE zusammen. Dadurch ist ein weiterer Gesellschaftsvertrag (ARGE-Vertrag) zwischen diesen Partnern notwendig.

ARGEn haben keine eigene Rechtspersönlichkeit. Sie sind Gemeinschaften zur gesamten Hand. Die ARGE entsteht durch den Gesellschaftsvertrag, wobei mindestens zwei Gesellschafter vorhanden sein müssen. Gesellschafter können Einzelunternehmen, Personengesellschaften oder Kapitalgesellschaften sein. Die Geschäftsführung bzw. Vertretung der ARGE obliegt den Organen der ARGE, nämlich der Gesellschafterversammlung (Aufsichtsstelle), der technischen und kaufmännischen Geschäftsführung und der Bauleitung. Unabdingbares Merkmal der ARGE ist die unbeschränkte, gesamtschuldnerische Haftung jedes Gesellschafters für alle Verbindlichkeiten der Gesellschaft.

Die Gewinn- bzw. Verlustbeteiligung wird im Gesellschaftsvertrag durch das Beteiligungsverhältnis der Gesellschafter untereinander festgelegt. Die kaufmännische Geschäftsführung ist verpflichtet, kurzfristige Ergebnisrechnungen, Vermögensübersichten und Schlussbilanzen zu erstellen. Diese dienen neben der Erfüllung der handels- und steuerrechtlichen Buchführungspflicht vor allem auch der Versorgung der Partnergesellschaften mit laufenden Informationen über die Ergebnisentwicklung und die wichtigsten kaufmännischen und technischen Vorgänge bei der Abwicklung der gemeinsamen Aufgabe.

In der Bauwirtschaft gibt es die ARGEn schon sehr lange. Die Gründe, warum ARGEn gebildet werden, sind vielfältiger Natur. Für das einzelne bauausführende Unternehmen kann z. B. eine Verbesserung der Auftragslage und eine kontinuierliche Personal- und Geräteauslastung erreicht werden.

Daneben kann der Beitritt zu einer ARGE dann sinnvoll sein, wenn ein bauausführendes Unternehmen nicht über die notwendigen Spezialkenntnisse oder Spezialgeräte verfügt, um einen Bauauftrag allein übernehmen zu können. Die ARGE kann also die Chance bieten, bei Aufträgen mitzuwirken, für die man selbst keine geeigneten Voraussetzungen hat. Zudem kann man durch eine Mitarbeit in einer ARGE sein kaufmännisches und technisches Know-how verbessern, sodass man langfristig seine Konkurrenzfähigkeit steigert. Wenn ein finanzstarker Partner beteiligt ist, können zudem für kleine und mittelgroße bauausführende Unternehmen Vorteile im Finanzierungsbereich entstehen.

Mitunter wird auch auftraggeberseitig die Beteiligung bestimmter Unternehmen an der Bauausführung verlangt und dadurch die Gründung einer ARGE von Auftraggeberseite erwünscht.

Strategische Allianzen

Strategische Allianzen sind spezielle Formen der Kooperation. Durch das beigefügte Attribut „strategisch" wird der Kooperation qualitativ eine neue Dimension beigemessen. Unter der Annahme dieses Grundgedankens kann dann von einer „strategischen Allianz" gesprochen werden, wenn eine Kooperation von Unternehmen langfristig darauf ausgerichtet ist, für die Beteiligten Wettbewerbsvorteile zu generieren und wenn diese Zusammenarbeit eine wesentliche Voraussetzung dafür ist, dass sich aufgrund dieser Wettbewerbsvorteile langfristige Erfolge für die Unternehmen einstellen.

Eine solche strategische Allianz liegt z. B. dann vor, wenn sich das Know-how zweier Unternehmen so ergänzen, dass sich durch die Kooperation auf einem speziellen Baugebiet langfristig Wettbewerbsvorteile ergeben.

Der Aufbau von strategischen Allianzen steht in der Bauwirtschaft noch am Anfang der Entwicklung. In NRW wurde aus der Erkenntnis, dass auch für Klein- und Mittelbetriebe neue Wege beschritten werden müssen, von verschiedenen Unternehmen eine „Initiative Bau" gegründet. Diese soll nach Möglichkeiten und Wegen suchen, die Produktivität der einzelnen Unternehmen durch Zusammenarbeit auf einzelnen Arbeitsfeldern der Mitgliedsfirmen zu erhöhen. Dabei wird an den Aufbau von Personal- und Gerätebörsen, an gemeinsamen Einsatz von IT-Systemen und an gemeinsame Einkaufsgesellschaften gedacht, um durch die Bündelung von Materialeinkäufen Spezialrabatte für die Mitgliedsunternehmen erzielen zu können. Auch sind z. B. gemeinsame kaufmännische Abteilungen oder gemeinsame IT-Pools denkbar.

Der Aufbau von strategischen Allianzen ist nicht auf die bauausführenden Unternehmen beschränkt, sondern diese Allianzen sind auch für Unternehmen der Planungsbeteiligten sinnvoll.

Holding

Charakteristisch für die Holding ist eine Spitzeneinheit als Zentrale und die rechtliche Selbständigkeit der einzelnen in der Holding zusammengefassten Unternehmen (Töchter).

Die Holding kann grundsätzlich in jeder Rechtsform gegründet werden. Bei der Holding in der Rechtsform der GmbH haben die GmbH-Gesellschafter vor allem die im Gesellschaftsvertrag festgelegten Entscheidungsrechte, wie z. B. Abschluss von Unternehmensverträgen, Kapitalerhöhungen etc.

Wird die Holding als AG geführt, dann ist eine klare Trennung von Eigentümern und Management gegeben. Eine starke Einflussnahme auf die Geschäftsführung vonseiten der Kapitaleigner (Aktionäre) ist allerdings nicht auszuschließen.

Je nachdem, auf welchem Gebiet die Holding Einfluss nehmen möchte, unterscheidet man zwischen:

- Besitz-Holding: Hier erstreckt sich der Führungsanspruch der Holdinggesellschaft nur auf die Vermögensverwaltung.
- Finanz-Holding: Hier erstreckt sich der Führungsanspruch auf die Planung, Steuerung und Kontrolle der Finanzströme.

- strategische Management-Holding: Hier konzentriert sich die Konzernspitze auf die Konzernstrategie, und zwar im Hinblick auf langfristige finanzielle und geschäftsbereichsbezogene Fragestellungen (Gestaltung des Beteiligungsportfolios, Produkt-Marktkombinationen, Finanzmittel- und Personalverteilung etc.)
- operative Management-Holding: Hier übernimmt die Holdinggesellschaft die Funktionsbereiche, die unmittelbar mit dem betrieblichen Geschehen zusammenhängen, wie z. B. Steuerung und Kontrolle von einzelnen Geschäftsfeldern.

Das Holding-Konzept spielt besonders bei Familiengesellschaften eine Rolle. So können diese z. B. ihre Anteile an anderen Unternehmen auf eine gegebenenfalls neu gegründete Holding übertragen und sie erhalten im Gegenzug Anteile der Holding. Dadurch wird beim Gesellschafterwechsel (z. B. durch Erbfall) in der Holdinggesellschaft das operative Geschäft nicht beeinflusst.

Kartelle
Kartelle sind vertragliche Vereinbarungen oder kapitalmäßige Verbindungen zwischen rechtlich selbständigen Unternehmen. Sie haben in aller Regel den Zweck, Einfluss auf die Wettbewerbssituation auf dem Absatz- oder dem Beschaffungsmarkt zu nehmen. Für Kartelle gilt grundsätzlich das Verbotsprinzip nach § 1 Gesetz gegen Wettbewerbsbeschränkungen (GWB). Dennoch gibt es eine Reihe von Kartellen wie z. B. das Normen- und Typenkartell oder das Rationalisierungskartelle (§ 2 GWB), das unter Umständen freigestellt sein kann. Preiskartelle sind grundsätzlich verboten.

Ein Unterfall der erlaubten Rationalisierungskartelle sind die bereits genannten Mittelstandskartelle gem. § 3 GWB.

8.2.2.2 Konzentrationen

Regelungen zu Konzentrationen (Unternehmensverbindungen) sind in vielen Gesetzen zu finden, z. B. im AktG, im HGB, im GmbHG, im Mitbestimmungsgesetz (MitbestG), im Publizitätsgesetz (PublG), im Körperschaftssteuergesetz (KStG).

Wie bereits vermerkt, liegen Konzentrationen von Unternehmen dann vor, wenn

- entweder die Partner einer Unternehmensverbindung ihre wirtschaftliche Selbständigkeit verlieren, z.B. durch die einheitliche Leitung einer Obergesellschaft,
- oder wenn die Partner zusätzlich ihre rechtliche Selbständigkeit verlieren, z.B. bei Verschmelzungen durch Aufnahme oder Neubildung.

Jedes Gesetz definiert „verbundenes Unternehmen" mehr oder weniger eigenständig, und zwar nach Maßgabe seiner Zwecksetzung.

Aufgabe der wirtschaftlichen Selbständigkeit
Die Formen der Konzentration, bei denen ein Partner seine wirtschaftliche Selbständigkeit verliert, werden im Folgenden mit einem Stufenkonzept in Anlehnung an das HGB dargestellt.

Die einzelnen Stufen unterscheiden sich nach dem Grad der Intensität, mit welchem das eine Unternehmen Einfluss auf Entscheidungen des anderen Unternehmens nehmen kann.

Bei der ersten Stufe ist *kein Einfluss* vorhanden. Dies ist z. B. dann der Fall, wenn ein Unternehmen von einem anderen Unternehmen Wertpapiere besitzt, die nicht langfristig im Unternehmen bleiben sollen und mit denen daher keine längerfristige Bindung an das andere Unternehmen beabsichtigt ist.

Die zweite Stufe umfasst solche Unternehmen, zwischen denen eine dauerhafte Verbindung in Form von *Beteiligungen* besteht. Diese wird vermutet, wenn Anteile am Nennkapital eines anderen Unternehmens 20 % überschreiten (IAS 28 / § 271 HGB).

Die dritte Stufe sind die *assoziierten Unternehmen*. Hier besteht eine Einflussnahme eines Konzernunternehmens auf die Geschäfts- und Finanzpolitik eines anderen Unternehmens, das nicht zum Konzern gehört (assoziiertes Unternehmen). Eine solche Einflussnahme kann begründet sein z. B. durch Vertretungen in Leitungsorganen des assoziierten Unternehmens, ohne dass diese Vertretung die Möglichkeit hat, diese Leitungsorgane zu kontrollieren. Weitere Kriterien der Einflussnahme wären z. B. erhebliche Liefer- und Leistungsverflechtungen oder erhebliche finanzielle Beziehungen. Nach § 290 Abs. 2 HGB besteht ein beherrschender Einfluss eines Mutterunternehmens stets, wenn

1. ihm bei einem anderen Unternehmen die Mehrheit der Stimmrechte der Gesellschafter zusteht;
2. ihm bei einem anderen Unternehmen das Recht zusteht, die Mehrheit der Mitglieder des die Finanz- und Geschäftspolitik bestimmenden Verwaltungs-, Leitungs- oder Aufsichtsorgans zu bestellen oder abzuberufen, und es gleichzeitig Gesellschafter ist;
3. ihm das Recht zusteht, die Finanz- und Geschäftspolitik aufgrund eines mit einem anderen Unternehmen geschlossenen Beherrschungsvertrages oder auf Grund einer Bestimmung in der Satzung des anderen Unternehmens zu bestimmen, oder
4. es bei wirtschaftlicher Betrachtung die Mehrheit der Risiken und Chancen eines Unternehmens trägt, das zur Erreichung eines eng begrenzten und genau definierten Ziels des Mutterunternehmens dient (Zweckgesellschaft). Neben Unternehmen können Zweckgesellschaften mit Ausnahmen auch sonstige juristische Personen des Privatrechts oder unselbständige Sondervermögen des Privatrechts sein.

Die vierte Stufe betrifft die sog. *Gemeinschaftsunternehmen* (Joint Venture) gemäß § 310 HGB.

Gemeinschaftsunternehmen unterliegen einer gemeinsamen Leitung, die von einem Konzernunternehmen und einem Nicht-Konzernunternehmen ausgeübt werden. Auch diese gemeinsame Leitung ist ein schwächerer Einfluss des Konzernunternehmens auf das Gemeinschaftsunternehmen als die einheitliche Leitung einer Mutter- auf die Tochtergesellschaft nach § 290 HGB.

Die fünfte Stufe der *Unternehmensverbindungen* sind die Mutter-Tochter-Verbindungen.

Dabei zielt der § 290 HGB auf zwei Tatbestände ab, nämlich auf eine einheitliche Leitung und auf die Beteiligung gemäß § 271 Abs. 1 HGB. Einheitliche Leitung bedeutet, dass das Mutterunternehmen mit der Tochter die Geschäftspolitik und sonstige grundsätzliche Fragen der Geschäftsführung zumindest abstimmt. Dies muss nicht unbedingt mit einem Weisungsrecht verbunden sein, sondern es genügt, dass man diese Abstimmungen in gemeinsamen Beratungen vollzieht.

Während nach § 290 Abs. 2 HGB eine einheitliche Leitung bestehen muss, beschreibt der § 290 Abs. 3 und 4 HGB solche Beziehungen, durch die eine Beherrschungsmöglichkeit besteht. Dies ist dann der Fall, wenn ein Mutterunternehmen

- die Mehrheit der Stimmrechte der Gesellschafter bei den Tochterunternehmen hat,
- das Recht hat, die Mehrheit der Mitglieder des Verwaltungs-, Leitungs- oder Aufsichtsorgane des Tochterunternehmens zu bestellen oder abzuberufen,
- einen beherrschenden Einfluss auf das Tochterunternehmen aufgrund eines Beherrschungs-vertrages oder aufgrund einer Satzungsbestimmung hat.

Aufgabe der rechtlichen Selbständigkeit
Die Konzentration, bei der zumindest ein Partner seine rechtliche Selbständigkeit verliert, ist die Fusion, die auch Verschmelzung genannt wird.

Die Fusion ist der Zusammenschluss von mindestens zwei rechtlich selbständigen Unternehmen zu einer rechtlichen Einheit. Bei der Fusion verliert damit immer zumindest ein Unternehmen seine rechtliche Selbständigkeit.

Eine Fusion ist auf zweierlei Weise möglich:

- durch Aufnahme: Hier wird eine Gesellschaft als Ganzes auf eine bereits bestehende Gesellschaft (aufnehmende Gesellschaft) übertragen. Die aufnehmende Gesellschaft behält die rechtliche Selbständigkeit, während die übertragende Gesellschaft ihre Selbständigkeit verliert.
- durch Neubildung: Hier wird eine neue Gesellschaft gegründet. Alle Gesellschaften, die sich zusammenschließen, übertragen ihr Vermögen und ihre Schulden auf die neue Gesellschaft und werden auf die neue Gesellschaft umgewandelt.

8.3 Entwicklungstendenzen

In der Bauwirtschaft sind in den letzten 20 Jahren bedeutende Strukturveränderungen eingetreten, die neue Entwicklungstendenzen nach sich gezogen haben:

- Marktveränderungen (Verkäufermarkt und Käufermarkt)
- Konkurrenz aus dem europäischen Ausland
- Verkleinerung der durchschnittlichen Unternehmensgrößen
- Bauunternehmen werden Multiservice-Anbieter

- Fachkräftemangel
- Digitalisierung
- Klimawandel
- Einwirkung internationaler Krisen (Corona-Pandemie/Ukraine Krieg)

Der nachhaltige Rückgang der Inlandsnachfrage bis 2005 und die verstärkte Konkurrenz aus dem ausländischen Markt hatten einen enormen Preisverfall und einen ruinösen Wettbewerb am Baumarkt ausgelöst. Um dennoch am Markt bestehen zu können, mussten marktorientierte Strategien, wie z. B. Sicherung von Marktanteilen in Nischen, Wettbewerbsvorteile auf regionalen Märkten, Beschränkung auf technisch anspruchsvolle Bauleistungen, neue Organisationsmodelle verstärkt angewendet werden. Die Strukturveränderung „Vom Verkäufer- zum Käufermarkt" hatte zur Folge, dass bauausführende Unternehmen zu den traditionellen Aufgaben eine Reihe zusätzlicher Aufgaben übernommen haben, wie z. B.:

- Produktberatung
- Auftreten als Generalunternehmer und Totalunternehmer
- Projektentwicklungen
- Übernahme von Finanzierungsleistungen
- Einstieg in neue Techniken (Deponiebau, Altlastsanierung)
- Einstieg in neue Marktbereiche (Immobilien- und Industrieservices bzw. Facility Services)
- Betreiben von Bauwerken (Betreiber-Modelle)

Durch die genannten Strukturveränderungen mussten auch im organisatorischen Bereich neue Schwerpunkte gesetzt werden. Solche Schwerpunkte waren z. B.:

- Weitere Industrialisierung des Bauens und offene Bauweisen
- Anbieten von Teilsystemen
- Outsourcing
- Einsatz von Nachunternehmern
- Kundenorientierung
- Weiterentwicklung von Projektmanagement-Strategien
- Unternehmens-Kooperationen und – Konzentrationen

Aufgrund der harten Wettbewerbsbedingungen stieg die Zahl der Auseinandersetzungen, sodass Streitigkeiten um den Leistungsumfang und die Vergütung auf die Tagesordnung gerieten. Die Einbeziehung von Juristen in den Bauprozess und die Einführung eines Claim Managements sind inzwischen Standard. Viele Stereotype, Zuschreibungen und eine Teils unkooperative Kultur bzw. gestörte Kommunikation zwischen den Baupartnern gehören zu den Überbleibseln dieser Zeit, mit denen die Branche nach wie vor zu kämpfen hat.

8.3 Entwicklungstendenzen

Nach der Marktbereinigung, die mit einer großen Zahl an Insolvenzen, auch bei den großen Bauaktiengesellschaften, einherging, lässt sich feststellen, dass sich die Marktposition der Anbieter (Verkäufer) völlig verändert hat. In den meisten Regionen kann mittlerweile von einem Verkäufermarkt gesprochen werden. Auch im Bereich der Großprojekte ist das vorhandene Know-how aufgrund der nunmehr wenigen Marktteilnehmer reduziert, sodass nur einzelne Unternehmen in der Lage sind komplexe Bauvorhaben zu realisieren. Dazu kommt der, sich seit einigen Jahren bereits abzeichnende Fachkräftemangel und eine sehr hohe Nachfrage. Diese Entwicklung zwingt die Unternehmen zu einer weiteren Anpassung, insbesondere in den Bereichen

- Personalmarketing und
- Digitalisierung/Building Information Modeling sowie
- serielles Bauen

Insbesondere infolge der größeren Krisensituation in jüngster Zeit, d. h. dem voranschreitenden Klimawandel, der Corona-Pandemie und des Krieges in der Ukraine, stehen die Unternehmen vor weiteren Herausforderungen. Zu bewältigen sind extreme Preissteigerungen im Bereich Material und Energie, Lieferengpässe und die Begrenzung von CO_2-Emmissionen sowie die Umsetzung weiterer Nachhaltigkeitsanforderungen. Daneben beeinflusst die krisenhafte Entwicklung auch die Auftraggeberseite, woraus eine instabile Nachfrage, Budgetengpässe, Stornierungen bis hin zu einem Nachfragerückgang trotz hohen Bedarfs (insbesondere Wohnungsbau und Infrastruktur) resultieren.

Weitere Industrialisierung, offene Bauweise und serielles Bauen
Der Wunsch nach „Factory Made Houses" ist nicht neu. Gerade in den 70er Jahren wurde die Industrialisierung in Forschung und Lehre sowie in der realen Umsetzung ausgiebig praktiziert. Die vorhandenen Bauelemente und -systeme zeichnen sich durch einen sehr hohen Qualitätsstandard und hohen Industrialisierungsgrad verbunden mit kundenfreundlichen Qualitäts- und Gewährleistungsgarantien aus. Dabei ist aber zu berücksichtigen, dass es sich meist um geschlossene Systeme handelt, d. h. dass ihre Funktionalität und Qualität nur gewährleistet werden kann, wenn ausschließlich Komponenten eines Systems verwendet werden.[23] Das Prinzip des Open Building setzt an dieser Stelle an. Durch die organisatorische und technische Trennung eines Bauobjektes in Wohngegend, Träger- und Ausbausystem kann jeder Teilbereich eigenständig und unabhängig voneinander optimiert werden. Anpassung werden des Lebenszyklus des Gebäudes an die Lebensumstände der Nutzer werden so besser möglich. Der Kundennutzen rückt in den Mittelpunkt der Analysen und gleichzeitig können beispielsweise die Recycling-Eigenschaften enorm erhöht werden, was wiederum der Umwelt dient.

---

[23] Vgl. Ehtling, D.: Vorfertigung komplexer Ausbau-Bausysteme für offene Bauweisen, dissertation.de – Verlag: Berlin 2001, S. 408

Diese Vorfertigungssysteme verlangen aber auch weitreichende organisatorische Veränderungen, sodass alle Beteiligten in die Lage versetzt werden müssen, diese Systeme zu planen, vorzufertigen, zu verwenden und zu verwerten (z. B. Recycling).

Speziell im Zuge der gestiegenen Nachfrage im Wohnungsbereich, hat der Begriff „serielles Bauen" Einzug gehalten. Hierbei wird der Aspekt der Vorfertigung um die sequenzielle Wiederholung und Standardisierung von Bauwerken, also das Bauen in Serie, ergänzt. Dazu gehört auch der sogenannte Modulbau, bei welchem vorgefertigte Elemente auf der Baustelle zu einem Gebäude zusammengesetzt werden, um so zeit- und kostensparend große Mengen an Fläche zu realisieren.

Anbieten von Teilsystemen

Beim Anbieten von Teilsystemen[24] geht es darum, dass ein Unternehmen dem Kunden ganzheitliche Leistungen bzw. Leistungspakete anbietet. Wenn z. B. in einen Altbau ein Bad eingebaut wird, dann müssen üblicherweise folgende Handwerksbetriebe eingeschaltet werden: Maurer, Putzer, Elektriker, Gas- und Wasserinstallateure, Zentralheizungs- und Lüftungsbauer, Fliesenleger, Maler. Der Einsatz dieser vielen Handwerker schafft Schnittstellenprobleme und oftmals auch Rechtsstreitigkeiten, bei denen es häufig darum geht, ob ein Handwerker die Grenzen seines Gewerbes überschritten hat. Diese Probleme werden dann verringert, wenn das Teilsystem „Einbau eines Bades" von einem Unternehmen erstellt wird. Diese Unternehmen bestehen aus mehreren Handwerksabteilungen, die von Handwerksmeistern geleitet werden. Sie bilden bei Sanierungen oder Umbauten ganzheitliche Leistungen an, wie z. B. Nasszellen, Küchen, Garagen, Fassaden, Dachausbauten.

Der große Vorteil dieser Systemanbieter besteht darin, dass durch enge Zusammenarbeit der Handwerker in einem Unternehmen die Schnittstellenproblematik zwischen den einzelnen Gewerken entschärft wird und daher auch weniger Kosten anfallen.

Outsourcing

Outsourcing bedeutet, dass ganze Abteilungen eines Unternehmens ausgegliedert werden, indem man z. B. Abteilungen als selbständige Tochtergesellschaften gründet.

Besonders geeignet für die Ausgliederung sind folgende Bereiche, da sie gut abzugrenzen sind und teilweise nicht die eigentliche Kernkompetenz ausmachen. Darüber hinaus sind auch immer steuer- und arbeitsrechtliche Belange von Bedeutung.

- Bauhof
- Geräte-, Maschinen- und Fuhrpark
- Fertigbetonanlagen

---

[24]Vgl. Blecken, U.: Mit dem Systemwettbewerb Bauvorhaben optimieren; in: Industriebau, Heft 5/96, S. 281–285

8.3 Entwicklungstendenzen

- Planungsabteilungen für Architektur und Konstruktion
- Konstruktions- und Statikbüros
- Personalabteilung/Lohnbüro
- Marketing
- Recht
- Informationstechnik

Strategisch wichtige Teile der Unternehmensorganisation, wie Kundenbetreuung, Kalkulation, Aufsichts- und Führungspersonal werden jedoch auch in Zukunft die Stammorganisation eines bauausführenden Unternehmens bilden. Durch die Ausgliederung wird die eigene Organisation entlastet. Außerdem haben ausgegliederte Abteilungen in der Regel bessere Kapazitätsauslastungen, weil sie zusätzlich Leistungen am Markt anbieten können. Werden ausgelagerte Abteilungen zu Kooperationen oder Beteiligungsgesellschaften zusammengeschlossen, dann werden durch Synergieeffekte die Kosten- bzw. Wettbewerbssituationen der beteiligten Unternehmen verbessert.

Verstärkter Einsatz von Nachunternehmern
Werden Aufgaben an Nachunternehmer vergeben, dann ergibt sich der Vorteil, dass die Nachunternehmer aufgrund ihrer Spezialisierung oftmals kostengünstiger sind als das Hauptunternehmen. Bei den großen Bauunternehmen ist festzustellen, dass die Zunahme der Nachunternehmerleistungen auch aus Kostengründen erfolgt. Teilweise besteht die Tendenz, nur noch das Baumanagement selbst auszuführen und damit fast alle Nachunternehmerleistungen einzukaufen.

Der Einsatz von NU erfolgt übrigens nicht nur bei den bauausführenden Unternehmen. Auch bei Ingenieurleistungen werden zunehmend Nachunternehmer eingesetzt. Durch moderne IT-Lösungen und Kommunikationsmöglichkeiten können aus anderen Ländern, nämlich EU-Mitgliedstaaten, Südostasien, Drittweltländern, von gut ausgebildeten Ingenieuren mit geringen Gehaltskosten Ingenieurleistungen zu geringen Kosten bezogen werden. Deshalb werden heute Bauzeichnungen, ingenieurtechnische Konstruktionsleistungen und ganze baugenehmigungsreife Planungsleistungen weltweit nachgefragt und angeboten.

Verstärkte Kundenorientierung
Ein weiterer Schwerpunkt ist die verstärkte Kundenorientierung. Unter der Bezeichnung „Key Account" werden z. B. bei großen Unternehmen Spezialteams eingerichtet, die für Großkunden als dauerhafte kompetente Gesprächspartner zur Verfügung stehen. Das hat die großen Vorteile, dass dadurch eine durch Vertrauen geprägte Beziehung aufgebaut wird, dass gesammelte Erfahrungen in neue Aufgaben mit einfließen können und dass viele Fehler unter Umständen nur einmal gemacht werden. Dadurch wird es sicherlich auch möglich, eine Kundenbeziehung aufzubauen, die über mehrere Jahre zu einer gewissen Verfestigung der Auftragslage beiträgt.

Weiterentwicklung von Projektmanagement-Strategien
Angesichts der gestiegenen Anforderungen an die Realisierung von Bauprojekten befassen sich Auftraggeber und Projektmanagement orientierte Beteiligte in der Bauwirtschaft mit alternativen Organisationsformen. So rücken partnerschaftliche Modelle in den Mittelpunkt des Interesses, die einerseits die schlüsselfertige Ausführung von Bauvorhaben und andererseits die Vorteile einer Einzel- bzw. Gesamtpaketvergabe verbinden sollen. Internationale Trends im Projektmanagement haben dadurch in einem großem Umfang Einzug erhalten und zwingen die Anbieter von Projektmanagementleistungen zu Anpassungen. Diverse Ansätze lassen sich dabei verzeichnen, u. a.:[25,26,27,28]

- Construction Management
- Bauteam
- Design and Build Alianzverträge
- GMP (Guaranteed Maximum Price)
- BOT (Build Operate Transfer) bzw. Betreibermodelle
- PPP/ÖPP (Öffentlich-Private Partnerschaften)
- Integrierte Projektabwicklung (IPA) bzw. Integrated Project Delivery, (IPD)

Unabhängig von der detaillierten Ausgestaltung der einzelnen Ansätze kommen sie doch alle aus dem angloamerikanischen Wirtschaftsraum und stellen den partnerschaftlichen Ansatz in den Mittelpunkt der Projektabwicklung. Darüber hinaus versprechen diese Organisationsformen teilweise erhebliche kostenwirtschaftliche Optimierungspotenziale. Voraussetzung dafür ist, dass der private Partner eine wesentlich effizientere Bereitstellung erreicht als es die öffentliche Hand selbst könnte und zudem die, teils schlechteren Zinskonditionen der Finanzierung ausgleichen kann. Nach einem Gutachten von Institut der deutschen Wirtschaft (IW) und Gesamtverband der deutschen Versicherungswirtschaft (GDV) liegen die Projektkosten beim Autobahnbau beispielsweise über die Laufzeit um 10 % niedriger als bei konventioneller Beschaffung.[29] Auch

---

[25] Vgl. Höcker, T.: Der Projektmanager als Generalkümmerer – Auftraggeberanforderungen und Lösungskonzepte des Projektmanagements. In: Hofstadler, C. (Hrsg.): Aktuelle Entwicklungen in Baubetrieb, Bauwirtschaft und Bauvertragsrecht, Springer Vieweg, Wiesbaden, 2019, S. 415 ff

[26] Kochendörfer, B.; Liebchen, J. H.; Viering, M. G.: Bau-Projekt-Management, 6. Auflage, Springer Vieweg, Wiesbaden, 2021, S. 168 ff

[27] Cheng, R.; Osburn, L.; Lee, L.(Hrsg.): Integrierte Projekt Abwicklung, 2020, Online unter: https://www.glci.de/static/43c973db8b492b418f2a4bbd5d8e1a27/IPA-Handlungsleitfaden-2020-einseitiger-Druck.pdf.

[28] Bartz, O.; Rodde, N.: Integrierte Projektabwicklung – Kulturwandel als essentieller Schlüssel für erfolgreiche Großprojekte, in: Bauwirtschaft, Nr. 4, 2020, S. 202 ff

[29] Vgl. IW, GDV (Hrsg.): Volkswirtschaftlicher Nutzen privater Infrastrukturbeteiligungen, Berlin, Köln, 2016

wenn sicherlich diese Zahlen im Kontext möglicher Nachteile zu verifizieren sind, ist es vor dem Hintergrund der Kassenlage der öffentlichen Hand unzweifelhaft eine Organisationsform, die auch in Deutschland eine wichtige Rolle spielt.

Unternehmens-Kooperationen und –Konzentrationen
Seit der Jahrtausendwende ist die Entstehung eines neuen Geschäftsfelds in Deutschland zu beobachten: Das Facility Management. Verschiedenste Spartenanbieter aus dem Bereich Gebäudetechnik, Reinigung und Sicherheit haben sich mittlerweile zu integrierten Serviceprovidern weiterentwickelt, die die gesamte Bandbreite der technischen, infrastrukturellen und kaufmännischen Gebäude- und Industrieservices anbieten. Auch viele Bauunternehmen sind diesem Trend gefolgt, und haben sich in den letzten zehn Jahren auf die eine oder andere Weise mit Serviceanbietern zusammengeschlossen und bieten heute integrierte Bau- und Immobilienservices an. Das Geschäftsfeld hat sich inzwischen etabliert und der Markt sich nach einem zunehmenden Verdrängungswettbewerb konsolidiert und strukturiert. Einige Bauunternehmen haben sich aus dem Markt bereits wieder zurück- gezogen oder ihre Aktivitäten neu geordnet.

Personalmarketing
Aufgrund der Bevölkerungsentwicklung im Hinblick auf Altersstruktur, dem Verhältnis von Frauen und Männern, der Geburten- und Sterbefallentwicklung, den Zu- und Fortzügen und den Anteilen von Inländern, Ausländern und Eingebürgerten (demografischer Wandel) stehen viele Unternehmen in Deutschland einem Fachkräftemangel gegenüber. Das Statistische Bundesamt gibt an, dass im Jahr 2011 ca. 80,3 Mio. Menschen in der Bundesrepublik Deutschland lebten.[30] Im Jahr 2021 erhöhte sich die Bevölkerungszahl auf 83,2 Mio. Menschen.[31] „Jede zweite Person in Deutschland ist heute älter als 45 und jede fünfte Person älter als 66 Jahre. Anderseits hat Deutschland in den letzten Jahren eine ungewöhnlich starke Zuwanderung vor allem junger Menschen erlebt. Nach einem langjährigen Rückgang steigen seit 2012 die Geburtenzahlen."[32] Nach der 14. koordinierten Bevölkerungsvorausberechnung, die das Statistische Bundesamt (Destatis) im Jahr 2019 veröffentlicht hat, wird die Bevölkerungszahl, je nach angenommener Geburtenhäufigkeit, Lebenserwartung und Nettozuwanderung mindestens bis 2024 zunehmen und spätestens ab 2040 zurückgehen. Im Jahr 2060 wird sie voraussichtlich

---

[30] Vgl. Statistisches Bundesamt (Hrsg.): Bevölkerung und Erwerbstätigkeit – Vorläufige Ergebnisse der Bevölkerungsfortschreibung auf Grundlage des Zensus 2011. Wiesbaden, 2014, S. 6
[31] Vgl. Statistisches Bundesamt (Hrsg.): Pressemitteilung Nr. 283 vom 27.08.2013
[32] Statistisches Bundesamt (Hrsg.): Mitten im demografischen Wandel, Online unter: https://www.destatis.de/DE/Themen/Querschnitt/Demografischer-Wandel/demografie-mitten-im-wandel.html, Abruf: 21.09.2022.

zwischen 74 und 83 Mio. liegen.³³ Besonders problematisch ist demnach der Rückgang der erwerbstätigen Bevölkerung. Im Jahr 2018 waren in Deutschland 51,8 Mio. Menschen im erwerbsfähigen Alter zwischen 20 und 66 Jahren. Bis zum Jahr 2035 wird die erwerbsfähige Bevölkerung um rund 4 bis 6 Mio. auf 45,8 bis 47,4 Mio. schrumpfen und nach einer Stabilisierungsphase bis zum Jahr 2060 je nach der Höhe der Nettozuwanderung auf 40 bis 46 Mio. sinken.

Der Anteil der Bevölkerung, der auf dem Arbeitsmarkt angeworben werden kann und den Unternehmen zur Verfügung steht, wird somit immer kleiner. Die Statistik der Bundesagentur für Arbeit bewertet einmal jährlich die Fachkräftesituation am Arbeitsmarkt anhand eines Punktesystems. Ist dieser größer gleich 2,0 handelt es sich um einen Engpassberuf. Bereits heute gehören die drei größten Engpassberufe zum Tiefbau. Insgesamt stammen 54 % der Engpassberufe aus dem Baubereich.³⁴Zudem ist zu bedenken, dass im Zuge der Digitalisierung und Industrialisierung zunehmend Fachkräfte statt Hilfsarbeiter benötigt werden. Dies schränkt die Gruppe der einsetzbaren Personen weiter ein und reduziert die Perspektive für weniger qualifiziertes Personal. Der Faktor Mensch kann daher als eine immer wertvoller werdende Ressource angesehen werden. Vor diesem Hintergrund findet ein Umdenken in der Personalrekrutierung, -bindung und -führung in den Unternehmen statt, um am Markt weiterhin konkurrenzfähig bleiben zu können. Dabei werden verstärkt Maßnahmen für die Beschäftigung älterer Mitarbeiter entwickelt und gefördert, sowie internationale Kooperationen zur Werbung von Auszubildenden aus dem Ausland in Betracht gezogen.³⁵ Weitere Möglichkeiten sind die Optimierung der Arbeitsbedingungen mit Angeboten wie Home-Office, flexiblen Arbeitszeiten und Kinderbetreuung. Darüber hinaus nimmt das Werben um geeignetes Personal eine immer wichtigere Rolle ein, wie z. B. die Ausrichtung des Unternehmens auf die Mitarbeiter im Rahmen der Schaffung einer Arbeitgebermarke (employer branding), wobei Alleinstellungsmerkmale und die Positionierung des Unternehmens als Arbeitgeber kommuniziert werden.³⁶

Building Information Modeling und Digitalisierung
Nicht zuletzt kann als Herausforderung für die Bauwirtschaft die Digitalisierung gesehen werden. Mit der Digitalen Agenda und Industrie 4.0 will auch die Bundesregierung

---

[33] Statistisches Bundesamt (Hrsg.): Bevölkerung im Erwerbsalter sinkt bis 2035 voraussichtlich um 4 bis 6 Mio., Pressemitteilung 242/19, 27.06.2019

[34] Bundesagentur für Arbeit (Hrsg.): Engpassanalyse, 2021, Online unter: https://statistik.arbeitsagentur.de/DE/Navigation/Statistiken/Interaktive-Statistiken/Fachkraeftebedarf/Engpassanalyse-Nav.html, Abruf: 21.09.2022.

[35] Vgl. Stock-Homburg, R.: Zukunft der Arbeitswelt 2030 als Herausforderung des Personalmanagements, in: Stock-Homburg, R.; Wolff, B. (Hrsg.): Handbuch – Strategisches Personalmanagement, Gabler, Wiesbaden, 2011, S. 617

[36] Vgl. z. B. Adrion, M.: Employer Branding in kleinen und mittelständischen Unternehmen, in: Trost, A. (Hrsg.): Employer Branding, Wolters Kluwer, Köln, 2013

die Digitalisierung in Deutschland voranbringen und innovative Geschäftsmodelle fördern. Wie Digitalisierung auch die Bau- und Immobilienwirtschaft verändert, wird am Beispiel des Einzelhandels deutlich. Disruptive Geschäftsmodelle, hier der Onlinehandel, haben dabei nicht nur Auswirkungen auf den stationären Handel und die geografische Verschiebung der Kaufbereitschaft. Es verändern sich auch die Anforderungen an die Immobilien, indem zum Beispiel durch die Einführung von Lieferoptionen neue Logistikkonzepte notwendig werden, die zu einer örtlichen Trennung von Lager- und Ladengebäude führen können. Hierdurch verändert sich die klassische Konzeption von Einzelhandelsimmobilien entscheidend, so wie auch der Flächenbedarf und damit die Flächennachfrage. In dieser Folge verändern sich Immobilienpreise und Mieten in den verschiedenen Teilmärkten. Zudem stellt sich der stationäre Einzelhandel auf die Veränderungen des Kaufverhaltens mit neuen Konzepten ein, indem Einzelhandelsimmobilien zu Erlebniswelten werden und Kleinstädte in der Regel nur noch als Nahversorgungszentren (Lebensmittel, täglicher Bedarf) interessant sind. Diese Neuausrichtung führt zu einer Veränderung der nachgefragten Flächenarten, Fassadengestaltung etc. Immobilienkonzepte der vergangenen zehn bis zwanzig Jahre sind für den Einzelhandel heute schon nicht mehr wirtschaftlich nutzbar.

Im Rahmen der Digitalisierung geht es also nicht nur darum, IT-Systeme nach dem Prinzip des Building Information Modeling[37] miteinander zu vernetzen, um die Planungs-, Bau- und Betriebsprozesse effektiver zu gestalten, sondern um die Frage, wie sich die Bau- und Immobilienwirtschaft aufgrund der Digitalisierung verändert. Es ist insofern vorstellbar, dass auch die klassischen Geschäftsmodelle, bestehend aus Planung, Bau und Betrieb überdacht werden müssen, wenn die Möglichkeiten der Datenauswertung (Big Data) im Bereich der Nutzer und der Nutzung sowie der Gebäudeausrüstung (Internet der Dinge) zur Konzeption neuer Services im Bau- und Immobilienbereich führen. Näheres dazu wird in Kapitel H ausgeführt.

Klimawandel

Spätestens mit dem Bericht des Club of Rome aus dem Jahr 1972 über die Grenzen des Wachstums und die Lage der Menschheit erkennen Gesellschaft, Wirtschaft und Politik zunehmend die Notwendigkeit für eine nachhaltigere Entwicklung. Aufgrund der bereits wahrnehmbaren Klimaveränderungen stehen dabei die Treibhausgase besonders im Fokus. Nach einer Studie des Bundesinstituts für Bau-, Stadt- und Raumforschung (BBSR) werden 33 % der nationalen Treibhausgasemissionen (Stand 2014) durch Nutzung und Betrieb von Wohn- und Nichtwohngebäuden verursacht. 7 % der nationalen Treibhausgasemissionen werden durch die vorgelagerten Lieferketten der Herstellung, Errichtung und Modernisierung der Wohn- und Nichtwohngebäuden und

---

[37] Vgl. z. B.: Borrmann, A.; König, M.; Koch, C. (Hrsg.): Building Information Modeling, 2. Auflage, Springer Vieweg, Wiesbaden, 2021

durch die direkten Emissionen der Bauwirtschaft (Anteil Hochbau) verursacht.[38] Der Gebäudebereich ist also für rund 40 % der Treibhausgasemissionen in Deutschland verantwortlich und damit ein wesentlicher Faktor auf dem Weg in eine nachhaltigere Zukunft bzw. bei der Bekämpfung des Klimawandels. In dieser Folge sieht sich die Bauwirtschaft bereits seit geraumer Zeit entsprechender Regulierung gegenüber. Beginnend mit den ersten Wärmeschutzverordnungen ab 1977 kann heute des Gebäude Energie Gesetzt (GEG) als zentrale, deutsche Vorschrift in diesem Bereich gesehen werden, die z. B. durch das Bodenschutzgesetz (Gesetz zum Schutz vor schädlichen Bodenveränderungen und zur Sanierung von Altlasten), das Kreislaufwirtschaftsgesetzt (Gesetz zur Förderung der Kreislaufwirtschaft und Sicherung der umweltverträglichen Bewirtschaftung von Abfällen) oder das Lieferkettengesetz (Gesetz über die unternehmerischen Sorgfaltspflichten in Lieferketten) um weitere Nachhaltigkeitsaspekte ergänzt wird. Eine besondere Rolle spielt, neben der bereits seit 2008 zunehmenden Nachfrage nach nachhaltigen Produkten und Leistungen (z. B. Gebäude mit Nachhaltigkeitszertifikat) auch der sogenannte European Green Deal und in diesem Zusammenhang vor allem die EU Taxonomie Sustainable Finance, die Kriterien für nachhaltige Wirtschaftsaktivitäten beschreibt. Die darauf aufbauende Sustainable Finance Disclosure Regulation (SFDR) sowie Corporate Sustainability Reporting Directive (CSRD) führen dazu, dass Finanzinstitute bzw. Unternehmen Nachhaltigkeitsaspekte in ihr Berichtswesen einbeziehen müssen. In dieser Folge werden weitere Regulierungen an nachhaltige Wirtschaftsaktivitäten geknüpft werden. Näheres zum Thema Nachhaltigkeit wird in Kapitel G ausgeführt.

Reaktion auf krisenhafte Entwicklungen in Europa und weltweit
Zusätzlich zu den bestehenden Herausforderungen sieht sich die Bauwirtschaft seit 2020 weiteren globalen Herausforderungen gegenüber. Während in den Betrieben trotz hoher Ansteckungsgefahr, Quarantänezeiten und Lockdown weitestgehend weitergearbeitet werden konnte, wirken sich pandemiebedingt mangelnde Produktionskapazitäten der Zulieferer und Lieferkettenprobleme massiv auf das Baugeschehen aus. Die Steigerung der Preise von Vorprodukten von durchschnittlich über 10 % von 2020 auf 2021 und der Energiekosten um über 70 % (Statistisches Bundesamt) ist dabei nur rein Aspekt. Dazu kommt, dass Termine nicht mehr seriös garantiert werden können. Die massive Inflation zwingt die Zentralbanken nun die Zinsen kräftig zu erhöhen, wodurch der Immobilienmarkt, insbesondere der Wohnungsbau ins Stocken gerät. Trotz der auch perspektivisch weiter steigenden Beschaffungskosten sehen sich viele Betriebe gezwungen, die Preise zu reduzieren. Dies belastet die Margen und erfordert Anstrengungen in Bezug auf eine

---

[38] Bundesinstitut für Bau-, Stadt- und Raumforschung (BBSR) im Bundesamt für Bauwesen und Raumordnung (BBR) (Hrsg.): Umweltfußabdruck von Gebäuden in Deutschland, BBSR-Online-Publikation Nr. 17, Bonn, 2020, S. 14 f

weitere Produktivitätssteigerung – zum Beispiel mithilfe der Digitalisierung. Glücklicherweise hatte die Branche in den Vergangenen Boomjahren die Möglichkeit, die seit dem Jahrtausendwechsel schwache Substanz aufzubessern, sodass die Eigenkapitalquoten im Tiefbau inzwischen wieder bei soliden 26 % rangieren. Damit stehen die Betriebe krisenhaften Entwicklungen stabiler gegenüber. Der Hochbau ist mit etwas über 13 % nicht so gut gerüstet (Sparkassen Finanzgruppe 2020). Insofern steigen die Insolvenzzahlen im Baugewerbe seit 2021 wieder leicht an (Statistisches Bundesamt 2022).

Literatur

Adrion, M.: Employer Branding in kleinen und mittelständischen Unternehmen, in: Trost, A. (Hrsg.): Employer Branding, Wolters Kluwer, Köln, 2013

Bartz, O.; Rodde, N.: Integrierte Projektabwicklung – Kulturwandel als essentieller Schlüssel für erfolgreiche Großprojekte, in: Bauwirtschaft, Nr. 4, 2020

Blecken, U.: Mit dem Systemwettbewerb Bauvorhaben optimieren; in: Industriebau, Heft 5/96

Borrmann, A.; König, M.; Koch, C. (Hrsg.): Building Information Modeling, Springer Vieweg, Wiesbaden, 2015

Borrmann, A.; König, M.; Koch, C. (Hrsg.): Building Information Modeling, 2. Auflage, Springer Vieweg, Wiesbaden, 2021

Bundesagentur für Arbeit (Hrsg.): Engpassanalyse, 2021, Online unter: https://statistik.arbeitsagentur.de/DE/Navigation/Statistiken/Interaktive-Statistiken/Fachkraeftebedarf/Engpassanalyse-Nav.html, Abruf: 21.09.2022

Bundesinstitut für Bau-, Stadt- und Raumforschung (BBSR) im Bundesamt für Bauwesen und Raumordnung (BBR) (Hrsg.): Umweltfußabdruck von Gebäuden in Deutschland, BBSR-Online-Publikation Nr. 17, Bonn, 2020

Bundeszentrale für politische Bildung (Hg.) (o. J.): Demografischer Wandel in Deutschland. Online verfügbar unter www.bpb.de/politik/innenpolitik/demografischerwandel, zuletzt geprüft am 29.03.2016

Cheng, R.; Osburn, L.; Lee, L.(Hrsg.): Integrierte Projekt Abwicklung, 2020, Online unter: https://www.glci.de/static/43c973db8b492b418f2a4bbd5d8e1a27/IPA-Handlungsleitfaden-2020-einseitiger-Druck.pdf

Diederichs, C.J. (1996–3): Ziele und Philosophien für Bauunternehmen; in: Diederichs, C.J. (Hrsg.): Handbuch der strategischen und taktischen Bauunternehmensführung, Bauverlag: Wiesbaden-Berlin 1996

Diederichs, C.J./Eschenbruch, K. (Hrsg.): Construction Project Management, DVP-Verlag: Wuppertal 2002

Ehtling, D.: Vorfertigung komplexer Ausbau-Bausysteme für offene Bauweisen, dissertation.de – Verlag: Berlin 2001

Eschenbruch, K.: Construction Management am Beispiel IMA Future Plant 2205, Unterlagen zum DVP-Seminar am 12. März 2004 in Berlin

Frese, E./von Werder A./Maly, W.: Zentralbereiche-Organisatorische Formen und Effizienzbeurteilung; in: Frese, E. u. a. (Hrsg.): Zentralbereiche, Schäffer Verlag: Stuttgart 1993

Gralla, M.: Neue Wettbewerbs- und Vertragsformen für die deutsche Bauwirtschaft, Wissenschaftliche Schriften zur Wohnungs-, Immobilien- und Bauwirtschaft, WIB Kolleg, Berlin, 1999

Gralla, M.: Baubetriebslehre, Bauprozessmanagement, Werner Verlag, Köln, 2011

Höcker, T.: Der Projektmanager als Generalkümmerer – Auftraggeberanforderungen und Lösungskonzepte des Projektmanagements. In: Hofstadler, C. (Hrsg.): Aktuelle Entwicklungen in Baubetrieb, Bauwirtschaft und Bauvertragsrecht, Springer Vieweg, Wiesbaden, 2019

Kosiol, E.: Organisation der Unternehmung, Gabler Verlag, Wiesbaden, 1976

Kochendörfer, B.; Liebchen, J. H.; Viering, M. G.: Bau-Projekt-Management, 6. Auflage, Springer Vieweg, Wiesbaden, 2021

IW, GDV (Hrsg.): Volkswirtschaftlicher Nutzen privater Infrastrukturbeteiligungen, Berlin, Köln, 2016

Leimböck, E. (1997): Bilanzen und Besteuerung der Bauunternehmen, Bauverlag: Wiesbaden-Berlin 1997

Lohmann, F.: Durchführung des Personaleinsatzes, in: Bröckermann, R.; Pepels, W. (Hrsg.): Das neue Personalmarketing – Employee Relationship Management als moderner Erfolgstreiber, Band 2: Handbuch Personaleinsatz, Berliner Wissenschafts-Verlag, Berlin, 2013

Seidenbiedel, G..: Organisationale Gestaltung, 2. Auflage, Springer: Wiesbaden 2020.

Staehle, W.H.: Management, 8. Auflage, Verlag Vahlen: München 1999

Statistisches Bundesamt (Hrsg.): Bevölkerung und Erwerbstätigkeit – Vorläufige Ergebnisse der Bevölkerungsfortschreibung auf Grundlage des Zensus 2011. Wiesbaden, 2014

Statistisches Bundesamt (Hrsg.): Bevölkerung und Erwerbstätigkeit – Zusammenfassende Übersichten Eheschließungen, Geborene und Gestorbene. Wiesbaden: URL: https://www.destatis.de/DE/ZahlenFakten/GesellschaftStaat/Bevoelkerung/Sterbefaelle/Sterbefaelle.html. Abruf 29.03.2016.

Statistisches Bundesamt (Hrsg.): Mitten im demografischen Wandel, Online unter: https://www.destatis.de/DE/Themen/Querschnitt/Demografischer-Wandel/demografie-mitten-im-wandel.html, Abruf: 21.09.2022

Statistisches Bundesamt (Hrsg.): Bevölkerung im Erwerbsalter sinkt bis 2035 voraussichtlich um 4 bis 6 Millionen, Pressemitteilung 242/19, 27.06.2019

Statistisches Bundesamt (Hrsg.): Pressemitteilung Nr. 283 vom 27.08.2013.

Steinmann, H.; Schreyögg, G.; Koch, J.: Management, 7. Aufl., Springer Gabler, Wiesbaden, 2013

Stock-Homburg, R.: Zukunft der Arbeitswelt 2030 als Herausforderung des Personalmanagements, in: Stock-Homburg, R.; Wolff, B. (Hrsg.): Handbuch – Strategisches Personalmanagement, Gabler, Wiesbaden, 2011

Wöhe, G.: Einführung in die Allgemeine Betriebswirtschaftslehre, 20. Auflage, Verlag Franz Vahlen: München 2000

Wöhe, G.: Einführung in die Allgemeine Betriebswirtschaftslehre, 25. Aufl., Verlag Franz Vahlen: München 2013

Wöhe, G.: Einführung in die Allgemeine Betriebswirtschaftslehre, 27. Aufl., Verlag Franz Vahlen: München 2020

Management 9

9.1 Aufbau eines Zielsystems

Voraussetzung für eine rationale und effiziente Unternehmensführung ist eine klare und eindeutige Zielbestimmung. In der Literatur wird diese Aufgabe als „Aufbau des Zielsystems" eines Unternehmens bezeichnet. Um ein Zielsystem für ein Unternehmen festlegen zu können, müssen zunächst folgende Fragen eindeutig beantwortet sein.

- Was sind die generellen Ziele von Unternehmen in marktwirtschaftlichen Systemen?
- Mit welchen operativen Handlungszielen können diese generellen Ziele erreicht werden?
- Welcher Zusammenhang besteht zwischen Zielsystem und Organisationsstruktur?
- Welche Zielkonflikte gibt es und wie werden diese gelöst?

Entsprechend diesen Fragestellungen wird im Folgenden ein Zielsystem für bauwirtschaftliche Unternehmen erarbeitet.

9.1.1 Generelle Ziele

„Für ein Unternehmen im marktwirtschaftlichen System gilt der erwerbswirtschaftliche Grundsatz. Nach diesem Grundsatz ist es das Ziel des Unternehmens, Einkommen für jene Haushalte zu erwirtschaften, die das erforderliche Eigenkapital zur Verfügung stellen."[1] Die stärkste Ausprägung dieses Grundsatzes bedeutet: Erzielung eines möglichst hohen Gewinnes.

---

[1] Vgl. Heinen, E. (1992): Einführung in die Betriebswirtschaftslehre, 9. Auflage, Gabler Verlag: Wiesbaden 1992, S. 106.

Unternehmen in marktwirtschaftlichen Systemen stehen einer Vielzahl von Risiken gegenüber, wie z. B. Konjunkturschwankungen, Nachfrageänderungen und veränderte Wettbewerbssituationen. Diese Risiken bedrohen nicht nur den Erfolg, sondern auch das Überleben der Unternehmen. Deshalb ist das Streben nach Sicherheit ein weiteres generelles Unternehmensziel.

Das Streben nach Sicherheit wird nur dann erfolgreich sein, wenn das Unternehmen jederzeit in der Lage ist, seinen finanziellen Verpflichtungen nachzukommen, d. h. es muss stets liquide sein.

Zum anderen muss die Kreditwürdigkeit gewährleistet sein, um im Bedarfsfall zusätzliche Finanzmittel bekommen zu können.

Dies kann u. a. dadurch erreicht werden, dass erzielte Gewinne von den Unternehmenseignern nicht entnommen werden.

Aber auch die nachhaltige Steigerung des Unternehmenswertes – auch als „Shareholder-Value-Konzept" bekannt – dient dem Sicherheitsstreben.

Die Steigerung des Unternehmenswertes hängt wiederum sehr stark mit der Erhöhung des Umsatzes zusammen.

„Das Umsatzstreben als bedeutsames Unternehmensziel stützt sich auf mehrere Sachverhalte. Einmal sind Ermittlung und Voraussage der Gewinne schwierig durchführbar. Der Umsatz gilt weiterhin auch als Anzeichen für den Erfolg eines Unternehmens. Schließlich dient das Umsatzstreben dem Ausbau bestehender Marktpositionen. Dafür spricht auch die Aufmerksamkeit, mit der die Entwicklung des Marktanteils von Interessenten innerhalb und außerhalb der Unternehmung verfolgt wird. Der Marktanteil ist ein bedeutsamer Anhaltspunkt für die Wettbewerbsfähigkeit einer Unternehmung."[2]

Beim Umsatzstreben sind aber folgende Gesichtspunkte zu beachten:

- „Nur solche Unternehmensbereiche sollen langfristig wachsen, die einen Unternehmenswert erzeugen, d. h. ihre Kapitalkosten verdienen.
- Investitionsmittel werden nur in solchen Bereichen zur Verfügung gestellt, die für das Unternehmen Wert erzeugen.
- Wertvernichtende Bereiche erhalten Mittel nur für Restrukturierungsmaßnahmen, oder sie werden desinvestiert.
- Investitionsentscheidungen werden nur nach wertorientierten Maßstäben gemessen."[3]

Das Ziel „Steigerung des Unternehmenswertes" kann langfristig nur dann erreicht werden, wenn die mit dem Unternehmen in Zusammenhang stehenden Gruppeninteressen beachtet werden. Ohne erstklassige Produkte und Kundenzufriedenheit, ohne

---

[2] Vgl. Heinen, E. (1992): a.a.O., S. 110.
[3] Vgl. Höfner, K/Pohl, A. (Hrsg.): Wertsteigerungsmanagement. Das Shareholder-Value-Konzept: Methoden und erfolgreiche Beispiele: Frankfurt/New York 1994, S. 8.

motivierte und hochqualifizierte Mitarbeiter und ohne solide Gewinnverwendung wird keine nachhaltige Gewinnerzielung, keine Sicherheit und keine Steigerung des Unternehmenswertes erreicht.

Unternehmen in marktwirtschaftlichen Systemen sind auch Teil einer freiheitlich-demokratischen Gesellschaftsordnung. Um von der Öffentlichkeit auf die Dauer akzeptiert zu werden, muss von den Unternehmen auch gesellschaftliche Verantwortung, z. B. in den Bereichen Umweltschutz und Umweltverbesserung, übernommen werden. Nur dadurch werden sie auf Dauer öffentliche Akzeptanz erreichen, die wiederum nötig ist, damit sich auch die politischen und wirtschaftlichen Rahmenbedingungen so entwickeln, dass die Erzielung von nachhaltigem Gewinn und Sicherheitsstreben möglich bleibt.

Neben den bislang genannten Zielen gibt es Ziele, die auf persönliche Motive von einzelnen Unternehmern beruhen, wie z. B. Unabhängigkeit, Streben nach Ansehen (Prestige) sowie sittliche und ethische Bestrebungen, die aus den Grundsätzen der Gesellschaftsordnung erwachsen.

Aber auch das Streben nach Macht ist in diesem Zusammenhang zu nennen. Das Machtstreben wird verständlich, wenn man sich die Bedeutung der Macht in Verhandlungen vergegenwärtigt. Der Schluss liegt zunächst nahe, dass das Machtstreben Mittel zur Erreichung übergeordneter Ziele ist. Vielfach wird das Machtstreben jedoch zur eigentlichen Antriebskraft unternehmerischen Verhaltens. Dies gilt vor allem für die persönliche Macht des Unternehmers. „Viele Investitionsentscheidungen lassen sich nur dadurch erklären."[4]

Allgemein kann man festhalten, dass die Unternehmen festgestellt haben, dass sich die gesellschaftliche und politische Situation in den letzten Jahren erheblich verändert hat. Sie haben vor allem erkannt, dass die ausschließliche Gewinnorientierung von der heutigen Gesellschaft nicht mehr akzeptiert wird.

Deshalb hat sich die Art des Umgangs mit Mitarbeitern, Auftraggebern, Nachunternehmern, Mitbewerbern, Umwelt und Gesellschaft grundlegend geändert. Die ethische Basis, die den neuen gemeinsamen Werthaltungen – und hier vor allem der Führungskräfte – zugrunde liegt, wird häufig als „Unternehmensphilosophie" bezeichnet.[5]

Im Gegensatz hierzu wird die „Unternehmenskultur" als der Inbegriff der im Laufe der Jahre im Unternehmen gewachsenen Denk- und Verhaltensmuster der Mitarbeiter interpretiert.

„Jede Unternehmung entwickelt im Laufe ihrer Existenz eine für sie spezifische Kultur, die charakteristische Eigenschaften und Besonderheiten widerspiegelt, welche

---

[4] Heinen, E. (1992): a.a.O., S. 115.
[5] Vgl. Diederichs, C.J. (1996–2): Personal- und Organisationsentwicklung; in: Diederichs, C.J. (Hrsg.): Handbuch der strategischen und taktischen Bauunternehmensführung, Bauverlag: Wiesbaden-Berlin 1996, S. 18.

durch die Geschichte eines Unternehmens geprägt worden sind und damit zur Einzigartigkeit einer Unternehmung beitragen. In der Entstehungsphase sind die grundlegenden Wertvorstellungen häufig von der (starken) Gründerpersönlichkeit initiiert, dazu prägt der herrschende Zeitgeist. Im Reifeprozess beginnen sich die unternehmenskulturellen Werte und Normen in Form von Riten, Ritualen etc. niederzuschlagen, die das Verhalten und die Handlungen der Organisationsmitglieder zur Erreichung der Unternehmensziele steuern wollen. Die Vergangenheitserfahrungen werden in Form von Symbolwerten in die Gegenwart hinein übermittelt, die Kultur wirkt zunehmend verhaltensregulierend."[6]

Die Unternehmenskultur ist also als Identifikation der Mitarbeiter mit dem Unternehmen und seinen Zielen zu interpretieren.

Damit dies gelingt, muss sie gepflegt, aber auch weiterentwickelt werden. Sie drückt sich aus in dem äußeren Erscheinungsbild eines Unternehmens und den gemeinsam erarbeiteten und gelebten Unternehmens- und Führungsgrundsätzen.

Diese Grundsätze als Ausdruck der Unternehmensphilosophie und Unternehmenskultur, die letztlich in praxi ineinander übergehen, müssen vom Unternehmen auch nach außen mitgeteilt werden, z. B. durch Aussagen über technische und ökonomische Leitgedanken, über das Selbstverständnis der Mitarbeiter und das Verhalten gegenüber Marktpartnern und der Gesellschaft.

Die erstrebten Werthaltungen der Mitarbeiter bzw. das daraus resultierende Verhalten kann z. B. über Leitbilder oder Corporate-Identity-Programme als Orientierungsrahmen entwickelt werden. Dieses Verhalten kann auch dazu beitragen, dass das Unternehmen einen verstärkten Vertrauensvorschuss in der Öffentlichkeit und bei allen an ihr interessierten Gruppen erhält.

Vor dem Hintergrund des grassierenden Fachkräftemangels erhält der Begriff Employer Branding eine wesentliche Relevanz, der auf die Leitbildkonzeption aufbaut. Hierbei werden im Sinne des Marketingansatzes Alleinstellungsmerkmale des Unternehmens aus Mitarbeitersicht erarbeitet und eine Strategie sowie Maßnahmen für die Markenkommunikation (Mitarbeitermarke) abgeleitet.[7]

Bislang wurden folgende generelle unternehmerische Ziele herausgearbeitet:

- Erzielen von Einkommen
- Streben nach Sicherheit

---

[6] Hopfenbeck, W.: Allgemeine Betriebswirtschafts- und Managementlehre, 14. völlig überarbeitete Auflage, Verlag moderne Industrie: Landsberg/Lech 2002, S. 777.

[7] Kanning, U. P.: Personalmarketing, Employer Branding und Mitarbeiterbindung, Springer Verlag, 2017.

9.1 Aufbau eines Zielsystems

Abb. 9.1 Generelle Ziele und entsprechende Zielausprägungen

- Beachtung der Ziele externer und interner Gruppen
- Erreichen von gesellschaftlicher Akzeptanz
- Erfüllen von persönlichen Motiven des Unternehmers

Im Zusammenhang mit der Darstellung dieser generellen unternehmerischen Ziele wurden auch entsprechende Zielausprägungen erarbeitet. Das Ergebnis dieser Überlegungen wird durch das Schema in Abb. 9.1 dargestellt.

Eine besondere Bedeutung erhält die beschriebene Zielausrichtung durch den Megatrend Nachhaltigkeit und die sogenannten ESG-Kriterien (Environmental Social Governance) bzw. der CSR (Corporate Social Responsibility), die im Rahmen einer entsprechenden, europäischen Direktive für Unternehmen zu Berichtspflichten führen (siehe Kapitel G).

9.1.2 Operative Ober- und Handlungsziele

Die Grundüberlegung zur Findung von operativen Oberzielen ist folgender Mittel-Zweck-Zusammenhang:

„Produktivität-Wirtschaftlichkeit-Rentabilität"

Der Mittel-Zweck-Zusammenhang besteht darin, dass eine Steigerung der Produktivität die Wirtschaftlichkeit erhöht, und dies wiederum eine Verbesserung der Rentabilität bewirkt.

Wie dieses im Einzelnen zusammenhängt, wird nachfolgend gezeigt.

Produktivität

$$\text{Produktivität} = \frac{\text{Mengenmäßiger Ertrag der Produktionsfaktoren}}{\text{Mengenmäßiger Einsatz der Produktionsfaktoren}} = \frac{\text{Faktorertrag}}{\text{Faktoreinsatz}}$$

Bei dieser Verhältniszahl handelt es sich um den Bezug zwischen Mengen, nämlich dem mengenmäßigen Ertrag (gemessen z. B. in Stück, kg) und dem mengenmäßigem Einsatz der Produktionsfaktoren (gemessen z. B. in Arbeitsstunden, Werkstoffeinheiten). Ein Produktionsprozess ist umso produktiver, je weniger Faktoreneinsatz zur Erzielung eines bestimmten Faktorertrages notwendig ist bzw. je höher der Faktorertrag bei einem bestimmten Faktoreinsatz ist.

$\Rightarrow$ erstes Oberziel: **Minimierung der Einsatzmengen der Produktionsfaktoren**

Wirtschaftlichkeit
Wird der Faktorertrag bzw. der Faktoreinsatz bewertet, dann spricht man von Leistung bzw. von Kosten. Das Verhältnis zwischen Leistung und Kosten wird als Wirtschaftlichkeit bezeichnet, also:

$$\text{Wirtschaftlichkeit} = \frac{\text{Leistung}}{\text{Kosten}}$$

Ein Produktionsprozess ist umso wirtschaftlicher, je weniger Kosten zur Erzielung einer bestimmten Leistung notwendig sind bzw. je mehr Leistung bei vorgegebenen Kosten erzielt wird. Zum analogen Ergebnis kommt man, wenn man die Differenz zwischen Leistung und Kosten bildet. Diese Differenz wird als Betriebsergebnis (betrieblicher Gewinn bzw. betrieblicher Verlust) bezeichnet. Damit kann auch gesagt werden: Ein Produktionsprozess ist umso wirtschaftlicher, je höher das erzielte Betriebsergebnis ist.

$\Rightarrow$ zweites Oberziel: **Maximierung des Betriebsergebnisses**

Rentabilität
Der gesamte Unternehmenserfolg ist die Summe aus dem Ergebnis der betrieblichen Leistungserstellung und dem außerbetrieblichen Ergebnis, das sich aus den sonstigen unternehmerischen Aktivitäten ergibt, wie z. B. Kauf von Wertpapieren und Beteiligungen, Kauf und Verkauf von Anlagevermögen (soweit dieses nur als Wertsteigerungs- und Sicherheitspotenzial eingesetzt wird), Verringerung der Zinsaufwendungen durch Abbau von Fremdkapital. In der Praxis hat sich in diesem Zusammenhang folgende Begriffseinteilung als sinnvoll erwiesen.

- Betriebsergebnis (betrieblicher Gewinn bzw. Verlust) = Leistung ./. Kosten
- Unternehmenserfolg (Gewinn bzw. Verlust) = Betriebsergebnis + außerbetriebliches Ergebnis.

Nach diesen Festlegungen kann der dritte Begriff der genannten Mittel-Zweck-Hierarchie – nämlich die Rentabilität – näher bestimmt werden.

$$Rentabilität\ in\ \% = \frac{Unternehmenserfolg}{investiertes\ Kapital} \times 100$$

Beim erzielten Unternehmenserfolg kann es sich um den Totalerfolg des Unternehmens oder um Periodenerfolge handeln. Im ersten Fall bezieht sich der Erfolg auf die gesamte Lebensdauer des Unternehmens und im zweiten Fall wird in der Regel der Jahreserfolg errechnet.

Beim investierten Kapital kann es sich entweder um das Eigenkapital oder um das gesamte Kapital, d. h. Eigen- und Fremdkapital, handeln. Dementsprechend spricht man von Eigenkapital- oder Gesamtkapitalrentabilität. Der Eigenkapitalrentabilität kommt in der Praxis in der Regel größere Bedeutung zu. In einem marktwirtschaftlichen System ist diese Kennzahl die maßgebende Zielgröße für die Anteilseigner.

Für diese Gruppe ist es relevant,

- wie sich das eingebrachte Eigenkapital in der Wirtschaftsperiode verzinst hat bzw. ob für den Eigenkapitalgeber die Geldanlage im Unternehmen rentabler ist als etwa auf dem langfristigen Kapitalmarkt.

⇒ drittes Oberziel: **Maximierung der** Eigenkapitalrentabilität

Aufgrund der vorstehenden Überlegungen kann man festhalten: Die generellen unternehmerischen Ziele in marktwirtschaftlichen Systemen werden dann erreicht, wenn die drei benannten operativen Oberziele angestrebt werden. Dies gilt für alle Unternehmen der Bauwirtschaft, also für die Unternehmen der Planungsbeteiligten und der gewerblichen Dienstleister, der bauausführenden Unternehmen und der Projektentwickler. Allerdings werden bei den genannten Unternehmensgruppen unterschiedliche Gewichte der einzelnen Zielkategorien vorliegen. So wird beispielsweise in Unternehmen der Planungsbeteiligten dem Oberziel „Minimierung der Einsatzmengen der Produktionsfaktoren" weniger Gewicht zugemessen werden als dem Oberziel „Maximierung der Eigenkapitalrentabilität". Die Gewichtung der einzelnen Ziele müssen demnach im praktischen Einzelfall vom Unternehmer selbst vorgenommen werden. Auch innerhalb der einzelnen Unternehmensgruppen können Ziele unterschiedlich gewichtet sein. Besonders bei kleinen und mittleren Betrieben (KMU) steht die kurzfristige Verzinsung des Eigenkapitals weniger im Fokus als die langfristige Unternehmenssicherung.

Als nächstes wird untersucht, wie die genannten Oberziele in der Praxis erreicht werden können, d. h. welche operativen Handlungsziele definiert werden müssen, um die dargestellten operativen Oberziele zu erreichen.

Handlungsziele zur Minimierung der Einsatzmengen der Produktionsfaktoren
In der Praxis und Literatur werden hierzu Handlungsziele genannt, welche

- erstens: die Produktivität der einzelnen Produktionsfaktoren, also Arbeit, Betriebsmittel und Werkstoffe,
- zweitens: den technischen Produktionsprozess, also die Kombination der Produktionsfaktoren,

betreffen.

Zum ersten Bereich zählen vor allem Handlungsziele, welche den Produktionsfaktor „Arbeit" verbessern. Dazu zählen Maßnahmen, welche eine Erhöhung der Leistungsbereitschaft und der Leistungsfähigkeit bewirken. Stichworte hierzu sind: Motivation, Anreizsysteme, Aus- und Weiterbildung, Gesundheitsvorsorge. Stichworte für die Produktionsfaktoren „Betriebsmittel und Werkstoffe" sind: Einsatz hochwertiger Betriebsmittel und Werkstoffe, Einsatz vorgefertigter Produktionselemente.

Stichworte in Bezug auf den Produktionsprozess sind: Rationalisierung und Automatisierung bzw. Digitalisierung, Verbesserung der Arbeitsorganisation.

Handlungsziele zur Maximierung des Betriebsergebnisses
Wie dargestellt, ist das betriebliche Ergebnis definiert durch Kosten und Leistungen. Kosten sind der bewertete Faktoreinsatz und Leistungen der bewertete Faktorertrag. Das Betriebsergebnis ist also vom mengenmäßigen Einsatz der Produktionsfaktoren und zusätzlich von der Bewertung des Faktoreinsatzes und des Faktorertrages abhängig. Der mengenmäßige Faktoreinsatz kann mit den Preisen am Beschaffungsmarkt und der mengenmäßige Faktorertrag mit den Preisen am Absatzmarkt bewertet werden. Diesen Zusammenhang soll Abb. 9.2 verdeutlichen.

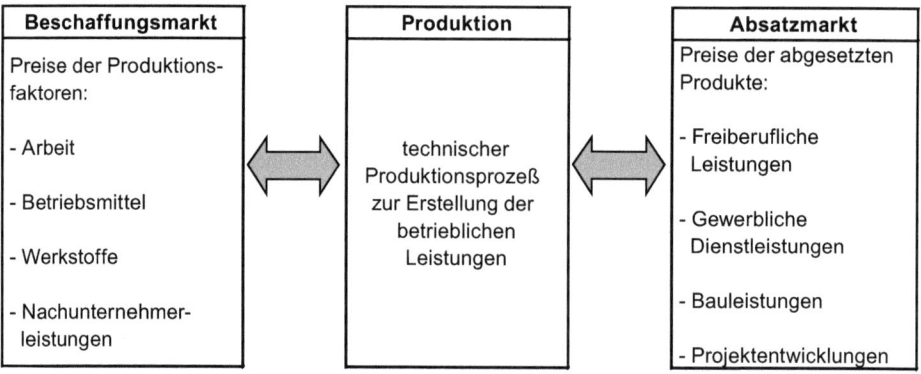

Abb. 9.2 Zusammenhang zwischen Beschaffungsmarkt, Produktion und Absatzmarkt

Zur Maximierung des Betriebsergebnisses müssen also neben der Minimierung der Einsatzmengen der Produktionsfaktoren Handlungsziele verfolgt werden, welche sich sowohl auf den Beschaffungs- als auch auf den Absatzmarkt beziehen.

- Handlungsziele am Beschaffungsmarkt:
  Dies sind zuverlässige Lieferanten/Nachunternehmer, Einhalten der Zahlungsziele und Liefertermine, Minimierung der Beschaffungspreise.
- Handlungsziele am Absatzmarkt:
  Die Handlungsziele am Absatzmarkt wurden bereits im Kap. 7 Marketing detailliert dargestellt. Die nachfolgenden Stichworte sollen daher nur kurze Hinweise geben: Produkte hoher Qualität, Kundenzufriedenheit, Produkt- und Sortimentspolitik, Aufbau neuer Märkte, preispolitische Maßnahmen.

Handlungsziele zur Maximierung der Eigenkapital-Rentabilität
Die Eigenkapital-Rentabilität ist definiert durch den Unternehmenserfolg und das investierte Eigenkapital. Damit richten sich die Handlungsziele zur Maximierung der Eigenkapital-Rentabilität unmittelbar auf die Maximierung des Unternehmenserfolges und auf die Erhaltung des investierten Eigenkapitals.

Handlungsziele zur Maximierung des Unternehmenserfolges
Diese leiten sich unmittelbar aus der Definition des Unternehmenserfolges ab, nämlich:

Unternehmenserfolg = Betriebsergebnis + außerbetriebliches Ergebnis

Die Handlungsziele zur Maximierung des Betriebsergebnisses wurden bereits dargestellt. Bereiche zur Maximierung des außerbetrieblichen Ergebnisses sind:

- Gewinne aus Beteiligungen und Wertpapieren
- Gewinne aus dem Kauf und Verkauf von Anlagevermögen
- Verminderung der Zinsaufwendungen durch Abbau von Fremdkapital

Handlungsziele zur Erhaltung des investierten Eigenkapitals
Zur Erhaltung des investierten Eigenkapitals gibt es zwei Betrachtungsansätze. Zum einen gilt das investierte Eigenkapital dann als erhalten, wenn das nominelle Geldkapital von Periode zu Periode gleichbleibt. Hier spricht man von „nomineller Kapitalerhaltung". Dies wird dann erreicht, wenn die Gewinnentnahmen nicht höher sind als die erzielten Gewinne. (Abb. 9.3)

Die Erhaltung des investierten Eigenkapitals ist jedenfalls dann infrage gestellt, wenn Gewinnausschüttungen erfolgen, die z. B. im Hinblick auf die erwartete Zukunftsentwicklung des Unternehmens und seiner Stellung im Markt ungerechtfertigt erscheinen. Der Gesetzgeber hat für Kapitalgesellschaften – bspw. GmbH und AG – durch das HGB

Operative Oberziele	Operative Handlungsziele

Maximierung der Eigenkapitalrentabilität	Maximierung des Unternehmenserfolges:
	a) Maximierung des Betriebsergebnisses:
	   Handlungsziele siehe nächste Gruppe
	b) Maximierung des außerbetrieblichen Ergebnisses:
	   - Gewinne aus Beteiligungen und Wertpapieren
	   - Gewinne aus Kauf und Verkauf von Anlagevermögen
	   - Verminderungen der Zinsaufwendungen durch Abbau von Fremdkapital
	c) Erhaltung des investierten Eigenkapitals
	   - Sicherung des Unternehmenspotentials
	   - Sicherung der Liquidität
	   - nominelle Kapitalerhaltung
	      - Verlustvermeidung
	      - Minimierung der Gewinnentnahmen
	   - reale Kapitalerhaltung
	      - Ersatzinvestitionen
	      - Des- bzw. Erweiterungsinvestitionen

Maximierung des Betriebsergebnisses	a) Minimierung der Einsatzmengen der Produktionsfaktoren:
	   Handlungsziele siehe nächste Gruppe
	b) Handlungsziele am Beschaffungsmarkt
	   - zuverlässige Lieferanten/Nachunternehmer
	   - Einhaltung der Zahlungsziele
	   - Minimierung der Beschaffungspreise
	c) Handlungsziele am Absatzmarkt
	   - Produkte mit hoher Qualität
	   - Kundenzufriedenheit
	   - Produkt- und Sortimentspolitik
	   - Aufbau neuer Märkte
	   - Preispolitische Maßnahmen

Minimierung der Einsatzmengen der Produktionsfaktoren	a) Produktionsfaktor: Arbeit
	   - Motivation
	   - Anreizsysteme
	   - Aus- und Weiterbildung
	   - Gesundheitsvorsorge
	b) Produktionsfaktoren: Betriebsmittel, Werkstoffe, Nachunternehmer
	   - Einsatz hochwertiger Betriebsmittel und Werkstoffe
	   - Einsatz vorgefertigter Produktionselemente
	   - zuverlässige Nachunternehmer
	c) Kombination der Produktionsfaktoren:
	   - Rationalisierung und Automatisierung
	   - Verbesserung der Arbeitsorganisation

Abb. 9.3 Zusammenhang zwischen operativen Oberzielen und operativen Handlungszielen

Einschränkungen bei den Gewinnausschüttungen vorgenommen, die vornehmlich die Gläubiger schützen sollen.

Zum anderen müssen Kaufkraftveränderungen berücksichtigt werden. Man spricht in diesem Fall von der „realen Kapitalerhaltung", d. h. es muss das ursprünglich eingesetzte Kapital in Einheiten gleicher Kaufkraft erhalten bleiben.

Dieses Ziel wird auch als Erhaltung der Substanz des Unternehmens bezeichnet. Dabei sind die reproduktive, relative und qualifizierte Substanzerhaltung die wichtigsten Formen.

„Die reproduktive Substanzerhaltung ist auf die Erhaltung einer mengenmäßig und technisch gleichen Produktionskapazität gerichtet. Die im Produktionsprozess verzehrten Produktionsfaktoren sind in unveränderter Form wieder zu beschaffen. Bei der relativen Substanzerhaltung gilt die Substanz als gesichert, wenn die Unternehmung ihre Stellung im Vergleich zu anderen Unternehmungen behaupten kann. Die qualifizierte Substanzerhaltung schließt ausdrücklich Wachstumsvorgänge mit ein. Die Substanz gilt als gesichert, wenn die Leistungsfähigkeit der Unternehmung entsprechend der gesamtwirtschaftlichen Wachstumsrate erhalten ist."[8]

Das Leistungsvermögen eines Betriebes kann also dann erhalten werden, wenn rechtzeitig Ersatzinvestitionen und – bei Änderungen des Absatzmarktes – rechtzeitig Desinvestitionen bzw. Erweiterungsinvestitionen vorgenommen werden

Das Schaubild in Abb. 9.3 zeigt den erarbeiteten Zusammenhang zwischen den operativen Ober- und den operativen Handlungszielen.

9.1.3 Zuordnung der Unternehmensziele zu Organisationsebenen

9.1.3.1 Kleine und mittlere Unternehmen

Die Anzahl der hierarchischen Ebenen eines Unternehmens hängt ab von der Größe, dem Aufbau und den individuellen betrieblichen Gegebenheiten. In kleinen Unternehmen sind in der Regel nur die Ebenen „Unternehmensleitung" und „Ausführungsebene" vorhanden. Kleine Unternehmen verfolgen neben generellen Zielsetzungen vor allem das Oberziel „Maximierung des Betriebsergebnisses".

Mit diesen Aussagen stellt sich die Zuordnung der Ziele wie in Abb. 9.4 zu sehen dar.

Bei mittleren Unternehmen sind in der Regel vier Unternehmensebenen zu unterscheiden. Dies sind Eigentümer, Unternehmensleitung, Betriebsleitung, Ausführungsebene. Als zusätzliches Ziel wird in aller Regel auch die Rentabilität des investierten Eigenkapitals einbezogen. Damit ergibt sich folgende Zuordnung, s. Abb. 9.5.

9.1.3.2 Große bauausführende Unternehmen

In Anlehnung an die Darstellung im Abschn. 8.2.1 haben große bauausführende Unternehmen – schematisch in Abb. 9.6 dargestellt – folgende Organisationsstruktur.

---

[8] Heinen, E. (1992): a.a.O., S. 113.

Eigentümer und Unternehmensleitung	generelle Ziele
	Operatives Oberziel: Maximierung des Betriebsergebnisses
Ausführungsebene	Minimierung der Einsatzmengen der Produktionsfaktoren

Abb. 9.4 Beispiel der Zuordnung von Zielen zu Organisationsebenen bei kleinen Unternehmen

Eigentümer	Generelle Ziele
Unternehmensleitung	Maximierung der Eigenkapitalrentabilität
Betriebsleitung	Maximierung des Betriebsergebnisses
Ausführungsebene	Minimierung der Einsatzmengen der Produktionsfaktoren

Abb. 9.5 Beispiel der Zuordnung von Zielen zu Organisationsebenen bei mittleren Unternehmen

Die dezentrale Struktur eines größeren Bauunternehmens mit Niederlassungen und Zweigniederlassungen erfordert ein System von eindeutig abgegrenzten Verantwortungsbereichen. Unter dem Gesichtspunkt des „Centeransatzes"[9] kann man hier folgende Grundmodelle benennen: Cost-, Profit-, Investmentcenter. Diese unterscheiden sich im Umfang der Zielvorgaben.

„Ein *Cost-Center* ist im Prinzip eine große Kostenstelle, deren Zielvorgabe in der Einhaltung oder Unterschreitung eines Kostenbudgets bei mengenmäßig fixiertem Umfang und definierten Qualitäts- und Servicestandards besteht."[10]

---

[9] Vgl. z. B. Friedrich, R.: Der Centeransatz zur Führung und Steuerung dezentraler Einheiten; in: Bullinger, H.J./ Warnecke, H.J. (Hrsg.): Neue Organisationsformen im Unternehmen, Ein Handbuch für das moderne Management; Springer-Verlag: Berlin 1996, S. 984 bis 1013.

[10] Heinen, E. (1985): a.a.O., S. 138.

9.1 Aufbau eines Zielsystems

Abb. 9.6 Beispiel eines Schemas einer Organisationsstruktur eines großen bauausführenden Unternehmens

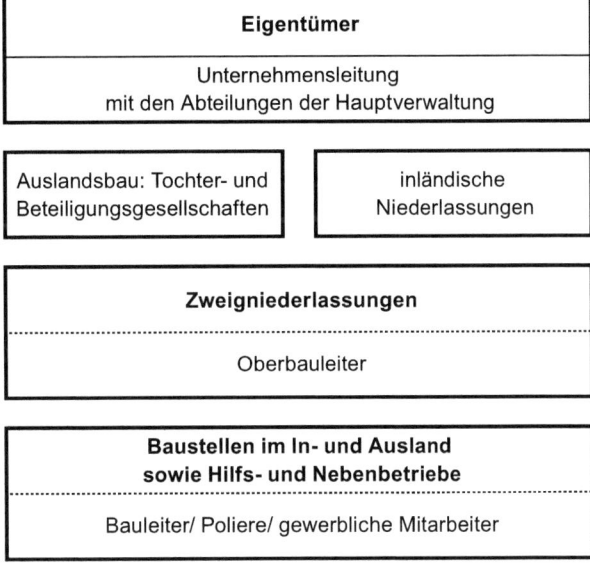

Wird den dezentralen Einheiten die Erzielung eines maximalen Betriebsergebnisses als eigenverantwortliche Zielvorgabe gegeben, dann werden diese selbständigen Subsysteme der Organisation als *Profit-Center* bezeichnet. An der Spitze eines jeden Profit-Center steht ein Manager oder ein Team von Managern, der bzw. das die Subsysteme weitgehend eigenverantwortlich leitet, weshalb häufig auch die Bezeichnung Responsibility Center verwendet wird. Wie die Bezeichnung Profit-Center erkennen lässt, wird als primäres Ziel der Managementtätigkeit eines Centers die Erzielung eines Gewinns oder Deckungsbeitrags angesehen.[11]

Die weitestgehende Zielvorgabe ist beim *„Investment-Center"* vorgesehen. „Bei einem Investment-Center wird die Verantwortung um Investitionsentscheidungen erweitert. Damit dient der Gewinn, die Kosten und der Investitionserfolg als ein Beurteilungsmaßstab für die jeweilige Organisationseinheit. Das bedeutet, dass die benötigten und somit nutzbaren Kapazitäten von dem Investment-Center selbst geplant werden. Das Investment-Center repräsentiert den höchsten Autonomiegrad der Verantwortungsbereiche und kann als ein wichtiger Schritt zur Bildung von „echten Unternehmen im Unternehmen" bezeichnet werden."[12]

Beim Profit- und Investment-Center muss den eigenverantwortlichen Managern ein ganz wesentlicher Einfluss auf die Preis- und Absatzpolitik eingeräumt werden. Gewinnverantwortung kann nur dann gegeben sein, wenn die Leitungen der Center die

---

[11] Vgl. Staehle, W.H. (1999): a.a.O., S. 742.
[12] Friedrich, R.: a.a.O., S. 988.

Gewinnkomponenten auch tatsächlich beeinflussen können. Dies schließt nicht aus, dass z. B. bei der Hereinnahme von Aufträgen in bestimmten Größenordnungen auch die Zustimmung der obersten Unternehmensleitung erforderlich sein kann.

Zusätzlich zu der Unterteilung der Verantwortungsbereiche nach dem Ausmaß der Zielvorgaben übernimmt die Unternehmensleitung mit ihren Kernbereichs-, Richtlinien-, Service- und Stabsabteilungen eine Art Holding-Funktion. In diesem Modell sind die „Investment-Center" nur mehr finanziell und in strategischen Grundsatzfragen an die Unternehmensleitung gebunden.

Überträgt man diese Überlegungen auf die Organisation eines großen bauausführenden Unternehmens, dann ergibt sich Folgendes: Die Niederlassungen und der Auslandsbau mit seinen Tochter- und Beteiligungsgesellschaften sind „Investment-Center", d. h. für diese dezentralen Organisationseinheiten gilt die Zielvorgabe „Maximierung der Eigenkapitalrentabilität".

Die Zweigniederlassungen sind für das eigentliche operative Geschäft zuständig. Sie sind also – zusammen mit den Oberbauleitern – für die Maximierung des Betriebsergebnisses verantwortlich.

Auf den Baustellen, Hilfs- und Nebenbetrieben werden von Bauleitern, den Polieren und den gewerblichen Mitarbeitern die Bauleistungen erstellt.

Diese Ausführungsebene hat demnach die Zielvorgabe „Minimierung der Einsatzmengen der Produktionsfaktoren."

Dies bedeutet vor allem auch, dass der Ablauf eines Bauprojektes so koordiniert wird, dass Bauzeit und Kapazität der eingesetzten Produktionsmittel ein Optimum ergeben und dass die vorgegebenen Begrenzungen der Bauzeit auch tatsächlich eingehalten werden.

Damit ergibt sich ein Modell der Zuordnung von Zielen zu Organisationsebenen bei größeren bzw. großen bauausführenden Unternehmen, s. Abb. 9.7.

9.2 Festlegung der Ziele

Bislang wurden für bauwirtschaftliche Unternehmen Beispiele von Zielsystemen und Beispiele der Zuordnung von Zielen zu Organisationsschemen entwickelt. Jetzt wird gezeigt, ob und wie Ziele auch zu „tatsächlich verfolgten" Zielen in Unternehmen werden. Hierzu wird zunächst dargelegt, dass an Unternehmen eine Reihe von Interessengruppen beteiligt sind und dass diese Interessengruppen durchaus auch konkurrierende Ziele verfolgen. Dennoch muss die Unternehmensleitung Ziele festlegen, an denen der betriebliche bzw. der unternehmerische Erfolg gemessen werden kann.

9.2.1 Organisationsteilnehmer und deren Zielkonflikte

In der Organisationsliteratur wird häufig zwischen internen, externen und regulatorischen Organisationsteilnehmern unterschieden.

9.2 Festlegung der Ziele

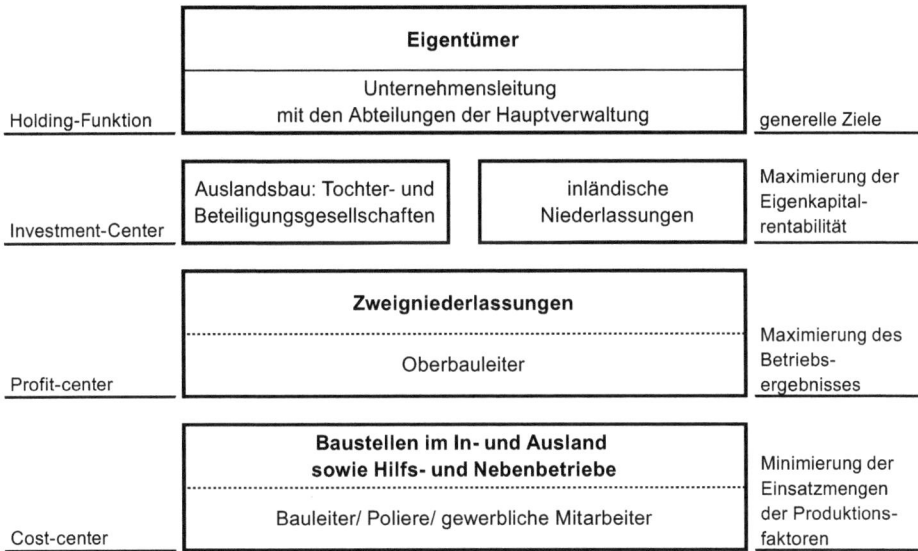

Abb. 9.7 Zuordnung von Zielen zu Organisationsebenen bei großen bauausführenden Unternehmen

Zu den internen Organisationsteilnehmern der Organisation „Unternehmen" gehören die Eigentümer, die Manager und die Arbeitnehmer. Externe Organisationsteilnehmer sind solche Individuen oder Gruppen, die ein legitimes Interesse an der Organisation haben und die Organisation auch in ihrem Sinne beeinflussen können. Bei der Organisation „Unternehmen" gehören hierzu Fremdkapitalgeber, Kunden, Lieferanten und Konkurrenten. Regulatorische Organisationsteilnehmer sind Behörden und andere staatliche, wirtschaftliche und gesellschaftliche Institutionen, aber auch die Öffentlichkeit. Im Folgenden werden die Interessen der genannten Gruppen stichwortartig aufgeführt, und anschließend einige Zielkonflikte gezeigt.

Interessen interner Gruppen

Eigentümer: Maximierung der Eigenkapitalrentabilität und Sicherung des Unternehmens.

Manager: Materielle und immaterielle Anreize wie Einkommen, Selbstverwirklichung, Sicherheit, Prestige.

Arbeitnehmer: Wie vor, jedoch komplexe unterschiedliche Motivationsstrukturen, die ganz wesentlich von der hierarchischen Stellung und dem Anforderungsprofil des Arbeitsplatzes abhängen. D.h. Belange wie Freizeit und angemessene Vergütung nehmen einen anderen Stellenwert ein.

Interessen externer Gruppen

Fremdkapitalgeber: Sicherheit, Verzinsung des überlassenen Kapitals.

Kunden: Nutzen der Produkte und Dienstleistungen.

Lieferanten: Verkaufserlös der gelieferten Ware, Sicherheit der Abnahme und Bezahlung.

Konkurrenten: Verbesserung bzw. zumindest Aufrechterhaltung der relativen Wettbewerbsfähigkeit gegenüber der Konkurrenzsituation.

Interessen regulatorischer Gruppen
Steuereinnahmen, Unterstützung der wirtschafts-, sozial-, und umweltpolitischen Randbedingungen, Erhöhung der Lebensqualität, Sicherung der Arbeitsplätze.

Stellvertretend für die vielen möglichen Zielkonflikte wird kurz auf folgende Konfliktsituationen eingegangen.

- Eigentümer – Management
- Management – Arbeitnehmer
- Unternehmen – externe Gruppen
- Unternehmen – regulatorische Gruppen

Zielkonflikte zwischen Eigentümer und Manager
Zwischen den Eigentümern bzw. den Anteilseignern, die dem Unternehmen zwar Kapital zur Verfügung stellen, aber die Geschäfte nicht selbst führen, und den geschäftsführenden Managern gibt es häufig keine Interessenidentität. Es entsteht somit eine Principal-Agent-Beziehung. Der Eigenkapitalgeber (Principal) bleibt der eigentliche Geschäftsherr, der Manager (Agent) übernimmt die Geschäftsführung mit weitreichenden Vollmachten.

Häufig verfolgen Manager eigene Ziele, die den Zielen der Eigentümer abträglich sind oder diesen sogar entgegenstehen. Die Sicherung des eigenen Arbeitsplatzes, die Vergrößerung des Unternehmens, um dadurch z. B. die Anzahl der in der Hierarchie unter ihnen stehenden Mitarbeiter zu steigern, können solche Managerziele sein. Vor diesem Hintergrund ist es die Aufgabe des Principal, den Manager zur Verfolgung der Ziele der Eigenkapitalgeber zu veranlassen. Die Vertragsbeziehungen zwischen Principal und Agent müssen also ein Anreizsystem integrieren, welches mit der nachhaltigen Maximierung der Eigenkapitalrentabilität und weiteren, generellen Zielen kompatibel ist.

Zielkonflikte zwischen Management und Arbeitnehmern
Diese Zielkonflikte bestehen – vereinfacht ausgedrückt – darin, dass die Arbeitsentgelte einschließlich der gesetzlichen, tariflichen und betrieblichen Lohnzusatzkosten für das Unternehmen Kosten und für die Arbeitnehmer Einkommen sind. Eigentümer und Manager wollen die Kosten minimieren. Die Arbeitnehmer hingegen wollen ihr Einkommen und ihre Arbeitsverhältnisse verbessern.

Zielkonflikte zwischen Unternehmern und externen Gruppen
Diese Zielkonflikte beziehen sich im Wesentlichen auf die Aktivitäten am Markt, also auf Auseinandersetzungen mit Kunden und Lieferanten im Hinblick auf Preise, Qualitäten,

Liefertermine, Zahlungsziele und auf Auseinandersetzungen mit den Konkurrenten, die sich im äußersten Falle in extreme ruinösen Wettbewerben niederschlagen können. Dies ist vor allem dann der Fall, wenn am Baumarkt einer relativ geringen Nachfrage nach Bauleistungen eine Überkapazität auf der Angebotsseite gegenübersteht, wie dies z. B. um die Jahrtausendwende gegeben war.

Eine besondere Beziehung besteht zwischen Unternehmen und Fremdkapitalgebern. Die Fremdkapitalgeber haben großes Interesse an der zukünftigen Geschäftspolitik von Unternehmen, denen sie einen Kredit gewähren sollen. Die Unternehmen können eine Geschäftspolitik verfolgen, die eine Aufnahme bzw. keine Aufnahme von Fremdkapital berücksichtigt. Unterschiedliche Geschäftspolitiken haben auch unterschiedliche Gewinn- und Verlustrisiken der Kapitalgeber. Diese Geschäftspolitik müssen sie im Rahmen der Kreditvergabeverhandlungen dem Fremdkapitalgeber vermitteln.

Unternehmen bzw. deren Gesellschafter können aber gerade aufgrund der Aufnahme von Fremdkapital zu einer Änderung der Geschäftspolitik verleitet werden, die sie ohne Abschluss eines Fremdkapitalvertrages nicht geändert hätten. Dabei hätte der Fremdkapitalgeber bei Kenntnis der Änderungsabsicht, den Kredit nicht gewährt. Dieses Phänomen wird als „Moral Hazard" beschrieben. Das „moralische Risiko" hat dabei weniger mit der Moral der Unternehmer bzw. Gesellschafter zu tun, sondern mit den Anreizmechanismen, die Geschäftspolitik zu ändern.

Zielkonflikte zwischen Unternehmen und regulatorischen Gruppen
Die Interessen der regulatorischen Gruppen vermindern in aller Regel den Unternehmenserfolg, denn Steuerausgaben, Gebühren und sonstige tarifliche und gesetzliche Regulierungen vermindern ex definitione den Unternehmenserfolg.

9.2.2 Festlegung der Ziele als Verhandlungsprozess

„Da Ziele (Zielvorstellungen) nicht einfach a priori vorhanden (und akzeptiert) sind, haben sich in der Betriebswirtschaftslehre verschiedene modellhafte „Vorstellungen" über die Entstehung und Gewinnung von Zielen bei mehrstufigen, multipersonalen Entscheidungsprozessen gebildet. Durch die Mitwirkung zahlreicher Informanten, Interessenvertreter, Manager usw. wird der soziale Charakter dieses Prozesses deutlich. Innerhalb des Zielbildungsprozesses, der als ein interaktiver Prozess zwischen den Beteiligten zu verstehen ist, werden die Ziele damit selbst zu Variablen."[13]

Unter Berücksichtigung dieser Aspekte interpretiert z. B. die entscheidungsorientierte Betriebswirtschaftslehre die Zielfestlegung als Ergebnis eines umfassenden Verhandlungsprozesses zwischen den Organisationsteilnehmern.

---

[13] Hopfenbeck, W.: a.a.O., S. 526 und die dort angegebene Literatur.

Es „dominiert die Auffassung, dass die Ziele einer Organisation in Verhandlungs-Prozessen (Bargaining) zwischen den Organisationsteilnehmern bzw. -mitgliedern entwickelt werden. Dem Bargaining-Prozess folgt ein Control-Prozess zur Herausarbeitung der spezifischen Ziele und ein Lernprozess, im Zuge dessen Ziele aufgrund von Umweltveränderungen angepasst werden."[14]

Als Kernaussage dieser Auffassung kann man mit Heinen formulieren: „Viele Gruppen versuchen durch eine mittelbare oder unmittelbare Beteiligung an der Organisation ihre eigenen Ziele zu verwirklichen. Nur selten sind diese von vornherein miteinander verträglich. Der Zielbildungsprozess ist somit stets ein „Verhandlungsprozess". Die widerstrebenden Interessen der Beteiligten sind zu einem Ausgleich zu bringen. Das Zielsystem einer Betriebswirtschaft ist daher fast immer ein Kompromiss. Keiner der Beteiligten kann seine eigenen Ziele in vollem Umfang verwirklichen."[15] Ausgangspunkt der Zielfestlegung ist also die Tatsache, dass es in Unternehmen – ebenso wie in politischen Systemen – eine Anzahl von Gruppen gibt, die zur Willensbildung berechtigt sind.

„Die Macht zwischen den Gruppen ist nicht gleichmäßig verteilt. Sogenannte Kerngruppen besitzen eine anerkannte Befugnis zur Zielbildung. Die übrigen Gruppen stellen demgegenüber Satellitengruppen dar. Sie versuchen direkt oder indirekt auf die Zielentscheidungen der Kerngruppen Einfluss zu nehmen."[16]

Die Kerngruppen sind identisch mit den vorgestellten internen Gruppen. Größere Unternehmen haben zusätzliche Kerngruppen in Form von besonderen Aufsichts- und Kontrollorganen, die im Auftrag der Eigentümer oder anderer Interessengruppen tätig sind.

Bei den Satellitengruppen handelt es sich im Wesentlichen um die genannten externen Gruppen. Ihre Einwirkungsmöglichkeiten auf die Zielfestlegung sind in aller Regel eher beschränkt.

In Ausnahmefällen können allerdings auch externe Gruppen Funktionen von Kerngruppen übernehmen. So beeinflussen Banken und andere Kreditgeber, oder auch Großkunden, nicht selten die Zielfestlegung in Unternehmen.

Die unterschiedlichen Interessenlagen der am Unternehmen beteiligten internen und externen Gruppen müssen durch Verhandlungsprozesse so angeglichen werden, dass gemeinsame Ziele für das Unternehmen festgelegt werden können. Dadurch sind Organisationsziele häufig Kompromisse, die in unterschiedlicher Weise den verschiedenen Einzelinteressen gerecht werden. Mit welchen Strategien solche Kompromisse erzielt werden, hängt nicht zuletzt von der individuellen Situation des Unternehmens und vor allem auch von den Machtverhältnissen zwischen den Kern- und Satellitengruppen ab.

---

[14] Staehle, E. (1999): a.a.O., S. 111.
[15] Heinen, E. (1992): a.a.O., S. 95.
[16] Heinen, E. (1992): a.a.O., S. 95.

9.2 Festlegung der Ziele

Im Folgenden werden zu den benannten vier Zielkonfliktsituationen einige Strategien dargestellt, mit denen sinnvolle Kompromisse erzielt werden können.

Bei der Konfliktsituation *„Eigentümer-Management"* ist das Aushandeln von sog. Ausgleichsleistungen in Form von monetären und nicht monetären Anreizen eine verbreitete Strategie. So gesehen kann das Herausfiltern von geeigneten Anreizsystemen als Schlichtungssystem zwischen Eigentümer und Management verstanden werden.

Werden z. B. Manager am Unternehmenserfolg beteiligt, so verlagert sich das unternehmerische Risiko zum Teil auch auf den oder die Manager.

Dieses Risiko, verbunden mit entsprechenden Einkommenschancen, motiviert das Management ungleich stärker als hohe Absicherungen in Form von erfolgsunabhängigen Einkommen. Mit dieser Strategie werden die Ziele „Maximierung der Eigenkapitalrentabilität" und „Maximierung des Betriebsergebnisses" verstärkt auch zu persönlichen Zielen der Manager.

Ähnliche Lösungen werden auch in der Konfliktsituation *„Management-Arbeitnehmer"* gesucht. Hier gibt es Lösungsansätze sowohl im kollektiven als auch im individuellen Arbeitsrecht.

Beim kollektiven Arbeitsrecht sind Kompromisse zwischen Management (Arbeitgeber) und Arbeitnehmer im Tarifvertrags-, Schlichtungs-, Arbeitskampf-, Betriebsverfassungs- und dem Personalvertretungsrecht verankert.

Beim individuellen Arbeitsrecht geht es um Anreize, welche das Leistungsverhalten und die Mitarbeitermotivation betreffen. Diese Anreize sind in individuellen Arbeitsverträgen geregelt.

Beim Konfliktfeld *„Unternehmen – externe Gruppen"* werden häufig Kooptationen, Verhandlungen und Koalitionsbildungen als Strategien zur Zielbeeinflussung genannt.

„Eine *Kooptation* ist dadurch gekennzeichnet, dass die Satellitengruppen Mitglieder in die Kerngruppe abordnen. Eine Kooptation zwischen der Geschäftsführung und den Eigentümern einer Unternehmung liegt z. B. dann vor, wenn einem Großaktionär das Recht der Teilnahme an den Vorstandssitzungen eingeräumt ist. In ähnlicher Weise entsteht durch die Banken- und Belegschaftsvertreter im Aufsichtsrat eine Kooptation."[17] Beim Verhandeln werden Vereinbarungen hinsichtlich des Austausches von Leistungen angestrebt, wie z. B. bei Auftragsverhandlungen zwischen Unternehmen und Auftraggebern bzw. Unternehmen und Lieferanten.

Ziel der Bildung von *Koalitionen* ist die wirkungsvollere Erreichung von gemeinsamen Zielen der Koalitionspartner. „Eine Koalition ist beispielsweise dann gegeben, wenn sämtliche Mitglieder eines Aufsichtsrates an den Beratungen eines Vorstandes teilnehmen."[18]

---

[17] Heinen, E. (1992): a.a.O., S. 97.
[18] Heinen, E. (1992): a.a.O., S. 97.

Beim Konfliktfeld *„Unternehmen-regulatorische Gruppen"* werden Strategien wie Lobbyismus, Repräsentation und Sozialisation angewendet.

Beim *Lobbyismus* werden Kontakte mit Parlament und Regierung aufgenommen mit dem Ziel, die Gesetzgebung zu beeinflussen. Bei der Repräsentation werden Mitgliedschaften in anderen einflussreichen Organisationen angestrebt, um dort die Interessen des eigenen Unternehmens zu vertreten.

Die *Sozialisation* ist der Versuch der Vermittlung und Verbreitung von Meinungen, Wertungen und Normen (z. B. über Privateigentum, freie Marktwirtschaft, Kernenergie, Nachhaltigkeit), die im Einklang mit den Interessen einer Organisation sind, damit diese in der Umwelt eine positive Aufnahme finden.[19]

Abschließend kann mit Heinen festgestellt werden: „Die Vielfalt der Gruppierungen, Interessen und Einflussbeziehungen im betriebswirtschaftlichen Zielbildungsprozess erlaubt nur wenig allgemeingültige Aussagen. Das Zielsystem einer Betriebswirtschaft als Ergebnis eines Verhandlungsprozesses führt zu einer gewissen Einheitlichkeit der Gruppenziele. Die Zielkonflikte innerhalb und zwischen den einzelnen Willensbildungszentren werden aber nicht aufgelöst. Das geplante (formale) Zielsystem stellt lediglich eine problemverlagernde Lösung der Konflikte dar. Die Gruppen- und Individualziele bleiben als ungeplante (informale) Ziele weiterhin wirksam. Sie beeinflussen die Mittelentscheidungen der jeweiligen Entscheidungsträger. Auch die Tatsache, dass der Prozess der Zielbildung selten bewusst vor sich geht, stützt diese Aussage."[20]

Gerade deshalb ist es aber für jedes einzelne Unternehmen umso wichtiger, dem Aufbau und der Festlegung seines individuellen Zielsystems eine zentrale Bedeutung zu geben. Nur mithilfe von Zielsetzungen, die von allen Mitarbeitern verstanden bzw. anerkannt werden, kann ein Unternehmen erfolgreich geplant und geführt werden.

9.3 Erreichung der Ziele

9.3.1 Zielformulierung als Voraussetzung

Sich Ziele setzen, ist eine Sache. Die Ziele auch zu erreichen, ist eine andere Sache.

Dieser Satz gilt nicht nur für jeden Einzelnen in Bezug auf die Erreichung seiner kurz-, mittel- oder langfristigen Lebensziele, sondern dieser Satz gilt auch für Organisationen jeglicher Art und vor allem für zielorientierte Unternehmen.

Um Ziele erreichen zu können, müssen diese zunächst exakt formuliert sein. In Unternehmen sind in der Regel generelle Ziele und Oberziele formuliert. Diese Ziele können aber nur dann erreicht werden, wenn entsprechende Handlungsziele festgelegt sind.

---

[19] Vgl. Staehle, W. (1999): a.a.O., S. 565.
[20] Heinen, E. (1992): a.a.O., S. 97 f.

9.3 Erreichung der Ziele

Erst mit den generellen Zielen, Oberzielen und Handlungszielen ergibt sich eine in sich abgestimmte vertikale Zielhierarchie (Subzielkette).

Dies wurde bereits ausführlich dargestellt. In der Praxis ist die Zielbestimmung mit einer Reihe von Schwierigkeiten verbunden. Diese werden mit folgender Checkliste angedeutet.

Checkliste zur Zielbestimmung
- Handelt es sich bei dem Ziel um einen endgültig angestrebten Zustand, eine zu erreichende Schwelle, ein Endprodukt, ein bestimmtes Know-how?
- Welcher Art ist das Ziel, und wie wichtig ist dessen Realisierung?
  - „unabdingbar": Das Ziel muss unbedingt erreicht werden, weil es gesetzlich vorgeschrieben oder der Fortbestand der Unternehmung davon abhängig ist.
  - „bedingt erforderlich": Das Ziel muss unter der Bedingung erreicht werden, dass bestimmte Grenzen und Vorgaben eingehalten werden.
  - „wünschenswert": Das Ziel ist eine Wunschvorstellung, die man gerne verwirklichen würde, bringt auf jeden Fall konkreten Nutzen, ist jedoch für den Fortbestand des Unternehmens nicht unbedingt erforderlich.
- Wurden bei der Zielformulierung alle Aspekte berücksichtigt?
- Ist das Ziel mit der Unternehmenspolitik und der Corporate Identity vereinbar?
- Steht es im Widerspruch zu anderen Zielsetzungen?
- Gibt es ein Instrument zur Erfassung der Zielerreichung und des Zielerreichungsgrads?
- Ist das Ziel realisierbar?
- Wurde für die Zielerreichung eine bestimmte Frist festgesetzt?
- Fällt das Ziel in den Aufgabenbereich der betroffenen Stelle oder Abteilung?
- Wer ist davon betroffen?
- Wurden die zur Zielerreichung nötigen Mittel bewilligt?
- Wurden alle Betroffenen ausreichend informiert?
- Welches sind die Teilziele?[21]

9.3.2 Grundmodell der Zielerreichung

Sind die Ziele gesetzt, dann muss zur Zielerreichung das zukünftige Handeln sorgfältig geplant werden.

Dabei kann man zwischen generellen, strategischen und operativen Planungen unterscheiden.

---

[21] Vgl. Gomez P./Probst G.: Die Praxis des ganzheitlichen Denkens. Vernetzt denken – Unternehmerisch handeln – Persönlich überzeugen, Paul Haupt Verlag: Bern-Stuttgart-Wien 1995, S. 234.

Generelle Planungen legen das Unternehmenskonzept fest. Sie enthalten Aussagen über Unternehmenszweck, Aufbau und Pflege der Unternehmenskultur bzw. des Unternehmensleitbildes, Verhältnis des Unternehmens zu den Mitarbeitern und Anteilseignern sowie zur Umwelt und dem technischen Fortschritt etc.

Die *strategische Planung* befasst sich primär mit der langfristigen Planung von Strategien für bestimmte Produkt-Markt-Kombinationen (Geschäftsfelder) und damit verbunden auch mit Plänen, die sich mit der Schaffung und Erhaltung von Erfolgspotenzialen beschäftigen und die letztlich die langfristige Produktionsprogrammplanung bestimmen. Folglich hat die strategische Planung auch die Analyse der vorhandenen Erfolgspotenziale (Stärken und Schwächen) des Unternehmens zum Gegenstand und erstellt darauf aufbauend Prognosen über die Attraktivität bestimmter Teilmärkte[22]

Daher umfassen strategische Planungen die Bereiche Marketing, Investition und Finanzierung, Aufbauorganisation, Beteiligungspolitik, Informationssysteme und Personalwesen.

Operative Planungen sind kurzfristige Planungen in den Bereichen Programm- und Angebotsplanung, Projektplanung bzw. detaillierte Produktionsplanung.

Diese Planungen laufen in mehreren Stufen ab:

- Sammlung aller Informationen, die in irgendeiner Beziehung zum Objekt der Planung stehen.
- Erarbeitung von Alternativplänen, von denen jeder eine Möglichkeit darstellt, das Ziel zu erreichen.
- Entscheidung darüber, mit welchem Alternativplan das Ziel erreicht werden soll.

Planungen schließen in aller Regel mit der Entscheidung für einen alternativen Plan (Aktionsplan) und der Erarbeitung von Sollwerten ab.

Damit ergibt sich folgendes Grundmodell der Zielerreichung (Abb. 9.8). Es findet sich in allen gängigen Managementsystemen, z. B. zum Qualitäts-, Energie-, Umwelt-, Arbeitsschutz- oder Nachhaltigkeitsmanagement wieder.

Planungen sind in die Zukunft gerichtet und basieren in aller Regel auf Erwartungen und Schätzungen. Deshalb ist es unbedingt nötig, dass in der Realisationsphase Kontrollen, z. B. als Soll-Ist-Vergleiche, eingerichtet werden. Nur dann ist sichergestellt, dass Planungsziele erreicht werden. Bei Abweichungen zwischen Soll- und Istwerten müssen Abweichungsanalysen vorgenommen werden. Wenn es möglich und nötig ist, dann werden die Abweichungen durch Steuerungsmaßnahmen korrigiert. Die Ergebnisse

---

[22]Vgl. Wöhe, G.: Einführung in die Allgemeine Betriebswirtschaftslehre, 27. Aufl., Verlag Franz Vahlen: München 2020, S. 74 f. und S. 81 ff.

9.3 Erreichung der Ziele

Abb. 9.8 Grundmodell der Zielerreichung

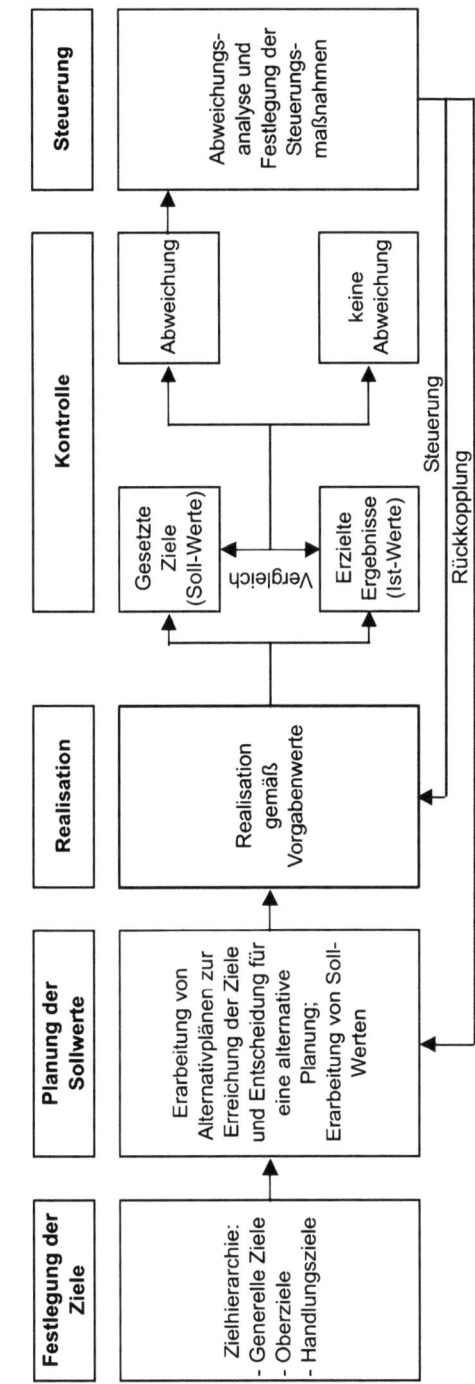

aus den Kontroll- und Steuerungsmaßnahmen müssen unbedingt mit einem Feed-back bei der Erstellung neuer Pläne einfließen.

Aus dem Modell ist ersichtlich, dass der gesamte Prozess der Zielerreichung aus den folgenden Teilprozessen besteht: Festlegung der Ziele, Planung der Sollwerte, Realisation, Kontrolle, Steuerung, Rückkoppelung.

Aufbau, Abstimmung und Verknüpfung dieser Teilprozesse ist die zentrale Aufgabe des Managements. Wie und mit welchen Mitteln das Management diese Aufgabe löst, dafür gibt es in der Literatur und in der Praxis eine große Anzahl von Empfehlungen.

Im Folgenden werden die am meisten genannten Empfehlungen kurz dargestellt. Grundlage der Darstellung dieser Empfehlungen soll folgendes Beispiel sein.

Beispiel: Abwicklung eines Bauauftrages
Dem Beispiel liegt ein mittleres bauausführendes Unternehmen mit folgenden Unternehmensebenen zugrunde:

- Unternehmensleitung
- Niederlassungen
- Ausführungsebene

Wird das Grundmodell der Zielerreichung (Abb. 9.8) verwendet, dann stellt sich die Abwicklung des Bau-auftrages wie folgt dar:

- Festlegung der Ziele durch die Unternehmensleitung
  Folgende Ziele werden von der Unternehmensleitung festgelegt.
  a) Bewerbung um den öffentlich ausgeschriebenen Bauauftrag. Damit soll die von der Unternehmensleitung festgelegte langfristige Marktstrategie verfolgt werden.
  b) Mit dem Bauauftrag soll ein Gewinn in einer bestimmten Höhe erwirtschaftet werden (Maximierung des Betriebsergebnisses). Bei bauausführenden Unternehmen wird dieser Gewinn in einem Prozentsatz der Angebotssumme ausgedrückt und er ist abhängig von der jeweiligen Konjunktur- und Marktsituation. Von der Unternehmensleitung wird dieser Prozentsatz vorgegeben.
- Planung der Sollwerte durch die Niederlassung
  Die Sollwerte für die Erstellung der Bauleistung werden wie folgt ermittelt:
  a) Kalkulation zur Errechnung der Angebotssumme. Dieser Kalkulation liegen die zu erwartenden Kosten zugrunde (Einzelheiten hierzu vgl. Abschn. 6.4.2)
  b) Nach Auftragserteilung werden von der Arbeitsvorbereitung die Soll-Vorgaben für die Realisation (Erstellung des Bauprojektes) erarbeitet. Dazu müssen Verfahrens-, Ablauf- und Terminpläne erarbeitet werden. Aufgrund dieser Pläne werden detaillierte Bereitstellungspläne für Material, Personal und Geräte aufgestellt. Bei der Planung der Sollwerte auf der Niederlassungsebene wird auch die Ausführungsebene mit einbezogen. So werden gemeinsam die Vorgaben festgelegt, an der sich die Ausführungsebene orientieren muss.

- Realisation durch die Ausführungsebene
  Mithilfe der gemeinsam abgestimmten Vorgaben der Arbeitsvorbereitung und unter Berücksichtigung der Zielsetzung „Minimierung der Einsatzmengen der Produktionsfaktoren" wird die Bauleistung erbracht.
- Kontrolle durch die Niederlassung
  Zusammen mit der Bauleitung werden in der Niederlassung von der Serviceabteilung „Controlling" Soll-Ist-Vergleiche erstellt.
- Steuerung durch die Niederlassung
  Bei Abweichungen zwischen Soll- und Istwerten werden von der Serviceabteilung „Controlling" Abweichungs-Ursachen ermittelt und gegebenenfalls Steuerungsmaßnahmen festgelegt.
  Ergeben sich nach Beendigung der Bauausführung Abweichungen zwischen Soll- und Istwerten, dann kann die Analyse dieser Abweichungen der Verbesserung der in der Kalkulation und Arbeitsvorbereitung benötigten Erfahrungswerte dienen (Feed-back).
  Mit der Übergabe der Bauleistung an den Auftraggeber ist das angestrebte Ziel „Abwicklung eines Bauauftrages" erreicht. Ob auch das Ziel „Erreichung eines Gewinns in einer bestimmten Höhe" erreicht worden ist, wird letztlich mithilfe der Betriebsabrechnung (vgl. Teil E) festgestellt.

9.3.3 Führung zur Zielerreichung

Damit das im Beispiel dargestellte Ziel „Abwicklung eines Bauauftrages" erreicht werden kann, muss eine Organisation mit entsprechenden Stellen, Abteilungen und Leitungssystemen vorhanden sein.

Im Beispiel sind dies:

- Leitungssystem: Unternehmensleitung, Niederlassung, Ausführungsebene
- Abteilungen: Kalkulation, Arbeitsvorbereitung, Controlling, Betriebsabrechnung
- Baustellenorganisation: Bauleitung, Poliere, gewerbliche Mitarbeitende

Darüber hinaus ist zu bedenken:

- Die bei der Abwicklung eines Bauauftrages anstehenden Aufgaben müssen an Abteilungen bzw. an Personen delegiert werden und es müssen entsprechende Zuständigkeiten festgelegt sein.
- Es muss gewährleistet sein, dass die Abteilungen bzw. Personen im Sinne der Zielsetzung des Unternehmens zusammenarbeiten.
- Es müssen Mitarbeitende vorhanden sein, die willens und auch fachlich in der Lage sind, die ihnen übertragenen Aufgaben im Sinne der Zielsetzungen des Unternehmens zu erfüllen.
- Es müssen Kontroll- und Steuerungsinstrumente geschaffen und sinnvoll eingesetzt werden.

Die Schaffung dieser organisatorischen Veränderungen ist eine echte Führungsaufgabe des Managements, und sie besteht darin, einerseits die generellen organisatorischen Ablaufprobleme und andererseits den Einsatz und die Führung der Mitarbeiter zu gestalten.

Die aktuelle Forschung kann noch keine einheitliche Definition zum Begriff Führung ausmachen. Es ist aber festzustellen, dass Führung ein komplexer und sozial konstruierter Prozess der Einflussnahme ist, der darauf abzielt andere in die Lage zu versetzen Erfolge zu erzielen. Unabhängig davon, ob es bestimmte Arbeiten, Unternehmenseinheiten oder Organisationen betrifft. Dabei steht die Interaktion von Führenden und Geführten im Fokus.[23] Erfolge zu erzielen kann dabei mit der Erreichung von Zielen gleichgesetzt werden.

Diese Definition zeigt, dass Führung eine individuelle Aufgabenstellung ist, die sehr stark durch die Persönlichkeit des Führenden geprägt ist und ebenfalls von den Geführten, sowie der Beziehung zwischen beiden Parteien abhängt. So ist es gleichsam schwierig eine allgemeingültige Empfehlung zu formulieren, die Führungserfolg garantiert oder als richtige Vorgehensweise begriffen werden kann.

Zudem befindet sich die Führungskonzeption im Wandel. Neben den Anforderungen an die Organisationen, die durch ständig wechselnde Rahmenbedingungen und immer schnellere Veränderungen geprägt ist, werden auch Innovationen immer bedeutender für die Unternehmen. Höhn führt die Veränderungen in der Führungskultur auf einen grundsätzlichen gesellschaftlichen Wechsel zurück, der auf dem Demokratisierungsprozess der Gesellschaft basiert. Alte patriarchale Führungsstile fußen seiner Ansicht nach auf alten Herrschaftsformen und traditionellem Religionsverständnis.[25] Für die Bauwirtschaft ergibt sich aber vor allem durch die Veränderungen am Arbeitsmarkt der Druck zur Veränderung von Führungsansätzen, da Fachkräfte immer schwerer zu akquirieren sind und damit die persönlichen Ziele der Mitarbeiter stärker als bisher berücksichtigt werden müssen. In einer komplexen, vernetzten, und demokratisierten Welt werden letztlich mündige Mitarbeiter benötigt, die selbstverantwortlich ihre Ressourcen engagiert zur Verfügung stellen.[26] „Dem gegenwärtigen Kenntnisstand folgend bedeutet Führung, dass grundsätzlich dem Wachstum zugeneigte Menschen selbstverantwortlich handeln, nach Zugehörigkeit streben, sich beteiligen und schöpferisch tätig sein wollen."[27] Klassische autoritäre, patriarchale, feudale Machtsysteme gründen maßgeblich auf

---

[23] Vgl. Werther, S.: Geteilte Führung, Springer Gabler, Wiesbaden, 2013, S. 6; Steinmann, H.; Schreyögg, G.; Koch, J.: Management, 8. Aufl., Springer Gabler, Wiesbaden, 2020, S. 523 ff.

[25] Vgl. Höhn, A.: Erfolgreiche Führung im 3. Jahrtausend, Springer Gabler, Wiesbaden, 2013, S. 1.

[26] Vgl. u. a. Höhn, A.: Erfolgreiche Führung im 3. Jahrtausend, Springer Gabler, Wiesbaden, 2013, S. 1; Bolden, R.: Distributed Leadership in Organizations: A Review of Theory and Research, International Journal of Management Reviews, 13 (3), 2011, S. 251–269.

[27] Höhn, A.: Erfolgreiche Führung im 3. Jahrtausend, Springer Gabler, Wiesbaden, 2013, S. 6.

dem Faktor Angst als existentiell begründetes menschliches Verhalten (sich zurückzustellen, die kollektiv als erwünscht geltende Meinung adaptieren).[28] Dem Gegenüber muss sich das Unternehmen heute als eine Organisation mit handelnden Personen verstehen, die trotz unterschiedlicher Verantwortungsbereiche und unabhängig von ihrer Position im Unternehmen oder ihrem sozialen Status, auf Augenhöhe zusammenarbeiten.[29] Mit Blick auf die Führungsforschung wurden zunächst die Eigenschaften, dann die Verhaltensweisen der Führungskräfte ins Zentrum der Untersuchung gerückt. Mittlerweile ist klar, dass darüber hinaus der Mitarbeiterbezug, die nächsthöhere Führungskraft, der Arbeitskontext und kulturelle Rahmenbedingungen eine wichtige Rolle spielen.[30]

Die Identitätstheorie versteht Führung insofern als dynamischen Prozess, der Identität der Führenden und der Geführten durch Interaktion laufend neu bildet. Sowohl die Führungskraft als auch die Geführten wirken dabei auf die Führungssituation und damit auch auf die sich bildenden Identitäten ein. Dies geschieht auf ganz alltägliche Weise, indem man auf bestimmte Anweisungen reagiert, oder eben nicht; man schüttelt den Kopf oder macht Gegenvorschläge etc.[31]

Die Identitätsausbildung erfolgt dann auf drei Ebenen[32]:

Vorstellungsebene, z. B.:

- Was denke ich, was man als Führer(in) können muss?
- Was wird erwartet?
- Welche Fähigkeiten habe ich?

Handlungsebene, u. a.:

- In welcher Art kann ich handeln?
- Wie soll ich mich darstellen?

---

[28] Roth, G.: Persönlichkeit, Entscheidung und Verhalten: Warum es so schwierig ist, sich und andere zu ändern, Klett-Cotta, Stuttgart, 2012.

[29] Senge, P.: Die fünfte Disziplin. Kunst und Praxis der lernenden Organisation, Klett-Cotta, Stuttgart, 2009.

[30] Vgl. Werther, S.: Geteilte Führung, Springer Gabler, Wiesbaden, 2013; Avolio, B., Walumbwa, F. & Weber, T.: Leadership: current theories, research, and future directions, Annual Review of Psychology, 60, 2009, S. 421–449.

[31] Steinmann, H.; Schreyögg, G.; Koch, J.: Management, 8. Aufl., Springer Gabler, Wiesbaden, 20120, S. 566 f.

[32] Steinmann, H.; Schreyögg, G.; Koch, J.: Management, 8. Aufl., Springer Gabler, Wiesbaden, 2020, S. 570 ff.

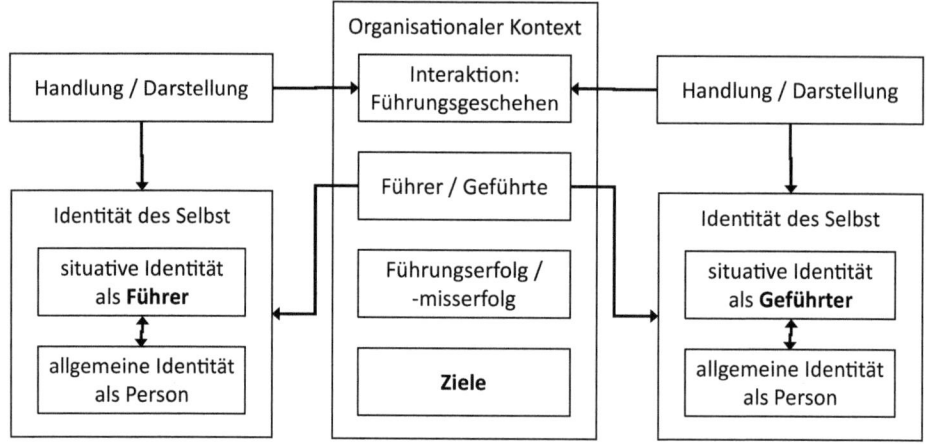

Abb. 9.9 Bildung der Führungsidentität als Prozess (Erweiterung zu: Steinmann & Schreyögg, 2020, S. 571)

Reflexionsebene, z. B.:

- Wie wirke ich in bestimmten Situationen?
- Wie reagiert die andere Seite?
- Welche Schlüsse sind daraus zu ziehen? (Abb. 9.9)

„Zur langfristigen Gewinnmaximierung muss man den Mitarbeiterbedürfnissen Rechnung tragen, denn nur zufriedene Mitarbeiter liefern gute Arbeitsergebnisse‘" merkt somit auch Wöhe an.[33] Entscheidend ist bei diesem Managementansatz, dass die Bedürfnisse der jeweiligen Gegenseite verstanden werden. Es muss also eine Auseinandersetzung mit dem Gegenüber stattfindet. Als Basis dazu stehen unterschiedliche Motivationstheorien zur Verfügung, wie z. B. die Anreiz-Beitrags-Theorie von March und Simon oder die Erwartungs-Volanz-Theorien. Der wohl bekannteste Versuch einer Systematisierung der Motive menschlichen Verhaltens ist die von Maslow vorgeschlagene fünfstufige Bedürfnis-Hierarchie (Abb. 9.10), die hier den weiteren Überlegungen zugrunde gelegt wird.[34]

Die Stufenhierarchie ist nach der Dringlichkeit der Bedürfnisse geordnet. Höhere Bedürfnisse werden nur dann zum Verhaltensantrieb, wenn die Bedürfnisse der unteren Stufe ausreichend erfüllt sind. Darin liegt allerdings auch ein Problem. Ist nämlich ein

---

[33] Wöhe, G.: Einführung in die Allgemeine Betriebswirtschaftslehre, 27. Aufl., Verlag Franz Vahlen: München 2020, S. 140.

[34] Maslow, A.: Motivation und Personality, Harper, New York, 1954, S. 80–106.

9.3 Erreichung der Ziele

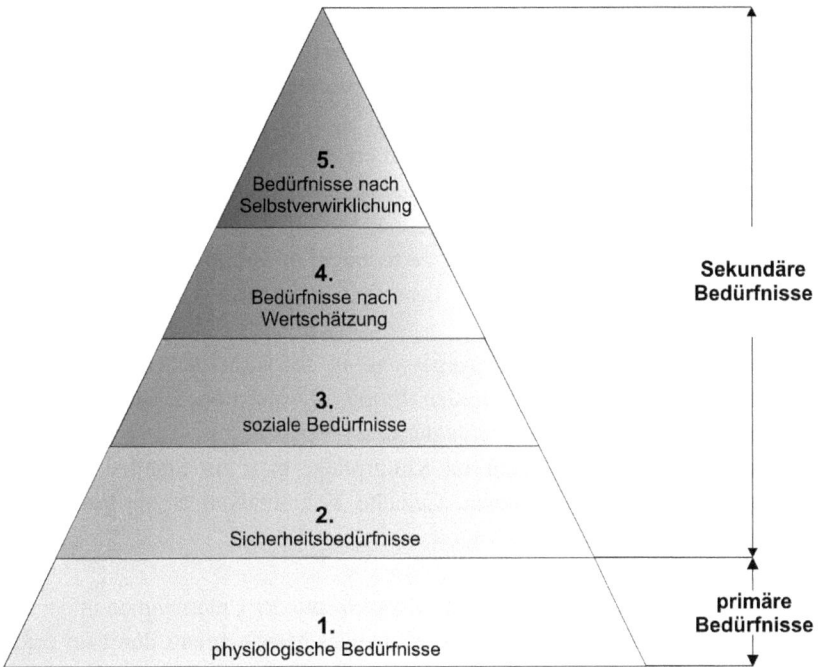

Abb. 9.10 Bedürfnishierarchie nach Maslow[24]

Bedürfnis befriedigt, dann hört es auf als Motivation wirksam zu sein. Höhere Bedürfnisse müssen dann die motivierende Rolle übernehmen und auch diese verlieren mit zunehmender Erfüllung ihre Motivationskraft.

Auch vor diesem Hintergrund lässt sich der erforderliche Wandel in der Führungskultur erklären, da in unserer Gesellschaft mittlerweile grundlegende Bedürfnisse wie Essen, Trinken und Sicherheit weitestgehend zur Grundsicherung gehören, also als befriedigt vorausgesetzt werden dürfen. Je mehr die Selbstverwirklichung des Menschen eine Rolle spielt, desto weniger erfolgreich lassen sich autoritäre Führungsstile als partizipative durchsetzen.[35] Tatsächlich sind die Zusammenhänge noch weitaus komplexer. Folglich hat die Forschung das Modell bereits weiter aufgeschlüsselt.[36]

Schon heute ist klar, dass weniger die „erzwingbaren", als vielmehr die intrinsisch motivierten und kreativen Leistungen den langfristigen Erfolg im genannten Sinne

---

[24] Heinen, E. (1985): a.a.O., S. 636.
[35] Vgl. Tannenbaum, R. & Schmidt, W.: How to Choose a Leadership Pattern, Havard Business Review, 2., 1958, S. 95–101.
[36] Vgl. Reisyan, G.: Neuro-Organisationskultur, Springer Gabler, Wiesbaden, 2013, S. 306.

ausmachen werden. Dazu bedarf es entsprechender Rahmenbedingungen – einer Organisationskultur, die intrinsische Motivation und Kreativität begünstigt.[37] Noch so kluge strategische oder taktische Initiativen können nicht erfolgreich umgesetzt werden, wenn sie nicht kulturadäquat oder -kompatibel sind, also z. B. auf den inneren Widerstand der Belegschaft stoßen. Reisyan formuliert dementsprechend Kernaufgaben eines dauerhaft installierten Managements der Organisationskultur:[38]

- „Monitoren, ob Entwicklungen und Aktivitäten in Konflikt zum vorherrschenden kulturellen Profil stehen und ob destruktiv wirkende kulturelle Dispositionen existieren
- Entscheiden, ob Maßnahmen zur Anpassung an das vorherrschende kulturelle Profil oder ob Anpassungen des kulturellen Profils (Dispositionen) selbst nötig sind – initiieren, planen und implementieren dieser
- Kontinuierliches Kommunizieren zur Kulturpflege bzw. zur Stabilisierung und Entwicklung kultureller Dispositionen. Gezielte Kommunikation zur Vermeidung von Fehlentwicklungen"

Vor diesem Hintergrund sind die Managementkonzepte der Unternehmen in der Bauwirtschaft zu hinterfragen, wobei klassische Ansätze des Managements durchaus erfolgreich eingesetzt werden können, aber wohlmöglich nicht ausschließlich. Die Herausforderung liegt darin, die zum Teil sehr unterschiedlichen kulturellen Profile zu analysieren, zum Beispiel der gewerblichen Mitarbeiter(innen), der mittleren Führungsebene und der Stabsabteilungen. In diesem Rahmen lassen sich auch Ansätze des populären Management by Objectives, also einer Führung durch Zielvereinbarungen und einer erfolgsbezogenen Vergütung umsetzen.[39] Heute wird immer deutlicher, dass aufgrund des kulturellen Profils, eine rein monetäre Erfolgsvergütung nicht mehr zeitgemäß ist. Viele Mitarbeiter ziehen mittlerweile andere Aspekte wie Work-life-balance und eine flexible Arbeitszeit oder bestimmte Annehmlichkeiten am Arbeitsplatz einer höheren Vergütung vor. Einige Unternehmen gehen dazu über auch die Bedürfnisse der Mitarbeiter außerhalb der Arbeit in den Arbeitsalltag besser zu integrieren, indem zum Beispiel Gemeinschaftszonen im Betrieb geschaffen werden, mit der Möglichkeit zu entspannen, sich zu unterhalten, zu essen etc.

Für die Unternehmen der Bauwirtschaft ergibt sich damit ein großes Potential zur Mitarbeitergewinnung und -bindung. Insbesondere im harten Wettbewerb können andere

---

[37] Reisyan, G.: Neuro-Organisationskultur, Springer Gabler, Wiesbaden, 2013, S. 66.
[38] Reisyan, G.: Neuro-Organisationskultur, Springer Gabler, Wiesbaden, 2013, S. 413.
[39] Vgl. Wöhe, G.: Einführung in die Allgemeine Betriebswirtschaftslehre, 27. Aufl., Verlag Franz Vahlen: München 2020, S. 120, Steinmann, H.; Schreyögg, G.; Koch, J.: Management, 8. Aufl., Springer Gabler, Wiesbaden, 20.120, S. 675.

9.3 Erreichung der Ziele

Faktoren als rein monetäre entwickelt werden, die dem kulturellen Profil entsprechen und zur Mitarbeiterzufriedenheit sowie zur Verbesserung der Leistungsfähigkeit beitragen.

Um diese komplexe Aufgabe lösen zu können, muss sich das Unternehmen darüber klar werden, welches Führungskonzept es anwenden will bzw. anwenden kann.

Diese Aufgabe ist schon allein deshalb nicht einfach zu lösen, da sowohl in der Theorie als auch in der Praxis eine Reihe Führungskonzepte entwickelt wurden und es auch ganz erheblich auf die Unternehmenssituation ankommt, um zu entscheiden, welches Konzept im aktuell vorliegenden Fall das Vorteilhafteste sein wird oder ist.

Vereinfacht kann man die Führungskonzepte einteilen in solche, die sich schwerpunktartig mit generellen organisatorischen Ablaufproblemen beschäftigen *(Management-Techniken)* und solchen Führungskonzepten, die sich stärker auf den Einsatz bzw. der Führung von Mitarbeitern konzentrieren *(Führungsstil)*.

Nachfolgend werden folgende Führungskonzeptionen kurz erläutert. (Abb. 9.11)

Auf die vielen anderen Management-Techniken, wie z. B. Management by Systems, -by Decision-Rules, -by Direction and Control, -by Breakthrough, -by Crisis, wird hier bewusst nicht eingegangen. Diese Techniken betonen nur spezielle Aspekte des Führungsprozesses.

Management by Delegation (Führung durch Aufgabendelegation)
Hier werden klar abgegrenzte Aufgabenbereiche mit entsprechender Kompetenz und Verantwortung auf nachgeordnete Mitarbeiter bzw. Abteilungen übertragen. Die Verantwortung des Vorgesetzten beschränkt sich auf die Führungsverantwortung, d. h. auf Dienstaufsicht und Erfolgskontrolle.

Mit dieser Technik werden die übergeordneten Führungsstellen entlastet. Die Mitarbeiter können bzw. müssen bei der Bewältigung ihrer Aufgaben mitentscheiden und mitverantworten. Dies fördert unter Umständen auch die Motivation.

„Dieses Führungsprinzip hat eine besondere Ausprägung in dem von R. Höhn und der Harzburger Akademie für Führungskräfte der Wirtschaft entwickelten und vertretenen

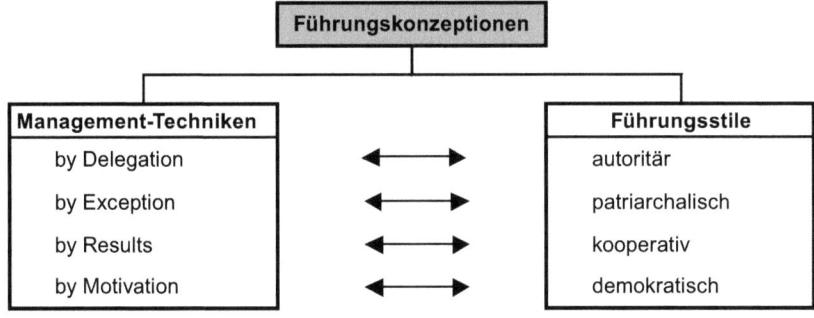

Abb. 9.11 Management – Techniken und Führungsstile

„Harzburger Modell" gefunden, das unter der Bezeichnung „*Führung im Mitarbeiterverhältnis*" bekannt geworden ist."[40]

Die Verwirklichung des Harzburger Modells erfordert exakte Stellenbeschreibungen und schriftlich festgelegte „Allgemeine Führungsanweisungen", in welchen verbindlich festgelegt wird, wie sich Vorgesetzte gegenüber Mitarbeitern – und umgekehrt – zu verhalten haben.

Management by Exception (Führung nach dem Ausnahmeprinzip)
Diese Management-Technik erweitert das Management by Delegation. Es gibt zusätzlich für die Abteilungen und Mitarbeiter Ziele und Sollwerte vor. Über die Erreichung dieser Ziele und Sollwerte können die Mitarbeiter selbständig entscheiden. Die Vorgesetzten greifen in den übertragenen Aufgabenbereich nur dann ein, wenn vorher verbindlich festgelegte Abweichungstoleranzen erreicht sind oder wenn besondere Situationen vorliegen.

Ein Nachteil dieser Konzeption ist, dass mitunter unangenehme Informationen zurückgehalten werden. Dies kann z. B. dann erfolgen, wenn aufgrund der Information die vorgegebene Toleranzgrenze überschritten wird. Mit der Zurückhaltung der Information kann in diesem Fall verhindert werden, dass übergeordnete Instanzen eingreifen.

Management by Results (Führung durch Ergebnisüberwachung)
Bei diesem Konzept wird die Durchführung der delegierten Aufgabe über das erzielte Ergebnis kontrolliert. Die Entscheidungen im Rahmen der Aufgabenerfüllung sind dem nachgeordneten Organisationsbereich freigestellt.

Dieses Konzept eignet sich besonders bei Profit-Center-Organisationen, bei welchen die Profit-Center entweder anhand der Eigenkapitalrentabilität oder des Betriebsergebnisses kontrolliert werden.

Zur Führung von Abteilungen und Mitarbeiter ist dieses Konzept nur dann geeignet, wenn klare Ergebnisvorgaben, z. B. Leistungs-Soll im Monat, formuliert werden können.

Management by Motivation
Bei dieser Management-Technik wird das Leistungsverhalten der Mitarbeiter nicht mehr durch Anordnungen und ständige Kontrollen gesteuert. Bei diesem Konzept soll der Mitarbeiter unter Beachtung seiner individuellen Bedürfnisse in das Unternehmen eingefügt werden. Dabei wird die Befriedigung dieser Bedürfnisse als Triebfeder des Arbeitsverhaltens angesehen.

„Es ist offensichtlich, dass ein uneingeschränktes Bemühen um Maximierung der Arbeitsproduktivität nicht im Interesse der Mitarbeiter sein kann. Sowohl eine ständige

---

[40] Wöhe, G.: Einführung in die Allgemeine Betriebswirtschaftslehre, 20. Auflage, Verlag Franz Vahlen: München 2000, S. 136.

Erhöhung des Outputs, aufgrund der damit verbundenen physischen und psychischen Belastungen, als auch eine Verminderung des Inputs (z. B. Kürzung von Vorgabezeiten, Verminderung von Sozialleistungen mit dem Ziel der Kostenreduzierung) entsprechen nicht den Bedürfnissen der Mitarbeiter. Andererseits kann nicht unterstellt werden, dass die Interessen der Arbeitnehmer grundsätzlich einer Erhöhung der Arbeitsproduktivität zuwiderlaufen, da von ausreichender Arbeitsproduktivität die Sicherheit der Arbeitsplätze abhängt."[42] Ergänzend dazu ist anzumerken, dass durch die Schaffung von geeigneten Rahmenbedingungen für die Mitarbeitenden, z. B. durch eine verbesserte work-life-balance, flexible Arbeitszeiten oder alternative Arbeitszeitmodelle eine höhere Mitarbeiterzufriedenheit und damit u. U. eine höhere Produktivität, selbst bei reduzierten Arbeitszeiten möglich ist.

Beim Management by Motivation geht es nunmehr darum, den Mitarbeiter so zu motivieren, dass er die von ihm erwartete Aufgabenerfüllung aufgrund seiner eigenen Motivation vornimmt.

Dies bedeutet, dass die personalen Bedürfnisse der Mitarbeiter erkannt werden müssen und dass die Mitarbeiter mit solchen Informationen zu versorgen sind, die deren Motivationsstruktur ansprechen und bei ihnen den Wunsch wecken, bestimmte Handlungen vorzunehmen.

Kombiniert man diese Bedürfnisstruktur der Mitarbeiter mit den in Unternehmen einsetzbaren Instrumenten zur Leistungsmotivation, dann erhält man Abb. 9.12[43].

Im Zusammenhang mit der Mitarbeitermotivation wird in der Literatur auch zwischen extrinsischer und intrinsischer Motivation unterschieden.

Unter extrinsischer Motivation versteht man den Arbeitsanreiz, der in erster Linie auf Entlohnung in Form von Geld zurückgeht. „Das Hauptproblem bei der extrinsischen Motivation ist deren langfristige Aufrechterhaltung. Sobald der Motivator – z. B. die Lohnerhöhung – nicht mehr fortgesetzt wird, lässt die Motivation nach. Kein Betrieb kann es sich jedoch auf Dauer leisten, seinen Mitarbeitern ständig das Einkommen zu erhöhen, um so die Arbeitsmotivation aufrecht zu erhalten. Die materiellen Leistungsanreize richten sich daher vor allem auf die Befriedigung der Grund- und Sicherheitsbedürfnisse in den unteren Bedürfnisebenen."[44]

Unter intrinsischer Motivation versteht man die Anreize, die nicht unmittelbar in Geld auszudrücken sind. Diese Motivation gelingt dann, wenn sich der Mitarbeiter z. B. mit dem Arbeitsziel identifiziert und beim Erreichen dieses Ziels Glück, Stolz und Selbstwertgefühl empfindet. Die Arbeit wird aus Überzeugung getan; die Befriedigung liegt im Tun selbst.

---

[42] Heinen, E. (1985): a.a.O., S. 635.
[43] Vgl. Weber, K.: Führung in der Bauwirtschaft, Teil 2; in: Bauwirtschaft Heft 34, 1987, S. 1092.
[44] Labbert, H.: Die Reduzierung der Personalzusatzkosten der deutschen Bauwirtschaft, Dissertation Universität Dortmund: Dortmund 1998, S. 267.

Abb. 9.12 Zusammenhang zwischen Bedürfnisstruktur der Mitarbeiter und in Unternehmen eingesetzten Instrumenten zur Leistungsmotivation

„Der wesentliche Vorteil der intrinsischen Motivation liegt darin, dass Menschen, die aus Überzeugung hinter einer Sache stehen und ein Ziel erreichen wollen, oft konsequenter und letztlich erfolgreicher sind als Personen, die „nur" gegen zusätzliche Vergütung leistungsbereit sind. Selbstverständlich kann die intrinsische Motivation nur oberhalb der Befriedigung der Grund- und Sicherheitsbedürfnisse funktionieren. Solange es um die Erfüllung der Grundbedürfnisse geht, gibt es keine Alternativen zur geldlichen Entlohnung."[45]

Die Ausführungen machen deutlich, dass Mitarbeitermotivation ein äußerst schwieriges und komplexes Thema ist. Eine allgemein gültige „Rezeptur" kann schon deshalb nicht vorgegeben werden, weil die individuellen Bedürfnisse der Mitarbeiter sehr unterschiedlich sind und sich im Zeitverlauf auch ständig ändern.

Nachdem bislang die Management-Techniken dargestellt wurden, wird im Folgenden auf Konzepte der unmittelbaren Führung von Mitarbeitern, also auf Führungsstile, eingegangen.

Führungsstile
Bei der Zielerreichung kommt es darauf an, dass die Mitarbeiter so beeinflusst werden, dass sie die von ihnen erwartete Aufgabenerfüllung auch tatsächlich vollziehen. Zudem ist die Frage zu klären, welchen Einfluss die Mitarbeiter auf die zu treffenden Führungsentscheidungen haben sollen bzw. müssen. Je nachdem, ob die Unternehmens-

---

[45] Labbert, H.: a.a.O., S. 267.

9.3 Erreichung der Ziele

führung mehr mit den Mitteln der Autorität, des Drucks und Zwangs oder mehr mit den Mitteln der Überzeugung, der Kooperation und Partizipation am Führungsprozess vorgeht, wendet sie einen unterschiedlichen Führungsstil an.[46]

In der betriebswirtschaftlichen Literatur finden sich sehr viele Systematisierungen der Führungsstile. Allen ist gemeinsam, dass sie von den gegensätzlichen Kategorien autoritär und kooperativ ausgehen. Eine sehr bekannte Unterteilung der Führungsstile wurde von Tannenbaum/Schmid geschaffen. Hier wird das Gegensatzpaar autoritär und kooperativ weiter untergliedert, und zwar nach dem Ausmaß der Beteiligung der Mitarbeiter an Entscheidungen.

Auch bei den Führungsstilen muss festgestellt werden, dass es keinen Führungsstil gibt, der allen Situationen und allen Arten von Unternehmen gerecht wird.

Unterschiedliche Gruppen- und Führungssituationen erfordern unterschiedliche Führungsstile. Dies spiegelt sich in der Situationstheorie der Führung wider. Hier ist besonders die Kontingenztheorie von Fiedler[47] zu nennen, die unter den Situationstheorien besondere Beachtung findet.

Nach Fiedler sind bei der Führung von Mitarbeitern drei wichtige Variablen zu beachten, nämlich den Führungsstil, die Führungssituation und die Effektivität der Gruppe.

Beim Führungsstil unterscheidet er zwischen dem aufgabenorientierten und dem personenorientierten Führungsstil. Der aufgabenorientierte Führungsstil ist leistungsorientiert, d. h. er strebt nach der Aufgabenlösung und dem Erreichen des Zieles. Der personenorientierte Führungsstil legt Wert auf gute menschliche Beziehungen zwischen Führer und Geführtem (Abb. 9.13).

Die Effektivität der Gruppe ist das Ergebnis der Effektivität des Führenden und seines Führungsstils. Diese Effektivität wird zum einen gemessen daran, wie die Gruppe die Aufgabenstellung bewältigt hat (Leistung) und zum anderen an der Zufriedenheit der einzelnen Gruppenmitglieder.

Abschießend wird hier die Frage aufgeworfen, in welchen Situationen der Führungsstil „Führung durch Kooperation" oder der gegensätzliche Führungsstil „Führung durch Autorität" sinnvoller anzuwenden ist.

- „Die Führung durch Kooperation ist umso sinnvoller,
  - je mehr die Entscheidung in den Handlungsbereich des Geführten fällt und dieser seinen Wunsch auf Mitwirkung und Einflussnahme geltend machen möchte,
  - je mehr der Ausgang der Entscheidung nicht klar definiert ist und die Kreativität des Geführten angesprochen wird, sodass seine aktive Mitarbeit durchaus von Nutzen ist.

---

[46] Vgl. Wöhe, G.: a.a.O., S. 150 f.
[47] Vgl. Steinmann, H.; Schreyögg, G.; Koch, J.: Management, 7. Aufl., Springer Gabler, Wiesbaden, 2013, S. 612 f.

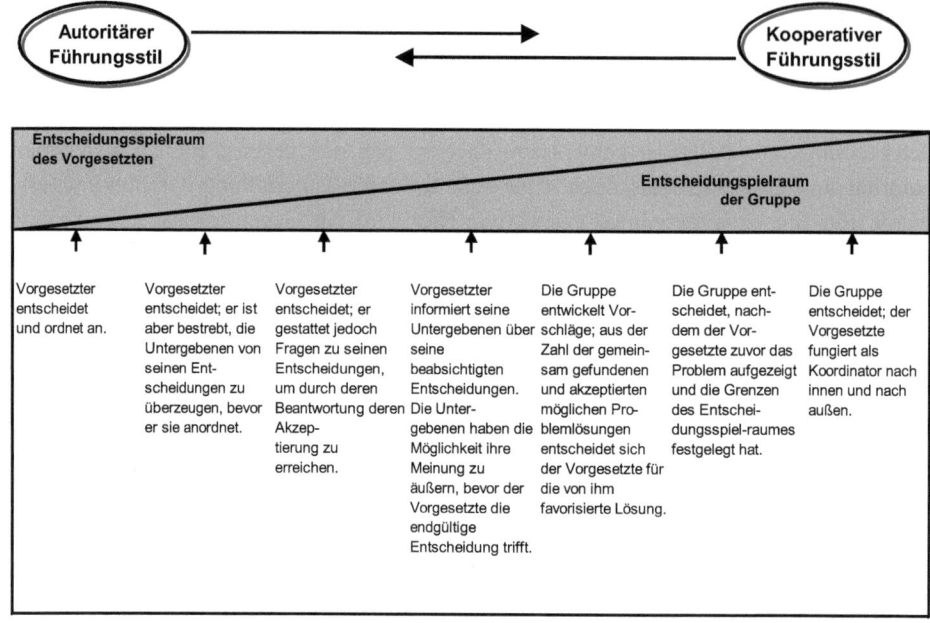

Abb. 9.13 Führungsstilkontinuum nach Tannenbaum/Schmidt[41]

- Die Führung durch Autorität, d.h. die autoritäre Durchsetzung einer Entscheidung ist dann sinnvoll,
  - wenn Untergebene Entscheidungen akzeptieren und ausführen, ohne dabei eigene Initiativen und Kreativität beweisen zu wollen,
  - wenn die Entscheidung in den Verantwortungsbereich des Vorgesetzten fällt,
  - wenn eine rasche Realisierung einer Entscheidung von ausgesprochener Bedeutung für den Fortlauf eines Arbeitszieles ist."[48]

9.3.4 Zielerreichung am Beispiel des Management by Objectives (MbO)

Die bislang vorgestellten Management-Techniken werden in der Literatur auch als Partialmodelle bezeichnet, weil sie jeweils ganz bestimmte Teilausschnitte des Führungsprozesses besonders hervorheben.

---

[41] In Anlehnung entnommen aus Steinmann, H./Schreyögg, G.: a.a.O., S. 600
[48] Vgl. Grunwald, W./Lilige, H.G.: Partizipative Führung, Verlag Paul Haupt: Bern-Stuttgart 1980, S. 151 f.

9.3 Erreichung der Ziele

Demgegenüber richten sich Gesamtmodelle, auch Totalmodelle genannt, auf die Unternehmensführung als Ganzes. Ein Gesamt-Führungsmodell enthält daher Aussagen über den Aufbau, die Funktionsweise, die Abstimmung und Verknüpfung der im Abschn. 9.3.2 „Grundmodell der Zielerreichung" erarbeiteten Teilsysteme.

Ein solches Gesamt-Führungsmodell ist u. a. das MbO.

„Neben dem im deutschsprachigen Raum entwickelten Harzburger Modell und dem St. Galler Management-Modell kann nur das Management-by-Objectives Modell den Anspruch erheben, ein umfassendes Gesamtmodell des Führungsverhaltens darzustellen, wobei es insbesondere Elemente des Management by Delegation (Führung durch Aufgabendelegation) und des Management by Exception (Führung durch Ausnahmeregelungen) mit einbezieht."[50]

„Das MbO stellt z. Zt. – vor allem bei größeren Unternehmen – das am weitesten verbreitete Gesamtmodell dar. Innerhalb der Jahrzehnte anhaltenden Erörterung des „richtigen" (modernen, passenden etc.) Führungsstils kristallisierte sich die Führung durch Zielvereinbarung als zielorientiertes, kooperatives Führungskonzept und als das zeitgemäße Konzept heraus, um

- die Sachziele der Organisation mit
- den Bedürfnissen selbständiger Mitarbeiter

in Einklang bringen zu können. Es ist damit ein integratives Führungsmodell und auch ein dynamisches Modell, da es auf Personalentwicklung, Potenziale, Selbstentfaltung und Wachstum ausgerichtet ist. Es ist deshalb sowohl von (Budget-) Vorgaben im Sinne quantitativer Daten als auch von qualitativen Aussagen geprägt. Der Begriff Management by Objectives wurde erstmals 1954 von Peter Drucker im Anschluss an seine Arbeit bei General Motors in seinem Buch „Die Praxis des Managements" geprägt und populär gemacht."[51]

Dieses Modell ist gerade auch für bauwirtschaftliche Unternehmen sehr geeignet. Deshalb wird es detailliert dargestellt, seine organisatorische Durchführung beschrieben und dann die Anwendbarkeit des MbO auf die bauwirtschaftlichen Unternehmen erörtert.

9.3.4.1 Darstellung des MbO

Das „MbO ist ein Führungskonzept, bei dem Vorgesetzte und nachgeordnete Manager gemeinsam Ziele festlegen, ihren jeweiligen Verantwortungsbereich für bestimmte Ergebnisse abstecken und auf dieser Grundlage ihre Abteilung führen und die Leistungsbeiträge der einzelnen Mitarbeiter bewerten."[52]

---

[50] Hopfenbeck, W.: a.a.O. S. 530, und die dort zitierte Literatur.
[51] Hopfenbeck, W.: a.a.O., S. 531.
[52] Staehle, W. (1999): a.a.O., S. 853.

Dem Mitarbeiter ist es weitgehend freigestellt, wie er die Zielvorgabe erreicht. Der Vorgesetzte kontrolliert lediglich die Erreichung der vereinbarten Ziele. Der Grad der Zielerfüllung dient als Grundlage der Leistungsbewertung der Mitarbeiter, der Festlegung des variablen Teils seines Einkommens und der Beurteilung seiner Aufstiegschancen.

„Der Aufgabenbereich jedes einzelnen Mitarbeiters und seine Verantwortung werden also nach dem Ergebnis festgelegt, das von ihm erwartet wird. Der Mitarbeiter kann im Rahmen des mit dem Vorgesetzten gemeinsam abgegrenzten Aufgabenbereichs selbst entscheiden, auf welchem Wege er die vorgegebenen Ziele erreichen will. Nicht diese Entscheidung, sondern das Ergebnis wird kontrolliert."[53]

„Der wesentliche Gedanke des MbO ist das Erreichen von Sachzielen der Organisation, indem die Leistung und das Verhalten der einzelnen Mitarbeiter in motivierender Weise auf die Erfüllung „gesteckter" Ziele gerichtet wird, d. h. das Streben nach Zielen der Organisation wird verbunden mit dem individuellen Leistungswillen bzw. Streben der Führungskräfte nach Selbstentfaltung und -bestätigung."[54]

Hier unterscheidet sich das MbO ganz wesentlich vom Harzburger Modell, in welchem die Entscheidungs- und Durchführungsprozesse mithilfe von exakten Stellenbeschreibungen und „Allgemeinen Führungsanweisungen" für alle verbindlich festgelegt werden.

Durch das gemeinsame Festlegen von Zielen beim MbO werden die Verantwortungsbereitschaft und die Eigeninitiative gefördert. Dadurch erhofft man sich wirksame Motivationsanreize, welche die Mitarbeiter zu mehr Flexibilität und Kreativität bewegen.

Im Mittelpunkt dieses Führungskonzeptes steht also die Auffassung, dass durch die Einbindung der Mitarbeiter in die Zielfindungs- und Entscheidungsprozesse auch deren arbeitsbezogene Bedürfnisse besser erfüllt werden.

Das MbO als Führungskonzept erfüllt:[55]

- Sicherheitsbedürfnisse, durch realistische Zielvereinbarungen und Ergebniskontrollen,
- Wertschätzungsbedürfnisse, durch individuell zurechenbare Leistungsergebnisse,
- Gerechtigkeitsbedürfnisse, durch die Überprüfbarkeit der Leistungsbeurteilung und
- Selbstverwirklichungsbedürfnisse, durch die Einbeziehung persönlicher Entwicklungsziele.

Damit diese Zielsetzungen des MbO erreicht werden können, müssen in Unternehmen folgende Aufgaben erfüllt und deren Ergebnisse integrativ verbunden werden.

---

[53] Wöhe, G.: a.a.O., S. 132.
[54] Hopfenbeck, W.: a.a.O., S. 533.
[55] Vgl. Staehle, W.H. (1994): Management, Eine verhaltenswissenschaftliche Einführung, Verlag Franz Vahlen: München 1994, zitiert aus Hopfenbeck, W.: a.a.O., S. 534.

9.3 Erreichung der Ziele

- Erarbeitung eines Zielsystems des Unternehmens durch die Unternehmensleitung.
- Gemeinsames Erarbeiten von Unterzielen durch Vorgesetzte und den nachgeordneten Managern.
- Festlegung der Mittel zur Aufgabenerfüllung durch die Mitarbeiter.
- Ergebniskontrollen durch Soll-Ist-Vergleiche.
- Kooperative Erfolgsbeurteilung (Feed-back) und Zielplanung für die nächste Periode bzw. für die nächsten Perioden.
- Mitarbeiterbeurteilung und Konsequenzen für Entlohnungssysteme.

Damit erweitert sich bei Anwendung des MbO das im Abschn. 9.3.2 dargestellte Grundmodell wie in Abb. 9.14 zu sehen.

9.3.4.2 Organisatorische Durchführung

Voraussetzung für ein solches Führungskonzept ist einerseits eine detaillierte *Planung aller Teilziele* bis zur untersten Management-Ebene und andererseits eine umfassende *Erfolgskontrolle*. Durch dieses System werden die jeweiligen Führungskräfte von der Spitze bis zur unteren Ebene entlastet, da sie nicht zu entscheiden haben, wie in den einzelnen Bereichen gearbeitet wird, sondern nur an der Festlegung beteiligt sind, was erreicht werden soll. Die Verantwortungsbereitschaft und die Eigeninitiative der Mitarbeiter werden gefördert, wenn die gemeinsam gesetzten Ziele erreichbar sind. Sind sie zu hochgesteckt, so werden die Mitarbeiter entweder unter starken Leistungsdruck gesetzt oder durch Misserfolge unsicher.[56]

Dem MbO liegt ein Menschenbild zugrunde, das die Vielfalt der Bedürfnisse der Mitarbeiter anerkennt und fördert. Das Konzept MbO kann in Unternehmen allerdings nur dann eingeführt werden, wenn die Unternehmensleitung von diesem Menschenbild überzeugt ist und die Mitarbeiter im Sinne dieses Menschenbildes motivieren will.

Zur Realisierung des MbO muss von der Unternehmensleitung auch über den im Unternehmen anzuwendenden Führungsstil entschieden werden. Welcher Führungsstil gewählt wird, hängt von den Umständen des einzelnen Unternehmens ab. Das MbO-Modell wird in seiner theoretischen Konzeption hinsichtlich kooperativer oder autoritärer Führungsform als wertneutral betrachtet. Die meisten Autoren heben jedoch die Kooperation bei der Zielfestlegung als wesentliches und zentrales Gestaltungsmerkmal hervor. Durch eine verbesserte Kommunikation zwischen Vorgesetzten und Mitarbeitern wird eine höhere Motivation der Mitarbeiter erreicht.

Mit anderen Worten: beim MbO wird der kooperative Führungsstil favorisiert. Der im Einzelfall anzuwendende Führungsstil kann aber durchaus flexibel gestaltet sein und der aktuellen Situation entsprechend angepasst werden.

---

[56] Wöhe, G.: Einführung in die Allgemeine Betriebswirtschaftslehre, 25. Auflage, Verlag Franz Vahlen: München 2013, S. 120.

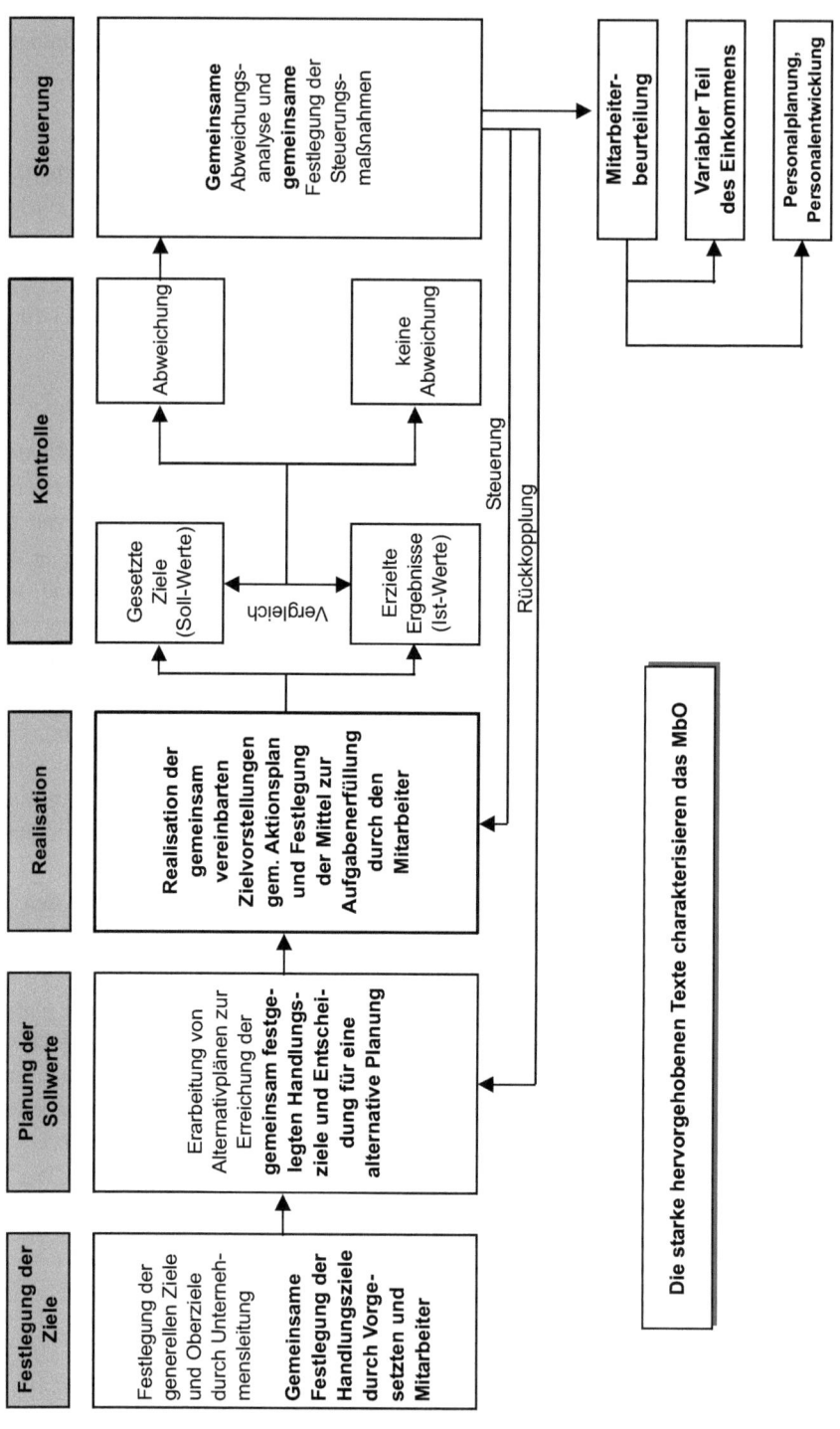

Abb. 9.14 Grundmodell des MbO (vgl. auch Hopfenbeck, W.: a.a.O., S. 534)

9.3 Erreichung der Ziele

Die gemeinsame Erarbeitung von Zielen durch Vorgesetzte und nachgeordnete Manager sowie die kooperative Erfolgsbeurteilung und Zielplanung für die nächste Periode bzw. die nächsten Perioden erfordert spezifische organisatorische Maßnahmen, wie die Einrichtung von Gruppen- bzw. Mitarbeitergesprächen und den Aufbau einer mitarbeiterorientierten Informationskultur.

Gruppen- und Mitarbeitergespräche
Bei den Gruppengesprächen erörtert der Vorgesetzte zunächst die übergeordnete Zielsetzung. Mithilfe des Gesprächs soll erreicht werden, dass diese übergeordneten Ziele von allen ihm unmittelbar unterstellten Mitarbeitern als Ziele ihrer Abteilung wahrgenommen werden. Erst wenn die Ziele endgültig festgelegt sind und damit von beiden Seiten anerkannt werden, handelt die Organisationseinheit in der Maßnahmen- und Mittelwahl selbständig, d. h. situationsgerecht.

Darüber hinaus soll mit diesen Gruppengesprächen auch ein Gruppengefühl bzw. ein Teamgeist entwickelt werden. Damit dieses gelingt, sind eine Reihe von Grundregeln zu beachten. So hat z. B. Steinbuch folgende Grundregeln aufgelistet:

Im Gegensatz zum Gruppengespräch, das der Festlegung von Zielen dient, hat das Mitarbeitergespräch die Ergebnisauswertung bzw. Ergebnisbeurteilung zum Inhalt. In einem regelmäßigen Turnus müssen diese Gespräche stattfinden, um die Zielrealisierung (Soll-Ist-Gegenüberstellung) zu überprüfen (Abb. 9.15).

„Dem Mitarbeitergespräch kommt innerhalb des MbO-Konzeptes eine zentrale Funktion zu. Grundlage des Mitarbeitergesprächs sind die vorhandenen Aufgabenstellungen und Zielvereinbarungen. In diesem Gespräch, für das kein standardisierter Gesprächsleitfaden vorgegeben sein sollte, werden Arbeitsergebnisse, künftige Aufgaben, Verantwortung, längerfristige Ziele, Zusammenarbeit zwischen Vorgesetztem und Mitarbeiter sowie Einsatz und Förderung des Mitarbeiters angesprochen."[57]

Aufbau einer mitarbeiterorientierten Informationskultur
Ob Gruppen- und Mitarbeitergespräche sinnvolle Ergebnisse bringen, hängt entscheidend von der im Unternehmen realisierten Informationskultur ab, d. h. von der Art und Weise, wie Informationen gesammelt, verwaltet, weitergegeben und genutzt werden.

Mitarbeiter können sich mit den Zielsetzungen des Unternehmens nur dann wirklich identifizieren, wenn sie auch über die entsprechenden Informationen verfügen.

Vor allem darf sich die betriebliche Informationspolitik nicht auf die Weitergabe von Informationen beschränken, die aufgrund z. B. betriebsverfassungsrechtlicher Bestimmungen gegeben werden müssen.

Erläuterungen und Begründungen von Arbeitsvorgaben im Sinne von Unterweisungen sowie die offene Unterrichtung über Situation, Perspektiven und Denkweise des Unter-

---
[57] Hopfenbeck, W.: a.a.O., S. 538.

Regeln der Gruppenarbeit
Alle Gruppenmitglieder sind gleichwertig und gleichberechtigt.
Jedem Gruppenmitglied stehen alle Informationen zur Verfügung.
Das Wissen und die Erfahrung jedes Mitgliedes der Gruppe wird uneingeschränkt in die Gruppenarbeit eingebracht.
Jede Arbeitsaufgabe wird von der Gruppe vergeben.
Meinungen und Einstellungen werden offen geäußert.
Innerhalb der Gruppe wird offen diskutiert.
Meinungsverschiedenheiten werden in der Gruppe bereinigt.
Arbeitsergebnisse werden schriftlich niedergelegt und stehen damit sofort allen Mitarbeitern offen.
Die Koordination der Gruppenarbeit wird durch Überzeugung und nicht durch die Ausübung von Macht oder Manipulation vorgenommen.
Entscheidungen werden nicht durch die Mehrheit, sondern durch Übereinstimmung erreicht.
Die Gruppe und damit jedes Mitglied trägt die Gesamtverantwortung für die Arbeitsergebnisse.

Abb. 9.15 Grundregeln der Teamarbeit[49]

nehmens bewirken häufig erst die volle Entfaltung der Leistungsfähigkeit der Mitarbeiter.

Dies besagt jedoch nicht, dass alle Mitarbeiter auf allen Stufen der Unternehmenshierarchie die gleichen Informationen haben können bzw. sollten.

In Unternehmen gibt es zahlreiche Funktionen bzw. Bereiche, wie Personalwesen, Technische Abteilung, Baustelle etc. Jede dieser Funktionen/Bereiche hat eine eigene Sprache. Außerdem haben Unternehmen verschiedene Hierarchieebenen, auf denen wiederum spezifische Informationsinhalte vorherrschen. Auf der untersten Ebene wird eine Sprache der Arbeitsdurchführung und der dinglichen Arbeitsergebnisse gesprochen.

---

[49] Vgl. Steinbuch, P.A.: Management-Instrumente, VDI-Verlag: Düsseldorf 1985, S. 80

9.3 Erreichung der Ziele

An der Spitze der Unternehmen wird von Geld, Unternehmenserfolg, mittel- und langfristige Unternehmenspolitik etc. gesprochen.

In den mittleren Führungsebenen muss die Sprache möglicherweise beide Kategorien – zumindest im Verständnis – erfassen.

Eine mitarbeiterorientierte Informationskultur kann also nur bedeuten, dass die für das Arbeitsgebiet zutreffenden Informationen in der entsprechenden Sprache präzise und rechtzeitig übermittelt werden.

„Die präzise und rechtzeitige Übermittlung zutreffender Informationen motiviert die Teams zur Durchführung notwendiger Maßnahmen, damit die kleinen Ziele im Rahmen der gesamtunternehmerischen Zielsetzung realisiert werden können.[...] Ausgerüstet mit betrieblichem und finanztechnischem Wissen, fühlen sich die einzelnen Mitarbeiter und Teams für ihr Vorgehen verantwortlich. Sie haben eine klare Vorstellung davon, in welcher Weise sich ihre Arbeit auf die Unternehmensresultate auswirkt und welche Kennzahlen ihre Leistungen und Beiträge zu erkennen geben."[58]

Auf diese unterschiedliche Sammlung, Weitergabe und Nutzung von Informationen weist z. B. auch Marchand hin. Er meint, dass man in den heutigen Unternehmen vier Arten von Informationskulturen finden kann.

- „Die *funktionale Informationskultur:* Sie ist darauf ausgerichtet, auf andere Einfluss zu nehmen. Sie ist besonders häufig in Unternehmen, in denen Befehle, Kontrolle und Hierarchie eine große Rolle spielen. Dort darf jeder nur das wissen, was er unbedingt wissen muss. Informationsverhalten im Sinne von Kontrolle muss allerdings nicht unbedingt negativ sein.[...] Globale Unternehmen mit vielen Einheiten und einer personell gering dotierten Konzernzentrale kommen gar nicht aus ohne genaue und vollständige Information über den Erfolg des Unternehmens. Würden die Manager diese Notwendigkeit nicht erkennen, wären diese Unternehmen schlicht nicht zu führen.
- Die *offene Informationskultur:* In dieser Kultur trauen Manager und Mitarbeiter einander zu, dass sie Informationen zum Besten des Unternehmens einsetzen, auch wenn es um solche über Misserfolge und Fehlleistungen geht. Dies ist eine notwendige Voraussetzung, um Probleme zu lösen und den Wandel zu bewältigen[...]
- Die *Recherchen-Kultur:* In dieser Kultur tun Manager und Mitarbeiter alles, um künftige Trends besser zu verstehen und festzulegen, wie sie den Herausforderungen der Zukunft begegnen können. Ansätze dieser Kultur gibt es in einzelnen Bereichen zahlloser Unternehmen, etwa in der Marktforschung, im Technologie-Assessment und in den Forschungs- und Entwicklungsabteilungen[...]
- Die *Entdecker-Kultur:* In dieser Kultur sind Manager und Mitarbeiter offen für neue Arten, über Krisen und den Wandel nachzudenken. Diese Unternehmen werfen ihre

---

[58] Schuster, J.P./ Carpenter, J./ Kane, M.P.: Open-Book Management, Die neue Dimension der Mitarbeiterführung, Verlag moderne Industrie: Landsberg/Lech 1997, S. 241.

alten Grundsätze, wie Geschäfte zu machen sind, bewusst über Bord und suchen neue Perspektiven und Ideen für Produkte und Dienstleistungen. Sie hoffen, damit neue Wettbewerbsvorteile in ihrer Branche und ihren Märkten zu schaffen."[59]

Je nach Aufgabenstellung des Unternehmens und in Abhängigkeit von seiner Größe muss das Unternehmen die entsprechende Informationskultur entwickeln, um mit Hilfe des MbO auch komplexe und schwierige Situationen bewältigen zu können. Dies hängt allerdings nicht nur von den Qualitäten des Führungspersonals ab, sondern auch von den Fähigkeiten und Eigenschaften der Mitarbeiter im Unternehmen. Damit wird aber auch deutlich, wie wichtig betriebliche und außerbetriebliche Weiterbildungsmaßnahmen und gezielte personalpolitische Maßnahmen sind.

Der Nutzen einer gezielten Personalpolitik wird nachfolgend mit wenigen Hinweisen umrissen. Eine gezielte Personalpolitik dient:

- der Sicherung des Bestands und Bedarfs an Fach- und Führungskräften
- der Erhaltung und Angleichung der Mitarbeiterqualifikation
- der Vermittlung von Zusatzqualifikationen
- der Gewinnung von Nachwuchskräften aus dem Unternehmen
- dem Erkennen von Führungskräften und Spezialisten
- der Erhöhung der Bereitschaft, Änderungen zu verstehen und zu akzeptieren
- der Persönlichkeitsstärkung des Einzelnen

9.3.4.3 Anwendung des MbO in bauwirtschaftlichen Unternehmen

Zur Erörterung der Anwendung des MbO in der Bauwirtschaft, wird zunächst auf die relevanten bauwirtschaftlichen Besonderheiten eingegangen.

Bauprojekte sind in den meisten Fällen höchst individuell. Bauherren legen in der Regel Nutzungs-, Gestaltungs- und technische Anforderungen an das Bauvorhaben fest. Dazu gehören auch die Lebensdauer des Bauprojektes und – besonders bedeutsam – der Kostenrahmen und die Bauzeit. Darüber hinaus müssen Einflüsse des öffentlichen Baurechts und zahlreiche Umweltschutzauflagen etc. beachtet werden.

Zudem erwarten Investoren häufig Gesamtlösungen, die auch Dienstleistungen umfassen können, die der eigentlichen Bauproduktion vor- bzw. nachgelagert sind. Dadurch verliert die klassische Trennung der Aufgabenerfüllung, nämlich Bauherrenfunktion, Planung, Bauausführung und Betreibung des Bauprojektes an Bedeutung. General- und Totalunternehmer sowie Projektentwickler bzw. Betreiber übernehmen diese Aufgabe.

---

[59] Marchand, D. A.: Information ist Basis für die Zukunft; in: Handelsblatt 9./10. Januar 1998, S. K6.

Daneben werden die Bauprojekte immer komplexer, wenn man z. B. an Bauten des Umweltschutzes, der Verkehrsanlagen und an Technologiezentren denkt. Diese Entwicklungen erfordern von allen Baubeteiligten Teamfähigkeit und die Fähigkeit zum interdisziplinären Handeln und Denken. Nur bei engagiertem und zielgerichtetem Mitwirken aller Baubeteiligten können die bei umfangreichen und komplexen Bauprojekten vorliegenden Schnittstellen und Leistungsabgrenzungen bewältigt werden. Dies gilt nicht nur im Zusammenwirken von Bauherrn, Planungsbeteiligten und bauausführenden Unternehmen, sondern auch im Zusammenwirken der Mitarbeiter innerhalb der Unternehmen.

Weiterhin muss bedacht werden, dass in bauwirtschaftlichen Unternehmen die Mitarbeitenden von entscheidender Bedeutung sind. Dies gilt nicht nur für die Unternehmen der Planungsbeteiligten und der Projektentwickler, sondern dies gilt auch für die bauausführenden Unternehmen, bei denen die menschliche Arbeitskraft nach wie vor der entscheidende, und vor dem Hintergrund des Fachkräftemangels sehr limitierte Produktionsfaktor ist.

Zuletzt ist zu bedenken, dass in bauwirtschaftlichen Unternehmen die Zusammensetzung der Mitarbeitenden in aller Regel von Projekt zu Projekt verschieden ist. So werden zur Bewältigung der Architektur- und Ingenieuraufgaben – in Abhängigkeit von der Größe und dem Schwierigkeitsgrad des Projektes – unterschiedliche Teams gebildet. Bei der Erbringung von Bauleistungen ist es charakteristisch, dass für jede neue Bauaufgabe neue Baustellenmannschaften – bestehend aus gewerblichen Mitarbeitern und Führungspersonal – zusammengestellt werden müssen.

Die genannten bauwirtschaftlichen Besonderheiten verlangen von den Mitarbeitenden in bauwirtschaftlichen Unternehmen nicht nur unterschiedliche berufliche Qualifikationen, sondern im besonderen Maße auch Teamfähigkeit, Organisationstalent, Durchsetzungsvermögen, Menschenführung, Leistungsbereitschaft und Verantwortungsbewusstsein, Kommunikations- und Motivationsfähigkeit etc.

Die aufgezeigten Besonderheiten verlangen ein geeignetes Führungskonzept. Das MbO ist für die Bauwirtschaft geeignet, denn aufgrund der nachstehend aufgezählten Charakteristika des MbO können auch die komplexen bauwirtschaftlichen Aufgaben bewältigt werden.

- Förderung der Verantwortungsbereitschaft und Eigeninitiative durch Anerkennung der Vielfalt der Bedürfnisse der Mitarbeiter (Menschenbild).
- Gemeinsame Planung der Ziele, auch von detaillierten Einzelzielen, z. B. bei der Durchführung der einzelnen Leistungsphasen bei den Planungsbeteiligten oder der einzelnen Arbeitsschritte bei der Erstellung der Bauleistungen oder durch Ergebnisvorgaben bei Profit-Centern oder von Budgetvorgaben bei Abteilungen.
- Gruppen- und Mitarbeitergespräche, z. B. im Rahmen der interdisziplinären Zusammenarbeit zur Bewältigung unterschiedlicher Schnittstellen und Leistungsabgrenzungen bei der Planung von komplexen Bauprojekten oder bei bauausführenden Unternehmen in Form von Abteilungs- und Abteilungsleiterbesprechungen oder Bauführer-, Polier- und Kolonnenbesprechungen.

- Mitarbeiterorientierte Informationskulturen, z. B. vorbehaltloser Austausch von projekt- oder unternehmensbezogenen Informationen, um optimale Entscheidungen treffen zu können.
- Anwendung eines der aktuellen Situation entsprechenden Führungsstils, z. B. kooperativer Führungsstil im Team, Entscheidung und Anordnung durch Führungspersonal bei der Bauausführung.
- Gemeinsame Abweichungsanalyse von Soll-Ist-Werten.
- Feed-back, z. B. zur Verbesserung von Kalkulationswerten, Sammlung von Erfahrungswerten, Erarbeitung von Projektdateien.
- Gezielte personalpolitische Maßnahmen – z. B. Weiterbildungsmaßnahmen – um fachliche Befähigungen zu erweitern oder zu vertiefen.
- Allerdings bedeutet die Anwendung des MbO in vielen praktischen Fällen,
- eine teilweise Abkehr vom Denken in Tätigkeiten, Stellenbeschreibungen, Aufwand, Aufgaben u. a.
- hin zu Begriffen wie Ergebnis, Nutzen, Effektivität, Zielbeitrag.
- Das MbO beantwortet die Frage: Welchen Beitrag leiste ich durch meine Tätigkeit für den Erfolg meines Unternehmens?[60]

In diesen Kontext lassen sich auch die agilen Managementansätze wie das, in Abschn. 1.1.3.1 beschriebene Scrum-Modell, einfügen. Sie setzen auf eine, an Zielen orientierte Führung und die Selbstabstimmungsfähigkeiten der eingesetzten Fachkräfte. Den übergeordneten Rahmen kann der MbO-Ansatz bilden.

Dabei ist immer wieder darauf hinzuweisen, dass situationsabhängig eine Entscheidung hinsichtlich der Einführung und Umsetzung von entsprechenden Managementansätzen durch eine Geschäftsleitung getroffen werden muss. Demzufolge gibt es auch in der Praxis Beispiele, die keine idealtypische Ausprägung der hier gemachten Ausführung darstellen, sondern häufig nur Einzelelemente umgesetzt haben.

Abschließend sei bemerkt, dass empirische Studien zeigen, dass eine zielbezogene Vergütung sowohl Selektions- als auch Anreizeffekte haben kann. Demnach steigt bei leistungsstarken Mitarbeitenden das Anstrengungsniveau, während leistungsschwache Mitarbeitende sich nicht durch leistungsabhängige Entlohnungskomponenten motiviert fühlen.[61] Zudem kann sich übermäßiges kompetitives oder risikozugeneigtes Verhalten einstellen. Kompetitives Verhalten zwischen Niederlassungen kann beispielsweise dazu führen, dass die beabsichtigte Gewinnmaximierung für das Gesamtunternehmen behindert wird. Typisches Beispiel dafür sind Unternehmenseinheiten, die den Betrieb bzw. Neubau beinhalten, oder die vertikal gelagerte Leistungsbereiche bearbeiten und

---

[60] Vgl. Hopfenbeck, W.: a.a.O., S. 532.

[61] Steinmann, H.; Schreyögg, G.; Koch, J.: Management, 7. Aufl., Springer Gabler, Wiesbaden, 2013, S. 793.

gegeneinander arbeiten, um das eigene Ergebnis zu optimieren. „Allgemein gesehen, können extrinsische Anreize, wie sie der Leistungslohn darstellt, auch intrinsische Motivation verdrängen."[62] Insofern ist darauf zu achten, dass nicht ausschließlich monetäre Anreize bzw. Motivatoren eingesetzt werden, sondern zusätzlich die Rahmenbedingungen, d. h. Arbeitszeitmodelle, Arbeitsbedingungen, Gesundheitsförderung etc. motivierend gestaltet werden und die Identifikation mit dem Unternehmen erhöhen.

Literatur

Avolio, B., Walumbwa, F. & Weber, T.: Leadership: current theories, research, and future directions, Annual Review of Psychology, 60, 2009.

Bolden, R.: Distributed Leadership in Organizations: A Review of Theory and Research, International Journal of Management Reviews, 13 (3), 2011.

Diederichs, C.J. (1996–2): Personal- und Organisationsentwicklung; in: Diederichs, C.J. (Hrsg.): Handbuch der strategischen und taktischen Bauunternehmensführung, Bauverlag: Wiesbaden-Berlin 1996.

Friedrich, R.: Der Centeransatz zur Führung und Steuerung dezentraler Einheiten; in: Bullinger, H.J./ Warnecke, H.J. (Hrsg.): Neue Organisationsformen im Unternehmen, Ein Handbuch für das moderne Management; Springer-Verlag: Berlin 1996.

Gomez P./Probst G.: Die Praxis des ganzheitlichen Denkens. Vernetzt denken – Unternehmerisch handeln – Persönlich überzeugen, Paul Haupt Verlag: Bern-Stuttgart-Wien 1995.

Grunwald, W./Lilige, H.G.: Partizipative Führung, Verlag Paul Haupt: Bern-Stuttgart 1980.

Heinen, E. (1992): Einführung in die Betriebswirtschaftslehre, 9. Auflage, Gabler Verlag: Wiesbaden 1992.

Höfner, K/Pohl, A. (Hrsg.): Wertsteigerungsmanagement. Das Shareholder-Value-Konzept: Methoden und erfolgreiche Beispiele: Frankfurt/New York 1994.

Höhn, A.: Erfolgreiche Führung im 3. Jahrtausend, Springer Gabler, Wiesbaden, 2013.

Hopfenbeck, W.: Allgemeine Betriebswirtschafts- und Managementlehre, 14. völlig überarbeitete Auflage, Verlag moderne Industrie: Landsberg/Lech 2002.

Kanning, U. P.: Personalmarketing, Employer Branding und Mitarbeiterbindung, Springer Verlag, 2017.

Labbert, H.: Die Reduzierung der Personalzusatzkosten der deutschen Bauwirtschaft, Dissertation Universität Dortmund: Dortmund 1998.

Marchand, D. A.: Information ist Basis für die Zukunft; in: Handelsblatt 9./10. Januar 1998.

Maslow, A.: Motivation und Personality, Harper, New York, 1954.

Reisyan, G.: Neuro-Organisationskultur, Springer Gabler, Wiesbaden, 2013.

Roth, G.: Persönlichkeit, Entscheidung und Verhalten: Warum es so schwierig ist, sich und andere zu ändern, Klett-Cotta, Stuttgart, 2012.

Schuster, J.P./ Carpenter, J./ Kane, M.P.: Open-Book Management, Die neue Dimension der Mitarbeiterführung, Verlag moderne Industrie: Landsberg/Lech 1997.

Schreyögg, G.; Koch, J.: Management, 8. Aufl., Springer Gabler, Wiesbaden 2020.

---

[62] Steinmann, H.; Schreyögg, G.; Koch, J.: Management, 7. Aufl., Springer Gabler, Wiesbaden, 2013, S. 793.

Senge, P.: Die fünfte Disziplin. Kunst und Praxis der lernenden Organisation, Klett-Cotta, Stuttgart, 2009.

Staehle, W.H. (1994): Management, Eine verhaltenswissenschaftliche Einführung, Verlag Franz Vahlen: München 1994.

Stähle, Wolfgang (1999): Management. 8. Auflage. München: Verlag Franz Vahlen.

Steinbuch, P.A.: Management-Instrumente, VDI-Verlag: Düsseldorf 1985.

Steinmann, H.; Schreyögg, G.; Koch, J.: Management, 7. Aufl., Springer Gabler, Wiesbaden, 2013.

Tannenbaum, R. & Schmidt, W.: How to Choose a Leadership Pattern, Havard Business Review, 2., 1958.

Weber, K.: Führung in der Bauwirtschaft, Teil 2; in: Bauwirtschaft Heft 34, 1987.

Werther, S.: Geteilte Führung, Springer Gabler, Wiesbaden, 2013.

Wöhe, G.: Einführung in die Allgemeine Betriebswirtschaftslehre, 20. Auflage, Verlag Franz Vahlen: München 2000.

Wöhe, G.: Einführung in die Allgemeine Betriebswirtschaftslehre, 25. Aufl., Verlag Franz Vahlen: München 2013.

Wöhe, G.: Einführung in die Allgemeine Betriebswirtschaftslehre, 27. Aufl., Verlag Franz Vahlen: München 2020.

Gesetzliche Grundlagen 10

10.1 Rechtsformen

10.1.1 Merkmale von Rechtsformen

Bei der Wahl der Rechtsform sind unterschiedliche rechtliche Merkmale von Bedeutung, die sich in drei Gruppen unterteilen lassen:

- Einlagen- und Haftungsregeln.
- Gewinnverteilungs- und Ausschüttungsregeln.
- Sonstige Regelungen, die sich bspw. auf Gründungsmodalitäten, Geschäftsführung, die Mitwirkungs- und Kontrollrechte der Gesellschafter sowie Informationspflichten beziehen.

Einlagen- und Haftungsregeln
Einlagen, die von Einzelunternehmern, Freiberuflern oder Gesellschaftern in ein Unternehmen eingebracht werden, führen bei einer möglichen Insolvenz zu keinem Rückzahlungsanspruch wie dies bspw. bei einem Darlehen der Fall ist. Sie können als Bar- oder Sacheinlagen geleistet werden. Die Höhe der Einlagen ist bei Freiberuflern, Einzelunternehmern und Personengesellschaften frei vereinbar. Kapitalgesellschaften unterliegen dagegen gesetzlichen Vorschriften. So beträgt der gesetzlich zwingend vorgeschriebene Mindestnennwert bei Aktiengesellschaften (AG) gemäß § 8 Abs. 2 AktG 1 € pro Aktie. Darüber hinaus ist auch die Summe aller Gesellschaftsanteile gesetzlich vorgeschrieben. Gemäß § 7 AktG beträgt das Grundkapital einer AG mindestens 50 000 € und gemäß § 5 Abs. 1 GmbHG das Stammkapital einer GmbH mindestens 25 000 €.

Bei der Bereitstellung der Einlagen lassen Aktien- und GmbH-Gesetz grundsätzlich zu, dass die Einlagen hinter der gezeichneten Einlage, d. h. der insgesamt von einem Gesellschafter geschuldete Betrag, zurückbleiben können.

Im Rahmen der Haftung wird festgelegt, auf welche Weise die Gläubiger die Befriedigung einer bestehenden Forderung erzielen können. Hierbei ist zunächst zwischen der Einzelvollstreckung und der Insolvenz zu unterscheiden. Bei der Einzelvollstreckung kann ein Unternehmen grundsätzlich seinen Verpflichtungen nachkommen, lehnt dies jedoch in einem konkreten Fall ab. Ist die Forderung rechtlich anerkannt wird im Wege der Einzelzwangsvollstreckung gegen den Willen des Schuldners in das Vermögen eingegriffen, um Forderung zu erfüllen.

Ist ein Unternehmen grundsätzlich nicht mehr in der Lage seinen Verpflichtungen nachzukommen, führt dies in der Regel zur Insolvenz. Im Rahmen der Gesamtzwangsvollstreckung geht die Verfügungsgewalt über das Gesamtvermögen auf den für die Gesamtheit der Gläubiger handelnden Insolvenzverwalter über. Die Einzelgläubiger haben nun mehr nicht das Recht, bestehende Forderungen durch Einzelzwangsvollstreckungen zu befriedigen.

Nun ist es von essenzieller Bedeutung, auf welche Vermögensmasse im Rahmen der Einzel- und Gesamtzwangsvollstreckung zurückgegriffen werden kann. Grundsätzlich gilt hier, dass unabhängig von der Rechtsform und dem Verfahren das Gesamtunternehmens- bzw. Gesellschaftsvermögen dem Zugriff offensteht. In Abhängigkeit der Rechtsform kann dann noch möglicherweise auf weitere, über das Unternehmensvermögen hinaus gehende, Vermögenswerte (bspw. das Privatvermögen einzelner Gesellschafter) zurückgegriffen werden. In diesem Zusammenhang gibt es wiederum Regelungen, die das Zugriffsrecht bspw. auf die Höhe der ausstehenden Einlagen bei GmbH-Gesellschafter beschränken. Dieses wird im Rahmen der einzelnen Rechtsformen erläutert.

Gewinnverteilungs- und Ausschüttungsregeln
Der periodische Gewinn und Verlust stehen in erster Linie den Eigentümern des Unternehmens zu. Dies sind Einzelunternehmer, Freiberufler und Gesellschafter. Die Wahl einer Rechtsform wirkt sich dabei einerseits auf die buchhalterische Behandlung im Unternehmen und andererseits auf die Entnahme- und Ausschüttungsregelungen aus.

Bei Einzelunternehmern, Freiberuflern und Gesellschaftern von Personengesellschaften überlässt der Gesetzgeber es den Eigentümer, wie der Verteilungsschlüssel von Gewinn und Verlust festgelegt werden soll. Die Anteile können damit individuell zugeordnet werden. Nur für das Fehlen einer Regelung sind im HGB Regelungen vorgenommen. Im Einzelnen sind Ausführungen hierzu bei den einzelnen Rechtsformen gemacht worden. Bei Kapitalgesellschaften gibt es keine individuelle Zurechnung der Gewinne, sondern allgemeine Regelungen wie bspw. Gewinn- und Verlustvortrag, die Bildung und das Auflösen von Gewinnrücklagen. Es ergibt sich ein Bilanzgewinn der Gesellschaft, der grundsätzlich für eine Ausschüttung zur Disposition steht.

10.1 Rechtsformen

Bei der Ausschüttung von Gewinnen unterliegen Einzelunternehmer, Freiberufler und persönlich haftende Gesellschafter keinen gesetzlichen Beschränkungen. Durch die Einbeziehung des Privatvermögens ändert sich die allgemeine Haftungsmasse nicht, sodass kein Anlass zu weiteren Maßnahmen des Gläubigerschutzes besteht. Bei den Ausschüttungen an persönlich nicht haftenden Gesellschafter, wie bspw. Kommanditisten einer KG, GmbH-Gesellschafter oder Aktionäre sind Einschränkungen durch den Gesetzgeber vorgenommen. Dieser beschränkt grundsätzlich – vorab von einschränkenden Modifikationen – die Ausschüttungen auf den laufenden Gewinn.

Sonstige Regelungen
Hier sind beispielsweise Modalitäten bei der Gründung zu nennen. So muss der Gesellschaftsvertrag bei einer OHG, KG und GmbH und die Satzung einer AG notariell beurkundet werden. Bei Einzelunternehmer und Freiberuflern gibt es keinen Vertrag in dieser Form bzw. bei einer BGB-Gesellschaft bedarf es keiner notariellen Beurkundung. Darüber hinaus ist für das Wirksamwerden der rechtsformspezifischen Regelungen in einigen Fällen die Eintragung in das Handelsregister notwendig. Dies z. B. bei den Personenhandelsgesellschaften und bei den Kapitalgesellschaften. Abschließend sei an dieser Stelle auf Anzahl der Gründer eingegangen. So sind bei einer Personengesellschaft mindestens zwei Personen notwendig. Hingegen reicht bei einer GmbH und AG von Anfang an eine Person als Gesellschafter. Man spricht dann von der Einmann-GmbH und Einmann-AG.

10.1.2 Entscheidungskriterien bei der Wahl von Rechtsformen

Die vorstehend beschriebenen Merkmale der unterschiedlichen Rechtsformen sind zu beachten. Dies insbesondere deshalb, da sich nachhaltige Konsequenzen bei der Durchführung unternehmerischer Tätigkeiten daraus ergeben. Dabei sind im Allgemeinen vier wesentliche Gruppen zu nennen:

- Geschäftsführung und Vertretung
- Haftung und resultierende Finanzierungsmöglichkeiten
- Informationsrechte und -pflichten
- Besteuerung

Die Besteuerung ist unzweifelhaft eine ganz bedeutende Konsequenz der Rechtformwahl. Sie unterliegt aber einerseits in Deutschland einer äußerst komplexen Gesetzgebung und Steuerrechtsprechung und andererseits ist die Gesetzgebung von teilweise geringer Kontinuität, sodass sich in kürzesten Abständen Änderungen ergeben können. Aus diesem Grund wird an dieser Stelle auf weitere Ausführungen verzichtet und auf das einschlägige Schrifttum verwiesen.

Geschäftsführung und Vertretung

Im Gesellschaftsvertrag wird festgelegt, wer das Recht und die Pflicht zur Geschäftsführung und wer die Vertretungsbefugnis hat. Bei der Geschäftsführung wird das Innenverhältnis der Gesellschafter untereinander geregelt. Bei der Vertretung wird bestimmt, welche Gesellschafter das Unternehmen gegenüber Dritten, also im Außenverhältnis, vertreten können.

Die Geschäftsführung kann an Mitarbeiter übertragen werden. Je nach Umfang der delegierten Rechte unterscheidet man zwischen Handlungsvollmacht und Prokura. Im Rahmen der Handlungsvollmacht dürfen alle Geschäfte und Rechtshandlungen wahrgenommen werden, die der Betrieb eines derartigen Handelsgewerbes gewöhnlich mit sich bringt. Im Rahmen der Prokura dürfen zusätzlich alle Arten von gerichtlichen und außergerichtlichen Geschäften, die der Betrieb „irgendeines" (also nicht nur des konkret ausgeübten) Handelsgewerbes mit sich bringt, getätigt werden. Die Rechte eines Prokuristen gehen also über die des Handlungsbevollmächtigten hinaus, da sie nicht auf ein bestimmtes, sondern allgemein auf das Handelsgewerbe abzielen.

Werden von Geschäftsführern oder von Vertretungen Geschäfts- und Rechtshandlungen wahrgenommen, dann müssen diese entweder im Gesellschaftsvertrag oder in entsprechenden Gesetzen festgelegt sein. Darüber hinaus müssen auch die Entscheidungs- und Kontrollmechanismen eindeutig geklärt sein. Beim Einzelunternehmen sind die genannten Festlegungen am einfachsten geregelt. Da der Einzelunternehmer alleiniger Eigentümer seines Unternehmens ist, hat er auch die alleinige Entscheidungsbefugnis, die sowohl die Geschäftsführung als auch die Vertretung betrifft.

Demgegenüber gibt es bei Kapitalgesellschaften relativ komplizierte Entscheidungs- und Kontrollmechanismen, die an dieser Stelle nur ganz kurz benannt werden. Kapitalgesellschaften sind juristische Personen. Die juristischen Personen haben eine eigene Rechtspersönlichkeit, d. h. sie sind selbständige Träger von Rechten und Pflichten. Den juristischen Personen fehlt gegenüber den natürlichen Personen jedoch die natürliche Handlungsfähigkeit. Deshalb musste die Rechtsordnung den juristischen Personen – also z. B. den Kapitalgesellschaften in Form der Aktiengesellschaft (AG) oder der Gesellschaft mit beschränkter Haftung (GmbH) – natürliche Personen zur Verfügung stellen, deren Handlungen als Handlungen der juristischen Personen gelten. Dies gilt allerdings nur dann, wenn diese Handlungen im Namen der juristischen Person und im Rahmen der gesetzlichen bzw. satzungsmäßigen Befugnisse erfolgen. Die Entscheidungs- und Kontrollmechanismen sind bei der Aktiengesellschaft weitgehend durch das Aktiengesetz festgelegt, soweit es sich um die Regelungen hinsichtlich der Organe der Aktiengesellschaft – also um die Rechte und Pflichten der Hauptversammlung, des Vorstandes und des Aufsichtsrates – handelt.

Daneben sind auch die Entscheidungsbefugnisse der Arbeitnehmer zu nennen, die vor allem im Betriebsverfassungs- und in Mitbestimmungsgesetz geregelt sind. Hierauf wird im Abschn. 10.2 noch näher eingegangen.

Haftung und resultierende Finanzierungsmöglichkeiten

Wird die persönliche Haftung auf ausstehende Einlagen beschränkt, hat das für die Fremdfinanzierung von Unternehmen durchaus Konsequenzen. Zunächst wird dadurch die den Gläubigern zur Verfügung stehende Haftungsmasse eingeschränkt. Daneben gibt es den Effekt der Signalwirkung der persönlichen Haftung, der den Gläubigern letztendlich zeigt, dass die Eigentümer eines Unternehmens an den Erfolg des Unternehmens glauben. Dies kann als weicher Faktor bei der Vergabe von Darlehen in Einzelfällen relevant sein.

Ein organisatorischer Bezug der Haftung ist ebenso von Interesse, was der folgende Sachverhalt zeigt. „Der Unterschied zwischen Haftungs- bzw. Eigentumsunternehmen und den Führungs- bzw. Managerunternehmern liegt im Haftungs- und im Risikobereich […]. Ein Haftungsunternehmer muss dem Unternehmen nicht nur die richtige Zielsetzung geben und dieser Zielsetzung mit methodischen Mitteln, strategischem Vorgehen und einer soliden Firmenpolitik möglichst nahekommen, sondern er muss auch durch die Zurverfügungstellung seines Kapitals das volle unternehmerische Risiko übernehmen. Ein Manager ist dann ein qualifizierter Führungsunternehmer, wenn er sich in seinen geschäftlichen Entscheidungen wirklich so verhält, als ginge es um sein eigenes Firmenkapital, um seine Gesellschaftsanteile und um seine persönlichen Stimmrechte und wenn er ebenso kreativ wirkt und von ihm ebenso unternehmerische Impulse zum Wohle der Firma ausgehen, wie vom qualifizierten Haftungs- bzw. Eigentumsunternehmer […].

Die Definition des Unternehmers kann sich also keinesfalls auf die verwaltungstechnische Funktion, sondern ausschließlich auf die ökonomische, unternehmerische Fähigkeit, auf seine Kreativität, auf seine Aktivität und auf sein Gespür, ein Unternehmen klug aufzubauen und zukunftsorientiert zu führen und auf sein unternehmerisches Risiko beziehen."[1]

Informationsrechte und -pflichten

Kapitalgesellschaften und Unternehmen gewisser Größenordnungen sind verpflichtet, ihre Jahresabschlüsse sowie den Anhang und den Lagebericht zu veröffentlichen. Diese Veröffentlichungen dienen dem Schutz der Gläubiger und der Anteilseigner. Vor allem bei Großbetrieben dienen sie auch der Unterrichtung der interessierten Öffentlichkeit.

Neben diesen Verpflichtungen zur öffentlichen Bereitstellung von Informationen muss auch auf interne Informationspflichten hingewiesen werden. Zum einen ist hier die Bereitstellung von Informationen zur Ausübung der Kontrollrechte und zum anderen im Rahmen des Betriebsverfassungsgesetzes zu nennen. In Bezug auf die Kontrollrechte haben z. B. die Kommanditisten einer Kommanditgesellschaft (KG) gem. § 166 Abs. 1 HGB nur das Recht, die „abschriftliche Mitteilung des Jahresabschlusses zu verlangen und dessen Richtigkeit unter Einsicht der Bücher und Papiere zu prüfen." Sie sind gem.

---

[1] Walter, I.: Auszug aus Vorträgen von Ignaz Walter, Pröll Druck und Verlag: Augsburg 1996 S. 236 f

HGB § 166 Abs. 2 von den weiteren Informations- bzw. Kontrollrechten ausgeschlossen, die nur den voll haftenden Gesellschaftern der KG zustehen.

Bei Aktiengesellschaften ist das Auskunftsrecht eine wesentliche Befugnis der Aktionäre.

Gemäß § 131 AktG kann jeder Aktionär in der Hauptversammlung vom Vorstand Auskunft über Angelegenheiten der Gesellschaft verlangen. Nur in bestimmten, im Gesetz genannten Fällen, darf der Vorstand die Auskunft verweigern. Das Auskunftsrecht dient hauptsächlich dazu, dem Aktionär die Beschaffung von Informationen zu ermöglichen, die er für eine sachgerechte Stimmrechtsausübung benötigt.

Interne Informationsrechte hat z. B. gem. § 106 Nr. 2 Betriebsverfassungsgesetz der Wirtschaftsausschuss. Hier heißt es: „Der Unternehmer hat den Wirtschaftsausschuss rechtzeitig und umfassend über die wirtschaftlichen Angelegenheiten des Unternehmens unter Vorlage der erforderlichen Unterlagen zu unterrichten, soweit dadurch nicht die Betriebs- und Geschäftsgeheimnisse des Unternehmens gefährdet werden, sowie die sich daraus ergebenden Auswirkungen auf die Personalplanung darzustellen."

Daneben sind auch die Entscheidungsbefugnisse der Arbeitnehmer zu nennen, die vor allem im Betriebsverfassungs- und im Mitbestimmungsgesetz geregelt sind. Hierauf wird im Abschn. 10.2 näher eingegangen.

10.1.3 Rechtsformen bauausführender Unternehmen und Projektentwicklern

Aufgrund typischer Fragen zu Leitungs- und Kontrollbefugnissen, Haftungsumfang, Gewinnbeteiligung, Finanzierungsmöglichkeiten und Publizitätspflichten sowie wegen steuertaktischen Überlegungen kommen in der Bauwirtschaft insbesondere die folgenden Rechtformen zum Einsatz.

Heute sind in Unternehmen des Bauhauptgewerbes im Mittel zehn Mitarbeiter beschäftigt, wobei der durchschnittliche Umsatz bei ca. 1,9 Mio. € angesiedelt ist. Über 50 % des Umsatzes wird von Unternehmen erwirtschaftet, die weniger als 50 Mitarbeiter beschäftigen (Stand 2020).[2]

Im Baugewerbe, werden 68 % der Unternehmen als Einzelunternehmen (23 % am Gesamtumsatz), 9 % als Personengesellschaften (25 % des Gesamtumsatzes), davon knapp die Hälfte als Kommanditgesellschaft und 22 % als GmbH (45 % des Gesamtumsatzes) errichtet. Lediglich ein Prozent sind Aktiengesellschaften oder andere Rechtsformen.[3]

---

[2] Vgl. Statistisches Bundesamt, Fachserie 4, Reihe 5.1, 2022
[3] Vgl. Statistisches Bundesamt, Umsatzsteuerpflichtige, Lieferungen und Leistungen: Deutschland, Jahre, Rechtsformen, Wirtschaftszweige (WZ2008 1–5-Steller Hierarchie), 2020, Online unter: www-genesis.destatis.de, Abruf: 20.10.2022

10.1.3.1 Einzelfirma

In der Bauwirtschaft ist die Einzelfirma die häufigste Rechtsform. Der Einzelunternehmer ist alleiniger Eigentümer des Unternehmens und hat deshalb auch die alleinige Entscheidungsbefugnis. Er haftet unbeschränkt mit seinem gesamten Vermögen, das sich aus seinem Geschäfts- und Privatvermögen zusammensetzt. Über den erwirtschafteten Gewinn kann er allein verfügen, er muss allerdings auch einen Verlust allein tragen.

10.1.3.2 Personenhandelsgesellschaften

Hier sind die Offene Handelsgesellschaft (OHG), die Kommanditgesellschaft (KG) und die GmbH & Co KG zu nennen. Die OHG muss sowohl bei der Errichtung als auch später aus mindestens zwei Personen bestehen. Dabei können sowohl natürliche als auch juristische Personen Gesellschafter sein.

In der OHG ist grundsätzlich jeder Gesellschafter allein zur Geschäftsführung und zur Vertretung berechtigt und verpflichtet.

Im Gesellschaftsvertrag können abweichende Regelungen vorgesehen werden, z. B.:

- Gesamtgeschäftsführungsbefugnis. Hier „bedarf es für jedes Geschäft der Zustimmung aller geschäftsführenden Gesellschafter, es sei denn, dass Gefahr in Verzug ist" (§ 115 Abs. 2 HGB).
- Einzelne Gesellschafter können von der Geschäftsführung ausgeschlossen sein. Die Übrigen haben dann Einzel- oder Gesamtgeschäftsführungsbefugnis (§ 114 Abs. 2 HGB).
- Die Geschäftsführung kann in einzelne Sachgebiete aufgeteilt sein.

Bei der OHG ist die persönliche, unmittelbare, unbeschränkte und gesamtschuldnerische Haftung gegenüber den Gläubigern für die Verbindlichkeiten der Gesellschaft zwingend vorgeschrieben; eine entgegenstehende Vereinbarung ist Dritten gegenüber unwirksam (§ 128 Satz 2 HGB).

Die Entscheidungen in der OHG werden durch Gesellschafterbeschlüsse gefällt. § 119 HGB führt zu diesen Gesellschafterbeschlüssen aus.

„(1) Für die von den Gesellschaftern zu fassenden Beschlüssen bedarf es der Zustimmung aller zur Mitwirkung bei der Beschlussfassung berufenen Gesellschafter.
(2) Hat nach dem Gesellschaftsvertrag die Mehrheit der Stimmen zu entscheiden, so ist die Mehrheit im Zweifel nach der Zahl der Gesellschafter zu berechnen."

Auch die Gewinn- und Verlustbeteiligung ist im HGB geregelt (§ 121 HGB). Im Gesellschaftsvertrag können aber Vereinbarungen getroffen werden, die von der gesetzlichen Regelung abweichen.

Im Hinblick auf die Informationsrechte zur Ausübung der Kontrollfunktionen ist in § 118 HGB geregelt: „Ein Gesellschafter kann, auch wenn er von der Geschäftsführung ausgeschlossen ist, sich von den Angelegenheiten der Gesellschaft persönlich unterrichten, die Handelsbücher und die Papiere der Gesellschaft einsehen und sich aus ihnen eine Bilanz und einen Jahresabschluss anfertigen."

Für die KG gelten grundsätzlich die Ausführungen zur OHG. Die KG unterscheidet sich allerdings in folgenden Punkten von der OHG. Grundsätzlich sind die Kommanditisten nicht berechtigt, die Gesellschaft im Außenverhältnis zu vertreten (vgl. § 164 HGB). Die Kommanditisten können jedoch der Geschäftsführung widersprechen, sofern diese Handlungen vornimmt, die über den gewöhnlichen Betrieb des Handelsgewerbes der Gesellschaft hinausgehen (vgl. § 164 HGB). Bei der KG haftet mindestens ein Gesellschafter (Komplementär) mit seinem Privat- und Geschäftsvermögen unbeschränkt und mindestens ein weiterer Gesellschafter (Kommanditist) haftet nur bis zur Höhe seiner Einlage. Für die Beteiligung am Gewinn und Verlust ist auch bei der KG grundsätzlich der Gesellschaftsvertrag maßgeblich. Nur für den Fall, dass die Gewinnbeteiligung im Gesellschaftsvertrag nicht geregelt sein sollte, greift § 167 HGB i.V. mit § 121 HGB. Hier ist zunächst eine 4 %-ige Verzinsung der Kapitalanteile vorgesehen. Der Restgewinn bzw. Verlust wird im angemessenen Verhältnis verteilt. Dabei soll die persönliche Arbeitsleistung und das Risiko der unbeschränkten Haftung der Komplementäre entsprechend vergütet werden. Der Kommanditist kann am Verlust persönlich nur bis zur Höhe seiner ausstehenden Einlage beteiligt werden. In Bezug auf die Informationsrechte gilt, dass der Kommanditist zwar das Recht hat, jedes Jahr eine Abschrift des Jahresabschlusses zu verlangen und dessen Richtigkeit unter Einsicht in die Bücher und Aufzeichnungen zu prüfen (§ 166 Abs. 1 HGB). Er hat aber kein Recht, sich laufend von den Angelegenheiten der Gesellschaft persönlich zu unterrichten oder die Handelsbücher und die Papiere der Gesellschaft einzusehen. Diese im Gesetz formulierten Regelungen sind jedoch abdingbar, d. h. im Gesellschaftsvertrag können vom Gesetz abweichende Regelungen getroffen werden.

Die GmbH & Co KG ist eine Kommanditgesellschaft, bei der die Rolle des Komplementärs von einer GmbH übernommen wird, also von einer Kapitalgesellschaft, die nur mit ihrem Gesellschaftsvermögen haftet. Der oder die Kommanditisten wiederum haften persönlich nur mit ihrer ausstehenden Kommanditeinlage. Dadurch wird eine KG mit beschränkter Haftung erreicht. In Bezug auf die Geschäftsführung, die Vertretung und in Bezug auf die Informationsrechte gibt es gegenüber der KG keine grundsätzlichen Unterschiede. Auch die Gewinnverteilung bzw. Verlustbeteiligung regelt sich nach § 168 HGB (Gewinn- und Verlustverteilung bei der KG) oder nach dem Gesellschaftsvertrag.

10.1.3.3 Kapitalgesellschaften

Gesellschaft mit beschränkter Haftung (GmbH)
Die Gründung einer GmbH kann durch eine oder mehrere Personen (Gesellschafter) erfolgen, die sowohl natürliche als auch juristische Personen sein können. Für die Gründung ist ein Gesellschaftsvertrag erforderlich. Die GmbH handelt durch ihre Organe, also durch Geschäftsführer, die Gesellschaftsversammlung und gegebenenfalls durch einen Aufsichtsrat. In aller Regel übernehmen die Gesellschafter die

10.1 Rechtsformen

Geschäftsführung. Allerdings können als Geschäftsführer auch Personen bestellt werden, die nicht Gesellschafter sind (§ 6 Abs. 3 GmbHG).

Grundlegende Entscheidungen werden von den Gesellschaftern in den Gesellschafterversammlungen getroffen. So entscheidet die Gesellschaftsversammlung als oberstes Organ u. a. über die Gewinnverwendung, die Bestellung oder die Abberufung der Geschäftsführer sowie deren Entlastung und stellt den Jahresabschluss fest. Weiterhin kann die Gesellschaftsversammlung über die Einforderung von Nachzahlungen oder über die Rückzahlung von Nachschüssen beschließen (vgl. § 46 GmbHG). Ein Aufsichtsrat kann von den Gesellschaftern entweder freiwillig eingesetzt werden, oder wenn bei großen Unternehmen eine Mitbestimmung durch die Mitarbeiter notwendig wird (DrittelbG – Gesetz über die Drittelbeteiligung der Arbeitnehmer im Aufsichtsrat). Der Aufsichtsrat überwacht die Geschäftsführung und hat Prüfungsaufgaben im Rahmen der Rechnungslegung der GmbH. Mit der Prüfung werden Angehörige der wirtschaftsprüfenden Berufe beauftragt. Für die Verbindlichkeiten der GmbH haftet das Gesellschaftsvermögen. Darüber hinaus haften die einzelnen Gesellschafter nach Aufbringung ihres Kapitalanteils nicht mit ihrem sonstigen Privatvermögen.

Die Gewinnbeteiligung bzw. die Deckung von Verlusten richtet sich nach dem Verhältnis der Gesellschaftsanteile, es sei denn, dass im Gesellschaftsvertrag etwas anderes bestimmt ist.

In Bezug auf das Informationsrecht der Gesellschafter gilt § 51a GmbHG, in dem es heißt:

„(1) Die Geschäftsführer haben jedem Gesellschafter auf Verlangen unverzüglich Auskunft über die Angelegenheiten der Gesellschaft zu geben und die Einsicht der Bücher und Schriften zu gestatten.

(2) Die Geschäftsführer dürfen die Auskunft und die Einsicht verweigern, wenn zu besorgen ist, dass der Gesellschafter sie zu gesellschaftsfremden Zwecken verwenden und dadurch der Gesellschaft oder einem verbundenen Unternehmen einen nicht unerheblichen Nachteil zufügen wird. Die Verweigerung bedarf eines Beschlusses der Gesellschafter.

(3) Von diesen Vorschriften kann im Gesellschaftsvertrag nicht abgewichen werden."

Für die GmbH als Kapitalgesellschaft besteht die Verpflichtung, dass sie ihren Jahresabschluss, den Anhang und den Bericht über die wirtschaftliche Lage des Betriebes nach Prüfung durch einen Abschlussprüfer veröffentlicht.

Da die Bilanzsumme und Umsatzgröße der Bauunternehmen aber häufig unter 6 Mio. € bzw. 12 Mio. € liegt und die Mitarbeiterzahl oft nicht größer als 50 ist, entfällt gem. § 316 Abs. 1 HGB die Berichts- und Prüfungspflicht. Außerdem kann der Umfang des Anhangs und der Detaillierungsgrad des Jahresabschlusses bei der Veröffentlichung reduziert werden (§§ 266, 267, 267 a, 275, 276, 288 HGB).

Personengesellschaften, darauf sei ergänzend hingewiesen, kommen nach § 1 PublG erst in die Publizitäts- und Prüfungspflicht, wenn drei Jahre in Folge ihre Bilanzsumme größer als 65 Mio. €, ihr Umsatz größer als 130 Mio. € und ihre Arbeitnehmerzahl über

5000 liegt. Eine Größenordnung von Personengesellschaften, die in der Bauwirtschaft im Grunde nicht anzutreffen ist. Allerdings reicht es aus, dass zwei der drei genannten Merkmale erfüllt sind. Dies betrifft die Kriterien für die Kapitalgesellschaften genauso wie für die Personengesellschaften.

Unternehmergesellschaft (haftungsbeschränkt) (UG)
Zur Erleichterung der Existenzgründung bei wenig kapitalintensiven Unternehmen soll die Unternehmergesellschaft dienen. Das einzuzahlende Stammkapital kann daher im Vergleich mit der GmbH unter 25.000 € (minimal ein Euro) betragen. Zur Kompensation des anfänglichen Eigenkapitalmankos muss die UG eine gesetzliche Rücklage bilden, in die ein Viertel des laufenden Jahresgewinns (§ 5a Abs. 3 GmbHG) einzustellen ist. Ziel ist es, die Eigenkapitalausstattung schrittweise an das der normalen GmbH anzupassen.[4]

Praktisch ergeben sich einige Nachteile, da durch das niedrige Eigenkapital kaum Potential zum Ausgleich von Verlusten vorhanden ist. Insofern ist die Insolvenzgefahr der Unternehmen hoch. Kreditgeber werden daher, wie bei anderen haftungsbeschränkten Gesellschaftsformen persönliche Sicherheiten bei den Gesellschaftern einfordern. Aufgrund der beschriebenen Situation ist die UG auch bei Kunden und Lieferanten nicht sehr geschätzt. Einige Unternehmen vergeben keine Aufträge an Kleinunternehmen, insbesondere Unternehmergesellschaften.

Aktiengesellschaft (AG)
Ebenso wie die GmbH benötigt auch die AG als juristische Person bestimmte Organe, um handlungsfähig zu sein. Das AktG unterscheidet zwingend drei Organe, nämlich den Vorstand, den Aufsichtsrat und die Hauptversammlung.

In § 76 AktG heißt es, dass der Vorstand unter eigener Verantwortung die Gesellschaft zu leiten hat. In § 82 AktG Abs. 1 ist bestimmt, dass die Vertretungsbefugnis des Vorstandes nicht beschränkt werden kann. Im § 82 Abs. 2 AktG ist allerdings bestimmt: „Im Verhältnis der Vorstandsmitglieder zur Gesellschaft sind diese verpflichtet, die Beschränkungen einzuhalten, die im Rahmen der Vorschriften über die Aktiengesellschaft die Satzung, der Aufsichtsrat, die Hauptversammlung und die Geschäftsordnungen des Vorstands und des Aufsichtsrats für die Geschäftsführungsbefugnis getroffen haben."

Der Aufsichtsrat ist das eigentliche Kontrollorgan der AG. Er setzt sich aus Vertretern der Anteilseigner und der Arbeitnehmer zusammen. Seine Aufgaben und Rechte sind weitgehend in
§ 111 AktG geregelt. Eine wichtige Aufgabe des Aufsichtsrates ist die Berufung bzw. die Abberufung des Vorstandes (vgl. § 84 AktG).

---

[4]Vgl. Wöhe, G.: Einführung in die Allgemeine Betriebswirtschaftslehre, 27. Aufl., Verlag Franz Vahlen: München 2020, S. 222

10.1 Rechtsformen

Die Hauptversammlung ist als Versammlung der Aktionäre der AG das dritte Organ der AG. In
§ 119 AktG sind ihre Rechte geregelt. Demnach beschließt sie in den im Gesetz und in der Satzung ausdrücklich bestimmten Fällen; namentlich sind in dieser Vorschrift insgesamt acht Fälle genannt, z. B.:

- die Bestellung der Mitglieder des Aufsichtsrats, soweit sie nicht in den Aufsichtsrat zu entsenden oder als Aufsichtsratsmitglieder der Arbeitnehmer nach dem Mitbestimmungsgesetz, dem Mitbestimmungsergänzungsgesetz, dem Drittelbeteiligungsgesetz oder dem Gesetz über die Mitbestimmung der Arbeitnehmer bei einer grenzüberschreitenden Verschmelzung zu wählen sind
- die Verwendung des Bilanzgewinnes
- die Entlastung der Mitglieder des Vorstands und des Aufsichtsrats
- die Auflösung der Gesellschaft

Über die Fragen der Geschäftsführung kann die Hauptversammlung nur entscheiden, wenn der Vorstand es verlangt. Die Hauptversammlung beschließt also vor allem auch über Satzungsänderungen und über die Ausstattung mit Kapital sowie über eine mögliche Umwandlung in eine andere Rechtsform.

Für die Verbindlichkeiten der AG haftet das Gesellschaftsvermögen und nicht die Aktionäre persönlich. Dadurch ist für Aktionäre das Risiko überschaubar und erreicht maximal die Höhe des Betrages der von ihnen gehaltenen Aktien.

Wie der Jahresüberschuss zu verwenden ist, ergibt sich aus dem § 58 AktG. Gemäß § 58 Abs. 1 AktG kann, sofern in der Satzung bestimmt ist, dass die Hauptversammlung den Jahresabschluss feststellt, höchstens die Hälfte des Jahresüberschusses in andere Gewinnrücklagen eingestellt werden. In § 58 Abs. 2 AktG heißt es aber: „Die Satzung kann Vorstand und Aufsichtsrat zur Einstellung eines größeren und kleineren Teils ermächtigen."

In Bezug auf die Informationsrechte bzw. -pflichten gilt, dass die Aktiengesellschaften verpflichtet sind, den Jahresabschluss einschließlich Anhang und Lagebericht zu veröffentlichen. Wie auch für die GmbH, existieren für kleine Aktiengesellschaften verschiedene Erleichterungen bei den Verpflichtungen zur Prüfung und Offenlegung (§§ 315, 325 HGB).

Gem. § 175 Abs. 2 AktG müssen diese Unterlagen vor der Einberufung zur Hauptversammlung im Geschäftsraum der Gesellschaft zur Einsicht für die Aktionäre ausgelegt werden.

Insgesamt ist die Aktiengesellschaft eine Rechtsform, die einer intensiven Reglementierung durch das Aktiengesetz unterliegt.[5]

---

[5]Vgl. Wöhe, G.: Einführung in die Allgemeine Betriebswirtschaftslehre, 27. Aufl., Verlag Franz Vahlen: München 2020, S. 217

Europäische Gesellschaft

Aufgrund der zunehmenden Internationalisierung und im Zuge grenzüberschreitender Fusionen innerhalb Europas sind in den vergangenen Jahren Aktiengesellschaften nach europäischem Recht entstanden. Beispiele sind Bilfinger SE oder Strabag SE. Auf Basis der EU-Verordnung (EG) Nr. 2157/2001 vom 8.10.2001 wurde die „Societas Europaea" im Dezember 2004 in deutsches Recht umgesetzt. SE-Ausführungsgesetz und Verordnung regeln dabei nur Teilbereiche der Gründung, Struktur und Organisation der SE und verweisen im Übrigen auf das Recht des Staates, in dem die SE ihren Sitz hat. In Deutschland erfolgt im Wesentlichen eine Verweisung auf die Regelungen des Aktiengesetzes.[6]

Wesentliche Unterschiede zur deutschen Aktiengesellschaft sind das Mindestgrundkapital in Höhe von 120.000 € und die Option zur Ausgestaltung der Leitung in Form eines Verwaltungsrats (board) statt Aufsichtsrat und Vorstand. Darüber hinaus existieren keine gesetzlichen Bestimmungen, die die Mitbestimmung regeln. Sie wird zwischen Unternehmen und Belegschaft verhandelt. Unternehmen, die als Societas Europaea firmieren, können zudem Niederlassungen innerhalb der Europäischen Union errichten, ohne dafür eigens Tochtergesellschaften zu gründen, die sich nach lokalem Gesellschafts- und Steuerrecht richten müssen.[7]

Kommanditgesellschaft auf Aktien (KGaA)

Diese Gesellschaftsform hat in der Bauwirtschaft weniger Bedeutung. Es gibt aber Fälle, weswegen sie hier kurz erläutert wird. „Die KGaA ist eine Mischform, da sie Elemente der Kommanditgesellschaft und der Aktiengesellschaft vereinigt. Die KGaA ist eine juristische Person und hat zwei Arten von Gesellschaftern. Mindestens ein Gesellschafter muss den Gesellschaftsgläubigern unbeschränkt haften, während die übrigen Gesellschafter an dem in Aktien zerlegten Grundkapital beteiligt sind, ohne persönlich für die Verbindlichkeiten der Gesellschaft zu haften („Kommanditaktionäre"). Der oder die persönlich haftenden Gesellschafter (Komplementäre) haben die gleiche Funktion wie der Vorstand bei der AG. Sie sind gleichsam „geborener" Vorstand der KGaA und werden nicht vom Aufsichtsrat bestellt. Sowohl die Hauptversammlung als auch der Aufsichtsrat setzt sich aus den Kommanditaktionären zusammen. Nur dann,

---

[6] Vgl. Verordnung (EG) Nr. 2157/2001 des Rates vom 8. Oktober 2001 über das Statut der Europäischen Gesellschaft (SE) (SE-Verordnung – SE-VO), Online unter: https://gesetze.io/gesetze/eu/eg-vo-2157-2001-se, zuletzt geprüft am 31.101.2022 bzw. Gesetz zur Ausführung der Verordnung (EG) Nr. 2157/2001 des Rates vom 8. Oktober 2001 über das Statut der Europäischen Gesellschaft (SE), Online unter: https://www.gesetze-im-internet.de/seag/, zuletzt geprüft am 31.10.2022.

[7] Vgl. u. a. Reppesgaard, L.: Mitbestimmung macht Societas Europaea interessant, http://www.handelsblatt.com/unternehmen/mittelstand/mittelstaendler-mitbestimmung-macht-societas-europaea-interessant/3054838-all.html, 15.11.2008, 08:45 Uhr.

10.2 Beschränkungen der unternehmerischen Entscheidungen

wenn Komplementäre Kommanditaktien erwerben, können sie Mitglieder der Hauptversammlung werden.

Die Rechtsform der KGaA ist für große Familienunternehmen interessant. Geeignete Mitglieder einer Familie können als Komplementäre aktiv in der Geschäftsführung mitwirken. Zugleich können die Vorteile der Kapitalbeschaffung genutzt werden, weil Kommanditaktien der Gesellschaft an der Börse gehandelt werden können. Der Vorteil dieser Rechtsform steht und fällt mit der Frage, ob geeignete Unternehmerpersönlichkeiten vorhanden sind, die mit ihrem Vermögen die persönliche Haftung tragen wollen."[8]

10.1.3.4 Stille Gesellschaft

In einer stillen Gesellschaft beteiligt sich der „Stille" an dem Handelsgewerbe eines Kaufmanns mit einer Vermögenseinlage. Die Vermögenseinlage ist so zu leisten, dass sie in das Vermögen des Inhabers des Handelsgeschäftes übergeht (§ 230 Abs. 1 HGB). Als Einlage ist jeder Gegenstand geeignet, der einen Vermögenswert hat und der übertragbar ist, also z. B. Geld, Immobilien, Mobiliar, aber auch Rechte und Forderungen. Durch die Einlage des stillen Gesellschafters entsteht kein Gesellschaftsvermögen wie bei einer OHG oder KG, da – wie bereits gesagt – diese Einlage in das Vermögen des Geschäftsinhabers übergeht. Durch die Stille Gesellschaft hat z. B. ein bauausführendes Unternehmen die Möglichkeit, haftendes Kapital zu beschaffen. Die Stille Gesellschaft entsteht durch Gesellschaftsvertrag zwischen dem „Stillen" und dem „tätigen" Kaufmann. Eine stille Beteiligung ist möglich an einer Einzelfirma, an Personenhandelsgesellschaften und an Kapitalgesellschaften. Im Hinblick auf die Haftung unterscheidet man zwischen einer typischen und atypischen stillen Gesellschaft. Bei der typischen stillen Gesellschaft steht dem stillen Gesellschafter eine Gewinnbeteiligung zu, die auch vertraglich nicht ausgeschlossen werden kann. Bei der atypischen stillen Gesellschaft wird der „atypisch" Stille am Gewinn und Verlust sowie an den stillen Reserven beteiligt.

10.2 Beschränkungen der unternehmerischen Entscheidungen

In marktwirtschaftlichen Wirtschaftssystemen trägt das vom Unternehmer zur Verfügung gestellte Kapital die Chancen und Risiken unternehmerischer Entscheidungen.

Wird der Betrieb gut geführt, werden also richtige Entscheidungen getroffen, verspricht das dem Unternehmer Gewinn, der sich in einer Erhöhung seines Vermögens niederschlägt. Versagt dagegen die Betriebsführung, werden also falsche Entscheidungen getroffen, hat das für den Kapitalgeber in aller Regel eine Verringerung, womöglich den totalen Verlust seines Vermögens zur Folge. Die marktwirtschaftliche Ordnung beruht damit auf dem Prinzip, dass derjenige, der im ökonomischen Bereich Entscheidungen

---

[8] Leimböck, E. (1997): a.a.O., S. 15 f. bzw. Wöhe, G.: Einführung in die Allgemeine Betriebswirtschaftslehre, 27. Aufl., Verlag Franz Vahlen: München 2020, S. 221

trifft, auch deren vermögensmäßige Konsequenzen, seien sie positiv oder negativ, zu tragen hat.[9] Allerdings gibt es Gründe, um die absolute Unternehmerautonomie auf dem wirtschaftlichen Sektor zugunsten der zweiten am Produktionsprozess beteiligten Personengruppe, nämlich den Arbeitnehmern, einzuschränken. Diese Gründe liegen einmal im allgemeinen Schutzbedürfnis des Arbeitnehmers hinsichtlich seiner Gesundheit und Sicherheit seines Arbeitsplatzes und zum anderen in den sozial- und gesellschaftspolitischen Verhältnissen zwischen Kapitaleignern und Arbeitnehmern.

Im Folgenden werden drei Bereiche dargestellt, in welchen entsprechende Regelungen geschaffen wurden, und zwar getrennt nach:

- tarifliche und arbeitsrechtliche Regelungen
- Regelungen der betrieblichen Mitbestimmung
- Regelungen der unternehmerischen Mitbestimmung

10.2.1 Tarifliche und arbeitsrechtliche Regelungen

Hervorzuheben ist in diesem Zusammenhang zunächst die Tarifautonomie. Diese bedeutet, dass Arbeitnehmer und Arbeitgeber die Arbeitsbedingungen – innerhalb der gesetzlichen Rahmenbedingungen – selbständig und ohne staatliche Einflussnahme vereinbaren können. Verfassungsrechtliche Grundlage der Tarifautonomie ist die Koalitionsfreiheit, die im Grundgesetz mit dem Artikel 9, wie folgt bestimmt ist. Danach ist für jedermann und alle Berufe das Recht gewährleistet, zur Wahrnehmung und Förderung der Arbeits- und Wirtschaftsbedingungen Vereinigungen zu bilden. Abreden, die dieses Recht einschränken oder zu behindern suchen, sind nichtig. Hierauf gerichtete Maßnahmen sind rechtswidrig. In der Bauwirtschaft stehen sich als Tarifvertragsparteien die Industriegewerkschaft Bauen-Agrar-Umwelt (IG BAU) als Arbeitnehmervertreter und der Hauptverband der Deutschen Bauindustrie sowie der Zentralverband des Deutschen Baugewerbes als Arbeitgebervertreter gegenüber.

Das Ergebnis der Vereinbarungen ist ein Tarifvertrag mit entsprechenden Tarifbestimmungen. Die Arbeitsbedingungen, d. h. die Rechte und die Pflichten eines Arbeitnehmers gegenüber seinem Vertragspartner, dem Arbeitgeber, sind in Deutschland in weitestem Umfang durch Tarifverträge – „kollektive Arbeitsbedingungen" – geregelt. "Der Gesetzgeber beschränkt sich darauf, in Wahrnehmung seiner Schutzverpflichtung in verschiedenen Bereichen Mindestbedingungen zu regeln, welche insbesondere auch für solche Arbeitsverhältnisse gelten, die keinen Tarifverträgen unterliegen."[10] Dieser Aspekt

---

[9] Wöhe, G.: Einführung in die Allgemeine Betriebswirtschaftslehre, 27. Auflage, Verlag Franz Vahlen: München 2020, S. 52 ff
[10] Gastell, F. (1996): a.a.O., S. 155

10.2 Beschränkungen der unternehmerischen Entscheidungen

erhält durch die Einführung des gesetzlichen Mindestlohns eine besondere Bedeutung. Am Bau gibt es Mindestlöhne bereits seit 1997 vor dem Hintergrund des Arbeitnehmer-Entsendegesetzes von 1996.

Mit den Tarifverträgen regeln die Tarifvertragspartner einvernehmlich die Arbeits- und Wirtschaftsbedingungen ihrer Mitglieder. Darüber hinaus können Tarifverträge nach § 5 Tarifvertragsgesetz aufgrund eines Antrages einer Tarifpartei und im Einvernehmen mit einem aus je drei Vertretern der Spitzenorganisationen der Arbeitgeber und der Arbeitnehmer bestehenden Ausschuss vom Bundesministerium für Arbeit und Soziales unter bestimmten Voraussetzungen für „allgemeinverbindlich" erklärt werden. „Mit der Allgemeinverbindlicherklärung erfassen die Rechtsnormen des Tarifvertrages in seinem Geltungsbereich auch die bisher nicht tarifgebundenen Arbeitgeber und Arbeitnehmer. Das bedeutet, der Tarifvertrag ist auch für Arbeitgeber und Arbeitnehmer verbindlich, die nicht bereits als Mitglieder der den Tarifvertrag abschließenden Verbände bzw. Gewerkschaften tarifgebunden sind."[11]

Die wesentlichen Tarifverträge in der Bauwirtschaft sind:[12]

1. Entgelttarifverträge und Rahmentarifverträge (inkl. Mindestlöhne) für gewerbliche Arbeitnehmer, Poliere, Angestellte, Auszubildende,
2. Vereinbarungen zur Vereinheitlichung des Tariflohnniveaus und zur Wettbewerbssituation im Straßenbaugewerbe sowie zu Aufstiegsfortbildungen,
3. Tarifvertrag über eine Zusatzrente im Baugewerbe,
4. Materielle Sozialkassen- und Verfahrenstarifverträge insbesondere über Sozialkassenverfahren, zusätzliche Altersversorgung und Rentenbeihilfen sowie spezielle Regelungen für das Berliner Baugewerbe,
5. Erklärungen und Vereinbarungen zur Bekämpfung der Schwarzarbeit und der illegalen Beschäftigung,
6. Vertrag über das Schlichtungsabkommen.

Darüber hinaus gibt es fachbezogene und regionale Tarifverträge, wie z. B. der Lohntarifvertrag für das Nassbaggergewerbe oder der Tarifvertrag über Leistungslohn im Baugewerbe München. Der Mindestlohn-Tarifvertrag, die Sozialkassen- und die Verfahrenstarifverträge einschließlich des Bundesrahmentarifvertrages und die Vermögensbildungstarifverträge sind allgemeinverbindlich, d. h. sie sind für alle Arbeitsverhältnisse innerhalb des tariflichen Geltungsbereichs bindend. Damit erfassen sie organisierte wie

---

[11] Bundesministerium für Arbeit und Soziales: Verzeichnis der für allgemeinverbindlich erklärten Tarifverträge, Stand 1. April 2022, Online unter: https://www.bmas.de/SharedDocs/Downloads/DE/Arbeitsrecht/ave-verzeichnis.pdf?__blob=publicationFile&v=5, Abruf: 31.10.2022

[12] Biedermann, A., Möller, T.: Handbuch des Personalrechts für den Baubetrieb, 13. Auflage, Otto Elsner Verlag, Dieburg, 2014, S. 907 ff., Schröer, H.: Arbeits- und Tarifrecht Kompakt, Rudolf Müller Verlag, 2012, S. 151

nicht organisierte Arbeitgeber und Arbeitnehmer gleichermaßen.[13] Neben den Tarifbestimmungen sind solche gesetzlichen Mindestbedingungen zu nennen, durch welche der Gesetzgeber in verschiedenen Bereichen seine Schutzverpflichtung wahrnimmt. Diese Regelungen gelten vor allem auch für solche Arbeitsverhältnisse, die keinen Tarifverträgen unterliegen.[14]

Gesetzliche Bestimmungen zum Arbeitsvertragsrecht, die dazu dienen, den Arbeitsplatz zu sichern, sind z. B.:

- Gesetz über die Zahlung des Arbeitsentgelts an Feiertagen und im Krankheitsfall (Entgeltfortzahlungsgesetz – EntgFG) Mindesturlaubsgesetz für Arbeitnehmer (Bundesurlaubsgesetz – BUrlG)
- Kündigungsschutzgesetz (KSchG) vom 25.8.1969; zuletzt geändert durch Artikel 3 Absatz 2 des Gesetzes vom 20. April 2013
- Gesetz über den Schutz des Arbeitsplatzes bei Einberufung zum Wehrdienst (Arbeitsplatz-schutzgesetz – ArbPlSchG)
- Gesetz zur Regelung der Arbeitnehmerüberlassung (Arbeitnehmerüberlassungsgesetz – AÜG)

Bestimmungen, die dem Schutz des Lebens und der Gesundheit der Arbeitnehmer dienen, sind z. B.:

- Gewerbeordnung (GewO)
- Arbeitsschutzgesetz (ArbSchG)
- Verordnung über Sicherheit und Gesundheitsschutz auf Baustellen (Baustellenverordnung – BaustellV)
- Arbeitszeitgesetz (ArbZG)
- Gesetz zum Schutz der arbeitenden Jugend (Jugendarbeitsschutzgesetz – JArbSchG)
- Gesetz zum Schutz der erwerbstätigen Mutter (Mutterschutzgesetz – MuSchG)
- Sozialgesetzbuch, Neuntes Buch (IX), Artikel 1 (Rehabilitation und Teilhabe behinderter Menschen)

10.2.2 Regelungen der betrieblichen Mitbestimmung

Betriebsverfassungsgesetz (Betr.VG)
Das Betr.VG vom 25.9.2001 – zuletzt geändert durch Artikel 6d des Gesetzes vom 16.09.2022 – betrifft alle Unternehmen der privaten Wirtschaft mindestens fünf Arbeit-

---

[13] Biedermann, A., Möller, T.: Handbuch des Personalrechts für den Baubetrieb, 13. Auflage, Otto Elsner Verlag, Dieburg, 2014, S. 300.
[14] Vgl. Gastell, F. (1996): a.a.O., S. 155

10.2 Beschränkungen der unternehmerischen Entscheidungen

nehmern, d. h. Arbeiter und Angestellte (mit Ausnahme der leitenden Angestellten) einschließlich der Auszubildenden.

Das Hauptorgan der Arbeitnehmer ist der Betriebsrat, der von der Betriebsversammlung, die aus den Arbeitnehmern des Betriebes besteht, gewählt wird. Die Betriebsversammlung kann dem Betriebsrat keine Weisungen erteilen. Sie nimmt in vierteljährlichem Abstand den Tätigkeitsbericht des Betriebsrates entgegen. Sie hat also kein positives Mitbestimmungsrecht, sondern nur das Recht auf Information und Beratung. Sie kann dem Betriebsrat Anträge unterbreiten und zu seinen Beschlüssen Stellung nehmen (§ 45 Betr. VG).

Trotz der Vorschriften im Betr.VG existiert nicht in allen Betriebsrat fähigen Unternehmen auch ein Betriebsrat. Der Grund hierfür liegt darin, dass eine Bereitschaft der Arbeitnehmer vorhanden sein muss, einen Betriebsrat zu wählen und sich auch in diesen wählen zu lassen. Dies ist jedoch nicht in allen Unternehmen vorhanden.[15] Dies gilt insbesondere auch für die Unternehmen der Planungsbeteiligten.

Aufgabe des Betriebsrates ist es, die Interessen der Arbeitnehmer zu vertreten, wobei das Betr.VG so angelegt ist, dass eine vertrauensvolle Zusammenarbeit zwischen Arbeitgeber und Arbeitnehmer in allen betrieblichen Fragen stattfinden soll.[16]

Betriebliche Interessengegensätze können in folgenden Bereichen vorhanden sein:

- Soziale Angelegenheiten
- Personelle Angelegenheiten
- Arbeitsbereich
- Wirtschaftlicher Bereich

Im Einzelnen hat der Betriebsrat eine Vielzahl von Einflussmöglichkeiten, die wie folgt unterteilt werden können:

- Überwachung
  Der Betriebsrat kontrolliert die Einhaltung geltender Arbeitnehmerrechte.
- Information und Beratung
  Der Betriebsrat wird bei personellen Angelegenheiten, wie z. B. zukünftiger Personalbedarf, Berufsbildung oder im Arbeitsbereich z. B. bei Änderungen von Arbeitsverfahren, Stilllegungen von Betrieben oder Betriebsteilen informiert bzw. er berät den oder verhandelt mit dem Arbeitgeber. Die Information und Beratung für den wirtschaftlichen Bereich erfolgt im sog. Wirtschaftsausschuss. Dieser ist bei Betrieben mit mehr als 100 Arbeitnehmern zu bilden und er besteht aus mindestens drei und höchstens sieben Mitgliedern. Die unmittelbare Verbindung zum Betriebsrat

---

[15] Vgl. Brinkmann-Herz, D.: Betrieb, Tarifautonomie, Mitbestimmung, Ernst Klett Verlag: Stuttgart 1988, S. 120
[16] Vgl. Gastell, F. (1996): a.a.O. S. 172

ist dadurch gegeben, dass die Mitglieder des Wirtschaftsausschusses vom Betriebsrat bestimmt werden und dass mindestens ein Mitglied zugleich dem Betriebsrat angehören muss.
- Mitwirkungs- und Beschwerderechte
  Diese sind in den §§ 81 bis 86 a Betr.VG vorgesehen. Sie gelten bei personellen Angelegenheiten. Hier hat der Arbeitgeber eine Unterrichtungs- und Erörterungspflicht. Dementsprechend stehen dem Arbeitnehmer Anhörungs- und Erörterungsrechte zu, sowie die Einsicht in Personalakten. Der Arbeitnehmer hat überdies ein Beschwerderecht. Hierzu heißt es im § 85 Abs. 1 Betr.VG:

„(1) Der Betriebsrat hat Beschwerden von Arbeitnehmern entgegenzunehmen und, falls er sie für berechtigt erachtet, beim Arbeitgeber auf Abhilfe hinzuwirken.
(2) Bestehen zwischen Betriebsrat und Arbeitgeber Meinungsverschiedenheiten über die Berechtigung der Beschwerde, so kann der Betriebsrat die Einigungsstelle[17] anrufen. Der Spruch der Einigungsstelle ersetzt die Einigung zwischen Arbeitgeber und Betriebsrat. Dies gilt nicht, soweit Gegenstand der Beschwerde ein Rechtsanspruch ist.
(3) Der Arbeitgeber hat den Betriebsrat über die Behandlung der Beschwerde zu unterrichten."

- Mitbestimmungsrechte
  Diese Mitbestimmungsrechte beziehen sich darauf, dass die Wirksamkeit einer betrieblichen Maßnahme von der Zustimmung des Betriebsrates abhängig ist. Verweigert der Betriebsrat diese Zustimmung, dann entscheidet eine Einigungsstelle verbindlich. Diese Einigungsstelle ist gem. § 76 Betr.VG bei Bedarf zu bilden und sie besteht aus einer gleichen Anzahl von Arbeitgeber- und Arbeitnehmervertretern und einem unparteiischen Vorsitzenden, auf dessen Person sich beide Seiten einigen müssen. Kommt keine Einigung zustande, dann wird der Vorsitzende vom Arbeitsgericht bestellt.
  Mitbestimmungsrechte sind in mehreren Paragrafen des Betr.VG benannt. Bei sozialen Angelegenheiten hat der Betriebsrat, soweit keine gesetzlichen oder tariflichen Regelungen bestehen, die im § 87 Betr.VG genannten Mitbestimmungsrechte. Stichwortartig handelt es sich hier um folgende Angelegenheiten: Betriebsordnung, Arbeitszeitregelung, Entlohnungsgrundsätze sowie Zeit, Ort und Art der Auszahlung von Arbeitsentgelten, Urlaubspläne, Arbeitsbewertungsmethoden, Verhütung von Arbeitsunfällen, betriebliche Sozialeinrichtungen, betriebliches Vorschlagswesen und Grundsätze zur Durchführung von Gruppenarbeit.
  In §§ 92 bis 105 Betr.VG sind die Mitbestimmungsrechte bei personellen Angelegenheiten genannt. Hier handelt es sich um Ausschreibung von Arbeitsplätzen, Personalfragebögen und Beurteilungsgrundsätze, Auswahlrichtlinien bei Einstellung, Umgruppierungen, Versetzungen, Maßnahmen der betrieblichen Berufsbildung

---

[17] Einigungsstelle gem. § 76 Betr.VG

10.2 Beschränkungen der unternehmerischen Entscheidungen

Zahl der Beschäftigten	Sitzverhältnisse im Aufsichtsrat (Anteilseigner : Arbeitnehmer)
bis zu 10 000	06:06
mehr als 10 000 bis zu 20 000	08:08
mehr als 20 000	10:10

Abb. 10.1 Zusammensetzung des Aufsichtsrates (Sitzverteilung zwischen Anteilseigner und Arbeitnehmer) gem. § 7 Abs. 1 Mitbest. G

und insbesondere personelle Einzelmaßnahmen, wobei der Betriebsrat ein Mitbestimmungsrecht bei Kündigungen hat (§ 102 BetrVG).

Im Arbeitsbereich gilt gem. § 91 Betr.VG, dass bei besonderen Belastungen der Arbeitnehmer durch Änderung der Arbeitsplätze, des Arbeitsablaufs oder der Arbeitsumgebung der Betriebsrat angemessene Maßnahmen zur Abwendung, Milderung oder zum Ausgleich der Belastung verlangen kann.

Abschließend kann festgestellt werden, dass das Betr.VG dem Betriebsrat bei innerbetrieblichen Angelegenheiten eine Reihe von Mitbestimmungsrechten einräumt. Einen unmittelbaren Einfluss auf die Betriebsführung und ihre wirtschaftlichen Entscheidungen hat der Betriebsrat jedoch nicht.

Sprecherausschussgesetz (SprAuG)

Das Gesetz über Sprecherausschüsse der leitenden Angestellten installiert mit dem Sprecherausschuss ein weiteres Gremium der Arbeitnehmer. Die Sprecherausschüsse vertreten die Interessen der Gruppen der leitenden Angestellten. Diese werden nämlich nicht vom Betriebsrat vertreten. In § 5 Abs. 3 Betr.VG sind die Kriterien aufgeführt, nach denen ein Angestellter zur Gruppe der leitenden Angestellten gehört. Der Sprecherausschuss kann gemäß § 1 Abs. 1 SprAuG nur in Betrieben mit in der Regel mindestens zehn leitenden Angestellten gebildet werden und setzt sich – je nach der Anzahl der leitenden Angestellten im Betrieb – aus 1 bis 7 Mitgliedern zusammen. Gemäß § 2 SprAuG haben die Sprecherausschüsse mit den Arbeitgebern vertrauensvoll zusammenzuarbeiten. Dies gilt vor allem hinsichtlich der Personalangelegenheiten, da dem Sprecherausschuss beabsichtigte Einstellungen oder personale Veränderungen und Kündigungen rechtzeitig mitzuteilen sind. Der Sprecherausschuss ist ähnlich wie der Betriebsrat von wesentlichen Änderungen im Betrieb, durch die die Lage der von ihm vertretenden Arbeitnehmer verschlechtert werden könnte, zu unterrichten. Darüber hinaus muss zusätzlich halbjährlich im gleichen Umfang wie beim Wirtschaftsausschuss eine Unterrichtung über allgemeine wirtschaftliche Angelegenheiten erfolgen. Ähnlich wie beim Betriebsrat fehlen allerdings auch dem Sprecherausschuss die Möglichkeiten, einen unmittelbaren Einfluss auf die Betriebsführung und ihre wirtschaftlichen Entscheidungen auszuüben.

10.2.3 Regelungen der unternehmerischen Mitbestimmung

Wie dargelegt, hat weder der Betriebsrat noch der Sprecherausschuss einen unmittelbaren Einfluss auf unternehmerische Planungen und Entscheidungen, wie z. B. Festlegung der Absatz-, Produktions-, Investitions-, Finanzierungs- und Beteiligungspolitik.

Dieser Einfluss der Arbeiter und Angestellten auf unternehmerische Entscheidungen wurde zunächst in der Montanindustrie ermöglicht durch das „Gesetz über die Mitbestimmung der Arbeitnehmer in den Aufsichtsräten und den Vorständen der Unternehmen des Bergbaus und der Eisen und Stahl erzeugenden Industrie (sog. Montan-Mitbestimmungsgesetz)" vom 21.5.1951, zuletzt geändert durch Art. 14 des Gesetzes vom 7.8.2021. Für die übrigen Industriezweige wurde die unternehmerische Mitbestimmung mit dem „Gesetz über die Mitbestimmung der Arbeitnehmer" – (Mitbestimmungsgesetz- MitbestG) vom 4.5.1976, zuletzt geändert durch Art. 17 des Gesetzes vom 7.8.2021 eingeführt.

In § 1 MitbestG ist festgelegt, bei welchen Unternehmen die Arbeitnehmer ein Mitbestimmungsrecht haben. Der Gesetzestext lautet:
„Erfasste Unternehmen.
(1) In Unternehmen, die

1. in der Rechtsform einer Aktiengesellschaft, einer Kommanditgesellschaft auf Aktien, einer Gesellschaft mit beschränkter Haftung oder einer Genossenschaft betrieben werden und
2. in der Regel mehr als 2000 Arbeitnehmer beschäftigen,

haben die Arbeitnehmer ein Mitbestimmungsrecht nach Maßgabe dieses Gesetzes."

Die Arbeitnehmer werden dadurch an unternehmerische Entscheidungen beteiligt, indem Arbeitnehmervertreter in den Organen der Willensbildung, nämlich dem Aufsichtsrat und Vorstand, vorhanden sind.

Wie bereits dargelegt, hat der Aufsichtsrat die größten Einflussmöglichkeiten auf unternehmerische Entscheidungen.

Er kann gemäß § 84 AktG den Vorstand berufen bzw. abberufen und mit der Auswahl der Vorstandsmitglieder die Richtung der Geschäftspolitik entscheidend beeinflussen. Die große Einflussmöglichkeit des Vorstandes auf unternehmerische Entscheidungen besteht darin, dass er gemäß § 76 Abs. 1 AktG die Gesellschaft unter eigener Verantwortung zu leiten hat.

Außerdem gilt gemäß § 111 Abs. 4 AktG, dass die Satzung oder der Aufsichtsrat bestimmen kann, dass bestimmte Arten von Geschäften nur mit seiner Zustimmung vorgenommen werden dürfen. Schließlich ist der Aufsichtsrat auch das eigentliche Kontrollorgan, denn gem. § 111 Abs. 1 AktG hat er die Geschäftsführung zu überwachen.

Die Einbindung der Vertreter der Arbeitnehmer in den Aufsichtsrat ist gem. § 7 Abs. 1 MitbestG (s. Abb. 10.1) geregelt.

Aus § 7 Abs. 2 Mitbest G ergibt sich die Zusammensetzung der Arbeitnehmervertreter. Diese setzen sich aus Arbeitnehmern des Unternehmens und Repräsentanten der im Unternehmen vertretenen Gewerkschaften zusammen.

Das Gesetz sieht eine numerische Parität zwischen Anteilseignern und Arbeitnehmervertretern im Aufsichtsrat vor.

„Da eine numerische Parität gegeben ist, kann bei Abstimmungen ein Patt eintreten. Für diesen Fall steht nach Wiederholung der Stimmengleichheit dem Vorsitzenden eine zweite Stimme zu, die an seine Person gebunden ist (d. h. nicht übertragbar ist). Damit ist nur eine *Schein-Parität* gegeben. Die Zweitstimme des Aufsichtsratsvorsitzenden sichert bei Stimmengleichheit den Anteilseignern die Mehrheit. Die Macht der Anteilseigner wird zusätzlich dadurch gestärkt, dass unter den Arbeitnehmervertretern mindestens ein leitender Angestellter zu finden ist. Es wird angenommen, dass dieser eher die Interessen des Managements statt die der Arbeitnehmer vertritt."[18]

Eine unmittelbare Einbindung der Interessen der Arbeitnehmer in die Entscheidungen der Geschäftsführung (bei AG ist dieses der Vorstand) erfolgte nach § 33 MitbestG durch die Schaffung eines sog. Arbeitsdirektors, der für das Personal- und Sozialwesen zuständig ist.

Literatur

Biedermann, A., Möller, T.: Handbuch des Personalrechts für den Baubetrieb, 13. Auflage, Otto Elsner Verlag, Dieburg, 2014.

Brinkmann-Herz, D.: Betrieb, Tarifautonomie, Mitbestimmung, Ernst Klett Verlag: Stuttgart 1988.

Bundesministerium für Arbeit und Soziales (Hg.): SE-Ausführungsgesetz. Online verfügbar unter http://www.bmas.de/DE/Service/Gesetze/se-ausfuehrungsgesetz.html, zuletzt geprüft am 10.05.2016.

Bundesministerium für Arbeit und Soziales: Verzeichnis der für allgemeinverbindlich erklärten Tarifverträge, Stand 1. Januar 2015.

Bundesministerium für Arbeit und Soziales: Verzeichnis der für allgemeinverbindlich erklärten Tarifverträge, Stand 1. April 2022, Online unter: https://www.bmas.de/SharedDocs/Downloads/DE/Arbeitsrecht/ave-verzeichnis.pdf?__blob=publicationFile&v=5, Abruf: 31.10.2022.

Gastell, Friedrich (1996): Tarif- und Sozialpolitik. In: Claus Jürgen Diederichs (Hg.): Handbuch der strategischen und taktischen Bauunternehmensführung. Wiesbaden: Bauverlag.

Hopfenbeck, W.: Allgemeine Betriebswirtschafts- und Managementlehre, 14. völlig überarbeitete Auflage, Verlag moderne Industrie: Landsberg/Lech 2002.

Klunzinger, E.: Grundzüge des Gesellschaftsrechts, Verlag Franz Vahlen, München, 2009.

Leimböck, Egon (1997): Bilanzen und Besteuerung der Bauunternehmen. Wiesbaden, Berlin: Bauverlag.

Reppesgaard, L.: Mitbestimmung macht Societas Europaea interessant, http://www.handelsblatt.com/unternehmen/mittelstand/mittelstaendler-mitbestimmung-macht-societas-europaeainteressant/3054838-all.html, 15.11.2008, 08:45 Uhr.

---

[18] Hopfenbeck, W.: a.a.O., S. 470

Schröer, H.: Arbeits- und Tarifrecht Kompakt, Rudolf Müller Verlag, 2012.
Statistisches Bundesamt, Fachserie 4, Reihe 5.1, 2014.
Statistisches Bundesamt, Fachserie 4, Reihe 7.2, 2015.
Statistisches Bundesamt, Fachserie 4, Reihe 5.1, 2022.
Statistisches Bundesamt, Umsatzsteuerpflichtige, Lieferungen und Leistungen: Deutschland, Jahre, Rechtsformen, Wirtschaftszweige (WZ2008 1–5-Steller Hierarchie), 2020, Online unter: www-genesis.destatis.de, Abruf: 20.10.2022.
Verordnung (EG) Nr. 2157/2001 des Rates vom 8. Oktober 2001 über das Statut der Europäischen Gesellschaft (SE) (SE-Verordnung – SE-VO), Online unter: https://gesetze.io/gesetze/eu/eg-vo-2157-2001-se, zuletzt geprüft am 31.101.2022 bzw. Gesetz zur Ausführung der Verordnung (EG) Nr. 2157/2001 des Rates vom 8. Oktober 2001 über das Statut der Europäischen Gesellschaft (SE), Online unter: https://www.gesetze-im-internet.de/seag/, zuletzt geprüft am 31.10.2022.
Wackerbarth, U. & Eisenhardt, U.: Gesellschaftsrecht II. Recht der Kapitalgesellschaften, C. F. Müller, Heidelberg, 2013.
Walter, I.: Auszug aus Vorträgen von Ignaz Walter, Pröll Druck und Verlag: Augsburg 1996.
Wöhe, G.: Einführung in die Allgemeine Betriebswirtschaftslehre, 25. Aufl., Verlag Franz Vahlen: München 2013.
Wöhe, G.: Einführung in die Allgemeine Betriebswirtschaftslehre, 27. Aufl., Verlag Franz Vahlen: München 2020.

Teil D
Investition und Finanzierung

Die Baubeteiligten können ihre Aufgaben bei der Entwicklung, Planung, Erstellung und Nutzung von Bauprojekten nur dann erbringen, wenn

- eine Nachfrage nach ihren Leistungen besteht (Absatzmarkt),
- eine Organisation aufgebaut ist, welche diese Leistungen erbringen kann (Leistungserstellung), und wenn
- jene Produktionsfaktoren beschafft und allokiert werden können, welche für die Leistungserstellung notwendig sind (Beschaffungsmarkt).

Das Zusammenwirken dieser drei Teilbereiche wird in der Literatur auch als betrieblicher Prozessablauf bezeichnet. Dieser Prozessablauf kann aber nur dann funktionieren, wenn einerseits finanzielle Mittel zur Beschaffung der Produktionsfaktoren zur Verfügung stehen und wenn andererseits durch den Absatz der Leistungen diese finanziellen Mittel wieder zurückfließen.[1] Die längerfristige Bindung von Finanzmitteln zum Zwecke des Aufbaus, der Erhaltung und der Erweiterung des betrieblichen Prozessablaufs wird als Investition bezeichnet. Die Beschaffung und Bereitstellung dieser Finanzmittel hingegen wird Finanzierung genannt.

Den folgenden Ausführungen werden diese Begriffe für Investition und Finanzierung zugrunde gelegt, denn sie sind unabhängig von der Art der Leistungserstellung und von der Größe des Unternehmens. Dadurch finden sie gleichermaßen Anwendung bei der Erbringung von gewerblichen Dienstleistungen, von Bauleistungen und von Projektentwicklungen.

---

[1] vgl. Wöhe, G.:Einführung in die Allgemeine Betriebswirtschaftslehre, 27. Auflage, Vahlen, 2020, S. 463.

Investition 11

11.1 Investitionsarten

11.1.1 Sachinvestitionen

Bei Sachinvestitionen handelt es sich um Grundstücke, Bauten, technische Anlagen, Maschinen sowie Gegenstände der Betriebs- und Geschäftsausstattung. Diese werden von allen Aufgabenträgern, die an der Erstellung und Nutzung von Bauprojekten beteiligt sind, in unterschiedlichem Umfang benötigt.

Bei den Sachinvestitionen sind zunächst jene Investitionen zu nennen, die bei der Gründung eines Unternehmens anfallen. Diese Investitionen werden auch Anfangsinvestitionen genannt.

Nach den Anfangsinvestitionen müssen laufende Investitionen getätigt werden. Hebt man dabei auf die Kapazitätswirkung ab, dann unterscheidet man zwischen Ersatz- und Erweiterungsinvestitionen.

Investitionen, die nicht zu Kapazitätsveränderungen führen, werden als Ersatzinvestitionen bezeichnet. Typisches Beispiel hierfür ist der Ersatz einer alten Fertigungsmaschine wie dies bspw. im Straßenbau vorkommt. Aber auch andere Maschinen wie Bagger und Krane können Gegenstand einer Ersatzinvestition sein. Für eine Ersatzinvestition ist charakteristisch, dass der zu ersetzende und der neue Gegenstand die gleichen qualitativen Merkmale aufweisen. Eine Erweiterungsinvestition liegt hingegen dann vor, wenn die Investition eine Kapazitätserhöhung zur Folge hat; also etwa beim Kauf einer zusätzlichen Fertigungsmaschine bzw. einer IT-Infrastruktur mit neuer Technologie.

Beide Formen der Investition können ineinander übergehen, so z. B., wenn beim Ersatz einer abgenutzten Anlage eine neue, technisch verbesserte Anlage beschafft wird (Modernisierungsinvestition), die auch zu einer Erweiterung der Kapazität des Betriebes führen kann. Die Ersatzinvestition kann zugleich eine Rationalisierungsinvestition sein, wenn dabei ohne Änderung der Kapazität abgenutzte Anlagen durch kostengünstiger produzierende Anlagen ersetzt werden.

Auf ein Risiko bei den Sachinvestitionen soll noch hingewiesen werden. Häufig werden Investitionen, z. B. Anschaffung von speziellen Baugeräten, wegen eines bestimmten einzelnen Auftrages getätigt. Diese Geräte sind häufig bis zum Ende der Auftragsabwicklung nicht abgenutzt bzw. kalkulatorisch nicht abgeschrieben. Dadurch besteht die Gefahr, dass Überkapazitäten geschaffen werden. Dieses Investitionsrisiko ist bei bauausführenden Unternehmen besonders groß, da diese Unternehmen wegen ihrer Auftragsabhängigkeit – in weiten Teilen ist immer noch das Selbstverständnis als Bereitstellungsgewerbe anzutreffen – in aller Regel verhältnismäßig hohe Produktionskapazitäten vorhalten müssen.

Neben produktionsabhängigen Sachinvestitionen werden auch Sachinvestitionen getätigt, die als Sicherungsinvestitionen den Bestand des Unternehmens auch in schwierigen Zeiten gewährleisten sollen. Unternehmen, die im Wohnungsbau tätig sind, erwerben in diesem Zusammenhang häufig unbebaute Grundstücke. Diese Grundstückskäufe haben zusätzlich in aller Regel noch einen Wertsteigerungseffekt. Aber auch Projektinvestitionen sind hier zu nennen.

Hierbei handelt es sich um die im Abschn. 3.2.3 dargestellten Projektentwicklungen im weiteren Sinne. Diese Projektentwicklungen sind dann als Investitionen des Unternehmens einzuordnen, wenn das Unternehmen die Bauprojekte selbst erstellt und betreibt. Diese Investitionen, wie z. B. Wohnanlagen, Gewerbeparks und Freizeitzentren, dienen neben der Möglichkeit zur Verbesserung des Gewinns auch der langfristigen Sicherung des Unternehmens, da in diesen Bauprojekten häufig auch ein Wertsteigerungspotenzial enthalten ist. In diesem Kontext wird auch zunehmend von Resilienz bzw. Resilienz-Management gesprochen, wodurch die Widerstandsfähigkeit von Unternehmen gesteigert werden soll.

Auf der anderen Seite beinhalten diese Investitionen das spezielle Risiko der Vermietbarkeit. Dieses wiederum hängt einerseits von projektspezifischen Parametern wie z. B. Lage, Art, Größe und Bauweise sowie andererseits von den volkswirtschaftlichen Rahmenbedingungen ab.

11.1.2 Immaterielle Investitionen

Neben körperlichen Gegenständen der Sachinvestitionen benötigen Aufgabenträger der Bauwirtschaft auch Vermögensgüter immaterieller Art. Hier sind zunächst erworbene Patente, Lizenzen, Konzessionen oder sonstige Rechte zu nennen.

Die weitaus größeren Ausgaben werden jedoch bei immateriellen Investitionen in folgenden Bereichen getätigt:

11.1 Investitionsarten

- Forschung und Entwicklung (F&E)
- Sicherung von F&E durch Patente
- Sicherung vorhandener und Erschließung neuer Märkte
- Qualifizierung des Personals
- Aufbau neuer Organisationsstrukturen

Diese Investitionen dienen der Sicherung und Erschließung von Erfolgspotenzialen, die wiederum der langfristigen Ergebnisverbesserung und der Erhöhung des sog. „Geschäftswert des Unternehmens" dienen. Im Gegensatz zu erworbenen immateriellen Vermögensgegenständen dürfen die im Unternehmen selbstgeschaffenen immateriellen Vermögensgegenstände in den Unternehmensbilanzen nicht ausgewiesen werden.

11.1.3 Finanzinvestitionen

Hierunter fallen alle Investitionen, die nicht unmittelbar der Leistungserstellung dienen. Bei diesen Investitionen steht vielmehr die Absicht im Vordergrund, verfügbare Mittel vorübergehend anzulegen oder auch langfristige Reserven zu schaffen.[1] Oder mit anderen Worten: Finanzinvestitionen dienen verschiedenen Zwecken, aber sie haben keine unmittelbare Beziehung zur betrieblichen Leistungserstellung.

Finanzinvestitionen sind z. B.:

- Festverzinsliche Geldanlagen (z. B. öffentliche Anleihen, Kommunalanleihen, Kommunalobligationen, Pfandbriefe und Industrieobligationen).
- Beteiligungen an anderen Unternehmen und zwar in Form von Anteilen an Personen- oder Kapitalgesellschaften (Gesellschafteranteile oder Aktien).

Mit dem Kauf von festverzinslichen Geldanlagen soll zum einen eine angemessene Kapitalverzinsung erzielt werden. Zum anderen dienen Finanzinvestitionen dazu, langfristige Liquiditätsreserven zu schaffen, denn Wertpapiere kann man in aller Regel bei Bedarf sehr schnell veräußern.

Mit dem Erwerb von Beteiligungen werden häufig langfristige Marktziele verfolgt. Sollen z. B. neue Geschäftsfelder erschlossen werden, dann ist es unter Umständen sinnvoll, sich an einem Partner zu beteiligen, der bereits über das notwendige Know-how und die entsprechenden Marktverbindungen verfügt (horizontale Diversifikation). Der Kauf von Beteiligungen kann z. B. auch dazu dienen, dass die Leistungspalette durch Produkte erweitert wird, die zu einer vor- oder nachgelagerten Produktionsstufe gehören (vertikale Diversifikation). Aber auch aus Sicherheitsgründen kann man das unternehmerische

---

[1] Vgl. Franke, G./Hax, H.: Finanzwirtschaft des Unternehmens und Kapitalmarkt, 6. Auflage, Springer-Verlag: Berlin 2009, S. 13.

Beteiligungsfeld auf andere Branchen ausdehnen, wenn diese z. B. durch ein überdurchschnittliches Wachstum gekennzeichnet sind oder wenn man eine gewisse Unabhängigkeit von den bauwirtschaftlichen Konjunkturrisiken sucht (laterale Diversifikation). Hierbei wird dann in gewisser Art und Weise eine Risikoallokation vorgenommen.

11.2 Investitionsentscheidungen

Investitionsentscheidungen gehören zweifelsfrei zu den wichtigsten Entscheidungen, die in Unternehmen getroffen werden müssen, denn sie binden in aller Regel langfristig in großem Umfang Finanzmittel. Außerdem können sie zumeist nur sehr schwer und mit hohen wirtschaftlichen Risiken rückgängig gemacht werden.

„Da Investitionen sich vielfach durch umfangreiche und langfristige Kapitalbindungen auszeichnen, die finanzwirtschaftlich erheblichen Liquiditätsrisiken und Erfolgsrisiken unterliegen, kann der Bestand des Unternehmens leicht gefährdet werden, wenn die Investitionen nicht sorgsam bewirkt werden."[2] Dies gilt vor allem bei strategischen Investitionsentscheidungen. Strategische Investitionsentscheidungen beziehen sich auf Gründungs- und Erweiterungsinvestitionen, auf immaterielle Investitionen und langfristig angelegte Finanz- und Projektinvestitionen. Sie dienen der langfristigen Aufrechterhaltung und Verbesserung der Unternehmenssituation bzw. insbesondere auch der Unternehmenssicherung.

Demgegenüber sind operative Investitionsentscheidungen mittelfristig ausgerichtet. Sie beziehen sich auf die Aufrechterhaltung der laufenden Geschäfte. Hierunter fallen Ersatz-, Rationalisierungs- und Modernisierungsinvestitionen.

Investitionsentscheidungen können – wie übrigens jegliche Arten von Entscheidungen – nur sinnvoll getroffen werden, wenn der Entscheidungsträger genau weiß, was er will. Oder mit anderen Worten: Bei Investitionsentscheidungen müssen zunächst geeignete Entscheidungs- bzw. Bewertungskriterien vorliegen.

11.2.1 Entscheidungskriterien

Im Abschn. 9.1 wurde herausgearbeitet, dass die Aufgabenträger der Bauwirtschaft i. d. R. folgende Unternehmensziele verfolgen.

Generelle Ziele: Erzielen von −g der Ziele externer und interner Gruppen, Erreichung von gesellschaftlicher Akzeptanz, Erfüllung von persönlichen Motiven des Unternehmens.

---

[2] Olfert, K.: Investition, 13. Auflage, NWB Verlag: Herne 2015, S. 43.

11.2 Investitionsentscheidungen

Operative Oberziele: Maximierung der Eigenkapitalrentabilität, Maximierung des Betriebsergebnisses und Minimierung der Einsatzmengen der Produktionsfaktoren.

Den generellen Zielen wurden entsprechende Zielausprägungen und den operativen Oberzielen entsprechende Handlungsziele zugeordnet.

Es wurde festgestellt, dass dieses Zielsystem unabhängig davon ist, um welche Unternehmen in der Bauwirtschaft es sich handelt. Ebenso ist es unabhängig von der Größe des Unternehmens.

Allerdings – so wurde herausgearbeitet – sind die Gewichtungen der Zielsetzungen unterschiedlich in Abhängigkeit der beiden genannten Faktoren.

Investitionen werden getätigt, um Unternehmensziele zu erreichen. Die Beurteilung einer Investitionsentscheidung hängt also unmittelbar damit zusammen, ob mit der Investitionsentscheidung das entsprechende Unternehmensziel erreicht werden kann.

Entscheidungskriterien bei strategischen Investitionen

Mit Hilfe der strategischen Investitionen müssen die generellen Zielsetzungen und die folgenden operativen Oberziele erreicht werden:

- Erreichung einer angemessenen Rentabilität
- Zusätzliche Gewinnerzielung
- Erhöhung der finanziellen Sicherheit
- Verbesserung der langfristigen Sicherung des Unternehmens

Entscheidungskriterien bei operativen Investitionen

Bei operativen Investitionen handelt es sich – wie bereits ausgeführt – um Ersatz-, Modernisierungs- und Rationalisierungsinvestitionen. Bei Ersatzinvestitionen werden z. B. alte Maschinen oder Anlagen durch neue technisch gleichartige Maschinen oder Anlagen ersetzt. In der Praxis wird man jedoch immer versuchen, mit dem gleichen Vorgang eine kostengünstigere oder technisch modernere Investition zu tätigen.

Gründe für den Ersatz eines Investitionsobjektes können sein:

- Steigende Reparaturkosten
- Steigende Ausschussquote
- Fallende quantitative Kapazität
- Fallende qualitative Kapazität
- Fallende Produktqualität.[3]

---

[3] Olfert, K.: a.a.O., S. 44.

Bei Ersatzinvestitionen geht es darum, den Zeitpunkt festzulegen, bei dem es vorteilhaft ist, ein noch genutztes und technisch durchaus weiter verwendbares Investitionsobjekt durch ein neues gleichartiges Investitionsobjekt zu ersetzen. Es handelt sich also um die Bestimmung der optimalen Nutzungsdauer eines Investitionsobjektes.

Bei der Nutzungsdauer wird unterschieden in: die technische, die wirtschaftliche und die rechtliche Nutzungsdauer.

- „Die *technische Nutzungsdauer* umfasst den Zeitraum, in dem das Investitionsobjekt maximal genutzt werden kann. Sie ist schwer bestimmbar und hängt davon ab, inwieweit man bereit ist, Kosten für Reparaturen in Kauf zu nehmen.
- Die *wirtschaftliche Nutzungsdauer* umfasst den Zeitraum, in dem das Investitionsobjekt unter ökonomischen Gesichtspunkten genutzt werden kann. Sie liegt grundsätzlich unter der technischen Nutzungsdauer.
- Die *rechtliche Nutzungsdauer* umfasst den Zeitraum, in dem ein Investitionsobjekt durch rechtsverbindliche Vereinbarung für den Investor nutzbar ist, auch wenn das Investitionsobjekt technisch und/oder wirtschaftlich weiter genutzt werden könnte."[4]

In der Regel orientiert sich die optimale Nutzungsdauer an der wirtschaftlichen Nutzungsdauer. Es ist wenig sinnvoll, wenn mit einer technisch gut funktionierenden Anlage Produkte geschaffen werden, die beispielsweise am Markt nicht mehr abgesetzt werden können. „Allerdings sind in der Praxis die Entscheidungen bei Ersatzinvestitionen besonders schwierig, und es gibt auch in der Theorie keine völlig abgesicherten Überlegungen dazu, welcher Zeitpunkt des Ersatzes optimal ist."[5] In der Praxis gibt die Baugeräteliste (BGL) eine Orientierung hinsichtlich der Nutzungsdauer gängiger Baugeräte. In der BGL werden sämtliche Geräte und Maschinen, die für den Ablauf und die Herstellung eines Bauwerkes benötigt werden, zusammengefasst, wobei neben Angaben zu Gewicht, Neuwert, Reparaturkosten auch Angaben über die Nutzungsdauer gemacht werden.

Mit Modernisierungsinvestitionen wird das Unternehmen mit solchen Betriebsmitteln ausgerüstet, die dem technischen Fortschritt entsprechen. Solche Modernisierungsinvestitionen können moderne IT-Systeme, neue Schalungssysteme oder Bauverfahren sein. Modernisierungsinvestitionen dienen der Verbesserung der Arbeitsabläufe oder der größeren Sicherheit am Arbeitsplatz oder einer Verbesserung der Produktionsqualität.

Mit Rationalisierungsinvestitionen sollen – wie bereits ausgeführt – die Kosten eines Produktionsprozesses verringert werden. Aufgrund des enormen Kostendrucks in der Bauwirtschaft spielen diese Investitionen seit Jahren eine große Rolle. Bei den bauausführenden Unternehmen in Form der zunehmenden Mechanisierung der Leistungserstellung durch verstärkten Einsatz von Baumaschinen bzw. Baugeräten und bei den Planungsbeteiligten durch verstärkten Einsatz von IT-Infrastruktur.

---

[4] Olfert, K.: a.a.O., S. 94.
[5] Olfert, K.: a.a.O., S. 44.

11.2 Investitionsentscheidungen

Die vorstehenden Ausführungen haben gezeigt, dass es eine Vielzahl von Entscheidungskriterien für strategische und operative Investitionen gibt. Dabei kann man zwischen quantitativen und qualitativen Kriterien unterscheiden.

Bei den quantitativen Entscheidungskriterien handelt es sich um Rentabilität, zusätzliche Gewinnerzielung, Kostenreduzierung und unter Umständen um die wirtschaftliche Nutzungsdauer bei Ersatzinvestitionen. Die genannten Kriterien sind vorwiegend bei operativen Investitionen von Bedeutung.

Bei qualitativen Entscheidungskriterien handelt es sich u. a. um die Erhöhung der Sicherheit des Unternehmens, die Beachtung der Ziele externer und interner Gruppen, das Erreichen von gesellschaftlicher Akzeptanz durch Umweltschutz und -verbesserung. Qualitative Entscheidungskriterien dienen vor allem der Beurteilung von strategischen Investitionen.

Investitionsentscheidungen betreffen sowohl Situation, die nur über die Durchführung oder das Unterlassen einer Investition befinden, als auch alternative Investitionssituationen. Einzelinvestitionen sind z. B. Anfangs-, Erweiterungs-, Projekt- und Beteiligungsinvestitionen.

Alternative Investitionssituationen liegen vor bei:

- Neubeschaffung alternativer Investitionsobjekte
- Kauf, Leasing oder Anmietung eines Investitionsobjektes
- Ersatz oder Großreparatur
- Fremdbezug oder Eigenleistung

Einzelinvestitionen werden nach dem jeweiligen Entscheidungskriterium bewertet. Bei nicht ausreichender Vorteilhaftigkeit wird das Investitionsobjekt gegebenenfalls nicht beschafft. Liegt eine alternative Investitionssituation vor, wird jede einzelne Alternative mit dem entsprechenden Entscheidungskriterium bewertet und abschließend die Auswahlentscheidung getroffen.

11.2.2 Rechenverfahren als Entscheidungshilfen

Investitionsrechenverfahren beziehen sich auf den gesamten Investitionszeitraum. Dieser ist durch folgenden Verlauf gekennzeichnet. Hierbei wird ausdrücklich darauf hingewiesen, dass eine Investition durch eine Zahlungsreihe dargestellt werden kann, die Zahlungsreihe selbstredend keine Investition ist.

„Wie zu sehen ist, beginnt der Investitionsprozess mit der ersten Ausgabe, die für die Beschaffung des einzelnen Investitionsobjektes erforderlich ist. Es folgen laufende Ausgaben, beispielsweise für Personal und Materialien.

Das auf diese Weise gebundene Kapital wird nach und nach wieder freigesetzt, indem die mit Hilfe des Investitionsobjektes erstellten Leistungen abgesetzt werden, wodurch

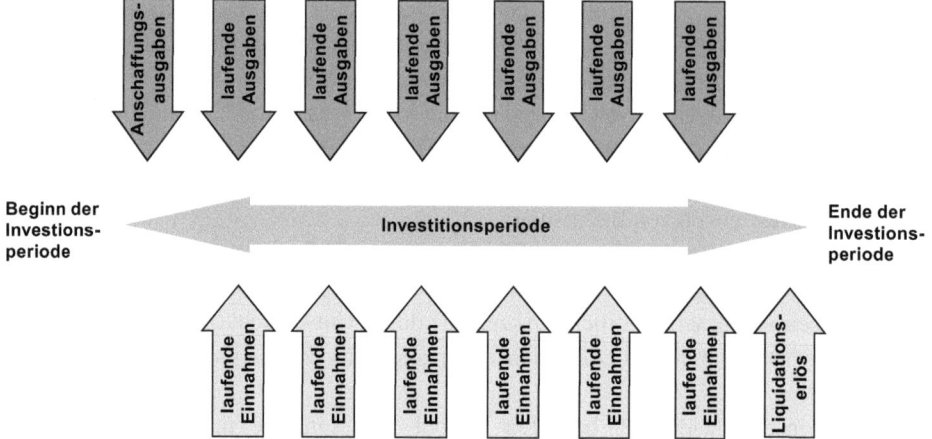

Abb. 11.1 Schema des Verlaufes eines Investitionsprozesses

Einnahmen erfolgen. Die letzte Einnahme aus dem jeweiligen Investitionsobjekt kann der Liquidationserlös sein."[6]

Der in Abb. 11.1 dargestellte Investitionsprozess betrifft die gesamte Lebensdauer des Investitionsobjektes, und er ist durch eine Reihe von Ausgaben und Einnahmen festgelegt. Bei einem deterministischen Modell sind diese Zahlungsgrößen dem Investitionsobjekt exakt zurechenbar und sie fallen zu bestimmbaren Zeitpunkten an. Anderenfalls ist davon auszugehen, dass Höhe und Zeitpunkt der Größen unsicher sind. Wenn die erstgenannten Voraussetzungen gegeben sind, dann können Investitionsentscheidungen mit den nachstehenden Verfahren rechnerisch untermauert werden. Dabei haben Theorie und Praxis eine Anzahl von Verfahren der Investitionsrechnung entwickelt, nämlich:

- Hilfsverfahren (statische Verfahren).
- Finanzmathematische Verfahren (dynamische Verfahren).
- Nutzwertrechnungen.
- Spezielle Verfahren der Investitionsrechnung, wenn die zur Verfügung stehenden Daten geschätzt werden müssen. Solche speziellen Verfahren der Investitionsrechnung unter Unsicherheit sind z. B. Korrekturverfahren, Sensitivitätsanalyse, Bandbreitenanalyse, Risikoanalyse.[7]
- Modelle der simultanen Planung des gesamten Investitionsprogramms.[8]

---

[6] Olfert, K.: a. a. O., S. 24.

[7] Vgl. Schmidt, R.H./Terberger, E.: Grundzüge der Investitions- und Finanztheorie, 4. Auflage, Gabler Verlag: Wiesbaden 1997, S. 121 ff. und Jacob, A.-F/Klein, S./Nick, A.: Basiswissen, Investition und Finanzierung, Gabler Verlag: Wiesbaden 1994, S. 105 ff. und Franke, G./Hax, H.: a. a. O., S. 245 ff.

[8] Wöhe, G.: a. a. O., S. 499 und die dort angegebene Literatur.

11.2 Investitionsentscheidungen

In der bauwirtschaftlichen Praxis werden fast ausschließlich nur Investitionsrechnungen im Rahmen der drei erstgenannten Verfahrensgruppen erstellt. Deshalb wird an dieser Stelle nur hierauf eingegangen.

11.2.2.1 Hilfsverfahren (statische Verfahren)

Hierbei handelt es sich um folgende Verfahren:

- Kostenvergleichsrechnung
- Gewinnvergleichsrechnung
- Rentabilitätsrechnung
- Amortisationsrechnung

Diese Verfahren werden deshalb statisch genannt, weil sie den zeitlichen Ablauf eines Investitionsprozesses überhaupt nicht oder nur unvollkommen berücksichtigen. Nicht der zeitlich genaue Anfall von Ein- und Auszahlungen, sondern periodische Durchschnittswerte werden der Rechnung zugrunde gelegt. Sie beziehen sich damit lediglich auf eine Periode, und zwar in der Regel auf ein Jahr. Diesen Verfahren liegt somit eine kurzfristige Betrachtungsweise zugrunde, bei der zukünftige Veränderungen von Ausgaben und Einnahmen in ihrer Höhe und in ihrem zeitlichen Anfall unberücksichtigt bleiben. Statische Verfahren können aber dann geeignet sein, wenn es sich um klar abgrenzbare und direkt vergleichbare Investitionen handelt. Ebenso können bei einer überschlägigen Berechnung erste pragmatische Erkenntnisse gewonnen werden.

Kostenvergleichsrechnung

Die Kostenvergleichsrechnung ist das einfachste Verfahren der statischen Investitionsrechenverfahren. Sie dient dazu, Investitionsobjekte auf ihre Vorteilhaftigkeit hin miteinander zu vergleichen, indem sie die von ihnen verursachten Kosten einander gegenüberstellt. Dasjenige Investitionsobjekt ist das vorteilhaftere bzw. vorteilhafteste, das die geringeren bzw. geringsten Kosten verursacht. Positive Größen wie Gewinn, Ertrag oder Ergebnis, die durch die Investitionsobjekte ausgelöst werden, bleiben bei der Kostenvergleichsrechnung unberücksichtigt. Das bedeutet, dass gleich hohe Gewinne der zu vergleichenden Investitionsobjekte zu unterstellen sind, um eine Vergleichbarkeit herbeizuführen. Diese Voraussetzung kann bei Rationalisierungsinvestitionen erfüllt sein, bei anderen Investitionen ist sie aber häufig nicht gegeben.[9] Das quantitative Entscheidungskriterium bei der Kostenvergleichsrechnung ist also die Kostendifferenz zwischen zwei oder mehreren alternativen Investitionsobjekten.

Folgende Kostenarten können in die Kostenvergleichsrechnung mit einbezogen werden:

---

[9] Vgl. Olfert, K.: a. a. O., S. 137.

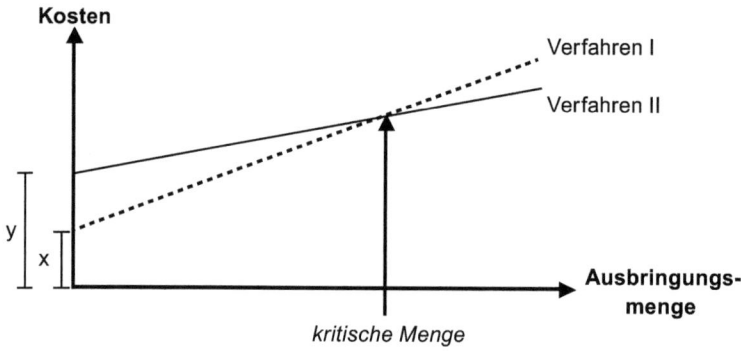

Abb. 11.2 Grafische Ermittlung der kritischen Auslastung

- Kapitalkosten, d. h. kalkulatorische Abschreibung und Verzinsung
- Betriebskosten, Lohn-, Lohnzusatz- und Lohnnebenkosten, Materialkosten
- Instandhaltungskosten für Instandsetzung, Inspektion, Wartung
- Raumkosten
- Energiekosten
- Werkzeugkosten
- Versicherungskosten

Beim Kostenvergleich können die Kosten unberücksichtigt bleiben, die bei den Alternativen in gleicher Höhe anfallen. Kostenvergleiche können auf unterschiedliche Weise erfolgen. Bei gleich hohen Leistungen der alternativen Investitionsobjekte kann der Kostenvergleich pro Periode erfolgen. Ist die mengenmäßige Leistung der alternativen Investitionsobjekte unterschiedlich, dann muss der Kostenvergleich pro Leistungseinheit als Entscheidungskriterium herangezogen werden. Ein Sonderfall der Kostenvergleichsrechnung liegt bei der sog. kritischen Auslastung vor. Analog kann der ermittelte Wert auch als Breakeven-Point bezeichnet werden.

Abb. 11.2 soll verdeutlichen, was diese kritische Auslastung bedeutet:

Die Investition mit dem Verfahren I hat fixe Kosten in Höhe von x und variable Kosten, die in Abhängigkeit zur Ausbringungsmenge durch die gestrichelte Linie dargestellt sind. Analog gilt für die Investition mit dem Verfahren II: die fixen Kosten sind in Höhe von y und die variablen Kosten in Form der durchgezogenen Linie dargestellt. Fixe Kosten sind Kosten, die anfallen, selbst wenn keine Leistung erbracht wird. Variable Kosten fallen in Abhängigkeit der Ausbringungsmenge an. Sie sind bei Verfahren I je Einheit der Ausbringungsmenge höher als bei Verfahren II. Dies drückt sich durch den unterschiedlichen Neigungswinkel der Verfahren I und Verfahren II aus. Die Entscheidung für ein bestimmtes Verfahren ist durch die „kritische Menge" bestimmt. Ist die Ausbringungsmenge kleiner als die kritische Menge, dann ist das Verfahren I günstiger. Ab der „kritischen Menge" ist das Verfahren II zu wählen, da hier die Kosten pro Einheit der Ausbringungsmenge günstiger sind.

11.2 Investitionsentscheidungen

In der Bauwirtschaft wird die Kostenvergleichsrechnung angewandt:

- bei Vergleichen alternativer Bauverfahren, z. B. Vergleich unterschiedlicher Schalungssysteme,
- bei unterschiedlichen Bauausführungen, z. B. unterschiedlich konstruktiver Aufbau von Außenwänden,
- bei der Alternative „Eigenherstellung oder Fremdbezug", z. B. bei der Frage „Ort- oder Transportbeton",
- bei der Alternative „Kauf oder Miete", z. B. von Geräten, IT-Infrastruktur oder Gebäuden.
- bei einer überschlägigen Berechnung der Baukosten im Rahmen einer Projektentwicklung

Nachfolgend ein Beispiel eines Wirtschaftlichkeitsvergleichs zweier alternativer Konstruktionen einer Außenwand.[10] Hierbei gelten folgende Annahmen:

- Lebensdauer der Wände = 50 Jahre, d. h. eine jährliche Abschreibung der Herstellkosten von 2 %.
- jährliche Zinsbelastung der eingesetzten Kapitalkosten 3 %
- alle 6 Jahre fallen Bauunterhaltungskosten in Höhe von 10 €/m² an; also bezogen auf das Jahr: 1,67 €/m²

Die Kostenvergleichsrechnung (Abb. 11.3) ist in der Regel einfach zu handhaben und kann unbedenklich angewendet werden, wenn durch die Alternativen nicht gleichzeitig auch unterschiedliche Erträge und/oder Nutzen bewirkt werden.

Gewinnvergleichsrechnung
Dieses Verfahren ist eine Erweiterung der Kostenvergleichsrechnung, da zusätzlich zu den Kosten auch die Gewinne des Investitionsobjektes in die Investitionsrechnung einbezogen werden. Dieses Verfahren kann sowohl zur Beurteilung einer absoluten Vorteilhaftigkeit von Einzelinvestitionen als auch zur Beurteilung von alternativen Investitionsmöglichkeiten angewendet werden. Im ersten Fall ist die absolute Höhe des Gewinnes, im zweiten Fall die Gewinndifferenz zwischen alternativen Investitionen das Entscheidungskriterium.

Gewinne können allerdings nur in seltenen Fällen für einzelne Investitionsobjekte berechnet werden. Die Zurechnung von Erträgen ist häufig nur bei bestimmten Arten von Projekt- und Finanzinvestitionen möglich. Aber auch dann gibt die Gewinnvergleichsrechnung keine Auskunft darüber, ob die Höhe des erzielten Gewinnbetrages in

---
[10] Vgl. Möller, D.-A.: Planungs- und Bauökonomie, Band 1, Grundlagen der wirtschaftlichen Bauplanung, 5. Auflage, Oldenbourg Verlag: München-Wien 2007, S. 88 ff.

	Außenwand A	**Außenwand B**
Wandaufbau:	2,0 cm Außenputz, 30 cm Kalksandlochsteine, KSL 1,2, 1,5 cm Innenputz	2,0 cm Außenputz, 30 cm Kalksand-Lochsteine, KSL 1,4; 0,7 cm Ansatzkleber, 8,0 cm Polystyrol-Hartschaumplatte, 1,3 cm Gipskartonplatte
Baukosten	165,00 €/m²	200,00 €/m²
Energiekosten zum Bezugszeitpunkt	9,75 €/m² x a	2,60 €/m² x a
Bauunterhaltungskosten zum Bezugszeitpunkt	10,00 €/m² alle 6 Jahre erforderlich	10,00 €/m² alle 6 Jahre erforderlich

Kostenvergleich der Alternativen

Kostenart	Berechnung	Kosten
Abschreibung	165,00 €/m² : 50 a	3,30 €/m² x a
Kapitalkosten	0,5 x 165 €/m² x 0,03	2,48 €/m² x a
Energiekosten		9,75 €/m² x a
Bauunterhaltungskosten	10,00 €/m² : 6a	1,67 €/m² x a
Kosten der Außenwand A		**17,20 €/m² x a**

Kostenart	Berechnung	Kosten
Abschreibung	200,00 €/m² : 50 a	4,00 €/m² x a
Kapitalkosten	0,5 x 200,00 €/m² x 0,03	3,00 €/m² x a
Energiekosten		2,60 €/m² x a
Bauunterhaltungskosten	10,00 €/m² : 6a	1,67 €/m² x a
Kosten der Außenwand B		**11,27 €/m² x a**

Abb. 11.3 Kostenvergleichsrechnung bei zwei alternativen Außenwandkonstruktionen

einem angemessenen Verhältnis zum eingesetzten Kapital steht. Für eine Investitionsentscheidung ist aber weniger die Kenntnis der absoluten Gewinnhöhe, als vielmehr die Kenntnis der Rentabilität des Kapitaleinsatzes erforderlich. Andererseits dient eine erste Einschätzung einer absoluten Gewinngröße Entscheidern als Grundlage, ob überhaupt weitere Überlegungen hinsichtlich der untersuchten Investition angestrengt werden.

Rentabilitätsrechnung

Bei der Rentabilitätsrechnung wird der mit einer Investition erwirtschaftete Gewinn zu dem dafür eingesetzten Kapital in Beziehung gesetzt. Hierbei kann wiederum zwischen Eigen- und Gesamtkapital unterschieden werden. Dabei ist zu berücksichtigen, dass die Sollzinsen für das Fremdkapital bei der Gesamtkapitalrentabilität als Gewinngröße mit hinzugerechnet werden müssen.

Ebenso wird nicht mit dem Gewinn gerechnet, welcher insgesamt durch die Investition erwirtschaftet wird, sondern nur mit dem durchschnittlich erzielbaren Jahresgewinn.

Damit ergibt sich:

$$\text{Rentabilität in \%} = \frac{\text{Jahresgewinn}}{\text{eingesetztes Kapital}} \times 100$$

Die Vorteilhaftigkeit einer Einzelinvestition ist dann gegeben, wenn die errechnete Rentabilität der vom Unternehmen gewünschten Mindestrentabilität entspricht oder größer ist. Bei alternativen Investitionen wird jenes Investitionsobjekt gewählt, das die höhere bzw. höchste Rentabilität aufweist.

Im Zusammenhang mit der Rentabilitätsrechnung wird auch häufig vom „Return on Investment (ROI)" gesprochen. Wörtlich übersetzt könnte der Ausdruck „Ergebnis pro investierte Kapitaleinheit" lauten. Eine Legaldefinition der inhaltlichen Konkretisierung gibt es nicht. Am weitesten verbreitet ist die Relation aus ordentlichem Betriebsergebnis und betriebsbedingtem Vermögen.

Amortisationsrechnung

Diese Rechnung wird auch Pay-off-Methode genannt. Hier wird die Vorteilhaftigkeit einer Investition an der sog. Amortisationszeit gemessen. Das ist der Zeitraum, bei welchem die Anschaffungskosten einer Investition durch Gewinne wieder in das Unternehmen zurückgeflossen sind.

Die Amortisationszeit (t) wird wie folgt berechnet:

- $t =$ Amortisationszeit in Jahren
- $A =$ Anschaffungskosten bzw. Kapitaleinsatz für die Investition
- $G =$ erwarteter Gewinn pro Jahr

$$t = \frac{A}{G}$$

Betragen die Anschaffungskosten z. B. 200.000 € und der erwartete Gewinn pro Jahr 50.000 € dann wird:

$$t = \frac{200.000 \text{ Euro}}{50.000 \text{ Euro/Jahr}} = 4 \text{ Jahre}$$

Die Amortisationsrechnung kann dann unproblematisch angewendet werden, wenn für das Investitionsobjekt eine Gewinnzurechnung möglich ist und wenn dieser Gewinn als durchschnittlicher Gewinn auch während der gesamten Amortisationsdauer erwirtschaftet werden kann. Bei diesem Verfahren wird eine Einzelinvestition dann als vorteilhaft angesehen, wenn die vom Unternehmer auf Grund seiner Risikoeinschätzung angesehene Soll-Amortisationszeit länger ist als die errechnete Amortisationszeit. Beim Vergleich mehrerer alternativer Investitionsobjekte ist die Alternative mit der kürzesten Amortisationszeit die vorteilhafteste Alternative.

Bei der Amortisationsdauer spielt trotz der Annahme deterministischer Größen die Unsicherheit eine gewisse Rolle. In der Praxis wird daher aus Risikogründen die Soll-Amortisationszeit meist nicht länger als auf 3 bis 5 Jahre geschätzt, selbst wenn die effektive Nutzungsdauer 10 oder mehr Jahre beträgt. Dieses Verfahren orientiert sich bewusst nicht am Gewinn- oder Rentabilitätsziel, sondern am Sicherheitsstreben.

Die vorgestellten Verfahren eignen sich in erster Linie zur Beurteilung von kleineren Erweiterungs- oder Ersatzinvestitionen. Bei Anwendung eines bestimmten Verfahrens wird die Investition nach dem diesem Verfahren zugrunde liegenden Entscheidungskriterium beurteilt. Deshalb muss man sich darüber im Klaren sein, welches Kriterium den Überlegungen zugrunde gelegt wird, ob also Kostenersparnis und Gewinnerhöhung oder Rentabilitätsverbesserung bzw. eine möglichst kurze Amortisationszeit ausschlaggebend sein soll. Unter Umständen ist es sinnvoll, eine Investition im Hinblick auf zwei oder gar alle Entscheidungskriterien zu untersuchen. In Abb. 11.4 wird aber auf diesen Zusammenhang kurz eingegangen.

Es wurden drei Investitionsalternativen gewählt, die zwar gleich hohe Erlöse haben, sich aber in der Kostenstruktur unterscheiden. Entsprechend der dargestellten statischen Rechenverfahren werden die Alternativen nach den Entscheidungskriterien „Kosten, Gewinn, Rendite und Amortisationszeit" untersucht (Abb. 11.4).

Entscheidung nach dem jeweiligen Kriterium ergibt folgendes Ergebnis:

- Für Kostenvergleich: Alternative II
- Für Gewinnvergleich: Alternative II
- Für Rentabilität: Alternative III
- Für die Amortisationszeit: Alternative III

Mit dem Ergebnis soll gezeigt werden, dass es keine pauschale Aussage über den allgemein gültigen richtigen Einsatz von Investitionsrechenverfahren geben kann. Würde bspw. die Erlösseite in dem vorstehenden Beispiel auch noch variieren, dann könnte sich eine weitere Alternative im Rahmen eines Kosten- oder Gewinnvergleichs als optimal herausstellen. Letztendlich muss immer in Abhängigkeit der zur Verfügung stehenden Rechengrößen, des verfolgten Ziels und der vorhandenen Randbedingungen eine Entscheidung getroffen werden.

Investitionsalternativen	I	II	III
Anschaffungspreis (A)	250 000,-	800 000,-	350 000,-
Lebensdauer (Jahre t_n)	5	8	6
a) Erlöse			
- Erlöse/Jahr	400 000,-	400 000,-	400 000,-
b) jährliche Kosten der Alternativen			
- Abschreibung	50 000,-	100 000,-	58 333,-
- Zinsen (6% von $1/2$ des Anschaffungspreises)	7 500,-	24 000,-	10 500,-
- Versicherung (1%)	2 500,-	8 000,-	3 500,-
- Löhne	200 000,-	57 600,-	129 600,-
- Energie	20 000,-	16 800,-	24 000,-
- Werkzeug	25 000,-	25 000,-	20 400,-
- Instandhaltung	15 000,-	35 000,-	30 000,-
Gesamtkosten	320 000,-	266 400,-	276 333,-
c) Entscheidungskriterien			
- Kostenvergleich	320 000,-	**266 400,-**	276 333,-
- Gewinnvergleich	80 000,-	**133 600,-**	123 667,-
- Rentabilitätsvergleich (in %) = $\frac{\text{Gewinn} \times 100}{\text{Anschaffungspreis}}$	32,0%	16,7 %	**35,3 %**
- Amortisationszeit (Jahre t) = $\frac{\text{Anschaffungspreis}}{\text{Gewinn}}$	3,1	6,0	**2,8**

Abb. 11.4 Beispiele zu den statischen Investitionsrechenverfahren

11.2.2.2 Finanzmathematische Verfahren (dynamische Rechenverfahren)

Im Gegensatz zu den statischen Verfahren, die sich auf eine durchschnittliche Zeitperiode beziehen, wird bei den dynamischen Rechenverfahren die gesamte Lebensdauer – oder zumindest der absehbare Planungshorizont – einer Investition berücksichtigt. Grundlage der Berechnung bilden der Zu- und Abfluss von Zahlungsmittelbeständen während dieses Zeitraums, d. h. eine Einzahlungs- und Auszahlungsreihe. Die Auszahlungen setzen sich zusammen aus den Anschaffungsauszahlungen für das Investitionsobjekt und die laufenden, durch das Vorhandensein und die Nutzung des Objekts verursachten fixen Auszahlungen für die Aufrechterhaltung der Betriebsbereitschaft und proportionalen Auszahlungen für den Einsatz von Material, Arbeitsleistungen, Energie

u. a. Die Einzahlungen stammen in erster Linie aus dem Absatz der mit dem Investitionsobjekt produzierten Leistungen.[11]

Im Folgenden werden zunächst die finanzmathematischen Grundlagen dargestellt, um dann auf die Rechenverfahren einzugehen.

11.2.2.2.1 Finanzmathematische Grundlagen

Den finanzmathematischen Verfahren liegt die sog. Zinseszinsberechnung zugrunde. Dabei wird unterstellt, dass ein bestimmtes Kapital z. B. bei einer Bank angelegt wird und der jährliche Zins vom Anleger nicht abgezogen, sondern dem angelegten Kapital zugerechnet wird. Dadurch erwirtschaften diese Zinsbeträge ihrerseits wieder Zinsen.

Ableitung der Zinseszinsformel

p = Zinsfuß (z. B. 4 %).

Anfangskapital: K_0: 1000,- €;

$$\text{Zins für das 1.Jahr} = \frac{K_o \times p}{100} = \frac{1000 \times 4}{100} = 40,00$$

Kapital am Ende des 1. Jahres: $K_1 = 1040,-$

$$K_1 = K_o + \text{Zins} = K_o + \frac{K_o \times p}{100} = K_o \left(1 + \frac{p}{100}\right)$$

$$\text{Zins für das 2.Jahr} = \frac{K_1 \times p}{100} = \frac{1040 \times 4}{100} = 41,60$$

Kapital am Ende des 2. Jahres: $K_2 = 1040,- + 41,60 = 1081,60$

$$K_2 = K_1 + \frac{K_1 \times p}{100} = K_1 \left(1 + \frac{p}{100}\right):$$

$$\text{mit } K_1 = K_o \left(1 + \frac{p}{100}\right) \text{ wird}$$

$$K_2 = K_o \left(1 + \frac{p}{100}\right) \times \left(1 + \frac{p}{100}\right) = K_o \left(1 + \frac{p}{100}\right)^2$$

Kapital am Ende des n-ten Jahres:

$$K_n = K_o \left(1 + \frac{p}{100}\right)^n; \text{ mit}: \left(1 + \frac{p}{100}\right) = q; \text{ wird}: K_n = K_0 \times q^n$$

---

[11] Wöhe, G.: a.a.O., S. 480 ff.

11.2 Investitionsentscheidungen

D. h.: der Wert eines Kapitals K_0 ist bei einem festen Zinsfuß von p mit $q = 1 + \frac{p}{100}$. nach n Jahren angestiegen auf: $K_n = K_0 \times q^n$

Die Formel $K_n = K_0 \times q^n$ beantwortet also die Frage: Wie hoch ist mein Kapital K_0 angewachsen, wenn ich es n Jahre bei einem Zinsfuß von p anlege?

- Frage: Kapital nach „n Jahren" bei einem Zinsfuß von z. B. 5 %

$$\overrightarrow{K_0 \quad K_n}$$

Der Faktor q^n wird Aufzinsungsfaktor genannt. Hierfür gibt es entsprechende finanzmathematische Tabellen, die diesen Aufzinsungsfaktor in Abhängigkeit von dem Zinsfuß und den Zinsjahren enthalten.

Eine andere Frage ist: Was würde ich heute erhalten für ein Kapital K_n, das in n Jahren fällig wird und das mit dem Zinsfuß p ab heute verzinst wird?

- Frage: Wie hoch ist heute der Kapitalwert (K_0) für ein Kapital (K_n), welches bei einem Zinsfuß von p nach n Jahren fällig wird?

$$\overleftarrow{K_0 \quad K_n}$$

Mit der Umstellung der vorhergehenden Gleichung kann diese Frage beantwortet werden.

$$K_0 = \frac{K_n}{q^n}$$

Der Faktor $\frac{1}{q^n}$ wird Abzinsungsfaktor genannt und auch diese Faktoren können entsprechenden Tabellen entnommen werden.

Bislang wurde nur die Rechengröße des Kapitals – nämlich K_n oder K_0 – den Überlegungen zugrunde gelegt. Man kann aber auch mehrere Rechengrößen in einer Zeitreihe auftragen.

Diese Werte können z. B. folgende Inhalte haben:

E = Einzahlungen zu einem bestimmten Zeitpunkt z. B. Honorareinnahmen, Mieteinnahmen, Verkaufserlöse etc.

Beispiel

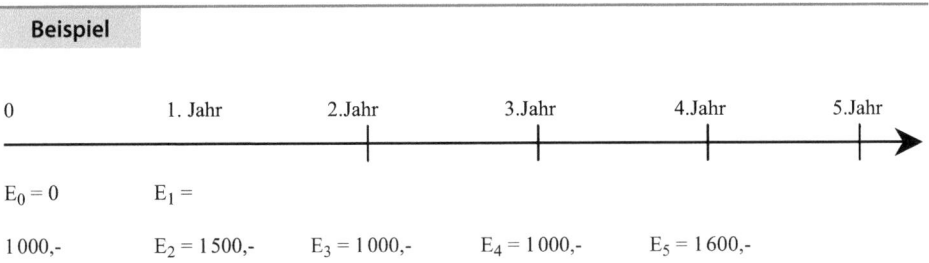

Analog der Gleichung $K_0 = \frac{K_n}{q^n}$ und mit $q = 1 + \frac{p}{100}$ und p = 4 % $\Rightarrow$ q = 1,04 wird:

$E1\,(0)$ =	$\frac{E1}{q^1}$ =	$\frac{1000,-}{(1,04)^1} = 961,54$	$E_1(0)$, $E_2(0)$…sind die Werte von E_1, E_2…bezogen auf den Entscheidungszeitpunkt 0. Diese Werte werden auch *Barwerte* von E_1, E_2… genannt
$E2\,(0)$ =	$\frac{E2}{q^2}$ =	$\frac{1500,-}{(1,04)^2} = 1386,83$	
$E3\,(0)$ =	$\frac{E3}{q^3}$ =	$\frac{1300,-}{(1,04)^3} = 1155,70$	
$E4\,(0)$ =	$\frac{E4}{q^4}$ =	$\frac{1000,-}{(1,04)^4} = 854,80$	
$E5\,(0)$ =	$\frac{E5}{q^5}$ =	$\frac{1600,-}{(1,04)^5} = \underline{1315,08}$	
$\underline{5673,95}$ = Barwert der Einzahlungen E_1 bis E_5			

Die gesamten Einzahlungen betragen:

$E_1 + E_2 + E_3 + E_4 + E_5$ = 1000,– + 1500,– + 1300,– + 1000,– + 1600,– = 6400,–€

Der Barwert dieser Einzahlungsreihen hingegen beträgt: 5673,95 €
Formal: E0 = E1(0) + E2(0) + ….. + En(0), oder in anderer Schreibweise:

$$E_0 = \sum_{t=o}^{n} E_t \cdot \frac{t}{q^t}; \quad t = 0, 1, 2, 3, 4, n \text{ Jahre}$$

Analog kann man auch den Barwert der Auszahlungen errechnen, z. B. für Auszahlungen zu bestimmten Zeitpunkten z. B. Gehaltskosten, Energiekosten, Materialkosten.

Für die Ausgabenreihe gilt analog:

$$A_0 = \sum_{t=o}^{n} A_t \cdot \frac{t}{q^t}; \quad t = 0, 1, 2, 3, 4, n \text{ Jahre}$$

Der Barwert der Einnahmen- und Ausgabenreihe wird

$$(E - A)_0 = E_0 - A_0 = \sum_{t=o}^{n} E_t \cdot \frac{t}{q^t} - \sum_{t=0}^{n} A_t \cdot \frac{1}{q^t};$$

Fällt der Barwert der Einnahmen *und* Ausgaben *gleichzeitig* an, also:

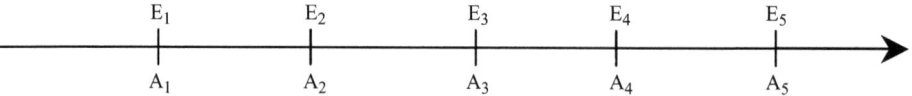

11.2 Investitionsentscheidungen

So vereinfacht sich die obige Formel:

$$(E - A)_0 = \sum_{t=0}^{n} \frac{(E - A)_t}{q^t}; \text{ mit } (E - A)_0 = C_0 \text{ und } E - A = d \text{ wird}:$$

$$Co = \sum_{t=0}^{n} \frac{d_t}{q^t}$$

Hierin sind enthalten:
n = Anzahl der Jahre; d = Einnahme ./. Ausgabe; $q = 1 + \frac{P}{100}$; P = Zinsfuß. ◄

11.2.2.2.2 Übliche dynamische Rechenverfahren in der Bauwirtschaft

Kapitalwertmethode
Der Kapitalwert ist eine der am weit verbreitetsten investitionstheoretischen Kennzahlen. Er gibt in komprimierter Art und Weise eine Aussage über eine Zahlungsreihe, die eine Investition bzw. Investitionsalternativen darstellt. Der Kapitalwert einer Zahlungsreihe (engl.: net present value) im Zeitpunkt t = 0 ist definiert als

- Barwert der Zahlungsüberschüsse oder anders ausgedrückt
- Barwert der Rückflüsse zuzüglich des Barwerts eines Liquidationserlöses und abzüglich des Barwerts der Anfangsauszahlung.

Er gibt damit die Vermögensänderung an, die ein Entscheidungsträger durch den Übergang von der Unterlassensalternative zu der betrachteten Investition erfährt. Ökonomisch betrachtet bringt „der Kapitalwert die zu erwartende Erhöhung oder Verminderung des Geldvermögens bei gegebenem Verzinsungsanspruch in Höhe des Kalkulationszinssatzes i und wertmäßig bezogen auf den Beginn des Planungszeitraumes zum Ausdruck."[12] Er ist damit der Barwert der durch die Investition bei gegebenem Kalkulationszinssatz bewirkten Geldvermögensänderung. Formal ergibt sich folgende Gleichung:

$$KW = \sum_{t=0}^{n} e_t \times q^{-t}$$

Die Zahlungen werden mit dem Kalkulationszins (= Abzinsungsfaktor) auf den Zeitpunkt $t = 0$ abgezinst. Bei der Beurteilung einer absoluten Vorteilhaftigkeit einer Einzelinvestition sind folgende Ausprägungen des Kapitalwertes zugrunde zu legen:

---
[12] Blohm, H./Lüder, K.: Investition, 10. Auflage, Verlag Franz Vahlen: München 2012, S. 58.

Zeitpunkt	t_0	t_1	t_2	t_3	t_4	Summe
Einnahmen	-	6.000	4000	4000	3000	17000
Ausgaben	-8000	-3000	-2500	-1300	-	-14800
Überschüsse	-8000	+3 000	+1 500	+2 700	+3 000	+2 200

Abb. 11.5 Zahlungsreihe einer Investition

Ist der Kapitalwert positiv, verzinst sich das durch die Investition eingesetzte Kapital höher als der zugrunde liegende Kalkulationszinsfuß. Der Betrag gibt die Vermögenserhöhung an.

Ist der Kapitalwert gleich Null, verzinst sich das durch die Investition eingesetzte Kapital genau zum Kalkulationszinsfuß. Die Vermögensveränderung ist gleich der Unterlassensalternative.

Ist der Kapitalwert negativ, verzinst sich das durch die Investition eingesetzte Kapital geringer als der zugrunde liegende Kalkulationszinsfuß. Der Betrag gibt die Vermögensminderung an.

Aus ökonomischer Sicht ist eine Investition demzufolge absolut vorteilhaft, wenn der Kapitalwert KW größer gleich Null ist. Diese Zielpräferenz ist absolut kompatibel mit der Zielpräferenz einer Endvermögensmaximierung eines Entscheidungsträgers oder auch eines Investors.

Betrachten wir hierzu eine Beispielinvestition, die durch folgende Zahlungsreihe dargestellt werden kann, Abb. 11.5.

Bei einem angenommenen Zinsfuß von 8 % ist der Kapitalwert dieser Investition:

$$\text{Kapitalwert } C_0 = -8000 + \frac{3000}{1,08^1} + \frac{1500}{1,08^2} + \frac{2700}{1,08^3} + \frac{2200}{1,08^4}$$
$$= -8000 + 2777 + 1286 + 2143 + 1617 = -177.$$

In unserem Beispiel ist der Kapitalwert negativ. Die effektive Verzinsung des Kapitaleinsatzes für das Investitionsobjekt ist demnach niedriger als 8 %. Will der Investor unbedingt eine Verzinsung von mindestens 8 % haben, dann wird er diese Investition nicht vornehmen.

Zur Beurteilung der relativen Vorteilhaftigkeit einer Investition ist die Realisation der Investition mit dem höchsten Kapitalwert der Realisation aller anderen Alternativen vorzuziehen.[13] Darüber hinaus muss bei einer rein vermögensorientierten Betrachtung der Kapitalwert der Zahlungsreihe größer als Null sein, da sonst die Unterlassensalternative der Besten der real existierenden Investitionsalternativen vorzuziehen wäre. Nun stellt sich die praktische Frage, ob denn ein Kapitalwert kleiner gleich Null ein K.-o.-Kriterium

---

[13] Vgl. Ropeter, S.-E.: Investitionsanalyse für Gewerbeimmobilien, Rudolf Müller Verlag: Köln 1998, S. 99.

11.2 Investitionsentscheidungen

für eine Investition sein kann. Gesetzt den Fall, die Realisierung einer Investition bei einem Kapitalwert kleiner gleich Null wird aus strategischen oder auch repräsentativen Gründen befürwortet, muss dies nicht zwingend der Fall sein. Dies ist bspw. der Fall bei einem Bauobjekt zu primär repräsentativen Zwecken. Ebenso muss aber auch immer wieder geprüft werden, ob der gewählte Kalkulationszins für den Kapitalwert dem Zins der Unterlassungsalternative entspricht. Unabhängig davon ist die Kapitalwertmethode sinnvoll einzusetzen, da die Vermögensminderung zumindest aufgezeigt wird.

Zum unmittelbaren Vergleich zweier Investitionsalternativen, die projektindividuelle Laufzeiten haben, bedient man sich der Differenzzahlungsreihe. Als Differenzzahlungsreihe bezeichnet man eine Zahlungsreihe, die sich als Differenz zweier, alternativ durchführbarer Zahlungsreihen ergibt.[14]

Der Kapitalwert einer Differenzzahlungsreihe ist gleich der Differenz der Kapitalwerte der zugrunde liegenden Investitionen. Zur Beantwortung der Frage, welche von zwei einander ausschließenden Investitionsalternativen zu dem höheren Kapitalwert führt, ist es also ausreichend festzustellen, ob der Kapitalwert der Differenzzahlungsreihe positiv oder negativ ist. Dieses Instrument ist dann sinnvoll einzusetzen, wenn die grundsätzliche Entscheidung eine Investition durchzuführen, positiv ausgefallen ist. Durch die Beschränkung auf die Betrachtung von Zahlungsdifferenzen ist der Aufwand der Beschaffung von Inputdaten erheblich geringer als bei der herkömmlichen Form der Kapitalwertermittlung, welche die Kenntnis aller Zahlungsgrößen in ihrer absoluten Höhe voraussetzt.

Interne Zinsfußmethode

Die Kapitalwertmethode beantwortet die Frage, ob der Kapitaleinsatz zumindest mit dem in der Rechnung eingesetzten Zinsfuß verzinst wird. Ist der Kapitalwert größer als Null, dann verzinst sich der Kapitaleinsatz mit einem größeren Zinsfuß als in der Berechnung angesetzt wurde. Die genaue Höhe dieses Zinsfußes wird mit der internen Zinsfußmethode errechnet. Der interne Zinsfuß ist derjenige Zinsfuß, bei dessen Verwendung als Kalkulationszinsfuß der Kapitalwert einer Investition gleich Null ist.

Der interne Zinsfuß kann auf zweifacher Weise ermittelt werden.

Erstens:
Die Kapitalwertfunktion $C_0 = \sum\limits_{t>0}^{n} \frac{\text{Einnahmen ./. Ausgaben}}{q^t}$ wird gleich Null gesetzt, d. h.

$C_0 = 0$ und die Gleichung wird rechnerisch nach q aufgelöst.

Mit $q = \frac{P}{100}$ ergibt sich der „interne Zinsfuß" dieses Investitionsobjektes.

Die rechnerische Auflösung ist allerdings eine – zumindest für Nichtmathematiker – nicht ganz einfache Aufgabe. Die vorgenannte Gleichung wird sehr umfangreich, wenn man mit schwankenden jährlichen Einnahmen und Ausgaben rechnet. Bei konstanten jährlichen Einnahmen und Ausgaben vereinfacht sich das Rechenver-

---
[14] Vgl. Blohm, H./Lüder, K.: a.a.O., S. 56.

fahren, es gilt aber immer noch als anspruchsvoll. „Die Auflösung der Gleichungen nach dem internen Zinsfuß p_i erfordert in beiden Fällen einen erheblichen Rechenaufwand (Lösung von Gleichungen n-ten Grades). Daher werden in der Praxis meist Näherungslösungen angewandt, bei denen man sich durch Einsetzen von Näherungswerten für den internen Zinssatz p_i einem Kapitalwert von 0 nähert (Newtonsches Näherungsverfahren und lineare Interpolation (regula falsi))."[15] Um dennoch die interne Zinsfußmethode zumindest für einfachere Fälle anwenden zu können, kann man die nachfolgend dargestellte graphische Methode wählen.

Zweitens:
Die Ermittlung des internen Zinsfußes erfolgt mit einer graphischen Methode. Es werden für das Investitionsobjekt zwei unterschiedliche Zinsfüße (Versuchszinsfüße) gewählt. Mit diesen Zinsfüßen werden zwei unterschiedliche Kapitalwerte für diese Investition ermittelt. Anschließend werden die errechneten Zinsfüße in eine entsprechende Graphik eingetragen und der interne Zinsfuß der Investition abgelesen.
Ein Beispiel zur graphischen Methode:
Die Errechnung der Alternativen hat ergeben.

Alternative 1: bei einem angenommenem Zinsfuß in Höhe von 20 % wurde ein Kapitalwert in Höhe von $C_0 = -4000$ errechnet.
Alternative 2: bei einem angenommenem Zinsfuß in Höhe von 10 % wurde ein Kapitalwert in Höhe von $C_0 = +8000$ errechnet.

Der effektive interne Zinsfuß liegt demnach zwischen +20 % und +10 % (Abb. 11.6)
Bei der Beurteilung von Einzelinvestitionen ist die Vorteilhaftigkeit dann gegeben, wenn der interne Zinsfuß gleich oder über den vom Unternehmen festgelegten Zinsfuß liegt. Denn der interne Zinsfuß kann als maximal tolerierbare Finanzierungskosten einer Investition ausgedrückt werden. Bei einem Vergleich alternativer Investitionen kann es zu Ergebnissen kommen, die nicht kompatibel mit den Ergebnissen der Kapitalwertmethode sind. D. h. es könnte zur Auswahl einer Investitionsalternative kommen, die zu einem geringeren Vermögenszuwachs führt, als die nicht ausgewählte Investitionsalternative. Um diese Problematik zu vermeiden, kann man sich wiederum einer Differenzzahlungsreihe bedienen, die aus den beiden Investitionsalternativen gebildet wird. Liegt der interne Zinsfuß der Differenzzahlungsreihe über dem Mindestverzinsungsanspruch, dann ergibt sich bei Einhaltung der Subtraktionsregel die kompatible Entscheidung für eine der verglichenen Investitionsalternativen wie bei der Kapitalwertmethode.
Der Haupteinwand gegen die interne Zinsfußmethode setzt bei der Prämisse der Methode an. Diese Prämisse besagt, dass die erzielten Überschüsse auch tatsächlich jedes Jahr wieder in Höhe des internen Zinsfußes angelegt werden können. Dagegen wird bei

---

[15] Diederichs, C.J. (1999): a.a.O., S. 167.

11.2 Investitionsentscheidungen

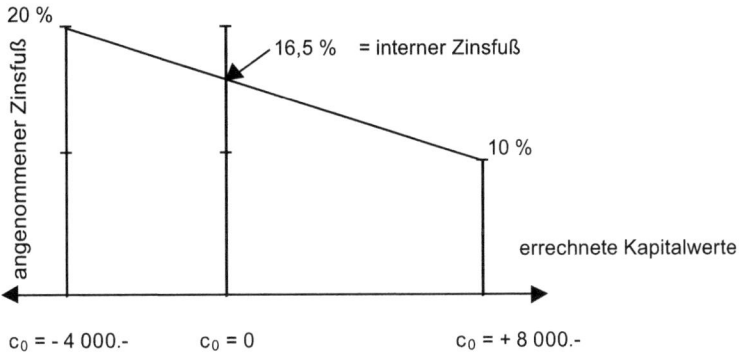

Abb. 11.6 Beispiel zur grafischen Methode der Ermittlung von dem internen Zinsfuß einer Investition

der Kapitalwertmethode ein Zinsfuß zugrunde gelegt, bei dem man annimmt, dass dieser über die gesamte Investitionsdauer erzielt werden kann.

Einsatzmöglichkeiten der dynamischen Rechenverfahren in der Bauwirtschaft
Die Kapitalwertmethode kann bei der Durchführungsentscheidung von Bauvorhaben bzw. Projektentwicklungen eingesetzt werden. Die Minimierung der Gesamtkosten eines Projektes über die gesamte Lebensdauer kann nur dann gelingen, wenn man nicht nur die Herstellkosten, sondern auch die zeitlich ungleich anfallenden Baunutzungskosten in die Rechnung mit einbezieht. „Letztendlich ist das alleinige Minimieren der Herstellkosten ohne Rücksichtnahme auf die Höhe und den zeitlichen Anfall der Baunutzungskosten für die Gesamtwirtschaftlichkeit des Bauvorhabens fragwürdig. Ebenso sind durch das Einhalten von Kostenrichtwerten, die ausschließlich aus vergangenheitsbezogenen Daten und unter Nichtbeachtung der Nutzungskosten des Bauwerks gebildet werden, keine Aussagen in Bezug auf die Wirtschaftlichkeit des Bauobjektes möglich. Eine Auflösung dieses Konflikts ist nur denkbar, wenn man Bauvorhaben als Investitionsvorhaben betrachtet und die Betriebs- und Bauunterhaltungskosten neben den Herstellkosten bei den Planungsentscheidungen berücksichtigt."[16] Unter dem Aspekt der Minimierung der Gesamtkosten eines Bauprojektes ist die Lösung am vorteilhaftesten, welche unter Zugrundelegung der Herstell- und Baunutzungskosten den niedrigsten Barwert hat.

Aber auch der interne Zinsfuß wird bei der Durchführungsentscheidung von Projektentwicklungen regelmäßig eingesetzt, da eine Prozentzahl direkt zu greifen und vergleichbar ist. Berücksichtigt man die Schwächen der Annahmen ist er ein probates Mittel, um die Vorteilhaftigkeit zu befinden.

Ein zweites Anwendungsgebiet der dynamischen Rechenverfahren sind die Finanzinvestitionen. So müssen beim Unternehmenskauf, beim Kauf von Beteiligungen oder bei

---

[16] Leifert, W.: a.a.O., S. 68 und die dort angegebene Literaturstellen.

Verschmelzungen mit anderen Unternehmen zunächst Unternehmensbewertungen vorgenommen werden, deren Ergebnisse dann in die Investitionsentscheidungen einfließen.[17]

Bei der Unternehmensbewertung wurden zunächst in Theorie und Praxis nur der Substanzwert in die Berechnungen einbezogen. Dabei wurden die bilanzierungsfähigen Vermögensteile nach Abzug der Schulden berücksichtigt. Als nächster Schritt wurden bei der sog. Praktikermethode neben dem Substanzwert auch der Ertragswert bei der Rechnung berücksichtigt. Dabei werden als Maßstäbe für den Wert eines Unternehmens der Substanzwert und der Ertragswert genommen. Die beiden Werte werden addiert und durch zwei dividiert. Die entsprechende Formel lautet:

$$Unternehmenswert = \frac{1}{2} \times \left(\frac{G}{i} + S\right)$$

wobei:

G = nachhaltig erzielbarer jährlicher Gewinn
i = Kapitalisierungszinsfuß
S = Substanzwert

Dem Ausdruck $\frac{G}{i}$ liegt das Rechenmodell der ewigen Rente zugrunde.

Heute ist sich die Fachwelt weitgehend darüber einig, dass man den Unternehmenswert ausschließlich mithilfe des Ertragswertes errechnen sollte. Demnach wird der Unternehmenswert allein aus seiner Ertragskraft, somit der Eigenschaft, finanzielle Überschüsse für die Unternehmenseigner zu erwirtschaften, abgeleitet. Diese Vorstellung liegt auch den Grundsätzen zur Unternehmensbewertung vom Fachausschuss für Unternehmensbewertung und Betriebswirtschaft (FAUB) des Institutes der Wirtschaftsprüfer in Deutschland e. V.[18] zugrunde.

Der Reproduktionswert (Substanzwert) wird nur sekundär herangezogen, wenn man z. B. den künftigen Ertrag unter Berücksichtigung der Substanzerhaltung (Abschreibungen, Neuinvestitionen etc.) errechnet.

Im Einzelfall wird bei der Ermittlung des Ertragswertes von den Verhältnissen am Bewertungsstichtag ausgegangen, wobei eine mehr oder minder große Zahl von Vergangenheitsergebnissen analysiert wird. Ausgehend von diesem Wert ist der zukünftige Ertragswert abzuschätzen. Diese Schätzung kann als globale Schätzung durchgeführt werden, wenn z. B. keine branchenbedingten Einzelentwicklungen absehbar sind. Die Schätzung kann auch auf der Grundlage von Einzelplänen erfolgen, aber nur dann, wenn z. B. einzelne Marktentwicklungen auch wirklich gesondert analysiert werden können.

---

[17] Zu weiteren Einzelheiten vgl. z. B. Behringer, S.: Unternehmenstransaktionen, 2. Auflage, Erich Schmidt Verlag, 2020.
[18] Institut der Wirtschaftsprüfer Deutschlands e. V. (Hrsg.): IDW Standard: Grundsätze zur Durchführung von Unternehmensbewertungen, Düsseldorf 2016.

11.2 Investitionsentscheidungen

Bei der Kapitalwertmethode kann man mit einer begrenzten Jahresanzahl rechnen. In diesem Fall ergibt sich der sog. Bar- bzw. Kapitalwert einer „endlichen Rente". Bei einer unbegrenzten Jahreszahl ergibt sich der Bar- bzw. Kapitalwert einer „ewigen Rente".

Bei der „ewigen Rente" vereinfacht sich die Errechnung des Kapitalwertes (Barwertes) wie folgt.

R = nachhaltige und gleichbleibende Einnahmeüberschüsse
i = vorgegebener Zinsfuß
Kapitalwert einer „ewigen Rente" $E = \frac{R \times 100}{i}$

z. B.: $R = 1000$ und $i = 4\%$; Kapitalwert $E = \frac{1000 \times 100}{4} = 25.000$

Wird der Unternehmenswert mit der Formel der „ewigen Rente" berechnet, dann ergibt sich:

$$\text{Unternehmenswert} = \frac{\text{durchschnittlicher jährlicher Ertrag des Unternehmens}}{\text{vom Investor gewünschte Rendite, ausgedrückt durch einen Zinssatz}}$$

In der Bewertungspraxis wird auch die aus den USA kommende Methode des DCFA (Discounted-Cash-flow-Methode) angewendet. Dies vor allem dann, wenn Unternehmenskäufe auf dem internationalen Markt stattfinden. Bei dieser Methode wird der Wert des Unternehmens gefunden, indem man zur Ermittlung des Barwertes den Cash-Flow und nicht die Einnahmeüberschüsse heranzieht.

Der herkömmliche Cash-Flow errechnet sich aus den Aus- und Einzahlungen, die zwischen dem Unternehmen und Dritten stattfanden. Der Unternehmenswert nach der DCFA dagegen errechnet sich aufgrund von zukünftigen Cash-Flows, die auf den Bewertungsstichtag abgezinst werden. Der Unternehmenswert ist bei dieser Methode somit definiert als der „Zeitwert des Geldes".

11.2.2.3 Nutzwertrechnungen

Bislang wurde davon ausgegangen, dass Investitionsentscheidungen anhand von quantitativen Rechengrößen gefällt werden. In der Praxis fließen neben den quantitativen Kriterien zusätzlich qualitative Bewertungskriterien zur Beurteilung von Einzelinvestitionen oder alternativen Investitionssituationen ein.

Diese werden häufig wie folgt unterteilt:

technische Kriterien:	z. B. Störanfälligkeit, Genauigkeitsgrad, Universalität, Unfallsicherheit, Lärm- und Staubentwicklung, Abfallentsorgung.
rechtliche Kriterien:	z. B. Vorschriften zur Unfallverhütung, Umweltschutz, Patent- und Lizenzrechte.
wirtschaftliche: Kriterien	z. B. Kundendienst, Garantie, Lieferzeit, Pünktlichkeit, Zuverlässigkeit.
soziale Kriterien:	z. B. Verbesserung der Arbeitsorganisation, Abbau von Arbeitsmonotonie, Aufbau von Arbeitsinteresse oder Arbeitszufriedenheit.

```
┌─────────────────────────────────────────────────────────────────┐
│           Investitionsalternativen: a₁ ..................... aₙ │
└─────────────────────────────────────────────────────────────────┘
                                minus
┌─────────────────────────────────────────────────────────────────┐
│                    Ausscheiden von Alternativen                 │
│    nach technischen, wirtschaftlichen, rechtlichen und sozialen Kriterien │
└─────────────────────────────────────────────────────────────────┘
                              verbleiben
┌─────────────────────────────────────────────────────────────────┐
│    Investitionsalternativen, die in die weiteren Investitionsüberlegungen │
│                      einbezogen werden können.                   │
└─────────────────────────────────────────────────────────────────┘
```

Abb. 11.7 Ausscheiden von Investitionsalternativen aufgrund von Begrenzungsfaktoren

Im Einzelfall wird es notwendig sein, diese Bewertungskriterien sehr differenziert zu formulieren und dies vor allem in Abhängigkeit von der Art der Investition. Bei qualitativen Bewertungskriterien muss man noch beachten, ob es sich um sog. Begrenzungsfaktoren handelt. Das sind solche Faktoren, die unbedingt erfüllt sein müssen, damit die Investition überhaupt realisiert werden darf. Dies führt unter Umständen bereits bei den Vorüberlegungen zum Ausscheiden von Alternativen, vgl. Abb. 11.7.

Zur Anwendung von qualitativen Kriterien bei Investitionsentscheidungen sind in der Praxis sog. Nutzwertrechnungen entwickelt worden. Anhand eines stark vereinfachten Beispiels von Diederichs[19] wird die Anwendbarkeit der Nutzwertrechnung gezeigt.

Beispiel: Grundrissbeurteilung einer Möbelproduktion:
Folgende Varianten: A: Langbau mit 1/3 Grundrissfläche als Lagerfläche
                              B: Kompaktbau, Lager mittig
                              C: Kompaktbau, Lager als Kopfbau
Der Ablauf des Verfahrens, kann unmittelbar aus der Tabelle in Abb. 11.8 ersehen werden.

1. Aufstellung der Beurteilungskriterien (Spalte 1),
2. Gewicht der Kriterien (Spalte 2) (im vorliegenden Fall in %),
3. Festlegung der Ausprägungen der Beurteilungskriterien (Spalte 3) (z. B. wird bei der Frage der Einbindung in die Umgebung beurteilt: Variante A: schlecht, Variante B: befriedigend, Variante C: gut),
4. Berechnung der Nutzwerte (Spalte 4) anhand eines gewählten Punktesystems (z. B. bei Einbindung in die Umgebung: Variante A = schlecht = 0 Punkte, Variante B = befriedigend = 5 Punkte, Variante C = gut = 8 Punkte),
5. Gewichtung der Nutzwerte: Je Alternative wird gerechnet: Spalte 2 × Spalte 4; z. B. Einbindung in die Umgebung Alternative A: 15 × 0 = 0; Alternative B: 15 × 5 = 75; Alternative C: 15 × 8 = 120,

---

[19] Diederichs, C.J. (1984): Kostensicherheit im Hochbau, DVP-Verlag: Wuppertal 1984, S. 113 f.

11.2 Investitionsentscheidungen

Spalte 1	Spalte 2	Spalte 3			Spalte 4			Spalte 5		
Beurteilungs-kriterien	Gewicht %	Ausprägung der Beurteilungskriterien			Nutzwerte (von 0 bis 10)			Gewichtung der Nutzung		
		A	B	C	A	B	C	A	B	C
- Erfüllung Flächenprogramm	30 %	90 %	84 %	91 %	5	2	6	150	60	180
- Zugänglichkeit zu Arbeits- und Lagerplätzen	10 %	gut	befriedigend	gut	9	5	9	90	50	90
- Flexibilität der Montageplatznutzung	20 %	bedingt gegeben	gegeben	gut gegeben	3	6	9	60	120	180
- Erweiterungsmöglichkeiten	25 %	0 %	50 %	50 %	0	8	8	0	200	200
- Einbindung in die Umgebung	15 %	schlecht	befriedigend	gut	0	5	8	0	75	120
Nutzwert	100 %							300	505	770

Abb. 11.8 Tabelle zur Grundrissbeurteilung einer Möbelproduktion

6. Addition der Einzelnutzwerte der Alternativen (Spalte 5) zum Gesamtnutzwert je Alternative.

Im vorliegenden Beispiel wäre die Alternative C mit der höchsten Punktzahl, nämlich 770, zu wählen. Das Beispiel zeigt die Grundproblematik der Nutzwertrechnung. Diese besteht in der Wahl und der Gewichtung der Beurteilungskriterien (Spalte 1), in der Festlegung der Ausprägungen dieser Beurteilungskriterien (Spalte 2) und nicht zuletzt in der numerischen Gewichtung der Nutzwerte (Spalte 3). Als Ergebnis kann man jedenfalls festhalten, dass die Gewichtung der qualitativen Beurteilungskriterien starken subjektiven Bewertungen unterliegt. Dennoch sind die Nutzwertrechnungen sehr zweckmäßig, denn anhand der Systematik kann man sehr wohl über anstehende Investitionsalternativen gezielt und sinnvoll diskutieren.

Die Nutzwertrechnungen gehören mit der Kosten-Nutzen-Analyse und der Kosten-Wirksamkeitsanalyse zu den Kosten-Nutzen-Untersuchungen. Bei der Entscheidungsfindung über große Infrastrukturprojekte finden diese multivariablen Bewertungsmethoden häufig Anwendung.

Literatur

Blohm, H./Lüder, K.: Investition, 10. Auflage, Verlag Franz Vahlen: München 2012

Diederichs, C.J. (1984): Kostensicherheit im Hochbau, DVP-Verlag: Wuppertal 1984

Diederichs, Claus Jürgen (1999): Führungswissen für Bau- und Immobilienfachleute. Berlin: Springer.

Behringer, S.: Unternehmenstransaktionen, 2. Auflage, Erich Schmidt Verlag, 2020

Franke, G./Hax, H.: Finanzwirtschaft des Unternehmens und Kapitalmarkt, 6. Auflage, Springer Verlag: Berlin 2009

Institut der Wirtschaftsprüfer Deutschlands e. V. (Hrsg.): IDW Standard: Grundsätze zur Durchführung von Unternehmensbewertungen, Düsseldorf 2008.

Institut der Wirtschaftsprüfer Deutschlands e. V. (Hrsg.): IDW Standard: Grundsätze zur Durchführung von Unternehmensbewertungen, Düsseldorf 2016.

Jacob, A.-F/Klein, S./Nick, A.: Basiswissen, Investition und Finanzierung, Gabler Verlag: Wiesbaden 1994

Leifert, Werner: Die Kostenplanung als integrativer Bestandteil des Planungsprozesses von Bauvorhaben. Dissertation Universität Dortmund. Dortmund. 1990

Leimböck, Egon (1997): Bilanzen und Besteuerung der Bauunternehmen. Wiesbaden, Berlin: Bauverlag

Möller, D.-A.: Planungs- und Bauökonomie, Band 1, Grundlagen der wirtschaftlichen Bauplanung, 5. Auflage, Oldenbourg Verlag: München-Wien 2007

Olfert, K.: Investition, 13. Auflage, NWB Verlag: Herne 2015

Ropeter, S.-E.: Investitionsanalyse für Gewerbeimmobilien, Rudolf Müller Verlag: Köln 1998

Schmidt, R.H./Terberger, E.: Grundzüge der Investitions- und Finanztheorie, 4. Auflage, Gabler Verlag: Wiesbaden 1997

Terborgh, G.: Leitfaden der betrieblichen Investitionspolitik, aus dem Englischen übersetzt von Albach, H.: Wiesbaden 1967.

Wöhe, Günter (2000): Einführung in die allgemeine Betriebswirtschaftslehre. 20. Auflage. München: Verlag Franz Vahlen

Wöhe, Günter (2016): Einführung in die allgemeine Betriebswirtschaftslehre. 26. Auflage. München: Verlag Franz Vahlen

Wöhe, Günter (2020): Einführung in die allgemeine Betriebswirtschaftslehre. 27. Auflage. München: Verlag Franz Vahlen

Finanzierung 12

12.1 Finanzierungsträger und die von ihnen bereitgestellten Finanzmittel

In Zusammenhang mit dem Begriff der Investition wurde festgestellt, dass Planungs-, Dienst- und Bauleistungen und Leistungen der Projektentwicklungen nur dann erbracht werden können, wenn entsprechende finanzielle Mittel zum Aufbau, zur Erhaltung und zur Erweiterung der Unternehmensorganisationen bzw. zur Finanzierung von Projekten vorhanden sind bzw. beschafft werden können.

Damit ergibt sich folgende Grundfrage der Finanzierung. Von wem werden welche Finanzmittel aufgrund welcher Sicherheitsleistungen bereitgestellt. Oder anders ausgedrückt: Wer stellt welche Finanzmittel zu welchen Konditionen bereit?

Dieser Frage wird anhand folgender Unterpunkte nachgegangen:

- Finanzierungsträger
- bereitgestellte Finanzmittel
- Sicherheitsleistungen

12.1.1 Finanzierungsträger

Finanzierungsträger sind Kapitalgeber, die bereit sind, ihr Kapital kurz-, mittel- oder langfristig den Kapitalnehmern zur Verfügung zu stellen. Dieses kann zum einen über eine direkte Beziehung zwischen dem Kapitalgeber und dem Kapitalnehmer erfolgen. „Andererseits kann die Übertragung von Finanzmitteln unter Einbeziehung von besonderen, auf solche Zwecke spezialisierten Finanzinstituten von statten gehen […]. Die Bedeutung dieser Finanzierungsträger ist in ihrem finanztechnischen und marktlichen

Know-how, in den von ihnen ausgeübten Transformationsfunktionen sowie in dem ihnen verfügbaren technischen Apparat zu sehen. Durch deren Funktion wird die Kommunikation zwischen Sparern und Investoren erleichtert und beschleunigt, in vielen Fällen überhaupt erst ermöglicht."[1]

Im Abschn. 2.1.3 wurde bereits ein erster Überblick über Finanzierungsträger in der Bauwirtschaft gegeben. Im Folgenden wird näher auf verschiedene Gruppen eingegangen.

Als *erste Gruppe* sind Privatpersonen zu nennen. Sie stellen den Unternehmen und den öffentlichen Haushalten Kapital zur Verfügung. Die Unternehmen erhalten Kapital üblicherweise in Form von Eigenkapital. Die öffentlichen Haushalte erhalten dadurch Kapital, indem Staatsanleihen, d. h. Bundesanleihen, Anleihen der Länder, Kommunalanleihen und Anleihen der Bundesbank von Privatpersonen gekauft werden.

Die *zweite Gruppe* sind Unternehmen. Diese stellen anderen Unternehmen Eigenkapital zur Verfügung, wenn sie sich z. B. an diesen Unternehmen beteiligen. Die öffentlichen Haushalte bekommen von den Unternehmen dann Finanzmittel, wenn diese z. B. Staatsanleihen erwerben.

Die *dritte Gruppe* sind die Kredit- und Finanzinstitute, auch Finanzintermediäre genannt.

„Dieser Bereich unterliegt – wie kein anderer deutscher Wirtschaftsbereich – den Bestimmungen spezieller, ihr gewidmeter Gesetze, sowie der Steuerung und Kontrolle durch spezielle, ihr gewidmeter öffentlicher Institutionen"[2] und gilt als sehr stark reguliert.

Eine umfassende Darstellung der zahlreichen Gesetze ist nicht erforderlich und würde über den Rahmen dieser Veröffentlichung bei weitem hinausgehen.

Neben einer Reihe an europäischen und nationalen Gesetzen, die sich z. B. mit einer angemessenen Kapitalausstattung und der Aufgabenverteilung zwischen Kreditinstituten und Zentralbanken befassen, kommt dem deutschen „Gesetz über das Kreditwesen", auch „Kreditwesengesetz" (KWG) genannt, eine besondere Bedeutung zu. Der Bundesanstalt für Finanzdienstleistungsaufsicht (BaFin) ist als national zuständige Behörde (National Competent Authority – NCA) Teil der europäischen Bankenaufsicht (Single Supervisory Mechanism – SSM). Als Anstalt des öffentlichen Rechts unterliegt sie der Rechts- und Fachaufsicht des Bundesministeriums der Finanzen und wacht über die Einhaltung der einschlägigen Gesetze sowie faire und transparente Verhältnisse an den Finanzmärkten. Darüber hinaus sind aber auch das Wertpapierhandelsgesetz und weitere Spezialgesetze relevant für die Bank- und Finanzaufsicht in Deutschland, wie zum

---

[1] Büschgen, H.E.: Grundlagen betrieblicher Finanzwirtschaft-Unternehmensfinanzierung, 3. Auflage, Knapp Verlag: Frankfurt 1991, S. 41.
[2] Schönnenbeck, H.: a.a.O., S. 163 und Temporale, R. (Hrsg.): Europäische Finanzmarktregulierung, Schäffer-Poeschel, Stuttgart, 2015.

Beispiel das Pfandbrief-, das Depot- und das Bausparkassengesetz sowie die Sparkassengesetze der Bundesländer.[3]

Die BaFin arbeitet nach Maßgabe des § 7 KWG mit der Deutschen Bundesbank zusammen.

In § 1 „Begriffsbestimmungen" definiert das Kreditwesengesetz die Anbietergruppe u. a. als Kreditinstitute, Finanzdienstleistungsinstitute und Finanzunternehmen.

Für die Bauwirtschaft treten folgende Gruppen im Markt konkrete auf und sind daher von Bedeutung:[4]

- Großbanken (3)
- Kreditbanken (151)
- Institute des Sparkassensektors (377 Sparkassen, Landesbanken und Girozentralen)
- Genossenschaftsbanken (772)
- Realkreditinstitute (9 private Hypothekenbanken und öffentlich-rechtliche Grundkreditinstitute)
- Kreditinstitute mit Sonderaufgaben in öffentlich und privaten Rechtsformen (19, z. B. die ehem. Kreditanstalt für Wiederaufbau - KfW)
- Kapitalanlagegesellschaften (offene und geschlossene Investmentfonds)
- Factoring- und Leasing-Gesellschaften
- Versicherungsunternehmen

Eine trennscharfe Abgrenzung der Anbieter ist in der Realität zunehmend schwierig. Seit einigen Jahren vollzieht sich in der Kreditwirtschaft eine Entwicklung, bei der die einzelnen rechtlich selbständigen Einheiten ihre wirtschaftliche Funktion an große Einheiten, nämlich an Konzerne bzw. Finanzkonglomerate, abgeben. Unabhängig davon, wie sich ein Bankinstitut bezeichnet, werden kundenorientiert Bank- und Finanzdienstleistungen zu einem einheitlichen Marktangebot konfiguriert, für das die traditionelle Zugehörigkeit der Konzernholding zu einer Banksparte kein Entscheidungsmerkmal mehr ist.

Dadurch ist die Zugehörigkeit eines Finanzintermediärs zu einem Zweig der Kreditwirtschaft nicht mehr das entscheidende Kennzeichen der vorstehenden Gruppierung.

Bei der *vierten Gruppe* der Finanzierungsträger handelt es sich einerseits um Kapitalanlagegesellschaften und andererseits um Kapitalsammel- bzw. Kapitalverwaltungsgesellschaften, wie z. B. Pensionskassen, Bausparkassen und Versicherungen und hier auch die Sozialversicherungsträger.

---

[3] BaFin (Hrsg.): Banken und Finanzdienstleister, online unter: https://www.bafin.de/DE/Aufsicht/BankenFinanzdienstleister/bankenfinanzdienstleister_node.html, Abruf: 07.11.2022.

[4] Deutsche Bundesbank (Hrsg.): Bestand an Kreditinstituten am 31. Dezember 2021, https://www.bundesbank.de/resource/blob/893546/162dddd9a4a8cc05bb696897a04b29e1/mL/bankstellenstatistik-2021-data.pdf, Abruf 7.11.2022.

Kapitalanlagegesellschaften – und hier vor allem Kapitalbeteiligungsgesellschaften – stellen u. a. für wachstumsträchtige kleine und mittlere Unternehmen Beteiligungskapital zur Verfügung. Bei solchen Gesellschaften handelt es sich oftmals um Töchter von Banken oder um Fondsmanagementgesellschaften. Das von diesen Beteiligungsgesellschaften gehaltene Portfolio in Deutschland beträgt mehrere Mrd. Euro. Es gibt eine dreistellige Anzahl an derartigen Finanzinvestoren.

Die Beteiligungen der Kapitalbeteiligungsgesellschaften sind meist auf fünf bis zehn Jahre beschränkt. Dieser Zeitraum sollte für das Unternehmen ausreichen, um die gewünschte Expansion oder Konsolidierung zu erreichen. Zusätzlich zum Beteiligungskapital stellen die genannten Gesellschaften bei Bedarf auch Managementunterstützung zur Verfügung. Die Kapitalsammel- bzw. Kapitalverwaltungsgesellschaften geben Industrie- und Handelsunternehmen langfristige Kredite z. B. in Form von Schuldscheindarlehen. „Bei den Versicherungen sind es vor allem die Lebensversicherungen, die im Rahmen ihrer Geschäftstätigkeit auch Wohnungsbaufinanzierung betreiben und sie finanzieren vor allem Wohneigentum."[5]

Als *letzte Gruppe* sind staatliche Finanzierungsträger zu nennen.

Sie stellen staatliche Finanzierungshilfen zur Förderung von bestimmten volkswirtschaftlich unterstützungswürdigen Wirtschaftsgruppen bzw. -bereichen bereit.

Finanzierungshilfen des Bundes, der Länder und der Gemeinden sind z. B.:

- Förderung von Existenzgründungen
- Förderung der Unternehmen des Mittelstandes
- Förderung erneuerbarer Energie
- KfW-Umweltprogramm
- Kredite zur Finanzierung von Exportgeschäften durch die AKA-Ausfuhrkreditgesellschaft mbH
- Regionale Förderungsprogramme
- Finanzierungshilfen für den Wohnungsbau, wie z. B. zinslose bzw. zinsverbilligte Darlehen zur Deckung eines Teils der Herstellungskosten von Miet- und Eigentumswohnungen.

„Staatliche Finanzierungshilfen können unter Hinzuziehung spezieller, mit derartigen Aufgaben betrauter Banken zur Verfügung gestellt werden. Dies geschieht in den Fällen der gezielten Hingabe von Darlehen sowie der Übernahme von Garantien und Bürgschaften. Die Inanspruchnahme solcher Finanzierungshilfen ist an die Erfüllung exakt definierter Bedingungen bzw. an die Einhaltung bestimmter Verwendungszwecke gebunden, welche der Gesetzgeber in den entsprechenden Gesetzgebungswerken, Verordnungen, Richtlinien u.ä. festgelegt hat."[6]

---

[5] Vgl. Jokl, S.: Wohnungsfinanzierung, Knapp Verlag: Frankfurt am Main 1998, S. 82 f.
[6] Büschgen, H.E.: a.a.O., S. 43 f.

12.1 Finanzierungsträger und die von ihnen bereitgestellten Finanzmittel

Oder mit anderen Worten: Die Bereitstellung der öffentlichen Finanzmittel geschieht in der Regel im sog. Hausbankverfahren. So werden z. B. Kredite der öffentlichen Hand über die Hausbank des kreditnehmenden Unternehmens ausbezahlt. Die Hausbanken übernehmen dabei die Verwaltung der Kredite. Sie tragen aber kein eigenes Kreditrisiko. Dieses verbleibt beim Staat oder bei einer vom Staat beauftragten Institution. Die Finanzierung aus öffentlichen Mitteln wird gewährt von verschiedenen Institutionen des Bundes, der Länder und der Gemeinden sowie von KfW (ehem. der Kreditanstalt für Wiederaufbau) und sonstiger vergleichbarer Einrichtungen.

Stellvertretend für die genannten staatlichen Finanzierungsträger wird hier etwas näher auf die KfW eingegangen. Die KfW ist eine Anstalt des öffentlichen Rechts, die mit 80 % dem Bund und mit 20 % den Ländern gehört. Ihr Inlandsgeschäft besteht in der langfristigen Finanzierung von Investitionen für Struktur- und Anpassungsmaßnahmen.

Die Bank nennt im Rahmen ihrer Förderinitiativen folgende Schwerpunkte:

- Förderung kleiner und mittlerer Unternehmen sowie von Existenzgründern
- Bereitstellung von Beteiligungskapital
- Programme zur energieeffizienten Sanierung von Wohngebäuden
- Unterstützung von Maßnahmen zum Schutz der Umwelt
- Bildungsförderung für private Kunden
- Finanzierungsprogramme für Kommunen und regionale Förderbanken
- Export- und Projektfinanzierung
- Förderung von Entwicklungs- und Schwellenländern
- Finanzierung und Beratung von Unternehmen in Entwicklungs- und Schwellenländern

Im Rahmen ihrer Förderprogramme gibt sie Kredite zu günstigeren als den marktüblichen Konditionen. Am Geschäftsvolumen der KfW sind Förderungen im Inland mit rd. 78 % beteiligt, davon flossen ca. 51 % in die Programmfamilie Energieeffizient Bauen und Sanieren.[7]

Im Auslandsgeschäft vergibt sie im Auftrag der Bundesregierung Kredite und Zuschüsse und gewährt Bürgschaften vornehmlich für Projekte der Exportfinanzierung und Entwicklungshilfe. Die erforderlichen Mittel erhält die Bank durch Ausgabe von Schuldverschreibungen, durch Übernahme von Darlehen vom Bund, vom ERP-Sondervermögen und von anderen Stellen. Die KfW ist – gemessen an der Bilanzsumme – eines der größten deutschen Bankinstitute.

Abschließend zum Punkt „Finanzierungsträger" wird noch kurz auf die Finanzmärkte eingegangen. Dies sind die ökonomischen Orte, an denen Finanzmittel angeboten bzw. nachgefragt werden. Man kann die Finanzmärkte nach verschiedenen Kriterien systematisieren.

---

[7] KfW (Hrsg.): Berichterstattung 2021, Online unter: https://www.kfw.de/Über-die-KfW/Berichtsportal/Berichterstattung-2021, Abruf: 08.11.2022.

Ein Kriterium ist die Art der Marktteilnehmer. Danach gibt es Finanzmärkte

- auf denen Privatpersonen bzw. Unternehmen Finanzmittel anbieten bzw. nachfragen,
- an denen zusätzlich Kredit- und Finanzinstitute beteiligt sind. Dieser Markt hat in der Praxis bei der Bereitstellung von Finanzmitteln die wesentlich größere Bedeutung.
- auf denen die monetären Austauschbeziehungen (Kreditgeschäfte) der Banken untereinander stattfinden. Zu diesem „Geldmarkt im engeren Sinne" haben Unternehmen keinen Zugang.

Ein anderes Kriterium zur Unterteilung der Finanzmärkte ist die Fristigkeit der Bereitstellung der Finanzmittel. Kurzfristige Finanzmittel werden am „Geldmarkt" und mittel- bzw. langfristige Finanzmittel am „Kapitalmarkt" angeboten bzw. nachgefragt.

„Der Kapitalmarkt wird in der Praxis als Markt für Wertpapiere bezeichnet, wobei zwischen dem Rentenmarkt und dem Aktienmarkt, d. h. dem Markt für Beteiligungstitel, unterschieden wird."[8] Am Rentenmarkt werden Rentenpapiere – z. B. Schuldscheindarlehen, Industrieobligationen, Anleihen der öffentlichen Hand – gehandelt. Mit diesen Papieren finanzieren sich Wirtschaftsunternehmen und die öffentliche Hand, aber auch ausländische bzw. internationale Körperschaften.

Am Rentenmarkt ist der Staat mit Abstand der größte Nachfrager.

Der Aktienmarkt vollzieht sich an Wertpapierbörsen, und zwar in folgenden Formen:

- Amtlicher Handel: Bei diesem müssen die Aktien zum Handel zugelassen sein.
- Geregelter Markt: Bei diesem sind gegenüber dem amtlichen Handel erleichterte Zugangsvoraussetzungen und Publizitätsanforderungen gegeben. Dadurch können auch mittlere und kleinere Aktiengesellschaften an die Börse gehen.
- Geregelter Freiverkehr: Bei diesem müssen die Aktien an der Börse zugelassen sein. Das Handelsverfahren ist aber gegenüber dem amtlichen Handel etwas erleichtert.

In Deutschland gibt es acht Wertpapierbösen, an denen Parketthandel betrieben wird. Durch die Entwicklung des elektronischen Handels und durch neue Zugangsmöglichkeiten, bei denen man über lokale Banken faktisch in Echtzeit am Handel an den Börsen teilnehmen kann, ist international ein Strukturwandel eingetreten. Für Unternehmen – und dies gilt insbesondere für die Unternehmen der Bauwirtschaft – ist der Weg zum Aktienmarkt weiterhin die Ausnahme. Daher wenden sich nahezu alle Unternehmen der Bauwirtschaft zur Deckung ihres langfristigen Kapitalbedarfs an die Kredit- und Finanzinstitute.

---

[8] Albach, H./Hunsdiek, D./Kokalj, L.: Finanzierung mit Risikokapital, Verlag Poeschel: Stuttgart 1986, S. 61.

12.1.2 Bereitgestellte Finanzmittel

12.1.2.1 Beteiligungsfinanzierung

Unter Beteiligungsfinanzierung – auch Einlagenfinanzierung genannt – versteht man die Bereitstellung von Eigenkapital durch Einzelunternehmer, Mitunternehmer (Gesellschafter von Personengesellschaften) oder Anteilseignern (Gesellschafter von GmbH und Aktionäre).

Das Beteiligungskapital kann sowohl von Privatpersonen als auch von juristischen Personen bereitgestellt werden.

Beteiligungskapital wird stets bei der Gründung von Unternehmen benötigt. Es kann auch bei späteren Anlässen, z. B. bei Kapitalerhöhungen oder Sanierungsvorgängen, notwendig werden.

12.1.2.2 Handelskredite

Handelskredite gibt es als Lieferanten- und als Kundenkredite. Bei Handelskrediten ist die enge Verbindung zwischen dem Warengeschäft (Grundgeschäft) und dem dazugehörigen Finanzierungsvorgang charakteristisch.[9]

Dem Lieferantenkredit liegt ein Kaufvertrag zwischen einem Lieferanten und dem Abnehmer zugrunde. Der Kredit kommt dadurch zustande, dass der Abnehmer die Ware oder die Dienstleistung unter Stundung des Kaufpreises erhält, d. h. er muss den entsprechenden Rechnungsbetrag erst nach einer bestimmten Frist – z. B. 30 Tage – bezahlen. Häufig ist vertraglich geregelt, dass der Kunde den Zeitpunkt der Zahlung wählen kann. So lautet z. B. eine häufig verwendete Vertragsklausel:

„Zahlbar in 30 Tagen ohne Abzug oder innerhalb von 10 Tagen mit 3 % Skonto."

Wer irgendwie kann, d. h. wer keine Liquiditätsengpässe hat, wird von diesem Skonto Gebrauch machen, denn die effektiven Zinskosten sind verhältnismäßig hoch, wenn das Skonto nicht in Anspruch genommen wird. Dies wird im Folgenden kurz belegt.

Die effektiven Zinskosten berechnen sich nach folgender Formel:

$$p = \frac{S}{z-s} \times 360$$

dabei bedeutet:

p = gesuchte effektive Zinskosten
z = Zahlungsziel
s = Skontofrist
S = Skontosatz in %

---

[9] Vgl. Jacob, A.-F./Klein, S./Nick, A.: a.a.O., S. 162.

Beispiel: „Zahlungsbedingung: 3 % Skonto bei Zahlung binnen 10 Tage, ohne Skonto binnen 30 Tagen."; $p = \frac{3\,\%}{30\,\text{Tage} - 10\,\text{Tage}} \times 360\,\text{Tage} = 54\,\%$

Kundenkredite sind Anzahlungen von Kunden vor Lieferung der Waren. In der Bauwirtschaft sind Kundenkredite unter der Bezeichnung „Vorauszahlungen" bekannt. Diese werden von Auftraggebern bzw. Bauherren, Mietern oder Käufern zu einem Zeitpunkt gegeben, bei dem die vertraglich geschuldeten Leistungen noch nicht oder noch nicht ganz erbracht sind.

12.1.2.3 Kurzfristige Kredite

Kurzfristige Kredite sind Kredite mit einer Laufzeit bis zu einem Jahr. Diese Kredite werden auch Bankkredite genannt, da sie in der Regel von Banken gewährt werden.

Es gibt mehrere Arten von kurzfristigen Krediten.

Beim Kontokorrentkredit räumt die Bank dem Kunden einen bestimmten Kreditrahmen ein. Bis zu dieser Höhe kann der Kunde sein Konto (Girokonto) überziehen. Moderate Überschreitungen der Kreditlinie werden von Banken meist geduldet, allerdings wird für die Überschreitungen ein höherer Zinssatz berechnet. Der Kontokorrentkredit ist der am häufigsten auftretende kurzfristige Kredit.

Der Lombardkredit ist ein kurzfristiger Kredit, welcher von den Banken gegen Verpfändung von Vermögensgegenständen gewährt wird. Je nach der Art des verpfändeten Vermögensgegenstandes spricht man von Effektenlombard (Wertpapiere), Wechsellombard, Warenlombard oder Forderungslombard.

Beim Diskontkredit kauft die Bank eine als Wechsel verbriefte Forderung vor dem Fälligkeitsdatum des Wechsels. Dabei wird der Wechselbetrag um die Zinsen gekürzt (diskontiert), die sich vom Tag des Wechselkaufes bis zum Fälligkeitstag des Wechsels errechnen. Der Verkäufer des Wechsels bleibt gegenüber der Bank Eventualschuldner, d. h. die Bank greift auf den Verkäufer des Wechsels zurück, wenn dieser den Wechsel am Fälligkeitstag nicht zahlen kann. Insoweit handelt es sich um ein Kreditgeschäft zwischen der Bank und dem Verkäufer des Wechsels.

Beim Akzeptkredit kann der Kunde einen Wechsel auf die Bank ziehen und diesen Wechsel zur Bezahlung seiner Verpflichtungen weiterreichen. Bei Fälligkeit des Wechsels muss der Kunde der Bank den Wechselbetrag zur Verfügung stellen. Für die Bank ist dieses Geschäft daher im Regelfall nicht liquiditätswirksam.

Der Avalkredit ist – wie der Akzeptkredit – eine Form der Kreditleihe. Die Bank übernimmt für einen Kunden gegenüber einem Dritten entweder eine Bürgschaft oder eine Garantie dergestalt, dass der Kunde die von ihm eingegangenen Lieferungs- oder Zahlungsverpflichtungen erfüllen wird.

Im Bereich der Außenhandelsfinanzierung gibt es noch eine Reihe von kurzfristigen Bankkrediten, wie z. B. das Dokumenten-Akkreditiv, den Remburskredit oder die Akkreditivbevorschussung. Auf diese wird hier nicht eingegangen, zumal sie für die Bauwirtschaft kaum von Bedeutung sind.

12.1.2.4 Langfristige Kredite

Langfristige Kredite – auch langfristige Darlehen genannt – sind:

- langfristige Bankdarlehen
- Schuldscheindarlehen
- Anleihen

Langfristige Bankdarlehen sind für kleinere und mittlere Unternehmen die wichtigste Art der langfristigen Finanzierungsmöglichkeit. Darüber hinaus spielen diese Darlehen eine besondere Rolle bei der Wohnungsbaufinanzierung.

Die drei wichtigsten Arten der langfristigen Bankdarlehen sind:

- Zinsdarlehen
- Abzahlungsdarlehen
- Annuitätendarlehen.

Sie unterscheiden sich nach der Art der Tilgungsmodalitäten.

Beim Zinsdarlehen sind während der gesamten Laufzeit des Darlehens nur die Zinsen zu zahlen. Die Tilgung wird erst am Ende der Laufzeit in einer Summe vorgenommen.

Beim Abzahlungsdarlehen wird eine gleichbleibende jährliche Tilgung – z. B. 2,5 % des Darlehensbetrages – und ein Zinssatz auf die jeweilige Restschuld vereinbart. Dadurch verringert sich der jährliche Zinsaufwand und die jährliche Zahlungsverpflichtung des Schuldners.

„Bei Annuitätendarlehen wird für die Laufzeit des Darlehens ein jährlich gleichbleibender Betrag vereinbart, der sich aus der Zins- und Tilgungsverpflichtung zusammensetzt. Diese gleichbleibenden Beträge (Festannuitäten) kommen dadurch zustande, dass bei zunehmender Laufzeit des Darlehens ein größerer Betrag zur Tilgung und ein kleinerer Teil zur Verzinsung des Annuitätendarlehens verwendet wird."[10]

Schuldscheindarlehen sind meist langfristige Großdarlehen, die vorwiegend auf dem nicht organisierten Kapitalmarkt aufgenommen werden. „Im wörtlichen Sinne ist unter einem Schuldscheindarlehen die darlehensweise Überlassung von Geld in der Weise zu verstehen, dass der Darlehensnehmer den Empfang des Geldes mit einem Schuldschein bestätigt; der Schuldschein ist damit lediglich Beweismittel, nicht jedoch Wertpapier."[11]

Anleihen sind langfristige Darlehen in verbriefter Form. Hier wird unterschieden zwischen Staats- und Industrieanleihen. Die Staatsanleihen wurden bereits erwähnt.

---

[10] Bernecker, M./Seethaler, P.: Grundlagen der Finanzierung, Oldenbourg Verlag: München-Wien 1998, S. 46.

[11] Büschgen, H.E.: a.a.O., S. 105.

Die Industrieanleihen – auch Industrieobligationen bzw. Industrieschuldverschreibungen genannt – sind Anleihen privater Unternehmer. Es handelt sich um langfristige Darlehen, die emissionsfähige, d. h. zur Börse zugelassene Unternehmen über die Börse aufnehmen. Industrieanleihen sind auf glatte Beträge in Einzelanleihen aufgeteilt. Die Beträge liegen in der Regel zwischen 50 € und 1000 €. Die übliche Laufzeit der Industrieanleihen beträgt in Deutschland etwa 10 Jahre. Auch bei Industrieanleihen sind die Modalitäten der Tilgung unterschiedlich gestaltet. Am häufigsten kommt die Anleihe vor, die erst am Ende der Laufzeit mit dem vollen Betrag getilgt wird (endfällige Tilgung). Im Normalfall wird der Nennbetrag der Anleihe mit einem für die gesamte Laufzeit der Anleihe fest vereinbarten Zinssatz verzinst. Allerdings gibt es mittlerweile auch Anleihen mit anderen Ausgestaltungen der Zinsvereinbarungen. Darüber hinaus gibt es noch Sonderformen, wie z. B. Gewinnschuldverschreibungen, Wandelschuldverschreibungen oder Optionsanleihen. Auf diese Sonderformen wird nicht eingegangen.

Neben den dargestellten Krediten bieten die Finanzintermediäre noch eine Reihe weiterer Dienstleistungen im Rahmen der Finanzierung an.[12] So sind in diesem Zusammenhang bspw. folgenden Geschäfte für Kreditinstitute zu nennen:

- Annahme fremder Gelder als verzinsliche oder unverzinsliche Einlagen
- Erwerb von Kapitalbeteiligungen an Unternehmen
- Abschluss von Leasing-Verträgen
- Teilnahme an Wertpapieremissionen und Erbringen der damit verbundenen Dienstleistungen
- Unternehmensberatungen, z. B. bei Zusammenschlüssen oder Übernahmen von Unternehmen
- Investmentgeschäft
- Übernahmen von Bürgschaften und Garantien
- bargeldloser Zahlungs- und Verrechnungsverkehr

Für die Finanzinstitute sind folgende Geschäfte zu nennen, die sich aber kaum von den Tätigkeiten der Kreditinstitute unterscheiden. Solche zusätzlichen Leistungen beziehen sich auf folgende Schwerpunkte:

- Immobiliengeschäfte
- Versicherungsgeschäfte
- Internationale Unternehmensberatungen
- Beteiligungsfinanzierungen in Form von „Venture Capital Financing", d. h. es werden Wagniskapitalfinanzierungen angeboten.
- Projektfinanzierungen
- private Finanzierungen öffentlicher Investitionen.

---

[12] Vgl. zu diesen Ausführungen auch Schönnenbeck, H.: a.a.O., S. 170 f.

Besonders auf die beiden letztgenannten Leistungen wird im Punkt „Projektfinanzierung" näher eingegangen.

12.1.2.5 Finanzierungs-Surrogate

Hier sind zu nennen: Leasing, Factoring und Forfaitierung als besondere Art des Factoring. „Unter Leasing versteht man die Vermietung von Anlagegegenständen durch Finanzierungsinstitute und andere Unternehmen, die dieses Vermietungsgeschäft gewerbsmäßig betreiben."[13]

Leasing hat Finanzierungscharakter, weil Teile der betriebsnotwendigen Vermögensgegenstände eines Unternehmens ohne Leasing anders finanziert werden müssten. Deshalb handelt es sich beim Leasing um einen Finanzmittelersatz (Surrogat).

Leasing gibt es nicht nur im Unternehmensbereich und im privaten Bereich (z. B. Autoleasing), sondern auch im Kommunalbereich. Seit Beginn der 90er Jahre hat sich diese Finanzierungsform auch dort stärker durchgesetzt. Neben kleineren Projekten, wie z. B. Kindergärten, werden auch größere Immobilien und Großanlagen, z. B. Kraftwerke, mithilfe des Leasings finanziert. Die Erscheinungsformen des Leasings sind außerordentlich heterogen. Im Hinblick auf die Dauer des Leasingvertrages unterscheidet man zwischen Operating-Leasing und Financial-Leasing. Beim Operating-Leasing erwirbt der Mieter ein kurzfristiges, in der Regel jederzeit kündbares Nutzungsrecht an einem Mietobjekt. Die Risiken im Hinblick auf Reparatur, Wartung und zufälligen Untergang des Mietobjekts bleiben beim Eigentümer, also beim Leasinggeber.

Beim Financial-Leasing wird dem Leasingnehmer vom Leasinggeber eine langfristige Nutzung z. B. von Gebäuden im Rahmen eines Mietverhältnisses überlassen. Das Eigentum des Gebäudes verbleibt beim Leasinggeber, wobei im Leasingvertrag meist eine Option auf den Erwerb des Gebäudes durch den Leasingnehmer vereinbart ist. Im Gegensatz zum Operating-Leasing trägt der Leasingnehmer bei dieser Form des Leasings die genannten Risiken.

Auf die anderen vielfältigen Ausgestaltungen von Leasingverträgen, nämlich

- Sale- and -Leaseback-Verträge
- Leasing mit oder ohne Full-Service
- Vollamortisationsverträge mit oder ohne Optionen, wie z.B. Kaufoption oder Mietverlängerungsoption
- Teilamortisationsverträge mit offenem Restwert oder mit Andienungsrecht wird nicht näher eingegangen.

Bei allen Leasingformen ist ein wesentlicher Vertragsbestandteil die vom Leasingnehmer zu entrichtenden Leasingraten. Dabei kann die Summe der Leasingraten die

---

[13] Bernecker, M./Seethaler, P.: a.a.O., S. 50.

Anschaffungskosten eines Leasingobjektes übersteigen. Dennoch kann Leasing trotz der höheren Kosten für den Leasingnehmer vorteilhaft sein. Die Finanzierungsintensität ist oftmals höher als bei einem klassischen Kredit. Darüber hinaus werden noch Managementleistungen angeboten, für das oftmals kein eigenes Know-how vorhanden ist. Auch wenn kein Eigen- und Fremdkapital aufgewendet werden muss, eignet sich das Leasing für eine Investition nur bedingt zur Schonung von Liquidität und Kreditsicherheiten. Die Interessenten wie bspw. Kreditinstitute lassen sich alle Leasingverträge zeigen und integrieren diese in eine Jahresabschlussanalyse, die u. a. Grundlage für eine Kreditentscheidung ist.

Beim Factoring verkauft das Unternehmen in der Regel seine gesamten Geldforderungen an ein Finanzinstitut, dem sog. Factor und beschafft sich auf diese Art und Weise Finanzmittel. Außerdem übernimmt der Factor mit dem Kauf der Forderungen

- das Forderungsausfallrisiko,
- die Überwachung der Zahlungseingänge,
- das Mahnsystem und
- das Einziehen der Forderungen.

Die verschiedenen Formen des Factoring sind: Standard-Factoring und Fälligkeitsfactoring, echtes und unechtes Factoring sowie offenes und stilles Factoring. Beim Fälligkeitsfactoring übernimmt der Factor im Gegensatz zum Standard-Factoring keine Forderungsausfallrisiken. Echtes Factoring liegt vor, wenn der Factor neben den Forderungen auch Serviceleistungen und das Kreditrisiko übernimmt. Ansonsten spricht man von unechtem Factoring. Beim offenen Factoring wird dem Schuldner mitgeteilt, dass die Forderungen an einen Factor abgetreten sind.

Bei Außenhandelsgeschäften gibt es noch die Forfaitierung. Dabei kauft ein Spezialkreditinstitut (Forfaiteur) Forderungen vom Exporteur (Forfaitisten) aus einem Exportgeschäft. „Rechtliche Grundlage eines Forfaitierungsgeschäfts ist ein zwischen dem Exporteur und dem Forfaitisten abgeschlossener Kaufvertrag, der durch Abtretung der betreffenden Forderung und Entrichtung des Kaufpreises erfüllt ist."[14] Der Verkäufer der Forderung (Forfaitist) befreit sich von jedem Risiko und vor allem von den Regressmöglichkeiten des Käufers der Forderung. Daher beschränkt sich die Forfaitierung auf den Ankauf von bestehenden, gut gesicherten und langfristigen Exportforderungen aus Warenlieferungen und Leistungen.

Vom Factoring unterscheidet sich die Forfaitierung dadurch, dass bei der Forfaitierung einzelne Forderungen veräußert werden und dass der Forfaiteur keine der beim Factoring genannten Serviceleistungen übernimmt.

---

[14] Büschgen, H.E.: a.a.O., S. 91.

12.1.3 Sicherheitsleistungen

12.1.3.1 Persönliche Kreditwürdigkeit

Diese hängt unmittelbar von der Persönlichkeit des Kreditnehmers ab. Sie spielt besonders bei Privatpersonen und bei Einzelunternehmen eine größere Rolle. Auf einzelne Komponenten dieser Art der Kreditsicherung wird nicht eingegangen, zumal diese sehr stark von den persönlichen Beziehungen und dem Vertrauensverhältnis zwischen Kreditnehmer und Kreditgeber abhängen.

Eine andere Form der persönlichen Kreditsicherung ist der sog. Solawechsel, der wohl die älteste Form der Kreditsicherung ist. Der Solawechsel ist eine Urkunde, durch die sich der Aussteller verpflichtet, an einem bestimmten Tag an eine bestimmte Person oder Firma eine bestimmte Geldsumme zu zahlen. Er bietet dem Kreditgeber eine große Sicherheit. Wird nämlich der Wechsel am Verfalltag nicht eingelöst, dann kommt es zum Wechselprotest. Dies ist eine öffentliche Beurkundung. Darin ist vermerkt, dass der Wechsel vorgelegt wurde, aber keine Zahlung erfolgte. Dieser Vorgang wird sofort allgemein bekannt und daher vermindert sich im großen Umfang die Kreditwürdigkeit des Wechselausstellers. Deshalb wird dieser alles tun, damit er den Wechsel am Verfallstag einlösen kann.

12.1.3.2 Personalsicherheiten

Hier sind zu nennen: Der gezogene Wechsel, die Bürgschaft und der Schuldbeitritt. Gemeinsames Merkmal dieser Sicherheiten ist, dass neben dem Kreditnehmer noch zusätzlich eine oder mehrere natürliche oder juristische Personen für die Rückzahlung des Kredites haften. Durch die rechtliche Ausgestaltung der Haftung unterscheiden sich die drei genannten Arten.

Der gezogene Wechsel enthält die Anweisung des Käufers (Aussteller des Wechsels) an den Bezogenen, z. B. einen Geschäftsfreund, den Kaufpreis der Ware zu einem bestimmten Zeitpunkt an den Lieferanten zu zahlen. Akzeptiert der Bezogene diesen Wechsel durch seine Unterschrift, dann haftet neben dem Aussteller des Wechsels auch der Bezogene für die Bezahlung der Geldsumme.

Die Bürgschaft beruht auf einem schuldrechtlichen Vertrag. Durch diesen verpflichtet sich der Bürge für die Verbindlichkeit des Kreditnehmers einzustehen. Die Bürgschaft kann auch für künftige oder bedingte Verbindlichkeiten übernommen werden. Bei der Bürgschaft unterscheidet man zwischen Ausfallbürgschaft und selbstschuldnerischer Bürgschaft.

Bei der Ausfallbürgschaft muss der Bürge nur dann leisten, wenn der Schuldner die Verbindlichkeit nicht oder nicht voll bezahlt. Dabei hat der Bürge die sog. „Einrede der Vorausklage", die im § 771 BGB wie folgt geregelt ist: „Der Bürge kann die Befriedigung des Gläubigers verweigern, solange nicht der Gläubiger eine Zwangsvollstreckung gegen den Hauptschuldner ohne Erfolg versucht hat (Einrede der Vorausklage)."

Bei der selbstschuldnerischen Bürgschaft haftet der Bürge im gleichen Umfang wie der Hauptschuldner. Der Gläubiger hat das Recht, sich gegebenenfalls direkt an den Bürgen zu wenden. Das sieht § 349 HGB vor, indem es heißt:

> „Dem Bürgen steht, wenn die Bürgschaft für ihn ein Handelsgeschäft ist, die Einrede der Vorausklage nicht zu. Das gleiche gilt unter der bezeichneten Voraussetzung für denjenigen, welcher aus einem Kreditauftrag als Bürge haftet." Heute überwiegt im praktischen Geschäftsverkehr die selbstschuldnerische Bürgschaft.

Neben der Ausfallbürgschaft und der selbstschuldnerischen Bürgschaft gibt es noch

- die Rückbürgschaft,
- die Mitbürgschaft,
- die Gewährleistungsbürgschaft,
- die Vertragserfüllungsbürgschaft.
- die Wechsel- und Scheckbürgschaft.

Beim Schuldbeitritt tritt in ein bereits bestehendes Schuldverhältnis zusätzlich ein neuer Schuldner hinzu. Dadurch haftet der neue Schuldner im gleichen Maße wie der ursprüngliche Schuldner für die bestehende Verbindlichkeit. Beim Schuldbeitritt unterscheidet man zwischen dem Schuldbeitritt durch Vertrag und den gesetzlichen Regelungen des Schuldbeitritts. Für die Kreditsicherung ist besonders der Schuldbeitritt durch Vertrag von Bedeutung. So kann z. B. eine Person mit dem Kreditgeber einen Vertrag abschließen, in dem er sich verpflichtet, neben dem Kreditnehmer für die Rückzahlung des Kredits zu haften. Dadurch entsteht eine gesamtschuldnerische Haftung gegenüber dem Kreditgeber.

Gesetzliche Regelungen des Schuldbeitritts finden sich z. B. in den Paragrafen § 25 HGB „Haftung des Erwerbers bei Firmenfortführung", § 28 HGB "Eintritt in das Geschäft eines Einzelkaufmanns" und Art. 28 Wechselgesetz (WG) „Wirkung der Annahme".

12.1.3.3 Grundstücke

Für größere Bankkredite und Kredite von Privatpersonen kommen als dingliche Sicherheiten Hypotheken, Grundschulden und Rentenschulden infrage. Die Rentenschuld (BGB § 1199 ff.) hat bei der Finanzierung von Bauprojekten keine Bedeutung und deshalb wird darauf nicht eingegangen. Hypotheken und Grundschulden entstehen durch vertragliche Einigung zwischen Grundstückseigentümer und Gläubiger und durch Eintragung im Grundbuch. Sie geben dem Gläubiger das dingliche Recht, das Grundstück z. B. durch eine Zwangsversteigerung zu verwerten, wenn der Schuldner die ausstehende Forderung nicht bezahlt. Darüber hinaus haftet der Schuldner aus der persönlichen Forderung des Gläubigers mit seinem gesamten Vermögen.

Unterschiede zwischen Hypothek und Grundschuld gibt es vor allem beim Bestand von Geldforderungen. Die Hypothek wird zur Sicherung einer schuldrechtlich bedingten und genau festgelegten Geldforderung bestellt. Die Grundschuld dagegen ist nicht vom Bestand einer genau bestimmten Geldforderung abhängig (Fehlen der Akzessorietät). Allerdings muss vor bzw. mit der Bestellung der Grundschuld geklärt werden, welcher Kreis von Forderungen abgesichert und welche Bedingungen für die Geltendmachung vorausgesetzt werden. Diese Einzelheiten werden vertraglich in der sogenannten Sicherungsabrede bzw. dem Sicherungsvertrag festgelegt.

Durch Rückzahlung der Geldsumme wird die Hypothek zu einer Eigentümergrundschuld, die zur Sicherung von anderen Verbindlichkeiten verwendet werden kann. Die Grundschuld bleibt als Fremdgrundschuld auch dann bestehen, wenn die Forderung durch Rückzahlung der Geldsumme erlischt oder wenn eine Forderungsauswechselung vorgenommen wurde, denn die Grundschuld ist unabhängig von einer bestimmten Geldforderung. Allerdings hat der Sicherungsgeber (Grundstückseigentümer) einen Anspruch auf Löschung der Fremdgrundschuld, wenn der Sicherungszweck entfällt. Dies kann z. B. dann der Fall sein, wenn eine Geschäftsverbindung beendet wird.

Die Grundschuld hat im Wirtschaftsverkehr eine weit größere Bedeutung als die Hypothek. Sie kann als universelles Sicherungsmittel eingesetzt werden und sie ist insbesondere bei der Sicherung von Kontokorrentkrediten geeignet.

Für die Sicherung von Finanzmitteln ist nicht nur die Eintragung einer Hypothek bzw. Grundschuld in das Grundbuch von Bedeutung. Es kommt auch wesentlich darauf an, auf welchem Rang die Hypothek bzw. die Grundschuld steht. Dabei versteht man unter Rang das Verhältnis eines Rechtes an einer Sache (z. B. am Grundstück) zu anderen Rechten an derselben Sache.

Die Rangordnung legt die Reihenfolge fest, in der die im Grundbuch eingetragenen Rechte (Belastungen) befriedigt werden. Das Recht mit dem besseren Rang wird zunächst voll befriedigt.

Dies wird mit dem folgenden Beispiel einer Zwangsversteigerung näher verdeutlicht. E hat ein Grundstück, A und B haben jeweils eine Hypothek von 10.000 €, C hat eine nachrangige Forderung von 10.000 €. In der Zwangsversteigerung gilt folgender Grundsatz: Nur dann wird ein Gebot zugelassen, wenn durch das Gebot die Kosten des Verfahrens und die dem Anspruch des Gläubigers vorrangigen Rechte gedeckt werden. Betreibt im vorstehenden Beispiel C die Zwangsversteigerung, dann muss mindestens ein Gebot vorliegen, dass die Kosten der Zwangsversteigerung und 20.000 € für die Hypotheken von A und B erbringt.

12.1.3.4 Bewegliche Sachen und Rechte
Hier handelt es sich um folgende Sicherungsmöglichkeiten:

- Eigentumsvorbehalt
- Sicherungsübereignung
- Pfandrecht
- Übereignung von Rechten

Beim Eigentumsvorbehalt bleibt die verkaufte Ware bis zur vollständigen Bezahlung des Kaufpreises Eigentum des Lieferanten. Allerdings besteht dann keine Sicherheit, wenn die Ware vor Bezahlung verbraucht, abgenutzt oder vernichtet ist oder wenn der Käufer die Sache verarbeitet und an einen gutgläubigen neuen Käufer weiterveräußert. Deshalb wird in der Praxis der Eigentumsvorbehalt durch den sog. verlängerten Eigentumsvorbehalt ausgedehnt. Hierbei muss der Kunde die Forderung, die aus dem Weiterverkauf der Ware entsteht, an den Lieferanten abtreten (Forderungsabtretung).

Für die Fälle, bei denen das Kreditsicherungsmittel – z. B. Maschinen – vom kreditsuchenden Unternehmen unbedingt zur Leistungserstellung benötigt wird, hat die Praxis die Sicherungsübereignung entwickelt. Hier wird das Eigentum – z. B. an der Maschine – an den Kreditgeber übertragen. Die zur Eigentumsübertragung notwendige Übergabe der Maschine wird z. B. durch einen Miet-, Zeit- oder Pachtvertrag ersetzt. Dadurch wird der Kreditgeber treuhändischer Eigentümer und der Kreditnehmer bleibt Besitzer der beweglichen Sache.

Beim Pfandrecht an beweglichen Sachen kann der Kreditgeber zur Sicherung einer Forderung die bewegliche Sache dann verwerten, wenn die Forderung nicht bezahlt wird. „Voraussetzung ist, dass eine Übergabe des Pfandes an den Kreditgeber bzw. eine Abtretung des Herausgabeanspruchs erfolgt, sofern ein Dritter im Besitz des Pfandes ist. Die Verpfändung von Waren und Effekten, die in diesem Zusammenhang wie bewegliche Sachen behandelt werden, erfolgt i. d. R. in Verbindung mit einem Lombardkredit. Der jeweilige Beleihungswert richtet sich nach der Liquidisierbarkeit und der Wertsicherheit der Pfandobjekte."[15]

Neben dem Pfandrecht an Sachen gibt es auch die Verpfändung von Rechten. Verpfändet werden können Forderungen, Ausleihungen, Wertpapiere, Gesellschaftsrechte, Urheber- und Patentrechte, Bankguthaben etc. Das Recht kann allerdings nur dann verpfändet werden, wenn dieses Recht auch übertragbar ist.

Als weitere Sicherheitsleistung dient auch die Übereignung von Rechten. Meist sind es Forderungen, die übereignet werden (Abtretung von Forderungen). Gemäß §§ 398 ff. BGB kann eine Forderung von dem Gläubiger durch Vertrag mit einer anderen Person auf diese übertragen werden. Mit dem Abschluss des Vertrags tritt der neue Gläubiger an die Stelle des bisherigen Gläubigers. Die Abtretung (Zession) kann nicht nur bereits bestehende, sondern auch künftige Forderungen und Rechte betreffen. Beim Abtretungsvertrag wird die Abtretung nur zwischen Gläubigern bewirkt. Der Schuldner wirkt nicht mit, d. h. er muss die Abtretung dulden. Die Abtretung kann als offene oder als stille Zession erfolgen. Bei der offenen Zession erhalten die Schuldner ein Schreiben, in dem sie vom Kreditgeber aufgefordert werden, den geschuldeten Betrag nicht an ihn, sondern z. B. an die von ihm genannte Bank zu zahlen. Bei der stillen Zession unterbleibt diese Benachrichtigung, d. h. die Schuldner zahlen nach wie vor an den Kreditgeber.

---

[15] Büschgen, H.E.: a.a.O., S. 69.

Dieser hat sich durch den Abtretungsvertrag – z. B. mit einer Bank – verpflichtet, die eingegangenen Geldbeträge sofort bei ihr einzuzahlen. Neben der Einzelabtretung einer Forderung gibt es noch die sog. Mantelabtretung. Bei dieser tritt der Gläubiger alle Forderungen an bestimmte Schuldner oder aus bestimmten Geschäften – sowohl gegenwärtige als auch zukünftige – an den Kreditgeber ab.

Abtretungsverträge bedürfen üblicherweise keiner bestimmten Form. Sondervorschriften sind nur dann zu beachten, wenn Forderungen abgetreten werden, die hypothekarisch gesichert oder in Wertpapieren verbrieft sind.

12.2 Bauwirtschaftliche Finanzierungsbereiche

Bei der Erstellung und Nutzung von Bauprojekten können grundsätzlich zwei Arten von Finanzierungsbereichen unterschieden werden.

Unternehmensfinanzierung
Werden Planungs-, Dienst- und Bauleistungen von einem Auftraggeber an Auftragnehmer vergeben, dann kommen diese in aller Regel mit der Beschaffung der Finanzmittel zur Finanzierung des Bauprojektes nicht in Berührung. Sie sind überwiegend dafür verantwortlich, die vertraglich geforderten Leistungen mit den vom Auftraggeber bereitgestellten Finanzmitteln ordnungsgemäß zu erbringen. Die finanzwirtschaftlichen Anforderungen, die sich dabei für die Unternehmen ergeben, werden unter dem Begriff „Unternehmensfinanzierung" zusammengefasst.

Projektfinanzierung
Um Bauprojekte realisieren zu können, müssen von den Bauherren als Auftraggeber umfangreiche Finanzmittel zur Verfügung gestellt werden. Werden diese Bauprojekte als eigenständige wirtschaftliche Einheit verstanden, dann spricht man im weiteren Sinne von einer Projektfinanzierung. Im engeren Sinne zählt dazu auch die eigenständige rechtliche Einheit eines Bauprojektes. Im Folgenden wird aber unter dem Begriff „Projektfinanzierung" die Bereitstellung der Finanzmittel durch den Auftraggeber verstanden.

12.2.1 Unternehmensfinanzierung

Bei der Unternehmensfinanzierung können drei Schwerpunkte unterschieden werden:

- Finanzierung der strategischen und operativen Investitionen.
  Die Erbringung von Planungs-, Dienst- und Bauleistungen erfordert den Aufbau, die Erhaltung und unter Umständen die Erweiterung von Unternehmensorganisationen. Dazu sind Finanzmittel für strategische und operative Investitionen notwendig.
- Auftragsfinanzierung

Damit Aufträge vertrags- und ordnungsgemäß abgewickelt werden, müssen vom Auftraggeber rechtzeitig Finanzmittel zur Verfügung gestellt werden.
- Sonderfinanzierungen
Im geschäftlichen Leben eines Unternehmens gibt es Vorgänge, die in keinem direkten Zusammenhang mit der Leistungserbringung stehen. Solche Sondervorgänge sind neben der Gründung die Kapitalerhöhung, die Umwandlung, die Sanierung, die Auflösung und die Insolvenz. Diese Vorgänge erfordern z. T. erhebliche Finanzmittel.

12.2.1.1 Finanzierung durch Außen- und Innenfinanzierung

Außenfinanzierung
Bei der Außenfinanzierung werden dem Unternehmen Finanzmittel durch Finanzverträge von außen zugeführt. Dies kann bspw. über die Finanzmärkte erfolgen. Dabei wird zwischen Eigen- und Fremdfinanzierung unterschieden. Die Eigenfinanzierung wird auch Beteiligungs- oder Einlagenfinanzierung genannt. Ebenso zählen Finanzierungssurrogate zur Außenfinanzierung. „Eine Beteiligungs- oder Einlagenfinanzierung liegt vor, wenn dem Unternehmen durch die Eigentümer (Einzelunternehmen), Miteigentümer (Personalgesellschaften) oder Anteilseigner (Kapitalgesellschaften) Eigenkapital von außen zugeführt wird."[16] Die Möglichkeiten der Fremd- bzw. Kreditfinanzierung und die Finanzierungssurrogate wurden bereits ausführlich dargestellt. Bei der Außenfinanzierung gibt es Grenzbereiche, die zwar formalrechtlich als Fremdfinanzierung gelten, die aber nach funktionalen Gesichtspunkten dem Eigenkapital ähnlich sind.

Für die Bauwirtschaft sind hier zu nennen:

- Gesellschafterdarlehen, soweit dieses Eigenkapital ersetzt
- Einlagen von stillen Gesellschaftern

Gesellschafterdarlehen
Gesellschafterdarlehen sind unstritig der Fremdfinanzierung zuzuordnen, solange diese als Alternative zu einer Kreditaufnahme von Dritten stehen. Anderes ergibt sich, wenn es sich um sog. „eigenkapitalersetzende Gesellschafterdarlehen" handelt.

Dies ist dann der Fall, wenn die Gesellschaft zu einem bestimmten Zeitpunkt keine Kredite zu marktüblichen Bedingungen bekommen kann, weil sie z. B. in momentanen wirtschaftlichen Schwierigkeiten ist. Eigenkapitalersatz sind diese Gesellschafterdarlehen deshalb, weil sie zu einem Zeitpunkt gewährt werden, in welchem normalerweise ein Kaufmann der Gesellschaft noch zusätzliches Eigenkapital zuführen würde.

---

[16] Bernecker, M./Seethaler, P.: a.a.O., S. 21.

12.2 Bauwirtschaftliche Finanzierungsbereiche

Einlagen von stillen Gesellschaftern

Diese sind in aller Regel Fremdfinanzierungen, da sie im Falle der Auflösung der stillen Gesellschaft dem stillen Gesellschafter zurückgezahlt werden müssen (§ 235 Abs. 1 HGB). Ob die stillen Einlagen eines atypischen stillen Gesellschafters zur Kredit- oder Beteiligungsfinanzierung zählen, hängt davon ab, ob und inwieweit dem atypischen stillen Gesellschafter Kontroll- und Mitbestimmungsrechte sowie Beteiligungen an den stillen Reserven zustehen. Ist dies der Fall, dann ist diese stille Beteiligung eindeutig der Beteiligungsfinanzierung zuzuordnen.

Innenfinanzierung

Hier stammen die Finanzmittel nicht vom Finanz- sondern vom Absatzmarkt. Für erbrachte Planungs-, Dienst- und Bauleistungen erhalten die Unternehmen liquide Mittel in Form von Einzahlungen. Nach Abzug der Auszahlungen für Personal, Miete, Steuern, Material, Zinsen und Tilgungen stehen dem Unternehmen dann liquide Mittel zur Verfügung, wenn die Einzahlungen größer als die Auszahlungen sind. Diese liquiden Mittel können durch den Verkauf nicht mehr benötigter Vermögensgegenstände erhöht werden. Die Summe der liquiden Mittel steht dem Unternehmen für Finanzierungszwecke zur Verfügung, soweit diese nicht an die Unternehmenseigner ausgeschüttet werden. Das Unternehmen kann diese Mittel als Liquiditätsreserven (Rücklagen) oder zur Begleichung künftiger Verbindlichkeiten (Rückstellungen) verwenden. Die Rückstellungen stehen dem Unternehmen für Finanzierungszwecke solange zur Verfügung, bis die Verbindlichkeit fällig wird.

Bei Rückstellungen sind in der Bauwirtschaft vor allem zu nennen:

- Gewährleistungsrückstellungen
- Pensionsrückstellungen

Gegenüber der Außenfinanzierung hat die Innenfinanzierung drei entscheidende Vorteile:

- Sie ist für das Unternehmen frei von Zinsen.
- Sie erfordert keine Sicherheiten.
- Sie unterliegt keinen Vorgaben von Kreditgebern.

12.2.1.2 Auftragsfinanzierung

In der Bauwirtschaft beauftragen die Bauherrn in aller Regel „andere Unternehmen" zur Erbringung von Planungs-, Dienst- und Bauleistungen. Dies gilt selbst dann, wenn sich der Bauherr als „Projektentwickler im weiteren Sinne" betätigt.

Die vertraglichen Beziehungen zwischen dem Bauherrn und den Unternehmen sind im Sinne des Werkvertrages (§§ 631 ff. BGB) und des Dienstvertrages (§ 611 ff. BGB) gestaltet. Das BGB enthält in den §§ 650 a bis h seit 2018 auch speziell auf die Eigenarten der Erbringung von Planungs- und Bauleistungen zugeschnittene Regelungen. Traditionell wird im Rahmen von privatwirtschaftlichen und öffentlichen Bauprojekten allerdings die Vergabe- und Vertragsordnung für Bauleistungen (VOB) eingesetzt, die auf die Besonderheiten von Bauleistungen im Sinne eines Interessenausgleichs der beteiligten Vertragsparteien abgestimmt sein soll. Zuständig dafür ist der Deutsche Vergabe- und Vertragsausschuss für Bauleistungen (DVA). Ergänzend dazu existiert die Honorarordnung für Architekten und Ingenieure (HOAI) mit Blick auf die Planungsleistungen. Sie hat inzwischen aber keinen bindenden Charakter mehr in Hinblick auf die Preisbildung.

In Bezug auf die Auftragsfinanzierung enthalten die genannten Regelungen gegenüber dem BGB z. T. erhebliche Abweichungen, und zwar sowohl bei den Zahlungsmodalitäten als auch bei den Sicherheitsleistungen. Auch die HOAI wird ständig den Anforderungen der Praxis angepasst. Diese Aufgabe übernimmt der „Ausschuss der Ingenieurverbände und Ingenieurkammern für die Honorarordnung e. V." (AHO). In diesem Kontext gibt es auch immer wieder Novellierungen zum Leistungsbild der Projektsteuerung.

12.2.1.2.1 Zahlungsmodalitäten

Das BGB sieht bei der operativen Abwicklung von Bauprojekten Abschlagszahlungen und Zahlungen bei der Teilabnahme und bei der Gesamtabnahme des Werkes vor. Nach der VOB gibt es dagegen vier Zahlungsmöglichkeiten, nämlich die Voraus-, Abschlags-, Schluss- und Teilschlusszahlungen. Ähnliche Regelungen gelten auch in der HOAI.

Vorauszahlungen sind Vergütungen für noch nicht erbrachte Vertragsleistungen. In der Regel werden Vorauszahlungen bereits bei Vertragsabschluss unter Wahrung der Sicherheitsinteressen des Auftraggebers und der Verzinsung der Vorauszahlung vereinbart. Werden Vorauszahlungen erst nach Vertragsabschluss vereinbart, so greift § 16 Nr. 2 Abs. 1 VOB/B, der besagt: „Vorauszahlungen können auch nach Vertragsabschluss vereinbart werden; hierfür ist auf Verlangen des Auftraggebers ausreichende Sicherheit zu leisten. Diese Vorauszahlungen sind, sofern nichts anderes vereinbart wird, mit 3 v.H. über dem Basiszinssatz des § 247 BGB zu verzinsen."

Abschlagszahlungen sind im § 16 Nr. 1 VOB/B geregelt. Danach sind Abschlagszahlungen für noch nicht abgenommene Teilleistungen „in möglichst kurzen Zeitabständen" zu leisten. Die Abschlagszahlungen sind auf Antrag in Höhe des Wertes der jeweils nachgewiesenen vertragsgemäßen Leistungen zu gewähren. Gegenforderungen können einbehalten werden.

Die Schlusszahlung setzt in der Regel die vorherige Stellung einer Schlussrechnung voraus. Die Schlussrechnung muss nicht zwingend aus einer Rechnung bestehen, sondern es können auch mehrere Rechnungen gemeinsam die Schlussrechnung bilden. Neben der Schlusszahlung gibt es auch Teilschlusszahlungen. Diese betreffen solche Leistungen, für die eine gesonderte Abnahme vorgenommen werden kann. Das ist dann der Fall, wenn die Leistung die ihr zugedachte vertragskonforme Funktion erfüllt.

Die genannten Zahlungsmodalitäten gelten auch bei Pauschalverträgen. Diese enthalten regelmäßig einen vertraglich vereinbarten Zahlungsplan, der dem Bauzeitenplan der Auftragsausführung angepasst ist.

12.2 Bauwirtschaftliche Finanzierungsbereiche

Trotz dieser Zahlungsmodalitäten müssen die Auftragnehmer in der Bauwirtschaft zum Teil erhebliche Geldbeträge vorfinanzieren. Zum einen sind Vorauszahlungen sehr selten und zum anderen liegen zwischen dem Einreichen der Abschlagsrechnung und der Abschlagszahlung nicht selten längere Zeiträume von mehr als 6 Wochen. Auch die Schlussrechnungen werden vielfach erst 2 Monate nach Rechnungsstellung bezahlt.

12.2.1.2.2 Sicherheiten
In der Bauwirtschaft gibt es Sicherheitsleistungen

- für Vorauszahlungen,
- für die vertragsgemäße Erbringung der Leistung während der Bauausführung
- und Sicherheiten dafür, dass das abgenommene Werk während der Gewährleistungsfrist die vertraglich zugesicherten Eigenschaften hat und nicht mit Fehlern behaftet ist, die den Wert oder die Tauglichkeit zu dem gewöhnlichen oder nach dem Vertrag festgesetzten Gebrauch aufheben oder mindern.

Die Sicherheitsleistungen können auf unterschiedliche Weise erfolgen (§ 232 BGB in Verbindung mit § 17 VOB/B):

- Hinterlegung von Geld und in Einzelfällen Hinterlegung von Wertpapieren
- Verpfändung von Forderungen, beweglichen Sachen
- Bestellung Hypotheken
- Bürgschaft eines zugelassenen Kreditinstituts oder Kreditversicherers
- Einbehalt von Zahlungen

In der Bauwirtschaft sind die beiden letztgenannten Sicherheitsleistungen üblich. Deshalb wird auf diese näher eingegangen.

Einbehalt von Zahlungen
Hier kennt die Praxis Zahlungskürzungen bei Abschlags- und Schlusszahlungen. Bei Abschlagszahlungen sollen die Zahlungskürzungen gem. § 17 Nr. 6 VOB/B 10 % des Rechnungsbetrages nicht überschreiten, bis die vereinbarte Sicherheitssumme erreicht ist. Die Zahlungskürzung bei der Schlusszahlung beträgt regelmäßig 5 % der Schlussrechnung. Der Auftraggeber ist verpflichtet, die Sicherheitseinbehalte innerhalb von 18 Werktagen auf ein Sperrkonto bei einem Geldinstitut einzuzahlen. Dieses ist nur durch beide Vertragspartner gemeinsam zu nutzen bzw. aufzulösen. Entstehende Zinsen fallen dem Auftragnehmer zu.

Sofern der Besteller die Beseitigung eines Mangels verlangen kann, so kann er gem. BGB-Werkvertragsrecht (§ 641 Abs. 3 BGB) nach der Fälligkeit die Zahlung eines angemessenen Teils der Vergütung verweigern; angemessen ist in der Regel das Doppelte der für die Beseitigung des Mangels erforderlichen Kosten.

Bei Planungsleistungen gibt es ähnliche Regelungen. In den entsprechenden Verträgen wird individuell ein sog. Zurückbehaltungsrecht am Honorar ausgehandelt. Dieses Recht umfasst sowohl das eigentliche Zurückbehaltungsrecht aufgrund eines fälligen Gegenanspruchs als auch das Leistungsverweigerungsrecht wegen noch nicht erfüllter Gegenleistungen. Der Bauherr kann dann auf dieses Recht verzichten, wenn eine anderweitige Absicherung vorliegt. Diese besteht in aller Regel in Form des Nachweises der Deckungszusage der Haftpflichtversicherung des Planungsbeteiligten oder durch eine Sicherheitsleistung z. B. in Form einer Bankbürgschaft.

Bürgschaft
Bei der Bürgschaft verpflichtet sich der Bürge zur Rückzahlung der Vorauszahlung bzw. zur Zahlung eines bestimmten Betrages, wenn die Leistung nicht vertragsgemäß erbracht wird oder wenn der Auftragnehmer seinen Gewährleistungsverpflichtungen nicht nachkommt. Darüber hinaus kennt die Bauwirtschaft noch die Bietungsbürgschaft. Diese soll verhindern, dass unseriöse Angebote abgegeben werden. In diesem Fall zahlt der Bürge, wenn der Bieter entgegen seinem Angebot nicht zum Vertragsabschluss bereit ist. Bürgschaften bedeuten für das Unternehmen zusätzliche Ausgaben in Form von Avalprovisionen. Außerdem müssen für die Bürgschaft banktübliche Sicherheiten gegeben werden. Dadurch wird der ohnehin bei den meisten Unternehmen knapp bemessene Finanzrahmen weiter eingeschränkt.

Bislang wurden Sicherheitsleistungen dargestellt, welche die Auftraggeber beanspruchen. Wie hingegen ist der Vergütungsanspruch des Auftragnehmers abgesichert? Für den Auftragnehmer bestehen trotz der Regelungen der VOB bzw. der HOAI im Hinblick auf die Zahlungsfähigkeit des Auftraggebers erhebliche Risiken. Als Ausgleich dieser Risiken sieht das BGB zwei Sicherungsmöglichkeiten vor. Dies sind in § 650 e BGB die Sicherungshypothek und mit dem § 650 f. BGB die Bauhandwerkersicherung.

Sicherungshypothek
§ 650 e BGB besagt hierzu: „Der Unternehmer kann für seine Forderungen aus dem Vertrag die Einräumung einer Sicherungshypothek an dem Baugrundstück des Bestellers verlangen. Ist das Werk noch nicht vollendet, so kann er die Einräumung der Sicherungshypothek für einen der geleisteten Arbeit entsprechenden Teil der Vergütung und für die in der Vergütung nicht inbegriffenen Auslagen verlangen." Diese Regelung gilt einheitlich für den BGB-Bauvertrag und den VOB-Vertrag. Voraussetzung dabei ist selbstverständlich, dass der Besteller auch Eigentümer des Grundstückes ist, was nicht immer gegeben sein dürfte.

Auch Planungsbeteiligte können für ihre Honorarforderungen eine Sicherungshypothek verlangen, wenn folgende zwei Voraussetzungen gegeben sind. Es muss sich bei den Verträgen zwischen Bauherrn und Planungsbeteiligten um Werkverträge handeln und die Planungsbeteiligten müssen als „Unternehmer eines Bauwerkes" angesehen werden. Beides wird fast ausnahmslos von Rechtsprechung und Schrifttum bejaht.[17]

Bauhandwerkssicherungsgesetz
Nach § 650 f. Abs. 1 Satz 1 BGB gilt: „Der Unternehmer kann vom Besteller Sicherheit für die auch in Zusatzaufträgen vereinbarte und noch nicht gezahlte Vergütung einschließlich dazugehöriger Nebenforderungen, die mit 10 % des zu sichernden Vergütungsanspruchs anzusetzen sind, verlangen."

Gem. § 650 f. Abs. 3 BGB hat der Auftragnehmer auch die Kosten der Sicherheitsleistung bis zu einem Höchstsatz von 2 % zu übernehmen. Erlangt der Auftragnehmer für seinen Vergütungsanspruch Sicherheiten nach § 650 f. BGB, dann ist der Anspruch auf Einräumung einer Sicherungshypothek nach § 650 e BGB ausgeschlossen.

Wenn ein Unternehmen seinem Auftraggeber erfolglos eine angemessene Frist zur Leistung der Sicherheit bestimmt hat, kann der Unternehmer die Leistung verweigern oder den Vertrag kündigen. Dabei ist eine vorherige Kündigungsandrohung nicht notwendig.

Obwohl die genannten Sicherheiten gesetzlich vorgesehen sind, werden sie in der Praxis nicht immer bzw. kaum vereinbart. Sie fallen oftmals dem Wettbewerb zwischen den Bietern zum Opfer. Zudem werden in § 65 e Abs. 6 einige Ausnahmen genannt, die gelten, wenn der Besteller

- eine juristische Person des öffentlichen Rechts oder ein öffentlich-rechtliches Sondervermögen ist, über deren Vermögen ein Insolvenzverfahren unzulässig ist,
- Verbraucher ist (Verbraucherbauvertrag nach § 650i BGB), der nicht durch einen Baubetreuer vertreten wird, oder
- wenn es sich um einen Bauträgervertrag (§ 650u BGB) handelt und das Bauvorhaben nicht durch einen Baubetreuer begleitet wird.

12.2.1.3 Sonderfinanzierungen
Hier werden nur Sonderfinanzierungen behandelt, die üblicherweise bauwirtschaftliche Unternehmen betreffen:

- Gründung
- Kapitalerhöhung
- Sanierung

Es wird bewusst nicht auf die finanzwirtschaftlichen Probleme bei Umwandlungen, Auflösung, Liquidation und Insolvenzen eingegangen, da es sich um Spezialthemen handelt und auf das einschlägige Schrifttum verwiesen wird.

---

[17] Vgl. Werner, U./Pastor, W.: Der Bauprozeß, 15. Auflage, Werner Verlag: Düsseldorf 2014, S. 67 ff.

12.2.1.3.1 Gründung
Bei der Gründungsfinanzierung werden die Unternehmen mit Kapital in Form von Geld und/oder Sacheinlagen ausgestattet. Sacheinlagen können alle Vermögensgegenstände sein, die als Wirtschaftsgüter bewertungsfähig sind, also auch immaterielle Wirtschaftsgüter. Auch Sachgesamtheiten (Betrieb, Teilbetrieb) können als Sacheinlagen eingebracht werden.

Einzelunternehmen
Bei der Gründung ist kein Mindestkapital vorgeschrieben. Das gesamte Eigenkapital wird von einer einzigen Person, dem Einzelunternehmer, aufgebracht. Die Zuführung zum Eigenkapital des Einzelunternehmens erfolgt aus dem Privatvermögen des Einzelunternehmers. Wird bei der Gründung neben dem Eigenkapital auch Fremdkapital eingesetzt, dann muss der Einzelunternehmer als Sicherheit hierfür sein Privatvermögen belasten bzw. beleihen.

Personengesellschaften
Auch bei der Gründung von Personengesellschaften ist kein Mindestkapital vorgeschrieben. Im Gesellschaftsvertrag wird die Höhe der Kapitaleinlage festgelegt, die der einzelne Gesellschafter aus seinem Privatvermögen entweder in Form von Geld oder als Sacheinlage einbringt. Durch die Bereitstellung von Eigenkapital werden die Gesellschafter Miteigentümer des Betriebes und sie erhalten entsprechende Gesellschafterrechte. Auch bei Personengesellschaften ist beim Einsatz von Fremdkapital die Stellung von Sicherheiten aus dem Privatvermögen der Gesellschafter notwendig.

Kapitalgesellschaften
Kapitalgesellschaften erhalten ihr Eigenkapital von natürlichen oder juristischen Personen gegen Gewährung von Gesellschaftsrechten, d. h. die Eigenkapitalgeber übernehmen bestimmte Anteile an der Kapitalgesellschaft.

GmbH
Das Stammkapital der Gesellschaft muss mindestens 25.000 € und die Stammeinlage jedes Gesellschafters mindestens 250 € sein. Der Betrag der Stammeinlage kann für die einzelnen Gesellschafter unterschiedlich sein. Die Summe der Stammeinlagen muss aber das Mindest-Stammkapital ergeben. Werden Sacheinlagen (Maschinen, Grundstücke, Forderungen und unter Umständen ein ganzes Unternehmen) eingebracht, dann muss der Gegenstand der Sacheinlage und der Betrag der Stammeinlage, auf die sich die Sacheinlage bezieht, im Gesellschaftsvertrag festgesetzt werden. Insgesamt muss so viel eingezahlt sein, dass die Summe aus eingezahlten Geldeinlagen und Sacheinlagen 12.500 € erreicht. Beim Handelsregister darf die Anmeldung erst erfolgen, wenn auf jede Stammeinlage 25 % eingezahlt sind.

Eine Ein-Mann-Gründung ist nur als Bargründung möglich. Die Anmeldung beim Handelsregister darf in diesem Fall erst dann erfolgen, wenn vom Gesellschafter min-

12.2 Bauwirtschaftliche Finanzierungsbereiche

destens 12.500 € einbezahlt sind und der Gesellschafter auf den noch nicht eingezahlten Restbetrag eine Sicherheit bestellt hat (vgl. § 7 Abs. 2 GmbHG).

AG
Bei der AG muss das Grundkapital mindestens 50.000 € betragen. Das Grundkapital muss von einer oder mehreren Personen durch Übernahme der Aktien aufgebracht werden. Der Mindestnennbetrag einer Aktie beträgt gem. § 8 AktG 1 (einen) €. Zur Gründungsfinanzierung fordert der Vorstand das Aktienkapital an.

Ist in der Satzung bestimmt, dass Bareinlagen zu leisten sind, dann muss für jede Aktie 25 % des Nennbetrages eingefordert werden. Werden die Aktien für einen höheren Betrag als den Nennbetrag der Aktie ausgegeben, dann entsteht ein sog. Aufgeld (Agio). Dieses muss voll einbezahlt werden und es dient zunächst der Deckung der Gründungskosten. Der darüberhinausgehende Teil muss in die gesetzliche Rücklage (Kapitalrücklage) eingestellt werden. Wie bei der GmbH ist auch bei der AG eine Ein-Mann-Gründung nur als Bargründung möglich. Auch bei der AG muss die Gründungsperson für den nicht eingezahlten Rest auf das Grundkapital eine Sicherheit leisten.

Unternehmensgründungen werden seit vielen Jahren erheblich gefördert. Speziell zu erwähnen sind in diesem Zusammenhang die Programme der KfW[18]. Sie zielen auf die Bereitstellung von Fremdkapital ab, dass teilweise von der Haftung freigestellt ist (öffentliche Bürgschaften) und günstige Zins- und Tilgungskonditionen beinhaltet. Daneben existieren zahlreiche Förderprogramme des Bundes, der Länder und Kommunen sowie Businessplanwettbewerbe mit z. T. erheblichen Preisgeldern. In den vergangenen Jahren haben sich zudem viele Unternehmen mit Risikokapital an jungen, innovativen Unternehmen beteiligt und entsprechende Venture-Capital-Gesellschaften aufgebaut.

12.2.1.3.2 Kapitalerhöhung
Kapitalerhöhungen können erfolgen:

- Nichtentnahme von erwirtschafteten Gewinnen (Gewinnthesaurierung). Dieses wurde bereits bei der Innenfinanzierung dargelegt.
- Zuführung von weiterem Eigenkapital in Form von Geld- oder Sachmitteln

Einzelunternehmer können jederzeit aus ihrem Privatvermögen Kapital in das Unternehmen einbringen. Auch die Gesellschafter von Personengesellschaften können ihre Anteile durch Zuführung weiterer Geld- oder Sachmittel erhöhen. Dabei ergibt sich allerdings ein Problem. Sind nämlich nicht alle Gesellschafter in der Lage, ihren Anteil

---

[18] https://www.kfw.de/inlandsfoerderung/Unternehmen/Gr%C3%BCnden-Nachfolgen/F%C3%B6rderprodukte/, Abruf: 21.11.2022.

am Gesamtkapital im gleichen Verhältnis aufzustocken, dann verschieben sich die prozentualen Anteile. Man spricht dann auch von Verwässerung. Dies hat Konsequenzen bei der Gewinnverteilung, bei der Haftung, bei der Liquidation oder auch beim Ausscheiden eines Gesellschafters.

Bei Kapitalgesellschaften sind verschiedene Formen der Kapitalerhöhung zu unterscheiden. Sowohl für die GmbH als auch für die AG gibt es die sog. ordentliche Kapitalerhöhung. Diese erfolgt i. d. R. aufgrund eines bestimmten Finanzierungsanlasses. Die ordentliche Kapitalerhöhung bedarf bei der AG eines Beschlusses des anwesenden Aktienkapitals und bei der GmbH eines Gesellschafterbeschlusses (bei beiden eine ¾-Mehrheit). Bei der AG werden gegen die Einzahlungen neue Aktien ausgegeben. Bei der GmbH übernehmen die Gesellschafter gegen Einzahlung weitere Gesellschaftsanteile. Auch hier gibt es die bei der Personengesellschaft genannten Probleme, wenn nicht alle Gesellschafter in der Lage oder willens sind, ihre Anteile im gleichen Verhältnis aufzustocken.

Neben der ordentlichen Kapitalerhöhung gibt es bei Aktiengesellschaften noch weitere Formen der Kapitalerhöhung, nämlich die bedingte Kapitalerhöhung (§§ 192 bis 201 AktG) und das genehmigte Kapital (§§ 202 bis 206 AktG). Auf diese Formen wird nicht eingegangen.

Umwandlung von Kapital- bzw. Gewinnrücklagen in Nominalkapital
Bei dieser Form der Kapitalerhöhung erhalten die Aktionäre Gratisaktien – die Gesellschafter einer GmbH Zusatzanteile – im Verhältnis ihrer bisherigen Beteiligung.

12.2.1.3.3 Sanierung
Unter Sanierung fallen alle Maßnahmen, die geeignet sind, ein notleidendes Unternehmen vor der Insolvenz zu bewahren und auf Dauer wieder ertragsfähig zu machen. Bei der Sanierung kann in Bezug auf die Sanierungsvorgänge unterschieden werden:

- Sanierung durch Vermögensveräußerung
- Sanierung durch Zuführung neuer Finanzmittel
- Sanierungsmaßnahmen der Gläubiger

Sanierung durch Vermögensveräußerung
Bei notleidenden Unternehmen ist oftmals ein starkes Schrumpfen des Auftragsvolumens festzustellen. In diesem Fall bietet sich aus produktionstechnischen Gründen die Veräußerung von Sachanlagen und/oder sogar von Betriebsteilen an. Auch die Veräußerung von Finanzanlagen kommt in Betracht, soweit solche überhaupt noch vorhanden sind. Neben der produktionstechnischen Anpassung hat der Verkauf von Vermögensgegenständen den großen Vorteil, dass sich der Bestand an liquiden Mitteln erhöht. Eine weitere Möglichkeit der Liquidationsverbesserung besteht darin, dass das sanierungsbedürftige Unternehmen Gebäude und eventuell Maschinen an ein Leasing-Unternehmen veräußert und durch Leasing wieder in Gebrauch nimmt (Sale- and Leaseback-Verfahren).

Sanierung durch Zuführung neuer Finanzmittel

Die Zuführung von neuem Eigenkapital wurde bereits dargestellt. Unter Umständen kann dem sanierungsbedürftigen Unternehmen auch zusätzliches Fremdkapital zugeführt werden. Dies wird jedoch nur mit großen Schwierigkeiten und zu verschärften Kreditbedingungen möglich sein. Erhöhte Zinsen, ausreichende Sicherheiten und verschärfte Kontroll- und Mitspracherechte durch den Fremdkapitalgeber sind hier die Regel. Die Probleme dieser zusätzlichen Fremdfinanzierung sind offenkundig. Die erhöhten Zinsen belasten zusätzlich die Liquidität des notleidenden Unternehmens. In aller Regel wird auch kein Vermögen für Sicherungszwecke mehr vorhanden sein. Auch die Erlangung einer Bürgschaft dürfte sich für ein sanierungsbedürftiges Unternehmen als außerordentlich schwierig erweisen. Daher sind Unternehmen in Krisenzeiten häufig darauf angewiesen, dass die Anteilseigner als Fremdkapitalgeber auftreten und sog. Gesellschafterdarlehen vergeben.

Sanierungsmaßnahmen der Gläubiger

Gläubiger leisten dann dem notleidenden Unternehmen Hilfe, wenn sie von der Überlebensfähigkeit des Unternehmens und von dem Erfolg der Sanierungsmaßnahmen überzeugt sind.

Die wichtigsten Sanierungsmaßnahmen der Gläubiger sind:

- Zahlungsaufschub
- Reduktion oder Erlass von Zinsen oder Schulden
- Schuldumwandlung
- Umwandlungen von Forderungen in Beteiligungen

12.2.2 Projektfinanzierung

Unter Projektfinanzierung wird die Finanzierung einer abgrenzbaren Einheit – dem Projekt – verstanden. Die Finanzmittel werden vom Bauherrn bereitgestellt, damit das von ihm gewünschte Bauprojekt geplant, erstellt und unter Umständen auch betrieben werden kann. Dabei ist zu unterscheiden, ob es sich um die Finanzierung von privaten oder öffentlichen Bauprojekten handelt.

12.2.2.1 Finanzierung privater Bauprojekte

Bei privaten Bauprojekten hängt die Finanzierung oftmals davon ab, ob

- gewerbliche Unternehmen für ihren eigenen Bedarf Wirtschaftsbauten,
- gewerbliche Unternehmen Bauprojekte als Handelsobjekte oder,
- Privatpersonen private Wohnungsbauten erstellen lassen.

Bei Wirtschaftsbauten für den eigenen Bedarf stellen Unternehmen üblicherweise im Rahmen der Unternehmensfinanzierung die Finanzmittel bereit. Bei Bauprojekten als Handelsobjekte werden neben dem Eigenkapital der Investoren Finanzmittel der Finanzinstitute und staatliche Förderungen direkt für das Projekt eingesetzt. Beim privaten Wohnungsbau setzen sich die Finanzmittel aus dem Eigenkapital der Privatpersonen, den Finanzmitteln der Banken, Sparkassen, Bausparkassen und der staatlichen Förderung zusammen. Bedingt durch die zunehmenden Größenordnungen von Bauprojekten und die damit zusammenhängenden Risiken sind zusätzliche Formen entstanden. Deshalb ist es sinnvoll, zwischen klassischen und neueren Formen der Projektfinanzierung zu unterscheiden.

12.2.2.2.1.1 Klassische Projektfinanzierung

Merkmale der klassischen Finanzierung bei gewerblichen Bauprojekten und beim privaten Wohnungsbau sind:

- Langfristigkeit der Finanzierung
- grundpfandrechtliche Sicherheit
- Rangfolge der grundpfandrechtlichen Sicherheiten
- Begrenzung der Erstrangfinanzierung auf die nachhaltig aus den Objekten erzielbaren Erträgen
- Begrenzung des bonitätsabhängigen Nachrangdarlehens in Abhängigkeit vom Beleihungswert der Immobilie
- Schließung der verbleibenden Lücke durch Eigenkapital

Im Einzelnen bedeutet dies: Bei Darlehen für Bauprojekte handelt es sich fast ausschließlich um langfristige Bankdarlehen. Die Darlehen sollen bei gewerblichen Bauprojekten aus den Erträgen des Projekts, z. B. durch Mieteinnahmen, zurückgezahlt werden. Die Darlehensgeber verlangen als Sicherheit die Eintragung einer Hypothek oder einer Grundschuld in das Grundbuch. Werden mehrere Darlehen vergeben, dann ist die Rangfolge der grundpfandrechtlichen Sicherheiten von Bedeutung. Der Umfang der einzelnen Darlehen hängt von der Rangfolge und dem Beleihungswert ab. In diesem Zusammenhang muss erläutert werden, dass die Finanzinstitute an verschiedene gesetzliche Bestimmungen gebunden sind, so z. B. das Gesetz über das Kreditwesen (Kreditwesengesetz) oder das Pfandbriefgesetz (PfandBG). Diese Bestimmungen verweisen unter anderem auf das Berechnungsverfahren für den Beleihungswert (Beleihungswertermittlungsverordnung – BelWertV). In der Regel beträgt der Beleihungswert ca. 75–80 % der angemessenen Gesamtkosten des Bauprojektes. Die Banken wiederum legen einen Prozentsatz fest, mit welchem der Beleihungswert multipliziert wird. Das rechnerische Ergebnis ergibt die sog. Beleihungsgrenze. So wird z. B. bei erstrangig gesicherten Darlehen die Beleihungsgrenze mit 60 % des Beleihungswertes festgelegt. Ist der Beleihungswert 80 % der Gesamtkosten des Bauprojektes, dann ergibt sich der Umfang der Finanzierung mit erstrangig gesicherten Darlehen zu: 80 % × 60 % = 48 % der Gesamtkosten.

12.2 Bauwirtschaftliche Finanzierungsbereiche

Bank I wird also dem Bauherrn ein Darlehen in Höhe von 48 % der Gesamtkosten des Bauprojektes geben.

Bank II gibt ein nachrangiges Darlehen. Sie setzt ihre Beleihungsgrenze mit 20 % des Beleihungswertes fest. Damit gibt diese Bank dem Bauherrn ein Darlehen in Höhe von 20 % von 80 % = 16 % der Gesamtkosten.

Bank III gibt ein weiteres nachrangig gesichertes Darlehen. Sie legt die Beleihungsgrenze mit 10 % des Beleihungswertes fest. Die Bank III gibt dem Bauherrn ein Darlehen in Höhe von 10 % von 80 % = 8 % der Gesamtkosten.

Mit diesen Annahmen sind von den Gesamtkosten des Bauprojektes finanziert:

Bank I   48 %
Bank II   16 %
Bank III   8 %

72 %

Der Rest in Höhe von 28 % der Gesamtkosten muss mit nicht dinglich gesicherten Fremdmitteln und durch Eigenmittel aufgebracht werden.

Bei privaten Wohnungsbauten gibt es bei der Finanzierung und bei der Sicherheitsstellung Besonderheiten, auf die kurz hingewiesen wird.[19] Neben den langfristigen Bankdarlehen gibt es zusätzliche bzw. andere Finanzierungsbausteine. Hier sind zu nennen:

- Eigenleistung
- Bausparmittel
- Arbeitgeberdarlehen
- öffentliche Fördermittel

Die öffentlichen Fördermittel umfassen wiederum folgende Finanzierungsbausteine:

- Darlehen und Zuschüsse zur Deckung von Herstellkosten oder laufenden Aufwendungen
- zinsverbilligte Darlehen, z. B. durch die KfW
- steuerliche Sonderabschreibungen
- Besonderheiten bei der Sicherheitsleistung

Zusätzliche Sicherheiten bei der Wohnungsbaufinanzierung sind: Landesbürgschaften, Risikolebensversicherung und persönliche Bonität des Darlehensnehmers. Wenn die Voraussetzungen des staatlich geförderten sozialen Wohnungsbaus erfüllt sind, kann zur Absicherung von Darlehensanteilen eine Landesbürgschaft in Anspruch genommen

---

[19] Einzelheiten zu diesem umfangreichen Thema vgl. z. B. Jokl, S.: a.a.O.

werden. Die Bürgschaftsstellen der Länder verbürgen sich für einen Darlehensbetrag, der über den erststelligen Beleihungsraum hinausgeht. Die Voraussetzungen ändern sich jedoch regelmäßig, sodass dieses Instrument immer nur ein Zusatz sein kann.

Nachrangige Beleihungen im privaten Wohnungsbau stützen sich erheblich auf die Person des Darlehensnehmers. Deshalb wird häufig eine Risikolebensversicherung als Zusatzsicherheit verlangt. Bauspardarlehen beispielsweise werden in der Regel durch eine Risikolebensversicherung abgesichert. Damit ist z. B. beim Tod des Hauptverdieners die Darlehenstilgung gesichert und das Haus bleibt der Familie erhalten.

Im privaten Wohnungsbau ist die persönliche Bonität des Darlehensnehmers von größerer Bedeutung als bei Bauprojekten, die von gewerblichen Unternehmen erstellt werden.

Maßgebliche Faktoren der Beurteilung dieser Bonität sind

- bisher gezeigte Sparwilligkeit und Sparfähigkeit,
- Alter der Antragsteller,
- Dauer der Beschäftigung und Sicherheit des Arbeitsplatzes bzw. bei Selbständigen Geschäftsaussichten der Branche, in der der Selbständige arbeitet,
- Größe der Familie und des verbleibenden Nettoeinkommens (die Belastung darf auf keinen Fall 50 % des Nettoeinkommens überschreiten, üblich sind etwa 30–40 %),
- sonstige aktuelle und mögliche Dauerbelastungen.

12.2.2.1.2 Neuere Formen der Projektfinanzierung

Die Größenordnungen heutiger Bauprojekte überschreiten häufig die bei der klassischen Projektfinanzierung notwendigen Eigenmittelressourcen und auch im Bereich der Sicherheiten sind der klassischen Projektfinanzierung deutliche Grenzen gesetzt. Dies gilt auch für große Projektträger. Daher mussten Wege gefunden werden, dass Eigenkapital durch zusätzliches Fremdkapital ersetzt werden konnte und dass auch Fremdkapital ohne dingliche Sicherheiten bereitgestellt wird.

In Theorie und Praxis wurden eine Reihe von Modellen entwickelt, welche diese Anforderungen erfüllen.

Im Folgenden werden dargestellt:

- Leasing-Finanzierung
- Finanzierung über Immobilienfonds
- Finanzierung durch Projektgesellschaften
- Finanzierung durch Joint-Venture/Beteiligung eins Kreditinstituts
- Mezzanine-Finanzierung

Leasing-Finanzierung
Abb. 12.1 zeigt – stark vereinfacht – ein Organigramm einer Leasing-Finanzierung

Das Bauprojekt wird zu 100 % von der Leasinggesellschaft finanziert, in ihrem Auftrag geplant und erstellt oder erworben und im Rahmen eines Leasingvertrages an den

12.2 Bauwirtschaftliche Finanzierungsbereiche

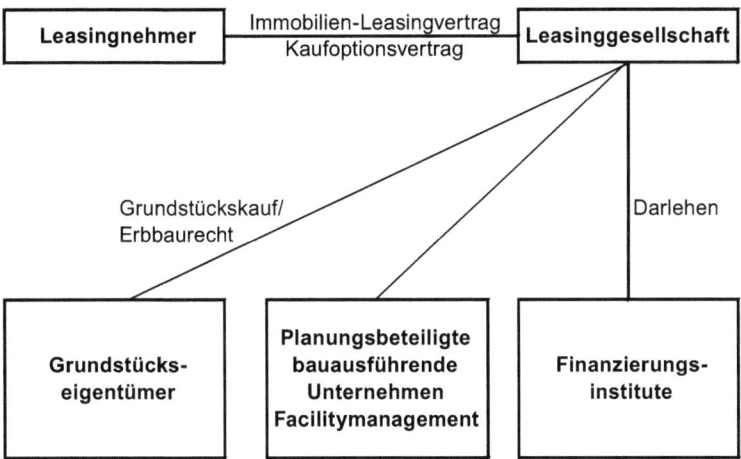

Abb. 12.1 Organisation einer Leasing-Finanzierung

Leasingnehmer vermietet. Der Leasingnehmer erhält das benötigte Bauobjekt, ohne dass er hierfür Eigen- bzw. Fremdkapital einsetzen muss. Die Leasinggesellschaft erhält die zur Realisierung des Bauprojektes notwendigen Kredite in einem wesentlich größeren Umfang als der Leasingnehmer diese bekommen würde, denn der Leasinggeber kann dem Finanzinstitut vertraglich festgeschriebene Mietzahlungen und das Bauprojekt als Sicherheit anbieten.

Aufgrund der 100 %igen Finanzierung durch die Leasinggesellschaft wird auch die Liquidität des Leasingnehmers zumindest kurzfristig geschont. Allerdings übersteigt die Summe der Leasingraten die Anschaffungs- und Herstellungskosten des Bauprojektes. Meist werden im Leasingvertrag Kaufoptionen vereinbart. Damit kann der Leasingnehmer nach Ablauf der Grundmietzeit das Projekt zum abgeschriebenen Buchwert käuflich erwerben und sich dadurch die langfristige Wertsteigerungschance sichern. Zur Absicherung wird das Kaufoptionsrecht mit einer Auflassungsvormerkung in das Grundbuch eingetragen.

Neben diesen direkten Einflüssen auf die Finanzierung des Bauprojektes gibt es bei der Leasing-Finanzierung auch unter Umständen indirekte Finanzierungseffekte. Da insbesondere große Leasinggesellschaften regelmäßig komplexe Bauprojekte planen und mithilfe entsprechender Auftragnehmer realisieren, verfügen sie in aller Regel über große Erfahrungen in der Bauabwicklung. So stellen die Leasinggesellschaften dem zukünftigen Leasingnehmer bereits vor Erstellung des Bauprojektes – und mitunter schon bereits vor Erwerb des Grundstücks – ihr Know-how zur Verfügung. Dies geschieht z. B. in Form von Leistungen des Projektmanagements bzw. der Projektsteuerung, welche bei der Leasinggesellschaft angesiedelt sind. Darüber hinaus verfügen Leasingunternehmen in der Regel über einen sehr guten Zugang zum Finanzmarkt. Mit ihrer oftmals vorhandenen risikofreudigeren Einstellung können sie durchaus besser in der

Lage sein, günstige Finanzierungskonditionen zu erzielen. In Zusammenarbeit mit den entsprechenden Planungsbeteiligten und bauausführenden Unternehmen kann dann für den Leasingnehmer ein maßgeschneidertes und grundsätzlich finanzwirtschaftlich vorteilhafteres Bauprojekt entstehen.

Unter Umständen wird auch die Betreuung der betrieblichen Nutzung vom Leasinggeber übernommen. Dazu gehören neben der Gewährleistungsverfolgung und -kontrolle auch regelmäßige Inspektionen, die insbesondere der Werterhaltung des Bauprojektes dienen. Auch hier sind die Baufachleute erste Ansprechpartner des Leasingnehmers.

Darüber hinaus werden zunehmend komplette Facility-Management-Dienstleistungen angeboten. Dies umfasst das komplette kaufmännische, technische und infrastrukturelle Gebäudemanagement des Projektes von der ersten Betriebsstunde über Instandhaltungs- und Sanierungsmaßnahmen bis zu seiner Stilllegung.

Finanzierung über Immobilienfonds

Ein Immobilienfond ist eine Anlage-Gesellschaft, deren Geschäftszweck darin besteht, ein Bauprojekt selbst zu errichten oder zu erwerben. Ihre Kapitalanlage besteht daher im Wesentlichen aus Grundstücken und Gebäuden. Die wirtschaftliche Ertragskraft der Immobilie ergibt sich aus den Mieteinnahmen nach Abzug der Zins- und Tilgungsleistungen, Verwaltungskosten, Instandhaltungskosten bzw. -rücklagen etc. Das Eigenkapital beschaffen sich die Immobilienfonds durch Verkauf von Anteilscheinen. Das Fremdkapital wird z. B. in Form von Darlehen bereitgestellt.

Bei Immobilienfonds unterscheidet man zwischen geschlossenen und offenen Immobilienfonds.

Offene Immobilienfonds sind nach dem sogenannten open-end-Prinzip tätig, d. h. es wird ständig das Anlagekapital durch laufenden Verkauf von Anteilscheinen erhöht. Dem steht die jederzeitige Rücknahmeverpflichtung der Anteilscheine durch den Fond gegenüber. Die Rücknahmepreise werden täglich veröffentlicht. Nur in Ausnahmefällen kann die Rücknahme befristet verweigert werden.

Geschlossene Immobilienfonds werden im Gegensatz zu offenen Immobilienfonds zur Finanzierung eines genau festgelegten Bauprojektes gegründet. In Ausnahmefällen kann ein Fonds aufgrund der Risikostreuung auch mehrere Bauprojekte enthalten. Der geschlossene Immobilienfond legt nur eine genau bestimmte und begrenzte Anzahl von Anteilscheinen auf. Nachdem alle Anteilscheine platziert sind, werden keine weiteren Anteile mehr ausgegeben. Grundsätzlich werden die ausgegebenen Anteilscheine von der Anlagegesellschaft nicht mehr zurückgenommen. Gegebenenfalls muss der Anleger sich selbst um die Veräußerung seiner Anteile kümmern.

Durch die begrenzte Anzahl von Anteilscheinen erwerben die Anleger beim geschlossenen Immobilienfonds Anteile an einer Besitzgesellschaft. Sie werden damit mittelbar Eigentümer der Immobilie.[20]

---

[20] Vgl. Follack, P./Leopoldsberger, G.: a.a.O., S. 235.

12.2 Bauwirtschaftliche Finanzierungsbereiche

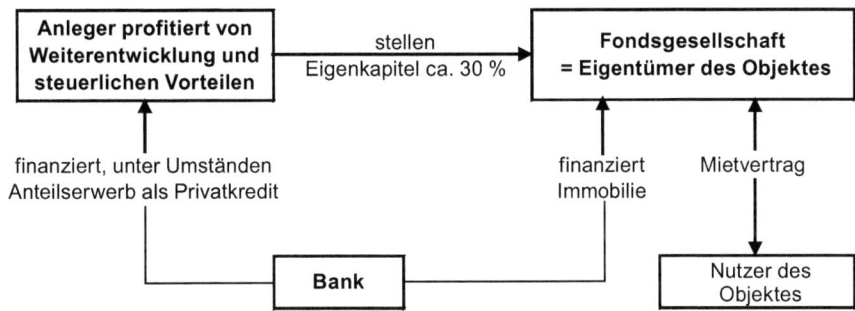

Abb. 12.2 Organisation eines geschlossenen Immobilienfonds

Dies hat zur Folge, dass die Anteilseigner bei geschlossenen Immobilienfonds steuerlich den Bauherren gleichgestellt sind. Dabei ist der Einfluss von steuerlichen Rahmenbedingungen zu beachten. Die allgemeine Struktur der geschlossenen Immobilienfonds stellt sich wie in Abb. 12.2 zu sehen dar.[21]

„In Bezug auf die Finanzierung liegt die besondere Funktion der Einschaltung eines Immobilienfonds darin, dass durch die Ausgabe von Anteilscheinen große Summen an Eigenkapital aufgebracht werden kann."[22]

In den letzten Jahren hat sich das Investitionsvolumen in Immobilienfonds nicht immer nur erhöht, sondern unterlag auch Schwankungen. Aktienboom, Krisen an den Finanzmärkten und landesspezifisch gute Konjunkturphasen wirken sich direkt auf den Zufluss in offene oder geschlossene Fonds aus. Nichtsdestotrotz werden jedes Jahr viele Mrd. Euro allein in Deutschland in Immobilienfonds investiert.

Bei den Immobilienarten sind reine Anlage- und Betreiberimmobilien zu unterscheiden.[23] Anlageimmobilien sind hoch fungibel und können von einer Vielzahl unterschiedlicher Mieter genutzt werden. Typische Bauobjekte als Anlagen sind

- Büro- und Geschäftsgebäude,
- Einkaufs- und Baumärkte
- Gewerbeparks,
- Lager- und Logistikstätten und
- Wohnimmobilien

---

[21] Vgl. Follack, P./Leopoldsberger, G.: a.a.O., S. 236.
[22] Follack, P./Leopoldsberger, G.: a.a.O., S. 235.
[23] Opitz, G.: Finanzierung durch geschlossene Immobilienfonds; in: Schulte, K.-W./Achleitner, A.-K./Schäfers, W./Knobloch, B. (Hrsg.): Handbuch Immobilien-Banking, Rudolf Müller Verlag: Köln 2002, S. 91 f.

Betreiberimmobilien sind dagegen sehr spezifisch ausgelegt und der wirtschaftliche Erfolg des Bauobjektes hängt im Wesentlichen von der Qualifikation des Betreibers ab. Fällt dieser aus, müssen möglicherweise einem neuen Betreiber große wirtschaftliche Zugeständnisse gemacht werden bzw. es sind umfangreiche Umbaumaßnahmen vorzunehmen. In diesem Fall sind typische Bauobjekte

- Kliniken,
- Hotelgebäude und -anlagen,
- Senioren- und Pflegeanlagen und
- Freizeitanlagen.

Eine Mischform bei der Projektfinanzierung ist die „kombinierte Fonds-Leasing-Finanzierung". Hier ist die Fondgesellschaft Leasinggeber und schließt mit dem Leasingnehmer, das ist der Nutzer des Objektes, einen Leasingvertrag ab. Auch dieser Vertrag kann eine Regelung über eine Kaufoption enthalten.

Projektgesellschaften
Die Größenordnungen und Komplexität vieler Bauprojekte – und die damit verbundenen wirtschaftlichen und technischen Risiken – hat in der Praxis dazu geführt, dass eigene Projektgesellschaften gegründet werden. In vielen Fällen ist dies eine Voraussetzung, um überhaupt eine Finanzierung zu erhalten. Der originäre Zweck einer Projektgesellschaft besteht daher in der Konzentration von technischem und wirtschaftlichem Know-how, um die Risiken möglichst zu begrenzen. Die Projektgesellschaften können Kommanditgesellschaften, BGB-Gesellschaften, Konsortien und Kapitalgesellschaften sein. Welche Rechtsform für die jeweilige Projektgesellschaft gewählt wird, hängt von den Bedürfnissen der Beteiligten – vor allem von steuerlichen Gegebenheiten – ab. Ihre Zusammenarbeit regeln die Gesellschafter normalerweise in der Form eines Gesellschafter-Vertrages.

Dieser legt nicht nur die Rechte und Pflichten der Gesellschaftspartner untereinander fest, sondern übernimmt innerhalb des komplexen Vertragsnetzes der Projektorganisation die Rolle des Ausgangs- und Bezugspunktes für die übrigen Verträge. Als „master document" legt er für die Beteiligten den Gegenstand, die wichtigsten Merkmale des Projektes sowie die Schritte zu seiner Verwirklichung erstmals rechtsverbindlich fest. Die im Laufe der Projektdurchführung abzuschließenden Verträge werden nicht in allen Einzelheiten, die Rahmenbedingungen werden jedoch geregelt.

Im Einzelnen kann der Abschluss der folgenden Vertragstypen dadurch vorbereitet werden:

- Konzessions-, Lizenzverträge mit staatlichen Einrichtungen
- e Gesellschaftsverträge
- Projektmanagementverträge und technische Beratungsverträge
- Verträge und Unterverträge zur Errichtung des Projektes

- Fertigstellungsgarantien der Anlagenlieferanten
- Versicherungsverträge
- Lieferverträge von Roh-, Hilfs- und Betriebsstoffen
- Abnahmeverträge
- Lizenzen für die verwendeten Technologien
- Transportverträge.

Neben der Planung und Durchführung des Projektes ist die Projektgesellschaft vor allem für die Bereitstellung der Finanzmittel zur Realisierung des Projektes verantwortlich. Die Beteiligten dieser Projektgesellschaften sind in der Regel Unternehmen als Initiatoren, Kapitalgeber (auch Sponsoren genannt) sowie weitere Spezialisten wie z. B. Projektentwickler oder Facility-Manager. Darüber hinaus mögen Finanzinstitutionen, wie z. B. Versicherungen und Fonds, zu den Sponsoren stoßen, die in dem Projekt eine profitable Geldanlage sehen. Aber auch Banken sind teils bereit, nicht nur Fremdkapital bereitzustellen, sondern als Gesellschafter in die Projektgesellschaft einzutreten, um auf diese Weise ihre Kunden zu unterstützen.[24]

Finanzierung durch Joint-Venture-Beteiligung eines Kreditinstituts
Bei dieser Form der Finanzierung besteht die Projektgesellschaft aus einem Projektentwickler im weiteren Sinne, der i. d. R. mehrheitlich an der Projektgesellschaft beteiligt ist, und einem Kreditinstitut. Die aktive Projektentwicklung erfolgt stets durch den Projektentwickler. Dieser kann bspw. ein langjähriger Kunde eines Kreditinstitutes sein. Die Bank ist damit nicht mehr nur in einer Gläubigerstellung, sondern partizipiert im Umfang ihrer Beteiligung an den Chancen und Risiken des Bauprojektes. Delegationsrisiken eines Gläubigers als Moral Hazard bestehen dann nicht mehr.

Fehlendes Eigenkapital aufseiten der Projektentwickler hat zu dieser Form der Projektfinanzierung geführt. Die Banken verfolgen aber immer das Ziel, die zu errichtenden Bauobjekte nach Fertigstellung zu veräußern. Hieraus ergeben sich spezifische Anforderungen an geeignete Arten. Hohe Fungibilität und Drittverwendungsfähigkeit sind in der Regel Voraussetzung für derartige Joint-Venture-Beteiligungen. Als typische Beispiele können die Anlageobjekte im Rahmen eines geschlossenen Immobilienfonds gelten. Spezialimmobilien hingegen sind eine Ausnahme bei Joint-Venture-Beteiligungen.

Mezzanine Finanzierung
Eine ggf. verbleibende Lücke zwischen der klassischen Fremdfinanzierung und dem verfügbaren Eigenkapital kann auch durch sogenanntes Mezzanine-Kapital gefüllt werden. Es besitzt ebenso Eigenschaften eines Darlehens wie auch Kennzeichen einer Eigenkapitalfinanzierung. Diese äußern sich dadurch, dass Mezzaninkapital nicht wie ein

---
[24] Wolf, H.J./Mundorf. H.B.: a.a.O., S. 102.

klassisches Darlehen im Erstrang über das Grundbuch abgesichert werden kann. Die Übernahme der so entstehenden, zusätzlichen Risiken wird durch einen erhöhten Zins als auch über Mitbestimmungsrechte abgesichert. Im einfachsten Fall entspricht die Mezzanine-Finanzierung insofern einem nachrangigen Immobiliendarlehen, das um eine Gewinnbeteiligung ergänzt wird. Eine Alternative kann die stille Beteiligung sein, bei der eine geeignete Verzinsung des eingesetzten Kapitals sowie etwaige Kontrollmechanismen im Rahmen des Gesellschaftsvertrags vereinbart werden, die Mitwirkungs-, Einfluss- und Widerspruchsrechte beinhalten (atypische stille Beteiligung). Weitere Möglichkeiten der Umsetzung von Mezzanine-Finanzierungen sind Genussscheine oder Wandel- bzw. Optionsanleihen.

„Der größte Teil der Mezzanine-Kapitalgeber sind Finanzinvestoren und Familiy-Offices. Daneben haben sich einige Marktteilnehmer mit Fonds oder über Crowd-Funding für diese Nische aufgestellt, womit sich passive Investoren oder Kleinanleger an Projektentwicklungen mit Mezzanine-Kapital beteiligen können."[25]

12.2.2.2.2 Finanzierung öffentlicher Bauprojekte

12.2.2.2.2.1 Traditionelle Finanzierung

Normalerweise werden öffentliche Projekte in Bauherrenschaft der Gebietskörperschaften durchgeführt. Die Abwicklung erfolgt durch die technischen Bauämter, die Finanzierung aus den Fachhaushalten der Ressorts. Private Planungsbüros und die Bauwirtschaft wirken nur als beauftragte Ausführungsunternehmen mit.

Stellvertretend für die traditionelle Finanzierung öffentlicher Bauprojekte wird auf die Finanzierung kommunaler Bauprojekte eingegangen.

„Im Haushaltsrecht der Gemeinden ist vorgeschrieben, dass die Haushaltspläne in einen Verwaltungs- und einen Vermögenshaushalt aufgegliedert werden. Diese Zweiteilung dient der Hervorhebung der laufenden und der investiven Ausgaben. Vereinfachend kann gesagt werden, dass im Verwaltungshaushalt die laufenden Einnahmen und Ausgaben und im Vermögenshaushalt die Investitionen und ihre Finanzierungen dargestellt werden. Kredite dürfen nur im Vermögenshaushalt und nur für Investitionen aufgenommen werden."[26]

Zwischen den beiden Haushalten besteht die Wechselbeziehung, dass der Verwaltungshaushalt im Regelfall einen Überschuss erwirtschaften soll, der dem Vermögenshaushalt zugeführt wird. Der Überschuss muss eine Mindesthöhe erreichen und muss die Kreditbeschaffungskosten und die Kredittilgungen decken. An diesem grundsätzlichen Verständnis hat auch die teilweise Einführung der Doppelten Buchführung (Doppik) keine Änderung bewirkt.

---

[25] Vgl. Breuer, L.-O.: Kapitalmarkt, in: Meinen, H.; Blecken, U. (Hrsg.): Praxishandbuch Projektentwicklung, 3. Auflage, Reguvis, 2022.
[26] Kirchhoff, U./Müller-Godeffroy, H.: Finanzierungsmodelle für kommunale Investitionen, 6. erweiterte und überarbeitete Auflage, Deutscher Sparkassenverlag GmbH: Stuttgart 1996, S. 15.

12.2 Bauwirtschaftliche Finanzierungsbereiche

Werden bei öffentlichen Bauprojekten Benutzungsgebühren erhoben, dann fließen diese in den Vermögenshaushalt ein und stehen zu weiteren investiven Zwecken zur Verfügung. Soweit keine Landes- oder Bundeszuschüsse für die Investitionen zu erwarten sind, bestimmen daher diese laufenden Einnahmen und die neu aufgenommenen Kredite die Investitionshöhe.

„Gleichzeitig legen die kommunalen Aufsichtsbehörden die Verschuldungsmöglichkeiten einer Gemeinde unter anderem nach den laufenden Einnahmen der letzten zwei bis drei Jahre fest."[27]

Kredite der Kommunen, sog. Kommunalkredite, können daher nur im Rahmen der Leistungsfähigkeit der Gemeinde aufgenommen werden.

Bedingt durch die schon länger anhaltenden konjunkturellen Schwankungen und die damit zusammenhängende Unsicherheit bei den Einnahmen und bedingt durch die steigenden Ausgaben – besonders auch in den Sozialbereichen – hat sich in letzter Zeit die Schere zwischen Einnahmen und Ausgaben bei den Kommunen strukturell immer vergrößert. Dies gilt im Wesentlichen für die Kommunen, auch wenn Länder und der Bund in der jüngeren Vergangenheit ausgeglichene Haushalte ausweisen konnten.

Zudem kommt, dass sich die Gebietskörperschaften bis an die Grenzen verschuldet haben, welche die Einhaltung der Schuldenkriterien des Maastrichter Vertrags gefährden. Dies alles hat dazu geführt, dass Ausgaben für öffentliche Bauprojekte stark geschrumpft sind. Demgegenüber steht ein immenser Baubedarf, und zwar sowohl im Hinblick auf neue Bauwerke als auch im Hinblick auf die Verbesserung und den Ersatz des Bestandes.

Aktuelle Problemfelder sind u. a.

- Beseitigung von Altlasten (Sanierung von Altstandorten bzw. Altablagerungen),
- Erneuerungsinvestitionen bei Kanalisationsnetzen,
- neue Klär- und Entwässerungsanlagen,
- Umrüstung vorhandener Kläranlagen (Verbesserung der Klärleistung),
- Bau von Regenwasser-Rückhaltebecken,
- Trennung von wiederverwertbarem Müll (Recycling, Kompostierung),
- Verbesserung des Wohnumfeldes,
- Rekultivierung von Industrie- und Gewerbebrachen,
- Ausbau und Erhaltung der Verkehrsinfrastruktur (öffentlicher Personennahverkehr, Bau von Straßen und Autobahnen, Einrichtung von Parkflächen bzw. Parkhäusern, verkehrslenkende bzw. verkehrsberuhigende Maßnahmen).
- Netzausbau (Stromnetze, Datennetze)

Um das Problem „hoher Baubedarf und öffentliche Finanzknappheit" zu lösen, wurden mehrere Maßnahmen diskutiert und in der Praxis zum Teil umgesetzt, wie z. B.:

---

[27] Kirchhoff, U./Müller-Godeffroy, H.: a.a.O., S. 15.

- Steuer und- Gebührenerhöhungen zur Verbesserung der Einnahmeseite,
- Übertragung von staatlichen Aufgaben an private Unternehmen,
- Privatisierung von Unternehmen, welche sich im Eigentum der öffentlichen Hand befinden.

Auf diese Maßnahmen wird nicht eingegangen, da sie vorwiegend wirtschafts- bzw. ordnungspolitische Gesichtspunkte berühren.

Neben diesen Maßnahmen werden auch Möglichkeiten gesucht und angewendet, um die Zusammenarbeit zwischen der öffentlichen Hand und den privatwirtschaftlichen Unternehmen wirkungsvoller zu gestalten. Grundlage dieser Zusammenarbeit ist eine frei ausgehandelte privatrechtliche Vereinbarung zwischen einer Kommune und z. B. einem Projektentwickler in Form einer Public Private Partnership, in Deutschland ÖPP genannt (Öffentlich-Private-Partnerschaften). Es sind vorwiegend zwei Schwerpunkte, welche die genannten Vereinbarungen betreffen, nämlich:

- „der Einsatz von Know-how in der Projektentwicklung und Projektsteuerung, also von qualifiziertem Fachpersonal.
- der Einsatz von Finanzmitteln und die (zumindest teilweise) Kostenübernahme für kommunale Bauten und Erschließung."[28]

Streng genommen ist die Zusammenarbeit zwischen öffentlicher Hand und Privaten nichts Neues, denn auf das Know-how vieler Planungs- und Ausführungsbeteiligten wurde schon immer zurückgegriffen. Die Neuerung besteht im ganzheitlichen Ansatz und der Bündelung der Einzelleistungen von Planung und Ausführung. Enges Zusammenwirken zwischen öffentlicher Hand und Unternehmen der freien Wirtschaft findet aber auch im zunehmenden Maße im Finanzierungsbereich statt.

Im Folgenden werden einige Modelle dieses Zusammenwirkens vorgestellt.

12.2.2.2.2 Neuere Formen der Projektfinanzierung

Finanzierung über Immobilienfonds

Bei diesem Modell beteiligt sich die Gemeinde an dem Eigenkapital eines geschlossenen Immobilienfonds, um ein bestimmtes Bauprojekt zu finanzieren. "Nach geltendem Kommunalrecht dürfen sich Gemeinden nur an Gesellschaften beteiligen, deren Haftung beschränkt ist. Deshalb bietet sich für den zu gründenden geschlossenen Immobilienfond die Rechtsform einer GmbH & Co. KG an."[29] Die Gemeinde fungiert als Kommanditist

---

[28] Vgl. Schriever, W.: Projektentwicklung als kommunale Handlungsstrategie; in: Schulte, K.W. (Hrsg.): Handbuch der Immobilienprojektentwicklung, Rudolf Müller Verlag: Köln 1996, S. 375.

[29] Vgl. Kirchhoff, U./Müller-Godeffroy, H.: a.a.O., S. 61

12.2 Bauwirtschaftliche Finanzierungsbereiche

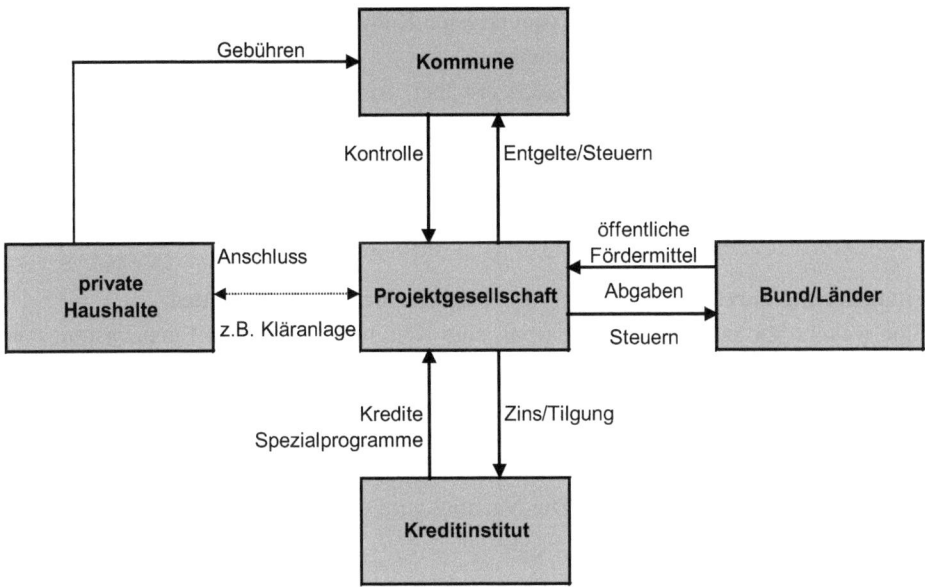

Abb. 12.3 Organisation einer Finanzierung von öffentlichen Bauprojekten

und kann damit auch eine Kontrollfunktion wahrnehmen. Die private Finanzierung erfolgt durch den Anteilskauf privater Personen und durch die Bereitstellung von Fremdkapital durch ein oder mehrere private Kreditinstitute. Über einen Leasing-, Miet- oder Pachtvertrag erhält die Kommune die Nutzung des Bauprojektes.

Finanzierung durch Projektgesellschaften

Bei der Finanzierung von öffentlichen Bauprojekten beteiligen sich auch öffentlich-rechtliche Gebietskörperschaften an den zu gründenden privaten Projektgesellschaften. Ihre Beteiligung liegt allerdings in aller Regel unter 50 %.

Damit ergibt sich folgende Struktur (siehe Abb. 12.3):[30]

Die Projektgesellschaft wird in der Rechtsform eines privaten Unternehmens geführt wird. Dadurch stehen ihr bei der Durchführung des Bauprojektes alle Formen der klassischen Finanzierung, aber auch kommunalgesicherte Darlehen oder öffentliche Fördermittel zur Verfügung. Beteiligt sich eine Gemeinde mit mehr als 51 % an der privaten Projektgesellschaft, dann spricht man von einem Kooperationsmodell.[31]

Die restlichen Anteile werden von einem oder mehreren privaten Investoren gehalten. Durch die Mehrheit an der Kooperationsgesellschaft hat die Gemeinde neben der

---

[30] Kirchhoff, U./Müller-Godeffroy, H.: a.a.O., S. 49.
[31] Vgl. Kirchhoff, U./Müller-Godeffroy, H.: a.a.O., S. 104.

Nutzung von privatem Kapital und vom privaten Know-how jederzeit die Möglichkeit, in allen Projektphasen Einfluss zu nehmen.

In diesem Zusammenhang sei auch erwähnt, dass die Organisation einer Projektgesellschaft der öffentlichen Hand auch vergaberechtliche Spielräume gibt, sofern sie Anteile von weniger als 50 % hält. So ist man an die Vergabevorschriften der VOB/A nicht mehr im engeren Sinne gebunden und kann einen größeren Verhandlungsspielraum nutzen.

Finanzierung durch Joint-Venture-Beteiligung eines Kreditinstitutes
Eine weitere Variante ist gegeben, wenn eine Kommune mit einem Finanzinstitut eine Projektgesellschaft gründet. Die private Finanzierung dieses öffentlichen Bauprojektes erfolgt durch das Kreditinstitut. Die Kommune kann der Projektgesellschaft bestimmte Hilfestellungen geben, z. B. bei der Grundstücksbeschaffung durch Abschluss eines Erbbaurechtsvertrages. Die Planungshoheit und die spätere Nutzung des Objekts verbleiben ausschließlich bei der Kommune. Die Nutzung wird durch einen Miet-/Pachtvertrag geregelt.

Finanzierung durch Betreiber-Modelle
Eine spezielle Variante der Projektfinanzierung – und diese ist für die Bauwirtschaft von besonderem Interesse – sind die sog. Betreiber-Modelle. Auf diese wurde in Abschn. 5.2.4 bereits kurz hingewiesen. Ein großer Unterschied zwischen den bislang dargestellten Formen der Projektfinanzierung und den Betreibermodellen besteht in der Bauherrenfunktion. Bei den bisherigen Modellen lag die Bauherrenfunktion bei der öffentlichen Hand, und zwar indirekt auch dann, wenn sie an einer Projektgesellschaft beteiligt ist. Bei Betreibermodellen hingegen übernimmt ein privates Unternehmen die Bauherrenfunktion.[32] Betreibermodelle werden vor allem bei der Finanzierung von Infrastrukturprojekten angewendet, wie z. B. Fernstraßenbau. Grundsätzlich sind sie aber für jedwede Form der Infrastruktur, somit auch für die soziale Infrastruktur geeignet.

Seit einigen Jahren bestehen in Deutschland die rechtlichen Voraussetzungen, um über echte Betreibermodelle mit Mauterhebung Projekte im Bundesfernstraßenbau weitgehend privat finanzieren zu können. Grundlage hierbei ist u. a. das Fernstraßenbau-Privatfinanzierungsgesetz. Dabei wird durch das Recht zur Erhebung von Mautgebühren die Möglichkeit eröffnet, privaten Initiatoren die Entwicklung, Planung, Herstellung, Erhaltung, Betrieb und Finanzierung von Bundesfernstraßenprojekten zu übertragen, wobei die Refinanzierung der Bau- und Finanzierungskosten ebenso unmittelbar vom Nutzer übernommen wird wie die Kosten für Betrieb, Erhalt und Unterhaltung. Dieses Gesetz beschränkt das Betreibermodell auf Brücken, Tunnel und Gebirgspässe im Zuge von

---

[32] Vgl. Gaiser, H.: Betreibermodelle aus dem Verkehrs und Abwasserbereich; in: Private Finanzierung öffentlicher Bauvorhaben; Schriftenreihe des Bayrischen Bauindustrieverbandes, Nr. 16: München 1992, S. 37 f.

12.2 Bauwirtschaftliche Finanzierungsbereiche

Bundesautobahnen und Bundesstraßen sowie auf autobahnähnlich ausgebaute „zweibahnige" Bundesstraßen.

Beim Betreibermodell muss noch auf die komplexe Zusammensetzung der Projektgesellschaft hingewiesen werden, die z. B. bei großen Verkehrsanlagen, wie Mautstraßen, notwendig ist. „Aufgrund der Komplexität eines BOT-Projektes ist klar, dass eine solche Paketlösung von einem einzelnen Bauunternehmen nicht erbracht werden kann. Vielmehr bedarf es der Bildung eines Konsortiums von Unternehmen aus verschiedenen Branchen, die jeweils Spezialisten auf ihrem Gebiet sind und auf eine entsprechende Reputation verweisen können. An solch einem Konsortium sind meist lokale Bauunternehmen und je nach Größe des Projektes, weitere internationale Baufirmen beteiligt sowie Unternehmen, die sich auf den Betrieb von Mautstraßen konzentrieren. Als weitere Partner kommen im Falle einer Mautstraße beispielsweise Raffinerien und Hotelketten in Frage, die ein Tankstellen- bzw. Hotelnetz entlang der Straße errichten wollen. Darüber hinaus mögen Finanzinstitutionen wie z. B. Versicherungen und Fonds zu den Sponsoren stoßen, die in dem Projekt eine profitable Geldanlage sehen. Aber auch Banken sind zunehmend bereit, nicht nur Fremdkapital bereitzustellen, sondern als Aktionäre in die Projektgesellschaft einzutreten, um auf diese Weise ihre Kunden zu unterstützen."[33]

Es haben sich zwischenzeitlich mehrere Sonderformen vom ursprünglichen Betreibermodell gebildet. Eine Auswahl wird an dieser Stelle kurz genannt.

Solche Modelle sind:[34]

- *BOT-Modell:* „Der Staat vergibt eine Lizenz zum Bau und Betrieb einer Mautstraße, Kläranlage etc. für eine bestimmte Periode, wobei nach Ablauf der Konzessionszeit das Projekt wieder an den Staat zurückgeht. Private bauen (Build) und betreiben (Operate) das Projekt und übertragen (Transfer) es danach zurück an den Staat."
- *BOOT-Modell:* Hier ist das Projekt für die Dauer der Konzession Eigentum des Konzessionsnehmers (Build-Own-Operate-Transfer)
- *BOO-Modell:* Hier fällt das Projekt nicht an den Staat zurück, die Infrastruktur wird endgültig privatisiert (Build-Own-Operate)"

Für den Staat ergibt sich bei Anwendung der Betreibermodelle der große Vorteil, dass das Projekt durch privates Kapital finanziert wird und damit die öffentlichen Vermögenshaushalte entlastet werden. Die öffentlichen Hände können zur Finanzierung der Bauprojekte beitragen, und zwar durch Bereitstellen von Kommunalkrediten, durch Vermittlung von öffentlichen Finanzierungshilfen und durch Übernahme von Bürgschaften. Neben dem Finanzierungseffekt sind aber auch noch weitere Effizienzvorteile notwendig, um auch langfristig einen volkswirtschaftlichen Nutzen zu erzielen.

---

[33] Wolff, H.J./Mundorf, H.B.: a.a.O., S. 102.
[34] Vgl. hierzu Wolff, H.J./Mundorf, H.B.: a.a.O., S. 100 ff.

Anderenfalls könnte der Eindruck entstehen, es handelt sich nur um eine Verlagerung der Finanzierungsverpflichtungen der öffentlichen Hände in die Zukunft.

Beteiligen sich bei den genannten Modellen bauausführende Unternehmen als Sponsoren, dann sind damit eine Reihe von Risiken und Chancen verbunden. Deshalb sind bei dieser Entscheidung folgende Fragen zu beantworten:

- Wie viel Kapital möchte das Bauunternehmen einbringen?
- Möchte es die Stimmrechtsmehrheit in der Projektgesellschaft?
- Sollen Finanzinvestoren Aktionäre einer Projektgesellschaft sein?
- Wie lange ist das Kapital in dem Projekt gebunden?
- Welche Rendite erwirtschaftet das Projekt?
- Kann das Eigenkapital gegen politische Risiken – wie z. B. Enteignung – versichert werden und stehen die Versicherungsprämien in einem vernünftigen Verhältnis zu dem Risiko?
- Besteht die Möglichkeit, die Projektgesellschaft an der Börse notieren zu lassen, um damit die Anteile gewinnbringend veräußern zu können?"[35]

Literatur

Albach, H./Hunsdiek, D./Kokalj, L.: Finanzierung mit Risikokapital, Verlag Poeschel: Stuttgart 1986

BaFin (Hrsg.) : Banken und Finanzdienstleister, online unter: https://www.bafin.de/DE/Aufsicht/BankenFinanzdienstleister/bankenfinanzdienstleister_node.html, Abruf: 07.11.2022

Bernecker, M./Seethaler, P.: Grundlagen der Finanzierung, Oldenbourg Verlag: München-Wien 1998

Breuer, L.-O.: Kapitalmarkt, in: Meinen, H.; Blecken, U. (Hrsg.): Praxishandbuch Projektentwicklung, 3. Auflage, Reguvis, 2022

Büschgen, H.E.: Grundlagen betrieblicher Finanzwirtschaft-Unternehmensfinanzierung, 3. Auflage, Knapp Verlag: Frankfurt 1991

Deutsche Bundesbank (Hrsg.): Bestand an Kreditinstituten am 31. Dezember 2021 , https://www.bundesbank.de/resource/blob/893546/162dddd9a4a8cc05bb696897a04b29e1/mL/bankstellenstatistik-2021-data.pdf, Abruf 7.11.2022

Follak, P./Leopoldsberger, G.: Finanzierung von Immobilienprojekten; in: Schulte, K.W. (Hrsg.): Handbuch der Immobilienprojektentwicklung, Rudolf Müller Verlag: Köln 1996

Gaiser, H.: Betreibermodelle aus dem Verkehrs- und Abwasserbereich; in: Private Finanzierung öffentlicher Bauvorhaben; Schriftenreihe des Bayrischen Bauindustrieverbandes, Nr. 16: München 1992

Jacob, A.-F.; Klein, S.; Nick, A. (1994): Basiswissen, Investition und Finanzierung. Wiesbaden: Gabler Verlag.

---

[35] Vgl. Wolff, H.J./Mundorf, H.B.: a.a.O., S. 115

Jokl, S.: Wohnungsfinanzierung, Knapp Verlag: Frankfurt am Main 1998 Jürgens, H.W.: Projektfinanzierung, Neue Institutionenlehre und ökonomische Realität, GablerVerlag: Wiesbaden 1994

KfW (Hrsg.): Berichterstattung 2021, Online unter: https://www.kfw.de/Über-die-KfW/Berichtsportal/Berichterstattung-2021, Abruf: 08.11.2022

https://www.kfw.de/inlandsfoerderung/Unternehmen/Gr%C3%BCnden-Nachfolgen/F%C3%B6rderprodukte/, Abruf: 21.11.2022

Kirchhoff, U./Müller-Godeffroy, H.: Finanzierungsmodelle für kommunale Investitionen, 6. erweiterte und überarbeitete Auflage, Deutscher Sparkassenverlag GmbH: Stuttgart 1996

Leimböck, Egon (1997): Bilanzen und Besteuerung der Bauunternehmen. Wiesbaden, Berlin: Bauverlag.

Opitz, G.: Finanzierung durch geschlossene Immobilienfonds; in: Schulte, K.-W./Achleitner, A.-K./Schäfers, W./Knobloch, B. (Hrsg.): Handbuch Immobilien-Banking, Rudolf Müller Verlag: Köln 2002

Schönnenbeck, H. (1996): Geschäftspartner Kreditwirtschaft, wirtschaftspolitische Steuerung und Wirtschaftsstruktur. In: Festschrift zum 60. Geburtstag von Egon Leimböck: Dortmunder Modell Bauwesen.

Schriever, W.: Projektentwicklung als kommunale Handlungsstrategie; in: Schulte, K.W. (Hrsg.): Handbuch der Immobilienprojektentwicklung, Rudolf Müller Verlag: Köln 1996

Temporale, R. (Hrsg.): Europäische Finanzmarktregulierung, Schäffer-Poeschel, Stuttgart, 2015

Werner, U./Pastor, W.: Der Bauprozeß, 15. Auflage, Werner Verlag: Düsseldorf 2014

Wolff, H.-J.; Mundorf, H. B. (1996): Private Finanzierung von Infrastruktur -Chancen und Risiken. In: Ignaz Walter (Hg.): Die Deutsche Bauindustrie auf dem Weg ins Jahr 2000. [Festschrift zum 60. Geburtstag von Prof. Dr. h.c. Ignaz Walter]. Augsburg: Selbstverlag.

Finanzwirtschaftliche Entscheidungen 13

13.1 Entscheidungskriterien

13.1.1 Entscheidungskriterien der Eigen- und Fremdkapitalgeber

Interessen der Eigenkapitalgeber
Zur Unternehmens- und Projektfinanzierung werden Eigenkapitalgeber nur dann Kapital bereitstellen, wenn sie überzeugt sind, dass sie damit eine bestimmte Mindestverzinsung ihres eingesetzten Kapitals erreichen. Mit diesem Entschluss gehen die Eigenkapitalgeber das Risiko ein, dass durch eintretende Verluste oder gar durch die Insolvenz das Eigenkapital aufgezehrt wird. Dabei ist zu berücksichtigen, dass sie eine grundsätzlich andere Stellung als Fremdkapitalgeber in Gläubigerstellung einnehmen. Dies bedeutet, dass Eigenkapitalgeber nur dann zur Investition ihres Kapitals bereit sind, wenn die erwartete Eigenkapitalrendite auch eine Prämie für dieses Risiko enthält.

Interessen der Fremdkapitalgeber
Fremdkapitalgeber stellen zur Unternehmens- bzw. Projektfinanzierung auf der Grundlage eines Kreditvertrages nur dann Geld zur Verfügung, wenn sie entsprechende Zinsen bekommen und wenn gewährleistet ist, dass die Zins- und Tilgungszahlen auch tatsächlich entsprechend der vertraglichen Vereinbarungen geleistet werden.

Diese Zahlungen hängen bei der Unternehmensfinanzierung vom wirtschaftlichen Erfolg des Unternehmens ab. Bei der Projektfinanzierung beteiligen sich Kreditgeber nur dann an der Finanzierung, wenn sie von der Rentabilität des Projektes überzeugt sind bzw. überzeugt werden können.

Sowohl bei der Unternehmens- als auch bei der Projektfinanzierung bestehen für die Fremdkapitalgeber z. T. erhebliche Risiken. Deshalb verlangen sie regelmäßig, dass ihre Kredite entsprechend gesichert sind. Bei der Unternehmensfinanzierung sind hierfür alle im Abschn. 12.1.3 beschriebenen Sicherheiten üblich. Vor allem sind die im Unternehmen vorhandenen Vermögensgegenstände als dingliche Sicherheiten von großer Bedeutung. Bei der Projektfinanzierung hingegen sind gerade diese dinglichen Sicherheiten häufig nicht vorhanden.

„Das Problem ist hier, dass ein Heranziehen der Vermögensgüter eines Projektes beispielsweise einer Transportinfrastruktur, eines Kraftwerks oder einer Ölfördereinrichtung aufgrund ihres in der Regel niedrigen Wiederverwertungswertes keine für die Kreditbegebung einer Bank ausreichende Sicherheit bietet [...]. Der Wert des einer Projektfinanzierung zugrundeliegenden Vermögensgutes ist für eine dritte Partei minimal, wenn diese nicht selbst das Projekt übernehmen und durchführen will."[1]

Das hat Konsequenzen. Zum einen wird der Fremdkapitalgeber bei der Projektfinanzierung verstärkt auf das finanzielle Engagement der Eigenkapitalgeber der Projektgesellschaft achten, sodass 30 % oder gar 50 % Eigenkapitalquote keine Seltenheit sind. Der geforderte Eigenkapitalanteil wird umso größer sein, je höher die wirtschaftlichen und technischen Risiken des Bauprojektes beurteilt werden. Zum anderen werden mehrere Kreditsicherheiten durch Kreditverträge vereinbart.

„Die Kreditsicherheiten umfassen im Wesentlichen:

- nachrangige Darlehen der Sponsoren zur Abdeckung von Kostenüberschreitungen,
- die Verpfändung der Aktiva des Projektes,
- die Abtretung der Einnahmen und Verpfändung der Konten der Projektgesellschaft und
- die Übereignung der Rechte des Kreditnehmers aus den relevanten Projektverträgen wie Konzessionsvertrag, Bauvertrag, Betreibervertrag, Versicherungspolicen etc.,
- Verpfändung der Gesellschafteranteile der Sponsoren.

Die Aufzählung der obigen Sicherheiten mag den Eindruck erwecken, als könnten sich die Banken durch Abtretung aller nur erdenklichen Aktiva des Projektes wirkungsvoll absichern. Diese Mutmaßung ist falsch. Sollte beispielsweise eine Mautautobahn ihren Schuldendienst nicht mehr leisten können, nutzen die obengenannten Sicherheiten wenig, die ausstehenden Kredite zu tilgen. Bei der Straße handelt es sich um eine spezifische Investition und wenn das Verkehrsvolumen nicht ausreichend ist, sind die Banken im Prinzip in der gleichen Situation wie ein Investor. Aus diesem Grund tragen bei einer Projektfinanzierung beide – Fremdkapitalgeber wie Investoren – unternehmerisches Risiko."[2]

Als Ergebnis kann festgestellt werden: Sowohl bei der Unternehmens- als auch bei der Projektfinanzierung sind die maßgeblichen Entscheidungskriterien der Fremdkapitalgeber die Erzielung einer maximalen Rentabilität bei gleichzeitiger Minimierung des Kreditrisikos.

---

[1] Jürgens, H.W.: a.a.O., S. 10.
[2] Wolff, H.J./Mundorf, H.B.: a.a.O., S. 109.

13.1.2 Entscheidungskriterien beim Aufbau der vertikalen Kapitalstruktur eines Unternehmens

In der Literatur wird zwischen einer vertikalen Kapitalstruktur und einer horizontalen Kapital-Vermögensstruktur unterschieden. Die vertikale Kapitalstruktur beinhaltet die optimale Zusammensetzung des Gesamtkapitals aus Eigen- und Fremdkapital. Sie hat keine unmittelbare Beziehung zum Vermögen, d. h. zur Verwendung der finanziellen Mittel (Kapital-Vermögensstruktur). Bei der optimalen Zusammensetzung des Gesamtkapitals müssen folgende Entscheidungskriterien beachtet werden:

- Maximierung der Eigenkapitalrentabilität
- Liquidität
- Minimierung der Finanzierungsaufwendungen
- Unabhängigkeit
- finanzielle Dispositionsfreiheit

Im Folgenden wird auf die genannten Kriterien näher eingegangen.

Maximierung der Eigenkapitalrentabilität
Bei der Maximierung der Eigenkapitalrentabilität ist darauf zu achten, dass sich die Kapitalstruktur bzw. der Verschuldungsgrad des Gesamtkapitals eines Unternehmens bei ungünstiger Konstellation von Fremdkapitalzins und Gesamtrentabilität ebenso ungünstig auf die Eigenkapitalrentabilität auswirken kann. Dieses Phänomen drückt der Leverage-Effekt aus. Dieser besagt, dass jeder zusätzliche Einsatz von Fremdkapitalanteilen solange die Eigenkapitalrentabilität erhöht, wie der dafür zu zahlende Fremdkapitalzins geringer ist als die Gesamtkapitalrentabilität. D. h. der mit dem Gesamtkapital erwirtschaftete Ertrag ist größer als die Fremdkapitalkosten. Ist der gegensätzliche Fall gegeben, also der Fremdkapitalzins ist höher als die Gesamtrentabilität, wirkt sich das negativ auf die Eigenkapitalrentabilität aus.

Aus dieser Beziehung lässt sich ableiten, dass eine Gewinnmaximierung nicht zwangsläufig kompatibel mit der Maximierung der Gesamtkapitalrentabilität ist, um damit auch die Eigenkapitalrentabilität zu maximieren. Eine Maximierung der Gesamtrentabilität führt also nur dann zur Gewinnmaximierung, wenn die Kosten für das Fremdkapital niedriger als die Verzinsung des Gesamtkapitals sind.[3] Daher ist die Maximierung der Eigenkapitalrentabilität kompatibel mit der Prämisse der Gewinnmaximierung. Der zusätzliche Einsatz von Fremdkapital ist solange vorteilhaft, bis der feste Fremdkapitalzins gleich der Gesamtkapitalrentabilität ist.

Unter der Prämisse der Maximierung der Eigenkapitalrentabilität ist die zugrunde liegende Eigenkapitalquote ein bedeutender Werthebel. Das materielle Risiko wird aber

---

[3] Vgl. Wöhe, G.: a.a.O., S. 49.

bei einer umso höheren Eigenkapitalquote im gleichen Zug überproportional steigen. Eine Änderung muss mit den individuellen und materiellen Risikoeinstellungen der Entscheidungsträger im Einklang stehen. Dabei sind noch folgende konkrete Sachverhalte zu berücksichtigen:

- Bei den Unternehmen der Bauwirtschaft schwankt im besonderen Maße die jährliche wirtschaftliche Ertragskraft.
- Der Zinssatz für Fremdkapital ist nicht konstant, sondern marktabhängig.

Liquidität
Die Liquidität ist nur dann gesichert, wenn alle fälligen Zahlungsverpflichtungen – und hier vor allem auch die Belastungen aus der Fremdfinanzierung – durch den Zahlungsmittelbestand gedeckt sind. Dieses hat eine existenzentscheidende Bedeutung, denn die Zahlungsunfähigkeit eines Unternehmens ist ein Grund, dass auf Antrag des Gläubigers – und gegebenenfalls auch des Schuldners – ein Insolvenzverfahren eröffnet wird.

In der Literatur unterscheidet man zwischen einer statischen und dynamischen Liquidität. Die statische Liquidität ist dann gegeben, wenn die verfügbaren Zahlungsmittel ausreichen, um die sofort fälligen Verbindlichkeiten zu begleichen. Die dynamische Liquidität hingegen ist dann gesichert, wenn alle vorgesehenen Zahlungsverpflichtungen mit allen vorgesehenen verfügbaren Zahlungsmitteln beglichen werden können. Die vorgesehenen verfügbaren Zahlungsmittel können resultieren aus:

- Anzahlungen und Schlusszahlungen der Auftraggeber
- Liquidierung einzelner Vermögensgegenstände, die zur Produktion nicht benötigt werden
- Bereitschaft von Kreditgebern, im Bedarfsfall noch Kredite zu gewähren

In Bezug auf die optimale Liquidität muss auf den Zielkonflikt zwischen Rentabilität und Liquidität hingewiesen werden. Dieser Konflikt besteht darin, dass Liquidität und Rentabilität negativ korreliert sind, d. h. eine hohe Liquidität bedeutet geringe Rentabilität und umgekehrt.

„Jedes rational handelnde Unternehmen ist bemüht, die aus ihrer Tätigkeit resultierenden Einnahmen und Ausgaben (bzw. Ein- und Auszahlungen) so zu gestalten, dass ihre Liquidität bei möglichst niedriger Geldhaltung gesichert ist."[4]

Minimierung der Finanzierungsaufwendungen
Ein Auswahlkriterium bei der Beurteilung von Finanzierungsalternativen sind die Finanzierungsaufwendungen. Welche Finanzierungsaufwendungen anfallen können,

---

[4] Büschgen, H.E.: a.a.O., S. 340.

13.1 Entscheidungskriterien

wird am Beispiel des Kontokorrentkredits und am Beispiel eines Annuitätendarlehens gezeigt.

Beispiel eines Kontokorrentkredits

Die Zahlenangaben sind Mittelwerte und im Einzelfall variieren diese in Abhängigkeit vom Kreditinstitut, von der Marktlage und dem Kunden. An Aufwendungen fallen in der Regel an:

1. Kreditzinsen
   Sie hängen ab von dem jeweiligen Basiszins[5], von den Marktverhältnissen und der Unternehmenspolitik der Bank. Die Kreditzinsen liegen in der Regel 4 % über dem Basiszins.
2. Kreditprovision
   Die Kreditprovision wird im Prozentsatz des zugesagten Kreditrahmens berechnet. Sie beträgt ca. 3 % vom Kreditrahmen.
3. Umsatzprovision
   Sie ist das Entgelt für die Bankdienstleistung und sie wird von der jeweils größeren Umsatzseite des Kontos berechnet. Konten mit sehr hohen Umsätzen werden u. U. auch provisionsfrei geführt.
4. Überziehungsprovision
   Sie wird berechnet, wenn der Kreditnehmer den vereinbarten Kreditrahmen überschreitet. Sie beträgt ca. 3 % pro Jahr. Für Überziehungen werden häufig zusätzliche Sicherheiten vereinbart.
5. Nebenkosten
   Hier werden Porto, Kosten von Vordrucken, Kosten für Auskünfte, Grundbuchkontrolle usw. Berechnet

Beispiel eines Annuitätendarlehens

Bei langfristigen Krediten, z. B. bei Darlehen, geht es nicht nur um die (Nominal-) Zinsen, sondern es müssen auch der Ausgabe- und Rückzahlungskurs sowie Gebühren/Provisionen, die Art der Zinsberechnung und die Regelung der Kapitaltilgung in den Aufwandsvergleich einbezogen werden. Welchen Einfluss die Regelung der Kapitaltilgung auf die zu zahlenden Gesamtzinsen hat, soll durch folgende Alternativen verdeutlicht werden.[6]

Für die Finanzierung eines Gerätes liegen folgende Kreditangebote vor (siehe Abb. 13.1):

---

[5] Basiszins = Diskontsatz-Ersatz gemäß Diskont-Überleitungs-Gesetz.
[6] Reich, V. E.: Investieren und finanzieren, 3. überarbeitete und ergänzte Auflage, Deutscher Sparkassenverlag GmbH: Stuttgart 1992, S. 76 ff.

Alternative I : Tilgung in Annuitäten beim Annuitätendarlehen

Kreditbetrag	60 000 EUR			
Zinssatz	8% p.a.			
Tilgung	in 5 Annuitäten zu je 15 027,39 EUR			
Zahlungsweise	jeweils am Jahresende			
Jahr	Kreditbestand (am Jahresanfang)	Tilgung (Zahlung am Jahresende)	Zinsen	Kapitaldienst
1	60 000	10 227	4 800	15 027
2	49 773	11 046	3 982	15 027
3	38 727	11 929	3 098	15 027
4	26 798	12 884	2 144	15 027
5	13 914	13 914	1 113	15 027
Summe	189 221*	60 000	15 137	75 137

* Durchschnittlicher Kreditbestand: 37.842.-

Alternative II : Tilgung in gleichen Periodenraten beim Abzahlungsdarlehen

Kreditbetrag	60 000 EUR			
Zinssatz	8 % p.a.			
Tilgung	in 5 gleichen Jahresraten			
Zahlungsweise	Tilgungs- und Zinszahlung jeweils am Jahresende			
Mit diesen Konditionen sind die Kapitaldienstverpflichtungen betraglich und zeitlich wie folgt verteilt:				
Jahr	Kreditbestand (am Jahresanfang)*	Tilgung (Zahlung am Jahresende)	Zinsen	Kapitaldienst
1	60 000	12 000	4 800	16 800
2	48 000	12 000	3 840	15 840
3	36 000	12 000	2 880	14 880
4	24 000	12 000	1 920	13 920
5	12 000	12 000	960	12 960
Summe	180 000	60 000	14 400	74 400

* Durchschnittlicher Kreditbestand: 36 000

Abb. 13.1 Gegenüberstellung der Konditionen bei Annuitäten- und Abzahlungsdarlehen

Bei Darlehensangeboten liegen die genannten Aufwandsarten in unterschiedlichen Ausprägungen vor. Deshalb wurde eine einheitliche Messgröße geschaffen, um Alternativen vergleichen zu können. Es handelt sich um den Effektivzins. Dieser wird in der Praxis mit einer relativ komplizierten mathematischen Formel auf der Basis der internen Zinsfußmethode errechnet und muss bei Kreditverhandlungen vom Kreditinstitut angegeben werden.

Als Schätzgröße mit ausreichend genauer Berechnung des Effektivzinssatzes kann folgende Faustformel verwendet werden.

13.1 Entscheidungskriterien

$$p_{eff} = \frac{p \times 100}{C_o} + \frac{C_n - C_0}{n}$$

wobei:

p_{eff} = Effektivverzinsung
p = Nominalzinsfuß z. B.: 10 %
n = Laufzeit z. B.: 10 Jahre
C_o = Ausgabekurs z. B.: 97 %
C_n = Rückzahlungskurs z. B.: 100 %

$$p_{eff} = \frac{10 \times 100}{97} + \frac{100 - 97}{10} = 10{,}30 + 0{,}30 = 10{,}60\,\%$$

Dieser Zinssatz beinhaltet die unmittelbaren Konditionen des Darlehens. Daneben fallen noch einmalige Begebungskosten von ca. 2 % und laufende Jahresnebenkosten von ca. 3 % der Darlehenssumme an. Unter Berücksichtigung dieser Kosten erweitert sich die Effektivverzinsung eines Darlehens wie folgt:

	Effektivverzinsung	10,60 % =	10,60 €
+	einmalige Begebungskosten (2 % : 10 Jahre)	0,20 % =	0,20 €
+	laufende Nebenkosten	0,30 % =	0,30 €
		11,10 %	11,10 €

Wird dieser Betrag auf den prozentualen Ausgabekurs, also auf den zur Verfügung stehenden Darlehensbetrag bezogen, dann ergibt sich die endgültige Effektivverzinsung von:

$$\frac{11{,}10}{97} \times 100 = \underline{\underline{11{,}45\,\%}}$$

Unabhängigkeit

Ein weiteres Kriterium beim Aufbau der Kapitalstruktur ist das Streben der Unternehmensführung nach Unabhängigkeit von den Kapitalgebern. Dies kann so weit gehen, dass Unternehmensführungen von einer rentablen Kapitalbeschaffung Abstand nehmen, wenn an die Bereitstellung des Kapitals Bedingungen geknüpft sind, die ihre Unabhängigkeit beeinträchtigen. Es ist dabei nicht nur an die Unabhängigkeit von Kreditgebern zu denken. Auch Großaktionäre können beispielsweise einen für die Unternehmensführung unbequemen Einfluss ausüben. Das hieraus erwachsende Risiko ist jedoch kaum quantifizierbar, da die Einflussmöglichkeiten der Kapitalgeber von Fall zu Fall sehr verschieden sein können. Dies ist auch abhängig vom Verhältnis zwischen Eigen- und Fremdkapital und insbesondere auch von der Rechtsform des Unternehmens. In diesem Zusammenhang ist wiederum der Leverage-Effekt zu nennen. Zwar kann mit einem hohen Verschuldungsgrad die Eigenkapitalrentabilität erhöht werden. Die Unabhängigkeit wird dadurch aber in der Regel erheblich eingeschränkt. Die Fremdkapitalgeber lassen sich ihre hohe Beteiligung auch mit entsprechender Einflussnahme bezahlen.

Finanzielle Dispositionsfreiheit
Hierunter wird die Möglichkeit verstanden, dass ein Unternehmen kurzfristig die seinem Kapitalbedarf entsprechenden Finanzmittel aufnehmen oder abgeben kann.
Folgende Vorteile sind damit verbunden:

- Bei Veränderung der Zinsstruktur kann teures durch billigeres Kapital ersetzt werden.
- Ein kurzfristig auftretender Kapitalbedarf kann jederzeit abgedeckt werden.
- Durch Rückzahlung von freiem Kapital können Finanzierungsaufwendungen reduziert werden.

Die finanzielle Dispositionsfreiheit hängt unmittelbar vom Potenzial an Sicherheiten ab. Je größer dieses Potenzial ist, desto größer ist die Dispositionsfreiheit. Verfährt das Unternehmen bei der Gewährung von Sicherheiten zu großzügig, wird sie bei kurzfristig auftretendem zusätzlichem Kapitalbedarf große Schwierigkeiten haben.

Zusammenfassend kann festgestellt werden: Ein hoher Anteil von Eigenkapital am Gesamtkapital gibt auch in Krisenzeiten mehr Sicherheit, hebt die Kreditwürdigkeit und stärkt die Unabhängigkeit von Kapitalgebern. Allerdings kann bei guter und langanhaltender Ertragslage mit zusätzlichem Fremdkapital die Eigenkapitalrentabilität erhöht werden. Dabei muss jedoch bedacht werden, dass hiermit u. U. ein erhöhtes Liquiditätsrisiko in Kauf genommen werden muss.

13.2 Organisatorische Einbindung der Investitions- und Finanzentscheidungen

Investitions- und Finanzentscheidungen sind von grundsätzlicher Bedeutung für alle Unternehmen und besonders auch für bauwirtschaftliche Unternehmen. Dies ist ebenso unabhängig von der Größe des Unternehmens als auch unabhängig davon, ob es sich um Unternehmen der Planungsbeteiligten, der Bauausführenden oder der Projektentwickler handelt.

Die genannten Entscheidungen werden einerseits auf der Grundlage von Zukunftserwartungen getroffen und andererseits beeinflussen sie ganz entscheidend die Zukunft des Unternehmens. Daher dürfen solche Entscheidungen nicht aus Augenblicksituationen, gewissermaßen intuitiv, getroffen werden, sondern sie müssen auf der Grundlage von systematischen Überlegungen erfolgen.

Im Mittelpunkt dieser Überlegungen stehen neben der Zielsetzung die Informationen, die zur Verfügung stehen bzw. die erarbeitet werden können.

13.2 Organisatorische Einbindung der Investitions ...

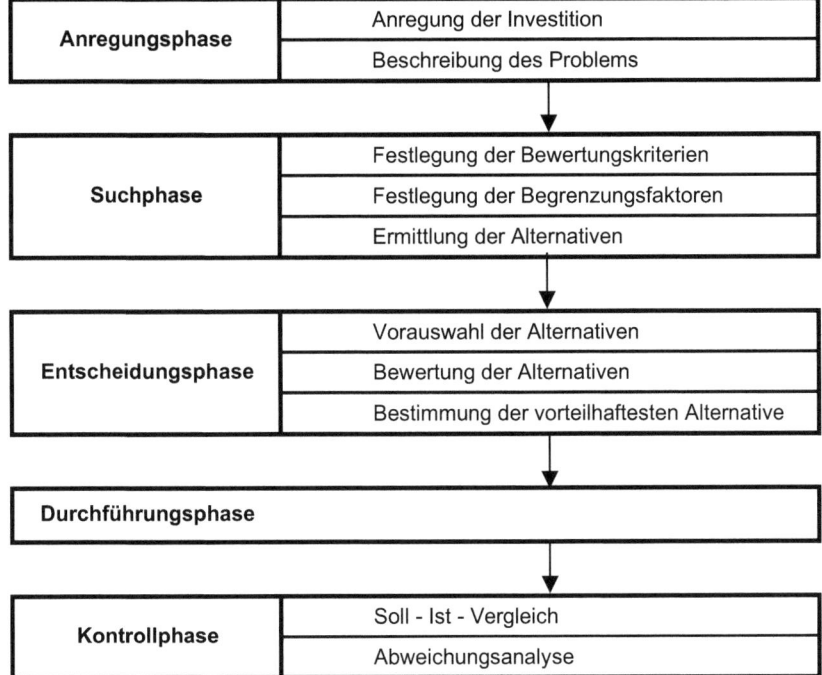

Abb. 13.2 Phasen des Entscheidungsprozesses

Je unvollkommener die Informationen sind, und hier handelt es sich häufig um Erwartungen und Prognosen, desto größer sind die Unsicherheiten und Risiken, die mit der Entscheidung zusammenhängen.

Damit trotz dieser Unwägbarkeiten möglichst optimale Entscheidungen getroffen werden, kann man zunächst den Entscheidungsprozess gedanklich in Phasen zerlegen und diese einzeln und die Beziehungen zwischen den Phasen untersuchen. Im Anschluss daran wird es sinnvoll sein, dass man die Tätigkeiten, die sich bei der Phaseneinteilung ergeben, den entsprechenden Organisationseinheiten zuordnet.

In der Literatur werden die Phasen der Entscheidungsprozesse häufig wie in Abb. 13.2 unterteilt.[7]

Anregungsphase

In dieser Phase stellt man fest, dass die Ist-Situation in bestimmten Unternehmensbereichen nicht dem gewünschten Sollzustand entspricht. Daher wird man in dieser Phase unter Beachtung des Zielsystems des Unternehmens eine gewissenhafte Ursachenanalyse

---

[7]Vgl. z. B.: Heinen, E. (1985): a.a.O., S. 47 f.; Olfert, K.: a.a.O., S. 64 f.; Wöhe, G.: a.a.O., S. 138 f.

betreiben, die zur Klärung und Präzisierung der festgestellten Abweichung und damit zur Festlegung der Entscheidungsaufgabe führt.

Suchphase

In dieser Phase werden alle Informationen gewonnen, die in irgendeiner Beziehung zur geplanten Entscheidung stehen. Das Zusammenstellen und Aufbereiten dieser Informationen kann je nach der Bedeutung der Entscheidung eine außerordentlich umfangreiche Arbeit sein. Man denke nur daran, dass z. B. bei Anfangs- oder Erweiterungsinvestitionen möglichst umfangreiche Informationen über den Absatz- und Beschaffungsmarkt, über Finanzierungsmöglichkeiten, über die zur Wahl anstehenden Verfahren der Fertigung, über Leistungsfähigkeit und Verhalten der Konkurrenz etc. vorliegen müssen. Erschwerend kommt hinzu, dass diese Informationen in aller Regel auf Prognosen und zum Teil auf subjektiven Erwartungen beruhen. Das Ergebnis dieser Phase ist die Beschreibung und Bewertung von Alternativen.

Entscheidungsphase

In dieser Phase wird die eigentliche Entscheidung getroffen. Nach Möglichkeit werden in dieser Entscheidungsphase die Investitionsrechenverfahren als Entscheidungshilfen eingesetzt. Letztendlich wird die Entscheidung aber ganz wesentlich auch von qualitativen Kriterien beeinflusst.

Durchführungs- und Kontrollphase

Die Realisierung der Entscheidung muss laufend überwacht und gegebenenfalls an veränderte Situationen angepasst werden. Infolgedessen besteht ein zirkularer Zusammenhang zwischen den hier aufgezeigten Phasen des Entscheidungsprozesses.

Zur abschließenden Beurteilung des Entscheidungsprozesses kann man feststellen. „Man kann davon ausgehen, dass in der betrieblichen Praxis Entscheidungen sehr häufig aus Augenblickssituationen – gewissermaßen intuitiv – getroffen werden. Ein großer Teil der in der betrieblichen Praxis getroffenen Entscheidungen ist von dieser Art."[8] Dies gilt vor allem bei Routineentscheidungen, die aufgrund von Erfahrungen getroffen werden. Allerdings sind vor allem strategische Entscheidungen für das Erreichen der generellen Unternehmensziele und der operativen Oberziele von solch grundlegender Bedeutung, dass diese Entscheidungen sehr wohl aufgrund sorgfältiger und systematischer Überlegungen getroffen werden sollten. Dies gilt sowohl für Investitions- als auch für Finanzierungsentscheidungen. Dies umso mehr, weil diese beiden Entscheidungsbereiche direkt voneinander abhängig sind.

---

[8] Vgl. Wöhe, G.: a.a.O., S. 138.

13.2.1 Einbindung der Investitionsentscheidungen

Entsprechend des dargestellten Phasenschemas betrifft dies zunächst die Anregungsphase.

Grundsätzlich können alle Mitarbeiter eines Unternehmens einen Investitionsbedarf erkennen und konkrete Investitionsanregungen formulieren. Dies dürfte in der Praxis dann keine großen Probleme geben, wenn das Führungskonzept „Management by Objectives (MbO)" angewendet wird. Bei diesem Modell werden durch das gemeinsame Festlegen von Zielen die Verantwortungsbereitschaft und die Eigeninitiative gefördert. Mitarbeiter werden, wenn sie genügend motiviert sind, sehr wohl Investitionsanregungen geben, die ihren Arbeitsbereich betreffen. Dabei kann es sich z. B. um den Einsatz neuer Produktionsmittel handeln, wie z. B. IT-Systeme, Werkzeuge und Geräte. Vorschläge im Bereich der strategischen Investitionen werden in aller Regel vom oberen Management entwickelt. So werden Anregungen im Bereich der immateriellen Investitionen und der langfristigen Finanzinvestitionen in den meisten Fällen von der Unternehmensleitung und – bei größeren Unternehmen – in Zusammenarbeit mit den Geschäftsleitungen der Tochtergesellschaften und Zweigniederlassungen erarbeitet. Besonders Niederlassungsleiter und Projektleiter sind durch ihre ständigen Geschäftskontakte und der allgemeinen Marktbeobachtung bestens informiert, um Entwicklungen auf den Baumärkten, wie z. B. Veränderungen der nachgefragten Produkte bzw. Dienstleistungen, rechtzeitig zu erkennen und entsprechende Investitionen für Marketing, Forschung und Entwicklung anzuregen. Abgeschlossen wird die Anregungsphase mit der Formulierung eines Investitionsantrages. Dieser muss eine möglichst umfassende Beschreibung des Investitionsvorhabens und die Dringlichkeit und Vorteile der gewünschten Investition beinhalten.

Wird die Anregung von der entsprechenden hierarchischen Organisationsebene aufgenommen, dann beginnt die Suchphase.

Bei kleinen Unternehmen wird dies in aller Regel die Geschäftsführung übernehmen. Bei größeren Unternehmen kann die Einrichtung einer Stabstelle hilfreich sein. Bei strategischen Investitionen ist es auch möglich, einen ad-hoc Ausschuss aus Fachkräften zu bilden. Diese Fachkräfte können dem Unternehmen angehören oder es können externe Berater eingeschaltet werden. Bei der Einschaltung der genannten Gremien muss auf die richtige Verteilung der Kompetenzen geachtet werden, denn diese Gremien sind für die Informationsbeschaffung, Aufbereitung und Auswertung der Daten verantwortlich. Durch subjektive Interessen von den Beteiligten fließen naturgemäß viele subjektive Beurteilungen und Bewertungen ein. Dies kann u. U. dazu führen, dass Interessenkonflikte eine objektive Investitionsbeurteilung erschweren. Abgeschlossen wird die Suchphase mit einer detaillierten Darstellung der Vorteilhaftigkeit der Einzelinvestition bzw. der alternativen Investitionssituationen. Die Vorteilhaftigkeit ist nach Möglichkeit durch entsprechende Rechenverfahren zu untermauern.

Bezüglich der Entscheidungsphase gilt: Es muss in einem Unternehmen festgelegt sein, wer die jeweilige Investitionsentscheidung trifft. Strategische Investitionsentscheidungen sind echte Führungsentscheidungen. Sie binden langfristig große Kapitalbeträge und sie erfordern die Kenntnis der Zusammenhänge zwischen strategischen Investitionen und den betroffenen Abteilungen des Unternehmens. Führungsentscheidungen werden vom Eigentümer bzw. von Unternehmensleitungen getroffen. Bei großen Unternehmen sind diese Führungsentscheidungen auch bei Niederlassungen oder Beteiligungsgesellschaften angesiedelt. Operative Investitionsentscheidungen hingegen sind am besten dort angesiedelt, wo die Ziele „Maximierung des Betriebsergebnisses" und „Minimierung der Produktionsfaktoren" erreicht werden müssen. So kann z. B. bei bauausführenden Unternehmen die Entscheidung einer Geräteersatzinvestition durch den Projektleiter erfolgen. Bei Investitionen von Großgeräten sollte die Geräteabteilung hinzugezogen werden. Dies ist deshalb sinnvoll, da in dieser Abteilung die Daten über Anschaffungspreise, durchschnittliche Nutzungsdauern, Reparaturkosten etc. vorliegen und die Geräteabteilung in aller Regel den besten Überblick über das Angebot auf dem Gerätemarkt hat.

In der Durchführungsphase wird die Investitionsentscheidung realisiert. Hier ist zu bedenken, dass zwischen der Investitionsentscheidung und der Realisation mitunter größere Zeitspannen liegen. Dies erfordert unter Umständen eine nochmalige Überprüfung der Daten, die der Willensbildung zugrunde gelegt waren.

Die Kontrollphase sollte nicht erst nach Beendigung der Durchführungsphase beginnen. Sie sollte den gesamten Investitionsentscheidungsprozess begleiten. Dies kann sehr hilfreich sein, um rechtzeitig Daten und Angaben zu berichtigen und bei Fehleinschätzungen noch rechtzeitig Gegenmaßnahmen einleiten zu können. Auch können Ergebnisse der Kontrollphase bei zukünftigen Investitionsentscheidungen von Vorteil sein. Insofern besteht der bereits genannte zirkulare Zusammenhang zwischen den Phasen der Investitionsentscheidung. Die Kontrolle der Planung und Realisierung von Investitionen wird bei kleineren und mittleren Unternehmen bei der Unternehmensleitung angesiedelt sein. Bei großen Unternehmen wird diese Kontrolle von der Kernbereichsabteilung „Revision" oder von der Kernbereichsabteilung „strategisches Controlling" durchgeführt.

13.2.2 Einbindung der Finanzierungsentscheidungen

Die Anregung zur Finanzierungsentscheidung entsteht durch die Formulierung der notwendigen bzw. erwünschten Investition.

Die Suche nach alternativen Finanzierungsmöglichkeiten wird bei kleineren Unternehmen vom Eigentümer oder von der Geschäftsführung übernommen. Bei größeren Finanzsummen werden häufig externe Beratungen hinzugezogen. Bei mittleren und großen Unternehmen vollzieht sich die Alternativensuche in einem institutionellen Rahmen, den man häufig Finanzmanagement nennt.

13.2 Organisatorische Einbindung der Investitions ...

Finanzprozeßmanagement	Finanzstrukturmanagement
• Optimale Gestaltung des Finanzflusses im Unternehmen, das heißt: - Lenkung - Organisation - Planung - Kontrolle des Finanzflusses mit Hilfe bestimmter Hilfskriterien • Vorbereitung und Durchführung der Kreditaufnahme • Vorbereitung und Durchführung der Eigenkapitalaufnahme	• Ermittlung des betriebsnotwendigen Finanzierungsvolumens • Aufzeigen alternativer Finanzierungsmöglichkeiten • Versuch eine Optimierung von - Kapitalstruktur und - Vermögensstruktur mit Hilfe bestimmter Zielkriterien
Eher im Bereich der **dispositiven** und **operativen** Entscheidungsebene	Eher im Bereich der **strategischen** Entscheidungsebene

Abb. 13.3 Überblick über Aufgaben des Finanzmanagements[9]

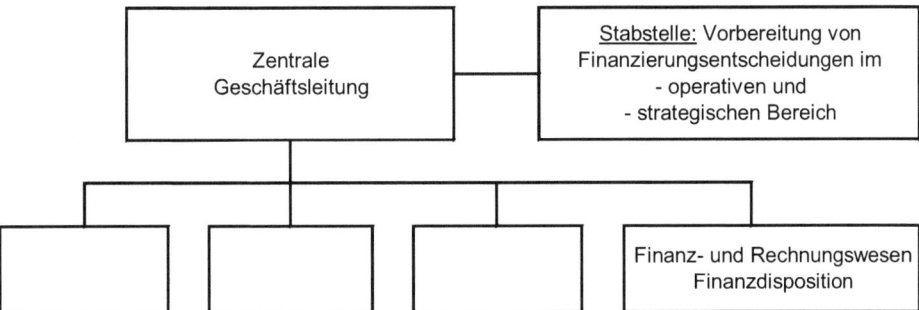

Abb. 13.4 Einbindung des Finanzmanagements in die Unternehmensorganisation

Abb. 13.3 gibt einen Überblick über die Aufgaben dieses Finanzmanagements.

„Wegen der herausragenden Stellung der betrieblichen Finanzwirtschaft im Unternehmensgefüge und aufgrund der Tatsache, dass die betriebliche Finanzwirtschaft häufig Engpasssektor ist, sollte das Finanzmanagement im Bereich der zentralen Geschäftsleitung angesiedelt sein."[10] (Abb. 13.4).

„In Großunternehmen kann, vor allem zur Koordination, Entscheidungsvorbereitung und Beratung, auch die Einrichtung von Komitees oder Ausschüssen zweckmäßig sein. Dies gilt vor allem hinsichtlich divisionalisierter Gesamtunternehmen, in denen zwischen dem finanzwirtschaftlichen Bereich und den einzelnen Sparten multilaterale Interdependenzen bestehen. Soweit sehr häufig Interaktionen auftreten, wird u. U. ein „ständiger Ausschuss" gebildet."[11]

---

[9] Vgl. Busse, F.-J.: Grundlagen der betrieblichen Finanzwirtschaft, Oldenbourg Verlag: München-Wien 1989, S. 224.

[10] Busse, F.-J.: a.a.O., S. 224.

[11] Büschgen, H.E.: a.a.O., S. 28.

Bei Finanzierungsentscheidungen kommt es darauf an, ob es sich um die Finanzierung einer operativen oder strategischen Investition handelt. Bei operativen Investitionen liegt die Entscheidung in aller Regel bei den Instanzen, die unmittelbar mit der Erbringung von Planungs-, Dienst- und Bauleistungen befasst sind. Daher ist es sinnvoll, auch die Entscheidung zur Finanzierung der operativen Investitionen bei diesen Instanzen anzusetzen. In kleineren Unternehmen ist dies wiederum der Eigentümer und bei Personengesellschaften die Geschäftsführung. Bei größeren Unternehmen werden diese Entscheidungen bei den Niederlassungen oder Zweigniederlassungen liegen. Sie müssen nach bestimmten für das gesamte Unternehmen geltenden Verfahrensregeln aufeinander und mit der obersten Zielsetzung des Unternehmens abgestimmt sein.

Zur Finanzierung von strategischen Investitionen sind in aller Regel große Finanzierungssummen notwendig. Daher sind die damit zusammenhängenden Finanzierungsentscheidungen immer bei den Instanzen angesiedelt, die letztlich für das Bestehen und die Weiterentwicklung des Unternehmens verantwortlich sind, d. h. bei den obersten Entscheidungsorganen der Unternehmen. Ist die Finanzierungsentscheidung gefallen, dann müssen in der Durchführungsphase die entsprechenden Kreditverträge und Kreditsicherungsverträge vorbereitet und abgeschlossen werden. Bei einer Entscheidung, z. B. für eine Eigenkapitalerhöhung, müssen entsprechende Maßnahmen[12] eingeleitet werden. Diese Tätigkeiten können von entsprechenden Stabstellen vorgenommen werden. Während und nach der Durchführung der finanzwirtschaftlichen Maßnahme müssen in der Kontrollphase Aufgaben durchgeführt werden, die man auch als Realisationsverantwortung bezeichnet.

Hierzu gehören beispielsweise:

- Fristgerechte Informationen über die tägliche Liquiditationssituation.
- Entwicklung der Liquidität und Finanzsituation in den kommenden Monaten.
- Ermittlung und Auswertung der Soll-Ist-Abweichungen zwischen Finanzplänen und eingetretenen Finanzsituationen.

Diese genannten Aufgaben werden je nach Unternehmensgröße entweder von der Unternehmensleitung oder der Kernbereichsabteilung „Revision" oder eventuell – soweit eingerichtet – von der Abteilung „Strategisches Controlling" durchgeführt.

Die bisherigen Ausführungen bezogen sich primär auf den Entscheidungsprozess bei der Unternehmensfinanzierung.

Bei der Projektfinanzierung gibt es einen anderen Schwerpunkt. Bauherren werden für ein genau festgelegtes Bauprojekt nur dann Finanzmittel bereitstellen, wenn sie von der Wirtschaftlichkeit bzw. Rentabilität des Projektes überzeugt sind. Außerdem erfordern die Größenordnungen dieser Bauprojekte einen Kapitalbedarf, welcher in aller Regel von einzelnen Unternehmen – schon aus Gründen der Risikostreuung – nicht

---

[12] Vgl. Leimböck, E. (1997): a.a.O., S. 24 ff.

aufgebracht werden. Dies hat zur Folge, dass z. B. geschlossene Immobilienfonds oder Projektgesellschaften gegründet werden. Damit ergibt sich die Frage, welche Unternehmen sich an diesen Organisationen beteiligen und welche Kapitalanteile sie einbringen wollen. Dabei werden die Unternehmen versuchen, ihr einzubringendes Eigenkapital soweit wie möglich zu minimieren.

Dies hat folgende Gründe:[13]

- keine zu starke Belastung der eigenen Liquidität
- Minimierung des Risikos des Kapitalverlustes
- Handlungsfähigkeit hinsichtlich weiterer Projektbeteiligungen

Entscheidungen mit dieser Tragweite für das Bestehen des eigenen Unternehmens können ausschließlich von den Unternehmensleitungen selbst getroffen werden.

Ist die Entscheidung zur Beteiligung gefallen, dann wird im Gesellschaftsvertrag festgelegt, wann und in welcher Höhe die für die Erstellung des Bauprojektes erforderlichen Geldmittel zur Verfügung gestellt werden. Die Gestaltung des Finanzflusses zwischen der Projektgesellschaft und den Lieferanten, Nachunternehmern, Kreditinstituten etc. obliegt in aller Regel der kaufmännischen Geschäftsführung der Projektgesellschaft. Als Kontrollinstrument wird festgelegt, dass die kaufmännische Geschäftsführung monatliche Finanzberichte und Finanzpläne für die laufenden Zahlungsvorgänge und für die geplanten operativen Investitionen anfertigt und den Gesellschaftern zur Verfügung stellt.

13.3 Simultane Investitions- und Finanzplanung

Investitionen können nur dann getätigt werden, wenn entsprechende Finanzmittel vorhanden sind. Das bedeutet bei Investitionsentscheidungen muss gleichzeitig bedacht werden, ob die für die Investition erforderlichen Finanzmittel in Form von Eigen- und/oder Fremdkapital vorhanden oder beschaffbar sind. Dies erfolgt im Rahmen von simultanen Investitions- und Finanzplanungen.

13.3.1 Unternehmensbezogene Planungen

13.3.1.1 Planungen bei der Gründung von Unternehmen
Bei einer Unternehmensgründung hängt der Bedarf an Finanzmitteln von mehreren Bestimmungsfaktoren ab. „Bestimmungsfaktoren für den gründungsnotwendigen Kapitalbedarf sind im Wesentlichen die Höhe

---

[13] Wolff, H.J/Mundorf, H.B.: a.a.O., S. 115.

- des Anlagevermögens (Betriebsausstattung, Büroausstattung, Lagereinrichtung, Transportmittel etc.)
- der Betriebsmittel- und Warenerstausstattung
- der gründungsspezifischen Aufwendungen (Steuerberater-, Notargebühren, Gebühren des Handelsregistereintrags etc.)
- der Werbekosten (Markteinführungsausgaben)
- der voraussichtlichen Anlaufverluste und der Liquiditätsreserve, die benötigt wird, um die Zeitverschiebung zwischen Ausgaben (Löhne, Mieten, Steuern etc.) und Zahlungseingängen zu überbrücken."[14]

Speziell der letztgenannte Faktor muss besonders hervorgehoben werden, da bei vielen Unternehmensgründungen dies nicht genügend beachtet wird. Viele Unternehmensgründungen scheitern dran, dass nicht genügend Liquiditätsreserven vorhanden sind. Die Höhe der voraussichtlichen Anlaufverluste hängt ab von dem Zeitraum, in welchem die Ausgaben größer sind als die Einnahmen. Diese Anlaufphase wird häufig auch als „Durststrecke" bezeichnet.

Die Höhe des Finanzmittelbedarfs für den Produktionsprozess ergibt sich aufgrund der Investitionsüberlegungen. Diese finden ihren Niederschlag in einem Investitionsplan. Ist der Finanzmittelbedarf für die Anlaufverluste und für den Produktionsprozess errechnet, dann ergibt sich die Frage, ob die dafür notwendigen Finanzmittel in Form von Eigen- und Fremdkapital zur Verfügung stehen. Besonders bei der Gründung von Unternehmen muss genügend Eigenkapital vorhanden sein, denn bei einer zu geringen Eigenkapitalquote gibt es Schwierigkeiten bei der Beschaffung von Fremdkapital.

Die folgenden Beispiele sollen verdeutlichen, welche Überlegungen bei der Gründung von Unternehmen im Zusammenhang mit der Investitions- und Finanzplanung notwendig sind.

Beispiel: Gründung eines Bauunternehmens
Dem Beispiel liegt folgende Ausgangsposition zugrunde. Der 38-jährige Baumann (M. Eng.) mit 12-jähriger Berufserfahrung aus Tätigkeiten in einem Kalkulations- und Konstruktionsbüro sowie in der Bauleitung und der 32-jährige Betriebswirt (FH) Kaufmann, der über 7 Jahre Berufserfahrung in Bauunternehmen verfügt, haben sich entschlossen, ein Bauunternehmen in der Rechtsform einer OHG zu gründen. Dieser Entschluss kam angesichts eines sehr guten persönlichen Netzwerkes und einer angestrebten Nischenpolitik zustande.

Die beiden Herren gehen davon aus, dass sie nach ungefähr 10 Jahren eine Jahresleistung von ca. 60 Mio. € erzielen werden. Diese Vorstellung ist gerechtfertigt, da Herr Baumann über gute Beziehungen zu öffentlichem und privatem Bauherrn sowie zu zahlreichen Architekten- und Ingenieurbüros verfügt. Bei der Gründung der OHG liegen be-

---

[14] Albach, H./Hunsdiek, D./Kokalj, L.: a.a.O., S. 38.

13.3 Simultane Investitions- und Finanzplanung

reits 2 Aufträge – der Bau einer Stützmauer und der Bau von zwei Wohnanlagen mit je 11 Wohneinheiten – vor. Die gesamte erwartete Bauleistung beträgt zum Zeitpunkt der Gründung der OHG ca. 1,1 Mio. €.
Ihre Investitionsüberlegungen haben ergeben, dass sie zunächst benötigen:

- Baugeräte im Gesamtwert von 150 T€
- Grundstück für einen Bauhof und für eine spätere Errichtung eines Verwaltungsgebäudes in Höhe von 200 T€
- Liquide Mittel in Höhe von 580 T€. Diese liquiden Mittel werden zur Abwicklung der zu erbringenden Bauleistungen benötigt, und zwar für Materialeinkäufe, Personalaufwendungen und Nachunternehmerleistungen. Außerdem fallen Gründungsaufwendungen in Höhe von 10 T€ an.
- Abschlagszahlungen werden in ca. 2 Monaten erwartet.

Mit diesen Zahlen ergibt sich ein Bedarf an Finanzmitteln in Höhe von 930 T€.
Folgende Finanzmittel werden bereitgestellt: Herr Baumann bringt als Einlage 100 T€ Bargeld. Er hat außerdem aus einem Konkurs Baugeräte mit einem Gesamtwert von 150 T€ erworben, die er der Gesellschaft zur Verfügung stellt. Herr Kaufmann bringt 50 T€ Bargeld und ein unbelastetes Grundstück mit einem Verkehrswert in Höhe von 200 T€ ein. Aus diesen Gesellschafterbeiträgen der Gesellschafter ergibt sich das Eigenkapital der OHG wie folgt: Kapital Baumann: 250 T€, Kapital Kaufmann: 250 T€
Beide Herren haben gemeinsam eine Zusage für ein zinsverbilligtes Darlehen der KfW in Höhe von 180 T€, das über die Hausbank beantragt wird. Die KfW übernimm dabei das Kreditausfallrisiko, sodass die üblichen Sicherheiten wie die Eintragung einer Grundschuld auf das Grundstück und die Sicherheitsübereignung der Baugeräte entfallen. Außerdem hat Herr Baumann eine Zusage der beiden Bauherren für Vorauszahlungen, nämlich 50 T€ für den Auftrag „Stützmauer" und 200 T€ für den Auftrag „Wohnungsbauanlage". Diese Vorauszahlungen werden am Tage der Gründung des Bauunternehmens an die Bank überwiesen. Damit ergibt sich der in Abb. 13.5 dargestellte Investitions- und Finanzplan.

Investitionen		Finanzmittel		
Grundstück:	200 T€	Eigenkapital:	- Baumann:	250 T€
Baugeräte:	150 T€		- Kaufmann:	250 T€
Liquide Mittel:	580 T€	Fremdkapital:	- Darlehen:	180 T€
			-Anzahlung:	250 T€
	930 T€			930 T€

Abb. 13.5 Investitions- und Finanzplan zur Gründung eines Bauunternehmens

Aufgrund der üblichen Zahlungsmodalitäten bei der Abwicklung von Bauprojekten und der ersten tilgungsfreien Jahre (KfW-Gründungdarlehen) nehmen die Herren Baumann und Kaufmann an, dass in der Anfangsphase keine finanzielle Durststrecke (Verlustzone) entstehen wird.

13.3.1.2 Laufende Investitions- und Finanzplanung

Der Finanzmittelbedarf eines Unternehmens ergibt sich grundsätzlich aus folgenden Bereichen:

- Finanzmittelbedarf für laufende Aufwendungen, die bei der Erstellung von Planungs-, Dienst- oder Bauleistungen anfallen. Dies sind im Wesentlichen Personal- und Materialaufwendungen, Aufwendungen für Nachunternehmerleistungen, Betriebssteuern, Aufwendungen für die Inanspruchnahme von Rechten (Mieten, Lizenzen etc.) sowie sonstige Verwaltungsaufwendungen. Der Finanzmittelbedarf für die laufenden Aufwendungen muss durch die laufenden Erlöse für die erbrachten Leistungen gedeckt werden.
- Finanzmittelbedarf für Investitionen. Dieser wird durch die Instrumente der Außen- und Innenfinanzierung gedeckt.

Die Zahlen in dem nachfolgenden Schema können sein:

- Vergangenheitsorientiert im Sinne einer Rechnungslegung,
- Zukunftsorientiert im Sinne einer Finanzplanung.

Im Hinblick auf die Zukunftsorientierung schreibt z. B. Büschgen: „Die Bestimmung des Zeitraumes, für den die Ein- und Auszahlungen vorausschauend erfasst und gestaltet werden sollen (Finanzplanungsperiode), entzieht sich einer generellen Regelung. Sie ist branchen- oder unternehmensindividuell. Je länger die Planperiode, desto größer ist auch die Chance, dass der Plan zukünftige Schwankungen wirtschaftlicher Faktoren in die Überlegung einbeziehen kann, die bei einer kurzfristigen Betrachtung eventuell übersehen werden. Allgemeine Grenzen des Planungszeitraums sind genügende Überschaubarkeit und die Feststellung, welcher Grad an Ungenauigkeit bei der Prognose noch hingenommen werden kann."[15]

In Abb. 13.6 ist eine schematische Darstellung eines Finanzplanes gezeigt.

Der Wunsch nach Ausdehnung der Planperiode wird auch durch die Forderung eingeschränkt, dass die Zahlungsgrößen einer möglichst kurzen Teilperiode zuzuordnen sind, was für längere Perioden zu ungenau wird. Insgesamt ist das Unsicherheitselement um so größer, je länger die Planperiode ist, und umgekehrt. Die Planungsperiode, also der Zeitraum, für den Einnahmen und Ausgaben geplant werden, wird daher unterschiedlich lang

---

[15] Büschgen, H.E.: a.a.O., S. 347.

13.3 Simultane Investitions- und Finanzplanung

	Jan.	...	Dez.	Jahr
1. Finanzmittelbedarf für laufende Aufwendungen				
+ Erlös aus Schlussrechnungen				
+ Erlös aus Abschlagsanforderungen				
+ An- und Vorauszahlungen				
+ Eingänge aus Arbeitsgemeinschaften				
+ Andere Zahlungseingänge				
./. Lohn- und Gehaltszahlungen, einschl. Steuern, Sozialaufwendungen und Lohnnebenkosten				
./. Geldausgang auf Grund von Verbindlichkeiten aus Lieferungen und Leistungen (ohne Investitionen und Nachunternehmer)				
./. Zahlungen an Nachunternehmer				
./. Einschüsse in Arbeitsgemeinschaften				
./. Betriebssteuern				
./. Sonstige Auszahlungen				
Saldo I				
2. Finanzmittelbedarf für Investitionen				
+ Verkäufe von Anlagegegenständen				
+ Eingänge aus Finanzanlagen und sonst. Beteiligungen				
./. Anschaffungen (Investitionen)				
./. Ausgänge für Finanzanlagen und sonstigen Beteiligungen				
Saldo II				
3. Reine Finanzierungsvorgänge				
+ Einlagen				
+ Bankkredite				
./. Einnahmen				
./. Kredittilgungen einschl. Zinsen				
Saldo III = Gesamtnettozufluss (-Abfluss)				
Ergebnis: Saldo I +/- Saldo II +/- Saldo III				
= Gesamtnettozufluss (-Abfluss) von Finanzmitteln im betrachteten Zeitraum				

Abb. 13.6 Schematische Darstellung eines Finanzplanes[16]

---

[16] Vgl. Refisch, B. (1980): Finanzplanung – Hilfsmittel der Unternehmensleitung; in Bauwirtschaft, Heft 35, 1980, S. 1529.

I	Finanzprognose:	+	voraussichtliche Einzahlungen
		./.	voraussichtliche Auszahlungen
		./.	Mindestbestand an liquiden Mitteln
		=	Finanzüberschuß bzw. Finanzlücke
II	Planungsausgleich	+	Finanzzuflüsse
	(Dispositionen)	./.	Liquiditätsreserve
III	Optimierung	=	gewünschter Endbestand an liquiden Mitteln

Abb. 13.7 Planung der Liquiditätsreserve

festgelegt. Finanzpläne über Planungsperioden von einem bis drei Monaten werden meist als kurzfristig, solche bis zu einem Jahr als mittelfristig und solche von mehreren Jahren als langfristig bezeichnet.

Allerdings werden sich bei einer solchen Einteilung Unterschiede nach dem jeweils planenden Unternehmen ergeben. Langfristige Pläne, die meist nur flexible umrissartige Planungen beinhalten können, unterliegen laufender Kontrolle, Korrektur und Ergänzung nach dem neuesten Stand der Erkenntnisse, z. B. aufgrund kurzfristiger Pläne. Kurzfristige Finanzpläne dienen der Feinplanung. Ihr Aufbau wird sich je nach Unternehmen entsprechend dessen Planungsbedürfnissen und -möglichkeiten unterschiedlich gestalten."[17]

Selbst wenn es sehr schwierig ist, mittel- und langfristige Investitions- und Finanzpläne zu entwickeln, so ist es doch notwendig, zumindest den groben Umriss für die zukünftige Entwicklung auf den genannten Sektoren zu erarbeiten. Erst mithilfe solcher Pläne können Investitionen und Finanzierungen rechtzeitig in die Wege geleitet werden. Außerdem muss mithilfe dieser Planungen der Bestand an liquiden Mitteln so gesteuert werden, dass die Sicherheit des Unternehmens aus Gründen der Illiquidität niemals gefährdet ist.

Die Planung des gewünschten Bestandes an liquiden Mitteln kann in Anlehnung an das folgende Grundschema erfolgen (Abb. 13.7).[18]

Je nach Organisationsstruktur und Unternehmensgröße wird es verschiedene Planungsstufen und entsprechende Verdichtungen geben. Für ein mittleres Bauunternehmen sind z. B. folgende Ebenen denkbar:

---

[17] Büschgen, H.E.: a.a.O., S. 348.
[18] Vgl. Refisch, B. (1980): a.a.O., S. 1531.

13.3 Simultane Investitions- und Finanzplanung

I. **Investitionsplan (Objektkosten)**

1.	Grundstück einschließlich Erschließung:	122 500 €
2.	Herstellungskosten einschließlich Außenanlagen besondere Bauteile	330 000 €
3.	Baunebenkosten pauschal: 12 % der Herstellungskosten	39 600 €
4.	Grunderwerbssteuer 3,5 %	17 224 €
5.	Notar/Gerichtskosten (für Grundschuld)	5 600 €
6.	Objektüberprüfung	400 €
7.	Zinsen für Zwischenfinanzierung	14 000 €
	Summe der Objektkosten	**529 324 €**

II. **Finanzplan**

a) **Eigenmittel und Einkommensverhältnisse**

1.	Bankguthaben	90 000 €
2.	Eigenleistungen	15 000 €
	Summe Eigenmittel	**105 000 €**

zu versteuerndes Einkommen p.a. 120 000 €

Netto-Monatseinkommen 6 500 €

b) **Bedarf an Fremdkapital**

Objektkosten		530 T€
./. Eigenmittel	./.	105 T€
benötigtes Fremdkapital (Netto-Summe)		**425 T€**

Abb. 13.8 Investitionsplan und Objektkosten

- Baustellen
- Niederlassungsbereich
- Gesamtunternehmen.

13.3.2 Projektbezogene Planungen

13.3.2.1 Privates Wohnungsbauprojekt

Folgendes Beispiel: Das Ehepaar Huber mit zwei Kindern hat ein Grundstück mit 350 m² gekauft und möchte darauf ein Einfamilienhaus mit 150 m² Wohnfläche bauen. Die Entwurfsplanung ist soweit fertiggestellt, dass entsprechende Kostenschätzungen durchgeführt werden konnten.

Diese Schätzungen haben folgendes ergeben (siehe Abb. 13.8).

Das Ehepaar bekommt von der Bank zwei Alternativen für Wohnungsbaudarlehen angeboten.

	Alternative I	Alternative II
Finanzierungskosten (Jahresbelastung)	32 412 €	34 602 €
Monatliche Belastung	2 701 €	2 884 €
+ pauschale Bewirtschaftungskosten		
2,-/m² und Monat	300 €	300 €
+ Risikolebensversicherung	63 €	63 €
Monatliche Belastung	**3 064 €**	**3 247 €**

Abb. 13.9 monatliche Belastung

Alternative I: Annuitätendarlehen mit folgenden Konditionen:
Auszahlungskurs: 97 %; Zinsen in Höhe von 5,9 %; 1,5 % Tilgung;
Laufzeit: 27 Jahre und 10 Monate
Darlehenshöhe: 425 T€ (Auszahlungsbetrag)
438 T€ (Darlehensbetrag)
Auszahlungsabschlag (Disagio): 438 T€./. 425 T€ = 13 T€
Belastung/Jahr: 7,4 % von 438 T€ = 32.412 €

Alternative II: wie vor, jedoch 2 % Tilgung; daher Laufzeit 24 Jahre und 10 Monate;
Belastung/Jahr: 7,9 % von 438 T€ = 34.600 €

Die Bank verlangt bei beiden Alternativen als Sicherheit die Eintragung einer Grundschuld und als Zusatzsicherheit den Abschluss einer Risikolebensversicherung. Damit kann eine monatliche Belastung für die ersten 5 Jahre berechnet werden. Dies ist ein sinnvoller Zeitraum, da häufig nach 5 Jahren eine Anpassung des Darlehenszinssatzes erfolgt (Abb. 13.9).

Die monatliche Belastung kann gegebenenfalls durch Förderprogramme reduziert werden. Aufgrund der unsicheren Gesetzgebung wird auf eine explizite Darstellung an dieser Stelle verzichtet.

13.3.2.2 Gewerbliches Bauprojekt

Ausgangssituation

Bei dem nachfolgend dargestellten Beispiel handelt es sich um ein mehrfunktional-genutztes gewerbliches Bauprojekt, das auf einem 4240 m² großen Grundstück im innerstädtischen Bereich einer Großstadt errichtet werden soll. Das Bauprojekt wird von einem „Projektentwickler im weiteren Sinne" geplant, erstellt und betrieben.

Aufgrund einer sorgfältigen Markt- und Standortanalyse wird ein Raumprogramm mit Nutzflächen erstellt. Die Bruttoflächen bzw. der umbaute Raum wird aus den

13.3 Simultane Investitions- und Finanzplanung

1	Grundstück	4 000 m²	1 210 €	4 840 000 €
2	Erwerbsnebenkosten	pauschal	6%	290 400 €
	Grunderwerbskosten gesamt			**5 130 400 €**
3	Baukosten			
	Tiefgarage	320 Stck.	7 000 €	2 240 000 €
	Büro	7 482 m²	1 250 €	9 352 500 €
	Supermarkt/Läden	1 895 m²	900 €	1 705 500 €
	Restaurant	1 505 m²	1 100 €	1 655 500 €
	Außenanlagen	1.500 m²	50 €	75 000 €
	Hausanschlüsse		pauschal	100 000 €
	Baukosten gesamt			**15 128 500 €**
4	Baunebenkosten	pauschal	14%	2 117 990 €
5	Unvorhergesehenes	pauschal auf 3.-4.	3,00%	517 395 €
	Summe Bau- und Baunebenkosten			**17 763 885 €**
6	Projektmanagement	pauschal auf 3-4	5%	1 618 750 €
7	Projekt- und Objektmarketing	pauschal auf 1-4	1,5%	108 726 €
8	Vermietung/Maklerprovision	251 340 €	3 MM	754 020 €
	Summe Projektentwickleraufgaben			**2 481 495 €**
9	Zinsen Grunderwerb	24 Mon.	5,50%	564 344 €
10	Zinsen Rest (Faktor 0,5)	18 Mon.	5,50%	835 122 €
11	Zinsen Leerstand	6 Mon. auf 1.-10.	5,50%	736 319 €
	Summe Finanzierungskosten			**2 135 785 €**
	Gesamtprojektkosten			**27 511 565 €**

Abb. 13.10 Projektkalkulation eines gewerblichen Bauprojektes

Planungsunterlagen ermittelt und die entsprechenden Zahlen liegen der nachfolgenden Übersicht zugrunde.

I. Projektkalkulation
Der Projektentwickler verfügt über eine jahrelange Erfahrung auf dem Gebiet der Kostenschätzung. Für das vorgesehene Bauprojekt hat er folgende Werte ermittelt. Dabei ist er von einer Flächeneffizienz von 85 % für die zu vermietende Fläche ausgegangen (Abb. 13.10).

II. Erlöskalkulation
Im nächsten Schritt werden die voraussichtlich zu erzielenden Mieteinnahmen errechnet. Grundlage ist wiederum die Markt- und Standortanalyse. Es wird mit Höchst- und Mindestmieteinnahmen (Varianten A und B) kalkuliert. (Abb. 13.11).

III. Finanzplan

a) Errechnung des Darlehens

	A	B
Tiefgarage: 320 Stellplätze	320 x 120 = 38 400	320 x 100 = 32 000
Supermarkt: 1 500 m²	1 500 x 20 = 30 000	1 500 x 18 = 27 000
kleine Läden: 410 m²	410 x 30 = 12 300	410 x 25 = 10 250
Büro: 6 360 m²	6 360 x 22 = 139 920	6 360 x 18 = 144 480
Restaurant: 1 280 m²	1 280 x 24 = 30 720	1 280 x 20 = 25 600
	251 340	209 330

Abb. 13.11 Erlöskalkulation eines gewerblichen Bauprojektes

Bank I und Bank II sind bereit, ein erstrangig bzw. nachrangig gesichertes Annuitätendarlehen bereitzustellen.

Mit folgenden Ausgangswerten wird errechnet, in welcher Höhe diese Darlehen bereitgestellt werden.

- Beleihungswert: 80 % der Gesamtkosten von 27,5 Mio. = 22,0 Mio. €
- Beleihungsgrenze der Bank I für das erststellig gesicherte Darlehen:
- 60 % des Beleihungswertes = 60 % von 22 Mio. = 13,2 Mio. €
  Dieser Betrag wird in Form eines Annuitätendarlehens zu folgenden Konditionen gewährt.

Auszahlung: 98 %; Zinssatz 6,5 %, Tilgung 2 %
Auszahlungsbetrag: 98 % = 13,2 Mio. €
Darlehensbetrag: 100 % = 13,46 Mio. = rd. 13,5 Mio. €
Annuität: 8,5 % von 13,5 Mio. = 1,14 Mio./Jahr
Laufzeit: 24 Jahre und 9 Monate

Beleihungsgrenze der Bank II für das nachrangig gesicherte Darlehen:

- 20 % des Beleihungswertes = 20 % von 22 Mio. = 4,4 Mio. €
  Auch dieser Betrag wird in Form eines Annuitätendarlehens gewährt. Da das Darlehen nachrangig abgesichert ist, ergeben sich folgende Konditionen.

Auszahlung: 98 %; Zinssatz 7,5 %; Tilgung 3 %
Auszahlungsbetrag: 98 % = 4,4 Mio. €
Darlehensbetrag: 100 % = 4,49 Mio. = rd. 4,5 Mio. €
Annuität: 10,5 % von 4,5 Mio. = 472 T€/Jahr
Laufzeit: 17 Jahre und 4 Monate

13.3 Simultane Investitions- und Finanzplanung

- An Fremdkapital wird bereitgestellt:

  Bank I: 13,2 Mio. €
  Bank II: 4,4 Mio. €
                 17,6 Mio. €

$$\text{Fremdkapitalanteil:} \frac{17,6 \text{ Mio.}}{27,5 \text{ Mio.}} \times 100 = 64\,\%$$

b) erforderliches Eigenkapital: 36 % von 27,5 Mio. = 9,9 Mio. €
c) jährliche ausgabenwirksame Kosten:

- Fremdkapitalkosten (Zinsen und Tilgung).
  Bank I: 1147 T€
  Bank II: 472 T€
- Verwaltungskosten (4 % der Jahresrohmiete) = 4 % von 12 Monate × 251 T€ = 4 % von 3,016 T€ = 120 T€
- Bauunterhaltungskosten; 0,8 % der Bauwerkskosten = 0,8 % von 19,6 Mio. = 156 T€
- die Gebäudebetriebskosten werden vertragsgemäß auf die Mieter umgelegt.

Die jährlichen ausgabenwirksamen Kosten errechnen sich mit:
1147 T€ + 472 T€ + 120 T€ + 156 T€ = <u>1895 T€</u>
Damit ergibt sich folgender Investitions- und Finanzplan (Abb. 13.12):
In der Ausgaben- und Einnahmenrechnung in Abb. 13.13 wird die Zahlungsebene während der Nutzungszeit betrachtet. Mit diesen Rechengrößen kann im weiteren Verlauf eine Rentabilitätsrechnung durchgeführt werden.

Kosten gemäß Projektkalkulation			Finanzplan	
	T€	%		T€
1. Grunderwerbskosten	5 130	19%	Bank I:	
2. Bau- und Baunebenkosten	17 760	65%	Annuitätendarlehen	
3. Projektentwickleraufgaben	2 480	9%	Auszahlung:	13 200
4. Finanzierungskosten	2 130	8%	Bank II:	
			Annuitätendarlehen	
			Auszahlung:	4 400
			Eigenmittel:	9 903
	27 500	100,0		27 503

Abb. 13.12 Investitions- und Finanzplan eines Bauprojektes

Ausgabenrechnung		Einnahmen Alternative 1		Einnahmen Alternative 2	
(T€/Jahr)		(T€/Jahr)		(T€/Jahr)	
Kapitaldienst			3 016		2 508
für Bank I:	1 147	(Mietausfallwagnis)	./. 151	(Mietausfallwagnis)	./. 251
für Bank II:	472				
Verwaltung	120				
Bauunterhaltung:	156				
Betriebskosten: (werden von den Mietern getragen)					
	1 895		2 865		2 257

Abb. 13.13 Ausgaben- und Einnahmenrechnung eines Bauprojektes

IV. Rentabilitätsrechnung

$$\text{Eigenkapitalrentabilität } in\ \% = \frac{\text{Gewinn}}{\text{eingesetztes Eigenkapital}} \times 100$$

Gewinn = Mieteinnahmen ./. laufende ausgabenwirksame Kosten.

Eigenkapitalrentabilität Alternative I:

- jährliche Einnahmen: 251 T€ x 12 Monate=   3 016 T€
- ./. 5 % Mietausfallwagnis: 5 % von 3 016 T€ =   ./. 151 T€
  geschätzte Mieteinnahmen Alternative I: 2 865 T€
- jährlicher Gewinn: Einnahmen ./. Ausgaben= 2 865 ./. 1 895 =   970 T€

$\Rightarrow$ Eigenkapitalrentabilität Alternative I $= \frac{970\ \text{T€}}{9903\ \text{T€}} \times 100 = 9,8\ \%$

Eigenkapitalrentabilität Alternative II:
Hier wird von einer pessimistischen Erwartung ausgegangen:

- jährliche Einnahmen: 209 T€ x 12 Monate =   2 508 T€
- ./. 10 % Mietausfallwagnis: 10 % von 2 508 T€ =   ./. 251 T€
  geschätzte Mieteinnahmen Alternative II: 2 257 T€
- jährlicher Gewinn: Einnahmen ./. Ausgaben = 2 257 ./. 1 895 =   362 T€

$\Rightarrow$ Eigenkapitalrentabilität Alternative II $= \frac{362\ \text{T€}}{9903\ \text{T€}} \times 100 = 3,65\ \%$

13.3 Simultane Investitions- und Finanzplanung

Nach Rückzahlung der Darlehen (Darlehen I nach 17 Jahren, Darlehen II nach 24 Jahren) ergibt sich durch den Wegfall der Jahresbelastungen für Tilgung und Zinsen eine Steigerung der Eigenkapitalrentabilität. Die errechneten Rentabilitäten entsprechen den Zielvorstellungen des Projektentwicklers und deshalb wird das gewerbliche Bauprojekt realisiert.

Die vorstehende Berechnung der Eigenkapitalrentabilität bezog sich auf eine Rechnungsperiode und ist eine statische Anfangsrendite. Will man die Verzinsung des eingesetzten Kapitals über einen längeren Zeitraum betrachten, ist die Methode des internen Zinsfußes anzuwenden. Alternativ ist eine dynamische Betrachtung mit der in Abschn. 11.2.2.2 dargestellten Kapitalwertmethode möglich. Dann wird der Vermögenszuwachs, der sich beim Übergang von der Nichtdurchführung des Bauprojekts zur Realisierung des Bauprojektes einstellt, ermittelt.

Dazu sind umfangreichere Eingangsdaten für eine Berechung notwendig. Beispielsweise sind folgende Rechengrößen zu bestimmen.

- Die Mieteinnahmen und die Kosten für die gesamte Lebensdauer.
- Den Restverkaufserlös des Bauprojektes am Ende der Nutzung.

Die Bestimmung der Rechengrößen ist bei einem Projekt, das viele Jahre genutzt werden soll, mit einer gewissen Unsicherheit verbunden. Im Rahmen dieses Beispiels kam es im Wesentlichen auf eine Plausibilitätsüberprüfung an, die in den vorstehenden Berechnungen gezeigt wurde. Ist davon auszugehen, dass innerhalb eines absehbaren Zeitraums die Steigerungsraten der Mieten und der Kosten in etwa gleich sein werden, sind unter Umständen sogar längerfristige Aussagen auf der Basis einer Anfangsrendite möglich.

Ein anderes Bild ergibt sich, wenn der Planungshorizont eines zu bewertenden Bauprojektes relativ kurz ist und wenn die Differenz zwischen Einnahmen und Ausgaben jedes Jahr in unterschiedlicher Höhe anfällt. Dann ist die Anwendung der Kapitalwertmethode sinnvoll bzw. notwendig. Dabei kann auch eine neuere Variante der Kapitalwertmethode angewendet werden, auf die hier noch ergänzend hingewiesen wird. Es handelt sich um das sog. VOFI-Verfahren, das auf „Vollständigen Finanzplanungen" (VOFI) beruht.

„Das Konzept Vollständiger Finanzpläne unterscheidet sich von den in den vorangegangenen dargestellten Methoden hauptsächlich dadurch, dass alle mit der Investition verbundenen Zahlungen explizit abgebildet werden. Auf diese Weise wird eine vergleichsweise einfache und exakte Erfassung sämtlicher Zahlungsreihen und der sich ergebenden finanzwirtschaftlichen Konsequenzen ermöglicht.

Anders als bei den barwertorientierten Methoden werden darüber hinaus alle Zahlungen – statt auf den Investitionszeitpunkt – auf den Planungshorizont bezogen. Der Zeitpräferenz des Entscheiders wird dementsprechend über die Dauer der möglichen Wiederanlagen bzw. der notwendigen Zwischenfinanzierung explizit Rechnung getragen."[19]

In Anlehnung an die genannte Literaturstelle wird in Abb. 13.14 dieses Verfahren schematisch dargestellt.

---

[19] Schulte, K.W./Ropeter, S.-E.: a.a.O., S. 189 f.

Die Tabelle wird aufgrund von detaillierten Finanzplänen erstellt. In der Tabelle sind alle mit der Investition verbundenen Zahlungen zusammengestellt, also Anschaffungskosten, Einnahmenüberschüsse der einzelnen Perioden, Zinsen und Tilgung auf Fremdkapital, Restverkaufserlöse am Ende der Nutzungsdauer.

Sind die Einnahmeüberschüsse höher als die Zahlungen für Zinsen und Tilgung, dann wird unterstellt, dass der Differenzbetrag jeweils für ein Jahr als kurzfristige Finanzanlage investiert werden kann, und zwar in unserer Tabelle zu jeweils 5 %. Sowohl die Zinsbeträge als auch die kurzfristig angelegten Finanzinvestitionen werden der ursprünglichen Projektinvestition am jeweiligen Jahresende wieder zugerechnet. Insofern ist in diesem Beispiel auch die Voraussetzung der Zinseszinsrechnung erfüllt.

Natürlich können die Differenzbeträge kurzfristig auch zu anderen Zinsfüßen angelegt werden. Dadurch würden in der Tabelle jeweils andere Zinsbeträge auflaufen.

Der Unterschied zur Kapitalwertmethode besteht darin, dass die Zahlungen nicht auf den Investitionszeitpunkt, sondern auf den Zeitpunkt des Endpunktes der Nutzungsdauer bezogen werden. In unserem Beispiel ist – unter Berücksichtigung eines Restverkaufserlöses – das eingesetzte Eigenkapital in Höhe von 500 T€ auf ein Endvermögen in Höhe von 1606 T€ angewachsen. Die absoluten €-Beträge sind auch hier in eine Relation zu setzen. Jeder Investor will wissen, wie hoch sich das eingesetzte Kapital im Laufe der Nutzungsdauer verzinst hat. Mit anderen Worten: Auch beim VOFI-Verfahren muss die Eigenkapitalrendite errechnet werden.

Dies führt zu der Fragestellung:

Wie hoch ist der Zinsfuß, wenn innerhalb von n – Jahren ein Kapital von K_0 auf K_n anwächst? Mit den Zahlen des vorliegenden Beispiels:

Berechnung der Eigenkapitalrentabilität:

$$K_0 = 500 \text{ T€} \quad Kn = 1606 \text{ T€} \quad n = 5$$

Mit $K_n = K_0 \cdot q^n$ wird

$$q^n = \frac{1606}{500}; \quad q = \sqrt[5]{\frac{1606}{500}} = 1{,}2629; \quad p = 26{,}29 \text{ \%}$$

Im Beispiel erzielt der Investor mit einem Eigenkapitaleinsatz von 500 T€ nach 5 Jahren eine Rendite von ca. 26,3 % p.a. Die Vorteilhaftigkeit einer Einzelinvestition ist dann gegeben, wenn die errechnete Rentabilität gleich oder größer ist als diejenige, die der Investor festlegt.

Zusammenfassend zur VOFI-Methode kann gesagt werden. „Durch die Transformation des Endvermögens in die VOFI-Rendite steht dem Anwender eine einfache Kennzahl zur Verfügung, die einen direkten Vergleich alternativer Investitionsmöglichkeiten erlaubt und damit den seitens der Praxis gestellten Anforderungen an den Informationsgehalt einer Investitionsrechnung gerecht wird, ohne dabei auf eine solide theoretische Fundierung zu verzichten."[20]

---

[20] Schulte, K.W./Ropeter, S.-E.: a.a.O., S. 193.

13.3 Simultane Investitions- und Finanzplanung

Basiskonzept eines VOFI ohne Steuern (in T€)	t_0	t_1	t_2	t_3	t_4	t_5
A. Daten der Projektinvestition						
• Anschaffungskosten für die Projektinvestition	-1 000					
Finanzierung						
• Fremdkapital						
500 bei 10 % Zinsen und einmaliger Tilgung nach 5 Jahren						
• Eigenkapital: 500						
B. Finanzieller Ablauf der Projektinvestitionen						
Zahlungen						
• Einnahmenüberschüsse		+250	+250	+250	+250	+250
• Zinsen		-50	-50	-50	-50	-50
Stand am Ende des 1. Jahres		+200				
• Finanzanlage zu 5 % für 1 Jahr		-200				
• Zins (5 %) auf 200			+10			
• Rückzahlung der Anlage			+200			
Stand am Ende des 2. Jahres			+410			
• Finanzanlage zu 5 % für 1 Jahr			-410			
• Zins (5 %) auf 410				+21		
• Rückzahlung der Anlage				+410		
Stand am Ende des 3. Jahres				+631		
• Finanzanlage zu 5 % für 1 Jahr				-631		
• Zins (5 %) auf 631					+32	
• Rückzahlung der Anlage					+631	
Stand am Ende des 4. Jahres					+863	
• Finanzanlage zu 5 % für 1 Jahr					-863	
• Zins (5 %) auf 863						+43
• Rückzahlung der Anlage						+863
C. Zahlungen am Ende der Projektinvestition						
• Restverkaufserlös der Projektinvestition nach 5 Jahren (die jährlichen Abschreibungsraten sind hierbei mit den jährlichen Wertsteigerungsraten gleichgesetzt)						+1 000
• Tilgung der Kreditaufnahme nach 5 Jahren						-500
Stand am Ende des 5. Jahres = Endvermögen (K_n)						+1 606

Abb. 13.14 Basiskonzept eines VOFI ohne Steuern (in T€)

Literatur

Albach, Horst; Hunsdiek, Detlef; Kokalj, Ljuba (1986): Finanzierung mit Risikokapital. Stuttgart: Poeschel.

Büschgen, Hans E. (1991): Grundlagen betrieblicher Finanzwirtschaft – Unternehmensfinanzierung. 3. Auflage. Frankfurt am Main: Knapp Verlag.

Busse, F.-J.: Grundlagen der betrieblichen Finanzwirtschaft, Oldenbourg Verlag: München-Wien 1989

Heinen, Edmund (1992): Einführung in die Betriebswirtschaftslehre. 9. Auflage. Wiesbaden: Gabler Verlag.

Jürgens, Werner H. (1994): Projektfinanzierung. Neue Institutionenlehre und ökonomische Rationalität. Wiesbaden: Gabler Verlag.

Leimböck, Egon (1997): Bilanzen und Besteuerung der Bauunternehmen. Wiesbaden, Berlin: Bauverlag.

Olfert, Klaus (2015): Investition. 13. Auflage. Herne: NWB Verlag.

Refisch, B. (1980): Finanzplanung – Hilfsmittel der Unternehmensleitung; in Bauwirtschaft, Heft 35, 1980

Reich, V. E.: Investieren und finanzieren, 3. überarbeitete und ergänzte Auflage, Deutscher Sparkassenverlag GmbH: Stuttgart 1992

NN: Schulte (1996), Handbuch Immobilien-Projektentwicklung, Rudolf Müller Verlag. Köln 1996

Wolff, H.-J.; Mundorf, H. B. (1996): Private Finanzierung von Infrastruktur -Chancen und Risiken. In: Ignaz Walter (Hg.): Die Deutsche Bauindustrie auf dem Weg ins Jahr 2000. [Festschrift zum 60. Geburtstag von Prof. Dr. h.c. Ignaz Walter]. Augsburg: Selbstverlag.

Wöhe, Günter (2000): Einführung in die allgemeine Betriebswirtschaftslehre. 20. Auflage. München: Verlag Franz Vahlen.

Wöhe, Günter (2016): Einführung in die allgemeine Betriebswirtschaftslehre. 26. Auflage. München: Verlag Franz Vahlen Wolff, H.-J.; Mundorf, H. B. (1996): Private Finanzierung von Infrastruktur -Chancen und Risiken. In: Ignaz Walter (Hg.): Die Deutsche Bauindustrie auf dem Weg ins Jahr 2000. [Festschrift zum 60. Geburtstag von Prof. Dr. h.c. Ignaz Walter]. Augsburg: Selbstverlag

Teil E
Betriebsabrechnung und operatives Controlling

Wie in Teil A „Baubeteiligte und deren Aufgaben" bereits dargestellt, sind bei der Entstehung und Nutzung von Bauprojekten eine Reihe von Aufgaben zu erbringen, die wie folgt unterteilt wurden:
   Aufgaben bei der Entscheidung zur Entstehung, Planung, Herstellung und Nutzung.

Diese Aufgaben werden von einer Vielzahl von Baubeteiligten erbracht, die in unterschiedlichsten Organisationsformen zusammenwirken und deren Leistungsangebote entsprechend den Entstehungs- und Nutzungsphasen außerordentlich verschieden sind. Trotz der unterschiedlichen Organisationsformen und der unterschiedlichen Leistungen brauchen alle Aufgabenträger zur Erfüllung ihrer Aufgabe entsprechende sachliche und personale Einsatzmittel, die sog. Produktionsfaktoren.

Diese müssen bei der Leistungserstellung wiederum so eingesetzt werden, dass die operativen Unternehmensziele erreicht werden. Dies sind die Minimierung der Einsatzmengen der Produktionsfaktoren, die Maximierung des Betriebsergebnisses und die Maximierung der Eigenkapitalrentabilität.

Um festzustellen, ob dies gelingt, braucht jedes Unternehmen eine Betriebsabrechnung und ein operatives Controlling. Dabei ist es selbstverständlich, dass der Umfang und die Komplexität dieser Recheninstrumente entscheidend abhängen von der Größe und damit von der Aufbau- und Ablauforganisation eines Unternehmens, von der Art der zu erbringenden Leistung (Planungs-, Dienst-, Bau- und Projektentwicklungsleistungen) und vom Leistungs- bzw. Produktionsprogramm.

In der Betriebsabrechnung wird das im Zusammenhang mit der betrieblichen Leistungserstellung anfallende Zahlenmaterial erfasst und aufbereitet.

Dabei sind zwei Vorgänge zu unterscheiden. Zum einen müssen die vorliegenden Aufgaben gründlich analysiert und – darauf aufbauend – sorgfältige Planungen erstellt werden. Diese Planungen betreffen sowohl die rein technischen Planungsparameter als auch Leistungen, Kosten und Ergebnisse. Zum anderen müssen die Prozesse der Leistungserbringung bzw. Leistungserstellung, die bereits in der Realität abgelaufen sind, zahlenmäßig erfasst und ausgewertet werden. Dies geschieht in der Betriebsabrechnung.

Die Gegenüberstellung der Plan- und Ist-Daten während und nach der Leistungserstellung ergibt in aller Regel eine Reihe von Abweichungen. Diese müssen analysiert werden, um feststellen zu können, ob die Annahmen der Planung richtig waren, ihre vorhergedachten Wirkungen eingetreten sind, die erforderlichen Einsatzmittel verfügbar waren und sich alle Beteiligten planmäßig verhalten haben (vgl. Horváth 2015, S. 71).

Nur mit dem Wissen über die Ursachen der Abweichungen können während der Leistungserstellung Steuerungsmaßnahmen angewendet und nach der Leistungserstellung bessere Planungswerte für zukünftige Aufgaben erarbeitet werden. Diese Steuerung des betrieblichen Geschehens wird mit dem Begriff „operatives Controlling" erfasst. „Mit dem Ziel, den größtmöglichen Erfolg zu erreichen, umfasst das Controlling den gesamten Prozess der zielorientierten Planung, Kontrolle und Steuerung" (Reinfelder und Dressel 1997).

Ganz allgemein kann festgestellt werden: Das betriebliche Rechnungswesen wurde von der Betriebsabrechnung durch Einbeziehung von Planungsrechnungen zum System des operativen Controlling weiterentwickelt.

Entsprechend dieses Sachverhaltes ist auch der Teil E gegliedert: 1) Die Betriebsabrechnung als traditionelle Form des betrieblichen Rechnungswesen. 2) Mit Planzahlen von der Betriebsabrechnung zum operativen Controlling. 3) Durchführung und organisatorische Einbindung des operativen Controlling.

Literatur

Horváth, P.: Controlling, 13. Auflage, Verlag Franz Vahlen: München 2015.
Reinfelder, R./Dressel, K.M.: Hilfestellung zur erfolgreichen Restrukturierung; in: Bauwirtschaft, 5/1997.

14 Die Betriebsabrechnung als traditionelle Form des betrieblichen Rechnungswesen

14.1 Zahlenmäßige Erfassung der Leistungserstellung

Zur Leistungserstellung sind Ressourcen erforderlich. Ressourcen sind eine „abgrenzbare Gattung bzw. Einheit von Personal, Finanzmitteln, Sachmitteln, Informationen, Naturgegebenheiten, Hilft- und Unterstützungsmöglichkeiten, die zur Durchführung oder Förderung von Vorgängen, Arbeitspaketen oder Projekten herangezogen werden können" (Deutsches Institut für Normung e. V. 2009, S. 17). Bedeutend ist im Zusammenhang mit der zunehmenden Diskussion von Nachhaltigkeitsaspekten im Bauumfeld, dass Ressourcen nur begrenz zur Verfügung stehen. Anzahl oder Menge von Ressourcen einer bestimmten, oder mehrerer Ressourcenarten, die zu einem bestimmten Zeitpunkt oder innerhalb eines Zeitraums erforderlich ist, wird als Ressourcenbedarf bezeichnet (vgl. Deutsches Institut für Normung e. V. 2009, S. 17). In Wert- oder Mengeneinheiten lassen sich Ressourcen beschreiben und für einen Zeitpunkt oder Zeitraum disponieren.

In der Betriebswirtschaftslehre werden diese Ressourcen auch Produktionsfaktoren genannt und üblicherweise in Elementarfaktoren unterteilt, nämlich menschliche Arbeitsleistungen, Betriebsmittel und Werkstoffe.

„Menschliche Arbeitsleistungen, Betriebsmittel und Werkstoffe sind produktive Faktoren. Da sie die Elemente darstellen, aus denen der Prozess der betrieblichen Leistungserstellung besteht, sollen sie als betriebliche Elementarfaktoren bezeichnet werden. […]

Die menschliche Arbeitsleistung wird wiederum unterteilt in objektbezogene und dispositive Arbeitsleistungen. Unter objektbezogenen Arbeitsleistungen werden alle diejenigen Tätigkeiten verstanden, die unmittelbar mit der Leistungserstellung, der Leistungsverwertung und mit finanziellen Aufgaben in Zusammenhang stehen, ohne dispositiv-anordnender Natur zu sein. […]

Dispositive Arbeitsleistungen liegen dagegen vor, wenn es sich um Arbeiten handelt, die mit der Leitung und Lenkung der betrieblichen Vorgänge in Zusammenhang stehen. Dispositive Arbeitsleistungen können nur dann erbracht werden, wenn entsprechende sachliche und personale Einsatzmittel[1] zur Verfügung stehen" (Gutenberg 1976, S. 3).

Werden die Mengen der zur Leistungserstellung benötigten Ressourcen bewertet, dann erhält man die Kosten der Leistungserstellung. Kosten können durch die Multiplikation der jeweiligen Mengen der Ressourcen mit den Preisen am Beschaffungsmarkt bestimmt werden. Oder mit anderen Worten: Kosten sind der bewertete, betriebsnotwendige Verbrauch von Gütern und Dienstleistungen sowie der hierfür erforderlichen Kapazitäten, die zur Erstellung und dem Absatz der betrieblichen Leistungen benötigt werden.

Bei der Leistungserstellung werden die Mengen an sachlichen und personalen Ressourcen so kombiniert, dass die vom Markt geforderten Mengen an Planungs-, Dienst- oder Bauleistungen entstehen. Werden diese Leistungsmengen bewertet, dann erhält man die Leistungen. Bei der Bestimmung der Leistung kann man analog wie bei den Kosten vorgehen. Dann stellen sie das Produkt aus den erstellten Leistungsmengen und den Preisen am Absatzmarkt dar. Die Leistung ist also das bewertete Resultat der betrieblichen Tätigkeit und sie steht somit den Kosten gegenüber.

Im Folgenden wird die zahlenmäßige Erfassung der Leistungserstellung – getrennt nach Kosten und Leistungen – dargestellt.

14.1.1 Kosten

14.1.1.1 Sachliche und personale Ressourcen

Es werden die Ressourcen dargestellt, die bei der Erbringung von Bauleistungen erforderlich sind. Es wird also bewusst auf die explizite Darstellung der Ressourcen bei der Erbringung von Planungsleistungen oder Projektentwicklungsleistungen verzichtet. Bei diesen Leistungen werden vornehmlich personale Ressourcen bzw. Bürosachmittel benötigt. Diese Faktoren werden aber ebenso bei der Leistungserstellung von Bauleistungen eingesetzt.

Sachliche Ressourcen

Die Kosten- und Leistungsrechnung der Bauunternehmen – kurz KLR Bau (Hauptverband der Deutschen Bauindustrie/Zentralverband des Deutschen Baugewerbes 2016) genannt – unterscheidet im Rahmen der Kostenarten im Wesentlichen folgende sachliche Ressourcen (Einsatzmittel):

---

[1] Heute: Ressourcen.

14.1 Zahlenmäßige Erfassung der Leistungserstellung

- Materialkosten (Bau- und Fertigungsstoffe),
- Fertigerzeugnisse,
- Hilfsstoffe einschl. RSV (Rüst-, Schal-, Verbaumaterial (RSV) einschl. Bauhilfsstoffe),
- Gerätekosten (Geräte und Betriebsstoffe),
- Ausstattungskosten (Geschäfts-, Betriebs- und Baustellenausstattung).

Diese Hauptgruppen sind in der KLR Bau detaillierter weiter unterteilt. Auf diese Differenzierung wird nicht weiter eingegangen, es ist jedoch anzumerken, dass je nach Betriebsgröße und Sparte der Ressourceneinsatz unterschiedlich strukturiert ist. So wird ein Straßenbauunternehmen z. B. keine Hauptkostenart „Rüst-, Schal-, Verbaumaterial einschließlich Hilfsstoffe" benötigen. In der Praxis wird oft die Kostenartengliederung auch durch den genutzten Kontenrahmen beeinflusst. Generell kann die Kostenartenstruktur unternehmensspezifisch angepasst werden.

Personale Ressourcen
Für die Bauwirtschaft gibt es Rahmentarifverträge, die außerhalb der Bauwirtschaft Manteltarifverträge genannt werden. In diesen Tarifverträgen wird unterschieden zwischen:

- gewerbliche Arbeitnehmer,
- Angestellte und Poliere,
- Auszubildende.

Für gewerbliche Arbeitnehmer gilt der Bundesrahmentarifvertrag (BRTV) für das Baugewerbe. Für Angestellte und Poliere gilt der Rahmentarifvertrag (RTV Angestellte). Für Auszubildende gilt der Tarifvertrag über die Berufsbildung im Baugewerbe (BBTV). In diesen Rahmentarifverträgen werden langfristige, allgemeine Arbeitsbedingungen festgelegt, wie z. B. allgemeine Bestimmungen über Berufsgruppeneinteilung, Arbeitszeiten, Zuschläge, Freistellungen, Urlaub, Kündigungsfristen, Ausschlussfristen etc. Die Rahmentarifverträge haben in der Regel eine längere Laufzeit als z. B. Lohntarifverträge.

Neben den Rahmentarifverträgen sind insbesondere noch drei weitere Gruppen von Tarifverträgen für das Baugewerbe zu nennen (vgl. auch Abschn. 10.2.1):

- Entgelttarifverträge, jeweils für gewerbliche Arbeitnehmer, Poliere und Angestellte,
- Sozialkassentarifverträge und
- Verfahrenstarifverträge, mit z. B. Regelungen der Sozialkassenbeiträge im Baugewerbe.

Die genannten Tarifverträge werden jährlich publiziert und stehen allen Unternehmen, die sich danach richten, zur Verfügung (vgl. Hauptverband der Deutschen Bauindustrie e. V. 2020).

Für die Zuordnung der genannten Personengruppen in die einzelnen Berufsgruppen gilt entsprechend den Rahmentarifverträgen:

Gewerbliche Arbeitnehmer
Für die Eingruppierung eines Arbeitnehmers in eine Berufsgruppe sind seine Ausbildung, seine Fertigkeiten und Kenntnisse sowie die von ihm auszuübende Tätigkeit maßgebend. Die Einteilung der gewerblichen Arbeitnehmer erfolgt gemäß § 5 BRTV nach folgenden Lohngruppen (Abb. 14.1).

Angestellte
Bei den Angestellten wird nicht mehr wie in der Vergangenheit zwischen technischen und kaufmännischen Angestellten unterschieden, sondern es gibt nur noch Gehaltsgruppen von AI bis AX gemäß § 5 RTV für Angestellte und Poliere. Diese Unterteilung ist abhängig von ihrer beruflichen Ausbildung und ihrem Aufgabenbereich.

Um eine Vorstellung der Aufgaben und Anforderungen der Angestellten zu erlangen, wird hier exemplarisch die Berufsgruppe A VII RTV § 5 gezeigt (Hauptverband der Deutschen Bauindustrie e. V. 2020, S. 343 f.).

Gruppe A VII
Zu dieser Gruppe zählen Angestellte, die schwierige Tätigkeiten selbständig und weitgehend eigenverantwortlich ausführen, für die

- „ein Abschluss als Master an einer Technischen Hochschule oder Universität oder
- eine abgeschlossene Ausbildung an einer Technischen Hochschule oder Universität oder
- ein Abschluss als Master an einer Fachhochschule und die entsprechende Berufserfahrung,
- ein Abschluss als Bachelor an einer Technischen Hochschule, Universität oder Fachhochschule und eine vertiefte Berufserfahrung oder

Lohngruppe 1	Werker, Maschinenwerker
Lohngruppe 2	Fachwerker, Maschinisten, Kraftfahrer
Lohngruppe 3	Facharbeiter, Baugeräteführer, Berufskraftfahrer
Lohngruppe 4	Spezialfacharbeiter, Baumaschinenführer
Lohngruppe 5	Vorarbeiter, Baumaschinen- Vorarbeiter
Lohngruppe 6	Werkpolier, Baumaschinen- Fachmeister

Abb. 14.1 Lohngruppen der gewerblichen Arbeitnehmer gemäß § 5 BRTV

14.1 Zahlenmäßige Erfassung der Leistungserstellung

- eine abgeschlossene Ausbildung an einer Fachhochschule oder an einer vergleichbaren Einrichtung (z. B. Berufsakademie, Verwaltungs- und Wirtschaftsakademie jeweils mit Diplomabschluss) und die entsprechende Berufserfahrung oder
- eine abgeschlossene Berufsausbildung und zusätzliche durch berufliche Fortbildung erworbene Fachkenntnisse oder
- eine durch umfassende Berufserfahrung erworbene gleichwertige Qualifikation erforderlich ist

und Poliere, welche die Prüfung gemäß der ‚Verordnung über die Prüfung zum anerkannten Abschluss Geprüfter Polier' erfolgreich abgelegt haben und als Polier angestellt wurden oder die als Polier angestellt wurden, ohne diese Prüfung abgelegt zu haben, sowie Meister" (Hauptverband der Deutschen Bauindustrie e. V. 2020, S. 343).

Als Richtbeispiele für eine Eingruppierung können die folgenden Tätigkeiten gelten:

- „Entwerfen, Konstruieren, Berechnen von Bauwerken mit mittlerem Schwierigkeitsgrad;
- Anfertigen von Entwurfs-, Genehmigungs- und Ausführungsplänen mit mittlerem Schwierigkeitsgrad;
- Anfertigen von statischen Berechnungen;
- Planen und Ausführen von Ingenieurvermessungsarbeiten;
- selbständiges Ausführen und Auswerten von Untersuchungen und Messungen in Labors, Werkstätten und Baustoffprüfstellen;
- Erstellen von schwierigen Kalkulationen;
- Berechnen und Erstellen von Plänen für Schalungen und Baubehelfe in der Arbeitsvorbereitung;
- Koordinieren und Überwachen von Bauausführungen oder Abschnittsbauleitung;
- Veranlassen und Überwachen von Maßnahmen der Arbeitssicherheit und des Gesundheitsschutzes;
- Einsatzplanung und Führung des gewerblichen Baustellenpersonals und der gewerblichen Auszubildenden, ohne selbst überwiegend körperlich mitzuarbeiten;
- schwierige und umfangreiche Sachbearbeitung im Personalwesen, im Einkauf, in der Angebotsbearbeitung, in der Geräteverwaltung, im Finanz- und Rechnungswesen sowie in der kaufmännischen Verwaltung von Baustellen;
- Arbeiten im kaufmännischen Controlling oder im Baustellen-Controlling;
- Beraten bei EDV-Systemanwendungen, Betreuen von EDV-Netzwerken;
- Führen des Sekretariats der Geschäftsleitung" (Hauptverband der Deutschen Bauindustrie e. V. 2020, S. 343 f.).

Angestellte mit Bachelor- oder Masterabschluss
Die Umstellung der Studiengänge, insbesondere der Ingenieurausbildung auf Bachelor- und Master- Abschlüsse, hat eine Anpassung der Gehaltsgruppen im Rahmentarifvertrag erforderlich gemacht. Nach dem Rahmentarifvertrag in der Fassung vom

20. August 2007 erfolgt die Einstiegseingruppierung für den, an der Fachhochschule oder Universität erlangten Studienabschluss „Bachelor" in die Gehaltsgruppe A V und für den Master in die Gehaltsgruppe A VI (Fachhochschule) bzw. A VII (Universität).

Entscheidungen über eine gegebenenfalls höhere Eingruppierung können durch eine höhere Regelstudienzeit von sieben Semestern beim Bachelor an einer Fachhochschule (A VI statt A V) und mit einem darauf aufbauenden Fachhochschul-Master (A VII statt A VI nach Einzelfallprüfung) beeinflusst werden. Allerdings ist die ausgeübte Tätigkeit (vgl. § 5 Nr. 1.3 RTV Angestellte) in erster Linie maßgeblich für die Eingruppierung. (Hauptverband der Deutschen Bauindustrie e. V. 2020, S. 362).

Poliere
Poliere sind Angestellte, die unterstellte Arbeitnehmer beaufsichtigen, ohne selbst überwiegend körperlich mitzuarbeiten. Um als Polier anerkannt zu werden, kann die Prüfung gemäß der „Verordnung über die Prüfung zum anerkannten Abschluss Geprüfter Polier" abgelegt werden. Es ist aber durchaus möglich, auch ohne Prüfung als Polier eingestellt zu werden und gemäß § 5 RTV für die Angestellten und Poliere eingestuft zu werden. Die Einstufung erfolgt in die Gehaltsgruppen A VII oder A VIII.

Der Aufgabenbereich des Poliers umfasst z. B. folgende Tätigkeiten: Vorbereitung und Einrichtung von Baustellen, Anordnung aller Arbeiten an der Arbeitsstätte nach Zeichnung, Beschreibung oder sonstiger Anweisung, Überwachung und Verteilung der Arbeiten und Einteilung der Arbeitskräfte, Hilfeleistung bei Arbeitsvorbereitung und Arbeitsablauf; Beaufsichtigung der Berufsausbildung; Führen der Schichten- und Stundenbücher, Erstattung aller innerbetrieblichen An- und Abmeldungen; Erstellen von Bauberichten, Anfertigen von Zeichnungen zu Aufmessungs- und Abrechnungszwecken, Durchführen von Aufmaß und Abrechnung; Anforderung und Übernahme der Baustoffe, Gerüste und Geräte sowie deren sachgemäße Verwendung und Aufbewahrung; Kontakt mit Architekten und Bauherren.

14.1.1.2 Die Bewertung der sachlichen und personalen Ressourcen

Sachliche Ressourcen
Die sachlichen Ressourcen können mit den Anschaffungspreisen bewertet werden. Dazu wird zunächst der Ressourcenbedarfbestimmt, der zu einem bestimmten Zeitpunkt oder Zeitraum benötigt wird (Menge). Die Mengen haben einen großen Einfluss hinsichtlich der Preisgestaltung. Bei der Abnahme von großen Mengen können i. d. R. Rabatte bzw. Preisnachlässe vereinbart werden. Insbesondere bei mittleren und großen Unternehmen werden daher zentrale Einkaufsstellen eingerichtet. Diese sind dann zum Teil bundesweit für den Einkauf zuständig.

14.1 Zahlenmäßige Erfassung der Leistungserstellung

Die Multiplikation des Ressourcenbedarfs (Menge) mit den Anschaffungspreisen ergibt die Beschaffungskosten je Ressource, also:

- Kosten der Baustoffe und Fertigungsstoffe,
- Kosten der Fertigerzeugnisse,
- Kosten des Rüst-, Schal- und Verbaumaterials einschließlich der Hilfsstoffe,
- Kosten der Geräte und der Betriebsstoffe,
- Kosten der Geschäfts-, Betriebs- und Baustellenausstattung.

Anhand dieser Multiplikation ist zu erkennen, dass eine gut durchdachte Ermittlung des Ressourcenbedarfs eine wichtige Rolle spielt. Zu viel bestellte Ware kann sich ebenso negativ auswirken wie ein nicht realisierter Preisnachlass des Lieferanten.

Gem. § 448 BGB Abs. 1 trägt der Käufer die Kosten der Abnahme und der Versendung der Sache nach einem anderen Orte als dem Erfüllungsort. Deshalb kommen zu den Beschaffungskosten noch Transportkosten und unter Umständen Lagerhaltungskosten hinzu. Durch Vertragsvereinbarungen können andere Regelungen vorgesehen werden, wie z. B. frei Lager oder frei Baustelle. Im letzten Fall trägt der Verkäufer alle Kosten und Risiken, die bis zur Lieferung z. B. des Baustoffes zur Baustelle anfallen. Dementsprechend höher werden allerdings die Beschaffungskosten ausfallen.

Um die Lagerhaltungskosten zu minimieren, wird auch in der Bauwirtschaft das „Just – in – Time – Prinzip" angewendet. Dies bedeutet, dass die Bereitstellung der sachlichen Ressourcen so organisiert wird, dass z. B. die Baustoffe ohne Lagerhaltung auf der Baustelle unmittelbar eingebaut werden können. Ein typischer Anwendungsfall für dieses Prinzip ist die Verwendung von Transportbeton. Aber auch einfache Fertigteile aus Stahlbeton, Stahlkonstruktionen oder komplexere vorgefertigte Einbausysteme unterliegen diesem Prinzip. Aufgrund der zunehmenden Verbesserung der Logistik in den vergangenen Jahren kann unter bestimmten Rahmenbedingungen auf eine Lagerhaltung fast völlig verzichtet werden. Allerdings reagiert die so gestaltete Logistik durch die sehr komplexen und teils globalen Lieferbeziehungen auch stark auf Störungen und beinhaltet in Verbindung mit vertraglichen Fertigstellungsterminen bzw. einer engen Terminplanung ein hohes Risikopotential. Dies ist zuletzt in Zusammenhang mit den sich ändernden politischen Rahmenbedinungen bzw. protektionistischem Verhalten einzelner Länder oder der sogenannten Corona-Krise deutlich geworden.

Personale Ressourcen

Die Bewertung der personalen Ressourcen für gewerbliche Arbeitnehmer, Poliere und Angestellte erfolgt in den entsprechenden Entgelttarifverträgen.

„Die Entgelttarifverträge regeln insbesondere die Lohn- und Gehaltssätze für die verschiedenen Berufsgruppen – solche ‚Tarife' haben den Tarifverträgen überhaupt ihren

Namen gegeben – aber auch sonstige Zahlungsansprüche der Arbeitnehmer wie die auf ein 13. Monatseinkommen oder auf vermögenswirksame Leistungen. […] Die Lohn- und Gehaltstarifverträge gelten in der Regel für eine Mindestlaufzeit von nur einem Jahr (höchstens zwei Jahre) und werden von der Arbeitnehmerseite grundsätzlich zum frühestmöglichen Zeitpunkt gekündigt" (Zander 2003, S. 26). Da der Anteil der Personalkosten am Bruttoproduktionswert in der Bauwirtschaft mit 40 bis 50 % (41,1 % im Bauhauptgewerbe in 2017) überdurchschnittlich hoch ist, gehören die Löhne und Gehälter zu den wichtigsten Kalkulationsfaktoren (vgl. Hauptverband der Deutschen Bauindustrie e. V. 2020, S. 36).

Stellvertretend für die genannten Personengruppen wird die Lohnregelung für die gewerblichen Arbeitnehmer gezeigt. Hier heißt es in § 2 des Tarifvertrages zur Regelung der Löhne und Ausbildungsvergütungen im Baugewerbe im Gebiet der Bundesrepublik Deutschland mit Ausnahme der fünf neuen Bundesländer und des Landes Berlin (TV Lohn/West) vom 17. September 2020 (vgl. Hauptverband der Deutschen Bauindustrie e. V. 2020, S. 60 ff.):

§ 2 LohnregelungAn den Verlag: Die Nummerierung muss in () gesetzt werden: (1) .. (2)…(2a) usw.:

(1) Mit Wirkung vom 1. Mai 2020 beträgt der Ecklohn (Tarifstundenlohn der Lohngruppe 4 gemäß § 5 Nr. 1 BRTV) 19,48 €. Die am 31. Dezember 2020 geltenden Tarifstundenlöhne werden mit Wirkung vom 1. Januar 2021 um 2,1 v. H. erhöht. Ab dem 1. Januar 2021 beträgt der Ecklohn 19,89 €.
(2) Der Arbeitnehmer erhält einen zusätzlichen Betrag in Höhe von 5,9 v. H. seines Tarifstundenlohnes (Bauzuschlag). Der Bauzuschlag wird gewährt zum Ausgleich der besonderen Belastungen, denen der Arbeitnehmer insbesondere durch den ständigen Wechsel der Baustelle (2,5 v.H.) und die Abhängigkeit von der Witterung außerhalb der gesetzlichen Schlechtwetterzeit (2,9 v. H.) sowie durch Lohneinbußen in der gesetzlichen Schlechtwetterzeit (0,5 v. H.) ausgesetzt ist.
(2a) Der Arbeitnehmer erhält ab dem 1. Oktober 2020 zur weiteren Entschädigung von Wegezeiten/-strecken pauschal einen Zuschlag von 0,5 v.H. seines Tarifstundenlohnes (Wegstreckenentschädigung – WE).
(3) Der Bauzuschlag wird für jede lohnzahlungspflichtige Stunde, nicht jedoch für Leistungslohn-Mehrstunden (Plus-Stunden, Überschussstunden im Akkord) gewährt.
(4) Der Gesamttarifstundenlohn (GTL) setzt sich aus dem Tarifstundenlohn (TL) und dem Bauzuschlag (BZ) zusammen.
(5) Die Löhne der Lohngruppen 1 und 2 werden in dem Tarifvertrag zur Regelung der Mindestlöhne im Baugewerbe (TV Mindestlohn) festgelegt.
Die Lohngruppe 2 a gilt für Arbeitnehmer, die bereits vor dem 1. September 2002 in der bisherigen Berufsgruppe V im Baugewerbe beschäftigt waren, unabhängig von einer Unterbrechung oder einem Wechsel ihres Arbeitsverhältnisses.

14.1 Zahlenmäßige Erfassung der Leistungserstellung

	TL €	BZ €	GTL €
Lohngruppe 6	22,85	1,34	24,19
Lohngruppe 5	20,87	1,23	22,10
Lohngruppe 4	19,89	1,17	21,06
Lohngruppe 3	18,20	1,07	19,27
Lohngruppe 2a	17,73	1,05	18,78
Lohngruppe 2b	15,95	0,94	16,69
Fliesen-, Platten- und Mosaikleger der Lohngruppe 4	20,52	1,21	21,73
Baumaschinenführer der Lohngruppe 4	20,21	1,19	21,40

Abb. 14.2 Lohnregelung für die gewerblichen Arbeitnehmer (TV Lohn/West) Stand: 1. Januar 2021

Die Lohngruppe 2 b gilt für Arbeitnehmer nach dreimonatiger Beschäftigung in der Lohngruppe 2 im Baugewerbe. […]
(8) Mit Wirkung vom 1. Januar 2021 gelten, soweit sich aus den nach Maßgabe dieses Tarifvertrages zu erstellenden Bezirkslohntarifverträgen (Lohntabellen) nicht etwas anderes ergibt, nachstehende Löhne (Abb. 14.2).

Im Rahmen einer freiwilligen Vereinbarung zwischen Arbeitgeber und Betriebsrat, sofern kein Betriebsrat besteht, Arbeitgeber und Leistungsgruppe (Kolonne) kann die Durchführung von Arbeiten auch im Leistungslohn vereinbart werden. Grundlage dazu bildet der Rahmentarifvertrag für Leistungslohn im Baugewerbe vom 29. Juli 2005. Dazu werden Vorgabewerte als Soll-Stunden nach § 3 ermittelt und den Ist-Stunden für die Lohnabrechnung und Leistungslohnvergütung nach § 6 gegenüber gestellt. Ziel dabei ist auch die Einführung eines permanenten Baustellencontrollings, um eine Optimierung der Bauabläufe sicherzustellen. Der Leistungslohn kann die Arbeitsorganisation des Betriebes verbessern und damit die Arbeitseffektivität erhöhen. Die Motivation der Arbeitnehmer wird durch eine leistungsgerechte Entlohnung mit der Möglichkeit eines Mehrverdienstes gesteigert. Alternativ kann auch ein Prämienlohn nach § 10 als eine andere Form des Leistungslohnes vereinbart werden (vgl. Hauptverband der Deutschen Bauindustrie e. V. 2020, S. 321 ff.).

Der Gesamttariflohn ist allerdings nur ein Teil der Kosten je Arbeitsstunde des entsprechenden Arbeitnehmers. Auf den Tariflohn müssen gegebenenfalls noch Zuschläge für Überstunden, Nacht-, Sonn- und Feiertagsarbeitslöhne sowie Erschwerniszuschläge hinzugerechnet werden. Darüber hinaus muss bei Abschluss eines individuellen Tarifvertrages über die Gewährung vermögenswirksamer Leistungen für Arbeiter noch ein Arbeitgeberanteil von 0,13 €/Stunde hinzugerechnet werden (§ 2 Nr. 1 Tarifvertrag über die Gewährung vermögenswirksamer Leistungen zugunsten der gewerblichen Arbeitnehmer im Baugewerbe vom 24. August 2020).

Dadurch ergibt sich folgender Grundlohn:

- Tarifstundenlohn (TL) und Bauzuschlag (BZ)[2] (Gesamttarifstundenlohn-GTL),
- Leistungs- und Prämienlöhne,
- übertarifliche Bezahlung,
- vermögenswirksame Leistungen, sofern keine tarifliche Zusatzrente in Anspruch genommen wird,
- Überstunden-, Nacht-, Sonn- und Feiertagsarbeitslöhne,
- Erschwerniszuschläge.

Die genannten Positionen sind geregelt in Einzeltarifverträgen z. B. Tarifvertrag zur Regelung der Löhne und Ausbildungsvergütungen im Baugewerbe im Gebiet der Bundesrepublik Deutschland mit Ausnahme der fünf neuen Länder und des Landes Berlin vom 17. September 2020 (TV, Lohn/West), in Rahmentarifverträgen, z. B. Bundesrahmentarifvertrag für das Baugewerbe vom 28. September 2018 (BRTV).

Im BRTV sind beispielsweise im § 6 die Erschwerniszuschläge geregelt. Die vermögenswirksamen Leistungen wiederum sind geregelt in den Tarifverträgen über die Gewährung vermögenswirksamer Leistungen zugunsten der gewerblichen Arbeitnehmer sowie der Angestellten und Poliere des Baugewerbes und im fünften Gesetz zur Förderung der Vermögensbildung der Arbeitnehmer (5 VermBG).

Zu diesem Grundlohn müssen noch eine Vielzahl von Lohnzusatzkosten hinzugerechnet werden, damit die Gesamtkosten für produktive Arbeitsstunden ermittelt werden können. Das Gebiet der Lohnzusatzkosten ist außerordentlich komplex und unterliegt zudem einem ständigen Wandel. Deshalb wird hier auf eine detaillierte Darstellung verzichtet, und es wird global die Struktur dieser Lohnzusatzkosten aufgezeigt (vgl. zu diesem komplexen Thema z. B.: Hauptverband der Deutschen Bauindustrie e. V. 2020, S. 194 f.).

Die Lohnzusatzkosten gliedern sich in:

- Soziallöhne,
- Sozialkosten,
- lohnbezogene Kosten,
- Lohnnebenkosten.

---

[2] Der Bauzuschlag wird pauschal an alle gewerblichen Mitarbeiter des Baugewerbes bezahlt, unabhängig davon ob die ursprünglichen Kriterien des Zuschlags, nämlich Einsatzwechseltätigkeit und Schlechtwetterarbeit, tatsächlich zutreffen. Das heißt 5,9 % des Tariflohns wird als pauschale Leistung an alle gewerblichen Arbeitnehmer der Baubranche bezahlt, ohne die ursprüngliche Voraussetzung dieser Tarifvereinbarung zu prüfen.

Soziallöhne
- gesetzlich bedingte Soziallöhne,
  - gesetzliche Feiertage; soweit nicht Samstage oder Sonntage
  - regionale Feiertage; soweit nicht Samstage oder Sonntage
  - gesetzliche Ausfalltage, Betriebsverfassungsgesetz, Sozialgesetzbuch III, Arbeitnehmerweiterbildungsgesetz und aufgrund der Unfallverhütungsvorschriften
  - Krankheitstage mit Entgeltfortzahlungsanspruch
- tariflich bedingte Soziallöhne (§4 BRTV, u. a.),
  - Freistellung aus familiären Gründen (Eheschließung, Todesfälle etc.),
  - Freistellung aus besonderen Gründen (Arztbesuch, Behördenpflichten, Ehrenamt),
  - 13. Monatsgehalt,
- betrieblich bedingte Soziallöhne,
  - betrieblich verfügte Ausfallzeiten (Betriebsfeier, Betriebsausflug etc.),
  - betrieblich verursachte Ausfallzeiten (z. B. Betriebsstörungen),
  - Kurzarbeit.

Sozialkosten
- gesetzlich bedingte Sozialkosten,
  Die gesetzlichen Sozialkosten sind vom Gesetzgeber vorgeschrieben. Man kann zwischen den primären Kosten der gesetzlichen Sozialversicherungen und weiteren gesetzlichen Sozialkosten unterscheiden.
  Die primären gesetzlichen Sozialkosten sind die:
  - Rentenversicherung,
  - Arbeitslosenversicherung,
  - Krankenversicherung,
  - Pflegeversicherung.

Weitere gesetzliche Sozialleistungen werden über die Bau-Berufsgenossenschaft und die Bundesagentur für Arbeit (BA) abgewickelt. Die Bau-Berufsgenossenschaft wickelt die gesetzliche Unfallversicherung und das Rentenlast-Ausgleichsverfahren ab. Sie sorgt mit allen geeigneten Mitteln für die Verhütung von Arbeitsunfällen, Berufskrankheiten und arbeitsbedingten Gesundheitsgefahren sowie für eine wirksame Erste Hilfe. Nach Eintritt eines Arbeitsunfalls oder einer Berufskrankheit hat sie die Gesundheit und die Leistungsfähigkeit der Versicherten mit allen geeigneten Mitteln wiederherzustellen und die Versicherten oder ihre Hinterbliebenen durch Geldleistungen zu entschädigen (vgl. Berufsgenossenschaft der Bauwirtschaft 2017, § 2). Jedes Bauunternehmen ist kraft Gesetz Mitglied einer Bau-Berufsgenossenschaft. Seit dem 1. Mai 2005 gibt es in der Bundesrepublik Deutschland nur noch eine Berufsgenossenschaft in der Bauwirtschaft. Die Genossenschaft setzt sich aus vormals sieben regionalen Bau – Berufsgenossenschaften und einer bundesweit tätigen Tiefbau-Berufsgenossenschaft zusammen (vgl. Berufsgenossenschaft der Bauwirtschaft 2017, § 72).

Über die Bundesagentur für Arbeit werden Betriebe des Baugewerbes, die nach der Baubetriebe Verordnung vom 28. Oktober in der Fassung vom 20. Dezember 2011 zu fördern sind, für eine ganzjährige Beschäftigung gefördert. Dazu wurde das Instrument Saison- Kurzarbeitergeld als Sonderform des Kurzarbeitergeldes konzipiert. Arbeitnehmer haben bei Arbeitsausfall in der gesetzlich festgelegten Schlechtwetterzeit vom 1. Dezember bis 31. März Anspruch auf Saison- Kurzarbeitergeld in Höhe von 60 % bzw. 67 % der Nettoentgeltdifferenz. Ergänzend werden dem gewerblichen Arbeitnehmer, als Anreiz zur Nutzung von Arbeitszeitkonten, für jede in der Schlechtwetterzeit vom Arbeitskonto eingebrachte Stunde Zuschuss- Wintergeld in Höhe von 2,50 € bzw. für jede in der Schlechtwetterzeit gearbeitete Stunde Mehraufwands-Wintergeld gezahlt. Das Mehraufwands-Wintergeld, das in der Zeit vom 15–31. Dezember für bis zu 90 geleistete Stunden sowie im Januar und Februar für je bis zu 180 geleistete Stunden gezahlt wird, beträgt pro Stunde 1,– €. Arbeitgeber können bei der Inanspruchnahme von Saison- Kurzarbeitergeld als ergänzende Leistung die Erstattung der von Ihnen für gewerbliche Arbeitnehmer gezahlten Sozialversicherungsbeiträge ab der 1. Ausfallstunde geltend machen. Durch eine branchenspezifische Winterbeschäftigungs-Umlage wird die Finanzierung sichergestellt, die im Bauhauptgewerbe bei 2,0 % (1,2 % Arbeitgeberanteil, 0,8 % Arbeitnehmeranteil) der Bruttolohnsumme liegt. Gezahlt wird die Umlage an die Urlaubs- und Lohnausgleichskasse (ULAK). Die wiederum leitet es im Bedarf weiter an die Bundesagentur für Arbeit (vgl. Hauptverband der Deutschen Bauindustrie e. V. 2020, S. 645 f.).

- tariflich bedingte Sozialkosten
Zentrale Einrichtung des Sozialkassensystems der Bauwirtschaft ist die SOKA-BAU mit Sitz in Wiesbaden. Sie vereinigt unter einem Dach die Urlaubs- und Lohnausgleichskasse der Bauwirtschaft (ULAK) und die Zusatzversorgungskasse des Baugewerbes AG (ZVKBau), welche von den zentralen Tarifvertragsparteien der Bauwirtschaft – dem Hauptverband der Deutschen Bauindustrie e. V., dem Zentralverband des Deutschen Baugewerbes e. V. und der Industriegewerkschaft Bauen-Agrar-Umwelt – gegründete gemeinsame Einrichtung gemäß § 4 Abs. 2 Tarifvertragsgesetz sind. An Stelle der ULAK wurde in Berlin die Sozialkasse des Berliner Baugewerbes (Soka-Berlin) und in München die Gemeinnützige Urlaubsklasse des Bayerischen Baugewerbes e. V. (UKB) mit regionaler Zuständigkeit für bestimmte Aufgaben errichtet (vgl. Hauptverband der Deutschen Bauindustrie e. V. 2020, S. 407).
„Im Auftrag der Tarifvertragsparteien erbringt SOKA-BAU seit Jahrzenten eine Vielzahl von Leistungen, die auf die besondere Situation der Betriebe und der Arbeitnehmer in der Bauwirtschaft abgestimmt sind. Die tarifvertraglich regelten Verfahren, die SOKA-BAU umsetzt, gleichen branchenspezifische Nachteile aus, die Arbeitnehmern der Bauwirtschaft entstehen" (SOKA-Bau o. J.).

Die Sozialkassen müssen für die in den Sozialkassentarifverträgen festgelegten Leistungen aufkommen. Die Baubetriebe führen Beiträge in tarifvertraglich festgelegter Höhe an SOKA-BAU ab. Sie werden so festgelegt, dass sich die Leistungen daraus finanzieren lassen und betragen zwischen 18,9 % und 25,75 % der Bruttolohnsumme bzw. maximal ca. 34 % der Grundlohnsumme bei gewerblichen Arbeitnehmern. Für Angestellte hat der Arbeitgeber einen monatlichen Betrag von 63,– € (West) und 2 5,– € (Ost) abzuführen (SOKA-Bau o. J.).

Im Einzelnen werden folgende tariflich geregelten Leistungen abgewickelt:
– Urlaub und zusätzliches Urlaubsgeld,
– die Zusatzversorgung (die Zusatzversorgungskasse (ZVK) wurde 1958 gegründet und soll eine überbetriebliche zusätzliche Altersversorgung gewährleisten),
– die tarifliche Zusatzrente (gem. § 2 TV TZR hat jeder Arbeitnehmer einen entsprechenden Anspruch)
– die Förderung der Berufsausbildung (die Förderung der Berufsausbildung verfolgt unterschiedliche Interessen des Baugewerbes, wie z. B.: Imageverbesserung, breitere Grundausbildung, Verbesserung des Ausbildungsniveaus, überbetriebliche Ausbildung, Sicherung des Facharbeiternachwuchs).

- betriebliche Sozialkosten
Betriebliche Sozialkosten sind u. a.:
  – Alters- und Zukunftssicherung einschließlich Insolvenzensicherung,
  – Jubiläums- und Treuegeld,
  – Beihilfen für Heirat, Geburt, Todesfall, Krankheit etc.,
  – Zuschüsse für Aus- und Fortbildung,
  – Zuschüsse zu Betriebsversammlungen und -festen,
  – Zuschüsse zum Mittagessen.
- lohnbezogene Kosten
Die lohnbezogenen *Kosten* beziehen sich auf die abgabenpflichtigen Lohnkosten (Bruttolohnsumme).
  – Beitrag für die Industrie- und Handelskammern
  – Beiträge zu Berufsverbänden
  – Beiträge für die Haftpflichtversicherung.

Die lohnbezogenen Kosten werden bei den meisten Betrieben in den allgemeinen Geschäftskosten erfasst und nicht in den Lohnzusatzkosten verrechnet.

Die prozentuale Höhe der einzelnen Elemente der Lohnzusatzkosten stellt sich in Anlehnung an die Musterberechnung des Zuschlagssatzes für Lohnzusatzkosten, die jährlich von den Verbänden in der Bauwirtschaft herausgegeben wird, für Anfang 2021 (West) wie folgt dar (vgl. Hauptverband der Deutschen Bauindustrie e. V. 2020, S. 194 f.)

Grundlohn	100,00%
+ Soziallöhne	17,16%
+ Sozialkosten	
- gesetzliche	36,76%
- tarifliche	27,39%
- betriebliche	2,02%
Grundlohn einschließlich Lohnzusatzkosten	**183,33%**

Es ergibt sich damit folgender Sachverhalt. Wenn ein Arbeitnehmer der Lohngruppe III einen Gesamttariflohn (GTL) ohne Zuschläge und vermögenswirksame Leistungen von 19,27 €/h hat, dann kostet diese Arbeitsstunde den Arbeitgeber 183,33 % × 19,27 €/h = 35,33 €/h. Dieser Wert ist allerdings ein Durchschnittswert (West). Je nach Größe und Leistungsspektrum des Unternehmens, der berieblichen Angebote und Inanspruchnahme bestimmter Leistungen durch die Belegschaft, gibt es Abweichungen von diesem Mittelwert. Speziell sei hier auch noch einmal auf die Soziallöhne hingewiesen. Sie beinhalten lohnpflichtige Ausfalltage, die nur bedingt planbar sind. Dies betrifft insbesondere die Krankheitstage. Somit können sich die Kosten je Arbeitsstunde letzlich gegenüber der Planung sehr unterschiedlich ausprägen.

Diese, individuellen Kosten je produktiver Arbeitsstunde eines jeden Mitarbeitenden sind Ausgangspunkt für die Festlegung des Mittellohns in der Kalkulation und Untersuchungsgegenstand im Rahmen des Controllings. In ersterer Hinsicht wird auf die einschlägige Literatur, im zweiten Punkt auf Abschn. 15.2 (Planung der Leistung) bzw. 16.2 (Betriebsbezogenes Controlling) verwiesen.

Bei den Angestellten ergibt sich bei analoger Rechnung in der Regel ein geringerer Wert als bei den gewerblichen Arbeitnehmern. Dieser Wert ist deshalb niedriger, weil zum einen die beschäftigungs-Umlage bei den Gehältern wegfällt. Auch gibt es Unterschiede bei den gesetzlichen Sozialkosten wie z. B. bei der Unfallversicherung. Der Beitragssatz für die Unfallversicherung errechnet sich nämlich aus der Multiplikation des Arbeitsentgelts mit der Gefahrenklasse und dem Beitragsfuß. Mitarbeiter mit einem Gehalt arbeiten in der Regel im Verwaltungsbereich des Unternehmens und damit in einer anderen Gefahrenklasse. Für solche Beschäftigungsverhältnisse wird ein Multiplikator von nur 0,47 zugrunde gelegt. Im Vergleich dazu beträgt der Multiplikator der Gefahrenklasse für Arbeiter, die im Bauwerksbau arbeiten 12,58 (vgl. Berufsgenossenschaft der Bauwirtschaft 2018).

Schließlich müssen bei der Bewertung der personalen Ressourcen noch die Lohn- bzw. Gehaltsnebenkosten genannt werden. Hierzu gehört z. B. die Fahrtkostenabgeltung, wenn die Bau- oder Arbeitsstelle mindestens 10 km von der Wohnung des Arbeitnehmers entfernt ist und eine tägliche Heimfahrt stattfindet. Die Höhe der Fahrtkostenabgeltung und des Verpflegungszuschusses sind im § 7 Nr. 3 BRTV geregelt.

Findet keine tägliche Heimfahrt statt, besteht ein Anspruch auf Auslösung (§ 7 Nr. 4 BRTV). Dieser beträgt für jeden Kalendertag 34,50 € (Stand: BRTV vom 4. Juli 2002 in der Fassung vom 17. Dezember 2012).

14.1.2 Leistungen

14.1.2.1 Leistungsmengen

Um Leistungsmengen festlegen zu können, müssen zunächst inhaltliche Leistungsbeschreibungen vorliegen. Diese sind naturgemäß je nach Art der zu erbringenden Leistung sehr unterschiedlich.

Planungsleistungen
Die Beschreibung der Planungsleistungen ist in der HOAI geregelt und zwar getrennt nach:

- Flächenplanung,
  - Bauleitplanung,
  - Landschaftsplanung.
- Objektplanung,
  - Gebäude und Innenräume,
  - Freianlagen,
  - Ingenieurbauwerke,
  - Verkehrsanlagen.
- Fachplanungen,
  - Tragwerksplanung,
  - Technische Ausrüstung.

Als Beispiel einer Leistungsbeschreibung bei Planungsleistungen wird hier das Leistungsbild der Objektplanung für Gebäude und Innenräume nach § 34 HOAI vorgestellt.
  Das Leistungsbild setzt sich aus neun Leistungsphasen zusammen.

1. Grundlagenermittlung,
2. Vorplanung (Projekt- und Planungsvorbereitung),
3. Entwurfsplanung (System- und Integrationsplanung),
4. Genehmigungsplanung,
5. Ausführungsplanung,
6. Vorbereitung der Vergabe,
7. Mitwirkung bei der Vergabe,
8. Objektüberwachung (Bauüberwachung und Dokumentation),
9. Objektbetreuung.

Jede Leistungsphase ist eine Auflistung der Tätigkeiten, die zur Erbringung des jeweiligen Leistungsbildes notwendig sind. Gemäß § 3 HOAI gliedern sich Leistungen in Grundleistungen und Besondere Leistungen soweit die Leistungen in den Leistungsbildern erfasst sind.

Bauleistungen

Teil A der VOB gibt in § 7 b und c verbindlich für öffentliche Auftraggeber als Möglichkeit zur Beschreibung der Leistung zum einen die Leistungsbeschreibung nach Leistungsverzeichnis und zum anderen die Leistungsbeschreibung mit Leistungsprogramm vor. Die Leistungsbeschreibung mit Leistungsprogramm soll jedoch nur angewandt werden, wenn es nach Abwägen aller Umstände zweckmäßig ist (§ 7c Abs. 1 VOB/A).

Bei der Leistungsbeschreibung mit Leistungsverzeichnis gem. § 7 b VOB/A soll die Leistung in der Regel durch eine allgemeine Darstellung der Bauaufgabe (Baubeschreibung) und ein in Teilleistungen gegliedertes Leistungsverzeichnis beschrieben werden. Falls erforderlich sind sie gem. § 7 b Abs. 2 VOB/A zusätzlich zeichnerisch oder durch Probestücke darzustellen oder anders zu klären.

In der allgemeinen Darstellung der Bauaufgabe (Baubeschreibung) sind Angaben zu machen, die zum Verständnis der Bauaufgabe und zur Preisermittlung erforderlich sind und die sich nicht aus der Beschreibung der einzelnen Teilleistungen unmittelbar ergeben (vgl. Heiermann et al. 2011, S. 265).

Generell muss das Leistungsverzeichnis den Anforderungen von § 7 Abs. 1 VOB/A genügen und eine eindeutige und erschöpfende Beschreibung enthalten, sodass alle Bewerber insbesondere auch im Hinblick auf die Preisberechnung eine eindeutige und verständliche Kalkulationsgrundlage haben. Damit dies gewährleistet ist, sind im Leistungsverzeichnis die einzelnen Leistungsanforderungen unter Angabe von Art und Umfang der verlangten Arbeiten anzugeben. Das Leistungsverzeichnis ist also derart aufzugliedern, dass unter einer Ordnungszahl (Position) nur solche Leistungen aufgenommen werden, die nach ihrer technischen Beschaffenheit und für die Preisbildung als in sich gleichartig anzusehen und die mit einer eindeutigen Mengenangabe bestimmbar sind.

Die dabei zu verwendenden Abrechnungseinheiten und Grundsätze zur Mengenermittlung sind in der VOB Teil C, Abschn. 0.5 der jeweiligen ATV zu finden.

Beispielsweise wird in Abschn. 0.5 der ATV DIN 18300 „Erdarbeiten" formuliert:

„Im Leistungsverzeichnis sind die Abrechnungseinheiten, getrennt nach Art, Stoffen, Boden- und Felsklassen sowie Maßen, wie folgt vorzusehen:

- Abtrag, Aushub, Fördern, Einbau nach Raummaß (m^3) oder Flächenmaß (m^2), gestaffelt nach Längen der Förderwege, soweit 50 m Förderweg überschritten werden,
- Steinpackungen, Steinwürfe, Bodenlieferungen und der gleichen nach Raummaß (m^3), Flächenmaß (m^2) oder Masse (t),
- […]" (Vergabe- und Vertragsordnung für Bauleistungen (VOB) 2019).

Allgemein sind folgende Mengenangaben üblich:

- Erdarbeiten m^3 z. B.:
    - Baugrubenaushub
    - Fundamentaushub

14.1 Zahlenmäßige Erfassung der Leistungserstellung

- Abfuhr
- Hinterfüllen
- Beton- und Stahlbetonarbeiten m^3 bzw. m^2 z. B.:
  - Sauberkeitsschicht m^2
  - Beton für Fundamente m^3
  - Beton für Wände, Decken m^3 etc.
  - Schalungen m^2
  - Betonstahl t
- Mauerwerk m^2 bzw. m^3,
- Putzarbeiten m^2.

etc.

Häufig werden für das für das Aufstellen von Leistungsverzeichnissen Standardleistungsbeschreibungen wie das Standardleistungsbuch Bau (https://www.stlb-bau-online.de) verwendet, das unabhängig von bestimmten Produkten aufgestellt wird und weitestgehend der Fachlosgliederung nach VOB Teil C entspricht (vgl. Gralla 2011, S. 110). So lassen sich eindeutig beschriebene, technisch stimmige und wettbewerbsneutrale Ausschreibungstexte erstellen. Zusätzlich können Orientierungspreise mit in das Leistungsverzeichnis übernommen werden.

Alternativ können individuelle Standardtexte in einer AVA-Software erfasst und zu einem Leistungsverzeichnis zusammenstellt werden. Ergänzend stehen verschieden Textsammlungen von Baufachverlagen zur Verfügung. Alle erzeugten Positionen können bei AVA-Systemen in eine Datenbank aufgenommen und für neue Leistungsverzeichnisse abgerufen und individuell angepasst werden. Die mit einem AVA-System erstellten Leistungsverzeichnisse lassen sich in aller Regel mittels einer Schnittstelle austauschen.

Das einfache Beispiel in Abb. 14.3 zeigt eine Leistungsbeschreibung von Bauleistungen mit Leistungsverzeichnis. Das Leistungsverzeichnis wurde mit Hilfe des STLB-Bau und einem AVA-Programm erstellt.

Im § 7 c VOB/A ist die Leistungsbeschreibung mit Leistungsprogramm geregelt. Es wird ausdrücklich betont, dass nur nach Abwägen aller Umstände, und um die technisch, wirtschaftlich und gestalterisch beste sowie eine funktionsgerechte Lösung der Bauaufgabe zu ermitteln, die Leistung durch ein Leistungsprogramm dargestellt werden kann. Eine Leistungsbeschreibung mit Leistungsprogramm stellt besonders hohe Anforderungen an die Sorgfalt der Bearbeitung. Die Beschreibung muss eine einwandfreie Angebotsbearbeitung durch die Bieter ermöglichen und sicherstellen, dass die zu erwartenden Angebote vergleichbar sind. Für öffentliche Auftraggeber, die an die VOB/A gebunden sind gilt, dass ein vollständiges Raumprogramm, das nachträglich nicht mehr geändert werden darf, und eine genehmigte Haushaltsunterlage – Bau – vorliegen müssen, bevor das Leistungsprogramm aufgestellt werden darf. Außerdem müssen sämtliche für das Bauvorhaben bedeutsamen öffentlich-rechtlichen Forderungen (städtebaulicher und bauaufsichtlicher Art) geklärt sein. Bei der Aufstellung des Leistungsprogramms ist

Projekt:	AH-2003-01	Seniorenstift "Am alten Markt"
LV:	0.012	Rohbauarbeiten
Bereich:	1.	Mauerarbeiten

OZ	Leistungsbeschreibung	Menge	ME	Einheitspreis in EUR	Gesamtbetrag in EUR
1.	**Mauerarbeiten**				
1.1.	**Tragende Außenwände**				
1.1.10.	*** Grundposition 1.0 STLB_BAU: 04/2003 012 Kostengruppe: 331 Tragende Außenwände **Außenwand MD 30cm HLzB SFK 12 RDK 1,6** Mauerwerk der Außenwand, Mauerziegel, DIN 105 oder nach Zulassung, HLzB, Festigkeitsklasse 12, Rohdichteklasse 1,6, Mauerwerksdicke 30 cm, MG II a, Höhe bis 2,75 m.	9,203	m³	....	....
1.1.20.	*** Wahlposition 1.1 zu 1.0 STLB_BAU: 04/2003 012 Kostengruppe: 331 Tragende Außenwände **Außenwand MD 30cm HLzC SFK 12 RDK 1,4** Mauerwerk der Außenwand, Mauerziegel, DIN 105 oder nach Zulassung, HLzBC Festigkeitsklasse 12, Rohdichteklasse 1,4, Mauerwerksdicke 30 cm, MG III, Höhe bis 2,75 m.	9,203	m³	....	Nur Einh.-Pr.
1.1.30.	*** Bedarfsposition ohne GB **Zuschlag für Naturbimsmauerwerk HBL 6/II** L/D/H: '240/300/2387'mm Fabrikat: 'xyz' oder gleichwertig. Zuschlag auf die Position(en) 1.1.10. somit aus...................EUR .... %				Nur Einh.-Pr.
1.1.40.	STLB_BAU: 04/2003 084 Kostengruppe: 331 Tragende Außenwände **Schlitz herstellen Mauerwerk B 5-10cm T 5-10cm** Schlitz herstellen, in Wandfläche, Untergrund Ziegelmauerwerk, Schlitzbreite über 5 bis 10 cm, Schlitztiefe über 5 bis 10 cm, Höhe bis 2,75 m.	1,534	m	....	....
1.1.50.	STLB_BAU: 04/2003 084 Kostengruppe: 331 Tragende Außenwände **Kernbohrung Wand Durchmesser 250-300mm T 25-30cm** Kernbohrung in der Wand aus Mauerwerk, Bohrdurchmesser über 250 bis 300 mm, Bohrtiefe über 25 bis 30 cm.	3,000	St	....	....

Abb. 14.3 Leistungsbeschreibung nach Standardleistungsbuch-Bau (STLB-Bau). (Rösel und Busch 2008, S. 110)

besonders darauf zu achten, dass die in § 7 VOB/A geforderten Angaben eindeutig und vollständig enthalten sind (vgl. Heiermann et al. 2018).

Bei der Leistungsbeschreibung mit Leistungsprogramm liegt zunächst kein detailliertes Leistungsverzeichnis vor. Um jedoch die Mengen der zu erbringenden Leistungen ermitteln zu können, müssen die Anbieter entsprechende interne Leistungsverzeichnisse aufstellen. Insoweit ist praktisch hierdurch die Aufstellung der Leistungsbeschreibung mit Leistungsverzeichnis vom Auftraggeber auf den Bieter verlagert. Es treffen deshalb den Bieter bei der Beschreibung der Planung und Ausführung der Leistung die gleichen Anforderungen, die an den Auftraggeber zu stellen sind, wenn er eine Leistungsbeschreibung mit Leistungsverzeichnis im Zuge der Ausschreibung aufstellt (vgl. Heiermann et al. 2018, S. 258).

Es ist an dieser Stelle darauf hinzuweisen, dass es neben der Vorgehensweise gemäß der VOB/A, die nur für öffentliche Auftraggeber bindend sind, auch andere Möglichkeiten der Leistungsbeschreibung gibt. Insbesondere bei einer Projektkonstellation, bei der nur private Personen oder Unternehmen beteiligt sind, findet man Leistungsbeschreibungen, die keiner Normung unterliegen (vgl. zu diesem Thema z. B. Kapellmann und Schiffers 2017).

14.1.2.2 Die Bewertung der Leistungsmengen

Die Bewertung der Leistungsmengen erfolgt mit den Preisen, welche am Absatzmarkt für die jeweiligen Leistungsmengen erzielt werden können. Im Teil B und hier im Kap. 6 wurde bereits ausführlich auf die Preisbildung eingegangen und zwar getrennt nach den Bereichen:

- Preisbildungen am Grundstücksmarkt,
- Preisbildungen bei freiberuflichen Tätigkeiten,
- Preisbildung bei Bauleistungen, Projektentwicklungen und gewerbliche Dienstleistungen.

Es wird hier aber nochmals darauf hingewiesen, dass es in der Bauwirtschaft keine einheitliche Form der Preisbildung gibt, da es sich z. B. bei den freiberuflichen Leistungen in aller Regel um Honorare bzw. Gebühren handelt, die zwar inzwischen dem Wettbewerb unterliegen, sich allerdings an der Honorarordnung für Architekten und Ingenieure orientieren und sich in ihrer Art und Zusammensetzung völlig von anderen Bereichen der Bauwirtschaft, wie zum Beispiel der Preisbildung der Bauunternehmen, unterscheiden.

Die Preise am Grundstücksmarkt bilden sich im klassischen Sinne aufgrund von Angebot und Nachfrage, wobei bei der Preisbildung eine Vielzahl von subjektiven Bewertungsfaktoren einfließt, welche wiederum besonders auch von allgemeinen Konjunkturdaten abhängen.

Daneben gibt es die Immobilienwertermittlungsverordnung über die Grundsätze für die Ermittlung der Verkehrswerte von Grundstücken (ImmoWertV), die im Rahmen einer gesetzlichen bzw. behördlichen Wertermittlung Anwendung finden. Die ImmoWertV hat die bis Ende Juni 2010 geltende Wertermittlungsverordnung (WertV) abgelöst und wurde in 2021 grundlegend novelliert und integriert nun auch diverse Wertermittlungsrichtlinien. Sie enthält außer Begriffsinhalten und allgemeinen Bestimmungen über Anwendungsbereiche und Verfahrensgrundsätze nähere Regelungen über die drei wichtigsten Wertermittlungsverfahren, nämlich das Vergleichswert-, das Ertragswert- und das Sachwertverfahren.

Für Bauleistungen, Projektentwicklungen und gewerbliche Dienstleistungen ist die Preisbildung durch Angebot und Nachfrage auf den entsprechenden Teilmärkten charakterisiert. Die Preisbildung für diese Bereiche ist traditionell eher kostenorientiert, d. h. es werden zunächst die voraussichtlich anfallenden Kosten errechnet bzw. geschätzt. Darauf aufbauend wird die Angebotssumme unter Berücksichtigung der Konkurrenzsituation und der Konjunkturlage festgelegt.

14.2 Aufbau der Betriebsabrechnung in Bauunternehmen

Betriebsabrechnungen sind für alle Unternehmen der Bauwirtschaft notwendig, denn mit der Betriebsabrechnung werden für die Entscheidungsträger aller Unternehmensbereiche und Unternehmensebenen die Zahlen bereitgestellt, damit folgende betriebsbezogene Aufgaben erfüllt werden können:

- Preisermittlung und Preisbeurteilung,
- Ergebnisdarstellung und Ergebnisbeurteilung,
- Steuerung der Leistungserstellung,
- Wirtschaftlichkeitsvergleiche,
- Ermittlung innerbetrieblicher Verrechnungssätze.

14.2.1 Rechnungskreise der Betriebsabrechnung

Die Betriebsabrechnung besteht aus folgenden Rechnungskreisen:

- Kostenrechnung,
- Leistungsrechnung,
- Ergebnisrechnung.

Diese Dreiteilung ergibt sich aus der Definition des betrieblichen Ergebnisses:
Betriebsergebnis = Leistung ./. Kosten

Die genannten Rechnungskreise werden zur gesamten Betriebsabrechnung zusammengeführt. Im Folgenden werden die genannten Rechnungskreise nur in Bezug auf bauausführende Unternehmen dargestellt. Für Dienstleistungsunternehmen und Unternehmen der Projektentwickler sind die dargestellten Zusammenhänge übertragbar.

14.2 Aufbau der Betriebsabrechnung in Bauunternehmen

14.2.1.1 Kostenrechnung

Kosten sind der bewertete Verzehr von Gütern und Diensten materieller und immaterieller Art zum Zwecke betrieblicher Leistungserstellung. Kosten können unter den verschiedensten Fragestellungen betrachtet werden. Wird gefragt, welche Kosten in einem Betrieb entstehen, dann muss eine Kostenartenrechnung aufgebaut werden. Sie gibt Auskunft über die Entwicklung einzelner Kostenarten und über die Kostenstruktur von Unternehmen. Dies führt zunächst zur Frage der „Untergliederung" der Kosten. Diese Untergliederung ist abhängig von Größe und Art der Unternehmen und auch davon, inwieweit das Unternehmen eine detaillierte Kostentransparenz benötigt bzw. wünscht.

Kostenartengliederung bei bauausführenden Unternehmen

Die KLR Bau empfiehlt hier folgende Untergliederung (Hauptverband Deutsche Bauindustrie/Zentralverband Deutsches Baugewerbe 2016):

- Lohn- und Gehaltskosten,
- Fremdarbeitskosten,
- Kosten der Baustoffe und der Fertigungsstoffe,
- Kosten für Fertigerzeugnisse,
- Kosten des Rüst-, Schal- und Verbaumaterials einschl. der Hilfsstoffe,
- Kosten der Geräte und der Betriebsstoffe,
- Kosten der Geschäfts-, Betriebs- und Baustellenausstattung,
- kosten der technischen Bearbeitung und Projektentwicklung,
- Kosten der Nachunternehmerleistungen,
- Kosten der Immobilienbewirtschaftung,
- Sonstige Kosten.

Wie tief die Differenzierung einzelner Kostengruppen vorgenommen werden kann, wird anhand der Kostengruppen „Kosten der Geräte einschließlich Betriebsstoffe" dargestellt (vgl. Hauptverband Deutsche Bauindustrie/Zentralverband Deutsches Baugewerbe 2016).

Die Gruppe „Kosten der Geräte einschl. Betriebsstoffe" umfasst u. a.:

- Kalkulatorische Abschreibung und Verzinsung,
- Steuern und Versicherungen,
- Instandhaltung,
- Fremdmieten für Geräte,
- Treib- und Schmiermittel.

Dabei ist eine Untergliederung bis hinunter zu einzelnen Grätetypen oder Geräten denkbar.
Auf die einzelnen Kostenarten wird hier nicht eingegangen. Diese sind in der KLR Bau detailliert beschrieben.

Grundsätzlich müssen bei jeder Kostenartenrechnung sämtliche Kostenarten eindeutig definiert sein. Es darf insbesondere keine Überschneidungen der Kostenarten geben, sodass jeder Kostenbetrag nur einer bestimmten Kostenart zugeordnet werden kann.

Die eingesetzten Ressourcen sind je nach Betriebsgröße und der Struktur der auszuführenden Arbeiten unterschiedlich. So benötigt ein Straßenbauunternehmen z. B. keine Kostengruppe für „Rüst-, Schal-, Verbaumaterial einschließlich Hilfsstoffe". Zudem wird die Kostenartenartengliederung oft durch die verwendeten Kontenrahmen beeinflusst, die unternehmensspezifisch angepasst werden. Im Baukontenrahmen sind z. B. neun Kontengruppen (Hauptkostenarten) verzeichnet, die je nach Bedarf weiter untergliedert werden.

Als gemeinsame Organisationsstruktur für eine sinnvolle und rechtssichere Gliederung der Kosten im externen Rechnungswesen mit Verbindung zum internen Rechnungswesen (Baubetriebsrechnung und Baukalkulation), gibt die KLR Bau mit dem Baukontenrahmen eine geeignete Struktur[3] vor. Sie wurde z. B. durch die DATEV eG[4] nach dem Bilanzrechtsmodernisierungsgesetz (BilMoG) aufgegriffen und in Standardkontenrahmen (SKR 03/04) überführt. Vor allem kleinere Betriebe mit externer Buchführung, die in der Regel durch eine Steuerberatungsgesellschaft durchgeführt wird, greifen auf entsprechende, branchenangepasste Kontenrahmen zurück. Größere Unternehmen nutzen dagegen auch einen individuellen, aus dem allgemeineren Industriekontenrahmen bzw. Gemeinschaftskontenrahmen abgeleitete Struktur. Abb. 14.4 zeigt beispielhaft den Aufbau des Baukontenrahmens und den damit korrespondierenden Industriekontenrahmen. Beide sind nach dem Abschlussgliederungsprinzip strukturiert, das heißt, sie orientieren sich am handelsrechtlichen Jahresabschluss (externes Rechnungswesen). Alternativ kann auch eine Gliederung nach dem Prozessgliederungsprinzip genutzt werden, wie sie von der DATEV mit dem Standardkontenrahmen 03 bzw. dem Gemeinschaftskontenrahmen angeboten werden. Während beim Abschlussgliederungsprinzip die Verbindung zum internen Rechungswesen (Baubetriebsrechnung) über die Kontenklasse 9 (bzw. 8 beim DATEV-Kontenrahmen) hergestellt werden kann (Zweikreissystem) wird die Finanz- und Betriebsbuchführung beim Prozessgliederungssystem integriert durchgeführt (Einkreissystem).

Wird der Baukontenrahmen zugrunde gelegt, so sind die Kontenklassen 5. (Erträge), 6. (Betriebliche Aufwendungen) und 7. (Sonstige Aufwendungen) für die Betriebsabrechnung bzw. Baubetriebsrechnung (internes Rechnungswesen) relevant.

Speziell bei den Kleinbetrieben, die oft keine ergänzende Betriebsbuchführung betreiben, ist zu bedenken, dass nicht alle Konten mit Bezug zum Jahresabschluss (Abschlussgliederungsprinzip) ohne weiteres zur Beurteilung des betrieblichen Erfolgs aus der Finanzbuchführung in sogenannte betriebswirtschaftliche Auswertungen (BWA) übernommen werden können. Dies betrifft speziell die Abschreibungen der Geräte, die

---

[3] DATEV ist als Genossenschaft der Steuerberater, Wirtschaftsprüfer und Rechtsanwälte für Software und IT-Dienstleistungen zuständig.

14.2 Aufbau der Betriebsabrechnung in Bauunternehmen

	BKR 2016	DATEV SKR 03 - Bau und Ausbaugewerbe	DATEV SKR 04 - Bau und Ausbaugewerbe	IKR -Industrie-Konten-Rahmen
0	Sachanlagen und immaterielle Anlagewerte	Anlage- und Kapitalkonten	Anlagevermögenskonten	Immaterielle Vermögensgegenstände und Sachanlagen
1	Finanzanlagen und Geldkonten	Finanz- und Privatkonten	Umlaufvermögenskonto	Finanzanlagen
2	Vorräte, Forderungen und aktive Rechnungsabgrenzungsposten	Abgrenzungskonten	Eigenkapitalkonten/ Fremdkapitalkonten	Umlaufvermögen und aktive Rechnungsabgrenzung
3	Eigenkapital	Wareneingangs- und Bestandskonten	Fremdkapitalkonten	Eigenkapital und Rückstellungen
4	Rückstellungen, Verbindlichkeiten und passive Rechnungsabgrenzungsposten	Betriebliche Aufwendungen	Betriebliche Erträge	Verbindlichkeiten und passive Rechnungsabgrenzungsposten
5	Erträge	Abgrenzungskonten für Kosten	Betriebliche Aufwendungen	Erträge
6	Betriebliche Aufwendungen	Abgrenzungskonten für Bauleistungen	Betriebliche Aufwendungen	Betriebliche Aufwendungen
7	Sonstige Aufwendungen	Bestände an Erzeugnissen	Weitere Erträge und Aufwendungen	Weitere Aufwendungen
8	Eröffnung und Abschluss	Erlöskonten	Abgrenzungskonten für Bau-/Betriebsrechnung	Ergebnisrechnung
9	Baubetriebsrechnung einschließlich Abgrenzungsrechnung	Vortragskonten, Statistische Konten	Vortragskonten, Statistische Konten	Kosten und Leistungsrechnung

Abb. 14.4 Übersicht gebräuchlicher Kontenrahmen im Baubereich

häufig auf Basis der steuerlichen Nutzungsdauern gemäß der AfA-Tabellen der Finanzverwaltung bewertet werden. Daneben ist zu bedenken, dass der Unternehmerlohn bei Einzelunternehmen und Personengesellschaften nicht erfasst ist. Nicht zuletzt erfolgt die Bewertung der unfertigen Leistungen nach handels- bzw. steuerrechtlichen Gesichtspunkten und spiegelt damit nicht die Leistung im Sinne der Kosten- und Leistungsrechnung wieder.

Passend zur Kostenartengliederung des Betriebs bzw. der Kalkulation kann daher die Kontenklasse 9 zur Durchführung der Betriebsabrechnung bzw. Baubetriebsrechnung eingerichtet werden. Hier werden zunächst die relevanten Erträge und Aufwendungen übernommen, Abgrenzungen zur Finanzbuchführung vorgenommen (s. o.) und ggf. auf verschiedene Kostenstellen verteilt.

Die Kostenstellenrechnung beantwortet die Frage, wo die Kosten in einem Unternehmen entstehen. Ziel der Kostenstellenrechnung ist es, eine transparente Verteilung der angefallenen Kosten und Erlöse zu erreichen. Diese soll im Rahmen des Controllings einen einfachen Überblick über die Leistungs- und Kostenstruktur zur Planung, Steuerung und Kontrolle des Betriebs ermöglichen.

Die Einteilung bzw. Abgrenzung der Kostenstellen kann unter folgenden Gesichtspunkten vorgenommen werden:

- nach speziellen abrechnungs- oder leistungstechnischen Gesichtspunkten,
- in Hinblick auf wesentliche Geschäftseinheiten (Kosten-/Erfolgs-/Risiko-Controlling),
- nach Verantwortungsbereichen,
- nach räumlichen Erwägungen.

Analog zu den Kostenarten werden die Kostenstellen eines bauausführenden Unternehmens vorgestellt.

Kostenstellengliederung von bauausführenden Unternehmen
Hier bietet sich folgende Kostenstelleneinteilung an, die sich unmittelbar aus der baubetrieblichen Produktion ergibt:

- Baustellen als eigentliche Produktionsstätten,
  - eigene Baustellen,
  - Baustellen in Arbeitsgemeinschaften,
  - Kleinmaßnahmen gebündelt (Instandhaltung/Serviceleistungen).
- Hilfsbetriebe, welche Leistungen für die Baustellen erbringen. Dies sind u. a. Magazin, Gerätepark, Werkstatt, Schalungsbetrieb, Fuhrpark, Biegebetrieb,
- die Verwaltung.

Eine weitere Unterteilung der Verwaltung ist nur bei mittleren bzw. großen Unternehmen sinnvoll.

Grundsätzlich gibt es für die Gliederung der Kostenstellen keine allgemeingültige Vorschrift. Hauptsächlich werden die Kostenstellen in Anlehnung an die Betriebsorganisation erstellt.

Im Allgemeinen lassen sich die Kostenstellen in die Gruppen Haupt-, und Hilfskostenstellen unterteilen (vgl. Wöhe und Döring 2020, S. 871):

14.2 Aufbau der Betriebsabrechnung in Bauunternehmen

Hauptkostenstellen

- unmittelbare Beteiligung an der Leistungserstellung (Geschäftsbereiche wie Neubau, Dienstleistungen, etc.),
- erbringen die Leistungen direkt für die Kostenträger (Baustellen, Aufträge),
- verrechnen ihre Kosten auf die Kostenträger.

Hilfskostenstellen

- mittelbare Beteiligung an der Leistungserstellung (z. B. Bauhof, Werkstatt),
- erbringen Hilfsleistungen für andere Kostenstellen (z. B. Verwaltung),
- verrechnen ihre Kosten an andere Kostenstellen, i. d. R. Hauptkostenstellen.

Der Begriff Kostenstelle ist in der baubetrieblichen Praxis irreführend, da Hauptkostenstellen als Orte der Fertigung (Fertigungsstellen) i. d. R. den Baustellen entsprechen und insofern nicht nur Sammelstellen für Einzel- und Gemeinkosten sind, sondern auch Erlöse empfangen. Verschiedene Anbieter von ERP-Systemen[4] nutzen dann andere Begrifflichkeiten. So werden z. B. bei SAP nur solche Kostenstellen als Kostenstellen bezeichnet, auf denen ausschließlich Kosten verbucht werden. Kostenstellen, die, im Sinne des Baubetriebs einen direkten Bezug zur Leistungserstellung haben (Baustellen, Leistungsbereiche), werden dann als Aufträge bezeichnet und bilden damit die Kostenträger ab, die allerdings zeitlich unbefristet sein können.

Kostenträgerrechnung bei bauausführenden Unternehmen
Kostenträger sind die einzelnen Bauaufträge. Wie zuvor beschrieben, verschmelzen bei bauausführenden Unternehmen häufig Kostenstellen und Kostenträger, da Bauprojekte einerseits Ort der Leistungserstellung (Kostenstelle) aber gleichzeitig auch das Produkt selbst (Kostenträger) darstellen. Teilweise werden auch ganze Bereiche bzw. Auftragsgruppen (Neubau, Dienstleistung, Instandhaltungsprojekte, etc.) in der kurzfristigen Erfolgsrechnung (Kostenträgerzeitrechnung) zusammengefasst. Anders ist es bei der Bearbeitung von Rahmenverträgen auf Industriestandorten, in denen das Werk die Kostenstelle und die einzelne Baumaßnahme der Kostenträger sind. Als weiteres Beispiel kann die Errichtung einer Wohnsiedlung (Kostenstelle) durch einen Bauträger sein, die aus einzelnen, separat zu veräußernden Wohngebäuden (Kostenträgern) besteht.

---

[4] Enterprise-Resource-Planning-System: In der Regel ein IT-System zur unternehmerischen Ressourcenplanung und -steuerung insbesondere Personal- und Materialwirtschaft, Produktion, Rechnungswesen, Finanzen, Controlling.

14.2.1.2 Leistungsrechnung

In der Leistungsrechnung werden die erbrachten Leistungen erfasst. Dabei muss zwischen Leistungen, die direkt am Markt abgesetzt und Leistungen, die zwischen den Organisationseinheiten eines Unternehmens ausgetauscht werden, unterschieden werden. An dieser Stelle wird die marktbezogene Leistungsrechnung gezeigt. Auf die innerbetriebliche Leistungsverrechnung wird bei der Darstellung der Betriebsabrechnung eingegangen. Außerdem muss unterschieden werden, ob die Leistungsermittlung als Grundlage für die Anforderung von Abschlagszahlungen bzw. für die Schlussrechnung dienen, oder ob die Leistungsermittlung für das operative Controlling erstellt wird.

Im Folgenden wird zunächst auf den ersten Bereich eingegangen. Leistungsermittlungen im Rahmen des operativen Controlling werden im Kap. 16 „Durchführung und organisatorische Einbindung des operativen Controlling" dargestellt.

Leistungsrechnung von bauausführenden Unternehmen

Die Leistungen bei bauausführenden Unternehmen können entsprechend verschiedener, z. T. auch in der VOB verankerten Verträge, wie folgt unterschieden werden:

- Leistungen im Rahmen von Leistungsverträgen, nämlich Einheitspreis- und Pauschalverträge,
- Leistungen im Rahmen von Aufwandsverträgen, nämlich Stundenlohnverträge und Selbstkostenerstattungsvertrag.

Die folgenden Ausführungen sind an die KLR Bau (vgl. Hauptverband Deutsche Bauindustrie/Zentralverband Deutsches Baugewerbe 2016) angelehnt.

Beim Einheitspreisvertrag werden die geleisteten Mengen mit den vertraglich vereinbarten Einheitspreisen multipliziert. Demgemäß ist zur Ermittlung der Bauleistung erforderlich:

- eine Unterteilung der geleisteten Mengen in messbare Größen, z. B. m^2, m^3, t, Arbeitsstunden, Gerätestunden,
- die Erfassung der geleisteten Mengen, z. B. durch das Leistungsaufmaß, durch Arbeitsstundenberichte, Gerätestundenberichte, Stoffverbrauchsberichte oder auch durch Schätzung des Fertigstellungsgrades,
- die Ermittlung der Werte durch Multiplikation der geleisteten Mengen mit den vereinbarten Einheitspreisen.

Beim Pauschalvertrag wird die Vergütung für die Bauleistungen in einer einzigen Summe ausgedrückt. Für betriebliche Zwecke der Leistungsermittlung wird ein internes Leistungsverzeichnis benutzt, das in aller Regel von den Unternehmen im Rahmen der Preisfindung beim Pauschalvertrag erstellt wird. Dann ist die Leistungsermittlung analog zum Einheitspreisvertrag durchzuführen. Alternativ kann die Ermittlung bzw. Bewertung der Leistungen auch durch den Fertigstellungsgrad in Form von Prozentsätzen ausgedrückt werden. Dies ist beispielsweise mit Hilfe von Software für die Terminplanung bzw. Building Information Modeling (BIM) gut möglich.

Unter Umständen lassen sich auch die Herstellkosten der Arbeitskalkulation nutzen, die dann mit einem Deckungsbeitrag zur Berücksichtigung von Allgemeinen Geschäftskosten und Gewinn versehen werden. Es ist dann mit Blick auf die Vertragspreise darauf zu achten, dass keine Überbewertung der Leistung erfolgt (siehe auch Hannewald und Oepen 2013, S. 77).

Grundlage für die Ermittlung der im Stundenlohnvertrag erbrachten Leistungen sind die vom Auftraggeber anerkannten Stundenlohnberichte mit den Eintragungen für Lohn- und Gerätestunden, Stoffverbrauch, Fuhrleistungen, Nachunternehmerleistungen etc. Diese Mengenangaben werden mit den im Stundenlohnvertrag vereinbarten Preisen z. B. Stundenansätzen oder Stoffpreisen bewertet.

Beim Selbstkostenerstattungsvertrag werden zur Leistungsermittlung die geleisteten Mengen mit den von dem bauausführenden Unternehmen nachzuweisenden Selbstkosten bewertet und mit dem vereinbarten Zuschlag für Wagnis und Gewinn beaufschlagt. Wenn für einzelne Teilleistungen Preise vereinbart sind, wird hierfür das Aufmaß wie beim Einheitspreisvertrag bewertet.

Neben Leistungen für den Bauherren gibt es noch Leistungen, die für Dritte erbracht werden. Diese Leistungen können unterteilt werden in

- vertragliche Leistungen für Dritte (hierzu gehören z. B. auch Beihilfen für Nachunternehmer),
- Stundenlohnarbeiten und Lieferungen für Dritte und
- Verkaufserlöse von Dritten (z. B. aus Schrott- und Materialverkäufen).

Schließlich sind noch die zu aktivierenden Eigenleistungen zu nennen, wenn z. B. ein bauausführendes Unternehmen für den Eigengebrauch eine Werkstätte oder ein Verwaltungsgebäude erstellt. Für diese zu aktivierenden Eigenleistungen werden besondere Kostenstellen eingerichtet. Voraussetzung für die Übernahme dieser Leistungen in das Anlagevermögen der Unternehmensrechnung ist die Bereinigung der Kostenwerte entsprechend den handels- und steuerrechtlichen Bewertungsvorschriften.

Grundsätzlich können zur Bewertung der unfertigen Leistungen verschiedene Messmethoden verwendet werden, die einerseits Input- oder Outputwerte als Bezugsgröße verwenden. Zum Teil werden sie kombiniert oder miteinander verrechnet, um auf dieser Basis den Stand der Bauleistung beurteilen zu können (vgl. Jacob und Stuhr 2006, S. 124):

Input-Messmethoden, z. B.
- Arbeitsstunden (inkl. Nachunternehmern und Leasingpersonal),
- Maschinenstunden,
- Materialmengen,
- Sonstige direkte und indirekte Kosten.

Output-Messmethoden, z. B.
- Hergestellte Einheiten,
- Abgerechnete Einheiten,
- Wertschöpfung (Erlöse ./. Vorleistungen).

14.2.1.3 Ergebnisrechnung

Durch die Gegenüberstellung der Leistungen und Kosten wird das Ergebnis ermittelt. Werden die Leistungen und Kosten des gesamten Unternehmens gegenübergestellt, dann ergibt sich ausschließlich das gesamte Ergebnis des Unternehmens. Wird eine Kostenstellenrechnung bzw. Kostenträgerrechnung eingeführt, dann ergeben sich zusätzlich die Ergebnisse der einzelnen Kostenstellen bzw. Kostenträger. Die Ergebnisrechnungen werden für bestimmte Zeiträume, z. B. Monate, Quartale oder Geschäftsjahre erstellt. Bei bauausführenden Unternehmen wird diese Ergebnisrechnung auch kurzfristige Erfolgsrechnung genannt.

14.2.2 Probleme der Ergebnisrechnung

Bei der Ergebnisrechnung besteht bei falscher Herangehensweise und mangelndem Wissen über die Entstehung von Kosten und Leistungen die Gefahr von z.T. erheblichen Fehlern bei der Leistungs- und Kostenermittlung.

Probleme bei der Leistungsermittlung

Um zu einem bestimmten Stichtag das Baustellenergebnis errechnen und eine Abschlagszahlungsanforderung an den Auftraggeber stellen zu können, müssen alle Leistungen, die bis zum Stichtag erbracht sind, in einer Leistungsmeldung erfasst werden. Dabei wird wie folgt vorgegangen:

Zunächst werden pro Position des Leistungsverzeichnisses mit Hilfe des Aufmaßes die zum Stichtag erbrachten Mengen ermittelt; diese Mengen werden mit dem im Einheitspreisvertrag festgelegten Einheitspreisen multipliziert.

Also: Erbrachte Mengen pro Position × Einheitspreis pro Position = erbrachte Leistung pro Position. Die Summe aller erbrachten Leistungen = erbrachte Leistung per Stichtag. Anschließend werden die Nachtragsarbeiten, die Stundenlohnarbeiten und eventuelle sonstige Leistungen, z. B. Verkauf von Zement an Dritte, in gleicher Weise ermittelt. Um ein richtiges Baustellenergebnis zu erhalten, müssen noch die Leistungsberichtigungen berücksichtigt werden. Leistungserhöhungen können z. B. aus Ansprüchen aus Gleitklauseln resultieren. Leistungsminderungen können Minderungen wegen Preisnachlässen oder Rückstellungen für Restarbeiten und Mängelbeseitigungen sein.

14.2 Aufbau der Betriebsabrechnung in Bauunternehmen

Probleme der Leistungsmeldung berühren vor allem Bauleitende, welche die Leistungsmeldung zu erstellen haben.
Dabei sind vor allem folgende Probleme zu beachten.

- Werden Leistungen – wie z. B. technische Bearbeitung und /oder Baustelleneinrichtung und/oder Baustellengehaltskosten – in mehrere oder in alle Positionen eingerechnet, dann muss bei jeder Position bedacht werden, ob diese Leistungsanteile auch schon erbracht worden sind.
- Sind die Nachunternehmerleistungen zum Stichtag in der gemeldeten Leistungshöhe auch tatsächlich bereits erbracht worden?
- Sind einzelne Positionen in ihren Arbeitsgängen nur teilweise ausgeführt oder nur vorbereitende Arbeiten geleistet worden, dann sind die Mengen und Preise entsprechend dem Herstellungszustand anteilig anzusetzen. Gegebenenfalls müssen die Anteile aus der Kalkulation hergeleitet werden.
- Angelieferte, aber noch nicht eingebaute Bauteile – wie z. B. gebogener Betonstahl, Spannstahl mit aufgerollten Gewinden, Fertigteile – sind mit den um das Einbauen reduzierten Kosten in die Leistungsmeldung aufzunehmen.
- Es müssen vorbereitende Arbeiten, die evtl. auf dem eigenen Bauhof getätigt werden, wie z. B. Bau eines Lehrgerüstes, in der Leistungsmeldung der Baustelle berücksichtigt werden.

Abb. 14.5 zeigt ein Formblatt, mit welchem Leistungen erfasst werden.

Leistungsermittlung und Abschlagsrechnungen in der Baupraxis
In der Baupraxis werden die unfertigen Leistungen aus Rationalisierungsgründen zum Teil auf Basis der bereits in Rechnung gestellten Abschläge ermittelt.

Dieses Verfahren gibt den Leistungsstand nur dann annähernd wieder, wenn regelmäßige Abschläge gemäß §16 Abs. 1 VOB/B gewährt werden, denen ein Aufmaß zugrunde liegt, oder ein Zahlungsplan vereinbart wurde, der sich am tatsächlichen Baufortschritt orientiert.

Es verbleiben aber mehr oder weniger große Ungenauigkeiten durch etwaige Über- oder Unterdeckung des tatsächlich bereits vorhandenen Faktoreinsatzes. Eine daran gekoppelte Bewertung, ob es sich um Gewinn, oder Verlustaufträge handelt, ist kritisch zu sehen, insbesondere mit Blick auf eine HGB-konforme Leistungsermittlung (siehe unten).

Leistungsermittlung Kleinstprojekte
Die Leistungsermittlung von z. B. Kleininstandsetzungsmaßnahmen gemäß Leistungsverzeichnis und Einzelpositionen lässt sich effektiv auf Basis eines Stundensatzes inklusive Materialanteil durchführen.

Leistungsmeldung

Leistungsmeldung per ...	Kostenstelle	Vertraglicher Baubeginn / IST-Baubeginn
Bauleiter	Bezeichnung	Vertragliches Bauende / Prognose-Bauende

1. **Auftragssumme**
   - Auftragssumme gem. Bauvertrag: 0 €
   - Beauftragte Nachträge: +   0 €
   - Auftragsminderungen: ./.   0 €
   - Auftragsmehrungen: +   0 €
   - Nachlass: 0,00%   ./.   0 €
   - Skonto: 0,00%   ./.   0 €
   - Aufträge von Dritten (nach Nachlass und Skonto):   +   0 €
   - **Aktuelle Auftragssumme:**   -   0 €
   - Eingereichte, noch nicht beauftragte Nachträge: 0 €
   - Noch nicht eingereichte Nachträge: +   0 €
   - **Nachtragspotenziale:**   -   0 €

2. **Rechnugssumme (nach Nachlass)**
   - in Rechnung gestellte Vertragsleistung AG (Summe AR):   0 €
   - in Rechnung gestellte Vertragsleistung AG (Summe TR / SR):   +   0 €
   - Rechnung für beauftragte Nachträge: +   0 €
   - Rechnung für eingereichte, noch nicht beauftragte Nachträge: +   0 €
   - in Rechnung gestellte Leistung an Dritte: +   0 €
   - **Rechnungssumme:**   -   0 €

3. **Bauleistung**
   - Aus Vertragsleistung AG: 0 €
   - Aus beauftragten Nachträgen: +   0 €
   - Leistungskürzungen, z. B. Nacharbeiten, Rechnungskürzungen: ./.   0 €
   - Aus Leistung an Dritte: +   0 €
   - **Bauleistung gesamt:**   -   0 €
   - Bauleistung bis Ende Vormonat: ./.   0 €
   - **Bauleistung im Berichtsmonat:**   0 €

4. **Leistungsabgrenzung**
   - Leistung in Abrechnung nicht enthalten: 0 €
   - Rechnungsvorgriffe ohne Leistung: 0 €

5. **Kostenabgrenzung**
   - Rückstellungen (Kosten, in der Betriebsbuchhaltung noch nicht gebucht):   0 €
   - Sonstige Rückstellungen, z. B. für Mängelbeseitigung: 0 €
   - Lagerbestände (Vorräte, als Kostenabgrenzung in der Betriebsbuchhaltung zu buchen):   0 €

6. **Auftragsbestand**
   - Auftragsbestand zum Stichtag: 0 €

Legende:
- ▓ Rechenfeld
- ☐ Eingabefeld

Apr, Mai, Jun, Jul, Aug, Sep, Okt, Nov, Dez, -, -

Vorschauleistung 2016   0 €
Auftragsbestand zum 01.01.2017   0 €

Abb. 14.5 Schema einer Leistungsmeldung eines bauausführenden Unternehmens. (Vgl. Hauptverband Deutsche Bauindustrie/Zentralverband Deutsches Baugewerbe 2016)

Dazu wird der durchschnittliche Materialanteil pro produktiver Arbeitsstunde ermittelt, und dem Lohnansatz zugeschlagen. Im Rahmen der Zeiterfassung dokumentieren die Mitarbeiter den Stundenaufwand je durchgeführter Kleininstandsetzungsmaßnahme. Sie ermöglichen so eine schnelle Leistungs- und Kostenermittlung der Einzelmaßnahme anhand der Multiplikation des tatsächlichen Arbeitsaufwands je Maßnahme mit dem zuvor fixierten Stundensatz. Über die Vielzahl der gleichartigen Einzelmaßnahmen ergibt sich anhand von Diversifikationseffekten ein Ausgleich der individuellen Kostenunter- oder -überdeckungen.

Probleme bei der Kostenermittlung
Bei der Kostenermittlung zu einem bestimmten Zeitpunkt gilt generell: Zunächst müssen alle gebuchten Kosten dahingehend überprüft werden, ob sie der Abrechnungsperiode zuzurechnen sind (Zuordnungsprüfung). Ebenso wichtig ist die Überprüfung, ob alle Kosten des Abrechnungszeitraumes erfasst sind (Vollständigkeitsprüfung).

Hierzu gilt insbesondere, dass alle Kosten in der Kostenrechnung enthalten sein müssen, deren Mengenkomponente in die per Stichtag erbrachten Leistungen eingegangen sind. Es kommt also nicht auf den Zeitpunkt der Rechnungsstellung an. Entscheidend für eine Berücksichtigung der Kosten ist, ob die Mengenfaktoren der Kosten (d. h. Stunden bei Lohnkosten, m^3 bei Baustoffen, Gerätestunden bei Gerätekosten etc.) zum Stichtag in die Leistung eingegangen sind.

Zur Beschreibung dieses Sachverhalts können die Begriffe „gebuchte Kosten" und „ungebuchte Kosten" verwendet werden.

„Gebucht" bedeutet: Dieser Kostenbestandteil ist zum Stichtag bereits in der Kostenrechnung enthalten.

„Ungebucht" bedeutet: Dieser Kostenbestandteil muss zum Stichtag zusätzlich in der Kostenrechnung berücksichtigt werden.

Des Weiteren ist zu beachten, dass mitunter auf Baustellen Baustoffe vorhanden sind (z. B. Zement, Kies, ungebogener Stahl), für die der Lieferant bereits eine Rechnung gestellt hat und die auch bereits gebucht sind, die aber noch nicht zur Leistungserstellung benötigt wurden. Diese sog. Bestände müssen von den gebuchten Kosten abgezogen werden.

Schematisch ergibt sich damit die Aufstellung in Abb. 14.6.

Allgemeine Probleme bei der Ergebnisrechnung
In der Praxis der Ergebnisrechnung ergeben sich zwei wichtige Sachverhalte auf die hier hingewiesen werden muss. Zum einen sind dies Ergebnisverzerrungen durch die Preispolitik und zum anderen der Zusammenhang mit dem externen Rechnungswesen.

	gebucht	ungebucht	Bestände	Kosten zum Stichtag unterteilt nach Kostenarten
Lohn- und Gehaltskosten einschl. Sozialkosten	+	+	-	=
Baustoffkosten	+	+	./.	=
Kosten des Rüst-, Schal- und Verbaumaterials	+	+	./.	=
Kosten der Geräte	+	+	-	=
Kosten der Betriebs- und Baustelleneinrichtung	+	+	./.	=
Allgemeine Kosten	+	+	-	=
Kosten der Nachunternehmerleistung	+	+	-	=

Abb. 14.6 Schematische Darstellung der Kostenermittlung per Stichtag

1. Einflüsse der Preispolitik
   Insbesondere bei Anwendung der Endsummenkalkulation kann es zu Ergebnisverzerrungen kommen, wenn die Positionsmengen mit den Einheitspreisen multipliziert werden. Zwar wird die Leistung korrekt ermittelt, allerdings kann aus Gründen der Preispolitik mit sehr unterschiedlichen Zuschlägen zur Verteilung von Baustellengemeinkosten, allgemeinen Geschäftskosten und Gewinn gearbeitet worden sein. Je nach Leistungsstand und betroffener Teilleistung kann also im Verhältnis zur Gesamtleistung bereits viel mehr, oder zu wenig an Gemeinkosten und Gewinn erwirtschaftet worden sein.
2. Leistungsmeldung und das externe Rechnungswesen
   Wenn die Leistungsmeldung Grundlage für die periodische Betriebsabrechnung ist, orientieren sich viele Unternehmen an den Bewertungsgrundsätzen des deutschen Handelsrechts (vgl. Teil F). Während die Kosten und Leistungsrechnung noch nicht abgerechneter Bauwerke zu den vereinbarten Preisen bewertet, also Gewinne mit einschließt, schreibt das Handelsrecht im Rahmen des strengen Niederstwertprinzips bei der Bewertung des Umlaufvermögens und damit den unfertigen Leistungen, sowie dem Imparitätsprinzip (§ 252, Nr. 4 HGB) vor, dass einerseits bei jedem Wertverlust eine Abschreibung vorgenommen werden muss, und andererseits Gewinne erst dann ausgewiesen werden dürfen, wenn sie tatsächlich durch Abnahme oder Abrechnung, also als Umsatzerlöse, realisiert sind. Verluste müssen dabei bereits berücksichtigt werden, wenn sie dem Grunde und der Höhe nach erkennbar sind. Vereinfacht ausgedrückt, dürfen die sogenannten unfertigen Leistungen keine Gewinnanteile enthalten. Für die kaufmännischen Mitarbeiter ist dieser Umstand selbstverständlich. Vielen Ingenieuren ist der Sachverhalt aber unbekannt. Insofern kann es zu existenziellen Missverständnissen kommen.

Zur Lösung des Problems kann die Bewertung der Bauleistung zum Stichtag auf Basis der Herstellkosten erfolgen (siehe auch Hannewald und Oepen 2013, S. 78). Sofern Gewinn- und Gemeinkostenanteile ausgewiesen werden sollen, ist die Hinzurechnung eines projektspezifischen Deckungsbeitrags möglich, der die beiden Bestandteile über die Teilleistungen vergleichmäßigt. Zu beachten ist dabei allerdings, dass die Herstellkosten mit den vertraglichen Herstellkosten korrespondieren müssen, insofern also ein SOLL-IST-Abgleich notwendig ist (z. B. anhand einer, dem Baufortschritt angepassten Arbeitskalkulation). So lässt sich zudem feststellen, ob es sich um eine Verlust- oder Gewinnbaustelle handelt, mit entsprechenden Auswirkungen auf die handelsrechtliche Bewertung (siehe Teil F).

14.3 Beispiele der Betriebsabrechnung (Vollkostenrechnung)

Bei der Gestaltung der Betriebsabrechnung sind die Unternehmen völlig frei, d. h. sie sind an keine rechtlichen Vorschriften gebunden. Rechtliche Vorschriften gibt es nur im Hinblick auf die Verpflichtung zur Aufstellung von Jahresabschlüssen und hier besonders die Verpflichtung zur ordnungsgemäßen Buchführung. Auf diese Themen wird im Teil F „Rechnungslegung" eingegangen.

Als Teil der Baubetriebsrechnung erfüllt die Erfolgsrechnung einen ähnlichen Zweck wie die Gewinn- und Verlustrechnung des externen Rechnungswesens, die über den betrieblichen Erfolg hinaus den Erfolg des gesamten Unternehmens (neutraler Aufwand und Ertrag) berücksichtigt. Vor diesem Hintergrund werden die Überschneidungen, Schnittstellen und Gemeinsamkeiten dieser beiden Teile des Rechnungswesens in der Ergebnisrechnung am deutlichsten. In der Praxis des laufenden Controllings findet aufgrund der Nähe beider Erfolgsrechnungen oft keine getrennte Ermittlung aus Sicht der Kosten- und Leistungsrechnung und aus Sicht der Unternehmensrechnung statt. Vielmehr ist eine Mischform vorzufinden, die einerseits die Vorgaben aus dem externen Rechnungswesen, insbesondere bezüglich der Ermittlung der unfertigen Leistungen oder der Bemessung von Abschreibungen und andererseits des internen Rechnungswesens vereint. Zu bedenken sind dann stille Reserven, die sich z. B. aus der längeren Nutzungsdauer von Maschinen oder den noch nicht berücksichtigten Gewinnanteilen der unfertigen Leistungen ergeben. Diese wirken sich auch auf die Bemessung von Kalkulationsparametern (Gemeinkostenzuschläge bzw. Verrechnungssätze) aus.

Der Erfolg des Betriebs lässt sich auf verschiedene Weisen ermitteln und fußt dabei auf unterschiedlichen Ansätzen der Kostenrechnung. Klassischerweise wird in den Baubetrieben die Vollkostenrechnung verwendet. Sie wird im Folgenden dargelegt. Alternativ bzw. ergänzend wird auch die Teilkostenrechnung (Deckungsbeitragsrechnung) eingesetzt (siehe Abschn. 14.4).

Die Grundintention der Kostenrechnung ist es, unterschiedliche Ursachen der Kostenentstehung sachlogisch, also mit Blick auf das betriebliche Kerngeschäft, sinnvoll voneinander zu trennen und dadurch Transparenz über die Wirtschaftlichkeit und die

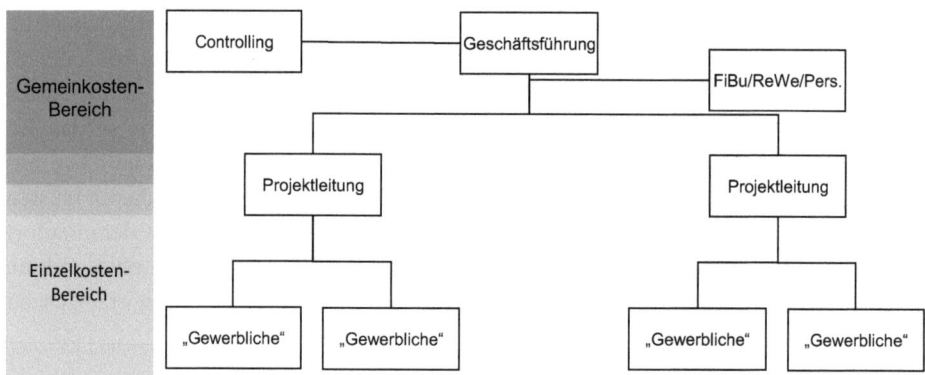

Abb. 14.7 Beispiel Kostenstruktur in kleinen und mittleren Unternehmen

Kostenstruktur des Geschäfts zu erhalten. Sie ergibt sich aus der Organisation des Betriebs, in der zumindest Kosten anfallen, die

- Direkt der Leistungserbringung zuzuordnen sind (Einzelkosten),
- Allgemein und übergeordnet anfallen (Gemeinkosten) (Abb. 14.7).

Der Übergang zwischen Einzel- und Gemeinkosten ist dabei fließend, sodass betriebsindividuell über die Zuordnung entschieden werden muss. Zudem fallen im Baubetrieb nicht nur übergeordnete Verwaltungskosten (Allgemeine Geschäftskosten – AGK), sondern auch allgemeine (Herstell-)Kosten der Baustelle (Baustellengemeinkosten – BGK) an, die sich den Einzelkosten der Teilleistungen (EKT) nicht direkt zuordnen lassen. Insofern lässt sich die Kostenstruktur des Baubetriebs wie folgt darstellen:

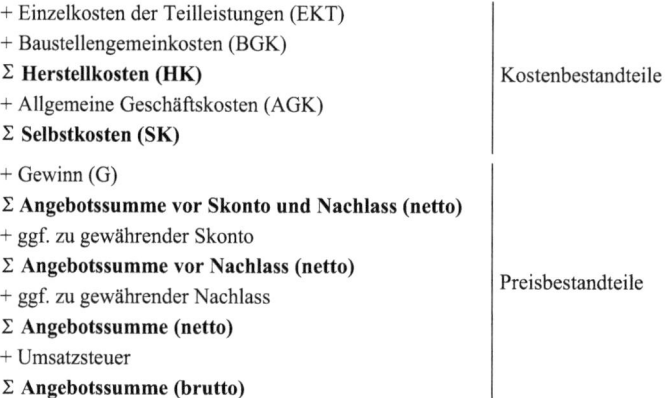

In Betrieben ohne Leistungsgeräten bzw. einem typischerweise gleichmäßigen Maschineneinsatz bei allen Projekten, werden häufig auch die Maschinen zu den Gemeinkosten

14.3 Beispiele der Betriebsabrechnung (Vollkostenrechnung)

(AGK) gezählt und gemeinsam mit den Verwaltungskosten über den Gemeinkostenzuschlag auf die Einzelkosten verrechnet. Das Gleiche gilt für Baustellengemeinkosten, die nicht individuell je Projekt kalkuliert werden. Auf diese Weise läßt sich der Kalkulationsaufwand wesentlich reduzieren. Um die unternehmensindividuelle Vorgehensweise offen zu halten, wird im Folgenden der Begriff Gemeinkosten verwendet. Er fasst alle Kosten zusammen, die nicht direkt auf eine Baustelle bezogen werden können, oder sollen.

14.3.1 Betriebsabrechnung ohne Kostenstellen

Will ein Unternehmen für den gesamten Betrieb nur die Kostenarten- und Leistungsartenstruktur abbilden, um Abweichungen je Kostenart und Leistungsart im Zeitvergleich zu erkennen, dann genügt z. B. die Aufstellung der Betriebsabrechnung siehe Abb. 14.8.

14.3.2 Betriebsabrechnung mit Kostenstellen

Will ein Unternehmen mehr Informationen über das betriebliche Geschehen erfahren – und dies gilt für kleine, mittlere und große Planungs-, Dienstleistungs-, Projektentwicklungs- und bauausführende Unternehmen gleichermaßen – dann muss das betriebliche Rechnungswesen entsprechend erweitert werden.

Das Unternehmen benötigt folgende, zusätzliche Informationen:

- Kosten- und Leistungsartenstruktur aller Baustellen, der Verwaltung, der Hilfsbetriebe und des Gesamtbetriebes,
- Anteile der Kosten der Verwaltung und der Hilfsbetriebe,
- Ergebnisermittlung der Baustellen und des gesamten Betriebes.

Aus Vereinfachungsgründen wird angenommen, dass das Unternehmen zum Zeitpunkt der Betriebsabrechnung nur drei Baustellen und zwei Hilfsbetriebe hat.

Die Informationen beziehen sich auf den Zeitraum „Jahresbeginn bis jeweiliger Stichtag".

Dann ergibt sich per Stichtag z. B. die Aufstellung in Abb. 14.9.

Mit der Betriebsabrechnung wird sowohl das Gesamtergebnis des Unternehmens als auch die Ergebnisse der Baustellen und der sonstigen Einheiten ausgewiesen.

Das Betriebsergebnis (Nettobetriebsergebnis) wird periodenbezogen wie folgt ermittelt:

```
Gesamtergebnis der eigenen Baustellen im Berichtszeitraum (247+125./.11)  =  361
./. Gesamtergebnis des Hifsbetriebsbereichs (./. 32 ./. 43)                ./.  75
 =  Betriebliches Bruttoergebnis                                              286
./. Ergebnis der Verwaltung                                                ./. 180
 =  Betriebliches Nettoergebnis                                               106
```

	Von Jahresbeginn bis Vormonat €	Berichtsmonat €	Von Jahresbeginn bis Stichtag €	Anteil an Gesamtleistung bzw. Gesamtkosten %
Leistungsrechnung				
Bauleistungen lt. LV	663 600	212 000	875 500	93,0
Nachtragsarbeiten	19 250	15 350	34 600	3,7
Stundenlohnarbeiten	11 490	1 006	12 496	1,4
Sonstige Leistungen	12 306	5 150	17 456	1,9
Gesamtleistungen:	**706 646**	**233 506**	**940 052**	**100,0**
Kostenrechnung				
Lohn- und Gehaltskosten	162 503	63 800	226 303	28,3
Kosten der Bau- und Fertigungsstoffe	184 310	51 834	236 144	29,6
Kosten des Rüst-, Schal- und Verbaumaterials einschl. der Bauhilfsstoffe	22 475	4 500	26 975	3,4
Kosten der Geräte und der Betriebsstoffe	35 650	6 350	42 000	5,3
Kosten der Geschäfts-, Betriebs- und Baustellenausstattung	21 984	4 300	26 284	3,2
Sonstige Kosten	2 431	700	3 131	0,4
Kosten der Nachunternehmerleistungen	183 410	54 650	238 060	29,8
Gesamtkosten:	**612 763**	**186 134**	**798 897**	**100,0**
Ergebnisrechnung: Leistung ./. Kosten	93 883	47 372	141 155	

Abb. 14.8 Beispiel der Betriebsabrechnung für ein kleines bauausführendes Unternehmen

Ergebnis in % der Gesamtleistung

$$\text{Gesamtleistung} = 1621; \text{Ergebnis} = 106; \text{Anteil in \%} = \frac{106}{1621} \times 100 = 6,5\%$$

Anteile der Verwaltungskosten an der Gesamtleistung

$$\text{Gesamtleistung} = 1621; \text{Verwaltungskosten} = 180; \text{Anteil in \%} = \frac{180}{1621} \times 100 = 11,1\%$$

14.3 Beispiele der Betriebsabrechnung (Vollkostenrechnung)

Kosten- und Leistungsarten	Verwaltung	Hilfsbetriebe		Baustellen		
		Werkstatt	Bauhof	Baustelle A	Baustelle B	Baustelle C
Summe Bauleistungen	1 621			876	586	159
Lohn- und Gehaltskosten AP	440	10	6	204	164	56
Sozialkosten AP	392	9	5	181	146	51
Lohn- und Gehaltsnebenkosten AP	18	2	1	8	5	2
Bau- und Fertigungsstoffe	270			140	90	40
Bauhilfsstoffe einschl. RSV	50		30	10	7	3
Gerätekosten	59			30	20	9
Betriebsstoffe	43	10	10	13	5	5
Kleingeräte/Werkzeug	18	1	1	8	6	2
Gehaltskosten TK	85	70		10	5	
Sonstige Kosten	110	100		5	3	2
Nachunternehmerleistungen	30			20	10	
Summe Kosten	1 515	180	32	43	629	461	170
Ergebnis = Leistung ./. Kosten	106	./. 180	./. 32	./. 43	247	125	./. 11

Abb. 14.9 Beispiel einer Betriebsabrechnung eines mittleren bauausführenden Unternehmens (Zahlenangaben in Tsd €)

Anteile der Hilfsbetriebe an der Gesamtleistung

Gesamtleistung = 1621; Kosten Hilfsbetriebe = 75; Anteil in % = $\frac{75}{1621} \times 100 = 4{,}6\,\%$

Für die einzelnen Baustellen muss zusätzlich folgende Aufstellung erstellt werden, um die Ergebnisse der jeweiligen Baustelle von Baubeginn bis zum Stichtag errechnen zu können.

Um die Ergebnisse der einzelnen Baustellen zu errechnen, müssen die Zahlen aus der vorstehenden Betriebsabrechnung wie in Abb. 14.10 zu sehen zusammengestellt werden.

Diese Zusammenstellung kann bzw. wird pro Baustelle mit den vorgesehenen Leistungs- und Kostenarten untergliedert. Die Ergebnisse der einzelnen Baustellen werden nach verschiedenen Gesichtspunkten zusammengefasst.

Baustelle A	Von Baubeginn bis Ende des Vorjahres (Werte entnommen aus der Betriebsabrechnung der letzten Jahre)	Jahreswerte entnommen der Betriebsabrechnung	Von Baubeginn bis Ende des Abrechnungsjahres
Leistung	573	876	1 449
Kosten	./. 526	./. 629	./. 1 155
Ergebnis	47	247	294

Abb. 14.10 Ergebnisberechnung einer Baustelle von Baubeginn bis Ende des Abrechnungsjahres

Die Besonderheit in der Bauwirtschaft gegenüber anderen Industriezweigen liegt darin, dass an mehreren Fertigungsstätten unterschiedliche Produkte unter zum Teil stark variierenden Bedingungen hergestellt werden. Demnach liegt es nahe, dass zunächst der Erfolg bzw. Misserfolg für jede Baustelle explizit festgestellt wird. Dann werden die Einzelergebnisse zu bestimmten Stichtagen für gewählte Gruppen zusammengefasst z. B.:

- einzelne Produkte, z. B. Baustellen,
- Produktgruppen, z. B. alle Hochbaustellen,
- von Teilen des Betriebes, z. B. Niederlassungen,
- vom Gesamtbetrieb.

Die Ergebnisrechnung zeigt also, welches Betriebsergebnis in welchen Teilen des Unternehmens bis hin zum Gesamtergebnis der Bauunternehmen erzielt worden ist. Dabei interessiert nicht nur das Ergebnis einer bestimmten Periode, z. B. das Monats-, Quartals- oder Jahresergebnis, sondern es interessiert vor allem im Hinblick auf die Baustellen das Ergebnis der Bauarbeiten von Baubeginn bis zum Stichtag.

Neben der gezeigten Unterteilung werden in der Praxis noch weitere Zusammenfassungen erstellt, nämlich Ergebnisse nach Verantwortungsbereichen, z. B. je Oberbauleiter oder nach Bausparten, z. B. Ergebnisse der Hochbau- und Tiefbaustellen.

Bei der vorliegenden Betriebsabrechnung wurden nur drei Baustellen angenommen. Wenn es sich um ein Unternehmen handelt, das mehrere Niederlassungen und viele Baustellen und auch Arbeitsgemeinschaften hat, ändert sich im Prinzip nur der Umfang der Betriebsabrechnung. Dann wird zunächst für jede Niederlassung eine separate Betriebsabrechnung erstellt, wobei die Zahlen der einzelnen Baustellen auch nach Produktgruppen z. B.: Hoch- und Tiefbau, Straßenbau etc. zusammengefasst werden können. Letztlich werden dann die Ergebnisse der einzelnen Niederlassungen zum gesamten betrieblichen Ergebnis des Unternehmens zusammengeführt.

In der dargestellten Betriebsabrechnung wurden die Gesamtkosten des Betriebes – getrennt nach Kostenarten – aufgeführt und den Kostenstellen verursachungsgerecht zugeordnet. In den meisten Fällen ist dies auch möglich. Gelegentlich ist es aus organisatorischen Gründen einfacher, bestimmte Kostenarten nicht jedes Mal der Kostenstelle zuzurechnen, sondern sie zunächst auf gesonderten Konten buchhalterisch zu sammeln und einmal im Quartal oder einmal jährlich auf die Kostenstellen zu verteilen. Kosten, die in dieser Weise auf die Kostenstellen verteilt werden, nennt man Umlagekosten.

Beispiel

Gesamte produktive Grundlohnkosten: 800.000 €
Gesamte Lohnzusatzkosten: 693.000 €

$$\text{Umlagesatz:} \frac{693.000}{800.000} \times 100 = 86{,}63\,\%$$

14.3 Beispiele der Betriebsabrechnung (Vollkostenrechnung)

Mit diesem Umlagesatz werden die auf den verschiedenen Kostenstellen (Hilfsbetriebe, Baustellen) angefallenen produktive Grundlohnkosten beaufschlagt.

Folgende Kostenarten werden in der Praxis regelmäßig als Umlagekosten behandelt:

- Lohnzusatzkosten,
- Kleingeräte und Werkzeuge,
- Verwaltungsgemeinkosten.

Neben dieser Kostenumlage ist noch die innerbetriebliche Leistungsverrechnung zu nennen. Wird von einer Kostenstelle für eine andere Kostenstelle etwas geleistet, z. B. fertigt und liefert der Schalungsbetrieb eine Deckenschalung für eine Baustelle, dann handelt es sich um eine innerbetriebliche Leistung. Diese wird der Baustelle vom Schalungsbetrieb in Rechnung gestellt.

Bei der Verrechnung von innerbetrieblichen Leistungen gilt:

- für die empfangende Kostenstelle, z. B. eine Baustelle, ist die innerbetriebliche Leistung eine Kostenbelastung,
- für die abgebende Kostenstelle, z. B. dem Schalungsbetrieb, ist sie dagegen eine Leistung.

Wichtig ist, dass bei der innerbetrieblichen Leistungsrechnung geklärt wird, wie die innerbetrieblichen Verrechnungssätze gebildet werden. Folgendes Beispiel soll dies verdeutlichen. Der Bauhof des Unternehmens ist nach den Verantwortungsbereichen Werkstatt und Ladebetrieb getrennt. Der innerbetriebliche Verrechnungssatz für den Ladebetrieb ergibt sich wie folgt (das Beispiel ist angelehnt an: Hauptverband der Deutschen Bauindustrie/Zentralverband des Deutschen 2001, S. 85).

Die Ladekosten der Geräte werden üblicherweise nach der Gewichtsangabe der Baugeräteliste (BGL) verrechnet. Möglich ist aber auch die Verrechnung nach Stundensätzen.

Verrechnung nach Tonnen
jährliche Gesamtkosten des Ladebetriebes: 180.000 €
Summe der verladenen Tonnagen: 20.000 t

$$\text{dies ergibt: } \frac{180.000\,€}{20.000\,t} = \underline{\underline{9,-\,€/t}}$$

Verrechnung mittels Stundensatz der Ladestunden
jährliche Gesamtkosten des Ladebetriebes: 180.000 €
Geleistete Verladestunden: 22.500 Std.

$$\text{dies ergibt: } \frac{180.000\,€}{22.500\,\text{Std.}} = \underline{\underline{8,-\,€/\text{Std.}}}$$

Nachdem die Umlagekosten und die innerbetriebliche Verrechnung erläutert wurden, ist in Abb. 14.11 eine Betriebsabrechnung dargestellt, bei der sowohl die Umlagerechnung als auch die innerbetriebliche Verrechnung einbezogen ist.

Die Betriebsabrechnung ist wie folgt aufgebaut: Die ersten beiden Spalten enthalten zunächst die Gesamtkosten (Jahreszahlen in T€) des Betriebes, unterteilt nach dem gewählten Kostenarten. Die nächste Spalte zeigt jene Kostenarten, welche als Umlagekosten auf die Kostenstellen verteilt werden. Die weiteren Spalten ergeben sich aus der Kostenstelleneinteilung des Betriebes. Im oberen Teil der Abbildung wird verursachungsgerecht die Verteilung der Kosten der Abrechnungsperiode – getrennt nach Kostenarten – auf die einzelnen im Betrieb eingerichteten Umlagekosten und Kostenstellen dargestellt.

Im unteren Teil wird die schrittweise Weiterverrechnung der Kosten auf die Hauptkostenstellen, das sind im Baubetrieb die Baustellen, gezeigt.

Im ersten Schritt werden die Umlagekosten (im Beispiel die Sozialkosten und die Kosten für Kleingerät und Werkzeug) weiterverrechnet. Dies geschieht im Beispiel durch Verrechnung der Istkosten mittels eines Umlagesatzes auf die Basiskosten „Löhne u. Gehälter AP" bei allen Kostenstellen, bei denen diese Kostenart vorkommt.

Der Umlagesatz für Sozialkosten wird ermittelt mit:

$$\frac{\text{Sozialkosten}}{\text{Löhne und Gehälter (AP)}} \times 100.$$

Mit diesem Umlagesatz werden die Löhne und Gehälter AP pro Kostenstelle multipliziert und dies ergibt pro Kostenstelle den zu verrechnenden Betrag für die Sozialkosten AP. Analoges gilt für den Umlagesatz für Kleingeräte und Werkzeuge. Bei Verrechnungen der Istkosten können Unter- oder Überdeckungen nicht auftreten.

Bei der innerbetrieblichen Verrechnung der Kosten wurde im Beispiel mit vorbestimmten innerbetrieblichen Verrechnungssätzen gearbeitet. Es können Unter- bzw. Überdeckungen auf diesen Kostenstellen auftreten. Im gezeigten Beispiel sind alle Kosten der Hilfsbetriebe verrechnet.

Die Verrechnung der Umlagekosten und der innerbetrieblichen Leistungen auf die Baustellen ergibt die Herstellkosten pro Baustelle und in der Addition die Gesamtherstellkosten aller Baustellen. Die Verrechnung der Verwaltungskosten auf die Baustellen erfolgt mit dem entsprechenden Umlagesatz, der wie folgt ermittelt wird:

$$\frac{\text{Verwaltungskosten}}{\text{Summe der Herstellkosten}} \times 100.$$

Pro Baustelle wird gerechnet: Umlagesatz × Herstellkosten der Baustelle.

Im letzten Schritt werden die einzelnen Baustellenergebnisse zum Betriebsergebnis zusammengefasst.

14.3 Beispiele der Betriebsabrechnung (Vollkostenrechnung)

Kosten- und Leistungsarten	Gesamtkosten	Umlagekosten Sozialkosten Kleingerät / Werkzeug	Verwaltung	Hilfsbetriebe Werkstatt	Hilfsbetriebe Bauhof	Baustelle A	Baustelle B	Baustelle C	Ergebnisrechnung
Jahr:	Jahreszahlen in T€								
Summe Bauleistungen	**1 621**					876	586	159	1 621
Lohn- und Gehaltskosten AP	440					204	164	56	
Sozialkosten AP	392	392							
Lohn- und Gehaltsnebenkosten AP	18					8	5	2	
Bau- und Fertigungsstoffe	270					140	90	40	
Bauhilfsstoffe einschl. RSV	50				30	10	7	3	
Gerätekosten	59					30	20	9	
Betriebsstoffe	43			10		13	5	5	
Kleingeräte/Werkzeug	18	18							
Gehaltskosten TK	85		70			10	5		
Sonstige Kosten	110		100			5	3	2	
Nachunternehmerleistungen	30					20	10		
Summe Kosten	**1 515**	**410**	**180**	**22**	**37**	**440**	**309**	**117**	
		-392		9	5	182	146	51	
		-18		1	1	8	6	2	
		0		32	16				
					59				
			-180	-32	-59	4	8	4	
			0	0	0	30	19	10	
						664	**488**	**183**	
						90	66	24	
						754	554	207	
						122	32	-48	
									./. 1515
									+106

Herstellkosten:
+ Verwaltungskosten:
= Selbstkosten:
Betriebsergebnis je Baustelle:
Betriebsergebnis gesamt: Leistungen ./. Selbstkosten = 1621 ./. 1515

1) Verrechnung der Umlagekosten
 a) Sozialkosten AP
 $\frac{\text{Sozialkosten AP}}{\text{Löhne + Gehälter AP}} \cdot 100 = \frac{392}{440} = 89\%$
 b) Kleingeräte und Werkzeuge
 $\frac{\text{Kleingeräte + Werkzeug}}{\text{Löhne + Gehälter AP}} \cdot 100 = \frac{18}{440} = 4\%$

2) Verrechnung innerbetrieblicher Leistungen d. Hilfsbetriebe
 a) Werkstatt
 b) Bauhof

3) Verrechnung der Verwaltungskosten auf die Baustellen
 $\frac{\text{Verwaltung skosten}}{\text{Herstellkosten}} \cdot 100 = \frac{180}{1326} = 13{,}57\%$

Abb. 14.11 Beispiel der Betriebsabrechnung eines bauausführenden Unternehmens

14.4 Betriebsabrechnung mit Teilkostenrechnung

Bei der Kalkulation gemäß Vollkostenrechnung, werden den einzelnen Teilleistungen die jeweiligen Kosten, wie Baustoffe und Lohnkosten zugeordnet. Übergeordnete Kosten der Verwaltung oder der Geräte, die der Leistung nicht im Einzelnen zugeordnet werden können, werden über Umlagefaktoren auf die Herstellkosten verteilt, ihnen also zugeschlagen. Somit ergeben sich die Selbstkosten der Leistungserstellung. Letztlich wird noch anteilig der Gewinn aufgeschlagen und führt so zur Angebotssumme.

Für die Betriebsabrechnung unter Vollkostenbetrachtung bedeutet diese Art der Vorgehensweise, dass nach Summierung aller Kosten (Einzel- und Gemeinkosten) die Vollkosten bekannt sind, und von der erbrachten Leistung abgezogen werden. Somit ergibt sich der Gewinn oder Verlust.

Schwer zu beantworten ist bei der Vollkostenrechnung jedoch zum Teil die Frage nach der korrekten bzw. verursachungsgerechten Zuordnung von bestimmten Gemeinkosten, speziell den Verwaltungskosten, zu

- einzelnen Kostenstellen in der Ergebnisrechnung (Umlage), vgl. Abb. 14.12, bzw.
- im Rahmen der Zuschlagskalkulation, vgl. Tab. 14.1.

Üblicherweise erzielen die sehr individuellen Projekte im Wettbewerb sehr unterschiedliche Preise, selbst bei ähnlichen Leistungen. Dieser Umstand führt bei gleichmäßiger Verteilung der Gemeinkosten auf die einzelnen Bauaufträge zu sehr unterschiedlichen Projektergebnissen. So entsteht der Eindruck, einige Projekte seien weniger erfolgreich

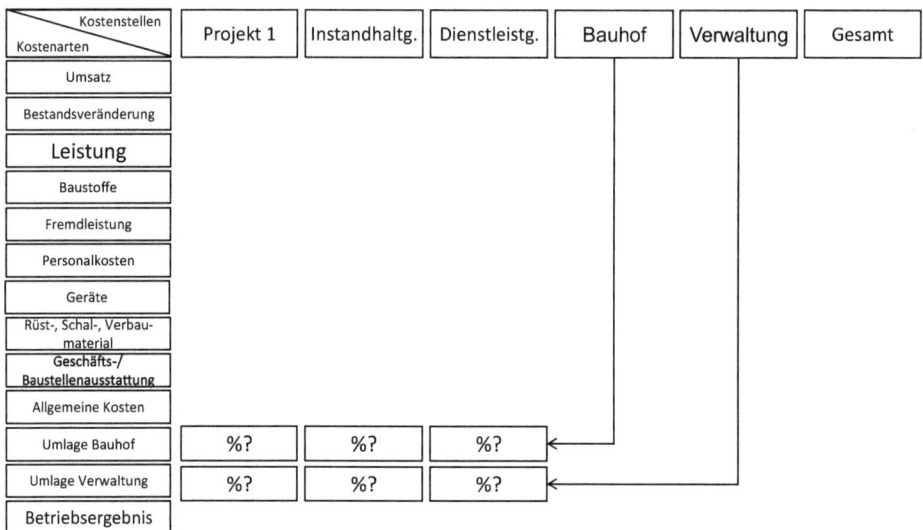

Abb. 14.12 Umlageproblematik bei der Vollkostenrechnung

14.4 Betriebsabrechnung mit Teilkostenrechnung

Tab. 14.1 Vollkostenrechnung

Kostenträger 1	Kostenträger 2		Ergebnisrechnung
+ Einzelkosten	+ Einzelkosten		− Σ Einzelkosten
+ Gemeinkosten(anteilig)	+ Gemeinkosten(anteilig)	← Umlagerechnung (Zuschläge)	− Σ Gemeinkosten
= Vollkosten	= Vollkosten		**= Σ Vollkosten**
+ Wagnis und Gewinn	+ Wagnis und Gewinn		+ Σ Erzielter Preis
= Preis	= Preis		**= Gewinn / Verlust**

als andere, obwohl der Ergebnisunterschied letzlich nur aus der unterschiedlichen Wettbewerbssituation resultiert. Alle Projekte liefern aber einen Beitrag zur Deckung von Gemeinkosten und Gewinnerwartung. Die Teilkosten- oder Deckungsbeitragsrechnung verbessert die Transparenz, indem sie das Ergebnis vor der Umlage von Gemeinkosten hervorhebt und so den operativen Beitrag eines jeden Projekts zum Unternehmenserfolg zeigt. Eine Umlage der Gemeinkosten erfolgt nicht. Alle Projekte liefern so durch die Differenz aus Leistung und Herstellkosten einen Beitrag zur Deckung der Gemeinkosten und dem Gewinn. Der Erfolg des operativen Geschäfts kann so unabhängig von der Gemeinkostenstruktur (Overhead) des Betriebs beurteilt werden. Gewinn- bzw- Verlust hängen nämlich vom Deckungsbeitrag der Projekte einerseits, aber auch von der Höhe der, vornehmlich durch den Verwaltungsbereich verursachten Gemeinkosten, ab.

Die enge Auslegung der Deckungsbeitragsrechnung betrachtet fixe und variable Kosten, wobei Fixkosten durch den Erlös aus der auftragsabhängigen (variablen) Leistung abzüglich der variablen Kosten (Deckungsbeitrag) gedeckt werden müssen. Praktisch gesehen entsprechen hauptsächlich die Einzelkosten den variablen Kosten und die Gemeinkosten den fixen Kosten, sodass sich eine, für den Baubetrieb transparente Deckungsbeitragsrechnung durchführen lässt, bei der die Projektstruktur erkennbar bleibt. Streng genommen existieren aber Fixkosten in den Einzelkosten (z. B. Personal) und variable Kosten in den Gemeinkosten (z. B. Reisekosten). In der Praxis liefert die enge Auslegung aber keine ausreichende Transparenz für das Projektgeschäft, sodass die Deckungsbeitragsrechnung häufig auf Projektkosten als variable Kosten und übergeordnete Gemeinkosten als Fixkosten abgestellt wird (vgl. Riebel 1994, S. 759 f.). Die enge Auslegung der Deckungsbeitragsrechnung kann dagegen in Zusammenhang mit der Planungsrechnung hilfreich sein, um das nötige Leistungsvolumen zur Kompensation der fixen Gemeinkosten ermitteln zu können (Tab. 14.2).

Auch bei der Deckungsbeitragsrechnung ergeben sich Schwierigkeiten:

Sind die Fixkosten bekannt, so kann auf Basis der geschätzten Gesamtleistung zwar für die Kalkulation ein durchschnittlicher Deckungsbeitrag in Prozent vorgegeben werden. Im Einzelfall der Projektkalkulation sind allerdings die Jahres-Gesamtleistung und der Deckungsbeitrag anderer Projekte unklar. Es ist also nicht sicher, dass der Deckungsbeitrag insgesamt zur Deckung der Fixkosten ausreicht.

Tab. 14.2 Teilkostenrechnung (Deckungsbeitragsrechnung)

Kostenträger 1	Kostenträger 2	Ergebnisrechnung	
+ Einzelkosten	+ Einzelkosten		− Σ Einzelkosten
= **Teilkosten**	= **Teilkosten**		= Σ **Teilkosten**
			+ Σ Erzielter Preis
+ Deckungsbeitrag	+ Deckungsbeitrag	← Vorgabe (%)	= **Deckungsbeitrag**
			− Σ Gemeinkosten
= **Preis**	= **Preis**		= **Gewinn / Verlust**

Ebenfalls ist es im Rahmen der Kalkulation schwierig, eine passende Preisstruktur oder eine Kostenverteilung bestimmter Gemeinkostenteile (Gemeinkostenmaschinen, Bauhof, Werkstatt, etc.) zu realisieren.

Kritisch ist zudem, dass Projekte mit unterdurchschnittlichem Deckungsbeitrag als unrentabel erachtet werden, und Marktgegebenheiten sowie Projekte mit überdurchschnittlichen Deckungsbeiträgen unberücksichtigt bleiben.

Zur Herstellung der entsprechenden Transparenz wird dann in der Praxis die Vollkostenrechnung herangezogen. So wird häufig eine Kombination aus Deckungsbeitrags- und Vollkostenrechnung verwendet, die die Vorteile und Aussagekraft beider Kostenrechnungsvarianten miteinander verbindet, vgl. Abb. 14.13.

Kostenarten	Projekt 1	Instandhaltg.	Dienstleistg.	Bauhof	Verwaltung	Gesamt
Umsatz	x	x	x			x
Bestandsveränderung	x	x	x			x
Leistung	=	=	=			=
Baustoffe	x	x	x	x		x
Fremdleistung	x	x	x	x	x	x
Personalkosten	x	x	x	x	x	x
Geräte	x	x	x	x		x
Rüst-, Schal-, Verbaumaterial	x	x	x	x		x
Deckungsbeitrag	=	=	=			=
Geschäfts-/Baustellenausstattung					x	x
Allgemeine Kosten					x	x
Umlage Verw./Bauhof	%	%	%			
Betriebsergebnis	=	=	=			=

Abb. 14.13 Betriebsabrechnung mit kombinierter Voll- und Teilkostenrechnung

14.4 Betriebsabrechnung mit Teilkostenrechnung

Beispielberechnung

Das Bauunternehmen Mustermann verzeichnet eine Jahresgesamtleistung von 2000 T€ und einen Gewinn in Höhe von 100 T€. Die Verwaltungsgemeinkosten belaufen sich insgesamt auf einen Betrag von 400 T€. Erbracht wird die Leistung in den Bereichen Dienstleistungen und Neubau, wobei der Neubau einen Anteil von 60 % und der Dienstleistungsbereich von 40 % an der Gesamtleistung ausmacht. Die Verwaltungskostenumlage soll sich an der jeweiligen Bereichs-Gesamtleistung orientieren.

Damit ergibt sich die Verwaltungskostenumlage wie folgt:

Gesamtleistung	2000 T€,
Verwaltungsgemeinkosten	400 T€,
Gemeinkostenquote	(400 T€/2000 T€) = 20 %,
Gesamtleistung Dienstleistung	(40 % × 2000 T€) = 800 T€,
Gesamtleistung Neubau	(60 % × 2000 T€) = 1200 T€.
	=>
Umlage Dienstleistung:	20 % × 800 T€ = 160 T,€
Umlage Neubau:	20 % × 1200 T€ = 240 T€.

(Siehe Tab. 14.3)

Das Beispiel veranschaulicht die oben bereits beschriebene Problematik:

Im Rahmen der Betriebsabrechnung bzw. der Umlagerechnung auf Vollkostenbasis versucht der Betrieb eine faire, gleichmäßige Belastung der Geschäftsbereiche mit den allgemeinen Kosten der Verwaltung. Das Ergebnis zeigt, dass das Dienstleistungsgeschäft mit einem Gewinn von 3 % offenbar nur halb so profitabel wie das Neubaugeschäft mit über 6 % ist.

Die Deckungsbeitragsrechnung zeigt demgegenüber, dass beide Bereiche mit 23 % bzw. 26 % fast gleichermaßen zur Deckung der Gemeinkosten insgesamt beitragen.

Tab. 14.3 Betriebsabrechnung zur Beispielberechnung

Kostenstellen/ Kostenarten	Kostenstelle 1 Dienstleistungen	Kostenstelle 2 Neubau	Gesamt	Kostenstelle 3 Verwaltung	Gesamt
Leistung	800 –	1200 –	2000 –	–	2000 –
Kosten (Material, Personal, Geräte, etc.)	616	884	1500	400	1900 –
Deckungsbeitrag	184 (23 %)	316 (26,3 %)	500 (25 %)	–	–
Umlage	160	240	–	400	–
Gewinn	24 (3 %)	76 (6,3 %)	100 (5 %)	0	100 (5 %)

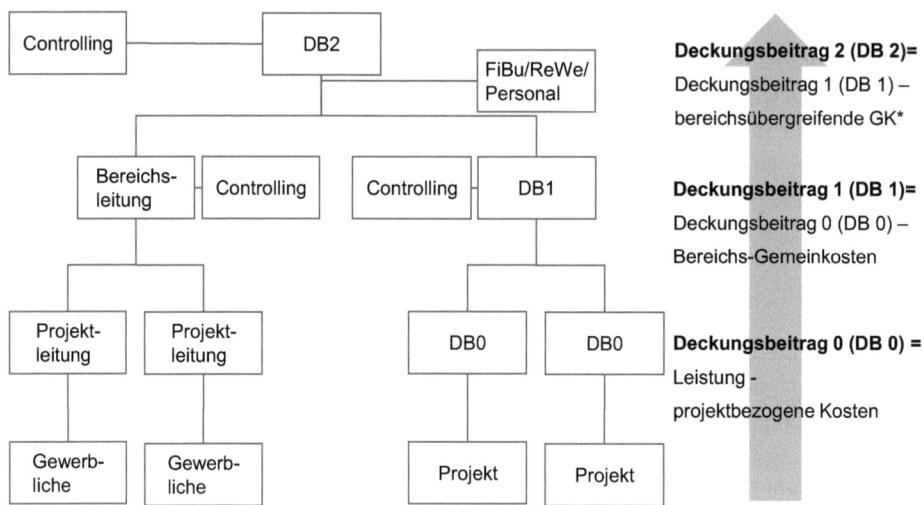

Abb. 14.14 Beispiel Organisation und Deckungsbeitragsstruktur größeres Unternehmen

Um dem Problem der ungerechten Gemeinkostenverteilung zu begegnen, wird häufig ein komplexes Verfahren zur Bestimmung der Umlagefaktoren verwendet, dass neben der Leistung auch andere Faktoren, wie z. B. die Personal-, Maschinen- oder Materialintensität einzelner Kostenstellen mit einschließt.

Deckungsbeitragsrechnung größerer Unternehmen
In größeren Unternehmen mit verschiedenen Geschäftsbereichen oder Niederlassungen wird auch eine mehrstufige Deckungsbeitragsrechnung verwendet, um die Unterschiede der einzelnen Geschäftsbereiche zu berücksichtigen (Abb. 14.14).

Literatur

Berufsgenossenschaft der Bauwirtschaft (BG BAU): 3. Gefahrentarif der Berufsgenossenschaft der Bauwirtschaft, 2018, https://www.bgbau.de/fileadmin/Themen/mitgliedschaft_beitrag/Erlaeuterungen_3._Gefahrtarif_BG_BAU__Stand_27.10.2017.pdf (Abruf 03.05.2021).

Berufsgenossenschaft der Bauwirtschaft (BG BAU): Satzung der Berufsgenossenschaft der Bauwirtschaft, 2017.

Deutsches Institut für Normung e. V. (Hrsg.): DIN 69901-5: Projektmanagement – Projektmanagementsysteme, Beuth-Verlag, Berlin, 2009.

Gralla, M.: Baubetriebslehre, Werner Verlag, 2011.

Gutenberg, E.: Grundlagen der Betriebswirtschaftslehre, 1. Band, 22. Auflage, Die Produktion, Springer Verlag: Berlin 1976.

Hannewald, J.; Oepen, R.-P.: Bauprojekte erfolgreich steuern und managemen, Bauprojektmanagement in bauausführenden Unternehmen, 2. Aufl., Springer Vieweg, 2013.

Literatur

Hauptverband der Deutschen Bauindustrie e. V. (Hrsg.): Tarifsammlung für die Bauwirtschaft 2020/2021, Otto Elsner Verlagsgesellschaft: Dieburg 2020.

Hauptverband der Deutschen Bauindustrie/Zentralverband des Deutschen Baugewerbes (Hrsg.): KLR Bau, 8. Auflage, 2016.

Hauptverband Deutsche Bauindustrie/Zentralverband Deutsches Baugewerbe (Hrsg.): KLR Bau, 7. Auflage , Bauverlag, Wiesbaden, 2001.

Heiermann, W., Kullack, A., Mansfeld, L., Bauer, J., Schüttpelz, E., Herrmann, A., Holz, A., Petersen, A., Weifenbach, R.: Handkommentar zur VOB, 14. Aufl., München, Springer Vieweg, 2018.

Jacob, D.; Stuhr, C.: Finanzierung und Bilanzierung in der Bauwirtschaft, Teubner-Verlag, Wiesbaden, 2006.

Kapellmann, K./Schiffers, K.-H./Markus, Jochen: Vergütung, Nachträge und Behinderungsfolgen beim Bauvertrag, Band 2, Pauschalvertrag einschließlich Schlüsselfertigbau, Werner Verlag: Düsseldorf 2017.

Riebel, P.: Einzelkosten und Deckungsbeitragsrechnung, Gabler-Verlag, Wiesbaden, 1994.

Rösel, W.; Busch, A.: AVA-Handbuch, 6. Auflage, Vieweg-Verlag, 2008.

SOKA-Bau (Hg.): Informationen SOKA-Bau. Online verfügbar unter http://www.soka-bau.de/soka-bau_2011/desktop/de/SOKA-BAU/Firmeninformationen/, zuletzt geprüft am 25.08.2015.

SOKA-Bau (Hg.): Sozialkassenbeiträge. Online verfügbar unter http://www.soka-bau.de/soka-bau_2011/desktop/de/Arbeitgeber/Beitraege, zuletzt geprüft am 25.08.2015.

Vergabe- und Vertragsordnung für Bauleistungen (VOB), Beuth-Verlag, 2019.

Wöhe, G.; Döring, U.: Einführung in die Allgemeine Betriebswirtschaftslehre, 27. Aufl., Vahlen Verlag, München, 2020.

Zander, Oliver (2003): Tarifsammlung für die Bauwirtschaft 2003/2004. 25. Auflage. Dieburg: Otto Elsner Verlagsgesellschaft.

15 Mit Planungen von der Betriebsabrechnung zum operativen Controlling

Um die Aufgaben, die bei der Entstehung und Nutzung von Bauprojekten anfallen, im Hinblick auf die angestrebten Zielsetzungen optimal erfüllen zu können, sind Planzahlen für folgende Bereiche unerlässliche Voraussetzung.

Erstens: Die Planung
für jede einzelne Aufgabe im Entstehungsprozess eines Bauprojektes (projektbezogene Planungen).

Zweitens: Die Planung der Organisationseinheiten, die langfristig aufgebaut werden müssen, um Bauprojekte planen und erstellen zu können (betriebsbezogene Planungen).

Zunächst muss man feststellen, dass die Planung als gedankliche Vorwegnahme zukünftigen Handelns auf einer Reihe von Schätzungen, Prognosen und Unsicherheiten beruht und dass die Planung am Ende der Schritte von der Improvisation bis zur Entscheidung steht.

Somit gilt der folgende Zusammenhang:

Improvisation → Analyse → Prognose → Bewertung → **Planung** → Entscheidung

„Planung impliziert Tun. Sie ist die gedankliche Vorwvaegnahme zukünftigen Handelns und damit notwendigerweise zielgerichtet. Anderseits ist Planung ein emotionaler Prozess, mit dem menschliche Widerstände (nicht planen wollen, nicht kontrollieren wollen) einhergehen und letztendlich die Frage nach der unbedingt einzuhaltenden Planehrlichkeit aufwerfen" (Motzel 1998, S. 201).

Planung muss auch unmittelbar mit dem Controlling verbunden werden, denn Planung muss mit wachsendem Erkenntnisstand im Laufe der Aufgabenerfüllung angepasst werden, um Erfahrungen für zukünftige Planungen zu bekommen. „Planen ohne Controlling ist sinnlos, Controlling ohne Planung unmöglich" (Motzel 1998, S. 201).

Bei bauwirtschaftlichen Planungen kann man zwischen vorwiegend technischen Plandaten, wie z. B. Ressourcenbedarf, Zeitpunkte und Zeitdauern der Ressourcen, Verfahrenstechniken und vorwiegend wirtschaftlichen Plandaten wie z. B. Kosten, Leistungen und Ergebnisse unterscheiden. Für die Darstellung des vorstehenden Themas bei bauausführenden Unternehmen wird jeweils unterschieden zwischen betriebs- und objektbezogenen Planungen.

15.1 Bauprojektbezogene Planungen

Bauprojektbezogene Planungen werden in der Bauwirtschaft in aller Regel von Bauingenieuren und nicht vom kaufmännischen Personal erstellt. Angesichts der dazu benötigten technischen Fachkenntnisse wird sich daran auch in Zukunft kaum etwas ändern. Allerdings spricht dies nicht gegen eine Zusammenarbeit zwischen Ingenieuren und Kaufleuten, die im Übrigen in der Baupraxis regelmäßige Praxis ist. Ingenieure und Kaufleute arbeiten schließlich auf vielen Gebieten intensiv zusammen, die jeweils Schnittstellen oder Überschneidungen aufweisen. Insbesondere beim Aufbau von Controllingsystemen ist diese Zusammenarbeit unerlässlich, da hierzu Daten bzw. Informationen benötigt werden, die zwar in der Regel entweder von Bauingenieuren oder von Kaufleuten erarbeitet, die aber häufig gemeinsam ausgewertet werden. Da bauprojektbezogene Planungen vorwiegend von Bauingenieuren vorgenommen werden, wird in diesem Buch nur stichwortartig auf diese Planungen eingegangen. Für entsprechende Detailfragen wird auf die baubetriebliche Fachliteratur verwiesen (vgl. z. B. Bauer 2013; Beckmann et al. 2013; Berner et al. 2013; Greiner et al. 2009; Gralla 2011; Diederichs et al. 2020; in den genannten Werken ist ebenfalls eine weiterführende, umfangreiche baubetriebliche Literatur angegeben).

15.1.1 Ermittlung der technischen Plandaten

Der erste Schritt der bauprojektbezogenen Planung ist die sorgfältige Überprüfung der Ausschreibungsunterlagen und eine ausführliche Analyse der Bauaufgabe.

Im Anschluss daran erfolgen Planungen, die in der Praxis als Arbeitsvorbereitung bezeichnet werden. Mit der Arbeitsvorbereitung soll sichergestellt werden, dass Personal, Geräte und Baustoffe in qualitativer und quantitativer Hinsicht zum richtigen Zeitpunkt am richtigen Ort sind.

Arbeitsvorbereitung wird immer betrieben, schon in der Phase der Angebotsbearbeitung, erst recht bei der Vorbereitung der eigentlichen Baudurchführung und schließlich beim nachträglichen Durchdenken und Aufarbeiten eines abgeschlossenen

15.1 Bauprojektbezogene Planungen

Bauvorhabens. Vielfach erfolgt die technische Gedankenarbeit für die Ausführung eines Bauvorhabens im Büro, wo der eigentliche Bauprozess ingenieurmäßig bis in alle Einzelheiten durchexerziert wird, um das Improvisieren auf der Baustelle weitgehend zu vermeiden. Aufgrund der Individualität der einzelnen Bauptojekte bleibt dazu dann oft noch genügend Gelegenheit, weil manches anders läuft, als es eigentlich geplant war. Die Steuerung des Bauprozesses muss aber aus der Hektik des Baustellenbetriebes herausgenommen und in die ‚Denkfabrik' der Niederlassung verlegt werden. Im Einzelnen sind von der Arbeitsvorbereitung folgende Teilplanungen durchzuführen:

- Verfahrensplanung,
- Personal- und Geräteeinsatzplanung,
- Terminplanung,
- Materialeinsatzplanung,
- Baustelleneinrichtungsplanung.

Personal-, Geräte- und Materialeinsatzplanung wird heute häufig unter dem Begriff „Ressourcenplanung" zusammengefasst.

Besonderes Augenmerk kommt der Arbeitsvorbereitung in Verbindung mit der Datenmodellierung und der IT-gestützten Projektabwicklung zu. Denn die ganze Komplexität der Bauaufgabe muss im Rahmen des Building Information Modelling abgebildet werden, um entsprechende Effizienzvorteile in allen Phasen und bei allen Akteuren erzielen zu können. Das bautypische Improvisieren ist dabei schwer zu integrieren und wirkt kontraproduktiv (vgl. Meinen et al. 2021).

Inzwischen ist auch das sogenannte Lean Management, d. h. das Management von Produktionsprozessen mit minimaler Verschwendung von Ressourcen, in der Bauwirtschaft angekommen. Es wurde erstmals in Zusammenhang mit der Automobilproduktion des japanischen Unternehmens Toyota, Mitte des zwanzigsten Jahrhunderts diskutiert (siehe z. B. Fiedler 2018). Nachfolgend werden die klassischen Elemente der technischen Planung aufgeführt.

Verfahrensplanung

„Im Rahmen der Bauverfahrensplanung erfolgt die Planung des technologischen Fertigungsverfahrens jedes Auftrages auf der Basis spezifischer Unterlagen (z. B. Leistungsbeschreibung, DIN- bzw. EN-Vorschriften, Konstruktionszeichnungen). Charakteristisch für die Produktion in der Bauwirtschaft ist u. a., dass ein Bauwerk im Allgemeinen mit sehr verschiedenartigen Verfahren (z. B. Schalungsverfahren, Betonierverfahren) hergestellt werden kann. Aus der Vielzahl der existierenden manuellen, mechanisierten oder automatisierten Verfahren ist dasjenige Verfahren oder Verfahrensbündel auszuwählen, das technisch anwendbar und wirtschaftlich günstig ist. Hierzu ist im Prinzip für alle technisch möglichen Verfahren ein Wirtschaftlichkeitsvergleich durchzuführen. Dabei ist auch über die Frage zu entscheiden, welche Teilprozesse auf der

Baustelle ablaufen sollen (Ortsfertigung) und welche Teilprozesse ggf. in bestimmten (sekundären) Werkstätten vollzogen werden sollen (Vorfertigung, z. B. von Schalungen, Bewehrungen, Fertigbauteilen)" (vgl. Hahn und Laßman 1999, S. 182).

Daneben existiert eine Vielzahl von Kriterien, die sich auf die Verfahrenswahl auswirken können und zum Teil schon durch das Bauplanungsrecht (Planfeststellungsverfahren, Bebauungsplanung) vorgegeben und durch Gesetze, Richtlinien und die Normung bestimmt werden:

- Besondere Qualitätsanforderungen,
- bautechnische Vorgaben,
- Unfallverhütungsvorschriften,
- kreuzende Verkehrswege, Leitungen, lokale Bebauung,
- (Boden-)Denkmäler,
- Verkehrsbelastung/Sicherstellung des laufenden Verkehrs,
- Erschließungsmöglichkeiten des Baufelds,
- verfügbare Flächen für die Baustellen- und Fertigungseinrichtungen,
- Aktionsbereiche von Hebezeugen,
- verbindliche Lichtraumprofile,
- Bauzeit,
- Landschaft,
- lokales Klima und Luftqualität, Immissionsschutz,
- Vegetation und Wasser, angrenzende Bausubstanz,
- (Jahres-)zeitliches Umfeld (auch: Wetterunabhängigkeit).

Teilweise können auf Ausschreibungen auch wirtschaftlichere Verfahren angeboten werden, als sie in der Leistungsbeschreibung angegeben sind und als Sondervorschläge oder Nebenangebote eingereicht werden (vgl. z. B. Berner et al. 2013, S. 58).

Personal- und Geräteeinsatzplanung
Aus der Verfahrensplanung wird abgeleitet, welche Arbeitskräfte und Geräte für die Durchführung der Arbeit benötigt werden. Die Personal- und Geräteeinsatzplanung gibt an, zu welchem Zeitraum Maschinen und Arbeitskräfte auf der Baustelle erforderlich sind. Der Gesamtarbeitskräftebedarf, aufgegliedert in einzelne Kolonnen und deren beruflichen Zusammensetzung, wird angegeben (vglbitte Quelle aktualisieren. Kühn 1991, S. 54). Der Personal- und Geräteeinsatzplan muss in enger Abstimmung mit der Kapazitätsplanung des Gesamtbetriebes bzw. einzelner Organisationseinheiten erfolgen.

Terminplanung
Aufbauend auf der Verfahrensplanung und der Kapazitätsplanung erfolgt die Festlegung der erforderlichen Aktionen bzw. Aktionsfolgen mit ihren spezifischen Zeiterfordernissen. Der gesamte terminliche Rahmen ist in aller Regel durch die vom Auftraggeber

15.1 Bauprojektbezogene Planungen

vorgegebene Bauzeit mit fixierten End- und/oder Zwischenterminen festgelegt. Innerhalb dieses Terminrahmens müssen die einzelnen Arbeitsschritte so aufeinander abgestimmt werden, dass der genannte Terminrahmen eingehalten werden kann. Gegebenenfalls muss – bedingt durch die knappen Zeitvorgaben – eine Anpassung der Verfahrens-, sowie Personal- und Geräteeinsatzplanungen erfolgen.

Für die Planung des Bauablaufs werden hauptsächlich die folgenden Methoden verwendet:

- Terminlisten,
- Liniendiagramme (Weg- Zeit-Diagramm),
- Balkendiagramme,
- Netzpläne,
- Bauphasenpläne,
- Kapazitäts- und Bereitstellungspläne.

Die Auswahl der entsprechenden Methode richtet sich nach ihrem spezifischen Anwendungsbereich (Gralla 2011, S. 203 ff.).

Materialeinsatzplanung
Die Aufgabe der Materialeinsatzplanung liegt in der Planung der art-, mengen-, zeit- und ortsgerechten Ermittlung und Bereitstellung von Baustoffen, Betriebsstoffen und ggf. Bauelementen. Grundlage der Materialplanung bilden zum einen das Leistungsverzeichnis, aus dem die benötigten Mengen direkt abzuleiten sind, zum anderen die Ergebnisse der integrierten Kapazitätsbelegungs- und Terminplanung, aus der deutlich wird, wann welche Materialien in welcher Menge benötigt werden.

Die Materialplanung hat i. d. R. zentral zu erfolgen, ebenso die in enger Koppelung stehende Beschaffungs-, Lagerungs- und Transportplanung. Die Lagerung selbst kann zentral und/oder dezentral erfolgen. Aus Kostengründen kann für jede Baustelle eine Baustellendirektbelieferung durch Baustoffhändler oder -hersteller vereinbart werden. Es erfolgt hier eine Materialversorgung nach dem Just-in-Time-Prinzip. Diese Vorgehensweise stellt erhöhte Anforderungen an die Prozessplanung und -steuerung. Aus Sicherheitsgründen kann die Lagerung einer bestimmten Menge je Baustoff dennoch erforderlich sein (vgl. z. B. Schmidt 2003; Clausen 2006; Hahn 1987, S. 40; Haag et al. 2021, S. 83 ff.). Der Begriff der Materialeinsatzplanung steht in engem Zusammenhang mit dem Begriff des Einkaufs, also im weitesten Sinne mit der Beschaffung aller Güter und Dienstleistungen zum Zwecke der Leistungserstellung. Je nach Unternehmensstruktur ist auch eine integrierte Materialeinsatzplanung und Einkaufsabwicklung denkbar bzw. wünschenswert. Große Bauunternehmen restrukturieren das Einkaufs- und Beschaffungsmanagement vor dem Hintergrund ihrer dezentralen Struktur, da sie erhebliche Einsparpotenziale sehen. Der Einkauf erfolgt dann nach dem Modell des dezentralen Facheinkaufs unter zentraler Führung mit so genannten Lead Buyern. Die Lead buyer sind auf eine abgegrenzte Gruppe von Gewerken bzw. Leistungen spezialisiert und koordinieren unternehmensübergreifend die Beschaffung in diesem Bereich. Für bspw. den Bereich Fassade kennen sie die nationalen und internationalen Märkte und haben durch das Pooling eine sehr gute Verhandlungsposition.

Baustelleneinrichtungsplanung
Eine systematische und detaillierte Vorausplanung der Baustelleneinrichtung ist wesentliche Voraussetzung für die erfolgreiche Abwicklung eines Bauvorhabens, da eine Änderung der Baustelleneinrichtung während des Bauablaufs sich in der Regel auf die gesamte übrige Planung auswirkt und deshalb meist zu erheblichen Mehrkosten führt (Abb. 15.1).

Die Aufgabenstellung der Baustelleneinrichtungsplanung besteht im

- Bestimmen der Art der Einrichtungen.
- Festlegen der räumlichen Zuordnung der Einrichtungsteile nach dem Gesichtspunkt der minimalen Massentransporte.

Die Einflussfaktoren, die den Charakter einer Baustelleneinrichtung bestimmen, sind:

- Planungsrechtliche Vorgaben (insb. Umweltschutz),
- Art und Größe des Bauprojektes,
- örtliche Gegebenheiten (Klima, Gelände, vorhandene Versorgungssysteme, Freiflächen usw.),
- angewandte Bauverfahren,
- zeitlicher Ablauf des Bauvorhabens,
- Umfang des Menschen- und Maschineneinsatzes (vgl. Kühn 1991, S. 56).

Der Baustelleneinrichtungsplan wird maßstäblich als Lageplan dargestellt und ist im Wesentlichen von der Verfahrens-, Personal- und Geräteeinsatzplanung abhängig. Bei der Planung und Einrichtung von Baustellen sind neben der Verordnung über Sicherheit und Gesundheitsschutz auf Baustellen (Baustellenverordnung – BaustellV) auch die Arbeitsstättenverordnung (ArbStättV) und die ergänzenden Arbeitsstätten-Richtlinien (ASR) zu beachten. Heute spielen aber auch zunehmend Rahmenbedingungen eine Rolle, die aus dem Umwelt- und Immissionsschutz stammen und durch entsprechende Gesetze und Verordnungen unterlegt sind, insbesondere Wasserhaushaltsgesetz (WHG), Naturschutzgesetz (NatSchG), Bundes-Immissionsschutzgesetz (BImSchG). Sie haben ebenso Auswirkungen auf das mögliche Bauverfahren (siehe oben). Zusammenfassend soll das Ablaufschema auf der vorherigen Seite die einzelnen Schritte der Arbeitsvorbereitung zeigen.

15.1 Bauprojektbezogene Planungen

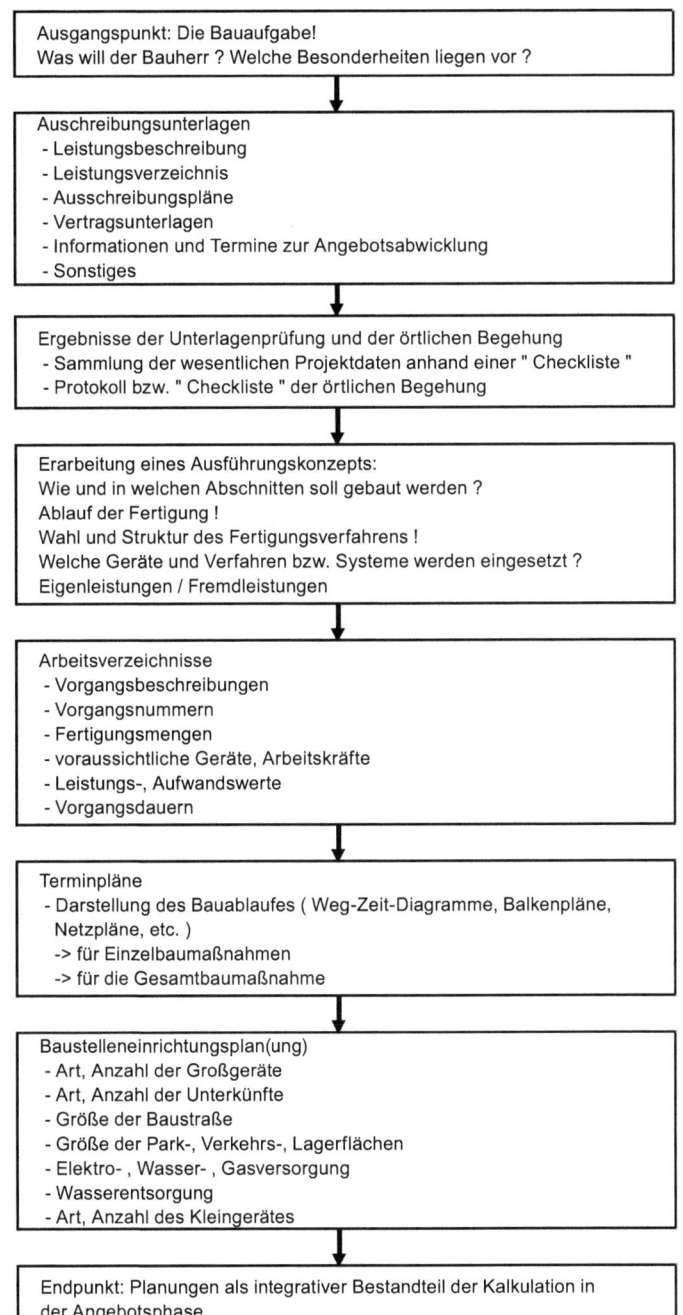

Abb. 15.1 Ablaufschema einer baubetrieblichen Arbeitsvorbereitung

Beispiel: Ermittlung technischer Plandaten

Im Abschn. 6.4.2 „Angebotskalkulation als Grundlage der Preisfindung" wurde anhand eines einfachen Beispiels – Herstellen einer Baugrube – die Systematik der Kalkulation gezeigt. Dieses Beispiel ist Grundlage für die Ermittlung der technischen Plandaten. Anschließend wird die Verwendung dieser Plandaten zur Errechnung der projektbezogenen wirtschaftlichen Planzahlen dargestellt.

Im Beispiel sind folgende auszuführende Mengen angegeben:

Baugrubenaushub: 15.000 m^3
Fundamentaushub: 320 m^3
Abfuhr: 15.320 m^3
Trägerbohlwand: 1680 m^2

Bei den technischen Plandaten wird ermittelt:

- Terminplanung,
- Personaleinsatzplan,
- Geräteeinsatzplan,
- Stundenansätze für die Arbeitskräfte pro Leistungsmengen.

Terminplanung

- Baugrubenaushub: Leistungsansatz = 45 m^3/h; d. h. pro Stunde werden von einem Hydraulikbagger einer bestimmter Größenordnung 45 m^3 Boden ausgehoben.
  Arbeitszeit pro Arbeitstag (AT) = 8,0 h
  Für den Baugrubenaushub ergibt dies:

$$\frac{15.000\,\text{m}^3}{45\,\text{m}^3/\text{h} \times 8{,}0\,\text{h/AT}} = 42 \text{ benötigte AT},$$

- analog ergibt sich für den Fundamentaushub:
  Leistungsansatz = 13,5 m^3/h
  Arbeitszeit pro AT = 8,0 h

$$\frac{320\,\text{m}^3}{13{,}5\,\text{m}^3/\text{h} \times 8{,}0\,\text{h/AT}} = 3 \text{ benötigte AT}.$$

- Abfuhr
  Die Abfuhr erfolgt parallel zum Baugruben- und Fundamentaushub. Daraus ergibt sich eine Gesamtdauer für Baugruben- und Fundamentaushub von

$$42\,\text{AT} + 3\,\text{AT} = 45\,\text{AT}.$$

15.1 Bauprojektbezogene Planungen

- Trägerbohlwand:
  Die Trägerbohlwand ist als Fremdleistung kalkuliert worden. Um diese Leistung in ihrer Dauer bestimmen zu können, muss auch für diese Position ein Leistungsansatz gewählt werden. Vereinfachend wird hier eine Leistungsmenge je m² fertig erstellte Trägerbohlwand angenommen.
  Leistungsansatz: 6,0 m²/h
  Arbeitszeit pro AT = 8,0 h

$$\frac{1680\,\text{m}^2}{6{,}0\,\text{m}^2/\text{h} \times 8{,}0\,\text{h/AT}} = 35\,\text{AT}.$$

Anhand dieser Ausführungsdauern lässt sich unter Berücksichtigung der Abhängigkeiten der einzelnen Vorgänge folgender Terminplan erstellen (siehe Abb. 15.2).

Dieser Terminplan basiert ausschließlich auf den Leistungsansätzen der Geräte. Er ist aber immer mit den Terminvorstellungen des Auftraggebers in Einklang zu bringen. Gegebenenfalls sind dann Konsequenzen bei der Gerätewahl zu berücksichtigen.

Personaleinsatzplan
- Baugrubenaushub
  Der Hydraulikbagger ist 42 AT × 8 h/AT = 336 h im Einsatz.
  Pro Einsatzstunde wird 1 Baggerführer und eine weitere Arbeitskraft benötigt.
- Fundamentaushub
  Für den Fundamentaushub ist der Hydraulikbagger 3 AT × 8 h/AT = 24 h im Einsatz. Auch hier wird pro Arbeitsstunde 1 Baggerführer und ein weiterer Mitarbeiter benötigt.
- Abfuhr und Herstellen der Trägerbohlwand
  Da die Positionen „Abfuhr" und „Herstellen der Trägerbohlwand" als Nachunternehmerleistungen geplant sind, ist hierfür keine Kapazitätsplanung seitens des bau-

	Titel	Menge	Dauer	2015		
				April	Mai	Juni
1	Baugrubenaushub	15 000 m³	42			
2	Fundamentaushub	320 m³	3			
3	Abfuhr	15 320 m³	45			
4	Trägerbohlwand	1 680 m²	35			

Abb. 15.2 Beispiel Terminplanung „Erdarbeiten"

ausführenden Unternehmens erforderlich. Diese erfolgt – unter Vorgabe des Terminrahmens – bei den jeweiligen Nachunternehmern.

Geräteeinsatzplan
Im vorgestellten einfachen Beispiel ist der Geräteeinsatzplan mit dem Personaleinsatzplan identisch. Bei größeren bzw. komplexeren Bauprojekten ist dies nicht der Fall. Werden für einzelne Leistungspositionen mehrere Geräte eingesetzt, dann wird dies im Geräteeinsatzplan detailliert abgebildet. Als Ergebnis der obenstehenden Überlegungen ergibt sich für das einfache Beispiel der „Personal- und Geräteeinsatzplan" (Abb. 15.3).

Stundenansätze für die Arbeitskräfte pro Leistungsmengen
- Stundenansatz des Hydraulikbaggers pro m^3 Erdaushub
  Der Hydraulikbagger ist 42 AT × 8 h/AT = 336 h im Einsatz.
  Pro Einsatzstunde wird 1 Baggerführer und eine weitere Arbeitskraft benötigt.
  Das ergibt beim Einsatz eines Hydraulikbaggers die insgesamt benötigten Arbeitsstunden von:

$$2 \times 336\,\text{h} = 672\,\text{h}.$$

Dazu müssen noch für Transport und Montage 78 h hinzugerechnet werden, d. h. die benötigten Stunden für den Baugrubenaushub ergeben sich zu 750 h.
Es werden 15.000 m^3 Erdaushub geleistet.
Das ergibt einen Stundenansatz pro m^3 Erdaushub:

$$\frac{672\,\text{h} + 78\,\text{h}}{15.000\,\text{m}^3} = \frac{750\,\text{h}}{15.000\,\text{m}^3} = 0{,}05\,\text{h/m}^3.$$

- Fundamentaushub
  Das ergibt 2 × 24 h = 48 h insgesamt benötigte Arbeitsstunden.
  Stundenansätze pro m^3 Fundamentaushub:

$$\frac{48\,\text{h}}{320\,\text{m}^3} = 0{,}15\,\text{h/m}^3.$$

	Titel	Dauer	2015		
			April	Mai	Juni
1	Baggerführer	45			
2	Hilfskraft	45			
3	Hydraulikbagger	45			

Abb. 15.3 Einfaches Beispiel eines Personal- und Geräteeinsatzplanes

15.1 Bauprojektbezogene Planungen

Software für die Ablauf- und Ressourcenplanung

Je mehr Vorgänge zu planen sind, desto eher bietet sich der Einsatz von Software Programmen an. Einfache Pläne wie Balkenpläne können dabei mit Standard-Tabellenkalkulationsprogrammen oder unter Nutzung von CAD-Software dargestellt werden. Bei Projekten mit einer großen Anzahl von Vorgängen ist es jedoch ratsam, spezielle Projektmanagement-Software zu verwenden. Mit dieser Software lassen sich Terminplanungen einschließlich Kosten- und Ressourcenplanung durchführen. Ressourcen wie Personal und Geräte können in die Systeme der Software eingepflegt werden und stehen dann projektübergreifend der Planung zur Verfügung. Freie Kapazitäten und Auslastungen sind so zu erkennen und Informationen über den Einsatzort vorhanden. Der Materialfluss von Verbrauchsgütern innerhalb der Projekte wird eingegeben und für die Ressourcen lassen sich Kostenansätze, Leistungsansätze oder Mengen definieren. Das System errechnet draus Kostenschätzungen und Zeitangaben und stellt diese graphisch dar. Einige Branchenprogramme bieten Bauzeitenpläne innerhalb einer komplett integrierten Gesamtlösung. So kann in Anbindung an die technischen Programme aus Daten der Kalkulation und Arbeitsvorbereitung ein vollständiger Bauzeitenplan erstellt werden.

Im Zuge der fortschreitenden Digitalisierung wird heute über Building Information Modeling (BIM) gesprochen. Entsprechende IT-Lösungen integrieren auf der Basis von Prozessüberlegungen viele IT-Anwendungsbereiche des Bau- und Immobilienwesens. Dabei werden die Daten von der Planung über den Bau bis in das Facility Management zusammengeführt, um jederzeit aktuelle und konsistente Informationen über das Immobilienprojekt erhalten und zwischen den verschiedenen Disziplinen austauschen zu können (vgl. u. a. Borrmann et al. 2021; Albrecht 2014; Eastman et al. 2011; Hardin und McCool 2015; von Both et al. 2013). Es ist zu erwarten, dass in den nächsten Jahren die Entwicklung von BIM-Lösungen auf dem deutschen Baumarkt weiter voranschreitet, da Wissenschaft, Politik und Praxis derzeit intensiv mit der Thematik befasst sind.

15.1.2 Ermittlung der wirtschaftlichen Planzahlen mit Hilfe der Kalkulation

Aufgrund der im vorhergehenden Punkt dargestellten technischen Daten, werden mit entsprechenden Bewertungen die geschätzten Kosten der einzelnen Bauleistungen und des gesamten Bauprojektes gefunden. Darauf aufbauend werden die entsprechenden Preise der Bauleistungen ermittelt. Dies geschieht im Rahmen der so genannten Angebotskalkulation. Zur Erleichterung der Darstellung dieses Zusammenhanges werden deshalb nochmals die folgenden Aufstellungen aus dem Beispiel in Abschn. 6.4.2 herangezogen.

Wie aus Abb. 15.4 hervorgeht, sind die verschiedenen Kostenansätze Grundlage für die wirtschaftlichen Plandaten. Die Ermittlung dieser Ansätze je Einheit ist eine anspruchsvolle Ingenieurleistung und erfordert viel berufliche Erfahrung. Bei komplexen Bauprojekten liegt die Schwierigkeit in der gedanklichen Zerlegung eines Gesamtprojektes in einzelne Teilleistungen. Für die Stundenansätze 0,05 h je m³ Baugrubenaushub bzw. 0,15 h je m³ Fundamentaushub in Zeile 1.1 bzw. 1.2 und Spalte 5 wurde exemplarisch gezeigt, wie diese Werte gefunden werden.

Die Gemeinkosten wiederum enthalten Kostenarten, die zwar der Baustelle aber nicht den einzelnen LV-Positionen zugeordnet werden können. Dies sind im vorliegenden Fall anteilige Bauleitergehälter, Kosten der Baucontainer und Kosten für Kleingeräte und Werkzeuge etc.

Mit Hilfe dieser Ansätze je Einheit wurden im genannten Beispiel folgende wirtschaftliche Plandaten ermittelt:

Die voraussichtlichen Kosten des Bauprojektes

Lohnkosten:	25 052,50 €
Stoffkosten:	5 071,80 €
allgemeine Kosten:	25 650,00 €
Gerätekosten:	32 678,40 €
Kosten der Fremdleistungen:	473 880,00 €
Herstellkosten:	562 332,70 €

Die zu erbringenden Leistungen

Pos.	Menge	Bezeichnung	Einheitspreis	Gesamtpreis
1.1	15 000 m³	Baugrubenaushub	3,42 €	51 300 €
1.2	320 m³	Fundamentaushub	9,67 €	3 094 €
1.3	15 320 m³	Abfuhr	11,25 €	172 350 €
1.4	1 680 m²	Trägerbohlwand	250 €	420 000 €
		Angebotssumme netto:		646 744 €

Ergebnisse

Leistung:	646 744 €
./. Herstellkosten:	562 332 €
Baustellenergebnis:	84 411 €

Mit diesem Ergebnis werden die Allgemeinen Geschäftskosten in Höhe von 73.103 € abgedeckt und ein Betrag in Höhe von 11.246 € für Gewinn ausgewiesen (vgl. zu diesen Zahlenangaben die vorgenannte Kalkulation in Abschn. 6.4.2). Dieser Betrag in Höhe von 84.411 € wird in der Sprache der Deckungsbeitragsrechnung als Deckungsbeitrag bezeichnet. Er sagt aus, wie viel der Bauauftrag zur Abdeckung der Allgemeinen Geschäftskosten und zur Erreichung eines Gewinnes beiträgt. Aus betriebswirtschaftlicher Sicht ist die Deckungsbeitragsrechnung eine Teilkostenrechnung. Dies im Gegensatz zur klassischen Kalkulation, die als Vollkostenrechnung zu bezeichnen ist. Sie birgt für die Kostenrechnung der Bauwirtschaft gewisse Risiken in sich, auf die bereits in

15.1 Bauprojektbezogene Planungen

Ansätze je Einheit | **Ansätze je Position**

LV-Pos.	Text	Menge und Einheit	Std.	Lohn Std. × ML* 27,50 €	Stoffe	Geräte	Fremd-leistung	Std.	Lohn Std. × ML* 27,50 €	Stoffe	allgemeine Kosten	Geräte	Fremd-leistung	Summe
1	2	3	4	5	6	7	8	9	10	11	12	13	14	15
Einzelkosten														
1.1	Baugrubenaushub	15 000 m³	0,05	1,38	0,21	1,15	-	750	20 625,00	3 150,00	-	17 250,00	-	41 025,00 €
1.2	Fundamentenaushub	320 m³	0,15	4,13	0,99	2,62	-	48	1 320,00	316,80	-	838,40	-	2 475,20 €
1.3	Abfuhr	15 320 m³					9,00	-	-	-	-	-	137 880,00	137 880,00 €
1.4	Trägerbohlwand	1 680 m³					200,00	-	-	-	-	-	336 000,00	336 000,00 €
Summe Einzelkosten								798	21 945,00	3 466,80	-	18 088,40	473 880,00	517 380,20 €
Gemeinkosten	-							113	3 107,50	1 605,00	25 650,00	14 590,00	-	44 952,50 €
Herstellkosten								911	25 052,50	5 071,80	25 650,00	32 678,40	473 880,00	562 332,70 €

* ML = Mittellohn = 27,50 €/h

Ansätze je Einheit | **Einzelkosten+Zuschlag je Einheit** | **Angebotspreise**

LV-Pos.	Text	Menge und Einheit	Lohn	Stoffe	Geräte	Fremd-leistung	Lohn + 25 %	Stoffe + 25 %	Geräte + 25 %	Fremdleistung + 25 %	Einheits-preis	Gesamt-preis
1	2	3	4	5	6	7	8	9	10	11	12	13
1.1	Baugrubenaushub	15 000 m³	1,38	0,21	1,15	-	1,72	0,26	1,44	-	3,42	51 300,00 €
1.2	Fundamentenaushub	320 m³	4,13	0,99	2,62	-	5,16	1,24	3,28	-	9,67	3 094,40 €
1.3	Abfuhr	15 320 m³				9,00	-	-	-	11,25	11,25	172 350,00 €
1.4	Trägerbohlwand	1 680 m³				200,00	-	-	-	250,00	250,00	420 000,00 €
										Angebotspreis der gesamten Bauleistung ohne Umsatzsteuer:		**646 744,40 €**

Abb. 15.4 Kalkulation einer Baugrubenerstellung

Abschn. 14.4 eingegangen wurde. Der Vollständigkeit halber wird sie aber an dieser Stelle erwähnt.

Der prozentuale Deckungsbeitrag errechnet sich zu:

$$\text{Deckungsbeitrag} = \frac{\text{Auftragssumme ./. Herstellkosten}}{\text{Auftragssumme}} \times 100.$$

Mit den vorgenannten Zahlen:

$$\text{Deckungsbeitrag} = \frac{646.744\,€ \text{ ./. } 562.332}{646.744} \times 100 = \frac{84.411}{646.744} \times 100 = 13\,\%.$$

Dieser Wert ist natürlich identisch mit dem in der Kalkulation in Teil B gewählten Zuschlagssatz für Allgemeine Geschäftskosten plus Gewinn, welcher auf die Auftragssumme bezogen ist.

15.2 Betriebsbezogene Planungen

Bei den betriebsbezogenen Planungen handelt es sich um:

- Planung der Gesamtleistung
  - Höhe der zukünftigen Bauleistungen, unterteilt nach Regionen.
  - Produktionsprogramm, z. B. unterteilt in Hoch-, Tief- und Spezialtiefbau.
- Kapazitätsplanung
  - technische Einsatzmittel,
  - personale Einsatzmittel.
- Kosten- und Ergebnisplanung
  - der einzelnen Kosten- bzw. Leistungsstellen,
  - der Organisationseinheiten des Betriebes, z. B. Niederlassungen, Gesamtbetrieb.

Eine Planungsrechnung kann aus verschiedenen Beweggründen heraus notwendig oder sinnvoll sein. In der Regel wird sie im Rahmen einer Neugründung, der jährlichen Vorausplanung im laufenden Betrieb und zur Ermittlung von Zuschlagsätzen für die Kalkulation erstellt. Auch im Zusammenhang mit der Unternehmensfinanzierung werden Planungsrechnungen als Nachweis der Bonität des Unternehmens bzw. der Tragfähigkeit des Geschäftsmodells gegenüber der Bank durchgeführt.

Bei der Neugründung muss dabei auf kalkulatorische Ansätze zurückgegriffen werden. Aufgrund der vorhandenen Historie kann bei der fortlaufenden Jahres- oder Mehrjahresplanung auch eine Fortschreibung der Kosten- und Leistungen erfolgen. Je nach gewünschter Genauigkeit, Detailtiefe und Transparenz lässt sie sich komprimiert auf Basis von Kennzahlen durchführen, oder über eine detaillierte kalkulatorische Bewertung, insbesondere von

15.2 Betriebsbezogene Planungen

- Zinsen,
- Abschreibungen,
- Löhnen und Gehältern,
- Mieten,
- Materialkosten,
- Gerätekosten,
- Risiko,
- Gewinn.

Ziel der Planung ist letztlich die Vorwegnahme bzw. Prognose des zukünftigen Geschäftserfolgs und der voraussichtlichen Geschäftsentwicklung mit einer akzeptablen Genauigkeit. Eine effiziente Planung ist dann erreicht, wenn der Planungsaufwand in einem wirtschaftlichen Verhältnis zu der, für die Zukunftsprognose erforderlichen Genauigkeit steht, vgl. Abb. 15.5.

Die Problematik kann auch analytisch über die „Statistische Versuchsplanung" gelöst werden, indem die Planungsparameter und ihr jeweiliger Einfluss auf die Genauigkeit des Planungsergebnisses überprüft werden. Letztlich werden nur solche Parameter für die Planung herangezogen, die signifikanten Einfluss auf das Planergebnis haben (vgl. z. B. Kleppmann 2013).

Eine effiziente Planung lässt sich bei etablierten Unternehmen ohne wesentliche Brüche in der Unternehmens- und Organisationsstruktur sowie stabilem Geschäftsmodell und konstanter Marktlage als Fortschreibung auf Basis des Vorjahres erledigen. Je nach Detaillierungsbedarf kann auf dem Detaillierungsgrad der Kostenarten oder Unterkostenarten, bedarfsweise bis auf Kontenebene heruntergebrochen, geplant werden. Um

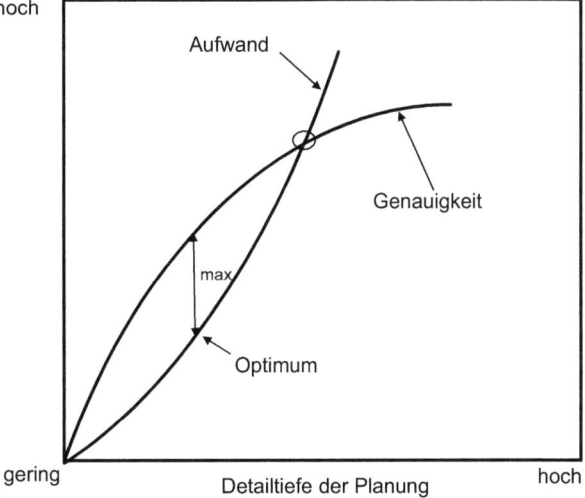

Abb. 15.5 Wirtschaftliche Planung im Spannungsfeld aus Aufwand und Genauigkeit

diese Planungen durchführen zu können, ist es sinnvoll, die Betriebsabrechnung der vergangenen Jahre zugrunde zu legen. Selbst eine langfristige strategische Unternehmensplanung muss im Zeitpunkt der Planung den Ist-Zustand einbeziehen, um sinnvolle Planungsschritte erarbeiten zu können.

In der Betriebsabrechnung sind ausgewiesen:

- Summe der Bauleistungen und die Bauleistungen der einzelnen Baustellen.
- Die Struktur und Höhe der Kosten des gesamten Betriebes.
- Die Struktur und Höhe der Verwaltungskosten.
- Die Kosten- und Leistungsstruktur der Hilfsbetriebe.
- Das Ergebnis je Baustelle.
- Das Betriebsergebnis aus der Summe aller Baustellen.

Anhand dieser Zahlen können die genannten betriebsbezogenen Planungen aufgebaut werden.

Planung der Gesamtleistung einschließlich des Produktionsprogramms
Die Summe der Bauleistungen ergibt die Gesamtleistung. Hier stellt sich für das Unternehmen die Frage, ob durch geeignete Marketing-Maßnahmen[1] eine Änderung angestrebt und/oder andere Betätigungsfelder erschlossen werden sollen.

Diese Überlegungen finden ihren Niederschlag im Bauleistungsplan. Dieser Plan beinhaltet die zeitliche Verteilung der in der Planperiode (zum Beispiel ein Jahr) voraussichtlich zu erbringenden Bauleistung und ggf. differenziert nach Bausparten und Niederlassungen. Für bereits erteilte Aufträge sind die Fertigstellungszeitpunkte bekannt. Für diese Aufträge kann die monatliche Bauleistung genügend genau ermittelt werden. Schwierig ist es, wenn zum Planungszeitpunkt nur ein Auftragsbestand für die Beschäftigung von nur wenigen Monaten vorliegt. Dann kann im Rahmen der Planungsrechnung auch die Bauleistung auf Basis der vorhandenen Kapazitäten (siehe Kapazitätsplanung) berechnet werden. Dazu lassen sich insbesondere die produktiven Jahres-Stunden des Baustellenpersonals verwenden. Aus der Historie kann dann die Leistung oder Wertschöpfung je produktiver Stunde herangezogen und mit den produktiven Stunden des Planjahrs multipliziert werden. Dazu muss aber geklärt werden, ob sich die planerisch angesetzten, produktiven Stunden auch am Markt absetzen lassen und abgeschätzt werden, inwieweit Folgeaufträge erwartet werden können. Hier können Erfahrungswerte in Bezug auf die Wettbewerbssituation und die Bauspartenentwicklung dienlich sein. Werden im Rahmen der Leistungsmeldung auch Prognosewerte über die Höhe der Leistung in den Folgemonaten angegeben, so können diese Werte als Forecast in den Bauleistungsplan einfließen.

---

[1] Vgl. hierzu die Ausführungen in Kap. 7 „Marketing".

15.2 Betriebsbezogene Planungen

Kapazitätsplanung

Im engen Zusammenhang mit der Bauleistungsplanung steht die Kapazitätsplanung, d. h. es muss ermittelt werden, inwieweit mit den im Betrieb vorhandenen Ressourcen die geplanten Bauleistungen erbracht werden können. Dies gilt zum einen für die technischen Ressourcen, also Geräte, Maschinen und Gegenstände der Betriebs- und Geschäftsausstattung. Die entsprechenden Überlegungen müssen im Rahmen der Investitionsplanung durchgeführt werden. Zum anderen gilt dies auch für die personalen Ressourcen. Gerade hier ist eine mittelfristige Personalplanung außerordentlich wichtig, da der Personalkostenanteil – in Abhängigkeit der Bausparte und dem Dienstleistungsanteil – weit über 50 % der Gesamtkosten des Bauprojektes betragen kann. Dieser hohe Personalkostenanteil verpflichtet die Unternehmen, insbesondere die Personalkapazitäten quantitativ und qualitativ richtig anzupassen. Die Möglichkeiten hierzu sind allerdings durch gesetzliche Rahmenbedingungen sehr stark eingeschränkt.

Hierzu zählen u. a.:

- Betriebsverfassungsgesetz,
- Kündigungsschutzgesetz,
- Arbeitszeitgesetz,
- Arbeitnehmerüberlassungsgesetz.

Bei der Investitions- und Personalplanung handelt es sich um mittel- und langfristige Entscheidungen, die unter Umständen hohe Fixkosten zur Folge haben. Um diese Fixkosten abdecken zu können, sind Anschlussaufträge von großer Bedeutung. Da die Auftragsvergabe in der Regel über den Mindestpreis geschieht, kann es dabei zu ruinösen Wettbewerben kommen. Dies kann u. a. zur Folge haben, dass sich gravierende Verschiebungen im Verhältnis von Eigenleistungen zu Fremdleistungen ergeben können und dies besonders dann, wenn am Markt kostengünstigere Fremdleistungen von ausländischen Anbietern vorhanden sind. Dieses muss beobachtet und bei der Kapazitätsplanung berücksichtigt werden.

Zuletzt sei noch einmal darauf hingewiesen, dass Abschreibungen und Verzinsung im internen und externen Rechnungswesen ggf. unterschiedlich bewertet werden und somit Unstimmigkeiten bei der Zusammenführung von betrieblichen Planungsdaten und den Ergebnissen der Finanzbuchführung auftreten können.

Im Rahmen der Kalkulation sollten Abschreibungen auf Maschinen zum Wiederbeschaffungswert berechnet werden, da z. B. Preissteigerungen und der technische Fortschritt zu bedenken sind. Die Zugrundelegung des historischen Anschaffungspreises schließt in der Regel die höheren Kosten einer Neuanschaffung nicht mit ein.

Um auch eine angemessene Verzinsung auf das eingesetzte Kapital (Investitionskosten) zu berücksichtigen, empfiehlt sich die Einbeziehung eines geeigneten Zinssatzes, der einen erheblichen Einfluss auf die kalkulatorischen Maschinenkosten hat. Üblicherweise wird zur Berechnung der kalkulatorischen Verzinsung ein moderater Zinssatz gewählt, der sich entweder an der Kapitalstruktur des Unternehmens oder an einem am Kapitalmarkt üblichen Zinssatz orientiert.

Bei der Berücksichtigung von kalkulatorischen Zinsen ist darauf zu achten, dass die Zinslast für das Unternehmen nicht doppelt berücksichtigt wird, da Finanzierungskosten im externen Rechnungswesen an anderer Stelle, nach Baukontenrahmen z. B. in Kontengruppe 76 aufgeführt werden. Darüber hinaus beinhaltet die kalkulatorische Verzinsung klassischerweise Anteile der Eigenkapitalverzinsung, die im externen Rechnungswesen nicht dargestellt bzw. über den Gewinn abgegolten wird. Somit ergibt sich die Gefahrt, dass kein realistisches Bild der Finanzsituation des Unternehmens konstruiert wird, speziell, wenn die kalkulatorisch unterstellte (Fremd-)Finanzierung nicht der realen Finanzierung entspricht. In der Praxis werden daher kalkulatorische Zinsen der Geräte oft nur zu (realen) Konditionen der Fremdfinanzierung in Abstimmung mit der Finanzabteilung bzw. Unternehmensfinanzierung angesetzt.

Kosten- und Ergebnisplanung
Ausgehend von der Planung der Gesamtleistung und des Produktionsprogramms kann die betriebsbezogene Kostenplanung erstellt werden. Dabei ist von den künftig zu erwartenden Bauleistungen auszugehen, die nach Möglichkeit in entsprechende Bausparten, Projektgruppen oder Geschäftsfelder (Kostenstellen) eingeteilt werden. Dies ist deshalb sinnvoll, weil die unterschiedlichen Bereiche auch unterschiedliche Kostenartenstrukturen haben. Liegt die geplante Bauleistung der einzelnen Sparten und die prozentuale Kostenartenstruktur je Sparte vor, dann können die Plankosten – unterteilt nach Personal-, Material-, Geräte- und Nachunternehmerkosten – eingetragen werden. Die Planung der Kosten der Verwaltung und der Hilfsbetriebe kann unmittelbar auf Vergangenheitswerte aufbauen. Die zukünftige Entwicklung von einzelnen Kostenarten ist aber in die Betrachtung mit einzubeziehen. Insbesondere bei Baustoffen kann es zu erheblichen Veränderungen kommen, die es bei der Kosten- und Ergebnisplanung zu berücksichtigen gilt. Sonstige Änderungen betreffen hier in aller Regel die Personalkosten, die aufgrund der Personalplanungen in die folgende Betriebsplanung übernommen werden können und die Gerätekosten in Abstimmung mit der Investitionsplanung (Abb. 15.6).

Im Rahmen der Ergebnisplanung müssen auch Zinskosten bewerten werden. Hintergrund dazu ist der Wunsch, auch die Kosten des eingesetzten Kapitals angemessen zu berücksichtigen.

Aus diesem Grund werden kalkulatorische Zinsen insbesondere im Gerätebereich (s. o.), aber auch für das sonstige betriebsnotwendige Vermögen berechnet, wie sonstiges Anlagevermögen (Betriebsstätten, Ausstattung, etc.) und betriebsnotwendiges Umlaufvermögen (z. B. Vorräte). Die Berücksichtigung kalkulatorischer Zinsen im Rahmen der Planung ist aber kritisch zu sehen. Um realistische Zinskosten ermitteln zu können, muss die Kenntnis der Finanzstruktur des Unternehmens vorausgesetzt werden. Zudem besteht

15.2 Betriebsbezogene Planungen

	Gesamt-Leistungs- und Kostenstruktur	davon Verwaltung	davon Hilfsbetriebe	davon Bausparten	
				Hochbau	Tiefbau
geschätzte Bauleistung:	2 200			1 900	300
Personalkosten (AP)	1 105	-	43	923	139
Personalkosten (TK)	110	90		20	
Materialkosten	495	13	52	410	20
Gerätekosten	77			65	12
Nachunternehmerleistungen	40			40	
Sonstige Kosten	143	130		8	5
Summe Kosten	**1 970**	**233**	**95**	**1 466**	**176**
Gesamtleistung des Betriebes	2 200	Leistungen der Bausparten		1 900	300
./. Gesamtkosten des Betriebes	./. 1 970	./. Kosten der Bausparten		./. 1 466	./. 176
= geplantes Betriebsergebnis	**230**	= Bausparten-Bruttoergebnis (Deckungsbeitrag)		434	124
		./. Anteilige Verwaltungskosten		./. 202	./. 31
		./. anteilige Hilfsbetriebskosten		./. 82	./. 13
		= Bausparten-Nettoergebnisse		**150**	**80**

Abb. 15.6 Beispiel einer Betriebsabrechnung mit Plandaten für das folgende Geschäftsjahr

die Gefahr von Doppelverrechnungen durch kalkulatorische Ansätze und eine unternehmensweite Finanzplanung an anderer Stelle.

Ein weiterer, wesentlicher Bewertungsunterschied innerhalb der Kosten- und Leistungsrechnung und der externen Unternehmensrechnung besteht in den Ansätzen für die Abschreibung. Die im externen Rechnungswesen bestehenden Rechtsgrundlagen dazu sind das deutsche Handelsrecht (§§ 253 bis 256 HGB) und das Steuerrecht (§ 7 EStG) mit den von der Finanzverwaltung herausgegebenen AfA-Tabellen. Für die Kosten- und Leistungsrechnung existieren keine verbindlichen Vorgaben. Üblicherweise orientieren sich die gewählten Abschreibungsdauern an der realistischen bzw. wirtschaftlichen Lebensdauer der Geräte und Maschinen sowie dem Anschaffungs- oder Wiederbeschaffungswert. In der Praxis, speziell der Kleinbetriebe, werden häufig die Ansätze aus den steuerlichen Rahmenbedingungen in die Betriebsabrechnung übernommen.

Inwieweit eine betriebsbezogene Ergebnisplanung sinnvoll – da realistisch – ist, kommt letztlich auf den Einzelfall und hier vor allem auf die Wettbewerbs- und die Konjunktursituation an. Die Leistung wird über den Markt durch Angebot und Nachfrage bestimmt. Ein Unternehmen hat daher primär die Kostenseite als Beeinflussungsgröße. Dies trifft ganz besonders auf die bauausführenden Unternehmen zu. Daher kann das Ergebnis nur bedingt direkt geplant werden. Selbstverständlich ist es auch möglich, die

Plandaten für die einzelnen Quartale nach dem vorstehenden Muster zu entwickeln. Insbesondere wird bei größeren und großen bauausführenden Unternehmen in der Praxis eine vierteljährige Prognose durchgeführt.

Für die Ermittlung von betriebsbezogenen Plandaten werden in kleinen Unternehmen häufig individuelle Betriebsrechnungen mit Programmen wie Microsoft Excel angefertigt. Bei der Verwendung spezieller Planungssoftware oder Branchensoftware mit integrierter Unternehmensplanung können über ein Enterprise-Resource-Planning-System (ERP-System) sämtliche in einem Unternehmen ablaufende Geschäftsprozesse über eine gemeinsame Datenbasis verbunden werden. Alle Daten werden damit in einem System vorgehalten, sodass die Planung auf den Strukturen und bestehenden Daten der Finanzbuchhaltung sowie der Kosten- und Leistungsrechnung aufbauen kann.

Ermittlung von Kalkulationszuschlägen
Als Grundlage für die Ermittlung von Kalkuationszuschlägen kommt der Planungsrechnung eine besondere Bedeutung zu. Dazu sind zunächst die zwei gängigen Kalkulationsverfahren zu unterscheiden.

- Kalkulation mit vorbestimmten Zuschlägen
- Kalkulation über die Endsumme

Auf die Details der Kalkulationsverfahren wird an dieser Stelle nicht eingegeangen, sondern auf das einschlägige Schrifttum verwiesen (Girmscheid et al. 2013; Horsch 2020). Wichtig in Zusammenhang mit den verschiedenen Vorgehensweisen ist hier nur die Art der Bezuschlagung. Bei der Kalkulation über die Endsumme wird zunächst ein globaler Zuschlag für die Allgemeinen Geschäftskosten (AGK) verwendet, die dann im Rahmen jeder einzelnen Projektkalkulation, gemeinsam mit den individuellen Baustellengemeinkosten (BGK) nach preispolitischen Gesichtspunkten auf die Kostenarten Lohn, Stoffe, Geräte, Nachunternehmer etc. verteilt werden. Bei der Kalkulation mit vorbestimmten Zuschlägen dagegen werden im Rahmen der Planungsrechnung bereits feste Zuschläge auf Lohn, Stoffe, Geräte, Nachunternehmer etc. festgelegt.

Das Verfahren der Endsummenkalkulation wird im wesentlichen von größeren Bauunternehmen mit Projekten von erheblichen Bauvolumina verwendet. Hier ist ein erhöhter Aufwand bei der Kalkulation und der projektindividuellen Preispolitik zu rechtfertigen. Kleinere Bauunternehmen mit sehr gleichmäßigen Kostenstrukturen, d. h. immer ähnlichem Material-, Personal- und Maschineneinsatz innerhalb der einzelnen, kleineren Projekte, verwenden dagegen in der Regel die Kalkulation mit vorbestimmten Zuschlägen. Teilweise werden dann auch alle Geräte den Gemeinkosten zugerechnet und

15.2 Betriebsbezogene Planungen

mittels fester Gemeinkostenzuschläge, gemeinsam mit den allgemeinen Geschäftskosten, auf die Einzelkosten aufgeschlagen.

Am Beispiel der obigen Betriebsabrechnung mit Plandaten ergibt sich folgender AGK-Zuschlag für die Endsummenkalkulation (Bezug Herstellkosten) der Hochbausparte. Dabei wird davon Ausgegangen, dass die Verwaltungskosten, wie auch die Kosten der Hilfsbetriebe über den Zuschlag umgelegt werden:

AGK = Anteilige Verwaltungskosten + Anteilige Hilfsbetriebskosten = 202 + 82 = 284

Summe Kosten (Herstellkosten) = 1466

AGK-Zuschlag auf die Herstellkosten = 284 / 1466 = 19,4 %

Analog wird für die Sparte Tiefbau vorgegeangen.

Bei der jeweiligen Kalkulation werden dann zunächst die ermittelten Herstellkosten, d. h. Einzelkosten und Baustellengemeinkosten, mit dem AGK-Zuschlag multipliziert. Das Ergbnis wird im nächsten Schritt zusammen mit den Baustellengemeinkosten gleichmäßig oder ungleichmäßig auf die verschiedenen Einzelkostenarten verteilt.

Im Rahmen der Kalkulation mit vorbestimmten Zuschlägen wird zunächst eine Verteilung der Gemeinkosten festgelegt. Häufig werden aus preispolitischen Gründen Material- bzw. Stoffkosten und Nachunternehmerleistungen weniger stark beaufschlagt. Einzelkostengeräte und insbesondere Personalkosten dagegen höher. In aller Regel werden dabei im ersten Schritt feste Zuschläge für die Kostenarten Material (Stoffe), Geräte und Nachunternehmer festgelegt. Die restlichen Gemeinkosten werden dann auf die Personalkosten (Lohn) umgelegt. Für die Sparte Tiefbau ergeben sich damit gemäß Abb. 15.6 beispielhaft folgende Zuschlagssätze:

Als feste Zuschläge werden 10% auf Material (Stoffe), 15 % auf Einzelkosten-Geräte und 5% auf Sonstige Kosten angenommen.

Daraus ergibt sich eine Umlage von insgesamt $20 \times 10\% + 12 \times 15\% + 5 \times 5\% = 4,05$.

Die restlichen Gemeinkosten sollen auf das Einzelkostenpersonal (Lohn) umgelegt werden. Die Restumlage beträgt demzufolge $44 - 4,05 = 39,95$.

Daraus ergibt sich der Zuschlag auf die Personalkosten (Lohn) in Höhe von $39,95 / 139 = 28,7\%$ (Tab. 15.1).

Tab. 15.1 Beispiel Zuschlagsermittlung mit vorbestimmten Zuschlägen für die Sparte Tiefbau

	Tiefbau	Zuschläge	Umlage
geschätzte Bauleistung	300		
Personalkosten (AP)	139	28,7 %	39,95
Personalkosten (TK)			
Materialkosten	20	10,0 %	2,0
Gerätekosten	12	15,0 %	1,8
Nachunternehmerleistungen			
Sonstige Kosten	5	5,0 %	0,25
Summe Kosten	176		
Bausparten Bruttoergebnis (Deckungsbeitrag)	124		
./. anteilige Verwaltungskosten	31		
./. anteilige Hilfsbetriebskosten	13		
Summe Gemeinkosten	44		44
Bausparten-Nettoergebnis	80		

Literatur

Albrecht, M.: Building Information Modeling (BIM) in der Planung von Bauleistungen, Disserta-Verlag, Hamburg, 2014

Bauer, H.: Baubetrieb, 3. Aufl. Springer-Verlag, Berlin, 2013

Beckmann, K. J.; Diederichst, C. J.; Katzenbach, R.; Zilch, K.: Bauwirtschaft und Baubetrieb, Springer Vieweg, Berlin, 2013

Berner, F.; Kochendörfer, B.; Schach, R.: Grundlagen der Baubetriebslehre 2, Baubetriebsplanung, 2. Aufl. Teubner, 2013

Borrmann, A.; König, M.; Koch, C.; Beetz, J. (Hrsg.): Building Information Modeling, Springer Fachmedien, Wiesbaden, 2021

von Both, P.; Koch, V.; Kindsvater, A.: BIM – Potentiale, Hemmnisse und Handlungsplan, Fraunhofer IRB Verlag, Stuttgart, 2013

Clausen, U.: Baulogistik – Konzepte für eine bessere Ver- und Entsorgung im Bauwesen, praxiswissen Fachverlag, München, 2006

Diederichs, C.J.; Malkwitz, A.: Bauwirtschaft und Baubetrieb, 3. Auflage, Springer Vieweg, 2020

Eastman, C.; Teicholz, P.; Sacks, R.; Liston, K.: Bim Handbook, 2. Aufl., Wiley + Sons, Hoboken, 2011

Gralla, M.: Baubetriebslehre Bauprozessmanagement, Werner Verlag, Köln, 2011

Greiner, P.; Mayer, P. E.; Stark, K.: Baubetriebslehre-Projektmanagement, 4. Aufl., Vieweg+Teubner, Wiesbaden, 2009

Girmscheid,G.; Motzko, C.; Kalkulation, Preisbildung und Controlling in der Bauwirtschaft, Springer Berlin Heidelberg. Berlin, Heidelberg, 2013

Hahn, D: Planung und Kontrolle als Führungsaufgaben in Bauunternehmen; in: Planung, Steuerung und Kontrolle im Bauunternehmen, Wibau-Verlag, Düsseldorf, 1987

Hahn, D./Laßmann, G. (Hrsg.): Produktionswirtschaft II. Controlling industrieller Produktion, Physica Verlag: Heidelberg 1999

Literatur

Hardin, B.; McCool, D.: BIM and Construction Management, 2. Aufl., Wiley + Sons, Hoboken, 2015

Haag, P.; Weissinger, M.; Jünger, H. C.: Construction Consolidation Centres für Baustellen im innerstädtischen Raum, in: Bauwirtschaft, Nr. 2, Wolters Kluwer, 2021

Horsch, J.; Kostenrechnung, Springer Fachmedien Wiesbaden, 2020

Kleppmann, W.: Versuchsplanung, Hanser-Verlag, Wien, 2013.

Kühn, G.: Handbuch Baubetrieb-Organisation-Betrieb-Maschinen, VDI-Verlag: Düsseldorf 1991,

Martin Fiedler, (2018) Springer Berlin Heidelberg. Berlin, Heidelberg. Lean Construction – Das Managementhandbuch.

Meinen, H.; Brinker, A.; BIM und der deutsche Baumarkt, Gesellschaft für Immobilienwirtschaftliche Forschung e. V., 2021

Motzel, E. (1998): Leistungsbewertung und Projektfortschritt. In: Projektmanagement-Fachmann. 4. Auflage. Hemsbach: Druck Partner Rübelmann.

Schmidt, N.: Wettbewerbsfaktor Baulogistik, Edition Logistik, Band 6, DVZ-Verlag, Hamburg, 2003

16 Durchführung des operativen Controlling und Risiko Controlling

Controlling ist auch in der Bauwirtschaft ein signifikanter Faktor der Wettbewerbs- und der Existenzsicherung. Wie existenzgefährdet die Unternehmen der Bauwirtschaft sind, wird kurz anhand dreier Faktoren für die bauausführenden Unternehmen gezeigt. Zunächst wird hierbei die durchschnittliche Eigenkapitalquote betrachtet. Sie gilt als eine der wichtigsten Kennzahlen zur Beurteilung der Solvenz von Unternehmen. Sie hat sich in den vergangenen Jahren zwar kontinuierlich verbessert, sodass sie nach Angaben des KfW-Mittelstandspanel 2019 bei gut 24 % liegt[1] (2002 befand sie sich bei unter 2 %). Im Vergleich liegt sie aber deutlich unter allen anderen Wirtschaftsbereichen. Die durchschnittliche Eigenkapitalquote des sonstigen verarbeitenden Gewerbes beträgt beispielsweise über 41 % (KfW 2020, S. 18). Ebenso ist die Anzahl der Insolvenzen im Baugewerbe ernst zu nehmen. Im Jahr 2018 war eine Insolvenzquote von 1,2 % im Bauhauptgewerbe zu verzeichnen. Im Verhältnis zu den Unternehmensinsolvenzen insgesamt ist sie damit doppelt so hoch (Statista 2021). Auch wenn sich die Zahlen in den zurückliegenden Boom-Jahren kontinuierlich verbessert haben, zeigt die Situation deutlich, dass es sich beim Bauen um ein risikoreiches Geschäft handelt. Das zeigt auch die Umsatzrendite der Bauunternehmen, die nach Branchenkennwerten der Sparkassen-Finanzgruppe über die letzten zehn Jahre im Hochbau mit über 6 % und im Tiefbau knapp 5 % im Mittel streut. Dabei rangiert der Zentralwert im Hochbau bei gut 5 % und im Tiefbau bei über 7 %. Negative Geschäftsergebnisse sind also, unabhängig von der generellen, konjunkturellen Entwicklung, ohne weiteres möglich. Insofern wird im Folgenden neben dem operativen Controlling auch ausführlich auf das Risikocontrolling eingegangen.

Was bedeutet nunmehr Controlling?

In der Literatur findet sich eine Vielzahl von Versuchen, den Begriff „Controlling" theoretisch exakt zu definieren. Jeder hat seine eigenen Vorstellungen darüber, was Controlling bedeutet oder bedeuten soll, nur jeder meint etwas anderes (Horváth 2015, S. 13 f.). Für die bauwirtschaftliche Unternehmen ist jedenfalls folgende Definition hilfreich. Controlling ist ein funktionsübergreifendes Steuerungsinstrument, das den unternehmerischen Entscheidungs- und Steuerungsprozess durch zielgerichtete Informationener- und -verarbeitung unterstützt. Controller sorgen dafür, dass ein wirtschaftliches Instrumentarium zur Verfügung steht, das vor allem durch systematische Planung und der damit notwendigen Kontrolle hilft, die aufgestellten Unternehmensziele zu erreichen (Preißler 1991, S. 12).

Damit umfasst das Controlling den gesamten Prozess der zielorientieren Planung, Kontrolle und Steuerung und beinhaltet im Einzelnen:

- Erarbeiten von Plan- und Istwerten.
- Feststellung von Abweichungen zwischen geplanten und eingetretenen Situationen.
- Eine sorgfältige Abweichungsanalyse.
- Soweit erforderlich müssen neue Planwerte erarbeitet werden.
- Festlegung von Maßnahmen zur Erreichung der neuen Planwerte.

Es kann sich auf alle Unternehmensbereiche erstrecken, wie Kosten und Erfolg, Finanzen, Investitionen, Beschaffung, Produktion, Logistik, Marketing, Informationsverarbeitung (vgl. Reichmann 2017).

Je nachdem, ob das Controlling zur Erreichung der Unternehmensziele oder der operativen Oberziele eingesetzt wird, kann man zwischen strategischem und operativem Controlling unterscheiden.

Ganz wesentlich ist, dass beim strategischen Controlling der Periodenzeitraum größer ist als beim operativen Controlling. Die Unternehmensstrategie sollte zumindest einmal im Jahr kritisch überprüft werden. Das operative Controlling hat hingegen andere Perioden-Zeiträume, z. B. monatliche oder quartalsweise Ermittlungen. Das Verständnis kann durch eine Gegenüberstellung der Begriffe und ihren Ausprägung in Abhängigkeit von Unterscheidungsmerkmalen verbessert werden. Das geschieht auf der folgenden Seite.

Trotz dieser Gegenüberstellung muss stets beachtet werden, dass strategisches und operatives Denken trotz allem eine Einheit bilden müssen. In der Praxis sind die beiden Fragen „Tun wir die richtigen Dinge?" (strategisch) und „Tun wir die Dinge richtig?" (operativ) nicht voneinander zu lösen.

So gesehen ist das Controlling als ein gegenwarts- und zukunftsorientiertes Steuerungsinstrument zu sehen, das sich deutlich an den Zielsetzungen des Unternehmens orientieren muss. Voraussetzung für ein gut funktionierendes Controlling ist der Aufbau entsprechender Informationssysteme (vgl. zu diesem Thema Hölkermann 2002).

In diesem Teil des Buches wird das operative Controlling dargestellt und zwar in Hinblick auf das Produktionscontrolling (bauprojektbezogenes Controlling) und das Kosten- und Erfolgscontrolling (betriebsbezogenes Controlling).

Als wesentlicher Unterschied der Bauproduktion in Einzelprojekten zu anderen industriellen Wirtschaftszweigen kann die instationäre Bauwerkserstellung gesehen werden.

Trotz vielfacher Vereinheitlichung und Standardisierung muss der Fertigungsprozess nach wie vor als individueller Vorgang verstanden werden. Er bringt im Vergleich zu anderen Produktionsprozessen verschiedene Unwägbarkeiten mit sich in Bezug auf

- unterschiedliche Bauvolumina,
- schwankende Erfolgskennzahlen,
- variable Produktionstermine und Ausführungszeiten,
- bedingt präzise Planbarkeit aufgrund von Einzelfertigung und Einzelaufträgen.

Aus diesem Grund hat das Controlling im Bauunternehmen eine komplexe Aufgabe zu lösen, wenn es um die Planung, Steuerung und Kontrolle, insbesondere des Neubaugeschäfts geht, vgl. Abb. 16.1.

Dabei spielt das Controlling des Einzelprojekts ebenso eine Rolle wie das Controlling der Gesamtheit aller Projekte. Das Controlling der Einzelprojekte kann im Wesentlichen periodenunabhängig erfolgen, wohingegen das unternehmensweite Controlling wenigstens einmal im Jahr im Rahmen des Jahresabschlusses periodengerecht durchgeführt werden muss. Insofern muss dann auch die Problematik der unfertigen Leistungen einbezogen werden.

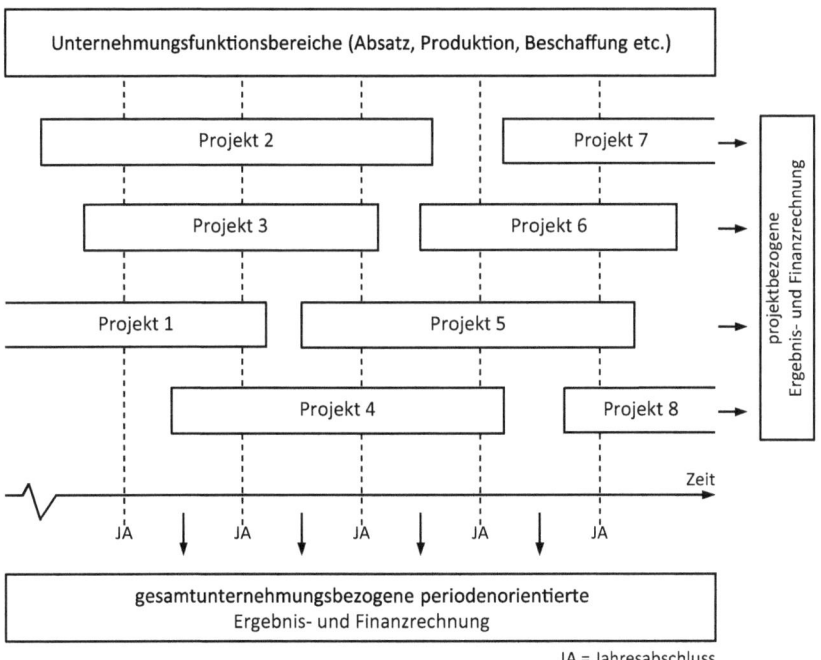

Abb. 16.1 Multiprojektcontrolling im Bauunternehmen. (Vgl. Lachnit 1994, S. 50)

Zur Kosten- und Erfolgskontrolle der Einzelprojekte genügen die aus der Baubetriebslehre bekannten Kalkulationsvarianten nach Auftragserteilung (Arbeits- und Nachkalkulation). Diese Instrumente können aber den periodenweisen Monats-, Quartals-, oder Jahresabschluss nicht ersetzen. Zur Erreichung eines rationellen Controllings sollte daher die Kostenarten- und Kostenstellenrechnung effektiv eingesetzt werden, wie in den kommenden Abschnitten gezeigt wird (Abb. 16.2).

16.1 Bauprojektbezogenes Controlling

Grundlage des bauprojektbezogenen Controllings ist die Gegenüberstellung von technischen und wirtschaftlichen Plan- und Ist-Zahlen während der Bauausführung.

Die genannten Planzahlen werden zunächst im Rahmen der Angebotskalkulation ermittelt. Vor der Auftragserteilung können Verhandlungen zwischen dem Auftraggeber und den potenziellen Auftragnehmern stattfinden. Verhandlungsgegenstände können u. a. sein:

- zusätzliche oder wegfallende Teilleistungen,
- Erarbeitung von Sondervorschlägen,
- Fragen der Preisgleitklauseln,
- Festlegung von Wahlpositionen,
- Preisnachlässe.

Die Ergebnisse der Vertragsverhandlungen werden in die Angebotskalkulation eingearbeitet und als Ergebnis entsteht die sog. Auftrags- bzw. Vertragskalkulation. Wird ein Controlling für ein Bauprojekt in Erwägung gezogen, dann muss auf der Grundlage der Auftrags- bzw. Vertragskalkulation eine Arbeitskalkulation erarbeitet werden.

„Die Arbeitskalkulation ist eine in Abstimmung zwischen der Arbeitsvorbereitung, der Bauleitung und der Oberbauleitung vorgenommene innerbetriebliche Weiterführung der Angebots- bzw. Auftragskalkulation und berücksichtigt:

- Veränderte Ausführungsmethoden und damit veränderte Kosten.
- Änderung der Nachunternehmerkosten, z. B. durch Vergabe von Leistungen an Nachunternehmer, die als Eigenleistungen kalkuliert sind und umgekehrt.
- Änderung der Baustoffkosten.
- Unterschiede in den vom Auftraggeber ausgeschriebenen und den in der eigenen Arbeitsvorbereitung ermittelten Mengenansätzen im Leistungsverzeichnis.
- Veränderungen in den ausgeschriebenen Positionen, z. B. Austausch von Hauptpositionen des LV durch Alternativpositionen.
- Ausführung von Eventualpositionen.
- Wegfall von Positionen.

16.1 Bauprojektbezogenes Controlling

Unterscheidungsmerkmal	Operatives Controlling	Strategisches Controlling
Betrachtungszeitraum	**Gegenwartsorientierung** Orientiert sich vor allem an gegenwarts- oder vergangenheitsorientierten Zahlen und Ergebnissen Der Zukunftsaspekt ist durch Definition des Planungshorizontes auf kurz- und mittelfristige Zahlen und Wertungen begrenzt. Arbeitet vor allem mit den Begriffen Kosten und Leistung	**Zukunftsorientierung** Orientiert sich an zukunftsorientierten Zahlen und Ergebnissen bzw. Interpretation der Ist-Werte für zukünftige Perioden Ist in zeitlicher Hinsicht nicht stark eingeengt, versucht auch langfristige Ergebnisse zu ermitteln und zu planen. Ersetzt die Begriffe Kosten und Leistungen durch Chancen und Risiken, d.h. zieht Fakten sowohl aus der Umwelt des Unternehmens heran, lange bevor sie sich in Kosten und Leistungen niederschlagen. Strategisches Controlling heißt systematisch zukünftige Chancen und Risiken zu erkennen und zu beachten.
Orientierung	**Interne Orientierung** Operatives Controlling baut weitgehend auf interne Informationsquellen, vor allem dem Rechnungswesen und hier besonders der Kosten- und Leistungsrechnung auf.	**Externe Orientierung** Strategisches Controlling berücksichtigt bewusst externe Entwicklungs- und Einflussfaktoren (gesellschaftspolitisches Umfeld)
Zielsetzung	**Sicherung der Zielsetzung** Die Realisation der aufgestellten und abgesteckten kurz- und mittelfristigen Ziele des Unternehmens.	**Sicherung der Existenz** Langfristige und nachhaltige Existenzsicherung durch strategische Zielsetzung

Abb. 16.2 Inhaltliche Gegenüberstellung von operativem und strategischem Controlling. (Preißler 1991, S. 15)

- Zusätzliche und geänderte Positionen.
- Bereinigung von Einflüssen der ‚Preispolitik' bei Erstellung der Angebotskalkulation" (Prange et al. 1995, S. 79).

In der Arbeitskalkulation werden also die Stunden- und Kostensätze verwendet, die sich unter dem Gesichtspunkt maximaler Wirtschaftlichkeit unter den vorhandenen Bedingungen ergeben, wobei alle neuen Erkenntnisse zur Erzielung einer optimalen Bauausführung zu berücksichtigen sind. Aus diesem Grunde könnte die Arbeitskalkulation auch als Plankostenrechnung nach Auftragsvergabe bezeichnet werden. Die Arbeitskalkulation ergibt zunächst die endgültigen Planzahlen vor Beginn der Bauausführung.

Unterstellt man aus Vereinfachungsgründen, dass in Bezug auf das gewählte einfache Beispiel keine Veränderungen durch Auftragsverhandlungen und keine Veränderungen durch die innerbetriebliche Weiterführung der Angebotskalkulation erfolgt sind, dann sind die im vorhergehenden Abschn. 15.1 „bauprojektbezogene Planungen" erarbeiteten Planunterlagen unmittelbar für das Controlling zu verwenden.

In diesem Zusammenhang wird noch auf ein spezielles Problem hingewiesen, nämlich auf das „Controlling beim Einsatz von Generalunternehmern bzw. beim Schlüsselfertigbau." Wie bereits dargestellt (vgl. Abschn. 3.1.3) übernimmt der Generalunternehmer vom Bauherr vertraglich sämtliche Bauleistungen (Schlüsselfertigbau/SF-Bau) und führt nur Teile der Bauleistungen z. B. Rohbauleistungen selber aus. Die anderen Bauleistungen (Gewerke) werden an Nachunternehmer vergeben.

Für die Preisfindung beim Schlüsselfertigbau gibt es mehrere Kalkulationsverfahren, die hier nur kurz erwähnt werden:

- Kalkulation mit Leitpositionen,
- Bauelementekalkulation,
- Kalkulation über Nutzungseinheiten,
- Kalkulation über Gewerke.

Soll bei einem Projekt „Schlüsselfertigbau" ein bauprojektbezogenes Controlling durchgeführt werden, dann ist es allerdings ratsam, die Kalkulation über Gewerke anzuwenden. „Die Kalkulation über Gewerke, d. h. gemäß einer Gewerkegliederung, ist die am meisten gebräuchliche Methode im SF-Bau.

Sie hat den großen Vorteil, dass sie der gewohnten Vergabe- und Ausführungsstruktur entspricht. So kann ein direkter Bezug zwischen Kalkulation, Ausschreibung der Nachunternehmer-Leistung, Kostenkontrolle (Budgetierung) und Rückkoppelung zwecks Datengewinnung hergestellt werden.

Es ist ratsam, eine einheitliche, detaillierte Gewerkegliederung zugrunde zu legen. Sie dient zur Übersicht und Auswahl der zu kalkulierenden Einzelgewerke für die Kostenzusammenstellung, die spätere Vergabe und Kostenkontrolle und zur Abwicklungsanalyse während und nach Abwicklung des Bauvorhabens.

Die Kalkulation wird im Einzelnen über zwei Wege beschritten:

- Kalkulation der einzelnen Gewerke über Gewerkekenngrößen,
- Kalkulation der einzelnen „Gewerke über Einzelausschreibungen" (Heine 1996, S. 293).

16.1.1 Stichtagsbezogene Gegenüberstellung der Plan- und Ist-Daten als Ausgangspunkt des Controlling

Während der Baudurchführung sind für bestimmte Zeitabschnitte – z. B. Monate oder Quartale – Vergleiche zwischen den Plandaten und den Ist-Daten durchzuführen. Um die Möglichkeit von Korrekturmaßnahmen nicht von vornherein stark zu beschränken, ist eine monatliche Gegenüberstellung sehr zu empfehlen. Diese Vergleiche betreffen zum einen die technischen Daten und zum anderen die wirtschaftlichen Daten. Die Gegenüberstellung der Plan- und Ist-Daten ist Ausgangspunkt des bauprojektbezogenen Controllings.

Wesentliche Grundlage des Controllings ist das Berichtswesen, mit welchem diese Ist-Daten gewonnen werden. Zum Berichtswesender Baustelle gehören:

- Tages- und Wochenstundenberichte,
- Maschinentagesberichte,
- Materialberichte,
- Versandscheine,
- Bautagebücher,
- Lieferscheine,
- Fahrberichte,
- Bedarfs-/Freimeldungen,
- Rechnung von Nachunternehmern.

Im Folgenden werden anhand des einfachen Beispiels die Gegenüberstellung der wichtigsten Plan- und Ist-Daten erläutert (Abb. 16.3).

Termin: Plan/Ist-Vergleich
Mit Ausnahme der Trägerbohlwand wurden zum Stichtag bereits mehr Leistungsmengen erbracht als im Terminplan vorgesehen waren. Das lässt darauf schließen, dass die geplanten Termine eingehalten werden.

LV-Position	Leistungsbeschreibung	Status	Gesamtleistung [E]	Leistungsmenge im Monat Mai	Leistungsmenge bis Vormonat	noch zu erbringende Leistungsmenge
1.1	Baugrubenaushub	Plan	15 000 m³	3 750 m³	7 875 m³	3 375 m³
		Ist		3 800 m³		
1.2	Fundamentaushub	Plan	320 m³			320 m³
		Ist				
1.3	Abfuhr	Plan	15 320 m³	3 563 m³	7 482 m³	4 275 m³
		Ist		3 800 m³		
1.4	Trägerbohlwand	Plan	1 680 m²	336 m²	1 344 m²	
		Ist		330 m²		

Abb. 16.3 Beispiel Gegenüberstellung von Plan- zu Ist-Leistungen per Stichtag

Stunden: Plan/Ist-Vergleich

Die Plandaten werden mit Hilfe der Arbeitskalkulation ermittelt. Dabei ist besonders darauf hinzuweisen, dass diese Arbeitskalkulation während der Bauzeit immer wieder aktualisiert werden muss. Das hängt damit zusammen, dass während der Bauzeit unter Umständen eine Reihe von Änderungen in Bezug auf die Leistungserstellung vorgenommen wird. Diese Änderungen können einmal auf Dispositionen des Auftraggebers und zum anderen auf Dispositionen des Auftragnehmers beruhen.

Einige Möglichkeiten solcher Änderungen werden in Stichworten genannt.

Dispositionen des Auftraggebers während der Bauzeit:

- Übernahme von Vertragsleistungen des Auftragnehmers durch den Auftraggeber (§ 2 Nr. 4 VOB/B).
- Änderungen des Bauentwurfs oder der Bauumstände durch Anordnungen des Auftraggebers (§ 2 Nr. 5 VOB/B).
- Nicht vorgesehene Leistungen (§ 2 Nr. 6 VOB/B).
- Kündigung bzw. Teilkündigung durch den Auftraggeber (§ 8 VOB/B).

Dispositionen des Auftragnehmers während der Bauzeit:

- Vergabe von Leistungen an Nachunternehmer, die als Eigenleistungen kalkuliert sind und umgekehrt.
- Verändertes Bauverfahren.
- Kündigung bzw. Teilkündigung nach § 9 VOB/B durch den Auftragnehmer.

Die genannten Änderungen bewirken, dass sich die Plandaten der Herstellkosten, der Leistungsmengen und damit auch das Planergebnis der Baustelle ändern. Aus Vereinfachungsgründen wird davon ausgegangen, dass bei dem vorliegenden, einfachen Beispiel während der Bauzeit keine Änderungen vorgenommen werden, sodass die vorliegende Arbeitskalkulation nicht verändert werden muss (Abb. 16.4).

Die Plankosten per Stichtag werden wie folgt ermittelt. Die Ist-Leistungsmengen werden in die Arbeitskalkulation eingetragen und durch die Bewertung mit den Plan-Ansätzen ergeben sich die entsprechenden Einzelkosten der Teilleistungen. Die Gemeinkosten müssen anhand von besonderen Baustellenberichten ermittelt und in das Kalkulationsblatt eingetragen werden. Mit der vorstehenden Arbeitskalkulation werden die Planstunden und die Plankosten per Stichtag ermittelt.

Es ergeben sich folgende Vergleiche:

Stunden: Plan/Ist-Vergleich

Aus der vorstehenden Arbeitskalkulation wurden folgende Plan-Stunden errechnet:

16.1 Bauprojektbezogenes Controlling

LV-Pos.	Text	Menge u. Einheit	Ansätze je Einheit					Ansätze je Position						
			Std.	Lohn Std. × ML 27,50 €/h	Stoffe	Geräte	Fremd-leistung	Std.	Lohn Std. × ML 27,50 €/h	Stoffe	allgemeine Kosten	Geräte	Fremd-leistung	Summe
1	2	3	4	5	6	7	8	9	10	11	12	13	14	15
Einzelkosten														
1.1	Baugrubenaushub	3 800m³	0,05	1,38	0,21	1,15	-	190,00	5.225,00	798,00	-	4.370,00	-	10.393,00
1.2	Fundamentaushub		0,15	4,13	0,99	2,62	-							-
1.3	Abfuhr	3 800m³					9,00						34.200,00	34.200,00
1.4	Trägerbohlwand	330m³					200,00						66.000,00	66.000,00
	Summe Plan-Einzelkosten der Teilleistungen								5.225,00	798,00	-	4.370,00	100.200,00	110.593,00
	Plan-Gemeinkosten zum Stichtag							40,00	1.100,00	605,00	8.150,00	5.090,00	-	14.945,00
	Plan-Herstellkosten								6.325,00	1.403,00	8.150,00	9.460,00	100.200,00	125.538,00

Abb. 16.4 Plan-Stunden und Plan-Kosten für die Baugrubenerstellung mit Hilfe der Ist-Leistungsmengen und auf der Grundlage der Arbeitskalkulation per Stichtag

- Baugrubenaushub: 190 h
- Gemeinkostenstunden: 40 h

Werden als Bezugseinheit des Vergleiches zwischen Plan- und Ist-Stunden die einzelnen Arbeitsvorgänge gewählt, dann ist zu bedenken, dass die Positionen des Leistungsverzeichnisses in aller Regel nicht genau den Arbeitsabläufen entsprechen. Aus diesem Grunde ist es notwendig, dass die Positionen des Leistungsverzeichnisses in ein Arbeitsverzeichnis mit einem entsprechenden Bauarbeitschlüssel (BAS) umgegliedert werden. In der Praxis existieren sehr detaillierte BAS-Listen. Die Ist-Stunden werden den täglichen Lohnberichten entnommen, die zur Berechnung der Löhne für die gewerblichen Arbeitskräfte erstellt werden. In diese Lohnberichte wird eingetragen, welche Arbeitskraft wie viele Stunden gearbeitet hat. Werden diese Lohnberichte mit der BAS-Liste kombiniert, dann lässt sich jederzeit aus der Lohnberichtserstattung ersehen, wie viele Stunden insgesamt für eine bestimmte Tätigkeit angefallen sind.

Durch diese Arbeitsweise kann zwar eine detaillierte Ist-Stunden-Aufteilung durch entsprechende Stundenaufschreibungen erarbeitet werden, viel schwieriger dürfte es jedoch sein, eine gleich detaillierte Soll-Stunden-Aufteilung zu ermitteln, damit eine sinnvolle Gegenüberstellung gewährleistet ist.

„Und selbst wenn dies möglich wäre, bleibt die Frage, ob diese detaillierte Gegenüberstellung von Soll-Stunden zu Ist-Stunden den Zweck der Baustellensteuerung erfüllt, nämlich anhand von Abweichungsinformationen gegebenenfalls Steuerungsmaßnahmen ergreifen zu können" (Prange et al. 1995, S. 152 f.).

Besonders auch im Bereich der Stunden-Soll-Ist-Vergleiche ist es deshalb sinnvoll, die Baustellensteuerung mit Hilfe globaler Vergleichswerte durchzuführen. Dies kann am ehesten durch eine Beschränkung von Gegenüberstellungen von Soll- und Ist-Zahlen auf die wichtigsten Tätigkeiten geschehen. Dies hat vor allen Dingen seinen Grund in den großen Schwierigkeiten, die sich bei der Zuordnung der angefallenen Ist-Stunden zu den Tätigkeiten ergeben. Für die Ermittlung von Erfahrungswerten für die Kalkulation sollten gegebenenfalls gesonderte und gezielte Zeitmessungen vorgenommen werden.

Für das folgende Beispiel ist ein einfacher Stundenbericht notwendig, welcher die Stunden für den Baugrubenaushub, den Fundamentaushub und für die Gemeinkostenstunden ausweist.

Die Stundenberichte für die Beispiel-Baustelle haben ergeben:

- Ist-Stunden für Baugrubenaushub: 210 h
- Ist-Stunden im Gemeinkostenbereich: 70 h

Damit ergibt sich die Gegenüberstellung in Abb. 16.5.

Die Gegenüberstellung zeigt, dass bis zum Stichtag mehr Stunden benötigt wurden, als in der Arbeitskalkulation vorgesehen waren.

16.1 Bauprojektbezogenes Controlling

	Planstunden	Iststunden	Differenz
Baugrubenaushub	190	210	20
Gemeinkosten - Stunden	40	70	30

Abb. 16.5 Beispiel einer Gegenüberstellung von Plan- und Ist-Stunden

Kostenarten: Plan/Ist-Vergleich
Die Planzahlen werden aus der vorstehenden Arbeitskalkulation entnommen. Die entsprechenden Ist-Kosten werden aus der Betriebsabrechnung entnommen und gegebenenfalls entsprechend den Aussagen in Abschn. 14.2.2 „Probleme der Ergebnisrechnung" ergänzt. Damit ergibt sich für das Beispiel die Gegenüberstellung der Plan- und Ist-Kosten in Abb. 16.6.

Die Plan/Ist-Abweichung bei den Lohnkosten ist mit ca. 10 % relativ hoch. Diese Abweichung kann entweder nur auf der gezeigten Stunden-Plan/Ist-Abweichung beruhen oder es kann auch eine zusätzliche Abweichung des Mittellohnes vorliegen. Ob eine Mittellohn-Plan/Ist-Abweichung vorliegt, wird wie folgt errechnet.

Der Plan-Mittellohn ist 27,50 €/h. Der Ist-Mittellohn ergibt sich wie folgt:

$$\frac{\text{Ist-Lohnkosten}}{\text{Ist-Lohnstunden}} = \frac{7700\,€}{280\,\text{h}} = 27,50\,€/\text{h}.$$

d. h. beim Mittellohn liegt keine Abweichung vor und die Lohnkostenabweichung ist daher durch die Stundenabweichung verursacht.

Bei den anderen Kostenarten sind nur geringfügige Plan/Ist-Abweichungen festzustellen. Wären diese Abweichungen allerdings oberhalb der festgesetzten Toleranzgrenze, dann müssten für die jeweilige Kostenarten-Abweichung auf der Baustelle zusätzliche Ermittlungen durchgeführt werden. So ließe sich beispielsweise bei der Kostenart „Stoffe"

	Ist	Plan	Differenz
Lohnkosten	7.700,00 €	6.325,00 €	-1.375,00 €
Stoffe	1.445,00 €	1.403,00 €	-42,00 €
Allgemeine Kosten	8.300,00 €	8.150,00 €	-150,00 €
Geräte	9.355,00 €	9.460,00 €	105,00 €
Fremdleistungen	100.200,00 €	100.200,00 €	0,00 €
Summe	**127.000,00 €**	**125.538,00 €**	**-1.462,00 €**

Abb. 16.6 Beispiel einer Gegenüberstellung von Plan- und Ist-Stunden

feststellen, dass die Beschaffungspreise höher liegen als sie in der Arbeitskalkulation angenommen wurden.

Ergebnis der Baustelle: Plan/Ist-Vergleich
Ist-Ergebnis der Baustelle = Ist-Leistung ./. Ist-Kosten der Baustelle

Die Ist-Leistung errechnet sich aufgrund der Leistungsmeldung siehe Abb. 16.7.
Diese Ist-Leistung ist gleichzeitig auch die Plan-Leistung, da keine Änderungen der Einheitspreise vorliegen.

$$\begin{aligned}
\text{Planergebnis} &= \text{Planleistung ./. Plankosten} \\
&= 138.246\,€ \quad ./.\ 125.538\,€ \quad = 12.709\,€ \\
\text{Ist-Ergebnis} &= \text{Ist-Leistung ./. Ist-Kosten} \\
&= 138.246\,€ \quad ./.\ 127.000\,€ \quad = 11.246\,€ \\
\text{Differenz:} &= \text{Planergebnis ./. Ist-Ergebnis} = 1462\,€
\end{aligned}$$

Abschließend zu diesem Thema wird in Abb. 16.8 gezeigt, welche die einzelnen Arbeitsschritte und Zuständigkeiten bei der Ermittlung der Abweichungen zwischen Plan- und Ist-Kosten sind.

Darüber hinaus wird nochmals auf das spezielle Problem der Gegenüberstellung von Plan- und Ist-Daten beim Einsatz von Generalunternehmern bzw. beim Schlüsselfertigbau eingegangen. In Bezug auf das Controlling muss bedacht werden, dass im Gegensatz zum klassischen, bauausführenden Unternehmen beim Generalunternehmer die Erbringung der Bauleistung nur noch zu einem geringeren Teil als Eigenleistung besteht.

Dementsprechend ist es sinnvoll, folgende Controllingschritte durchzuführen.

- „Kosten-Leistungs-Vergleich zur Ermittlung des periodischen Baustellenergebnisses.
- Fremdleistungskosten-Soll-Ist-Vergleich nach Gewerken ab Vergabe von Fremdleistungen.
- Kosten-Soll-Ist-Vergleich der eigenen relevanten Kostenarten (Lohn und Gehalt, Material, Geräte etc.) ab Baubeginn" (Heine 1996, S. 302).

Pos.	Bezeichnung	Menge	Einheitspreis	Gesamtpreis
1.1	Baugrubenaushub	3 800 m³	3.42 €	12 996 €
1.2	Fundamentaushub	-	-	-
1.3	Abfuhr	3 800 m³	11.25 €	42 750 €
1.4	Trägerbohlwand	330 m²	250.00 €	82 500 €
	Leistung per Stichtag netto:			**138 246 €**

Abb. 16.7 Beispiel einer Leistungsermittlung per Stichtag

16.1 Bauprojektbezogenes Controlling

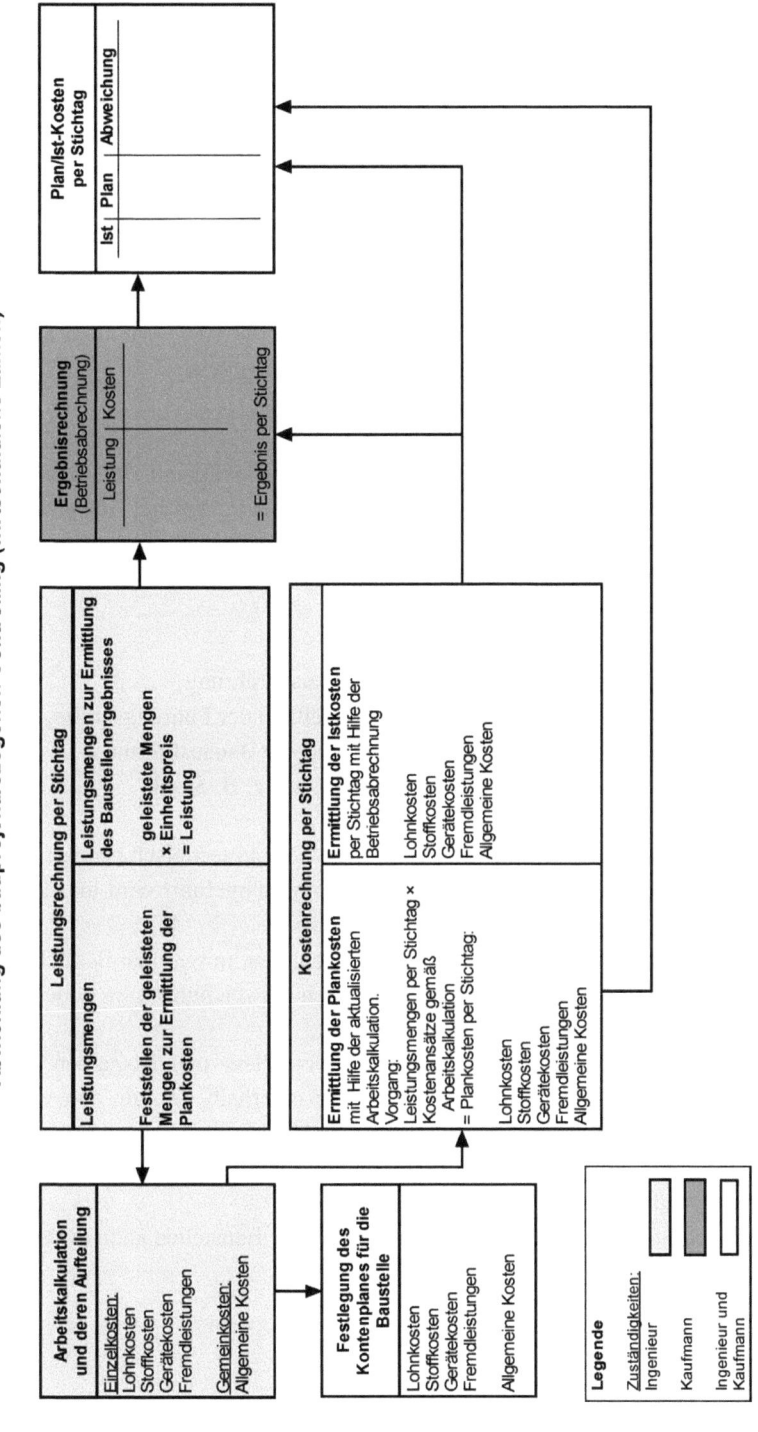

Abb. 16.8 Systematik der Abwicklung des bauprojektbezogenen Controlling (wirtschaftliche Zahlen)

Der grundlegende Unterschied besteht also in der Kontrolle von Eigen- und Fremdleistung. Dabei ist zu bedenken, dass bei den Eigenleistungen alle Risiken beim Generalunternehmer liegen, während bei den Fremdleistungen die Risiken von den Nachunternehmern zu tragen sind.

„Eine Kostenkontrolle der Fremdleistungen als Voraussetzung zur Kostensteuerung muss mit Erstellung der Leistungsverzeichnisse bzw. mit Vergabe der ersten Fremdgewerke beginnen. Sind alle Fremdgewerke vergeben, entfällt bei sorgfältiger Ausschreibung und Vergabe das Kostenrisiko. […] Kostenkontrolle ist hier im wesentlichen Vergabekontrolle" (Heine 1996, S. 301).

16.1.2 Abweichungsanalyse und Festlegung von Steuerungsmaßnahmen

Im vorstehenden Abschnitt wurde dargestellt, dass während der Bauausführung eine Reihe von Plan-Ist-Abweichungen eintreten können. Solche Abweichungen können auch durch Faktoren beeinflusst sein, die entweder gar nicht oder nur sehr schwer durch Gegenmaßnahmen korrigiert werden können, wie z. B.:

- Witterungseinflüsse,
- unvorhersehbare Schwierigkeiten bei der Bauausführung,
- Qualität des eingesetzten Personals einschließlich der Führungskräfte,
- Insolvenzen von Nachunternehmern während der Bauausführung,
- Arbeitsverzögerungen durch höhere Gewalt, wie z. B. Streik.

Andere Abweichungen sind in aller Regel vorwiegend technisch bedingt, sodass die Abweichungsanalyse vorwiegend von Ingenieuren durchgeführt wird und Kaufleute nur in beschränktem Umfang helfen können.

Im Folgenden wird nur stichwortartig festgehalten, in welchen Bereichen – außer den bereits genannten – aufgrund welcher Ursachen Abweichungen zwischen Plan- und Istwerten eintreten können.

Ergeben sich bei der Gegenüberstellung von Plan- und Ist-Zahlen Abweichungen, dann ist zunächst festzustellen, ob sich diese innerhalb der von den verantwortlichen Aufgabenträgern festgelegten Toleranzgrenzen befinden. Ist die Abweichung größer, dann sind Abweichungsanalysen durchzuführen und – wenn irgend möglich – Steuerungsmaßnahmen einzuleiten.

„Bei den Steuerungsmaßnahmen im Bereich der Baustellen kann differenziert werden zwischen:

- kurzfristigen Steuerungsmaßnahmen, die für laufende Baustellen aus Soll-Ist-Abweichungen abgeleitet werden können und
- langfristigen Steuerungsmaßnahmen in Form von Erkenntnissen für zukünftige Bauaufträge, die aus der Analyse über die Auswirkungen von Änderungen gegenüber der Arbeitskalkulation gewonnen werden können.

Die kurzfristigen Steuerungsmaßnahmen beziehen sich also immer auf Soll-Ist-Abweichungen auf einer Baustelle, d. h. es sind die nach einer Abweichungsanalyse offenbar gewordenen Ursachen möglichst umgehend abzustellen.

Die dazu erforderlichen Maßnahmen können von einer verbesserten Arbeitsvorbereitung mit detaillierten Bauablaufplänen und einer verbesserten Baustellenorganisation und -logistik bis zum Austausch der Bauleitung und Baustellenbelegschaft oder Teilen davon reichen" (Walter 1992, S. 212 f.).

Die Möglichkeiten von Soll-Ist-Abweichungen sind sehr vielfältig. Eine Strukturierte Auflistung kann hilfreich bei der korrekten Erfassung dieser Abweichungen sein. Vor diesen Hintergrund ist eine Alternative in Abb. 16.9 dargestellt.

Oftmals können auch externe Gründe die Ursache für Abweichungen bezüglich der Plan- und Istzahlen sein auf die an dieser Stelle explizit hingewiesen wird. Dies gilt z. B. für Änderungen der Leistungen oder der Bauumstände durch den Bauherrn, Behinderungen etc. In diesem Fall müssen unter Umständen bauvertragsrechtliche Schritte eingeleitet werden. Zu diesem komplexen Bereich wird auf die entsprechende Fachliteratur verwiesen (z. B. Kapellmann und Schiffers 2017; Vygen et al. 2015). Alternativ dazu werden immer häufiger alternative Verfahren der Streitbeilegung bzw. der kooperativen Projektabwicklung herangezogen (zu diesem Themenkomplex siehe zum Beispiel Hammacher 2018). Daneben können viele umwelt-, betriebs- und projektbezogene Risiken einen mehr oder weniger großen Einfluss auf den Projekterfolg haben. Sie können im Rahmen des Risikocontrollings bearbeitet und berücksichtigt werden, wie in Abschnitt 16.4 beschrieben wird.

Langfristige Steuerungsmaßnahmen können in organisatorischer Hinsicht auch aus Rückmeldungen zu den Kostenauswirkungen von Kalkulationsfehlern oder dem Erfolg alternativer Ausführungsmethoden abgeleitet werden. Auf diese Weise wird auch gleichzeitig ein Beitrag für den Informationsrückfluss im Gesamtbetrieb geleistet, sodass in Zukunft eventuell Fehler vermieden werden können (Stichworte in diesem Zusammenhang sind Wissensmanagement, Vorschlagswesen, Informations- und Kommunikationsmanagement).

16.1.3 Prognose

„Aufbauend auf der zuvor beschriebenen Plan-Rechnung sowie der monatlichen Ergebnisrechnung einschließlich des Plan/Ist- Vergleiches zum Stichtag, verlangt das Controlling vom Baustellenmanagement insbesondere eine permanente Sicht auf das Projekt-

Arbeitsabläufe
- Gruppenstärke
- Geräte- und Fahrzeugeinsatz
- Abstimmung von Arbeitsketten
- Schalungssystem
- Verbausystem
- Einsatz von Fertigteilen
- Zwischentransporte
- Kleinere Nebenarbeiten mitziehen
- Geräte- und lohnintensive Arbeiten

Vertragsunterlagen
- Vertragslücken
- Mengenänderung
- Leistungen entfallen
- Zusatzleistungen
- Erschwernisse
- Unvorhergesehene Ereignisse
- Wegfall der Vertragsgrundlage
- Einwirkung durch Dritte/Anlieger
- Einwirkung durch Vorunternehmer

Nachunternehmer
- Zwischentermine
- Baustellenbelegung
- endfertige Leistungen
- Qualität

Lieferanten, Mietgeräte, Miet-LkW
- Termine
- Leistung
- Qualität

Technologien
- Sicherheitsvorschriften
- Qualität
- Maßgenauigkeit

Material
- Qualität
- Eignung
- Preis

Mitarbeiterbereich
- Qualifikation
- Betriebsklima
- Informationsfluss
- Zusammenarbeit
- Identifikation
- Einsatzbereitschaft

Aufbau-/Ablauforganisation
- Aufgaben
- Zuständigkeiten
- Organigramm
- Stellenbeschreibungen
- Infofluss gewährleistet?
- Planung und Disposition i.O.?
- Versorgungsbereich i.O.?

Abb. 16.9 Auflistung der Möglichkeiten von Soll-Ist-Abweichungen. (Zentralverband des Deutschen Baugewerbes 1995, Abschnitt XI/S. 14)

ende in Form von Prognose-Werten. Ziel dieser Betrachtung muss es sein, alle sich abzeichnenden Informationen, die sich (künftig) auf die Herstellkosten, das Ergebnis und die Leistung zum Bauende auswirken, möglichst frühzeitig transparent v machen und offenzulegen. Beispiele hierfür sind eingetretene und erwartete Kostenänderungen für Nachunternehmerleistungen, Materialeinkäufe, Geräteeinsätze, Löhne, Leistungs- v und Aufwandswerte sowie gestellte und erwartete Nachträge von Nachunternehmern.

16.1 Bauprojektbezogenes Controlling

Gleichzeitig sind selbstverständlich auch positiv ergebniswirksame Umstände, wie z. B. offene, aber zu realisierende Nachträge gegenüber dem Auftraggeber (Erlösänderungen) einzurechnen. Somit ist die Prognosekalkulation dynamisch fortzuschreiben, wobei alle realisierten, aber auch zukünftig erwarteten Werte eingearbeitet werden müssen. Mithin hat die Prognosesicht die Aufgabe, die Situation der Baustelle, bezogen auf das Projektende, zahlenmäßig möglichst frühzeitig abzubilden, um so auftretende Fehlentwicklungen möglichst frühzeitig entgegenzuwirken" (Danielzik et al. 1998, S. 49).

Werden die Prognosewerte berücksichtigt, dann errechnet sich das zum Bauende erwartete prozentuale Baustellenendergebnis wie folgt:

$$\text{voraus. Baustellenendergebnis} = \frac{\text{voraus. Endauftragssumme ./. voraus. Endherstellkosten}}{\text{voraus. Endauftragssumme}} \times 100.$$

Wird dieser Prozentsatz mit dem kalkulierten Zuschlagssatz für Allgemeine Geschäftskosten plus Gewinn – bezogen auf die Auftragssumme – verglichen, dann erhält man die voraussichtliche Abweichung zwischen dem geplanten und dem erzielten prozentualen Ergebnis. Weicht das Prognoseergebnis zunehmend vom Planergebnis ab, dann sind wiederum auf der Grundlage von Abweichungsanalysen die erforderlichen Gegenmaßnahmen einzuleiten.

16.1.4 Ende der Bauzeit

Die Gegenüberstellung der Planzahlen und Ist-Zahlen zum Ende der Bauausführung ergibt die notwendigen Informationen für zukünftige Kalkulationen. „Als weitere wichtige Aufgabe des Baustellen-Controlling gilt die Lieferung von Ist-Werten für Vorgabezeiten und Kosten zum Zweck der ständigen Anpassung für zukünftige Kalkulationen. Mit dieser Servicefunktion soll erreicht werden, dass zukünftige Kalkulationen genauer und somit realitätsnäher werden, was wiederum zu besseren Prognosen und einer größeren Sicherheit bei der Preisbeurteilung führt. Die Verbesserung der Kalkulationswerte kann nur schrittweise erfolgen. Mit jedem ausgewerteten Auftrag werden neue Werte geliefert, die sich mit zunehmender Anzahl der Aufträge den ‚richtigen' Werten annähern. Dieser statistische Effekt gleicht einem Herantasten an die tatsächlichen Vorgabezeiten und Kosten" (Talaj 1993, S. 173 f.).

Eine weitere wichtige Voraussetzung für diese Funktion des Baustellencontrollings ist die Abstimmung der Berichterstattung mit der Angebots- bzw. Ausführungskalkulation. Als Beispiel wird hier das Einschalen von Decke und Unterzug genannt, das im Berichtswesen oft zusammengefasst und in der Vorkalkulation getrennt ausgewiesen wird. Erst eine exakte Abstimmung zwischen Berichterstattung und Ausführungskalkulation gewährleistet eine sinnvolle Sammlung von Erfahrungswerten.

16.2 Betriebsbezogenes Controlling

16.2.1 Stichtagsbezogene Gegenüberstellung der betriebsbezogenen Plan- und Ist-Daten

Im Abschn. 15.2 „betriebsbezogene Planungen" wurde ein Beispiel einer Betriebsabrechnung mit Plandaten erarbeitet. Diese Planungsrechnung wurde allerdings nach etwas anderen Gesichtspunkten als die Struktur der Istdaten der Betriebsabrechnung zusammengestellt. Die Darstellung der IST-Daten enthält mehr Informationen, welche z. B. die einzelnen Hilfsbetriebe und die einzelnen Baustellen betreffen.

Für die stichtagsbezogene Gegenüberstellung (z. B. pro Quartal) der Plan- und Ist-Daten müssen die Ist-Zahlen entsprechend den Planzahlen zusammengefasst werden. Dadurch wird die erforderliche Gegenüberstellung der Plan- und Istdaten ermöglicht. Durch den Aufbau der sogenannten Betriebswirtschaftlichen Auswertung (BWA) werden also die Bereiche festgelegt, bei denen aufgrund von Abweichungsanalysen eventuelle Korrekturmaßnahmen durchgeführt werden können bzw. durchgeführt werden müssen.

Je nach Unternehmensgröße und Projektstruktur ergeben sich mehrere Verdichtungsebenen für den Projekt- bis hin zum Unternehmenserfolg. Beispielsweise müssen Projektgruppen zunächst geschäftsbereichsbezogen, dann Niederlassungsbezogen und zuletzt Unternehmensweit aggregiert werden.

Innerhalb der Aggregationsebenen muss über eine sinnvolle Gruppierung von Projekten in der Kostenstellenrechnung entschieden werden, die üblicherweise mit Blick auf Umsatzgröße, Wichtigkeit, Risiko oder Komplexität der jeweils in einer Kostenstelle zusammengefassten Einzelprojekte erfolgt (Abb. 16.10), siehe hierzu auch die Ausführungen in Abschn. 14.2.1.1.

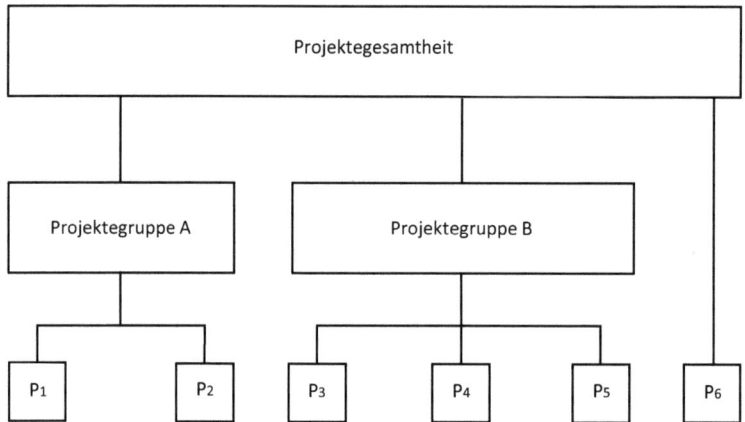

Abb. 16.10 Bildung von Projektgruppen für ein zielgerichtetes Controlling. (Vgl. Lachnit 1994)

16.2 Betriebsbezogenes Controlling

Die Form der Erfolgsrechnung richtet sich an mehreren Faktoren aus, die das Controlling möglichst effektiv zusammenführen muss. Sie hängen im Wesentlichen vom Berichtsfokus, d. h. von den Interessen der Empfängergruppen ab (Bereichs-/Niederlassungsleitung, Geschäftsführung/Vorstand, Aufsichtsgremien, externe Gruppen, wie Finanzinstitute, Aktionäre/Gesellschafter etc.).

- Konformität mit den gesetzlichen Rahmenbedingungen und Rechnungslegungsvorschriften (HGB, IAS, Steuerrecht, …).
- Transparenz der Kostenartenstruktur nach betrieblichen Belangen.
- Transparenz nach Geschäftsbereichen bzw. Cost- und Profitcentern.
- Transparenz über den Projekterfolg.
- Informationen zur Produktivität, um Fehlentwicklungen vorzubeugen.
- Funktionalität der Verrechnung- bzw. Betriebsabrechnung.
- Schneller Überblick über Deckungsbeiträge und Ergebnisse.

Anhand der oben genannten Erfordernisse wird deutlich, dass für das Kosten- und Erfolgscontrolling eine Zusammenführung von Aspekten des externen und internen Rechnungswesens erforderlich wird. Die Verwendung der, beispielsweise durch § 275, Abs. 2–4 HGB vorgegebenen Struktur ist für das Bauunternehmen nicht ausreichend, da die betrieblichen Belange nicht genügend dargestellt werden können. Wie in Abschn. 14.2.1.1 gezeigt, wird in der Kosten- und Leistungsrechnung daher eine Kostenartengliederung nach internen Erfordernissen mit einem korrespondierenden Kontenrahmen verwendet.

In der Praxis, speziell der kleinen und mittleren Baubetriebe zeigt sich jedoch, dass sich die vorgeschlagene Struktur nicht ohne einen gewissen Aufwand realisieren lässt, denn sie erfordert die Einrichtung einer Betriebsbuchführung und eine entsprechende Abgrenzungsrechnung zwischen Finanzbuchführung (Jahresabschluss) und Betriebsbuchführung (Baubetriebsrechnung). Zudem führt die Erfolgsrechnung mit Fokus auf das externe bzw. interne Rechnungswesen zu unterschiedlichen Ergebnissen. Kleinere Betriebe sind stärker am steuerlichen Abschluss mit den entsprechenden Zahlungserfordernissen orientiert. Insofern hat sich in der Praxis eine Art der betriebswirtschaftlichen Auswertung etabliert, die einerseits eine betrieblich sinnvolle Kostenartstrukturierung aufgreift und andererseits lediglich die Datengrundlage der Finanzbuchführung verwendet. Dazu gehört beispielsweise, dass nicht mit kalkulatorischen Ansätzen für die Abschreibung, sondern mit den steuerlichen Randbedingungen gearbeitet wird. Dies gilt gleichermaßen für die kalkulatorische Verzinsung oder kalkulatorische Löhne, die keine Berücksichtigung finden. Die Vorgehensweise bringt allerdings auch Probleme mit sich, da z. B. Verrechnungssätze für Einzelkostengeräte auf Basis von betrieblich sinnvollen Nutzungsdauern und ggf. dem Wiederbeschaffungswert errechnet werden. Kalkulation und betriebswirtschaftliche Auswertung harmonieren dann nicht mehr miteinander bzw. Werte aus der Betriebswirtschaftlichen Auswertung können nicht zur Bestimmung von Kalkulationsparametern genutzt werden.

Je nach Berichtsfokus (intern/extern) erfolgt auch die Bewertung der unfertigen Leistungen nach den Maßgaben des externen Rechnungswesens, siehe oben.

Somit ist die betriebswirtschaftliche Auswertung beispielsweise im Dialog mit der Bank und gleichermaßen für das betriebliche Controlling sinnvoll nutzbar.

Aus der so aufgestellten Darstellung, lassen sich wesentliche Erfolgs- bzw. Produktivitätskennzahlen sofort ablesen:

- Stand und ggf. Entwicklung des Bestands an unfertigen Leistungen,
- betrieblicher Rohertrag,
- ggf. WPK-Wert (Wertschöpfung/Personalkosten) = Wirtschaftlichkeit des Personals,
- Herstellkosten und Deckungsbeitrag (Teilkostenrechnung),
- Umlagerechnung (Betriebsabrechnung),
- Gemeinkosten(-quote), d. h. Allgemeine Kosten (ggf. inkl. Umlage) im Verhältnis zur Gesamtleistung,
- Betriebsergebnis,
- ggf. neutrales Ergebnis (Zinsen, Steuern).

Zur Kontrolle der Entwicklung solcher Kennzahlen, können Vorjahres, Vormonats- oder Planungswerte der einzelnen Kostenstellen in die Übersicht integriert, und Verhältnismäßigkeiten anhand von Prozentsätzen kenntlich gemacht werden.

Eine solche Vorgehensweise liefert insbesondere bei homogener Produktionsstruktur bzw. konstantem Geschäftsverlauf ohne wesentliche Brüche oder Veränderungen wichtige Anhaltspunkte für das Controlling. Die folgende Tabelle 16.1 zeigt eine vereinfachte BWA für das Controlling.

16.2.2 Abweichungsanalyse und Festlegung von Steuerungsmaßnahmen

Zunächst muss festgehalten werden, dass die betriebsbezogenen Planungen im Wesentlichen von den erwarteten bzw. geschätzten Bauleistungen für das Planjahr bzw. für die nächsten Quartale ausgehen. Außerdem beruhen die genannten Planungen auf Vergangenheitswerten, die im Sinne der Zukunftsplanung angepasst werden. Dies gilt sowohl für die Kostenarten des Gesamtbetriebes, als auch der Hilfsbetriebe, der Verwaltung und der einzelnen Bausparten.

Eine Planung ist nur dann sinnvoll, wenn die in ihr festgelegten Ziele auch kontrolliert werden. Damit ist klar, dass die Abweichungsanalyse vor allem folgende Fragen beantworten muss:

- Wurde zum Stichtag (z. B. Quartalsende oder Jahresende) die geplante Bauleistung – eventuell getrennt nach Sparten – erbracht?

16.2 Betriebsbezogenes Controlling

- Haben die vorgesehenen Maßnahmen in den Bereichen der Verwaltung und der Hilfsbetriebe die gewünschten Kostenanpassungen bewirkt?
- Wurden die geplanten Ergebnisse, also Gesamtbetriebs- und Bauspartenergebnisse erzielt?

Durch die Abweichungsanalyse kann z. B. festgestellt werden, dass die Abweichungen auf folgenden Ursachen beruhen können:

- Falsche Markteinschätzung, d. h. es ist z. B. eine geringere Baunachfrage und ein niedrigeres Preisniveau eingetreten als zunächst angenommen wurde.
- Schlechte Geschäftspolitik, z. B. bei der Auswahl der angebotenen Bauvorhaben.
- Unwirtschaftlicher Einsatz von Personal und Maschinen bzw. mangelnde Produktivität
- Hilfsbetriebe sind nicht in dem Maße ausgelastet, wie geplant, da z. B. die Baustellen Fremdleistungen anstelle der Leistungen der Hilfsbetriebe in Anspruch genommen haben.
- Die Änderungen der Verwaltungsstrukturen, z. . Einsatz neuer Informationstechnik und/oder neuer Organisationsstrukturen, sind nicht im geplanten Umfang und zur geplanten Zeit realisiert worden.

Inwieweit hier kurz- oder mittelfristig Steuerungsmaßnahmen wirkungsvoll eingesetzt werden können, oder ob die Zielvorgaben korrigiert werden müssen, hängt ganz vom Einzelfall ab und ist sicherlich eine der schwierigen Aufgaben der Unternehmensführung. Abb. 16.11 stellt den Regelkreis bei der Planung und Steuerung eines bauausführenden Unternehmens dar.

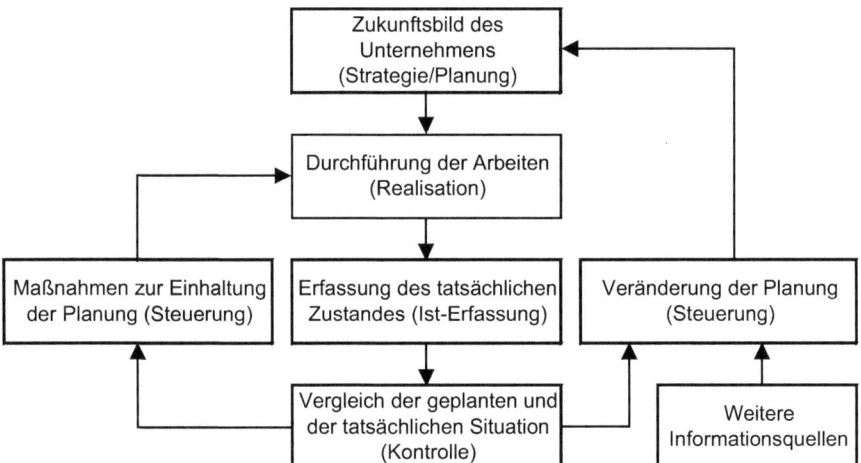

Abb. 16.11 Schematische Darstellung des Planungs- und Kontrollregelkreises. (Aus: Gesellschaft zur Förderung des Deutschen Baugewerbes 1990, S. X/3)

16.2.3 Wichtige Kennzahlen

Ein wichtiges Instrument zur Kontrolle und Steuerung des Betriebs sind Kennzahlen. Sie fassen betriebswirtschaftlich relevante Sachverhalte in konzentrierter Form zusammen und dienen so der Information sowie dem internen oder externen Vergleich. Gleichzeitig liefern sie einen Vergleichsmaßstab, z. B. in Zusammenhang mit Betriebsvergleichen oder dem Benchmarking und erlauben es, wichtige Sachverhalte und Zusammenhänge schnell zu erfassen. Besonders in Verbindung mit Branchenkennzahlen, die von vielen Bauverbänden und Kreditinsitute erhoben werden, lassen sich hilfreiche Erkenntnisse ableiten. Allerdings ist zu bedenken, dass sie die komplexe Realität zum Teil stark vereinfachen. Im Zuge der Reduktion der Komplexität des Realsystems gehen insofern Informationen verloren. Daher sollten Kennzahlen immer im Zusammenhang und vor dem Hintergrund der Analyseziele betrachtet werden (vgl. Reichmann 2017, S. 60).

Die meisten Bauunternehmen erheben Kennzahlen in Verbindung mit dem Controlling in den Bereichen Kosten, Erfolg und Produktivität. Sie orientieren sich am Zielsystem des Unternehmens (vgl. Abschn. 9.1). Dem folgend, werden in den kommenden drei Abschnitten die entsprechenden Kennzahlen fokussiert.

16.2.3.1 Kostenkennzahlen

Durch die Ermittlung von Kostenkennzahlen soll die Kostenstruktur des Unternehmens transparent und die Verhältnismäßigkeit verschiedener Kostenarten zueinander verdeutlicht werden. Darüber hinaus werden Kostendaten in Beziehung zu anderen Kennzahlen des Unternehmens gesetzt, um deren Einfluss auf und Bedeutung für das Unternehmen herauszustellen.

Besonders wichtig ist in diesem Zusammenhang die Gemeinkostenquote. Sie zeigt im Zusammenspiel mit dem Deckungsbeitrag, inwiefern der Erfolg des operativen Geschäfts, das heißt der durch die Baustellenabwicklung erzielte Gewinn, durch die sogenannten Overhead- bzw. Fixkosten der Verwaltung, Hilfsbetriebe und des Managements aufgezehrt wird. Sie eignet sich gut zum Vergleich zwischen Unternehmen ähnlicher Umsatzgrößenklassen.

Bei wachsenden Unternehmen ergeben sich parallel zur Umsatzsteigerung Sprünge im Gemeinkostenblock, da zur Aufrechterhaltung des Geschäftsbetriebes von Zeit zu Zeit zusätzliche Mitarbeiter in der Verwaltung benötigt werden, vgl. Abb. 16.12.

Im Folgenden werden die verschiedenen Kennzahlen am Beispiel der einfachen, betriebswirtschaftlichen Auswertung (Tab. 16.1) veranschaulicht.

Gemeinkostenquote	= Allgemeine Kosten / Gesamtleistung
Gemeinkostenquote	= (Kosten der Hilfsbetriebe + Verwaltungskosten) / Gesamtleistung
Gemeinkostenquote	= (94 + 235) / 2270 = 14,5 %

16.2 Betriebsbezogenes Controlling

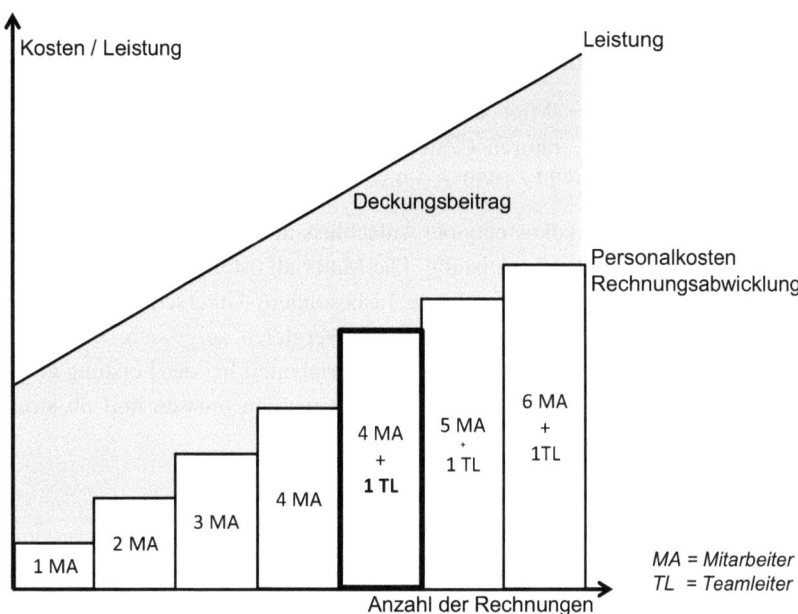

Abb. 16.12 Sprungfixe Kosten mit steigender Rechnungszahl

Zur Beurteilung der Kostenstruktur insbesondere des operativen Geschäfts können weitere Kennzahlen ermittelt werden, die Aufschluss über die Personalkostenstruktur und mögliche Produktivitätsverluste liefern:

Personalkostenquote   = Personalkosten/Gesamtkosten
Personalkostenquote (AP)   = 1104 / 1959 = 56,4 %
Personalkostenquote (AP+TK) = (1.104 + 110) / 1.959 = 62,0 %

Neben mangelnder Produktivität können auch die Zahl der Überstunden und die Resturlaubstage Gründe für ein unterdurchschnittliches Ergebnis sein, wenn sich Urlaub und Überstunden über „gute Jahre", in denen viel Arbeit anstand, aufgestaut haben. Diese müssen im Jahresabschluss in Form von Rückstellungen berücksichtigt werden und schmälern damit das Betriebsergebnis. Dieser, durch die Abgrenzung der Perioden im externen Rechnungswesen induzierte Sachverhalt, sollte ins interne Rechnungswesen bzw. das Kostencontrolling übernommen werden.

Überstunden   [Stunden],
Resturlaub   [Tage].

Ähnlich wie die Personalkostenquote liefert die Maschinenkostensquote den Quotienten aus Maschinenkosten und Gesamtkosten und ermöglicht damit den Vergleich der Maschinenkosten mit anderen Unternehmen und das Verhältnis zur Personalkosten- und

Materialkostenquote. Wesentlichen Einfluss hat dabei das Geschäftsmodell, z. B. in Hinblick auf Leistungsschwerpunkte wie Dienstleistung und Instandhaltung bzw. Neubau.

Maschinenkostenquote = (Miet- und Lea.singkosten + AfA + Betriebsstoffe + Reparaturen + Zinsen)/Gesamtkosten
Maschinenkostenquote = 77 / 1959 = 3,9 %

Nicht zuletzt gibt die Materialkostenquote Aufschluss über den Anteil des Einsatzes von Baustoffen zur Erstellung der Bauleistung. Die Materialkostenquote macht im Vergleich zwischen den verschiedenen Unternehmen insbesondere Unterschiede des Geschäftsmodells (Service/Neubau) deutlich. Im internen Vergleich zeigt sich, inwiefern es zu Verschiebungen zwischen Personalanteil und Materialanteil bei der Leistung kommt und gibt Hinweis darauf, ob Zuschlagssätze angepasst werden müssen und ob strukturelle Veränderungen im Unternehmen stattfinden.

Materialkostenquote = Materialkosten/Gesamtaufwand
Materialkostenquote = 477 / 1959 = 24,3 %

Bei der Verwendung der Materialkostenquote ist zu beachten, dass unter dem Begriff Materialaufwand im externen Rechnungswesen (vgl. § 275 HGB) unter anderem auch Fremdleistungen (Aufwendungen für bezogene Leistungen) zusammengefasst werden. Gegebenenfalls ist eine Aufgliederung der Eingangsdaten erforderlich, um eine stimmige Aussage zu erhalten.

Für den Baubetrieb ist vor diesem Hintergrund auch die Fremdleistungsquote von Bedeutung:

Fremdleistungsquote = Nachunternehmerleistungen/Gesamtkosten
Fremdleistungsquote = 44 / 1959 = 2,2 %

16.2.3.2 Erfolgskennzahlen

Die wichtigste und gebräuchlichste Erfolgskennzahl ist die Umsatzrentabilität, mit der der unternehmerische Erfolg (Gewinn) ins Verhältnis mit dem erzielten Umsatz gesetzt wird. Aufgrund des typischerweise hohen Bestands unfertiger Bauleistungen und dementsprechenden Auswirkungen auf die Umsatzgröße und Ergebnisrealisation in verschiedenen Geschäftsjahren, sollte im Bauunternehmen statt des Umsatzes die Gesamtleistung als Basis gewählt werden (Betriebsrentabilität).

In Abstufungen kann die Aussage der Umsatzrentabilität mit Blick auf das operative Geschäft des Unternehmens verbessert werden, indem nur das Betriebsergebnis (Gewinn ohne Zinsergebnis, Neutrales Ergebnis und sonstige betriebliche Erträge bzw. Aufwendungen, sowie Umsätze aus Bauleistungen, Bestandsveränderungen und sonstige aktivierte Eigenleistungen) in der Gesamtleistung berücksichtigt werden. Im Folgenden werden zur Veranschaulichung wieder die Werte aus der vereinfachten, betriebswirtschaftlichen Auswertung (Tab. 16.1) verwendet.

16.2 Betriebsbezogenes Controlling

Tab. 16.1 Vereinfachte Ausführung einer Betriebswirtschaftlichen Auswertung (BWA)

	Bausparten				Hilfsbetriebe		Verwaltung		Gesamt	
	Hochbau		Tiefbau							
	IST	PLAN	IST	PLAN	IST	PLAN	IST	PLAN	IST	PLAN
Bauleistung	**1900**	**1900**	**280**	**300**					**2270**	**2200**
Materialkosten	392	410	22	20	50	52	13	13	477	495
Rohertrag	**1598**	**1490**	**258**	**280**	**280**				**1856**	**1770**
Rohertrag [% an Leistung)	*80 %*	*78 %*	*92 %*	*93 %*					*82%*	*80%*
Personalkosten (AP)	925	923	135	139	44	43			1104	1105
Personalkosten (TK)	20	20					90	90	110	110
Gerätekosten	65	65	12	12					77	77
Nachunternehmerleistungen	42	40	2						44	40
Sonstige Kosten	9	8	6	5			132	130	147	143
Summe Kosten	**1453**	**1466**	**177**	**176**	**94**	**95**	**235**	**233**	**1959**	**1970**
Deckungsbeitrag (Bausparten)	**537**	**434**	**103**	**124**						
Deckungsbeitrag [% an Leistung]	*27 %*	*23 %*	*37 %*	*41 %*						
Anteilige Verwaltungskosten	206	202	29	31			- 35	-233		
Anteilige Hilfsbetriebskosten	82	82	12	13	−94	−95				
Betriebsergebnis	**249**	**150**	**62**	**80**					**311**	**230**
Betriebsergebnis [% an Leistung]	12 %	8 %	22 %	27 %					14 %	10 %

Betriebsrentabilität = Betriebsergebnis / (Umsatz + Bestandsveränderung + sonst. akt. Eigenleistung)

Betriebsrentabilität = 311 / 2270 = 13,7 %

Besonders wichtig zur Beurteilung des Erfolgs des operativen Geschäfts, unabhängig von Einflüssen aus dem Bereich der allgemeinen Geschäftskosten, ist der Deckungsbeitrag. Aus diesem Grund wird er häufig als Maßstab zur Bemessung von Tantiemen oder Prämien für Führungskräfte verwendet. Der Deckungsbeitrag spiegelt den Erfolg wieder, den z. B. die Bauleitenden durch direktes Einwirken auf die Vorgänge auf der Baustelle und durch wirtschaftliche Materialbeschaffung beeinflussen können. Bei der Verwendung einer Kostenstellenrechnung lässt sich hierunter auch der maßvolle Personal- und Maschineneinsatz fassen.

Deckungsbeitrag = Betriebsrentabilität + Gemeinkostenquote
Deckungsbeitrag = 13,7 % + 14,5 % = 28,2 %

Je nach Unternehmensgröße ist auch eine gestufte Deckungsbeitragsrechnung möglich, vgl. Abschn. 14.4.

16.2.3.3 Wirtschaftlichkeitskennzahlen

Besondere Relevanz im Bauunternehmen hat der kurzfristige Überblick über den Erfolg des Betriebs, und damit ein effektiver Ansatz zur Bestimmung der Wirtschaftlichkeit im Bereich Personal und Maschinen. Wichtig ist es in diesem Zusammenhang auch, eine Vergleichbarkeit mit anderen Betrieben oder der Branche insgesamt herstellen zu können. Dies gelingt in der Regel nicht ohne weiteres, da das Geschäft der Unternehmen zwar sehr ähnlich, die Finanzstruktur und das Leistungsgefüge jedoch deutlich unterschiedlich sein können. Hintergründe hierzu sind

- Finanzierung der Maschinen (Eigentum, Leasing, Miete)
- Leistungsstruktur mit mehr oder weniger Material, Maschinen oder Personaleinsatz (z. B. serviceintensive oder neubaulastige Unternehmen)

Das folgende Beispiel veranschaulicht die Problematik anhand zweier, identischer Unternehmen, die sich lediglich dadurch unterscheiden, dass bei Unternehmen zwei das Material durch den Auftraggeber beigestellt wird (Abb. 16.13).

Als Kennzahl wird hier der sogenannte WPK-Wert (Wertschöpfungs-Personalkosten-Koeffizient) zugrunde gelegt, der häufig zur Beurteilung der Wirtschaftlichkeit verwendet wird. Er errechnet sich aus dem Verhältnis von Rohertrag und den Personalkosten.

Durch die Materialgestellung ändert sich grundsätzlich nichts an der Wirtschaftlichkeit des Personaleinsatzes. Die Wertschöpfung (Rohertrag) ist allerdings aufgrund des

			Unternehmen 1	Unternehmen 2
1	Gesamtleistung		5.000.000,- Euro	3.280.000,- Euro
2	Materialkosten		1.250.000,- Euro	0,- Euro
3	Rohertrag		3.750.000,- Euro	3.280.000,- Euro
4	Personalkosten		2.000.000,- Euro	2.000.000,- Euro
5	Gesamtkosten		3.640.000,- Euro	2.390.000,- Euro
6	Ergebnis		1.360.000,- Euro (27.2%)	890.000,- Euro (27,1%)
7	WPK-Wert = [3] / [4]		1,9	1,6

Abb. 16.13 Kennzahlenvergleich zur Wirtschaftlichkeit des Personals

16.2 Betriebsbezogenes Controlling

Materialeinsatzes (und der entsprechenden Zuschläge auf das Material) höher. Das Ergebnis ist im Verhältnis zur Gesamtleistung letzlich bei beiden Unternehmen nahezu gleich. Der WPK-Wert vermittelt insofern ein falsches Bild bei der Beurteilung der Wirtschaftlichkeit des Personaleinsatzes (Abb. 16.13). Auch hier zeigt sich, dass Kennzahlen als eine Vereinfachung des Realsystems zu verstehen und immer im Kontext bzw. gemeinsam mit weiteren Kennzahlen zu interpretieren sind.

Weitere gebräuchliche Wirtschaftlichkeits- und Produktivitätskennzahlen
Der Erfolg der Bauunternehmen wird in besonderem Maße über den Personalbereich bestimmt. Insofern spielt neben den Wirtschaftlichkeitskennzahlen auch die Messung der Produktivität der Organisation eine Rolle. Diese lässt sich mit Hilfe verschiedener Verhältniswerte berechnen. Häufig genutzt werden Kennzahlen wie die Anwesenheitsquote oder die Produktivstunden. Bei der Anwesenheitsquote werden zunächst nur die üblichen Lohnarten der Personalbuchhaltung erfasst, d. h. zumindest Stundenzusammenstellungen über Normalarbeit, Urlaub und Krankheit, die ins Verhältnis zu den Gesamtstunden gesetzt werden. Es ergibt sich somit eine prozentuale Aussage zum produktiven Anteil an den Gesamtstunden, der erfahrungsgemäß im Branchenvergleich zwischen 70 % und 88 % variiert.

Erweitert werden kann dieser Ansatz durch eine beliebig tiefe Detaillierung der Stundenerfassung und Aufgliederung der Lohnarten in weitere Bestandteile wie

- unbezahlter Urlaub,
- Feiertage,
- Schulung, Lehrgänge, Berufsschule,
- Überstunden,
- Sozialstunden,
- Wegezeiten,
- Rüstzeiten,
- Regiezeiten,
- Bürozeiten,
- u. v. m.

Die Weiterverwendung der Stundendokumentation lässt sich dann zur Ermittlung von Personalstundenverrechnungssätzen und zur Berechnung von Wirtschaftlichkeitskennzahlen wie dem Rohertrag je (produktiver) Stunde verwenden. Er gibt Auskunft über den Grad der Personalkostendeckung und kann direkt mit den Verrechnungssätzen je Stunde verglichen werden. Liegt der Rohertrag je Stunde über dem Personalkostenverrechnungssatz, so ist der Personaleinsatz wirtschaftlich. Der Überschuss dient zur Deckung der sonstigen Kosten (Maschinen, allgemeine Kosten). Ebenso ist ein Vergleich mit den, am Markt platzierten Stundenverrechnungssätzen möglich, vgl. Abschn. 14.1.1.2.

Die Kenntnis des produktiven Anteils an den lohnpflichtigen Stunden ermöglicht auch die Formulierung von Richtstunden für bestimmte Tätigkeiten und Leistungen aus dem Blickwinkel der, am Markt erzielbaren Preise.

Gremäß der beispielhaften betriebswirtschaftlichen Auswertung (Tab. 16.1) ergeben sich unter der Annahme, dass der Betrieb 25 Mitarbeitende (AP) mit durchschnittlich 1500 produktiven Stunden p.a. beschäftigt, folgende Kennzahlen:

Rohertrag je produktive Stunde = Rohertrag / prod. Jahresstunden

Rohertrag je produktive Stunde = 1856 / (1500 x 25) = 49,49 €/h

Dieser Wert liegt z. B. deutlich über dem Lohnansatz je produktiver Stunde in Höhe von 35,33 €/h, wie er in Abschn. 14.1.1.2 für einen Arbeitnehmer der Lohngruppe III errechnet wurde und liefert somit beispielhaft ca. 14 € Deckungsbeitrag je Stunde.

Weiterhin gibt die Kennzahl „Umsatz je Mitarbeiter" bzw. „Leistung je Mitarbeiter" Auskunft über die Leistungsfähigkeit des Unternehmens. Je nach Sparte kann sie jedoch sehr unterschiedlich ausfallen, da einerseits der Materialanteil an der Leistung, die erforderliche Qualifikation für die Leistungserbringung und der Anteil an Subunternehmerleistungen einen erheblichen Einfluss haben. Der jeweilige Wert dieser Kennzahl ist damit kritisch zu hinterfragen. Für den Beispielbetrieb ergibt sich:

Leistung je Mitarbeiter = Betriebsleistung / Anzahl der Mitarbeitenden

Alternativ kann die Kennzahl nur anhand der gewerblichen Mitarbeitenden, oder auf Basis der Gesamtbelegschaft ermittelt werden. Wichtig ist jedoch, dass nicht die Zahl der Beschäftigten, verwendet wird, sondern eine Umrechnung auf Vollzeitbeschäftige erfolgt (Vollzeitäquivalent).

Leistung je Mitarbeiter (AP) = 2.270 / 25 = 90,8

Nicht zuletzt lässt sich analog dazu die Produktivität der Maschinen z. B. über die Maschinenstunden je Jahr (und Maschine) oder das Verhältnis von Vorhaltetagen zu Arbeitstagen je Jahr bestimmen.

16.2.4 Innerjährige Vorverrechnung und Fixkostenmanagement

16.2.4.1 Vergleichmäßigung unregelmäßiger Aufwendungen

Wichtig für die Unternehmensleitung ist ein stetiger, verlässlicher Überblick über die Kosten- und Erfolgssituation des Unternehmens. Viele Kostenpositionen fallen projektbezogen an und werden in der Regel im Verantwortungsbereich der zuständigen Bauleitung überwacht.

Anders verhält es sich mit laufenden Positionen der allgemeinen Geschäftskosten, oder Kostenbestandteilen, die kalkulatorisch und planerisch vergleichmäßigt (Urlaubsgeld, Versicherungen, Beiträge zur Berufsgenossenschaft, Zinsen, Abschreibungen etc.)

werden, im laufenden Geschäftsbetrieb aber punktuell, oder erst am Ende des Jahres mit dem Jahresabschluss anfallen (z. B. Rückstellungen für Überstunden, Resturlaub, Prämien und Tantiemen).

Um dennoch einen monatlich stimmigen Eindruck zur Kosten- und Erfolgssituation zu erhalten, empfiehlt sich eine Vorverrechnung entsprechender Kostenbestandteile über das Rechnungswesen. Mag die Unternehmensleitung bei kleinen Unternehmen entsprechende Positionen noch im Kopf behalten können, so ist die genannte Vorgehensweise spätestens bei Unternehmensgrößen sinnvoll, bei denen das Management nicht mehr alle Vorgänge im Unternehmen überblicken kann.

In der Regel findet die Vorverrechnung ratierlich und gleichmäßig für folgende Aufwandpositionen anhand einer monatlich neu zu bildenden Rückstellung statt:

- Urlaubs- und Weihnachtsgeld,
- Versicherungsbeiträge,
- Steuerberatungs- und Prüfungsgebühren,
- Beiträge zur Berufsgenossenschaft,
- Zinsen,
- Abschreibungen (AfA),
- Mieten,
- sonstige Beiträge (z. B. Verbände).

Darüber hinaus können bereits Aufwendungen vorweggenommen und ratierlich berücksichtigt werden, die erst am Jahresende das Ergebnis beeinflussen:

- Rückstellungen für Überstunden,
- Rückstellungen für Resturlaub,
- Prämien- und Tantiemenvorverrechnungen.

Die Vorgehensweise ist nur eingeschränkt HGB-konform bzw. konform mit dem Steuerabschluss, insofern kann das Verfahren nur unterjährig für interne Zwecke genutzt werden.

16.2.4.2 Fixkostenmanagement

Im projektbezogenen Geschäft der Bauunternehmen kommt dem Fixkostenmanagement eine hohe Bedeutung zu. Aufgrund von konjunkturellen Schwankungen kann es zu Auftragseinbrüchen kommen, die zuletzt im Wirtschaftsbau während der Wirtschaftskrise ab 2008 zu beobachten waren. Für die Unternehmen ist es daher wichtig, die Kapazitäten einfach an die Auftragslage anpassen zu können. Auch außerhalb von allgemeinen Konjunkturbewegungen kann dies von Bedeutung sein, wenn sich die Auftragsstruktur verändert oder einzelne Großprojekte auslaufen.

Wichtige Ansatzpunkte für das Fixkostenmanagement sind einerseits im operativen, andererseits im übergeordneten Bereich der Verwaltungskosten zu finden.

Operativer Bereich
Personal:

- Arbeitszeitmodelle Wochen-/Monats-/Jahresarbeitszeit,
- Saison-Kurzarbeit.

Maschinen

- Mietmaschinen versus Maschinen im eigenen Vermögen.

Material

- Vorhaltung eines Lagerbetriebs/Just-in-Time-Lieferung.

Verwaltungsbereich

- Serviceleistungen Personal (Leasingmitarbeiter zur Abrechnung bei Spitzen),
- Finanz- und Personalbuchhaltung auslagern (z. B. Steuerberater, Lohnbüro, etc.),
- Sekretariatsleistungen auslagern,
- Planungsleistungen auslagern.

Häufig kann der Fixkostenblock bereits durch die Rationalisierung der Auftragsabwicklung und durch die Reduzierung des Koordinationsaufwands bei der Bauleitung herabgesetzt werden. Beispielsweise kann die Rechnungsabwicklung bei Rahmenverträgen durch ein aufwendiges Aufmaß jeder einzelnen Kleinstmaßnahme mit entsprechender Einzelabrechnung geprägt sein. Der Aufwand für das Aufmaß und die Rechnungsstellung übersteigt dann schnell den Auftragswert bzw. den kalkulierten Deckungsbeitrag. Durch die Verbesserung des Rechnungsabwicklungsprozesses in Absprache mit dem Auftrageber ist dann ggf. eine Reduzierung des Verwaltungsaufwands möglich.

Die zuvor beschriebene Situation ergibt sich durch sprungfixen Kosten, die sich am Umsatzvolumen einerseits, und der zu bearbeitenden Rechnungszahl andererseits ausrichten. Je kleinteiliger das Geschäft ausfällt, umso aufwendiger ist die Abrechnung. Sie belastet entsprechend die Verwaltungs- bzw. Fixkostensituation.

Nicht zuletzt kann sich die Problematik der Verwaltungskosten (Gemeinkostenquote) als Wettbewerbsvor- oder -nachteil darstellen, da

- große Unternehmen im Verhältnis zur Gesamtleistung mit geringeren Verwaltungskosten (Globale Overheadkosten wie Marketing, Rechnungswesen, Finanzen, Steuern, etc.) im Verhältnis zur Gesamtleistung auskommen, und damit wettbewerbsfähiger sein können.

- Unternehmen mit kleinteiligem Geschäft bei gleicher Umsatzgrößenklasse höhere Gemeinkostenquoten aufweisen und damit weniger wettbewerbsfähig sein können.

Zu beobachten ist, dass Unternehmen ab bestimmten Umsatzgrößen mit sprungfixen Kosten konfrontiert sind, da Verwaltungskapazitäten nicht beliebig anpassungsfähig sind, vgl. Abb. 16.12.

16.3 Organisatorische Einbindung des operativen Controlling

16.3.1 Aufbau- und Ablauforganisation

Die organisatorische Einbindung des operativen Controllings hängt in hohem Maße von der Größe des Unternehmens ab. In einem kleinen Unternehmen wird es in aller Regel so sein, dass mehrere Funktionen von einer Person oder Stelle abgedeckt werden. So wird in einem kleinen Unternehmen keine separate Controllingstelle zu finden sein. Hier wird die Controllingfunktion praktisch mit allen sog. kaufmännischen bzw. Geschäftsführungsfunktionen zusammengefasst. Häufig werden Teilaufgaben des Controllings auch an externe Stellen wie (Steuer-)Berater herausgegeben.

In größeren oder großen Unternehmen wird die Controller-Funktion auf mehrere Köpfe oder Stellen aufgeteilt sein. Die Abb. 16.14 (Walter 1992, S. 217) stellt eine Möglichkeit der Einbindung eines Controllingsystems in einem großen Bauunternehmen dar.

Aus der Darstellung ist unmittelbar ersichtlich, dass die jeweilige Struktur eines Controllingsystems abhängig ist von der Aufbaustruktur des Unternehmens und deren Controllingziele. Umso größer das Unternehmen, desto wichtiger wird die Frage, an welchem organisatorischem Platz und in welcher Form die Controlling-Funktion angesiedelt wird. Häufig ist eine Organisation vorzufinden, in der z. B. die Finanzbuchhaltung, das interne Rechnungswesen, Steuern, Finanzen, Marketing, Einkauf und IT getrennte Bereiche sind. Hier ergibt sich zur Sicherstellung der Controller-Funktion die Notwendigkeit der Koordination und der Zwang zur Teamarbeit.

16.3.2 Abstimmung mit der Führungskonzeption

Damit ein Controlling-Instrument erfolgreich angewendet werden kann, ist es unbedingt erforderlich, dass

- „im Unternehmen zunächst einmal die Voreingenommenheiten gegenüber dem Controlling überwunden werden und der Controller mehr als ‚Helfer', denn als ‚Überwacher' gesehen wird und
- bei den einzelnen Mitarbeitern eine selbstkritische Einstellung und die Bereitschaft ‚aus Fehlern zu lernen' vorhanden ist" (Walter 1992, S. 217).

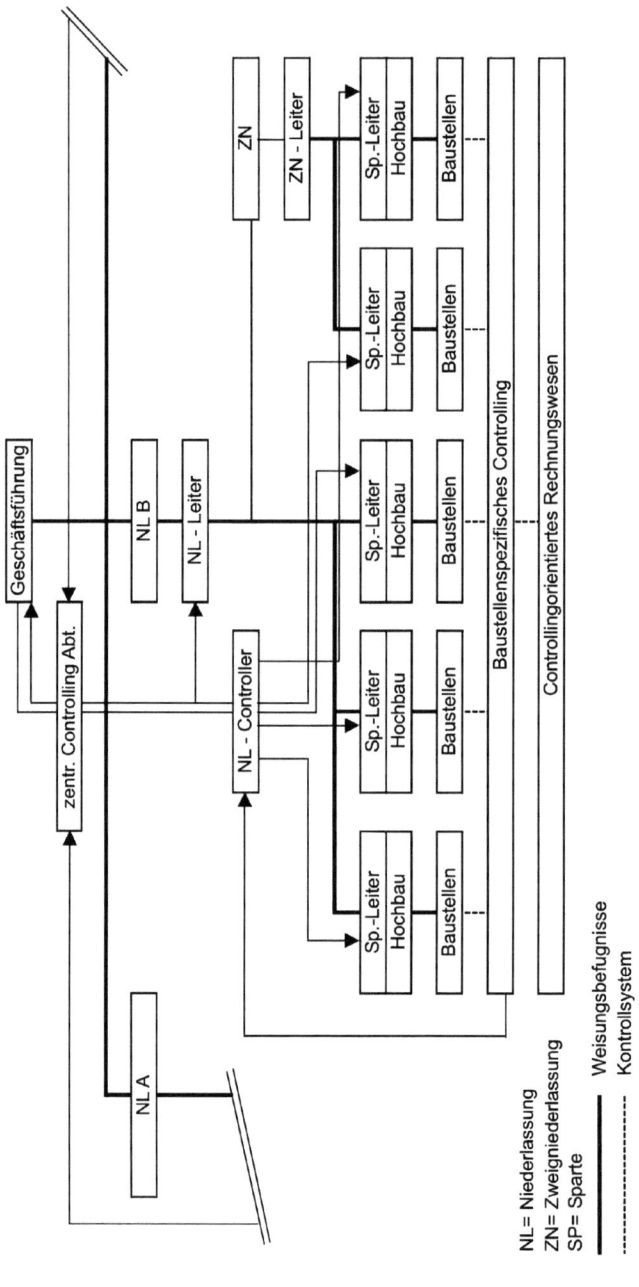

Abb. 16.14 Beispiel einer Einbindung eines Controllingsystems in einem großen Bauunternehmen

Sind diese Voraussetzungen gegeben, dann kann das Controlling auch als Führungsinstrument eingesetzt werden. Die Versorgung der Unternehmensführung mit entsprechenden Informationen wird in dieser Hinsicht die Hauptaufgabe des Controllings. In diesem Sinne wird das Controlling Ratgeber des Managements. Seine Aufgabe ist die fachliche Interpretation der Zahlen und der betriebswirtschaftlichen Zusammenhänge, um hieraus durch Überzeugung und Motivation die erforderlichen Konsequenzen abzuleiten. Es leistet hiermit gleichzeitig einen ganz wesentlichen Beitrag zur Realisierung der Führung durch Zielsetzung (Management by Objectives) (vgl. Allgeier 1987, S. 76). Auch in bauwirtschaftlichen Unternehmen haben die Controllingaufgaben in quantitativer und qualitativer Hinsicht zugenommen und werden weiter zunehmen. Ihre Hauptfunktion ist nicht mehr nur das traditionelle Rechnungswesen. Die Beteiligung des Controllings an der Planung und Kontrolle wird heute als ebenso wichtiger Bestandteil aufgefasst. „Die Unterstützung der strategischen Planung und Kontrolle und nicht mehr das Tagesgeschäft allein stehen im Vordergrund. Generell wird eine immer stärkere Entscheidungsbeteiligung des Controllers beobachtet. Der Controller ist ‚Business Partner' der Führung geworden" (Horváth 2020, S. 26).

16.3.3 Anforderungsprofil des Controllings

Auch nach dem Leitbild der International Group of Controlling sehen sich Controller als Gestalter und Begleiter des Management-Prozesses der Zielfindung, Planung und Steuerung, als Methoden- und Systemdienstleister für das Controlling und somit als betriebswirtschaftliche Berater des Managements. Originäre Aktionsfelder sind insofern die Planung, das Berichtswesen und die Steuerung bzw. die Erfolgsmessung sowie die Gestaltung der erforderlichen Vorsysteme (vgl. Horvath 2020, S. 100 ff.).

Vor diesem Hintergrund werden durch das Controlling

- Informationsbedarfe analysiert
- Konzepte erarbeitet
- Methoden Know-How geliefert
- Auswertungen erarbeitet
- IT-Lösungen bereit gestellt

Aufgaben, denen sich Mitarbeitende des Controllings gegenüber sehen, können wie folgt in eine Reihenfolge gebracht werden (vgl. Horvath 2009, S. 41)

- Budgetierung
- internes Berichtswesen
- Operative Planung
- Investitionsrechnung

- Internes Rechnungswesen

In operativer Hinsicht lassen sich die Aufgaben wie folgt beschreiben:
Zentrale Controllingabteilung

- Durchführung von Soll-Ist-Vergleichen der Verwaltungskostenstellen der Hauptverwaltung
- Durchführung von Plan-Ist-Vergleichen der Niederlassungen, Tochter- und Beteiligungsgesellschaften unter enger Zusammenarbeit mit den Niederlassungscontrollern.
- Interpretation der Auswertungsergebnisse bei der Geschäftsführung.

Niederlassungscontrolling:

- Durchführung von Soll-Ist-Vergleichen der Hilfsbetriebe und Verwaltungskostenstellen der Niederlassung und Zweigniederlassung(en).
- Durchführung von Plan-Ist-Vergleichen der einzelnen Sparten und der Zweigniederlassung(en).
- Übermittlung der Abweichungsanalysen – insbesondere bei Baustellen – an die übergeordneten Verantwortungsbereiche und an die zentrale Controllingabteilung.

16.4 Risikocontrolling

Gemeinhin ist der Bausektor als einer der risikoreichsten Wirtschaftszweige bekannt. Das zeigt schon die Branchenübersicht nach Gleißner aus dem Jahr 2002 (vgl. Gleissner und Füser 2002). Auch aus aktuellen Auswertungen ist ersichtlich, dass die Situation heute noch Bestand hat. Im deutschlandweiten Vergleich liegt die Insolvenzquote der Baubetriebe mit 0,76 % rund 30 % über dem Durchschnitt aller Unternehmen, der bei 0,59 % liegt. Im verarbeitenden Gewerbe ist sie weniger als halb so hoch. Unter den „Top 10" der risikobehafteten Branchen liegt der Hochbau auf Platz 9 (Creditreform Wirtschaftsforschung 2020, S. 13).

„Die meisten Mittelständler befassen sich erst mit ihren Risiken, nachdem etwas passiert ist. […] 20 bis 40 % haben bisher keine richtige Strategie" (SELBACH 2010).

Diese Aussage im Zusammenhang mit dem Kreditrating macht deutlich, dass sich die Bauunternehmen mit Blick auf das Risiko einer besonderen, branchenimmanenten Situation gegenüber sehen. Spätestens wenn der Betrieb in Schieflage gerät und die Nachfragen der Kapitalgeber nachdrücklicher, oder Kreditlinien gekündigt werden, ist die Beschäftigung mit dem Risikomanagement unumgänglich.

16.4 Risikocontrolling

Dieses Kapitel soll dazu dienen, die entscheidenden Eingriffspunkte für das operative Risikomanagement der Bauunternehmen zu beleuchten und Herangehensweisen aufzuzeigen, die in das Tagesgeschäft des Controllings integriert werden können.

Es wird hier speziell auf den erfolgs- bzw. projektbezogenen Teil des Risikomanagements als Kernproblematik der Bauunternehmen eingegangen. Ein weiterer, wichtiger Aspekt ist das Controlling des Liquiditätsrisikos, das hier nicht näher beleuchtet wird. Es ergibt sich einerseits in direkter Folge aus dem Erfolgsrisiko, da die Liquidität im Wesentlichen durch den Vorfinanzierungsbedarf beeinflusst wird. Wenn die vorhandene Liquidität nicht zur Vorfinanzierung ausreicht, müssen externe Finanzmittel eingeworben werden. Wie erfolgreich dies gelingt, orientiert sich an der vorhandenen Substanz und an den Erfolgsaussichten des Geschäfts, vgl. Abb. 16.15.

Andererseits wird das Liquiditätsrisiko durch das Zahlungsverhalten der Auftraggebenden, die vereinbarten Zahlungspläne und -ziele bzw. die entsprechende Vertragsgestaltung, die Investitionspolitik (insb. Geräte), die Kapitalbeschaffung inkl. Bürgschaften und die allgemeine Nachfragesituation bzw. Auslastung bestimmt. Insofern spielt auch die zeitliche Lage und Dauer der Projekte und der damit verbundene, kumulierte Verlauf von Einzahlungen und Auszahlungen eine Rolle.

Zur Systematisierung von Risiken der Bauunternehmen bietet sich zunächst die Unterteilung in allgemeine Unternehmenswagnisse und operative bzw. betriebliche Wagnisse an. In Zusammenhang mit dem Risiko Management (Abschn. 16.4.2) können letztgenannte entweder abgetreten bzw. versichert werden oder als kalkulatorische Risiken

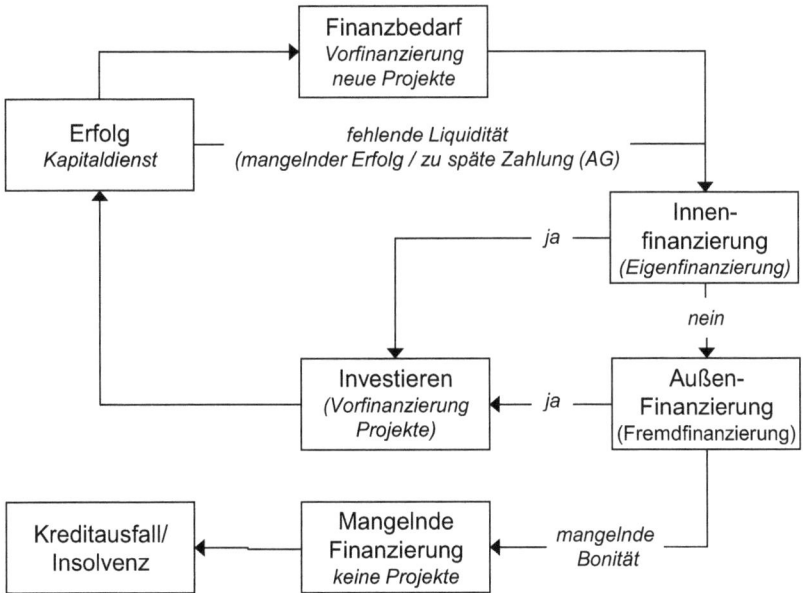

Abb. 16.15 Entwicklung der Umsatzrendite im Hoch- bzw. Tiefbau (Sparkassen-Finanzgruppe)

im Betrieb verbleiben. Bei den allgemeinen Unternehmenswagnissen handelt es sich im wesentlichen um Umweltrisiken bzw. das allgemeine Branchenrisiko.

Im Zusammenhang mit öffentlichen Projekten kann auch die Verbindung mit den sogenannten, einheitlichen Formblättern aus dem Vergabehandbuch des Bundes interessant sein. Dort werden betriebs- und leistungsbezogene Wagnisse unterschieden. Entsprechende Wagnis-Zuschläge sind in die Formblätter gesondert einzutragen.

16.4.1 Allgemeines Unternehmenswagnis

Aus der gesamtwirtschaftlichen Entwicklung, sich ändernden, politischen Rahmenbedingungen oder Umweltrisiken ergeben sich die allgemeinen Unternehmenswagnisse. Teils sind sie nicht beeinflussbar, teils stehen sie mit strategischen Entscheidungen der Unternehmensführung in Zusammenhang. Kalkulatorisch sind solche Wagnisse nicht fassbar, sie lassen sich allenfalls in Analogie zu finanzwirtschaftlichen Überlegungen aus Marktbewegungen und -Prognosen ableiten und sind allgemein unter dem Stichwort Branchenrisiko der Ratingagenturen und Finanzinstitute erfasst. Entsprechende Wagnisse wirken sich auch nicht nur auf die Kostenrechnung, sondern ebenso auf den Finanzbereich (z. B. verändertes Zahlungsverhalten, Bonität) aus. Ungünstige Entwicklungen beeinflussen den Gewinn der Unternehmen. Dies wird z. B. durch die Entwicklung von Branchenkennzahlen sichtbar (siehe Abb. 16.16).

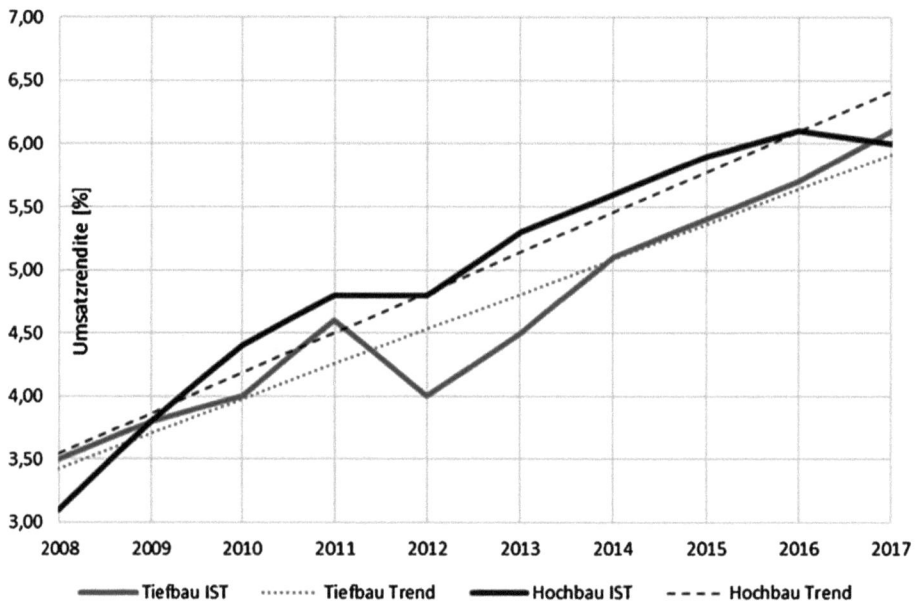

Abb. 16.16 Branchenentwicklung und Trend als Ausgangspunkt zur Bestimmung des Branchenrisikos.

16.4 Risikocontrolling

Wird die Entwicklung der Umsatzrendite z. B. mit einem linearen Trend geschätzt, so beträgt der Standardfehler für den Zeitraum 2008 bis 2017 im Hochbau 0,19 % und im Tiefbau 0,17 %. Das Risiko einer ungünstigeren Entwicklung des Gewinns gegenüber dem Trend beträgt somit knapp 0,2 % und könnte dementsprechend als allgemeines Wagnis in Bezug auf die Branchenentwicklung interpretiert werden.

Umgerechnet auf die Herstellkosten (EFB-Blatt) ergibt sich somit:
$Allgemeines\ Unternehmenswagnis(Konjunktur) = \frac{1}{(1-u_r)} - 1 = \frac{1}{(1-0,2\%)} - 1 = 0,25\%$

mit u_r = Umsatzrendite

Innerhalb der einzelnen Geschäftsjahre prägt sich die Umsatzrendite aufgrund von Risiken ebenfalls unterschiedlich aus. Die Sparkassen-Finanzgruppe etwa gibt für die Umsatzrendite im Tiefbau einen Zentralwert von 7,2% mit einer mittleren Streuungsbreite von 2,9 % bis 13,6 % (2018) an. D. h., ein Zuschlag von mindestens 4,3 % (4,3 % = 7,2 % - 2,9 %) bis über 13,6 % für Wagnis und Gewinn, umgerechnet auf die Herstellkosten, wären branchen-angemessen.

Zentralwert Wagnis- und Gewinnzuschlag auf Herstellkosten = $1/(1-u_r)-1$ = $1/(1-7,2\%)-1 = 7,8\%$

mit u_r = Umsatzrendite

Die genannte Streuungsbreite repräsentiert diverse Wagnisse, die wie folgt gegliedert werden können (vgl. auch Buchholz 2016, S. 74 bzw. Reim 2020):

- Anlagenwagnis (im Bauunternehmen vor allem in Verbindung mit Geräten)
- Beständewagnis (Lager/Rohstoffe)
- Entwicklungswagnis (Kosten für fehlgeschlagene F&E-Projekte)
- Fertigungs- und Gewährleistungswagnisse (u. a. Produktivität von Personal und Maschinen)
- Vertriebswagnis (vor allem Forderungsausfälle und Vertriebserfolg)
- Finanzierungsrisiken (Vorfinanzierung und Zinsniveau, Kapitalbeschaffung etc.)

Darin enthalten sind auch Wagnisse, die direkt mit der Leistung einzelner Projekte in Verbindung stehen können. Inkludiert wäre somit jede Art von Wagnis, sei es leistungs- oder betriebsbezogen.

Während sich einige Wagnisse direkt aus den individuellen Zusammenhängen des jeweiligen Projekts ableiten lassen, ergeben sich andere ausder Differenz zwischen Planungs- und Ist-Werten der Budgetplanung (z. B.kalkulatorische Mittellöhne und tatsächliche Personalkosten, Verrechnungssätze für Leistungsgeräte und tatsächliche Maschinenkosten, Verhältnis von Vertriebsaufwand und Umsatz, etc.). Diese Werte müssen betriebsindividuell ausder Historie abgeleitet und für das laufende Jahr bzw. den Projektzeitraumgeschätzt werden (Abb. 16.17).

Handlungsalternativen der Risikogestaltung	operativ / technisch	vertraglich	kaufmännisch
Risikovermeidung	z.B. - Auswahl alternativer Bauverfahren - Einsatz geeigneter Kapazitäten und - (Qualitäts-) Managementsysteme		Die Änderung von Bauverfahren kann Kostensteigerungen zur Folge haben. Diese müssen den reduzierten Risikokosten gegenübergestellt werden.
Risikoverminderung			
Risikoüberwälzung		an: - Versicherungen - Auftraggeber - Lieferanten	Umwandlung von Risikokosten unklarer Größe in Versicherungsbeiträge fester Größe. Verschiebung möglicher Risikokosten an andere Beteiligte, ggf. ist dafür ein höherer Bezugspreis (Lieferanten) in Kauf zu nehmen.
Risikoselbsttragung	Erkannte Risiken müssen im Rahmen des Projektmanagements besonders beobachtet und ggf. behandelt werden, um bei Risikoeintritt reagieren und Auswirkungen ggf. eingrenzen zu können (siehe Vermeidung und Verminderung)		Es ist festzustellen, welche Ausmaße das übernommene Risiko annehmen kann und mit der Risikotragfähigkeit des Unternehmens abzugleichen. Ggf. müssen Risikokosten bei der Preisbildung berücksichtigt werden.

Abb. 16.17 Handlungsalternativen zur Risikogestaltung

16.4.2 Risiko Management

Der Risiko-Management-Prozess kann in die Elemente Risikoanalyse, mit den Untergruppen Risikoidentifikation und Risikobewertung, Risikogestaltung sowie Risikoüberwachung unterteilt werden. Dabei ist es vorteilhaft, wenn die organisatorischen Grundlagen des gesamten Risiko-Management-Kreislaufs in entsprechenden Richtlinien dokumentiert werden. Das Risikomanagement stellt einen stetigen Zyklus dar, bei dem sich alle vorgenannten Elemente gegenseitig bedingen.

So strukturiert dient es damit einerseits der Erfüllung gesetzlicher Bestimmungen, die z. B. im Gesetz zur Kontrolle und Transparenz im Unternehmensbereich (KonTraG) seit 1998 verankert sind und so z. B. in das Handels- und Aktienrecht oder in das Publizitätsgesetz eingegangen sind. Zum anderen bildet es die Grundlage für stetige, risikobezogene Verbesserungsprozesse der Unternehmung oder der Projekte dar (Weber et al. 2001).

16.4 Risikocontrolling

An dieser Stelle soll noch einmal auf die Möglichkeiten zur Risikogestaltung eingegangen werden, die nach der Identifikation und Bewertung von Risiken besonderen Stellenwert haben. Es ergeben sich Handlungsalternativen, wie Abb. 16.17 zeigt.

Letztlich gilt im Sinne einer, für alle Baupartner wirtschaftlichen Bauwerkserstellung, dass derjenige die Risiken übernehmen sollte, der sie am besten steuern kann, d. h. wer die Möglichkeiten zur Verminderung oder Vermeidung, sowie wirtschaftliche Tragfähigkeit besitzt und die gesellschaftliche Verantwortung trägt.

16.4.3 Betriebliche Wagnisse

Risiken, die den Baubetrieb betreffen, ergeben sich im Finanz- und Vermögensbereich, im Vertrieb, der Forschung und Entwicklung sowie der Fertigung inkl. Gewährleistung. Sie lassen sich wie folgt strukturieren, vgl. Tab. 16.2.

Sofern eine entsprechend strukturierte Finanz- bzw. Betriebsbuchführung existiert, lassen sich eine Reihe an Risikokosten buchhalterisch erfassen und empirisch auswerten, sodass insbesondere das Anlagen-, Bestände-, Gewährleistungs- und Vertriebsrisiko quantitativ bestimmt werden kann.

Bei den Fertigungswagnissen gibt es Risiken, die sich einerseits aus der Auslastung bzw. Produktivität ergeben und andererseits die Projekte selbst betreffen.

Tab. 16.2 Struktur betrieblicher Wagnisse bzw. Risiken

Wagnisse	Inhalt	Basisgrößen
Finanzierung	Vorfinanzierung, Zinsniveau, Kapitalbeschaffung etc.	Zinsen
Anlagen	Betriebsstörungen, Stilllegungen, unsachgemäße Behandlung, Streik, Unfälle, Brand, technische und wirtschaftliche Veralterung	Außerplanmäßige oder auß AfA, Verlust bei Abgang
Bestände	Diebstahl, Schwund, Verderb an Roh-, Hilfs- und Betriebsstoffen, Wertverlust durch Veralterung etc.	Bestandsveränderung Roh Betriebsstoffe abzgl. verre Stoffkosten
Entwicklung	Kosten für fehlgeschlagene F&E-Arbeiten	Kosten der Forschung und
Gewährleistung	Haftung, Gutschriften, Kosten der Mangelbeseitigung	Sofern separat erfasst, aus Buchführung
Vertrieb	Forderungsausfälle, Wechselkursschwankungen, Vertriebserfolg	Wertberichtigungen auf Fo Umsatz
Fertigung	Leistungs- und betriebsbezogene Wagnisse, unwirtschaftlicher Einsatz von Personal und Maschinen	Kosten der Fertigung, Diff Verrechnungssätzen (Plan/)

Erstgenannte Risiken ergeben sich aus der Abweichung von geplanten Verrechnungssätzen bzw. Kalkulationsansätzen für Personal- und Maschinen und den tatsächlich realisierten Werten (Differenz Plan/Ist). Diese resultieren aus folgenden Faktoren:
Leistungsgeräte

- Betriebsstoffverbrauch
- Leistungs- bzw. Vorhaltezeiten

Personal

- produktive Baustellenstunden
- verrechenbare Stunden
- Krankheit / Unfälle
- nicht geplante Lohnerhöhung
- geänderte Personalstruktur (Qualifikationen, Mitarbeiterzahl etc.)

In Zusammenhang mit einer Kostenstellenrechnung können die planerischen Verrechnungssätze zur innerbetrieblichen Verrechnung des Personal- und Maschineneinsatzes auf die einzelnen Baustellen oder Sparten (Kostenstellen) genutzt werden. Die, auf den Hilfskostenstellen verbleibenden Kosten (oder Überschüsse) repräsentieren dann das realisierte Risiko (bzw. Chance).

Andere Fertigungswagnisse ergeben sich aus den Projekten selbst. Hier spielen unzählige Faktoren eine Rolle, angefangen bei der Witterung, über die Bauverfahren, die Vertragsbedingungen bis hin zum Verhältnis zum Auftraggeber.

Interessant in diesem Zusammenhang ist, dass sich externe Institutionen, wie beispielsweise Banken und Versicherungen intensiver mit dem Risiko der Bauunternehmen beschäftigen, als die Branche selbst. Offenbar sind die Institute dabei in der Lage, das Risiko der Bauunternehmen einzuschätzen. Wie kann das sein? Diese Frage kann mit Blick auf die Methoden der Institute beantwortet werden.

Risiken äußern sich für externe Gutachter durch die Insolvenzquote bzw. den Zahlungsausfall (Kreditausfall). Sie setzen die entsprechenden Häufigkeiten einer Branche (und Ratingklasse) ins Verhältnis mit bestimmten Kennzahlen und werten diese statistisch aus.

Wird dieser Ansatz auf die Bauunternehmen übertragen, so ergibt sich folgendes Bild: Jedes Bauprojekt erwirtschaftet ein Ergebnis im positiven oder im negativen Sinne, das sich von der ursprünglichen Kalkulation unterscheidet. In der Gesamtheit aller Projekte ergibt sich die Umsatzrendite oder Betriebsrendite, die statistisch dokumentiert ist. Der Hauptverband der deutschen Bauindustrie gibt eine durchschnittliche Umsatzrendite von ca. 7,7 % für 2019 an. Kaum ein Projekt trifft diese mittlere Rendite exakt. Es ergeben sich immer Abweichungen, die als Risiko (oder auch Chance) bezeichnet werden können.

16.4 Risikocontrolling

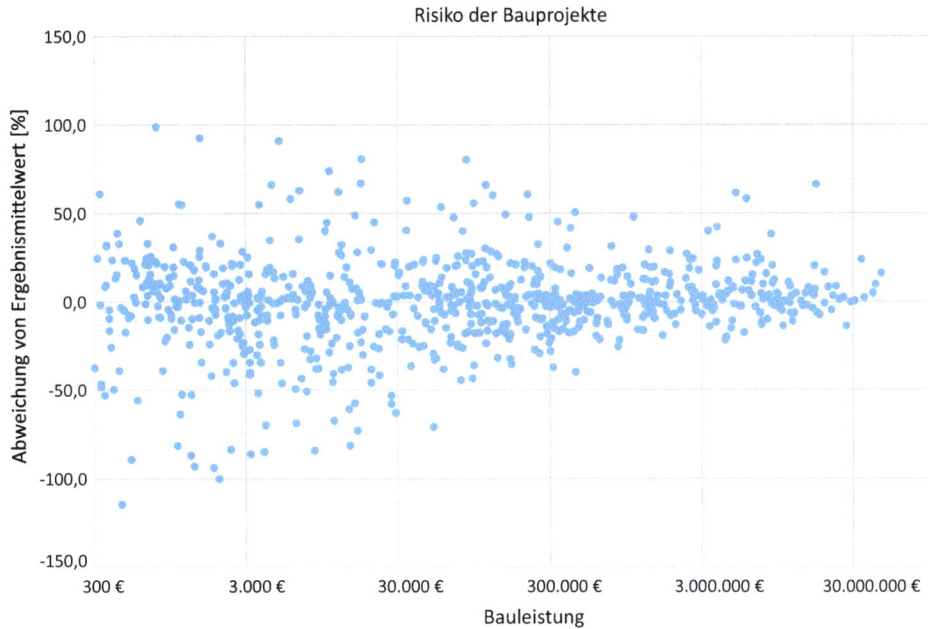

Abb. 16.18 Ergebnis einer Auswertung von über 900 Bauprojekten. (Meinen 2016)

Das Ergebnis einer umfangreichen Studie (Abb. 16.18) zeigt, dass ein Bauprojekt, ohne jede Kenntnis der Projektdetails, im Durchschnitt um knapp 17 % vom mittleren Ergebnis (Umsatzrendite) abweicht (Standardabweichung).

16.4.3.1 Risikotypen

Die Feststellung des Risikos anhand einer konkret vorliegenden Projektaufgabe ist schwierig, denn die Anzahl der möglichen Risiken, wie auch deren Ausprägung ist nahezu unendlich groß, sodass sich das Kalkulieren aller möglichen Risiken nach Einzelpositionen, wie es im Bauwesen üblich ist, nich bewerkstelligen lässt. Hinzu kommt, dass sich viele Sachverhalte kalkulatorisch, d. h. auf Basis von Mengenansätzen und Preisen nicht bewerten lassen (z. B. Risiko der Vertragsart, Personalrisiko, Auftraggeberrisiko etc.). Vor diesem Hintergrund können Projektrisiken in drei Kategorien unterteilt werden, die als Ausgangspunkt für die weitere Risikoberechnung dienen.

- Kalkulierbare Risiken (anhand von Mengenansätzen und Preisen kalkulierbar).
- Schwer bzw. nicht kalkulierbare Risiken (keine erfassbaren Mengenansätze oder Preise bzw. Kosten vorhanden bzw. mögliche Schadensausprägungen unklar).
- Ausschlusskriterien (Risiken, deren Kalkulation nicht erforderlich oder möglich ist, da sie nach Art und Umfang ohnehin nicht akzeptabel wären).

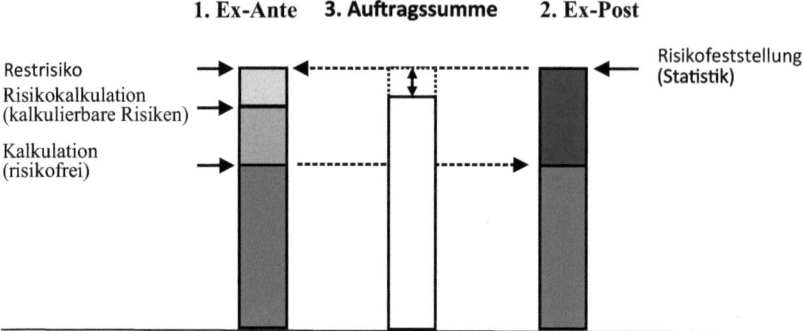

Abb. 16.19 Vorgehen bei der Risikoberechnung

In der Praxis hat es sich als sinnvoll erwiesen, bei der Kalkulation zunächst solche Risiken einzeln zu kalkulieren, die in Bezug auf ihre Eintrittswahrscheinlichkeit und Schadensausprägung wesentlichen Einfluss auf das Projektergebnis haben, und mit Mengenansätzen und Preisen bewertet werden können. Die restlichen Risikokosten, d. h. die schwer bzw. nicht kalkulierbaren Restrisiken werden anhand einer Ex-Post-Betrachtung aus der Nachkalkulation oder Ergebnisrechnung abgeleitet, vgl. Abb. 16.19.

Bei öffentlichen Aufträgen gibt das Vergabe und Vertragshandbuch des Bundes seit 2017 ein neues Einheitliches Formblatt (EFB) „221 (Preisermittlung bei Zuschlagskalkulation)" vor, in dem neben den Angaben zum Kalkulationslohn und den Zuschlägen für Baustellengemeinkosten und Allgemeinen Geschäftskosten der Zuschlag für Wagnis und Gewinn aufgegliedert werden muss. Unter dem Oberpunkt 2.3 (vorbestimmte Zuschläge) bzw. 3.3 (Kalkulation über die Endsumme) der Formblätter, soll jeweils ein Zuschlag für betriebsbezogenes und leistungsbezogenes Wagnis angegeben werden. Das Vorgehen ist zwar nicht verbindlich und „die Angaben zur Kalkulation im hier gegenständlichen Formblatt jedenfalls bei geänderten und zusätzlichen Leistungen nicht mehr zwingend als Grundlage der Preisfortschreibung zu beachten. Sie geben aber natürlich eine wichtige Hilfe für die Berechnung einer fair fortgeschriebenen Vergütung und unterstützen damit die Einigung der Vertragspartner (Meinen, v. Wietersheim 2021)."

Vor dem Hintergrund der oben genannten Risikotypen ist insofern zu klären, wie eine Zuordnung zu leistungs- und betriebsbezogenen Risiken vorgenommen werden kann. Aufgrund der Komplexität der schwer bzw. nicht kalkulierbaren Risiken, können diese nur den betriebsbezogenen Risiken zugeordnet werden. Kalkulierbare Risiken hingegen stehen in aller Regel in direktem Zusammenhang mit der individuellen Leistung und sind somit eindeutig leistungsbezogene Wagnisse.

16.4.3.2 Risikokalkulation

In der Praxis der Kalkulation werden erkennbare Risiken üblicherweise mit Hilfe von willkürlich gewählten „Angstzuschlägen" oder im Rahmen der Mengenansätze berücksichtigt. Typische Beispiele sind die in der Kalkulation gebräuchlichen Zuschläge für

16.4 Risikocontrolling

Verschnitt, durchschnittliche Aufschläge für Nacharbeiten im Rahmen der Ermittlung von Zuschlagssätzen oder Zeit- und Mengenansätze, die aufgerundet werden, um eventuellen Mehraufwand bzw. Mehrmengen zu berücksichtigen.

Auf der einen Seite werden so Baustellenrisiken mehr oder weniger strukturiert und transparent im Rahmen der Einzelkosten- und Baustellengemeinkostenkalkulation berücksichtigt. Auf der anderen Seite zeigt die Praxis, dass das kalkulierte Ergebnis vielfach nicht mit der Realität nach Bauende übereinstimmt; im positiven, wie im negativen Sinne (siehe Abb. 16.18).

Es verbleiben also noch Einflüsse, die dafür sorgen, dass das Ergebnis letztendlich besser oder schlechter ausfällt als erwartet. Dabei handelt es sich einerseits um die Realisierung von Risiken der Art und Höhe nach, die von den kalkulierten Ansätzen abweichen können, und um die oben genannten schwer, oder nicht kalkulierbaren Risiken, die z. B. mit Problemen bei der Zusammenarbeit mit dem Auftraggeber, der Effektivität des eingesetzten Personals, der Vertragsform, der Regionalität der Bauaufgabe, Angebotsfristen bzw. Kurzfristigkeit der erforderlichen Angebotsabgabe (Qualität der Kalkulation) u. v. m. zusammenhängen können.

Zur Berücksichtigung solcher Risiken kann nicht auf die konventionellen Kalkulationsmethoden zurückgegriffen werden. Möglich ist eine Bestimmung allerdings auf Basis der Vergangenheit, also mit Hilfe von historischen Projekten (Ex-Post).

Bestimmung von kalkulierbaren Risiken

Die Praxis zeigt, dass für die Risikokalkulation pragmatische Verfahren gewählt werden müssen, die sich im Tagesgeschäft der Kalkulation sicher und rationell einsetzen lassen. Dazu stehen grundsätzlich zwei Varianten zur Verfügung, die Risiken auf Basis von Eintrittswahrscheinlichkeiten und möglichen Schadensausprägungen bewerten. Dabei führt ein zu hoher Detaillierungsgrad, z. B. die Beschreibung von Risikoausprägungen anhand von statistischen Verteilungsfunktionen, nicht zu einer höheren Genauigkeit, da in der Regel schon die Eingangsparameter (Eintrittswahrscheinlichkeit und Schadensausprägung) geschätzt werden müssen. Somit unterliegen die Basiswerte bereits einer gewissen Ungenauigkeit, die sich durch ein aufwendiges Verfahren zur Risikoberechnung nicht verbessern lassen.

Variante 1

Als klassisches Verfahren zur Risikoberechnung ist die Multiplikation der möglichen Schadensausprägung mit der vermuteten Eintrittswahrscheinlichkeit bekannt.

$$\text{Risiko} = \text{Eintrittswahrscheinlichkeit} \times \text{Schadenshöhe}$$

Die Vorgehensweise ist sehr einfach, sie liefert allerdings nur einen Durchschnittswert für das Risiko und ermöglicht erst dann eine sichere Risikobewertung, wenn eine sehr große Zahl an möglichst homogenen Schadensausprägungen und Eintrittswahrscheinlichkeiten vorliegt. Mögliche Extremwerte werden durch das Verfahren ausgeblendet.

Beispiel:
Eintrittswahrscheinlichkeit 25 %, Schadensausprägung bei Risikoeintritt 100 T€, also

$$\text{Risiko} = 25\,\% \times 100\,\text{T€} = 25\,\text{T€}.$$

Falls das Risiko eintritt, beträgt der Schaden aber 100 T€, und es müsste, sofern das Risiko wie oben gezeigt kalkuliert wurde, ein Verlust hingenommen werden in Höhe von:
100 T€ - 25 T€ = 75 T€

Als Untervarianten können zwei Rechenansätze verwendet werden, die im Folgenden beispielhaft dargelegt sind. Dabei kann entweder geschätzt werden, mit welcher Wahrscheinlichkeit ein bestimmtes Risiko eintritt, oder welcher Kostenwert zu erwarten ist und wie weit er unter Umständen nach oben oder unten abweicht.

Risikoschätzung am Beispiel Zeitansatz
Formel: Risiko = Eintrittswahrscheinlichkeit x Risikoausprägung
Zur Erstellung einer Pflasterfläche wird ein Aufwand von fünfzig Stunden angenommen: 50 h x 25,- €/h = 1250 €.
Die Eintrittswahrscheinlichkeit wird wie folgt geschätzt:

Unwahrscheinlich = 25 % Eintrittswahrscheinlichkeit
Unklar = 50 % Eintrittswahrscheinlichkeit
Wahrscheinlich = 75 % Eintrittswahrscheinlichkeit

Aufgrund der Komplexität der Fläche könnte die Maßnahme auch acht Stunden mehr Zeit benötigen. Dies ist aber nicht sehr wahrscheinlich. Insofern wird eine Eintrittswahrscheinlichkeit von 25% gewählt.
Das Risiko beträgt somit 25 % x 8 h x 25,- €/h = 50,- €

Risikoschätzung am Beispiel Materialpreissteigerung
Formel: (Minimalwert + kalkulierter Wert + Maximalwert) / 3 – kalkulierter Wert
Üblicherweise werden Pflastersteine beim Baustofflieferanten für 6,50 EUR pro m^2 bezogen. Daher wird wie die Erstellung einer Pflasterfläche wie folgt kalkuliert:
6,50 €/m^2 x 400 m^2 = 2600 € Aufgrund der hohen Nachfrage könnte es sein, dass die Preise auf maximal 8,00 EUR pro Quadratmeter steigen. Mit etwas Glück wäre aber auch die Zusammenlegung mit einem weiteren Projekt möglich, sodass über die Mehrmenge und einen günstigeren Zeitpunkt minimal 5,80 EUR pro m^2 als Einkaufspreis erzielbar wären.
Das Risiko ergibt sich auf dieser Basis wie folgt:
(8,00 €/m^2 + 6,50 €/m^2 + 5,80 €/m^2) / 3 – 6,50 €/m^2 = 0,27 €/m^2
0,27 €/m^2 x 400 m^2 = 108,- €.

Diese Werte könnten dann in das EFB-Blatt als leistungsbezogene Risiken eingetragen werden. Sie wirken in diesem Beispiel mit Blick auf die üblichen Zuschläge für Wagnis und Gewinn recht hoch. In der Praxis, mit vielen Leistungspositionen mehr, ergibt sich aber insgesamt eine Streuung der Risiken, sodass sich die absolute Höhe des Zuschlags relativiert.

16.4 Risikocontrolling

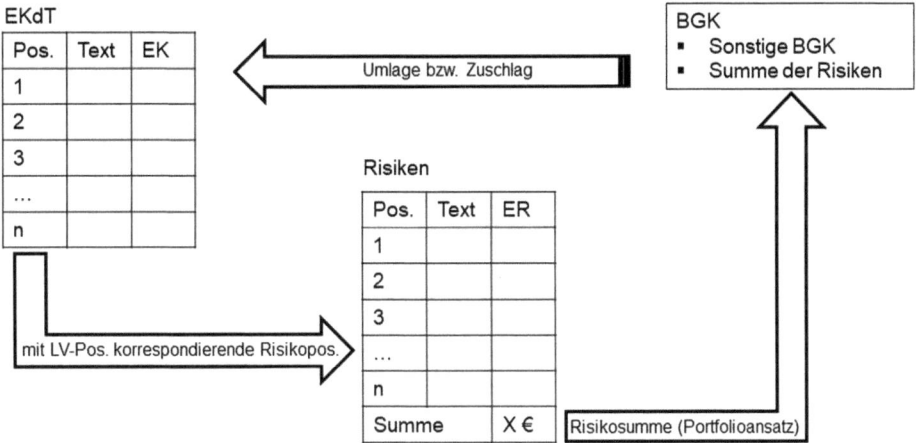

Abb. 16.20 Kalkulation von leistungsbezogenen Risiken in der Endsummenkalkulation

Die Risikokalkulation lässt sich am besten in das Verfahren der Kalkulation „über die Endsumme" integrieren, vgl. Abschnitt 6.4.2. Dabei werden, korrespondierend mit den Positionen der Einzelkosten, Risikopositionen nach dem obigen Vorbild kalkuliert. Die Summe der Risikokosten fließt dann in die Kalkulation der Baustellengemeinkosten ein und wird mit diesen dann auf die Einzelkosten umgelegt, vgl Abb. 16.20.

Variante 2
Diese Variante, die etwas aufwendiger ist, hat sich in Untersuchungen auch im Vergleich mit wesentlich komplexeren Verfahren als hinreichend genau und pragmatisch erwiesen. Zunächst schätzt der Kalkulator die Eintrittswahrscheinlichkeit wie folgt:

Unwahrscheinlich $= 25\,\%$ Eintrittswahrscheinlichkeit
Unklar $= 50\,\%$ Eintrittswahrscheinlichkeit
Wahrscheinlich $= 75\,\%$ Eintrittswahrscheinlichkeit

Dann wird der Risikoeintritt simuliert (Monte-Carlo-Simulation), indem je Risikoposition eine Zufallszahl zwischen 1 und 100 gezogen wird. Liegt die Zufallszahl unter der Eintrittswahrscheinlichkeit so wird angenommen, dass das Risiko eintritt und der volle Schaden zu Buche schlägt. Ist die Zufallszahl größer als die Eintrittswahrscheinlichkeit, so wird das Risiko als nicht eingetreten gewertet. In der Summe über alle Risikopositionen ergibt sich dann ein Betrag, der als mögliche Risikoausprägung über das Gesamtprojekt interpretiert werden kann.

Der Vorgang muss im Anschluss daran sehr häufig wiederholt werden (mehrere tausend Wiederholungen), um eine statistisch belastbare Aussage zu erhalten, wobei die Häufigkeit der verschiedenen Gesamtrisikoausprägungen festgehalten wird. Auf diese Weise entsteht eine Häufigkeitsverteilung an der die wahrscheinlichste Gesamtrisikohöhe abgelesen, aber auch die Wahrscheinlichkeit eines bestimmten Extremrisikos sichtbar wird (vgl. Abb. 16.21). Das mittlere Gesamtrisiko entspricht dem Ergebnis der Risikoberechnung nach Variante 1. Der Einsatz von Standard-Office-Software ermöglicht eine rasche Erledigung.

Beispiel:

Risiko 1: Eintritt unwahrscheinlich (25 %), Möglicher Schaden bei Risikoeintritt 5000 €
Risiko 2: Eintrittswahrscheinlichkeit unklar (50 %), Möglicher Schaden bei Risikoeintritt 10.000 €
Risiko 3: Eintritt wahrscheinlich (75 %), Möglicher Schaden bei Risikoeintritt 15.000 €
Risiko 4: Eintrittswahrscheinlichkeit unklar (50 %), Möglicher Schaden bei Risikoeintritt 20.000 €
Risiko 5: Eintritt unwahrscheinlich (25 %), Möglicher Schaden bei Risikoeintritt 25.000 €

Mittelwert gemäß Variante 1 (entspricht Mittelwert gemäß Variante 2, vgl. Abb. 16.21):

Mittleres Gesamtrisiko =
$5\,T€ \times 25\,\% + 10\,T€ \times 50\,\% + 15\,T€ \times 75\,\% + 20\,T€ \times 50\,\% + 25\,T€ \times 25\,\%$
$\approx 34\,T€.$

Die Auswertung (Abb. 16.21) zeigt auch, dass mit einer Sicherheit von 90 % Gesamtrisikokosten von 55 T€ nicht überschritten werden (auch Value-at-Risk genannt).

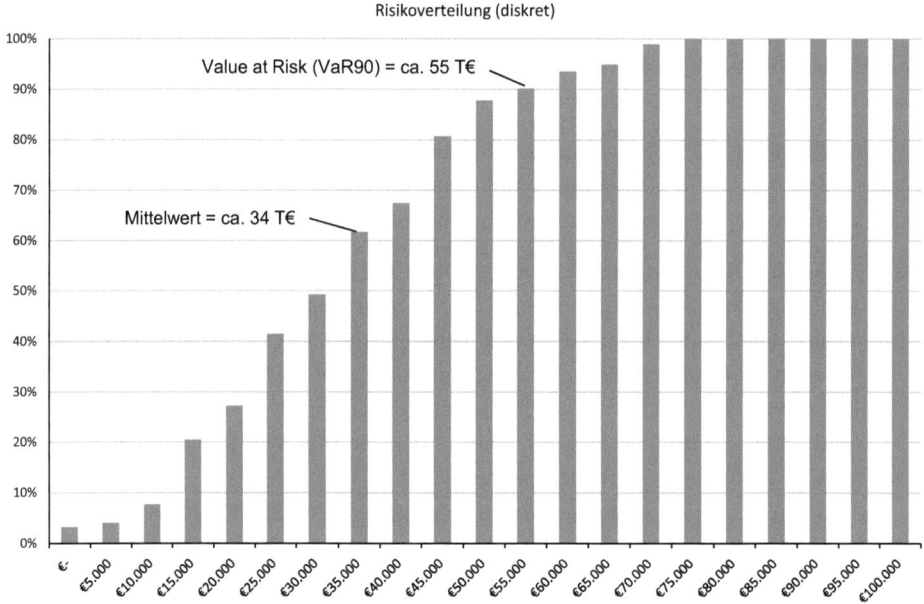

Abb. 16.21 Häufigkeitsverteilung bestimmter Gesamtschadenshöhen

16.4 Risikocontrolling

	Bausumme	ex ante Ergebnis [%]	ex ante Ergebnis [abs]	Ergebnis kalkuliert	ex post Abweichung von kalk. Ergebnis [%]	ex post Abweichung von kalk. Ergebnis [abs]	Vertragsform sonstige	Vertragsform VOB
Projekt 1	800.000 €	22%	176.000 €	5%	17%	136.000 €	x	
Projekt 2	900.000 €	18%	162.000 €	5%	13%	117.000 €		x
Projekt 3	500.000 €	20%	100.000 €	5%	15%	75.000 €	x	
Projekt 4	1.200.000 €	-12%	- 144.000 €	5%	17%	204.000 €	x	
Projekt 5	900.000 €	25%	225.000 €	5%	20%	180.000 €		x
Projekt 6	1.050.000 €	-14%	- 147.000 €	5%	19%	199.500 €		x
Projekt 7	600.000 €	-13%	- 78.000 €	5%	18%	108.000 €	x	
Projekt 8	400.000 €	15%	60.000 €	5%	10%	40.000 €		x
Projekt 9	750.000 €	-10%	- 75.000 €	5%	15%	112.500 €		x
Projekt 10	200.000 €	26,0%	52.000 €	5%	21%	42.000 €	x	
	7.300.000 €	5%	331.000 €					

Abb. 16.22 Ex-Post-Ermittlung von Vertragsrisiken

Bestimmung von schwer kalkulierbaren Risiken und Restrisiken
Manche Risiken lassen sich nicht anhand von Eintrittswahrscheinlichkeiten und Schadensausprägungen schätzen bzw. kalkulieren. Eine Ex-Post-Betrachtung mit Hilfe der Nachkalkulation oder der Ergebnisrechnung kann das Problem lösen.

Das nachfolgende Beispiel veranschaulicht, wie sich z. B. das Vertragsrisiko mit einer sehr einfachen Form der sogenannten Historischen Simulation bestimmen lässt (vgl. z. B. Huschens 2000, Abb. 16.22):
Eine Auswertung der mittleren Abweichung von Aufträgen mit VOB bzw. sonstigen Verträgen zeigt, dass das Beispielunternehmen bei der Verwendung des VOB-Vertrags im Mittel um ca. 2 % weniger vom kalkulierten Ergebnis abweicht, als bei sonstigen Verträgen (vgl. Meinen und Sundermeier 2005, S. 235–242). Das Risiko der Vertragsart beträgt also im Mittel 2 % der Bausumme.
Die Auswertung des Risikoprofils gemäß Abb. 16.22 ergibt im Einzelnen:
Mittleres Ergebnisrisiko bei Nutzung des VOB-Vertragsrechts:

$$(13\,\% + 20\,\% + 19\,\% + 10\,\% + 15\,\%)/5 = 15{,}4\,\%.$$

Mittleres Ergebnisrisiko bei Nutzung sonstiger Verträge:

$$(17\,\% + 15\,\% + 17\,\% + 18\,\% + 21\,\%)/5 = 17{,}6\,\%.$$

Insofern kann das Unternehmen damit rechnen, dass das Ergebnis bei Anwendung des VOB-Vertragsrechts um durchschnittlich 2,2 % besser ausfällt und sollte diese Erkenntnis im Rahmen der Angebotsbearbeitung berücksichtigen.
Die verbleibende Abweichung von 15,4 % kann keinem speziellen Risiko zugeordnet werden, zeigt aber, dass neben dem Vertragsrisiko weitere Risiken oder Chancen mit deutlichem Einfluss auf das Ergebnis vorhanden sein müssen. Eine weitere Analyse nach ergänzenden Risikofaktoren wäre empfehlenswert.

Um die Aussage zur Ausprägung der verbleibenden Risiken zu verbessern, lassen sich Diskriminanzanalysen nutzen. Entsprechende Verfahren ermöglichen die Ermittlung des Zusammenhangs einzelner Risikofaktoren (Vertragsart, Örtlichkeit, Auftraggeberart, Sparte, etc.) mit dem Baustellenerfolg und extrahieren Risikofaktoren mit signifikantem Einfluss, vgl. Abb. 16.23.

Das Ergebnis ermöglicht eine strategische Vorgehensweise bei der Risikoidentifikation und -bewertung, sowie dem Risikocontrolling, wie in den folgenden Abschnitten gezeigt wird.

Auch bei aller Sorgfalt und Detailanalyse wird am Ende immer ein Restrisikoanteil verbleiben, dem kein konkretes Risiko mehr zugeordnet werden kann. Dem weiteren Ermittlungsaufwand würde kein ausreichender Nutzen mehr gegenüber stehen. Dieser Anteil des Restrisikos wird als „weißes Rauschen" bzw. als allgemeines Wagnis in der Kalkulation bei allen Projektkategorien geführt.

Letztlich zeigt die Auswertung, dass ein mehr oder weniger spezifisches Risiko vorhanden ist. Zur Beantwortung der Frage, wie und ob dieses Risiko zu kalkulieren ist, stehen drei Varianten zur Verfügung:

- Berücksichtigung des Risikos ganz- oder teilweise als sogenannter Wagnis-Zuschlag gemeinsam mit dem gewünschten Gewinn nach Möglichkeiten der Preispolitik bzw. der Marktgegebenheiten (führt dazu, dass das Gesamtunternehmensrisiko deutlich sinkt). Dieser Ansatz wird sich nur in guten Marktlagen oder Anbietermärkten realisieren lassen.
- Wahl eines Ansatzes für den Deckungsbeitrag (unter Vollkosten: Zuschlag für Wagnis), der mindestens so hoch ist, wie das eingegangene Risiko, sodass das Projekt auch unter Risiko keinen Verlust erwirtschaften wird (führt dazu, dass das Gesamtunternehmensrisiko sinkt).
- Keine Berücksichtigung im Rahmen der Kalkulation und Abgleich mit zulässigem Projektrisiko, abgeleitet aus dem Rechnungswesen. Dieser Ansatz nutzt die Risikoabsicherungspotentiale des Unternehmens (vgl. Teil F, Abschn. 19.1.2).

16.4.4 Agglomeration von Risiken im Betrieb (Risikokollektiv)

Anders als in der stationären Industrie werden im Bauwesen vielfach Projekte abgewickelt, die eher wirtschaftlich unabhängig voneinander sind. Systematische Zusammenhänge ergeben sich nur durch projektübergreifende Faktoren wie Großkunden mit mehreren Projektaufträgen oder Rahmenverträge, tarifliche Bindungen im Personalbereich oder Schwankungen der Rohstoffpreise. Sofern diese Schwankungen wie z. B. im Zusammenhang mit dem außergewöhnlichen Anstieg der Holz und Kunststoffpreise im Jahr 2020/21 oder plötzlichen Konjunktureinbrüchen nicht im vornherein absehbar sind, ergeben sich die einflussreichsten Risikofaktoren aus den Randbedingungen der

16.4 Risikocontrolling

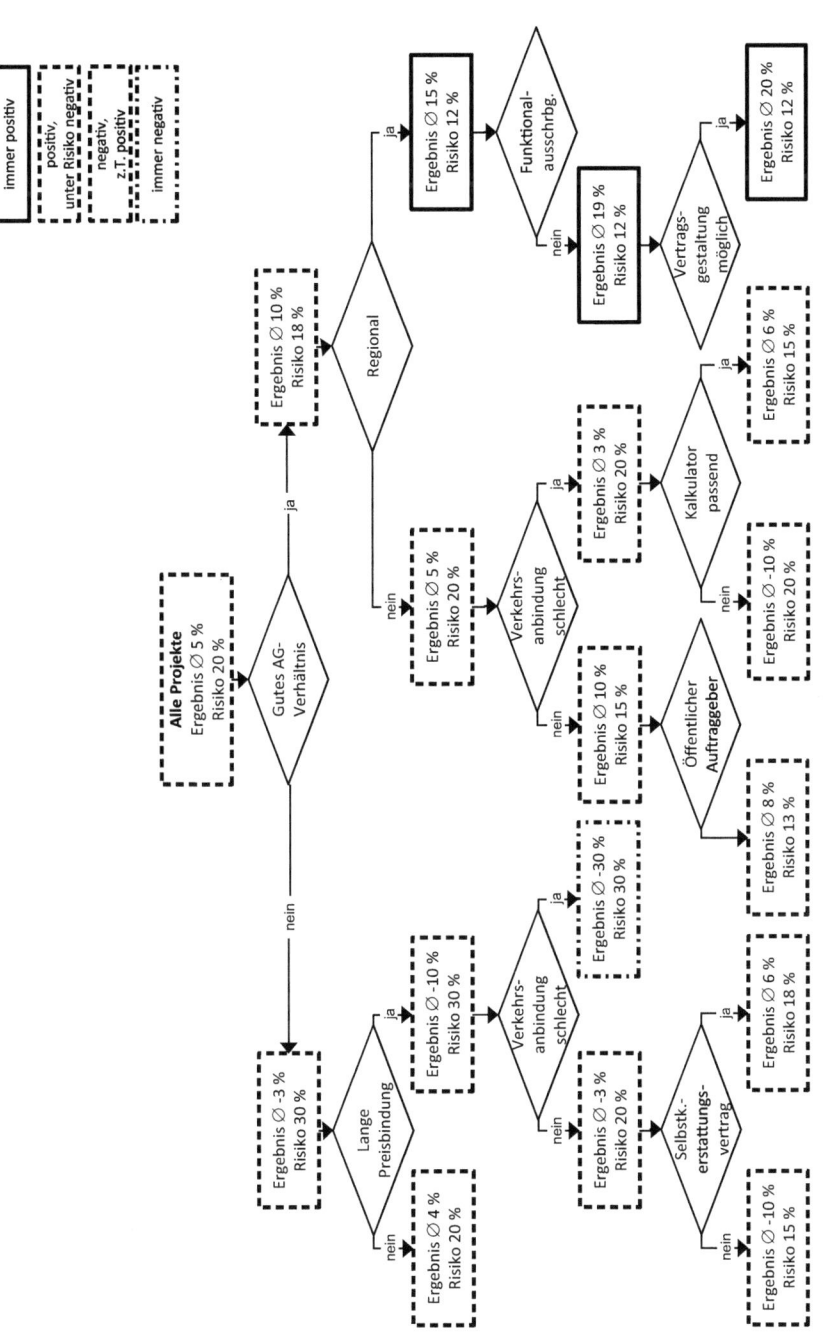

Abb. 16.23 Beispielhaftes Ergebnis einer Diskriminanzanalyse

Projekte selbst, wie z. B. Bauzeit- und Terminrisiken, Mengenrisiken, Mangelrisiken, Personalrisiken, Vertragsrisiken, etc.

Vor diesem Hintergrund kann von einer weitestgehenden Unabhängigkeit der Projekte und damit der Projektrisiken ausgegangen werden, die statistisch gesehen zu einer Streuung des Risikos im Gesamtzusammenhang aller Projekte des Unternehmens (Projektkollektiv) führt.

Im Idealfall kann von gänzlich unabhängigen Projekten ausgegangen werden. Wenn zudem unterstellt wird, dass jedes Bauunternehmen je Jahr eine große Zahl an Projekten abwickelt, deren Risiko normalverteilt ist, so lässt sich dieser Zusammenhang auf eine einfache Formel zur Beschreibung der Risikostreuung reduzieren (Invarianz der Normalverteilung gegenüber der Faltung):

$$\sigma_G = \sqrt{k} \times \sigma$$

mit

σ = Einzelrisiko
k = Anzahl der Projekte

Für ein Beispielunternehmen würde das unter der Annahme, dass 10 Projekte mit identischem Einzelrisiko und gleichem Bauvolumen abgewickelt würden.

Gesamtleistung:	7.300.000,- Euro
Projektzahl:	10 p.a.
Leistung je Projekt:	730.000,- Euro
Risiko σ je Projekt: 20% · 730.000,- Euro =	146.000,- Euro
Gesamtrisiko je Jahr: $\sigma_G = \sqrt{k} \cdot \sigma = \sqrt{10} \cdot 146.000$,- Euro =	461.693,- Euro

Über das gesamte Projektportfolio des Unternehmens wird das Risiko somit gestreut und reduziert sich von 20 % je Einzelprojekt auf 6,3 % im Verhältnis zur Gesamtleistung.

An dieser Stelle sei angemerkt, dass die hier genannten Risikowerte der sogenannten Standardabweichung, also der durchschnittlichen Abweichung entsprechen. Die heutigen Verfahren zur Risikoberechnung nutzen in der Regel den sogenannten „Value at Risk", der höheres Sicherheitsniveau unterstellt und mindestens 90 % aller möglichen Schadensausprägungen einschließt. In dem hier gezeigten Beispiel würde der VaR$_{90\%}$ 591.634,– €, d. h. 8,1 % der Gesamtleistung betragen (vgl. Meinen 2005).

Die obigen Ausführungen sind zunächst geeignet, um ein Verständnis für den Zusammenhang und die Streuung von Risiken in Kollektiven zu vermitteln.

Im realen Falle der Baupraxis ergeben sich häufig unterschiedliche Projektgrößen und individuelle Risiken. In diesem Falle kann die Berechnungsformel erweitert werden, um so unterschiedliche Risikoausprägungen (σ) der n Projekte aufzunehmen.

$$\sigma_G = \sqrt{\sigma_1^2 + \sigma_2^2 + \ldots + \sigma_n^2} = \sqrt{\sum_{r=1}^{n} \sigma_r^2}$$

16.4 Risikocontrolling

Das Ziel der Modellbildung ist es, die Wirklichkeit möglichst realitätsnah abzubilden. Insofern kann die Berechnungsmethodik stufenweise detailliert werden. Eine weitere Verbesserung der Herangehensweise bietet der Varianz-Kovarianz-Ansatz, der neben den unterschiedlichen Ausprägungen des Risikos auch dessen Zusammenhänge berücksichtigen kann. So lassen sich systematische Risiken, wie z. B. Schwankungen des Rohstoffpreises etc. rechnerisch erfassen. Nachfolgend wird der Ansatz schematisch dargestellt (vgl. Holst 2000, S. 818):

Wie zuvor beschrieben, wird das Risiko als Standardabweichung (im Rahmen des Value-at-Risk-Ansatzes z. B. als 90 %-Quantil) der Normalverteilung einer Portfolioposition (hier Einzelprojekt) definiert. Im Varianz-Kovarianz-Ansatz wird mit Hilfe der Kovarianzmatrix der Gesamt-Risikowert aus den Einzelprojekten errechnet. Für die Verteilung des Risikos aus den Einzelprojekten muss Symmetrie (die Normalverteilung) unterstellt werden.

Unter der Voraussetzung, dass der Risikowert (hier Standardabweichung (σ), oder generell VaR) als Abweichung des zukünftigen Wertes von dem jeweiligen Erwartungswert (Mittleres Baustellenergebnis bzw. Umsatzrendite) interpretiert wird, womit die Mittelwerte der Einzelprojekte zu Null gesetzt werden, lässt sich das Risiko (σ bzw. Value-at-Risk) des Gesamtportfolios mit

V = Vektor der Einzel-Risiko-Werte und
KKM = Korrelationskoeffizienten-Matrix der Einzel-Risikopositionen.zu

$$VaR_{1-\alpha} = \sqrt{V^T \times KKM \times V}$$

berechnen.

Wenn dabei lediglich ein 10%iger Zusammenhang der Projekte besteht, so ergibt sich ein um 2 % höheres Gesamtrisiko für das Beispielunternehmen. Das Ergebnis zeigt, dass die Auswirkungen der Projektkorrelation sehr ernst genommen werden müssen. Leider liegen dazu noch keine belastbaren empirischen Studien vor. Eine wissenschaftliche Arbeit an der Hochschule Osnabrück hat ergeben, dass eine gewisse Korrelation zwischen den Projekten generell unterstellt werden muss, auch wenn keine außergewöhnlichen, systematischen Zusammenhänge, wie etwa der starke Materialpreisanstieg 2020/21 zum Tragen kommen. Ausgewertet wurden 100 kleinere Projekte über fünf Jahre (vgl. Wahlers 2017). Auch wenn die Untersuchung keine, für die Branche insgesamt, repräsentativen Kennwerte liefern kann, so zeigt sich in den Auswertungen die Korrelation jedoch so deutlich, dass eine Erweiterung des Berechnungsverfahrens notwendig erscheint. Durchschnittlich ergibt sich zwar nur eine Korrelation in Höhe von 0,03, die gewöhnlich als eher unterkritisch angesehen werden kann, allerdings bewirkt sie vor dem Hintergrund der geringen Umsatzrenditen im Baubereich bereits eine deutliche Risikoerhöhung insgesamt. Forschung und Praxis sind gefragt, um nähere Erkenntnisse für die Branche zu schaffen.

Die beschriebenen Berechnungsverfahren ermöglichen einen rechnerischen und der Realität der Bauunternehmen angenäherten Ansatz, um das Gesamtunternehmensrisiko in eine Projektstruktur aufzulösen, oder eine Projektstruktur zur Bestimmung des Gesamtunternehmensrisikos zu aggregieren. Dadurch wird ein Rückschluss auf die Risikotragfähigkeit des Unternehmens, eine Risikoplanung und die Vorgabe von Risikolimits in einem integrierten Ansatz möglich.

16.4.5 Risikoabsicherung

Der Faktoreinsatz bzw. Aufwand und der Output bzw. Ertrag an erstellten Gütern und Dienstleistungen unterliegt der Unsicherheit zukünftiger Marktzustände, Witterungseinflüsse etc. und stellt für den Eigenkapitalgeber das unternehmerische Risiko dar, aus dem eine angemessen hohe Eigenkapitalverzinsung begründet wird. Wöhe stellt insofern das Risiko in Zusammenhang mit der geforderten Mindestverzinsung des eingesetzten Eigenkapitals. Er legt dar, dass der Eigenkapitalgeber für die Übernahme von Risiken eine höhere Verzinsung im Vergleich zur Verzinsung sicherer Kapitalanlagen wie Bundesschatzbriefen erwarten können muss (Wöhe und Döring 2020, S. 52 ff.). Die zugrundeliegende Rechnung ist trivial, sie geht zurück auf die einfache Formel zur Ermittlung des Risikos.

Risiko = Eintrittswahrscheinlichkeit × Verlusthöhe

Wenn also jede zehnte Investition in Höhe von 100 T€ nicht werthaltig ist ergibt sich:

Risiko = 1/10 × 100 T€ = 10 T€

Im Durchschnitt muss also jede geglückte Investition mindestens 10 T€ an Zinsen (also 10 %) erwirtschaften, um das Kapital zumindest zu erhalten. Werden demnach höhere Risiken eingegangen, muss die Verzinsung jedes Engagements noch höher sein.

Die rekursive Betrachtung liefert die notwendige Risikovorsorge bei einer bestimmten Risikosituation:

Wenn das Risiko des Bauunternehmens, wie am Beispielbetrieb (Abschn. 16.4.4) gezeigt, 146 T€ beträgt, dann muss jedes Projekt wenigstens ein Ergebnis von 6,3 % erzielen, um das eingesetzte Kapital zu erhalten:

- Gesamtrisiko: 146 T€
- Gesamtleistung: 7300 T€
- Risikoumlage je Projekt = 146 / 7300 = 6,3 %.

Gegen die Risiken muss sich das Unternehmen also durch ausreichenden Gewinn, und – wenn dies nicht möglich ist – durch Eigenkapital sowie hinlängliche Liquidität schützen.

16.4 Risikocontrolling

Genauso sieht es die Bankenaufsicht bei der Formulierung der als Basel I, II und III bekannten Eigenkapitalregelungen der Banken. Je mehr Risiken einem Kreditengagement innewohnen, desto mehr Eigenkapital hat die Bank zu unterlegen.

Bei Bauunternehmen zeigt sich, dass sie, je nach Projektstruktur und Sparte, im Durchschnitt zwischen 12 und 20 % Eigenkapital (Hochbau 6 bis 13 % / Tiefbau 15 bis 25 %) in Bezug auf das Projektvolumen unterlegen, bzw. eine Eigenkapitalquote zwischen 15 und 30 % (Hochbau 8 bis 16 % / Tiefbau 19 bis 32 %) zur Risikoabsicherung vorhalten müssen (Meinen 2017). Branchendurchschnittlich liegt die Eigenkapitalquote nach Angaben des deutschen Sparkassen- und Giroverbands 2019 mit 10,7 % im Hochbau bzw. 22,1 % im Tiefbau gerade noch im Rahmen. Der Blick auf die statistischen Minimal- und Maximalwerte von kaum 1 % bis knapp 45 % zeigt jedoch, dass durchaus Gefahr bestehen kann. Speziell Unternehmen aus Sparten mit höheren Projektrisiken und geringer Projektzahl sind ohne passende Kapitalausstattung in ihrer Existenz gefährdet.

Auch ohne die eigentlichen Risiken in Art, Umfang und Betrag genau zu kennen, ist es möglich, die Risikotragfähigkeit des Unternehmens zu bestimmen und als Ausgangspunkt für das weitere Risikomanagement und die damit verbundene Analyse, Planung und Steuerung zu verwenden. Die entsprechenden Vorgehensweisen werden in Teil F, Abschn. 19.1.2 besprochen.

16.4.6 Risikoplanung, -kontrolle und -steuerung

Werden die Erkenntnisse der obigen Abschnitte zugrunde gelegt, so kann der klassische Controllingansatz aus den Bestandteilen Planung, Kontrolle und Steuerung auch auf das Risikocontrolling übertragen werden. Zunächst ist dazu die Projektanalyse erforderlich, mit deren Hilfe das spezifische Risiko bestimmter Projekte festgestellt wird, vgl. Abschn. 16.4.3.2. In Abstimmung mit der Risikotragfähigkeit des Unternehmens, vgl. Abschn. 16.4.5, kann dann das zulässige Gesamtrisiko ermittelt, und die Planung unter Berücksichtigung einer bestimmten Projektstruktur (Risikokollektiv bzw. Projektportfolio) erstellt werden. Im Zuge der Angebotsbearbeitung erfolgt im laufenden Jahr eine individuelle Risikokalkulation je Projekt, die dem Planportfolio gegenübergestellt, und in das Ist-Portfolio integriert werden kann. Es obliegt dann der unternehmerischen Entscheidung, ob ein Auftrag angeboten oder angenommen werden darf, je nachdem, wie der konkrete Auftrag das Gesamtrisiko des Unternehmens verändert (Abb. 16.24).

Das Vorgehen wird im Folgenden anhand eines einfachen Beispiels dargelegt:

1. Projektanalyse:
Die Ex-Post-Betrachtung über alle Projekte ergibt, dass das durchschnittliche Ergebnisrisiko 17 % des Projektvolumens beträgt, vgl. Abschn. 16.4.3. bzw. 16.4.3.2.

2. Risikotragfähigkeit:

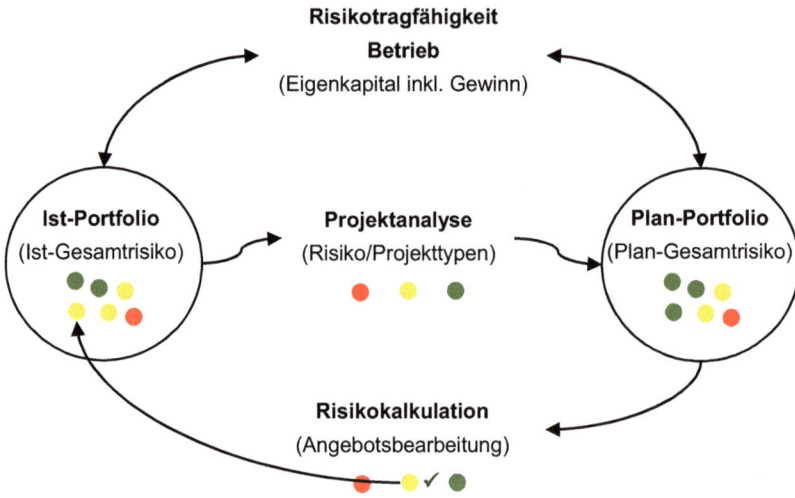

Abb. 16.24 Risikocontrolling Konzept

Nach Möglichkeit soll das Eigenkapital nicht beansprucht werden, daher beschließt die Unternehmensleitung, dass der durchschnittliche Gewinn des Unternehmens (Umsatzrendite) zur Risikoabsicherung verwendet werden soll. Daraus wird die planerische Vorgabe für das zulässige Gesamtrisiko abgeleitet:

Planleistung: 10.000.000 €
Plan Umsatzrendite (6 %): 600.000 €

3. Plan-Portfolio:
   Die Planleistung setzt sich aus der üblichen Projektstruktur von etwa 10 Projekten mit einer Leistung von in etwa 1 Mio. € zusammen. Es wird gemäß der Risikoanalyse (Schritt 1) ein durchschnittliches Projektrisiko in Höhe von 17 % unterstellt. Zudem wird ein einfacher Ansatz zur Berechnung des Gesamtrisikos genutzt, der Unabhängigkeit der Projektrisiken unterstellt, vgl. Abschn. 16.4.4. Das Plan-Gesamtrisiko ergibt sich somit zu:

$$\text{Plan-Gesamtrisiko} = \sqrt{10} \times 17\,\% \times 1.000.000\,\text{€} = 537.587\,\text{€}$$

   Die Plan-Umsatzrendite (vgl. Schritt 2) würde also zur Absicherung des Gesamtprojektrisikos ausreichen.

4. Risikokalkulation und Angebotsbearbeitung
   Im Rahmen der Angebotsbearbeitung werden die Risiken einer Projektaufgabe kalkuliert (vgl. Abschn. 16.4.3.2). Es wird ein Projektrisiko in Höhe von 25 % festgestellt. Das Projektvolumen beträgt 1 Mio. €.
   Die Unternehmensleitung fragt sich, ob das Projekt angenommen werden kann, ohne die Risikotragfähigkeit des Unternehmens zu überschreiten.

Dazu wird die potentielle Projektaufgabe mit dem Planportfolio abgeglichen und das Plan-Gesamtrisiko nach dem Rechenansatz aus Abschn. 16.4.4 neu bestimmt.

Plan-Gesamtrisiko (vgl. Schritt 3) = 537.587 €

Plan-Gesamtrisiko (neu)

$$= \sqrt{\left(\sqrt{9} \times 17\,\% \times 1.000.000\right)^2 + (25\,\% \times 1.000.000)^2}$$
$$= 567.979\ €$$

Die Plan-Umsatzrendite in Höhe von 600.000 € (vgl. Schritt 2) würde also zur Absicherung des Gesamtprojektrisikos ausreichen, auch wenn das risikoreichere Projekt in das Portfolio aufgenommen wird.

5. Ist-Portfolio

Die Unternehmensleitung entscheidet sich aufgrund der Risikokalkulation (Schritt 4) für die Abgabe des Angebots, ohne dass ein zusätzlicher Risikoaufschlag eingepreist wird und erhält den Zuschlag. Damit wird das Plan-Portfolio (Schritt 3) angepasst und wird zum IST-Portfolio gemäß der nunmehr neuen Risikosituation, vgl. Plan-Gesamtrisiko (neu), Punkt 4.

Bei allen neuen Angebotssituationen wird gleichermaßen verfahren.

Literatur

Allgeier, G.: Controlling als Führungsinstrument in Bauindustrie-Unternehmen; in: Planung, Steuerung und Kontrolle in Bauunternehmen, Wibau-Verlag GmbH: Düsseldorf 1987

Creditreform Wirtschaftsforschung (Hrsg.): Insolvenzen in Deutschland, Verband der Vereine Creditreform e. V., Neuss, 2020

Danielzik, J./Meyer, I./Oepen, R./Rudert, D.: Die Arbeitskalkulation im Projekt-Controlling; in: Bauwirtschaft, 6/98

Geberich, W.C.: Wohin führt der Weg des Controllers?; in FAZ Nr. 123 v. 31.05.1999

Gesellschaft zur Förderung des Deutschen Baugewerbes (1990): Bauorg. Unternehmer-Handbuch für Bauorganisation und Betriebsführung. Bonn: Zentralverband des Deutschen Baugewerbes.

Gleissner, W. & Füser, K.: Leitfaden Rating, Basel II: Rating-Strategien für den Mittelstand, Verlag Franz Vahlen: München 2002.

Götze, U., Henselmann, K. & Mikus, B.: Risikomanagement, Physica-Verlag: Heidelberg 2001

Heine, S. (1996): Controlling bei Generalunternehmereinsatz. In: Claus Jürgen Diederichs (Hg.): Handbuch der strategischen und taktischen Bauunternehmensführung. Wiesbaden: Bauverlag

Hölkermann, O.: Modell eines prozessorientierten Informationssystems zur Steuerung von Bauunternehmen, Weißensee Verlag: Berlin 2002

Horváth, P.: Controlling. 14. Auflage. Verlag Franz Vahlen: München 2020

Huschens, S.: Value-at-Risk-Berechnung durch historische Simulation, Dresdner Beiträge zu Quantitativem Verfahren (30), 2000.

Kapellmann, K.D./Schiffers, K.-H.: Vergütung, Nachträge und Behinderungsfolgen beim Bauvertrag, Band 1: Einheitspreisvertrag, 7. Auflage, Werner Verlag: Düsseldorf 2017; Band 2: Pauschalvertrag einschließlich Schlüsselfertigbau, Werner Verlag: Düsseldorf 2017

KfW Bankengruppe (Hrsg.): KfW-Mittelstandspanel 2020, Frankfurt am Main, 2020

Lachnit, L.: Controllingkonzeption für Unternehmen mit Projektleistungstätigkeit, Verlag Franz Vahlen: München 1994

Liane Buchholz, Ralf Gerhards, Liane Buchholz, Ralf Gerhards, Grundlagen der Kosten- und Leistungsrechnung:21–43

Meinen, H.: Quantitatives Risikomanagement im Bauunternehmen, VDI-Verlag, Düsseldorf, 2005

Meinen, H.: Auswertung der Risiken von Bauprojekten, Hochschule Osnabrück, Institut für nachhaltiges Wirtschaften in der Bau und Immobilienwirtschaft, Osnabrück, 2016

Meinen, H. & Sundermeier, M.: AGB-rechtliche Entprivilegierung der VOB/B und ihre Auswirkungen auf die wirtschaftlichen Risiken der Bauvertragsparteien, Baurecht und Baupraxis, 2005

Meinen, H.: Risiko Bauprojekt: Bis zu 25 % Eigenkapitalunterlegung erforderlich! In: Bauwirtschaft, Nr. 3/4, 2017, S. 143–149

Meinen, H.; v. Wietersheim, Mark: Angaben zum Wagnis im EFB-Blatt, in: Bauwirtschaft, Nr. 1, 2021, S. 1–7

Prange, Herbert; Leimböck, Egon; Klaus, Ulf Rüdiger (1995): Baukalkulation unter Berücksichtigung der KLR Bau und der VOB. 9. Auflage. Wiesbaden, Berlin: Bauverlag

Preißler, P.R.: Controlling-Lehrbuch und Intensivkurs, 3. Auflage, Oldenbourg Verlag: München-Wien 1991

Reichmann, T.: Controlling mit Kennzahlen, 9. Auflage, Vahlen Verlag, 2017

Reim, J.: Die kalkulatorischen Wagniskosten in der Kostenartenrechnung, https://www.controlling-portal.de/Fachinfo/Kostenrechnung/Die-kalkulatorischen-Wagniskosten-in-der-Kostenartenrechnung.html, Abruf: 7.12.2020

Statista (Hrsg.): Anzahl der Insolvenzen im Baugewerbe in Deutschland in den Jahren 1995 bis 2019, online unter:https://de.statista.com/statistik/daten/studie/152510/umfrage/bau-insolvenzhaeufigkeit-im-branchenvergleich-in-deutschland-seit-1995/, Abruf: 02.08.2021

Talaj, R.: Operatives Controlling für bauausführende Unternehmen, Bauverlag: Wiesbaden-Berlin 1993

Vygen, K./Schubert, E./Lang, A.: Bauverzögerung und Leistungsänderung, Rechtliche und baubetriebliche Probleme und ihre Lösungen, 7. Auflage, Bauverlag: Wiesbaden-Berlin 2015

Walter, Ralf: Die Entwicklung der baubetrieblichen Kosten- und Leistungsrechnung von der Aufschreibungsfunktion im Mittelalter zum modernen Controllinginstrument, Dissertation Universität Dortmund: Dortmund 1992

Wöhe, Günter; Döring, Ulrich (2020): Einführung in die Allgemeine Betriebswirtschaftslehre. 27. Auflage: Verlag Franz Vahlen

Wahlers, L.: Risikokorrelation von Bauprojekten, Masterthesis, Hochschule Osnabrück, 2017

Zentralverband des Deutschen Baugewerbes (Hrsg.) (1995): Abschnitt XI/S. 14

Teil F
Rechnungslegung

In diesem Buch wird bewusst davon abgesehen, den Begriff der „Unternehmensrechnung" zu verwenden. In der betriebswirtschaftlichen Literatur wird häufig unter diesem Begriff sowohl die Rechnungslegung für externe Adressaten (externes Rechnungswesen) als auch das betriebliche bzw. interne Rechnungswesen verstanden.

Da das betriebliche Rechnungswesen im vorhergehenden Kapitel bereits ausführlich dargestellt wurde, wird in dem Bereich des Rechnungswesens, der einerseits aus handels- und steuerrechtlichen Verpflichtungen erstellt werden muss und der andererseits der Unternehmensleitung und externen Adressaten als Grundlage für Entscheidungen dient, der Begriff „Rechnungslegung" verwendet.

Dementsprechend wird für die Darstellung der Rechnungslegung folgende Unterteilung gewählt: Verpflichtung zur Rechnungslegung, Rechnungslegung (Jahresabschluss) als Führungsinstrument und der Jahresabschluss als Informationsquelle für externe Gruppen.

Die deutschen Bauunternehmen bilanzieren hauptsächlich nach den Grundsätzen des deutschen Handelsrechts (HGB), daher wird auf internationale Standards (International Financial Reporting Standards – IFRS bzw. International Accounting Standards – IAS) nur am Rande eingegangen. Für die Besteuerung in Deutschland ist das Handelsrecht (HGB) maßgebend, allerdings wird es an verschiedenen Stellen durch das Steuerrecht konkretisiert oder eingeschränkt (§ 5 Abs. 1 Satz 1 EStG). An wesentlichen Stellen sind daher Hinweise aufgeführt.

17 Verpflichtung zur Rechnungslegung

Rechnungslegung im weitesten Sinne ist das geordnete Zusammenstellen von Einnahmen und Ausgaben unter Beifügen von Belegen, soweit diese üblicherweise erteilt werden. Dies geht hervor aus dem § 259 Abs. 1 BGB, in welchem es heißt:

„Wer verpflichtet ist, über eine mit Einnahmen oder Ausgaben verbundene Verwaltung Rechenschaft abzulegen, hat dem Berechtigten eine die geordnete Zusammenstellung der Einnahmen oder der Ausgaben enthaltende Rechnung mitzuteilen und, soweit Belege erteilt zu werden pflegen, Belege vorzulegen."

Im Zusammenhang mit der wirtschaftlichen Tätigkeit von natürlichen und juristischen Personen bestehen aufgrund von mehreren Gesetzen Verpflichtungen zur Rechnungslegung und zwar im Rahmen

- der förmlichen Steuergesetze und die diese ergänzenden Durchführungsverordnungen und hier insbesondere die Abgabenordnung (AO) und das Einkommensteuergesetz (EStG),
- des Handelsgesetzbuches (HGB),
- des Publizitätsgesetzes (PublG) und
- des Aktiengesetzes (AktG).

Die Inhalte dieser Gesetze unterliegen häufig Veränderungen. Dazu gehören z. B. das Gesetz zur Modernisierung des Bilanzrechts (Bilanzrechtsmodernisierungsgesetz – BilMoG) vom 25.05.2009 (BGBl. 1102) mit weitreichenden Änderungen zur Deregulierung und Anpassung an internationale Standards das Bilanzrichtlinie-Umsetzungsgesetz (BilRUG), das Vorgaben der EU-Richtlinie 2013/34/EU in deutsches Recht umgesetzt und am 23.07.2015 in Kraft getreten ist. Seitdem hat es über 30 weitere, kleinere und größere Änderungen, insbesondere mit Bezug zu den Themen Corporate Social Responsibility (CSR), Finanzmarkt und Bürokratieabbau gegeben.

Nach dem Handelsrecht (§ 238 ff HGB) bzw. der Abgaben-Ordnung (§§ 140–144 AO) sind alle Kaufleute, das heißt Gewerbetreibende im Sinne der §§ 1–6 HGB und gewerbliche sowie landwirtschaftliche Betriebe mit einem Umsatz über 500.000 € beziehungsweise einem Gewinn über 50.000 € zur Buchführung verpflichtet.

Dabei schreibt § 238 HGB vor, dass jeder Kaufmann so buchzuführen hat, dass „seine Handelsgeschäfte und die Lage seines Vermögens nach den Grundsätzen ordnungsmäßiger Buchführung ersichtlich" sind. Neben den, für alle Kaufleute geltenden §§ 238 bis 263 HGB, die sich auf die grundlegenden Buchführungspflichten beziehen, enthalten die §§ 264 bis 335b HGB ergänzende Vorschriften für Kapitalgesellschaften (AG, KGaA, GmbH) sowie bestimmte Personenhandelsgesellschaften.

Im Folgenden werden die für die bauwirtschaftlich maßgeblichen Verpflichtungen zur Rechnungslegung dargestellt.

17.1 Überschussrechnung nach § 4 Abs. 3 EStG

§ 4 Abs. 3 EStG besagt: „Steuerpflichtige, die nicht auf Grund gesetzlicher Vorschriften verpflichtet sind, Bücher zu führen und regelmäßig Abschlüsse zu machen, und die auch keine Bücher führen und keine Abschlüsse machen, können als Gewinn den Überschuss der Betriebseinnahmen über die Betriebsausgaben ansetzen. Hierbei scheiden Betriebseinnahmen und Betriebsausgaben aus, die im Namen und für Rechnung eines anderen vereinnahmt und verausgabt werden (durchlaufende Posten). Die Vorschriften über die Absetzung für Abnutzung oder Substanzverringerung sind zu befolgen. Die Anschaffungs- oder Herstellungskosten für nicht abnutzbare Wirtschaftsgüter des Anlagevermögens sind erst im Zeitpunkt der Veräußerung oder Entnahme dieser Wirtschaftsgüter als Betriebsausgaben zu berücksichtigen. Die nicht abnutzbaren Wirtschaftsgüter des Anlagevermögens sind unter Angabe des Tages der Anschaffung oder Herstellung und der Anschaffungs- oder Herstellungskosten oder des an deren Stelle getretenen Werts in besondere, laufend zu führende Verzeichnisse aufzunehmen."

Diese Vorschrift betrifft vor allem Freiberufler, die ihre Berufsausübung aufgrund eigener Fachkenntnisse leitend und eigenverantwortlich verrichten, wie z. B. Architekten und Fachingenieure.

Aus dem Gesetzestext geht eindeutig hervor, dass nur Einnahmen und Ausgaben im Sinne von Zahlungen gegenübergestellt werden können. Erbrachte Leistungen, für die noch keine Zahlung erfolgte, können ebenso wenig berücksichtigt werden, wie fällige Zahlungen, die noch nicht eingegangen sind.

Dies hat zur Folge, dass der Saldo keine Aussage über die Wirtschaftlichkeit der Berufsausübung gibt.

Besonders ist darauf hinzuweisen, dass für abnutzbares Anlagevermögen die Vorschriften über die Absetzung für Abnutzung oder Substanzverringerung zu befolgen sind. Das bedeutet, dass bei Erwerb und Zahlung von Wirtschaftsgütern des abnutzbaren Anlagevermögens nur der jeweilige Abschreibungsbetrag, der in Steuertabellen fest-

17.1 Überschussrechnung nach § 4 Abs. 3 EStG

Beleg Nr.	Datum	Geschäftsvorfälle	Ausgaben [€]	Einnahmen [€]
1.	13.1.	Reisekostenabrechnung 1/20XX	401	
2.	31.1.	Miete für Geschäftsräume	1.800	
3.	31.1.	Gehaltszahlung Mitarbeiter	4.200	
4.	31.1.	Abführung Sozialabgaben	800	
5.	18.2.	Honorarzahlung von Bauherrn XY		8.600
6.	31.3.	Leasingrate PKW	680	
7.	31.3.	Abschreibung CAD-Gerät	800	
		etc.		

Abb. 17.1 Schematische Struktur eines Ausgaben-Einnahmen-Journals

gelegt ist, als Betriebsausgabe eingesetzt werden darf, es sei denn, es handelt sich um ein geringwertiges Wirtschaftsgut, dessen Anschaffungswert 800,– € nicht überschreitet (bis 250 € als Betriebsausgabe, bis 800 € als Sofortabschreibung oder Abschreibung im GWG-Sammelposten über fünf Jahre möglich).

Anschaffungs- und Herstellungskosten für nicht abnutzbare Wirtschaftsgüter des Anlagevermögens hingegen sind erst im Zeitpunkt der Veräußerung oder Entnahme dieser Wirtschaftsgüter als Betriebsausgaben zu berücksichtigen.

§ 4 (3) des Einkommensteuergesetzes ist bspw. für Freiberufler so zu interpretieren, dass auf eine detaillierte Buchführung verzichtet werden kann. Stattdessen müssen nur die Einnahmen und die Ausgaben des jeweiligen Wirtschaftsjahres in einem Journal festgehalten werden. Dabei darf kein Geschäftsvorfall im Journal ohne Beleg (Quittung, Abrechnung usw.) aufgeführt werden.

Schematisch hat dieses Journal eine Struktur, die exemplarisch in der Abb. 17.1 dargestellt wird.

Es ist sinnvoll, dass neben dem Journal noch folgende Bücher geführt werden (vgl. hierzu z. B. Leschke 1981).

- Ein Kassenbuch, in dem alle Bargeldvorgänge aufgezeichnet werden.
- Ein Kontokorrentbuch, in dem alle unbaren Geschäftsvorfälle, unterteilt nach Kunden und Gläubigern, aufgeführt werden. Es soll den Unternehmer über den aktuellen Stand seiner Forderungen und Verbindlichkeiten informieren.
- Das Rechnungsausgangsbuch.
- Die Lohnbuchhaltung, in der die Personalkosten so aufgeschlüsselt werden, dass Daten, die später für statistische und organisatorische Zwecke gebraucht werden, leicht zugänglich sind.

Für ein Planungsunternehmen, das seine Einkünfte nicht hauptsächlich aus selbständiger Arbeit nach § 18 EStG bezieht oder das in der Rechtsform einer Kapitalgesellschaft geführt wird, besteht Buchführungspflicht und es muss den Gewinn gem. § 5 Abs. 1 in Verbindung mit § 4 Abs. 1 EstG ermitteln. Aber auch solche Unternehmen, die nicht gesetzlich zur Buchführung verpflichtet sind, können diese selbstverständlich anwenden.

Von der Buchführungspflicht als Pflicht zur Erfassung aller Geschäftsvorfälle zu unterscheiden sind die Aufzeichnungspflichten, die sich nur auf einzelne Geschäftsvorfälle beziehen. Für den Freiberufler bestehen daher auch Aufzeichnungspflichten nach § 15 Umsatzsteuergesetz (UStG) im Zusammenhang mit der Rechnungserstellung (Pflichtangaben auf der Rechnung).

„Auch wenn der Freiberufler zur Bilanzierung nicht verpflichtet ist, so ist er doch berechtigt, die Gewinnermittlung durch Bilanzierung vorzunehmen. Dem größeren Arbeits- und Kostenaufwand der Bilanzierung steht der Vorteil gegenüber, dass damit eine größere Kontinuität im einkommensteuerrechtlichen Bereich geschaffen wird und dass die Bilanzierung die gesamte wirtschaftliche Situation zu den jeweiligen Bilanzstichtagen erfassen und darstellen kann" (Barth 1997, S. 53).

17.2 Rechnungslegung nach Handelsrecht

Die Vorschriften zur Rechnungslegung nach Handelsrecht bestehen aus

- allgemeinen, d. h. für alle Kaufleute geltenden Vorschriften der §§ 238 bis 263 HGB,
- ergänzenden Vorschriften für Kapitalgesellschaften (§§ 264 bis 289f HGB),
- zusätzlichen Vorschriften bei verbundenen Unternehmen (Konzernrechnungslegung §§ 290 bis 315e HGB),
- Vorschriften zur Prüfung und Offenlegung, Verordnungsermächtigung und Ordnungs-, Straf- und Bußgelder (316 bis 335b HGB).

17.2.1 Verpflichtung zur ordnungsmäßigen Buchführung

In § 238 HGB verpflichtet der Gesetzgeber jeden Kaufmann, Bücher zu führen und in diesen seine Handelsgeschäfte und die Lage seines Vermögens nach den Grundsätzen ordnungsmäßiger Buchführung ersichtlich zu machen. Im Gesetzestext wird noch die traditionelle Bezeichnung „Buchführung" verwendet, die in der Praxis von dem Begriff „Rechnungswesen" abgelöst wurde.

Was sind nach dem Handelsgesetzbuch Kaufleute?

Wer als Kaufmann gilt, ist in den §§ 1–7 HGB festgelegt. Dabei bestimmt das HGB die Kaufmannseigenschaft nach unterschiedlichen Merkmalen. § 1 HGB bestimmt den sog. Istkaufmann. Nach § 1 Abs. 1 HGB ist „Kaufmann im Sinne dieses Gesetzbuchs, wer ein Handelsgewerbe betreibt." Nach § 1 Abs. 2 HGB ist ein „Handelsgewerbe jeder Gewerbebetrieb, es sei denn, dass das Unternehmen nach Art oder Umfang einen in kaufmännischer Weise eingerichteten Geschäftsbetrieb nicht erfordert." § 2 HGB Satz 1 bestimmt den sogenannten Kannkaufmann.

17.2 Rechnungslegung nach Handelsrecht

Ein gewerbliches Unternehmen, dessen Gewerbebetrieb nicht schon nach § 1 Abs. 2 Handelsgewerbe ist, gilt nach HGB als Handelsgewerbe, wenn die Firma in das Handelsregister eingetragen ist. § 5 HGB bestimmt den Kaufmann kraft Eintragung. Er besagt: „Ist eine Firma im Handelsregister eingetragen, so kann gegenüber demjenigen, welcher sich auf die Eintragung beruft, nicht geltend gemacht werden, dass das unter der Firma betriebene Gewerbe kein Handelsgewerbe sei."

§ 6 Abs. 1 HGB bestimmt den sogenannten Formkaufmann. Die in Bezug auf die Kaufleute gegebenen Vorschriften finden auch auf die Handelsgesellschaften Anwendung. Sie sind damit Kaufleute im Sinne des Formkaufmanns.

Handelsgesellschaften sind die OHG, die KG, die GmbH, die AG und die KGaA. Die Gesellschaft bürgerlichen Rechts nach §§ 705 ff. BGB hingegen ist kein Kaufmann im Sinne des HGB. Ebenso zählen Freiberufler, wie z. B. selbständige Architekten und Bauingenieure, und auch Partnerschaftsgesellschaften gemäß PartGG nicht zu den Kaufleuten im Sinne des HGB.

Voraussetzung für eine Handelsgesellschaft ist der Status des Gewerbebetriebes (vgl. § 1 HGB). Es muss daher geprüft werden, ob bauausführende Unternehmen ein Gewerbe betreiben, und damit die Kaufmannseigenschaft besitzen. Ein Gewerbebetrieb liegt immer dann vor, wenn es sich um eine auf Gewinnerzielung und planmäßige Wiederholung gerichtete selbständige Tätigkeit handelt, die über einen längeren Zeitraum ausgeübt wird. Diese Merkmale erfüllt jedes bauausführende Unternehmen, denn es strebt danach, durch planmäßige und wiederholte Erbringung von Bauleistungen Gewinne zu erzielen. Sehr häufig sind bauausführende Unternehmen „Kaufleute im Sinne des Formkaufmanns", da sie wahlweise in den Rechtsformen OHG, KG, GmbH, AG geführt werden. Als Ergebnis ist festzuhalten, dass bauausführende Unternehmen Kaufleute und daher buchführungspflichtig sind.

Dies gilt prinzipiell auch für Projektentwicklungs- bzw. Dienstleistungsgesellschaften. Aber auch Planungsunternehmen sind buchführungspflichtig, wenn sie Kaufleute kraft ihrer Rechtsform sind. Die als zulässig anerkannte Ausübung eines freien Berufes in der Rechtsform der GmbH führt dazu, dass die GmbH kraft Gesellschaftsform buchführungspflichtig ist (vgl. Goldammer 2017, S. 23 ff.).

Was beinhaltet die Buchführungspflicht?

Nach § 238 HGB ist jeder Kaufmann verpflichtet, Bücher zu führen und in diesen seine Handelsgeschäfte und die Lage seines Vermögens nach den Grundsätzen ordnungsmäßiger Buchführung ersichtlich zu machen. Diese Grundsätze sind weiter als ihr Name dies angibt, denn sie beziehen sich nicht nur auf die Buchführung, sondern sie gelten auch für die sogenannte Inventur und auch für den Jahresabschluss.

Ein Teil der Grundsätze hat Eingang in das kodifizierte Recht gefunden, zu einem weiteren Teil wurden sie durch kodifiziertes Recht geändert. In geschlossener Form sind sie nie Bestandteil handelsrechtlicher oder steuerrechtlicher Gesetze geworden.

Ordnungsvorschriften für die Buchhaltung sind, ausgehend von §§ 238, 239 HGB z. B. in der Abgabenordnung (§§ 140 bis 148 AO), im Einkommensteuergesetz (§ 4 Abs. 7 EStG) und den Einkommensteuerrichtlinien der Finanzverwaltung (R 5.2, EStR) enthalten. „Auch das Deutsche Rechnungslegungs Standards Committee (DRSC), ein privater Verein mit Sitz in Berlin, entwickelt Rechnungslegungsgrundsätze. Das DRSC soll nach dem Willen des Gesetzgebers zur Rechtsentwicklung beitragen (§342 Abs. 1 Nr. 1 HGB) (Döring 2021, S. 6)."

Nach Handels- und Steuerrecht steht die Buchführungsform den Unternehmen frei. Sie können – der traditionellen „Buchhaltung" entsprechend – ihre Aufzeichnungen in gebundenen Büchern, aber auch auf losen Blättern führen. Die „Lose-Blatt-Buchführung" kann manuell oder maschinell, mit eigenen Buchungsmaschinen oder elektronischen Datenverarbeitungsanlagen erfolgen. Die Handelsbücher und die sonst erforderlichen Aufzeichnungen können auch auf Datenträgern geführt werden. Das Handels- und das Steuerrecht stießen mit dieser gleichlautenden Erlaubnis (§ 239 Abs. 4 HGB und § 146 Abs. 5 AO.) das Tor zu allen Methoden und Geräten der elektronischen Datenverarbeitung auf. Die Grundsätze zum Datenzugriff und Prüfbarkeit digitaler Unterlagen werden in § 147 (6) AO beschrieben: „Sind die Unterlagen nach Absatz 1 mit Hilfe eines Datenverarbeitungssystems erstellt worden, hat die Finanzbehörde im Rahmen einer Außenprüfung das Recht, Einsicht in die gespeicherten Daten zu nehmen und das Datenverarbeitungssystem zur Prüfung dieser Unterlagen zu nutzen."

Dem Unternehmen ist auch nicht vorgeschrieben, welche Bücher es im Einzelnen zu führen hat. Obligatorisch sind lediglich einige Nebenbücher, wie das Kassenbuch oder das Wechselkopierbuch. Zur Buchführungspflicht gehören auch die Aufbewahrung der Unterlagen und das Verbot, Aufzeichnungen so zu verändern, dass der ursprüngliche Inhalt nicht mehr zu erkennen ist.

Im Rahmen der formellen Ordnungsmäßigkeit wird Klarheit und Übersichtlichkeit verlangt. Die Buchführung muss zudem auf der Grundlage eines Kontenrahmens für das gesamte Rechnungswesen geordnet sein.

Dem Grundsatz ordnungsmäßiger Buchführung ist nach § 238 HGB entsprochen, wenn sie

- einem sachverständigen Dritten,
- innerhalb angemessener Zeit,
- einen Überblick über Geschäftsvorfälle und die Lage des Unternehmens

vermittelt.

Die Geschäftsvorfälle müssen sich in ihrer Entstehung und Abwicklung verfolgen lassen. Weiterhin müssen die Eintragungen und Aufzeichnungen vollständig, richtig und zeitgerecht sein.

Ein bestimmtes Buchführungssystem ist nicht vorgeschrieben; allerdings muss bei Kaufleuten die Buchführung den Grundsätzen der doppelten Buchführung entsprechen, wobei Bilanz und Gewinn- und Verlustrechnung den Jahresabschluss bilden (§ 242 Abs. 3 HGB)[1].

---

[1] Vgl. H 5.2 EStH.

17.2 Rechnungslegung nach Handelsrecht

Grundvoraussetzung für die Durchführung einer Buchung ist das Vorhandensein eines entsprechenden Belegs zur Dokumentation des Geschäftsvorfalls. Ohne Beleg darf nach den Grundsätzen ordnungsgemäßer Buchführung keine Buchung erfolgen.

Belegarten können sein (vgl. z. B. Reichhardt 2013, S. 27; Auer und Schmidt 2012, S. 58):

- Fremdbelege (Rechnungen und Gutschriften von Lieferanten, Bankauszüge usw.).
- Eigenbelege (Durchschriften von Rechnungen und Gutschriften an Kunden, Lohn- und Gehaltsabrechnungen, Belege für Privatentnahmen, Reisekostennachweise usw.).
- Notbelege (als Ersatz für verlorengegangene oder nicht erhältliche Belege).

Werden eigene Belege, insbesondere bei der Rechnungsstellung erzeugt, gelten bestimmte Anforderungen, ohne die der entsprechende Beleg die erforderlichen Dokumentationspflichten im Geschäftsverkehr nicht besitzt. Bei der Rechnungsstellung muss der Beleg folgende Angaben enthalten (vgl. § 14 UStG):

- den vollständigen Namen und die vollständige Anschrift des leistenden Unternehmers und des Leistungsempfängers,
- die dem leistenden Unternehmer vom Finanzamt erteilte Steuernummer oder die ihm vom Bundeszentralamt für Steuern erteilte Umsatzsteuer-Identifikationsnummer,
- das Ausstellungsdatum,
- eine fortlaufende Nummer mit einer oder mehreren Zahlenreihen, die zur Identifizierung der Rechnung vom Rechnungsaussteller einmalig vergeben wird (Rechnungsnummer),
- die Menge und die Art (handelsübliche Bezeichnung) der gelieferten Gegenstände oder den Umfang und die Art der sonstigen Leistung,
- den Zeitpunkt der Lieferung oder sonstigen Leistung; in den Fällen des Absatzes 5 Satz 1 (noch nicht ausgeführte oder sonstige Leistung) den Zeitpunkt der Vereinnahmung des Entgelts oder eines Teils des Entgelts, sofern der Zeitpunkt der Vereinnahmung feststeht und nicht mit dem Ausstellungsdatum der Rechnung übereinstimmt,
- das nach Steuersätzen (hier: Umsatzsteuer) und einzelnen Steuerbefreiungen aufgeschlüsselte Entgelt für die Lieferung oder sonstige Leistung (§ 10) sowie jede im Voraus vereinbarte Minderung des Entgelts, sofern sie nicht bereits im Entgelt berücksichtigt ist,
- den anzuwendenden Steuersatz (hier Umsatzsteuer) sowie den auf das Entgelt entfallenden Steuerbetrag oder im Fall einer Steuerbefreiung einen Hinweis darauf, dass für die Lieferung oder sonstige Leistung eine Steuerbefreiung gilt,
- in den Fällen des § 14b Abs. 1 Satz 5 (Aufbewahrungspflicht) einen Hinweis auf die Aufbewahrungspflicht des Leistungsempfängers und
- in den Fällen der Ausstellung der Rechnung durch den Leistungsempfänger oder durch einen von ihm beauftragten Dritten […] die Angabe „Gutschrift".

Für Bauunternehmer ist zudem der § 13b, UStG (Wechsel der Steuerschuldnerschaft bei Auftraggebern, die selber bauleistende Unternehmen sind) relevant. Entsprechende Rechnungen müssen den Hinweis enthalten: „Steuerschuldnerschaft des Leistungsempfängers nach § 13b UStG".

Zu den Grundsätzen ordnungsmäßiger Buchführung gehört auch die Inventur (§§ 240, 241 HGB), mit welcher die Verbuchungen kontrolliert bzw. korrigiert werden müssen. Im Bauunternehmen werden hierbei insbesondere der Bestand unfertiger Bauleistungen und der Lagerbestand (Vorräte) erfasst und bewertet. In Unternehmen der stationären Industrie spielt auch eine Inventur der Warenbestände, die zum Verkauf anstehen eine Rolle. Dieser Aspekt hat im Bauunternehmen in der Regel keine große Bedeutung.

Neben der Erfassung von Gegenständen aus dem Vermögen, das für die Leistungserbringung erforderlich ist, existieren weitere Vermögens- und Kapitalwerte, die im Rahmen einer Inventur zum Stichtag festgehalten werden.

Die Erfassung der Werte von körperlichen Gegenständen erfolgt durch zählen, messen oder wiegen und Festhalten der entsprechenden Mengen und Einzelwerte (vgl. Auer und Schmidt 2012, S. 22), z. B.

- Grundstücke, Gebäude, Maschinen,
- Einrichtungsgegenstände,
- Unfertige Bauleistungen,
- Warenbestand,
- Lagerbestand (Vorräte),
- Sonstige Vorräte,
- Bargeld.

Nichtkörperliche Gegenstände werden anhand der zugehörigen Buchungsbelege oder Kontoauszüge etc. bewertet, z. B.

- Schulden (Verbindlichkeiten),
- Forderungen.

Bei jeder Gruppe gibt es verschiedene Verfahren bzw. Anforderungen. So hat z. B. der Bundesfinanzhof die allgemeinen Anforderungen an eine Inventur des Vorratsvermögens wie folgt gekennzeichnet. Das Bestandsverzeichnis, das Inventar, müsse „eine angemessene Kontrolle darüber ermöglichen, ob die Warenbestände vollständig erfasst und bewertet sind. (…) Im Übrigen sind an ein Inventar je nach Branche und Betriebsgröße unterschiedliche Anforderungen zu stellen"[2].

Bei der Notwendigkeit zur Erfassung großer Mengen ist auch die Anwendung bestimmter Vereinfachungen wie die Zugrundelegung von Durchschnittswerten oder und Stichproben möglich (§241 HGB). Das Verfahren muss jedoch einheitlich und nach-

---

[2] BFH-VI 31385 v. 26.3.1966, BSt Bl. 1966 III S. 437.

vollziehbar sein und darf in aufeinander folgenden Jahren nicht ohne wichtigen Grund wesentlich verändert werden. So wird die Vergleichbarkeit der Wertermittlung gewährleistet (§ 252 Abs. 1 Nr. 6 HGB).

17.2.2 Verpflichtung zur Aufstellung von Jahresabschlüssen

Die Verpflichtung zur Aufstellung des Jahresabschlusses ist in § 242 HGB geregelt. Hier heißt es:

1. Der Kaufmann hat zu Beginn seines Handelsgewerbes und für den Schluß eines jeden Geschäftsjahrs einen das Verhältnis seines Vermögens und seiner Schulden darstellenden Abschluß (Eröffnungsbilanz, Bilanz) aufzustellen. Auf die Eröffnungsbilanz sind die für den Jahresabschluß geltenden Vorschriften entsprechend anzuwenden, soweit sie sich auf die Bilanz beziehen.
2. Er hat für den Schluß eines jeden Geschäftsjahrs eine Gegenüberstellung der Aufwendungen und Erträge des Geschäftsjahrs (Gewinn- und Verlustrechnung) aufzustellen.
3. Die Bilanz und die Gewinn- und Verlustrechnung bilden den Jahresabschluß.
4. Die Absätze 1 bis 3 sind auf Einzelkaufleute im Sinn des § 241a nicht anzuwenden. Im Fall der Neugründung treten die Rechtsfolgen nach Satz 1 schon ein, wenn die Werte des § 241a Satz 1 am ersten Abschlussstichtag nach der Neugründung nicht überschritten werden.

17.2.2.1 Inhalt und Gliederung von Bilanz und Gewinn- und Verlustrechnung

Die Bilanz zeigt zu bestimmten Stichtagen – in der Regel am Schluss eines Geschäftsjahres – ein den tatsächlichen Verhältnissen entsprechendes Bild der Vermögens-, Finanz- und Ertragslage des Unternehmens auf. Die Bilanz ist also eine Zeitpunktdarstellung. Ergänzt wird diese Zeitpunktdarstellung durch eine Zeitraumdarstellung, nämlich der Gewinn- und Verlustrechnung.

Für beide Rechnungskreise enthält das HGB eine Reihe von Vorschriften.

Für alle Kaufleute gilt gem. § 247 Abs. 1 HGB: „In der Bilanz sind das Anlage- und das Umlaufvermögen, das Eigenkapital, die Schulden sowie die Rechnungsabgrenzungsposten gesondert auszuweisen und hinreichend aufzugliedern." Es ist bemerkenswert, dass diese Vorschrift doch sehr allgemein gehalten ist. Allerdings hat bei einer Einzelfirma und bei Personengesellschaften der Jahresabschluss als Informationsinstrument für die Gläubiger und die übrige Öffentlichkeit keine so wichtige Bedeutung wie bei den Kapitalgesellschaften. Das liegt daran, dass bei Einzelfirmen und Personengesellschaften neben dem Firmenvermögen auch das Privatvermögen der Einzelunternehmer bzw. Gesellschafter haftet.

Die Bilanz einer Einzelfirma oder einer Personengesellschaft, soweit es sich nicht um ein, dem Publizitätsgesetz unterliegendes Großunternehmen oder eine Personenhandelsgesellschaft ohne eine natürliche Person als persönlich haftender Gesellschafter

(z. B. GmbH & Co. KG) handelt, kann sich daher mit einer relativ geringen Unterteilung begnügen. Da diese Unternehmen keine Offenlegungspflicht für ihren Jahresabschluss kennen, wird die Gliederung praktisch vom Unternehmen selbst festgelegt.

Bei Kapitalgesellschaften und Personengesellschaften ohne natürliche Person als Gesellschafter, haftet nur das Firmenvermögen. Deshalb muss der Jahresabschluss das gesamte Haftungspotenzial und die Ertragslage der Gesellschaft deutlicher offenlegen (vgl. §§ 265, 266 HGB). Darin sah der Gesetzgeber Veranlassung, den Kapitalgesellschaften zusätzliche Verpflichtungen für ihre Rechnungslegung aufzuerlegen. Der Gesetzgeber hat seine Anforderungen an die Rechnungslegung nach vier unternehmensbezogenen Größenklassen abgestuft. Damit trägt er der Tatsache Rechnung, dass mit der Unternehmensgröße regelmäßig der Kreis der Personen und Unternehmen wächst, die als Bauherren, als Lieferanten, als ARGE-Partner und – von besonderer Bedeutung – als Arbeitnehmer mit dem Unternehmen wirtschaftlich verbunden sind.

Die Kriterien für die Einteilung in Kleinst-, kleine, mittelgroße und große Kapitalgesellschaften sind in den §§ 267, 267a HGB aufgeführt.

Hiernach sind Kleinstkapitalgesellschaften „kleine Kapitalgesellschaften, die mindestens zwei der drei nachstehenden Merkmale nicht überschreiten:

1. 350.000 € Bilanzsumme;
2 700.000 € Umsatzerlöse in den zwölf Monaten vor dem Abschlussstichtag;
3. im Jahresdurchschnitt zehn Arbeitnehmer."

Als kleine Kapitalgesellschaften gelten solche, die „zwei der drei nachstehenden Merkmale nicht überschreiten:

1. 6.000.000 € Bilanzsumme.
2. 12.000.000 € Umsatzerlöse in den zwölf Monaten vor dem Abschlußstichtag.
3. Im Jahresdurchschnitt fünfzig Arbeitnehmer."

Mittelgroße Kapitalgesellschaften sind solche, die mindestens zwei der drei vorstehenden Merkmale überschreiten und „jeweils mindestens zwei der drei nachstehenden Merkmale nicht überschreiten:

1. 20.000.000 € Bilanzsumme.
2. 40.000.000 € Umsatzerlöse in den zwölf Monaten vor dem Abschlußstichtag.
3. Im Jahresdurchschnitt zweihundertfünfzig Arbeitnehmer."

Große Kapitalgesellschaften sind solche, die mindestens zwei der vorstehenden Merkmale überschreiten. Eine kapitalmarktorientierte Kapitalgesellschaft (§ 264d HGB) gilt stets als große Kapitalgesellschaft.

Großunternehmen in der Form der Einzelfirma oder der Personengesellschaft werden gleichfalls zusätzliche Anforderungen an ihre Rechnungslegung gestellt. In § 1 PublG sind für diese Unternehmen entsprechende Gliederungen der Bilanz und der Gewinn- und Verlustrechnung vorgeschrieben, wenn folgende Kriterien vorliegen:

- Die Bilanzsumme einer auf den Abschlussstichtag aufgestellten Jahresbilanz übersteigt 65 Mio. €.
- Die Umsatzerlöse des Unternehmens in den zwölf Monaten vor dem Abschlussstichtag übersteigen 130 Mio. €.
- Das Unternehmen hat in den zwölf Monaten vor dem Abschlussstichtag durchschnittlich mehr als fünftausend Arbeitnehmer beschäftigt.

Von den vorstehenden Kriterien müssen mindestens zwei erfüllt sein.

Aber nicht nur für die Bilanz, sondern auch für die Gewinn- und Verlustrechnung gibt es bei Kapitalgesellschaften und publizitätspflichtigen Personengesellschaften und Einzelfirmen festgelegte Gliederungsvorschriften.

Das Gliederungsschema für große Kapitalgesellschaften steht in § 275 Abs. 2 bzw. Abs. 3 HGB. Für mittelgroße und kleine Kapitalgesellschaften sind in § 276 HGB Erleichterungsbestimmungen enthalten. Durch den § 275 HGB sind Kapitalgesellschaften vor die Wahl gestellt, für ihre Gewinn- und Verlustrechnung das Umsatzkostenverfahren gemäß § 275 Abs. 3 HGB oder das Gesamtkostenverfahren gemäß § 275 Abs. 2 HGB zu wählen. Beide Verfahren weisen ein gleich hohes Jahresergebnis aus. Sie unterscheiden sich vor allem in der Ableitung des betrieblichen Ergebnisses oder Nettoergebnisses vom Umsatz. In der Bauwirtschaft wird üblicherweise das Gesamtkostenverfahren angewandt, bei dem u. a. die Erhöhung oder Verminderung des Bestands an fertigen und unfertigen Erzeugnissen sowie alle Aufwendungen einer Periode gegliedert nach Aufwendungsarten ausgewiesen werden. Für Kleinstkapitalgesellschaften besteht die Möglichkeit einer verkürzten Darstellung (§ 275 Abs. 5 HGB).

Die Unternehmen sind allerdings nicht strikt an die im HGB vorgesehenen Gliederungen gebunden. Sie können die Bilanz und die Gewinn- und Verlustrechnung weiter aufgliedern, als es den Mindestanforderungen des Gesetzes entspricht. Sie haben aber auch die Möglichkeit, im Anhang Detailgliederungen vorzunehmen.

17.2.2.2 Beispiele für Bilanz und Gewinn- und Verlustrechnung

Im Folgenden werden zwei Beispiele von zwei großen Kapitalgesellschaften gezeigt (Abb. 17.2, 17.3, 17.4, 17.5, 17.6 und 17.7).

Es handelt sich dabei um:

- ein bauausführendes Unternehmen „Hoch- und Tiefbau GmbH",
- eine Projektentwicklungsgesellschaft „Modernes Bauen mbH".

Hoch- und Tiefbau GmbH		
Aktiva (in T€)	Handelsbilanz	Handelsbilanz
	Berichtsjahr	Vorjahr
Anlagevermögen		
Immaterielle Vermögensgegenstände	1 029	1 200
Sachanlagen		
Grundstücke und Bauten	2 842	2 264
einschließlich der Bauten auf fremden Grundstücken		
Technische Anlagen und Maschinen	3 434	2 104
Andere Anlagen, Betriebs- und Geschäftsausstattung	2 841	1 725
Geleistete Anzahlungen und Anlagen im Bau	41	16
Finanzanlagen	389	207
Anlagevermögen gesamt	**10 576**	**7 516**
Umlaufvermögen		
Vorräte		
Roh-, Hilfs- und Betriebsstoffe	543	664
Zum Verkauf bestimmte Grundstücke	996	996
Geleistete Anzahlungen	106	52
Nicht abgerechnete Bauten	46 943	23 230
./. Erhaltene Abschlagszahlungen	- 38 855	- 18 884
Vorratsvermögen gesamt	9 733	6 058
Forderungen und sonstige Vermögensbestände		
Forderungen aus Lieferungen und Leistungen	12 723	12 307
Forderungen gegen Arbeitsgemeinschaften	5 383	5 365
Forderungen gegen verbundene Unternehmen und		
Unternehmen, mit denen ein Beteiligungsverhältnis		
besteht	355	169
Sonstige Vermögensgegenstände	2 713	2 413
Flüssige Mittel	16 778	13 161
Umlaufvermögen gesamt	**47 691**	**39 473**
Rechnungsabgrenzungsposten	**34**	**23**
Aktiva gesamt	**58 301**	**47 012**

Abb. 17.2 Beispiel der Aktiv-Seite der Bilanz von einem bauausführenden Unternehmen

17.2 Rechnungslegung nach Handelsrecht

Hoch- und Tiefbau GmbH		
Passiva	Handelsbilanz Berichtsjahr	Handelsbilanz Vorjahr
Eigenkapital		
Gezeichnetes Kapital	1 500	1 000
Kapitalrücklage	1 574	1 023
Gewinnrücklage	750	750
Gewinn	410	290
Gewinnvortrag	159	
Eigenkapital gesamt	**4 393**	**3 063**
Rückstellungen		
Pensionsrückstellungen	1 744	890
Steuerrückstellungen	364	190
Sonstige Rückstellungen	9 806	6 397
Rückstellungen gesamt	**11 914**	**7 477**
Verbindlichkeiten		
Verbindlichkeiten gegenüber Kreditinstituten	6 572	6 156
Erhaltene Anzahlungen	3 017	2 766
Verbindlichkeiten aus Lieferungen und Leistungen	12 409	9 780
Verbindlichkeiten gegenüber Arbeitsgemeinschaften	13 465	12 940
Verbindlichkeiten gegenüber verbundenen Unternehmen und Unternehmen, mit denen ein Beteiligungsverhältnis besteht	1 287	863
Sonstige Verbindlichkeiten	5 241	3 965
- davon im Rahmen der sozialen Sicherheit im Berichtsjahr: 944 im Vorjahr: 450		
Verbindlichkeiten gesamt	**41 991**	**36 470**
Rechnungsabgrenzungsposten	**3**	**2**
Passiva gesamt	**58 301**	**47 012**
Haftungsverhältnisse		
Verbindlichkeiten aus der Begebung und Übertragung von Wechseln	32	8
Verbindlichkeiten aus Bürgschaften	3 202	2 337
Verbindlichkeiten aus Gewährleistungen	6 258	6 018
Haftungsverhältnisse gesamt	**9 492**	**8 363**

Abb. 17.3 Beispiel der Passiv-Seite der Bilanz von einem bauausführenden Unternehmen

Diese Beispiele werden deshalb gewählt, weil aufgrund der detaillierten Gliederung eine Vielzahl von Positionen genannt werden, deren Inhalte im nächsten Unterpunkt erläutert werden. Bei kleinen Unternehmen werden diese Positionen in aller Regel nicht angesprochen. Dennoch ist es für das Verständnis äußerst sinnvoll, möglichst die Inhalte von vielen Positionen zu erläutern.

Hoch- und Tiefbau GmbH	
Gewinn und Verlustrechnung	
	Berichtsjahr (in T€)
Umsatzerlöse abgerechneter Bauten	67 656
Umsatzerlöse mit Argen	4 221
anteiliges Arge-Ergebnis	3 336
Erlöse von Dritten	370
Umsatzerlöse	75 583
Erhöhung (Vorjahr Minderung) des Bestandes an nicht abgerechneten Bauten	23 713
Andere aktivierte Eigenleistungen	170
Gesamtleistung	**99 466**
Sonstige betriebliche Erträge	
Erträge aus dem Abgang von Gegenständen des Anlagevermögens	2 291
Erträge aus Auflösung von Rückstellungen	646
Übrige Erträge	356
	3 293
Betriebliche Erträge gesamt	**102 759**
Materialaufwand	
Aufwendungen für Roh-, Hiffs- und Betriebsstoffe und für bezogene Waren	29 355
Aufwendungen für bezogene Leistungen	18 372
	47 727
Personalaufwand	
Löhne und Gehälter	34 924
Soziale Abgaben und Aufwendungen für Altersversorgung und Unterstützung	9 063
(davon Altersversorgung: 513)	
	43 987
Abschreibungen auf immaterielle Anlagen und Sachanlagen	4 974
(davon AfA auf Geräte: 2 891)	
Sonstige betriebliche Aufwendungen	3 461
(davon Aufwendungen des Bürobetriebs: 1 541	
Rückstellungen aus Gewährleistungen: 1 138	
Sonstige: 782)	
Betriebliche Aufwendungen gesamt	**100 149**
Betriebliches Ergebnis	**2 610**
Ergebnis Finanzanlagen	62
Zinsergebnis (Erträge./. Aufwendungen)	113
	175
positives außerordentliches Ergebnis (Erträge ./. Aufwendungen)	69
Steuern vom Einkommen und vom Ertrag (KST und Gewerbeertragssteuer)	2 064
Sonstige Steuern	221
Jahresüberschuss	**569**
Einstellungen in Gewinnrücklagen	159
Gewinn	**410**

Abb. 17.4 Beispiel einer Gewinn- und Verlustrechnung von einem bauausführenden Unternehmen

17.2 Rechnungslegung nach Handelsrecht

Beispiel 2: Bilanz der Projektentwicklungsgesellschaft "Modernes Bauen mbH"

Projektentwicklungsgesellschaft "Modernes Bauen mbH"		
Aktivseite	31.12.20.. T€	Vorjahr T€
A. Anlagevermögen		
I. Immaterielle Vermögensgegenstände	4	4
II. Sachanlagen		
1. Grundstück und grundstücksgleiche Rechte mit Gewerbebauten	1 291 870	1 245 223
2. Grundstück und grundstücksgleiche Rechte mit Geschäfts- und anderen Bauten	1 726	1 755
3. Grundstücke und grundstücksgleiche Rechte ohne Bauten	3 313	960
4. Andere Anlagen, Betriebs- und Geschäftsausstattung	680	553
5. Anlagen im Bau	44 384	27 153
6. Bauvorbereitungskosten	877	3 135
III. Finanzanlagen		
1. Anteile an verbundenen Unternehmen	13 898	13 270
2. Ausleihungen an verbundenen Unternehmen	2 504	1 699
3. Beteiligungen	1 219	1 219
Anlagevermögen gesamt	**1 360 475**	**1 294 971**
B. Umlaufvermögen		
I. Zum Verkauf bestimmte Grundstücke		1 232
1. Grundstücke und grundstücksgleiche Rechte ohne Bauten	400	78
2. Bauvorbereitungskosten	251	890
3. Grundstück und grundstücksgleiche Rechte mit unfertigen Bauten	1 196	58 743
4. Unfertige Leistungen	59 808	
II. Forderungen und sonstige Vermögensgegenstände		
1. Forderungen aus Vermietung	4 174	4 385
2. Forderungen aus anderen Lieferungen und Leistungen	19	18
3. Sonstige Vermögensgegenstände	2 818	2 639
III. Flüssige Mittel		
Schecks, Kassenbestand und Guthaben bei Kreditinstituten	6 488	11 635
Umlaufvermögen gesamt	**75 154**	**79 620**
C. Rechnungsabgrenzungsposten	**1 356**	**1 623**
Aktiva gesamt	**1 436 985**	**1 376 214**

Abb. 17.5 Beispiel der Aktiv-Seite der Bilanz von einer Projektentwicklungsgesellschaft

Projektentwicklungsgesellschaft "Modernes Bauen mbH"		
Passivseite	**31.12.20..**	**Vorjahr**
	T€	**T€**
A. Eigenkapital		
I. Gezeichnetes Kapital	22 000	22 000
II. Kapitalrücklage	2 258	1 818
III. Gewinnrücklage		3 336
1. Satzungsmäßige Rücklage	11 000	11 000
2. Bauerneuerungsrüddage	33 300	27 120
3. Andere Gewinnrücklagen	74 000	74 000
	118 300	112 120
IV. Bilanzgewinn		
1. Gewinnvortrag	704	413
2. Jahresüberschuss	8 407	1 623
3. Einstellungen in Gewinnrücklagen (Bauerneuerungsrücklage)	./. 6 180	./. 1 955
	2 931	81
Eigenkapital gesamt	**145 489**	**136 019**
B. Rückstellungen		
1. Rückstellungen für Pensionen und ähnliche Verpflichtungen	5 175	8 169
2. Steuerrückstellungen	722	215
3. Sonstige Rückstellungen	1 385	3 923
Rückstellungen gesamt	**7 282**	**12 307**
C. Verbindlichkeiten		
1. Verbindlichkeiten gegenüber Kreditinstituten	1 083 226	1 038 464
2. Verbindlichkeiten gegenüber anderen Kreditgebern	117 966	105 297
3. Erhaltene Anzahlungen	60 714	59 908
4. Verbindlichkeiten aus Lieferungen und Leistungen	14 867	23 130
5. Verbindlichkeiten gegenüber verbundenen Unternehmen	6 760	446
6. Sonstige Verbindlichkeiten davon aus Steuern: 82 T€	314	314
Verbindlichkeiten gesamt	**1 283 847**	**1 227 559**
D. Rechnungsabgrenzungsposten	367	329
Passiva gesamt	**1 436 985**	**1 376 214**
Haftungsverhältnisse		
Verbindlichkeiten aus der Begebung und Übertragung von Wechseln	32	8
Verbindlichkeiten aus Bürgschaften	3 202	2 337
Verbindlichkeiten aus Gewährleistungen	6 258	6 018
Haftungsverhältnisse gesamt	**9 492**	**8 363**

Abb. 17.6 Beispiel der Passiv-Seite der Bilanz von einer Projektentwicklungsgesellschaft

17.2 Rechnungslegung nach Handelsrecht

Projektentwicklungsgesellschaft "Modernes Bauen mbH"		
Gewinn- und Verlustrechnung	20.. T€	Vorjahr T€
Umsatzerlöse aus der Immobilienwirtschaft	185 961	175 916
Erhöhung oder Verminderung des Bestandes zum Verkauf bestimmter Grundstücke mit fertigen und unfertigen Bauten sowie unfertigen Leistungen	2 434	2 836
Andere aktivierte Eigenleistungen	302	427
Gesamtleistung	**188 697**	**179 179**
Sonstige betriebliche Erträge	15 489	6 975
Betriebliche Erträge gesamt	**204 186**	**186 154**
Aufwendungen für Immobilienbewirtschaftung	80 901	82 013
Aufwendungen für Verkaufsgrundstücke	1 379	82
Aufwendungen für andere Lieferungen und Leistungen	15 738	1 809
Personalaufwand		
Löhne und Gehälter	8 665	9 311
soziale Abgaben und Aufwendungen für Altersversorgung und für Unterstützung; davon für Altersversorgung: T€ 346	375	2 819
Abschreibungen auf immaterielle Vermögensgegenstände des Anlagevermögens und Sachanlagen	29 366	27 543
Sonstige betriebliche Aufwendungen	3 405	5 994
Betriebliche Aufwendungen gesamt	**139 829**	**129 571**
Betriebliches Ergebnis	**64 357**	**56 583**
Erträge aus Beteiligungen	230	227
Erträge aus Gewinnabführungsverträgen	100	350
Sonstige Zinsen und ähnliche Erträge	446	510
Zinsen und ähnliche Aufwendungen	55 873	50 620
Aufwendungen aus Verlustübernahme	--	5 210
Steuern vom Einkommen und vorn Ertrag	828	203
Sonstige Steuern	25	14
Jahresüberschuss	**8 407**	**1 623**
Gewinnvortrag	704	413
Einstellungen in Gewinnrücklagen (Bauerneuerungsrücklage)	./. 6 180	./. 1 955
Bilanzgewinn	**2 931**	**81**

Abb. 17.7 Beispiel der Gewinn- und Verlustrechnung von einer Projektentwicklungsgesellschaft

17.2.2.3 Erläuterungen zu den wichtigsten Positionen der Bilanz und der Gewinn- und Verlustrechnung

Aktivseite der Bilanz

Auf der Aktivseite der Bilanz wird das Anlage- und Umlaufvermögen eines Unternehmens ausgewiesen. Entscheidend für die Bilanzierung im Anlage- oder Umlaufvermögen ist nicht die Art des Vermögensgegenstandes, sondern seine Zweckbestimmung. So ist das Anlagevermögen dazu bestimmt, dem Betrieb des Unternehmens dauerhaft zu dienen. Das Umlaufvermögen dagegen dient unmittelbar dem Umsatz bzw. entsteht aus dem Umsatz, z. B. aus der Erbringung von Bauleistungen oder als Forderungen aus Vermietung.

Dies soll am folgenden Beispiel näher erläutert werden. Ein Unternehmen betreibt die Entwicklung von Wohnimmobilien und erwirbt im Rahmen seines Geschäftes Grundstücke und errichtet darauf Gebäude. Diese sind entweder zur Vermietung oder zum Verkauf bestimmt. Bei der Vermietung wird ein langfristiger Nutzen erzielt. Beim Verkauf ist ein kurzfristiger Umsatz beabsichtigt. Im ersten Fall erfolgt die Bilanzierung im Anlagevermögen und im zweiten Fall im Umlaufvermögen. Allerdings kann das Unternehmen im Laufe der Zeit seine Absicht ändern und die zur langfristigen Nutzung bestimmten Objekte kurzfristig veräußern. Dementsprechend muss auch die Bilanz geändert werden.

Anlagevermögen
Dieses setzt sich aus folgenden Positionen zusammen:

- Immaterielle Anlagen, z. B. erworbene Patente, Lizenzen
  Dieses Anlagevermögen hat bei den meisten Unternehmen der Bauwirtschaft nur eine geringere Bedeutung.
- Sachanlagevermögen
  Sachanlagen in Form von Grundstücken, grundstücksgleichen Rechten und Anlagen im Bau sind z. B. bei Projektentwicklungsgesellschaften im weiteren Sinne mit Vermieten und Betreiben von Bauprojekten regelmäßig der Schwerpunkt des Anlagevermögens.
- Finanzanlagen
  Finanzanlagen sind langfristige Investitionen, die allerdings nur bei größeren Kapitalgesellschaften eine Rolle spielen.

Beispielsweise unterteilt man gemäß § 266 Abs. 2 HGB die Finanzanlagen des Anlagevermögens wie folgt:

1. Anteile an verbundenen Unternehmen,
2. Ausleihungen an verbundene Unternehmen,
3. Beteiligungen,
4. Ausleihungen an Unternehmen, mit denen ein Beteiligungsverhältnis besteht,
5. Wertpapiere des Anlagevermögens,
6. sonstige Ausleihungen.

Hierzu gilt im Einzelnen:
Bei Anteilen an verbundenen Unternehmen ist im Hinblick auf den Begriff „verbundenes Unternehmen" von der Definition des § 271 Abs. 2 HGB auszugehen und nicht vom

17.2 Rechnungslegung nach Handelsrecht

Begriff des § 15 AktG, da für die Rechnungslegung von Kapitalgesellschaften die Vorschriften des HGB heranzuziehen sind.

Bei der Einordnung der Ausleihungen entweder in das Anlage- oder in das Umlaufvermögen kommt es auf die vereinbarte Laufzeit an. Bei Laufzeiten von mindestens vier Jahren sind die Ausleihungen im Anlagevermögen auszuweisen.

Der Ausweis der Ausleihungen erfolgt getrennt, nämlich:

- Ausleihungen an verbundene Unternehmen,
- Ausleihungen an Unternehmen, mit denen ein Beteiligungsverhältnis besteht,
- sonstige Ausleihungen.

Auch dieser getrennte Ausweis dient dazu, Unternehmensbeziehungen offenzulegen.

Beteiligungen sind gemäß § 271 Abs. 1 Satz 1 und 2, HGB „Anteile an anderen Unternehmen, die bestimmt sind, dem eigenen Geschäftsbetrieb durch Herstellung einer dauernden Verbindung zu jenen Unternehmen zu dienen. Dabei ist es unerheblich, ob die Anteile in Wertpapieren verbrieft sind oder nicht." Beteiligungen sind also Anteile an anderen Unternehmen und zwar unabhängig davon, in welcher Rechtsform dieses andere Unternehmen geführt wird. Es können also Beteiligungen an Personen- und Kapitalgesellschaften sein.

Bei den Wertpapieren im Anlagevermögen handelt es sich um Papiere, die der längerfristigen Kapitalanlage dienen. Diese sind sogenannte Kapitalmarktpapiere wie z. B. Bundesanleihen, Schatzanweisungen, Pfandbriefe, Obligationen von Kommunen, Banken oder Industrieunternehmen etc. Auch Aktien können Wertpapiere des Anlagevermögens sein, wenn sie auf Dauer gehalten werden. Besonders bei börsennotierten Aktien kann sich das Problem ergeben, ob sie unter „Anteile" oder unter „Wertpapiere" zu erfassen sind. Werden solche Aktien z. B. ausschließlich im Hinblick auf langfristig erwartete Börsenkurssteigerungen gehalten, so sind sie keine Anteile im Sinne des Beteiligungsbegriffes, sondern Wertpapiere. Ob Aktien im Anlagevermögen oder im Umlaufvermögen zu bilanzieren sind, hängt daher grundsätzlich von der Absicht des Bilanzierenden ab. In den Fällen, bei denen die Aktie – bzw. auch andere Wertpapiere – kurzfristig wieder veräußert werden sollen, sind die Wertpapiere im Umlaufvermögen zu bilanzieren.

Umlaufvermögen

Das Umlaufvermögen besteht aus zwei Hauptgruppen:

- Vorratsvermögen,
- monetäres Umlaufvermögen.

Das Vorratsvermögen ist das zum Umsatz bestimmte Sachvermögen. Es besteht aus Produktionsmitteln (Roh-, Hilfs-, Betriebsstoffe und Ersatzteile) und aus Produkten (Unfertige und fertige Erzeugnisse, z. B. Betonfertigteile, zum Verkauf bestimmte Immobilien).

In bauwirtschaftlichen Unternehmen bilden die am Bilanzstichtag unfertigen Erzeugnisse, d. h. noch in Ausführung befindliche, unabgerechnete Bauleistungen, den Kern des Vorratsvermögens.

Soweit Bauaufträge auf fremdem Grund und Boden – dies ist regelmäßig der Grund und Boden des Bauherrn – ausgeführt werden, sind sie rechtlich für ein Bauunternehmen keine Sachgegenstände sondern Forderungen, die aber als erbrachte Bauleistungen – ebenso wie Fertigerzeugnisse oder zum Verkauf bestimmte Immobilien – wirtschaftlich zum Vorratsvermögen zählen. Im Gegensatz dazu gehören die Forderungen aus abgerechneten Aufträgen zum monetären Umlaufvermögen. Bauaufträge bilden bis zur Abnahme des erstellten Bauwerks schwebende Geschäfte, was bedeutet, dass aus ihnen noch keine Gewinne realisiert, also bilanziert werden dürfen. Unabgerechnete Bauaufträge, soweit sie Fremdaufträge sind, werden als Forderungen, mit ihren Herstellungskosten oder ihren „niedrigeren beizulegenden Werten" (näheres hierzu im Rahmen der Bilanzbewertung) bilanziert. Erhaltene Abschlagszahlungen können in Vorspalte von den bilanzierten Werten abgesetzt werden; erhaltene Vorauszahlungen sind dagegen als Verbindlichkeiten auf der Passivseite auszuweisen (§ 268 Abs. 5 Satz 2 HGB) (vgl. Leimböck und Schönnenbeck, S. 44; vgl. Küting und Reuter 2006, S. 2 f.).

Das monetäre Umlaufvermögen führt die Gruppen

- Forderungen,
- sonstige Vermögensgegenstände und
- flüssige Mittel.

Forderungen wiederum unterscheidet man in:

- Forderungen aus Lieferungen und Leistungen,
- Forderungen gegenüber Arbeitsgemeinschaften,
- Forderungen gegen verbundene Unternehmen.

Die Forderungen aus Lieferungen und Leistungen sind bei bauausführenden Unternehmen im Wesentlichen ausstehende Schlusszahlungen für abgerechnete Aufträge. (Bei Projektentwicklungsgesellschaften können diese Forderungen aus Vermietung entstehen.) Forderungen gegenüber Arbeitsgemeinschaften entstehen aus Bareinlagen (z. B. für Anfangsfinanzierung der ARGE), aus Gerätevermietung an die ARGE und anderen Lieferungen und Leistungen sowie aus dem Anspruch auf anteilige Ergebnisse nach Abschluss der Arbeitsgemeinschaften.

Sonstige Vermögensgegenstände erfassen als Sammelposten alle Gegenstände, die nicht unter anderen konkret bezeichneten Titeln auszuweisen sind. Hier sind also beispielsweise zu nennen:

17.2 Rechnungslegung nach Handelsrecht

- kurzfristige Darlehen,
- Reisekosten- und andere Vorschüsse,
- Steuererstattungsansprüche,
- Ansprüche auf Investitionszulagen oder -zuschüsse.

Zu den flüssigen Mitteln gehören Bank- und Postbankguthaben, Barmittel, Schecks und schließlich kurzfristig liquidierbare Wertpapiere.

Passiv-Seite der Bilanz
Eigenkapital
Eigenkapital steht dem Unternehmen in aller Regel zeitlich unbegrenzt zur Verfügung. Im Gegensatz zum Fremdkapital hat Eigenkapital keinen Anspruch auf Verzinsung und Rückzahlung bestimmter Beträge zu bestimmten Terminen. Eigenkapital ist gewinn- und erlösberechtigt. Letzteres bedeutet: Verbleibt bei Auflösung eines Unternehmens nach Erfüllung der Verpflichtungen aus Fremdfinanzierung ein Erlös, so steht dieser Betrag als Rückvergütung für das Eigenkapital zur Verfügung.

Während des Bestehens des Unternehmens können Teile des Eigenkapitals an den oder die Inhaber zurückgezahlt werden. Ist das Unternehmen allerdings eine Kapitalgesellschaft, dann muss die Rückzahlung des gezeichneten Kapitals so rechtzeitig angekündigt werden, dass sich die Gläubiger noch rechtzeitig absichern können.

Eigenkapital gibt das Recht zur alleinigen oder anteiligen Geschäftsführung oder zur Mitwirkung bei der Geschäftsführung. Dieses Recht ist nicht nur nach dem anteiligen Umfang des Eigenkapitals unterschiedlich, sondern auch nach der Rechtsform des Unternehmens.

Der Ausweis des Eigenkapitals in der Bilanz ist von der Rechtsform des Unternehmens abhängig. Bei Einzelunternehmen steht der Gewinn dem Einzelunternehmer allein zu und entsprechend treffen ihn auch etwaige Verluste allein. Daher ist bei dieser Rechtsform nur eine Bilanzposition erforderlich. Diese Position nimmt Veränderungen durch den erzielten Gewinn oder Verlust sowie durch Privatentnahmen und Privateinlagen auf. Ist bei einem Einzelunternehmen ein stiller Gesellschafter beteiligt, dann kann die Einlage des stillen Gesellschafters als Bestandteil der Eigenkapitalposition in der Bilanz ausgewiesen werden.

Bei Personengesellschaften sind in der Bilanz die entsprechenden Kapitalanteile getrennt auszuweisen, d. h. es muss für jeden Gesellschafter eine Eigenkapitalposition ausgewiesen werden. Bei der OHG verändert sich die Eigenkapitalposition der Gesellschafter i. d. R. durch die gleichen Vorgänge wie beim Einzelunternehmen. Bei der KG hingegen bleibt die Kapitalposition des Kommanditisten gem. § 167 HGB grundsätzlich konstant und wird in der Höhe ausgewiesen, wie sie im Handelsregister eingetragen ist. Der Kommanditist kann während des Geschäftsjahres keine Privatentnahmen vornehmen.

Anders als bei Einzelunternehmen und Personengesellschaften stehen sich bei Kapitalgesellschaften die Gesellschaft als juristische und die Gesellschafter als natürliche oder juristische Personen gegenüber. Das Risiko der Gesellschafter beschränkt sich auf ihre Kapitaleinlage, die entweder als Aktie oder als Gesellschafteranteil verbrieft ist.

Das Vermögen der Kapitalgesellschaft ist Eigentum der Gesellschaft, also der juristischen Person. Die Gesellschaft haftet allein mit diesem Vermögen für ihre Verbindlichkeiten. Das Eigenkapital einer Kapitalgesellschaft unterscheidet sich daher grundsätzlich von dem Eigenkapital eines Einzelunternehmens bzw. von Personengesellschaften. Es erscheint in der Bilanz nicht unterteilt nach z. B. Gesellschaftern, sondern in Abhängigkeit von seinem Bindungsgrad an die Kapitalgesellschaft.

Gem. § 266 Abs. 3 HGB setzt sich das Eigenkapital einer Kapitalgesellschaft aus folgenden Posten zusammen:

I. Gezeichnetes Kapital,
II. Kapitalrücklage,
III. Gewinnrücklagen,
1. gesetzliche Rücklage,
2. Rücklage für Anteile an einem herrschenden oder mehrheitlich beteiligten Unternehmen,
3. satzungsmäßige Rücklagen,
4. andere Gewinnrücklagen,
IV. Gewinnvortrag/Verlustvortrag,
V. Jahresüberschuss/Jahresfehlbetrag.

Gezeichnetes Kapital ist nach § 272 HGB das Kapital, auf das die Haftung der Gesellschafter der Kapitalgesellschaft gegenüber den Gläubigern beschränkt ist. Bei der GmbH ist es das satzungsmäßige Stammkapital. Kapitalrücklagen entstehen aus Zuführungen von Eigenkapital durch den oder die Gesellschafter des Unternehmens. Zuführungen beginnen bei der Gründung eines Unternehmens. Außerdem können sie danach jederzeit durch Gesellschafterbeschluss im Zuge einer Kapitalerhöhung erfolgen. Gewinnrücklagen werden dagegen aus erzielten und bilanzierten, aber nicht ausgeschütteten Gewinnen des Unternehmens gebildet. Von der Ausschüttung ausgeschlossene, einbehaltene Gewinne können vorgetragen, d. h. sie können einer Gewinnrücklage zugeführt werden. Dies lässt erkennen, dass die Mittel nicht zu einer baldigen Ausschüttung vorgesehen sind. Die Aktiengesellschaft muss gem. § 150 AktG aus erzielten Gewinnen eine ‚gesetzliche Rücklage' bilden, die zusammen mit der Kapitalrücklage mindestens 10 % des Grundkapitals (gezeichneten Kapitals) ausmachen muss.

Rückstellungen
§ 249 HGB äußert sich ausführlich zu den Rückstellungen. Sie sind zu bilden für solche Verpflichtungen bzw. Verbindlichkeiten, die zwar dem Grunde nach bekannt sind, bei denen jedoch noch ungewiss ist, wann und in welcher Höhe sie eintreten werden. Solche Rückstellungen müssen z. B. für Gewährleistungsverpflichtungen oder für drohende Verluste aus schwebenden Geschäften gebildet werden, soweit die aktivische Absetzung bei den Herstellkosten nicht möglich ist. Das ist dann der Fall, wenn bis zum Bilanzstichtag mit der Ausführung eines Auftrages noch nicht begonnen wurde, bei dem aber bereits

17.2 Rechnungslegung nach Handelsrecht

bei Auftragsannahme ein Verlust erwartet wird. Dieser erwartete Verlust ist durch eine Rückstellung in der Bilanz und gleichzeitig in der Gewinn- und Verlustrechnung bei den sonstigen Aufwendungen zu berücksichtigen.

Da es sich bei Rückstellungen um ungewisse Verbindlichkeiten handelt, deren genaue Höhe und Zeitpunkt der Fälligkeit noch nicht genau bekannt sind, müssen entsprechende Schätzungen sehr genau belegt und dokumentiert werden, z. B. anhand von konkreten Bestellungen, Arbeitsberichten und Stundenzetteln der Nachunternehmer oder Schreiben der Auftraggeber, aus denen die drohende Auseinandersetzung vor Gericht ersichtlich wird, etc.

Soweit Rückstellungen zu hoch geschätzt waren, müssen diese im nächsten Geschäftsjahr oder in einem darauffolgenden Geschäftsjahr aufgelöst werden. Sie verbessern dadurch das Ergebnis des entsprechenden Geschäftsjahres als „Ertrag aus der Auflösung von Rückstellungen". Zu niedrig geschätzte Rückstellungen verschlechtern demgegenüber das Ergebnis. Rückstellungen müssen z. B. auch für im Geschäftsjahr unterlassene Gerätereparaturen gebildet werden, die im ersten Quartal des Folgejahres durchgeführt werden. Weitere Rückstellungen ergeben sich durch

- Steuernachzahlungen,
- Pensionsverpflichtungen,
- Kosten für Jahresabschluss und Wirtschaftsprüfung.

Ferner sind Rückstellungen für die sogenannte „Kulanzgewährleistung" zu bilden. Außerdem sind Instandhaltungsrückstellungen erlaubt für Arbeiten, die erst im Folgejahr nachgeholt werden, z. B. Generalreparaturen, die in mehrjährigen Abständen anfallen.

Oft werden auch Rückstellungen für erbrachte, noch nicht in Rechnung gestellte Nachunternehmerleistungen gebildet. Dies ist bei Anwendung des Gesamtkostenverfahrens und der damit verbundenen Bewertung von unfertigen bzw. unabgerechneten Leistungen erforderlich, wenn die Leistung der Nachunternehmer in die Bauleistung einbezogen werden soll. Ansonsten würde ein wichtiger Bestandteil im Aufwand des Unternehmens fehlen und die Ergebnissituation verfälscht dargestellt werden. Alternativ kann die Nachunternehmerleistung auch erst mit Abrechnung berücksichtigt werden. Dann darf sie allerdings vorher nicht in die unfertigen Leistungen eingerechnet werden.

Das Steuerrecht legt bei der Feststellung der Zulässigkeit solcher Rückstellung strengere Maßstäbe an. Dementsprechend ist gemäß EStR R 5.7 (zu § 5 EStG) eine Rückstellung für ungewisse Verbindlichkeiten nur zu bilden, wenn:

- „es sich um eine Verbindlichkeit gegenüber einem anderen oder einer öffentlich-rechtliche Verpflichtung handelt,
- die Verpflichtung vor dem Bilanzstichtag wirtschaftlich verursacht ist,
- mit einer Inanspruchnahme aus einer nach ihrer Entstehung oder Höhe ungewissen Verbindlichkeit ernsthaft zu rechnen ist und
- die Aufwendungen in künftigen Wirtschaftsjahren nicht zu Anschaffungs- oder Herstellungskosten für ein Wirtschaftsgut führen" (Walkenhorst 2012, S. 263).

Dies betrifft insbesondere die sich aus § 14 VOB/B ergebende Verpflichtung zur Abrechnung und die damit verbundenen Gewährleistungsrückstellungen. Gemäß der aktuellen Rechtsprechung können Bemessungsgrundlage für Gewährleistungsrückstellungen lediglich die am Abschlussstichtag abgenommenen und auch abgerechneten Bauleistungen, ggf. auch Teilleistungen sein. Diese sind um die Leistungen (Subunternehmer, anteilige ARGE Leistungen etc.) zu mindern, bei denen Rückgriffsmöglichkeiten auf Dritte bestehen. Dabei können nur solche Gewährleistungsansprüche in eine Einzelrückstellung einfließen, die konkret zum Bilanzstichtag erkennbar sind, d. h. für die eine konkrete Rüge vorliegt. Ansonsten können Pauschalrückstellungen gebildet werden, die anhand von Erfahrungswerten begründet werden (Durchschnittswert), vgl. z. B. BFH-Beschluss vom 28.08.2018, X B 48/18.

Damit werden die steuerlichen Möglichkeiten zur Bildung von Rückstellungen für drohende Verluste stark eingeschränkt und die Erstellung einer kombinierten Handels- und Steuerbilanz ausgeschlossen oder zumindest nur mit Einschränkungen ermöglicht (Jacob und Stuhr 2006).

Verbindlichkeiten
Verbindlichkeiten sind Verpflichtungen des Unternehmens, die in ihrer Höhe feststehen und die in der Regel Zahlungsverpflichtungen sind. Nur bei erhaltenen Anzahlungen (Vorauszahlungen) liegen Verpflichtungen des Unternehmens zu Lieferungen oder Leistungen zugrunde und sie stehen mit dem Auszahlungsbetrag in der Bilanz. Soweit Zahlungsverpflichtungen unverzinslich sind, zeigt die Bilanz nur die geschuldete Summe. Bei verzinslichen Zahlungsverpflichtungen ist die Summe aus Zinszahlungen und Kreditrückzahlungsbeträgen auszuweisen. Verbindlichkeiten gegenüber der ARGE entstehen beispielsweise dann, wenn die ARGE den ARGE-Partnern Geldmittel zur Verfügung stellt, die in der ARGE zeitweilig nicht benötigt werden. Auch bei Weihnachts- bzw. Urlaubsgeldern, die die ARGE zunächst bezahlt hat und die von den Gesellschaftern zurückerstattet werden, entstehen Verbindlichkeiten gegenüber der ARGE. Schließt eine ARGE mit Verlust ab, ergibt sich für alle ARGE-Partner die Verpflichtung zur anteiligen Verlustdeckung.

Rechnungsabgrenzungsposten
Im Interesse einer periodenrichtigen Erfolgsabgrenzung müssen die Aufwendungen und Erträge korrigiert werden, die nicht das laufende, sondern ein späteres Geschäftsjahr betreffen, wie z. B. im Voraus bezahlte Mieten oder Versicherungsprämien. Außerdem müssen solche Aufwendungen verbucht werden, deren Zahlung erst im nächsten Geschäftsjahr fällig werden, welche aber das laufende Geschäftsjahr betreffen.

Diese periodenrichtige Zuordnung von Aufwendungen und Erträgen erfolgt über die Rechnungsabgrenzungsposten auf der Aktiv- bzw. Passivseite der Bilanz.

Haftungsverhältnisse
Unter Haftungsverhältnissen im bilanzrechtlichen Sinne versteht man finanzielle Verpflichtungen, die der Kaufmann eingegangen ist. Er muss damit rechnen, aus ihnen in

17.2 Rechnungslegung nach Handelsrecht

Anspruch genommen zu werden. Droht eine solche Inanspruchnahme konkret bei der Bilanzaufstellung, dann ist die betreffende Verpflichtung nicht zu vermerken, sondern als Rückstellung zu bilanzieren. Solange eine Verpflichtung zwar rechtlich besteht, eine Inanspruchnahme aber nicht unmittelbar droht, ist sie im Sinne der Bilanz eine „Eventualverbindlichkeit". Solche Eventualverbindlichkeiten sind im Anhang zu vermerken (§ 268 Abs. 7 Halbsatz 1 HGB). Übernimmt z. B. ein Kaufmann eine Bürgschaft, dann verpflichtet er sich gegenüber dem Gläubiger eines Schuldners vertraglich, für die Erfüllung der Verbindlichkeit des Schuldners einzustehen.

§ 251 HGB unterscheidet folgende Eventualverbindlichkeiten:

- Verbindlichkeiten aus der Begebung und Übertragung von Wechseln.
- Verbindlichkeiten aus Bürgschaften, Wechsel- und Scheckbürgschaften.
- Verbindlichkeiten aus Gewährleistungsverträgen.
- Haftungsverhältnisse aus der Bestellung von Sicherheiten für fremde Verbindlichkeiten.

Bei den Verbindlichkeiten aus der Begebung und Übertragung von Wechseln sind alle jene Wechsel aufzunehmen, die als Sicherheit für fremde Verbindlichkeiten am Bilanzstichtag weitergegeben, aber noch nicht fällig bzw. eingelöst waren.

Bürgschaften fallen in der Regel an als:

- Vertragserfüllungsbürgschaft (35 % aller Bürgschaften),
- Gewährleistungsbürgschaft (60 % aller Bürgschaften).

Seltener werden Bietungs- und Vorauszahlungs- bzw. Abschlagszahlungsbürgschaften (ca. 5 % aller Bürgschaften) verlangt (Stuhr 2007, S. 67 ff.).

Angeboten werden entsprechende Bürgschaften durch Banken und Versicherungen, die sich die Bereitstellung der Bürgschaft ihrerseits vergüten lassen über

- Bereitstellungsgebühren (einmalig) und
- Bereitstellungsprovisionen (laufende Provision über die Laufzeit).

Die Bereitstellungsgebühren bzw. -Provisionen fließen als Aufwand in die Gewinn- und Verlustrechnung ein.

Auch wenn Bürgschaften die Bilanzkennzahlen nicht unmittelbar negativ beeinflussen, so werden sie von Kreditgebern in aller Regel berücksichtigt und verschlechtern damit Kennzahlen wie die Eigenkapitalquote, den Verschuldungsgrad und die Gesamtkapitalrentabilität. Bürgschaften werden insofern genauso behandelt wie andere Verbindlichkeiten gegenüber Kreditinstituten, für deren Bereitstellung eine Bonitätsbeurteilung (Rating) des Bürgschaftsnehmers durchgeführt wird. Viele Bauunternehmen drängen aus diesem Grund gegenüber ihren Auftraggebern frühzeitig auf die (Teil-)Rückgabe der zugesicherten Bürgschaften, um die Bonität zur Akquisition neuer Bürgschaften für die nächsten Bauprojekte zu erhöhen und die entsprechenden Bereitstellungskosten zu vermindern. Zudem wird die Möglichkeit des Zugriffs durch den Auftraggeber unterbunden und die Gefahr der Verschiebung der Eventualverbindlichkeit hin zu einer „echten" Verbindlichkeit reduziert.

Die Wechselschuldnerschaft für eigene Verbindlichkeiten wird dagegen in der Bilanz als Wechselschuld ausgewiesen.

Bei Verbindlichkeiten aus Gewährleistungsverträgen wird durch einen gesonderten Vertrag eine Gewähr für eigene oder auch für fremde Leistungen übernommen. Beispiele hierfür sind Patronatserklärungen, wie sie Unternehmen vielfach für ihre Beteiligungsgesellschaften geben, um deren Kreditwürdigkeit gegenüber Lieferanten und Kreditinstituten zu stärken.

Betriebliche Erträge

Die ausgewiesenen Umsatzerlöse sind nicht die Leistungen des Berichtsjahres, sondern in diesen Umsatzerlösen sind nur die Leistungen enthalten, die im Geschäftsjahr abgerechnet wurden. Die Umsatzerlöse enthalten die vollen Auftragswerte, auch soweit die Auftragswerte aus Leistungen von Vorjahren stammen. Nur soweit Aufträge in einem Jahr begonnen und beendet wurden, sind beide Rechnungsgrößen identisch. Weitere Ertragsarten im Folgenden:

- Die Beteiligung des Unternehmens an ARGEn schlägt sich gleichfalls in den Umsatzerlösen und den Bauaufwendungen nieder. In Bezug auf die ARGEn sind in den Umsatzerlösen enthalten:
  – Leistungen des Bauunternehmens für ARGEn,
  – anteilige ARGE-Ergebnisse.
- Die Position „Erhöhung (oder Minderung) des Bestandes an nicht abgerechneten Bauten" gibt die jeweilige Größe in Bezug auf das Vorjahr an und erhält die Erhöhungen und Minderungen der betreffenden Bilanzpositionen gegenüber dem Vorjahr. Umsatzerlöse und Bestandsveränderungen werden nicht gleich bewertet. Bei den Umsatzerlösen werden die Leistungen zu ihren vertraglichen Werten angesetzt. Die Bestandsveränderungen dagegen werden mit den entsprechenden Herstellungskosten oder mit dem „niedrigeren beizulegenden Wert" bewertet (vgl. hierzu die Ausführungen im Abschn. 18.1.2).
- Bei der Position „andere aktivierte Eigenleistungen" handelt es sich vor allem um selbsterstellte Anlagegegenstände, wie zum Beispiel Verwaltungs- und Betriebsgebäude, Schauanlagen etc.
- Erträge aus Beteiligungen,
- Erträge aus Gewinnabführungsverträgen,
- Sonstige Zinsen und ähnliche Erträge,
- Sonstige betriebliche Erträge. Hier sind zu nennen:
  – Erträge aus dem Abgang von Gegenständen des Anlagevermögens,
  – Erträge aus der Auflösung von Rückstellungen.

17.2 Rechnungslegung nach Handelsrecht

Betriebliche Aufwendungen

Dazu gehören:

- Materialaufwendungen. Das sind Aufwendungen für Roh-, Hilfs- und Betriebsstoffe, für bezogene Waren und Aufwendungen für bezogene Leistungen. D. h. hierunter sind auch Nachunternehmerleistungen gefasst.
- Bei der Projektentwicklungsgesellschaft sind hier noch Aufwendungen für Immobilienbewirtschaftung und Aufwendungen für Verkaufsgrundstücke zusätzlich zu nennen.
- Personalaufwendungen. Das sind Löhne und Gehälter und soziale Abgaben und Aufwendungen für Altersversorgung und für Unterstützung.
- Abschreibungen auf immaterielle Anlagen und Sachanlagen.
- Verluste aus Beteiligungen.
- Sonstige betriebliche Aufwendungen. Das sind u. a. Verluste aus dem Abgang von Gegenständen des Anlagevermögens und Verluste aus dem Abgang von Gegenständen des Umlaufvermögens.
- Übrige, sonstige betriebliche Aufwendungen, z. B. Zuführung in Rückstellungen (z. B. Gewährleistung), und zwar dann, wenn der zu erwartende Aufwand nicht eindeutig einer Aufwandsart zugeordnet werden kann. Auch Abschreibungen auf Forderungen sind hier eingestellt. Ebenso Aufwendungen des Bürobetriebes (Post, Telefon, Beiträge, Reisekosten, Kosten Aufsichtsrat und Beirat sowie Hauptversammlung und Gesellschafterversammlung, Gästebewirtung, Rechts- und Beratungskosten etc.).

Steuern vom Einkommen und vom Ertrag

Dies sind die Einkommens- und Ertragssteuern (Körperschaftssteuer bei Kapitalgesellschaften und Gewerbeertragssteuer), die das Unternehmen als Steuerschuldner zu entrichten hat. Dabei kann es sich um Vorauszahlungen für das laufende Jahr, um Zuführung zu den Steuerrückstellungen oder um Steuern für zurückliegende Jahre handeln. Letzteres ist dann der Fall, wenn keine ausreichenden Rückstellungen gebildet worden sind. Sonstige Steuern sind u. a. Grundsteuer, KFZ-Steuer, die als Aufwandssteuern bezeichnet werden, da sie unabhängig vom Einkommen oder Ertrag anfallen.

17.2.3 Ergänzungen des Jahresabschlusses bei Kapitalgesellschaften

17.2.3.1 Anhang

Der Anhang besteht aus zwei Teilen:

- Erläuterung der Bilanz und der Gewinn- und Verlustrechnung (§ 284 HGB),
- Sonstige Pflichtangaben (285 HGB).

Bei den Erläuterungen hat der Gesetzgeber den Unternehmen freigestellt, die Bilanz sowie die Gewinn- und Verlustrechnung mit relativ wenigen zu Gruppen zusammengefassten Positionen „offenzulegen". Bei der Ausübung dieses Wahlrechts müssen dann gem. § 284 Abs. 1 HGB die zusammengefassten Positionen im Anhang entsprechend den Gliederungsvorschriften zur Bilanz aufgeschlüsselt werden. Daneben gibt es Pflichtangaben, welche die vom Unternehmen angewandten Bilanzierungs- und Bewertungsmethoden betreffen.

Sonstige Pflichtangaben bilden nach § 285 HGB einen umfangreichen Bericht. Die wichtigsten Angaben sind (Die Nummerierung entspricht dem Gesetzestext):

1. Angaben zu den bilanzierten Verbindlichkeiten,
   a) mit einer Laufzeit von mehr als 5 Jahren,
   b) die mit Sicherheiten hinterlegt sind,
3. „Sonstige finanzielle Verpflichtungen", die weder zu bilanzieren noch in der Bilanz zu vermerken sind, z. B. Verpflichtungen aus langjährigen Mietverträgen.
4. Aufgliederung der Umsatzerlöse nach Tätigkeitsbereichen sowie nach geographisch bestimmten Märkten. Da die Umsatzerlöse nicht die Bautätigkeit, sondern die Bauabrechnung des Jahres zeigen, hat sich die Bauwirtschaft entschieden, hier die Bauleistung des Jahres aufzugliedern.
7. Die durchschnittliche Zahl der Arbeitnehmer der Gesellschaft, getrennt nach Gruppen.
11., 11. a) und b) u. a. Name und Sitz beteiligter Unternehmen, die Höhe des Anteils, das Eigenkapital und das Ergebnis des letzten Geschäftsjahrs, soweit es sich um dauerhafte Verbindungen handelt. Eine solche wird bei einer Beteiligung in Höhe ab 20 % (im Sinne des § 271 Absatz 1 HGB), bei börsenorientierten Kapitalgesellschaften ab 5 % der Stimmrechte vermutet, oder wenn ein Anteil von einer Person für Rechnung der Kapitalgesellschaft gehalten wird.
27. Die Gründe zur Einschätzung des Risikos der Inanspruchnahme für Haftungsverhältnisse (Bürgschaften).
31. Jeweils der Betrag und die Art der einzelnen Erträge und Aufwendungen von außergewöhnlicher Größenordnung oder außergewöhnlicher Bedeutung.
33. Vorgänge von besonderer Bedeutung, die nach dem Schluss des Geschäftsjahrs eingetreten und weder in der Gewinn- und Verlustrechnung noch in der Bilanz berücksichtigt sind, unter Angabe ihrer Art und ihrer finanziellen Auswirkungen.

Anlagespiegel
Kapitalgesellschaften müssen gem. § 284 Abs. 3 HGB im Anhang die Entwicklung der einzelnen Posten des Anlagevermögens im so genannten Anlagespiegel darstellen. Dies dient der Transparenz einer Bilanz.

„Dabei sind, ausgehend von den gesamten Anschaffungs- und Herstellungskosten, die Zugänge, Abgänge, Umbuchungen und Zuschreibungen des Geschäftsjahrs sowie die Abschreibungen gesondert aufzuführen. Zu den Abschreibungen sind gesondert folgende Angaben zu machen:

1. die Abschreibungen in ihrer gesamten Höhe zu Beginn und Ende des Geschäftsjahrs,
2. die im Laufe des Geschäftsjahrs vorgenommenen Abschreibungen und
3. Änderungen in den Abschreibungen in ihrer gesamten Höhe im Zusammenhang mit Zu- und Abgängen sowie Umbuchungen im Laufe des Geschäftsjahrs.

Sind in die Herstellungskosten Zinsen für Fremdkapital einbezogen worden, ist für jeden Posten des Anlagevermögens anzugeben, welcher Betrag an Zinsen im Geschäftsjahr aktiviert worden ist."

Unter Einbeziehung des Endbestandes, des Geschäftsjahres bzw. des Vorjahres und der ebenfalls gesondert anzugebenden Abschreibung des Geschäftsjahres ergibt sich eine Darstellungsform des Anlagenspiegels, die als direkte Bruttomethode bezeichnet wird.

Dazu das Beispiel in Abb. 17.8.

Diese Darstellung ermöglicht es, auf der Aktivseite der Bilanz den Buchwert der Anlagegegenstände auszuweisen (im Beispiel: 10.576 T€). Da der Anlagespiegel eine Brutto-Darstellung ist und die gesamten (kumulierten) Abschreibungen zeigt, sind die Abschreibungen des Geschäftsjahres aus dem Anlagespiegel nicht ersichtlich. Der Gesetzgeber verlangt deshalb, dass die Abschreibungen des Geschäftsjahres zusätzlich im Anhang, unter dem Anlagevermögen vermerkt sind.

17.2.3.2 Lagebericht

Durch § 289 Abs. 1 HGB werden Kapitalgesellschaften verpflichtet, einen Lagebericht zu erstellen, in dem zumindest der Geschäftsverlauf und die Lage der Gesellschaft so darzustellen sind, dass ein den tatsächlichen Verhältnissen entsprechendes Bild ermittelt wird. Dabei ist auch auf die Risiken der künftigen Entwicklung einzugehen. Hierzu gehören:

- Absatzlage (Auftragseingang, Umsatzentwicklung, Wettbewerbspositionen etc.),
- Produktionsverhältnisse (Rationalisierungsmaßnahmen, Schließung oder Erweiterung von Anlagen, Produktionsstätten),
- Rentabilitätsverhältnisse (Einkaufs- und Verkaufspreise, Kosten, Erlöse),
- Mitarbeiter (Zahl, Ausbildung, Krankenstand),
- Investitionen, Liquidität und Finanzierung (Kapitalflussrechnung, Kennziffern etc.),
- Vorgänge von besonderer Bedeutung nach Schluss des Geschäftsjahres,
- die voraussichtliche Entwicklung der Kapitalgesellschaft,
- der Bereich Forschung und Entwicklung.

17.2.4 Verpflichtung zur zusätzlichen Konzernrechnungslegung

Die Konzernrechnungslegung ist eine zusätzliche Rechnungslegung. Das Gesetz verpflichtet Unternehmen, neben der Rechnungslegung für ihren eigenen Firmenbereich auch zur Rechnungslegung für den von ihnen geführten Konzern, wenn diese auf ein an-

	Historische Anschaffungs- und Herstellungskosten (AHK)						Abschreibungen						
	AB AHK 1.1.	Zu-gänge Gj	davon aktivierte FK-Zinsen Gj	Abgänge Gj	Umbuchungen Gj	EB AHK 31.12.	AB kum. Abschr.	Abschr. Gj	Zuschr. Gj	Zugänge Gj	Abgänge Gj	Umbuchungen Gj	EB kum. Abschr.
I. immaterielle VG													
1. Selbst geschaffene gewerbliche Schutzrechte und ähnliche Rechte und Werte													
2. entgeltlich erworbene Konzessionen, gewerbliche Schutzrechte und ähnliche Rechte und Werte sowie Lizenzen an solchen Rechten und Werten		1.850 T€				1.029 T€	821 T€						821 T€
3. Geschäfts- oder Firmenwert													
4. geleistete Anzahlungen	16 T€	25 T€				41 T€							
Summe immaterielle VG	**16 T€**	**1.875 T€**				**1.070 T€**							**821 T€**
II. Sachanlagen													
1. Grundstücke, grundstücksgleiche Rechte und Bauten einschließlich der Bauten auf fremden Grundstücken	2.264 T€	2.350 T€		1.040 T€		2.842 T€	732 T€						732 T€
2. technische Anlagen und Maschinen	2.104 T€	4.221 T€				3.434 T€	2.891 T€						2.891 T€
3. Geschäftsausstattung	1.725 T€	1.646 T€				2.841 T€	530 T€						530 T€
Summe Sachanlagen	**6.093 T€**	**8.217 T€**		**1.040 T€**		**9.117 T€**	**4.153 T€**						**4.153 T€**
III. Finanzanlagen	207 T€	182 T€				389 T€							
Anlagevermögen gesamt:	**6.316 T€**	**10.274 T€**		**1.040 T€**		**10.576 T€**	**4.153 T€**						**4.974 T€**

Abb. 17.8 Auszug aus einem Anlagespiegel. In diesem Beispiel wurde vom Wahlrecht nach § 255, Abs. 3 HGB (Aktivierung der Fremdkapitalzinsen in Verbindung mit den Herstellungskosten) kein Gebrauch gemacht. (Verändert nach Müller et al. 2015, S. 114)

deres Unternehmen (Tochterunternehmen) unmittel- oder mittelbar einen beherrschenden Einfluss ausüben kann.

Ein beherrschender Einfluss eines Mutterunternehmens besteht gemäß § 290 Abs. 2 HGB stets, wenn:

1. ihm bei einem anderen Unternehmen die Mehrheit der Stimmrechte der Gesellschafter zusteht;
2. ihm bei einem anderen Unternehmen das Recht zusteht, die Mehrheit der Mitglieder des die Finanz- und Geschäftspolitik bestimmenden Verwaltungs-, Leitungs- oder Aufsichtsorgans zu bestellen oder abzuberufen, und es gleichzeitig Gesellschafter ist;

3. ihm das Recht zusteht, die Finanz- und Geschäftspolitik auf Grund eines mit einem anderen Unternehmen geschlossenen Beherrschungsvertrages oder auf Grund einer Bestimmung in der Satzung des anderen Unternehmens zu bestimmen, oder
4. es bei wirtschaftlicher Betrachtung die Mehrheit der Risiken und Chancen eines Unternehmens trägt, das zur Erreichung eines eng begrenzten und genau definierten Ziels des Mutterunternehmens dient (Zweckgesellschaft).

„Größenabhängige" Bedingungen
Die Verpflichtung zur Konzernrechnungslegung gilt für Unternehmen, für deren Konzernverbund gemäß § 11 Publ G zwei der folgenden drei Mindestgrößen gegeben sind:

- Die Bilanzsumme einer auf den Konzernabschlussstichtag aufgestellten Konzernbilanz ist größer als 65 Mio.
- Die Umsatzerlöse einer auf den Konzernabschlussstichtag aufgestellten Konzern-Gewinn- und Verlustrechnung in den zwölf Monaten vor dem Abschlussstichtag sind größer als 130 Mio.
- Die Konzernunternehmen mit Sitz im Inland haben in den zwölf Monaten vor dem Konzernabschlussstichtag insgesamt durchschnittlich mehr als fünftausend Arbeitnehmer beschäftigt.

Der Konzernabschluss fasst das leitende und die von ihm geleiteten Unternehmen vollständig zusammen. Zeigt der Firmenabschluss die rechtliche Einheit des Unternehmens, so zeigt der Konzernabschluss das Unternehmen als Wirtschaftseinheit.

17.3 Rechnungslegung nach Steuerrecht

Bund, Länder, Gemeinden und bestimmte Religionsgemeinschaften mit öffentlich-rechtlichem Status dürfen Steuern erheben. In § 3 Abgabeordnung (AO) findet man eine Definition des Begriffs „Steuer". „Steuern sind Geldleistungen, die nicht eine Gegenleistung für eine besondere Leistung darstellen und von einem öffentlich-rechtlichen Gemeinwesen zur Erzielung von Einkünften allen auferlegt werden, bei denen der Tatbestand zutrifft, an den das Gesetz die Leistungspflicht knüpft."

In diesem Zusammenhang müssen noch die Begriffe Steuerpflichtiger und Steuergegenstand benannt werden.

Steuerpflichtiger ist derjenige, der gem. § 33 AO eine durch die Steuergesetzgebung auferlegte Verpflichtung zu erfüllen hat. Diese Verpflichtung erstreckt sich nicht nur auf die Steuerzahlung, sondern beinhaltet auch eine Reihe von Mitwirkungspflichten bei der Durchführung der Besteuerung.

Vom Begriff des Steuerpflichtigen ist der Begriff des Steuerzahlers zu unterscheiden. Der Steuerzahler ist derjenige, der nach dem jeweiligen Steuergesetz auch tatsächlich die Steuer zu zahlen hat. So ist beispielsweise bei der Lohnsteuer der Lohnempfänger der Steuerpflichtige, das Unternehmen der Steuerzahler, da es die Steuer vom Lohnentgelt einbehält und an das Finanzamt abführt. Analoges gilt z. B. auch bei der Kapitalertragsteuer und bei der Besteuerung von Zinsen auf Spareinlagen. Hier spricht man vom Quellenabzugsverfahren, da die Steuer an der Quelle einbehalten und an das Finanzamt abgeführt wird.

Steuergegenstand ist das, was besteuert wird. Durch die Bemessungsgrundlage wird festgelegt, in welchem Umfang der Steuergegenstand besteuert wird.

Bei der Einkommensteuer z. B. ist der Steuerpflichtige der Einkommensempfänger. Der Steuergegenstand ist das Einkommen. Die Bemessungsgrundlage zur Berechnung der Einkommensteuer ist das zu versteuernde Einkommen, das aufgrund der Regelungen des Einkommensteuergesetzes ermittelt wird. Die Einkommensteuer errechnet sich dann wie folgt:

$$
\begin{aligned}
\text{Einkommensteuer} &= \text{Steuertarif} \times \text{zu versteuerndes Einkommen} \\
&= \text{z. B. } 26\,\% \times 6000\text{,-} \,€ \\
&= 1560\text{,-} \,€
\end{aligned}
$$

Die Besteuerung erfolgt in einem gesetzlich geordneten Verfahren, das im Wesentlichen in der AO geregelt ist. Nach § 90 AO hat der Steuerpflichtige- und beispielsweise auch sein Steuerberater – bei der Ermittlung des Steuersachverhaltes mitzuwirken. So haben alle Steuerpflichtigen Steuererklärungen abzugeben, z. B. in Form der Einkommensteuererklärung.

Im Folgenden wird dargestellt, zu welcher steuerlich bedingten Rechnungslegung die bauwirtschaftlichen Unternehmen verpflichtet sind. Dabei wird bewusst auf die Darstellung von Einzelheiten verzichtet, wie z. B. Ermittlung von Bemessungsgrundlagen oder Steuerbelastungen der einzelnen Rechtsformen oder die Darstellung der Steuerbelastung der Aktionäre/Anteilseigner unter Berücksichtigung des Anrechnungsverfahrens zur Vermeidung der Doppelbesteuerung etc.

Stattdessen wird kurz auf die Ertragssteuern und auf die steuerrechtliche Buchführungspflicht eingegangen, welche von den Unternehmen zum Zwecke der Ermittlung der Ertragsteuern zu erfüllen ist.

17.3.1 Ertragssteuern bei bauwirtschaftlichen Unternehmen

Ertragssteuern sind unterteilt in die Einkommenssteuer (ESt), die Körperschaftsteuer (KSt) und die Gewerbesteuer vom Ertrag (GewSt).

Gemeinsames Merkmal ist die Besteuerungsbasis, nämlich das wirtschaftliche Ergebnis der unternehmerischen Tätigkeit, also für die ESt das Einkommen oder für die GewSt der Ertrag.

Während die ESt (bei natürlichen Personen) und die KSt (bei juristischen Personen) Personensteuern sind, ist die GewSt vom Ertrag den sog. Objektsteuern zuzurechnen. Die einzelnen Personen- und Objektsteuern werden grundsätzlich voneinander unabhängig festgelegt. Dies hat zur Folge, dass unter Umständen mehrere Ertragsteuern gleichzeitig anfallen können. Scheffler unterscheidet in diesem Zusammenhang drei Fälle:

17.3 Rechnungslegung nach Steuerrecht

- „Unterhält eine natürliche Person keinen Gewerbebetrieb, wird der wirtschaftliche Erfolg nur der Einkommensteuer unterworfen.
- Übt eine natürliche Person eine gewerbliche Tätigkeit aus (Einzelunternehmer, Gesellschafter einer gewerbetreibenden Personengesellschaft), werden die Gewinne sowohl mit Einkommensteuer als auch mit Gewerbesteuer besteuert.
- Kapitalgesellschaften gelten aufgrund ihrer Rechtsform als Gewerbebetrieb. Dies führt bei ihnen zu einem Nebeneinander von Körperschaftsteuer und Gewerbesteuer vom Ertrag" (Scheffler 1992, S. 24).

Einkommenssteuer (ESt)
Nach § 2 EStG unterliegen der Einkommensteuer folgende Einkunftsarten:

„1. Einkünfte aus Land- und Forstwirtschaft,
2. Einkünfte aus Gewerbebetrieb,
3. Einkünfte aus selbstständiger Arbeit,
4. Einkünfte aus nicht selbstständiger Arbeit,
5. Einkünfte aus Kapitalvermögen,
6. Einkünfte aus Vermietung und Verpachtung,
7. sonstige Einkünfte im Sinne des § 22, …".

Bei der Ermittlung der Einkünfte werden unterschieden:

- Die Gewinneinkünfte; das sind die Einkunftsarten 1 bis 3.
- Die Überschusseinkünfte; das sind die Einkunftsarten 4 bis 7.

Während juristische Personen (z. B. Kapitalgesellschaften) nur Einkünfte aus Gewerbebetrieb haben, kann eine natürliche Person gleichzeitig Einkünfte aus verschiedenen Einkunftsarten haben.

In Bezug auf die Einkünfte aus Gewerbebetrieb gilt: Beim Einzelunternehmen müssen sämtliche Einkünfte vom Inhaber des Unternehmens als Einkünfte aus Gewerbebetrieb versteuert werden.

Die OHG und KG als solche sind nicht einkommensteuerpflichtig, da sie keine eigenständigen juristischen Personen sind. Steuerrechtlich wird der Gesellschafter einer Personengesellschaft als Mitunternehmer bezeichnet (vgl. § 15 Abs. 1 Nr. 2 EStG) und einkommensteuerlich dem Einzelunternehmer gleichgestellt. Der bei der Personengesellschaft erzielte Gewinn wird daher bei den Gesellschaftern als Einkünfte aus Gewerbebetrieb steuerpflichtig.

Zu diesen Einkünften gehören neben den Gewinnanteilen auch Sondervergütungen, wie z. B. Tätigkeitsvergütungen aus Arbeits-, und Beratungsverträgen, Darlehenszinsen und Einnahmen aus der Überlassung von Wirtschaftsgütern (Miet-, Pachtvertrag). Unter Einkünfte aus Gewerbebetrieb fällt auch die Veräußerung des Gewerbebetriebes oder Veräußerungen von wesentlichen Beteiligungen an Kapitalgesellschaften, wobei eine wesentliche Beteiligung dann besteht, wenn die Anteile an der Kapitalgesellschaft größer sind als 1 % (§ 17 EStG (1)).

Eine Kapitalgesellschaft hat grundsätzlich nur Einkünfte aus Gewerbebetrieb. Dies gilt auch dann, wenn die Kapitalgesellschaft nur eine Vermögensverwaltung betreibt. Veräußert eine Kapitalgesellschaft Grundstücke, Wertpapiere oder anderes Kapitalvermögen, so sind auch die daraus entstehenden Gewinne/Verluste Einkünfte aus Gewerbebetrieb. Die Einkünfte aus selbständiger Tätigkeit, z. B. Honorare eines Architekten, sind Gewinneinkünfte, deren Ermittlung sich nach den §§ 4 und 5 EStG richten. Bei Einkünften aus Vermietung und Verpachtung handelt es sich vor allem um die entgeltliche Überlassung von unbeweglichem Vermögen (Grundstücke, Gebäude, Gebäudeteile), von Rechten wie z. B. Erbbaurecht und von Sachinbegriffen (insbesondere bewegliches Betriebsvermögen; § 21 EStG).

Körperschaftsteuer
Auch die KSt ist eine Personensteuer. Sie betrifft juristische Personen, d. h. in der Bauindustrie die Kapitalgesellschaften. Das KSt-Gesetz unterscheidet zwischen einer unbeschränkten und einer beschränkten KSt-Pflicht. Abgrenzungsmerkmal ist, ob die juristische Person ihre Geschäftsleitung oder ihren Sitz im Inland hat (§ 1 Abs. 1 KStG). Die unbeschränkte Steuerpflicht bezieht sich auf sämtliche Einkünfte (§ 1 Abs. 2 KStG), die beschränkte Steuerpflicht nur auf die inländischen Einkünfte (§ 2 KStG) einer juristischen Person. Das zu versteuernde Einkommen ist gemäß den Vorschriften des EStG und des KStG zu ermitteln.

Gewerbesteuer vom Ertrag
Bei der Gewerbesteuer vom Ertrag soll die Ertragskraft eines stehenden Betriebes besteuert werden. Steuerschuldner ist bei Einzelunternehmen der Einzelunternehmer, bei Personengesellschaften die Gesellschafter. Für die Berechnung der Gewerbesteuer vom Ertrag ist allerdings die Summe der Einkünfte der Gesellschafter (Mitunternehmer) maßgeblich.

17.3.2 Steuerrechtliche Buchführungspflicht

Zunächst ist festzuhalten, dass es neben handelsrechtlichen auch aus steuerrechtlichen Gründen eine Buchführungspflicht gibt. Die steuerrechtliche Buchführungspflicht ergibt sich aus mehreren Vorschriften, von denen genannt werden:

- Unternehmen, denen handelsrechtliche Verpflichtungen auf dem Gebiet der Buchführung obliegen, haben diese Verpflichtungen „auch für die Besteuerung zu erfüllen" (§ 140 AO).
- Der Kreis der steuerlich Bilanzpflichtigen geht über die vom Handelsrecht gezogenen Grenzen hinaus. Ein Jahresumsatz über 600.000,– €, oder ein Gewinn über 60.000,– € jährlich verpflichten nach § 141 Abs. 1 AO jeden Gewerbebetrieb, also auch jedes

bauausführende Unternehmen, „Bücher zu führen und aufgrund jährlicher Bestandsaufnahmen Abschlüsse zu machen."
Diese Bestimmung begründet auch die Buchführungs- und Bilanzierungspflicht der Arbeitsgemeinschaft, die Aufträge nicht in der Rechtsform einer Handelsgesellschaft, sondern als Gesellschaft bürgerlichen Rechts nach §§ 705 ff. BGB ausführt. Die Bilanzierungspflicht hat für die Mehrzahl der Arbeitsgemeinschaften allerdings keine steuerliche Bedeutung, da für sie aufgrund § 180 Abs. 4 AO keine einheitliche Gewinnfeststellung stattfindet.

- Das Steuerrecht sieht bei der Buchführung und Bilanz ein Wahlrecht vor, und zwar wurden im § 4 EStG zwei Formen für die Errechnung des steuerpflichtigen Gewinns entwickelt. Unternehmen, die weder nach Handelsrecht noch nach § 141 AO bilanzpflichtig sind und auch keine Bilanz erstellen, können – wie bereits dargestellt – den steuerpflichtigen Gewinn als „Überschuss der Betriebseinnahmen über die Betriebsausgaben" nach § 4 Abs. 3 EStG ermitteln. Sie haben aufgrund des § 5 EStG auch das Recht, ihrer Steuererklärung einen den handelsrechtlichen Grundlagen und Vorschriften entsprechenden Jahresabschluss zugrunde zu legen.

Gibt es aber auch neben der Handelsbilanz eine eigenständige Steuerbilanz? Wer in den steuerrechtlichen Gesetzestexten die Definition des Begriffs „Steuerbilanz" sucht, stellt fest, dass es diese Definition nicht gibt. Lediglich in § 60 Abs. 2 EStDV wird eine Vermögensübersicht, die den steuerlichen Vorschriften entspricht, als Steuerbilanz bezeichnet.

Das Steuerrecht geht also von keiner eigenständigen Steuerbilanz aus. Die Steuerbilanz wird aus der Handelsbilanz abgeleitet. Aus diesem Grund ist es nicht verwunderlich, dass Einzelunternehmen und auch Personengesellschaften in aller Regel von der Erstellung einer gesonderten Handelsbilanz absehen und nur eine Bilanz nach steuerrechtlichen Gesichtspunkten erstellen. Steuerbilanzen sind allerdings neben den Handelsbilanzen bei den Unternehmen üblich, die ihre Jahresabschlüsse der Öffentlichkeit bekannt machen müssen oder die ohne Verpflichtung ihre Rechnungslegung offenlegen. Dass diese Unternehmen beide Bilanzen erstellen, hängt mit der unterschiedlichen Zwecksetzung der Bilanzen zusammen.

Die Handelsbilanz informiert die Gesellschafter und die Öffentlichkeit, die Steuerbilanz wird dagegen dem Finanzamt als Besteuerungsgrundlage für die ESt bzw. KSt und die Gewerbeertragsteuer vorgelegt.

Sowohl die Handels- als auch die Steuerbilanz sind nach den Grundsätzen ordnungsmäßiger Buchführung zu erstellen.

17.3.3 Das Maßgeblichkeitsprinzip der Handelsbilanz für die Steuerbilanz

Der Grundsatz der Maßgeblichkeit der Handelsbilanz für die Steuerbilanz ist in § 5 Abs. 1 EStG verankert. Hier heißt es:

„Bei Gewerbetreibenden, die auf Grund gesetzlicher Vorschriften verpflichtet sind, Bücher zu führen und regelmäßig Abschlüsse zu machen, oder die ohne eine solche Verpflichtung Bücher führen und regelmäßig Abschlüsse machen, ist für den Schluss des Wirtschaftsjahres das Betriebsvermögen anzusetzen (§ 4 Absatz 1 Satz 1), das nach den handelsrechtlichen Grundsätzen ordnungsmäßiger Buchführung auszuweisen ist, es sei denn, im Rahmen der Ausübung eines steuerlichen Wahlrechts wird oder wurde ein anderer Ansatz gewählt."

Dieser Grundsatz wird als Grundsatz der Maßgeblichkeit der Handelsbilanz für die Steuerbilanz bezeichnet. Trotz dessen weicht die Steuerbilanz häufig von der Handelsbilanz ab. In diesen Fällen liegt eine Durchbrechung des Maßgeblichkeitsprinzips vor, d. h. eine zwingende steuerrechtliche Vorschrift verlangt eine Anpassung des handelsrechtlichen Bilanzansatzes.

Ein Beispiel dafür ist die Bildung von Rückstellungen für drohende Verluste. Mit Wirkung für Bilanzstichtage nach dem 31.12.1996 können in Steuerbilanzen diese Rückstellungen nicht mehr gebildet werden. In der Handelsbilanz sind wie bisher so auch künftig Drohverlustrückstellungen zwingend zu bilden. Dies gilt vor allem für die Fälle, bei denen drohende Verluste nicht bei den Herstellungskosten der entsprechenden unfertigen Bauten abgesetzt werden können (Bewertung unfertiger Bauten zum „beizulegenden Wert"). Rechtsgrundlage ist § 249 Abs. 1 Satz 1 HGB, vgl. Abschn. 17.2.2.3.

Weiterhin muss in diesem Zusammenhang noch darauf hingewiesen werden, dass es auch bei den Bewertungsgrundsätzen Abweichungen zwischen Handels- und Steuerrecht gibt.

Beide Bilanzen müssen die Vermögensgegenstände und die Verbindlichkeiten nach dem Vorsichtsprinzip bewerten. Die Bilanzen unterscheiden sich aber bei der Anwendung des Vorsichtsprinzips. Aber auch im Bewertungsspielraum gibt es Unterschiede.

Dies gilt vor allem auch im Rahmen der Aktivierung von selbsterstellten Wirtschaftsgütern im Anlage- und Umlaufvermögen. Hier unterscheidet nämlich auch das Steuerrecht zwischen aktivierungspflichtigen und aktivierungsfähigen Kosten und somit ist auch steuerrechtlich ein anderer Bewertungsspielraum gegeben als im Handelsrecht, vgl. Abschn. 18.1.2.

Abschließend kann zum Thema „Rechnungslegung nach Steuerrecht" festgehalten werden:

„Das Steuerrecht zieht im Interesse eines periodengerechten Steueraufkommens der vorsichtigen Bilanzierung engere Grenzen als das Handelsrecht.

Das führt in der wirtschaftlichen Praxis dazu, dass die Unternehmen in ihren „offengelegten" Handelsbilanzen regelmäßig ein geringeres Ergebnis ausweisen, als in dem Abschluss, den sie als Steuerbilanz dem Finanzamt vorlegen.

Dass in der Handelsbilanz der größere „Vorsichtsraum" genutzt wird, erklärt sich daraus, dass der handelsrechtliche Jahresabschluss die Grundlage der Gewinnausschüttung ist, d. h. die Gesellschafter der GmbH und die Aktionäre der AG sind bei ihrem Gewinnverwendungsbeschluss an den festgestellten Jahresabschluss und den darin ausgewiesenen Gewinn gebunden. Die Gewinnausschüttung ist Vermögensentzug und mindert die sachliche Unternehmenskapazität. Deshalb ist aus Sicht des Unternehmens eine geringe Gewinnausschüttung vorteilhaft" (Leimböck 1997, S. 114).

17.4 Internationale Rechnungslegung

„Die IFRS (International Financial Reporting Standards) sind Vorschriften, die vom International Accounting Standards Board (IASB) in London entwickelt werden. Die EU hat die Vorschriften zum Teil für deutsche Unternehmen verbindlich gemacht. Das Ziel der internationalen Regelungen ist die weltweite Standardisierung der Bilanzierungsvorschriften" (Döring 2021, S. 171). Auf diese Weise sollen alle Unternehmen international vergleichbar werden. Dies ist vor allem in Zusammenhang mit der Finanzierung über den internationalen Kapitalmarkt bzw. bei multinationalen Unternehmen hilfreich.

Das deutsche Baugewerbe und auch weite Teile der deutschen Bauindustrie sind auf die Bautätigkeit am deutschen Baumarkt ausgerichtet. Auch die Eigentümer stammen im Wesentlichen aus dem Inland und sind in aller Regel nicht kapitalmarktgeprägt. Insofern haben internationale Rechnungslegungsvorschriften wie IFRS bzw. IAS (International Accounting Standards) eine geringere Relevanz für die Branche. Nichtsdestotrotz wird im Folgenden kurz auf die Besonderheiten der internationalen Rechnungslegung eingegangen, die speziell die Gewinnrealisierung im Verlauf der Erbringung von Bauleistungen betreffen. Hintergrund ist die unterschiedliche Bewertungsphilosophie, die im HGB eher den Gläubigerschutz in den Vordergrund stellt und somit das Vorsichtsprinzip. Die IFRS fokussieren stärker den Schutz der Investoren und einen neutralen Vermögens- und Erfolgsausweis (fair presentation) (Wöhe 2020, S. 750).

Zunächst einmal werden unfertige Bauaufträge auch nach IFRS zu Herstellungskosten bewertet, wobei ein Aktivierungsverbot für Vertriebskosten, ebenso wie im deutschen Handelsrecht besteht. Allerdings existieren keine Wahlrechte, sodass alle produktionbezogenen Einzel- und Gemeinkosten inkl. der Fremdkapitalkosten aktiviert werden müssen (Wöhe 2020, S. 764). Nach internationalen Rechnungslegungsvorschriften dürfen unfertige Bauleistungen allerdings abweichend von den Regelungen des deutschen Handelsrechts dann bereits zu Vertragspreisen bewertet werden, wenn die Leistung im konkreten Kundenauftrag (Verträge mit Kunden) erbracht und die Verfügungsmacht auf den Kunden übergeht (International Financial Reporting Standard – IFRS 15). Dazu muss ein entsprechender Vergütungsanspruch inkl. einer angemessenen Marge für die entsprechende Teilleistung vorliegen. Sobald dieser konkrete Bezug entfällt, ist die Bewertung analog zu den deutschen Vorschriften (HGB) vorzunehmen, wobei die Ergebnis- bzw. Marktwertrealisierung erst mit Verkauf bzw. betriebsbereitem Zustand (Übergang der Verfügungsmacht) erfolgt. Ergänzend dazu müssen ggf. noch Kosten zur Erlangung des Vertrags (Kosten im Rahmen der Angebotsphase) aktiviert werden.

Sofern die Immobilie als Finanzinvestition gehalten wird, ist sie in der Folge nach IAS 40 zu bilanzieren. Das ist der Fall, wenn sie zum Zweck der Vermietung gebaut oder erworben wurde. International wie auch nach deutschem Handelsrecht gilt das Vorsichtsprinzip, nachdem Verluste vorweggenommen bzw. eine Wertanpassung erfolgen muss, wenn der beizulegende Zeitwert sinkt.

Auch bei der Bildung von Rückstellungen bewirkt die jeweils unterschiedliche Philosophie der nationalen und internationalen Rechnungslegung unterschiedliche Anforderungen. „Im HGB dominiert das Prinzip kaufmännischer Vorsicht. Bei der Einschätzung von Risiken ist von einer eher ungünstigen Zukunftsentwicklung auszugehen. Nach den IFRS-Regelungen ist eine neutrale Risikoeinschätzung geboten. Eine Rückstellung ist nur dann zu bilden, wenn die künftige Inspruchnahme einen höheren Wahrscheinlichkeitsgrad hat als die Nichtinanspruchnahme (IAS 37.23)" (Wöhe 2020, S. 779). Aufwandsrückstellungen (z. B. für unterlassene Instandhaltungen an eigenen Vermögensgegenständen) sind ganz ausgeschlossen.

Literatur

Auer, B.; Schmidt, P.: Buchführung und Bilanzierung, Gabler, Wiesbaden, 2012
Döring, U.; Buchholz, R.: Buchhaltung und Jahresabschluss, 16. Auflage, Schmidt, Berlin, 2021
Dietmar Goldammer, (2017) Springer Fachmedien Wiesbaden. Wiesbaden. Betriebswirtschaft für Architekten und Bauingenieure
Jacob, D; Stuhr, C.: Finanzierung und Bilanzierung in der Bauwirtschaft, Teubner, Wiesbaden, 2006
Küting, K.-H.; Reuter, M.: Erhaltene Anzahlungen in der Bilanzanalyse, KoR, 01/2006
Leimböck, Egon (1997): Bilanzen und Besteuerung der Bauunternehmen. Wiesbaden, Berlin: Bauverlag
Leschke, H.: Rechnungswesen im Planungsunternehmen, ein Leitfaden für beratende Ingenieure und Architekten, Deutscher Consulting Verlag: Essen 1981
Müller, S; Kreipl, M. P.; Lange, T.: Schnelleinstieg BilRUG, Haufe, Freiburg, 2015
Reichhardt, M.: Grundlagen der doppelten Buchführung, Springer Gabler, Wiesbaden, 2013
Scheffler, W.: Besteuerung von Unternehmen, Band 1 Ertrag-, Substanz- und Verkehrssteuern, Decker & Müller: Heidelberg 1992
Stuhr, C.: Kreditprüfung bei Bauunternehmen, Deutscher Universitätsverlag, Wiesbaden, 2007
Walkenhorst, R.: Wichtige Steuerrichtlinien, NWB, Herne, 2012
Wöhe, G; Döring, U: Einführung in die Allgemeine Betriebswirtschaftslehre. 27. Auflage: Verlag Franz Vahlen, 2020

18 Rechnungslegung (Jahresabschluss) als Führungsinstrument

Das betriebliche Rechnungswesen stellt vorwiegend Informationen für verschiedene Aufgabenträger innerhalb der Unternehmen bereit und dient vor allem auch als Instrument zur Überwachung des Erreichens der operativen Unternehmensziele. Nur ausnahmsweise finden diese Zahlen auch Verwendung für externe Zwecke, wie z. B. Nachweise für statistische Ämter, Verbände oder Institute, welche aus den vorgelegten Zahlen branchenbezogene und gesamtwirtschaftliche Auswertungen erstellen.

Im Gegensatz zum betrieblichen Rechnungswesen dient die Rechnungslegung – und hier vor allem der Jahresabschluss – als Führungsinstrument zur Erreichung der generellen Ziele des Unternehmens und als Informationsquelle für externe Gruppen.

Im Abschn. 9.1.1 wurden als generelle Unternehmensziele genannt:

- Erreichen von Einkommen, d. h. möglichst hoher Gewinn.
- Streben nach Sicherheit mit den Ausprägungen:
  - Finanzielle Sicherheit, d. h. Sicherung der Liquidität und Steigerung der Kreditwürdigkeit.
  - Steigerung des Unternehmenswertes, z. B. durch Nichtentnahme erzielter Gewinne und durch Umsatzsteigerung.
- Beachtung der Ziele externer und interner Gruppen, z. B. durch Kundenzufriedenheit, zufriedene Mitarbeiter und solide Gewinnverwendung.
- Erreichen von gesellschaftlicher Akzeptanz.
- Erfüllen von persönlichen Beweggründen, wie z. B. Prestige, Macht, Unabhängigkeit.

Der Jahresabschluss kann dann als Führungsinstrument zur Erreichung von generellen Zielen betrachtet werden, wenn folgendes bedacht wird.

Das Streben nach möglichst hohem Gewinn wird erfüllt durch Maximierung des betrieblichen Ergebnisses und durch planvolle unternehmerische Aktivitäten im Bereich

z. B. von Beteiligungskäufen (Erträge aus Beteiligungen) und z. B. bei Kapitalanlagen (Zinsen und ähnliche Erträge). Bilanzgewinne werden dann erzielt, wenn am Markt Überschüsse aus Umsatzerlösen und andere Erträge erreicht werden. Der Gewinnausweis zeigt einerseits den Gläubigern, dass ihre Ansprüche auf Kapitalrückzahlung und gegebenenfalls Kapitalverzinsung nicht gefährdet sind.

Auf der anderen Seite wird der im Jahr erzielte Zuwachs an Geldkapital regelmäßig ganz oder teilweise ausgeschüttet. Aus Sicht des Unternehmens wird der ausgeschüttete Gewinn dem Unternehmensvermögen entzogen und er steht somit nicht mehr zur Verfügung für:

- Investitionen,
- Sicherheiten bei Kreditverhandlungen,
- Sicherung der Liquidität.

Als letztes muss noch darauf hingewiesen werden, dass ein ertragstarkes und finanziell gesichertes Unternehmen auch den Unternehmenswert stark beeinflusst. Dies hat in der Regel auch eine positive Wirkung auf die Ziele der externen und internen Gruppen sowie im Hinblick auf die Erfüllung persönlicher Beweggründe des Unternehmers.

Daher liegt es in aller Regel im Interesse des Unternehmens, einen möglichst geringen handelsrechtlichen Bilanzgewinn auszuweisen, der dennoch hoch genug ist, um die berechtigten Forderungen der Kapitalgeber nach angemessener Verzinsung ihrer Kapitaleinlagen zu erfüllen.

Ob und inwieweit mit der Gestaltung des Jahresabschluss die genannten Ziele erreicht werden können, wird anhand folgender Punkte dargestellt:

- Ausweis des Handelsrechtlichen Bilanzergebnisses,
- Unternehmensfinanzierung,
- Sicherung der Liquidität,
- Risikotoleranz.

18.1 Ausweis des handelsrechtlichen Bilanzergebnisses

„Der Jahresabschluss entstand als Rechnungslegung, als Rechenschaftslegung der Unternehmen. Mit ihm hatte das Unternehmen seine Kapitalaufnahme und seine Kapitalverwendung nachzuweisen, um den Interessen der Gruppen gerecht werden, die dem Unternehmen Kapital zur Verfügung stellen, nämlich den Einzelunternehmern, den Gesellschaftern und den Gläubigern.

Damit wurde der Jahresabschluss zu einem Instrument, das den Gesellschaftern darlegt, mit welchem Erfolg ihr Kapital eingesetzt wird. Der Ausweis eines Gewinnes

18.1 Ausweis des handelsrechtlichen Bilanzergebnisses

zeigt den Gläubigern, dass ihre Ansprüche auf Kapitalrückzahlung und gegebenenfalls Kapitalverzinsung nicht gefährdet sind" (Leimböck und Schönnenbeck, S. 50).

Die Rechnungslegung ist – wie bereits dargestellt – weitgehend durch handelsrechtliche Vorschriften festgelegt. Aber das Handelsrecht gibt eine Reihe von Spielräumen, die den Ausweis des handelsrechtlichen Bilanzergebnisses betreffen.

Diese Spielräume konkretisieren sich in zwei Gruppen von Vorschriften:

- Ansatzvorschriften (§§ 246–251 HGB) und
- Bewertungsvorschriften (§§ 252–256a HGB).

18.1.1 Ansatz- und Bewertungsvorschriften

In ihrer Wirkung auf das Bilanzergebnis bilden die Ansatz- mit den Bewertungsvorschriften eine Einheit. Beispielsweise werden die Kosten geringwertiger Anlagegegenstände durch die Sofortabschreibung sofort zu Aufwendungen; diese werden zwar zunächst mit ihren Anschaffungskosten aktiviert, aber dann sofort wieder in den Aufwand des Jahres hereingenommen. Dass das Bilanzergebnis durch solche Festlegungen beeinflusst werden kann und soll, hängt mit den traditionellen Zielvorstellungen der handelsrechtlichen Rechnungslegung zusammen.

Ansatzvorschriften

In Bezug auf die Wirkung auf das Bilanzergebnis sind bei den Ansatzvorschriften die Bilanzierungsverbote und -gebote bzw. die Bilanzierungswahlrechte von grundlegender Bedeutung.

Im § 248 HGB sind drei Bilanzierungsverbote geregelt. Hier heißt es:

„(1) In die Bilanz dürfen nicht als Aktivposten aufgenommen werden:
  1. Aufwendungen für die Gründung eines Unternehmens,
  2. Aufwendungen für die Beschaffung des Eigenkapitals und
  3. Aufwendungen für den Abschluss von Versicherungsverträgen.
(2) Selbst geschaffene immaterielle Vermögensgegenstände des Anlagevermögens können als Aktivposten in die Bilanz aufgenommen werden. Nicht aufgenommen werden dürfen selbst geschaffene Marken, Drucktitel, Verlagsrechte, Kundenlisten oder vergleichbare immaterielle Vermögensgegenstände des Anlagevermögens."

Bei den Bilanzierungsgeboten handelt es sich um die Aktivierungspflicht z. B. von entgeltlich erworbenen immateriellen Vermögensgegenständen des Anlagevermögens und um die Passivierungspflicht von z. B.:

- Pensionsrückstellungen (§ 266 HGB), wenn die Erteilung der Pensionszusage nach dem 31.12.1986 erfolgte,
- Kulanzrückstellungen, denn gem. § 249 Abs. 1 Satz 2 HGB sind auch für Gewährleistungen, die ohne rechtliche Verpflichtung erbracht werden (sog. Kulanzleistungen), Rückstellungen zu bilden,
- Rückstellungen für unterlassene Instandhaltungen (bis 3 Monate) und Abraumbeseitigung (bis 1 Jahr) und zwar gem. § 249 Abs. 1 Satz 1 HGB.

Bei den Bilanzierungswahlrechten ist zu unterscheiden zwischen Aktivierungs- und Passivierungswahlrechten.

Ein Aktivierungswahlrecht gibt es z. B. hinsichtlich des sog. derivativen Firmenwertes, der gem. § 255 Abs. 4 HGB in der Bilanz angesetzt werden darf.

Als letztes Beispiel soll noch § 250 Abs. 3 HGB genannt werden. Hier heißt es: „Ist der Erfüllungsbetrag einer Verbindlichkeit höher als der Ausgabebetrag, so darf der Unterschiedsbetrag in den Rechnungsabgrenzungsposten auf der Aktivseite aufgenommen werden. Der Unterschiedsbetrag ist durch planmäßige jährliche Abschreibungen zu tilgen, die auf die gesamte Laufzeit der Verbindlichkeit verteilt werden können."

Ein Passivierungswahlrecht besteht derzeit nur noch bei Pensionsrückstellungen **(Art. 28 Abs. 1 Satz 1 EGHGB),** wenn die Erteilung der Pensionszusage vor dem 31.12.1986 erfolgte (siehe auch Passivierungspflicht oben).

Bewertungsvorschriften
Die Höhe des ausgewiesenen handelsrechtlichen Bilanzergebnisses hängt in besonderem Ausmaß von den Bewertungsvorschriften ab. Diese Bewertungsvorschriften sind ganz wesentlich vom sogenannten **Vorsichtsprinzip** geprägt.

Dieses Prinzip ist konkretisiert durch das Anschaffungswert-, das Niederstwert-, das Höchstwert- und das Imparitätsprinzip.

Nach dem **Anschaffungswertprinzip** muss der Anschaffungswert selbst dann in der Bilanz beibehalten werden, wenn der Marktwert eines Vermögensgegenstandes über seinem Anschaffungswert liegt.

Beim **Niederstwertprinzip** unterscheidet man zwischen dem strengen und dem gemilderten Niederstwertprinzip. Bei der Bewertung des Anlagevermögens ist das sogenannte **gemilderte Niederstwertprinzip** zu beachten. Es besagt, dass ein Wertverlust nur dann in Form einer Abschreibung bilanziert werden muss, wenn er als nachhaltig zu bezeichnen ist. Wurden Abschreibungen vorgenommen, dann müssen diese Abschreibungen wieder zurückgenommen werden (Zuschreibung), wenn die Gründe für die Abschreibungen nicht mehr bestehen. Diese Vorgaben gelten nicht für Finanzanlagen.

Bei der Bewertung des Umlaufvermögens gilt das sogenannte **strenge Niederstwertprinzip,** das besagt, dass für jeden Wertverlust bei den Wirtschaftsgütern im Umlaufvermögen eine Abschreibung vorgenommen werden muss. Diese muss bei einer erneuten Wertsteigerung beim Umlaufvermögen zurückgenommen werden.

18.1 Ausweis des handelsrechtlichen Bilanzergebnisses

Dem Niederstwertprinzip, das für das Anlage- und Umlaufvermögen gilt, entspricht das **Höchstwertprinzip** für Verbindlichkeiten und Rückstellungen. Dieses Höchstwertprinzip gilt gem. § 253 Abs. 1 S. 2 HGB in folgender Form: „Verbindlichkeiten sind zu ihrem Erfüllungsbetrag und Rückstellungen in Höhe des nach vernünftiger kaufmännischer Beurteilung notwendigen Erfüllungsbetrages anzusetzen." Der Begriff Erfüllungsbetrag bedeutet in diesem Zusammenhang, dass Verbindlichkeiten und Rückstellungen zu ihrem Zeitwert zu bewerten sind.

Nach dem **Imparitätsprinzip** dürfen Gewinne erst dann in der Bilanz ausgewiesen werden, wenn sie tatsächlich durch Umsatzerlöse realisiert sind; Verluste hingegen müssen bereits in der Bilanz berücksichtigt werden, wenn sie dem Grunde und der Höhe nach erkennbar sind. Es müssen also neben den bereits eingetretenen auch solche Verluste im Geschäftsjahr berücksichtigt werden, die folgende Geschäftsjahre betreffen. Diese imparitätische Bewertung der Gewinne und Verluste ist die Maxime der gesamten Bilanzbewertung. Für das Handelsrecht ist dabei bestimmend, dass das Imparitätsprinzip der Sicherung des Unternehmens zum Schutz seiner Gläubiger dient. Diese Ausrichtung öffnet der vorsichtigen, den ausgewiesenen Gewinn mindernden bzw. hinausschiebenden Bewertung einen weiten Raum. Sie wird für Kapitalgesellschaften begrenzt durch gesetzliche Einzelbestimmungen. Außerdem wird sie begrenzt durch die Generalklausel des § 264 Abs. 2 HGB, die besagt, dass der Jahresabschluss „unter Beachtung der Grundsätze ordnungsmäßiger Buchführung ein den tatsächlichen Verhältnissen entsprechendes Bild der Vermögens-, Finanz- und Ertragslage der Kapitalgesellschaft zu vermitteln" habe.

Von den genannten allgemeinen Bewertungsgrundsätzen darf nach § 252 Abs. 2 HGB „nur in begründeten Ausnahmefällen abgewichen werden". Was „begründete Ausnahmefälle" sind, sagt das Gesetz nicht.

Solche begründeten Ausnahmen können aber z. B. sein:

- Einleitung von Sanierungsmaßnahmen.
- Veränderungen in der Struktur des Unternehmens in gesellschaftlicher oder wirtschaftlicher Hinsicht, wenn z. B. ein Wechsel in der Konzernzugehörigkeit erfolgt oder wenn eine erhebliche Veränderung der Geschäftstätigkeit stattfindet.
- Änderungen der allgemeinen Praxis der Bilanzierung, z. B. aufgrund der Rechtsprechung zu bestimmten Methoden.

Jeder Fall einer Änderung der Bewertungsgrundsätze führt bei Kapitalgesellschaften nach § 284 Abs. 2 Nr. 2 HGB zu einer Angabepflicht im Anhang.

Neben den aus dem Vorsichtsprinzip abgeleiteten Bewertungsvorschriften sind noch zu nennen:

- Grundsatz der Einzelbewertung,
- Prinzip der Aufwands- und Ertragsperiodisierung,
- Stetigkeitsprinzip.

Grundsatz der Einzelbewertung
Nach § 252 Abs. 1 Nr. 3 HGB müssen alle Vermögensgegenstände und Schulden einzeln bewertet werden. Durch diese Vorschrift wird verhindert, dass Wertminderungen und -erhöhungen gegeneinander aufgerechnet werden und der Aussagegehalt abnimmt. Vom Grundsatz der Einzelbewertung existieren einige genau geregelte Ausnahmen.

Prinzip der Aufwands- und Ertragsperiodisierung
Nach § 252 Abs. 1 Nr. 5 HGB sind Aufwendungen und Erträge des Geschäftsjahres unabhängig von den Zeitpunkten der entsprechenden Zahlungen im Jahresabschluss zu berücksichtigen.

Stetigkeitsprinzip
Das § 252 Abs. 1 Nr. 6 HGB niedergelegt Bewertungsprinzip fordert die Beibehaltung der Bewertungsmethode in den aufeinander folgenden Geschäftsjahren, um sie vergleichbar zu machen. Man spricht in diesem Zusammenhang von materieller Bilanzkontinuität.

Eine Durchbrechung dieses Prinzips liegt vor, wenn in die Herstellungskosten andere Bestandteile als zuvor einbezogen werden oder eine andere Abschreibungsmethode gewählt wird. Eine Abweichung von der Stetigkeit, die wegen § 252 Abs. 2 HGB nur in begründeten Ausnahmefällen gestattet ist, muss bei Kapitalgesellschaften im Anhang erläutert werden.

18.1.2 Bewertungswahlrechte

Bewertungswahlrechte gibt es

- bei selbsterstellten Vermögensgegenständen,
- bei unabgerechneten Leistungen,
- bei der Bemessung der planmäßigen und außerplanmäßigen Abschreibungen und
- bei der Bemessung von Rückstellungen.

Selbsterstellte Vermögensgegenstände
Selbsterstellte Vermögensgegenstände sind z. B. Produktionsanlagen oder Gebäude, die vom Unternehmen zur Herstellung von Produkten oder als Verwaltungssitz genutzt werden und demnach im Anlagevermögen zu bilanzieren sind. Der Bewertungsspielraum für selbsterstellte Vermögensgegenstände ist in der Handelsbilanz durch die Unterscheidung von aktivierungsfähigen und aktivierungspflichtigen Kosten abgesteckt.

Aktivierungsfähig sind „angemessene" Gemeinkosten der Herstellung und der Verwaltung. Nicht aktivierungsfähig sind allgemeine Vertriebskosten sowie Zinsen für Kredite, die nicht ausdrücklich für die Herstellung des Vermögensgegenstandes gezahlt wurden.

18.1 Ausweis des handelsrechtlichen Bilanzergebnisses

Kostenarten	Handelsrecht (HGB)	Steuerrecht (R 6.3 EStR)
Materialeinzelkosten Fertigungseinzelkosten Sondereinzelkosten der Fertigung	Aktivierungspflicht § 255 Abs. 2 Satz 2 HGB	Aktivierungspflicht R 6.3 EStR Abs. 1 und 2
Angemessene Teile notwendiger Materialgemeinkosten, Fertigungsgemeinkosten, inkl. Abschreibungen	Aktivierungspflicht § 255 Abs. 2 Satz 3 HGB	
Aufwendungen für betriebliche Altersversorge, soziale Einrichtungen, freiwillige soziale Leistungen und Kosten der allgemeinen Verwaltung	Wahlrecht § 255 Abs. 2 Satz 3 HGB	Aktivierungspflicht R 6.3 EStR Abs. 1 und 3
Fremdkapitalzinsen (sofern mit Herstellung in Verbindung)	Wahlrecht § 255 Abs. 3 HGB	Wahlrecht R 6.3 EStR Abs. 5
Vertriebs-, Forschungskosten	Verbot	Verbot

Abb. 18.1 Bewertungsspielraum in der Handels- und Steuerbilanz

Den Bewertungsspielraum der Handelsbilanz zeigt die Tabelle in Abb. 18.1. Steuerlich werden die Bewertungsvorschriften zum Teil unterschiedlich gefasst (vgl. R 6.3 EStR/§ 6 EStG).

Unabgerechnete Leistungen

Der in der Tabelle dargelegte Bewertungsspielraum kennzeichnet auch den Spielraum der Bilanzbewertung von unabgerechneten Leistungen und hier vor allem von Bauleistungen bei bauausführenden Unternehmen. Der Spielraum erscheint zunächst nicht sehr bedeutend; wenn jedoch beispielsweise eine halbe Jahresleistung unabgerechnet bilanziert wird, ist hier eine durchaus interessante Bewertungsreserve erreichbar. Nach Abnahme wird der Auftragsgewinn dadurch bilanziert, dass an Stelle des mit seinen Herstellungskosten aktivierten Auftrags die Forderung an den Bauherrn tritt. Sind Forderungen durch Anzeichen wie ungünstige Auskünfte, erfolglose Mahnungen, Einstellung von Zahlungen, Einleitung des Vergleichs- oder Insolvenzverfahrens erkennbar zweifelhaft, so ist eine Abwertung obligatorisch. Ihr Ausmaß unterliegt oft der Schätzung, wobei dem Vorsichtsprinzip Rechnung zu tragen ist.

In Bezug auf die Bauaufträge bedeutet dies: Bis zur Abnahme wird der Bauauftrag in der Bilanz als unabgerechneter Bau (Umlaufvermögen bzw. Vorräte) und in der Gewinn- und Verlustrechnung bei der Position „Erhöhung (oder Minderung) des Bestandes an nicht abgerechneten Bauten" verbucht und zwar bei Gewinnaufträgen zu Herstellungskosten und bei Verlustaufträgen zu dem niedrigeren beizulegenden Wert.

Wie dieser „beizulegende Wert" errechnet wird, kann aus dem nächsten Bild entnommen werden und zwar unter dem Stichwort „Verlustauftrag."

Erst wenn ein Bauauftrag vom Auftraggeber abgenommen wurde, darf der Auftragswert als Umsatzerlös in die Gewinn- und Verlustrechnung übernommen werden. Gleichzeitig wird die obengenannte Buchung rückgängig gemacht.

Die Bewertung von unabgerechneten Bauten ist in der Praxis eine verhältnismäßig umfangreiche Arbeit. Zum einen sind mehrere Fälle zu unterscheiden:

- unabgerechnete Gewinnaufträge (im Bilanzjahr begonnen, aber nicht beendet),
- abgerechnete Gewinnaufträge (im Bilanzjahr begonnen, beendet und abgerechnet),
- abgerechnete Gewinnaufträge (in einem Vorjahr begonnen und im Bilanzjahr beendet),
- unabgerechneter Verlustauftrag (im Bilanzjahr begonnen, aber nicht beendet),
- abgerechneter Verlustauftrag (in einem Vorjahr begonnen und im Bilanzjahr beendet),
- Verlustauftrag (am Bilanzstichtag noch nicht begonnen),
- unabgerechneter Verlustauftrag im Vorjahr wird unabgerechneter Gewinnauftrag im Bilanzjahr,
- unabgerechneter Gewinnauftrag im Vorjahr wird Verlustauftrag im Bilanzjahr.

Zum anderen ist die Bewertung der Leistungen das wichtigste Bindeglied zwischen dem betrieblichen Rechnungswesen und dem Jahresabschluss, denn die Zahlen des betrieblichen Rechnungswesens- und hier vor allem die Zahlen bei unabgerechneten Leistungen – sind Grundlage der Bewertung der unabgerechneten Leistungen für den Jahresabschluss. Abb. 18.2 zeigt systematisch die Zusammenhänge.

Bemessung von planmäßigen und außerplanmäßigen Abschreibungen
Nach § 253 Abs. 3 HGB gilt: „Bei Vermögensgegenständen des Anlagevermögens, deren Nutzung zeitlich begrenzt ist, sind die Anschaffungs- oder die Herstellungskosten um planmäßige Abschreibungen zu vermindern. Der Plan muss die Anschaffungs- oder Herstellungskosten auf die Geschäftsjahre verteilen, in denen der Vermögensgegenstand voraussichtlich genutzt werden kann. Kann in Ausnahmefällen die voraussichtliche Nutzungsdauer eines selbst geschaffenen immateriellen Vermögensgegenstands des Anlagevermögens nicht verlässlich geschätzt werden, sind planmäßige Abschreibungen auf die Herstellungskosten über einen Zeitraum von zehn Jahren vorzunehmen. Satz 3 findet auf einen entgeltlich erworbenen Geschäfts- oder Firmenwert entsprechende Anwendung. Ohne Rücksicht darauf, ob ihre Nutzung zeitlich begrenzt ist, sind bei Vermögensgegenständen des Anlagevermögens bei voraussichtlich dauernder Wertminderung außerplanmäßige Abschreibungen vorzunehmen, um diese mit dem niedrigeren Wert anzusetzen, der ihnen am Abschlussstichtag beizulegen ist. Bei Finanzanlagen können außerplanmäßige Abschreibungen auch bei voraussichtlich nicht dauernder Wertminderung vorgenommen werden." (Abb. 18.2)

Bei den planmäßigen Abschreibungen werden heute folgende Verfahren angewendet:

- lineare Abschreibung,
- geometrisch-degressive Abschreibung,
- arithmetisch-degressive Abschreibung,

18.1 Ausweis des handelsrechtlichen Bilanzergebnisses

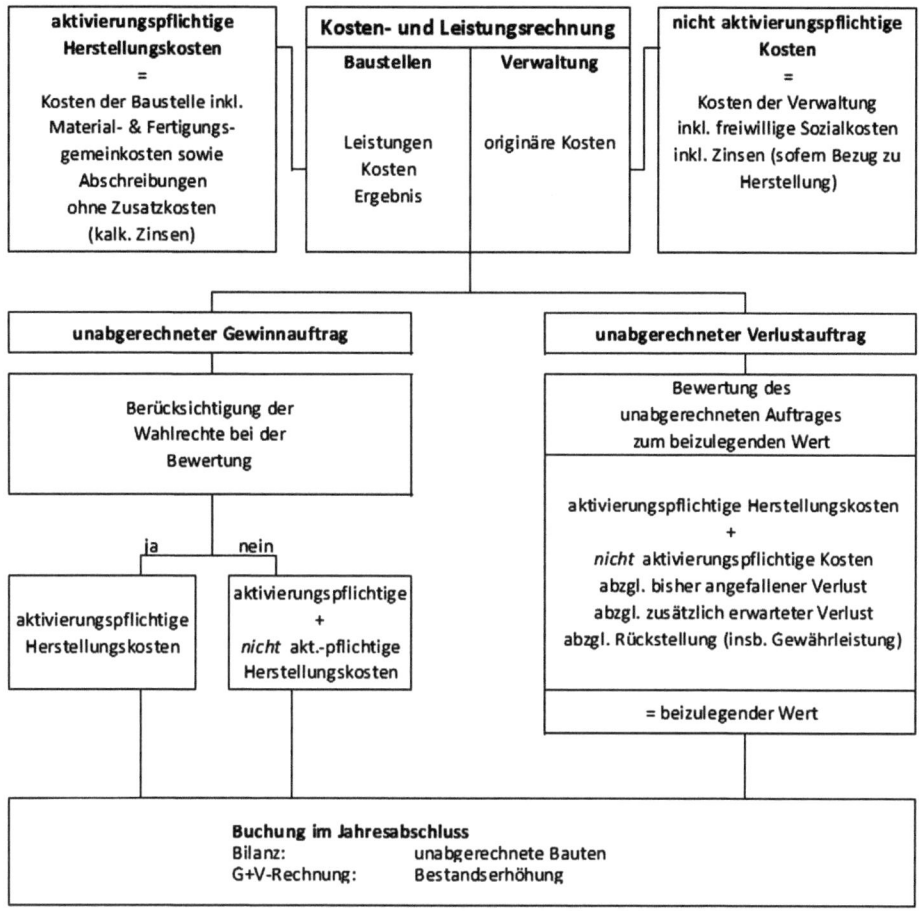

Abb. 18.2 Zusammenhang zwischen Kosten- und Leistungsrechnung und Jahresabschluss bei der Verbuchung von unabgerechneten Bauleistungen

- Abschreibung nach Leistung.

Auf die einzelnen Verfahren wird an dieser Stelle nicht explizit eingegangen. Durch die Möglichkeit der Wahl des Verfahrens sind bestimmte Bewertungsspielräume gegeben.

Bemessung von Rückstellungen

Nach § 253 Abs. 1 HGB sind Rückstellungen nur in Höhe des Betrages anzusetzen, der nach vernünftiger kaufmännischer Beurteilung notwendig ist. Rückstellungen müssen mit geschätzten Ansätzen bilanziert werden. Die Schätzung ist an die im Gesetz genannten Grundsätze, vor allem an den Grundsatz der Vorsicht, gebunden, wobei „alle vorhersehbaren Risiken und Verluste, die bis zum Abschlussstichtag entstanden sind", zu berücksichtigen sind (vgl. § 252 Abs. 1 Nr. 4).

Wie bereits in Abschn. 17.2.2.3 erläutert, ist zu beachten, dass im Rahmen des HGB-Jahresabschlusses für sogenannte „drohende Verluste aus schwebenden Geschäften" eine Rückstellung zu bilden ist (§ 249 HGB Abs. 1).

Im Zusammenhang mit der Steuerbilanz (§ 5 Abs. 4a EStG) ist aber geregelt, dass Rückstellungen für ungewisse Verbindlichkeiten nur zu bilden sind, „wenn

- es sich um eine Verbindlichkeit gegenüber einem anderen oder eine öffentlich-rechtliche Verpflichtung handelt,
- die Verpflichtung vor dem Bilanzstichtag wirtschaftlich verursacht ist,
- mit einer Inanspruchnahme aus einer nach ihrer Entstehung oder Höhe ungewissen Verbindlichkeit ernsthaft zu rechnen ist und
- die Aufwendungen in künftigen Wirtschaftsjahren nicht zu Anschaffungs- oder Herstellungskosten für ein Wirtschaftsgut führen" (Walkenhorst 2012, S. 263).

Dies betrifft insbesondere die Vorwegnahme von Verlusten, sofern sie größer als die, zum Abschlussstichtag erbrachte Bauleistung sind. Das Problem lässt sich Ansatzweise mit Hilfe von Einzel- und ggf. Pauschalwertberichtigungen lösen (vgl. Jacob und Stuhr 2006, S. 122 und 129) Erschwerend wirkt sich die, aus § 14 VOB/B ergebende Verpflichtung zur Abrechnung aus. Damit verbunden sind auch die Gewährleistungsrückstellungen. Gemäß der aktuellen Rechtsprechung können Bemessungsgrundlage für Gewährleistungsrückstellungen lediglich die am Abschlussstichtag abgenommenen und auch abgerechneten Bauleistungen, ggf. auch Teilleistungen sein. Diese sind um die Leistungen (Subunternehmer, anteilige ARGE Leistungen etc.) zu mindern, bei denen Rückgriffsmöglichkeiten auf Dritte bestehen. Dabei können nur solche Gewährleistungsansprüche in eine Einzelrückstellung einfließen, die konkret zum Bilanzstichtag erkennbar sind, d. h. für die eine konkrete Rüge vorliegt. Ansonsten können nur Pauschalrückstellungen gebildet werden, die sich anhand von Erfahrungswerten (Durchschnittswert) oder branchenüblichen Anteilen begründen lassen (in der Regel als Prozentsatz am Umsatz), vgl. z. B. BFH-Beschluss vom 28.08.2018, X B 48/18. Es werden so die steuerlichen Möglichkeiten zur Bildung von Rückstellungen für drohende Verluste stark eingeschränkt und die Erstellung einer kombinierten Handels- und Steuerbilanz ausgeschlossen oder zumindest nur mit Einschränkungen möglich.

18.1.3 Die stillen Reserven als Konsequenz der Rechnungslegungsvorschriften

Wie jede Handelsbilanz zeigt, besitzt das Unternehmen Vermögensgegenstände des Anlage- und des Umlaufvermögens sowie Eigen- und Fremdkapital. Alle Vermögenswerte – Kassenbestände ausgenommen – können mit ihren aktuellen Werten über den bilanzierten ursprünglichen Anschaffungs- oder Herstellungskosten liegen; alle Rückstellungen und viele Verbindlichkeiten können höher bilanziert sein, als sie dann wirklich anfallen

18.1 Ausweis des handelsrechtlichen Bilanzergebnisses

werden. Der Grund hierfür liegt darin, dass bei der Bewertung das allgemeine Vorsichtprinzip, und insbesondere die davon abgeleiteten Anschaffungswert-, Niederstwert-, Höchstwert- und Imparitätsprinzipien angewendet werden.

Durch diese Bewertungs- als auch durch die Ansatzvorschriften entstehen Rechengrößen, die als stille Reserve bezeichnet werden.

Grundsätzlich kann man bei den stillen Reserven unterscheiden zwischen:

- Zwangsreserven,
- Schätzungsreserven,
- Ermessungsreserven.

Zwangsreserven entstehen aufgrund des Anschaffungswertprinzips. Wurde z. B. vor 30 Jahren ein Grundstück zu 50,- € je m^2 erworben und der heutige Verkehrswert beträgt z. B. 500,- € je m^2, so entstand in der Bilanz des Unternehmens eine stille Zwangsreserve in Höhe von 450,- €/m^2, weil das Grundstück auch heute noch mit dem Anschaffungswert bilanziert werden muss.

Auch durch den Zwang zur Anwendung des Niederstwertprinzip entstehen stille Reserven. Dies gilt vor allem im Umlaufvermögen, wenn die Wertminderungen nur vorübergehend waren.

Zwangsreserven entstehen zudem durch das Imparitätsprinzip, d. h. durch das Verbot des Ausweises von nicht realisierten Gewinnen. Dies spielt in den Baubilanzen vor allem in der Position „unabgerechnete Bauten" eine sehr große Rolle, und zwar bei Gewinnaufträgen, die nicht im Jahr des Baubeginns fertiggestellt wurden und daher als unabgerechnet zu bilanzieren sind. Bei mehrjähriger Bauzeit und Gewinnhaltigkeit sammelt sich hier eine Zwangsreserve in unter Umständen erheblicher Höhe an. Erst in der der Bauabnahme folgenden Bilanz löst sich diese Gewinnreserve auf, d. h. erst dann wird der Gewinn in der Bilanz ausgewiesen.

Schätzungsreserven entstehen, wenn das Unternehmen bestimmte Bilanzierungsvorgänge aufgrund von mehr oder weniger exakten Schätzungen vornehmen muss.

Solche Schätzungen sind erforderlich

- bei der Festlegung von zukünftigen Verlusten, die bereits im Geschäftsjahr berücksichtigt werden müssen,
- bei der Festlegung von Rückstellungen,
- bei Einzel- und der Pauschalwertberichtigung zu Forderungen und
- bei planmäßigen und außerordentlichen Abschreibungen und zwar im Hinblick auf die Nutzungsdauer (z. B. von Geräten) und im Hinblick auf den Verlauf von Wertminderungen (linear oder degressive Abschreibung).

Die Schätzungen müssen nach dem Vorsichtsprinzip vorgenommen werden. Sie dürfen allerdings nicht willkürlich erfolgen, sondern sie müssen im Sinne der Grundsätze ordnungsmäßiger Buchführung durchgeführt werden. Die Grenzen des Schätzungsspielraumes sind dadurch gezogen, wenn ein sachkundiger Dritter diese Schätzung nicht als willkürlich betrachtet.

Ermessensreserven entstehen bei der Anwendung der gesetzlichen Bewertungs- bzw. Aktivierungs- und Passivierungswahlrechte.

18.2 Unternehmensfinanzierung

Unternehmensfinanzierung kann allgemein als Aufbringung und Vorhaltung von Finanzierungsmitteln für den Aufbau und das Betreiben eines Unternehmens verstanden werden. Finanzmittel sind notwendig, um die Kapazität aufzubauen bzw. zu erhalten oder zu vergrößern. Dazu werden z. B. Grundstücke, Gebäude, Büroeinrichtungen, Maschinen, maschinelle Anlagen oder Geräte benötigt. Auch die laufenden Aufwendungen für Löhne und Gehälter, Büromaterial, Stoffe und Nachunternehmerleistungen müssen finanziert werden (Abb. 18.3).

Finanzierungsmittel können dem Unternehmen von außen zugeführt oder selbst erwirtschaftet werden. Im ersten Fall spricht man von Außen-, im zweiten von Innenfinanzierung. Neben diesen zwei klassischen Finanzierungsbereichen gibt es die Finanzierungsinstrumente, wie z. B. Darlehen, Anleihen oder die Ausgabe von Aktien etc., bzw. Finanzierungssurrogate wie bspw. Leasing respektive Factoring. Bezüglich dieser Finanzierungsinstrumente wird auf Abschn. 12.1.2.5 verwiesen.

18.2.1 Der Jahresabschluss als Beurteilungsinstrument für die Außenfinanzierung

Die Außenfinanzierung kann in Form einer Eigen- bzw. Beteiligungsfinanzierung und/ oder einer Fremd- bzw. Kreditfinanzierung erfolgen. Bei der Eigen- bzw. Beteiligungsfinanzierung erwirbt der Kapitalgeber mit der Überlassung von Kapital Eigentumsrechte.

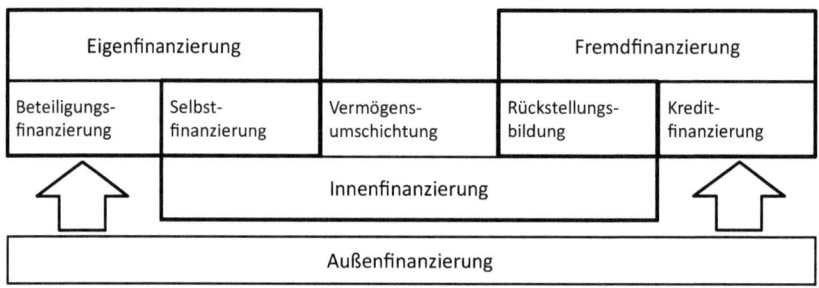

Abb. 18.3 Finanzierung und Investition. (Nach Wöhe 2013, S. 475, verändert)

18.2 Unternehmensfinanzierung

Die Möglichkeiten der Beschaffung von Eigenkapital bzw. von Beteiligungskapital hängen in starkem Maße von der Rechtsform des Unternehmens ab. So wird bei Einzelunternehmen und bei offenen Handelsgesellschaften (OHG) auch das Privatvermögen des Unternehmers bzw. der Gesellschafter bei der Bonitätsprüfung der Kreditgeber dem Eigenkapital zugerechnet. Bei Kapitalgesellschaften zählt nur die tatsächliche Einlage (Beteiligung in Form eines GmbH-Anteils oder eines Aktienbestandes) zur Eigen- bzw. Beteiligungsfinanzierung.

Bei der Fremdfinanzierung werden dem Unternehmen Finanzmittel als Kredite für eine vereinbarte Zeit zur Verfügung gestellt. Im Gegensatz zur Eigenfinanzierung entstehen für das Unternehmen bei der Fremdfinanzierung Aufwendungen, vor allem in Form von Zinsen, die unabhängig vom Erfolg des Unternehmens anfallen. Außerdem hat die Fremdfinanzierung noch den entscheidenden Nachteil, dass sie Sicherheiten (z. B. in Form von Grundschulden) erfordert. Fremdfinanzierungsmittel sind z. B. Bankkredite, Lieferantenkredite, Kundenanzahlungen, Schuldscheindarlehen oder Schuldverschreibungen. Zu weiteren Einzelheiten der Unternehmensfinanzierung wird auf den Abschn. 12.2.1 verwiesen. An dieser Stelle wird der Zusammenhang zwischen Jahresabschluss und Außenfinanzierung dargestellt.

Der Jahresabschluss wird dann als Beurteilungsinstrument für die Außenfinanzierung verwendet, wenn zusätzliche Finanzmittel benötigt werden.

Die Analyse des Jahresabschlusses steht im Mittelpunkt der Kreditwürdigkeitsprüfung, obwohl sich die Kreditpraxis durchaus der Unzulänglichkeiten bewusst ist, mit denen der Jahresabschluss behaftet ist. Bei der Kreditwürdigkeitsbeurteilung werden neben dem Jahresabschluss noch eine Reihe von anderen Informationen herangezogen, wie z. B.:

- branchenbezogene Einflussfaktoren (Baumarkt, Strukturkrise etc.),
- unternehmensbezogene Einflussfaktoren (Standort, Leistungen, Planung- und Steuerung, Management etc.),
- allgemeinwirtschaftliche Einflussfaktoren (Konjunktur, Politik etc.).

Vor allem muss noch unterschieden werden, ob es sich bei der Außenfinanzierung um die Bereitstellung von Finanzmitteln im Rahmen der laufenden Geschäftstätigkeit handelt oder ob die Finanzmittel anlässlich besonderer Anlässe, wie z. B. Gründung, Umwandlung, Sanierung, Verschmelzung benötigt werden. Auf den Jahresabschluss als Beurteilungsinstrument der Außenfinanzierung, wird u. a. im Kap. 19 eingegangen.

18.2.2 Die Gestaltung der Bilanz für die Zwecke der Innenfinanzierung

Der Jahresabschluss ist die Grundlage der Feststellung und des Ausweises des Bilanzgewinns. Dieser Gewinn unterliegt erstens der Besteuerung und zweitens der Ausschüttung an die Unternehmenseigner. Außerdem sind bei Kapitalgesellschaften auch in der Regel die Bezüge von Aufsichtsräten, Vorständen und leitenden Angestellten vertraglich an den ausgewiesenen oder den ausgeschütteten Gewinn gebunden.

All diesen Zahlungsverpflichtungen ist aus der Sicht des Unternehmens gemeinsam, dass sie dem Unternehmen Vermögen in Form von Finanzmitteln entziehen, die ansonsten anderweitig, z. B. für Investitionen oder Entschuldungen, verwendet werden könnten.

Es entspricht dem freien Unternehmertum in einer Marktwirtschaft, wenn das einzelne Unternehmen bemüht ist, aus der Bilanz ein Instrument zu machen, das zwar den gesetzlich vorgeschriebenen Anforderungen entspricht, das aber alle Gestaltungsrechte ausnützt, um einen möglichst niedrigen Gewinn auszuweisen, um die gewinnabhängigen Auszahlungen zu verringern.

Dieses kann aber nur dann gelingen – und hier setzt die Kunst der Bilanzpolitik ein – wenn der Jahresabschluss als Instrument der Innenfinanzierung eingesetzt wird. Drei Möglichkeiten sind hierbei hervorzuheben:

Erstens: Die Gewinnsteuerzahlungen werden im Rahmen der rechtlichen Vorschriften minimiert.
Zweitens: Die Gewinnsteuerzahlungen werden um ein Jahr oder mehrere Jahre hinausgeschoben.
Drittens: Der bilanzierte Gewinn wird nicht ausgeschüttet, sondern im Unternehmen zurückbehalten (Thesaurierungsfinanzierung).

Auf die ersten beiden Möglichkeiten, nämlich der Minimierung der Gewinnsteuern und/oder Verschiebung der Gewinnsteuerzahlungen in spätere Zeiträume, wird hier nicht weiter eingegangen.

Zur dritten Möglichkeit lässt sich festhalten, dass die Zurückhaltung von ausgewiesenen Gewinnen auf freiwilliger Basis erfolgen kann. Dabei kommt je nach Rechtsform des Unternehmens eine Erhöhung des Kapitalkontos oder die Bildung einer freien Rücklage in Frage. Bei Aktiengesellschaften und Unternehmergesellschaft (Kleinstkapitalgesellschaft) erfolgt die Thesaurierung allerdings auch zwangsweise, da § 150 AktG bzw. § 5a Abs. 3 GmbHG vorsieht, dass aus dem Jahresüberschuss eine gesetzliche Rücklage zu bilden ist.

Die Innenfinanzierung beruht also auf zwei Gestaltungsmöglichkeiten:

1. Das Unternehmen trifft Entscheidungen, denen die Bilanz lediglich Rechnung zu tragen hat:
   - Das Unternehmen entscheidet, einen erzielten und bilanzierten Gewinn nicht auszuschütten, sondern im Unternehmen zu behalten (Thesaurierungsfinanzierung).
   - Das Unternehmen gibt seinen Mitarbeitern Versorgungszusagen und/oder Zusagen für Jubiläumsgelder. Hieraus entstehen Verpflichtungen künftiger Zahlungen, für die das Unternehmen aus dem Cash-flow jährlich Rückstellungen bildet, die bis

zur Auszahlung dem Unternehmen als kurz- und langfristiges Fremdkapital zur Verfügung stehen.
- Durch Desinvestitionen von Vermögensgegenständen wird Kapital freigesetzt.
2. Das Unternehmen trifft Entscheidungen zu Bilanzierungsmaßnahmen und Bewertungsansätze, die der Innenfinanzierung dienen:
- Obligatorische Innenfinanzierung
  Das Unternehmen bilanziert gemäß den ausführlich dargestellten Grundsätzen und Gesetzesvorschriften. Dabei bewirkt die Beachtung des Imparitätsprinzips zumindest eine vorübergehende Vermögensbildung im Unternehmen.
- Freiwillige Innenfinanzierung
  Das Unternehmen macht von den Wahlrechten Gebrauch. Hierbei entstehen u. a. indirekte Finanzierungspotenziale aus Abschreibungswahlrechten.

18.3 Die Steuerung der Liquidität

18.3.1 Die Bedrohung des Unternehmens durch Zahlungsunfähigkeit

Die Liquidität bezeichnet die Fähigkeit und Bereitschaft eines Unternehmens, seinen bestehenden Zahlungsverpflichtungen termingerecht und betragsgenau nachzukommen. Kommt das Unternehmen dieser Verpflichtung nicht nach, dann spricht man von Illiquidität bzw. Zahlungsunfähigkeit. Dies ist ein allgemeiner Grund zur Eröffnung eines Insolvenzverfahrens. Zahlungsunfähigkeit liegt auch dann vor, wenn das Unternehmen nicht mehr in der Lage ist, sich Zahlungsmittel zu beschaffen. Zahlreiche Insolvenzen – und das vor allem auch von bauwirtschaftlichen Unternehmen – sind auf Zahlungsunfähigkeiten zurückzuführen.

Bei Kapitalgesellschaften und Personengesellschaften, bei denen es keinen persönlich haftenden Gesellschafter gibt, ist auch die Überschuldung ein Grund zur Eröffnung des Insolvenzverfahrens. Nach § 19 Abs. 2 InsO liegt eine Überschuldung dann vor, wenn das Vermögen des Schuldners die bestehenden Verbindlichkeiten nicht mehr deckt. Neben den genannten Eröffnungsgründen der Zahlungsunfähigkeit und der Überschuldung ist als Eröffnungsgrund die drohende Zahlungsunfähigkeit einer natürlichen oder juristischen Person eingefügt. Diese soll dazu dienen, ein Insolvenzverfahren so rechtzeitig zu eröffnen, dass noch Sanierungschancen bestehen.

Das Liquiditätsrisiko zählt neben dem Auftragsrisiko und dem langfristigen Investitionsrisiko zu den klassischen Risiken der bauwirtschaftlichen Unternehmen. Neben der Sicherung der Ertragskraft (Rentabilität) ist daher die Sicherung der Finanzkraft (Liquidität) langfristig ein gleichrangiges Ziel. Besonders in Krisenzeiten wird deutlich, dass kurzfristig die Sicherung der Liquidität sogar Vorrang vor der Sicherung der Ertragskraft hat.

Aus diesem Grunde ist es überaus wichtig, dass die Unternehmen die mögliche Bedrohung der Unternehmensexistenz durch Zahlungsschwierigkeiten rechtzeitig erkennen. Hierzu dienen zum einen die Liquiditätsinformationen aus dem Jahresabschluss und zum anderen aus dem Finanzplan.

18.3.2 Liquiditätsinformationen aus dem Jahresabschluss

Liquiditätsinformationen aus der Bilanz
Obwohl das erzielte Ergebnis der entscheidende Ausdruck der Unternehmenslage ist, darf bei der Beurteilung eines Unternehmens die Liquiditätslage in keiner Weise vernachlässigt werden. Die Zahlungsfähigkeit muss ständig gewährleistet sein. Ein Instrument zur Kontrolle der Zahlungsfähigkeit ist die Deckungsrechnung. Sie prüft, wie weit das älteste, aber unverändert gültige Gebot der Unternehmensfinanzierung beachtet wurde, nämlich das Gebot der Fristenkongruenz von Kapitalaufbringung und Kapitalverwendung.

Zusammenbrüche bedeutender Unternehmen waren häufig dadurch bedingt, dass bei guter Beschäftigungs- und Ertragslage Zahlungsunfähigkeit und damit Produktionsunfähigkeit eintraten. Hieraus wurde gefolgert, dass die finanzielle Sicherung der Produktionsfähigkeit des Unternehmens dann gewährleistet ist, wenn das unmittelbar für die Produktion eingesetzte Sachvermögen durch langfristiges Kapital gedeckt ist.

Diese Forderung ist auch unter dem Begriff „Goldene Bilanzregel" bekannt. Sie verlangt, dass das Anlagevermögen durch Eigenkapital bzw. langfristiges Fremdkapital gedeckt ist. Die Forderung wird mit Hilfe der Deckungsrechnung untersucht, die durch eine Umstellung der Bilanz gewonnen wird. Nach der Umstellung entsteht eine Strukturbilanz, die einerseits eine materielle Bereinigung (Eliminierung von Über- und Unterbewertung) und andererseits eine formale, d. h. nach der Fristigkeit geordnete Zuordnung vornimmt.

Mit dieser Deckungsrechnung wird geprüft, ob das wichtige Gebot der Unternehmensfinanzierung beachtet wurde, nämlich das Gebot der Fristenkongruenz von Kapitalaufbringung und Kapitalverwendung. Die nachfolgende Deckungsrechnung wird aus dem, im Abschn. 17.2.2.2 dargestellten Beispiel 1: „Bilanz der Hoch- und Tiefbau GmbH" entwickelt.

Für dieses Beispiel können aus der Deckungsrechnung auf der folgende Seite die unten stehenden Zahlen entnommen werden:

1. Die Pensionsrückstellungen von 1744 T€ gelten voll als langfristiges Fremdkapital.
2. Die sonstigen Rückstellungen in Höhe von 9806 T€ sind bei bauausführenden Unternehmen in der Regel mit einem Anteil von 20 % (20 % von 9806 T€ = 1961 T€) als langfristiges Fremdkapital anzusehen. Dieser Prozentsatz kann zunächst als Erfahrungswert in der Bauwirtschaft betrachtet werden und ist im Einzelfall, unternehmensspezifisch zu ermitteln. Er ergibt sich hauptsächlich aus den Zuführungen für Gewährleistungsverpflichtungen, wenn diese, die in der VOB vorgesehene Dauer von

18.3 Die Steuerung der Liquidität

4 Jahren überschreiten. Ferner sind auch Rückstellungen für Risiken aus schwebenden Prozessen meist langfristiger Natur und zählen demnach anteilig zu dem langfristigen Fremdkapital.
3. Zur Finanzierung des Unternehmensvermögens gehören neben den erhaltenen Abschlagzahlungen von 38.855 T€ (auf der Aktivseite der Bilanz bei der Position „nicht abgerechnete Bauten" abgesetzt) auch die erhaltenen Anzahlungen von 3017 T€ (Passivseite der Bilanz, Abb. 18.4).

An dieser Stelle soll nur das Instrument der Deckungsrechnung dargestellt werden. Die Schlussfolgerungen werden im Kap. 19 im Zusammenhang mit der Bilanzanalyse gezogen. Neben dieser Deckungsrechnung wurde auch eine Reihe von anderen Kennzahlen zur kurzfristigen Liquiditätsanalyse entwickelt. Dabei unterscheidet man z. B. in Abhängigkeit vom Ansatz der Vermögensgegenstände drei Liquiditätsgrade :

$$\text{Liquidität 1. Grades:} \frac{\text{Zahlungsmittel}}{\text{Kurzfristige Verbindlichkeiten}} \times 100,$$

$$\text{Liquidität 2. Grades:} \frac{\text{Zahlungsmittel} + \text{Kurzfristige Forderungen}}{\text{Kurzfristige Verbindlichkeiten}} \times 100,$$

$$\text{Liquidität 3. Grades:} \frac{\text{Zahlungsmittel} + \text{Kurzfristige Forderungen} + \text{Vorräte}}{\text{Kurzfristige Verbindlichkeiten}} \times 100.$$

Aktiva		Passiva	
Anlagevermögen	T€	Eigenkapital	T€
1. immaterielle Vermögensgegenstände	1 029	1. Gezeichnetes Kapital	1 500
2. Sachanlagen	9 158	2. Rücklagen	2 483
3. Finanzanlagen	389	gesamt	3 983
		Langfristiges Fremdkapital	
		1. Pensionsrückstellungen	1 744
		2. 20% von den sonstigen Rückstellungen = 20% von 9806 =	1 961
		3. Langfristige Verbindlichkeiten	2 780
		gesamt	6 485
Anlagevermögen gesamt	10 576	Langfristiges Kapital gesamt	10 468
Umlaufvermögen			
1. Roh-, Hilfs-, Betriebsstoffe	543		
2. Zum Verkauf bestimmte Grundstücke	996		
3. Geleistete Anzahlungen	106		
4. Nicht abgerechnete Bauten: 46 943 ./. Erhaltene Abschlagszahlungen: 38 855 =	8 008	Erhaltene Anzahlungen	3 017
Umlaufvermögen gesamt	9 733	Finanzierung des Umlaufvermögens	3 017
Anlage + Umlaufvermögen	20 309	Langfristiges Kapital + Anzahlungen	13 485

Abb. 18.4 Beispiel einer Deckungsrechnung im Rahmen der Analyse einerUnternehmensfinanzierung

Neben dieser Differenzierung der Liquidität gibt es in der Praxis noch eine Vielzahl von weiteren Deckungsgraden. Für bauausführende Unternehmen wird z. B. folgende Liquiditätskennzahl vorgeschlagen (Mielicki 1996, S. 11).

Netto-Bankverschuldung zu Sachanlagevermögen
$$= \frac{\text{Bankverbindlichkeiten ./. liquide Mittel}}{\text{Sachanlagevermögen + Grundbesitz des Umlaufvermögens}}.$$

Diese Kennzahl spiegelt die Relation von aufgenommenen Bankkrediten zu den vorhandenen Sicherheiten in den Vermögenswerten wider und besitzt deswegen einen Aussagewert, weil Banken bei größeren Kreditvolumina über kurz oder lang eine zusätzliche dingliche Sicherheitsleistung verlangen.

Bauausführende Unternehmen sind u. a. dadurch gekennzeichnet, dass die Bauleistung häufig vorfinanziert werden muss. Auch dies kann durch eine Kennzahl quantifiziert werden.

	Vorfinanzierung (lt. Bilanz)
	Nicht abgerechnete Bauleistungen
./.	Erhaltene Abschlagszahlungen
./.	Erhaltene Vorauszahlungen
=	Vorfinanzierung

Diese Kennzahl vermittelt einen Eindruck davon, wie viel Liquidität im Unternehmen vorgehalten wird. Erweitert man die Kennzahl dahingehend, dass der durchschnittliche Bestand der Barmittel und die vorhandenen Kreditlinien (einschließlich Avale und Wechseldiskonte) mitberücksichtigt werden, ergibt sich ein Anhaltspunkt dafür, inwieweit eingetretene Verluste existenzgefährdend sind.

Liquiditätsinformationen aus der Gewinn- und Verlustrechnung
Die Gewinn- und Verlustrechnung als Zeitraumrechnung enthält die Monats- oder Quartalszahlen der laufenden Operationen. Mit diesen Zahlen wird wie folgt die Grundlage der kurzfristigen Finanzdispositionen erarbeitet.

Die kurzfristige Finanzdisposition dient der laufenden Steuerung der Liquidität. Hier werden Entscheidungen ausgelöst, die sich innerhalb des gegebenen Rahmens kurzfristiger Verwendung freier Mittel und der stärkeren Nutzung bestehender Kreditspielräume bewegen. Sind Liquiditätsengpässe zu überbrücken, so muss zunächst einmal gewährleistet werden, dass Abrechnungen und Zahlungsanforderungen so früh wie eben möglich erfolgen und die Rechtzeitigkeit der Zahlungseingänge überwacht (angemahnt) werden; andererseits müssen die Möglichkeiten zur Verlängerung von Kreditfristen geprüft werden (Abb. 18.5).

18.3 Die Steuerung der Liquidität

	Januar	...	Dezember	Jahr
Laufende Operationen				
+ Erlöse aus Schlußrechnungen				
+ Erlöse aus Abschlagsforderungen				
+ An- und Vorauszahlungen				
+ Zahlungseingänge von ARGEn				
+ Andere Zahlungseingänge				
./. Lohn- und Gehaltszahlungen, einschl. Steuern, Sozialaufwendungen und Lohnnebenkosten				
./. Geldausgänge auf Grund von Verbindlichkeiten aus Lieferungen und Leistungen				
./. Zahlungen an Nachunternehmer				
./. Einschüsse in ARGEn				
./. Betriebsteuern				
./. Sonstige Auszahlungen				
= kurzfristige Finanzlücke bzw. Finanzüberschuss				

Abb. 18.5 Schema einer Finanzübersicht für „laufende Operationen"

18.3.3 Liquiditätsinformationen aus dem Finanzplan

Mittel- und langfristige Finanzpläne

„Finanzkrisen bemerkt man meist zu spät. Vorbeugendes Hilfsmittel, mit dem die Zahlungsfähigkeit kurzfristig zu steuern und langfristig zu sichern ist, ist die Finanzplanung. Nur eine planmäßige Finanzvorschau vermag das Gleichgewicht optimaler Liquidität zu bestimmen und zu erhalten, indem die Finanzdifferenz (Finanzlücke oder Finanzüberschuss) für einen bestimmten Zeitraum bzw. für bestimmte Zeiträume ermittelt und durch geeignete Maßnahmen ausgeglichen wird" (Refisch 1980, S. 1528).

In der Bauwirtschaft werden neben der kurzfristigen Finanzdisposition schon seit geraumer Zeit auch mittel- und langfristige Finanzpläne erstellt. Mit diesen Plänen kann rechtzeitig eine Bedrohung der Unternehmensexistenz durch Zahlungsschwierigkeiten erkannt werden.

Die Finanzpläne sind integrativer Bestandteil der gesamten Unternehmensplanung. In den Finanzplänen finden nämlich die zu erwartenden zahlungsrelevanten Vorgänge aus laufender Betriebstätigkeit, aus Investitionsvorhaben und aus dem Finanzbereich ihren Niederschlag.

Das Grundschema einer Finanzplanung in Abb. 18.6 soll die genannten Zusammenhänge verdeutlichen.

Finanzplan für ein Geschäftsjahr	in T€
Bestand an liquiden Mitteln am Anfang des Geschäftsjahres + Voraussichtliche Einzahlungen aus laufenden Operationen + Erträge aus Finanzanlagen und sonstigen Beteiligungen ./. Voraussichtliche Auszahlungen aus laufenden Operationen ./. Kredittilgung einschließlich Zinsen ./. Anschaffung (Investitionen) ./. Gewinnentnahmen	
= voraussichtlicher Bestand an liquiden Mitteln (cash-flow) zum Jahresende	
+ Verkäufe von Anlagegegenständen + Bankkredite und sonstiges Fremdkapital + Erhöhung des Eigenkapitals	
voraussichtlicher Gesamtbestand (mittel- bzw. langfristige Finanzlücke bzw. Finanzüberschuss)	

Abb. 18.6 Schema eines Finanzplanes (Refisch 1980, S. 1530)

Literatur

Jacob, D; Stuhr, C.: Finanzierung und Bilanzierung in der Bauwirtschaft, Teubner, Wiesbaden, 2006

Mielicki, U.: Liquiditätsinformationen aus dem Jahresabschluss von Bauunternehmen; in: Bauwirtschaftliche Informationen, Herausgegeben vom betriebswirtschaftlichen Institut der Bauindustrie: Düsseldorf, 1996.

Refisch, B. (1980): Finanzplanung – Hilfsmittel der Unternehmensleitung. In: Bauwirtschaft (35).

Walkenhorst, R.: Wichtige Steuerrichtlinien, NWB, Herne, 2012

Wöhe, G.: Einführung in die Allgemeine Betriebswirtschaftslehre, 25. Aufl., Verlag Franz Vahlen: München 2013

Der Jahresabschluss als Informationsquelle für externe Gruppen   19

Wie an anderer Stelle ausgeführt – vgl. Abschn. 9.2.1 – haben eine Reihe von externen Gruppen unmittelbare Interessen am wirtschaftlichen Geschehen eines Unternehmens:

Fremdkapitalgeber:	Sicherheit, Verzinsung des überlassenen Kapitals.
Kunden:	Nutzen der Produkte und Dienstleistungen.
Lieferanten:	Verkaufserlös der gelieferten Ware, Sicherheit der Abnahme und Bezahlung.
Konkurrenten:	Verbesserung bzw. zumindest Aufrechterhaltung der relativen Wettbewerbsfähigkeit gegenüber der Konkurrenzsituation, Benchmarking.
Mögliche Partnerunternehmen:	Arbeitsgemeinschaften, Kooperationen und kapitalmäßige Verflechtungen sind mit Risiko verbunden. Dies muss durch eine objektive Beurteilung des vorgesehenen Partners begrenzt werden.
Interessen regulatorischer Gruppen:	Steuereinnahmen, Unterstützung der wirtschafts- und sozialpolitischen Randbedingungen, Erhöhung der Lebensqualität, Sicherung der Arbeitsplätze.

Im Folgenden wird dargestellt, inwieweit der veröffentlichte Jahresabschluss als Informationsquelle für externe Gruppendienen kann.

„Die Problematik des Jahresabschlusses als Lieferant von Orientierungsdaten liegt darin, dass er keine Ansichtskarte des Unternehmens darstellt. Vielen Unternehmen wird dies erstmals bei Kreditverhandlungen deutlich. Ein Unternehmen sieht Möglichkeiten der Geschäftsausweitung, will Geräte anschaffen, den Baurahmen erweitern, dafür Kredit aufnehmen oder den Kreditrahmen erweitern. Langfristige Zusammenarbeit mit anderen Unternehmen steht zur Debatte – Anteilserwerb, Gründung gemeinsamer Gesellschaften, z. B. für schlüsselfertiges Bauen. Dann treten plötzlich Begriffe auf, die – scheinbar – aus dem Jahresabschluss gar nicht hervorgehen: Der Cash-flow sei zwar gut, aber teilweise periodenfremd, der Einfluss des Fremdkapitals auf die Ertragslage könnte stark werden. Die Deckungsverhältnisse der Bilanz seien anzustreben, zudem sei der Kapitalumschlag zu langsam.

Zwar hat der Jahresabschluss nach dem Wortlaut des Bilanzrechts unter Beachtung der Grundsätze ordnungsmäßiger Buchführung ein den tatsächlichen Verhältnissen entsprechendes Bild der Vermögens-, Finanz- und Ertragslage zu vermitteln. Auch im Lagebericht sind zumindest der Geschäftsverlauf und die Lage der Kapitalgesellschaft so darzustellen, dass ein den tatsächlichen Verhältnissen entsprechendes Bild vermittelt wird" (Leimböck und Schönnenbeck, S. 112).

Allerdings reicht der veröffentlichte Jahresabschluss in aller Regel nicht aus, um alle für die jeweiligen Interessenten wichtigen Fragen klären zu können.

Hierzu ist der Jahresabschluss intensiv zu analysieren.

19.1 Externe Bilanzanalyse

Die Nutzung der Rechnungslegung als Informationsinstrument trägt die traditionelle Bezeichnung „Bilanzanalyse". Dies ist allerdings von der Sache her eine zu enge Bezeichnung. Entgegen ihrer Bezeichnung umfasst die Bilanzanalyse die gesamte unternehmerische Rechnungslegung – bzw. den Jahresabschluss – von der die Bilanz nur ein bedeutender Teil ist.

Die gesetzliche Rechnungslegung wird heute durch weitere Informationen ergänzt: Die veröffentlichte Rechnungslegung – Jahresabschluss, Lagebericht – wird der Öffentlichkeit in ausführlichen Bilanzpressekonferenzen erläutert und von ihr kommentiert. In der Hauptversammlung der Aktionäre wird die Lage der Gesellschaft in Diskussion erfragt und erklärt. Weite Verbreitung haben vorläufige Berichte, die im Laufe eines Jahres – meist im Quartalsabstand – veröffentlicht werden.

19.1.1 Aufbereitung der Zahlen aus dem Jahresabschluss

Die Bilanzanalyse wird anhand des im Abschn. 17.2.2.2 Beispiel 1 „Bilanz sowie Gewinn- und Verlustrechnung der Hoch- und Tiefbau GmbH" erläutert.

Auch bei Planungs- bzw. Projektentwicklungsunternehmen der Bauwirtschaft kann die Bilanzanalyse analog dem gezeigten Beispiel durchgeführt werden, da sowohl die Systematik als auch die Inhalte der Jahresabschlüsse dieser Unternehmen weitgehend identisch sind mit den Jahresabschlüssen der bauausführenden Unternehmen.

Zur Bilanzanalyse wird aus dem Jahresabschluss entnommen:

a) Deckungsrechnung,
b) Bauleistung und Auftragssituation (Anhang),

c) Vorfinanzierung der unabgerechneten Aufträge,
d) Außenstände aus abgerechneten Bauten,
e) Cash-flow,
f) Auszug aus dem Anlagespiegel (Anhang).

Deckungsrechnung
Die Deckungsrechnung ist vornehmlich ein internes Steuerungsinstrument. Die Aufbereitung der Zahlen erfolgte daher im Abschn. 18.3.2. Die Deutung der Zahlen erfolgt im folgenden Abschn. 19.1.2.

Bauleistungen und Auftragssituation
Es zählt zu den Eigenarten der Bauwirtschaft, dass die Bauleistung des Geschäftsjahres nicht aus der Gewinn- und Verlustrechnung, sondern aus dem Anhang abzulesen ist. Das Bilanzrecht schreibt in § 285 Nr. 4 HGB auch die Aufgliederung der Umsätze nach „Tätigkeitsbereichen sowie nach geographisch bestimmten Märkten" vor.

Die Mehrzahl der publizitätspflichtigen Baugesellschaften gibt nicht nur die erbrachte – und damit auch die in Vorjahren erstellte – sondern auch die erwartete Bauleistung bekannt, und zwar durch Angabe der Auftragseingänge des Bilanzjahres und des Auftragsbestandes am Ende des Jahres. In Abb. 19.1 ist dies exemplarisch dargestellt.

Vorfinanzierung der unabgerechneten Aufträge
Aus der Bilanz können hierzu folgende Zahlen entnommen werden.

Aktivierte Werte T€	**Bilanzjahr**	**Vorjahr**
Unabgerechnete Bauten	46.943	23.230
− Abschlagszahlungen	−38.855	−18.884
− erhaltene Anzahlungen	−3017	−2766
= Finanzierungsmittel, die im Durchschnitt zur Erbringung der Bauleistung vorgehalten werden müssen :	5071	1580
Bauleistung	**92.766**	**62.230**

Bei einer Bauleistung von 92.766 T€ in 12 Monaten muss ein Betrag von 5071 T€ vorfinanziert werden.

Die durchschnittliche eigene Monatsleistung beträgt:

$$\frac{\text{eigene Bauleistung}}{12 \text{ Monate}} = \frac{92.766 \text{ T€}}{12 \text{ Monate}} = 7730 \text{ T€ eigene Bauleistung pro Monat}.$$

Im Folgenden wird berechnet, wie viel Monate die Finanzierungsmittel zur Erbringung von Bauleistungen durchschnittlich vorgehalten werden muss.

Also rechnerisch: 92.766 T€ in 12 Monaten
                    5071 T€ in x Monaten

Bauleistung	in T€
Bauleistung gesamt	124 300 (+43 % gegenüber Vorjahr)
davon eigene Leistung ARGE-Leistung	92 766 31 534
ARGE-Anteil in %: 25 % (Vorjahr 20 %)	
davon Hochbau Tiefbau	104 066 20 234
davon Inland Ausland	124 300 -

Auftragssituation		
Auftragszugänge	T€	+ ./. gg. Vorjahr
gesamt	138 000	+ 26,0 %
davon Hochbau	104 500	+ 31,5 %
Tiefbau	33 500	+ 10,9 %
davon Inland	126 000	+ 30,0 %
Ausland	12 000	+ 100,0 %
Auftragsbestand	T€	+ ./. gg. Vorjahr
gesamt	110 500	+ 20,5 %
davon Hochbau	68 500	+ 25,0 %
Tiefbau	42 500	+ 15,5 %
davon Inland	98 500	+ 30,5 %
Ausland	12 000	+ 100,0 %

Abb. 19.1 Beispiel einer Bekanntgabe von Bauleistungen und der Auftragssituation im Anhang eines bauausführenden Unternehmens

$$\Rightarrow x = \frac{5071 \text{ T€} \times 12 \text{ Monate}}{92.766 \text{ T€}} = 0{,}65 \text{ Monate}.$$

Die Vorfinanzierung von 5071 T€ für rund 20 Tage bei einer Bauleistung in Höhe von 92.766 T€ ist für die Bauindustrie ein sehr guter Mittelwert. Dieses lässt auf ein sehr gutes Finanzmanagement schließen.

Außenstände aus abgerechneten Bauten
Forderungen aus Lieferungen und Leistungen sind den Umsatzerlösen der Gewinn- und Verlustrechnung gegenüberzustellen. Die Umsatzerlöse werden ohne Umsatzsteuer

verbucht. Da vom Auftraggeber Abschlagszahlungen geleistet wurden, ist der Betrag „Forderungen aus Lieferungen und Leistungen" der Betrag, den das Bauunternehmen noch als Außenstände aus abgerechneten Bauten zu bekommen hat.

Da die Forderungen die vollen bestehenden – und als sicher anzusehenden – Anspruchsbeträge umfassen, enthalten sie auch die Umsatzsteuer. Dies gilt allerdings nur für Inlandsaufträge.

Will man also die Umsatzerlöse den Forderungen gegenüberstellen, dann sind die Umsatzerlöse um die Umsatzsteuer zu erhöhen. Das ergibt die Rechnung in Abb. 19.2.

Nun wird errechnet, wie lange man durchschnittlich warten muss, bis die Forderungen bezahlt werden (Laufzeit in Monaten):

Umsatzerlöse in 12 Monaten: 78.481 T€
Forderungen aus Lieferungen und Leistungen: 12.723 T€; Laufzeit in Monaten = x

$$\text{Also: } 12.723 \text{ T€ in x Monaten} \quad x = \frac{12.723 \times 12}{78.481} = 1{,}94 \text{ Monate,}$$

$$\text{analog für das Vorjahr:} \quad x = \frac{12.307 \times 12}{73.081} = 2{,}02 \text{ Monate.}$$

Die finanzielle Vorhaltung der Forderungen aus abgerechneten Aufträgen ist mit rund zwei Monaten relativ günstig.

Cash-flow

Mit dem Cash-flow wird der in einer Periode erfolgswirksam erwirtschaftete Zahlungsmittelüberschuss angegeben. Dazu werden zu dem Jahresüberschuss die nicht ausgabenwirksamen Aufwendungen addiert und die nicht zahlungswirksamen Erträge subtrahiert. Der so ermittelte Cash-flow ist ein Indikator für das Innenfinanzierungsvolumen eines Unternehmens.

Die Bedeutung des Cash-flow für die Unternehmensanalyse besteht also darin, dass er Aussagen zur Ertrags- und Finanzlage liefert. Er ist auch Indiz für den Handlungsspielraum, den ein Unternehmen hat, um schnellstmöglich auf operative und strategische Erfordernisse reagieren zu können. Der Cash-flow ist besonders dann als ausreichend

	Bilanzjahr	Vorjahr
Umsatzerlöse abgerechneter Bauten + 19% Mehrwertsteuer	67 656 T€ 12 855 T€	63 001 T€ 11 970 T€
Umsatzerlöse einschl. Mehrwertsteuer (Bruttoerlös)	80 511 T€	74 971 T€
Forderungen aus Lieferungen und Leistungen = % der Brutto-Erlöse	12 723 T€ 15,80 %	12 307 T€ 16,42 %

Abb. 19.2 Umsatzerlöse aus abgerechneten Bauten

anzusehen, wenn daraus Investitionen zur Kapazitätserhaltung bzw. -erweiterung finanziert werden können.

„Es ist ein Zeichen des Markterfolges des Unternehmens, wenn es mit seinen Umsatzerlösen einen hohen Cash-flow erzielt, der dann als Finanzierungsmittel für Investitionen und damit für die Erhaltung und Vergrößerung der Unternehmenskapazität zur Verfügung steht" (Leimböck und Schönnenbeck 1992, S. 130).

Zur Ermittlung des Cash-flow existieren in Lehre und Praxis unterschiedliche Ansätze. Nachfolgend wird das Arbeitsschema der Deutschen Vereinigung für Finanzanalyse und Anlageberatung (DVFA) und der Schmalenbach – Gesellschaft – Deutschen Gesellschaft für Betriebswirtschaft (e. V.) – beispielhaft aufgeführt, da dieses in der Praxis häufig zur Anwendung kommt (Abb. 19.3).

Mit den Zahlen der Bilanz ergibt sich die Rechnung in Abb. 19.4.

Jahresüberschuss/-fehlbetrag

+ Abschreibungen auf Gegenstände des Anlagevermögens

./. Zuschreibungen zu Gegenständen des Anlagevermögens

+/- Veränderungen der Rückstellungen für Pensionen bzw. anderer langfristiger Rückstellungen

+/- andere nicht zahlungswirksame Aufwendungen und Erträge von besonderer Bedeutung

= Jahres Cash-flow

+/- Bereinigung ungewöhnlicher zahlungswirksamer Aufwendungen/Erträge von wesentlicher Bedeutung

= Cash-flow nach DVFA/SG

Abb. 19.3 Arbeitsschema zur Ermittlung des Cash-flow nach DVFA/SG. (Kommission für Methodik der Finanzanalyse der Deutschen Vereinigung für Finanzanalyse und Anlageberatung [DVFA])

		T€
Jahresüberschuß		569
+ Abschreibungen auf Anlagen		4 974
+ Zuführungen zu langfristigen Rückstellungen		
1. Pensionsrückstellungen	(1 744 – 890 = 854 T€)	854
2. Sonstige Rückstellungen	= 20% von (9 806 T€ – 6 397 T€)	
	= 20% von 3 409 T€ = 682 T€	682
+ Zuwachs an langfristigen Eigenkapital aus den Jahreserträgen		
(Einstellung in Gewinnrücklagen)		159
= Cash-flow vor Gewinnausschüttung		7 238
– Gewinnausschüttung		–410
Cash-flow		**6 828**

Abb. 19.4 Beispiel einer Berechnung des Cash-flow

19.1.2 Schwerpunktaussagen der Bilanzanalyse

Bauleistung und Auftragssituation

Aus der Bekanntgabe von Bauleistungen und der Auftragssumme im Anhang (vgl. Abb. 19.1) sind folgende Schlussfolgerungen zu ziehen.

- Die Bauleistung ist gegenüber dem Vorjahr bedeutend gestiegen, und zwar um 43 %. Die Auftragszugänge wiederum sind höher als die erbrachte Bauleistung, nämlich:
  - Auftragszugänge 138.000 T€
  - Auftragsbestand am Jahresende 110.500 T€
  - Bauleistung 125.500 T€
- Die Reichweite des Auftragsbestandes zeigt folgendes Ergebnis:
Wie lange reicht ein Auftragspolster in Höhe von 110.500 T€, wenn man in 12 Monaten eine Bauleistung in Höhe von 125.500 T€ erbringt?

Rechnerisch ergibt sich:

- 125.000 T€ Leistung in 12 Monaten
- 110.500 T€ Leistung in x Monaten

$$\text{d. h.:} \quad \frac{12 \text{ Monate}}{125.500 \text{ T€}} = \frac{x}{110.500 \text{ T€}} \Rightarrow x = 10{,}5 \text{ Monate.}$$

Die Auftragsweite stimmt in etwa mit der von anderen Unternehmen vergleichbarer Größe überein.

Sicherheitsgrad der Finanzierung

Aus der Deckungsrechnung ist ersichtlich, dass die Gesellschaft zwar ihr Anlage-, nicht aber auch ihr volles Umlaufvermögen langfristig finanziert hat. Das ist in der Bauwirtschaft eher der Regelfall. Die entscheidende Ursache hierfür ist die knappe Eigenkapitalbasis. Gewinne sollten aber zukünftig zur weiteren Verstärkung des Eigenkapitals genutzt werden.

Aus dem Anhang geht hervor, dass die Bankkredite in Höhe von 6572 T€ praktisch nur kurzfristige Betriebsmittelkredite sind. Diesen Krediten steht immerhin ein Sachanlagevermögen in Höhe von ca. 9 Mio. gegenüber. Für eventuell notwendig werdende langfristige Kredite stehen Grundstücke und Bauten im Wert von 2842 T€ als Sicherheiten zur Verfügung. Das bedeutet, dass im Hinblick auf den Sicherheitsgrad die Finanzierung nicht gefährdet ist.

Liquidität

Wie die Bilanz zeigt, ist das Unternehmen mit 16.778 T€ flüssigen Mitteln bei einer Bilanzsumme in Höhe von 58.301 T€ recht liquide. Allerdings ist die Bilanzliquidität stichtagsbedingt und zeigt keinen Jahresdurchschnitt. Die Liquiditätsangabe aus der Bilanz kann man dann besser beurteilen, wenn man aus dem Anhang zusätzliche Informationen entnimmt.

Um zuverlässigere Informationen über die Liquidität eines Unternehmens zu erhalten, ist es empfehlenswert, auch die Erläuterungen im Anhang in die Analyse einzubeziehen. Dafür sprechen z. B. folgende Aspekte, die die Liquidität beeinflussen können.

„Der Anhang enthält Pflichtangaben über die angewandten Bilanzierungs- und Bewertungsmethoden. Hieraus kann man den Umfang der aktivierten Herstellungskosten bei unfertigen Bauten entnehmen und daran erkennen, welche stille Reserven zum Zeitpunkt der Abnahme der Bauleistung realisiert werden.

Die Angaben zu den bilanzierten Verbindlichkeiten erlauben Rückschlüsse auf die zukünftige Liquidität z. B.:

- Haben die kurzfristigen Verbindlichkeiten außergewöhnlich zugenommen, um eventuell momentan einen höheren Liquiditätsspielraum zu erhalten?
- Ist eine Umstrukturierung der Verbindlichkeiten zugunsten langfristiger Verbindlichkeiten zu erkennen?
- Bestehen Zahlungsverpflichtungen aus sonstigen finanziellen Verpflichtungen, z. B. aus längerfristigen Leasingverträgen?
- Wie sehen die Haftungsverhältnisse gemäß § 251 HGB aus, z. B. hinsichtlich der Begebung und Übertragung von Wechseln" (Mielicki 1996, S. 12). Hier sind auch Bürgschaften (i.d.R. im Rahmen der Vertragserfüllung und Gewährleistung) zu nennen, die in der Bauwirtschaft eine wichtige Rolle spielen und hohe Volumina annehmen können.
- Welche außerbilanziellen Sachverhalte spielen noch eine Rolle (§ 285 Nr. 3 HGB), wie
  - Factoring,
  - Pensionsgeschäfte,
  - Verpfändung von Aktiva,
  - Auslagerung von Tätigkeiten (Müller 2015, §285 Rz. 15).

Finanzlage

Aussagen zur Finanzlage liefert der Cash-flow. Die Höhe des Cash-flows gibt u. a. Auskunft darüber, in welchem Umfang Investitionen aus dem Cash-flow bestritten werden könnten. Dies wird wie folgt errechnet. Der Investitionsbetrag wird aus vorstehendem „Auszug aus dem Anlagespiegel" (siehe Abb. 17.8) entnommen:

Zugänge an Investitionen im Geschäftsjahr: 10.274 T€
Cash-flow im Geschäftsjahr: 6828 T€

Umfang der bezahlten Investitionen aus dem Cash-flow:

$$\frac{6828}{10.270} \times 100 = 66,5\,\%.$$

Finanzbedarf und Zinswirkungen

Um die zur Substanzerhaltung notwendigen Investitionen abschätzen zu können, bedarf es einer intensiven Untersuchung des im Unternehmen vorhandenen Anlagevermögens.

Der Umfang der Substanzerhöhung hängt ganz wesentlich von dem Altersaufbau des Anlagevermögens ab, d. h. von dem Zustand der Sachanlagen. Diese sind also dahingehend zu überprüfen, ob in absehbarer Zeit außergewöhnliche Ersatz- und Erhaltungsinvestitionen zu tätigen sind. Zur Beantwortung dieser Frage dient der Anlagespiegel mit dem Posten der Sachanlagen.

Der Anlagespiegel zeigt, dass das Bauunternehmen bisher in seiner Lebenszeit 6109 T€ in Sachanlagevermögen investiert hat. Im Berichtsjahr hingegen wurden 8242 T€ investiert, also mehr als bisher in der gesamten Lebenszeit des Unternehmens. Der große Unterschied zwischen den Sachanlageabschreibungen in Höhe von 4153 T€ – die den Verbrauch an Anlagekapazität widerspiegeln – und den Zugängen an Sachinvestitionen in Höhe von 8242 T€ zeigt aber, dass die Gesellschaft nicht nur Ersatz-, sondern auch erhebliche Erweiterungsinvestitionen vorgenommen hat.

Daraus ist zu schließen, dass die Produktionskapazität auf einem sehr hohen technischen Niveau steht, sodass in naher Zukunft die zur Substanzerhaltung notwendigen Investitionen aus den Abschreibungsbeträgen finanziert werden können. Daraus lässt sich folgern, dass in den nächsten Jahren aus Gründen der Substanzerhaltung sicherlich kein Fremdkapital benötigt wird. Das Ergebnis der letzten Jahre wird sich demnach im Hinblick auf eventuell notwendig werdende zusätzliche Zinsen für Fremdkapital nicht verschlechtern.

Ertragslage

Der im Jahresabschluss ausgewiesene Bilanzgewinn ist nur in Ausnahmefällen das wirklich erzielte Jahresergebnis. In allen Ländern (wenn auch mit erheblichen Unterschieden) sind die Unternehmen in der Lage, den Bilanzgewinn zu beeinflussen. Das heißt für erfolgreiche Unternehmen, dass sie in der Regel einen geringeren als den erzielten Gewinn ausweisen.

Will man als Außenstehender eines Unternehmens das vom Unternehmen tatsächlich erzielte Ergebnis ermitteln, so steht in aller Regel nur die veröffentlichte Rechnungslegung mit dem Jahresabschluss als Kernstück zur Verfügung. Dieser Jahresabschluss aber enthält:

- einen Gewinn aus den abgerechneten Bauleistungen, nicht den Gewinn aus den erbrachten Bauleistungen,
- einen Gewinn, der von außerbetrieblichen und außerperiodischen Posten beeinflusst ist,
- einen Gewinn, der auch Zukunftsgrößen enthält, wie z. B. drohende Verluste, die durch Bilanzgrundsätze bedingt sind und
- einen Gewinn, der auch durch die Bilanzpolitik geformt ist.

Um dennoch aus dem veröffentlichten Jahresabschluss das vom Unternehmen tatsächlich erzielte Jahresergebnis schätzen zu können, wurden verschiedene Formeln entwickelt. Die bekannteste Formel wurde von der Deutschen Vereinigung für Finanzanalyse und Anlageberatung (DVFA) und der Schmalenbach-Gesellschaft-Deutschen Gesellschaft für Betriebswirtschaft e. V. erarbeitet und ist unter der Bezeichnung „Ergebnis nach DVFA" bekannt. Im Zuge der Internationalisierung und zunehmenden Verwendung und Angleichung der verscheidenen, internationalen Rechnungslegungsstandards (HGB, IFRS, US-GAAP) wurden die Ansätze zur Ergebnisbereinigung weiterentwickelt und werden als sogenannte „Non-GAAP-Earnings-Adjustments" fortgeschrieben (DVFA 2018).

Ausgangszahlen für die genannte Formel sind die Erträge und Aufwendungen der Gewinn- und Verlustrechnung. Diese müssen unter Beachtung von branchenbedingten Besonderheiten korrigiert werden.

Das Jahresergebnis nach DVFA wird gerechnet:

> Zahlen aus der Gewinn- und Verlustrechnung
> ± Korrekturen, die branchenbedingt bzw. handelsrechtlich bedingt sind
> = Ergebnis nach DVFA

Für unser Beispiel ergibt sich das Ergebnis nach DVFA siehe Abb. 19.5. Auf die einzelnen Korrekturen wird hier nicht näher eingegangen und auf die oben genannte Quelle verwiesen.

Fähigkeit zur Risikoabsorption/Risikotragfähigkeit
Der Faktoreinsatz bzw. Aufwand und der Output bzw. Ertrag an erstellten Gütern und Dienstleistungen unterliegt der Unsicherheit zukünftiger Marktzustände, Witterungseinflüsse etc. und stellt für den Eigenkapitalgeber das unternehmerische Risiko dar, aus dem eine angemessen hohe Eigenkapitalverzinsung begründet wird. Im Mittelstand steht häufig das Überleben des Unternehmens bzw. die Sicherung des Eigenkapitals in Vordergrund. Der Mittel-Zweck-Zusammenhang von Produktivität, Umsatz, Wirtschaftlichkeit, Rentabilität ist dabei zu beachten. Gegen Risiken muss sich das Unternehmen durch ausreichendes Eigenkapital und hinlängliche Liquidität schützen. Bauunternehmen, so sei ergänzend erinnert, werden als Bereitstellungsgewerbe verstanden, sie haben auf die Produktgestaltung, auf das Vertragskonzept usw. geringen Einfluss.

Die Aufträge werden im Wettbewerb meist unter Abgabe des günstigsten Preises akquiriert. Kalkulationsfehler, unerkannte Vertragsklauseln usw. führen zu Kostenunterdeckung und damit zu Aufträgen, die sich bei der Abwicklung als Verlustprojekte zeigen, vgl. auch Abschn. 16.4.

Da jeder Einzelauftrag typischerweise einen hohen Anteil am Gesamtumsatz des Unternehmens hat, können schon wenige Verlustaufträge das gesamte Unternehmen gefährden.

19.1 Externe Bilanzanalyse

Erträge

1. Zahlen aus der Gewinn- und Verlustrechnung
Gesamtleistung	99 466 T€
Erträge aus dem Abgang von Gegenständen des Anlagevermögen	2 291 T€
Ertäge aus der Auflösung von Rückstellung	646 T€
Übrige Erträge	356 T€
Ergebnis Finanzanlagen	62 T€
Zinserträge	113 T€
Außerordentliches Ergebnis	69 T€
	103 003 T€

2. Korrekturen, die branchenbedingt und notwendig sind, um auf das nach DVFA zu kommen
+ steueraufschiebende Gewinnzuweisung	238 T€
- die Hälfte aus den Erträgen aus dem Abgang von den Gegenständen des Anlagevermögens	- 1 145 T€
- die Hälfte aus den Erträgen aus der Auflösung von Rückstellungen	- 323 T€
+ außerordentliches Ergebnis	69 T€
+ versteuerte Gewinnreserven	0 T€
+ Gewinnreserven in dem Zuwachs an unabgerechneten Bauten	2 134 T€

3. Ergebnis nach DVFA: 103 976 T€

Aufwendungen

1. Zahlen aus der G+V-Rechnung
   Betriebliche Aufwendungen 100 149 T€
2. Korrekturposten, die branchenbedingt sind: 0 T€
3. Aufwendungen nach DVFA: 100 149 T€

Ergebnis nach DVFA:

Erträge nach DVFA	103 976 T€
- Aufwendungen nach DVFA ./.	100 149 T€
Ergebnis nach DVFA	3 827 T€

Das ausgewiesene Ergebnis der G+V-Rechnung hingegen lautet:

Betriebliches Ergebnis	2 610 T€
+ außerordentliches Ergebnis	69 T€
	2 679 T€

Abb. 19.5 Jahresergebnis nach DVFA

Auch ohne die eigentlichen Risiken in Art, Umfang und Betrag genau zu kennen, ist es möglich, die Risikotragfähigkeit des Unternehmens zu bestimmen und als Ausgangspunkt für das weitere Risikomanagement und die damit verbundene Analyse, Planung und Steuerung zu verwenden.

Die Frage, welche zunächst zu beantworten ist, ist die nach der Substanz und der Ertragskraft, mit der Risiken insgesamt abgefangen werden können. Insofern kann der Gewinn des Unternehmens durch eintretende Schäden, die aus aus Risiken resultieren, aufgezehrt werden. Stehen keine Gewinnanteile mehr zur Verfügung, muss die Substanz des Unternehmens beansprucht werden. Zur Verfügung steht dazu das Eigenkapital.

Sofern vorstehende Situation geklärt ist, kann der Frage nachgegangen werden, inwiefern eintretende Risikosituationen (Schäden) auch die Finanzlage in Mitleidenschaft ziehen können. Steht dem Unternehmen im Schadensfall ausreichend Liquidität zur Verfügung? Ist das Unternehmen noch arbeitsfähig, wenn das Gesamte Risikoabsicherungspotential aufgebraucht ist (Finanzstruktur, betriebsnotwendiges Vermögen, Bonität)?

Zur Beurteilung der Risikotragfähigkeit stehen die folgenden Kennzahlen zur Verfügung:

Risikotragfähigkeit aus der Ertragskraft (ΔVaR_G)[a]	
ΔVaR_G = durchschnittliches Betriebsergebnis =	2610 T€
Risikotragfähigkeit aus der Substanz (ΔVaR_{EK})	
ΔVaR_{EK} = Eigenkapital =	4082 T€
Liquidierbares Vermögen (zur Schadensregulierung)	
Liquidität I = Flüssige Mittel =	16.778 T€
Liquidität II = Flüssige Mittel + kurzfristige Forderungen[b] = 16.778 + 12.723 =	29.501 T€
Liquidität III = Flüssige Mittel + kurzfr. Ford. + Vorräte = 29.501 + 9733 =	39.234 T€
Selbstfinanzierungsfähigkeit (Cash-flow, vgl. Abb. 19.4) =	6828 T€

[a] Die Abkürzung VaR bezeichnet den sogenannten Value-at-Risk, also den Wert, der aufgrund von Risiken auf dem Spiel steht. Er stammt aus dem finanzwirtschaftlichen Risikomanagement und lässt sich auch in der Bauwirtschaft nutzen, siehe dazu auch Meinen (2005)
[b] Hier beispielhaft nur Forderungen aus Lieferungen und Leistungen, vgl. Abb. 17.2

Schlussfolgerungen für die Bewertung der Risikotragfähigkeit und als Ausgangspunkt für das Risikocontrolling (vgl. Abschn. 16.4.4):

Zur Absicherung gegen Risiken stehen dem Unternehmen jährlich zur Verfügung

Ohne Substanzverlust: $\Delta VaR_G = 2610$ T€
Mit Substanzverlust: $\Delta VaR_{EK} = 4082$ T€
Insgesamt maximal: $\Delta VaR = 6692$ T€

Mit Hilfe der Selbstfinanzierungskraft von 6828 T€ kann diese Summe aus dem Cashflow bestritten werden.

Bei Eintritt eines Risikos (einzelner Schadensfall) sind über die vorhandene Liquidität 29.501 T€ kurzfristig verfügbar. Danach muss ggf. über den Abbau des Vorratsvermögens (Rohstofflager) oder des Anlagevermögens nachgedacht werden.

Letztlich ist zu berücksichtigen, dass die Handlungsfähigkeit des Unternehmens erhalten bleiben muss (z. B. Vorfinanzierung von Bauaufträgen, laufende Zahlungsverpflichtungen, dringende Investitionen).

Mit Blick auf das interne Risikocontrolling kann insofern festgestellt werden:

Zulässiges Gesamtrisikolimit I p. a.	= 2610 T€ (2,6 % der Gesamtleistung)
Zulässiges Gesamtrisikolimit II p. a.	= 6692 T€ (6,3 % der Betriebsleistung)[1]
Zulässiges Maximalrisiko im Einzelfall	= 29.501 T€

Zusammenfassende Beurteilung aus der externen Bilanzanalyse
Aus der Analyse der vorliegenden Zahlen lässt sich erkennen:

Das ausgewiesene betriebliche Ergebnis in Höhe von 2610 T€ wird auf die betriebliche Gesamtleistung bezogen und stellt sich prozentual wie folgt dar:

$$\frac{2610\,\text{T€}}{99.466\,\text{T€}} \times 100 = 2,62\,\%.$$

Wird die Prozentzahl mit dem DVFA-Ergebnis gerechnet, dann ergibt sich:

$$\frac{3827\,\text{T€}}{99.466\,\text{T€}} \times 100 = 3,85\,\%.$$

Beide Werte sind für die Bauwirtschaft derzeit als eher unterdurchschnittlich zu bezeichnen.

Durch hohe Investitionen (im Berichtsjahr: 10.274 T€) hat sich das Unternehmen ganz offensichtlich auf die hohe Umsatzleistung des Berichtsjahres eingestellt und offensichtlich auch seine Produktionskapazität auf den neuesten technischen Stand gebracht.

Die Deckungsrechnung hat ergeben, dass das Bauunternehmen zwar sein Anlagevermögen, nicht aber sein volles Umlaufvermögen langfristig finanziert. Die Ursache hierfür ist die knappe Eigenkapitalbasis, die allerdings in der Bauwirtschaft nicht unüblich ist.

Die knappe Eigenkapitalbasis hat das Unternehmen im Berichtsjahr dadurch verbessert, dass eine Kapitalerhöhung (Erhöhung des gezeichneten Kapitals) in Höhe von 500 T€ und eine Erhöhung der Kapitalrücklage um 551 T€ durchgeführt wurde (vgl.

---

[1] An dieser Stelle ist auch das Insolvenzrecht (InsO) zu beachten, da somit das gesamte Eigenkapital aufgezehrt wäre.

hierzu Abb. 17.3). Dies beeinflusst auch die Risikotragfähigkeit des Unternehmens positiv.

Die Untersuchung der Vorfinanzierung und der Außenstände aus unabgerechneten Bauten zeigt, dass das Bauunternehmen sehr auf ein effizient arbeitendes Finanzmanagement achtet. Dies mag auch der Grund sein, dass das Unternehmen recht liquide ist, denn es weist an flüssigen Mitteln im Berichtsjahr 16.778 T€ und im Vorjahr 13.161 T€ aus. Allerdings ist diese gute Liquidität stichtagbedingt und hängt auch vom Saisoncharakter der Baufertigung ab.

In Bezug auf den zukünftigen Finanzbedarf und den damit zusammenhängenden zusätzlichen Zinsaufwendungen hat die Bilanzanalyse gezeigt, dass aus Gründen der Substanzerhaltung in den nächsten Jahren sicherlich kein zusätzliches Fremdkapital benötigt wird.

Bei der Betrachtung der Risikotragfähigkeit konnte festgestellt werden, dass ein Gesamtrisiko von maximal 6692 T€ abgefangen werden kann. Im Einzelfall kann ein Schaden (einmalig) bis zu 29.501 T€ verkraftet werden. Studien zeigen, dass das Risiko der Bauprojekte durchschnittlich bei ca. 17 % der Bauleistung angesiedelt werden kann (vgl. Abschn. 16.4). Somit können Einzelaufträge mit einem Projektvolumen von über 29.501 T€ / 17 % = 173 Mio. € die Existenz des Unternehmens gefährden. Ein weiteres Risikoprojekt wäre dann nicht mehr zu verkraften. Bei einer Jahres-Gesamtleistung in Höhe von knapp 100 Mio. € ist ein entsprechend großes Einzelprojekt aber nicht zu erwarten.

Ob die Risikotragfähigkeit über die Gesamtheit der Projekte im folgenden Geschäftsjahr in Höhe von 6692 T€ ausreichend ist, kann mit Hilfe der Projektstruktur überschlägig beurteilt werden. So ergibt sich die Mindestzahl an Projekten und das damit verbundene, maximale, durchschnittliche Projektvolumen aus dem Zusammenhang[2]:

$$k = [\text{Gesamtleistung}/\Delta\text{VaR} \cdot \text{ø Projektrisiko}]^2 = [(99{,}5 \text{ Mio. €})/(6{,}692 \text{ Mio. €}) \cdot 17\,\%]^2 \approx 6$$

Werden also mehr als 6 Projekte mit einem Volumen von durchschnittlich unter 99,5/6 = 16,6 Mio. € abgewickelt, so kann das maximal zulässige Risiko (Riskolimit II) eingehalten werden. Dies ist aufgrund der Umsatzgröße des Unternehmens realistisch. Allerdings stünde damit das gesamte Eigenkapital auf dem Spiel. Wird nur der durchschnittliche Jahresgewinn (ΔVaR_G bzw. Risikolimit I) eingesetzt, so ergibt sich:

$$k = [\text{Gesamtleistung}/\Delta\text{VaR} \cdot \text{ø Projektrisiko}]^2 = [(99{,}5 \text{ Mio. €})/(2{,}610 \text{ Mio. €}) \cdot 17\,\%]^2 \approx 42$$

Damit darf das durchschnittliche Projektvolumen lediglich 2,4 Mio. € betragen, wobei mindestens 42 Projekte abgewickelt werden müssen. Die Diskrepanz der beiden Be-

---

[2] Bei Unterstellung unabhängiger, normalverteilter Projektrisiken.

rechnungsergebnisse zeigt, dass das Eigenkapital aufgrund von Projektrisiken sehr schnell in Gefahr gerät. Denn das durchschnittliche, zulässige Projektvolumen ist verhältnismäßig niedrig und die notwendige Projektzahl zur Erreichung einer geeigneten Risikostreuung ist relativ hoch. Das Verfahren lässt sich durch die Berücksichtigung möglicher Projektkorrelationen und eines individuellen Projektportfolios verbessern (Meinen 2017).

Die Analyse der wichtigsten Erfolgsparameter zeigt, dass das Bauunternehmen sich sehr gut entwickelt hat und dass es sowohl aufgrund des hohen Cash-flow als auch aufgrund der guten Liquidität und auch im Hinblick auf den modernen Stand der Produktionskapazität imstande sein wird, sich aus betriebswirtschaftlicher Sicht auch in Zukunft sehr gut am Markt zu behaupten. Aufgrund der Risikoanalyse ist eine Gefährdung nur dann zu erwarten, wenn wenige verhältnismäßig große Bauaufträge abgewickelt werden.

19.2 Grenzen der externen Bilanzanalyse

Abschließend sei die Frage gestattet, ob der veröffentlichte Jahresabschluss tatsächlich eine ausreichende Informationsquelle für externe Gruppen sein kann und vor allem dann, wenn es sich um wichtige Entscheidungen, wie z. B. einen eventuellen Beteiligungskauf handelt.

Die Antwort auf diese Frage soll anhand der Analyse der Grenzen einer externen Beurteilung des Jahresabschlusses eines bauausführenden Unternehmens gegeben werden.

Zunächst: Die Liquiditätsinformationen aus der Bilanz geben mögliche Zahlungsschwierigkeiten nur sehr unvollständig wieder.

Das liegt einmal an der Stichtagsbezogenheit der Bilanz und zum anderen an branchenspezifischen Charakteristika der Bauwirtschaft, nämlich z. B.

- der Abhängigkeit der Bautätigkeit von konjunkturellen Entwicklungen,
- der auftragnehmerseitigen Vorfinanzierung der Bauleistung,
- der Langfristigkeit der Auftragsausführung mit laufenden Auszahlungen, aber nur sporadischen Zahlungseingängen,
- dem Saisoncharakter der Baufertigung,
- dem Bauen in Arbeitsgemeinschaften,
- dem i. d. R. hohen Bedarf an auftraggeberseitig verlangten Sicherheiten,
- den in Bauunternehmen häufig geringen Eigenmitteln,
- der Abhängigkeit von der Zahlungsmoral der Auftraggeber.

„Dies hat besonders auf die Stichtagsbezogenheit bilanzieller Liquiditätskennzahlen folgende Einflüsse:

- In Bauunternehmen verlaufen die Auftragslage sowie der Erfolgs- und Finanzausweis entgegengesetzt. Bei einem hohen Bestand an liquiden Mitteln kann möglicherweise die weitere Beschäftigung fraglich sein. Niedrige Bankbestände können dagegen ein Zeichen anlaufender Baustellen sein.
- Bauaufträge werden aufgrund der Saisonabhängigkeit des Bauens zum Ende des Jahres hin verstärkt abgerechnet. Einem Liquiditätsüberschuss am Ende des Jahres steht eventuell ein Kapitalmangel im Frühjahr gegenüber, wenn neu anlaufende Baustellen zunächst vorfinanziert werden müssen.
- Auch die für die Baubranche typische Kooperation in der Abwicklung einzelner Bauaufträge, mit der ein Bauunternehmen durch die gesamtschuldnerische Haftung der Arbeitsgemeinschafts-Partner sein Liquiditätsrisiko vermindern kann, hat Auswirkungen auf die Aussagekraft der Kennzahl, da die Bilanzen weder das volle Umlaufvermögen noch das volle kurzfristige Fremdkapital ausweisen.
Zudem erfolgen zum Ende des Jahres hin verstärkt Liquiditätsausschüttungen an die ARGE-Gesellschafter, da die Partner keine festen Einlagen leisten, sondern der ARGE nur kurzfristige Mittel zur Vorfinanzierung der Bauausführung zur Verfügung stellen.
- Bei öffentlichen Auftraggebern werden häufig erst zum Ende des Jahres noch Beträge für Vorauszahlungen freigegeben, sodass liquide Mittel ausgewiesen werden, ohne dass dafür schon Bauleistungen ausgeführt wurden.
- Der Bewertungsspielraum bezüglich des Umfangs der Kostenaktivierung bei den unfertigen Bauten schränkt die Vergleichbarkeit der Liquiditätskennzahlen ein. Eine Differenzierung hinsichtlich der Frage, ob bei der Bewertung Teilkosten oder Vollkosten angesetzt werden, ist aber mit der Wahrung des Vorsichtsprinzips begründbar, einem der tragenden Bilanzierungsprinzipien des Handelsgesetzbuches.
- Die Annahme, dass die liquiden Mittel 2. Grades (= Zahlungsmittel + kurzfristige Forderungen dividiert durch kurzfristige Verbindlichkeiten) kurzfristig verfügbar sind, ist nicht zwingend. Häufig werden Zahlungsziele durch die Auftraggeber überschritten, sodass die Forderungen einen mittel- bis langfristigen Charakter erhalten. In Bauunternehmen gewinnt dieser Aspekt noch eine besondere Bedeutung dadurch, dass hier häufig einzelne Schuldner von der Höhe der Forderung her gesehen ein besonderes Gewicht haben. Öffentliche Auftraggeber haben darüber hinaus noch spezifische Etatbindungen und Zahlungsgewohnheiten. Kommen einzelne Auftraggeber ihren Zahlungsgewohnheiten nicht rechtzeitig nach, kann das für die Bauunternehmen u. U. rasch zur finanziellen Krise führen" (Mielicki 1996, S. 10).

Genauso schwierig wie die Liquiditätsbeurteilung ist auch die Beurteilung der im Unternehmen gebildeten stillen Reserven, die – zumindest kurz- und mittelfristig – ganz wesentlich das Eigenkapital erhöhen und sehr stark zur Sicherheit und zur Erhöhung des Unternehmenswertes beitragen.

19.2 Grenzen der externen Bilanzanalyse

Ein weiteres Problem ist die Beurteilung des ausgewiesenen Ergebnisses aus der veröffentlichten Handelsbilanz. Diese Beurteilung wird zwar durch die Berechnung des „Ergebnisses nach DVFA" etwas zutreffender. Dennoch ist das errechnete Ergebnis nur eine „Schätzung" des erzielten Jahresergebnisses.

Als letztes wird noch auf die Verständnisschwierigkeit für externe Bilanzanalytiker in Bezug auf den Einfluss der ARGE auf den Jahresabschluss hingewiesen:

„Kaum eine andere Erscheinung hat solchen Einfluss auf Umfang und Zusammensetzung der Bilanz und der Gewinn- und Verlustrechnung der beteiligten Bauunternehmen wie die ARGE, kaum eine andere Erscheinung macht den Jahresabschluss der Bauunternehmen so schwer verständlich" (Leimböck und Schönnenbeck, S. 112).

Dies hat u. a. folgende Gründe:

Das von der Baubilanz ausgewiesene Gesamtvermögen ist zwar rechtlich, nicht aber wirtschaftlich das Gesamtvermögen des Unternehmens. Der vollen Bauleistung entspricht die Summe aus Gesamtvermögen und anteiligem ARGE-Vermögen. Diese Zahl geht aus der Bilanz nicht hervor. Auf der anderen Seite kann man nicht nur die eigene Bauleistung zum Unternehmensvermögen in Beziehung setzen, denn ein Teil des Unternehmensvermögens ist nicht für eigene, sondern für ARGE-Aufträge eingesetzt. Das gilt vor allem für das Anlagevermögen.

Die Beteiligung an Arbeitsgemeinschaften hat auch auf die Gewinn- und Verlustrechnung Einfluss. In den Gewinn- und Verlustrechnungen der ARGE-Partner wird bei der Position „Umsatzerlöse" nur das anteilige ARGE-Ergebnis eingebucht und zwar erst bei Abnahme der ARGE-Bauleitung durch den Bauherrn. Da auch das Bilanzergebnis der ARGE nach dem Imparitätsprinzip ermittelt wird, können die anteiligen ARGE-Gewinne erst nach der Abnahme oder einer Teilabnahme durch den Bauherrn von den Partnern als Umsatzerlöse übernommen werden.

Außerdem erzielt der ARGE-Partner Erlöse aus seinen Umsätzen mit der ARGE, vor allem aus technischer und kaufmännischer Federführung, aus technischer Auftragsbearbeitung durch sein Konstruktionsbüro oder seine Arbeitsvorbereitung, aus Gerätevermietung, aus Bearbeitung der Lohn- und Gehaltsabrechnung und unter Umständen auch aus Nachunternehmertätigkeit, wenn die ARGE ihn als Nachunternehmer für Teilleistungen einsetzt.

In Bezug auf die aufgezählten Schwierigkeiten muss man aber bedenken, dass dem internen Beurteiler (interne Bilanzanalyse) zwar eine Reihe von zusätzlichen Informationen zur Verfügung stehen, wie z. B. das betriebliche Rechnungswesen, die Zusammenstellung der Berichtszahlen der ARGEn und die Steuerbilanz. Dennoch sind auch in diesen Informationsquellen – ebenso wie im Jahresabschluss – eine Reihe von Schätzungen enthalten, nämlich:

- Schätzungen im betrieblichen Rechnungswesen bei
  - der Planung der Leistung,
  - der Angebotskalkulation,
  - den Leistungsmeldungen,

- den Verlustannahmen per Bauende bei der Bewertung der unabgerechneten Verlustaufträgen etc.
- Schätzungen in den Bereichen des Jahresabschlusses bei
  - der Festlegung der voraussichtlichen Nutzungsdauer bei Anlageabschreibungen,
  - der Festlegung der Höhe der Rückstellungen,
  - der Bewertung von voraussichtlich mit Verlust abschließenden unabgerechneten Aufträgen,
  - der Bewertung zweifelhafter Forderungen.

Obwohl also im betrieblichen Rechnungswesen und im Jahresabschluss Schätzungen enthalten sind, müssen dennoch mit Hilfe diese Recheninstrumente die Unternehmen gesteuert werden.

Dies ist auch möglich, wenn auf der Grundlage der Vergangenheitswerte sorgfältige Analysen erstellt werden und bei Unternehmensentscheidungen vor allem auch sorgfältig die Zukunftserwartungen Berücksichtigung finden.

Dieses ist für jedes Unternehmen unerlässlich, um sich auch langfristig auf einem Markt behaupten zu können, der durch eine Vielzahl von Risiken in den Bereichen Auftragsannahme, Fertigung und Auftragsfinanzierung charakterisiert ist.

Literatur

DVFA (Hrsg.): Non-GAAP-Earnings-Adjustments, Online unter: https://www.dvfa.de/fileadmin/downloads/Publikationen/Standards/Non-GAAP-Earnings-Adjustments-2018.pdf, zuletzt geprüft am 31.8.2021.

Haufe HGB Bilanz Kommentar, 6. Auflage, Haufe-Lexware: Freiburg 2015.

Leimböck, Egon (1997): Bilanzen und Besteuerung der Bauunternehmen. Wiesbaden,Berlin: Bauverlag.

Meinen, H (2005): Quantitatives Risikomanagement imBauunternehmen, VDI-Verlag, Düsseldorf.

Mielicki, U. (1996): Liquiditätsinformationen aus dem Jahresabschluss von Bauunternehmen. In: Betriebswirtschaftliches Institut der Bauindustrie (Hg.): Bauwirtschaftliche Informationen. Düsseldorf.

Meinen, H.: Risiko Bauprojekt: Bis zu 25 % Eigenkapitalunterlegung erforderlich! In: Bauwirtschaft, Nr. 3, 2017

Grundlagen Nachhaltigkeit 20

Ein politisches Gremium beschäftigte sich zum ersten Mal mit Umweltfragen auf der UN-Umweltkonferenz 1972 in Stockholm. Der Brundtland-Bericht der Weltkommission für Umwelt und Entwicklung der Vereinten Nationen („Brundtland-Kommission") von 1987 kann als Basis für die moderne Nachhaltigkeitsdiskussion angesehen werden. Diese führte schließlich dazu, dass die United Nations (UN) 1992 eine Konferenz über nachhaltige Entwicklung in Rio de Janeiro abhielten. Darauf folgte der Nachhaltigkeitsgipfel in Johannisburg 2002 und viele weitere Gipfeltreffen in immer kürzeren Abständen (Baumgartner 2010, S. 15).

Bis heute ist die Nachhaltigkeits-Definition der Brundtland-Konferenz, die wohl am häufigsten verwendete:

Nachhaltige Entwicklung ist demnach Entwicklung, die den Bedarf der Gegenwart deckt, ohne die Fähigkeit von zukünftigen Generationen zu beeinträchtigen, ihren eigenen Bedarf zu decken.

Dazu existieren zwei Schlüsselkonzepte:

- der Ansatz der „Bedürfnisse", insbesondere der wesentlichen Bedürfnisse der Armen in der Welt, denen besonderer Vorrang gegeben werden sollte,
- das Konzept der „Beschränkungen", die aus dem Stand der Technologie und der sozialen Organisation resultieren und die Fähigkeit der Umwelt begrenzen gegenwärtige und zukünftige Bedürfnisse zu decken.

So müssen die Ziele der wirtschaftlichen und sozialen Entwicklung in allen Ländern in Bezug auf Nachhaltigkeitsaspektedefiniert werden, seien sie marktorientiert oder zentral geplant. Die einzelnen Interpretationen werden sich dabei unterscheiden, aber müssen bestimmte allgemeine Eigenschaften teilen, von einer Einigkeit bezüglich des grundlegenden Konzepts der nachhaltigen Entwicklung geprägt sein und sich auf einem breiten strategischen Rahmen bewegen, um die Ziele zu erreichen (übersetzt nach: Vereinte Nationen 1987, S. 41). Im Hinblick auf den Aspekt der „Entwicklung" im Sinne von „Wachstum" hat der sogenannte „Club of Rome" 1972 in seiner Studie: „Grenzen des Wachstums" ergänzend die dem Wachstum zugeschriebenen, negativen ökologischen Folgen, in Form der Schädigung bzw. Zerstörung von Ökosystemen und der Übernutzung endlicher Ressourcen, angesprochen.

In der Folge der verschiedenen UN-Konferenzen zum Thema Nachhaltigkeit hat sich die sogenannte „Agenda 21" als weltweit verbreitetes Programm, dem sich auf einer Konferenz in Rio de Janeiro 1992 179 Staaten verpflichtet haben, etabliert. Damit wollen die Nationen die „drängendsten Probleme" des 21. Jahrhunderts, wie z. B. wachsende Armut, Zunahme von Krankheiten, Analphabetentum, Klimawandel und Umweltzerstörung entgegenwirken (Vereinte Nationen 1992, S. 1). Die Agenda 21 ist ein umfangreiches Programm, das ökologische, ökonomische und soziale Belange gleichermaßen berücksichtigt, um die Globalisierung gerecht und nachhaltig zu gestalten.

Sie enthält Ziele und Maßnahmen für verschiedene gesellschaftliche Bereiche. Für die Wirtschaft werden folgende Ziele vorgeschlagen (Vereinte Nationen 1992, S. 296 ff.).

a) die Förderung des Konzepts des verantwortungsvollen unternehmerischen Handelns bei der Bewirtschaftung und Nutzung der natürlichen Ressourcen;
b) die Erhöhung der Zahl derjenigen Unternehmer, die bei ihren Unternehmungen eine auf nachhaltige Entwicklung ausgerichtete Politik verfolgen.

„Als Geleitsatz für die Unternehmen kann folgendes gelten: Die […] Unternehmen sollten darauf hinwirken, die Effizienz der Ressourcennutzung zu steigern, so auch durch eine vermehrte Wiederverwendung und Wiederverwertung von Rückständen, und die zu beseitigende Abfallmenge pro Wertschöpfungseinheit zu vermindern" (Vereinte Nationen 1992, S. 297).

In Deutschland wurde die Agenda 21 durch eine lokale Agenda 21 umgesetzt. So sollen die Ziele auf die Regionen herunter gebrochen und greifbarer werden. Zusätzlich wurde 2002 die nationale Nachhaltigkeitsstrategie „Perspektiven für Deutschland" beschlossen und regelmäßg aktualisiert. Zuletzt haben sich die Vereinten Nationen auf die sogenannte Agenda 2030 verständigt. Sie orientiert sich, wie in der Folge auch die nationale Nachhaltigkeitsstrategie, an 17 Sustainable Development Goals (SDG) (Bundesregierung 2021).

1. Armut in jeder Form und überall beenden
2. Ernährung weltweit sichern
3. Gesundheit und Wohlergehen
4. Hochwertige Bildung weltweit
5. Gleichstellung von Frauen und Männern
6. Ausreichend Wasser in bester Qualität
7. Bezahlbare und saubere Energie

8. Nachhaltig wirtschaften als Chance für alle
9. Industrie, Innovation und Infrastruktur
10. Weniger Ungleichheiten
11. Nachhaltige Städte und Gemeinden
12. Nachhaltig produzieren und konsumieren
13. Weltweit Klimaschutz umsetzen
14. Leben unter Wasser schützen
15. Leben an Land
16. Starke und transparente Institutionen fördern
17. Globale Partnerschaft

Diese Ziele werden in Deuschland in 38 Bereichen durch Schlüsselindikatoren nachverfolgt, z. B. im Bereich Luftbelastung (SDG 3) durch die Reduktion der Emissionen des Jahres 2005 auf 55 Prozent (ungewichtetes Mittel der fünf Schadstoffe SO_2, NO_x, NH_3, NMVOC und PM.2,5) bis 2030. Alle zwei Jahre gibt das Statistische Bundesamt einen entsprechenden Indikatorenbericht heraus (Destatis 2021).

Die bisherigen Management-Regeln der nationalen Nachhaltigkeitsstrategie wurden 2018 durch sechs Prinzipien für eine nachhaltige Politik abgelöst (Bundesregierung 2021b):

1. nachhaltige Entwicklung als Leitprinzip konsequent überall anwenden
2. global Verantwortung wahrnehmen
3. natürliche Lebensgrundlagen stärken
4. nachhaltiges Wirtschaften stärken
5. sozialen Zusammenhalt in einer offenen Gesellschaft wahren und verbessern und
6. Bildung, Wissenschaft und Innovationen als Treiber einer nachhaltigen Entwicklung nutzen

Die, seit Ende 2021 amtierende Bundesregierung aus SPD, Grünen und FDP wird diese nach ihren Programmen aufgreifen, anpassen, konkretisieren, aber im Wesentlichen unter diesen Prinzipien fortführen.

Stark beeinflusst werden die deutschen Nachhaltigkeitsziele durch die Europäische Union. Der sogenannte European Green Deal beinhaltet ein Konzept, mit dem
  der Übergang zu einer modernen, ressourceneffizienten und wettbewerbsfähigen Wirtschaft erreicht werden soll, die

- „bis 2050 keine Netto-Treibhausgase mehr ausstößt,
- ihr Wachstum von der Ressourcennutzung abkoppelt,
- niemanden, weder Mensch noch Region, im Stich lässt" (EU 2021a).

Alle 27 EU-Mitgliedstaaten haben sich verpflichtet, die EU bis 2050 zum ersten klimaneutralen Kontinent zu machen. Folgende Aspekte werden hierbei verfolgt:

- Umgestaltung von Wirtschaft und Gesellschaft
- Nachhaltige Gestaltung des Verkehrs
- Vorreiter der dritten industriellen Revolution (Schaffung von Märkten für saubere Technologien und Produkte)
- Ein sauberes Energiesystem
- Sanierung von Gebäuden für einen grüneren Lebensstil
- Schutz des Planeten und der Gesundheit mithilfe der Natur
- Förderung globaler Klimaschutzmaßnahmen (EU 2021b)

Mit dem, im Jahr 2021 verabschiedeten, europäischen Klimagesetz, werden diverse Regularien für die Mitgliedsstaten verschärft, ergänzt bzw. neu geordnet, mit weitreichenden Auswirkungen, auch auf die Bauwirtschaft, z. B.:

- Verordnung zu CO_2-Emissionsnormen für PKW un leichte Nutzfahrzeuge
- EU-Energiebesteuerungsrichtlinie
- EU-Gebäudeeffizienz-Richtlinie
- Bauprodukteverordnung
- EU-Richtlinie über Verpackung und Verpackungsabfälle
- EU-Ökodesing-Richtlinie
- EU-Energieeffizienz-Richtlinie
- EU-Erneuerbare-Energien-Richtlinie

Neue Initiativen existieren u. a. in den Bereichen

- Vorschriften zur nachhaltigen Unternehmensführung und
- EU-Norm für grüne Anleihen (vgl. vbw 2021, S. 17)

In Deutschland sind unter anderem folgende Gesetze relevant:

- Kreislaufwirtschaftsgesetz (KrWG)
- Bundes-Bodenschutzgesetz (BBodSchG)
- Wasserhaushaltsgesetz (WHG)
- Bundes-Immissionsschutzgesetz (BImSchG)
- Verpackungsgesetz (VerpackG)
- Bundes-Klimaschutzgesetz (KSG)
- Erneuerbare Energien Gesetz (EEG)
- Brennstoffemissionshandelsgesetz (BEHG)
- Lieferkettensorgfaltspflichtengesetz (LkSG)

20 Grundlagen Nachhaltigkeit

Die Bemühung um eine nachhaltige Entwicklung ist ein Megatrend und wirkt in alle gesellschaftlichen, politischen und wirtschaftlichen Bereiche hinein. Als Herausforderung kann insofern die Ableitung von logischen Konsequenzen als Reaktion auf die zu erwartenden, zukünftigen Entwicklungen gesehen werden (vgl. Pufé 2017, S. 89). Das World Business Council for Sustainable Development (WBCSD) schlägt folgende Strategie zur Implementierung nachhaltiger Trends vor:

1. Die Bedeutung gesellschaftlicher Trends und Signale für Unternehmen und die jeweilige Branche erkennen und verstehen.
2. Entwicklung von Chancen und Strategien.
3. Neudefinition von Unternehmenserfolg im langfristigen Kontext (vgl. BMU 2008, S. 12).

Eine solche, auf Nachhaltigkeit ausgelegte Innovationsstrategie, kann die Erschließung profitabler, neuer Produkte und Dienstleistungen in zuvor unerreichten oder unerkannten Markt- und Kundensegmenten ermöglichen.

Die Folgen der Megatrends beeinflussen schon jetzt verschiedene Wirtschaftsbereiche massiv. In Zukunft wird sich dieser Effekt noch verstärken und weitere Märkte und ganze Branchen beeinflussen. Insofern sollte es im Interesse der Unternehmen liegen, eine Nachhaltigkeits- und Innovationskultur zu begünstigen und die Megatrends der Nachhaltigkeit in ihre Innovationsstrategien und Kerngeschäfte zu integrieren (vgl. BMU 2008, S. 14). Die daraus entstehenden innovativen Produkte oder Dienstleistungen müssen allerdings passend vermarktet werden. Auf diesen Aspekte wird in Abschnitt 25 (Nachhaltigkeitsmarketing) näher eingegangen.

Als Konsens für eine moderne Definition der Nachhaltigkeit kann das genannte drei Säulen Modell gesehen werden (Abb. 20.1). Die erste Säule beinhaltet soziales und kulturelles, die zweite die ökologischen, und die dritte Säule ökonomische Aspekte.

Es macht deutlich, dass das bisher wesentliche Streben der Unternehmen nach Gewinnmaximierung auf drei Säulen basiert.

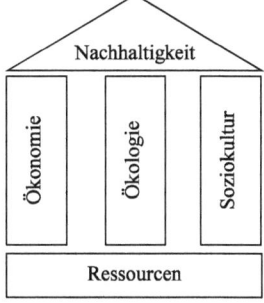

Abb. 20.1 Modernes Nachhaltigkeitsverständnis

Wie ökologisches, soziales und dennoch profitorientiertes Wirtschaften realisiert werden kann, ist eine Kernfrage der Nachhaltigkeitsforschung. Dabei müssen die Unternehmen wesentliche Aufgaben übernehmen (Baumast 2009, S. 27). Denn sie sind es, die über die notwendigen Ressourcen verfügen, soziale, ökonomische und ökologische Innovationen hervorbringen zu können. Multinationale Unternehmen stellen in diesem Zusammenhang „Machtzentren dar, welche nicht nur über ihre Produktionstätigkeit, sondern auch über ihren Einfluss auf Lebensstile und Konsummuster die Nutzung von Ressourcen und die Freisetzung von Stoffen und Energien und damit den Grad der Naturinanspruchnahme prägen" (Baumast 2009, S. 28).

Die Baubranche ist eher durch kleine und mittlere Unternehmen geprägt. Klassische Unternehmen des „Mittelstandes" stellen dabei die Regel dar. Die Anzahl der eigenen Mitarbeiter ist typischerweise kleiner als 250, im Durschnitt sind es zehn Mitarbeiter. Häufig haben die kleineren und mittleren Unternehmen keine ausgeprägten Managementsysteme, wie sie in Großunternehmen üblich sind. Über Qualitäts-, Energie- und Umweltmanagementsysteme sowie Corporate Social Responsibility Reports, hat dort das Thema Nachhaltigkeit vielfach Einzug gehalten.Zum Beispiel hat die Deutsche Bahn als großer Auftraggeber in der deutschen Bauwirtschaft einen Verhaltenskodex für ihre Geschäftspartner entwickelt, in dem sich diese zum nachhaltigen Wirtschaften verpflichten müssen (Deutsche Bahn AG 2013).

Seit mehreren Jahren schon wird die Diskussion zudem durch den Finanzsektor getrieben. Seit zwei Jahren in Folge ist Nachhaltigkeit eines der Hauptthemen beim Weltwirtschaftsforum in Davos. Besonderes Aufsehen erregte 2020 die Äußerung des Chairman and Chief Executive Officers des Finanzinvestors Blackrock, eines der größten Vermögensverwaltungsunternehmen der Welt, in Klimaschutz-Fonds einsteigen zu wollen. Im Jahr darauf lobt u. a. die IWF-Chefin, Kristalina Georgieva, die Wirtschaftsprogramme, die Klimaziele in den Vordergrund rücken. Befeuert durch die sogenannte „Corona"-Pandemie und zuletzt dem Angriffskrieg gegen die Ukraine ist gar von einem Systemwandel die Rede, in dem der Kapitalismus neu gedacht werden müsse. Die Gesellschaft müsse krisenfester, inklusiver und nachhaltiger gemacht werden, wobei der Wirtschaft eine zentrale Rolle zuteilwerde, so wird der Initiator zitiert.

Was zunächst möglicherweise paradox anmutet, geht jedoch von sehr rationalen Überlegungen aus, denn es besteht durchaus ein nachgiewesener Zusammenhang zwischen Nachhaltigkeit und wirtschaftlicher Performance von Finanzanlagen. Speziell ist ein positiver Zusammenhang mit der Ertragsentwicklung bei „richtiger" Portfoliostrategie belegt. Entscheidend sind dabei klassische, materielle Werttreiber. So ergibt sich ein positiver Einfluss von Nachhaltigkeits-Kriterien auf das Risikomanagement bzw. die Gefahr von extremen Verluste (Gesamtverband der Deutschen Versicherungswirtschaft 2018).

Bedeutend ist in diesem Zusammenhang auch die sogenannte Sustainable Finance-Taxonomie der Europäischen Union, durch die Klassifizierungskriterien zur Nachhaltigkeit etabliert werden. Innerhalb der EU werden damit Wirtschafts- bzw. Investitionsaktivitäten in Hinblick auf ihre Nachhaltigkeit eingeordnet. Zunächst werden dabei Klimaziele fokussiert. „Eine Wirtschaftsaktivität ist als taxonomiekonform anzusehen, wenn diese einen wesentlichen Beitrag zu **mindestens einem von insgesamt sechs Umweltzielen** leistet:

- Klimaschutz
- Anpassung an den Klimawandel
- Nachhaltige Nutzung und Schutz von Wasser- und Meeresressourcen
- Wandel zu einer Kreislaufwirtschaft
- Vermeidung und Verminderung der Umweltverschmutzung
- Schutz und Wiederherstellung von Ökosystemen und Biodiversität (Freiberg 2021)"

Adressaten sind zunächst, vor allem die EU bzw. deren Mitgliedsstaaten und die Finanzbranche, aber auch große Kapitalgesellschaften, wie sie in der Bauwirtschaft vorkommen (EU-Richtlinie 2014/95/EU in Verbindung mit § 289b HGB bzw. § 315b HGB) sofern sie kapitalmarktorientiert sind. Dazu gehört eine erweiterte Berichterstattung im Lagebericht, die auch Ausführungen zum Zusammenhang von Umsatzerlösen, Investitionsausgaben und Betriebsausgaben mit ökologisch nachhaltigen Wirtschaftstätigkeiten (Key-Performance-Indikatoren (KPI).

„Als **ökologisch nachhaltig** gilt eine Wirtschaftstätigkeit, wenn diese

- einen wesentlichen Beitrag zur Verwirklichung eines oder mehrerer der definierten Umweltziele leistet,
- dabei nicht eines oder mehrere der Umweltziele erheblich beeinträchtigt (*do not harm*-Prinzip),
- dabei ein Mindestmaß/-schutz in Bezug auf Menschenrechte ausgeübt wird und
- den in der EU-Verordnung festgelegten technischen Bewertungskriterien entspricht" (**Freiberg** 2021).

Auf die Bauwirtschaft hat die Taxonomie, auch wenn sie den Finanzmarkt fokussiert, direkte Auswirkungen. Denn die Institute können die, an sie gestellten Anforderungen nur erfüllen, wenn sie z. B. bei der Kreditvergabe oder Finanzierung von Bauprojekten, ebenfalls auf Nachhaltigkeitsaspekte Rücksicht nehmen.

Zudem sind Immobilienfonds betroffen. Ein zentrales Element der Taxonomie ist eine Regelung, die Gebäude nur dann als nachhaltig wertet, wenn sie bei der Energieeffizienz zu den besten 15 Prozent des Bestandes auf nationaler oder regionaler Ebene zählen. Allerdings sind derzeit nur 1,3 % aller Mittel in Immobilienfonds nachhaltig investiert. Damit ist auch die laufende Ertüchtigung von Bestandsgebäuden mit entsprechenden Modernisierungsmaßnahmen erforderlich (SZ 2021). Auftraggeber werden vor diesem Hintergrund vermehrt auf Nachhaltigkeitskriterien der zu errichtenden und zu erhaltenden Bauwerke achten müssen, auch ausserhalb der großen Immobilienmärkte.

Zukünftig werden die, bereits für große Kapitalgesellschaft formulierten Berichtspflichten, auf kleine und mittlere Unternehmen erweitert, sodass neben den Anforderungen an das Finanzprodukt Immobilie auch Anforderungen an die finanzielle Berichterstattung der Unternehmen zunehmen. Die, im Zusammenhang mit der europäischen Corporate Sustainability Reporting Directive (CSRD) formulierten Anforderungen, sind zunächst auf finanz- bzw. kapitalmarktorientierte Unternehmen fokussiert, sodass besonders auch Bauträger in den Fokus geraten können. Bis 2024 werden sukzessive konkrete Berichtsstanards (European Sustainability Reporting Standards) branchenspezifisch und für kleine und mittlere Unternehmen in Kraft treten. Perspektivisch werden so auch Bauunternehmen über den Stand ihrer Nachhaltigkeitsaktivitäten berichten müssen.

Aktuell liegt das Augenmerk noch auf der, eher klimabezogenen Berichterstattung mit zum Teil unscharfen Anforderungen. Zukünftig werden die standardisierten Berichtsindikatoren zur Bewertung des Nachhaltigkeitsniveaus der Unternehmen eingesetzt, um daran regulatorische Maßnahmen knüpfen zu können.

Im klassischen Zielsystem der Unternehmen, das auch heute noch als wesentlich für den Mittelstand betrachtet werden kann, steht die Gewinnerzielungsabsicht im Mittelpunkt. Daher müssen Faktoren, die Nachhaltigkeit unterstützen, zumindest langfristig Gewinn ermöglichen. Insbesondere in mittelständischen Betrieben haben sich so genannte Best-Practice Ansätze durchgesetzt. So sehen UnternehmerInnen z. B. eine besondere Verantwortung ihren Arbeitnehmenden, als auch der Umwelt gegenüber. Vielen ist nicht bewusst, dass sie in diesen Bereichen bereits besonders aktiv sind, da sie Aspekte der Nachhaltigkeitsdiskussion als ihre unternehmerische Pflicht sehen. Dazu gehört auch das klassische Ziel der langfristigen Unternehmenssicherung.

Literatur

Baumast, Annett (Hrsg.): Betriebliches Umweltmanagement, in: Nachhaltiges Wirtschaften in Unternehmen, 4. Aufl., Ulmer, Stuttgart, 2009

Baumgartner, R. J.: Nachhaltigkeitsorientierte Unternehmensführung. Modell, Strategien und Managementinstrumente, München und Mering, 2010

Bettzieche, J: Wie nachhaltig sind Immobilienfonds? In: Süddeutsche Zeitung, Nr. 210, 11.09.2021

Bundesregierung (Hrsg.) (a): Globale Nachhaltigkeitsziele, Online unter: https://www.bundesregierung.de/breg-de/themen/nachhaltigkeitspolitik/nachhaltigkeitsziele-verstaendlich-erklaert-232174, zuletzt geprüft am 01.09.2021

Bundesregierung (Hrsg.) (b): Aktualisierung der Strategie beschlossen, Online unter: https://www.bundesregierung.de/breg-de/themen/nachhaltigkeitspolitik/aktualisierung-der-strategie-beschlossen-1546128, zuletzt geprüft am 01.09.2021

Bundesministerium für Umwelt, Naturschutz und Reaktorsicherheit (BMU) (Hrsg.): Megatrends der Nachhaltigkeit, 2008

Deutsche Bahn AG (Hrsg.): DB Verhaltenskodex für Geschäftspartner. Version 1.0. Hg. v. Deutsche Bahn AG. Online verfügbar unter https://www.deutschebahn.com/resource/blob/263330/cf3411affedc319233a8a6ee6d573391/geschaeftspartner-data.pdf, zuletzt geprüft am 16.03.2020.

Europäische Union (Hrsg.) (a): Europäischer Grüner Deal, Online unter: https://ec.europa.eu/info/strategy/priorities-2019-2024/european-green-deal_de, zuletzt geprüft am 03.09.2021

Europäische Union (Hrsg.) (b): Umsetzung des europäischen Grünen Deals, Online unter: https://ec.europa.eu/info/strategy/priorities-2019-2024/european-green-deal/delivering-european-green-deal_de#sanierung-von-gebuden-fr-einen-grneren-lebensstil, zuletzt geprüft am 03.09.2021

Freiberg, J.; Schubert, D.: EU-Taxonomie: Klassifizierungskriterien zur Nachhaltigkeit, online unter: https://www.haufe.de/finance/jahresabschluss-bilanzierung/eu-taxonomie_188_549830.html, 30.08.2021, zuletzt geprüft am 08.09.2021

Gesamtverband der Deutschen Versicherungswirtschaft e. V. (Hrsg.): Analyse zur Ertragsentwicklung nachhaltiger Investments, Berlin, 28.06.2018

Pufé, I.: Nachhaltigkeit, 3. Auflage, UVK Verlagsgesellschaft, Konstanz und München, 2017

Statistisches Bundesamt (Destatis) (Hrsg.): Nachhaltige Entwicklung in Deutschland – Indikatorenbericht 2021, online unter: https://www.destatis.de/DE/Themen/Gesellschaft-Umwelt/Nachhaltigkeitsindikatoren/Publikationen/Downloads-Nachhaltigkeit/indikatoren-0230001219004.pdf?__blob=publicationFile, zuletzt geprüft am 9.9.2021

Vereinigung der Bayerischen Wirtschaft e.V. (Hrsg.): EU-Zielverschärfung 2030 - Konsequenzen für die Wirtschaft, München, 2021

Vereinte Nationen (Hrsg.): Agenda 21. Konferenz der Vereinten Nationen für Umwelt und Entwicklung. Rio de Janeiro, 1992

Vereinte Nationen (Hrsg.): Report of the World Commission on Environment and Development, 1987

# Teil G
Nachhaltiges Wirtschaften im Bauunternehmen

Das Ministerium für Verkehr, Bau und Stadtentwicklung entwickelt seit vielen Jahren Merkmale, die Nachhaltigkeit von Bauwerken des Bundes bewerten. Aus diesen Kriterien wurde das deutsche Zertifizierungssystem der DGNB[1] weiter entwickelt. Es ist vergleichbar mit anderen Zertifizierungssystemen wie zum Beispiel Leadership in Energy & Environmental Design (LEED) aus den USA oder entsprechenden Systemen aus Frankreich oder England (BREEAM). Ziel aller dieser Systeme ist es zu bewerten, ob und in welchem Maße Bauwerke nachhaltig sind.

Es ist aber offensichtlich, dass aber nicht nur die Bauwerke selbst, sondern auch alle, die an der Finanzierung, Entwicklung, Planung, Erstellung und Nutzung von Bauwerken beteiligt sind, in eine ganzheitliche Betrachtung der Nachhaltigkeit einbezogen werden müssen. Dazu gehören auch die Bauunternehmen.

Wenige Betriebe der Branche beschäftigen sich bereits intensiv mit der Frage, wie nachhaltig ihr Unternehmen sein kann, und welche Indikatoren eine Rolle spielen. Dass sich Nachhaltigkeit im Bauunternehmen und wirtschaftlicher Erfolg dabei nicht wiedersprechen müssen, wird nicht nur an verschiedenen Beispielen aus der Praxis deutlich.[2] Die Zusammenhänge lassen sich belegen und Erkenntnisse für die Unternehmen ableiten, wie im Folgenden ersichtlich sein wird.

---

[1] Die Deutsche Gesellschaft für Nachhaltiges Bauen e. V. – kurz DGNB – wurde 2007 von 16 Initiatoren unterschiedlicher Fachrichtungen der Bau- und Immobilienwirtschaft gegründet. Ziel war es, nachhaltiges Bauen künftig noch stärker zu fördern.

[2] Zum Beispiel bei Wolff & Müller aus Stuttgart orientiert sich der Nachhaltigkeitsansatz an den Werten des Familienunternehmens, die auf Tradition, aber auch den aktuellen und zukünftigen Herausforderungen der Branche fußen. Dieses Prinzip brachte dem Unternehmen Ende 2014 einen Platz unter den drei nachhaltigsten Unternehmen mittlerer Größe in Deutschland ein. Stichworte wie Qualität, Kontinuität, Partnerschaftlichkeit, Verantwortung, Glaubwürdigkeit, Ressourcenschonung, Förderung und Innovation spielen dabei eine Rolle, wobei die Ansätze in Einklang mit dem notwendigen Erfolg und der Effektivität des Unternehmens gebracht werden.

Nachhaltigkeit im Zielsystem der Bauunternehmen

21

Wenn man zurückdenkt an die ideologisch geprägte Diskussion der 60er und 70er Jahre, dann standen sich häufig Vertreter der Wirtschaft und linke, ökologische Gruppierungen mit ihren Zielvorstellungen und Forderungen konträr gegenüber. Es schien, als würden sich keine gemeinsamen Schnittstellen oder Interessen finden lassen, ohne dass die jeweils andere Seite ihre Wertvorstellungen aufgeben müsste.

Heute zeigt sich, dass aus „Öko", „Bio" und „Nachhaltigkeit" neue Märkte entstehen können. Beispielsweise beträgt das Marktvolumen für Bio-Lebensmittel im Jahr 2020 fast 15 Mrd. €. 2014 waren es 7,9 Mrd. € (2014). Das entspricht einem Wachtum von fast 90 % innerhalb von sechs Jahren und knapp 11 % des gesamten Marktvolumens für Lebensmittel. Es hat sich offenbar ein Bewusstsein für das Thema Nachhaltigkeit (Ökologie) und damit ein Markt für biologische Lebensmittel entwickelt. Der offensichtliche Klimawandel trägt sein Übriges zur Entwicklung der Wahrnehmung bei.

Für nachhaltiges Bauen gilt ähnliches. Mit Gründung der Deutschen Gesellschaft für Nachhaltiges Bauen im Jahr 2007 wurde dem Nachhaltigkeitszertifikat eher ein Nischendasein vorausgesagt. Begründet wurde diese Prognose durch die hohen Kosten für das Zertifizierungsverfahren und die oft höheren Bauwerkskosten, sodass eine Zertifizierung nur als Marketingmaßnahme für Eigenbedarfsbauherren, nicht aber für Immobilieninvestoren interessant zu sein schien. Heute zeigt sich, dass die Zertifikate vor allem in den Zentren der Immobilieninvestments wie Hamburg, München, Frankfurt, Berlin, Stuttgart, Köln und Düsseldorf gefragt sind. Möglich wurde dies auch durch ein Marktphänomen im Zusammenhang mit der Finanzkrise. Als Merkmal für hochwertige und wertstabile Immobilien wurde das Nachhaltigkeitszertifikat zum wertbeeinflussenden Qualitätssiegel. Von rund 51 Mrd. €, die 2019 deutschlandweit in Immobilien angelegt wurden, entfielen 11,5 Mrd. € auf zertifizierte Green Buildings (22,5 %). 2014 waren es nur 18,7[1].

Die Beispiele zeigen, dass auf Basis von Nachhaltigkeitsüberlegungen, neue Märkte entstehen können. Daher sollten sich die Unternehmen auch vermehrt mit Nachhaltigkeitsmarketing befassen (siehe Kap. 25).

Das der Nachhaltigkeitsbegriff zunächst einem weniger an ökologischen, als um so mehr an ökonomischen Zielen ausgerichteten Verständnis folgte, zeigt der Ursprung der Nachhaltigkeitsüberlegungen. Sie entstammen anfangs der Jagd und wurden durch die Forstwirtschaft fortgeführt (Behringer und Meyer 2011, S. 17). Der sächsische Oberberghauptmann von Carlowitz erwähnte den Begriff der Nachhaltigkeit 1713 zum ersten Mal (Grunwald und Kopfmüller 2012, S. 18), als durch zunehmende Landwirtschaft und die Berg- und Hüttenwerke ein erhöhter Holzbedarf festgestellt wurde. In seinem Beitrag „Sylvicultura Oeconomica" merkte er an, dass der Natur stets nur so viel Holz entnommen werden dürfe, wie im selben Zeitraum auch wieder nachwachsen kann. Damit sollte auf Dauer der maximale Ertrag der Wälder gewährleitet werden, um so „zu nothdürfftiger Versorgung des Hauß-Bau-Brau-Berg- und Schmeltz-Wesens" (von Carlowitz 1713) beizutragen. Dieser Grundsatz ist bis heute noch der Kern der Nachhaltigkeitsdiskussion.

Im Nachhaltigkeitsverständnis als Dreiklang aus ökonomischen, ökologischen und soziokulturellen Aspekten bedingen sich alle Elemente gegenseitig. Zum Teil wirken sie auch konträr. Ziel ist es, ein ausgewogenes Verhältnis aller Bereiche zueinander herzustellen. Diese Vision deckt sich an vielen Stellen mit unternehmerischen Zielsetzungen, vor allem in familiengeführten, mittelständsichen Unternehmen. Sie deckt sich zudem mit den etablierten Nachhaltigkeits-Messsystemen, z. B. im Rahmen der Zertifizierung. Typisch dabei ist, dass nicht alle Nachhaltigkeitsziele, seien sie ökologisch, sozial oder ökonomisch vollumfänglich erreicht werden können, ohne die Zielerreichung in den jeweils anderen Bereichen zu beeinträchtigen. Erfolgreich sind letztlich Betriebe, die nicht nur ökologische, ökonomische oder soziale Kriterien in den Vordergrund rücken.

Heinen hebt bereits 1968 in seinem Zielsystem der Unternehmung neben der Gewinnerzielungsabsicht, die Unternehmenssicherung als Nebenziel der Unternehmung hervor (Heinen 1980). Auch heute zeigt sich, dass diese klassische Zielvorstellung in den mittelständischen Unternehmen immer noch den Kern des Zielsystems ausmacht. Insbesondere bei kleinen und mittleren, familiengeführten Unternehmen stellt der Betrieb den emotionalen Lebensmittelpunkt und Altersvorsorge dar, sodass die Unternehmenssicherung eine zentrale Rolle einnimmt. Hinzu kommt der persönliche Bezug zu den Mitarbeitenden, für die ein besonderes Verantwortungsgefühlt besteht. Daher hat die Unternehmenssicherung in Krisenzeiten häufig Vorrang vor der Gewinnmaximierung.

---

[1] https://de.statista.com/statistik/daten/studie/4109/umfrage/bio-lebensmittel-umsatz-zeitreihe, Abruf: 21.05.2021.

Da viele der mittelständischen Unternehmen inhabergeführt sind, spielt die individuelle Lebensplanung der Geschäftsführung auch im Unternehmen eine Rolle. Will der Eigentümer seinen Betrieb auch zur Altersversorgung nutzen, so ist eine Wertsteigerung notwendig (Behringer und Meyer 2011, S. 22).

Ergänzend dazu sind im Unternehmensbereich Begriffe wie „der ehrbare Kaufmann" oder die sogenannten „Unternehmertugenden" bekannt, die wesentliche Aspekte des Nachhaltigkeitsgedanken umfassen. Damit verbunden sind Stichworte wie Beständigkeit, Ehrenhaftigkeit, Rechtschaffenheit, Fairness, Glaubwürdigkeit, Offenheit, Initiative, Kreativität, Einheitssinn, Verbundenheit, Mäßigung, Qualitätsbewusstsein, Respekt, Wertschätzung, Selbstreflexion, Lernbereitschaft, Verantwortungsbewusstsein etc. Diese Ansätze gehen bis auf die Tugendlehre nach Platon zurück (Dreier 2014). Sie finden sich auch in modernen Definitionen zur Zielsetzung von Unternehmen, bei denen die Berücksichtigung von Interessen aller möglichen Stakeholder integriert wird, wieder (Wöhe und Döring 2020, S. 64 ff.).

Nach Meyer (Behringer und Meyer 2011, S. 22) zählen insofern auch „Langfristigkeit, Wertsteigerung, Überleben, Kundenzufriedenheit, […] Umweltschutz und Nachhaltigkeit […]" (Behringer und Meyer 2011, S. 22) zu den Zielen der Unternehmen.

Das primäre Ziel eines Unternehmens ist es dennoch Gewinne zu erzielen. Zur Realisierung der Gewinne sind jede Art von Ressourcen notwendig. Dies stellt insoweit ein Problem dar, dass diese Ressourcen begrenzt sind. Dabei steht das Unternehmen in direkter Konkurrenz zu anderen Unternehmen. Ein effizienter Ressourcenverbrauch kann also einen Wettbewerbsvorteil bedeuten. Aktuell stellen insbesondere die verfügbaren Mitarbeiter eine begrenzte Ressource dar. Der grassierende Fachkräftemangel stellt die Unternehmen vor neue, bisher unbekannte Herausforderungen. Heute reicht es nicht mehr aus, qualifizierte Mitarbeiter alleine durch höhere Gehälter in die Unternehmen zu locken, zumal dies auch die Wettbewerbsfähigkeit einschränken kann.

Bereits der Bericht des Club of Rome hat gezeigt, dass Ressourcen nur begrenzt vorhanden sind (Meadows und Meadows 2011). Gleichzeitig wurde aber auch klar, dass die Berechnungen zukünftige technische wie auch politische Entwicklungen nicht berücksichtig haben (Jackson 2011). Und es wurde Wachstum für dauerhaft wirtschaftlichen Erfolg und Wohlstand vorausgesetzt. Volkswirtschaftlich wurden dabei sehr einfache Kennwerte wie das BIP (Bruttoinlandprodukt) genutzt, um Wachstum zu messen. Bereits 2009 warf Jackson die Frage auf, wie Wohlstand ohne Wachstum möglich ist (Jackson 2011). Dabei definierte er Wohlstand nicht mehr allein durch Geld sondern generell durch die Befriedigung von Bedürfnissen. So könnte eine Gesellschaft daran gemessen werden wie sie ihre Mitglieder versorgt (Hunger, Wohnung, Kleidung), aber auch wie sich ihre Mitglieder entwickeln können (Bildung, Teilhabe am gesellschaftlichen Leben). Dabei sind Maxime wie der Zweitwagen und das Ferienhaus überholt. Es geht nunmehr um das Wohlergehen aller.

Daraus resultiert die Frage, wie Unternehmen sich auf ähnliche Art entwickeln können. So wäre es Beispielsweise möglich, dass nicht nur Gehaltserhöhungen zum Wohlstand der Mitarbeiter beitragen, sondern auch ein besonderes Arbeitsumfeld. Dies ist in einer Branche wie der Baubranche wesentlich schwieriger, als es in der stationären Industrie der Fall ist. Denkbar wäre es aber dennoch, dass die Arbeitszeiten flexibler gestaltet werden. Dabei ist zu berücksichtigen, dass die Mitarbeiter in der Regel in Kolonnen beschäftigt sind und auch zum Teil im privaten Bereich des Kunden agieren. Hier sind besonderes Gespür und eine professionelle Organisation gefragt. Viele Betriebe haben angesichts des Fachkräftemangels bereits begonnen, entsprechende Maßnahmen umzusetzen.

Weiterhin kann der Lebensstandard der Mitarbeiter durch Gesundheits- und Präventionsprogramme verbessert werden. So wird zum einen die Gesundheit der Mitarbeiter erhalten, zum anderen stehen sie dem Unternehmen unter Umständen auch länger zur Verfügung.

Auch die Investition in hochwertige Bekleidung im Design der Firma dürfte sich bezahlt machen. Zum einen sind die Mitarbeit durch den Kunden als eben solche direkt wahrzunehmen, zum anderen fühlen sich die Mitarbeitet wertgeschätzt. Ein gepflegtes und einheitliches Auftreten der Mitarbeiter ist so gewährleistet. Durch die Arbeitskleidung werden zugleich kleinere Verletzungen vermieden. Viele weitere Aspekte sind denkbar und werden bereits, zum Teil betriebsindividuell, umgestzt.

Ausgeprägte soziale Aspekte haben auch in jüngerer Vergangenheit eine Rolle gespielt. Das zeigen beispielsweise Maßnahmen der großen Industriebetriebe (Stahl- und Kohle) im Ruhrgebiet. So wurden ganze Stadtteile mit günstigem Wohnraum, Bibliotheken, Krankenhäusern, Kindergärten etc. geschaffen. Mit diesen Entwicklungen trug man der Erkenntnis Rechnung, dass die Mitarbeiter einen wesentlichen Erfolgsfaktor des Unternehmens darstellen und sich Produktivität durch einen schonenden Umgang mit der Ressource Arbeitskraft herstellen lässt. Es liegt auf der Hand, dass sich z. B. mit Hilfe von Mitarbeiterbindung Verluste durch wiederholte Einarbeitung oder Schulung vermeiden lassen und Prozesse eingespielt ablaufen können. Durch Gesundheitsvorsorge und Motivation werden Krankenstand und Ausfallzeiten reduziert und so die Produktivität erhöht. Angesichts des Fachkräftemangels sind diese Zusammenhänge heute aktueller denn je. Der Amerikaner Alex Edmans hat eine Zeitreihe von 28 Jahren ausgewertet und dabei Börsendaten und Faktoren der Mitarbeiterzufriedenheit gegenübergestellt. Dabei ergab sich, dass Unternehmen mit zufriedenen Mitarbeitern in der Regel wirtschaftlich erfolgreicher sind (Edmans 2016).

Nicht zuletzt wirken sich auch Energieeffizienzmaßnahmen positiv auf den Erfolg aus sofern sie unter betriebswirtschaftlichen Gesichtspunkten getroffen werden. So rechnen sich z. B. Investitionen, wenn sich die Energiekosten senken lassen.

Die Stakeholder Theorie erklärt viele Vorteile für nachhaltige Unternehmen, da kein Unternehmen ohne Beziehungen zu andern bestehen kann. Durch eine Stärkung der Stakeholder Verbindungen (soziale Säule) wird auch der ökonomische Aspekt der Nachhaltigkeit gestärkt und damit das Fortbestehen des Unternehmens gesichert. In Deutschland sind die Unternehmen sehr direkt ihren Stakeholdern ausgesetzt, zumal die deutsche

Wirtschaft, und insbesondere die Bauwirtschaft, stark durch kleine und mittlewere Unternehmen geprägt ist, die häufig regional tätig sind. Zudem bedingt die instationäre Fertigung von Bauwerken an der Schnittstelle zwischen Sach- und Dienstleistung den direkten Kontakt mit allen Stakeholdern.

Literatur

Behringer, Stefan; Meyer, Katrin: Motivation zu nachhaltigem Handeln in kleinen und mittleren Unternehmen und deren Einfluss auf den langfristigen Unternehmenserfolg, in: Jörn-Axel Meyer (Hrsg.): Nachhaltigkeit in kleinen und mittleren Unternehmen, Lohmar, Eul, 2011

von Carlowitz, H. C.: Sylvicultura Oeconomica, 1713.

Dreier, S.: Unternehmertugenden und Nachhaltigkeit im Bauunternehmen, Bachelorthesis, Hochschule Osnabrück, 2014.

Edmans, A.: 28 Years of Stock Market Data Shows a Link Between Employee Satisfaction and Long-Term Value, Harvard Business Review, 24.3.2016, Online unter: https://hbr.org/2016/03/28-years-of-stock-market-data-shows-a-link-between-employee-satisfaction-and-long-term-value, zuletzt geprüft am 7.9.2021

Grunwald, Armin; Kopfmüller, Jürgen: Nachhaltigkeit, 2. Aufl., Campus, Frankfurt am Main, 2012.

Heinen, H.: Einführung in die Betriebswirtschaftslehre, 7. Auflage, Gabler Verlag, Wiesbaden 1980.

Jackson, Tim: Wohlstand ohne Wachstum, Oekom, München, 2011.

Meadows, Dennis L.; Meadows, Donella H.: Die Grenzen des Wachstums, Bericht des Club of Rome zur Lage der Menschheit, Deutsche Verlags-Anstalt, Stuttgart, 2011.

Wöhe, G.; Döring, U.; Brösel, G.: Einführung in die Allgemeine Betriebswirtschaftslehre, 27. Aufl., Vahlen Verlag, München, 2020.

22 Betriebswirtschaftliche Rahmenparameter und Nachhaltigkeit

Wirtschaftet ein Unternehmen nachhaltig, so richtet es sich in der Regel auch längerfristig aus. Damit werden kleinere, wirtschaftliche „Durststrecken" gut überwunden. In der Regel haben auch die Mitarbeitenden Verständnis für außergewöhnliche Situationen und sind bereit zu verzichten oder sich mit dem Unternehmen zu verändern, um so den eigenen Arbeitsplatz und das Unternehmen zu sichern. Werden Veränderungsprozesse durch das gesamte Unternehmen aufgenommen, so kann auch das Innovationspotential aktiviert werden. Hier spielt die Unternehmenskultur eine Rolle, um Mitarbeiter zu motivieren, auch selber an der Gestaltung des Unternehmens mitzuwirken. Nachhaltiges Wirtschaften im Unternehmen dient nach diesen Überlegungen dem langfristigen Werterhalt und kontinuierlichen Erträgen. Konjunkturelle Schwankungen werden so aufgefangen und vergleichmäßigt.

Der Gedankengang lässt sich auch anhand der Herkunft des Begriffs der Nachhaltigkeit im Zusammenhang mit der historischen Forstordnung „Sylvicultura Oeconomica" (1713) von Hans Carl von Carlowitz nachvollziehen.

„Nachhaltigkeit", das zeigen seine Ausführungen, geht von ökonomischen Überlegungen aus, die soziale und ökologische Aspekte einschließen. Carlowitz ging es seinerzeit darum, dem „Bau-, Brau-, Berg- und Schmelzwesen" eine „immerwährende" Rohstoffzufuhr zu gewährleisten. Dazu war eine professionelle Forstwirtschaft notwendig, die eine dauerhafte Verfügbarkeit des Rohstoffs Holz sicherstellen konnte (Grunwald und Kopfmüller 2012, S. 18).

Nach den Überlegungen von Carl von Carlowitz ist der dauerhafte, also nachhaltige Bestand der Wirtschaft nur dann möglich, wenn die nötigen Ressourcen so genutzt werden, dass sie sich regenerieren können. Dauerhaftigkeit führt damit zum Erhalt der Wirtschaft und gesellschaftlichem Wohlstand.

Folgt man diesem Ansatz, so lässt sich zeigen, dass Nachhaltigkeit den Wert von Unternehmen nicht nur erhalten, sondern erhöhen kann. Neben der Substanz (Vermögen) wird dieser durch den Ertrag bestimmt. Bei der Unternehmensbewertung ist das Ertragswertverfahren am weitesten in Deutschland verbreitet (Wiehle und Diegelmann 2010, S. 34 ff.).

$$\text{Ertragswert} = \sum_{t=1}^{n} \frac{\text{Jahresüberschuss}_t}{(1 + \text{Verzinsung})^t} + \frac{\text{Restwert}_n}{(1 + \text{Verzinsung})^n}$$

mit n = Laufzeit

Der Ertragswertformel zur Folge, steigt der Unternehmenswert, je dauerhafter (nachhaltiger) Überschüsse erwirtschaftet werden. Ein ökonomisch nachhaltiges Geschäftsmodell generiert insofern einen Unternehmenswert, den ein kurzfristig angelegtes Geschäftsmodell mit gleichem Überschuss nicht erwirtschaften kann. Die Abb. 22.1 zeigt, dass ein kurzfristiges Geschäftsmodell eine vierfach höhere Umsatzrendite zur Erzielung des gleichen Unternehmenswerts erfordert, als ein Unternehmen, das lange am Markt aktiv ist und eine durchschnittliche Umsatzrendite erwirtschaftet.

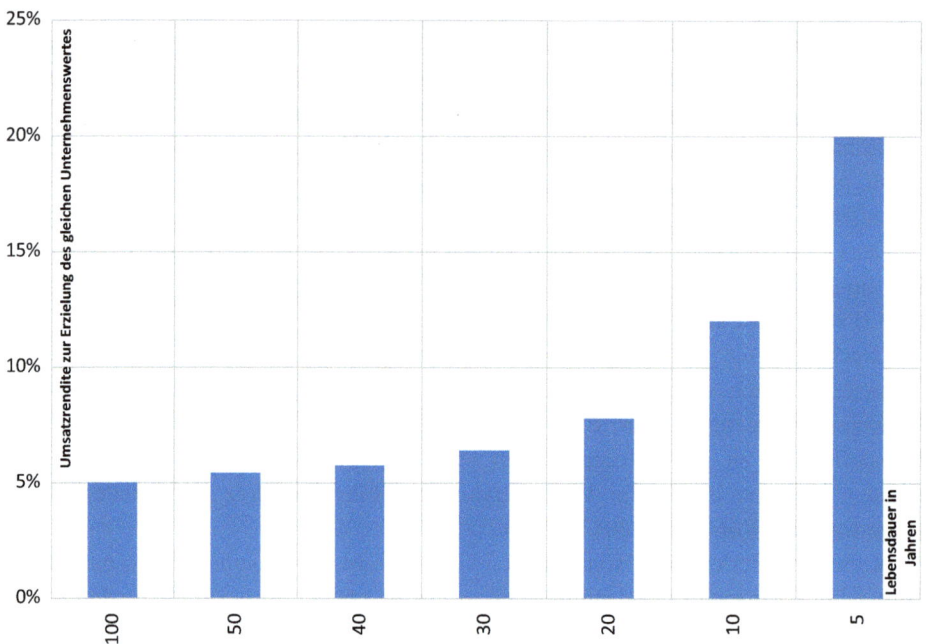

Abb. 22.1 Erforderliche Umsatzrendite zur Erzielung des selben Ertragswertes in Abhängigkeit von der Dauerhaftigkeit des Geschäfts (Berechnungsgrundlage: interner Zinsfuß = 5 %, Restwert = 0)

Unternehmen, die über Generationen Bestand haben und Wert auf Kontinuität und Langlebigkeit legen, haben also das Potential, einen hohen Unternehmenswert zu erreichen. Viele, häufig familiengeführte Unternehmen der Branche, leben diese Wertvorstellung vor.

Natürlich beschränken sich die Überlegungen zur Nachhaltigkeit nicht allein auf ökonomische Aspekte. Unmittelbar mit ihr verbunden ist der Begriff der Ressource, die nicht nur, wie im historischen Verständnis der Forstordnung von Carl von Carlowitz, die ökologische Komponente Wald einschließt, sondern jegliche Art von Einsatzmittel (Ressourcen).

Nachhaltiges Wirtschaften muss allerdings nicht direkt zu einer Verbesserung der wirtschaftlichen Lage des Unternehmens führen. Insbesondere dann nicht, wenn die Nachhaltigkeit aufgezwungen wird. Denn nur wenn aus Überzeugung der Unternehmensführung und der Mitarbeiter wirtschaftlich nachhaltig gelebt wird, wird dies die Reputation verbessern, das Unternehmen wird talentierte Mitarbeiter anlocken, sowie sich im Wettbewerb besser differenzieren können (Behringer und Meyer 2011, S. 26).

Auch ein Vergleich von verschiedenen Studien hat gezeigt, dass sich Nachhaltigkeit nicht generell positiv auf den Erfolg der Unternehmen auswirken muss. Nach Promberger und Spiess existieren Studien die zeigen, dass sich nachhaltiges Wirtschaften positiv auf den Unternehmenserfolg auswirkt, aber auch solche, die negative oder neutrale Auswirkungen aufzeigen (Promberg und Spiess 2006). Gut erforscht ist der Zusammenhang von wirtschaftlichem Erfolg und Nachhaltigkeit im Finanzsektor. Bei Aktieninvestments konnte ein positiver Zusammenhang mit der Ertragsentwicklung bei „richtiger" Portfoliostrategie belegt werden, wobei sich ein positiver Einfluss von ESG-Kriterien (Environmental Social Governance) auf das Risikomanagement bzw. extreme Verluste nachweisen ließ (GDV 2018). Damit zeigt sich, dass die Berücksichtigung ökologischer und sozialer Kriterien nicht per se zu mehr Erfolg führen. Einerseits ist die ökonomische Komponente und die Berücksichtigung klassischer Erfolgsfaktoren notwendig. Andererseits zeigt sich anhand der gesellschaftlichen Veränderungen, den damit verbundenen, gesetzlichen Vorschriften sowie den, sich zunehmend verschärfenden Umweltbedingungen (z. B. Extremwetterereignisse), dass Unternehmen, die sich nicht nachhaltig ausrichten, zukünftig in Schwierigkeiten geraten werden.

Praxisbeispiele zeigen, dass Nachhaltigkeit immer auch im Zusammenhang mit den Erfolgspotenzialen des Unternehmens gesehen werden muss. Beispiele dafür sind Energieeffizienz und optimaler Einsatz aller weiteren Ressourcen, Prozessoptimierung, Recycling, Mitarbeiterförderung und Motivation sowie Innovationen. Offenbar besteht also ein Zusammenhang zwischen unternehmerischem Erfolg und Nachhaltigkeitsaspekten, sofern sie sich in einem ausgewogenen Verhältnis befinden.

Im Rahmen einer nicht-repräsentativen Studie an der Hochschule Osnabrück wurden aus einer Vielzahl an möglichen Nachhaltigkeitskriterien, wesentliche Einflussfaktoren ermittelt, die den Erfolg von Bauunternehmen betreffen. Ausgangspunkt waren 50 möglichen Unternehmenskennzahlen aus den Bereichen Ökonomie (Umsatz, Gewinn, Eigenkapital, etc.), Soziales (Fluktuation, Krankenstand, Bildungsniveau, usw.) und Umwelt (Energieverbrauch, Abfallaufkommen, etc.).

Das Ergebnis zeigt, dass folgende Nachhaltigkeitsbereiche mit einer, im Durchschnitt höheren Umsatzrendite und Eigenkapitalquote (Tief- und Landschaftsbau) in Verbindung stehen (Erhard 2014):

Soziale Kriterien:

- Reduzierung des Krankenstands (= Erhöhung der Produktivität)
- Lange Betriebszugehörigkeit bzw. geringe Fluktuation (= Kontinuität und Routine, Betriebsklima, Motivation)
- Ausbildung und ausgewogene Altersstruktur der Mitarbeitenden (= Qualifikation, Erhalt der Arbeitsfähigkeit, Nutzung von Erfahrung und neuen Impulsen)

Ökologische Kriterien:

- hohe Energieeffizienz beim Maschineneinsatz (= Kostensenkung)

Wie die Ausführungen zeigen, schließen sich Gewinnorientierung und Nachhaltigkeit in der Bauwirtschaft nicht aus. Im besten Fall begünstigt die Berücksichtigung von Nachhaltigkeitsaspekten sogar den Erfolg. Zumindest aber trägt sie zum Werterhalt und Fortbestand des Unternehmens und zur Risikoreduktion bei. Entsprechende Ansätze sollten in das Nachhaltigkeitsmanagement, -controlling und -marketing übernommen werden.

Literatur

Behringer, Stefan; Meyer, Katrin: Motivation zu nachhaltigem Handeln in kleinen und mittleren Unternehmen und deren Einfluss auf den langfristigen Unternehmenserfolg, in: Jörn-Axel Meyer (Hrsg.): Nachhaltigkeit in kleinen und mittleren Unternehmen, Lohmar, Eul, 2011.

Erhard, S.: Nachhaltigkeit im Bauunternehmen – eine Kennzahlenanalyse, Hochschule Osnabrück, Osnabrück, 2014.

Gesamtverband der Deutschen Versicherungswirtschaft e. V. (Hrsg.): Analyse zur Ertragsentwicklung nachhaltiger Investments, Berlin, 28.06.2018.

Grunwald, Armin; Kopfmüller, Jürgen: Nachhaltigkeit. Eine Einführung, 2. Aufl., Campus-Verlag, Frankfurt am Main, 2012.

Promberg, Kurt; Spiess, Hildegard: Der Einfluss von Corporate Social (and Ecological) Responsibility auf den Unternehmenserfolg, WORKING PAPER 26/2006, http://www.verwaltungsmanagement.at/602/uploads/csr_unternehmenserfolg_working_paper.pdf, Abruf 16.04.2016.

Wiehle, U.; Diegelmann, M. u. a.: Unternehmensbewertung, 4. Auflage, cometis, Wiesbaden, 2010.

Nachhaltigkeitsmanagement 23

„Unternehmen spielen für den Umsetzungsprozess einer nachhaltigen Entwicklung eine Schlüsselrolle, wie es in Kap. 30 der Agenda 21 hervorgehoben ist" (Kanning 2013, S. 41). Dort heißt es: „Die Privatwirtschaft einschließlich transnationaler Unternehmen spielt eine zentrale Rolle in der sozialen und wirtschaftlichen Entwicklung eines Landes. Stabile politische Rahmenbedingungen geben der Privatwirtschaft Möglichkeiten und Anstöße zu einem verantwortungsbewussten und effizienten Handeln und zur Verfolgung längerfristig ausgerichteter Strategien. Höherer Wohlstand, ein vorrangiges Ziel des Entwicklungsprozesses, entsteht vor allem durch die wirtschaftlichen Aktivitäten der Privatwirtschaft. […] Die Verbesserung der Produktionssysteme durch Technologien und Verfahren, welche die Ressourcen effizienter nutzen und gleichzeitig weniger Abfall erzeugen – also mit weniger mehr erreichen – ist ein wichtiger Schritt in Richtung Nachhaltigkeit in der Privatwirtschaft. Gleichzeitig müssen Erfindungsgeist, Wettbewerbsfähigkeit und freiwillige Initiativen angeregt und gefördert werden, damit vielfältigere, effizientere und wirksamere Alternativen entwickelt werden können" (Vereinte Nationen 1992, S. 296).

Die Ausführungen zeigen, dass einerseits zwar politische Rahmenbedingungen geschaffen werden müssen, um Nachhaltigkeit im Unternehmensumfeld zu ermöglichen, andererseits die Unternehmen selbst tätig werden sollen, um Nachhaltigkeitsaspekte im Unternehmen zu integrieren. Im Folgenden werden die Grundlagen des Nachhaltigkeitsmanagements in Unternehmen fokussiert, wobei die grundsätzlichen Beweggründe für die Einführung thematisiert und bereits vorhandene Standards und Zertifikate beschrieben werden. Eine Reihe an Managementkonzepten, die im Wesentlichen dem Qualitäts- und Sicherheitsmanagement entstammen, sind bereits in der Praxis etabliert. Abschließend werden die Weiterentwicklungsmöglichkeiten zu einem integrierten Nachhaltigkeitsmanagementsystem erörtert.

23.1 Ethische Grundlagen des Nachhaltigkeitsmanagements

Aus den Kap. 21 und 22 geht bereits hervor, dass Nachhaltigkeit und das Zielsystem der Unternehmen nicht im Widerspruch zueinander stehen. Neben der wirtschaftlichen Betrachtung aus dem Blickwinkel des klassischen Zielsystems der Unternehmung spielen aber auch ethische Aspekte und die Frage nach der Verantwortung von Unternehmen eine Rolle. Diese Betrachtungsweise spiegelt sich durchaus in den modernen Zielvorstellungen der Unternehmen und der Betriebswirtschaftslehre wieder, in denen das Zielsystem des Unternehmens alle möglichen Anspruchsgruppen (Stakeholder Ansatz) berücksichtigen muss, siehe Kap. 21.

Die Erreichung einer nachhaltigen Entwicklung ist zunächst eine übergeordnete, gesellschaftliche Aufgabe, die die Generationengerechtigkeit und die Gerechtigkeit innerhalb der bestehenden Generation ins Auge fasst. Viele Akteure und Aspekte spielen dabei eine Rolle, wovon die Unternehmen aufgrund der Nutzung von Ressourcen inklusive der damit verbundenen Emissionen und Abfälle, der Bereitstellung von Gütern und Dienstleistungen, ihrer Investitionstätigkeit sowie im Rahmen der Schaffung von Einkommen für die Bevölkerung eine gewichtige Position einnehmen.

Vor diesem Hintergrund kommt den Unternehmen auch eine besondere Verantwortung für die Erreichung einer nachhaltigen Entwicklung zu. „Jedoch gibt kein Naturgesetz quasi automatisch eine nachhaltige Entwicklung vor. Es handelt sich vielmehr um eine anthropozentrische (d. h. auf den Menschen zentrierte), normativ-ethische Entscheidung, das Ziel der Nachhaltigkeit zu verfolgen" (Hahn 2013, S. 47 f.).

Begründen lässt sie sich anhand zahlreicher Quellen aus dem religiösen und philosophischen Bereich, die sich treffend mit Hilfe des Kategorischen Imperativ nach Kant zusammenfassen lassen. „Handle jederzeit nach derjenigen Maxime, deren Allgemeinheit als Gesetzes du zugleich wollen kannst, dieses ist die einzige Bedingung, unter der ein Willen niemals mit sich selbst im Widerstreite sein kann, […]" (Kant 2004, S. 52). Diese Grundüberlegung findet sich auch in der allgemeinen Erklärung der Menschenrechte der vereinten Nationen wieder. Sie kann als konkrete Ausformulierung solch ethischer Grundpositionen angesehen werden und baut ihrerseits auf einer Reihe ethischer Grundlagenwerke auf. Auch wenn sie nicht verbindlich in das Völkerrecht eingebunden ist, so kann sie doch als Völkergewohnheitsrecht, und als allgemein anerkannter Wunsch nach einer nachhaltigen Entwicklung verstanden werden (vgl. Hahn 2013, S. 50 in Verbindung mit Klein 1997 und von der Wense 1999). Vor diesem grundsätzlichen, gesellschaftlich-ethischen Hintergrund sind alle Staaten aufgefordert, eine korrespondierende Gesetzgebung und den Rahmen zu schaffen, nach dem alle Teile der Gesellschaft das übergeordnete Ziel erreichen können. Dazu gehört die Zivilbevölkerung genauso wie Politik und Unternehmen. Da die marktwirtschaftliche Wirtschaftsordnung auf dezentraler Planung und Lenkung der wirtschaftlichen Prozesse und die Koordinierung über Märkte basiert, geht ein wesentlicher Teil der gesellschaftlichen Verantwortung auf die Marktteilnehmer, also auch die Unternehmen über (Liberalismus). Der Staat kann und soll lediglich im Hinblick auf die Setzung der Rahmenbedingungen, innerhalb derer die wettbewerbliche Koordination erfolgt, sowie durch die Bereitstellung öffentlicher Güter Einfluss nehmen.

Die Übernahme dieser Verantwortung kann sowohl durch die handelnden Personen im Unternehmen, als auch durch das Unternehmen in Form kollektiver Verantwortung, die aus dem Zielsystem, unternehmerischen Werten (Unternehmenskultur) und den vorhandenen Verfügungsrechten (Gesellschaftsrecht) resultiert, erfolgen. Dabei lässt sich die aktive und passive Übernahme von Verantwortung unterscheiden. Durch das geltende Recht und Verordnungen existiert einerseits eine Verpflichtung bestimmten Regelungen im Sinne der Nachhaltigkeit nachzukommen, z. B. Gesundheitsschutz, Energieeinsparungsverordnung, Tarifrecht, etc. Auf der anderen Seite ist es den Unternehmen aber auch möglich aktiv zu werden und über die gesetzlichen Regelungen hinaus Verantwortung wahrzunehmen (vgl. Hahn 2013, S. 52 ff.). Dies führt zu zwei Ebenen, in denen Unternehmen Verantwortung übernehmen können:

Einerseits als Teil der Gesellschaft, indem übergeordnete Aspekte einer nachhaltigen Entwicklung unterstützt werden (Corporate Citizenship), die nicht direkt mit dem Geschäft der Unternehmen verbunden sein müssen. Oft werden solche Aktivitäten in den Corporate Social Responsibility Reports der Unternehmen publiziert. Andererseits können Unternehmen eine nachhaltige Entwicklung im Hinblick auf ihr Kerngeschäft fördern und Nachhaltigkeitsaspekte bei der Beschaffung, Produktion und dem Absatz sowie der Finanzierung berücksichtigen.

Im Zusammenhang mit dem Corporate Citizenship nimmt das Unternehmen quasi bürgerschaftliche Rechte im sozialen, zivilrechtlichen und politischen Bereich wahr. Dabei kann es sich aktiv einbringen und Entwicklungen fördern bzw. blockieren, oder sich passiv verhalten. Je nach dem, welches Gewicht (als regionaler Arbeitgeber, Gewerbesteuerzahler etc.) und welche Verbreitung im nationalen oder internationalen Kontext vorliegen, kann das Unternehmen einen mehr oder minder großen Einfluss auf Entwicklungen nehmen. Besonders im Zusammenhang mit der Globalisierung werden die Auswirkungen des Corporate Citizenship multinationaler Unternehmen kontrovers diskutiert (vgl. Hahn 2013, 124 ff.).

Als Herausforderung kann hierbei angesehen werden, dass Rahmenbedingungen so gesetzt werden, dass sie das Zielsystem der Unternehmen unterstützen und so eine nachhaltige Entwicklung zum Automatismus wird. Unternehmen können diese Rahmenbedingungen nur zum Teil selbst schaffen, da sie auf andere Akteure angewiesen sind (z. B. Gesetzgebung, Lieferanten und Kunden). Im Rahmen der Normengebung und Lobbyarbeit können sie jedoch mitwirken oder das Marketing im Sinne von Nachhaltigkeitsüberlegungen gestalten.

23.2 Bereits etablierte Standards und Zertifikate

Unternehmen können nachhaltige Entwicklung im Hinblick auf ihr Kerngeschäft fördern und Nachhaltigkeitsaspekte bei der Beschaffung, Produktion und dem Absatz sowie der Finanzierung berücksichtigen. Dazu können bereits etablierte Managementsysteme genutzt werden, die Teilbereiche des Nachhaltigkeitsspektrums aus Ökonomie, Ökologie und soziokulturellen Faktoren abdecken.

23.2.1 Qualitätsmanagement nach DIN ISO 9000

Mit dem Qualitätsmanagement soll die Zielsetzung „optimale Erfüllung der Kundenbedürfnisse" verwirklicht werden. Es umfasst gemäß DIN EN ISO 9000 „alle Tätigkeiten des Gesamtmanagements, die im Rahmen des Qualitätsmanagementsystems die Qualitätspolitik, die Ziele und Verantwortung festlegen sowie diese durch Mittel wie Qualitätsplanung, Qualitätslenkung, Qualitätssicherung/Qualitätsmanagement-Darlegung und Qualitätsverbesserung verwirklichen."

Die in DIN EN ISO 9000 beschriebenen Grundsätzen des Qualitätsmanagements sind:

- Kundenorientierung,
- Führung,
- Einbeziehung von Personen,
- prozessorientierter Ansatz,
- Verbesserung,
- faktengestützte Entscheidungsfindung,
- Beziehungsmanagement.

Damit sind die Ziele des Qualitätsmanagements sehr weit auslegbar, sodass es grundsätzlich geeignet ist, alle möglichen Standards, auch im Sinne der Nachhaltigkeit aufzunehmen. Vereinfachend beschreibt das Qualitätsmanagement (QM) die Summe aller Tätigkeiten, die notwendig sind, Qualität zu erzielen. Der grundlegende Gedanke von Qualitätsmanagement ist zunächst die Erstellung bzw. Erbringung von qualitativ hochwertigen Produkten bzw. Dienstleistungen zur optimalen Erfüllung der Kundenbedürfnisse. Dabei zielt das QM nicht nur auf die Endkontrolle des fertigen Produktes ab. Es bezieht vor allem auch den Produktionsprozess in die Qualitätskontrolle ein.

Das Qualitätsmanagement wird in den Unternehmen durch das Qualitätsmanagementsystem (QMS) verwirklicht. Hier werden Organisationsstrukturen, Zuständigkeiten, Verfahren und die erforderlichen Mittel festgelegt. DIN EN ISO 9000 bildet daher die Grundlage für die internationale Norm DIN EN ISO 9001 über „Qualitätsmanagementsysteme – Anforderungen".

Dokumentiert wird das QMS

- im Qualitätsmanagement-Handbuch,
- mit Verfahrensanweisungen und
- mit Arbeits- und Prüfungsanweisungen in Form von Checklisten, Formblättern etc.

„Verfahrensanweisungen sind das Bindeglied zwischen dem QM-Handbuch und den Arbeitsanweisungen. Sie regeln wesentliche auftragsunabhängige Abläufe im Unternehmen und verweisen für die Ausführung der eigentlichen Tätigkeiten auf entsprechende Arbeitsanweisungen. Die Formulierung von Verfahrensanweisungen kann sich einerseits an Abläufen orientieren, andererseits jedoch ebenso an Stoff- bzw.

Materialströmen, die sich aus der unternehmerischen Betätigung ergeben (z. B. bei einem QM-System für ein Baustoff- oder Kieswerk)" (Derks 1996, S. 208).

Um positive Auswirkungen des QMS gegenüber dem Kunden zu erzielen und sich mit den Mitbewerbern vergleichbar zu machen, ist eine Überprüfung (Zertifizierung) in Form einer externen und anerkannten Prüfungsstelle sehr hilfreich. Diese Stellen sollen auf die Einhaltung eines einheitlichen und anerkannten QM-Levels achten. Zunehmend wird die DIN EN ISO 9001 bei den Unternehmen der Bauwirtschaft angewendet und das Zertifikat von den Prüfungsstellen erworben. Dies gilt nicht nur für bauausführende Unternehmen. Die Einbindung aller an der Erstellung eines Bauwerks Beteiligter in ein Qualitätsmanagementsystem, wie es die Norm der DIN EN ISO 9001 vorgibt, ist erforderlich, um eine verbessert Koordinierung untereinander zu erreichen. Nur so ist man in der Lage Fehler zu vermeiden, was gleichbedeutend mit einer Abweichung von den vorgegebenen Qualitätsanforderungen ist.

Abb. 23.1 zeigt den hierarchischen Aufbau der QMS-Dokumente.

In diesem Zusammenhang ist auch das Total Quality Management (TQM) zu nennen, welches durch die DIN EN ISO 8402, die vollständig in die DIN EN ISO 9000 integriert wurde, erläutert werden kann. Demnach umfasst TQM ein auf die Mitwirkung aller ihrer Mitglieder gestütztes QMS einer Organisation, welches die Qualität in den Mittelpunkt des unternehmerischen Handelns stellt und durch Kundenzufriedenheit auf langfristige Geschäftserfolge sowie auf den Nutzen für die Mitglieder der Organisation und für die Gesellschaft abzielt.

TQM ist damit ein sehr umfassender Denk- und Handlungsansatz, der bei einer vollständigen und konsequenten Umsetzung in die Führungskonzepte eines Unternehmens eingreift. Es ergibt sich eine Anforderung, die für die Zielerreichung von großer Bedeutung ist. Dies ist eine mehrfache Zielsetzung, da die Ziele in einem Unternehmen nicht immer als konsistente Unterziele eines Gesamtziels begriffen werden können.

23.2.2 Umweltmanagement nach DIN EN ISO 14001 und EMAS

Rund 8500 Organisationen sind mittlerweile deutschlandweit nach ISO 14001 zertifiziert (Umwelt-Bundesamt 2021). In ihrer Struktur analog zur DIN ISO 9001 aufgebaut, enthält sie allgemeine Vorgaben für den Aufbau eines Umweltmanagementsystems. Ziel ist es dabei, dass durch die Anwendung eines entsprechenden Systems Umweltbelastungen reduziert oder verhindert werden. Als Teil des Managementsystems umfasst das Umweltmanagementsystem eine Organisationsstruktur, Planungsaktivitäten, Verantwortlichkeiten, Praktiken, Verfahren, Prozesse und Ressourcen genauso wie das Qualitätsmanagementsystem nach DIN EN ISO 9001. Die Einführung eines Umweltmanagementsystems wird daher vereinfacht, wenn bereits die Strukturen durch ein Qualitätsmanagementsystem aufgebaut sind. Aspekte des Umweltmanagements lassen sich dann unkompliziert in das bestehende System einfügen. Vorteilhaft ist dabei einerseits, dass keine Doppelstruktur entsteht, in der zwei unabhängige Systeme gepflegt

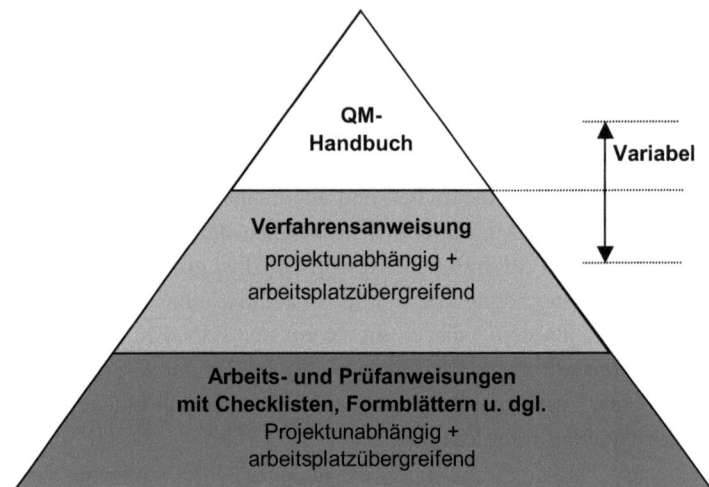

Variabel bedeutet:
Je nach Umfang und Zweckmäßigkeit können Verfahren auch im QM-Handbuch beschrieben sein, wenn dadurch eine separate Verfahrensanweisung entfallen kann oder soll

Abb. 23.1 Hierarchischer Aufbau der QMS-Dokumente

und in das Tagesgeschäft integriert werden müssen. Andererseits lässt sich das Umweltmanagementsystem auf Basis des vorhandenen Qualitätsmanagementsystems kostengünstiger einführen und die Rezertifizierung parallel durchführen.

Das Umweltmanagementsystem soll als automatisch ablaufender Prozess in das Unternehmen integriert werden und setzt die Vorgaben der Leitung hinsichtlich des Umweltschutzes um, damit sich das Engagement der Mitarbeiter nicht in kurzfristigen Aktionen erschöpft und längeren Zeitraum aufrechterhalten werden kann. Die ISO 14001 enthält keine spezifischen Kriterien für den Aufbau eines Umweltmanagementsystems, sondern fordert relativ allgemein die Formulierung der Umweltpolitik eines Unternehmens mit konkreten Zielen. Dabei werden strukturelle und organisatorische Vorgaben zur Einführung eines Umweltmanagementsystems gemacht, sie sagt allerdings wenig darüber aus wie das System umgesetzt werden soll. Es wird damit auf Eigenverantwortung gesetzt und es den Unternehmen überlassen welche und wie viel Umweltinformationen öffentlich kommuniziert werden. Pflicht ist lediglich die Veröffentlichung der Umweltpolitik.

Vorgehensweise bei der Einführung eines Umweltmanagementsystems nach ISO 14001:

Schritt 1: Festlegung der Umweltpolitik
- Abstecken der umweltbezogenen Ziele des Unternehmens.
- Verpflichtung zur Einhaltung der umweltrelevanten Vorschriften durch die oberste Führungsebene.
- Verpflichtung zur ständigen Verbesserung des Managementsystems.

Schritt 2: Planung

Umweltspezifische Aspekte: Ein geeignetes Verfahren muss eingeführt werden, um alle umweltspezifischen Aspekte eines Unternehmens bezüglich seiner Tätigkeit zu finden, zu identifizieren und aufzulisten.

Wichtig sind hierbei Aspekte, auf die eingewirkt werden kann und die kontrollierbar sind. Informationen sind laufend zu aktualisieren. In der Regel werden wesentliche Emissionen (Luft, Wasser, Abfall) sowie Material-, Energie- und Wasserverbräuche ermittelt.

Rechtliche und andere Anforderungen: Rechtliche oder behördliche Auflagen oder Anforderungen, die einzuhalten sind, müssen ermittelt werden. Hierzu werden in der Regel Genehmigungsbescheide und Auflagen von Behörden ausgewertet. Weiterhin sind die gesetzlichen Vorgaben zu berücksichtigen.

Zielsetzung: Konkrete und messbare Ziele sind durch die Unternehmensleitung zu bestimmen, festzulegen und zu dokumentieren. Zum Beispiel Reduzierung des Wasserverbrauchs in den nächsten 2 Jahren um 10 %.

Schritt 3: Verwirklichung und Betrieb

Um das Umweltmanagement durchführen zu können, müssen Aufgaben, Verantwortlichkeiten und Befugnisse festgelegt, dokumentiert und bekannt gemacht werden. Die Mitarbeiter (auch externe) müssen bei der Ausführung von bedeutenden Tätigkeiten auf die Umwelt entsprechend geschult sein und über Kompetenz verfügen. Dazu gehören auch regelmäßige Besprechungen zu Umweltfragen. Zur Notfallvorsorge müssen Alarm-, Brandschutz- und Fluchtwegepläne immer auf dem aktuellsten Stand und dem Personal bekannt sein. Die Unternehmensleitung erarbeitet ein Verfahren, um Unfallgefahren festzustellen. Darauf aufbauend müssen geeignete Maßnahmen und Notfallkonzepte entwickelt werden, mit denen auf Unfälle und Notfallsituationen mit geeigneten Mitteln reagiert werden kann. Die Wirksamkeit ist regelmäßig zu überprüfen.

Schritt 4: Kontrollmaßnahmen und Überprüfung

Zur Überprüfung der Wirksamkeit des Umweltmanagementsystems müssen Überwachungsmaßnahmen, Messungen und interne Audits, die systematische, unabhängige und dokumentierte Prozesse darstellen, etabliert werden. Die Durchführung von internen Audits in regelmäßigen Abständen ist verpflichtend, um die ordnungsgemäße und konforme Umsetzung der Umweltziele des Umweltmanagements festzustellen. Messgeräte müssen nachweislich instandgehalten und die zugehörigen Aufzeichnungen aufbewahrt werden.

Schritt 5: Managementbewertung

Um die fortdauernde Eignung, Angemessenheit und Wirksamkeit sicherzustellen muss das Umweltmanagementsystem regelmäßig bewertet werden. Hierzu gehört u. a.:

- Bewertung der Auditergebnisse,
- Beurteilung der,
  - Einhaltung der Rechtsvorschriften,
  - Beschwerden,
  - Korrektur- und Vorbeugemaßnahmen,
  - Verbesserungsvorschläge.

„Die Europäische Gemeinschaft hat sich 1993 in ihrem 5. Umweltaktionsprogramm für eine dauerhafte und umweltgerechte Entwicklung ausgesprochen. Dieses Programm wurde zu einer wichtigen Etappe in der langfristig angelegten Strategie für die Verbesserung des Schutzes der Umwelt und der Lebensqualität innerhalb der lokalen und globalen Gemeinschaft. Ein wichtiges Ergebnis des Programms ist die EMAS-Verordnung, die seit ihrer Einführung im gleichen Jahr einen Rahmen für Umweltmanagementsysteme und deren Überprüfung primär in europäischen Organisationen und Unternehmen bietet" (Müller et al. 2013, S. 81). Die EMAS-Verordnung bindet das Umweltmanagementsystem nach ISO 14001 in ein aufsichtliches Verfahren ein, bei dem zugelassene Umweltgutachter das vorhandene System prüfen in Hinblick auf

- die Einhaltung von Umweltvorschriften,
- eine Verbesserung der Umweltleistung,
- die aktive Einbindung der Arbeitnehmenden,
- die aktive Kommunikation nach außen.

Die Umweltleistung wird insbesondere durch die Indikatoren Energie- und Materialeffizienz, Wasser, Abfall, Emissionen und biologische Vielfalt bewertet. Ergänzend zum Umweltmanagement nach ISO 14001 wird eine Umwelterklärung gefordert, die im Zusammenhang mit der Eintragung in das EG-Amtsblatt als zertifiziertes Unternehmen veröffentlicht werden muss (Müller et al. 2013, S. 87).

Ende 2020 sind 1113 Organisationen und 2184 Standorte in Deutschland EMAS registriert (Umwelt-Bundesamt 2021).

23.2.3 Energieaudits und Energiemanagement

Energieaudits stellen die verpflichtende Vorstufe eines Energie- oder Umweltmanagementsystems dar. Für alle Nicht-KMU ist es seit Dezember 2015 vorgeschrieben, sofern keine Zertifizierung im Bereich Umweltmanagement (ISO 14001) oder Energiemanagement (ISO 50001),vorliegt. Zum Geltungsbereich zählen alle Unternehmen des produzierenden Gewerbes (d. h. auch Bauunternehmen), Handel, Banken, Tourismus, Versicherungen, private Krankenhäuser und alle anderen nicht-produzierenden Unternehmen (§§ 8 ff. Gesetz über Energiedienstleistungen und andere Energieeffizienzmaßnahmen (EDL-G)). Kleine und mittlere Unternehmen (KMU) erhalten Steuervergünstigungen durch den Nachweis einer erfolgreichen Auditierung oder eines, den Anforderungen der DIN EN 16247-1 (Energieaudits) entsprechenden Managementsystems (§ 55 EnergieStG bzw. § 10 StromStG).

Energieaudits DIN EN 16247
Ziel eines Energieaudits ist die systematische Inspektion und Analyse des Energieeinsatzes und des Energieverbrauchs einer Anlage, eines Gebäudes, eines Systems oder einer Organisation. Dadurch sollen Energieflüsse und das Potenzial für Energieeffizienzverbesserungen identifiziert und in einem Bericht zusammengefasst werden.
Prozessablauf einer Auditierung nach DIN EN 16247:

- Einleitender Kontakt
- Bestimmung von Parteien/Organisationen, die Einfluss auf den Energieeinsatz/-verbrauch haben, Definition von Zielen, Detaillierungsgrad Audit
- Auftaktbesprechung
- Vereinbarung festlegen bspw. über Grad der Nutzereinbindung, Einforderung aller den Energieverbrauch beeinflussender Parameter
- Datenerfassung
- Informationsbedarf (Verbrauchsdaten), Bewertung der verfügbaren Daten (hins. Systemgrenzen), vorbereitende Datenanalyse (Auswertung Daten)
- Außeneinsatz
- Erhebung des Ist-Zustandes vor Ort (Energieverbrauch, Nutzerverhalten, Arbeitsabläufe, etc.), Generierung erster Verbesserungsvorschläge
- Analyse
- Aufschlüsselung des Energieverbrauchs, Berechnung von Energieleistungskennzahlen, Ermittlung von Maßnahmen zur Energieeffizienzsteigerung
- Bericht
- Empfehlungen für zukünftige Messungen, Festlegung Nachweisverfahren der Energieeinsparmaßnahmen
- Abschlussbesprechung
- Übergabe des Auditberichts, Präsentation der Ergebnisse

Energiemanagement ISO 50001
Die Ziele eines Energiemanagementsystems korrespondieren mit denen des Qualitätsmanagement- und des Umweltmanagementsystems mit dem Fokus auf die Energieverbräuche der Organisation. Analog erfolgt die Festlegung einer Energiepolitik mit Erfassung der Verbräuche, Ermittlung der Unternehmensprozesse und Umsetzung von Verbesserungspotenzialen zur Optimierung der Energieeffizienz.

Der Prozess zur Einführung eines Energiemanagementsystems nach ISO 50001 verläuft ebenfalls analog zu den Systemen im Bereich des Qualitäts- und Umweltmanagements in den Stufen Planung, Umsetzung, Kontrolle und Management. Zunächst sind die energiepolitischen Ziele des Unternehmens zu definieren und nach einer Bestandsaufnahme in konkrete Energieziele und Strategien umzusetzen. Auf dieser Basis werden Managementstrukturen und Prozesse eingeführt, die regelmäßig auf Basis von internen und externen Audits im Hinblick auf die Zielerreichung kontrolliert werden. Die entsprechenden Ergebnisberichte werden abschließend zur strategischen Optimierung des Energiemanagements genutzt. 2019 sind deutschlndweit rund 5.800 Zertifikate an über 13.000 Standorten ausgestellt (Umwelt-Bundesamt 2021).

23.2.4 Arbeitsschutzmanagement

In Deutschland und international existieren eine ganze Reihe an verschiedenen Systemen und Empfehlungen zur Organisation des Arbeitsschutzes, die zum Teil auch innerhalb Deutschlands Länder- und branchenspezifisch sein können. Eine Verpflichtung zur Einführung eines Arbeitsschutzmanagementsystems besteht nicht, allerdings fordern einige Auftraggeber, insbesondere aus dem (petro-)chemischen Bereich ein zertifiziertes System von ihren Lieferanten, um auf den Werksgeländen tätig werden zu können. Die wichtigsten Arbeitsschutzmanagementsysteme (AMS) mit übergeordneter und spezieller Relevanz für die Bauwirtschaft werden im Folgenden kurz vorgestellt.

Sicherheits-Certifikat-Contraktoren (SCC)
Das Sicherheits-Certifikat-Contraktoren (SCC) wurde Ende der 1980er Jahre in den Niederlanden entwickelt, um einen einheitlichen Standard für den Arbeitsschutz der auf den Werksgeländen der Mineralölunternehmen tätigen Kontraktoren (Lieferanten) herzustellen. Als wesentlicher Unterschied zu den anderen Managementsystemen im Bereich Energie, Umwelt und Qualität ist zu sehen, dass konkrete Mindeststandards und -prozesse erforderlich sind und eine Maximalzahl an Arbeitsunfällen zur Erlangung der Zertifizierung nicht überschritten werden darf. Die Zertifizierung erfolgt durch akkreditierte SCC-Zertifizierer.

Bei der SCC-Zertifizierung wird zwischen einem eingeschränkten Zertifikat (SCC*), welches für kleinere Betriebe mit weniger als 36 Mitarbeitern angewendet werden kann und bei dem die Arbeitsschutzaktivitäten direkt am Arbeitsplatz beurteilt werden, sowie dem uneingeschränkten SCC**-Zertifikat unterschieden, bei dem auch das Sicherheits-, Gesundheitsschutz- und Umweltschutzmanagement beurteilt wird[1].

---

[1] Vgl. http://www.bgbau.de/koop/forschung/downloads/ams-systeme.pdf, S. 101.

Kern des SCC-Systems bildet die Audit-Checkliste mit der folgenden Gliederung:

1. Sicherheit und Gesundheit sowie Schutz der Umwelt (SGU): Politik, Organisation und Engagement des Managements.
2. SGU-Gefährdungsermittlung, SGU-Aktionsplan.
3. Schulung, Information und Unterweisung.
4. Sicherheits- Gesundheits- und Umweltschutzkommunikation.
5. SGU-Projektplan.
6. Umweltschutz.
7. Vorbereitung auf Notfallsituationen.
8. SGU-Inspektionen.
9. Betriebsärztliche Betreuung.
10. Beschaffung und Prüfung von Maschinen, Geräten, Ausrüstungen und Arbeitsstoffen.
11. Beschaffung von Dienstleistungen.
12. Meldung, Registrierung und Untersuchung von Unfällen, Beinaheunfälle und unsicheren Situationen (vgl. Deutsche Wissenschaftliche Gesellschaft für Erdöl, Erdgas und Kohle e. V. 2006, S. 3).

Ein Schwerpunkt im SCC-System liegt auf Schulung, Information und Unterweisung. Hier werden, im Gegensatz zu anderen AMS, konkrete Vorgaben über Häufigkeit, Art und Nachweise der Schulungsmaßnahmen gemacht. Aufwendig ist vor allem die Forderung nach einer SGU-Ausbildung aller operativ tätigen Mitarbeiter einschließlich einer Prüfung. Inhalte der Ausbildung, Dauer (in der Regel zwei Tage) und die Prüfungsinhalte werden vorgegeben (Solbach und Donker 2010, S. 103 f.).

Vorteilhaft bei der Einführung eines SCC-Systems ist, dass es sich in die Struktur anderer Managementsysteme, insbesondere nach DIN EN ISO 9001 und 14001 integrieren, und gemeinsam zertifizieren lässt.

OHSAS 18001
OHSAS 18001 (Occupational Health and Safety Assessment Series) ist ein internationaler Standard zur Bewertung und Zertifizierung eines Arbeitsschutzmanagementsystems. Er kann von allen Unternehmen, unabhängig von Branche und Größe der Sektoren wie Industrie, Dienstleistung, soziale Einrichtungen und öffentlichen Verwaltungen angewendet werden. Dabei werden die Mindestanforderungen an das AMS festgelegt. Die Struktur, Zielsetzung und Ausführung ist ebenfalls stark an die ISO 14001 angelehnt (vgl. Müller et al. 2013, S. 92).

Insofern sind gleichfalls die Elemente enthalten:

- Arbeitsschutz-Politik,
- Planung, d. h. Bestandsaufnahme (Gefährdungsbeurteilung und Risikobewertung) und Festlegung von Schutzzielen in persönlicher, organisatorischer und technischer Hinsicht,

- Umsetzung des Managementsystems inkl. Prozesse, Dokumente, Verfahrensanweisungen, etc.,
- Kontrolle, Managementbewertung im Rahmen interner und externer Audits.

Aufgrund der zugrundeliegenden Struktur ist der OHSAS-Ansatzes kompatibel mit anderen, z. B. nationalen Regelsystemen und ermöglicht so auch die entsprechende Zertifizierung ohne tiefgreifende Anpassungen (vgl. Müller et al. 2013, S. 93; Solbach und Donker 2010, S. 108).

AMS Bau

„Mit AMS BAU hat die BG Bau ein branchenspezifisches Arbeitsschutzmanagementsystem für Mitgliedsbetriebe aufgebaut. AMS BAU unterstützt die Unternehmensführung dabei, den Arbeitsschutz in Eigenregie in die betriebliche Organisation einzubinden" (Biedermann und Möller 2014, S. 210). Es ist insbesondere auf kleine und mittlere Betriebe ausgerichtet und berücksichtigt die branchentypischen Rahmenbedingungen. Ähnlich wie den anderen Arbeitsschutz-, Qualitäts-, Umwelt- bzw. Energiemanagementsystemen ist auch das AMS Bau aufgebaut. Die Vorgehensweise ist dort in elf Arbeitsschritte gegliedert, die nach einer fragebogenbasierten Bestandsaufnahme bearbeitet werden[2]:

1. Arbeitsschutzpolitik,
2. Arbeitsschutzziele,
3. Organisation und Verantwortung,
4. Informationsflusses, Zusammenarbeit und Vorschriften,
5. Gefährdungen, Maßnahmen, Kontrolle,
6. Betriebsstörungen und Notfälle,
7. Beschaffung,
8. Subunternehmen,
9. Arbeitsmedizinische Vorsorgemaßnahmen,
10. Qualifikation und Schulung,
11. Ergebniskontrolle der Ziele, Überprüfung der Arbeitsschutzorganisation.

Die Auditierung kann durch die Berufsgenossenschaft der Bauwirtschaft erfolgen. Bei erfolgreicher Begutachtung erhält das Unternehmen eine Bescheinigung. Erfolgreiche Wiederbegutachtungen, die alle drei Jahre anstehen, belohnt die Berufsgenossenschaft mit einer Prämie. 2021 sind fast 1100 Unternehmen nach AMS Bau begutachtet worden (BG Bau 2021).

„Im Rahmen einer erweiterten Begutachtung nach AMS BAU können zusätzlich die Anforderungen gemäß der Checkliste SCC*/SCC** bzw. von OHSAS 18001 überprüft

---

[2] http://www.bgbau.de/ams-bau/konzept/inhalt, Abruf 29.01.2016.

und bescheinigt werden"[3]. Den Erfahrungen nach akzeptiert die Mineralölindustrie das AMS BAU für die Subunternehmer von Betrieben mit SCC-Zertifikat (Solbach und Donker 2010, S. 84).

23.3 Integrierte Managementsysteme

Die bereits in den vorangegangenen Abschnitten erkennbare Angleichung der verschiedenen Managementsysteme legt nicht nur aus Rationalisierungsgründen nahe, dass die Teilsysteme Qualitäts-, Umwelt- und Energie- sowie Arbeitsschutzmanagement zusammengelegt werden, die einheitliche Gliederung ermöglicht auch eine Integration der verschiedenen Nachhaltigkeitsschwerpunkte.

Damit verbunden ist allerdings, dass sich die zugrundeliegenden Zielsetzungen nicht immer entsprechen müssen. Typisch für Messsysteme im Bereich der Nachhaltigkeit ist, dass ein ständiges Abwägen zwischen den ökonomischen, ökologischen und soziokulturellen Aspekten stattfinden muss, um ein möglichst nachhaltiges Gesamtergebnis zu erzielen. Dies gilt z. B. auch für die bekannten Messsysteme für das nachhaltige Bauen (z. B. LEED, BREEAM, DGNB), sodass die Maximalzahl der theoretisch möglichen Punktzahl praktisch nicht erreichbar ist.

Die Zusammenführung der verschiedenen Nachhaltigkeitsschwerpunkte in einem integrierten Managementsystem folgt letztlich wieder dem Plan-Do-Checkt-Act-Zyklus, der allen Managementsystemen gemein ist, vgl. Abb. 23.2.

Von Ahsen zeigt vor diesem Hintergrund exemplarische Anforderungen an Qualitäts-, Umwelt-, und Energiemanagement- sowie Arbeitsschutzmanagementsysteme anhand der Abb. 23.3.

Natürlich ist auch die Integration nichtstandardisierter Managementsysteme in ähnlicher Weise denkbar.

In der praktischen Anwendung zeigt sich, dass die Überschneidung und damit die Rationalisierungsmöglichkeiten begrenzt sind. Dies ergibt sich durch die spezifischer werdenden Inhalte der einzelnen Schwerpunkte (Ökonomie, Ökologie, Soziokulturelles). Insofern kann die Managementpolitik und die globalen Ziele noch zusammengefasst formuliert werden. Je weiter jedoch Details der Prozesse, Arbeitsanweisungen und Dokumentation beschrieben werden müssen, umso weniger integriert kann das Managementsystem gestaltet werden. Entsprechende Studien haben gezeigt, dass die Integration bei Politik und Zielsetzung, sowie der Zusammenfassung des Handbuchs noch zu rund 80 % vollständig gelingen kann. Bei Verfahrens- und Arbeitsanweisungen und der Dokumentation nur noch zu maximal 60 % (vgl. Bernardo et al. 2009, S. 747).

---

[3] http://www.bgbau.de/ams-bau/konzept, Abruf 29.01.2016.

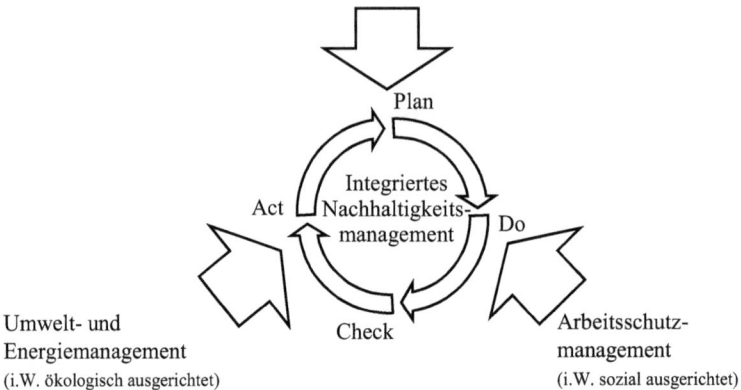

Abb. 23.2 Integration der Managementsysteme

Nr.	ISO 9001:2008	Nr.	ISO 14001:2009	Nr.	DIN EN ISO 50001:2011-12	Nr.	OHSAS 18001:2007
...							
5.1	Selbstverpflichtung der Leitung	4.2	Umweltpolitik	3.2	Energiepolitik	4.2	Arbeits- und Gesundheitsschutzpolitik
5.3	Qualitätspolitik						
8.5.1	Kontinuierliche Verbesserung						
5.4	Planung	4.3	Planung	3.3	Planung	4.3	Planung
5.2	Kundenorientierung	4.3.1	Umweltaspekte	3.3.1	Ermittlung und Überprüfung von Energieaspekten	4.3.1	Gefährdungserkennung, Risikobewertung und Festlegung von Schutzmaßnahmen
7.2.1	Ermittlung der Anforderungen in Bezug auf die Leistung						
7.2.2	Bewertung der Anforderungen in Bezug auf die Leistung						
5.2	Kundenorientierung	4.3.2	Rechtliche Verpflichtungen und andere Anforderungen	3.3.2	Rechtliche Verpflichtungen und andere Anforderungen	4.3.2	Gesetzliche und andere Anforderungen
7.2.1	Ermittlung der Anforderungen in Bezug auf die Leistung						
5.4.1	Qualitätsziele	4.3.3	Zielsetzungen, Einzelziele und Programme	3.3.3	Strategische und operative Einzelziele und Programme	4.3.3	Zielsetzung und Programme
5.4.2	Planung des Qualitätsmanagementsystems						
8.5.1	Kontinuierliche Verbesserung						
...							

Abb. 23.3 Exemplarische Synchronisierung von Managementsystemen. (Verändert nach: von Ahsen 2013, S. 179)

23.3 Integrierte Managementsysteme

EMASplus

Das Nachhaltigkeitsmanagementsystem EMASplus basiert auf dem europäischen EMAS-System und erweitert das Umweltmanagement um die soziale und ökonomische Perspektive zu einem integrierten und ganzheitlichen Managementsystem. Dabei werden die Themenfelder der DIN ISO 26000, Leitfaden zur gesellschaftlichen Verantwortung, abgedeckt womit die Umsetzung der Sustainable Development Goals (SDGs) der Vereinten Nationen unterstützt bzw. ermöglicht werden soll. Darüber Hinaus bietet das System einen standardisieren Nachhaltigkeitsbericht an.

Nachhaltigkeit im Sinne des EMASplus-Systems beinhaltet folgende Elemente (kate Umwelt & Entwicklung 2021):

- „ökonomischer Erfolg durch langfristig optimale Ausgestaltung der Unternehmenstätigkeit und Entwicklung innovativer Leistungen und Produkte
- betrieblicher Umweltschutz (Energie, Wasser, Abfall, Mobilität, Rechtssicherheit u. a.)
- Beachtung der Mitarbeiterinteressen
- Produktverantwortung und Verbraucherschutz
- Arbeitsbedingungen und Umweltschutz bei den Zulieferern
- Wahrnehmung sozialer/ethischer Verantwortung (Einhaltung von Menschenrechten, Maßnahmen gegen Korruption, bürgerschaftliches Engagement u. a.)"

Das System soll für alle Unternehmensgrößen einsetzbar sein.

VDI-Richtlinie 4070 – Nachhaltiges Wirtschaften in KMU

Als Ansatz für ein integriertes Nachhaltigkeitsmanagementsystem für kleine und mittlere Unternehmen kann die VDI-Richtlinie „Nachhaltiges Wirtschaften in kleinen und mittelständischen Unternehmen/ Anleitung zum Nachhaltigen Wirtschaften" gesehen werden. Sie bietet ein übersichtliches, kostengünstiges und knappes nachhaltigkeitsorientiertes Managementsystem, insbesondere, aber nicht ausschließlich für kleinere und mittlere Unternehmen (KMU). „Übergeordnetes Ziel ist es, den wirtschaftlichen Erfolg des Unternehmens im Einklang mit ökologischer Verträglichkeit und sozialer Gerechtigkeit zu entwickeln und dauerhaft zu erhalten und damit einen positiven gesellschaftlichen Beitrag zu leisten" (Verein Deutscher Ingenieure 2021). Sie soll dem Unternehmer ein Kennzahlen-System liefern, in dem die wichtigsten Aspekte aus den drei Bereichen der Nachhaltigkeit enthalten sind. Im Grunde basiert das Managementsystem auf dem Plan-Do-Check-Act Ansatz, der bereits aus dem Qualitätsmanagement bekannt ist, siehe Abb. 23.2. Die Richtlinie gibt dabei einen Weg vor, an dem sich Betriebsinhaber orientieren können.

Phasen der Einführung eines nachhaltigkeitsorientierten Managementsystems am Beispiel des PDCA-Zyklus (Verein Deutscher Ingenieure 2016, S. 9):

- Starten des Projekts „Nachhaltiges Wirtschaften",
- Bestandsaufnahme/Istanalyse,

- Nachhaltigkeitsziele formulieren,
- Aktionsplan erstellen und die Organisation festlegen,
- Maßnahmen beschreiben,
- Durchführung des Aktionsplans,
- Überprüfung/Kontrolle der Maßnahmen,
- Ergebnisse bewerten und Verbesserungen formulieren,
- Erfolge veröffentlichen und kommunizieren.

Die Richtlinie VDI 4070 ist also eine praxisnahe Handlungsanleitung, um Konzepte zum nachhaltigen Wirtschaften erarbeiten und umsetzen zu können. Dabei geht die Richtlinie methodisch vor, so dass Abläufe, Produkte und Dienstleistungen kontinuierlich verbessert werden können. Zudem wird eine Auswahl an möglichen Kennzahlen aus den Bereichen Ökonomie, Ökologie und Soziales angeboten. Blatt 2 der Richtlinie enthält unter anderem Praxisbeispiele, an Hand derer die Vorgehensweise zum Einführen des nachhaltigen Wirtschaftens verdeutlicht wird. Beispiele aus dem Baubereich sind nicht verfügbar.

Ansätze für die Bauwirtschaft
Konkrete Handlungsleitfäden für die Branche liegen, so wird aus den obigen Ausführungen ersichtlich, nicht vor. Vereinzelt existieren Handreichungen, wie beispielsweise für den Landschaftsbau (Niesel 2017). Für den Hochbau wurde aus Sicht der Vergabe von Bauleistungen unter Nachhaltigkeitsgesichtspunkten wurde eine fundierte Zusammenstellung möglicher Messkriterien für den Hochbau im Rahmen der Dissertation von Hofmann entwickelt. Sie können auch als Anhaltspunkt für die Key Performance Indikatoren eines, auf die Baubetriebe abgestimmten, Nachhaltigkeitsmanagementsystems dienen. Insgesamt stehen 56 Kriterien in zehn Geschäftsprozessen zur Verfügung, die jeweils in ihrer Wichtigkeit für die Zielgruppe und die Gesamtgesellschaft sowie in Bezug auf das Risikopotential im Rahmen einer öffentlichen Vergabe bewertet wurden. Dabei werden elf Kriterien als besonders wichtig bzw. praxisrelevant eingestuft (Hofmann 2017, S. 280 f):

Beschaffung

- Regionale Beschaffung von Baustoffen
- Beschaffung ökologischer (zertifizierter) und wiederverwerteter Baustoffe
- Anteil von Holz aus nachhaltiger Aufforstung
- Regionale Vergabe von Nachunternehmerleistungen

Bauausführung

- Verwendung alternativer wiederaufbereiteterRecyclingbaustoffe
- Abfall- und Recyclingmanagement auf der Baustelle

- Erfahrung in der Umsetzung nachhaltiger

Bauleistungen

- Verwendung ökologischer Baumaschinen
- Maßnahmen zur Vermeidung von

Luftverschmutzungen

- Quantitative Erfassung von Ressourcenverbräuchen auf der Baustelle
- Arbeitssicherheit auf der Baustelle

Untergeordnete Bedeutung haben die Bereiche Personalwirtschaft und -entwicklung, Leitungs- und Managementprozess, Arbeitsvorbereitung, Baulogistik, Baunahe Dienstleistungen, Unternehmensinfrastruktur, Akquisition und Marketing, Forschung & Technologieentwicklung sowie prozessübergreifende Aspekte, für die weitere Kriterien entwickelt wurden. Zu beachten ist, dass die Ansätze zum Teil produktbezogen sind, das heißt, dass eine Einbindung durch die ausschreibende Seite in die Zusätzlichen Technischen Vertragsbedingungen (ZTV) erfolgt. Insofern sind Bauunternehmen nur bedingt in der Lage, entsprechende Nachhaltigkeitsaspekte umzusetzen, da sie durch die Auftraggeberseite vorgegeben und durch die Betriebe nicht beeinflusst werden können.

Praktisch gesehen spielen Nachhaltigkeitsmanagementsysteme in der Bauwirtschaft heute noch eine untergeordnete Rolle, weil sie kaum verbreitet sind. Indirekt werden die Baubetriebe aber mit der Thematik konfrontiert, wenn Auftraggeber bereits ein entsprechendes Managementsystem betreiben. Dies lässt sich am Beispiel des Qualitäts- und Sicherheitsmanagements nachvollziehen: Einige Industriebauherren integrieren ihre Lieferanten in ihr Qualitäts- und Sicherheitsmanagementsystem und verlangen insofern ebenfalls eine entsprechende Zertifizierung oder fragen die zugehörigen Key Performance Indikatoren (KPIs) bei den Kontraktoren ab. Im Bereich des Nachhaltigkeitsmanagements kann die Deutsche Bahn AG als Beispiel angeführt werden. Bereits heute sind die Lieferanten aufgefordert, entweder das Nachhaltigkeitsmanagementsystem der Bahn zu übernehmen oder ein äquivalentes System zu nutzen, mit dem die nötigen KPIs vorgehalten werden können. Aktuell sind solche Kriterien noch nicht vergaberelevant. Es ist aber zu erwarten, dass dies, vor allem bei öffentlichen Auftraggebern, im Zuge der deutschen und europäischen Nachhaltigkeitsziele nur eine Frage der Zeit ist.

Literatur

Baumast, A.; Pape, J. (Hrsg.), Betriebliches Nachhaltigkeitsmanagement, Ulmer UTB Verlag, Stuttgart, 2013

Bernardo, M.; Casadesús, M.; Karapetrovic, S.; Heras, I.: How integrated are environmental, quality and other standardized management systems?, in: Journal of Cleaner Production, Nr. 17, S. 747

Berufsgenossenschaft der Bauwirtschaft (Hrsg.): Überregionales Verzeichnis begutachteter Firmen nach AMS BAU, online unter: https://www.bgbau.de/service/angebote/ams-bau-arbeitsschutzmanagementsystem/begutachtete-unternehmen/, Abruf: 8.9.2021

Biedermann, Andreas; Möller, Thomas: Handbuch des Personalrechts für den Baubetrieb, 13. Auflage, Otto Elsner Verlag, Dieburg, 2014

Deutsche Wissenschaftliche Gesellschaft für Erdöl, Erdgas und Kohle e. V. (Hrsg.): Normatives SCC-Regelwerk, Dokument 003, Hamburg, 2006

Diederichs, C.J. (Hrsg.): Handbuch der strategischen und taktischen Bauunternehmensführung, Bauverlag: Wiesbaden-Berlin 1996

Hofmann, S.: Bewertung der Nachhaltigkeit von Bauunternehmen, Dissertation, Technische Universität Dortmund, 2017, online unter: https://eldorado.tu-dortmund.de/handle/2003/35907, zuletzt geprüft am 10.9.2021

Kant, Immanuel.: Grundlegung zur Metaphysik der Sitten, Hrsg.: Timmermann, J., 1. Auflage, Vandenhoeck & Ruprecht Verlag, Göttingen, 2004

Klein, Eckart.: Menschenrechte, Nomos-Verlag, Baden-Baden, 1997

Niesel, A.; Katthage, J.: Nachhaltigkeitsmanagement im Landschaftsbau, Verlag Eugen Ulmer, Stuttgart, 2017

Solbach, T.; Donker, L.: Arbeitsschutzmanagementsysteme in Deutschland, Berufsgenossenschaft der Bauwirtschaft, Frankfurt am Main, 2010

Umwelt-Bundesamt (Hrsg.): Umwelt- und Energiemanagementsysteme, online unter: https://www.umweltbundesamt.de/daten/umwelt-wirtschaft/umwelt-energiemanagementsysteme#umwelt-und-energiemanagement-in-deutschland-eine-positive-bilanz, 01.02.2021, zuletzt geprüft am 08.09.2021

kate Umwelt & Entwicklung e. V.: Das EMASplus System, https://www.emasplus.org/das-system, Abruf: 8.9.2021

Verein Deutscher Ingenieure (Hrsg.): https://www.vdi.de/richtlinien/details/vdi-4070-blatt-1-nachhaltiges-wirtschaften-in-kleinen-und-mittelstaendischen-unternehmen-anleitung-zum-nachhaltigen-wirtschaften, zuletzt geprüft am 9.9.2021

Verein Deutscher Ingenieure (Hrsg.): Nachhaltiges Wirtschaften in kleinen und mittelständischen Unternehmen. Anleitung zum Nachhaltigen Wirtschaften VDI 4070 Blatt 1, Düsseldorf, 2016

Vereinte Nationen (Hrsg.): AGENDA 21 – Konferenz der Vereinten Nationen für Umwelt und Entwicklung, Rio de Janeiro, Juni 1992

von Ahsen, A.: Integrierte Managementsysteme, in: Baumast, A.; Pape, J. (Hrsg.), Betriebliches Nachhaltigkeitsmanagement, Ulmer UTB Verlag, Stuttgart, 2013, S. 175–189

von der Wense, Wolf: Der UN-Menschenrechtsausschuß und sein Beitrag zum universellen Schutz der Menschenrechte, Springer-Verlag, Berlin, 1999

Nachhaltigkeitscontrolling 24

Ansätze zur Integration von Nachhaltigkeitsüberlegungen in Unternehmen existieren schon seit langer Zeit. Bereits seit den 1960er Jahren gibt es Modelle um den Einfluss von Unternehmen auf ihre soziale Umwelt zu messen. Mit dem Bericht des Arbeitskreises Sozialbilanz-Praxis in den 1970er Jahren wurde versucht einen Zusammenhang zwischen Wertschöpfungsrechnung und Sozialrechnung herzustellen (Greiling und Ther 2010, S. 48). Daraus wurden die Sozialberichte der Unternehmen entwickelt.

„International stark verbreitet ist die Global Reporting Initiative (GRI), die anerkannte Indikatoren sowie Leitfäden (Sustainability Reporting Guidelines) für Organisationen verschiedener Größen und Sektoren anbietet. Bei der GRI liegt ein Schwerpunkt auf der Bereitstellung wesentlicher Informationen, die möglichst präzise zu erläutern sind und mit Daten. Fakten und Informationen blegt werden müssen. GRI-Berichte können von Wirtschaftsprüfungsgesellschaften testiert werden" (Hilbert 2019, S. 523). Dies ist insbesondere in Zusammnhang mit den gesetzlichen Veröffentlichungspflichten großer Kapitalgesellschaften bzw. Finanzinstitute nach §§ 289 c und d HGB (Umsetzung der EU-CSR-Richtlinie 2017/95/EU) bzw. der Corporate Sustainability Reporting Directive (CSRD) von Bedeutung.

Neben den, in Kap. 23 aufgeführten Managementsystemen, die auch als Ausgangspunkt für das Controlling dienen bzw. das Controlling integrieren können, etabliert sich in Deutschland zunehmend der Deutsche Nachhaltigkeitskodex (DNK), der Bezüge zu den GRI bzw. dem UN Global Compact herstellt und auch für mittelständische Unternehmen ein handlungsorientiertes und weniger aufwendiges Regelwerk bereitstellt (Hilbert 2019, S. 524). Auf dieser Basis hat die Zentralstelle für die Weiterbildung im Handwerk e. V. (ZWH) den sogenannten Nachhaltigkeitsnavigator Handwerk entwickelt, mit dem die Erstellung von Nachhaltigkweitsberichten nach dem DNK-Standard für handwerkliche Unternehmen mit Hilfe einer Plattformlösung und unterstützenden App vereinfacht werden soll (ZWH 2022).

Es ist anzunehmen, dass in den Weiterentwicklungen der Europäischen Richtlinien zur Finanzberichterstattung (CSRD, siehe Kap. 20) der Ansatz der GRI bzw. des DNK als Bezug dient. Es ist daher empfehlenswert, das Nachhaltigkeitsmanagement im Unternehmen auf diese Standards auszurichten. Die 2023 erschienenen European Sustainability Reporting Standards (ESRS) für große Unternehmen, lassen diesen Zusammenhang bereits erkennen.

Im Hinblick auf die klassischen Unternehmensziele und Ansatzpunkte des Controllings wurden durch die Chemieindustrie „Kriterien und Anforderung für nachhaltiges Wirtschaften (KIM)" (Meyer 2011, S. 15) entwickelt. Allerdings sind diese in ihrem Umfang nur schwer für kleinere und mittlere Unternehmen der Baubranche anwendbar. Diesen Anspruch hat demgegenüber die VDI Richtlinie 4070 (Nachhaltiges Wirtschaften in kleinen und mittelständischen Unternehmen – Anleitung zum Nachhaltigen Wirtschaften).

Ergänzend dazu sei die Sustainability Balanced Scorecard als Instrument genannt. Zunächst war die Scorecard ein Mittel, um Unternehmensziele mit den erreichten „Zielpunkten" vergleichen zu können. Sie wurde in den 1990er Jahren von S. Kaplan und D. Norton entwickelt (Nessler und Fischer 2013, S. 46). Ziel war es, sowohl ein Kennzahlensystem, als auch ein Managementsystem aufzubauen. Dabei sollten sich die beiden Systeme gegenseitig bedienen. Grundlage dazu war die Feststellung, dass die immateriellen Werte eines Unternehmens durch das Management nicht ausreichend berücksichtigt wurden (Nessler und Fischer 2013, S. 46). In den folgenden Jahren wurde die Balanced Scorecard um Aspekte der Nachhaltigkeit ergänzt, und mit Sustainability Balanced Scorecard betitelt.

Naturgemäß gibt es Unterschiede zwischen Eigentümer geführten Unternehmen des Mittelstandes und großen Konzernen. Derzeit sind die vorhandenen, gesetzlichen Vorgaben, z. B. zur Nachhaltigkeitsberichterstattung, und auch die Ausgestaltung von Messsystemen für Nachhaltigkeit noch überwiegend nur auf größere Organisationen zugeschnitten.

Insgesamt zeigt sich, dass kleine und mittlere Unternehmen, wie sie für die Baubranche typisch sind, die allgemeinen Ansätze nicht ohne weiteres übernehmen können. Im Durchschnitt haben deutsche Bauunternehmen in etwa zehn Mitarbeiter (Hauptverband der Deutschen Bauindustrie 2021). Daher ist einleuchtend, dass es nicht möglich ist, eigene Expertenabteilungen mit dem Nachhaltigkeitscontrolling zu beschäftigen. Häufig wird das Controlling zur Wirtschaftlichkeitsbetrachtung mit Hilfe von externen (Steuer-)Beratern durchgeführt. Zudem ist in den Betrieben das notwendige Fachwissen zum Thema Nachhaltigkeit i.d.R. nicht vorhandenen und kann nur durch weitere externe Berater eingebracht werden. Für gewöhnlich stehen den kleineren und mittleren Betrieben keine entsprechenden finanziellen Ressourcen zur Verfügung. Es müssen also Ansätze gefunden werden, die sich in die Realität und das laufende Tagesgeschäft der Unternehmen integrieren lassen.

Für die Unternehmenssteuerung ergeben sich die folgenden, zentralen Herausforderungen, die im Rahmen des Controllings bearbeitet werden müssen (vgl. Ries und Wehrum 2011, S. 27):

Ökonomie: Erreichung der klassischen Unternehmensziele, wie langfristige Gewinnerzielung und Liquiditätssicherung im Ausgelich mit sozialen und ökologischen Interessen.

Ökologie: Da sich ökonomisch orientierte Aktivitäten negativ auf die Umwelt auswirken können, müssen wirtschaftliche Messrößen in Zusammenhang mit ökologischen Aspekten ausgewertet und optimiert werden.

Soziales: Unternehmen bewegen sich in unserem Gesellschaftssystem und stehen somit in ständiger Kommunikation mit den Stakeholdern. Insofern ist die gesellschaftliche Legitimation des unternehmerischen Handelns erforderlich, als auch die Abstimmung der wirtschaftlichen Optimierung mit den Stakeholderinteressen. Beispiele sind der Umgang mit Mitarbeitern oder die Akzeptanz von Bauaktivitäten durch die Bürger.

Insgesamt müssen die Anforderungen einer nachhaltigen Entwicklung mit dem Regelkreis des Managements bzw. den Controllingaufgaben kombiniert werden, wie die folgende Abbildung zeigt (Abb. 24.1).

Nachhaltigkeit wird über eine ökonomische, eine soziale und eine ökologische Säule definiert. Somit sind Kennzahlen zu entwickeln, die diese Aspekte integrieren. Wie eingangs erwähnt, kann die Balanced Score Card (BSC) einen Lösungsansatz darstellen. Mit ihrer Hilfe werden nicht nur einzelne Kennwerte, sondern Zusammenhänge dargestellt. Dabei sollen sowohl monetäre, als auch nicht monetäre, sowie kurz-, mittel-, und langfristige Ziele, multidimensionale Ziele und kausale Verknüpfungen zu Ursachen-Wirkungsbeziehungen dargestellt werden (Funkl et al. 2012, S. 180). Damit lässt sich eine Verbindung zwischen den finanzorientierten Kennzahlen mit anderen

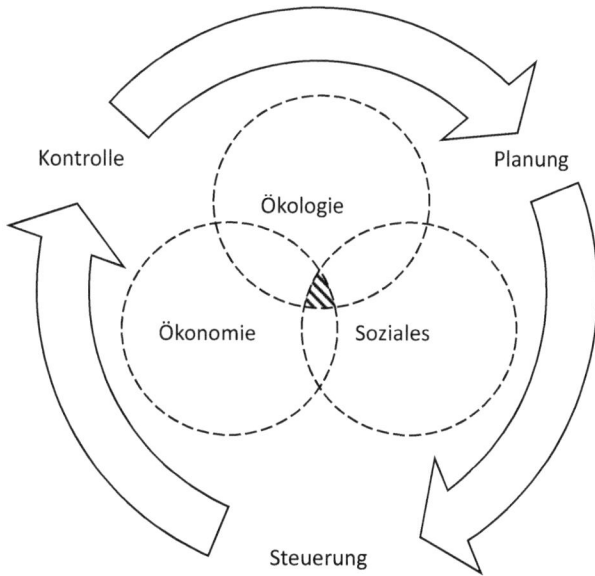

Abb. 24.1 Nachhaltigkeitsansatz und Regelkreis Controlling

Erfolgsfaktoren herstellen. „Dies erfolgt im Allgemeinen in den vier klassischen Bereichen – finanzielle Zielsetzung, Kunden, interne Prozesse, Lernen/Entwicklung-, in dem über strategische Ziele, deren Messgrößen und abgeleitete operative Messziele eine (Regelkreis-)Verbindung zu den Maßnahmen/Aktivitäten im operativen Tagesgeschäft herstellt" (Funkl et al. 2012, S. 180). Wird diese Balanced Score Card (BSC) um Aspekte des Umweltmanagements erweitert spricht man von einer Sustainability Balanced Score Card (SBSC).

Mit Unterstützung der Sustainability Balanced Score Card sollen die Führungskräfte mit strategischen und operativen Informationen versorgt werden. Dabei wird ständig ein Kreislauf durchlaufen. Zuerst werden die Visionen und Strategien geklärt, drauf hin werden diese kommuniziert und auf die unteren Unternehmensebenen herunter gebrochen. Anschließend werden diese Ziele in Plänen zusammengefasst und in Strategien umgesetzt und regelmäßig geprüft. Durch diesen Regelkreis werden die Ziele und Strategien stets an die aktuellen Entwicklungen und die Situationen des Unternehmens angepasst.

Dabei sollten, wie in allen Belangen der Nachhaltigkeitsdiskussion, die Mitarbeiter mitgenommen werden. Essentiell für die Umsetzung der Sustainability Balanced Score Cards ist, dass die Strategien diskutiert werden. Dabei sind die Ziele darauf hin zu prüfen ob, und wie diese umgesetzt werden können. Vorteilhaft bei den Sustainability Balanced Score Cards ist es, dass das Zusammenspiel der verschiedenen Säulen der Nachhaltigkeit in der Score abgebildet werden können. Damit kann sich jedes Unternehmen seine eigene „Nachhaltigkeit" definieren (siehe hierzu auch Hilbert 2019, S. 541 ff.). Dies ist speziell mit Blick auf die, in den aktuellen Regelwerken (ESRS) geforderte Wesentlichkeitsanalyse von Relevanz.

Zur Ausarbeitung von langfristigen, strategischen Überlegungen stehen kleineren und mittleren Unternehmen kaum Ressourcen zur Verfügung (Menzel und Günther 2011, S. 86). In der Regel sind die Kapazitäten durch das Tagesgeschäft gebunden. Im Wesentlichen erfolgt der Einstieg in das Thema Nachhaltigkeit über Anforderungen durch die Kunden (Menzel und Günther 2011, S. 89), inzwischen vermehrt auch durch gesetzliche Anforderungen. Für kleine und mittlere Unternehmen ist es daher hilfreich, wenn allgemeingültige Instrumente verfügbar sind, die bei der Entwicklung von Zielen und Strategien sowie deren Umsetzung unterstützen. Dies können allgemeine Sustainability Balanced Score Cards oder aber Handbücher und Kennwerte sein. Eine erste Handreichung dazu ist die DIN EN ISO 26000. Bei dieser Norm handelt es sich aber um kein zertifizierungsfähiges Managementsystem wie beispielsweise nach DIN EN ISO 9001 oder DIN EN ISO 14001.

Bei der Einführung der Balanced Score Card sollten zunächst die klassischen Kennwerte des Controllings implementiert werden (Funkl et al. 2012, S. 186). Ist das Unternehmen mit dem System der Score Card vertraut, kann begonnen werden, die Systematik zu erweitern. Dabei kommen zunächst einfache Kriterien zur Personalentwicklung, des sozialen Engagements und des Umweltschutzes, die über das gesetzliche Niveau hinausgehen, hinzu.

Nachteilig an einer Sustainability Score Card ist, dass diese jeweils von den Unternehmen selbst entwickelt werden muss. Daher ist die Vergleichbarkeit zwischen Unternehmen schwierig. Alternativ ist die Entwicklung von Messstandards erforderlich, mit deren Hilfe sich die Unternehmen auch untereinander vergleichen können. In der Regel werden die Aspekte der Nachhaltigkeit getrennt voneinander betrachtet. So gibt es ein Personal-, Sozial-, oder Ökocontrolling im Unternehmen, anstelle diese Teile zu einem Ganzen zusammen zu fügen. Insbesondere kleinere und mittlere Unternehmen haben das Problem, dass ein aufwendiges System Personal bindet. Damit ist es besonders in wirtschaftlich schweren Zeiten eine besondere Herausforderung ein solches System aufrecht zu erhalten oder gar zu entwickeln. Ein weiteres Problem bei der Entwicklung von Systemen zum Nachhaltigkeitscontrolling ist, dass Kennzahlen einen Konsens über den Inhalt des Erkenntnisgegenstandes voraussetzen (Figge et al. 2001, S. 8).

Für kleine und mittlere Unternehmen kann daher ein Kennzahlensystem zielführend sein, das die Vorgehensweisen des klassischen Controllings mit dem Thema Nachhaltigkeit verbindet und ohne größeren Aufwand integriert werden kann. Mit Hilfe der Ansätze der VDI Richtlinie 4070 und einzelnen Kennzahlen, die einfach im Unternehmen ermittelt werden können, lässt sich damit ein praxisgerechtes Nachhaltigkeitscontrolling aufbauen. Viele Kennzahlen können dabei direkt aus der Finanz- oder Personalbuchhaltung entnommen werden. Hilfreich ist zudem, wenn Geldbeträge statt Mengenangaben verwendet werden, da sie aus dem Buchwerk direkt ablesbar sind (z. B. Energiekosten statt Energieverbrauch in kWh). Wie Studien zeigen, begünstigt ein ausgewogenes Verhältnis verschiedener Nachhaltigkeitskriterien den Erfolg und die Stabilität von Unternehmen, sodass das das klassische Zielsystem (Gewinnerzielung und Unternehmenssicherung) mit Hilfe von Nachhaltigkeitsüberlegungen unterstützt wird (vgl. z. B. Edmans 2016).

In diesem Sinne können Nachhaltgkeitskennzahlen mit Einfluss auf den Unternehmenserfolg und die langfristige Stabilität in Bauunternehmen z. B. sein:

Soziales:

- Ausbildungsquote und Fortbildungsbudget
  Eines der internationalen Nachhaltigkeitsziele ist es, hochwertige Bildung zu gewährleisten und lebenslanges Lernen fördern (SDG 4). Betriebe sollten daher eine angemessene Qualifikation der Mitarbeitenden und damit eine hohe Ausführungsqualität, Effizienz bei der Ausführung von Arbeiten sowie Problemlösungskompetenz vorweisen können. Im Zuge des Fachkräftemangels wird durch die Ausbildung auch der Fortbestand des Unternehmens und der Zugang zu bezahlbaren und qualifizierten Mitarbeitern sichergestellt.
- Altersdurchschnitt
  Eine ausgewogene Altersstruktur deutet auf eine gleichmäßige Teilhabe aller Altersgruppen am Arbeitsleben hin (SDG 8/16). Zudem integriert sie Erfahrung auf der einen, und moderne, innovative Denkweisen und Ideen auf der anderen Seite und hält den Betrieb wettbewerbsfähig. Nicht zuletzt wird die Gefahr der Überalterung reduziert und sichert so den Fortbestand des Unternehmens.

- Betriebszugehörigkeit
  Eine durchschnittlich hohe Betriebszugehörigkeit deutet auf eingespielte, effektive Prozesse, Verlässlichkeit, sozialen Zusammenhalt und gutes Betriebsklima hin (SDG 8/16). Natürlich muss die Betriebszugehörigkeit immer in Verbindung mit dem Gründungsjahr bzw. de, Alter der Unternehmung betrachtet werden.
- Fluktuation (Kündigungen/Einstellungen)
  Durch hohe Fluktuation in der Belegschaft geht einerseits Know-how verloren. Neue Mitarbeitende bringen andererseits auch neue Ideen und Impulse ins Unternehmen. Diese Kennzahl ist in Zusammenhang mit der Betriebszugehörigkeit zu betrachten.
  Eine hohe Zahl an Kündigungen lässt ein ungünstiges Betriebsklima bzw. Führungsschwäche sowie Probleme im sozialen Miteinander vermuten (SDG 8/16). Neue Mitarbeitende müssen eingearbeitet werden, wodurch die Produktivität leidet. Neueinstellungen müssen zudem gegenüber der Abwanderung überwiegen, ansonsten sinkt die Leistungsfähigkeit und damit das Umsatzpotential des Unternehmens.
- Fehltage (Krankheit, etc.)
  Viele Fehltage lassen ein schlechtes Betriebsklima, Überbelastung und eine mangelnde Gesundheitsvorsorge vermuten (SDG 3/8). Zudem führen sie zu geringerer Produktivität.
- Personenunfälle
  Eine hohe Zahl an Unfällen ist ein Indikator für mangelnde Gesundheitsvorsorge, Überbelastung und mangelndes Sicherheitsmanagement (SDG 3/8). Sie führt ebenfalls zu geringerer Produktivität.
- Inklusion
  Auch in Baubetrieben ist die Beschäftigung von Mitarbeitern mit Beeinträchtigung möglich (SDG 16). Solange Arbeitgeber die vorgeschriebene Zahl von schwerbehinderten Menschen nicht beschäftigen (Beschäftigungspflicht, § 154 SGB IX), haben sie für jeden unbesetzten Pflichtarbeitsplatz eine Ausgleichsabgabe zu entrichten (§ 160 Absatz 1 Satz 1 SGB IX).

Ökologische Kennzahlen

- Energieverbrauch operativ
  Der größte Teil an Emissionen, insbesondere CO_2, aber auch Schall und Staubentwicklung, werden im Baubetrieb durch den Maschineneinsatz verursacht. Daher entfalten Optimierungsmaßnahmen an dieser Stelle den größten Nutzen (SDG 13). Statt Verbrauchsmengen zu erfassen, können Bauunternehmen die Energieeffizienz auch anhand des Verhältnisses von den Kosten der Betriebsstoffe zu Abschreibung zzgl. Miet- und Leasingkosten ermitteln. Dies hat den Vorteil, dass entsprechende Eingangsgrößen direkt aus der Buchführung erhoben und laufend verfolgt werden können.
- Energieverbrauch allgemein
  Auch der allgemeine Energieverbrauch auf dem Bauhof, dem Lger oder in der Verwaltung kann reduziert werden (SDG 3). Auch hier wirkt sich eine Reduzieung

wirtschaftlich positiv aus, da sie zu den unproduktiven Kosten bzw. leistungsunabhängigen Fixkosten gehören. Einsparungen tragen zur Wettbewerbsfähigkeit und Ergebnisoptimierung bei.
- Entsorgungskosten
Die Höhe der Ensorgungskosten lässt sich in Zusammenhang mit dem Recykling bringen. Gleichsam zeigt die Einsparung von Entsorgungskosten eine Reduktion von Abfällen an (SDG 12/14/15). Problematisch ist allerdings, dass sie stark durch die Leistungsdefinition der Auftraggeberschaft verursacht werden und insofern nur bedingt durch die Betriebe beeinflusst werden können. Für das Controlling sollten daher getrennte Konten für die auftraggeberinduzierten und die sonstigen, betrieblichen Entsorgungskosten angelegt werden. Im Verhältnis zur Bauleistung lassen sich die Entsorgungskosten dann als Nachhaltigkeitskennzahl weiterverfolgen.
- sonstiger Medienverbauch (Wasser, etc.)
Diese Kennzahlen lassen sich ebenfalls monetär aus der Buchhaltung ableiten und in Analogie zum Energieverbrauch bzw. den Entsorgungskosten betrachten.

Ökonomische Kennzahlen

- Eigenkapitalquote,
- Umsatzrentabilität,
- sowie weitere ökonomische Kennzahlen, die bereits typischer Bestandteil des laufenden Controllings sind, vgl. Kap. 16.

Die einseitige Optimierung einzelner Parameter führt nicht dazu, dass das Unternehmen in Gänze nachhaltiger wirtschaftet, da andere Parameter negativ beeinflusst werden. Ziel ist es daher, in Summe über alle Nachhaltigkeitskriterien einen möglichst optimalen Wert zu erzielen und die einzelnen Parameter in ein ausgewogenes Verhältnis zu bringen. Wie Studien zeigen, kann damit der Erfolg und die Stabilität des Unternehmens begünstigt werden, siehe Kap. 22.

Zur Abrundung des Controllings können die Kennzahlen in die Planung und laufende Kontrolle einbezogen werden, um so eine nachhaltigkeits- und erfolgsorientierte Unternehmenssteuerung zu ermöglichen.

Literatur

Edmans, A.: 28 Years of Stock Market Data Shows a Link Between Employee Satisfaction and Long-Term Value, Harvard Business Review, 24.3.2016, Online unter: https://hbr.org/2016/03/28-years-of-stock-market-data-shows-a-link-between-employee-satisfaction-and-long-term-value, zuletzt geprüft am 7.9.2021

Figge, F.; Hahn, T.; Schaltegger, S.; Wagner, M.: Sustainability Balanced Scorecard, Universität Lüneburg, Lüneburg, 2001, http://www2.leuphana.de/umanagement/csm/content/nama/downloads/download_publikationen/10-8downloadversion.pdf, Abruf: 18.04.2016.

Greiling, Dorothea; Ther, Daniela: Leistungsfähigkeit des Sustainable Value-Ansatzes als Instrument des Sustainability Controlling, in: Prammer, Heinz Karl (Hrsg.): Corporate Sustainability, Gabler, Wiesbaden, 2010.

Hauptverband der Deutschen Bauindustrie (Hrsg.): Betriebsstruktur im Bauhauptgewerbe, https://www.bauindustrie.de/zahlen-fakten/bauwirtschaft-im-zahlenbild/betriebsstruktur-im-bauhauptgewerbe, 2021, Abruf: 13.9.2021.

Hilbert, S.: Nachhaltigkeitscontrolling, in: Englert, M; Terès, A. (Hrsg.): Nachhaltiges Management, Springer Gabler, Berlin, 2019

Meyer, Jörn-Axel (Hrsg.): Nachhaltigkeit in kleinen und mittleren Unternehmen, Eul, Lohmar, 2011.

Nessler, C.; Fischer, M.-T.: Social-Responsive Balanced Scorecard, Springer Gabler, Wiesbaden, 2013.

Ries, A; Wehrum, K.: Determinanten eines integrativen Nachhaltigkeitsmanagements und -controllings, in: Controller-Magazin, Nr. 2, 2011, S. 26–30

Tschandl, M.; Posch, A. (Hrsg.): Integriertes Umweltcontrolling, Gabler, Wiesbaden, 2012.

ZWH (Hrsg.): Nachhaltigkeitsnavigator Handwerk, online unter: https://nachhaltiges-handwerk.de/instrumente/navigator/, Abruf: 30.03.2022

Nachhaltigkeitsmarketing 25

Das moderne Marketing versteht sich als Disziplin zur Optimierung jeder Art von Austauschprozessen (vgl. Meffert et al. 2019). Dazu gehört klassischerweise die Vermarktung von Produkten und Dienstleistungen, jedoch auch Überlegungen im Rahmen der Personalbeschaffung und der Öffentlichkeitsarbeit. Darüber hinaus stellt es die Ausrichtung des Unternehmens auf den Adressaten, in der Regel die Auftraggebenden dar, wodurch Unternehmensziele und Kundenziele aufeinander abgestimmt werden. Die so gewonnene Zielsetzung dient wiederum als Basis für das Controlling.

Griese beschreibt den Grundgedanken des Nachhaltigkeitsmarketings als die umwelt- und sozialorientierte Führung eines Unternehmens. Dabei sind alle betrieblichen Marketingentscheidungen auf ein Werteschaffen ausgerichtet. Diese Werte können ökonomisch (mehr Profit und Umsatz), umweltbezogen (z. B. effiziente Ressourcennutzung) oder sozialorientiert (z. B. faire Bezahlung der Zulieferer und Mitarbeiter) sein. Mit einbezogen werden dabei die Anforderungen des Marktes (Kundenorientierung), Bedingung des Wettbewerbs (Wettbewerbsorientierung) unter der Beachtung sozialer und ökologischer Standards (vgl. Griese 2015, S. 3).

Anforderungen aus Perspektive der Nachhaltigkeit müssen dabei mit den Unternehmenszielen in Einklang gebracht, und daraus Strategien und Maßnahmen zur Gestaltung von Leistungen, Preisen, Vertriebsaktivitäten und der Kommunikation abgeleitet werden. Die Aspekte der Nachhaltigkeit repräsentieren insofern die Unternehmens- und Kundenziele, auf die das Marketing ausgerichtet wird. Praktisch können aber Nachhaltigkeitsziele mit den Kundenzielen nicht gleichgesetzt werden, da sie oftmals einer höheren Zielsetzung der Gesellschaft entsprechen, die bei den aktuellen Adressaten noch nicht in realen Bedarf umgesetzt ist. Daher kommt es auch auf die Identifizierung des relevanten Marktes an, der als Ausgangspunkt für die Adressierung von Nachhaltigkeitsaspekten geeignet ist. Im Folgenden seien dazu einige Auftraggebersegmente und deren Bedürfnisse beschrieben.

Markt für Nachhaltigkeit

Im privaten Bereich sind es beispielsweise die sogenannten LOHAS, Menschen mit einem Lebensstil, der Gesundheit und Nachhaltigkeit fokussiert und 2015 fast 28 % der Konsumenten in Deutschland ausmacht (Statista 2021a). Aufgrund ihrer überdurchschnittlichen Bildung und eines hohen Einkommens sind sie eine interessante Zielgruppe für Baubetriebe bzw. Bauträger beim Bau von Eigenheimen. LOHAS sind Konsumenten, die Verantwortung für soziale und ökologische Lebensbedingungen und für die folgenden Genrationen übernehmen möchten. Dies zeigt den Trend eines veränderten gesellschaftlichen Werte- und Konsumverhaltens. Während Anfang des 21. Jahrhunderts noch eine „Geiz ist geil"-Mentalität und „Wegwerfgesellschaft" im Vordergrund stand, geht es inzwischen viel mehr um den Bezug zu lokal bzw. regional hergestellten, nachhaltigen Produkten und CO_2-Neutralität. LOHAS verbinden, bisher als gegensätzlich angesehene Konsumbedürfnisse wie Nachhaltigkeit und Genuss, Umweltorientierung und Design, Ethik und Luxus. Lifestyle und Ästhetik sind wichtige Kaufkriterien für LOHAS (vgl. Helmke 2016, S. 5 f.). Das Interesse am Bereich Bauen und Wohnen ist bei ihnen deutlich höher ausgeprägt als im Durchschnitt der Bevölkerung (Statista 2021b). Sie bevorzugen nicht nur nachhaltige Produkte und Dienstleistungen, sondern sind zudem bereit, mehr dafür zu bezahlen (Statista 2021c).

Immobilien stellen im Finanzbereich eine Anlageklasse (Assetklasse) genauso wie z. B. Anleihen, Fonds oder Aktien dar. Vor diesem Hintergrund orientieren sich Immobilienunternehmen und –Fonds an den Rahmenbedingungen der Finanzbranche im Allgemeinen, und z. B. den Regularien der EU-Taxonomie für eine nachhaltige Finanzwirtschaft im Besonderen, wie bereits in Kap. 20 beschrieben wurde. Nachhaltige Anlagemöglichkeiten erfreuen sich großer Beliebtheit. Wesentlich für die Investoren sind dabei standardisierte und verlässliche Kriterien zur Identifikation von nachhaltigen Anlagen. Diese Anforderung können die vorhandenen Nachhaltigkeitszertifikate der deutschen DGNB, das amerikanische LEED-Siegel oder das britische BREEAM-System erfüllen, die sich inzwischen zum Standard für die Branche entwickelt haben und in den Haupt-Immobilienmärkten zur Anwendung kommen, in denen vor allem internationale Anleger investieren. Die breite Masse der Gebäude ist und wird aber nicht entsprechend zertifiziert, weil zum einen die entsprechende Nachfrage institutioneller Anleger fehlt und andererseits allein der Zertifizierungsprozess mit bis zu 100 T€ Kosten zu Buche schlagen kann. Das ist für das durchschnittliche Immobilienprojekt nicht wirtschaftlich, auch wenn die Gebäude durchaus umfangreiche Nachhaltigkeitsmerkmale aufweisen. Im Wohnungsbereich können inzwischen ganze Quartiere zertifiziert werden. Das kann für einzelne Wohnungsunternehmen interessant sein, wenn sie sich am Kapitalmarkt refinanzieren müssen und Zugang zum Markt für nachhaltige Anleihen erlangen wollen. Darüber hinaus befinden sich Bewertungsverfahren in der Entwicklung, die Wohnungsunternehmen als Ganzes in den Fokus nehmen (vgl. Blecken und Meinen 2020, S. 115). Ergänzend dazu sei nochmals auf die Kriterien zur Bewertung einer nachhaltigen Immobilienwirtschaft im Rahmen des EU Green Deals bzw. der sogenannten EU Taxonomie Sustainable Finance hinzuweisen (vgl. Kap. 20). Diese Rahmenbedingungen werden in den nächsten Jahren dazu führen, dass auch Bauherren ausserhalb der Haupt-Immobilienmärkte verstärkt Nachhaltigkeitsaspekte nachfragen. Tendenziell ist dies schon an den aktuellen Förderrahmenbedingungen erkennbar, denn die Bundesförderung für effiziente Gebäude (BEG) mit Nachhaltigkeitsklasse ist nur mit dem Erreichen des Qualitätssiegels Nachhaltiges Gebäude (QNG) förderfähig (KfW 2022).

Das größte deutsche Wohnungsunternehmen VONOVIA erstellt einen jährlichen Nachhaltigkeitsbericht nach dem Standard der Global Reporting Initiative (GRI – www.globalreporting.org). In diesem Rahmen wird auch die Beschaffung begutachtet (vgl. Vonovia SE 2020). Gegenüber 2019 wurde im Jahresabschluss 2018 das Thema noch ausführlicher behandelt. Dort wurde angegeben, dass keine Vorfälle von Nichteinhaltung von Umwelt-, Menschenrechts-, Arbeitsstandard- oder Korruptionskriterien zu verzeichnen waren. Alle Lieferanten werden dabei auf die Standards des unternehmenseigenen Geschäftspartnerkodex verpflichtet. Allerdings findet ein Audit bzw. eine Überprüfung der Lieferanten bis heute nicht systematisch statt. Im Zuge der o. g., gesetzlichen Rahmenbedingungen in der EU bzw. mit Blick auf die Refinanzierungsmöglichkeiten, könnte sich die Praxis in Zukunft jedoch ändern.

Für kleine Wohnungsunternehmen und Privatanleger im Wohnungsbereich spielen Nachhaltigkeitszertifikate bislang (bis auf das neue QNG, siehe oben) so gut wie keine Rolle. Die Branche befürchtet eher zunehmende Belastungen durch gesetzliche Regelungen, da man sich bereits mit den vorhandenen Auflagen in Zusammenhang mit dem Gebäudeenergiegesetz (GEG) (ehemals Energieeinsparverordnung (EnEV), Energieeinsparungsgesetz (EnEG) und Erneuerbare-Energien-Wärmegesetz (EEWärmeG)) bereits stark belastet sieht (vgl. BFW 2020). Ausgangspunkt für mehr Nachhaltigkeit im Wohnungsbau können neben der Regulierung (z. B. auf Basis der EU Taxonomie Sustainable Finance) insofern die Mieter sein. Insgesamt zeigt sich dort ebenfalls der Trend zu mehr Nachhaltigkeit. Wichtige Kriterien sind neben den ökologischen (Heizung) und ökonomischen (Miete) auch soziale. Sie äußern sich speziell durch die Bedeutung des Außen-Bezug in Zusammenhang mit natürlicher Beleuchtung, einem Freisitz und gepflegten Außenanlagen als Erholungsaspekte (vgl. Schroeder 2018). Ergänzend dazu wurde in einer anderen Forschung zum Werteinfluss von Nachhaltigkeitsaspekten auf den Immobilienwert festgestellt, dass vor allem der Aspekt Lärm (ökologisches Kriterium) Einfluss auf die Standortwahl bzw. den Wert von Wohngebäuden hat (vgl. Meinen et al. 2019).

Nachhaltigkeitsberichte, Konzernstrategien und Aussagen aus dem Management großer, national und international tätiger Unternehmen zeigen, dass Nachhaltigkeit auch in der Industrie ein wichtiges Handlungsfeld darstellt, nicht nur aufgrund der inzwischen gesetzlich verankerten Berichtspflichten, vgl. Kap. 20. Vielfach handelt es sich dabei um imagegetriebene Nachhaltigkeitsberichte, in denen Aktivitäten in Zusammenhang mit sozialer Verantwortung und Umweltschutz dokumentiert werden.

Das Chemieunternehmen BASF schreibt auf seiner Webseite, dass bei der Auswahl von Lieferanten sowie der Beurteilung neuer und bestehender Lieferbeziehungen neben wirtschaftlichen Kriterien auch der Schutz der Umwelt, die Einhaltung von

Menschenrechten, Arbeits- und Sozialstandards sowie Antidiskriminierungs- und Antikorruptionsvorgaben relevant sind. Dazu gehört als Voraussetzung, dass die Lieferanten ein zertifiziertes Qualitäts- und Arbeitsschutzmanagementsystem vorweisen können, aber auch ein Verhaltenskodex für Lieferanten, in dem grundlegende Umweltschutz und Governance-Kriterien, sowie gesellschaftliche Verpflichtungen definiert werden. Geprüft werden diese Verhaltensvorgaben bei der Vergabe nicht zwingend, allerdings behält sich das Unternehmen das Recht vor, Audits oder Bewertungen durchzuführen, um sicherzustellen, dass Gesetze, Regeln und Standards eingehalten werden. Andernfalls werden geeignete Maßnahmen hinsichtlich der Geschäftsbeziehung angedroht. BASF behält sich dabei zudem das Recht vor, jegliche Beziehung abzubrechen, wenn gegen internationale Prinzipien verstoßen wird, keine Maßnahmen ergriffen werden, um Verstöße zu beheben oder systematische Verstöße erkennbar sind (Moore-Braun 2020). Auf dem Gelände des Stammwerks in Ludwigshafen werden die sogenannten Kontraktoren aktiv in das vorhandene Qualitäts- und Sicherheitsmanagementsystem eingebunden wobei eine direkte, zunächst finanzielle Sanktionierung von Verstößen erfolgt. Explizit geht es dabei allerdings nicht um die Einhaltung von sozialen oder Umweltstandards im Sinne der Nachhaltigkeit. Im Fokus steht die vertragsgemäße Leistungserbringung und die Vermeidung von (Arbeits-)Unfällen, auch mit Blick auf das Image des Unternehmens.

Zunehmend wird spürbar, dass, vornehmlich größere privatwirtschaftliche und halböffentliche Auftraggeber einem eigenen Nachhaltigkeitsmanagementsystem unterwerfen. Zum Beispiel hat die Deutsche Bahn in diesem Rahmen einen Verhaltenskodex für ihre Geschäftspartner entwickelt, in dem sich diese zum nachhaltigen Wirtschaften verpflichten müssen (Deutsche Bahn AG 2013). In dieser Folge werden zukünftig Nachhaltigkeitsaspekte zu Vergabekriterien werden. Schon jetzt müssen Lieferanten Daten für das Bewertungssystem zur Verfügung stellen.

Das Umweltbundesamt hat in diesem Zusammenhang ein Rechtsgutachten herausgegeben, das die Möglichkeiten der umweltfreundlichen, öffentlichen Beschaffung thematisiert (vgl. BMU 2020). Die Richtlinien 2014/23/EU, 2014/24/EU und 2014/25/EU vom 26. Februar 2014 enthalten Vorgaben für die Vergabe öffentlicher Aufträge und Konzessionen, die von den Mitgliedstaaten bis zum 18. April 2016 in nationales Recht umzusetzen waren. Dem Gesichtspunkt der Nachhaltigkeit bei der Beschaffung wird in den Richtlinien verstärkt Rechnung getragen: In jeder Phase eines Verfahrens –von der Leistungsbeschreibung über die Festlegung von Eignungs-und Zuschlagskriterien bis hin zur Vorgabe von Ausführungsbedingungen –können qualitative, soziale, umweltbezogene oder innovative Aspekte berücksichtigt werden (vgl. z. B. Art. 18 Abs. 2, Art. 42 Abs. 3 Buchstabe a, Art.43, Art. 44, Art. 57 Abs. 4 Buchstabe a, Art. 67 Abs. 2, Art. 70 Richtlinie 2014/24/EU). In Deutschland wurden diese Regelungen durch eine Änderung des Gesetzes gegen Wettbewerbsbeschränkungen (GWB) in nationales Recht umgesetzt sowie durch den Erlass mehrerer Rechtsverordnungen –der Verordnung über die Vergabe öffentlicher Aufträge (Vergabeverordnung –VgV), der Verordnung über die Vergabe von Konzessionen (Konzessions-vergabeverordnung –KonzVgV) und der Verordnung über die Vergabe von öffentlichen Aufträgen im Bereich des Verkehrs, der Trinkwasserversorgung und der Energieversorgung (Sektorenverordnung –SektVO). Die Rechtsänderungen sind am 18. April 2016 in Kraft getreten. Behörden und Einrichtungen des Bundes wurden in der Folge unter anderem verpflichtet, Lebenszykluskosten zu minimieren, bei geeigneten Dienstleistungsaufträgen Vorgaben einer Zertifizierung nach einem Umweltmanagementsystem (z. B. EMAS) als Nachweis der technischen Leistungsfähigkeit eines Bieters zu machen und sich bis spätestens 2020 an biodiversitätserhaltenden Standards zu orientieren (vgl. Deutscher Bundestag 2018, S.6 f.).

Im Dezember 2019 hat sich die Europäische Union auf eine einheitliche Taxonomie geeinigt, mit der definiert wird, was Nachhaltigkeit im Immobiliensektor bedeutet. Diese Ordnung wird als Ausgangspunkt für die Schaffung europäischer bzw. nationaler Gesetze und Rahmenbedingungen für das nachhaltige Bauen dienen und auch Auswirkungen auf die Bauwirtschaft haben, siehe Kap. 20. Seit Oktober 2020 wird in der neuen Vergabestatistik die Umsetzung von Vorgaben der nachhaltigen Vergabe dokumentiert (vgl. BMWi 2020). Das Land Baden-Württemberg beispielsweise, hat dazu eine Arbeitshilfe für die Beschaffung in Kommunen herausgegeben (vgl. LUBW 2017). Auch das Bundesministerium für wirtschaftliche Zusammenarbeit und Entwicklung stellt gemeinsam mit der KfW einen Leitfaden zur Berücksichtigung von Nachhaltigkeitsaspekten bei Ausschreibungen in Vorhaben der finanziellen Zusammenarbeit zur Verfügung, in dem auch Aspekte des Bauwesens berücksichtigt wurden (vgl. KFW Bankengruppe 2014). Insgesamt ist zu erwarten, dass in naher Zukunft Nachhaltigkeitskriterien eine stärkere Rolle bei der Vergabe spielen werden.

Gelingt also die Abstimmung von realem Bedarf und Leistungsangebot, so können neue Märkte geschaffen, bestehende Märkte erweitert oder zumindest erhalten werden (Abb. 25.1). Ein wichtiger Schlüssel sind dabei die übergeordneten Unternehmensziele und die damit zusammenhängenden Marketingziele (Mission/Leitbild). Beim Nachhaltigkeitsmarketing kann es vor diesem Hintergrund entweder um eine Anpassung an die, sich ändernden Umwelbedingungen (Gesellschaftlicher Megatrend Nachhaltigkeit, gesetzliche Vorgaben, etc.) gehen. Indiesem Fall ist zu klären, welche Kundenanforderungen gestellt werden, die durch das Unternehmen zu adaptieren sind. Oder es geht um die Verwirklichung eines Unternehmens-Leitbildes, das Nachhaltigkeit einschließt. Dann ist zu untersuchen, welche Kundensegmente zur Ansprache geeignet sind und wie sich der Markt ggf. erweitern lässt. Die Gefahr beider Extreme ist entweder als „Blender" identifiziert zu werden (Greenwashing) oder als Idealist keine aktive Positionierung am Markt vorzunehmen, sodass Kunden nicht aufmerksam werden. Im Hinblick auf eine verantwortungsvolle Markenführung sollten insofern Offenheit für den Einfluss der Anspruchsgruppen, Transparenz, Fairness und Engagement für die Erreichung von Nachhaltigkeitszielen angestrebt werden (Schmidt 2019, S.493 ff).

Im Rahmen der Marktanalyse ist also zunächst zu klären, welches Potential der Baumarkt im Hinblick auf Leistungen mit Nachhaltigkeitsbezug hat. Dabei kann es darum gehen, ob Leistungen im Zusammenhang mit dem nachhaltigen Bauen angeboten, oder ob klassische Bauleistungen mit der Nachhaltigkeitsdiskussion verknüpft sind und die Kommunikationspolitik angepasst werden können. Mit Blick auf die Marketing-

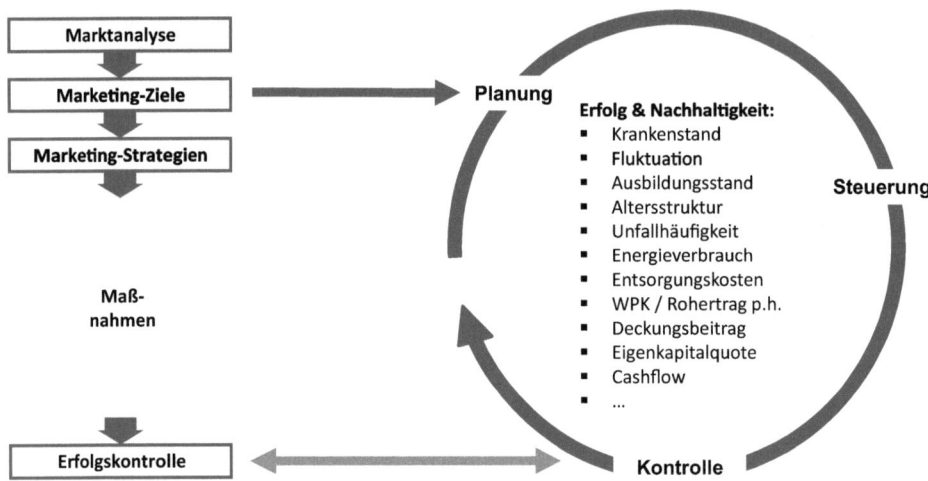

Abb. 25.1 Zusammenhang von Marketing und Controlling

ziele des Unternehmens gilt es damit festzulegen, ob es um nachhaltige Leistungen als Kerngeschäft, oder um die Ausrichtung des Unternehmens auf das Thema Nachhaltigkeit gehen soll. Bei der Formulierung der Zielsetzung sind alle möglichen Stakeholder wie Anteilseigner, das Management, Kunden, Lieferanten, das eigene Personal und die Öffentlichkeit etc. zu bedenken. Typisch für das Thema Nachhaltigkeit ist dabei, dass Einzelzielsetzungen miteinander konkurrieren, da ökonomische, ökologische und soziokulturelle Ziele z. T. gegensätzlich sind. Beispiele dafür sind die Intensität der Ausbildungstätigkeit und die laufende Rendite, die Kosten für nachhaltige Baustoffe und der am Markt erzielbare Preis für eine Bauleistung bestimmter Qualität. Bei der Strategieentwicklung ist unter anderem zu klären, inwiefern eine Marktdurchdringung, -erweiterung oder Neuentwicklung durch innovative Leistungen möglich ist.

Für die Umsetzung der Nachhaltigkeitsziele stehen die bekannten Strategieoptionen des Marketings zur Verfügung, vgl. Abschn. 7.3.

Im Zusammenhang mit den Marketingmaßnahmen kann dann die Konzeption von nachhaltigkeitsorientierten oder -optimierten Leistungen nachgedacht werden, sofern sie die Zielausrichtung und die Marktgegebenheiten (Marktanalyse) treffen. Wesentlich sind dabei auch die Preispolitik und die Kommunikationspolitik. Wenn neue Nischenleistungen erschlossen werden, kann oder muss das innovative Angebot möglicherweise zu anderen Preisen angeboten werden, um sich von konventionellen Leistungen abzuheben. Oft ist es auch allein die Kommunikationspolitik, die einer Anpassung bedarf, weil sie die wesentlichen Aspekte der Marketingstrategie und der Produkt-, Preis- und Vertriebsgestaltung sichtbar macht.

Besonderheiten der nachhaltigen Produkt- bzw. Leistungspolitik
Entscheidungen, die in der Produkt- und Leistungspolitik getroffen werden, beeinflussen Aspekte wie Qualität und Langlebigkeit. Die Verwendung von hochwertigen reparaturfähigen Materialien führt zur Steigerung der Kundenzufriedenheit und schont die Umwelt. Außerdem entscheidet sich bereits in der Produktentwicklung, ob ein Produkt nach seiner Verwendung entsorgt werden muss, wiederverwendet oder in seine ursprünglichen Bestandteile zerlegt recycelt werden kann (vgl. Weber 2015, S. 13). Das Life Cycle Assessment (LCA) kann dabei eine Methode sein, die Nachhaltigkeit eines Produktes zu bewerten und mögliche Probleme zu erkennen. Es werden alle Ressourcen, die mit dem Produkt in Verbindung stehen untersucht, dazu gehören „Inputs" wie zum Beispiel Energie, Rohstoffe und Wasser und „Outputs", zum Beispiel Emission und Abfall. Die Erkenntnisse des LCA bilden die Voraussetzung für Veränderungen und Weiterentwicklungen von Produkten (vgl. Pastoors und Scholz 2018, S. 26).

Eine Besonderheit bei der Ausgestaltung einer nachhaltigen Produkt- bzw. Leistungspolitik bei bauausführenden Unternehmen ist, dass sie nur über eingeschränkten Einfluss auf die Gestaltung des Produkts verfügen. Dies ergibt sich aus der Auftragsfertigung, bei der die Produkteigenschaften im Wesentlichen durch die Auftraggeberseite bestimmt werden. Die Gestaltungsmöglichkeiten sind bei öffentlichen Vergaben dabei fast ausgeschlossen, bei privaten Haushalten und privatwirtschaftlichen Auftraggebern sind sie am höchsten. Dabei spielt die Tiefe der vertikalen Leistungsintegration (d. h. der übernommene Planungsanteil) eine wesentliche Rolle. Die Eigenschaften des Produkts „Bauwerk" sind inzwischen bereits stark von Nachhaltigkeitsüberlegungen durchdrungen, speziell im Hinblick auf die etablierten Zertifizierungssysteme für Gebäude (entspricht dem Life Cycle Assessment, s.o.). Bauunternehmen können in Ergänzung dazu den Prozess der Leistungserstellung unter Nachhaltigkeitsgesichtspunkten betrachten. Hofmann hat in diesem Zusammenhang 19 produktabhängige Kriterien in fünf Geschäftsprozessen identifiziert (Hofmann 2017, S. 260):

Beschaffung von Produktionsfaktoren:
- Beschaffung ökologischer (zertifizierter) und wiederverwerteter Baustoffe (beeinflussbar, sofern nicht in Ausschreibung konkretisiert)
- Anteil von Holz aus nachhaltiger Aufforstung
- Regionale Beschaffung von Baustoffen
- Auswahlstandards für die Beauftragung von Nachunternehmerleistungen
- Regionale Vergabe von Nachunternehmerleistungen

Baulogistik:
- Konzept der internen und externen Baulogistik (siehe auch Vertriebspolitik, im Folgenden)

Bauausführung:
- Verwendung alternativer wiederaufbereiteter Recyclingbaustoffe
- Abfall- und Recyclingmanagement auf der Baustelle
- Maßnahmen zur Vermeidung von Luftverschmutzungen
- Maßnahmen gegen Bodenkontamination
- Wasserschutzmaßnahmen und Brauchwassernutzung
- Kostenlose Trinkwasserversorgung auf der Baustelle
- Vorhandensein einer „Grüne Baustelle" Verordnung
- Arbeitssicherheit auf der Baustelle
- Lärmschutzmaßnahmen
- Verwendung ökologischer Baumaschinen
- Dienstreise- und Besprechungsmanagement

Abnahme:
- Abnahme- und Inbetriebnahmemanagement

Personalwirtschaft und -entwicklung:
- Spezifische Nachhaltigkeitsqualifikation von Baustellenführungskräften

Besonderheiten der nachhaltigen Preispolitik
Ein nachhaltig handelnder Betrieb ist zunächst einmal in der Premiumpreispositionierung zu verorten. Durch diese Spezialisierung bedient er nicht die Überallerhältlichkeit einer Mittelpreispositionierung. Außerdem zeichnet er sich durch die oben genannten Eigenschaften eines Premiumproduktes aus. Insbesondere ist hier der ethische Mehrwert zu nennen.

Das Premiumsegment profitiert von einem steigenden Wohlstand in der Gesellschaft. Im Bereich der privaten Haushalte stärkt auch der demographische Wandel dieses Segment, da Kunden älteren Lebensalters bevorzugt auf teure Produkte zurückgreifen. Die Positionierung im Premiumsegment erlaubt höhere Preisaufschläge. Jedoch ist dieses auch mit einigen Risiken verbunden. Eine Schwierigkeit besteht darin, das hohe Qualitätsniveau zu positionieren und zu halten. Eine imagebasierte Abgrenzung ohne entsprechende Qualität ist auf Dauer nicht zielführend. Eine dauerhaft hohe Qualität ist mit hohen Kosten und mehr Komplexität verbunden. Es ist darauf zu achten, dass diese hohen Herstellungskosten stets durch einen noch höheren Verkaufspreis kompensiert werden. Kosten, die diesem entgegenwirken, sind unbedingt zu vermeiden (vgl. Simon und Fassnacht 2016, S. 67).

Diese Positionierung ist speziell bei der Bearbeitung neuer Marktbereiche und speziellen Segmenten im privatwirtschaftlichen Umfeld hilfreich. In Zusammenhang mit öffentlichen Vergaben wird die Preispositionierung durch das stark strukturierte Ausschreibungsverfahren, die festgelegten Leistungen und die Fokussierung auf den Preiswettbewerb stark eingeschränkt. Hier werden die Wettbewerbssituation und die Kosten eines, den Nachhaltigkeitsanforderungen des Auftraggebers entsprechenden Baubetriebs, ausschlaggebend sein. Zudem sei angemerkt, dass nachhaltiges Wirtschaften in der Regel auch die Möglichkeit zur Kostenreduzierung beinhaltet, vgl. Kap. 24.

Besonderheiten der nachaltigen Vertriebspolitik
Die Vertriebspolitik oder auch Distributionspolitik befasst sich mit den Vertriebswegen und der Logistik, die hinter einem Produkt oder einer Dienstleistung stehen. Dabei ist das oberste Ziel das richtige Produkt zur richtigen Zeit, am richtigen Ort, in der richtigen Menge, in der richtigen Qualität dem richtigen Kunden zum richtigen Preis anbieten zu können (Jünemann 1989). Das besondere bei der Bauproduktion an der Schnittstelle zwischen Produkt und Dienstleistung ist dabei, dass Auftraggebende unmittelbar an der Herstellung der Leistung beteiligt sind. Um den Kunden den Zugang zur Bauleistung so angenehm und einfach wie möglich zu machen, muss das Unternehmen besondere Services und Rahmenbedingungen anbieten (Meffert et al. 2018, S. 395).

Für Bauunternehmen ist hier zunächst die Entscheidung über den Unternehmensstandort zu nennen. Hiervon hängt die Erreichbarkeit und die Sichtbarkeit des Unternehmens fundamental ab. Auch für Unternehmen, die ihre Leistungen primär beim Kunden erbringen, wie es in der Bauwirtschaft der Fall ist, ist diese Entscheidung von großer Bedeutung, da so Einfluss auf das mögliche Einzugsgebiet und somit auf die Größe des Absatzmarktes genommen werden kann. Dasselbe gilt auch umgekehrt für die Erreichbarkeit durch Lieferanten, Baustoffhändler und nicht zu letzt für die Erreichbarkeit durch die eigenen Mitarbeiter, die teilweise täglich in die Firma und von dort auf die einzelnen Baustellen fahren. Unter Nachhaltigkeitsgesichtspunkten ist bei der Standortwahl fast immer die Nutzung bereits bestehender Gebäude und Räumlichkeiten dem Neubau vorzuziehen, da es nicht zu einer weiteren Flächenversiegelung kommt. Falls die Entscheidung dennoch auf den Neubau eines Betriebsgebäudes fällt, sollte bereits in der Planung von Gebäude und Außenanlagen das Thema Nachhaltigkeit berücksichtigt werden. So können bereits während des Entstehungsprozesses große Mengen Energie eingespart werden und benutzerfreundliche Maßnahmen umgesetzt werden (Belz 2005, S. 121; Grothe 2012, S. 156). Besonders für Unternehmen, bei denen zumindest Teile der Dienstleistung oder deren Anbahnung in den eigenen Geschäftsräumen stattfinden, sollten auch diese Nachhaltigkeitskriterien entsprechen, um nicht an Glaubwürdigkeit zu verlieren (Meffert et al. 2018, S. 323).

Wie bereits einleitend erwähnt, ist die Logistik von Waren und Gütern ein weiterer wichtiger Faktor der Vertriebspolitik. Zwar ist die Dienstleistung als solche weder lagerbar noch transportierbar, allerdings werden Produktionsfaktoren wie Materialien, Maschinen und Betriebsstoffe benötigt, welche durchaus gelagert und geliefert werden müssen (Meffert et al. 2018, S. 379). Hieraus ergibt sich für den Dienstleister die Frage, welche Produkte er lagert und welche Mengen er davon vorhält. Anderseits muss entschieden werden, welche Produkte und Maschinen nicht gelagert werden sollten und nur bei Bedarf objektbezogen gekauft oder gemietet werden. An diesem Punkt vereinigen sich ökonomische und ökologische Interessen, da viele der Ziele sich komplementär zueinander verhalten. So ist die Vermeidung von Leerfahrten unter ökonomischen genauso wie unter ökologischen Gesichtspunkten zu begrüßen (Griese 2015, S. 339). Gleichzeitig lohnt es sich sowohl ökologisch als auch ökonomisch alternative Antriebstechnologien zu berücksichtigen, statt ausschließlich auf Benzin und Dieselkraftstoffe zu setzen. Besonders die E-Mobilität, aber auch die Wasserstofftechnologie entwickeln sich fortlaufend weiter und werden auch ökonomisch immer attraktiver (Fraunhofer ISI et al. 2020; Weinrich 2019).

Eine weitere Stellschraube zur Stärkung der Nachhaltigkeit im Bereich Distribution und Logistik ist der Umgang mit Verpackungsmaterial (siehe auch Produktpolitik, oben). Hier bietet sich ein großes Potential, da der Verpackungsmüll häufig einen erheblichen Anteil an der gesamten entstehenden Abfallmenge darstellt (Corsten und Roth 2012, S. 136). Bauunternehmen sollten beim Thema Verpackungsmaterial das Gespräch mit ihren Lieferanten suchen, da sie selbst kaum direkten Einfluss auf die Verpackung der von ihnen genutzten Produkte haben. Eine Möglichkeit der Reduktion von Verpackungsmüll stellt jedoch die Bevorzugung von Mehrwegverpackungen und der Kauf von größeren Gebinden dar.

Besonderheiten der nachhaltigen Kommunikationspolitik
Für nachhaltig wirtschaftende Unternehmen ergeben sich im Bereich der Kommunikation einige besondere Aufgaben. An erster Stelle steht hier der Aufbau einer glaubhaften ökologischen und sozialen Identität. Diese darf unter keinen Umständen für einen kurzfristigen Erfolg geopfert werden. Schnell steht sonst der Vorwurf des Greenwashings im Raum, der zu einem deutlichen Imageschaden führt (Emrich 2015, S. 28).

Es zeigt sich, dass Nachhaltigkeit im Bereich der Kommunikationspolitik nur dann funktioniert, wenn diese ein Teil des ganzheitlichen Systems ist und nicht isoliert betrieben wird. Wie bereits erwähnt, sollte Nachhaltigkeit aufgrund einer intrinsischen Motivation und nicht ausschließlich wegen äußerer Einflüsse implementiert werden. Mission, Vision und Leitmotive bilden gewissermaßen das Grundgerüst, an dem zum einen Unternehmenskultur und Werte und zum anderen das Verhalten der Unternehmensangehörigen anknüpfen (Meffert et al. 2018, 180 f.). Daraus wird die, in sich schlüssige und zum Leitbild des Unternehmens passende Kommunikationsstrategie abgeleitet (Corsten und Roth 2012, S. 260).

Grundsätzlich gilt es bei der Erstellung der Kommunikationsmaßnahmen darauf zu achten, dass der individuelle Mehrwert in den Vordergrund gerückt wird und nicht -wie es in der frühen s.g. Ökowerbung der Fall war- der Umweltschutz bzw. der Nutzen für die Gesellschaft als Hauptargument angeführt wird. Diese Botschaften würden nur einen sehr kleinen Teil der potenziellen Kunden erreichen und nicht das volle Potenzial ausschöpfen (Belz 2005, 61 ff.).

Es zeigt sich, dass Kommunikationspolitik und die damit einhergehenden Maßnahmen stets eine Gradwanderung sind. Zum einen soll das eigene Unternehmen und Produkt in gutem Licht dastehen. Anderseits darf es mit dem Eigenlob nicht übertriebenen werden, da besonders die ökologisch-orientierten, anspruchsvollen Kunden

den Ruf haben, besonders kritisch zu sein. Der aufkommende Verdacht von Unglaubwürdigkeit und Greenwashing lässt sie schnell das Weite suchen (Stehr und Struve 2017, S. 158).

Nachhaltigkeitsmarketing zur Förderung der Kundenbindung
Bauprojekte führen aufgrund ihrer Intangibilität bis zur Fertigstellung zu empfundener Unsicherheit bei den Adressaten (Bauherr, Auftraggeber, Öffentlichkeit). Dieses Phänomen verursacht eine Reihe an Problemen, speziell bei Großprojekten wie Autobahnbauten, Flughäfen und Bahnhöfen, da sich die Adressaten nicht sicher fühlen können, dass das Versprochene später auch realisiert wird. Negative Erfahrungen und Berichte erhöhen die gefühlte Unsicherheit.

Zum Abbau der empfunden Unsicherheit suchen die Adressaten nach Ersatzindikatoren, da das fertige Bauwerk noch nicht greifbar ist. Solche vertrauensbildenden Ersatzindikatoren können Nachhaltigkeitskriterien sein, die einen gesellschaftlichen Konsens (vgl. Abschn. 23.1) abbilden und somit auch Aspekte des Kundenwunsches repräsentieren. Nachhaltigkeit steht in vielerlei Hinsicht in Bezug zu Gesichtspunkten wie Kontinuität und Dauerhaftigkeit – Kriterien, die eine große Rolle spielen, sofern Sucheigenschaften nicht zur Verfügung stehen. Da ein Bauprojekt nicht vor Baubeginn an vorhandenen Eigenschaften gemessen werden kann, nimmt die Bedeutung von Vertrauens- und Erfahrungswerten deutlich zu, vgl. Abb. 25.2. Glaubwürdigkeit kann geschaffen werden, indem durch Aktivitäten, wie z. B. Corporate Citizenship und Corporate Social Responsibility (CSR) der laufende Nachweis der Nachhaltigkeit erbracht wird und somit als Ersatzindikator dient. Auf der anderen Seite kann das Vertrauen in hohem Masse erschüttert werden, wenn Versprechen nicht eingehalten werden und somit

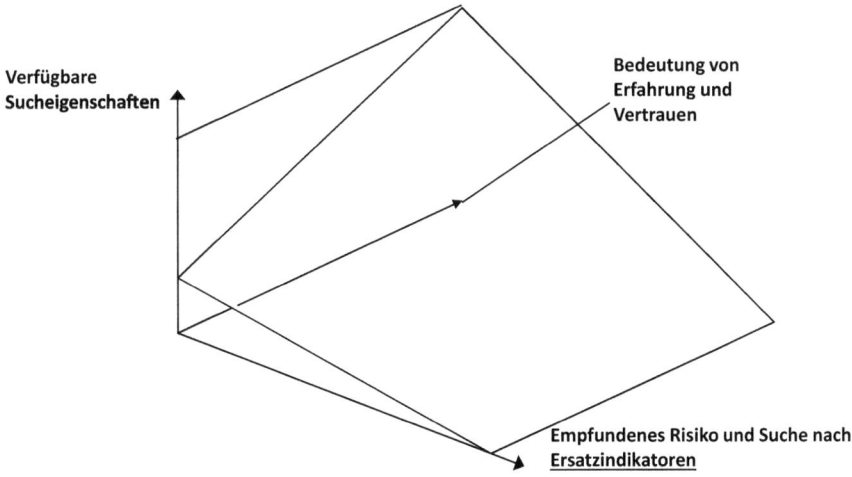

Abb. 25.2 Bedeutung von Ersatzindikatoren

zu extremer Kundenunzufriedenheit führen (vgl. Kano-Modell) (vgl. z. B. Bösener 2015 und Bruhn und Homburg 2013). Vor diesem Hintergrund lassen sich auch Managementsysteme zur Erreichung und Sicherung der angestrebten Nachhaltigkeitsziele einsetzen (vgl. Kap. 23).

Ziel des strategischen Nachhaltigkeitsmarketings ist es letztlich, dauerhafte Wettbewerbsvorteile zu generieren. Konkrete, strategisch nachhaltige Marketingziele sind vor allem die Schaffung einer glaubwürdigen Identität durch Interaktion mit Mitarbeitenden und Marktakteuren sowie die Generierung nachhaltiger Produkt- oder Lösungsinnovationen (vgl. Schrader und Diehl 2011, S. 324).

Literatur

Belz, F. (Hrsg.): Nachhaltigkeits-Marketing in Theorie und Praxis. Das 5. St. Galler Forum für Nachhaltigkeitsmanagement mit dem Titel „Nachhaltigkeits-Marketing: Grundlagen und Potenziale", das am 25. November 2003 an der Universität St. Gallen stattfand. St. Galler Forum für Nachhaltigkeitsmanagement „Nachhaltigkeits-Marketing: Grundlagen und Potenziale". 1. Aufl. Wiesbaden: Dt. Univ.-Verl. (Wirtschaftswissenschaft), 2005.

Blecken, U.; Meinen, H. (Hg.): Praxishandbuch Projektentwicklung, Reguvis, Köln, 2020

Bösener, K.: Kundenzufriedenheit, Kundenbegeisterung und Kundenpreisverhalten, Wiesbaden, Springer Gabler, 2015.

Bruhn, M; Homburg, C.: Handbuch Kundenbindungsmanagement, 8. Aufl., Springer Gabler, 2013.

BFW – Bundesverband freier Immobilien- und Wohnungsunternehmen (2020): BFW-Stellungnahme zum GEG-Entwurf: „Guter Ansatz – aber mit Änderungsbedarf!". Online abrufbar unter: https://www.bfw-bund.de/bfw-stellungnahme-zum-geg-entwurf-guter-ansatz-aber-mit-aenderungsbedarf-2/, Zuletzt geprüft am: 9.9.2020.

BMU – Bundesrepublik Deutschland, vertreten durch das Bundesministerium für Umwelt, Naturschutz und nukleare Sicherheit (Hrsg.): Umweltaspekte im Vergabeverfahren, 2020, online verfügbar unter: https://www.umweltbundesamt.de/themen/wirtschaft-konsum/umweltfreundliche-beschaffung/umweltaspekte-im-vergabeverfahren, zuletzt geprüft: 9.9.2020.

BMWi – Bundesministerium für Wirtschaft und Energie: Vergabestatistik: Start der bundesweiten elektronischen Vergabestatistik, 2020, online verfügbar unter: https://www.bmwi.de/Redaktion/DE/Artikel/Wirtschaft/vergabestatistik.html, zuletzt geprüft: 9.9.2020.

Corsten, H.; Roth, S.: Nachhaltigkeit. Wiesbaden: Gabler Verlag, 2012.

Christin Emrich (2015) DE GRUYTER. Nachhaltigkeits-Marketing-Management.

Deutsche Bahn AG: DB Verhaltenskodex für Geschäftspartner. Version 1.0. Hg. v. Deutsche Bahn AG, 2103. Online verfügbar unter https://www.deutschebahn.com/resource/blob/263330/cf3411affedc319233a8a6ee6d573391/geschaeftspartner-data.pdf, zuletzt geprüft am 16.03.2020.

Deutscher Bundestag (Hrsg.): Nachhaltige Vergabe öffentlicher Aufträge in Europa, 2018, Online verfügbar unter: https://www.bundestag.de/resource/blob/563330/67d010d82a4ffa7c73aa-864ec8d6b248/WD-7-080-18-pdf-data.pdf, zuletzt geprüft am: 9.9.2020.

Fraunhofer ISI; Fraunhofer IML; PTV Transport Consult GmbH: Teilstudie „Brennstoffzellen-Lkw: kritische Entwicklungshemmnisse, Forschungsbedarf und Marktpotential", zuletzt geprüft am 16.06.2020.

Grothe, A. (Hrsg.): Nachhaltiges Wirtschaften für KMU. Ansätze zur Implementierung von Nachhaltigkeitsaspekten. München: oekom, 2012.

Griese, K-M.: Einführung ins Nachhaltigkeitsmarketing. In: Griese, K.-M. (Hrsg.): Nachhaltigkeitsmarketing. Eine fallbasierte Einführung. Wiesbaden, 2015.

Hofmann, S.: Bewertung der Nachhaltigkeit von Bauunternehmen, Dissertation, Technische Universität Dortmund, 2017.

Jünemann, R.: Materialfluß und Logistik, Springer, Berlin, 1989.

KfW (Hrsg.): Bundesförderung für effiziente Gebäude (BEG), Online unter: https://www.kfw.de/inlandsfoerderung/Bundesf%F6rderung-f%FCr-effiziente-Geb%E4ude/, Abruf: 05.12.2022

KFW Bankengruppe: Toolbox. Ein Leitfaden zur Berücksichtigung von Nachhaltigkeitsaspekten bei Ausschreibungen in Vorhaben der Finanziellen Zusammenarbeit Version 1.0. Nachhaltige Auftragsvergaben, 2014, online verfügbar unter: https://www.kfw-entwicklungsbank.de/PDF/Download-Center/PDF-Dokumente-Richtlinien/Toolbox_Nachhaltige-Auftragsvergabe.pdf, Zuletzt geprüft am: 09.09.2020.

LUBW – Landesanstalt für Umwelt, Messungen und Naturschutz Baden-Württemberg: Nachhaltige Beschaffung konkret. Arbeitshilfe für den umweltfreundlichen und sozialverträglichen Einkauf in Kommunen. 2. überarbeitete Auflage, 2017, online verfügbar unter: https://um.baden-wuerttemberg.de/fileadmin/redaktion/m-um/intern/Dateien/Dokumente/2_Presse_und_Service/Publikationen/Umwelt/Nachhaltigkeit/Leitfaden_Nachhaltige_Beschaffung_konkret.pdf, zuletzt geprüft: 9.9.2020.

Moore-Braun, J.: Verhaltenskodex für Lieferanten. Ihr Engagement zählt, 2020, online verfügbar unter: https://www.basf.com/global/de/who-we-are/organization/suppliers-and-partners/sustainability-in-procurement/supplier-code-of-conduct.html, Zuletzt geprüft am: 10.09.2020.

Meffert, H.; Burmann, C.; Kirchgeorg, M.: Marketing, 13. Auflage, Gabler, Wiesbaden, 2019.

Meffert, H.; Bruhn, M.; Hadwich, K.: Dienstleistungsmarketing. Wiesbaden: Springer Fachmedien Wiesbaden, 2018.

Meinen, H.; Kock, K.; Burzlaff, S.: Nachhaltige Projektentwicklung unter besonderer Berücksichtigung der Bewertung bei Banken, Patzer Verlag, Berlin, 2019.

Pastoors, S. & Scholz, U.: Methoden zum Messen der Nachhaltigkeit von Produkten. In: Scholz, U., Pastoors, S., Becker, J. H., Hofmann, D., van Dun, R., (Hrsg.): Praxishandbuch Nachhaltige Produktentwicklung. Ein Leitfaden mit Tipps zur Entwicklung und Vermarktung nachhaltiger Produkte. Berlin. Springer, 2018, S. 23–30.

Schrader, U.; Diehl, B.: Nachhaltigkeitsmarketing durch Interaktion, in: Marketing Review St. Gallen, Nr. 27, 2011.

Statista a: Anteil der LOHAS-Konsumentengruppe, online unter: https://de.statista.com/statistik/daten/studie/270686/umfrage/haushalte-mit-umwelt-und-sozialethischer-konsumhaltung-in-deutschland/, zuletzt geprüft am 14.9.2021.

Statista b: Interessengebiete von LOHAS, online unter: https://de.statista.com/statistik/daten/studie/983442/umfrage/umfrage-unter-lohas-in-deutschland-zu-interessensgebieten/, Abruf: 14.9.2021.

Statista c: Einkaufsverhalten von LOHAS, online unter: https://de.statista.com/statistik/daten/studie/988199/umfrage/umfrage-unter-lohas-in-deutschland-zum-einkaufsverhalten/, Abruf 14.9.2021.

Stefan Helmke, John Uwe Scherberich, Matthias Uebel (2016) Springer Fachmedien Wiesbaden. Wiesbaden. LOHAS-Marketing.

Schroeder, H.: Was Mieter wollen, Hochschule Osnabrück, 2018, online unter: https://www.hs-osnabrueck.de/fileadmin/HSOS/Homepages/INWB/pdf/20180829_Was_Mieter_wollen_Studie_inwb.pdf, zuletzt geprüft am 14.9.2021.

Schmidt, H. J.: Marken mit Verantwortung: Entwicklung eines Bezugsrahmens der verantwortlichen Markenführung, in:Englert, M.; Ternès, A. (Hrsg.): Nachhaltiges Management, Springer Gabler, Berlin, 2019.

Simon, H. & Fassnacht, M.: Preismanagement, Strategie- Analyse- Entscheidung- Umsetzung, Wiesbaden, Springer, 2016.
Stehr, C.; Struve, F. (Hg.): CSR und Marketing, Springer, Berlin, 2017.
Vonovia SE (Hrsg.): Kennzahlen. Beschaffung. 2020. Online verfügbar unter: https://reports.vonovia.de/2019/nachhaltigkeitsbericht/daten/governance/beschaffung.html, zuletzt geprüft am 10.09.2020.
Weber, T. (Hg.): CSR und Produktmanagement, Springer, Berlin, 2015.
Weinrich, R.: Wasserstoff-Lkw: Die Schweizer machen's vor. eurotransport. Online verfügbar unter https://www.eurotransport.de/artikel/wasserstoff-lkw-die-schweizer-machen-s-vor-10891388.html, 2019, zuletzt geprüft am 16.06.2020.

Teil H
Digitalisierung in der Bauwirtschaft

Einordnung und Bedeutung 26

Digitalisierung ist neben Nachhaltigkeit eine der wichtigsten Herausforderungen bei der Ausrichtung der Bauwirtschaft auf die Zukunft. Dieses Kapitel liefert eine Einordnung, befasst sich mit den unterschiedlichen Aspekten der Digitalisierung in der Bauwirtschaft und zeigt Ansatzpunkte für die digitale Transformation der Branche auf.

Folgt man der Definition des Bundesministeriums für Wirtschaft und Energie, dann geht es bei der Digitalisierung einerseits um das Sammeln relevanter Informationen und deren Analyse. Andererseits um eine Vernetzung von allen wirtschaftlichen und gesellschaftlichen Bereichen (Bundesministerium für Wirtschaft und Energie 2015, S. 3). Schließlich müssen diese in zielgerichtete Handlungen umgesetzt werden, die, frei nach Kondratieff[1], in höhere Produktivität münden und sich hierdurch rechtfertigen. Gesamtwirtschaftlich gesehen kann diese Transformation durch die Optimierung von bestehenden Prozessen, aber auch durch neue Dienstleistungen geschehen. So sieht es auch der Branchenverband der Digitalwirtschaft, Bitkom (Bitkom e. V. 2021, S. 8). Zentral sind also eine zielgerichtete Datenerhebung und der Austausch entsprechender Informationen mit der Absicht, die Wertschöpfung zu erhöhen. Dabei helfen die verschiedensten, technologischen Lösungen, sei es Hardware oder Software.

Als angebotsbezogene Treiber für digitale Technologien können die

- Entwicklung der Rechnerleistung als Voraussetzung,
- wirtschaftliche Attraktivität der Nutzung und Verbreitung digitaler Daten aufgrund von Einspareffekten,

---

[1] Nach Kondriatieff entwickelt sich die Konjunktur in langen Zyklen, die sich entlang von bahnbrechenden Erfindungen bewegen und jeweils zu einer höheren Produktivität führen. Zu nennen ist hier z. B. die Industrialisierung (Dampfmaschine), die Eisenbahn, Elektrotechnik und inzwischen die Informationstechnologie (Erik Händeler (Hrsg.) 2013).

- zunehmende Vernetzung als Basis für neue Kommunikationsformen und eine schnelle Datenübertragung,
- stark wachsenden Datenmengen (Big Data) als Rohstoff und Herausforderung (Strukturierung) und
- mobile Datenübertragung gesehen werden (Kirchgeorg und Beyer 2016, S. 402).

Auf der anderen Seite kommt es auf die Nachfragenden an, die digitale Geschäftsmodelle akzeptieren müssen. Nach Erkenntnissen des Monitoring-Report Digitale Wirtschaft, stellen dabei bis zu 70 % der befragten Unternehmen Erfolge bei der digitalen Kundenkommunikation, Wissensaufbau oder Qualitätsverbesserung fest (Bundesministerium für Wirtschaft und Energie (Hrsg.) 2018, S. 14).

Aus politischer Sicht lagen mit der „Digitalen Agenda 2014–2017" erste Leitlinien der Bundesregierung für die Digitalisierung vor, in denen Zielsetzungen und Entwicklungsmöglichkeiten definiert wurden. 2016 veröffentlichte das Bundesministerium für Wirtschaft und Energie (BMWi) die „Digitale Strategie 2025", in welcher zehn konkrete Ziele und Maßnahmen zur Umsetzung benannt sind und insbesondere zur vernetzten, konzentrierten und institutionsübergreifenden Zusammenarbeit aufgefordert wird. Dies sind:

1. Ein Gigabit-Glasfasernetz für Deutschland bis 2025 aufbauen
2. Eine neue_Gründerzeit einleiten: Start-ups unterstützen und die Kooperation von jungen und etablierten Unternehmen fördern
3. Einen Ordnungsrahmen für mehr Investitionen und Innovationen schaffen
4. Die „Intelligente Vernetzung" in zentralen Infrastrukturbereichen unserer Wirtschaft vorantreiben
5. Die Datensicherheit stärken und Datensouveränität entwickeln
6. Neue Geschäftsmodelle für KMU, Handwerk und Dienstleistungen ermöglichen
7. Mit Industrie 4.0 den Produktionsstandort Deutschland modernisieren
8. Forschung, Entwicklung und Innovation bei digitalen Technologien auf Spitzenniveau bringen
9. Digitale Bildung in allen Lebensphasen realisieren
10. Eine Digitalagentur als modernes Kompetenzzentrum ins Leben rufen

Schwerdtner und Ellermann grenzen die Begriffe des digitalen Wandels in Anlehnung an Khare, Kessler und Wirsam ab. Dabei beschreibt der Begriff Digitalisierung zunächst die Anwendung digitaler Technologien und die Verarbeitung von Daten mit entsprechenden Auswirkungen auf Unternehmen und Gesellschaft. „Industrie 4.0" kann in diesem Zusammenhang als Vision betrachtet werden, in der Technologien vernetzt und über alle Wertschöpfungsstufen in Echtzeit und weitestgehend selbststeuernd verbunden sind. Den Übergang bzw. den Anpassungsprozess auf dem Weg von der Digitalisierung zur Vision, stellt die Digitale Transformation dar, in der Wertschöpfung und Geschäftsmodelle unter der Nutzung digitaler Werkzeuge gezielt angepasst werden (Schwerdtner und Ellermann

2019, S. 81 f.) in Verbindung mit (Khare et al. 2018, S. 104). Vor diesem Hintergrund kommt der Bewältigung des Wandels, dem sogenannten Change-Management eine besondere Bedeutung zu, das in Kap. 31 behandelt wird.

Obwohl schon um die Jahrtausendwende zahlreiche Projekte zur elektronischen Datenverarbeitung und Vernetzung zu finden waren und die erste Wirtschaftskrise im Jahr 2000 (sogenannte Dotcom-Blase) bewältigt wurde, stellt die digitale Transformation für Unternehmen und Gesellschaft auch heute noch eine wesentliche Herausforderung dar. Völlig neu ist das Thema Digitalisierung auch für die Bau- und Immobilienbranche nicht. Denn schon vor über 20 Jahren wurde intensiv über Austauschformate und objektorientierte Planung bis hin zu digitaler Vorfertigung diskutiert und geforscht. Die Umsetzung solcher Ansätze gelang jedoch nur sehr selten. Daher stehen viele Unternehmen immer noch am Anfang, wenn es um Digitalisierung geht. Nur 6 % der deutschen Bauakteure nutzten im Jahr 2016 digitale Planungsinstrumente vollständig (Roland Berger GmbH 2016, S. 13), obwohl die positive Auswirkung auf die Wettbewerbsfähigkeit von 50 % der Unternehmen bestätigt wird (Bertschek et al. 2019). Gleiches zeigt die Branchenmarkt-Studie „Digitalisierungsindex Mittelstand 2020/2021" der Telekom Deutschland und techconsult. Hier wurde festgestellt, dass lediglich 38 % der deutschen Bauakteure die Digitalisierung im Jahr 2020 fest in ihr Geschäftsmodell integriert haben. Zudem erreicht der Digitalisierungsindex im Baugewerbe unterdurchschnittliche 52 von 100 Punkten gegenüber dem Durchschnitt aller Branchen von 58 Punkten (techconsult 2020).

Festzustellen ist die hohe Dynamik, öffentliche Relevanz und Wahrnehmung des Themas Digitalisierung durch die Vielzahl an aktuellen Veröffentlichungen in einschlägigen Medien, der Tageszeitung oder im Rahmen von Vorträgen und Pressemitteilungen. Gleichzeitig ist die Halbwertszeit der Entwicklung sehr kurz, wodurch sich Innovationen bzw. der Stand der Wissenschaft und Technik schnell überholen.

Demgegenüber steht die reale, aktuell wenig fortgeschrittene Digitalisierung der Branche. So ist die Entwicklung der Bauwirtschaft einerseits durch viele neue Impulse, aber auch Verunsicherung über die richtigen und notwendigen Schritte geprägt. Hier und da wird vor den Auswirkungen der zu erwartenden Entwicklung gewarnt, andernorts die Notwendigkeit zur Veränderung beschworen oder gefeiert. Die Vielzahl und Komplexität der Materie, der möglichen Maßnahmen und Aspekte verlangt nach einer strukturierten und objektiven Vorgehensweise. Denn Ziel möglicher Veränderungsprozesse muss die strategische Ausrichtung auf die zukünftigen Rahmenbedingungen des Baumarktes unter Berücksichtigung von Chancen und Risiken sein. Nicht alles, was möglich ist, ist auch nötig, hilfreich oder unterstützt die Unternehmensziele.

Zwei Beispiele:
Häufig wird suggeriert, das alleinige Wohl der Kunden-Werbung sei in der Nutzung der sozialen Medien zu finden. Zunächst einmal gibt aber die Kundenanalyse darüber Auskunft, ob und in welchem Maße die relevante Zielgruppe überhaupt soziale Netzwerke nutzt und inwiefern sie daher für das eigene Geschäftsmodell als Kommunikations-

medium geeignet sind. Was für den B2C (Business to Consumer) Bereich oder die Mitarbeitergewinnung existentiell ist, muss im B2B (Business to Business) Bereich nicht genauso funktionieren.

IT-Anbieter präsentieren häufig umfangreiche Lösungen, die sehr viele interessante Funktionen haben. Praktisch ist aber z. T. eine effektive Verwendung erschwert, weil dem Aufwand für die Datenerhebung und -pflege kaum geschäftlicher Nutzen gegenübersteht.

Bei aller Digitalisierungseuphorie muss die Realität der Unternehmen beachtet werden. Denn, wie bereits erwähnt, zeigt der Blick in die Praxis, dass viele Unternehmen noch am Anfang stehen. Das liegt vor allem daran, dass bislang nur solche Daten strukturiert aufbereitet werden, die nutzbringend im Rahmen des eigenen Geschäftsmodells eingesetzt, oder durch Auftraggeber gefordert werden.

Zunächst muss also geprüft werden, welche Daten wirtschaftlich gesammelt und gewinnbringend verarbeitet werden können. Es sollte vor allem untersucht werden, von welchen Aspekten der Digitalisierung das Unternehmen betroffen ist und welche Chancen und Risiken sich daraus ergeben.

Der entscheidungsorientierte Managementansatz der marktorientierten Unternehmensführung kann hierbei als Orientierung dienen. Dabei werden drei übergreifende Bereiche untersucht (Kirchgeorg und Beyer 2016, S. 402 f.):

1. **Situation:** Warum ist die Digitalisierung notwendig?
2. **Ziele und Strategien:** Was ist zu erreichen und wie sollen die Digitalisierungsziele erreicht werden?
3. **Planung, Umsetzung und Kontrolle:** Welche Schritte müssen konkret zur Umsetzung der Strategie gegangen werden?

Schwerdtner und Ellermann schlagen zur Beantwortung der Fragen eins und zwei die Verwendung von Reifegradmodellen in Verbindung mit den Unternehmenszielen vor. Dabei sind zwei Fragen zentral:

1. Wie hoch ist der Digitalisierungsgrad im eigenen Unternehmen (Ist-Zustand)?
2. Wie hoch sollte der Digitalisierungsgrad im eigenen Unternehmen sein (Soll-Zustand)?

Das Reifegradmodell ist zunächst geeignet, um den Ist-Zustand auf verschiedenen Ebenen, d. h. der Prozess bzw. Unternehmensebene festzustellen. Mangelnde Digitalisierung bzw. ein verminderter Reifegrad an einzelnen Stellen rechtfertigt jedoch noch nicht die Ableitung von Maßnahmen. Erst in Verbindung mit den Unternehmenszielen bzw. der daraus abgeleiteten Strategie werden die Handlungserfordernisse deutlich (Schwerdtner und Ellermann 2019, S. 81–89), siehe auch Abb. 26.1.

Digitalisierung \ Strategieposition	Digitale Möglichkeiten Welche technischen Möglichkeiten stehen zur Unterstützung der Geschäftsprozesse zur Verfügung (Ist) bzw. müssen zukünftig zur Verfügung stehen (Soll)?	Digitale Anwendungstiefe Wie werden die informationstechnischen Möglichkeiten aktuell und in Zukunft genutzt?	Digitale Anwendungsbreite Wie verbreitet ist die Nutzung der IKT im Unternehmen? Ist eine Erweiterung nötig?
Marktfeld (Durchdringung / Entwicklung/ Diversifikation)	?	?	?
Stimulierung bzw. Wettbewerb (Präferenz / Kostenführer)	?	?	?
Parzellierung (Masse / Segment)	?	?	?
Marktgebiet (lokal / international)	?	?	?

Abb. 26.1 Strategieposition und Digitalisierung

Literatur

AHO (Hrsg.). (2020). *Projektmanagement in der Bau- und Immobilienwirtschaft – Standards für Leistungen und Vergütung* (Bd. 9). Köln: Reguvis.

Augsdörfer, U., & Ullrich, T. (2021). Innovative Informations- und Kommunikationstechniken im digitalen Gebäude- und Baumanagement. In C. Hofstadler, & C. Motzko, *Agile Digitalisierung im Baubetrieb* (S. 151–166). Wiesbaden: Springer Vieweg.

Bauer, U. (2021). Mitarbeiterführung in Zeiten der Digitalisierung. In C. Hofstadler, & C. Motzko, *Agile Digitalisierung im Baubetrieb* (S. 107–126). Wiesbaden: Springer Vieweg.

Bertschek, I., Niebel, T., & Ohnemus, J. (2019). *Beitrag der Digitalisierung zur Produktivität in der Baubranche.* (Z. -L.-Z. Mannheim, Hrsg.) Abgerufen am 2021 von www.zew.de: https://www.zew.de/fileadmin/FTP/gutachten/ZukunftBau_BBSR_Endbericht2019.pdf.

Bitkom e. V. (21. 09 2021). *Whitepaper Digitale Prozesse, 2016.* Von https://www.bitkom.org/sites/default/files/file/import/160803-Whitepaper-Digitale-Prozesse.pdf abgerufen.

Blecken, U., & Meinen, H. (Hrsg.). (2020). *Praxishandbuch Projektentwicklung.* Köln: Reguvis.

Bock, T., & Lauer, W. V. (2010). Automatisierung und Robotik im Bauen. *Arch+*, S. 34–39.

Bodden, J. L. (2017). BIM mit Einzelunternehmen – Strukturen und Vertragslösungen. *Bauwirtschaft*(2), S. 90–94.

Borrmann, A. K. (2015). Einführung. In M. K. A. Borrmann, *Building Information Modeling: technologische Grundlage und industrielle Praxis* (S. S. 1–19). Wiesbaden: Springer.

Budau, M., Talmon, P., & Haghsheno, S. (2019). Anwendungsmöglichkeiten der Blockchain-Technologie im Bauwesen. *Bauwirtschaft*(2), S. 112 bis 121.

Bundesarchitektenkammer 2020: https://bak.de/wp-content/uploads/2021/12/2020_BAK_Strukturbefragung_Bericht-SELBSTSTAeNDIGE_Gesamt.pdf

Bundesministerium für Wirtschaft und Energie (Hrsg.). (2014). *Jahreswirtschaftsbericht 2014.* Von https://www.bmwi.de/Redaktion/DE/Publikationen/Wirtschaft/jahreswirtschaftsbericht-2014.pdf?__blob=publicationFile&v=13 abgerufen.

Bundesministerium für Wirtschaft und Energie (Hrsg.). (2018). *Monitoring-Report Wirtschaft DIGITAL – Kurzfassung.* Berlin.

Bundesministerium für Wirtschaft und Energie. (2015). *Industrie 4.0 und Digitale Wirtschaft, Impulse für Wachstum, Beschäftigung und Innovation.* München.

Bundesregierung. (2021). Abgerufen am 2. Juni 2021 von www.bundesregierung.de: https://www.bundesregierung.de/breg-de/themen/i-mehr-chancen-fuer-innovation-und-arbeit-wohlstand-und-teilhabe-457456.

Doppler, K., & Lauterburg, C. (2008). *Change Management.* Frankfurt a. M.: Campus.

Erik Händeler (Hrsg.). (2013). *Die langen Wellen der Konjunktur: Nikolai Kondratieffs Aufsätze von 1926 und 1928.* Moers: Marlon.

Eschenbruch, K., Groß, D., & König, M. (März 2020a). Auf dem Weg zum digitalen Bauvertrag. (M. Sundermeier, & H. Meinen, Hrsg.) *Bauwirtschaft.* Von https://www.bimcontract.com. abgerufen

Eschenbruch, K., Groß, D., & König, M. (2020b). Auf dem Weg zum digitalen Bauvertrag – Automatisierung des Zahlungsverkehrs im Bauwesen mittels BIM und Smart Contracts (BIMcontracts). *Bauwirtschaft*(1), S. 9 bis 20.

GEFMA (Hrsg.). (29. 09 2021). *German Facility Management Association – Mitgliederverzeichnis.* Von https://www.gefma.de/unsere-mitglieder/ abgerufen.

Haghsheno, S., & Deubel, M. (2017). BIM-Anwendungsfälle im Rahmen der Beauftragung von Bauunternehmen unter Berücksichtigung unterschiedlicher Unternehmereinsatzformen. *Bauwirtschaft*(2), S. 60–66.

Hauptverband der Deutschen Bauindustrie. (2020). *Bauwirtschaft im Zahlenbild.* Abgerufen am 2021 von www.bauindustrie.de: https://www.bauindustrie.de/zahlen-fakten/bauwirtschaft-im-zahlenbild/betriebsstruktur-im-bauhauptgewerbe.

Helmus, M., Meins-Becker, A., Kelm, A., Quessel, M., & Kaufhold, M. (Oktober 2018). *BIM Mittelstandsleitpfaden.* Von deubim.de: https://deubim.de/deubim/Downloads/BIM-Mittelstandsleitfaden%20FMZ%20Leinefelden.pdf abgerufen.

IFIDZ, Institut für Führungskultur im digitalen Zeitalter. (2019). *Führungskompetenzen im digitalen Zeitalter – Eine Analyse von 61 Studien und Umfragen aus den Jahren 2012–2018.* Von https://ifidz.de/digital-leadership-beratung/#metas abgerufen.

Kaiser, C., Nusser, J., & Schrammel, F. (2018). *Praxishandbuch Facility Management.* Wiesbaden: Springer Vieweg.

Kirchgeorg, M., & Beyer, C. (2016). Herausforderungen der digitalen Transformation für die marktorientierte Unternehmensführung. In *Digitale Transformation oder digitale Disruption im Handel.* Wiesbaden: Springer.

Klimmer, M. (2009). *Unternehmensorganisation.* Herne: NWB.

Klimmer, M. (2016). *Unternehmensorganisation.* Herne: NWB.

Koenen, A. (2019). „Bauvertrag 4.0" – Chancen und Risiken. *Bauwirtschaft*(2), S. 99 bis 111.

Kollmann, T. (2020). *Handbuch Digitale Wirtschaft.* Wiesbaden: Springer.

Kotter, J. P. (1996). *Leading Change.* Massachusetts: Harvard Business School Press.

Krönert, N., & Zanona, J. (2021). Automatisierte Bauprozesse durch Robotik. In C. Hofstadler, & C. Motzko, *Agile Digitalisierung im Baubetrieb* (S. 447–458). Wiesbaden: Springer.

Krüger, W. (2009). *Excellence in Change – Wege zur strategischen Erneuerung.* Wiesbaden: Gabler.

Loser, K.-U. (2005). *Unterstützung der Adoption kommerzieller Standardsoftware durch Diagramme.* Dortmund: Universität Dortmund.

Lünendonk & Hossenfelder GmbH (Hrsg.). (2021). *Facility-Service-Unternehmen in Deutschland.* Mindelheim.

Meinen, H., & Brinker, A.-L. (November 2021). *BIM und der deutsche Baumarkt.* Von https://gif-ev.de/onlineshop/download/direct,547 abgerufen.

Meinen, H., Burzlaff, S., & Kock, K. (2017). *Veränderung der Einzelhandelsimmobilien durch die Digitalisierung.* Köln: Bundesanzeiger.

Oprach, S., & Haghsheno, S. (2020). SDaC („Smart Design and Construction") – Die KI-Plattform für die Bauwirtschaft. *Bauwirtschaft*(1), S. 49 f.

PricewaterhouseCoopers GmbH. (2019). *Digitalisierung der deutschen Bauindustrie.* Von www.pwc.de abgerufen.

Rock, V., Liebold, P.-J., Brehm, N., & Schlesinger, S. (März 2021). *PropTech Germany 2021 Studie.* Von https://doi.org/10.13140/RG.2.2.29558.52802 abgerufen.

Roland Berger GmbH (Hrsg.). (2016). *Digitalisierung der Bauwirtschaft. Der europäische Weg zur „Construction 4.0".* Abgerufen am 28. 05 2021 von https://www.rolandberger.com/publications/publication_pdf/roland_berger_digitalisierung_bauwirtschaft_final.pdf.

Roth, N. (24. 09 2021). *PropTechs.* Von https://proptech.de/wp-content/uploads/2021/07/PropTech_Uebersicht_Juni_2021.pdf abgerufen.

Schmutte, A. M. (2020). Digitale Transformation – Trends, Mythen und konsequenzen für das Management. In M. Harwardt, & P. F.-J. Niermann, *Führen und Managen in der digitalen Transformation.* Wiesbaden: Springer.

Schwerdtner, P., & Ellermann, G. (2019). Digitaler Wandel in Unternehmen durch Perspektivenwechsel. *Bauwirtschaft*(2).

Spengler, A., & Peter, J. (2020). *Die Methode Building Information Modeling – Schnelleinstieg für Architekten und Ingenieure.* Wiesbaden: Springer.

Statista. (2021). *Statistiken zum Architekturmarkt.* Abgerufen am 2. Juni 2021 von de.statista.com: https://de.statista.com/themen/2274/architekturmarkt/.

Stolzenberg, K. (2006). *Veränderungsprozesse erfolgreich gestalten.* Heidelberg: Springer Medizin.

Sundermeier, M. &. (2019). Trends und Strategien für das Planen mit BIM. In B. D. Baumeister, *BDB-Jahrbuch 2019/2020.* Gütersloh: Bauverlag.

techconsult. (Dezember 2020). Digitalisierungsindex Mittelstand 2020/2021. Von https://www.digitalisierungsindex.de/wp-content/uploads/2020/12/Telekom_Digitalisierungsindex_2020_GESAMTBERICHT.pdf abgerufen.

Vahs, D. (2004). *Change Management in schwierigen Zeiten.* Wiesbaden: Deutscher Universitätsverlag.

Vahs, D. (2015). *Organisation.* Stuttgart: Schäffer-Poeschel.

27
Markt als Ausgangspunkt für die Digitalisierung

In der meist tradiert geprägten Bauwirtschaft wird der Markt aus Sicht des eigenen Leistungsangebots heraus betrachtet. Dabei geht es um das Planen, Bauen, Betreiben, Finanzieren, Verwalten, Kaufen oder Verkaufen, Mieten oder Vermieten von Immobilien. Mit Blick auf die Digitalisierung wird häufig über die Verbesserung von Prozessen und eine einfachere und schnellere, somit effizientere Abwicklung oder Anbahnung des etablierten Geschäfts nachgedacht.

Bei der Digitalen Transformation geht es aber um mehr: Viele der neuen, digitalen Geschäftsmodelle entstehen auf Basis von möglichen Bedürfnissen der Nutzer, zu deren Befriedigung eine passende Leistung entwickelt wird (Schmutte 2020, S. 41). Entweder ist diese Leistung dann unmittelbar als Geschäftsmodell geeignet, oder aber die Informationen, die aus einem solchen Vorläufergeschäft gewonnen werden können, sind wirtschaftlich verwertbar.

Zunächst muss somit die Digitalisierung im Sinne des modernen Marketingansatzes betrachtet werden, nämlich ausgehend von der Nutzung, hin zur Entstehung des Gebäudes.

Zunächst ist die Frage zu beantworten: „Warum existiert das Interesse, eine Immobilie zu nutzen?" Das klingt, vor allem in den Zentren wie Hamburg oder München mit hohem Bedarf an Wohnraum trivial, ist es aber nicht. Denn eine Immobilie kann eine Vielzahl an Bedürfnissen befriedigen, die teils unmittelbar, teils mittelbar mit dem Gebäude selbst zusammenhängen.

Unmittelbar geht es z. B. bei einer Wohnimmobilie um

- ein Dach über dem Kopf
- einen sicheren Platz zum schlafen
- ein Wohnort in der Nähe des Arbeitsplatzes

Mittelbar geht es um einen Ort:

- als Statussymbol
- an dem soziale Kontakte stattfinden
- der Verweilqualität bietet
- an dem verschiedenste Tätigkeiten ausgeführt werden können
- an dem unterschiedlichste Produkte genutzt werden
- der nach den eigenen Vorstellungen gestaltet werden kann
- der Services wie Lieferung von Mahlzeiten, Wäsche, Lebensmittel, Friseur anbieten kann
- der gesund ist
- der beim Geld sparen hilft (z. B. Energie)
- der Medien zur Verfügung stellt
- etc.

Was also muss eine wettbewerbsfähige Immobilie anbieten können? Mit dieser Sichtweise sind zukünftige Immobilienkonzepte zu durchdenken und so lässt sich die Wertschöpfung erweitern und nachhaltig sichern. Sehr deutlich werden die Folgen dieser Fragestellung bei den Handelsimmobilien, die sich in den vergangenen Jahren aufgrund des Online-Handels auch baulich stark verändert haben. Selbst Objekte, deren Restlaufzeit noch nicht erreicht ist, sind für den Handel wirtschaftlicher, wenn sie abgerissen und neu gebaut werden. Größe, Zuschnitt (Verkaufs/Lagerflächen), Raumhöhe, technische Ausrüstung bis hin zu Einschränkungen beim Mobilfunkempfang spielen hierbei eine Rolle (siehe Meinen et al., 2017). Aber auch bei Bankfilialen und, zuletzt im Rahmen der sogenannten Corona-Pandemie verstärkt diskutiert, bei den Bürogebäuden.

Das gleiche gilt für den Beschaffungsprozess. Hier lautet die Frage: „Welche Wünsche hegt die Bauherrenschaft bei der Beschaffung einer Immobilie?". Der heutige Planungs- und Bauprozess ist keine Naturkonstante und die Beschaffung eines Neubaus immer noch komplizierter als die eines Autos. Das muss nicht so bleiben.

Wenn es um Digitalisierung geht, müssen vor diesem Hintergrund drei Entwicklungsrichtungen unterschieden werden:

1. Prozessoptimierung, d. h. Verbesserung der vorhandenen Geschäftsprozesse durch IT-Systeme, z. B. durch Building Information Modeling (BIM). Dabei geht es zunächst einmal um Kostenoptimierung.
2. Geschäftsfelderweiterung oder -veränderung: Hierbei geht es um die Schaffung von Mehrwert für die Kunden durch digitale Lösungen. Diese können dazu führen, dass günstigere Preise oder zusätzlicher Kundennutzen im Rahmen von digitalen Zusatzservices geboten werden können.
Ergänzend dazu entsteht die Möglichkeit zur Verwertung von Daten, die im Zusammenhang mit digitalen Prozessoptimierungen (Nr. 1) oder zusätzlichen digitalen Lösungen erhoben werden.

3. Disruptive Geschäftsmodelle: Mit der Digitalisierung können neue Geschäftsmodelle entstehen, die das etablierte bzw. traditionelle Geschäft ersetzen oder überflüssig machen.

Alle drei Aspekte sind für die Bauwirtschaft relevant. Zu analysieren ist, wie stark Veränderungen im Marktumfeld zu erwarten sind bzw. welche Möglichkeiten sich für das Geschäftsmodell ergeben.

Denn angesichts des sich abzeichnenden angebots- und nachfrageorientierten Wandels ergibt sich insbesondere für etablierte Unternehmen die Herausforderung, ihre Wertschöpfungsketten und Geschäftsmodelle zu transformieren, wobei letztere in einigen Branchen durch die Digitalisierung gänzlich erodieren, sodass neben Transformationsstrategien auch Diversifikations- und Exitstrategien den strategischen Optionenraum prägen können (Kirchgeorg und Beyer 2016, S. 402).

Insofern kann der Ausgangspunkt für Digitalisierungsbestrebungen auch aus dem Blickwinkel des Marktzyklus bzw. der Wettbewerbsposition betrachtet werden.

Etabliertes Geschäftsmodell in stabilem Marktumfeld
Hier können digitale Innovationen bei der Optimierung vorhandener Geschäftsprozesse helfen, wie beispielsweise bei der Planung, Kalkulation und Beschaffung, Arbeitsvorbereitung, Nachunternehmervergabe, Leistungs-/Stundenerfassung und Abrechnung etc. An dieser Stelle haben sich bereits verschiedenste IT-Lösungen etabliert, angefangen bei der sogenannten „Branchensoftware" die im Wesentlichen die Kalkulation abbildet, bis hin zur digitalen Stundenerfassung auf der Baustelle.

Markterweiterung
Schon die etablierte IT liefert enorme Mengen an Daten, die, sofern sie in einer Datenbank gespeichert und verfügbar sind, in vielerlei Hinsicht ausgewertet werden können. Unter Umständen lassen sich parallel dazu auch weitere Daten erheben, die zur Erweiterung des etablierten Geschäfts beitragen können, d. h. das Angebot um zusätzliche, digitale Services ergänzen können. Zentral ist dabei eine intelligente Methodik zur Auswertung großer Datenmengen (Big Data bzw. Data Mining, vgl. z. B. Augsdörfer und Ullrich 2021).

Ende des Marktzyklus etablierter Geschäftsmodelle (Disruption)
Einige Geschäftsmodelle in der Bau- und Immobilienwirtschaft hat die digitale Transformation bereits überholt bzw. angegriffen. An derer statt entstehen neue, digitale Geschäftsmodelle, die vorhandene Bedürfnisse einfacher, besser, günstiger oder schneller bedienen als konventionelle Produkte und Dienstleistungen. Zu den betroffenen Marktbereichen zählt insbesondere das Maklergeschäft, aber auch Kernbereiche der Bauwirtschaft. Natürlich ist das Bauen selbst, im Wesentlichen durch Personaleinsatz und handwerkliche Arbeit geprägt, die nicht ohne Weiteres zu ersetzen ist, aber auch hiervor macht die Digitalisierung im Angesicht des Fachkräftemangels keinen Halt. Erste

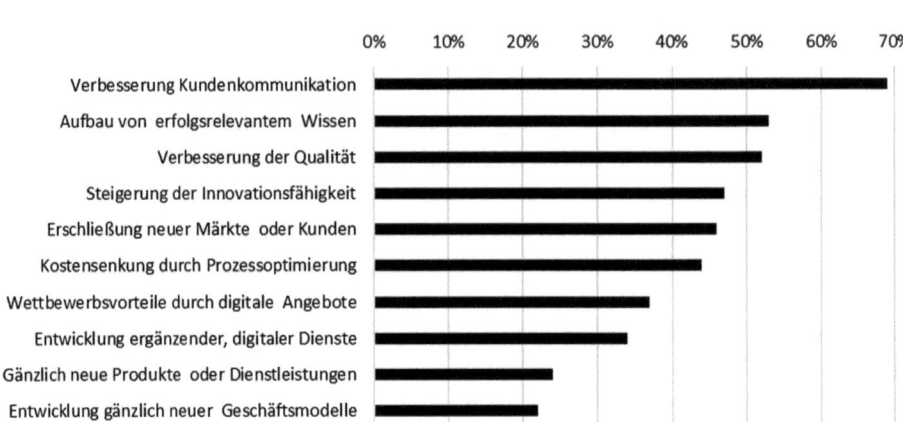

Abb. 27.1 Erfolge der Unternehmen bei der Digitalisierung 2018. (Verändert Bundesministerium für Wirtschaft und Energie (Hrsg.) 2018, S. 14)

Beispiele, wie Objekte aus dem 3D-Drucker entstehen, sind realisiert und auch in Japan wurden vor vielen Jahren aus dem gleichen Grund bereits Konzepte zur Errichtung von Bauwerken mit Unterstützung von Automatisierung entwickelt und umgesetzt (Bock und Lauer 2010). In Nischenbereichen bspw. bei Schließsystemen sind Digitale Lösungen vorhanden, die die etablierte Ausrüstung verdrängen (z. B. https://kiwi.ki/).

Im Rahmen des Monitoring-Report Digitale Wirtschaft nennen die befragten Unternehmen vor allem die Bereiche Kommunikation, Wissen und Qualität, in denen ihre Digitalisierungsbemühungen erfolgreich umgesetzt werden konnten, vgl. Abb. 27.1.

Solche, teils disruptiven, digitalen Geschäftsmodelle, Prozessoptimierungen und Markterweiterungen werden als ConTech (Construction Technology) oder PropTech (Property Technology) bezeichnet.

In der sogenannten PropTech Übersicht finden sich im Juni 2021 über 70 junge Unternehmen, die in allen drei der oben genannten Bereiche in der Kategorie Bauprojekte tätig sind (Roth 2021). Es ist zu vermuten, dass es noch deutlich mehr Ansätze gibt, da keine umfassende Transparenz vorhanden ist. Die PropTech Germany 2021 Studie verzeichnet beispielsweise 185 teilnehmende PropTechs (Rock et al. 2021).

Literatur

AHO (Hrsg.). (2020). *Projektmanagement in der Bau- und Immobilienwirtschaft – Standards für Leistungen und Vergütung* (Bd. 9). Köln: Reguvis.

Augsdörfer, U., & Ullrich, T. (2021). Innovative Informations- und Kommunikationstechniken im digitalen Gebäude- und Baumanagement. In C. Hofstadler, & C. Motzko, *Agile Digitalisierung im Baubetrieb* (S. 151–166). Wiesbaden: Springer Vieweg.

Bauer, U. (2021). Mitarbeiterführung in Zeiten der Digitalisierung. In C. Hofstadler, & C. Motzko, *Agile Digitalisierung im Baubetrieb* (S. 107–126). Wiesbaden: Springer Vieweg.

Bertschek, I., Niebel, T., & Ohnemus, J. (2019). *Beitrag der Digitalisierung zur Produktivität in der Baubranche.* (Z. -L.-Z. Mannheim, Hrsg.) Abgerufen am 2021 von www.zew.de: https://www.zew.de/fileadmin/FTP/gutachten/ZukunftBau_BBSR_Endbericht2019.pdf.

Bitkom e. V. (21. 09 2021). *Whitepaper Digitale Prozesse, 2016.* Von https://www.bitkom.org/sites/default/files/file/import/160803-Whitepaper-Digitale-Prozesse.pdf abgerufen.

Blecken, U., & Meinen, H. (Hrsg.). (2020). *Praxishandbuch Projektentwicklung.* Köln: Reguvis.

Bock, T., & Lauer, W. V. (2010). Automatisierung und Robotik im Bauen. *Arch+,* S. 34–39.

Bodden, J. L. (2017). BIM mit Einzelunternehmen – Strukturen und Vertragslösungen. *Bauwirtschaft*(2), S. 90–94.

Borrmann, A. K. (2015). Einführung. In M. K. A. Borrmann, *Building Information Modeling: technologische Grundlage und industrielle Praxis* (S. S. 1–19). Wiesbaden: Springer.

Budau, M., Talmon, P., & Haghsheno, S. (2019). Anwendungsmöglichkeiten der Blockchain-Technologie im Bauwesen. *Bauwirtschaft*(2), S. 112 bis 121.

Bundesarchitektenkammer 2020: https://bak.de/wp-content/uploads/2021/12/2020_BAK_Strukturbefragung_Bericht-SELBSTSTAeNDIGE_Gesamt.pdf

Bundesministerium für Wirtschaft und Energie (Hrsg.). (2014). *Jahreswirtschaftsbericht 2014.* Von https://www.bmwi.de/Redaktion/DE/Publikationen/Wirtschaft/jahreswirtschaftsbericht-2014.pdf?__blob=publicationFile&v=13 abgerufen.

Bundesministerium für Wirtschaft und Energie (Hrsg.). (2018). *Monitoring-Report Wirtschaft DIGITAL – Kurzfassung.* Berlin.

Bundesministerium für Wirtschaft und Energie. (2015). *Industrie 4.0 und Digitale Wirtschaft, Impulse für Wachstum, Beschäftigung und Innovation.* München.

Bundesregierung. (2021). Abgerufen am 2. Juni 2021 von www.bundesregierung.de: https://www.bundesregierung.de/breg-de/themen/i-mehr-chancen-fuer-innovation-und-arbeit-wohlstand-und-teilhabe-457456.

Doppler, K., & Lauterburg, C. (2008). *Change Management.* Frankfurt a. M.: Campus.

Erik Händeler (Hrsg.). (2013). *Die langen Wellen der Konjunktur: Nikolai Kondratieffs Aufsätze von 1926 und 1928.* Moers: Marlon.

Eschenbruch, K., Groß, D., & König, M. (März 2020a). Auf dem Weg zum digitalen Bauvertrag. (M. Sundermeier, & H. Meinen, Hrsg.) *Bauwirtschaft.* Von https://www.bimcontract.com. abgerufen

Eschenbruch, K., Groß, D., & König, M. (2020b). Auf dem Weg zum digitalen Bauvertrag – Automatisierung des Zahlungsverkehrs im Bauwesen mittels BIM und Smart Contracts (BIMcontracts). *Bauwirtschaft*(1), S. 9 bis 20.

GEFMA (Hrsg.). (29. 09 2021). *German Facility Management Association – Mitgliederverzeichnis.* Von https://www.gefma.de/unsere-mitglieder/ abgerufen.

Haghsheno, S., & Deubel, M. (2017). BIM-Anwendungsfälle im Rahmen der Beauftragung von Bauunternehmen unter Berücksichtigung unterschiedlicher Unternehmereinsatzformen. *Bauwirtschaft*(2), S. 60–66.

Hauptverband der Deutschen Bauindustrie. (2020). *Bauwirtschaft im Zahlenbild.* Abgerufen am 2021 von www.bauindustrie.de: https://www.bauindustrie.de/zahlen-fakten/bauwirtschaft-im-zahlenbild/betriebsstruktur-im-bauhauptgewerbe.

Helmus, M., Meins-Becker, A., Kelm, A., Quessel, M., & Kaufhold, M. (Oktober 2018). *BIM Mittelstandsleitpfaden.* Von deubim.de: https://deubim.de/deubim/Downloads/BIM-Mittelstandsleitfaden%20FMZ%20Leinefelden.pdf abgerufen.

IFIDZ, Institut für Führungskultur im digitalen Zeitalter. (2019). *Führungskompetenzen im digitalen Zeitalter – Eine Analyse von 61 Studien und Umfragen aus den Jahren 2012–2018.* Von https://ifidz.de/digital-leadership-beratung/#metas abgerufen.

Kaiser, C., Nusser, J., & Schrammel, F. (2018). *Praxishandbuch Facility Management.* Wiesbaden: Springer Vieweg.

Kirchgeorg, M., & Beyer., C. (2016). Herausforderungen der digitalen Transformation für die marktorientierte Unternehmensführung. In *Digitale Transformation oder digitale Disruption im Handel.* Wiesbaden: Springer.

Klimmer, M. (2009). *Unternehmensorganisation.* Herne: NWB.

Klimmer, M. (2016). *Unternehmensorganisation.* Herne: NWB.

Koenen, A. (2019). „Bauvertrag 4.0" – Chancen und Risiken. *Bauwirtschaft*(2), S. 99 bis 111.

Kollmann, T. (2020). *Handbuch Digitale Wirtschaft.* Wiesbaden: Springer.

Kotter, J. P. (1996). *Leading Change.* Massachusetts: Harvard Business School Press.

Krönert, N., & Zanona, J. (2021). Automatisierte Bauprozesse durch Robotik. In C. Hofstadler, & C. Motzko, *Agile Digitalisierung im Baubetrieb* (S. 447–458). Wiesbaden: Springer.

Krüger, W. (2009). *Excellence in Change – Wege zur strategischen Erneuerung.* Wiesbaden: Gabler.

Loser, K.-U. (2005). *Unterstützung der Adoption kommerzieller Standardsoftware durch Diagramme.* Dortmund: Universität Dortmund.

Lünendonk & Hossenfelder GmbH (Hrsg.). (2021). *Facility-Service-Unternehmen in Deutschland.* Mindelheim.

Meinen, H., & Brinker, A.-L. (November 2021). *BIM und der deutsche Baumarkt.* Von https://gif-ev.de/onlineshop/download/direct,547 abgerufen.

Meinen, H., Burzlaff, S., & Kock, K. (2017). *Veränderung der Einzelhandelsimmobilien durch die Digitalisierung.* Köln: Bundesanzeiger.

Oprach, S., & Haghsheno, S. (2020). SDaC („Smart Design and Construction") – Die KI-Plattform für die Bauwirtschaft. *Bauwirtschaft*(1), S. 49 f.

PricewaterhouseCoopers GmbH. (2019). *Digitalisierung der deutschen Bauindustrie.* Von www.pwc.de abgerufen.

Rock, V., Liebold, P.-J., Brehm, N., & Schlesinger, S. (März 2021). *PropTech Germany 2021 Studie.* Von https://doi.org/10.13140/RG.2.2.29558.52802 abgerufen.

Roland Berger GmbH (Hrsg.). (2016). *Digitalisierung der Bauwirtschaft. Der europäische Weg zur „Construction 4.0".* Abgerufen am 28. 05 2021 von https://www.rolandberger.com/publications/publication_pdf/roland_berger_digitalisierung_bauwirtschaft_final.pdf.

Roth, N. (24. 09 2021). *PropTechs.* Von https://proptech.de/wp-content/uploads/2021/07/PropTech_Uebersicht_Juni_2021.pdf abgerufen.

Schmutte, A. M. (2020). Digitale Transformation – Trends, Mythen und konsequenzen für das Management. In M. Harwardt, & P. F.-J. Niermann, *Führen und Managen in der digitalen Transformation.* Wiesbaden: Springer.

Schwerdtner, P., & Ellermann, G. (2019). Digitaler Wandel in Unternehmen durch Perspektivenwechsel. *Bauwirtschaft*(2).

Spengler, A., & Peter, J. (2020). *Die Methode Building Information Modeling – Schnelleinstieg für Architekten und Ingenieure.* Wiesbaden: Springer.

Statista. (2021). *Statistiken zum Architekturmarkt.* Abgerufen am 2. Juni 2021 von de.statista.com: https://de.statista.com/themen/2274/architekturmarkt/.

Stolzenberg, K. (2006). *Veränderungsprozesse erfolgreich gestalten.* Heidelberg: Springer Medizin.

Sundermeier, M. &. (2019). Trends und Strategien für das Planen mit BIM. In B. D. Baumeister, *BDB-Jahrbuch 2019/2020.* Gütersloh: Bauverlag.

techconsult. (Dezember 2020). *Digitalisierungsindex Mittelstand 2020/2021*. Von https://www.digitalisierungsindex.de/wp-content/uploads/2020/12/Telekom_Digitalisierungsindex_2020_GESAMTBERICHT.pdf abgerufen.

Vahs, D. (2004). *Change Management in schwierigen Zeiten*. Wiesbaden: Deutscher Universitätsverlag.

Vahs, D. (2015). *Organisation*. Stuttgart: Schäffer-Poeschel.

Digitalität und Immobilienwert 28

Aus Markt- bzw. Nachfragesicht wird deutlich, dass eine Immobilie nicht deswegen interessant für die Nutzer ist, weil sie eine Immobilie ist, sondern weil sie besondere Vorzüge bietet. Schließlich wird die Immobilie erst dadurch zum interessanten Investitionsobjekt, indem der Wert über Erträge generiert wird. Im Einzelhandelsbereich richtet sich der Wert beispielsweise an den Umsätzen des Nutzers (Einzelhändlers), im Wohnbereich an den möglichen Mieterträgen, d. h. der Preisbereitschaft der Mieter oder der Markmacht der Vermieter aus.

28.1 BIG Data und die Immobilie

Ergänzend zu den klassischen Werttreibern liefert die Immobilie eine große Menge an Informationen über seine Nutzung und die Nutzer, denn Gebäude sind die Orte, in denen sich die Menschen die meiste Zeit des Tages aufhalten. Unternehmen der Digitalwirtschaft sind in der Regel angewiesen auf Endgeräte. Diese müssen zunächst hergestellt und vermarktet werden, damit der Zugriff auf die Daten der Nutzer möglich wird. Immobilien liefern diese Daten ohne Endgerät und berührungslos. In Kombination mit dem Smartphone werden sie noch effektiver. Smarte Gebäudetechnik, Sicherheitstechnik, Fördertechnik etc. liefert laufend Informationen. Dazu kommen Informationen zum Zahlungsverhalten der Mieter, die Frequenz, Art und Umfang der Mangelmeldungen und Wohnungswechsel, die Qualität der Ausbauten wie Teppiche, Wandbeläge, Möbel usw.

So ergeben sich neue Chancen für Immobilien Manager, die datenschutzrechtlichen Fragen einmal ausgeblendet. Die Digitalwirtschaft hat bereits erkannt, dass physische Einrichtungen, wie Autos oder Telefone Mittel zum Zweck für die digitale Wirtschaft sein können. Autos und auch Immobilien können damit zum Ziel von Internetfirmen werden, da sie als Datenlieferanten fungieren können. Die Gestaltung von Autos folgt insofern den Zielsetzungen der Digitalwirtschaft. Denn hier stehen die Daten als Kapitalanlage im Vordergrund. Dasselbe kann auch für Immobilien gelten.

Auch der Planungs- und Bauprozess liefert große Mengen an Information, die nicht nur im klassischen Sinne bei der Realisierung von Objekten helfen, sondern ebenso zur Akquisition und Beratung der Auftraggeber, zur Vereinfachung oder Beschleunigung des Planungs- und Ausführungsprozesses genutzt werden können. Sie können zudem psychologische Probleme bei der Lieferung der Leistung „Bauwerk" lösen, indem sie Sucheigenschaften des noch nicht vorhandenen Produkts vorwegnehmen (vgl. Kap. 25, Nachhaltigkeitsmarketing).

28.2 Disruption

Zu Beginn des neuen Jahrtausends geriet plötzlich eine Branche aus den Fugen, die fest darauf vertraute, dass Musik nur auf physischen Tonträgern zur Verfügung gestellt werden kann. Zuletzt sind es der Einzelhandel und das Bankwesen, die sich plötzlich einem extremen Wandel durch die Digitalisierung gegenübersehen. Daraus ergeben sich weitreichenden Auswirkungen auf die Immobilienwirtschaft, wie am Markt für Einzelhandelsimmobilien, Logistikzentren und Bankfilialen zu erkennen ist.

Die Immobilie selbst wird sich durch die Digitalisierung wohl nicht vollständig infrage stellen lassen, auch wenn einzelne Assetklassen wie z. B. Büroimmobilien durch Homeoffice und Einzelhandelsimmobilien durch neue Anforderungen an die Größe und Aufteilung von Verkaufs- und Lagerflächen einer sich ändernden Nachfrage gegenübersehen (Meinen et al., Veränderung der Einzelhandelsimmobilien durch die Digitalisierung, 2017). Vornehmlich die Immobilienwirtschaft befindet sich im Wandel.

Grundsätzlich sind dabei alle Geschäftsmodelle betroffen, in denen physische Prozesse untergeordnet sind. Also vor allem kaufmännische Bestandteile der Immobilienwirtschaft mit Standardprozessen wie

- Kfm. Verwaltung inkl. Buchführung, Nebenkostenabrechnung etc. (Property Management)
- Maklertätigkeit
- Finanzierung
- etc.

Auch kognitiv anspruchsvolle Prozesse spielen eine Rolle, denn durch die immer besseren Algorithmen, Prozessoren und Speichermöglichkeiten, können sogenannte „Bots" mit Hilfe künstlicher Intelligenz (neuronalen Netzen) auch nicht standardisierte Probleme lösen oder sich in die Kommunikation einschalten.

Auf der anderen Seite werden Prozesse digital (BIM), und Bauteile werden intelligenter (TGA, Beleuchtung, Schließsysteme etc.). Zunächst einmal müssen dazu aber

Standardprozesse digital werden und Konzepte entstehen, die die Datenerfassung attraktiv machen.

28.3 Das Geschäft hinter dem Geschäft: Was kann die Bauwirtschaft von der Digitalwirtschaft lernen?

Durch die Digitalisierung von Geschäftsprozessen und die Erweiterung mit zusätzlichen Services werden Informationen (Daten) für BIG DATA-Anwendungen geliefert, die zukünftig die Geschäftsmodelle der Immobilienunternehmen erweitern können. Insofern ist nicht mehr nur das singuläre Geschäft, d. h. Planen, Bauen, Betreiben, Handeln oder Verwalten im Fokus, vielmehr steht sowohl die bezahlte Kernleistung als auch die vermarktbare Nebenleistung (z. B. Verkauf von Marktdaten/-statistiken) im Mittelpunkt. Das bedeutet, dass die im elektronischen Wertschöpfungsprozess produzierten Informationen auch über die Erstellung der Kernleistung hinaus wirtschaftlich genutzt werden (Plural-Prinzip).

Für Verwalter oder Betreiber kann auch das Symbiose-Prinzip als digitales Geschäftsmodell von Interesse sein. Hierbei ist die Kernleistung (z. B. Verwaltung, Betrieb) als auch die, durch die Digitalisierung begründete Nebenleistung von Bedeutung. Die Kernleistung wird jedoch kostenlos angeboten, um die Daten für das eigentliche Geschäft, die Nebenleistung, zu erhalten. Die Kernleistung ist, strenggenommen, Mittel zum Zweck (Kollmann 2020, S. 27 ff.).

Wann haben also die NutzerInnen welches Bedürfnis? Die Immobilie sorgt automatisch dafür, dass Essen geliefert, der Kühlschrank aufgefüllt, das Licht ausgeschaltet, die Tür verriegelt, das Auto geladen, und die Wäsche zur Reinigung abgeholt wird. Ein Mieter zieht um? Welche Möbel wird er wann und in welcher Zahl und Ausführung für die neue Wohnung oder das neue Büro benötigen? Welche Wohnung wird die richtige sein und welchen Ort wird er voraussichtlich wählen?

Vielleicht macht es dann auch Sinn, etablierte Vergütungsmuster zu überdenken und Services im Stil der großen Digitalunternehmen kostenfrei anzubieten, da der Wert durch die Verwertung von Daten entsteht.

Außerdem können aufgrund der Erkenntnisse bessere Immobilien gebaut, oder noch wichtiger, standortbezogen bedarfsgerechter und damit wettbewerbsfähig gebaut werden. Dabei enthalten Immobilien nicht mehr nur die klassischen physischen Eigenschaften, wie die ideale Rasterung, Deckenhöhen, Leitungsschächte und Haustechnik, sondern schlüsselfertig und standortindividuell das Serviceangebot, das für die Nutzung relevant oder entscheidend ist. Damit ist eine Kombination von Faktoren möglich, die einerseits auf klassischem (physischem) Weg Immobilienwerte schaffen und andererseits Daten als Vermögenswerte beinhalten (vgl. Unternehmenswert von Google/Facebook etc.).

Aus finanzmathematischer Sicht ergibt sich der Immobilienwert aus dem Ertrag bzw. Cashflow, der sich aufgrund der spezifischen Kosten und Ertragsstruktur des

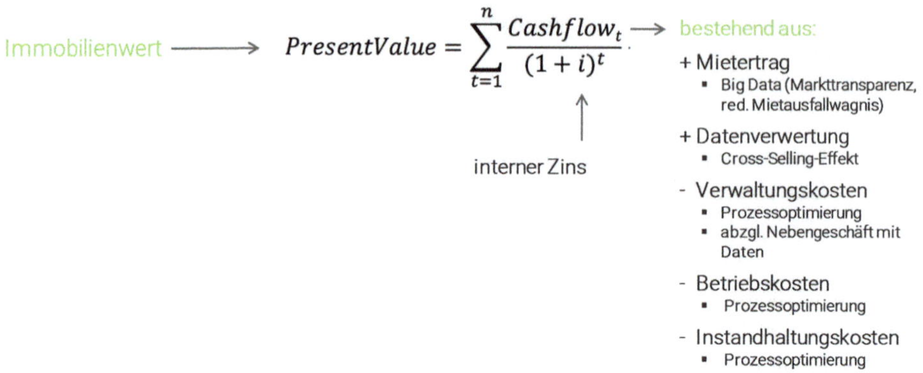

$$\text{Immobilienwert} \longrightarrow PresentValue = \sum_{t=1}^{n} \frac{Cashflow_t}{(1+i)^t}$$

bestehend aus:

+ Mietertrag
  - Big Data (Markttransparenz, red. Mietausfallwagnis)
+ Datenverwertung
  - Cross-Selling-Effekt
- Verwaltungskosten
  - Prozessoptimierung
  - abzgl. Nebengeschäft mit Daten
- Betriebskosten
  - Prozessoptimierung
- Instandhaltungskosten
  - Prozessoptimierung

interner Zins

Abb. 28.1 Digitalisierung und Immobilienwert

Immobilienprojekts zusammensetzt s. Abb. 28.1. Beide Parameter lassen sich durch Digitalisierungsaspekte beeinflussen.

Letztlich lassen sich auch die Faktoren Zins (i) und Laufzeit (n) beeinflussen, z. B. in Hinblick auf die Schaffung von Datentransparenz in Zusammenhang mit Environmental Social Governance (ESG) Kriterien.

Literatur

AHO (Hrsg.). (2020). *Projektmanagement in der Bau- und Immobilienwirtschaft – Standards für Leistungen und Vergütung* (Bd. 9). Köln: Reguvis.

Augsdörfer, U., & Ullrich, T. (2021). Innovative Informations- und Kommunikationstechniken im digitalen Gebäude- und Baumanagement. In C. Hofstadler, & C. Motzko, *Agile Digitalisierung im Baubetrieb* (S. 151–166). Wiesbaden: Springer Vieweg.

Bauer, U. (2021). Mitarbeiterführung in Zeiten der Digitalisierung. In C. Hofstadler, & C. Motzko, *Agile Digitalisierung im Baubetrieb* (S. 107–126). Wiesbaden: Springer Vieweg.

Bertschek, I., Niebel, T., & Ohnemus, J. (2019). *Beitrag der Digitalisierung zur Produktivität in der Baubranche.* (Z. -L.-Z. Mannheim, Hrsg.) Abgerufen am 2021 von www.zew.de: https://www.zew.de/fileadmin/FTP/gutachten/ZukunftBau_BBSR_Endbericht2019.pdf.

Bitkom e. V. (21. 09 2021). *Whitepaper Digitale Prozesse, 2016.* Von https://www.bitkom.org/sites/default/files/file/import/160803-Whitepaper-Digitale-Prozesse.pdf abgerufen.

Blecken, U., & Meinen, H. (Hrsg.). (2020). *Praxishandbuch Projektentwicklung.* Köln: Reguvis.

Bock, T., & Lauer, W. V. (2010). Automatisierung und Robotik im Bauen. *Arch+,* S. 34–39.

Bodden, J. L. (2017). BIM mit Einzelunternehmen – Strukturen und Vertragslösungen. *Bauwirtschaft*(2), S. 90–94.

Borrmann, A. K. (2015). Einführung. In M. K. A. Borrmann, *Building Information Modeling: technologische Grundlage und industrielle Praxis* (S. S. 1–19). Wiesbaden: Springer.

Budau, M., Talmon, P., & Haghsheno, S. (2019). Anwendungsmöglichkeiten der Blockchain-Technologie im Bauwesen. *Bauwirtschaft*(2), S. 112 bis 121.

Bundesarchitektenkammer 2020: https://bak.de/wp-content/uploads/2021/12/2020_BAK_Strukturbefragung_Bericht-SELBSTSTAeNDIGE_Gesamt.pdf

Bundesministerium für Wirtschaft und Energie (Hrsg.). (2014). *Jahreswirtschaftsbericht 2014*. Von https://www.bmwi.de/Redaktion/DE/Publikationen/Wirtschaft/jahreswirtschaftsbericht-2014.pdf?__blob=publicationFile&v=13 abgerufen.

Bundesministerium für Wirtschaft und Energie (Hrsg.). (2018). *Monitoring-Report Wirtschaft DIGITAL – Kurzfassung*. Berlin.

Bundesministerium für Wirtschaft und Energie. (2015). *Industrie 4.0 und Digitale Wirtschaft, Impulse für Wachstum, Beschäftigung und Innovation*. München.

Bundesregierung. (2021). Abgerufen am 2. Juni 2021 von www.bundesregierung.de: https://www.bundesregierung.de/breg-de/themen/i-mehr-chancen-fuer-innovation-und-arbeit-wohlstand-und-teilhabe-457456.

Doppler, K., & Lauterburg, C. (2008). *Change Management*. Frankfurt a. M.: Campus.

Erik Händeler (Hrsg.). (2013). *Die langen Wellen der Konjunktur: Nikolai Kondratieffs Aufsätze von 1926 und 1928*. Moers: Marlon.

Eschenbruch, K., Groß, D., & König, M. (März 2020a). Auf dem Weg zum digitalen Bauvertrag. (M. Sundermeier, & H. Meinen, Hrsg.) *Bauwirtschaft*. Von https://www.bimcontract.com. abgerufen

Eschenbruch, K., Groß, D., & König, M. (2020b). Auf dem Weg zum digitalen Bauvertrag – Automatisierung des Zahlungsverkehrs im Bauwesen mittels BIM und Smart Contracts (BIMcontracts). *Bauwirtschaft*(1), S. 9 bis 20.

GEFMA (Hrsg.). (29. 09 2021). *German Facility Management Association – Mitgliederverzeichnis*. Von https://www.gefma.de/unsere-mitglieder/ abgerufen.

Haghsheno, S., & Deubel, M. (2017). BIM-Anwendungsfälle im Rahmen der Beauftragung von Bauunternehmen unter Berücksichtigung unterschiedlicher Unternehmereinsatzformen. *Bauwirtschaft*(2), S. 60–66.

Hauptverband der Deutschen Bauindustrie. (2020). *Bauwirtschaft im Zahlenbild*. Abgerufen am 2021 von www.bauindustrie.de: https://www.bauindustrie.de/zahlen-fakten/bauwirtschaft-im-zahlenbild/betriebsstruktur-im-bauhauptgewerbe.

Helmus, M., Meins-Becker, A., Kelm, A., Quessel, M., & Kaufhold, M. (Oktober 2018). *BIM Mittelstandsleitpfaden*. Von deubim.de: https://deubim.de/deubim/Downloads/BIM-Mittelstandsleitfaden%20FMZ%20Leinefelden.pdf abgerufen.

IFIDZ, Institut für Führungskultur im digitalen Zeitalter. (2019). *Führungskompetenzen im digitalen Zeitalter – Eine Analyse von 61 Studien und Umfragen aus den Jahren 2012–2018*. Von https://ifidz.de/digital-leadership-beratung/#metas abgerufen.

Kaiser, C., Nusser, J., & Schrammel, F. (2018). *Praxishandbuch Facility Management*. Wiesbaden: Springer Vieweg.

Kirchgeorg, M., & Beyer., C. (2016). Herausforderungen der digitalen Transformation für die marktorientierte Unternehmensführung. In *Digitale Transformation oder digitale Disruption im Handel*. Wiesbaden: Springer.

Klimmer, M. (2009). *Unternehmensorganisation*. Herne: NWB.

Klimmer, M. (2016). *Unternehmensorganisation*. Herne: NWB.

Koenen, A. (2019). „Bauvertrag 4.0" – Chancen und Risiken. *Bauwirtschaft*(2), S. 99 bis 111.

Kollmann, T. (2020). *Handbuch Digitale Wirtschaft*. Wiesbaden: Springer.

Kotter, J. P. (1996). *Leading Change*. Massachusetts: Harvard Business School Press.

Krönert, N., & Zanona, J. (2021). Automatisierte Bauprozesse durch Robotik. In C. Hofstadler, & C. Motzko, *Agile Digitalisierung im Baubetrieb* (S. 447–458). Wiesbaden: Springer.

Krüger, W. (2009). *Excellence in Change – Wege zur strategischen Erneuerung*. Wiesbaden: Gabler.

Loser, K.-U. (2005). *Unterstützung der Adoption kommerzieller Standardsoftware durch Diagramme*. Dortmund: Universität Dortmund.

Lünendonk & Hossenfelder GmbH (Hrsg.). (2021). *Facility-Service-Unternehmen in Deutschland.* Mindelheim.

Meinen, H., & Brinker, A.-L. (November 2021). *BIM und der deutsche Baumarkt.* Von https://gif-ev.de/onlineshop/download/direct,547 abgerufen.

Meinen, H., Burzlaff, S., & Kock, K. (2017). *Veränderung der Einzelhandelsimmobilien durch die Digitalisierung.* Köln: Bundesanzeiger.

Oprach, S., & Haghsheno, S. (2020). SDaC („Smart Design and Construction") – Die KI-Plattform für die Bauwirtschaft. *Bauwirtschaft*(1), S. 49 f.

PricewaterhouseCoopers GmbH. (2019). *Digitalisierung der deutschen Bauindustrie.* Von www.pwc.de abgerufen.

Rock, V., Liebold, P.-J., Brehm, N., & Schlesinger, S. (März 2021). *PropTech Germany 2021 Studie.* Von https://doi.org/10.13140/RG.2.2.29558.52802 abgerufen.

Roland Berger GmbH (Hrsg.). (2016). *Digitalisierung der Bauwirtschaft. Der europäische Weg zur „Construction 4.0".* Abgerufen am 28. 05 2021 von https://www.rolandberger.com/publications/publication_pdf/roland_berger_digitalisierung_bauwirtschaft_final.pdf.

Roth, N. (24. 09 2021). *PropTechs.* Von https://proptech.de/wp-content/uploads/2021/07/PropTech_Uebersicht_Juni_2021.pdf abgerufen.

Schmutte, A. M. (2020). Digitale Transformation – Trends, Mythen und konsequenzen für das Management. In M. Harwardt, & P. F.-J. Niermann, *Führen und Managen in der digitalen Transformation.* Wiesbaden: Springer.

Schwerdtner, P., & Ellermann, G. (2019). Digitaler Wandel in Unternehmen durch Perspektivenwechsel. *Bauwirtschaft*(2).

Spengler, A., & Peter, J. (2020). *Die Methode Building Information Modeling – Schnelleinstieg für Architekten und Ingenieure.* Wiesbaden: Springer.

Statista. (2021). *Statistiken zum Architekturmarkt.* Abgerufen am 2. Juni 2021 von de.statista.com: https://de.statista.com/themen/2274/architekturmarkt/.

Stolzenberg, K. (2006). *Veränderungsprozesse erfolgreich gestalten.* Heidelberg: Springer Medizin.

Sundermeier, M. &. (2019). Trends und Strategien für das Planen mit BIM. In B. D. Baumeister, *BDB-Jahrbuch 2019/2020.* Gütersloh: Bauverlag.

techconsult. (Dezember 2020). Digitalisierungsindex Mittelstand 2020/2021. Von https://www.digitalisierungsindex.de/wp-content/uploads/2020/12/Telekom_Digitalisierungsindex_2020_GESAMTBERICHT.pdf abgerufen.

Vahs, D. (2004). *Change Management in schwierigen Zeiten.* Wiesbaden: Deutscher Universitätsverlag.

Vahs, D. (2015). *Organisation.* Stuttgart: Schäffer-Poeschel.

Building Information Modeling 29

Unter einem Building Information Model (BIM) ist ein umfassendes digitales Abbild eines Bauwerks mit großer Informationstiefe zu verstehen; idealtypisch ein digitaler Zwilling. Dazu gehören neben der dreidimensionalen Geometrie der Bauteile vor allem auch nicht-geometrische Zusatzinformationen wie Typinformationen, technische Eigenschaften oder Kosten. Der Begriff Building Information Modeling beschreibt dementsprechend den Vorgang zur Erschaffung, Änderung und Verwaltung eines solchen digitalen Bauwerkmodells mithilfe entsprechender Softwarewerkzeuge. Im erweiterten Sinne wird dieser Begriff jedoch auch verwendet, um damit die Nutzung dieses digitalen Modells über den gesamten Lebenszyklus des Bauwerks hinweg zu beschreiben – also von der Planung, über die Ausführung bis zur Bewirtschaftung und schließlich zum Rückbau (Borrmann 2015, S. 4).

Wie die vorstehende Definition zeigt, ist eine Prozesssicht auf die Verwendung von digitalen Gebäudedaten gemeint.

29.1 Einordung BIM

Wird der BIM-Mittelstandsleitfaden der Universität Wuppertal als Basis zugrunde gelegt, so können im Wesentlichen folgende Ziele in Verbindung mit dem Building Information Modeling genannt werden (Helmus et al. 2018):

Übergeordnete Ziele (Auszugsweise)

- Verbesserte Transparenz und Effizienz
- Verbesserte Terminsicherheit
- Verbesserte Kostensicherheit
- Verbesserung der Objektdokumentation

Bereich Planen (Auszugsweise)

- Verbesserte Planungsdokumentation
- Optimierte Kollaboration und Koordination der Planung
- Frühzeitige Fehlererkennung und -vermeidung
- Modellnutzung für Angebotserstellung (Mengen und Massen)
- Modellnutzung für Vermarktung, Kommunikation und PR

Bereich Bauen (Auszugsweise)

- Verbesserte Kosten- und Terminsicherheit
- Verlässliche Planungsgrundlage zur Ausführung
- Optimierte Baustellenlogistik und Bauausführung
- Verbesserte Revisionsunterlagen und -dokumentation

Bereich Betreiben

- Rückgriff auf eine verbesserte Dokumentation
- Optimierung des Gewährleistungsmanagements
- Datenbasierter Wartungskalender
- Konsistente Datennutzung im Betrieb (z. B. im CAFM-System)

Diese Ziele müssen von den beteiligten Akteuren aufgegriffen und in ihrem Verantwortungsbereich umgesetzt werden, vgl. Abb. 26.1. Häufig hängt die Informationsbasis der einzelnen Bereiche miteinander zusammen bzw. stellt die Voraussetzung zur Erreichung von möglichen Teilzielen anderer Bereiche dar. Zum Teil ergeben sich Zielkonflikte, speziell, wenn Akteure die Informationsbasis für andere Beteiligte schaffen müssen, jedoch dadurch eigenen Zielen zuwiderhandeln.

29.2 BIM und der deutsche Baumarkt

Da es sich bei Building Information Modeling nicht um eine einzelne IT-Lösung, sondern um ein lebenszyklusübergreifendes Prozessmodell mit allen relevanten Information handelt, sind im Idealfall alle Akteure mehr oder minder stark einbezogen und ein disziplinübergreifender Datenaustausch muss gewährleistet werden. Wie erfolgreich BIM eingesetzt werden kann, hängt also zu einem hohen Maße von den Rahmenbedingungen des Baumarktes ab.

Abb. 29.1 BIM-Ziele des Bauherren/Entwicklers und Aufgabenübertragung

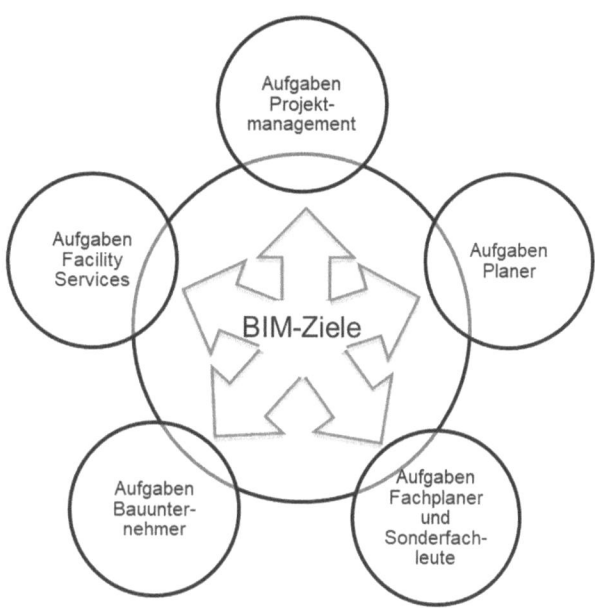

29.2.1 Struktur des deutschen Baumarktes

Unternehmen des deutschen Mittelstands stellen rund 70 % aller Arbeitsplätze in Deutschland (Bundesregierung 2021). Besonders wird dies in der Bauwirtschaft deutlich. Auch wenn inzwischen die Bedeutung der größeren Baubetriebe wieder zunimmt, so waren 2019 nur 12 % der Beschäftigten in Betrieben mit mehr als 200 Mitarbeitern beschäftigt. Rund 81 % des Branchenumsatzes wird in kleineren Betrieben erwirtschaftet, die häufig auf einzelne Baugewerkeleistungen, bzw. handwerklich spezialisiert sind. Fast 97 % der Baubetriebe in Deutschland haben weniger als 50 Mitarbeiter (Hauptverband der Deutschen Bauindustrie 2020).

Die gleiche Situation zeigt sich im Planungsbereich. 2019 sind rund 38.400 Architekturbüros im Bereich Hochbau-, Innenarchitektur und Landschaftsplanung tätig (Statista, 2021). Nach Zählung der Bundesarchitektenkammer (BAK) sind dabei z. Zt. gut 108.000 Architekten und Architektinnen freiberuflich oder im Angestelltenverhältnis tätig (Bundesarchitektenkammer 2020). Unter der Annahme, dass alle genannten Personen in einem Architekturbüro arbeiten, so wären damit nur knapp drei Mitarbeitende je Büro beschäftigt.

Der Markt für Facility Management ist äußerst heterogen. Es finden sich sowohl Anbieter von Komplettleistungen als auch Unternehmen, die nur einzelne Facility Management-Teilleistungen – oftmals nur spezielle Gewerke – ausführen und eher dem Bau- und Ausbaugewerbe zugeordnet werden können. Viele Facility Management Organisationen sind als Einheiten größerer Industriebetriebe oder Institutionen tätig (Lünendonk und Hossenfelder GmbH (Hrsg.), 2021). Der Deutsche Verband für Facility Management e. V. (GEFMA) verzeichnet auf seiner Webseite knapp 1020 Mitglieder der verschiedensten Größenordnung (GEFMA (Hrsg.), 2021).

Vor diesem Hintergrund und in Zusammenhang mit dem politischen Wunsch, einen gesunden Wettbewerb unter den Marktteilnehmern zu erhalten, kommt der Förderung des deutschen Mittelstands eine besondere Bedeutung zu. Dies ist auch in der Ausgestaltung des öffentlichen Vergaberechts zu erkennen, wobei z. B. die Verbesserung des Zugangs für kleine und mittlere Unternehmen zu den Vergabeverfahren als eines der Ziele der Novellierung im EU-Vergaberecht benannt wird (Bundesministerium für Wirtschaft und Energie (Hrsg.) 2014).

Im Gesetz gegen Wettbewerbsbeschränkungen (GWB) gilt gemäß § 97 Abs. 4 der Grundsatz, dass mittelständische Interessen bei der Vergabe öffentlicher Aufträge vornehmlich zu berücksichtigen sind. Insofern ist vorgesehen, Leistungen in der Menge aufgeteilt (Teillose) und getrennt nach Art oder Fachgebiet (Fachlose) zu vergeben. Mehrere Teil- oder Fachlose dürfen ausnahmsweise zusammen vergeben werden (General- oder Totalunternehmervergabe), wenn wirtschaftliche oder technische Gründe dies erfordern. Auch wenn die Regelungen nur für öffentliche Auftraggeber gelten, so spiegeln sie doch die typische Vergabesituation in der Bauwirtschaft wider.

Tritt der Bauherr mit den genannten Aufgabenträgern in einzelne und direkte Vertragsverhältnisse ein, so wird von einer Organisationsform mit Einzelleistungsträgern gesprochen. Diese Organisationsform bringt für Bauherren viele Vertragsbeziehungen und einen großen Koordinierungs- und Überwachungsaufwand mit sich. Andererseits besteht im Rahmen dieser Organisation für Bauherren die Möglichkeit der direkten Einflussnahme auf die einzelnen Baubeteiligten und somit auf das Bauprojekt insgesamt. In Abhängigkeit von der Kompetenz des Bauherrn kann dies ein gewünschter Umstand sein.

Insbesondere bei großen Bauprojekten besteht jedoch die Problematik, dass bei den vielen Vertragsbeziehungen einzelne Verträge bzw. Vertragspunkte Schwachstellen aufweisen und sich Schnittstellenprobleme ergeben. Hier sind vor allem unklare respektive nicht eindeutig formulierte Verträge zu nennen. Dies führte speziell in der Praxis der Immobilienwirtschaft dazu, dass sich Organisationsformen entwickelt haben, bei denen die Aufgaben ursprünglich verschiedener Aufgabenträger zusammengefasst und an Kumulativ-Leistungsträger vergeben werden. Dabei ist eine horizontale bzw. vertikale Zusammenlegung (Integration) von Aufgaben möglich (vgl. Kap. 3).

In der Bauwirtschaft bieten vor allem die größeren Unternehmen integrierte Leistungen an (horizontale als auch vertikale Ergänzung des Leistungsspektrums bzw. der Wertschöpfungskette), z. B. durch Angebote als Totalunternehmer bis hin zu Angeboten von Projektentwicklungen und Facility Services. Aufgrund der beschriebenen Struktur des Baumarktes und wegen des Kostendrucks, ergibt sich in aller Regel aber trotzdem die Notwendigkeit zur Vergabe einzelner oder mehrerer Gewerke an Nachunternehmer. Dadurch reduzieren sich Schnittstellen zwischen Bauherr und Kumulativ-Leistungsträger zwar, praktisch werden sie aber nur in der Wertschöpfungskette nach unten verschoben. So geht der Koordinierungsaufwand auf den Kumulativ-Leistungsträger über.

Im Kontext von BIM werden im Folgenden nur die wesentlichen Akteure im Rahmen der Realisierung und Nutzung von Bauobjekten weiter betrachtet, d. h. Bauherr/Entwickler, Projektmanagement, Planung, Bauausführende Unternehmen und das Facility Management.

29.2.2 BIM und die Vergabemodelle

In Zusammenhang mit der Durchsetzung von BIM-Zielen müssen entsprechende Aufgaben über die Vergabeverfahren an die einzelnen Akteure übertragen werden. Dabei müssen alle Beteiligten an Informationen aus dem Modell mehr oder weniger partizipieren können bzw. Informationen zu liefern.

Im Folgenden werden die zwei gängigsten Vergabemodelle, die Fachlosvergabe und die Generalunternehmervergabe (Kumulativ-Leistungsträger) inkl. der BIM-bedingten Austauschbeziehungen dargestellt.

29.2.2.1 Fachlosvergabe

Bei der Fachlosvergabe beauftragt der Bauherr alle beteiligten Einzelleistungsträger, d. h. Planer, Fachplaner, Sonderfachleute und Gewerkeanbieter (Bauunternehmen). Der verantwortliche Planer (meist Architekt) steuert und kontrolliert als Sachwalter des Bauherrn die nachgelagerte Bauausführung gemäß dem Leistungsbild der Honorarordnung für Architekten und Ingenieure (HOAI) und stimmt sich mit den Fachplanern und Sonderfachleuten ab. Die Grundleistungen der HOAI umfassen jedoch keine spezielle Planung mit Bezug zum Facility Management. In der Praxis werden so die späteren Betreiber üblicherweise nicht in die Planung einbezogen. Häufig ist der spätere Betreiber bzw. Dienstleister auch noch nicht bekannt.

Abb. 29.2 zeigt neben der Vergabesystematik (links) auch die nötigen Austauschbeziehungen (rechts) zwischen den Akteuren zur Erreichung eines, über alle Lebenszyklusphasen durchgängigen Building Information Modeling, mit dem die, in Abschn. 29.1 genannten Ziele erreicht werden können. Hierbei zeigt sich, dass die Planer zunächst mit dem Aufbau des Modells befasst sind. Dies ergibt sich aus den notwendigen Arbeitsschritten bei der Projektentwicklung, die sich u. a. im Phasenmodell der HOAI widerspiegeln. Planer sind somit in der Lage, Bauherrenanforderungen und eigene Ziele in Zusammenhang mit BIM direkt in das Modell einfließen zu lassen. Aufgrund der nachgelagerten Vergabe an die einzelnen Bauunternehmen, finden aber die Anforderungen der ausführenden Betriebe und des Facility Managements keine Berücksichtigung, sofern sie nicht bereits durch den Bauherren eingebracht wurden. Lediglich die Ausschreibungs- bzw. Vergabegrundlagen (Bauleistungen), lassen sich dann aus dem Modell ableiten und liefern Vorteile für den verantwortlichen Planer bzw. das Projektmanagement des Bauherren. Eine Lösung dieser Problematik wäre nur möglich, wenn Facility Services und Bauunternehmen bereits in die Planung einbezogen würden, um den Informationsbedarf, Anwendungsfälle etc. rechtzeitig formulieren zu können, oder

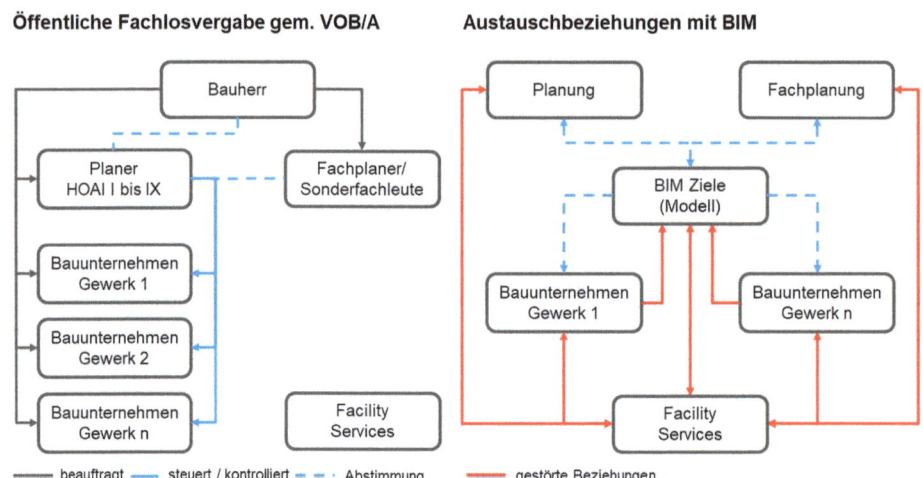

Abb. 29.2 Fachlosvergabe und Austauschbeziehungen mit BIM

wenn der Bauherr bereits entsprechende Informationsanforderungen und Anwendungsfälle einbringt. Dies erfolgt aufgrund des Vergabemodells aber nicht. Dieser Aspekt hat zudem zur Folge, dass auch die Rücklieferung von Informationen aus der Bauphase in das Modell erschwert ist, da die Datenstruktur nicht auf die Prozesse in den ausführenden Unternehmen abgestimmt ist (Bodden 2017). Ggf. vorhandene Informationen aus dem Baugeschehen müssen erst in eine modellkonforme Struktur gebracht werden. Auch die Zielsetzung der Bauunternehmen entspricht nicht zwingend den Modell-Zielen. Beispielsweise ist eine, auf das Facility Management zugeschnittene Dokumentation nicht für die Zielerreichung des Bauunternehmens erforderlich. Zudem ist es nicht erheblich, am Ende der Maßnahme ein As-Built-Modell vorweisen zu können oder den Bauzustand modellkonform abzubilden. Im Vordergrund steht die beauftragungsgemäße Abrechnung, Einhaltung des Auftragsterminplans und die Lieferung der vereinbarten Qualitäten. Dazu müssen lediglich klare Ausschreibungs- und Abrechnungsgrundlagen, klassischerweise ein stimmiges Leistungsverzeichnis, vorhanden sein.

29.2.2.2 Generalunternehmervergabe

Bei den größeren, immobilienwirtschaftlichen Bauvorhaben wird die Bauleistung häufig an Generalunternehmer, d. h. Kumulativ-Leistungsträger vergeben, die alle Gewerkeleistungen im Paket anbieten und zumindest Teile der Leistung mit eigenem Personal erbringen. Weite Teile der Planungsleistungen hingegen werden durch den Bauherren separat vergeben. Häufig wird darüber hinaus ein externes (oder internes) Projektmanagement beschäftigt, das die delegierbaren Bauherrenaufgaben übernimmt. In diesem Sinne steuert und koordiniert das Projektmanagement die Planung und Bauausführung und bezieht ggf. weitere Fachleute oder Akteure mit ein. Auch hier erfolgt in der

29.2 BIM und der deutsche Baumarkt

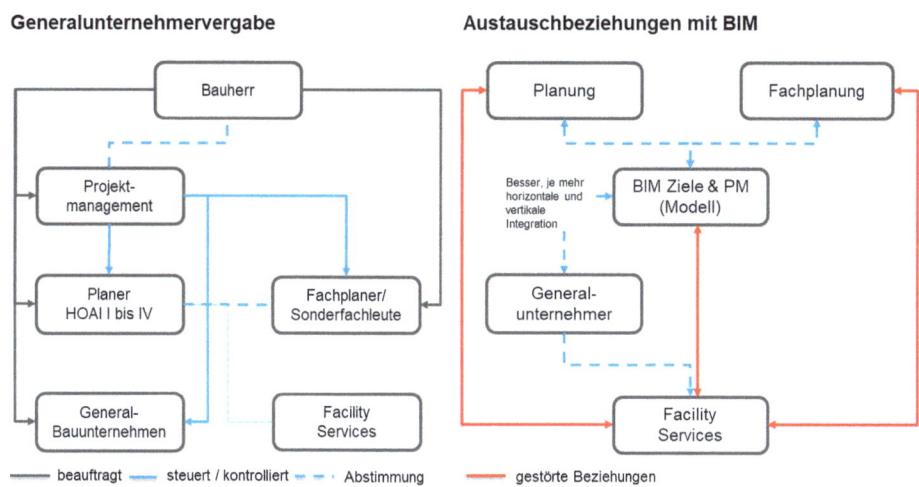

Abb. 29.3 Generalunternehmervergabe und Austauschbeziehungen mit BIM

Regel keine Einbindung des Facility Managements, weil die Akteure oftmals im Vorfeld nicht bekannt sind oder die Betriebsphase nicht im Fokus der Entwickler liegt (Blecken und Meinen 2020, S. 96 ff.).

Wie Abb. 29.3 zeigt, existieren aufgrund der Bündelung von Leistungsbereichen in der Ausführung weniger Schnittstellen als bei der Fachlosvergabe. Dennoch erfolgt die Modellentwicklung zunächst nur mit Fokus auf die Ziele der Planung und der Bauherrenschaft, die durch das Projektmanagement vertreten wird. Je höher die horizontale und vertikale Integration der Kumulativ-Leistungsträger (z. B. Generalunternehmer) ist, desto stärker gelangen auch die Ziele der Ausführung in das Datenmodell (Haghsheno und Deubel 2017). Gleichzeitig wird die Bidirektionalität des Datenaustauschs mit der bauausführenden Seite begünstigt, da Datenstruktur und Schnittstellen auf die Bedürfnisse aller Beteiligten zugeschnitten werden können. Lediglich das Facility Management ist nur dann eingebunden, wenn dies durch das Projektmanagement forciert wird. Vor diesem Hintergrund profitiert der Betrieb auch nur von der digitalen Dokumentation, die gebündelt durch den Generalunternehmer bereitgestellt wird. Anforderungen an die Dokumentation und Modellinhalte im Sinne der Verwertbarkeit im Facility Management können allerdings nur in Ausnahmefällen transportiert werden, da die Verbindung zur Planung fehlt.

29.2.3 BIM und die Akteure

Im Folgenden wird auf wesentliche Aufgaben der Akteure über den Planungs- und Bauprozess bzw. deren Nutzen bei der Verwendung von BIM Bezug genommen.

29.2.3.1 Bauherr

Insgesamt ändern sich die Aufgaben des Bauherren bzw. Entwicklers im Bauplanungsprozess durch den Einsatz von BIM, bis auf die Definition der BIM-Ziele, kaum.

Bauherren profitieren von BIM insbesondere durch die Möglichkeit zur Begutachtung des gesamten Bauvorhabens bereits vor Fertigstellung, sodass das intangible Produkt „Bauwerk" bereits frühzeitig greifbar wird. Damit lässt sich ein wesentliches Problem des Bau-Marketings an der Schnittstelle zwischen Sach- und Dienstleistungscharakter lösen. Auch bei der Vermarktung der Flächen entstehen so Vorteile, da bereits frühzeitig Visualisierungen des Kauf- oder Mietobjektes möglich sind. Damit kann ein wichtiger Beitrag zu Risikoreduzierung bei Projektentwicklungen geleistet werden (Blecken und Meinen 2020, S. 100 ff.).

Ziel des Bauherren ist zudem ein funktionierendes Gebäude, das möglichst wenige Probleme durch Mängel oder Planungsfehler verursacht (Qualität). Besonders in Hinblick auf die Vermietung und Mieterzufriedenheit in der Anfangsphase der Nutzung ist hierauf hinzuweisen, aber auch auf die Verlässlichkeit von Fertigstellungsterminen und Einhaltung der geplanten Budgets (Kostensicherheit). Ergänzend dazu sind aus Entwicklersicht die mögliche Restwert- (Recycling) bzw. Restlaufzeitoptimierung sowie Vorteile bei der Erhebung von Daten für die Bewertung von ESG-Kriterien (Environmental Social Governance) zu nennen. In diesem Zusammenhang kann davon ausgegangen werden, dass die Anforderungen aufgrund der Regulatorik in den nächsten Jahren noch erheblich steigen werden.

Eigennutzer profitieren zudem von der möglichen Reduzierung von Lebenszykluskosten, durch eine frühe Optimierung des Bauentwurfs, wobei die vollständige, digitale Dokumentation in das Facility Management übernommen werden kann, sodass die Dokumentation des Betriebs verbessert und die Optimierung von Betriebskosten unterstützt werden. Entsprechende Optimierungen können, je nach Marktlage, Entwicklungstyp und Assetklasse einen erhöhten Verkaufspreis von Projektentwicklungen rechtfertigen (u. a. Nebenkostenproblematik).

In der Praxis gerät der Vorteil der langfristig optimierten Lebenszykluskosten bei Bauherren allerdings häufig in den Hintergrund, durch die kurzfristig betrachteten, höheren Planungs- und Baukosten. Das wird sich mit BIM nicht ändern lassen. Umso mehr muss es ein Ziel der Entwickler sein, Building Information Modeling möglichst effektiv, also im Sinne einer WIN–WIN-Situation für alle Beteiligten zu etablieren. Auf diese Weise können etwaige Mehrkosten auf alle Akteure verteilt werden.

Es ist jedoch zu vermuten, dass vor allem nicht professionelle Bauherren den Gesamtnutzen von BIM über alle Projektphasen nicht überblicken und die Methode auf den Aspekt der Visualisierung im Sinne des Marketings reduzieren. Wie die bisherigen Ausführungen zeigen, ist aber wichtig, dass die Bauherrenseite alle, zur Erreichung der BIM-Ziele sämtlicher Akteure notwendigen Rahmenparameter bereits nachfragt, damit sie von vornherein im Modell angelegt werden können.

Denn ein wesentlicher Nutzen für die Bauherren entsteht in der Betriebsphase. Dies setzt allerdings voraus, dass betriebsrelevante Informationsanforderungen und Anwendungsfälle bereits mit Planungsbeginn definiert werden, damit FM-Leistungen, wie auch die Bauleistungen aus dem Modell heraus vergeben werden können (Spengler und Peter 2020, S. 33 f.). Dies war bislang nicht unbedingt notwendig.

Anhand des Modells lassen sich so auch sicherheitsrelevante Bauteile wie Brandschutzklappen identifizieren und instandhalten, die bislang oft unauffindbar waren, weil sie hinter anderen Bauteilen versteckt liegen, womit Haftungsrisiken des Eigentümers reduziert werden. Mit Hilfe von Raum- und Nutzungsplänen können Störungen zudem schneller behoben werden, da Einbauten, Ausstattung und Nutzungsart modellbasiert identifiziert werden können.

29.2.3.2 Projektmanagement

Das Projektmanagement ist in Zusammenhang mit Building Information mit den meisten, zusätzlichen Aufgaben konfrontiert. Dazu gehören insbesondere

- die Koordination der BIM-Planung und aller Teilmodelle,
- die Zusammenführung aller Teilmodelle zu einem Gesamtmodell,
- die Strukturierung, Pflege und Verwaltung des Gebäudedatenmodells,
- das Qualitätscontrolling für den BIM-Einsatz im Gesamtprojekt,
- das As-Built-Modell zu kontrollieren bzw. zusammenzuführen,
- die Strukturierung, Pflege und Verwaltung der dokumentierten Informationen und
- die Fortschreibung des As-Built-Modells.

Aufgrund des spezifischen Know-hows werden häufig sogenannte BIM-Manager hinzugezogen. Diese Funktion wird zukünftig integrierter Teil des Leistungsbilds Projektmanagement sein und ist bereits in den einschlägigen Arbeitshilfen und Leistungsbildern für das Projektmanagement enthalten (AHO (Hrsg.) 2020).

Insgesamt profitiert das Projektmanagement am meisten von Building Information Modeling. Durch die objekt-, termin- und kostenorientierte Planung ist es dem Projektmanagement möglich, alle notwendigen Informationen aktuell aus dem Gebäudemodell abzugreifen. Eine automatisierte Termin- und Kostenplanung sowie Erstellung von Leistungsverzeichnissen bei der Ausschreibung und Vergabe sind möglich, soweit eine geeignete Software mit kompatiblen Schnittstellen zur Verfügung steht.

Wenn Schnittstellen vorhanden und IT-Produkte kompatibel sind sowie ein gleicher Datenstand aller Planungsbeteiligten gewährleistet werden kann, wird der Datenaustausch deutlich vereinfacht.

Nachteilig ist der erhöhte Koordinationsbedarf und -aufwand bei der Vergabe in Fachlosen, da ein Datenaustausch und die Fortschreibung des As-Built-Modells durch unterschiedliche Beteiligte notwendig sind. Auch hier wäre ein gleiches Digitalisierungsniveau zwingend erforderlich.

Speziell für das Kosten- und Terminmanagement sind Schnittstellen zum Bauunternehmen im Sinne der elektronischen Abrechnung sowie sogenannte, smarte Verträge (Smart Contracts) hilfreich (Eschenbruch et al. 2020b).

Durch die Fortschreibung des As-Built-Modells[1] entstehen bei der Nachweisführung im Mängelhaftungsmanagement ggf. weitere Vorteile.

29.2.3.3.2.1 Planer

Bei der Planung verlagern sich die meisten Arbeiten in das digitale Modell bzw. werden anhand des Modells ausgeführt. Hierbei ergeben sich zusätzliche Aufgaben, aber auch die Möglichkeit zur rationelleren Bearbeitung klassischer Planungsaufgaben. Für die Planungsbeteiligten ergibt sich so die Möglichkeit zur Effizienzsteigerung (und dadurch Kosteneinsparung) sowie Fehlervermeidung im jeweils einzelnen Planungsbetrieb und bei der Zusammenarbeit mit anderen Planungsbeteiligten.

Um die Effizienzsteigerung realisieren zu können, ist allerdings der gleiche Planungs- und Digitalisierungsstand aller Planungsbeteiligten notwendig. Gegenüber der konventionellen 2D-Planung entsteht ein gewisser Zusatzaufwand durch die objektorientierte Planung. Dafür wird der Aufwand in den späteren Phasen z. B. durch die automatische Entnahme der benötigten Daten aus dem Gebäudemodell reduziert (Sundermeier 2019).

Gemäß HOAI, Anlage 10 (zu § 34 Absatz 4, § 35 Absatz 7) ist die 3-D oder 4-D Gebäudemodellbearbeitung (Building Information Modeling BIM) in Leistungsphase 2 (Vorplanung) eine Besondere Leistung. Ansonsten existiert keine explizite Erwähnung. Im Zuge der Novellierung der HOAI ist das Honorar der Planer inzwischen frei verhandelbar, sofern die entsprechende Vereinbarung schriftlich erfolgt. Die Vergütung des möglichen Zusatzaufwands durch BIM wird insofern zukünftig dem Markt unterworfen sein.

Neben der gewöhnlichen Haftung für Planungsfehler erweitert sich die Haftung auf Fehler im Gebäudemodell. Insofern ist die Nachvollziehbarkeit von Planungsentscheidungen bei der kollaborativen Zusammenarbeit von besonderer Bedeutung, zumal das Modell laufend durch verschiedene Beteiligte fortgeschrieben wird.

Als Voraussetzung für einen erfolgreichen BIM-Einsatz können Standardisierungen in IT-technischer Hinsicht und mit Blick auf die Verfahren bzw. Prozesse angesehen werden. Zudem sollte bei der Auswahl der Planer auf ein einheitliches Digitalisierungsniveau und die verwendete Software geachtet werden, um Schnittstellenprobleme zu minimieren. Aufgrund der gemeinsamen Nutzung des Datenmodells müssen im Vorfeld die Haftungsregeln klar sein und ggf. vertragliche Alternativen, wie Mehrparteienverträge geprüft werden.

Auf Planungsseite ist eine größtmögliche Einflussnahme auf die Modellentwicklung und -inhalte möglich, wodurch Planer in die Lage versetzt werden, BIM weitestgehend

---

[1] Digitales Bauwerksmodell, das den tatsächlich ausgeführten Zustand des Gebäudes beinhaltet.

den eigenen Bedürfnissen und mit Blick auf die eigene Zielerreichung (Projekt- und Unternehmensziele) anzupassen. Dies schließt möglicherweise aber die Einbindung anderer Akteure von einer effektiven Arbeit mit BIM aus, weshalb die gewichtige Rolle des Bauherrn bei der Definition der BIM-Ziele an dieser Stelle noch einmal hervorzuheben ist.

29.2.3.3 Bauunternehmen

Wie bereits in Abschn. 26.4.2.2 gezeigt, harmonieren globale BIM-Ziele, die Planungs- und Projektmanagement-Organisation und die Organisation des Baubetriebs nicht zwangsläufig miteinander. Speziell die Gewerkeanbieter sind lediglich mit ihrem Fachbereich in den Gesamtprozess der Bauwerkserstellung involviert. Ihr Fokus liegt auf einer verlässlichen Ausschreibung der Leistung und einer handhabbaren Abrechnungsgrundlage. Alle anderen Aufgaben lassen sich ohne direkten Eingriff oder Austausch mit dem Datenmodell ausführen. Vor diesem Hintergrund haben sich die Bauunternehmen in der Vergangenheit optimiert und nutzen insofern aus eigenem Antrieb häufig keine CAD-gestützten IT-Systeme. Andererseits sind sie in Bezug auf die eigene Wertschöpfung zum Teil bei der Digitalisierung schon recht weit, wenn es sich zum Beispiel um die Leistungserfassung (gemäß Leistungsbeschreibung) und Schaffung der Abrechnungsgrundlagen (digitales Aufmaß) oder die Kurzfristige Erfolgsrechnung (Stundenerfassung von Geräten und Personal, digitale Erfassung von Lieferscheinen und digitale Workflows bei der monatlichen Leistungsermittlung) handelt (vgl. Kap. 30). Andererseits kann das Gesamtmodell wichtige Informationen für eine effektive Organisation der Unternehmen liefern, z. B. bei der Terminabstimmung mit anderen Gewerken, also zur Planung der konkreten Einsatzzeiten auf der Baustelle, die von Fertigstellungsgraden anderer Baubeteiligten abhängig sind.

Andere Aspekte stehen nicht im Fokus der Bauunternehmen, bspw. die Dokumentation im Sinne eines nutzbaren BIM-Modells aufzuarbeiten oder detaillierte, modellkonforme As-Built-Daten bzw. aktuelle Bauzustände zu liefern, die eher Projektziele anderer Beteiligten unterstützen.

Eine mögliche Lösung kann die Reduzierung der Modellkomplexität auf wesentliche Inhalte sein. Zudem könnten etablierte Prozesse bei der Vergabe und Abrechnung als Informationsschnittstelle für das Building-Information-Modeling genutzt werden, ohne zusätzlichen Aufwand zu verursachen. Beispielsweise ließe sich im gewöhnlichen VOB-Vertrag der Leistungsfortschritt durch die monatlichen Abschläge gemäß dem Auftrags-Leistungsverzeichnis ohne Mehraufwand für die Betriebe dokumentieren, sofern ein schlüssiger Zusammenhang zwischen Leistungsverzeichnis und objekt-/bauphasenorientiertem Planungsmodell besteht. Standards, wie z. B. DIN SPEC 91350 BIM-LV-Container bzw. DIN SPEC 91400 BIM-Klassifikation nach STLB-Bau existieren dazu bereits.

Anforderung an das As-Built-Modell, speziell mit Blick auf die Notwendigkeiten in der Betriebsphase, müssen geringgehalten werden. Auch für das Facility Management ist eine zu hohe Detailtiefe aufgrund des hohen Aktualisierungs- und Pflegeaufwands eher ungünstig. Andererseits ist das As-Built-Modell wichtige Voraussetzung für den Betrieb mit BIM.

Bei Aufträgen an Kumulativ-Leistungsträger (z. B. Generalunternehmer), muss der erhöhte Planungsaufwand in Zusammenhang mit der Fortschreibung des As-Built-Modells ggf. zusätzlich vergütet werden. Allerdings bietet BIM, je mehr Planungsanteile und Gewerke die Beauftragung beinhaltet, für den Kumulativ-Leistungsträger auch zunehmende Effizienzvorteile bei der Nutzung von BIM (z. B. bei der Koordination der Gewerke und der BIM-basierten Takt- und Ablaufplanung). Zudem können Massen als Kalkulationsgrundlage direkt aus dem 3D-Gebäudemodell exportiert und die Baustelleneinrichtungsplanung in das Modell integriert werden. Der derzeit häufigste Anwendungsbereich von BIM fällt bei den Bauunternehmen insofern auch in den Bereich der Angebotskalkulation und Arbeitsvorbereitung. Ergänzend dazu ist das Kosten- und Termincontrolling modellbasiert möglich (z. B. Nachträge/Dokumentation Änderungen/ Koordination der Gewerke). Bei der Einbindung von Nachunternehmern ergibt sich allerdings das bereits oben beschriebene Problem.

29.2.3.4 Facility Management

BIM-bezogene Aufgaben des Facility Managements (FM) entstehen in der Regel erst nach der Planungs- und Bauphase. Aus zwei Gründen werden die Anforderungen aus der Betriebsphase oft nicht in die Planungsphase integriert:

1. Budgets für Planung und Bau (investiv) und Betrieb (konsumtiv) werden getrennt verantwortet. Fokussiert und optimiert wird der hohe Investitionsbedarf, Kostenauswirkungen im Betrieb werden eher vernachlässigt, auch weil die Betriebsphase weniger im öffentlichen Fokus oder im Fokus der Projektentwicklung steht.
2. Das Leistungsbild der HOAI schließt die FM-gerechte-Planung nicht explizit mit ein, entsprechende Planungen (z. B. Instandhaltungskonzept oder Nutzungskostenplanung) müssen also gesondert beauftragt werden und sind insofern nicht grundsätzlich im Fokus der Planer.

Aus Sicht der Bauherren zeigen sich die Vorteile von BIM vor allem im Betrieb, da theoretisch alle betriebs- und nutzungsrelevanten Informationen aktuell dargestellt werden können. Der Aufwand zur Pflege des As-Built-Modells ist allerdings sehr hoch, teils übersteigt der Aktualisierungsaufwand den Nutzen, zumal er zusätzlich vergütet werden müsste, denn die Pflege von Detaildaten des Gebäudes ist oft ohne direkten Nutzen für das Facility Management (z. B. Lage der Steckdosen und Lichtschalter weniger wichtig als deren Anzahl und Herstellerangaben).

Für das kaufmännische Facility Management (Property Management) ist ein aktuelles As-Built-Modell von großem Vorteil, da jederzeit korrekte Flächen und Grundrisse für die Vermietung und Nebenkostenabrechnung zur Verfügung stehen. Bislang ist das in der Regel nicht der Fall, weil der Änderungsaufwand immens ist. Mit BIM wird sich das jedoch nicht ohne Mehrkosten verändern lassen. Aus diesen Gründen gelingt bereits heute die Pflege von 2D-Bestandsplänen und der Dokumentation in der Praxis sehr häufig nicht.

Ansonsten profitiert das FM stark von BIM, da eine aktuelle (aus As-Built-Modell) Dokumentation mit allen relevanten Daten für den Betrieb importiert und im Rahmen des Facility Managements genutzt werden kann. Grafische Elemente sind allerdings oft nicht erforderlich, sodass der entsprechende Änderungsaufwand zusätzlich entsteht.

Vorteile für das FM ergeben sich letztlich nur, wenn die Planung bereits alle FM-Notwendigkeiten antizipiert. Erforderlich ist insofern die Einbeziehung des Facility Managements in die Planungsphase, um passende Informationsanforderungen, Anwendungsfälle und die praktikable Modelltiefe festzulegen (Kaiser et al. 2018, S. 250 f.). In diesem Zusammenhang müssen auch die daraus resultierenden Anforderungen an das As-Built-Modell mit Blick auf die bauausführenden Betriebe geprüft werden (zusätzliche Leistung, da z. B. kein Nutzen für Gewerkeanbieter – siehe Abschnitt Bauunternehmen). Aufseiten der Planung ist dann zu berücksichtigen, dass FM-Planungsleistung gemäß HOAI ggf. als besondere Leistungen zusätzlich vergütet werden müssen (z. B. Instandhaltungskonzept).

Für Bauherren bzw. das Projektmanagement und das Facility Management ergeben sich durch BIM Vorteile bei der Übernahme des Gebäudes in den Betrieb (StartUp), der Inbetriebnahme, der Einregulierung, der Verfolgung von Abnahme- und Gewährleistungsmängeln. Einerseits können Verantwortliche einfacher ermittelt werden, andererseits lassen sich Dokumentation und Leistungsverzeichnis für das Facility Management aus dem Modell erzeugen und in die CAFM-Software des Facility Managements importieren, da bereits Informationsanforderungen und Anwendungsfälle bekannt sind. Auf dieser Basis ergeben sich Effizienzvorteile beim Bedienen, Instandhalten, Erneuern und Modernisieren, der Erstellung von Wartungs- und Prüfungsplänen, der Koordination von Instandsetzungen sowie dem Vermietungs- und Flächenmanagement.

29.2.4 Voraussetzungen für einen erfolgreichen BIM-Einsatz

Als grundlegende Herausforderung bei der Etablierung von BIM lässt sich die Struktur des deutschen Baumarktes und die damit zusammenhängenden Rahmenbedingungen nennen. Dies kann zunächst anhand der atomisierten Anbieterstruktur mit vornehmlich kleinen und mittleren Unternehmen plausibilisiert werden. Unter anderem durch das Gesetz gegen Wettbewerbsbeschränkungen (GWB) und EU-Vergaberichtlinien wird diese mittelständische Marktstruktur gefördert.

Die daraus resultierende, vornehmlich bei öffentlichen Bauvorhaben präferierte Fachlosvergabe beinhaltet viele Schnittstellen und einen hohen Koordinationsbedarf. Bauausführende Unternehmen werden erst spät in den Prozess mit einbezogen und können so ihre Ziele und Bedarfe nicht einbringen. Das Facility Management wird in der Regel gar nicht einbezogen. Dies ändert sich auch nicht wesentlich bei der Vergabe an klassische Kumulativ-Leistungsträger (z. B. Generalunternehmer). Diese vergeben Leistungen zum

Teil an Nachunternehmer, wodurch sich der o.g. Koordinationsbedarf (Gewerkeleistungen) verlagert.

BIM-Ziele bzw. Vorteile, auch wenn sie nur einzelne Phasen oder Akteure betreffen, setzen Vorleistungen anderer Projektbeteiligter bzw. eine multidirektionale Abstimmung mit diesen voraus.

Viele Vorteile durch BIM ergeben sich letztlich beim Bauherren in Bezug auf Kosten, Qualitäten und Termine sowie beim Marketing über den gesamten Lebenszyklus. Allerdings steht die Betriebsphase oft nicht im Fokus (Projektentwicklungsfokus Verkauf oder Nutzung bzw. Investitions- vs. Betriebskosten). Durch letzteren Umstand werden Informationsanforderungen aus dem Facility Management, die für ein vollständiges Datenmodell notwendig sind, oft nicht einbezogen. Das wäre aber besonders relevant, speziell im Hinblick auf die steigenden, auch regulatorischen Anforderungen an die Dokumentation von Nachhaltigkeits- bzw. Environmental Social Governance Kriterien (ESG) und die Wiederverwertung bzw. das Recycling von Gebäuderessourcen.

Als eine Voraussetzung für die Entfaltung des Nutzens von BIM wird insofern unterstellt, dass Bauherren ein breites Wissen über die notwendigen, sinnvollen und für alle Beteiligten nutzenstiftenden Informationsanforderungen und Anwendungsfälle besitzen und dieses bei der Vergabe an die einzelnen Akteure einbringen.

Eine besondere Bedeutung kommt vor diesem Hintergrund dem Projektmanagement zu, das insgesamt am meisten von einer umfassenden und dynamischen Informationslage über den gesamten Planungs-, Bau- und Betriebsprozess profitiert, allerdings auch alle Maßnahmen koordinieren muss. Vorteile realisieren sich aber nur dann, wenn alle Beteiligten in der Lage und bereit sind, auf gleichem Digitalisierungsstand und funktionierenden Schnittstellen mit dem Modell zu kommunizieren.

Daher ist auch ein hoher Grad an Standardisierung und allgemeingültigen Regeln Grundvoraussetzung für die Etablierung von BIM. Viele Studien geben hierzu ein einheitliches Bild wieder (Meinen und Brinker 2021, S. 39). Der große Normungs-, Standardisierungs-, Definitions- und Vereinheitlichungsbedarf bzw. Wunsch nach Modell- bzw. Referenzprojekten macht die Abstimmungs-Problematik am Baumarkt deutlich, der aus den vielen, unterschiedlichen Beteiligten resultiert. Nur auf Basis gemeinsamer Strukturen ist eine effiziente Arbeit mit BIM und ein Austausch aus den individuellen, internen Organisationsbedarfen heraus, über einheitliche Schnittstellen möglich. Dies schließt standardisierte Vertragsbedingungen ein.

Anders als bei den, unmittelbar mit der Modelkonzeption beauftragten Planern, gestalten sich die Voraussetzungen für die Bauunternehmen und das Facility Management, die erst später in den Prozess involviert werden. Sie sind auf ein, auf ihre Bedürfnisse abgestimmtes Modell angewiesen, um Vorteile von BIM realisieren zu können. Auf der anderen Seite müssen sie gewisse BIM-Ziele unterstützen, die nicht ihrem Zielsystem entsprechen (z. B. Erstellung von Dokumentationsdaten in einer, für den Bauherren bzw. insbesondere für das Facility Management verwendbaren Struktur, Lieferung von grafischen Daten für das AS-Built-Modell etc.) und einen Zusatzaufwand bedeuten. Gerade mit Blick auf die kleinteilige Baumarktstruktur mit vielen unterschiedlichen

Einzelleistungsträgern (Gewerkeanbietern), stellt dieser Umstand nicht nur ein Schnittstellenproblem dar. Im Vergleich zu den kleinen Gewerkeanbietern können größere Kumulativleistungsträger (z. B. Generalunternehmer) Schnittstellen reduzieren, Systeme und Prozesse intern vereinheitlichen und dadurch eher Vorteile bei der Kalkulation, im Bauprozess und bei der Abrechnung realisieren. Insgesamt verfolgen Bauunternehmen zwar auch Kosten-, Qualitäts- und Terminziele, diese konzentrieren sich aber stärker auf den betrieblichen Erfolg als auf den übergeordneten Projekterfolg und entsprechen insofern nur teilweise den Zielen des Bauherrn.

Besonders problematisch ist die Situation des Facility Managements, da es häufig nicht in den Planungs- und Bauprozess integriert wird. Dies kann einerseits dazu führen, dass betriebsrelevante Daten nicht, oder in unbrauchbarer Struktur zur Verfügung gestellt werden. Andererseits kann der Detailierungsgrad des Modells den üblichen Aufwand bei der Datenpflege (laufende Aktualisierung des As-Built-Modells) im Facility Management massiv übersteigen. Ähnliche Erfahrungen gibt es bereits in Zusammenhang mit der Pflege von Daten in CAFM-Systemen.

Um BIM-Vorteile bei allen Beteiligten realisieren zu können, müssen Bauherren insofern die einzelnen Informationsanforderungen und Anwendungsfälle kennen und sich über die Auswirkungen ihrer Vorgaben im Klaren sein. Sie müssen auch Informationsanforderungen und Anwendungsfälle in das Modell einbringen, die Projektpartner betreffen, die erst später im Planungs-, Bau- und Betriebsprozess involviert sind bzw. solche Kriterien bereits bei den verschiedenen Vergaben berücksichtigen. Ggf. müssen Bauunternehmen und Facility Management bereits in die Planung einbezogen werden. Entsprechender Zusatzaufwand muss im Zweifel gesondert vergütet werden.

Von Bauunternehmen wird in diesem Zusammenhang sehr häufig bemängelt, dass Planungsmodelle für die Weiterverarbeitung im Bauunternehmen in der Regel nicht geeignet sind. Insofern wird auch der Wunsch geäußert, dass sich Bauherren stärker richtungsgebend einbringen. Umfragen zeigen, dass eine funktionierende Einbindung der Bauunternehmen auch zur Erreichung von BIM-Zielen der Bauherrenschaft führt, die von Informationen zum Ausführungsstand bis hin zur Lieferung des As-Built-Modells reichen kann (Meinen und Brinker 2021). In Bezug auf die Einbindung der Bauunternehmen in die Planung ergeben sich allerdings wettbewerbliche Probleme in Hinblick auf die spätere Beauftragung mit der Ausführungsleistung. Am wichtigsten ist in diesem Zusammenhang das, auf die Belange der Akteure zugeschnittene Datenmodell. Sofern die genannten Voraussetzungen stimmen und die Informationsanforderungen mit Augenmaß betrieben werden, sind die Bauunternehmen häufig bereit, den BIM-Einsatz im Wesentlichen aus Eigeninteresse zu betreiben.

Einzelleistungsträger benötigen in Ergänzung dazu einfache Tools, um auftragsrelevante Daten aus dem Modell entgegenzunehmen und projektrelevante Informationen zurückzuspielen. Einerseits sieht eine deutliche Mehrheit wenig Probleme, Daten zum Ausführungsstand im Rahmen der Abrechnung in das Modell zurückzuspielen, zumal diese durch die vorhandenen Dokumentationspflichten bereits gesammelt werden. Fast 60 % der Bauunternehmen rechnen heute bereits digital ab, sodass grundsätzlich die laufenden Abschlags- und Schlussrechnungen als Schnittstelle in das Datenmodell genutzt werden können. Inwieweit dazu das Leistungsverzeichnis sinnvoll ist, hängt von der Planungsqualität ab, die über 80 % der Gewerkeanbieter, ebenso wie eine abgeschlossene Planung als Grundvoraussetzung für die erfolgreiche BIM-Nutzung sehen (Meinen und Brinker 2021, S. 36). Objektorientierte Planungssysteme sind wenig verbreitet, sodass eine grafische Modellanbindung schwierig erscheint. Im Sinne einer einfachen BIM-Anbindung können sich fast drei Viertel der Betriebe aber eine App-Unterstützung bei der Übermittlung von Ausführungsständen bzw. der Abrechnung vorstellen (Meinen und Brinker 2021, S. 35).

Planer profitieren stark von BIM, sofern die Abstimmung zwischen den Planungsbeteiligten auf digitaler Basis funktioniert. Ein gewisser Mehraufwand bei der Modellkonzeption steht einer rationelleren und weniger fehleranfälligen Planung gegenüber, wobei die HOAI den Mehraufwand als besondere Leistung berücksichtigt. Zudem sind Planer in der Lage, das Modell nach eigenen Anforderungen und Zielen zu gestalten, da sie als erste Beteiligte mit dem Aufbau und der Arbeit am Modell beauftragt sind. Insofern profitieren Planer unmittelbarer von BIM und können das Modell nach eigenen Bedarfen gestalten, sind insofern weiter mit BIM und können viele Vorteile für den eigenen Betrieb leichter realisieren. Studien zeigen, dass BIM vermehrt in der Planungsphase eingesetzt wird. Grundstücks-/Objektakquise, Planung (LP 2–5), Vertrieb, Projektsteuerung/ -management werden zudem vornehmlich digitalisiert. Der Großteil an Architekten und Planern sehen den Einsatz von BIM als Erleichterung und Möglichkeit zur Effizienzsteigerung, bedingt durch kürzere Planungszeiten und Kosteneinsparungen (PricewaterhouseCoopers GmbH 2019). Wie sich dort auch zeigt, sind Bauunternehmen bei der BIM-Nutzung noch nicht so weit. Offensichtlich lassen sich dort aktuell weniger unmittelbare Vorteile realisieren, weil Planer direkter von der BIM-Anwendung profitieren und nicht unbedingt geeignete Vordaten für die Nutzung im Bauunternehmen liefern. Dies untermauert auch die bereits erwähnte, besondere Bauherrenrolle. Ein weiterer Beleg ist der Rückstand der Bauunternehmen gegenüber dem Anlagenbau, bei dem Planung und Bau in einer Hand liegen.

Vielfach erwähnt und speziell im Rahmen der Befragung von Gewerkeanbietern von über 80 % der Teilnehmenden bestätigt, ist die Problematik nicht abgeschlossener bzw. baubegleitender Planung (Meinen und Brinker 2021, S. 36). Diese häufig gelebte Praxis erweist sich nicht nur im analogen Bauprozess als schwierig und produziert einen erhöhten Abstimmungsbedarf, Nachträge und damit Konfliktpotential. BIM verstärkt diese Problematik, da sich sämtliche Prozesse und Austauschbedarfe in den digitalen Bereich verlagern und mit BIM abgebildet werden müssen.

Literatur

AHO (Hrsg.). (2020). *Projektmanagement in der Bau- und Immobilienwirtschaft – Standards für Leistungen und Vergütung* (Bd. 9). Köln: Reguvis.

Augsdörfer, U., & Ullrich, T. (2021). Innovative Informations- und Kommunikationstechniken im digitalen Gebäude- und Baumanagement. In C. Hofstadler, & C. Motzko, *Agile Digitalisierung im Baubetrieb* (S. 151–166). Wiesbaden: Springer Vieweg.

Bauer, U. (2021). Mitarbeiterführung in Zeiten der Digitalisierung. In C. Hofstadler, & C. Motzko, *Agile Digitalisierung im Baubetrieb* (S. 107–126). Wiesbaden: Springer Vieweg.

Bertschek, I., Niebel, T., & Ohnemus, J. (2019). *Beitrag der Digitalisierung zur Produktivität in der Baubranche.* (Z. -L.-Z. Mannheim, Hrsg.) Abgerufen am 2021 von www.zew.de: https://www.zew.de/fileadmin/FTP/gutachten/ZukunftBau_BBSR_Endbericht2019.pdf.

Bitkom e. V. (21. 09 2021). *Whitepaper Digitale Prozesse, 2016.* Von https://www.bitkom.org/sites/default/files/file/import/160803-Whitepaper-Digitale-Prozesse.pdf abgerufen.

Blecken, U., & Meinen, H. (Hrsg.). (2020). *Praxishandbuch Projektentwicklung.* Köln: Reguvis.

Bock, T., & Lauer, W. V. (2010). Automatisierung und Robotik im Bauen. *Arch+,* S. 34–39.

Bodden, J. L. (2017). BIM mit Einzelunternehmen – Strukturen und Vertragslösungen. *Bauwirtschaft*(2), S. 90–94.

Borrmann, A. K. (2015). Einführung. In M. K. A. Borrmann, *Building Information Modeling: technologische Grundlage und industrielle Praxis* (S. S. 1–19). Wiesbaden: Springer.

Budau, M., Talmon, P., & Haghsheno, S. (2019). Anwendungsmöglichkeiten der Blockchain-Technologie im Bauwesen. *Bauwirtschaft*(2), S. 112 bis 121.

Bundesarchitektenkammer 2020: https://bak.de/wp-content/uploads/2021/12/2020_BAK_Strukturbefragung_Bericht-SELBSTSTAeNDIGE_Gesamt.pdf

Bundesministerium für Wirtschaft und Energie (Hrsg.). (2014). *Jahreswirtschaftsbericht 2014.* Von https://www.bmwi.de/Redaktion/DE/Publikationen/Wirtschaft/jahreswirtschaftsbericht-2014.pdf?__blob=publicationFile&v=13 abgerufen.

Bundesministerium für Wirtschaft und Energie (Hrsg.). (2018). *Monitoring-Report Wirtschaft DIGITAL – Kurzfassung.* Berlin.

Bundesministerium für Wirtschaft und Energie. (2015). *Industrie 4.0 und Digitale Wirtschaft, Impulse für Wachstum, Beschäftigung und Innovation.* München.

Bundesregierung. (2021). Abgerufen am 2. Juni 2021 von www.bundesregierung.de: https://www.bundesregierung.de/breg-de/themen/i-mehr-chancen-fuer-innovation-und-arbeit-wohlstand-und-teilhabe-457456.

Doppler, K., & Lauterburg, C. (2008). *Change Management.* Frankfurt a. M.: Campus.

Erik Händeler (Hrsg.). (2013). *Die langen Wellen der Konjunktur: Nikolai Kondratieffs Aufsätze von 1926 und 1928.* Moers: Marlon.

Eschenbruch, K., Groß, D., & König, M. (März 2020a). Auf dem Weg zum digitalen Bauvertrag. (M. Sundermeier, & H. Meinen, Hrsg.) *Bauwirtschaft.* Von https://www.bimcontract.com. abgerufen

Eschenbruch, K., Groß, D., & König, M. (2020b). Auf dem Weg zum digitalen Bauvertrag – Automatisierung des Zahlungsverkehrs im Bauwesen mittels BIM und Smart Contracts (BIMcontracts). *Bauwirtschaft*(1), S. 9 bis 20.

GEFMA (Hrsg.). (29. 09 2021). *German Facility Management Association – Mitgliederverzeichnis.* Von https://www.gefma.de/unsere-mitglieder/ abgerufen.

Haghsheno, S., & Deubel, M. (2017). BIM-Anwendungsfälle im Rahmen der Beauftragung von Bauunternehmen unter Berücksichtigung unterschiedlicher Unternehmereinsatzformen. *Bauwirtschaft*(2), S. 60–66.

Hauptverband der Deutschen Bauindustrie. (2020). *Bauwirtschaft im Zahlenbild.* Abgerufen am 2021 von www.bauindustrie.de: https://www.bauindustrie.de/zahlen-fakten/bauwirtschaft-im-zahlenbild/betriebsstruktur-im-bauhauptgewerbe.

Helmus, M., Meins-Becker, A., Kelm, A., Quessel, M., & Kaufhold, M. (Oktober 2018). *BIM Mittelstandsleitpfaden.* Von deubim.de: https://deubim.de/deubim/Downloads/BIM-Mittelstandsleitpfaden%20FMZ%20Leinefelden.pdf abgerufen.

IFIDZ, Institut für Führungskultur im digitalen Zeitalter. (2019). *Führungskompetenzen im digitalen Zeitalter – Eine Analyse von 61 Studien und Umfragen aus den Jahren 2012–2018*. Von https://ifidz.de/digital-leadership-beratung/#metas abgerufen.

Kaiser, C., Nusser, J., & Schrammel, F. (2018). *Praxishandbuch Facility Management*. Wiesbaden: Springer Vieweg.

Kirchgeorg, M., & Beyer., C. (2016). Herausforderungen der digitalen Transformation für die marktorientierte Unternehmensführung. In *Digitale Transformation oder digitale Disruption im Handel*. Wiesbaden: Springer.

Klimmer, M. (2009). *Unternehmensorganisation*. Herne: NWB.

Klimmer, M. (2016). *Unternehmensorganisation*. Herne: NWB.

Koenen, A. (2019). „Bauvertrag 4.0" – Chancen und Risiken. *Bauwirtschaft*(2), S. 99 bis 111.

Kollmann, T. (2020). *Handbuch Digitale Wirtschaft*. Wiesbaden: Springer.

Kotter, J. P. (1996). *Leading Change*. Massachusetts: Harvard Business School Press.

Krönert, N., & Zanona, J. (2021). Automatisierte Bauprozesse durch Robotik. In C. Hofstadler, & C. Motzko, *Agile Digitalisierung im Baubetrieb* (S. 447–458). Wiesbaden: Springer.

Krüger, W. (2009). *Excellence in Change – Wege zur strategischen Erneuerung*. Wiesbaden: Gabler.

Loser, K.-U. (2005). *Unterstützung der Adoption kommerzieller Standardsoftware durch Diagramme*. Dortmund: Universität Dortmund.

Lünendonk & Hossenfelder GmbH (Hrsg.). (2021). *Facility-Service-Unternehmen in Deutschland*. Mindelheim.

Meinen, H., & Brinker, A.-L. (November 2021). *BIM und der deutsche Baumarkt*. Von https://gif-ev.de/onlineshop/download/direct,547 abgerufen.

Meinen, H., Burzlaff, S., & Kock, K. (2017). *Veränderung der Einzelhandelsimmobilien durch die Digitalisierung*. Köln: Bundesanzeiger.

Oprach, S., & Haghsheno, S. (2020). SDaC („Smart Design and Construction") – Die KI-Plattform für die Bauwirtschaft. *Bauwirtschaft*(1), S. 49 f.

PricewaterhouseCoopers GmbH. (2019). *Digitalisierung der deutschen Bauindustrie*. Von www.pwc.de abgerufen.

Rock, V., Liebold, P.-J., Brehm, N., & Schlesinger, S. (März 2021). *PropTech Germany 2021 Studie*. Von https://doi.org/10.13140/RG.2.2.29558.52802 abgerufen.

Roland Berger GmbH (Hrsg.). (2016). *Digitalisierung der Bauwirtschaft. Der europäische Weg zur „Construction 4.0"*. Abgerufen am 28. 05 2021 von https://www.rolandberger.com/publications/publication_pdf/roland_berger_digitalisierung_bauwirtschaft_final.pdf.

Roth, N. (24. 09 2021). *PropTechs*. Von https://proptech.de/wp-content/uploads/2021/07/PropTech_Uebersicht_Juni_2021.pdf abgerufen.

Schmutte, A. M. (2020). Digitale Transformation – Trends, Mythen und konsequenzen für das Management. In M. Harwardt, & P. F.-J. Niermann, *Führen und Managen in der digitalen Transformation*. Wiesbaden: Springer.

Schwerdtner, P., & Ellermann, G. (2019). Digitaler Wandel in Unternehmen durch Perspektivenwechsel. *Bauwirtschaft*(2).

Spengler, A., & Peter, J. (2020). *Die Methode Building Information Modeling – Schnelleinstieg für Architekten und Ingenieure*. Wiesbaden: Springer.

Statista. (2021). *Statistiken zum Architekturmarkt*. Abgerufen am 2. Juni 2021 von de.statista.com: https://de.statista.com/themen/2274/architekturmarkt/.

Stolzenberg, K. (2006). *Veränderungsprozesse erfolgreich gestalten*. Heidelberg: Springer Medizin.

Sundermeier, M. &. (2019). Trends und Strategien für das Planen mit BIM. In B. D. Baumeister, *BDB-Jahrbuch 2019/2020*. Gütersloh: Bauverlag.

techconsult. (Dezember 2020). *Digitalisierungsindex Mittelstand 2020/2021*. Von https://www.digitalisierungsindex.de/wp-content/uploads/2020/12/Telekom_Digitalisierungsindex_2020_GESAMTBERICHT.pdf abgerufen.

Vahs, D. (2004). *Change Management in schwierigen Zeiten*. Wiesbaden: Deutscher Universitätsverlag.

Vahs, D. (2015). *Organisation*. Stuttgart: Schäffer-Poeschel.

30. Geschäftsprozessoptimierung

Wie Abschn. 26.4 zeigt, bezieht sich Building Information Modeling auf den gesamten Planungs-, Bau- und Betriebsprozess von Immobilien und die damit verbundenen Informationen. Auch wenn einzelne Akteure nicht mit BIM arbeiten, ist der Ausgangspunkt für Digitalisierungsbestrebungen häufig eine Prozessoptimierung. Dabei geht es allerdings nicht um übergeordnete, projektbezogene Prozesse, sondern um Wirtschaftlichkeitsüberlegungen und die Reduzierung von Risiken in Zusammenhang mit den individuellen Geschäftsprozessen.

Insofern beschäftigen sich die meisten Bauunternehmen schon lange mit Digitalisierungsaspekten, die in der Regel von der klassischen, sogenannten Branchensoftware, d. h. im Wesentlichen der Kalkulation ausgehen und über Beschaffungs- und Dispositionsprozesse, Arbeitsvorbereitung und Terminplanung, Leistungsstand und Abrechnung, Integration von Finanz-, Anlagen, Lohn- und Lagerbuchhaltung bis hin zum Controlling (Planung, Kurzfristige Erfolgsrechnung, Soll-/Ist-Vergleichsrechnung) führen (Enterprise-Resource-Planning (ERP) – System), vgl. Abb. 30.1 Entsprechende Systeme sind inzwischen weit verbreitet, mit unterschiedlichen Integrations- und Ausbaustufen. Dies hängt in der Regel auch von der Größenordnung und damit der Organisation der Betriebe ab. Kleinere Betriebe unterhalten oft keine eigene Buchhaltung, sondern greifen auf das Know-how, die Kapazitäten und IT-Systeme der Steuerberater zurück. Schnittstellen bzw. die Systemintegration sind dabei sehr unterschiedlich ausgeprägt.

Ergänzend dazu vollzieht sich die Digitalisierung in Bereichen, die operative Prozesse unterstützen und die Informationslage zum Bauablauf verbessern sowie Grundlagen für die Abrechnung schaffen. Dazu gehören die Erfassung von Belegen (Lieferscheine, Rechnungen), Lohn- und Gerätestunden sowie Tagesberichten.

In Zusammenhang mit der Bauabwicklung sind die digitale Maschinensteuerung bis hin zu automatisierten Prozessen mithilfe von Robotik (Krönert und Zanona 2021), Auf-

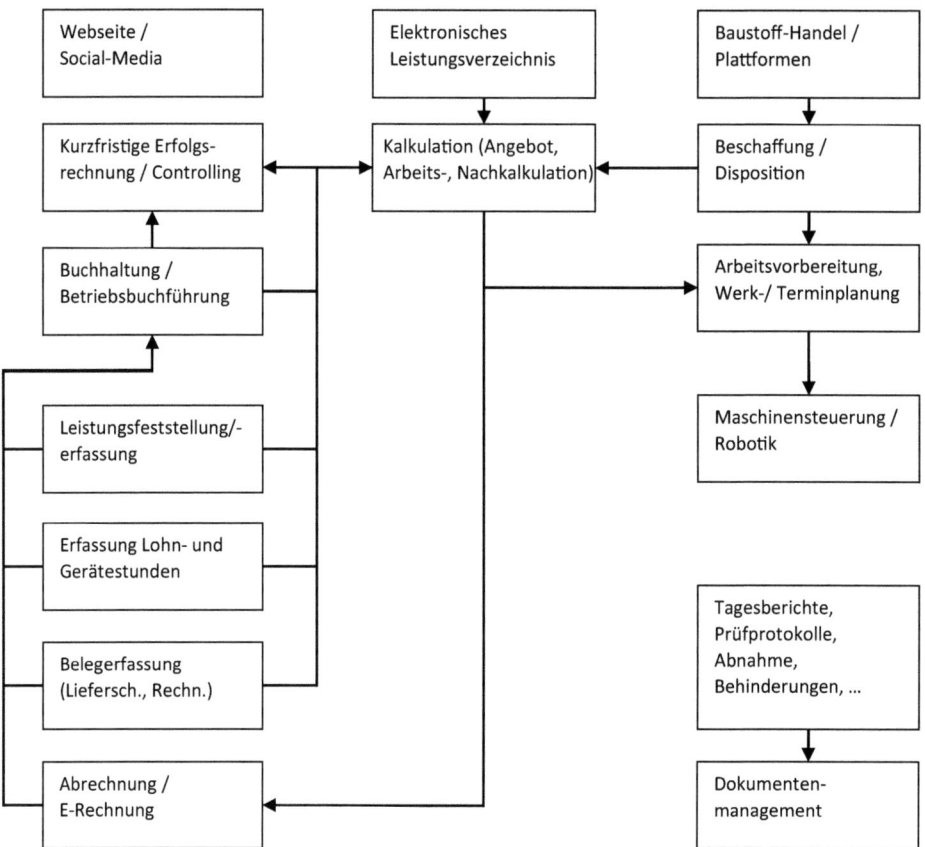

Abb. 30.1 Digitalisierungsbereiche im Bauunternehmen und Zusammenhänge

maßerstellung (Laserscanning, Augmented Reality) und das Dokumentenmanagement von Bedeutung.

Als Gegenstück zur seit langem etablierten Ausschreibung mit elektronischen Leistungsverzeichnissen (GAEB) wird die elektronische Rechnungsstellung nicht nur bei öffentlichen Auftraggebern zukünftig eine Notwendigkeit werden. Seit Ende 2020 ist sie bei Aufträgen des Bundes gemäß E-Rechnungsverordnung verpflichtend (E-RechV).

Zur Verbesserung vorhandener oder angestrebter Digitalisierung kann auch künstliche Intelligenz beitragen. Ein Anwendungsbereich ist z. B. die gezielte Informationsbereitstellung (Oprach und Haghsheno 2020).

Vertriebsseitig ist der Einsatz einer Internetpräsenz (Webseite) lange etabliert. Ergänzend dazu kann die Verwendung von Social Media – Lösungen in Zusammenhang mit der Akquisition und Mitarbeitergewinnung von Vorteil sein. Verschiedene Dienstleister stellen zudem Plattformlösungen zur Verfügung, die z. T. Schnittstellen zu den betrieblichen IT-Systemen zur Verfügung stellen. Als Beispiel kann bei Materialbeschaffung die Plattform ProMatrial oder bobbie genannt werden (https://www.promaterial.com/, https://www.bobbie.de/).

Building Information Modeling stellt in diesem Zusammenhang den Oberbegriff bzw. eine Integrationsmöglichkeit dar, indem die, in Zusammenhang mit dem betrieblichen IT-Einsatz entstehenden Daten teilweise in das übergeordnete, projektbezogene Datenmodell integriert werden. Im Gegenzug lassen sich Projektdaten aus dem Modell zu betrieblichen Zwecken (z. B. Kalkulation, Baustelleneinrichtung, Materialbestellung, Abrechnung) nutzen, vgl. Abb. 30.2.

Dabei können auch sogenannte SMART Contracts bzw. Block-Chain-Anwendungen zur Rationalisierung beitragen, wobei Beauftragungs- und Abrechnungsprozesse automatisiert ablaufen (siehe z. B. (Koenen 2019) und (Budau et al. 2019) sowie (Eschenbruch et al. 2020).

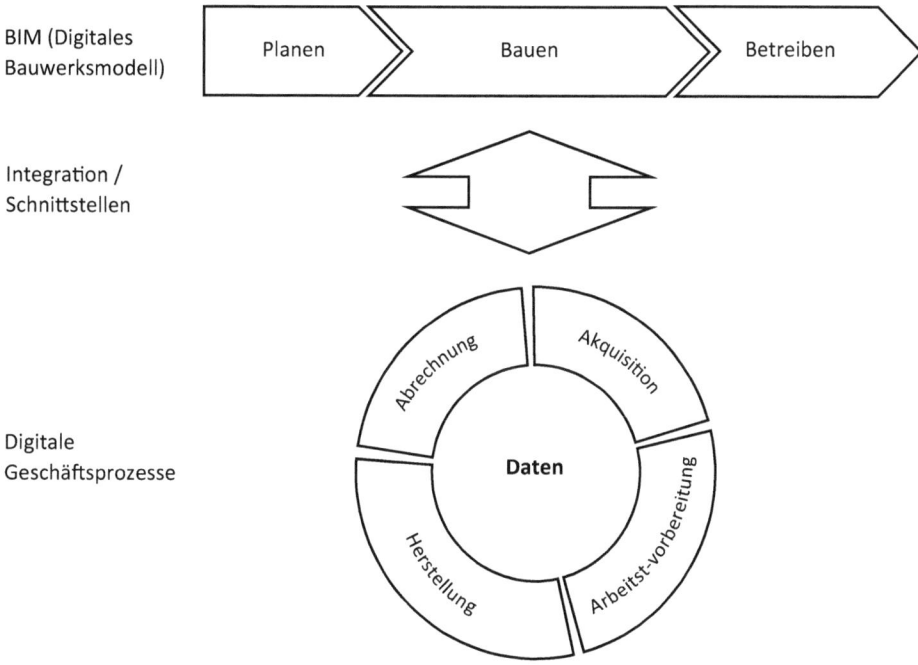

Abb. 30.2 Verbindung Building Information Modeling und digitale Geschäftsprozesse (Bauunternehmen)

Literatur

AHO (Hrsg.). (2020). *Projektmanagement in der Bau- und Immobilienwirtschaft – Standards für Leistungen und Vergütung* (Bd. 9). Köln: Reguvis.

Augsdörfer, U., & Ullrich, T. (2021). Innovative Informations- und Kommunikationstechniken im digitalen Gebäude- und Baumanagement. In C. Hofstadler, & C. Motzko, *Agile Digitalisierung im Baubetrieb* (S. 151–166). Wiesbaden: Springer Vieweg.

Bauer, U. (2021). Mitarbeiterführung in Zeiten der Digitalisierung. In C. Hofstadler, & C. Motzko, *Agile Digitalisierung im Baubetrieb* (S. 107–126). Wiesbaden: Springer Vieweg.

Bertschek, I., Niebel, T., & Ohnemus, J. (2019). *Beitrag der Digitalisierung zur Produktivität in der Baubranche.* (Z. -L.-Z. Mannheim, Hrsg.) Abgerufen am 2021 von www.zew.de: https://www.zew.de/fileadmin/FTP/gutachten/ZukunftBau_BBSR_Endbericht2019.pdf.

Bitkom e. V. (21. 09 2021). *Whitepaper Digitale Prozesse, 2016.* Von https://www.bitkom.org/sites/default/files/file/import/160803-Whitepaper-Digitale-Prozesse.pdf abgerufen.

Blecken, U., & Meinen, H. (Hrsg.). (2020). *Praxishandbuch Projektentwicklung.* Köln: Reguvis.

Bock, T., & Lauer, W. V. (2010). Automatisierung und Robotik im Bauen. *Arch+,* S. 34–39.

Bodden, J. L. (2017). BIM mit Einzelunternehmen – Strukturen und Vertragslösungen. *Bauwirtschaft*(2), S. 90–94.

Borrmann, A. K. (2015). Einführung. In M. K. A. Borrmann, *Building Information Modeling: technologische Grundlage und industrielle Praxis* (S. S. 1–19). Wiesbaden: Springer.

Budau, M., Talmon, P., & Haghsheno, S. (2019). Anwendungsmöglichkeiten der Blockchain-Technologie im Bauwesen. *Bauwirtschaft*(2), S. 112 bis 121.

Bundesarchitektenkammer 2020: https://bak.de/wp-content/uploads/2021/12/2020_BAK_Strukturbefragung_Bericht-SELBSTSTAeNDIGE_Gesamt.pdf

Bundesministerium für Wirtschaft und Energie (Hrsg.). (2014). *Jahreswirtschaftsbericht 2014.* Von https://www.bmwi.de/Redaktion/DE/Publikationen/Wirtschaft/jahreswirtschaftsbericht-2014.pdf?__blob=publicationFile&v=13 abgerufen.

Bundesministerium für Wirtschaft und Energie (Hrsg.). (2018). *Monitoring-Report Wirtschaft DIGITAL – Kurzfassung.* Berlin.

Bundesministerium für Wirtschaft und Energie. (2015). *Industrie 4.0 und Digitale Wirtschaft, Impulse für Wachstum, Beschäftigung und Innovation.* München.

Bundesregierung. (2021). Abgerufen am 2. Juni 2021 von www.bundesregierung.de: https://www.bundesregierung.de/breg-de/themen/i-mehr-chancen-fuer-innovation-und-arbeit-wohlstand-und-teilhabe-457456.

Doppler, K., & Lauterburg, C. (2008). *Change Management.* Frankfurt a. M.: Campus.

Erik Händeler (Hrsg.). (2013). *Die langen Wellen der Konjunktur: Nikolai Kondratieffs Aufsätze von 1926 und 1928.* Moers: Marlon.

Eschenbruch, K., Groß, D., & König, M. (März 2020a). Auf dem Weg zum digitalen Bauvertrag. (M. Sundermeier, & H. Meinen, Hrsg.) *Bauwirtschaft.* Von https://www.bimcontract.com. abgerufen

Eschenbruch, K., Groß, D., & König, M. (2020b). Auf dem Weg zum digitalen Bauvertrag – Automatisierung des Zahlungsverkehrs im Bauwesen mittels BIM und Smart Contracts (BIMcontracts). *Bauwirtschaft*(1), S. 9 bis 20.

GEFMA (Hrsg.). (29. 09 2021). *German Facility Management Association – Mitgliederverzeichnis.* Von https://www.gefma.de/unsere-mitglieder/ abgerufen.

Haghsheno, S., & Deubel, M. (2017). BIM-Anwendungsfälle im Rahmen der Beauftragung von Bauunternehmen unter Berücksichtigung unterschiedlicher Unternehmereinsatzformen. *Bauwirtschaft*(2), S. 60–66.

Hauptverband der Deutschen Bauindustrie. (2020). *Bauwirtschaft im Zahlenbild.* Abgerufen am 2021 von www.bauindustrie.de: https://www.bauindustrie.de/zahlen-fakten/bauwirtschaft-im-zahlenbild/betriebsstruktur-im-bauhauptgewerbe.

Helmus, M., Meins-Becker, A., Kelm, A., Quessel, M., & Kaufhold, M. (Oktober 2018). *BIM Mittelstandsleitpfaden.* Von deubim.de: https://deubim.de/deubim/Downloads/BIM-Mittelstandsleitfaden%20FMZ%20Leinefelden.pdf abgerufen.

IFIDZ, Institut für Führungskultur im digitalen Zeitalter. (2019). *Führungskompetenzen im digitalen Zeitalter – Eine Analyse von 61 Studien und Umfragen aus den Jahren 2012–2018.* Von https://ifidz.de/digital-leadership-beratung/#metas abgerufen.

Kaiser, C., Nusser, J., & Schrammel, F. (2018). *Praxishandbuch Facility Management.* Wiesbaden: Springer Vieweg.

Kirchgeorg, M., & Beyer., C. (2016). Herausforderungen der digitalen Transformation für die marktorientierte Unternehmensführung. In *Digitale Transformation oder digitale Disruption im Handel.* Wiesbaden: Springer.

Klimmer, M. (2009). *Unternehmensorganisation.* Herne: NWB.

Klimmer, M. (2016). *Unternehmensorganisation.* Herne: NWB.

Koenen, A. (2019). „Bauvertrag 4.0" – Chancen und Risiken. *Bauwirtschaft*(2), S. 99 bis 111.

Kollmann, T. (2020). *Handbuch Digitale Wirtschaft.* Wiesbaden: Springer.

Kotter, J. P. (1996). *Leading Change.* Massachusetts: Harvard Business School Press.

Krönert, N., & Zanona, J. (2021). Automatisierte Bauprozesse durch Robotik. In C. Hofstadler, & C. Motzko, *Agile Digitalisierung im Baubetrieb* (S. 447–458). Wiesbaden: Springer.

Krüger, W. (2009). *Excellence in Change – Wege zur strategischen Erneuerung.* Wiesbaden: Gabler.

Loser, K.-U. (2005). *Unterstützung der Adoption kommerzieller Standardsoftware durch Diagramme.* Dortmund: Universität Dortmund.

Lünendonk & Hossenfelder GmbH (Hrsg.). (2021). *Facility-Service-Unternehmen in Deutschland.* Mindelheim.

Meinen, H., & Brinker, A.-L. (November 2021). *BIM und der deutsche Baumarkt.* Von https://gif-ev.de/onlineshop/download/direct,547 abgerufen.

Meinen, H., Burzlaff, S., & Kock, K. (2017). *Veränderung der Einzelhandelsimmobilien durch die Digitalisierung.* Köln: Bundesanzeiger.

Oprach, S., & Haghsheno, S. (2020). SDaC („Smart Design and Construction") – Die KI-Plattform für die Bauwirtschaft. *Bauwirtschaft*(1), S. 49 f.

PricewaterhouseCoopers GmbH. (2019). *Digitalisierung der deutschen Bauindustrie.* Von www.pwc.de abgerufen.

Rock, V., Liebold, P.-J., Brehm, N., & Schlesinger, S. (März 2021). *PropTech Germany 2021 Studie.* Von https://doi.org/10.13140/RG.2.2.29558.52802 abgerufen.

Roland Berger GmbH (Hrsg.). (2016). *Digitalisierung der Bauwirtschaft. Der europäische Weg zur „Construction 4.0".* Abgerufen am 28. 05 2021 von https://www.rolandberger.com/publications/publication_pdf/roland_berger_digitalisierung_bauwirtschaft_final.pdf.

Roth, N. (24. 09 2021). *PropTechs.* Von https://proptech.de/wp-content/uploads/2021/07/PropTech_Uebersicht_Juni_2021.pdf abgerufen.

Schmutte, A. M. (2020). Digitale Transformation – Trends, Mythen und konsequenzen für das Management. In M. Harwardt, & P. F.-J. Niermann, *Führen und Managen in der digitalen Transformation.* Wiesbaden: Springer.

Schwerdtner, P., & Ellermann, G. (2019). Digitaler Wandel in Unternehmen durch Perspektivenwechsel. *Bauwirtschaft*(2).

Spengler, A., & Peter, J. (2020). *Die Methode Building Information Modeling – Schnelleinstieg für Architekten und Ingenieure.* Wiesbaden: Springer.

Statista. (2021). *Statistiken zum Architekturmarkt.* Abgerufen am 2. Juni 2021 von de.statista.com: https://de.statista.com/themen/2274/architekturmarkt/.

Stolzenberg, K. (2006). *Veränderungsprozesse erfolgreich gestalten.* Heidelberg: Springer Medizin.

Sundermeier, M. &. (2019). Trends und Strategien für das Planen mit BIM. In B. D. Baumeister, *BDB-Jahrbuch 2019/2020.* Gütersloh: Bauverlag.

techconsult. (Dezember 2020). Digitalisierungsindex Mittelstand 2020/2021. Von https://www.digitalisierungsindex.de/wp-content/uploads/2020/12/Telekom_Digitalisierungsindex_2020_GESAMTBERICHT.pdf abgerufen.

Vahs, D. (2004). *Change Management in schwierigen Zeiten.* Wiesbaden: Deutscher Universitätsverlag.

Vahs, D. (2015). *Organisation.* Stuttgart: Schäffer-Poeschel.

Change Management Digitalisierung

31

Ein wenig betrachteter Aspekt der Digitalisierung ist die Tatsache, dass im Zuge von Digitalisierungsprozessen etablierte Vorgehensweisen und Organisationsformen durchbrochen werden. Entsprechende Veränderungen müssen durch das Management vorbereitet, begleitet und verstetigt werden, damit die erhofften Vorteile der Digitalisierung realisiert werden können (Stolzenberg 2006, S. 6).

Vordergründig betrifft die Digitalisierung nur die Sachebene, wobei häufig bestehende Prozesse digitalisiert werden. Betroffen von entsprechenden Veränderungen ist aber immer auch die Organisation des Betriebs. Es ergeben sich somit Auswirkungen auf die beteiligten Personen wobei neben der Sachebene auch immer die Individualebene adressiert wird. I.d.R. wird keine Hierarchieebene ausgespart, sodass mehr oder minder alle Mitarbeitenden Berührungspunkte mit der Digitalisierung haben, von der Geschäftsleitung über die kaufmännischen und technischen Stabsabteilungen, die Ebene der Bauleitung bis hin zum operativen Baustellenpersonal.

Für das Management des (digitalen) Wandels ergeben sich dadurch Handlungsfelder im Bereich der Ziele und Strategie (vgl. auch Abschn. 26.1), der Technologie (hier: Informations- und Kommunikationstechnik), der Organisation (Aufbau und Ablauf) sowie der Kultur, d. h. der Führung und der Kommunikation, vgl. Abb. 31.1.

Die daraus resultierenden Auswirkungen auf den Arbeitsalltag und gewohnte Abläufe können erheblich sein.

Der Führung kommt vor diesem Hintergrund eine besondere Bedeutung zu. Dabei sind einerseits die Unternehmensziele, aber auch die Motivation, der Gruppenzusammenhalt und ein gutes Betriebsklima zu bedenken. Sowohl die Persönlichkeit der Führungskraft, ihre Verhaltensweisen als auch die Bedingungen der Situation haben entscheidenden Einfluss auf den Führungserfolg. D. h., sowohl die Sachaufgabe unter günstigen oder ungünstigen Bedingungen als auch die Personenaufgabe (Vertrauen schaffen) führen letztlich zum Führungserfolg oder –misserfolg (Bauer 2021, S. 112 ff.).

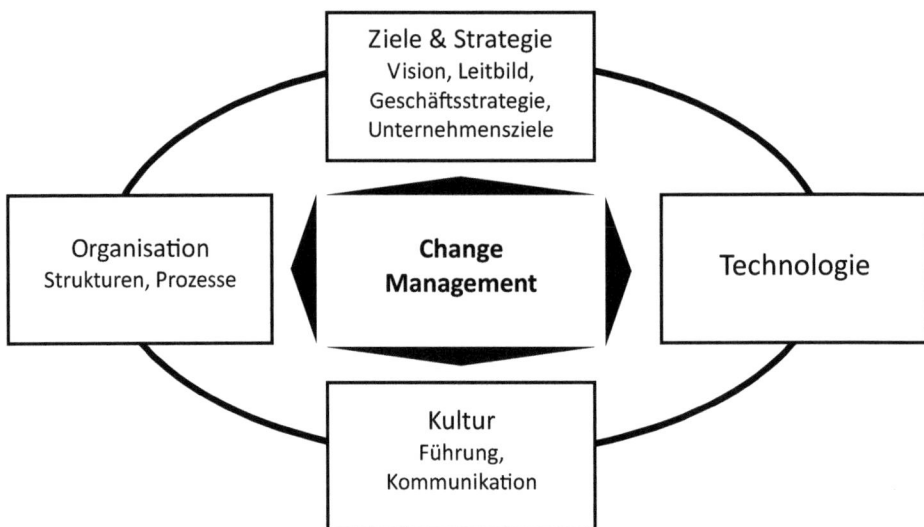

Abb. 31.1 Handlungsfelder im Change Management. (Verändert nach (Vahs, Change Management in schwierigen Zeiten 2004, S. 3))

Nach einer Analyse des Instituts für Führungskultur im digitalen Zeitalter (IFIDZ) sind folgende Kompetenzanforderungen für einen erfolgreichen digitalen Wandel besonders wichtig (IFIDZ, Institut für Führungskultur im digitalen Zeitalter 2019, S. 2), siehe auch Abb. 31.2 Sie werden nach analogen (klassische, von der Digitalisierung unveränderte), analogdigitalen (klassische, von der Digitalisierung veränderte) und digitalen (erst durch Digitalisierung entstandene) Kompetenzen differenziert. Kommunikationsfähigkeit (analogdigital), Veränderungsfähigkeit (analog) und Mitarbeiterorientierung (analog) erlangen dabei die größte Bedeutung.

Für das Change Management bedeutet das vor allem, die Belegschaft auf dem Weg der Transformation mitzunehmen, indem eine laufende, angemessene Kommunikation sichergestellt wird. Dazu gehört die klare Vermittlung der Vision (Ziele), eine kommunikative Begleitung des Prozesses und die Beteiligung der Mitarbeitenden. Speziell in Zusammenhang mit der Einführung neuer Technologien ist die Befähigung der Mitarbeitenden zur Bewältigung von Veränderungen und zur Integration neuer Prozesse und Werkzeuge in den Arbeitsalltag von Bedeutung. Dazu zählen auch, aber nicht ausschließlich, Schulungen und Fortbildungen.

Der Wandlungsprozess beginnt vor diesem Hintergrund mit der Erzeugung von Dringlichkeit („Es muss etwas passieren!") und Schaffung einer entsprechenden Aufmerksamkeit für die Notwendigkeit des Wandels. Basis für einen erfolgreichen Wandel sind Schlüsselpersonen im Unternehmen, die als Träger des Wandels fungieren. Sie müssen identifiziert und eingebunden werden.

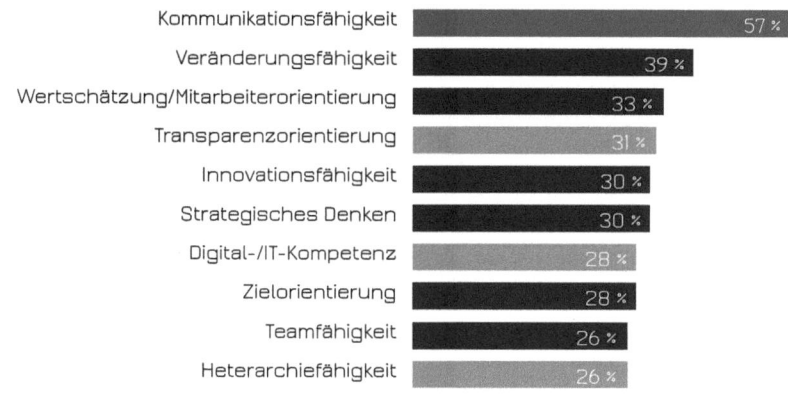

Abb. 31.2 Die zehn bedeutsamsten Führungskompetenzen in Kontext der Digitalisierung (IFIDZ, Institut für Führungskultur im digitalen Zeitalter 2019)

Meist ist nur eine kleine Gruppe der Mitarbeitenden geeignet, um als Mitglied der Führungskoalition für den digitalen Wandel mitzuwirken. Identifiziert werden müssen diese Visionäre und Förderer der Digitalisierung, die gleichzeitig eine hohe Veränderungsbereitschaft besitzen, vgl. Abb. 31.3.

Ebenfalls analysiert werden muss, welche Stakeholder Interessen in Zusammenhang mit dem digitalen Wandel haben und den Prozess positiv wie auch negativ beeinflussen können. Auch hier sind die Identifikation und Einbindung entsprechender Personen, Gruppen oder Institutionen nötig. Dies können Personen aus der Belegschaft, dem Kundenkreis, der Bank etc. sein.

Im Rahmen der Kommunikation der Ziele des Wandels bzw. der Vision ist neben der Verdeutlichung der Dringlichkeit auch die transparente Darstellung konkreter Ziele und ein klarer Zeitbezug notwendig. Die Sicherstellung der Erreichbarkeit der gesetzten Meilensteine ist dabei wichtig, um Erfolge „feiern" zu können und das Gefühl für eine erfolgreiche Entwicklung zu vermitteln. Insofern eignet sich besonders eine Einteilung in kleine Schritte. Die Phasen des Wandlungsprozesses sind in Abb. 31.4 dargestellt. Besonders hervorzuheben sind die Elemente Mobilisierung und Verstetigung. Die betriebliche Organisation als soziales Gebilde erfordert es, die dort arbeitenden Menschen einzubinden und zu befähigen, den Wandel einzuleiten und zu vollziehen. Ohne eine Bereitschaft, idealerweise intrinsisch, kann der Wandel nur schwer gelingen. Motivation und Kommunikation kommen insofern eine hohe Bedeutung zu. Ebenso verhält es sich mit der Verstetigung nach erfolgreicher Umsetzung von Veränderungsprojekten. Neue Strukturen und Arbeitsprozesse müssen sich einspielen und zu Routine werden. Dazu ist eine Begleitung notwendig, die die Motivation aufrechterhält und Erfolge sichtbar macht.

Abb. 31.3 Häufigkeit von Veränderungstypen in Unternehmen (idealisiert) (Klimmer, Unternehmensorganisation 2009, S. 218)

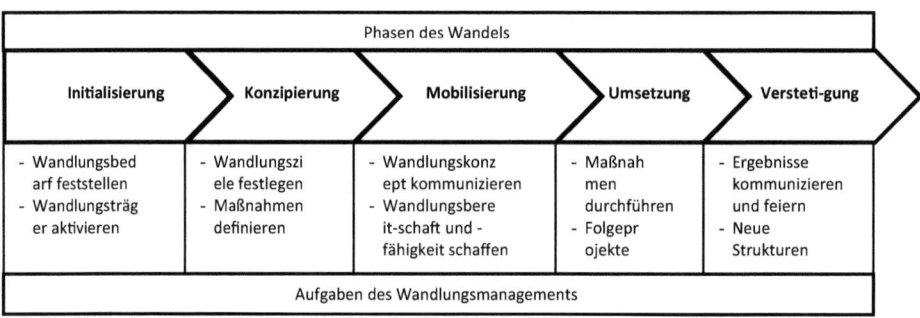

Abb. 31.4 Wandlungsprozess. (Verändert nach (Krüger 2009))

Im Zusammenspiel von Wandlungsbedarf, Wandlungsbereitschaft und Wandlungsfähigkeit können Schwierigkeiten entstehen, die den beabsichtigten Wandel behindern oder unmöglich machen. Dazu ist ein Defizit in einem der drei folgenden Bereiche ausreichend, wie Abb. 31.5 zeigt.

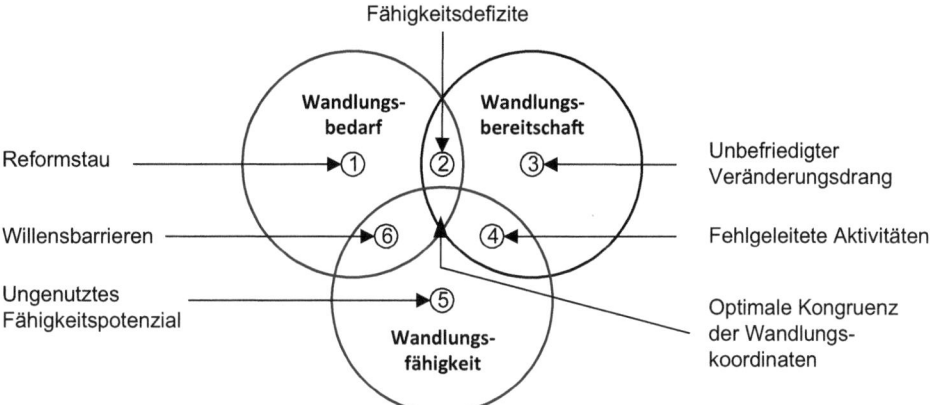

Abb. 31.5 Spannungsfeld der Wandlungskoordinaten (Krüger, W.: Excellence in Change, GWV Verlag, Wiesbaden, 2009, S. 157)

Wandlungsbedarf: Neben der Notwendigkeit der Digitalisierung existiert oft der Bedarf, die vorhandenen Prozesse zu strukturieren und eine transparente Organisation zu schaffen. Digitalisierung kann Probleme erst dann lösen, wenn im analogen Bereich Ordnung herrscht, die sich digital abbilden und unterstützen lässt. Damit ist ein funktionierendes Prozessmanagement notwendige Voraussetzung für die Digitalisierung und muss zunächst einmal geschaffen werden. Ist dies noch nicht vorhanden, wird die Fortentwicklung behindert (Reformstau).

Wandlungsbereitschaft: Resignation stellt sich ein, wenn die Motivation zur Herbeiführung von Veränderungen durch Störfaktoren unterminiert wird. Ursachen dafür können negative Erfahrungen mit Veränderungsprozessen, Misserfolge aufgrund verfehlter Ziele, eine mangelnde Führungskultur oder schlechtes Betriebsklima sein.

Wandlungsfähigkeit: Hierunter ist zu verstehen, inwieweit die Organisation in der Lage ist, den Wandel zu vollziehen. Sofern Strukturen vorliegen, die sich verändern lassen steht dem Wandel nichts im Wege. Allerdings müssen Veränderungsfähigkeiten erkannt und aktiviert werden.

Das Management muss also die entsprechenden Problemfelder analysieren und etwaige Hemmnisse frühzeitig identifizieren, um einen erfolgreichen, digitalen Wandel zu erreichen. Im Rahmen des Change-Management-Prozesses werden dann Lösungen zur Beseitigung der erkannten Barrieren entwickelt und gezielt im Rahmen eines Maßnahmenplans umgesetzt.

Als sinnvoll hat sich in Theorie und Praxis ein Ansatz mit acht Schritten gezeigt, die im Rahmen des Wandlungsprozesses durchlaufen werden (vgl. (Kotter 1996) bzw. (Vahs, Organisation, 2015, S. 404) u. a.), siehe auch Abb. 31.3:

1. Ein Gefühl der Dringlichkeit erzeugen
   Aufgabe des Managements ist es zunächst einmal, Markt und Wettbewerb zu analysieren, den Wandlungsbedarf festzustellen und Chancen- sowie Risiken zu diskutieren.
2. Eine Führungskoalition aufbauen
   Wie bereits erwähnt, ist nur ein Teil der Mitarbeitenden fachlich und persönlich geeignet, den Wandel zu unterstützen bzw. konstruktiv zu begleiten. Daher sollte ein Team geformt werden, das einerseits den Wandlungsprozess führen kann und andererseits die Kompetenz zur Umsetzung von Veränderungen besitzt (Träger des Wandels). Insofern sind Schlüsselpersonen auf allen Ebenen und in den verschiedensten Disziplinen, d. h. im Bereich Technik genauso wie im Bereich Management, erforderlich.
3. Vision und Strategie entwickeln
   Im Rahmen der Führungskoalition bzw. des Teams der Wandlungstreiber wird eine richtungsweisende Vision und Strategie für die Umsetzung des digitalen Wandels entwickelt.
4. Vision des Wandels kommunizieren
   Im nächsten Schritt wird die Vision und Strategie auf breiter Ebene kommuniziert und transparent gemacht. Dabei müssen die Vision und der Veränderungsprozess durch die Führungskoalition vorgelebt werden. In der Praxis haben sich zur Operationalisierung von Zielen sogenannte SMART-Regeln bewährt (Klimmer, Unternehmensorganisation, 2016, S. 267). Demnach sollten Ziele spezifisch (S), messbar (M), attraktiv und ambitioniert (A) aber auch realistisch (R) ausgeprägt sein. Letztlich ist ein konkreter Zeitbezug, d.h. ein konkreter Termin zur Zielerreichung (T) nötig.
5. Mitarbeiter befähigen
   Wie aufgezeigt, können eine Reihe an Hindernissen auftreten, die beseitigt werden müssen. Dazu ist es einerseits erforderlich, Ängste und Bedenken abzubauen sowie die Änderungsbereitschaft zu fördern, aber auch Systeme und Strukturen zu verändern, die der Vision des Wandels entgegenstehen. Im Falle der Digitalisierung ist hier (auch) die Einführung von neuer Informations- und Kommunikationstechnik zu nennen. Dabei sollten die Mitarbeitenden in die Ausgestaltung der neuen Systeme einbezogen werden (Umfang bzw. Funktionalität neuer IT-Lösungen, Definition von Anforderungen für ein Lastenheft etc.) Letztlich sind auch Schulungen erforderlich, um Wissenslücken zu schließen und neue Abläufe zu trainieren. Generell ist die gezielte Einbeziehung der vom Wandel Betroffenen von Vorteil, da sie die Details kennen und wissen, auf was besonders geachtet werden muss, damit Veränderungen in der Praxis auch den beabsichtigen Nutzen entfalten können. Zudem engagiert sich persönlich derjenige an der Umsetzung, der an der Erarbeitung von Lösungen selbst aktiv beteiligt war (Motivationsfunktion). Nicht zuletzt fühlen sich die Betroffenen durch die Einleitung von Veränderungsmaßnahmen nicht bevormundet und in ihren Erwartungen, Ideen und Bedenken ernst genommen, sodass eine höhere Identifizierung mit dem Unternehmen und dem Veränderungsvorhaben entsteht (Doppler und Lauterburg 2008, S. 174).

6. Schnelle Erfolge erzielen
   Zur Steigerung und für den Erhalt der Motivation bzw. Änderungsbereitschaft sollten kurzfristig erreichbare Verbesserungen geplant und realisiert werden. Dabei sollten die erzielten Erfolge hervorgehoben und ggf. Mitarbeitende für die erreichten Ziele ausgezeichnet werden.
7. Erfolge konsolidieren und weitere Veränderungen einleiten
   Das erlangte Vertrauen der Mitarbeitenden in sich selbst und den Erfolg des Wandlungsprozesses kann genutzt werden, um die nächsten Schritte im Veränderungsprozess einzuleiten.
8. Neue Ansätze in der Kultur verankern
   Auf der anderen Seite darf keine Überforderung in Zusammenhang mit den bereits erneuerten Prozessen und Strukturen entstehen, d.h. dass der Festigung neuer Verhaltensweisen Raum und Zeit gegeben werden muss und auch nach Ende konkreter Wandlungsmaßnahmen eine Begleitung bei der Schaffung von Routine nötig sein kann. Letztlich muss auch kommunikativ der Zusammenhang zwischen erfolgtem Wandel und dem Unternehmenserfolg deutlich gemacht werden.

Im Zuge der Digitalisierung ist die Verbindung von Veränderungsmanagement und Einführung von IT-Systemen auf der Sachebene nötig. Diese Aufgabenstellung lässt sich anhand von Ansätzen zur Einführung von Softwaresystemen beschreiben, bei denen soziale Systeme technische Systeme für ihre Zwecke einsetzen und so zu einem Gesamtsystem verschmelzen. Dabei steht der Einsatz von Softwareprodukten im Arbeitsprozess im Fokus und erfordert somit die Einbeziehung des sozialen Systems. Nach Loser lassen sich fünf Phasen beschreiben (Loser, 2005, S. 253):

1. Vorbereitung
   Nachdem die Projektdurchführbarkeit sichergestellt ist und die ModeratorInnen des Einführungsprozesses sich in der Domäne orientiert haben, werden die Ziele des Projektes entwickelt bzw. festgelegt, die TeilnehmerInnen ausgewählt und die nötigen Ressourcen eingeschätzt (vgl. auch Schritt 1 bzw. 2 Wandlungsmanagement).
2. Planung
   Entsprechend der Vision bzw. Ziele des Wandels werden gemeinsam Ziele für das Projekt festgelegt und Motivation aufgebaut (Was kann mir/uns die Teilnahme an dem Projekt bringen?) sowie Transparenz geschaffen (Was kann geleistet werden? Was nicht?). Schließlich ist eine zeitliche Planung erforderlich.
3. Inhaltsorientierte Bearbeitung
   Gemeinsam mit den Betroffenen (Teilnehmenden) werden fachliche Aufgaben gesammelt, Arbeitsprozesse modelliert und der Einsatz des Softwareproduktes im Arbeitsprozess geplant. Sukzessive wird die Qualität der Modelle erhöht und Entscheidungen zwischen Alternativen getroffen.

4. Schulungsbezogene Bearbeitung
Schließlich wird das gemeinsam erarbeitete Modell als Dokumentation der Abläufe und für den Einsatz in Schulungen überarbeitet, auf Verständlichkeit geprüft und Inhalte für die Schulungen priorisiert.
5. Schulung
Die Schulung von nicht beteiligten Mitarbeitern kann dann auf Basis des vorliegenden Modells erfolgen (Walkthrough anhand von Beispielen).

Gewöhnlich muss dem Prozess der inhaltsorientierten Einführung noch ein Auswahlverfahren hinzugefügt werden, sofern verschiedene Softwareprodukte zur Disposition stehen. In das Auswahlverfahren fließen die Anforderungen ein, die aus den modellierten Arbeitsprozessen resultieren, um einen Bewertungsmaßstab zu erhalten.

Fazit:
Neben den sachlich-technisch begründeten Digitalisierungsbestrebungen ist für den Erfolg der digitalen Transformation im Unternehmen auch die Individualebene, also die Wandlung der Organisation und deren Teilnehmer zu berücksichtigen. Dazu muss das Management Wandlungsbereitschaft und Wandlungsfähigkeit herstellen.

Eine neue Vision und der damit einhergehende Kulturbruch (analog zu digital) erfordern eine hohe Transparenz, damit die Mitarbeitenden Veränderungen nachvollziehen und akzeptieren können. Durch Teilhabe und Mitwirkung lassen sich Abstimmungsprobleme und der Kommunikationsaufwand minimieren, sowie eine höhere Motivation zur Bewältigung des Wandels erreichen.

Neuralgische Punkte müssen insofern gemeinsam entwickelt und bearbeitet und alle wichtigen Stakeholder einbezogen werden. Auf diese Weise kann ein Schulterschluss zwischen den Betroffenen und eine Koalition zur Durchsetzung des Wandels geschaffen werden. Letztlich ergibt sich somit auch Rückendeckung für die herausfordernden Veränderungsvorhaben des Managements.

Literatur

AHO (Hrsg.). (2020). *Projektmanagement in der Bau- und Immobilienwirtschaft – Standards für Leistungen und Vergütung* (Bd. 9). Köln: Reguvis.
Augsdörfer, U., & Ullrich, T. (2021). Innovative Informations- und Kommunikationstechniken im digitalen Gebäude- und Baumanagement. In C. Hofstadler, & C. Motzko, *Agile Digitalisierung im Baubetrieb* (S. 151–166). Wiesbaden: Springer Vieweg.
Bauer, U. (2021). Mitarbeiterführung in Zeiten der Digitalisierung. In C. Hofstadler, & C. Motzko, *Agile Digitalisierung im Baubetrieb* (S. 107–126). Wiesbaden: Springer Vieweg.
Bertschek, I., Niebel, T., & Ohnemus, J. (2019). *Beitrag der Digitalisierung zur Produktivität in der Baubranche*. (Z. -L.-Z. Mannheim, Hrsg.) Abgerufen am 2021 von www.zew.de: https://www.zew.de/fileadmin/FTP/gutachten/ZukunftBau_BBSR_Endbericht2019.pdf.

Bitkom e. V. (21. 09 2021). *Whitepaper Digitale Prozesse, 2016.* Von https://www.bitkom.org/sites/default/files/file/import/160803-Whitepaper-Digitale-Prozesse.pdf abgerufen.

Blecken, U., & Meinen, H. (Hrsg.). (2020). *Praxishandbuch Projektentwicklung.* Köln: Reguvis.

Bock, T., & Lauer, W. V. (2010). Automatisierung und Robotik im Bauen. *Arch+*, S. 34–39.

Bodden, J. L. (2017). BIM mit Einzelunternehmen – Strukturen und Vertragslösungen. *Bauwirtschaft*(2), S. 90–94.

Borrmann, A. K. (2015). Einführung. In M. K. A. Borrmann, *Building Information Modeling: technologische Grundlage und industrielle Praxis* (S. S. 1–19). Wiesbaden: Springer.

Budau, M., Talmon, P., & Haghsheno, S. (2019). Anwendungsmöglichkeiten der Blockchain-Technologie im Bauwesen. *Bauwirtschaft*(2), S. 112 bis 121.

Bundesarchitektenkammer 2020: https://bak.de/wp-content/uploads/2021/12/2020_BAK_Strukturbefragung_Bericht-SELBSTSTAeNDIGE_Gesamt.pdf

Bundesministerium für Wirtschaft und Energie (Hrsg.). (2014). *Jahreswirtschaftsbericht 2014.* Von https://www.bmwi.de/Redaktion/DE/Publikationen/Wirtschaft/jahreswirtschaftsbericht-2014.pdf?__blob=publicationFile&v=13 abgerufen.

Bundesministerium für Wirtschaft und Energie (Hrsg.). (2018). *Monitoring-Report Wirtschaft DIGITAL – Kurzfassung.* Berlin.

Bundesministerium für Wirtschaft und Energie. (2015). *Industrie 4.0 und Digitale Wirtschaft, Impulse für Wachstum, Beschäftigung und Innovation.* München.

Bundesregierung. (2021). Abgerufen am 2. Juni 2021 von www.bundesregierung.de: https://www.bundesregierung.de/breg-de/themen/i-mehr-chancen-fuer-innovation-und-arbeit-wohlstand-und-teilhabe-457456.

Doppler, K., & Lauterburg, C. (2008). *Change Management.* Frankfurt a. M.: Campus.

Erik Händeler (Hrsg.). (2013). *Die langen Wellen der Konjunktur: Nikolai Kondratieffs Aufsätze von 1926 und 1928.* Moers: Marlon.

Eschenbruch, K., Groß, D., & König, M. (März 2020a). Auf dem Weg zum digitalen Bauvertrag. (M. Sundermeier, & H. Meinen, Hrsg.) *Bauwirtschaft.* Von https://www.bimcontract.com. abgerufen

Eschenbruch, K., Groß, D., & König, M. (2020b). Auf dem Weg zum digitalen Bauvertrag – Automatisierung des Zahlungsverkehrs im Bauwesen mittels BIM und Smart Contracts (BIMcontracts). *Bauwirtschaft*(1), S. 9 bis 20.

GEFMA (Hrsg.). (29. 09 2021). *German Facility Management Association – Mitgliederverzeichnis.* Von https://www.gefma.de/unsere-mitglieder/ abgerufen.

Haghsheno, S., & Deubel, M. (2017). BIM-Anwendungsfälle im Rahmen der Beauftragung von Bauunternehmen unter Berücksichtigung unterschiedlicher Unternehmereinsatzformen. *Bauwirtschaft*(2), S. 60–66.

Hauptverband der Deutschen Bauindustrie. (2020). *Bauwirtschaft im Zahlenbild.* Abgerufen am 2021 von www.bauindustrie.de: https://www.bauindustrie.de/zahlen-fakten/bauwirtschaft-im-zahlenbild/betriebsstruktur-im-bauhauptgewerbe.

Helmus, M., Meins-Becker, A., Kelm, A., Quessel, M., & Kaufhold, M. (Oktober 2018). *BIM Mittelstandsleitpfaden.* Von deubim.de: https://deubim.de/deubim/Downloads/BIM-Mittelstandsleitfaden%20FMZ%20Leinefelden.pdf abgerufen.

IFIDZ, Institut für Führungskultur im digitalen Zeitalter. (2019). *Führungskompetenzen im digitalen Zeitalter – Eine Analyse von 61 Studien und Umfragen aus den Jahren 2012–2018.* Von https://ifidz.de/digital-leadership-beratung/#metas abgerufen.

Kaiser, C., Nusser, J., & Schrammel, F. (2018). *Praxishandbuch Facility Management.* Wiesbaden: Springer Vieweg.

Kirchgeorg, M., & Beyer., C. (2016). Herausforderungen der digitalen Transformation für die marktorientierte Unternehmensführung. In *Digitale Transformation oder digitale Disruption im Handel.* Wiesbaden: Springer.

Klimmer, M. (2009). *Unternehmensorganisation.* Herne: NWB.

Klimmer, M. (2016). *Unternehmensorganisation.* Herne: NWB.

Koenen, A. (2019). „Bauvertrag 4.0" – Chancen und Risiken. *Bauwirtschaft*(2), S. 99 bis 111.

Kollmann, T. (2020). *Handbuch Digitale Wirtschaft.* Wiesbaden: Springer.

Kotter, J. P. (1996). *Leading Change.* Massachusetts: Harvard Business School Press.

Krönert, N., & Zanona, J. (2021). Automatisierte Bauprozesse durch Robotik. In C. Hofstadler, & C. Motzko, *Agile Digitalisierung im Baubetrieb* (S. 447–458). Wiesbaden: Springer.

Krüger, W. (2009). *Excellence in Change – Wege zur strategischen Erneuerung.* Wiesbaden: Gabler.

Loser, K.-U. (2005). *Unterstützung der Adoption kommerzieller Standardsoftware durch Diagramme.* Dortmund: Universität Dortmund.

Lünendonk & Hossenfelder GmbH (Hrsg.). (2021). *Facility-Service-Unternehmen in Deutschland.* Mindelheim.

Meinen, H., & Brinker, A.-L. (November 2021). *BIM und der deutsche Baumarkt.* Von https://gif-ev.de/onlineshop/download/direct,547 abgerufen.

Meinen, H., Burzlaff, S., & Kock, K. (2017). *Veränderung der Einzelhandelsimmobilien durch die Digitalisierung.* Köln: Bundesanzeiger.

Oprach, S., & Haghsheno, S. (2020). SDaC („Smart Design and Construction") – Die KI-Plattform für die Bauwirtschaft. *Bauwirtschaft*(1), S. 49 f.

PricewaterhouseCoopers GmbH. (2019). *Digitalisierung der deutschen Bauindustrie.* Von www.pwc.de abgerufen.

Rock, V., Liebold, P.-J., Brehm, N., & Schlesinger, S. (März 2021). *PropTech Germany 2021 Studie.* Von https://doi.org/10.13140/RG.2.2.29558.52802 abgerufen.

Roland Berger GmbH (Hrsg.). (2016). *Digitalisierung der Bauwirtschaft. Der europäische Weg zur „Construction 4.0".* Abgerufen am 28. 05 2021 von https://www.rolandberger.com/publications/publication_pdf/roland_berger_digitalisierung_bauwirtschaft_final.pdf.

Roth, N. (24. 09 2021). *PropTechs.* Von https://proptech.de/wp-content/uploads/2021/07/PropTech_Uebersicht_Juni_2021.pdf abgerufen.

Schmutte, A. M. (2020). Digitale Transformation – Trends, Mythen und konsequenzen für das Management. In M. Harwardt, & P. F.-J. Niermann, *Führen und Managen in der digitalen Transformation.* Wiesbaden: Springer.

Schwerdtner, P., & Ellermann, G. (2019). Digitaler Wandel in Unternehmen durch Perspektivenwechsel. *Bauwirtschaft*(2).

Spengler, A., & Peter, J. (2020). *Die Methode Building Information Modeling – Schnelleinstieg für Architekten und Ingenieure.* Wiesbaden: Springer.

Statista. (2021). *Statistiken zum Architekturmarkt.* Abgerufen am 2. Juni 2021 von de.statista.com: https://de.statista.com/themen/2274/architekturmarkt/.

Stolzenberg, K. (2006). *Veränderungsprozesse erfolgreich gestalten.* Heidelberg: Springer Medizin.

Sundermeier, M. &. (2019). Trends und Strategien für das Planen mit BIM. In B. D. Baumeister, *BDB-Jahrbuch 2019/2020.* Gütersloh: Bauverlag.

techconsult. (Dezember 2020). Digitalisierungsindex Mittelstand 2020/2021. Von https://www.digitalisierungsindex.de/wp-content/uploads/2020/12/Telekom_Digitalisierungsindex_2020_GESAMTBERICHT.pdf abgerufen.

Vahs, D. (2004). *Change Management in schwierigen Zeiten.* Wiesbaden: Deutscher Universitätsverlag.

Vahs, D. (2015). *Organisation.* Stuttgart: Schäffer-Poeschel.

Stichwortverzeichnis

A

Abschlagszahlung, 322
Abschreibung, 445, 554
Abweichungsanalyse, 464, 470
AG, 327
Agenda 21, 586
Aktiengesellschaft (AG), 260
Aktiv, 520, 523
Aktivseite, 525
Amortisationsrechnung, 287
AMS BAU, 618
Angebotskalkulation, 437
Anhang, 535
Anlageimmobilie, 335
Anlagespiegel, 536, 575
Anlagevermögen, 526
Ansatzvorschrift, 549
Anwesenheitsquote, 477
Arbeitnehmerverbände, 57, 62
Arbeitsgemeinschaft (ARGE), 186
Arbeitsgemeinschaft, 43
Arbeitskalkulation, 454
Arbeitsvertragsrecht, 266
Arbeitsvorbereitung, 428
Architektenvertrag, 28
ARGE, 583
Asset Management, 39, 91
Assoziiertes Unternehmen, 190
Aufgaben des Finanzmanagements, 359
Aufgabenträger, 41, 49
Aufsichtsrat, 270
Auftragsweite, 573
Aufwandsquote, 477
Aufwands- und Ertragsperiodisierung, 552
Ausführungsplanung, 14

Auskunftsrecht, 256
Ausschreibung, 116
Ausschüttungsregeln, 252
Außenfinanzierung, 558

B

Bauarbeitschlüssel (BAS), 460
Bauaufsichtsbehörde, 31
Baubeteiligter, 23
Baugewerbe
    Unterteilung, 33
Bauhandwerkssicherungsgesetz, 325
Bauherr, 3, 23
Bauinvestition, 68
Baukoordinierungsrichtlinie (BKR), 113
Bauleistungsplan, 442
Bauliche Nutzung, 78
Bauprojekt, 1
Bausparte, 82
Baustelleneinrichtungsplanung, 432
Bauüberwachung
    durch Auftraggeber, 34
    durch Auftragnehmer, 35
    Überwachungsorgan, 36
Bauvolumen, 67
Begrenzungsfaktor, 300
Beleg, 515
Berichtswesen, 457
Bestandsobjekt, 82
Betreiberimmobilie, 336
Betreibermodell, 70, 342
Betriebliche Aufwendung, 535
Betrieblicher Ertrag, 534
Betriebsabrechnung, 377, 398, 413, 442

© Der/die Herausgeber bzw. der/die Autor(en), exklusiv lizenziert an Springer
Fachmedien Wiesbaden GmbH, ein Teil von Springer Nature 2024
E. Leimböck et al., *Bauwirtschaft*, https://doi.org/10.1007/978-3-658-40348-5

Betriebsrat, 267
Betriebsverfassungsgesetz (Betr.VG), 266
Betriebswirtschaftlichen Auswertung (BWA), 468
Bewertungsvorschriften, 550
Big Data, 199
Bilanz, 517
Bilanzergebnis, 548
Bilanzierung, 512
BOT-Modell, 84
Buchführung, 510, 512
Buchführungspflicht, 513
Building Information Modeling (BIM), 198, 437
Bürgschaft, 315, 324

C

Cash-flow, 299, 571
Centeransatz, 214
    Cost-Center, 214
    Investment-Center, 215
    Profit-Center, 215
Computer Aided Facility Management (CAFM), 91
Construction Management (CM), 185, 196
Controlling, 451
    operatives, 452
    strategisches, 452
Controllingabteilung, 484
Controllingsystem, 482
Corporate Citizenship, 609

D

DCFA (Discounted-Cash-flow-Methode), 299
Deckungsbeitrag, 438
Deckungsbeitragsrechnung, 421
Deckungsrechnung, 562, 569
Dezentralisation, 167
Dienstleister, 27
Differenzzahlungsreihe, 295, 296
Digitale Agenda, 198
Diskriminanzanalyse, 498
Diversifikation, 145, 277
Doppelte Buchführung, 514
Drei Säulen Modell, 589
DVFA, 576

E

Eigenkapital, 529
Eigenkapitalrentabilität, 209, 349
Eigentumsvorbehalt, 318
Einheitspreis, 121
Einheitspreisvertrag, 118
Einkommensteuer (ESt), 541
Einkommensteuergesetz, 511
Einlagen, 320
Einlagenregeln, 251
Einliniensystem, 168
Einzelbewertung, 552
Einzelunternehmen, 326
EMAS-Verordnung, 614
Energieaudit, 614
Energiemanagementsystem, 615
Enterprise-Resource-Planning-System (ERP-System), 446
Entgelttarifvertrag, 385
Erbbaurecht, 6
Erfahrungswerte, 467
Erfolgskennzahlen, 474
Ergebnis, 576
Ergebnisrechnung, 406, 409, 416
Ersatzindikator, 643
Ertragssteuer, 540
Ertragswertverfahren, 604
Europäische Gesellschaft, 262
EU-Vergaberecht, 113
Externe Gruppe, 567

F

Facility Management, 18, 20, 44, 91, 197
    operatives, 20
    strategisches, 20
Facility Services, 44, 69
Factoring, 314
Finanzdisposition, 564
Finanzielle Dispositionsfreiheit, 354
Finanzierung, 88
Finanzierungsmodell, 26
Finanzierungsträger, 26
Finanzierungsüberlegung, 13
Finanzintermediär, 304
Finanzmarkt, 307
Finanzplan, 566
Finanzplanung, 565

Stichwortverzeichnis

Fixkostenbelastung, 94
Fixkostenmanagement, 480
Forderung, 570
Forfaitierung, 314
Freiberufliche Tätigkeit, 25
Fremdfinanzierung, 559
Führungsidentität, 230
Führungskonzeption, 228, 233
Führungsstile, 236
Funktionalausschreibung, 129
Fusion, 191

G

Gebäudemanagement, 18
GEFMA, 18
Gehaltsgruppe, 382
Gemeinkosten, 121
Gemeinkostenquote, 472, 482
Gemeinschaftsunternehmen (Joint Venture), 190
Genehmigungsplanung, 14
Generalplaner, 42
Generalunternehmer, 43
Gesamtrisiko, 496
Geschäftsführung, 254
Geschäftskosten, 121
Gesellschafterdarlehen, 320
Gesellschaft mit beschränkter Haftung (GmbH), 258
Gewerbesteuer vom Ertrag, 542
Gewerbliche Dienstleistung, 25
Gewinnausschüttung, 211, 544, 545
Gewinn- und Verlustrechnung, 517, 522, 525
Gewinnvergleichsrechnung, 285
Gewinnverteilungsregeln, 252
Gliederungsvorschrift, 519
GmbH & Co KG, 257
GmbH, 326
Grunddaseinsfunktionen, 4
Grundlohn, 388
Grundschuld, 317
Gründung, 326

H

Haftung, 255
Haftungsregeln, 251
Haftungsverhältnis, 532

Handwerkskammer, 54
Historische Simulation, 496
Holding, 188
Honorarberechnung, 107
Hypothek, 316

I

Immobilienfond, 334, 340
Immobilienwertermittlungsverordnung, 397
Industrie 4.0, 198
Industrie- und Handelskammer, 54
Informationskultur, 243
Informationspflicht, 255
Innenfinanzierung, 560
Innerbetriebliche Leistungsverrechnung, 417
Innovationspartnerschaft, 115
Interne Zinsfußmethode, 295
Inventur, 516
Investitionsprozess, 282

J

Jahresabschluss, 517, 547
Joint-Venture-Beteiligung, 337, 342
Juristisches Management von Bauprojekten, 38

K

Kalkulationsrisiko, 126
Kapazitätsplanung, 443
Kapitalanlagegesellschaft, 306
Kapitalbeteiligungsgesellschaft, 306
Kapitalerhaltung, 211, 213
Kapitalerhöhung, 327
Kapitalgesellschaft, 326, 518
Kapitalwertmethode, 293
Kartell, 189
Key Account, 195
Kommanditgesellschaft (KG), 257
Kommanditgesellschaft auf Aktien (KGaA), 262
Kommunikation, 151
Kontrahierungspolitik, 147
Konzernabschluss, 539
Konzernrechnungslegung, 537
Konzessionsgeber
    Verfahrensart, 115
Koordination der Planungsleistungen, 10

Körperschaftsteuer, 540–542
Kostenartenrechnung, 400
Kostenermittlungen nach DIN 276, 11
Kostengruppe, 399
Kostenkennzahl, 472
Kostenplanung, 11
Kostenstellenrechnung, 402
Kostenüberschlag, 7
Kosten- und Erfolgscontrolling, 469
Kosten- und Ergebnisplanung, 444
Kostenvergleichsrechnung, 283

L
Lagebericht, 537
Leasing, 313
Leasing-Finanzierung, 332
Lebenszyklus, 18
Leistungsbeschreibung, 117
Leistungsbild
    Gebäude und Innenräume, 28
Leistungsermittlung, 407
Leistungserstellung, 380
Leistungsmeldung, 406
Leistungsphase, 108, 393
Leistungsprogramm, 395
Leistungsrechnung, 404
Leistungsverzeichnis, 394
Leitungsspanne, 166
Liquide Mittel, 321
Liquidität, 350, 574
Liquiditätsgrad, 563
Liquiditätskennzahl, 582
Lohngruppe, 382
Lohnzusatzkosten, 388, 391

M
Management by Delegation, 233
Management by Exception, 234
Management by Motivation, 234
Management by Objectives (MbO), 357
Management by Results, 234
Marketing, 633
Marketing-Mix, 134, 142, 153
Marktanalyse, 134
Maßgeblichkeitsprinzip, 543
Materialeinsatzplanung, 431
Matrixorganisation, 172

Mehrliniensystem, 169
Mitarbeiter, 599
Mittelstandskartell, 185
Modelle der organisatorischen Einbindung, 173
    Kernbereich, 173
    Richtlinienbereich, 173
    Servicebereich, 174
Moral Hazard, 219
Multiplikatoreffekt, 68
Multiprojektcontrolling, 453

N
Nachhaltigkeit, 595
Nachhaltigkeitsaspekt, 585, 605
Nachhaltigkeitscontrolling, 626
Nachhaltigkeitsgedanke, 599
Nachhaltigkeitskriterium, 629
Nachhaltigkeitsmanagement, 607
Nachhaltigkeitszertifikat, 597
Nebenangebot, 128
Nettobetriebsergebnis, 413
Normwirtschaftlichkeit, 477
Nutzungsphase, 38

O
Occupational Health and Safety Assessment
    Series, 617
Offene Handelsgesellschaft (OHG), 257
Offener Immobilienfond, 97
Open Building, 193
Operatives Controlling, 378
ÖPP, 70, 84
Organisationsstruktur, 161
Outsourcing, 194

P
Passiv, 521, 524, 529
Pauschalvertrag, 118, 404
Pay-off-Method, 287
Personalkostenverrechnungssatz, 477
Personalmarketing, 197
Personal- und Geräteeinsatzplanung, 430
Personengesellschaft, 326
Pfandrecht, 318
PFI, 85
Plan/Ist-Vergleich, 457

Plan-Do-Checkt-Act-Zyklus, 619
Planung, 427
Planungsgemeinschaft, 42
Planungsleistung, 9
Planungsrechnung, 440
Populäres Management by Objectives, 232
PPP, 196
PPP-Modell, 84
Preisbildung, 103, 147, 397
Principal-Agent-Beziehung, 218
Produktivität, 208
Produktivitätskennzahl, 470
Prognosekalkulation, 467
Projektentwickler, 82
    im engeren Sinne, 42
    im weiteren Sinne, 47
Projektentwicklung, 47, 82
    Risiko, 97
Projektentwicklungsstruktur, 48
Projektgesellschaft, 336, 341
Projektmanagement, 45
Projektmanagement-Software, 437
Projektmanagement-Strategie, 196
Projektorganisation, 170
Projektphase, 17
Projektphasen, 20
Projektsteuerer, 30
Projektstruktur, 580
Property Management, 39, 44, 91, 111

Q
Qualitätsmanagement, 610

R
Rahmentarifvertrag, 381
Rechnungsabgrenzungsposten, 532
Rechnungslegung, 507, 568
Rentabilität, 208
Rentabilitätsanalyse, 12
Rentabilitätsrechnung, 287
Resilienz-Management, 276
Ressource, 379
Ressourcenbedarf, 384
Return on Investment (ROI), 287
Risikoabsicherung, 502

Risikoberechnung, 493
Risikobewertung, 494
Risikocontrolling, 485, 579
Risikogestaltung, 489
Risikokalkulation, 493
Risikokollektiv, 498
Risikokontrolle, 503
Risiko-Management-Prozess, 489
Risikoplanung, 503
Risikosteuerung, 503
Risikotragfähigkeit, 578
Rückbau, 21
Rücklage, 321
Rückstellung, 321, 530, 555

S
Sanierung, 328
Schätzung, 583
Schlüsselfertigbau, 456
Schlusszahlung, 322
Schwellenwert, 113
Sektorenverordnung (SektVO), 112
Servicepolitik, 144
Shareholder-Value, 204
Sicherheit, 323
Sicherheits-Certifikat-Contraktoren (SCC), 616
Sicherungshypothek, 324
Sicherungsübereignung, 318
Solawechsel, 315
Sonderfachleute, 9, 24
Sozialkosten, 389
Sprecherausschussgesetz (SprAuG), 269
Staatliche Finanzierungshilfe, 306
Stabliniensystem, 169
Stakeholder Ansatz, 608
Standardleistungsbuch Bau, 395
Standortfaktoren und ihre Beeinflussbarkeit, 6
Stetigkeitsprinzip, 552
Steuerbilanz, 543
Steuern vom Einkommen und vom Ertrag, 535
Steuerrecht, 539
Steuerrechtliche Buchführungspflicht, 542
Stille Reserve, 557
Strategische Allianz, 188
Stundenlohnvertrag, 119
Submission, 125

Substanzerhaltung, 213, 575
Sustainability Balanced Scorecard, 626

T
Tarifautonomie, 264
Tarifvertrag, 265
Technische Plandaten, 434
Teilkostenrechnung, 420
Terminplanung, 430
Totalunternehmer, 46

U
Übereignung, 318
Überschussrechnung, 510
Umlagebetrag, 123
Umlagekosten, 418
Umlaufvermögen, 527
Umsatzrendite, 491
Umsatzstreben, 204
Umweltmanagementsystem, 611
Unabgerechnete Leistungen, 553
Unternehmensbewertung, 298
Unternehmenserfolg, 208, 211
Unternehmensfinanzierung, 558
Unternehmenskultur, 205
Unternehmensverbände, 52, 60
Unternehmenswert, 548
Unternehmensziele, 207, 547
Unternehmergesellschaft (UG), 260
Unterscheidung
    Bauleistungen und sonstigen Leistungen, 15

V
Value-at-Risk, 496
Varianz-Kovarianz-Ansatz, 501
VDI-Richtlinie 4070, 621
Verbindlichkeit, 532
Verdingungsordnung für Freiberufler (VOF), 109
Verfahrensplanung, 429

Vergabeart
    nichtoffenes Verfahren, 115
    offenes Verfahren, 115
Vergabe und Vertragsordnung für Bauleistungen (VOB), 112
Vergabeverfahren, 15
Vergabeverordnung (VgV), 113
Verhandlungsverfahren, 115
Verlust, 556
Vermögensgegenstand, 552
Versicherungsträger, 37
Vertragsverhandlungen, 454
Vorfinanzierung, 569
Vorstand, 270
Vorüberlegung
    bauabhängige, 5
    bauunabhängige, 4
Vorverrechnung, 480

W
Wagnis und Gewinn, 121, 127
Wechsel, 315
Werkvertragsrecht, 112
Wertermittlungsverfahren, 105
Wertschöpfungs-Personalkosten-Koeffizient, 476
Wettbewerbliche Dialog, 115
Wirtschaftlichkeit, 208
Wirtschaftlichkeitskennzahl, 476
Wirtschaftlichkeitsuntersuchung, 12

Z
Zahlungsmodalität, 322
Zahlungsunfähigkeit, 561
Zentralisation, 167
Zielbestimmung, 223
Zielkonfliktsituation, 221
Zinseszins, 290
Zuschlagssatz, 123

MIX
Papier aus verantwortungsvollen Quellen
Paper from responsible sources
FSC® C105338

If you have any concerns about our products,
you can contact us on
ProductSafety@springernature.com

In case Publisher is established outside the EU,
the EU authorized representative is:
**Springer Nature Customer Service Center GmbH
Europaplatz 3, 69115 Heidelberg, Germany**

Printed by Libri Plureos GmbH
in Hamburg, Germany